"十三五"国家重点出版物出版规划项目
智能制造与装备制造业转型升级丛书

U0162862

常用低压电器原理及其控制技术

——智能制造中的电气技术与共性技术

第3版

王仁祥　编著

机 械 工 业 出 版 社

本书详细介绍了工业 4.0 背景下智能制造中的电气工程技术，包括：常用低压电器的基本结构原理；通用变频器、可编程序控制器（PLC）等的基本原理及应用；PLC 相关的 IEC 61131、IEC 61499 和 IEC 61804 三个重要国际标准，以及集成开发环境 EcoStruxure Machine Expert 1.1 和 CODESYS V3.5 SP16 工程工具的使用；工业 4.0 技术框架及使能技术相关的"采标"；工业 4.0 的技术支柱，RAMI 4.0 的技术内容，工业 4.0 的核心技术 CPS 和数字孪生的工程应用。本书还介绍了国内外工业 4.0 相关最新技术、新产品及其应用和发展方向。全书图文并茂、知识性强、理论联系实际，侧重于实际应用和创新思路的发展。

本书适宜于从事电气工程及自动化和生产过程自动化领域工作的工程技术人员阅读，也适合作为高等学校电气工程、工业自动化、自动控制等专业的高年级本科生、研究生教材和教学参考书，亦可作为企业电气工程技术人员的培训教材，高等职业、中等职业学校的类似专业也可选用。另外，本书也可作为刚刚推出的国家职业技术技能标准《智能制造工程技术人员（2021 版）》的培训教材。

图书在版编目（CIP）数据

常用低压电器原理及其控制技术 / 王仁祥编著 . —3 版 .
—北京：机械工业出版社，2021.9

（智能制造与装备制造业转型升级丛书）

"十三五"国家重点出版物出版规划项目

ISBN 978-7-111-69093-1

Ⅰ.①常…　Ⅱ.①王…　Ⅲ.①低压电器 – 电气控制 – 研究　Ⅳ.① TM52

中国版本图书馆 CIP 数据核字（2021）第 184344 号

机械工业出版社（北京市百万庄大街22号　邮政编码100037）
策划编辑：付承桂　　　责任编辑：付承桂　闫洪庆　杨　琼
责任校对：李　杉　刘雅娜　封面设计：马精明
责任印制：张　博
涿州市般润文化传播有限公司印刷
2022 年 1 月第 3 版第 1 次印刷
184mm×260mm · 45.5 印张 · 1162 千字
标准书号：ISBN 978-7-111-69093-1
定价：198.00 元

电话服务　　　　　　　网络服务
客服电话：010-88361066　机 工 官 网：www.cmpbook.com
　　　　　010-88379833　机 工 官 博：weibo.com/cmp1952
　　　　　010-68326294　金 书 网：www.golden-book.com
封底无防伪标均为盗版　机工教育服务网：www.cmpedu.com

第3版前言

自从本书第1版出版以来，已有20余年，第2版出版也有10余年，这期间多次印刷，受到了广大读者的关注，被国内许多院校选做教材。在这期间，相关技术发生了深刻变化，新技术层出不穷。随着工业4.0的到来，电气工程又有了新发展，尤其是工业自动化技术赋能了许多新内容，数字工厂、机器人、虚拟（增强）现实和云端制造生态体系等已成为工业自动化的主流，物联网、泛在网络、移动互联网、5G工业互联网、CPS（信息物理系统）、边缘控制器、云计算、区块链和大数据等已成为工业自动化的使能技术，推动着电气工程技术的变革，专业界限越趋模糊，多学科交叉已是大势所趋，传统上的电气控制技术的概念逐渐被边缘化，显而易见，多学科交叉日趋紧密，单一学科思维难以适应智能社会的发展。需要重新审视未来的电气控制技术，在编写第3版时充分考虑了未来电气控制技术的角色、未来电气控制工程师的角色是什么，原来我们视工业计算机、变频器（伺服驱动）和PLC为工业自动化的三大支柱硬件，在层级体系结构下运行，从"逻辑控制"方面思考问题，现在这三大支柱硬件变身为嵌入式系统、执行器、传感器和边缘控制器，"控制"问题是"CPS和数字孪生"，需要从"数据"方面考虑问题，工业自动化的层级体系结构扁平化，垂直和横向高度集成，端到端集成是广泛的分布式体系，在体系框架下数据共享，高度重视信息安全。

进入2021年，我国已经开始进入一个万物互联的智能社会时代。未来的工业控制系统是将云、网、端叠加到原有技术之上，可视化、数据化、智能化、云端控制等深度融合，由数字化控制向数据化控制转变，其中，多接入边缘计算、雾计算、云计算、泛在网络、嵌入式系统、CPS、数字孪生、区块链等将广泛应用，以CPS为核心的智能系统，将使包括电气工程领域在内的新技术发生巨变，推动智能制造的快速发展。

本书作者认为，基础研究是创新的源头，标准蕴藏着最先进的技术。为适应智能制造技术的发展，与第2版相比，全书内容有较大变动，除保留传统电气工程基础知识外，以智能制造使能技术为主线，按照工业4.0参考体系架构模型RAMI 4.0［智能制造系统架构（IMSA）］的层次结构，强化电气自动化控制技术相关的"采标"内容。第4章是智能制造使能技术的技术标准框架，重点强调了PLC相关的IEC 61131、IEC 61499和IEC 61804三个重要的国际标准；第5章详细介绍了IEC 61131-3编程语言，以及PLC的集成开发环境（IDE），EcoStruxure Machine Expert 1.1和CODESYS V3.5 SP16工程工具的使用；第6章详细介绍了工业4.0的技术支柱，RAMI 4.0的技术内容，工业4.0的核心技术CPS和数字孪生的工程应用。本书第2版是详细的电气工程基础知识，其中贯穿了逻辑思维的概念，作为基础知识，仍然是不可多得的参考书籍。这一版可看作是第2版的续篇。

这一版所称的常用低压电器是指在智能制造技术中，常用于工业自动化控制领域和各种成套设备的基础配套元件，泛指低压开关电器，其中的智能化电器是指智能化了的低压开关电器，这些电器的数据被传送到云端，则称其为云控电器、远程电器或物联网电器，如WiFi

控制电器、远程 PLC、边缘控制器等。在万物互联时代，控制端将从就地转移到云端，就地控制端的数据会存储在"云"上，传统意义上的设备变为云设备、远程设备，承担承上启下作用的载体将是镶嵌了 CPS 技术的 PLC。传统上 PLC 应用是"编程"的概念，现在 PLC 应用是"建模"的概念，是一个分布式系统，而不是一个独立的程序。

本书适宜于从事电气工程及自动化和生产过程自动化领域工作的工程技术人员阅读，也适合作为高等学校电气工程、工业自动化、自动控制等专业的高年级本科生、研究生教材和教学参考书，亦可作为企业电气工程技术人员的培训教材，高等职业、中等职业学校类似专业也可选用。另外，本书也可作为刚刚推出的国家职业技术技能标准《智能制造工程技术人员（2021 版）》的培训教材。

本书编写过程中曾参考和引用了大量国际标准和中国国家标准，国内外许多专家与学者发表的论文与著作，以及一些厂商的网站资料和产品说明书，由于各种因素，不能一一预告、面谢，作者在此一并致谢。

由于作者水平及时间所限，书中难免存在不妥、缺点和谬误，热忱欢迎广大读者批评指正，将不胜感谢。

编 者
2021 年 12 月于青岛

第 2 版前言

自从 2001 年《常用低压电器原理及其控制技术》出版以来，该书在指导电气控制技术的教学和应用方面起到了应有的作用，受到了广大读者的普遍欢迎，许多学校选用该书作为教材。由于现代工业自动化技术的迅速发展，原书的某些内容已显陈旧，因此决定编写第 2 版。其目的仍是希望向广大读者提供一本能体现现代电气控制技术发展和应用技术的参考书，尤其是对生产现场的工程技术人员。

与第 1 版相比，全书内容有较大更动，但仍然包括电气工程中的常用低压电器、智能化电器的基本结构、工作原理和选用方法；固态软起动器、通用变频器、可编程逻辑控制继电器等新型低压电器的基本工作原理及应用；可通信低压电器的基本原理及现场总线技术等。但这次修订时充实了新型电器、智能化电器、可通信低压电器及现场总线技术等方面的内容；新增加了逻辑控制系统方面的内容；系统地介绍了电气控制系统的基本工作原理、单元控制环节、控制线路分析、电气控制系统的设计原理与方法，逻辑控制系统的基本原理和分析、设计原理与方法的基本知识，并简要介绍了应用计算机绘制电气工程图的基本知识。书中介绍了国内外低压电器的最新技术、新产品及其应用和发展方向。

关于逻辑控制系统，本书倾向于从逻辑控制角度介绍"以软代硬"的逻辑控制原理、逻辑思维方法和设计方法，强调继电逻辑（硬逻辑）与可编程逻辑（软逻辑）两者逻辑上的统一性。事实上，从逻辑控制理论角度看，两者是一致的，只是实现的物理载体不同而已，前者用的是接触器、继电器，后者用的是存储器上的存储位，逻辑上都是"1"或"0"及其组合。现在，许多教材将原来分属两本书（两门课程）的电气控制技术和可编程序控制器技术的内容合二为一，说来这也没有什么不妥，但从书的内容上看，只是将两者简单地一前一后合并，内容上还是相互孤立存在的，并且只是介绍了可编程序控制器的最基础的内容，授课学时大幅缩减，这样的合二为一是值得商榷的。事实上，现在的可编程序控制器控制技术是一个十分复杂的系统工程，从实际应用来看，核心内容应该是可编程序控制器网络控制技术的应用，遗憾的是，这方面的内容在教材中涉及的极少，甚至未被提到，这就难免学习者面对实际应用时束手无策。鉴于上述思考，本书所述的逻辑控制系统的内容是期望使读者能够从逻辑控制角度学习掌握电气控制技术，从逻辑控制概念上"软硬融合"，而不是简单地"以软代硬"，这一部分内容就是为此打基础的。另外，从现代工业自动化控制技术来看，逻辑控制、过程控制和运动控制等是相互融合的，并没有严格的界限，但其核心都是计算机及其网络控制技术，网络是诸多控制方式的统一（同一）的载体，是一种数字化控制技术。从这一角度来说，现代电气控制技术是一种数字化的逻辑控制技术，现代电气控制系统是一种数字化的逻辑控制系统，那么我们的思维方法应该是数字化的逻辑思维方法，这就是本书第 2 版修订的中心思路。

本书适宜于从事电气工程及自动化和生产过程自动化领域工作的工程技术人员阅读，也适于用作高等学校电气工程、工业自动化、自动控制类等专业的教材和教学参考书，亦可作为企业电气工程技术人员的培训教材，中等工业学校类似专业也可选用。

本书第2版编写过程中曾参考和引用了国内外许多专家与学者发表的论文与著作，以及一些厂商的网站资料和产品说明书，由于各种因素不能一一预告、面谢，作者在此一并致谢。同时感谢上海交通大学王小曼同志、青岛大学刘湘波老师等以及电气工程专业的多位同学，在编写过程中，他们对全部书稿进行了逐字逐句的审查，提出了详细的审稿意见，在校稿、录入、绘图等工作中做了大量工作，给予了热情的帮助、支持和启迪。

由于作者水平及时间所限，书中难免存在不妥、缺点和谬误，热忱欢迎广大读者批评指正，将不胜感谢。

编　者

目　录

绪　论

在过去的十几年里，我们站在工业 4.0 的边缘，目睹了新技术的加速发展。电子商务、在线教育、远程办公等领域数字化程度不断扩大，以及我们还不知道存在的变化和潜力。这些都将从根本上改变我们的生活、工作及环境。回顾 2015 年 9 月世界经济论坛发布的 *Deep Shift：Technology Tipping Points and Societal Impact*（《深度转变：技术转折点和社会影响》）报告，就可证明这一点。

1. 转折点技术回顾

《深度转变：技术转折点和社会影响》这篇报告中的未来转变时间表见表 0-1。

表 0-1　未来转变时间表

2018 年	2021 年	2022 年	2023 年	2024 年	2025 年	2026 年	2027 年
所有存储	机器人技术与服务	物联网、可穿戴互联网、3D 打印及制造	可植入技术、用于决策的大数据、视觉作为新的界面、数字存在、政府和区块链、口袋里的超级计算机	普适计算、3D 打印和人类健康、互联家庭	3D 打印和消费品、人工智能和白领工作、共享经济	无人驾驶汽车、人工智能和决策、智慧城市	比特币和区块链

表中列举了 21 种在某个年份的转折点的技术，如 2021 年转折点技术"机器人技术与服务"，2022 年转折点技术"物联网、可穿戴互联网、3D 打印及制造"等。今天看来，表中列举的 21 种技术已经全部或部分实现。以下仅举几例。

（1）机器人技术与服务

机器人技术与服务预计时间是 2021 年，到 2025 年，86% 的受访者预计这个转折点会出现。机器人正开始影响许多工作，从制造业到农业，从零售业到服务业。尽管许多行业一直使用机器人来处理复杂的任务，但机器人正在进化，以实现更大的用途。它们变得更加自主、灵活和合作。它们会彼此互动，安全地与人类并肩工作，并向人类学习。这些机器人是相互连接的，因此，它们可以一起工作，并自动调整它们的动作，以适应下一个未完成的产品。如 ABB 公司的 YuMi 双臂机器人可以与工人和谐共处，共同完成同一个任务。

（2）物联网

物联网预计时间是 2022 年，到 2025 年，89% 的受访者预计这个转折点将会发生，1 万亿个传感器连接到互联网上。产品的设计是数字连接的，在产品之上增加数字服务。数字孪生为监测、控制和预测提供了精确的数据，成为业务、信息和社会过程的积极参与者，事物能够全面地感知环境，并自主地做出反应和行动，基于互联的智能事物产生额外的知识和价值。随着计算能力的不断增强和硬件价格的不断下降（仍然符合摩尔定律），从经济上讲，任何东西都可以连接到互联网上。智能传感器的价格已经非常具有竞争力。所有的东西都将变得智能，并连接到互联网上，从而实现更强的通信和基于更强的分析能力的新的数据驱动服务。

在未来，每一种（物理）产品都可以连接到无处不在的通信基础设施，遍布在环境中的传感器将使人们充分感知他们的环境。

工业物联网具有泛在感知、监控能力的各类采集、控制传感器或控制器，以及移动通信、智能分析等技术，它们不断融入到工业生产过程各个环节，从应用形式上，工业物联网的应用具有实时性、自动化、嵌入式、安全性和互联互通等特点。企业利用物联网技术，实现供应链管理、生产过程工艺优化、生产设备监控管理、环保监测及能源管理和工业安全生产管理等。通过对数据的分析处理可实现智能监测、智能控制、智能诊断、智能决策、智能维护，提高生产力，降低能源消耗。

（3）3D打印与制造

3D打印（增材制造）与制造预计时间是2022年，到2025年，84%的受访者预计这个转折点将会发生。3D打印是通过一层一层地打印数字3D绘图或模型来创建物理对象的过程。许多不同种类的材料被用于3D打印机，如塑料、铝、不锈钢、陶瓷甚至高级合金，打印机能够完成整个工厂曾经需要完成的工作。增材制造已广泛应用在各行各业，从制造风力机到玩具，不仅可以打印出物体，还可以打印出人体器官（这个过程被称为生物打印）。3D打印机最终将成为办公电器甚至是家用电器。

云制造是将系统工程技术和相关产品技术集成到产品开发的整个系统和生命周期中，实现人、机、料的自主感知、互联、协作、学习、分析、认知、决策、控制和执行的智能制造系统。制造生命周期中的环境和信息，使制造企业的人员/组织、运营管理、设备和技术及信息流、物流、资金流、知识流和服务流得到整合和优化。可以统一管理构成制造资源和能力的服务云；通过云制造服务平台按需获取制造资源和能力。云制造服务平台是云制造的载体，也是工业云平台，具有数字化、仪表化、虚拟化、面向服务、协同定制、灵活和智能等特点。

数字化是将制造资源和能力的属性以及静态/动态行为转化为数字、数据和模型，进行统一的分析、规划和重组。仪表化是实现信息技术与制造技术的集成，如CPS是软硬制造资源和能力的综合集成和感知。虚拟化提供制造资源和能力的逻辑和抽象表示与管理，没有物理约束。通过服务计算技术对虚拟智能制造资源和能力进行封装组装，形成制造服务。为快速动态协同虚拟企业管理提供全面支持，实现多主体按需动态构建虚拟企业组织和虚拟企业业务运营的无缝集成；随时随地按需获取智能制造资源和能力，支持个性化定制制造；支持人、机器、物的灵活、互联的制造活动；将人、智能科技、大数据、CPS、仿真技术、制造技术等集成到整个制造系统和生命周期中，对系统中的人、机、料、环境、信息进行自我感知、学习、分析、识别、决策、控制和执行。整个产业链包括云制造服务、云协同研发、云协同采购、云计算协同生产、云协同营销、云协同售后服务等。

工业云使用云计算模式为工业企业提供软件服务，按工业软件的划分，分工业管理云、工业设计云、工业控制云等几种类型。机器数据和功能越来越多地部署到云上，为生产系统提供数据驱动服务。甚至监视和控制流程的系统也变成基于云的制造执行系统。大型工业企业运用工业云将企业分散的信息资源统一整合，表现出更为集约、协同的管理特征，从而大幅提高IT设施的利用率。中小型工业企业运用工业云，可不购买IT设备，只需选择工业云服务商提供的在线系统或应用服务，按需使用、按使用付费即可。

云计算通常用于基于边缘计算方法的系统中，包括将设备和边缘计算节点连接到集中式云服务。边缘计算涉及将处理和存储放置在这些系统与物理世界交互的附近或位置，也就是

"边缘"存在的地方。云服务在更接近边缘的位置实现。边缘计算是分布式计算的一种形式，在这种计算中，处理和存储发生在一组靠近边缘的网络机器上，接近程度由系统的要求来定义。边缘由相关数字实体和物理实体（即数字系统和物理世界）之间的边界标记，通常由物联网设备和最终用户设备描述。传感器、执行器和用户界面设备处于物理世界和数字系统之间的边界（边缘）。边缘计算系统通常将这些设备与分布式计算资源结合起来，以提供系统的能力。边缘计算的特点是网络系统（"连接"），其中重要的数据处理（"计算"）和信息存储（"存储"）发生在边缘附近的设备和实体上，而不是在某些集中的位置。

IEC PAS 63178：2018 定义了相关制造资源集成到云制造服务平台的要求，包括硬制造资源、软制造资源和制造能力的集成。

（4）用于决策的大数据

用于决策的大数据预计时间是 2023 年，到 2025 年，83% 的受访者预计这个转折点将会发生。利用大数据可以在广泛的行业和应用中实现更好、更快的决策。利用大数据来取代目前手工完成的流程可能会导致某些工作过时，但也可能会创造出目前市场上不存在的新工作和机会类别。

根据 ISO/IEC TR 20546：2019，大数据是指主要以体积、多样性、速度和 / 或可变性等特征处理大量数据集，这些特征需要可伸缩的体系结构来进行有效的存储、操作和分析；当数据集的特征需要新的架构来高效存储、操作和分析时，利用独立资源的高级技术来构建可伸缩的数据系统；采用一种模式，将数据系统分布在横向耦合和独立的资源上，以实现高效处理数据集所需的可伸缩性。数据分析包括数据采集、数据验证；数据处理包括数据量化、数据可视化和数据解释。云计算是支持网络访问可伸缩和弹性的可共享物理或虚拟资源池的实例，并提供按需自助供应和管理。资源实例包括服务器、操作系统、网络、软件、应用程序和存储设备。

工业大数据主要来源于智能设备和制造链中，从采购、生产、物流与销售市场的内部流程到外部互联网信息等。生产线智能设备安装有数以千计的传感器，利用传感器数据可以实现包括设备诊断、能耗分析、质量事故分析等。在生产过程中使用这些大数据分析整个生产流程；对产品的生产过程建立虚拟模型，仿真并优化生产流程；利用传感器集中监控所有的生产流程，能够发现能耗的异常或峰值情形，由此可在生产过程中优化能源的消耗等。

（5）人工智能、决策与白领工作

人工智能与决策预计时间是 2026 年，到 2025 年，45% 的受访者预计这个转折点将会发生。除了自动驾驶汽车，人工智能还从以前的情况中学习，提供输入信息，并将复杂的未来决策过程自动化，从而更容易、更快地根据数据和过去的经验得出具体结论。使用自然语言处理、本体和推理的人工智能系统可有效地从大数据源中收集和提取信息，并具有识别数据中因果关系的能力。这些知识处理系统，通过学习的过程，确定数据库之间的关系和联系，通过有效地帮助市场细分和业绩衡量，同时降低成本和提高准确性，帮助履行营销的角色。

人工智能与白领工作预计时间是 2025 年，到 2025 年，75% 的受访者预计这个转折点将会发生。AI 擅长匹配模式和自动化流程，这使得该技术能够适应大型组织中的许多功能。在未来的环境中，人工智能将取代目前由人类执行的一系列功能，并替代岗位，降低成本，提高效率，为小企业、初创企业释放创新机会（准入门槛更低，"软件即服务"）。

（6）普适计算

普适计算（Ubiquitous Computing）预计时间是 2024 年，到 2025 年，79% 的受访者预计

这个转折点将会发生。90% 的人定期访问互联网。普适计算也称泛在计算，是一个强调与环境融为一体的计算概念，在普适计算的模式下，人们能够在任何时间、任何地点、以任何方式进行信息的获取与处理。个人的计算能力从未像现在这样——通过一台连接互联网的计算机、一部带有 4G/5G 或云服务的智能手机。世界上 43% 的人口接入了互联网。来自任何国家的任何人都可以获得来自世界另一个角落的信息，并与之互动。

三维仿真与虚拟现实技术相结合，在产品、材料和生产过程中，利用实时数据在虚拟模型中反映物理世界，虚拟模型可以包括机器、产品、物料、工具、记录、人及环境等要素。这使得操作人员可以在物理转换之前，在虚拟世界中测试和优化下一个产品的机器设置，从而减少机器设置时间，提高质量。三维仿真装置可将生产过程涉及的要素进行有机融合，并通过三维图像引擎对生产过程进行全程仿真和三维重现，将虚拟现实技术应用于生产过程的仿真。

2. 正在改变工业生产的新兴技术

新兴技术是以前三次工业革命的知识和体系为基础，特别是以第三次工业革命的数字能力为基础，包括人工智能（AI）、自主机器人、大数据与分析、虚拟和增强现实、增材制造、云、神经网络技术、生物技术、新材料、网络安全、工业物联网、横向和纵向系统集成、仿真、能源技术等，基础技术进步正在推动工业 4.0 的新数字工业技术的兴起，传感器、机器、工件和 IT 系统将沿着价值链连接起来，这些连接的系统，也称为 CPS，可以使用标准的基于互联网的协议相互交互，如机器对机器和机器对人的交互，并分析数据以预测故障、配置自身并适应变化，跨机器收集和分析数据，从而实现更快、更灵活、更高效的流程，以更低的成本生产更高质量的产品。所有的创新都是通过数字技术实现和增强的，集中在物理、数字和生物三种技术集群的相互关联。例如，如果没有计算能力和数据分析的进步，基因测序就不可能发生，新冠病毒疫苗不可能这么快就问世；如果没有人工智能，进化机器人也不会存在，而人工智能本身很大程度上依赖于计算能力。这些已经应用于制造业，在工业 4.0 下，它们正在逐渐改变传统的生产系统体系，原来的信息孤岛、分层单元将以完全集成的、自动化的方式扁平地聚集在一起，优化生产流程，提高生产效率，改变传统的供应商、生产商和客户之间，以及人与机器之间的生产关系。

这些导致了工业自动化所采用的传统模式越来越不能适应新兴技术和智能制造技术的发展需要。传统模式对制造系统的有效修改也是非常困难的，为了进行有效的信息交换，所有涉及的系统都必须在异构环境中无缝地交互，即互操作性。在不久的将来，所有的技术将被整合并合作，创造一个更智能、更高效的整体。对于制造业来说，设施将成为智能工厂。当工厂的所有方面，从数字车间到销售，以数字方式互联时，生产过程将从一个复杂的孤立筒仓转变为无缝的扁平生产环境。智能工厂的基础设施就是 CPS、数据孪生、边缘计算和云计算。

以往我们以物理硬件来定义和描述工业自动化技术，现在软件技术已彻底改变了我们以往的认知范围。软件定义了数据、模型、硬件、网络，以及智能制造。从软件定义的产品到软件定义的制造，产品已经从单一的程序转向了交互式网络。软件的进步对人类脑力的作用，就像机器代替体力劳动一样，影响着人类适应环境的能力。在任何地方、任何时间，将每个人与任何事物进行数字连接，以及只用一套与以往几乎所有方面相关的数据的机制或工具。人们所能做的事情正越来越多地受到软件的驱动和支持，人们能够访问和分析的东西也在同时变得更小、更易于聚合。这为个人和各种类型的组织提供无数的服务创造了机会。

3. 工业 4.0 与智能制造

智能制造（Intelligent Manufacturing，IM）是一种完全集成的协同制造系统，能够实时响应生产系统、供应链和客户不断变化的需求和条件，它通过互操作的基础设施解决现有和未来问题，同时创造价值链。这与技术连接、前所未有的大数据和背景化有关，被预测为第四次工业革命。

工业 4.0 的目标是智能制造，在很多情况下工业 4.0 与智能制造是同义词，数字工厂是其中的一个制造单元。IEC PAS 63088：2017 定义了工业 4.0（智能制造）参考架构模型（RAMI 4.0）。RAMI 4.0 将工业 4.0（智能制造）所涉及的关键要素用一个三维层级模型来描述，包括企业纵向集成维度、产品生命周期管理（PLM）与价值流维度，第三个维度把制造系统的活动划分为业务、功能、信息、通信、集成和资产 6 个层次，形成横向（活动）维度。这个架构模型划定了工业 4.0（智能制造）所涉及的范围，所有业务都必须在 IEC 62264（ISA95）标准的基础上进行。数据服务是模型的一部分。智能工厂均以企业资源规划（ERP）、制造运行管理（MOM）或制造执行系统（MES）、过程控制系统（PCS）层级架构为原型，通过三个维度的集成将生产运行管理功能与实际生产场景紧密连接起来。

横向集成是将不同制造阶段的智能系统集成在一起，既包括一个工厂内部的材料、生产过程、能源和信息，也包括不同工厂之间的价值网络的配置。通过 CPS、工业互联网、物联网、云计算、大数据、移动通信等技术手段，对分布式生产资源进行高度的整合，从而构建起在网络基础上的数字工厂间的集成。通过纵向集成，把传感器、各层次智能机器、工业机器人、数字车间与产品有机地整合在一起，同时将这些信息传输到 ERP 系统中，对横向集成，以及端到端的价值链集成提供支持。纵向集成构成了工厂内部的模块化制造体系，在不同的产品生产过程中，模块化制造体系可以根据需要对模块的拓扑结构进行重组，从而实现个性化产品生产模式。这个集成后的网络化制造体系是一个智能机器系统，模块是它的应用程序单元，改变拓扑结构的过程就是重新配置的过程，所有活动全部是自动完成的。一个工厂的纵向系统由过程控制系统、制造执行系统（MOS、MES）、ERP 系统三层结构组成。智能工厂就是这三层的上下贯通，每一层模块化，共同组成一个扁平化智能平台，同时，建构生产数据中心，实现数据自动采集、数据自动传输、数据自动决策、自动操作运行、自主故障处理等。横向集成与纵向集成、价值链集成整合起来构成了智能制造网络。

CPS 是智能制造、智能电网、智能建筑、智能交通、智能医疗等大型复杂系统的实现及相应的自动化的技术基础。这是一个科学、技术、工业和社会，包括多学科的工程方法，以及异构通信、信息和控制 / 自动化技术的融合和人机物的融合。工业 CPS（ICPS）与工业自动化相关的工程和实现的关键方法和技术包括多代理系统（MAS）、面向服务的体系结构（SOA）和云系统，以及群体智能、自组织和混沌理论、无线传感器网络、增强现实和云计算，这些技术被认为可以支持 ICPS 在无处不在的环境下的运行，重新配置会像拖放应用一样自然出现，而复杂性则由后台服务来处理。具体实现有 CPS、CPS SoS（System of Systems）、CPS 管理、CPS 工程、CPS 生态系统和 CPS 基础设施等领域。

（1）数字工厂

数字工厂（DF）是生产系统的数字表示，用来表示一个生产系统。数字工厂的主体是 DF 资产主体。在工厂自动化领域，数字工厂是数字模型、方法和工具的综合网络的总称。其目标是对真实工厂的所有主要结构、流程和资源进行整体规划、评估和持续改进。生产系统的所有信息和表示它的模型，主要是机电一体化（机电组件）方面的集合，包括机械、电气和自动化相关信息。在数字工厂中，基于机电组件的生产系统是通过使用 ERP、PLM 和供应链管理（Supply Chain Management，SCM）等的虚拟方式进行的。一个机电组件可代表一个功能意图，是生产系统生命周期中的一种数字表示，包含了生产系统生命周期中所需要的所有信息。只有在生产系统的生命周期中，各个要素之间实现无缝连接，才能实现数字化柔性生产及数字工厂的理念。

数字工厂的愿景是通过"即插即用"的方式将工厂与生产过程简单地联系起来。这需要生产监视和控制系统工程的所有信息有能自我描述的、一致的、标准化的、中立的数据交换格式、通信和处理机制。生产监视和控制系统实时收集、聚合和处理过程信号，通过自动化的方式对制造和装配过程进行控制。为此，通过标准化数据格式（CAEX）和标准化通信（OPC UA）实现自动化生产监控系统工程。

（2）CAEX 与 OPC UA

自动化生产监控系统工程位于 RAMI 4.0 的底层。通过 CAEX 与 OPC UA 的应用可实现一致的标准接口、与所有相关系统的标准化通信、面向服务的处理、针对特定于供应商的数据格式转换，以及最终通过自动化流程提高数据质量。对于生产监控系统来说，OPC 信号是来自真实生产过程还是来自与仿真相关联的 PLC 并不重要，重要的是可以利用生产监控技术中处理和 / 或产生的数据来改进仿真输入数据。这使得控制技术能够在早期阶段进行测试。将 IEC 62424 和 IEC 62541 这两个标准结合起来形成一个数据接口框架，以实现各层间扁平化集成。

IEC 62424 标准定义了 CAEX 系统描述语言，是一种基于可扩展标记语言（XML）数据格式的半形式化中性描述语言。适用于生产或制造技术，无论是复杂的生产线还是单个机器。支持通过 XML 文件交换计算机辅助工程（Computer Aided Engineering，CAE）数据。CAEX 格式能够通过标准的语法进行建模和交换任意对象模型数据，对语义进行建模。

CAEX 是一种标准化的、与工具无关的、面向对象的数据格式，用于存储分层的工厂信息；支持封装、类、实例、继承、层次结构和属性等概念。工厂数据可以以库结构的形式进行管理和传输，可将规范和标准建模为 CAEX 库。CAEX 数据可以通过使用通用规则的基于知识的系统或通过分析性的、基于计算机的任务来进一步处理。CAEX 定义了自己的模型结构，并在库中管理，元建模技术简化了标准数据交换的创建。CAEX 数据模型包括界面库、角色库、系统单元库，以及特定的工厂结构 - 系统层次四个方面。在数据交换过程中，CAEX 库可以与数据一起传输到其他系统。所有支持 CAEX 数据模型的系统都能够从库中导出结构和语义信息，并解释接收到的数据。该格式具有极强的可伸缩性。因此，可以重新利用原有系统的全部或部分有价值的数据。标准化的数据格式使生产系统更加透明，从而更容易地进行比较。然而，为了获得控制技术所需要的所有信息，需要来自多个来源的数据，包括现场设备的过程信号，以及来自工厂规划或布局规划的工厂可视化数据和拓扑信息。这就需要选择一种通用的方法，以收集和检索来自各种来源的所有信息。

OPC UA（IEC 62541）允许在原型系统框架中进行通信、同步和处理，使不同系统之间的 CAE 数据的交换是结构化和有组织的，用于生产监控系统自动化的标准化数据格式。OPC UA 是一个独立于平台的、面向服务的工业 OPC 通信标准，定义了一个公共基础设施模型来促进这种信息交换，规定了表示结构、行为和语义的信息模型，应用程序间交互的消息模型，在端点之间传输数据的通信模型，保证系统之间互操作性的一致性模型。OPC UA 可以映射到各种通信协议，数据可以以各种方式编码，以权衡可移植性和效率。OPC UA 不仅仅针对

SCADA、PLC 和 DCS 接口，还作为一种在更高级别功能之间提供更大互操作性的方法。OPC UA 目标应用如图 0-1 所示。

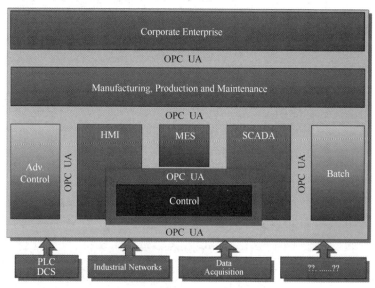

图 0-1　OPC UA 目标应用（摘自 IEC/TR 62541-1：2020）

进入 2021 年，中国已进入万物互联时代。未来的工业自动化系统将是云、网、端叠加到原有技术之上，可视化、数据化、智能化和云端控制深度融合，由数字化控制向数据化控制转变，其中，多接入边缘计算、雾计算、云计算、泛在网络、嵌入式系统、区块链、边缘控制器等将广泛应用。正在发展的现代工业自动化系统将是以 CPS 为核心的智能系统，云 +AI+5G 为主导，核心控制器将是镶嵌了 CPS、基于 IEC 61131、IEC 61499 和 IEC 61804 系列标准的边缘控制器，这将发生包括电气工程领域在内的新技术巨变，推动智能制造的快速发展。

显而易见，多学科交叉日趋紧密，单一学科思维方式难以适应智能时代的发展。本书第 2 版的内容已跟不上时代的发展，因此，第 3 版与第 2 版相比，全书内容有较大变动，以创新思路为主导，较全面地介绍相关的国际标准和国家标准，书中关于标准的列表是最低限度，并不完整，由于篇幅所限，纯技术内容以提示方式叙述，有需要，请沿提示线索自行寻找参考书籍和资料，期望能向广大读者，尤其是制造业现场的工程技术人员提供一本顺应"智能制造"快速发展的电气工程领域技术的参考书。本书所称的常用低压电器是指在工业自动化领域中，常用于电气控制和各种成套设备的基础配套元件，泛指低压开关电器及智能化电器。更详细的电气工程基础知识，若有需要可参考《常用低压电器原理及其控制技术》第 2 版。

第1章 常用低压电器的基本原理

本章主要介绍低压电器的基本知识、基本原理、用途及其应用。另外，介绍电气技术文件编制，为电气工程设计打下基础。

1.1 概述

本书将"低压电器"定义为：低压电器是用于交流50Hz（或60Hz）、额定电压为1000V及以下，直流额定电压为1500V及以下的电路中起通断、保护、控制或调节作用的电器，是各种成套电气设备的基础配套元件，泛指低压开关电器。

1.1.1 相关术语

1）开关电器，是指用于接通或分断一个或多个电路电流的电器；一个开关电器可以完成一个或两个操作。

2）开关设备，是指配电和电能转换的开关电器以及与其相关联的控制、测量、保护及调节设备的组合，也指这些电器以及相关联的内连接线、辅助件、外壳和支持构件等的组合。

3）控制设备，是指手动控制受电设备的开关电器以及与其相关联的控制、测量、保护及调节设备的组合，也指这些电器以及相关联的内连接线、辅助件、外壳和支持构件的组合体。

4）控制器，是指按照预定顺序转换主电路或控制电路的接线以及变更电路中参数，使电气设备的工作状况适应于变化的运行要求的开关电器。

5）配电电器，是指用于配电回（电）路，对电路及设备进行保护以及通断、转换电源或负载的开关电器。

6）控制电路电器，是指在开关设备和控制设备中用作控制、信号、联锁、测量等用途的电器。

7）机械开关电器，是指借助可分开的触头的动作闭合和断开一个或多个电路的开关电器。

8）半导体开关电器，是指利用半导体的可控导电性接通或阻断电路电流的开关电器。

9）人力控制与自动控制，人力控制是操作的控制由人力参与，自动控制是无人参与而按照预定条件操作的控制。

10）就地控制，是指在被控开关电器上或其附近操作的控制。

11）远距离控制，是指在远离被控开关电器处操作的控制。

12）电气继电器与量度继电器，电气继电器是一类当控制该器件的输入电路满足一定条件时，在其一个或多个输出电路中产生预定阶跃变化的电气器件，量度继电器是一类在规定的准确度下，当其特性量达到其动作值时即进行动作的电气继电器。

13）集成化终端电器，是用于 TT、IT、TN-S、TN-C-S 多种配电系统电路末端的安全用电、防火保护的一类配电电器。集成化终端电器集成过电压、欠电压、过载、短路、漏电、断相、断零、防雷、远程通信、用电显示、故障显示等功能；过载电流、过电压、欠电压、漏电流可调等保护显示功能，可在运行时显示配电线路中用电的电压、电流等情况。

1.1.2　常用低压电器的分类

低压电器的种类繁多，功能多样，用途广泛，结构各异，其分类方法也很多，在应用领域，通常根据用途和功能分为配电电器、控制电器、控制电路电器、开关电器、开关设备和控制设备等类型。通常，低压开关电器行业根据类型分为框架万能式断路器、塑料外壳式断路器、小型断路器、接触器、继电器、控制器及自动化组件、成套装置等类别。本书按用途和功能分类如下：

1）低压配电电器，主要有框架万能式断路器、塑料外壳式断路器、智能化框架式断路器、智能化塑料外壳式断路器、模数化智能断路器、漏电断路器、集成化终端电器，其他还有刀开关、隔离器、熔断器、负荷开关、互感器、传感器、避雷器等。集成化终端电器，主要是将小型断路器、漏电保护器、漏电断路器、过/欠电压保护器、熔断器、通信模块等分立器件组合而成的新型电器，如智能无线控制断路器、电动机可逆控制器、电动机星-三角起动控制器等。

2）控制电路和辅助电路电器，代表性电器有接触器、继电器、热继电器、按钮、接近开关、转换开关、互感器、传感器、控制器、电器安装附件等。

3）起动器，三相异步电动机的各种起动器的起动原理都是基于继电逻辑控制原理，由开关电器级保护电器组合而成。实现这些起动方式的继电逻辑控制电路（系统）在国家标准中统称为起动器，包括星-三角（丫-△）起动器、自耦变压器减压起动器、软起动（固态减压起动器）、变阻式起动器（H 级起动器）等。

4）工业自动化设备，工业自动化设备是众多自动化产品的统称，自动化设备是在无人干预的情况下，根据已经设定的指令或者程序，自动完成工作流程的任务。本书范围内包括边缘控制器、可编程逻辑控制器（PLC）、通用变频器、软起动器、传感器等。

上述电器按应用行业、应用场合又可分为一般工业用电器、通用电器、配电电器、牵引电器、防爆电器、真空电器、矿用电器、航空电器、船舶电器、建筑电器、农用电器、智能家居电器等。按照 IP 防护等级分为户内用、户外用电器和控制设备等。

1.1.3　低压电器的发展概况

我国低压电器行业经历了 70 年的发展，先后经历了三代产品的发展，低压电器企业已经掌握了第三代产品的核心技术，并取得一些自主知识产权，基本形成了较为完整的生产体系，产品已经超过 1000 个系列，生产企业已达到 2000 余家。截至 2018 年，低压电器产品总产值已达到 980.5 亿元，在国家"一带一路"倡议的带动下，各企业加大开拓国际市场，目前已成为低压电器进出口贸易大国。据资料记载，2018 年我国低压电器主要产品进出口总额 319.03 亿美元，其中进口为 158.26 亿美元，出口近 160.77 亿美元。目前我国生产企业正步入第四代产品的自主研发和制造时期，与以施耐德、ABB、西门子为代表的国外企业品牌齐头并进。

1.1.3.1　第四代低压电器

目前，普适意义上的第四代低压电器产品是符合节能环保要求的"绿色"智能化电器产品，具有计算、通信、精确控制、远程维护和自治等五大功能特征，具有功能软件化、数字化、电子化、智能化、网络化、高性能、高可靠性、小型化、模块化、组合化、零部件通用化等特点，集保护、监测、通信、自诊断、显示等功能于一体，支持系统集成应用，可通过工业互联网 APP 使用移动设备进行操作。目前我国智能化低压开关电器包括智能化万能式断路器、智能化塑壳式断路器、智能化双电源自动转换开关、智能化交流接触器、智能化电动机保护器、智能化软起动器、智能化控制与保护开关电器等产品。

智能化了的开关电器通常简称为智能化电器或智能电器，它由开关电器和内嵌式智能控制器或外挂式智能控制器组合而成。智能控制器由数据采集、智能识别、调节装置和通信模块等基本单元构成，有的产品根据需要加装显示模块和检测模块等，以扩大智能化功能。数据采集单元主要由传感器组成，将被测信号数据以数字信号的形式提供给智能识别单元，以进行处理分析；智能识别单元是智能控制单元的核心，由 DSP 微处理器构成的微机控制系统，根据传感器采集到的信息和主令操作信号，自动地识别工作状态，对调节装置发出不同的定量控制信号而自动调整操动机构的参数，对执行机构发出调节信息和动作指令，执行机构接收到控制信息后，调整操动机构的参数，驱动执行器执行。通信模块有 RS232/RS485、现场总线、局域网等接口，支持 WiFi、GPRS、433MHz、移动 4G/5G、蓝牙等多种通信方式，可与工业网络、物联网、云平台等联网，实现远程网络化控制或云控制。以智能化低压断路器为例，它将通信、测量、控制和保护等功能集于一体，数据可实时向云平台传送，对电气相关数据进行分析，自动识别故障类型，迅速做出处理，并将状态信息和处理结果通过云平台发送给管理者，实现大数据分析，为远程运维管理提供依据。智能云平台可实现配电设备云端互联、故障快速定位报警、能耗分析优化等功能。

目前，开关电器实现智能化主要用非集成化、集成化和混合三种方式实现。非集成化方式是将传统的开关电器通过传感器接口与智能控制器组合为一个整体而构成智能电器，并配备智能化软件，从而实现智能电器功能，如智能接触器；集成化方式是将功能接口电路和智能控制器集成在一个壳体内，利用电力电子技术代替常规机械结构的辅助开关和辅助继电器，达到微型化、结构一体化，从而提高了精度和稳定性，如框架式智能断路器、智能云断路器、智能漏电微型断路器、远程线控智能断路器等；混合方式是在集成化方式基础上再将显示功能、仪表功能和通信模块放在一个或两个壳体内，组合成一个智能化电器，再装在一个框架内或导轨式安装，如断路器本体附加智能网关模块、远程控制模块、以太接口及网关产品等。

智能化电器与网络的连接，主要有两种方式：一是在电器内部镶嵌通信模块和接口，通信规约标准化，通过通信接口与现场总线连接，再通过数据网关与云管理平台连接，若支持WiFi、GPRS、蓝牙等通信方式，即可采用移动设备进行操作；二是各种模块（卡）化通信接口，连接于网络和低压电器元件之间，可构成如上类似的通信功能，如施耐德用于断路器外部的 ULP 模块等。

1.1.3.2　未来第四代低压电器

普适概念下的智能化电器是可通信的智能电器，未来的智能化电器是可互联的物联网电器。普适概念下的智能化电器的通信是在"层级结构"上的封闭型工业自动化控制网络，各类品牌协议不一致，所传送的数据"帧"格式不同，不同层级之间的兼容性差，设备相互之间不能互通数据，数据只能本地采集，无法远程监控，不能满足智能生产控制的实时性和可靠性要求。未来的智能化电器不仅是可通信的智能电器，还是数字化、网络化的物联网电器，具有功能软件化、通信IP化、扁平化、无线化、灵活组网和即插即用等特征，运行在信息物理系统（Cyber Physical Systems，CPS）中的网状分布式工业控制网络中。5G（IPv6）网络将成为工业互联网接入层关键组成部分，网络能力（时延、带宽、资源定制等）大幅提高，每一个物联网电器在网络中都用IP地址连接，将数据融合在IP网络中传输和控制，使数据可在不同网络间传输和交换，实现设备间的互联互通。每一个物联网电器中都镶嵌智能传感器/执行器等部件，可通过网络实现信息采集和反向控制。通过IP协议，把各种不同数据"帧"统一转换成"数据包"格式，做无连接分组交换传输，可大幅提高网络的坚固性和安全性，即具有"开放性"的特点。未来第四代低压电器一定是在第四次工业革命中伴随着智能制造而产生的。

进入21世纪，中国第一次与发达国家站在同一起跑线上，发动和创新人类历史上的第四次工业革命。2020年中国已经进入一个人、机、物互联、互通、互操作的全联网智慧时代。2019年6月6日，中国正式进入5G商用元年，为工业互联网发展、产业数字化、网络化、智能化的发展奠定了重要基础，5G结合人工智能、物联网、云计算、大数据、边缘计算、信息物理系统等技术，将进一步推动工业智能化、信息化升级，推动智能制造快速发展。2019年11月19日，工业和信息化部办公厅发布了《"5G＋工业互联网"512工程推进方案》，明确到2022年，要突破一批面向工业互联网特定需求的5G关键技术，打造5个产业公共服务平台，内网建设改造覆盖10个重点行业，形成至少20个典型工业应用场景，促进制造业数字化、网络化、智能化升级，加快工业级5G芯片和模组、网关，以及工业多接入边缘计算（Mobile Edge Computing，MEC）等通信设备的研发与产业化，促进5G技术与可编程逻辑控制器（PLC）、分布式控制系统（DCS）等工业控制系统的融合创新。2020年2月20日，全球首款5G工业互联网模组在中国四川爱联科技公司顺利下线。5G模组可广泛应用于5G工业生产线、工业物联网、工业自动化控制等工业智能制造领域，实现智慧工厂全流程的数据采集、数据回传、控制指令收发、监控、可视化应用、设备信息化及数据安全可管可控，这意味着5G工业互联网将深入发展和广泛应用。

5G工业互联网是构建工业环境下人、机、物全面互联的关键基础设施。5G工业互联网可以实现从研发、设计、生产到销售、管理、服务等全要素的泛在互联，是连接生产系统和产品各要素的信息网络；通过工业现场总线、工业以太网、工业无线网络（物联网）和异构网络集成等技术，能够实现工厂内各类装备、控制系统和信息系统的互联互通，以及物料、产品与人的无缝集成，并且IP化、扁平化、无线化、灵活组网。智能化电器在其中将起到连接器和执行器的作用，通过智能化电器的互联，把各个孤立的"人、机、物"接入到云端平台上。工业物联网和云端平台分别位于智能工厂的三层信息技术基础架构的底层和顶层。最上层的工业云和智能服务平台，是高度集成、开放和共享的数据服务平台。中间层，通过信息物理系统实现对生产设备和生产线的控制、调度等相关功能。在网络最底层则通过工业物联网实现传感、执行、控制，实现智能生产，5G（IPv6）网络将使智能传感器在本体内部进行数据处理，再实时地发送有用且可执行的数据，以满足智能工厂的需求。

新一代信息技术与制造业深度融合，基于信息物理系统的智能装备、智能工厂等智能制造正在引领制造方式变革。基于信息物理系统网络的智能控制系统、工业应用软件、故障诊断软件和相关工具、传感和通信系统协议将大力发展，实现人、设备与产品的实时联通、精确识别、有效交互与智能控制。

信息物理系统是集成计算、通信与控制于一体的下一代智能系统。信息物理系统通过人机交互接口实现和物理进程的交互，使用网络化空间以远程、可靠、实时、安全、协作的方式操控一个物理实体。信息物理系统包含了将来无处不在的环境感知、嵌入式计算、网络通信和网络控制等系统工程，让物理设备具有计算、通信、精确控制、远程协调和自治等五大功能。信息物理系统网络的实现，在工业设备接入技术上，主要通过现场总线技术和工业以太网技术，以及无线网络和基于有线、无线网络形成的柔性灵活的工厂网络；从网络类型来分，既有各种智能设备组成的专用协议局域网，也有基于通用 TCP/IP 协议的公共互联网。网络内部设备的远程协调能力、自治能力、控制对象的种类和数量、网络规模等远远超过现有的工业控制网络。

基于以上时代背景和技术背景，本书作者预言，第四代低压电器中的智能化电器是一个可通信、可互联、无线化的物联网智能电器。目前需要攻克的技术包括专用新型传感器技术、网络化技术、智能控制技术、在线监测技术、集成技术、在线编程技术、虚拟仪表技术、嵌入式软件技术、抗电磁干扰技术及新工艺制造和安装技术等。

1.2　常用低压电器的基本问题

根据低压电器的结构，本书将低压电器分为电磁式开关电器和智能逻辑控制器两大类。通常说的低压电器多数是指电磁式开关电器，电磁式开关电器的基本结构主要是由触头系统和电磁机构组成。触头系统存在接触电阻和电弧的物理现象，对电器系统的安全运行影响较大；而电磁机构的电磁吸力和反力则是决定电器性能的主要因素之一。低压电器的基本性能包括开断能力、温升、部件强度、电动稳定和热稳定、绝缘性能等电气性能。因此，触头结构、电弧、灭弧装置，以及电磁吸力和反力等是构成低压电器的基本问题，是了解和应用低压电器的理论基础，低压电器的主要技术性能指标与参数就是在这些基础上制定的，深入了解低压电器的主要技术性能指标与参数，对正确地设计应用系统、选用和操作低压电器、电气安全运行是至关重要的。

1.2.1　电器的触头和电弧

电器的触头是开关电器的主要执行部分，也是电器的输出电路，起接通和分断电路、电能传递和信号输送的作用，并承载正常工作电流和在一定的时间内承载过载电流，其电气寿命、可靠性，直接影响着开关电器的性能、可靠性与寿命。触头也是开关电器中最容易出故障的部分，一旦触头系统不能正常工作，整个开关电器会失效，甚至引发生产系统事故。触头在通断过程中将产生电弧，电弧会烧损触头，造成其他故障。

1.2.1.1　电器触头材料

触头在电器实际运行中的情况非常复杂，除了机械力和摩擦作用外，还有焦耳热、电弧灼烧等，这些都会对触头材料产生影响，并且不同的材料，影响也不尽相同。由于使用场合的不同，对触头材料的要求也不同，通常要求它具有良好的导电性和导热性、接触电阻小、耐磨损（电磨损和机械磨损）、抗熔焊、化学性能稳定和一定的机械强度，对于真空触头材料还要求截断电流小、含气量低、耐电压能力强、热电子发射低等。

开关电器对触头材料的要求主要有以下几个方面：

1）物理性能：具备低电阻率、高热导率、高熔点等，并且热稳定性好，热容量大，电子逸出功高，以保证起弧电压高和电流低。

2）机械性能：高温强度高、硬度高，并且塑性与韧性好。

3）电接触性能：耐电弧烧损和接触电阻低，熔焊及金属转移的倾向小。

4）化学性能：对较宽范围的不同介质有良好的耐蚀性能，在大气中不易氧化、炭化、硫化及形成不易导电的化合物，电化学电位高，耐化学腐蚀和气体溶解的倾向小。

低压开关电器通常采用合金内氧化法银金属氧化物（AgCdO、AgZnO、AgCuO）材料制成，越来越多的电器采用银氧化锡（$AgSnO_2$）替代银氧化镉（AgCdO）材料。银氧化锡比银氧化镉有更好的热稳定性和更高的硬度，具有更好的抗熔焊性和耐灼性。

1.2.1.2　触头的接触电阻和磨损

触头（动、静触头）之间的接触电阻包括膜电阻和收缩电阻。触头在运行时还存在触头的磨损，触头的磨损包括电磨损和机械磨损。

1. 膜电阻

膜电阻是触头接触表面在大气中自然氧化而生成的氧化膜造成的。氧化膜的电阻要比触头本身的电阻大几十倍到几千倍，导电性能差，甚至不导电，并受环境的影响较大。

2. 收缩电阻

收缩电阻是由于触头实际接触的面积总是小于触头原有可接触面积，这样有效导电截面积减小，当电流流经时，就会产生电流收缩现象，从而使电阻增加及接触区的导电性能变差。由于这种原因增加的电阻称为收缩电阻。如果触头之间的接触电阻较大，就会在电流流过触头时造成较大的电压降落、电阻损耗大，将使触头发热而致温度升高，导致触头表面的膜电阻进一步增加及相邻绝缘材料的老化，严重时可使触头熔焊，造成电气系统发生事故。

因此，对各种电器的触头都规定了它的最高环境温度和允许温升。

3. 电磨损

电磨损是由于在通断过程中触头间的放电作用使触头材料发生物理性能和化学性能变化而引起的，电磨损的程度决定于放电时间内通过触头间隙的电荷量的多少及触头材料性质等。电磨损是引起触头材料损耗的主要原因之一。

4. 机械磨损

机械磨损是由于机械作用使触头材料发生磨损和消耗。机械磨损的程度取决于材料硬度、触头压力及触头的滑动方式等。

1.2.1.3　触头的接触形式

触头的接触形式主要有点接触、线接触和面接触三类。触头的结构形式有指形触头和桥形触头等。微型继电器中常采用分叉触头和片簧触头。图 1-1 所示是几种触头的接触形式。

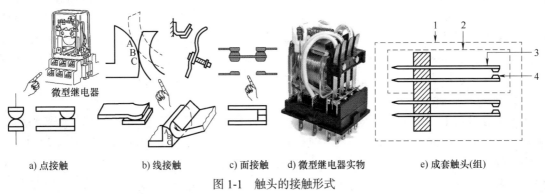

a) 点接触　　b) 线接触　　c) 面接触　　d) 微型继电器实物　　e) 成套触头(组)

图 1-1　触头的接触形式

1—成套触头　2—输出电路、触头电路、触头组　3—接触件　4—接触点

由图 1-1 可见，面接触的实际接触点要比线接触的多，而线接触的又要比点接触的多。图 1-1d 是微型继电器实物。

图 1-1a 所示为点接触，它由两个半球形触头或一个半球形与一个平面形触头构成，这种结构容易提高单位面积上的压力，减小触头表面电阻。点接触常用于小电流电器中，如接触器的辅助触头和继电器触头。

图 1-1b 所示为线接触，常做成滚动触头结构，它的接触区是一条直线。触头通断过程是滚动接触并产生滚动摩擦，以利于去除表面的氧化膜。开始接触时，静、动触头在 A 点接触，靠弹簧压力经 B 点滚动到 C 点，并在 C 点保持接通状态。断开时做相反运动，这样可以在通断过程中自动清除触头表面的氧化膜。同时，长时期工作的位置不是在易烧灼的 A 点而在 C 点，保证了触头的良好接触。这种滚动线接触适用于操作次数多、电流大的场合，多用于中等容量电器。

图 1-1c 所示为面接触，这种触头一般在接触表面上镶有合金，以减小触头接触电阻，提高触头的抗熔焊、抗磨损能力，允许通过较大的电流。中小容量的接触器的主触头多采用这种结构。以按钮操作为例，触头的闭合过程如图 1-2 所示。

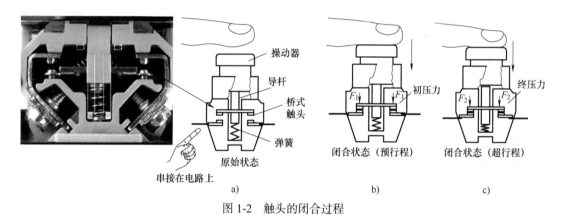

图 1-2　触头的闭合过程

图 1-2 是双断点触头的动作过程，两个触头串于同一个电路中，构成一个触头电路，电路的接通与断开由两个触头共同完成。触头电路在接触时，接触电阻应尽可能小，为了使触头接触得更加紧密，以减小接触电阻，消除开始接触时产生的振动，在制造时，在触头上装有接触弹簧，使触头在刚刚接触时产生初压力，并且随着触头的闭合过程逐渐增大触头互压力，使两个触头的接触处有一定的压力，当动触头刚与静触头接触时，由于安装时弹簧预先压缩了一段（预行程），因此产生一个初压力 F_1，如图 1-2b 所示。触头接触后，由于弹簧在超行程内继续变形而产生一个终压力 F_2。触头的超行程即从静、动触头已达闭合位置后，整个触头系统相对运动，向前再压紧的距离，也就是操动器的行程。有了超行程，在触头磨损的情况下，仍具有一定压力，磨损严重时超行程将失效，如图 1-2c 所示。

1.2.1.4　触头的状态

图 1-1e 中，成套触头是指同一个继电器中各触头组的集合。各触头组之间由绝缘体分隔；输出电路是指控制继电器的输入电路（即线圈）中达到规定条件时，与产生预定变化的引出端相连接的所有继电器零部件；触头电路是指含有接触件的输出电路。一组转换触头含有两个相连的触头电路；触头组是指接触件与其绝缘体的组合，通过其相对运动，将触头电路闭合或断开；接触件是指闭合或断开输出电路的导电零件，触头是在接触件中，闭合或断开触头

电路的部分。

触头按其原始状态可分为常开触头和常闭触头。原始状态（即线圈未通电）断开，线圈通电后闭合的触头叫常开触头。原始状态闭合，线圈通电后断开的触头叫常闭触头。线圈断电后所有触头复原。按触头控制的电路可分为主触头和辅助触头。主触头用于接通或断开主电路，允许通过较大的电流，辅助触头用于接通或断开控制电路，只能通过较小的电流。

1.2.2 电弧的产生及灭弧方法

在自然环境中开断电路时，如果被开断电路的电流（电压）超过某一数值（根据触头材料的不同其值约在 0.25~1A、12~20V 之间）时，则触头间隙中就会产生电弧。电弧实际上是触头间气体在强电场作用下产生的气体放电现象。所谓气体放电，就是触头间隙中的气体被游离产生大量的电子和离子，在强电场作用下，大量的带电粒子做定向运动，于是绝缘的气体就变成了导体。电流通过这个游离区时所消耗的电能转换为热能和光能，发出光和热的效应，产生高温并发出强光，使触头烧损，并使电路的切断时间延长，甚至不能断开，造成严重事故。

1.2.2.1 电弧的产生及其物理过程

电弧对电器的影响主要有以下几个方面：

1）触头电路虽已断开，但由于电弧的存在，使得要断开的电路实际上并没有断开。

2）由于电弧的温度很高，严重时可使触头熔化。

3）电弧向四周喷射，会使电器及其周围物质损坏，甚至造成短路，引起火灾。

所以，必须采取措施熄灭或减小电弧，为此首先要了解电弧的物理本质，即电弧产生的原因。电弧的产生主要经历强电场放射、撞击电离、热电子发射和高温游离 4 个物理过程，如图 1-3 所示。

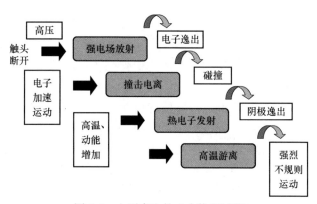

图 1-3 电弧产生的 4 个物理过程

1. 强电场放射

触头电路开始分离时，其间隙很小，电路电压几乎全部降落在触头间很小的间隙上，因此该处电场强度很高，可达几亿 V/m，此强电场将触头阴极表面（与电源负极连接的触头）的自由电子拉出到气隙中，使触头间隙气体存在较多的电子，这种现象即所谓强电场放射。

2. 撞击电离

触头间隙中的自由电子在电场作用下，向正极加速运动，经过一定路程后获得足够的动能，它在前进途中撞击气体原子，该原子被分裂成电子和正离子。电子在向正极运动的过程中将撞击其他原子，使触头间隙气体中的电荷越来越多，这种现象称为撞击电离。触头间隙中的电场强度越强，电子在加速过程中所走的路程越长，它所获得的能量就越大，故撞击电离的电子就越多。

3. 热电子发射

撞击电离产生的正离子向阴极运动，撞击在阴极上会使阴极温度逐渐升高，使阴极金属中的电子动能增加，当阴极温度达到一定程度时，一部分电子有足够的动能从阴极表面逸出，再参与撞击电离。由于高温使电极发射电子的现象称为热电子发射。

4. 高温游离

当电弧间隙中气体的温度升高时，气体分子热运动速度加快。当电弧的温度达到3000℃或更高时，气体分子将发生强烈的不规则热运动并造成相互碰撞，结果使中性分子游离成为电子和正离子。这种因高温使分子撞击所产生的游离称为高温游离。当电弧间隙中有金属蒸气时，高温游离大大增加。

在触头电路分断的过程中，以上4个过程引起电离原因的作用是不一致的。在触头刚开始分离时，首先是强电场放射，这是产生电弧的起因。当触头完全打开时，由于触头间距离增加，电场强度减弱，维持电弧存在主要靠热电子发射、撞击电离和高温游离，而其中又以高温游离作用最大。此外，伴随着电离的进行，还存在着消电离作用。消电离是指正负带电粒子的结合成为中性粒子的同时，又减弱了电离的过程。消电离过程可分为复合和扩散两种。

当正离子和电子彼此接近时，由于异性电荷的吸力结合在一起，成为中性的气体分子。另外，电子附在中性原子上成为负离子，负离子与正离子相遇就复合为中性分子。这种复合只有在带电粒子的运动速度较低时才有可能发生。因此利用液体或气体人工冷却电弧，或将电弧挤入绝缘壁做成的窄缝里，迅速导出电弧内部的热量，降低温度，减小离子的运动速度，可以加速复合过程。

在燃弧过程中，弧柱内的电子、正负离子要从浓度大、温度高的地方扩散到周围的冷介质中去，扩散出来的电子、离子互相结合又成为中性分子。因此降低弧柱周围的温度，或用人工方法减小电弧直径，使电弧内部电子、离子的浓度增加，就可以增加扩散作用。

电离和消电离作用是同时存在的。当电离速度大于消电离速度时，电弧就发展；当电离与消电离速度相等时，电弧就稳定燃烧；当消电离速度大于电离速度时，电弧就要熄灭。因此，欲使电弧熄灭可以从两方面着手：一方面是减弱电离作用，另一方面是增强消电离作用。实际上，作为减弱电离作用的措施同时也往往是增强消电离作用的途径。为熄灭电弧，其基本方法有：①拉长电弧，以降低电场强度；②用电磁力使电弧在冷却介质中运动，降低弧柱周围的温度；③将电弧挤入绝缘壁组成的窄缝中，以冷却电弧；④将电弧分成许多串联的短弧，增加维持电弧所需的临极电压降的要求；⑤将电弧密封于高气压或真空的容器中。

1.2.2.2 电弧的熄灭及灭弧方法

触头在通断过程中将产生电弧，电弧会烧损触头，造成其他故障。对于通断大电流电路的电器，如接触器、低压断路器等更为突出，因此要有较完善的灭弧装置。对于小容量继电器、主令电器等，由于触头通断电流小，因此，有时不设专门的灭弧装置。根据以上分析的原理，常用的灭弧装置有桥式结构双断口灭弧、栅片灭弧、磁吹灭弧及过电压和浪涌电压抑制器等几种。

1. 桥式结构双断口灭弧

图 1-4 是一种双断口触头，流过触头两端的电流方向相反，将产生互相推斥的电动力。当触头打开时，在断口中产生电弧。电弧电流在两电弧之间产生图中以"⊗"表示的磁场，根据左手定则，电弧电流要受到一个指向外侧的电动力 F 的作用，使电弧向外运动并拉长，使它迅速穿越冷却介质而加快电弧冷却并熄灭。此外，也具有将一个电弧分为两个来削弱电弧的作用。这种灭弧方法效果较弱，故一般多用于小功率的电器中。但是，在配合栅片灭弧后，也可用于大功率的电器中。交流接触器常采用这种灭弧方法。

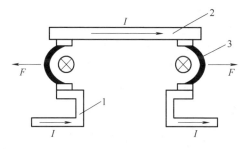

图 1-4　双断口触头灭弧原理
1—静触头　2—动触头　3—电弧

2. 栅片灭弧

栅片灭弧原理如图 1-5 所示。

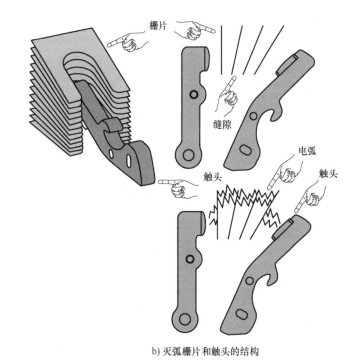

a) 电弧进入栅片被分割　　　　　　　b) 灭弧栅片和触头的结构

图 1-5　栅片灭弧原理示意图
1—灭弧栅片　2—触头　3—电弧

灭弧栅一般是由多片镀铜薄钢片（称为栅片）和石棉绝缘板组成，它们安放在电器触头上方的灭弧室内，彼此之间互相绝缘，片间距离约为 2~5mm。当触头分断电路时，在触头之间产生电弧，电弧电流产生磁场，由于钢片磁阻比空气磁阻小得多，因此，电弧上方的磁通非常稀疏，而下方的磁通却非常密集，这种上疏下密的磁场将电弧拉入灭弧罩中，当电弧进入灭弧栅后，被分割成数段串联的短弧。这样每两片灭弧栅片可以看作一对电极，而每对电极间都有 150~250V 的绝缘强度，使整个灭弧栅的绝缘强度大大加强，而每个栅片间的电压不足以达到电弧燃烧电压，同时栅片吸收电弧热量，使电弧迅速冷却而很快熄灭。

当触头上所加的电压是交流时，交流电产生的交流电弧要比直流电弧容易熄灭。因为交流电每个周期有两次过零点，显然电压为零时电弧自然容易熄灭。另外，灭弧栅对交流电弧还有所谓"阴极效应"，更有利于电弧熄灭。所谓"阴极效应"，是当电弧电流过零后，间隙中的电子和正离子的运动方向要随触头电极极性的改变而改变。由于正离子比电子质量大得多，因此在触头电极极性改变后（即原阳极变为新阴极，原阴极变为新阳极），原阳极附近的电子能很快地回头向相反的方向运动（走向新阳极），而正离子几乎还停留在原来的地方。这样使得新阴极附近缺少电子而造成断流区，从而使电弧熄灭。若要使电压过零后，电弧重新燃烧，两栅片间必须要有 150~250V 电压。显然灭弧栅总的重燃电压所需值将大于电源电压，则电弧自然熄灭后就很难重燃。因此，灭弧栅装置常用作交流灭弧。

3. 磁吹灭弧

磁吹灭弧方法是利用电弧在磁场中受力，将电弧拉长，并使电弧在冷却的灭弧罩窄缝隙中运动，产生强烈的消电离作用，从而将电弧熄灭。其原理如图 1-6 所示。

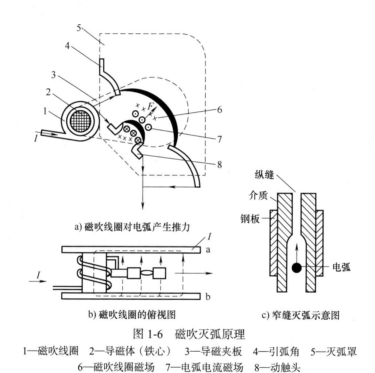

a) 磁吹线圈对电弧产生推力

b) 磁吹线圈的俯视图   c) 窄缝灭弧示意图

图 1-6   磁吹灭弧原理

1—磁吹线圈   2—导磁体（铁心）   3—导磁夹板   4—引弧角   5—灭弧罩
6—磁吹线圈磁场   7—电弧电流磁场   8—动触头

图 1-6 中，导磁体（铁心）2 固定于导磁夹片 a 和 b 之间，在它上面绕有线圈（磁吹线圈）1，线圈可做成与触头电路串联，当主电流 I 通过线圈 1 产生磁通 Φ 时，根据右手螺旋定则可知，该磁通从导磁体 2 通过导磁夹片 b、两夹片间隙到达夹片 a，在触头间隙中形成磁场。

图中，"×"符号表示 Φ 方向为进入纸面。当触头打开时在触头间隙中产生电弧，电弧自身也产生一个磁场，该磁场在电弧上侧，方向为从纸面出来，用"⊙"符号表示，它与线圈产生的磁场方向相反。而在电弧下侧，电弧磁场方向进入纸面，用"⊗"符号表示，它与线圈的磁场方向相同。这样，两侧的合成磁通就不相等，下侧大于上侧，因此，产生强烈的电磁力将电弧向上侧推动，并使电弧急速进入灭弧罩，电弧被拉长并受到冷却而很快熄灭。灭弧罩多用陶瓷或石棉做成。这种灭弧方法的优点是，当触头中电流方向改变时，由于外磁场的方向也跟着改变，而电弧受力的方向不变，灭弧吹力的大小在设计时可以控制，可使吹力最大，灭弧效果好。

此外，由于这种灭弧装置是利用电弧电流本身灭弧，因而电弧电流越大，吹弧能力也越强，广泛应用于直流灭弧装置中（如直流接触器中）。但对于线圈与触头串联的形式，其吹力与电流二次方成正比，当电流减小时，吹力成二次方减小，会使灭弧效果减弱。对于并联线圈的磁吹装置，可以做到由外加固定电源供电而使线圈的磁通稳定不变，因而吹力大小只受触头电流大小的影响。但要注意线圈的极性和触头的极性，如果将两者的极性接反，则使电弧吹向内侧，反而会烧坏电器。

4. 过电压和浪涌电压抑制器

带有线圈的开关电器的触头在切断具有电感负载的电路时，由于电流由某一稳定值突然降为零，电流的变化率 $\mathrm{d}i/\mathrm{d}t$ 很大，就会在触头间隙产生较高的过电压，此电压超过 270~300V 时，就会在触头间隙产生火花放电现象。火花放电与电弧不同之处是，火花放电的电压高，电流小，而且是在局部范围产生不稳定的火花放电。火花放电将使触头产生电灼伤以至缩短它的寿命。另外火花放电造成的高频干扰信号将影响和干扰无线电通信及弱电控制系统的正常工作，为此需要消除由于过电压引起的火花放电现象。常用的熄火花电路有以下两种：

1）半导体二极管与线圈并联的整流式抑制器，如图 1-7 所示，在触头 K 闭合时，线圈电感 L 中流有稳定的电流。当触头突然打开时，由于二极管 VD 的存在，使电流不是从某一稳定值突然降为零，而是由电感 L 和二极管 VD 组成放电回路使电流逐渐降为零，即减小了电流的变化率 $\mathrm{d}i/\mathrm{d}t$，从而减小了电感 L 产生的过电压。这样使触头 K 的间隙不会产生火花放电，另外也使电感 L 的绝缘不会因过电压而击穿。

2）与触头并联阻容电路的抑制器，如图 1-8 所示，在触头突然打开时，线圈电感 L 的磁场能量就转为电容的电场能量，此时表现为对电容的充电。因此触头突然打开时，线圈电感 L 的电流也是不立刻降为零，而是随着电容逐渐充满电荷而降为零，线圈就不会产生过电压。

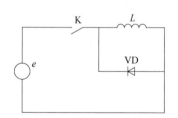

图 1-7　与电感线圈并联二极管电路

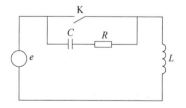

图 1-8　与触头并联阻容电路

1.2.3　电磁机构

电磁机构是电磁式继电器、接触器和断路器等的主要组成部件之一，其工作原理是将电磁能转换成机械能，从而带动触头动作。如前所述，电磁机构的线圈整体可视为一个电路，"线圈"是"输入电路"，"触头"是输出电路。

1.2.3.1　电磁机构的结构形式

电磁机构由吸引线圈（励磁线圈）和磁路两个部分组成。磁路包括铁心、铁轭、衔铁和空气隙。吸引线圈通以一定的电压或电流产生激励磁场及吸力，并通过气隙转换为机械能，从而带动衔铁运动，使触头动作，以完成触头的断开和闭合。图1-9是几种常用的电磁机构结构型式示意图。

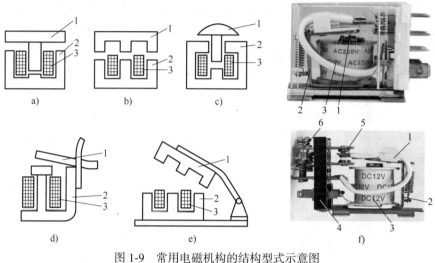

图1-9　常用电磁机构的结构型式示意图
1—衔铁　2—铁心　3—线圈　4—底座　5—触头　6—输出接线端子

图1-9a、b和c所示的衔铁是做直线运动的直动式铁心，衔铁在磁力作用下直线运动，这种结构主要用于中小容量交流接触器和继电器中。

图1-9d所示的衔铁是沿棱角转动的拍合式铁心，其衔铁绕铁轭的棱角转动，磨损较小，铁心一般用电工软铁制成，适用于继电器。在图1-9f所示的产品实物中可清楚地看到拍合式铁心的实际结构。

图1-9e所示的衔铁是沿轴转动的拍合式铁心，其衔铁绕轴而转动，铁心一般用硅钢片叠成，常用于较大容量的交流接触器。

吸引线圈按其通电种类可分为交流电磁线圈和直流电磁线圈。对于交流电磁线圈，当通交流电时，为了减小因涡流造成的能量损失和温升，铁心和衔铁用硅钢片叠成。对于直流电磁线圈，铁心和衔铁用整块电工软铁做成。当线圈做成并联于电源工作的线圈时，称为电压线圈，它的特点是匝数多，线径较细。当线圈做成串联于电路工作的线圈时，称为电流线圈，它的特点是匝数少，线径较粗。

1.2.3.2　电磁机构的工作原理

电磁机构的工作特性常用吸力特性和反力特性来表达。电磁机构使衔铁吸合的力与气隙的关系曲线称为吸力特性。电磁机构使衔铁释放（复位）的力与气隙的关系曲线称为反力特性。

1. 反力特性

电磁机构使衔铁释放的力一般有两种：一是利用弹簧的反力；二是利用衔铁的自身重力。

2. 吸力特性

电磁机构的吸力与很多因素有关，当铁心与衔铁端面互相平行，且气隙 δ 比较小，吸力可近似地按下式求得：

$$F_m = 4 \times 10^5 B^2 S \tag{1-1}$$

式中，B 为气隙磁通密度（T）；S 为吸力处端面积（m^2）；F_m 为电磁吸力的最大值（N）。

在计算 F 时，可只考虑吸力的平均值，即 $F = 0.5F_m$。当端面积 S 为常数时，吸力 F 与磁通密度 B 的二次方成正比，也可认为 F 与磁通 Φ 的二次方成正比，而反比于端面积 S，即

$$F \propto \Phi^2/S \tag{1-2}$$

电磁机构的吸力特性反映了电磁吸力与气隙的关系，而励磁电流的种类不同，其吸力特性也不一样，即交、直流电磁机构的电磁吸力特性是不同的。交流电磁机构励磁线圈的阻抗主要取决于线圈的电抗（电阻相对很小），则

$$U \approx E = 4.44 f \Phi N \tag{1-3}$$

$$\Phi = \frac{U}{4.44fN} \tag{1-4}$$

式中，U 为线圈电压（V）；E 为线圈感应电动势（V）；f 为线圈外加电压的频率（Hz）；Φ 为气隙磁通（Wb）；N 为线圈匝数。

（1）交流电磁机构的吸力特性

当频率 f、匝数 N 和外加电压 U 都为常数时，由式（1-4）可知，磁通 Φ 也为常数。由式（1-3）可知，此时电磁吸力 F 为常数，这是因为交流励磁时，电压、磁通都随时间做周期性变化，其电磁吸力也做周期性变化。因此，此处 F 为常数是指电磁吸力的幅值不变。由于线圈外加电压 U 与气隙 δ 的变化无关，所以其吸力 F 也与气隙 δ 的大小无关。实际上，考虑到漏磁通的影响，吸力 F 随气隙 δ 的减小略有增加。其吸力特性如图 1-10 所示。

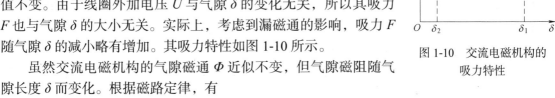

图 1-10　交流电磁机构的
吸力特性

虽然交流电磁机构的气隙磁通 Φ 近似不变，但气隙磁阻随气隙长度 δ 而变化。根据磁路定律，有

$$\Phi = \frac{IN}{R_m} = \frac{IN}{\dfrac{\delta}{\mu_0 S}} = \frac{(IN)(\mu_0 S)}{\delta} \tag{1-5}$$

式中，N 为线圈匝数；R_m 为磁阻（Ω）；μ_0 为真空磁导率；δ 为气隙（mm）；S 为吸力处端面积（m^2）。

由式（1-5）可知，交流电磁机构励磁线圈的电流 I 与气隙 δ 成正比。在吸合过程中，线圈中电流（有效值）变化很大，因为其中电流不仅与线圈电阻有关，还与线圈感抗有关。在吸合过程中，随着气隙的减小，磁阻减小，线圈的电感增大，因而电流逐渐减小。因此，如果衔铁或机械可动部分被卡住或者频繁动作，通电后衔铁吸合不上，线圈中就流过较大电流而使线圈严重发热，甚至烧毁。一般 U 型交流电磁机构的励磁线圈通电而衔铁尚未动作时，其电流可达到吸合后额定电流的 5~6 倍；E 型电磁机构则达到 10~15 倍额定电流，线圈很可能因过电流而烧毁。所以在可靠性要求高或操作频繁的场合，一般不采用交流电磁机构。

（2）直流电磁机构的吸力特性

直流电磁机构由直流电流励磁，励磁电流不受气隙变化的影响，即其磁动势 NI 不受气隙变化的影响，可用下式表达：

$$F \propto \Phi^2 \propto \left(\frac{1}{\delta}\right)^2 \tag{1-6}$$

由式（1-6）可知，直流电磁机构的吸力 F 与气隙 δ 的二次方成反比，吸力特性如图 1-11 所示。

在直流电磁机构中，励磁电流仅与线圈电阻有关，不因气隙的大小而变，衔铁闭合前后吸力变化很大，气隙越小，吸力越大。由于衔铁闭合前后励磁线圈的电流不变，所以直流电磁机构适用于动作频繁的场合，且吸合后电磁吸力大，工作可靠性好。但是，当直流电磁机构的励磁线圈断电时，磁动势就由 NI 急速变为接近于零。电磁机构的磁通也发生相应的急速变化，因而就会在励磁线圈中感生很大的反电动势。此反电动势可达线圈额定电压的 10~20 倍，很容易使线圈因过电压而损坏。为减小此反电动势，通常在励磁线圈上并联一个放电回路，由电阻 R 和一个硅二极管组成，如图 1-12 所示。

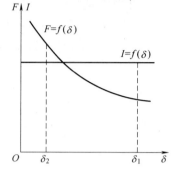

图 1-11　直流电磁机构的吸力特性

这样，当线圈断电时，放电电路使原先储于磁场中的能量消耗在电阻上，而不致产生过电压。通常，放电电阻的电阻值可取线圈直流电阻的 6~8 倍。

3. 吸力特性与反力特性的配合

电磁机构欲使衔铁吸合，在整个吸合过程中，吸力都必须大于反力；但也不能过大，否则会影响电器的机械寿命。反映在特

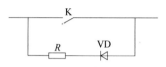

图 1-12　在直流线圈上
并联放电电路

性图上，就是要保证吸力特性在反力特性的上方。由于铁磁物质有剩磁，它使电磁机构的励磁线圈失电后仍有一定的磁性吸力存在，剩磁的吸力随气隙 δ 的增大而减小。所以，当切断电磁机构的励磁电流以释放衔铁时，其反力特性必须大于剩磁吸力，才能保证衔铁可靠释放。所以在特性图上，电磁机构的反力特性必须介于电磁吸力特性和剩磁特性之间，如图 1-13 所示。

在实际使用中，无论是直流还是交流操作，只要线圈两端电压大于释放电压，闭合状态的电磁机构都会产生大于反力弹簧反力的吸力，直流电磁机构尤为突出，但对于交流电磁铁来说，铁心中的磁通量及吸力是一个周期函数，吸力在零与最大值 F_m 之间脉动，并包括两个分量，即直流分量和频率为 2 倍电网频率（2ω）的正弦分量，而吸力总是正的，在磁通每次过零时，即 $t=0$、$\pi/2$、T（T 为磁通的周期）时，吸力为零，见图 1-14 中的波形图，此时弹簧反力大于电磁吸力，电磁机构释放，而在 $\pi/2$~T 之间，吸力又大于反力，动铁心使电磁机构重新吸合。这样，在 $f=50$Hz 时，每周期内衔铁吸力要两次过零，电磁机构就出现了频率为 100Hz 的持续抖动与撞击，产生相当大的噪声，严重时将使铁心损坏，显然这是不允许存在的。

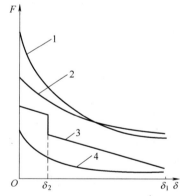

图 1-13　吸力特性和反力特性
1—直流吸力特性　2—交流吸力吸性
3—反力特性　4—剩磁特性

为了避免衔铁振动，通常在铁心端面上装一个用铜制成的分磁环或称短路环，如图 1-14 所示。

短路环就像是一匝两端接在一起的线圈。短路环把端面 S 分成环内部分 S_1 与环外部分 S_2（$S=S_1+S_2$）两部分。短路环仅包围了主磁通 Φ 的一部分。这样，铁心中有两个不同相位的磁通 Φ_1 和 Φ_2，电磁机构的总吸力将是 F_1 和 F_2 之和，只要合力始终大于反力，衔铁的振动现象就会消除。

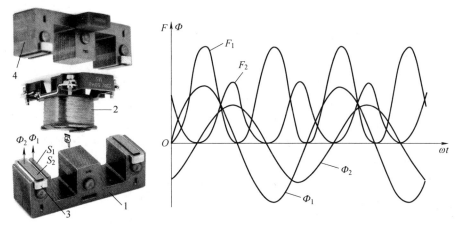

图 1-14　装短路环后的磁通及电磁力分布示意图

1—静铁心　2—线圈　3—短路环　4—动铁心

4. 继电逻辑特性

继电器（接触器）等的电磁机构的输入 - 输出关系，以及其触头状态的转换称为继电特性，如图 1-15 所示。

设电磁机构线圈的电压（或电流）为输入量 x，衔铁位置为输出量 y，则衔铁吸合位置为 y_1，释放位置为 y_0。衔铁吸合的最小输入量为 x_1，称为电磁机构的最小动作值；衔铁释放的最大输入量为 x_0，称为电磁机构的最大返回值。当输入量 $x<x_1$ 时衔铁不动作，其输出量 $y=0$；当 $x=x_1$ 时，衔铁吸合，输出量 y 从 "0" 跃变为 "1"；再进一步增大输入量使 $x>x_1$，则输出量仍为 $y=1$。当输入量 x 从 x_1 减小时，在 $x>x_0$ 的过程中，虽然吸力特性向下降低，但因衔铁吸合状态下的吸力仍比反力大，所以衔铁不会释放，输出量 $y=1$。当 $x=x_0$ 时，

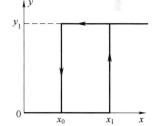

图 1-15　继电逻辑特性

因吸力小于反力，衔铁才释放，输出量（触头状态转换）由 "1" 突变为 "0"；再减小输入量，输出量仍为 "0"。可见，电磁机构的输入 - 输出特性或继电特性为一矩形阶跃曲线。电磁机构的继电逻辑特性决定了电器控制电路的继电逻辑功能，继电逻辑特性也称为逻辑变量，从控制角度说，也就实现了 "0" 或 "1" 的转换，即 "开" 或 "关" 的转换。因此，继电逻辑控制电路的状态逻辑函数总是等于 "1"，否则就是错误的，或在未带电状态。

继电器（接触器）的释放值与吸合值之比称为继电器的返回系数 K_f，它是继电器（接触器）的重要参数之一。欲使继电器（接触器）吸合，输入量必须等于或大于吸合值；欲使继电器（接触器）释放，输入量必须等于或小于释放值。继电器（接触器）的另一个重要参数是吸合时间和释放时间。吸合时间是指从线圈接收电信号到衔铁完全吸合所需的时间；释放时间是指从线圈失电到衔铁完全释放所需的时间。一般继电器（接触器）的吸合时间与释放时间为 0.05~0.15s，快速继电器为 0.005~0.05s，它的大小影响继电器（接触器）的操作频率。

1.2.4　永磁体机构

新型电器越来越多地采用永磁体机构取代传统的电磁铁机构，其基本工作原理就是利用磁极的同性相斥、异性相吸特性，将电磁能转换成机械能，从而带动触头动作。

1.2.4.1　永磁体机构的结构

永磁体机构包含本体和微电子控制模块两部分。本体是电磁系统及与之相关的机械部件，由静铁心、动铁心、永磁体、线圈、传动杆等组成。静铁心是机构的磁路通道，动铁心是机构的运动部件，永磁体为机构提供断开或闭合稳定状态所需要的保持吸力，当有动作信号时，线圈中的电流产生磁动势，使动、静铁心中产生磁场，并与永磁体产生的磁场叠加合成，使动铁心在合成磁场力的作用下运动，并通过传动杆和传动机构推动电器本体的动触头运动，完成分合闸任务。微电子控制模块是由电力电子开关（IGBT、MOSFET、晶闸管）、集成电路板、CPU芯片等器件组成，其中包含电源整流、控制电压检测、释放储能、储能电压检测、抗干扰门槛电压检测和逻辑电路等，除了具有的基本控制功能外，有的还具有抗晃电、远程控制等功能。可根据需要设定释放电压值（断电为零电压），并可延迟发出脉冲电流，运行中无工作电流，仅有1mA左右的信号电流，因此，是一种节能环保电器。

如果在闭合状态是由永磁体保持，而在断开状态采用断开保持弹簧保持，则闭合状态的动作是通过线圈通电驱动动铁心来完成的，同时在闭合过程中对断开保持弹簧储能，断开动作是靠释放断开保持弹簧来完成的。这种结构称为单线圈单稳态永磁体结构，如图1-16a所示。

如果在断开和闭合状态均是由永磁体保持，则断开或闭合状态的动作是分别通过两个线圈通电驱动动铁心来完成的，不需要保持弹簧储能。这种结构称为双线圈双稳态永磁体结构，如图1-16b所示。

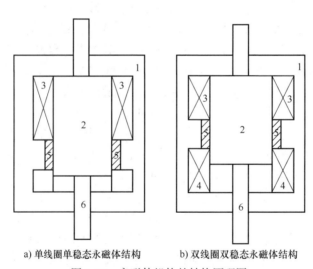

a) 单线圈单稳态永磁体结构　　　　b) 双线圈双稳态永磁体结构

图1-16　永磁体机构的结构原理图

1—静铁心　2—动铁心　3—闭合线圈　4—断开线圈　5—永磁体　6—传动杆

1.2.4.2　永磁体机构的工作原理

永磁体机构的基本特征是永磁保持、电磁驱动和电子控制。单线圈单稳态永磁体结构在闭合状态由永磁体保持，断开和闭合动作共用一个线圈驱动，需要有一个保持弹簧储能单元。双线圈双稳态永磁体结构在断开和闭合状态均由永磁体保持，断开和闭合动作分别用一个独立线圈驱动，不需要保持弹簧储能单元。电磁驱动是指通电的线圈产生电磁场来驱动铁心运动，完成断开或闭合的动作。

永磁体机构中的永磁体的极性是固定不变的，当微电子控制模块发送控制信号时，会产生脉宽为 10~20ms 的电流正反脉冲，使铁心产生相对永磁体极面极性不同的磁通，设永磁体极面为 N 极，则铁心的吸合极性为 S 极，释放极性为 N 极，从而使电器主触头按照控制信号吸合、保持和释放。

图 1-16 中，当线圈中无电流通过，永磁体机构处于断开或闭合位置，永磁体利用动、静铁心的低磁特性将动铁心保持在本体上面或下面的极限位置，而不需要任何的机械联锁。当有动作信号时，断开和闭合线圈中的电流产生磁动势和磁场，穿过动、静铁心并与永磁体产生的磁场合成，动铁心在合成磁场力的作用下，做向上或向下运动，并通过传动杆和传动机构推动电器本体动触头运动，完成断开或闭合动作。动铁心在行程终止的两个位置，不需要消耗任何能量就可以保持。而传统的电磁式机构，动铁心是通过弹簧的作用被保持在行程的一端，而在行程的另一端，则是由机械锁扣或电磁能量进行保持。由此可知，永磁体机构是由电磁铁与永磁体配合来实现电磁式机构的全部功能，由永磁体替代机械脱扣和锁扣机构来实现断开或闭合位置的保持功能，由断开或闭合线圈来提供操作时所需的能量。

图 1-16a 所示为电器的断开位置，线圈中没有电流流过，永磁体对动铁心的吸力近似为零，反力弹簧（图中未画出）受压缩产生的反力与可动部分的重力达到平衡，以此来维持断开状态。此时，若给线圈通以足够大的电流，产生与永磁体吸力相同方向的电磁力，动铁心将会在吸力的作用下克服反力弹簧带动动触头向下运动。由于动、静触头间距小于动、静铁心间距，因此，动触头首先运动到位，之后，动铁心将继续向下运动一段被称作"超行程"的位移后，吸合到极限位置，此时，闭合过程结束。在闭合状态下，若将线圈中通以足够大的反向电流，电磁斥力与反力弹簧的反力产生的合力将克服永磁体的吸力，使动铁心带动动触头向上运动，即实现触头断开。

图 1-16b 中，静铁心 1 的中部镶着永磁体 5，两侧永磁体的同名磁极向着中心，永磁体的上方和下方分别安装着闭合线圈 3 和断开线圈 4，动铁心 2 位于永磁体和静铁心上下磁极之间，动铁心上的传动杆 6 穿过静铁心，传动杆直接用来驱动电器的传动机构推动电器本体动触头运动，实现断开或闭合动作。

图 1-17 是永磁式交流接触器的结构示意图。

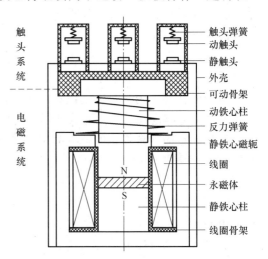

图 1-17 永磁式交流接触器的结构示意图

1.3 低压电器相关的主要术语和参数

为保证电器设备安全可靠地工作，低压电器的设计、制造和应用必须严格按照国家标准进行，合格的电器产品应符合国家标准规定的技术要求，在使用电器元件时，必须按照产品说明书中规定的技术条件选用。本节简述有关低压电器与电气控制电路的主要技术性能指标和参数以及一些术语，更详细的术语请参考 GB/T 2900.1—2008《电工术语　基本术语》、GB/T 2900.18—2008《电工术语　低压电器》等国家标准。了解这些内容对以后章节内容的理解、正确选用和使用电器元件，以及正确地进行工程设计是十分重要和必需的。

1.3.1　关于开关电器的通断工作类型

根据国家标准和 IEC 标准，开关电器和其他负载开关电器的使用情况和负载条件可按其使用类别进行分类。这种分类涉及额定工作电流或电动机的额定功率和额定电压。正常使用条件指电器在正常条件下的分断和接通，这是确定触头寿命的基本指标，也是设计灭弧室的重要依据。非正常使用条件定义为在偶然发生的事故状态下分断和接通，这是确定电器额定接通能力和额定分断能力的决定因素。

1）额定值，由制造厂对一个开关电器或部件或设备在规定的工作条件下所规定的一个量值。

2）极限值，在规范或标准中的一个量值的最大或最小允许值。

3）标称值，用以标志或识别一个开关电器或部件及设备的近似量值。

4）标幺值，是相对于某一基准值而言的无名值。同一有名值，当基准值选取不同，其标幺值也不同。标幺值 = 有名值 / 基准值。

5）接通（闭合）操作，将开关电器由分断（断开）状态变到接通（闭合）状态的操作。

6）分断（断开）操作，将开关电器由接通（闭合）状态变到分断（断开）状态的操作。

7）（开关电器的）极，仅与开关电器主回（电）路的一个电气上分离的导电路径相连的部分，它不包括用来将所有各极固定在一起和使各极一起动作的部分。如开关电器只有一个极，称为单极开关电器，如果有两个及以上的极被连在一起，并在一起操作的则称为多极（两极、三极等）的开关电器。

8）隔离（功能），由于电器的断开动作，而使设备（包括电源与受电设备）之间解除电气联系。为了安全，通过把电器或其某一部分同所有电源分开，以达到切断电器或其某一部分的电源的功能。用在对电气设备的带电部分进行维修时确保人员和设备的安全。隔离不仅要求各电流通路之间、电流通路和邻近的接地零部件之间应保持规定的电气间隙，电器的动、静触头之间也应保持规定的电气间隙。能满足隔离功能的开关电器是刀开关、隔离器。如果在维修期间需要确保电气设备一直处于无电状态，应选用操作机构能在分断位置上锁的隔离器。

9）无载（空载）合分，开关电器的触头在无外施电压和电流情况下的闭合与断开操作。合分电路时不通断电流，分开的两触头间不会出现明显电压。选用无载合分的开关电器时，必须有其他措施可保证不会出现有载通断的可能性，否则有造成事故、损坏设备，甚至危及人身安全的危险。无载合分的开关电器仅在某些专门场所使用，如隔离器。

10）有载通断，有载通断是相对于无载合分而言，开关电器需接通和分断一定的负载电流，具体负载电流的数据随负载类型而异。如有的隔离器产品也能在非故障条件下合分电路，其通断能力应大致和其需要通断的额定电流相同。产品样本中隔离器和熔断器式隔离器的通断能力常按额定电流的倍数给出，因此有些隔离器也能分断各种工作过电流，如电动机的起动电流。

11）控制电动机通断，是指用来闭合和分断电动机的开关电器或电路，其通断能力应能满足控制按不同工作制（如点动和反接）工作的各种型号电动机的要求。电动机开关电器有电动机用负荷开关、接触器和电动机用断路器及其组合控制电路等。

12）在短路条件下通断，在短路条件下通断负载应选用有短路保护功能的开关电器。断路器就是一种不仅可接通和分断正常负载电流、电动机工作电流和过载电流，而且可接通和分断短路电流的开关电器。

13）通断能力，开关电器在规定的条件下，能在给定的电压下接通和分断的预期电流值。

14）分断能力，开关电器在规定的条件下，能在给定的电压下分断的预期分断电流值。

15）接通能力，开关电器在规定的条件下，能在给定的电压下接通的预期接通电流值。

16）I^2t 特性，在规定的条件下的 I^2t 值为预期电流或电压的函数。

1.3.2　开关电器有关的电流参数

按照开关电器的发热特性，下列额定电流概念是不同的。

1）额定工作电流，在规定条件下，保证开关电器正常工作的电流值。额定工作电流是根据开关电器的具体正常使用条件确定的电流值。它和额定电压、电网频率、额定工作制、使用类别、触头寿命及防护等级等诸因素有关。一个开关电器可以有不同的工作电流值。

2）约定自由空气发热电流，约定自由空气发热电流是不封闭电器在自由空气中进行温升试验时的最大试验电流值。约定自由空气发热电流值应至少等于不封闭电器在 8h 工作制下的最大额定工作电流值。自由空气应理解为在正常的室内条件下无通风和外部辐射的空气。

3）约定封闭发热电流，约定封闭发热电流不是额定值，是对无通风电器而言，由制造商规定，用此电流对安装在规定外壳中的电器进行温升试验。约定封闭发热电流值应至少等于封闭电器在 8h 工作制下的最大额定工作电流值。

4）（交流电路的）预期对称电流，在电流起始后，没有瞬态现象的起始时刻的预期电流。对于多相电路，预期对称电流只一次在一个极上能符合其瞬态周期状态。预期对称电流用有效值（RMS）表示。

5）（交流电路的）最大预期峰值电流，当电流开始发生在导致最大可能值的瞬间的预期峰值电流。对多相电路中的多极电器，最大预期峰值电流只考虑一极。

6）（开关电器的一个极的）预期接通电流，在规定条件下接通时所产生的预期电流。规定条件在有关产品标准中给出。它与产生预期电流的方式（例如利用一台理想开关电器）有关，或与产生的瞬间（例如交流电路中导致最大预期峰值电流的瞬间）有关，或与最大上升率有关。

7）峰值耐受电流，在规定的使用和性能条件下，电路或在闭合位置上的开关电器所能承受的电流峰值（动稳定短路强度）。峰值耐受电流是电路中允许出现的最大瞬时短路电流值，其电动力效应也最大。

8）短时耐受电流，在规定的使用和性能条件下，电路或在闭合位置上的开关电器在指定的短时间内所能承载的电流（热稳定短路强度）。开关电器必须能承受这个电流持续 1s 而不会受到破坏。

9）短路电流，由于电路中的故障或错误连接引起的短路所产生的过电流。

10）临界短路电流，小于额定短路分断能力，但其电弧能量明显高于额定短路分断能力时电弧能量的分断电流值。

11）吸合电流（电压），使电磁系统的衔铁能可靠吸合到最终位置的最小电流（电压）。

12）额定持续电流，是在规定条件下，电器在长期工作制下，各部件的温升不超过规定极限值时所承载的电流值。开关电器在正常工作条件和环境条件下能够连续地长期承受而无需调整并不会产生过热的电流。对于可调式电器，如热继电器，其连续工作电流即该电器能调整到的最大电流值。

13）额定发热电流，是在规定条件下试验时，电器在 8h 工作制下，各部件的温升不超过规定极限值时所能承载的最大电流值。

14）发热电流，是在约定时间内，各部件的温升不超过规定极限值时所能承载的最大电流值。

1.3.3　有关开关电器动作时间的参数

1）断开时间，开关电器从断开操作开始瞬间起，到所有极的弧触头都分开瞬间为止的时间间隔。

2）燃弧时间，电器分断电路过程中，从（弧）触头断开（或熔断体熔断）出现电弧的瞬间开始，至电弧完全熄灭为止的时间间隔。

3）分断时间，从开关电器的断开时间开始，到燃弧时间结束为止的时间间隔。

4）接通时间，开关电器从闭合操作开始瞬间起，到电流开始流过主电路瞬间为止的时间间隔。

5）闭合时间，开关电器从闭合操作开始瞬间起，到所有极的触头都接触瞬间为止的时间间隔。

6）通断时间，从电流开始在开关电器一个极流过瞬间起，到所有极的电弧最终熄灭瞬间为止的时间间隔。

1.3.4　工作制类型

工作制是电动机所承受的一系列负载状况的说明，包括起动、电制动、空载、停机和断能及其持续时间和先后顺序等。工作制类型分为连续、短时、周期性或非周期性几种类型。周期性工作制包括一种或多种规定了持续时间的恒定负载，非周期性工作制中的负载和转速通常在允许的运行范围内变化。用户有责任表明工作制，选定工作制后用适当的简称来表示，标注在负载值的后面。

国家标准 GB/T 755—2019《旋转电机　定额和性能》（等同 IEC 60034-1：2017）规定了工作制分类（S1~S10）。低压电器和电控设备多与电动机配套使用，故其工作制分类相互联系。我国低压电器行业选择了 S1~S3 三种工作制，并补充了 8h 工作制和周期工作制两种工作制，对辅助电路控制电器有 8h 工作制、不间断工作制、断续周期工作制和短时工作制四种标准工作制。8h 工作制的含义是电器的导电电路每次通以稳定电流时间不得超过 8h 的一种工作制。周期工作制则指无论负载变动与否，总是有规律地反复进行的工作制。下面分述 S1~S10 工作制。

1. S1 工作制，连续工作制

在保持恒定负载（如额定功率）下运行至热稳定状态，可以使设备达到热平衡的工作条件，无须采取什么措施，并且不会超过元件本身所允许的温升。

2. S2 工作制，短时工作制

在恒定负载（如额定功率）下按给定的时间运行，电动机在该时间内不足以达到热稳定，随之停机和断能，其时间足以使电动机再度冷却到与冷却介质之差在允许范围以内。标注方式：如 S2 60min。

3. S3 工作制，断续周期工作制

开关电器有载时间和无载时间周期性地相互交替分断接通运行，每一周期包括一段恒定负载运行时间与一段停机和断能时间，这种工作制，每一周期的起动电流不致对温升有显著影响。周期工作制是指负载运行期间电动机未达到热稳定。

4. S4 工作制，包括起动的断续周期工作制

按一系列相同的工作周期运行，每一周期都包括一段对温升有显著影响的起动时间，一段恒定负载运行时间与一段停机和断能时间。S4 后面标注负载持续率及归算至电动机转轴上的电动机转动惯量（J_M）和负载转动惯量（J_{ext}），如 S4　25% J_M=0.15kg·m^2　J_{ext}=0.75kg·m^2。

5. S5 工作制，包括电制动的断续周期工作制

按一系列相同的工作周期运行，每一周期都包括一段起动时间、一段恒定负载运行时间、一段电制动时间与一段停机和断能时间。S5 后面标注负载持续率及归算至电动机转轴上的电动机转动惯量（J_M）和负载转动惯量（J_{ext}）。同 S4 标注例。

6. S6 工作制，连续周期工作制

按一系列相同的工作周期运行，每一周期包括一段恒定负载运行时间和一段空载运行时间。S6 工作制中无停机和断能时间。S6 后面标注负载持续率，如 S6 40%。负载持续率即通电持续率，电器的有载时间与工作时间之比，用百分数表示。

7. S7 工作制，包括电制动的连续周期工作制

按一系列相同的工作周期运行，每一周期包括一段起动时间、一段恒定负载运行时间和一段电制动时间。S7 工作制中无停机和断能时间。S7 后面标注归算至电动机转轴上的电动机转动惯量（J_M）和负载转动惯量（J_{ext}），如 S7　J_M = 0.15kg·m^2　J_{ext} = 0.75kg·m^2。

8. S8 工作制，包括负载 - 转速相应变化的连续周期工作制

按一系列相同的工作周期运行，每一周期包括一段按预定转速运行的恒定负载时间和一段或几段按不同转速运行的其他恒定负载时间（如变极多速感应电动机），S8 工作制中无停机和断能时间。S8 后面标注归算至电动机转轴上的电动机转动惯量（J_M）和负载转动惯量（J_{ext}），以及在每一转速下的负载、转速和负载持续率，如 S8　J_M = 0.5kg·m^2　J_{ext} = 6.0kg·m^2，16kW　740r/min　30%，40kW　1460r/min　30%，25kW　980r/min　40%。

9. S9 工作制，负载和转速作非周期变化的工作制

负载和转速在允许的范围内作非周期变化的工作制。这种工作制包括经常性过载，其值可远远超过基准负载（相对于 S1 工作制对应的恒定负载）。

10. S10 工作制，离散恒定负载和转速工作制

包括特定数量的离散负载（或等效负载）/ 转速的工作制，每一种负载 / 转速组合的运行时间足以使电动机达到热稳定。在一个工作周期中的最小负载值可为零（空载或停机和断能）。S10 后面标注负载及其持续时间的标幺值 $p/\Delta t$ 和绝缘结构相对预期热寿命的标幺值 TL。预期热寿命的基准值是 S1 连续工作制定额及其允许温升限值下的预期热寿命。停机和断能时，用 r 表示负载。如 S10　$p/\Delta t$=1.1/0.4；1/0.3；0.9/0.2；r/0.1　TL=0.6。

1.3.5　使用类别

电器的使用类别确定电器的用途，有关产品标准规定了相应的使用类别。使用类别通常用额定工作电流的倍数、额定工作电压的倍数及其相应的功率因数或时间常数、短路性能、选择性，以及其他使用条件等来表征。不同类型的低压电器元件的使用类别是不同的，主电路开关电器各有其自己的使用类别，常见低压电器的使用类别具体分类见表 1-1。

表 1-1 低压开关设备和控制设备使用类别举例（摘自 GB 14048.1—2012）

电流种类	类别	典型用途	有关产品标准
交流	AC-20	在空载条件下闭合和断开	GB 14048.3
	AC-21	通断电阻性负载，包括适当的过载	
	AC-22	通断电阻电感混合负载，包括通断适中的过载	
	AC-23	通断电动机负载或其他高电感负载	
	AC-1	无感或微感负载、电阻炉	GB 14048.4
	AC-2	绕线式电动机：起动、分断	
	AC-3	笼型电动机：起动，运转中分断	
	AC-4	笼型电动机：起动、反接制动与反向运转[①]、点动[②]	
	AC-5a	控制放电灯的通断	
	AC-5b	白炽灯的通断	
	AC-6a	变压器的通断	
	AC-6b	电容器组的通断	
	AC-8a	具有手动复位过载脱扣器的密封制冷压缩机中的电动机控制	
	AC-8b	具有自动复位过载脱扣器的密封制冷压缩机中的电动机控制	
	AC-12	控制电阻性负载和光电耦合器隔离的固态负载	GB 14048.5
	AC-13	控制变压器隔离的固态负载	
	AC-14	控制小容量电磁铁负载	
	AC-15	控制交流电磁铁负载	
	AC-52a	控制绕线式电动机定子：8h 工作制，带载起动、加速、运转	GB 14048.6
	AC-52b	控制绕线式电动机定子：断续工作制	
	AC-53a	控制笼型电动机：8h 工作制，带载起动、加速、运转	
	AC-53b	控制笼型电动机：断续工作制	
	AC-58a	具有自动复位过载脱扣器的密封制冷压缩机中的电动机控制：8h 工作制，带载起动、加速、运转	
	AC-58b	具有自动复位过载脱扣器的密封制冷压缩机中的电动机控制：断续工作制	
	AC-40	配电电路，包括由组合电抗器组成的电阻性和电感性混合负载	GB 14048.9
	AC-41	无感或微感负载、电阻炉	
	AC-42	绕线式电动机：起动、分断	
	AC-43	笼型电动机：起动，运转中分断	
	AC-44	笼型电动机：起动、反接制动与反向运转[①]、点动[②]	
	AC-45a	控制放电灯的通断	
	AC-45b	白炽灯的通断	
	AC-12	控制电阻性负载和带光频隔离器的固态负载	GB/T 14048.10
	AC-140	控制小型电磁铁负载，承载（闭合）电流 ≤ 0.2A，如接触器式继电器	
	AC-31	无感或微感负载	GB/T 14048.11
	AC-32	阻性和感性的混合负载，包括中度过载	
	AC-33	电动机负载或包含电动机、电阻负载和 30% 及以下白炽灯负载的混合负载	
	AC-35	放电灯负载	
	AC-36	白炽灯负载	
	AC-7a	家用电器和类似用途的低感负载	GB 17885
	AC-7b	家用的电动机负载	
	AC-51	无感或微感负载、电阻炉	GB/T 14018.12
	AC-55a	控制放电灯的通断	
	AC-55b	白炽灯的通断	
	AC-56a	变压器通断	
	AC-56b	电容器组的通断	

（续）

电流种类	类别	典 型 用 途	有关产品标准
交流和直流	A B	无额定短时耐受电流要求的电路保护 具有额定短时耐受电流要求的电路保护	GB 14048.2
直流	DC-20 DC-21 DC-22 DC-23	在空载条件下闭合和断开 通断电阻性负载，包括适当的过载 通断电阻电感混合负载，包括适当的过载（例如并激电动机） 通断高电感负载（例如串激电动机）	GB 14048.3
	DC-1 DC-3 DC-5 DC-6	无感或微感负载、电阻炉 并激电动机的起动、反接制动或反向运转[1]、点动[2]、电动机的动态分断 串激电动机的起动、反接制动或反向运转[1]、点动[2]、电动机的动态分断 白炽灯的通断	GB 14048.4
	DC-12 DC-13 DC-14	控制电阻性负载和光电耦合器隔离的固态负载 控制电磁铁负载 控制电路中有经济电阻的电磁铁负载	GB 14048.5
	DC-40 DC-41 DC-43 DC-45 DC-46	配电电路，包括由组合电抗器组成的电阻性和电感性混合负载 无感或微感负载、电阻炉 并激电动机：起动、反接制动与反向运转[1]、点动[2]、直流电动机的动态分断 串激电动机：起动、反接制动与反向运转[1]、点动[2]、直流电动机的动态分断 白炽灯的通断	GB 14048.9
	DC-12 DC-13	控制电阻性负载和光电耦合器隔离的固态负载 控制电磁铁负载	GB/T 14048.10
	DC-31 DC-33 DC-36	阻性负载 电动机负载或包含电动机的混合负载 白炽灯负载	GB/T 14048.11

① 反接制动与反向运转意指当电动机正在运转时通过反接电动机原来的联接方式，使电动机迅速停止或反转。
② 点动意指在短时间内激励电动机一次或重复多次，以此使被驱动机械获得小的移动。

1.3.6　开关电器的操作频率和使用寿命

开关电器的操作频率与其工作制有关，同时还取决于实际使用情况。例如，连续运转的成套设备仅在大修或定期维修时才与电网断开，而一组机床随班次变化就可能每天或每周分断一次，有的机床是按每小时一次或更高的频率接通和分断的，还有些自动控制机床每小时可以通断几千次以上。在选用和安装开关电器时，应当充分考虑实际工作时的操作频率和所要求的使用寿命，合理确定开关电器的操作频率和使用寿命指标。

1）开关电器的允许操作频率，是规定开关电器在每小时内可能实现的最高操作循环次数。按每小时多少次给出，这涉及一台开关电器每小时可能开关的次数，其机械寿命也受操作频率的影响。额定工作条件用不同的使用类别给出。

2）开关电器的机械寿命，是指开关电器在需要修理或更换零件前所能承受的无载操作循环次数。按操作次数给出。机械寿命是由运动零部件的闭合动作决定的，动作时所需作用力越大，传动机构的结构力就越大，材料所受应力也越大。如隔离器和大电流断路器的触头压力都很大，零件重量也大，其机械寿命也就相应降低；如欲提高机械寿命参数，则应选用触头压力较小的专用开关电器，如接触器。

3）开关电器的电寿命，是在规定的正常工作条件下，开关电器不需修理或更换零件的负载操作循环次数。取决于触头在不受严重损坏（仍能保持正常功能）的前提下可以承受的通断次数。在接通或分断负载电流时，触头会受到应力作用。接通过程中，动触头可能发生颤动，会受到电弧烧损。在触头烧损方面，分断电弧电流是一个重要因素。由此引起的触头烧损程度，取决于具体的通断工作条件，因而与电压、电流及时间等因素有关。

1.3.7 低压电器的污染等级（参考 GB/T 16935.1—2008）

低压电器的污染等级是根据导电或吸湿的尘埃、游离气体或盐类和相对湿度的大小，以及由于吸湿或凝露导致表面介电强度和 / 或电阻率下降事件发生的频度，而对环境条件做出的分级。污染等级与电器使用所处的环境条件有关。如使用外壳，封闭式或气密封闭式等措施可减少对绝缘的污染。固体微粒、尘埃和水能完全桥接小的电气间隙，因此要规定最小电气间隙。在潮湿的情况下污染将会变为导电性污染。由污染的水、油烟、金属尘埃、碳尘埃引起的污染是常见的导电性污染。为了计算爬电距离和电气间隙，微观环境的污染等级规定有以下 4 级：

1）污染等级 1，无污染或仅有干燥的、非导电性的污染，该污染没有任何影响。

2）污染等级 2，一般情况下仅有非导电性污染，但必须考虑到会因凝露而发生短暂的导电性污染。

3）污染等级 3，有导电性污染，或由于预期的凝露使干燥的非导电性污染变为导电性污染。

4）污染等级 4，造成持久的导电性污染，例如由于导电尘埃或雨或其他潮湿条件所引起的污染。

除非其他有关产品标准另有规定外，工业用电器一般适用于污染等级 3 的环境。但是，对于特殊用途和微观环境，可考虑采用其他的污染等级。家用及类似用途的电器一般用于污染等级 2 的环境。

1.3.8 外壳防护 IP 代码（参考 GB/T 4208—2017）

外壳是能防止设备受到某些外部影响并在各个方向防止直接接触的设备部件。防护等级的 IP 代码由字母"IP"和附加在后的两个表征数字及补充字母所组成。IP 代码表明外壳对人接近危险部件、防止固体异物或水进入的防护等级，并且给出与这些防护有关的附加信息的代码系统。

不同的 IP 等级对设备防护外界固体和液体进入的能力做出了具体规定。国家标准 GB/T 4208—2017《外壳防护等级（IP 代码）》规定了外壳的各个等级的含义、标志方法和实验考核要求，以及电气设备的三类外壳防护等级：

第一类防护：对人体触及外壳内的危险部件的防护。

第二类防护：对固体异物进入外壳内设备的防护。

第三类防护：对水进入外壳内对设备造成有害影响的防护。

IP 后面第一位特征数字表示防止固体异物进入，防止人体接近危险部件。第二位特征数字则表示防止进水造成有害影响。第三位和第四位是附加字母或补充字母。附加字母 A、B、C、D 分别表示防止手背、手指、工具、金属线接近危险部件。补充字母 H、M、S、W 分别表示高压设备、做防水试验时试样运行、防水试验时试样静止、气候条件的专门补充的信息。

不要求规定特征数字时，由字母"X"代替（如果两个字母都省略则用"XX"表示）。附加字母和（或）补充字母可省略，不需代替。当使用一个以上的补充字母时，应按字母顺序排列。当外壳采用不同安装方式提供不同的防护等级时，制造厂应在相应安装方式的说明书上表明该防护等级。

第一位特征数字及数后补充字母表示电器具有对人体和壳内部件的防护，防止人体触及或接近壳体内带电部分或触及壳体内如扇叶类的转动部件，以及防止固体异物进入电器的等级，共分为 7 个等级（0~6），见表 1-2。第二位特征数字表示由于外壳进水而引起有害影响的防护，防止水进入电器的等级，共分为 10 个等级（0~9），见表 1-3。

表 1-2 第一位特征数字及数后补充字母表示的防护等级

第一位特征数字	特征符号	防 护 等 级	
		简 要 说 明	含 义
0	IP0X	无防护	无专门防护
1	IP1X	防止直径不小于 50mm 的固体异物	能防止人体的某一大面积（如手）偶然或意外地触及壳内带电部分或运动部件，但不能防止有意识地接近这些部分。能防止直径不小于 50mm 的固体异物进入壳内
2	IP2X	防止直径不小于 12.5mm 的固体异物	能防止直径不小于 12.5mm 的固体异物进入壳内和防止手指或长度不大于 80mm 的类似物体触及壳内带电部分或运动部件
3	IP3X	防止直径不小于 2.5mm 的固体异物	能防止直径（或厚度）不小于 2.5mm 的工具、金属线等进入壳内
4	IP4X	防止直径不小于 1mm 的固体异物	能防止直径（或厚度）不小于 1mm 的固体异物进入壳内
5	IP5X	防尘	不能完全防止尘埃进入壳内，但进尘量不足以影响电器的正常运行
6	IP6X	尘密	无尘埃进入

表 1-3 第二位特征数字表示的防护等级

第二位特征数字	特征符号	防 护 等 级	
		简 要 说 明	含 义
0	IPX0	无防护	无专门防护
1	IPX1	防止垂直方向滴水	垂直滴水应无有害影响
2	IPX2	防止当外壳在 15° 倾斜时垂直方向滴水	当外壳倾斜至 15° 以内任一角度时，垂直方向滴水应无有害影响
3	IPX3	防淋水	与垂直线成 60° 范围以内的淋水应无有害影响
4	IPX4	防溅水	向外壳各方向溅水无有害影响
5	IPX5	防喷水	向外壳各方向喷水无有害影响
6	IPX6	防强烈喷水	向外壳各个方向强烈喷水无有害影响
7	IPX7	防短时间浸水影响	浸入规定压力的水中经规定时间后外壳进水量不致达有害程度
8	IPX8	防持续浸水影响	按生产厂和用户双方同意的条件（应比特征数字为 7 时严酷）持续潜水后外壳进水量不致达有害程度
9	IPX9	防高温 / 高压喷水的影响	向外壳各方向喷射高温 / 高压水无有害影响

以下是 IP 代码的应用及字母配置示例。

IP44：无附加字母，无可选字母。能防止直径（或厚度）不小于 1mm 的固体异物进入壳内；承受任何方向的溅水应无有害影响。

IPX5：省略第一位特征数字。防喷水，承受任何方向由喷嘴喷出的水应无有害影响。

IP2X：省略第二位特征数字。能防止直径不小于 12.5mm 的固体异物进入壳内和防止手指或长度不大于 80mm 的类似物体触及壳内带电部分或运动部件。

IP20C：使用附加字母。防止直径不小于 12.5mm 的固体异物。防止工具接近危险部件。

IPXXC：省略两位特征数字，使用附加字母。防止工具接近危险部件。

IPX2C：省略第一位特征数字，使用附加字母。防止当外壳在 15° 倾斜时垂直方向滴水，即当外壳的各垂直面在 15° 倾斜时，垂直滴水应无有害影响。防止工具接近危险部件。

IP3XD：省略第二位特征数字，使用附加字母。能防止直径（或厚度）不小于 2.5mm 的工具、金属线等进入壳内。防止金属线接近危险部件。

IP23S：使用补充字母。防止直径不小于 12.5mm 的固体异物。防淋水，即与垂直线成 60° 范围以内的淋水应无有害影响。防水试验在设备的可动部件（如旋转电动机的转子）静止时进行。

IP21CM：使用附加字母和补充字母。防止直径不小于 12.5mm 的固体异物。防滴。防止工具接近危险部件。防水试验在设备的可动部件（如旋转电动机的转子）运动时进行。

IPX5/IPX7/IPX9：外壳标注 3 重标志（表示满足可防喷水、防短时间浸水又能防高温 / 高压喷水三种防护等级的要求）。

1.4　电气技术中的颜色代码

在电气技术领域中，为了使人们对周围存在的不安全因素环境、设备引起注意，保证正确操作，防止事故，易于识别在接线、配线、敷线与各个电器元件和装备之间的相对安装位置，以及它们间的电连接关系，需要对各种绝缘导线的连接标记、导线的颜色、指示灯和操动器的颜色及接线端子的标记等采用安全色做出统一规定。统一使用安全色，能使人们借助所熟悉的安全色含义，正确地对设备操作和维护，并识别危险部位，有助于防止发生事故，及时排除故障，确保人身和设备的安全。电气技术中常用的安全色有红色、黄色、蓝色、绿色、黄色与绿色相间条纹等。

1.4.1　指示灯和显示器的颜色代码

指示灯和显示器的作用是发出指示或确认信息，以引起操作者注意或指示操作者应完成某种任务，或用于确认一种指令、一种状态或情况，或者用于确认一种变化或转换阶段的结束。通常是用闪烁指示灯和显示器发出红色、黄色、蓝色和绿色指示信息；发出蓝色、白色或绿色是确认信息。对于需要引起注意、要求立即动作、指示指令与实际情况有差异的指示信息，则用闪烁灯闪烁的形式发出，必要时可附加声音报警。

指示灯的颜色代码有红色（RD）、绿色（GN）、橙色（OG）/ 黄色（YE）、蓝色（GN）等。红色表示禁止、停止和危险的意思。凡是禁止、停止和有危险的器件、设备或环境，以红色指示，如停止按钮、仪表刻度盘上的极限位置刻度等。绿色表示起动、安全和正常的意思。凡是在起动或安全的情况下，以绿色指示。橙色 / 黄色表示注意、异常的意思。凡是提醒人们注意的器件、设备或环境，以橙色 / 黄色指示，如仪表警示、报警信号等。蓝色表示必须遵守的意思，如命令标志。表 1-4 列出了指示灯和显示器的颜色及其含义，选色原则是依指示灯和显示器被接通（发光、闪光）后所反映的信息来选色。

表 1-4　指示灯和显示器的颜色及其含义

颜色代码	含义			解　释	典型应用
	人员或环境的安全	机械 / 过程状况	设备状态		
红色（RD）	危险 / 禁止	紧急	故障	出现危险和需要立即处理的状态	停止、温度超过规定（或安全）、设备已被保护电器切断
橙色（OG）、黄色（YE）	警告	异常	异常	状态改变或变量接近其极限值	温度偏离正常值、设备出现过载
绿色（GN）	安全	正常	正常	安全运行指示或机械准备起动	起动、设备正常运行，电动机正常运转
蓝色（GN）	强制性			指示操作者需要动作	强制性动作
白色（WH）灰色（GY）黑色（BK）	未赋予具体含义			上述几种颜色即红色、黄色、绿色、蓝色未包括的各种功能，如某种动作需检视	监视

1.4.2　操动器用色的统一规定

操动器是将外部作用施加在装置上的部件，包括手柄、旋钮、按钮、滚轮、推杆、触摸屏、电动机、电磁线圈、气缸或液压缸等。操动器的颜色代码应符合以下要求。

起动 / 接通操动器的颜色应为白色、灰色、黑色或绿色，优选白色，不允许使用红色。急停和紧急断开操动器（包括预期用于紧急情况的电源切断开关）应使用红色。最接近操动器周围的衬托色则应使用黄色。红色操动器与黄色衬托色的组合应只用于紧急操作装置。停止 / 断开操动器应使用黑色、灰色或白色。优先用黑色，不允许使用绿色，允许选用红色，但是，靠近紧急操动器的位置不宜使用红色。作为起动 / 接通与停止 / 断开交替操作的操动器的优选颜色为白色、灰色或黑色，不允许使用红色、橙色 / 黄色或绿色。对于一经操作即会引起运转而松开它们则停止运转（如保持 / 运转）的操动器，其优选颜色为白色、灰色或黑色，不允许使用红色、橙色 / 黄色或绿色。

操作按钮是用手指或手掌施加力而操作的操动器，并具有储能（弹簧）复位的控制开关。红色按钮用于"停止""断电"；绿色按钮优先用于"起动"或"通电"，但也允许选用黑色、白色或灰色按钮；一钮双用的"起动"与"停止"或"通电"与"断电"，交替按压后改变功能的，既不能用红色按钮，也不能用绿色按钮，而用黑色、白色或灰色按钮；按压时运动，抬起时停止运动（如点动、微动），应使用黑色、白色、灰色或绿色按钮，首选黑色按钮，而不能用红色按钮；用于单一复位功能的，用蓝色、黑色、白色或灰色按钮；同时有"复位""停止"与"断电"功能的，应使用红色按钮。灯光按钮不得用作事故按钮。按钮选色原则依被操作（按压）后所引起的功能来选色。表 1-5 列出了按钮的颜色代码及其含义。

表 1-5　按钮颜色代码及其含义

颜 色 代 码	含 义	典 型 应 用
红色（RD）	危险情况下的操作，停止或分断	紧急停止，全部停机。停止一台或多台电动机，停止一台机器某一部分，使电器元件断电，有停止功能的复位按钮
橙色（OG）、黄色（YE）	应急、干预	应急操作，抑制不正常情况或中断不理想的工作周期
绿色（GN）	起动或接通	起动，起动一台或多台电动机，起动一台机器的一部分，使某电器元件得电
蓝色（GN）	表示必须遵守的意思	可用于上述几种颜色即红色、黄色、绿色未包括的任一种功能
白色（WH），灰色（GY），黑色（BK）	无专门指定功能	可用于"停止"和"分断"以外的任何情况

1.4.3　绝缘导体和裸导体的颜色代码

导体应使用颜色或字母数字代码，或两者兼用。颜色代码用于标识线导体，字母数字代码用于标识导体和一组导体内的导体。用绿 / 黄间色标识保护导体（PE）。所有的字母代码应与导体绝缘层颜色形成强烈反差。数字代码应采用阿拉伯数字。为了避免造成混淆，应在单个数字 6 和 9 下方添加横线。表 1-6 列出了线导体颜色代码及其所标志电路。

表 1-6　线导体颜色代码及其所标志电路

序 号	线导体颜色代码	所标志电路
1	黑色（BK）	装置和设备的内部布线
2	棕色（BN）	直流电路的正极
3	红色（RD）	交流三相电路的第 3 相（L3 或 W 相） 半导体晶体管的集电极 半导体晶体管、整流二极管或晶闸管的阴极
4	橙色（OG）、黄色（YE）	交流三相电路的第 1 相（L1 或 U 相） 半导体晶体管的基极 晶闸管和双向晶闸管的门极
5	绿色（GN）	交流三相电路的第 2 相（L2 或 V 相）
6	蓝色（BU）	直流电路的负极 半导体晶体管的发射极 半导体晶体管、整流二极管或晶闸管的阳极
7	淡蓝色（BU）	交流三相电路的零线或中性线 直流电路的接地中间线
8	白色（WH）	双向晶闸管的主电极；无指定用色的半导体电路
9	绿 / 黄间色（GNYE）	安全用的接地线，每种色宽约 15~100mm，交替环绕
10	红、黑色并行（RDBK）	用双芯导线或双根绞线连接的交流电路

线导体的颜色代码为黑色（BK）、棕色（BN）、红色（RD）、橙色（OG）、黄色（YE）、绿色（GN）、蓝色 / 淡蓝色（BU）、紫色（VT）、灰色（GY）、白色（WH）、粉红色（PK）、青绿色（TQ）、绿 / 黄间色（GNYE）。线导体包括相导体（交流）、极导体（直流），正常运行时带电并能用于配电的导体，但不是中性导体或中间导体。

为安全起见，除用于保护导体的绿 / 黄间色外，不能用黄色或绿色与其他颜色组成双色。在不引起混淆的情况下，可以使用黄色和绿色之外的其他颜色组成双色。仅在与保护导体颜色不太可能发生混淆的单色使用的场合，允许使用单一的绿色和黄色。电路中包含一个中性或中间导体时应使用蓝色作为颜色标识。为了避免和其他颜色产生混淆要使用"淡蓝色"。

颜色代码在导体全长或终端使用，在终端和连接点使用颜色代码的裸导体除外。多芯电缆绝缘线芯采用不同的颜色代码，并符合下述规定：

2 芯电缆：红色、蓝色；

3 芯电缆：黄色、绿色、红色；

4 芯电缆：黄色、绿色、红色、蓝色；

5 芯电缆：由制造商确定。

黄色、绿色、红色用于主线芯。蓝色（淡蓝色）用于中性线芯。

多芯电缆绝缘线芯采用不同的数字标志时，应符合下列规定：

2 芯电缆：0 、1；

3 芯电缆：1、2、3；

4 芯电缆：0、1、2、3；

5 芯电缆：0、1、2、3、4。

其中数字 1、2、3 用于主线芯，0 用于中性线芯。在 5 芯电缆中，数字"4"指特定目的导体，包括接地导体。

绝缘的 PEN 导体应使用下列一种方法标识：全长绿 / 黄间色，终端另用淡蓝色标志；或全长淡蓝色，终端另用绿 / 黄间色标志。绝缘的 PEL 导体、PEM 导体应在全长标绿 / 黄间色，两端标蓝色。但在电气设备或工业配电的布线系统中，另有特殊说明时，可省略终端标志。如果 PEL、PEM 导体易与 PEN 导体混淆，则用字母数字标志，如标志"PEL"或"PEM"。

中性导体是在电气上与中性点连接并能用于配电的导体，字母代码为"N"。

保护导体是用于保护接地的导体，如电击防护中设置的导体，字母代码为"PE"。

PEN 导体是兼有保护接地导体和中性导体功能的导体，字母代码为"PEN"。

PEL 导体是兼有保护接地导体和线导体功能的导体，字母代码为"PEL"。

PEM 导体是兼有保护接地导体和中间导体功能的导体，字母代码为"PEM"。

保护联结导体是用于保护等电位联结的保护导体，字母代码为"PB"。

接地的保护联结导体是与大地有导电通路的保护联结导体，字母代码为"PBE"。

不接地的保护联结导体是与大地没有导电通路的保护联结导体，字母代码为"PBU"。

功能接地导体是用于保护功能接地的接地导体，字母代码为"FE"。

功能联结导体是用于保护功能等电位联结的导体，字母代码为"FB"。

中间导体是在电气上与中间点连接并能用于配电的导体。

1.5　电气技术文件的编制

电气工程图是用来阐述电气工作原理，描述电气产品的构造和功能，并提供产品安装和使用方法的一种技术文件和简图，是电气工程领域通用的技术语言和重要的技术交流工具，是指导设计、生产和施工的重要技术文件。本节简要介绍电气工程制图的基本知识和基本内容，为学习专业知识打下基础。

1.5.1 电气简图相关国家标准

电气技术文件的编制规则和电气工程图形符号是电气工程的语言，我国电气制图标准化技术委员会为全国电气信息结构、文件编制和图形符号 SAC/TC27 标委会，对口 IEC 的第 3 工作组 IEC/TC 图形符号技术委员会。国际上将国际电工委员会（IEC）标准作为统一电气工程语言的依据。我国采用国际标准是指将国际标准的内容，通过直接翻译、修改而转化为国家标准，并按国家标准审批发布程序审批发布。其中，"GB" 是强制性国家标准，"GB/T" 是推荐性国家标准，"GB/Z" 是指导性国家标准。

电气制图标准是一套对电气简图或图表的绘制方法做出统一规定的系列标准，它从多方面规定了如何在图面上布置图形符号、连接线和标注各种文字、数字（文件代号、参照代号、端子标识和信号代号）；通过各种类型的图文件如何把一项工业系统、装置与设备以及工业产品的组成和相互关系能够表达清楚。让工程技术人员能够按照电气图样和技术文件进行加工、生产、调试、使用和维修。

国家标准中，电气技术文件标准的范围涉及工业系统、装置与设备以及工业产品系统内的规则、符号、代号、标识、文件的编制和数据处理等，所涉及的电气制图标准主要有电气技术文件的编制标准、电气简图用图形符号标准和机械电气设备用图形符号标准三大类。我国参照 IEC 60617《电气简图用图形符号》、IEC 61082《电气技术用文件的编制》、IEC 81346《工业系统、成套装置与设备以及工业产品　结构原则与参照代号》等系列标准，颁布了国家标准 GB/T 4728《电气简图用图形符号》系列标准、GB/T 6988.1—2008《电气技术用文件的编制　第 1 部分：规则》、GB/T 5094.2—2018《工业系统、装置与设备以及工业产品　结构原则与参照代号　第 2 部分：项目的分类与分类码》、GB/T 5465《电气设备用图形符号》系列标准、GB/T 24340—2009《工业机械电气图用图形符号》等标准，统一了电气制图规则、术语和定义，包括基本术语、与信息表达相关术语、与基本文档类型相关术语和与特殊文档类型相关术语等 4 个方面。电气技术文件编制涉及的主要相关标准及相互关系概略图如图 1-18 所示。图中包含的国家标准与国际标准是电气技术文件编制的规则性指导文件，电气技术文件编制相关国家标准见表 1-7。

从图 1-18 中可看到，电气技术文件编制涉及的相关标准包括文件编制标准、文件集规则、参考代号标准、简图符号标准和电气元器件建库数据结构标准五大类，详见表 1-7。表 1-7 所列国家标准构成了一个较为完整的电气技术文件编制的信息技术框架体系。相关标准中的术语和定义包括基本术语、与信息表达形式相关的术语、与基本文档类型有关的术语和与特殊文档类型有关的术语 4 个方面。

GB/T 6988.1—2008《电气技术用文件的编制　第 1 部分：规则》是涉及范围广泛的规则标准，其中规定了图、简图、表图和表格等一般性电气技术文件的编制规则，以及概略图、功能图、电路图、接线图、等效电路图、逻辑功能图、布置图、接线表、顺序表图和时序表图等的编制规则和方法；清晰地指引电气技术文件编制、结构、信息表达、文件的标识和代号的技术路线；除了常规的图纸幅面、页面的标识、字体、符号、比例、线宽、尺寸线、指引线、基准线、参照代号、端子代号、信号代号等信息表达形式外，还规定了数据库信息的表达、文件标识代号、颜色、阴影和图案，超链接、多页以及前后页参考的标识等有关的内容，并列举了 100 余个图例；是编制电气技术文件，包括简图、概略图、功能图、电路图、接线图、顺序功能表图等的基本规则，也是采用 CAD 计算机辅助工具进行电气技术文件编制的指导文件，其中涉及规范性引用文件，如布置图、表、参照代号、连接表、表图、功能表图、顺序表和时序表等图表给予了相关标准指引；对位置与安装等文件，涉及制图规则标准引用的有关参照代号、端子代号和信号代号等标准的内容也有概略指引。

因此，在使用 CAD 计算机辅助工具进行电气技术文件编制时，应遵守表 1-7 中的相关标准，结构文件应符合 CAx 技术（计算机辅助技术）一致性要求。注：CAx 技术是 CAD、CAM、CAE、CAPP、CAS、CAT、CAI 等技术的统称，因都以 CA 开头而得名，其中 x 表示所有。以计算机辅助设计（CAD）、计算机辅助工程（CAE）等为代表的 CAx 技术是智能制造、现代集成制造系统（CIMS）及虚拟制造的必不可少的工具。CAx 的应用已渗透到工业企业的各个领域，CAx 的应用水平不仅是衡量产品开发、设计、制造和技术先进性的重要标志，更进一步影响着企业的生存空间和发展潜力。

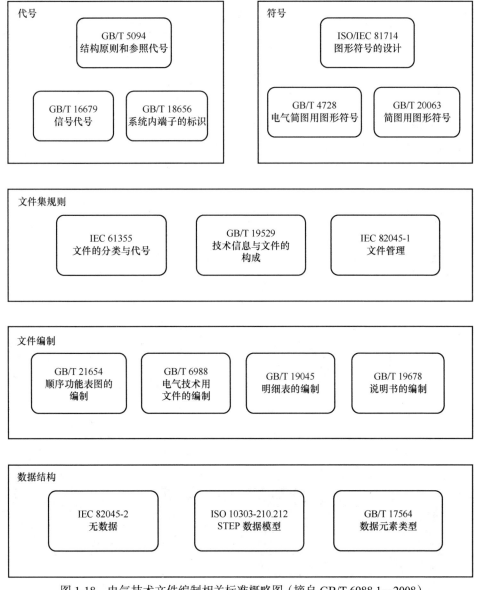

图 1-18　电气技术文件编制相关标准概略图（摘自 GB/T 6988.1—2008）

表 1-7 电气技术文件编制相关国家标准

序　号	国家标准编号	国家标准名称
1. 文件 编制类	GB/T 6988.1—2008	电气技术用文件的编制　第 1 部分：规则
	GB/T 21654—2008	顺序功能表图的 GRAFCET 规范语言
	GB/T 19045—2003	明细表的编制
	GB/T 19678.1—2018	使用说明的编制　构成、内容和表示方法　第 1 部分：通则和详细要求
	GB/T 18229—008	CAD 工程制图规则
	GB/T 6988.5—2006	电气技术用文件的编制　第 5 部分：索引
	GB/T 26853.1—2011	成套设备、系统和设备文件的分类和代号　第 1 部分：规则和分类表
	GB/T 14689—2008	技术制图　图纸幅面和格式
2. 标识 代号	GB/T 5094.1—2018	工业系统、装置与设备以及工业产品结构原则与参照代号　第 1 部分：基本规则
	GB/T 5094.2—2018	工业系统、装置与设备以及工业产品结构原则与参照代号　第 2 部分：项目的分类与分类码
	GB/T 16679—2009	工业系统、装置与设备以及工业产品　信号代号
	GB/T 18656—2002	工业系统、装置与设备以及工业产品　系统内端子的标识
3. 电气 简图用图 形符号	GB/T 4728.1—2018	电气简图用图形符号　第 1 部分：一般要求
	GB/T 4728.2—2018	电气简图用图形符号　第 2 部分：符号要素、限定符号和其他常用符号
	GB/T 4728.3—2018	电气简图用图形符号　第 3 部分：导体和连接件
	GB/T 4728.4—2018	电气简图用图形符号　第 4 部分：基本无源元件
	GB/T 4728.5—2018	电气简图用图形符号　第 5 部分：半导体管和电子管
	GB/T 4728.6—2008	电气简图用图形符号　第 6 部分：电能的发生与转换
	GB/T 4728.7—2008	电气简图用图形符号　第 7 部分：开关、控制和保护器件
	GB/T 4728.8—2008	电气简图用图形符号　第 8 部分：测量仪表、灯和信号器件
	GB/T 4728.9—2008	电气简图用图形符号　第 9 部分：电信、交换和外围设备
	GB/T 4728.10—2008	电气简图用图形符号　第 10 部分：电信：传输
	GB/T 4728.11—2008	电气简图用图形符号　第 11 部分：建筑安装平面布置图
	GB/T 4728.12—2008	电气简图用图形符号　第 12 部分：二进制逻辑件
	GB/T 4728.13—2008	电气简图用图形符号　第 13 部分：模拟件
4. 电气 设备用图 形符号	GB/T 5465.2—2008	电气设备用图形符号　第 2 部分：图形符号
	GB/T 20063.1—2006	简图用图形符号　第 1 部分：通用信息与索引
	GB/T 20063.2—2006	简图用图形符号　第 2 部分：符号的一般应用
	GB/T 20063.3—2006	简图用图形符号　第 3 部分：连接件与有关装置
	GB/T 5465.2—2008	电气设备用图形符号　第 2 部分：图形符号
	GB/T 17285—2009	电气设备电源特性的标记　安全要求
	GB/T 23371.2—2009	电气设备用图形符号基本规则　第 2 部分：箭头的形式与使用
	GB/T 23371.3—2009	电气设备用图形符号基本规则　第 3 部分：应用导则
	GB/T 24340—2009	工业机械电气图用图形符号
	GB/T 24341—2009	工业机械电气设备　电气图、图解和表的绘制

（续）

序　　号	国家标准编号	国家标准名称
4. 电气设备用图形符号	GB/T 16902.1—2017	设备用图形符号表示规则　第 1 部分：符号原图的设计原则
	GB 18209.1—2010	机械电气安全　指示、标志和操作　第 1 部分：关于视觉、听觉和触觉信号的要求
	GB/T 30085—2013	工业系统、装置和设备及工业产品　电缆和电线的标记
	GB/T 4026—2019	人机界面标志标识的基本和安全规则　设备端子、导体终端和导体的标识
	GB 4884—1985	绝缘导线的标记
5. 文件集和规则	GB/T 19529—2004	技术信息与文件的构成
	GB/T 16901.2—2013	技术文件用图形符号表示规则　第 2 部分：图形符号（包括基准符号库中的图形符号）的计算机电子文件格式规范及其交换要求
	GB/T 20295—2014	二进制逻辑元件和模拟元件符号的应用
6. 数据结构	GB/T 17564.1—2011	电气项目的标准数据元素类型和相关分类模式　第 1 部分：定义　原则和方法
	GB/T 17564.2—2013	电气元器件的标准数据元素类型和相关分类模式　第 2 部分：EXPRESS 字典模式
7. 低压配电设计	GB 50052—2009	供配电系统设计规范
	GB 50053—2013	20kV 及以下变电所设计规范
	GB 50054—2011	低压配电设计规范
	GB 50055—2011	通用用电设备配电设计规范

1.5.2　电气技术文件的概念

电气技术文件是为电气工程设计、设备制造、施工和维修而编制的成套图样和文字说明等的技术文件。术语"文件"不限于纸质信息的表达方式，还包括电子媒体或数据库中的数据文件等信息存储方式。在绘制电气工程图时，首先要明确项目的用途和任务，使用场合和表达对象，然后需考虑采用以何种形式进行表达。

电气工程图的表达形式有简图（概略图）、图（布置图）、表图和表格四种基本文件类型。

1. 简图（概略图）

简图（概略图）是电气工程图的最常用表达形式，用以表达电气系统的工作原理、系统结构等。简图可简称为图，如系统图、电路图、接线图等，是用图形符号、带注释的围框或简化外形表示电气系统或设备的组成及其连接关系的一种图。从功能角度看，不同种类的图用于不同的表达方式，有的表达概略，有的表达详细，有的表达概念功能，也有的表达实际功能。从连接关系看，有内部的、外接端子和相互之间的不同连接关系等。从位置上看，又有各种安装位置、电缆布置、导线去向、端子排列等。上述情况都可能出现在某种图上，所以，要根据各自的特点确定采用的图的种类。

2. 图（布置图）

图（布置图）也即平面布置图，一般指用平面的方式展现空间的布置和安排等。在工程上一般是指布置方案的一种简明图解形式，用以表示建筑物、设施、设备等的相对平面位置。

3. 表图

表图是表示两个及以上变量之间关系的一种逻辑功能图，表达形式主要是用功能图块描述而不是表。

4. 表格

表格是把数据按纵横排列的一种表达形式，主要用于说明电气系统、设备的组成或连接关系，提供工作参数及技术数据等内容。如转换开关的接线表、设备元件表、技术文件清单等都属于表格。

5. 文字

文字是使用语言文字描述信息的一种信息表达方式，如各种说明书及各项说明中的语言文字。

此外，在电气系统图中，有时为表达箱、柜内部结构，还需采用投影法绘制图，这类图属于电气工艺图。

电气技术文件按其用途和任务以及使用特征等进行分类，主要有项目、功能、位置、接线及说明等技术文件。电气技术文件根据实际情况可简可繁。在编制电气技术文件时，应注意技术文件的正确性、完整性和统一性。

正确性是指电气技术文件提供的图样、说明及其他资料必须正确无误，能满足设计要求达到的性能指标，图中所采用的图形符号、文字说明、格式、画法等，均符合国家标准及有关规定。

技术文件的完整性是指文件中的图表、说明及其他资料满足制造、安装、维修等的需要，技术文件中的各种图样、文字说明要前后统一，无遗漏。

统一性是指 CAx 技术的统一性。编辑电气技术文件的相关术语和定义见表1-8。

表1-8　编辑电气技术文件的相关术语和定义

类　型	术　语	GB/T 6988.1—2008《电气技术用文件的编制　第1部分：规则》中的定义
基本术语	数据媒体	能够进行信息记录和读取的介质
	文件	用户和系统间可成组管理和交换的、确定并结构化的用于相互间交流的一定数量的信息
	文件种类	按文件表示的信息内容和表达方式所定义的文件类型
	文件集	涉及某一项目的文件的集合，可包括技术或其他文件
	数据库	描述数据的特性和相应实体间联系的、根据概念结构组织的数据的集合，支持一个或多个应用领域
	超级链接	从显示的一个位置到同一显示或另一显示的另一个位置的活动连接
	项目、物体	在设计、工艺、建造、运营、维修和报废过程中所面对的实体。项目根据其用途，按不同途径去观察称为"方面"
	参照代号	作为系统组成部分的特定项目按该系统的一方面或多方面相对于系统的标识符
	单层参照代号	对直接组成系统的特定项目，给出相对于系统的参照代号
	参照代号集	成套的参照代号，其中至少有一个可唯一地标识所关注的项目
	产品	劳动的或自然过程或人工过程的预期或已完成的成果
	器件	起到一个或多个功能，不可分解的，或用于更高层次装配的与上下层次关联、物理上可分的产品
与信息表达形式相关的术语	图示形式	使用图示的方式表达信息
	示意图	使用不考虑实际投影关系的图像或完全几何描述的方式表达信息，可以是二维或三维的
	文字形式	用文字和数字表达信息

（续）

类　型	术　语	GB/T 6988.1—2008《电气技术用文件的编制　第 1 部分：规则》中的定义
与信息表达形式相关的术语	图	主要是通过按比例表示项目及它们之间相互位置的图示形式来表达信息
	简图	主要是通过以图形符号表示项目及它们之间关系的图示形式来表达信息
	表图	主要是表达两个或多个变量、操作或状态之间关系的图示形式
	表格	以行和列的形式表达信息
	概略图	概略地表达一个项目的全面特性的简图
	功能图	表达项目功能信息的简图
	电路图	表达项目电路组成和物理连接信息的简图
	接线图	表达项目组件或单元之间物理连接信息的简图
	逻辑功能图	主要使用二进制逻辑元件符号的功能图
	布置图	表达项目相对或绝对位置信息的图
	接线表	表达项目组件或单元之间物理连接信息的表
	顺序表图	表达系统各单元之间工作次序或状态信息的表图
	时序表图	按比例绘出时间轴的顺序表图

1.5.3　文件集与结构树的概念

电气技术文件是工业系统、分系统、装置、成套设备、设备、产品等，进行规划、设计、制造、安装、试运行、使用、维护和报废等活动所必需的基本要素文件。文件集的用途是以最适当的形式提供信息。

1.5.3.1　结构树

电气技术文件应按照文件集方式进行编制，文件集的结构按照 GB/T 5094.1—2018《工业系统、装置与设备以及工业产品　结构原则与参照代号　第 1 部分：基本规则》编制，产品或系统所代表的项目信息用结构树形式表示，如图 1-19 所示。

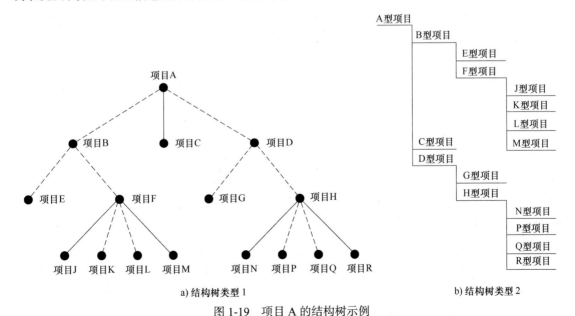

a) 结构树类型 1

b) 结构树类型 2

图 1-19　项目 A 的结构树示例

图1-19表达的是结构树的信息表达层次，每个层次表达不同程度的细节。顶节点（项目A）表达的项目文件包含了全树（系统）的所有信息，其他是子项目，子项目文件表达子项目的更多信息细节。节点代表项目（物体、对象、系统），分支代表这些项目分解而成的其他项目（即子项目），它描述的是一个结构树状文件集的概念。项目是指实体（物体、对象、系统），或指与之相关的一组信息，泛指实在的或非实在的"物"。

观察一个实体的特定视角称为"（方）面"。结构树的结构形成（即类型和事件）是从一个（方）面观察项目，可在同一方面或其产生低一级子项目的方面中查看各子项目。从一个方面的角度来看项目，仅可看到与这个方面有关的组成项目（也就是子项目），但是看不到与这个方面无关而存在的子项目。另外如果该子项目和所有方面都相关，从不同方面都可看到。

对于一个系统的界定一般是以实现一个给定的任务目标，如执行一个明确的功能（控制系统、传输系统等），当一个系统为另一系统的一部分时，在本部分中可以把它视为子系统。

一个项目就是一个系统，一个子项目就是一个子系统，用图形和文字符号或带注释的框、概略图表示系统或分系统的基本组成、相互关系及其主要特征。

1.5.3.2 项目与结构树层次

"项目"是一个专用术语，指在电气技术文件中的各种实体。这些实体在简图上用图形和文字符号表示。在不同的场合，"项目"既泛指各种实物，又特指某一个具体器件；既可指各类开关电器元件、半导体器件、集成电路模块等元器件，又可指较大的一类配电设备，或者复杂的控制系统。

GB/T 5094.1—2018规定了产品或系统的信息可以以结构树的形式组织。结构树的每个节点代表一个项目；每个项目有实际描述项目的文件。这种结构表述了一个项目再细分成子项目的方式，连续进行这种细分产生结构树，结构树表明项目（项目的方面）怎样由其他项目构成。技术文件应描述并明确地关联于相关项目。

使用结构树可使项目信息表达有层次，GB/T 19529—2004规定了如何根据主文件去构建文件；器件或子系统的文件集可集成至与系统结构相应层次的任何系统信息以并列层次表达，每个层次表达不同程度的细节；如何在结构树中从不同位置引用项目的类型描述。例如，在顶节点表达的项目的文件包含了整个系统的全面信息，其他项目的文件表达了子项目的更多细节的信息。

1.5.3.3 文件集与信息表达

技术文件内的项目信息表达应明确并实用，同样的信息可在不同文件内以相同或不同的文件类型表示，此信息在不同位置的表达应协调一致。每个文件都应至少有一个参照代号（标识符）用于标识，该参照代号是在给定范围内作为系统组成部分的特定项目，按该系统的一方面或多方面相对于系统的标识符。由于一个文件可在多个范围内明确标识，适用范围应在该文件或其支持文件集中予以明确。常用的电气技术文件的种类、分类代码（DCC）和信息表达方式见表1-9。

电气技术文件可以按照文件所属的项目、信息内容、用途和表达方式（见表1-9）等不同的方面进行分类。

文件内信息的表达应明确，同样的信息可以在不同文件内以相同或不同的文件类型表示，但在不同位置的表达应协调一致。对一些文件种类，表示信息内容可能用不同的表达方式，文件编制者必须准确地选用表达方式。对于采用一种以上表达方式的文件，则可选取主类表达方式的字母来表达。示例如下：

表 1-9　电气技术文件的种类、分类代码（DCC）和信息表达方式

类　　别	名　　称	说　　明
功能性文件	概略图 DCC 代码：_FA，_FB	概略图含框图、单线简图等，表示系统、分系统、成套装置、部件、设备、软件等各项目间的主要关系和连接的简图，通常用单线表示法。可用于电路图及功能图不同层次的概览
	功能图 DCC 代码：_FF	功能图包括逻辑功能简图、等效电路图等，表示系统、分系统、成套装置、部件、设备、软件等功能特性的简图，但不涉及实现方法。用功能方框或图形符号及连接线表示的信号流逻辑图，其用途是为绘制电路图或其他有关图提供设计依据。当功能图中主要使用二进制逻辑元件符号时，则称为逻辑功能简图
	电路图 DCC 代码：_FS	包括端子功能图、原理图、示意图，用图形符号并按工作顺序排列，详细表示电路、设备或成套装置的组成和连接关系，目的是叙述作用、原理、分析和计算等，不考虑其实际位置的一种表示系统、分系统、装置、部件、设备、软件等电气原理的简图，采用按功能排列的图形符号来表示各元件和连接关系，以表示功能而不需考虑项目的实体尺寸、形状或位置
	表图 DCC 代码：_FF	包括功能表图、顺序表图、时序表图。功能表图是用步和转换描述控制系统的功能和状态的表图。顺序表图是表示系统各个单元工作次序或状态的图。它表示各单元的工作或状态按一个方向排列，类似于数字电路的时序图。若按比例绘制具有时间轴的顺序表图，即是时序图。时序图用于表达与时间相关的工作或功能顺序信息或彼此相关的不同工作或功能顺序，时序表图是按比例绘制出时间轴的顺序表图
位置文件	布置图 DCC 代码：_LD，_LH，_LU	布置图包括总平面图、安装图、装配图等，是表示成套装置、设备或装置、建筑物中各个项目中元器件的位置和连接布线的一种简图。布置图基本文件的内容是布置图的完整部分。基本图应示出所编制的电气设备布置图的全部必要信息，包括器件布置、导体布局、空间和通道、接地点、绝缘条件、密封要求规范（湿度、灰尘）等 　　总平面图表示电气工程中的主要设备包括建筑物的相对测定点的具体位置，包括连接关系、断面视图、网络、道路、地表资料、进出线布置及工区总体布局的平面图，如配电间设备总平面布置图 　　安装图是表示各项目间安装位置的图。表示各项目间连接关系的安装图即为安装简图。 　　通常按比例表示一组装配部件的空间位置和形状的图，即为装配图。经简化或补充以给出某种特定目的所需信息的装配图，即为其布置图
接线文件	接线图（表） DCC 代码：_MA，_MB	接线图（表）包括接线图、接线表、单元接线图、互连接线图、端子功能图、电缆敷设图（表）等，是表示或列出一个装置或设备的连接关系的简图，也是用于表示成套装置、设备或装置的内部器件连接关系，进行接线和检查的一种简图或表格，如转换开关接线表、端子接线图或端子接线表。表示功能单元的外接端子图，并用功能图、表图或文字表示其内部功能的简图称为端子功能图 　　图表中一般应包括以下信息：功能方框或图形符号；连接线；参照代号；端子代号；用于逻辑信号的电平约定；电路寻迹必需的信息（信号代号、位置检索标记）；了解项目功能必需的补充信息 　　电缆图（表）是提供有关电缆、导线的识别标记、两端位置及特性、路径和功能等信息的简图（表）

（续）

类　别	名　称	说　明
项目表	元件表、设备表	包括元件表、设备表、文件清单等，是对一个组件（或分组件）项目（零件、元件、软件、设备等）和参考文件的清单表格。把成套装置、设备和装置中各组成部分和相应数据列成表格，其用途是表示各组成部分的名称、型号、规格和数量，以及数据清单等
说明文件	安装、调试说明文件	安装、调试说明文件是给出有关一个系统、装置、设备或元件的安装条件以及供货、交付、卸货、安装和测试说明或信息的文件
	使用说明文件	使用说明文件是对一个系统、装置、设备或元件的使用说明和信息文件
	可靠性和可维修性说明文件	可靠性和可维修性说明文件是对一个系统、装置、设备或元件的可靠性和可维修性方面的说明和信息文件

C 表图：描述系统的状态（例如变量、操作或状态之间的关系）的图示形式；

D 简图：采用图形符号和框表示包括互连线在内的一个系统或一个设备中的元件和部件之间关系的图示形式；

G 图样：按比例描述器件或组件的形状、尺寸等的图示形式；

L 图：按比例表示项目的相互位置的简图来表达信息；

M 地图：成套装置相对于其周围环境的图示形式；

P 平面图：表示水平视图、断面或剖面的图；

S 单图：不必按比例绘制的图示形式；

T 表格：采用行和列的表达方式；

X 文字形式：使用文字的表达方式，例如说明书和说明。

文件起草可以用 CAx 工具或直接在纸质或其他介质上进行。每个文件至少都应有一个标识符，在给定范围内该标识符应明确。如果一个文件用在多个范围内，应在该文件或其支持文件适用范围中予以明确区分。

为了将文件各部分与其项目联系起来，文件的命名应按 DCC 的规定组合起来，例如，功能、位置或产品参照代号与 DCC 的组合来表示。

1.5.4　项目代号和参照代号

1.5.4.1　项目代号的定义

项目代号是一种特定的代码，利用代码形式赋予各种项目一个规定代号，用以识别图、表图、表格中和设备上的项目种类，来描述各种项目之间的层次关系，以及实际位置等信息，是电气技术文件的重要组成部分。

通过项目代号可以将不同的图或其他技术文件上的项目（软件）与实际设备中的该项目（硬件）一一对应和联系在一起。因此，无论是图还是表，项目代号是信息表达的载体，是不可缺少的。具体使用时，可以把项目代号标注在项目中的设备上或其附近或者反过来，也可根据实际器件端子上已有的标记，来命名项目代号中的端子代号。

总之，通过项目代号可以在各种技术文件中的项目和它们所表示的实际物件之间建立对应关系，使文件和实物有机地联系起来。

1.5.4.2　项目代号的构成

一个完整的项目代号包括高层代号、位置代号、种类代号、端子代号。项目代号是由拉丁字母、阿拉伯数字、特定的前缀符号，按照一定规则组合而成的代码。

项目代号的构成基础是对一个成套设备、系统、设备或产品依次进行顺序分解。对一个系统，可以从整体到局部、从大到小依次分解，分解得到的部分、单元、部件、组件直至元器件都可称为项目。对这些项目，可以按一定规则分别规定出项目代号。这些代号可以表示项目所属的种类、项目之间的从属关系、项目所处的实际位置、项目的接线端子，项目代号包括四部分内容，即相对独立的各部分称为代号段，第 1 段高层代号、第 2 段位置代号、第 3 段种类代号、第 4 段端子代号。它们分别表达了一定的信息，加在代号段之前以做区分的特征标记称为前缀符号。

为便于区分各个代号段并使各个代号段以适当方式进行组合，对各代号段分别规定技术文件和项目所描述的联系，通常以项目代号作为文件代号的一部分。项目代号可以是参照代号（事件）或型号代号（类型）。

项目类型表示特性和行为相同的所有项目；项目事件表示项目类型的一个特定用途；项目类型和事件采用项目类型简图和表示项目类型的单个符号两种方法表示。采用简图就是外部接线接到内部构成项目端子时用简化图表示项目类型。采用单个符号表示项目类型事件时，该符号具有帮助理解简图必需的全部信息。

1.5.4.3　参照代号

参照代号是作为系统组成部分的特定项目按该系统的一方面或多方面相对于系统的标识符。

一个项目的完整参照代号包括三部分：功能面参照代号、位置面参照代号和产品面参照代号。

1.5.5　项目代号的代号段

一个完整的项目代号含有四个代号段，见表 1-10。

表 1-10　项目代号段组成

段　　别	名　　称	前缀符号	示　　例
第 1 段	高层代号	=	=S3
第 2 段	位置代号	+	+12D
第 3 段	种类代号	–	–K5
第 4 段	端子代号	:	:6

表 1-10 中项目代号段的组合为 = S3+12D–K5：6，这一代号段组合表示装置 S3 中的 12 号位置 D 列控制柜上的接触器 K5 的第 6 号端子。

项目代号组合为 = 高层代号段 – 种类代号段（空格）+ 位置代号段：

冒号前即为项目的参照代号。

1.5.5.1　高层代号

高层代号是指对赋予项目（系统、设备）代号的项目而言具有较高层次的项目代号。如 S2 系统中的开关 Q3，表示为 = S2–Q3，其中 = S2 为高层代号。

例如，某厂区电力系统 S 中的一个变电站，则电力系统 S 的代号可称为高层代号，记作"=S"；高层代号具有"总项目"的含义。高层代号可用选定的字符、数字表示，如 =S、=1 等。高层代号与种类代号同时标注时，通常高层代号在前，种类代号在后。

高层代号段对于种类代号段是功能隶属关系，位置代号段对于种类代号段来说是位置信息。如 =A1–K3+C8S5M2，表示 A1 装置中的继电器 K3，位置在 C8 区间 S5 列控制柜 M2 中；=A1P2–Q4K2+C7S3M9，表示 A1 装置 P2 系统中的 Q4 开关中的继电器 K2，位置在 C7 区间 S3 列操作柜 M9 中。

1.5.5.2　种类代号

种类代号用以识别项目种类的代号，种类代号段是项目代号的核心部分。种类代号一般由字母代码和数字组成，其中，字母代码必须使用规定的文字符号，例如 -F1 表示第 1 个熔断器 F，–Q3 表示第 3 个隔离开关 Q。种类代号有如下表示方法：

1）由字母代码和数字组成：①由种类代号段的前缀符号＋项目种类的字母代码＋同一项目种类的序号组成，如 –K2。②由种类代号段的前缀符号＋项目种类的字母代码＋同一项目种类的序号＋项目的功能字母代码，如 –K2M。

2）用顺序数字（1、2、3 等）表示图中的各个项目，同时将这些顺序数字和它所代表的项目排列于图中或另外的说明中，如 –1、–2、–3 等。

1.5.5.3　位置代号

位置代号指项目在组件、设备、系统或建筑物中的实际位置的代号。位置代号由自行规定的字母或数字组成。

在使用位置代号时，就给出表示该项目位置的示意图。如 +201+A+3 可写为 +201A3，含义是 A 列柜装在 201 室第 3 机柜。

1.5.5.4　端子代号

1. 端子代号的定义

端子代号是指用以与外电路进行电气连接的电器的导电件的代号。端子代号的构成是中性的，由设计者提出代号，通常采用大写字母和数字表示。根据所考虑的不同方面来标识端子，则可能有多个端子代号。如按产品端子代号、功能端子代号或位置端子代号的规则构成项目的端子代号。文件中示出项目事件时，必须提供容易获得对应项目类型详细描述的规则。该规则还可以用从项目事件直接引用到相关项目类型文件来补充。但应按 GB/T 18656—2002《工业系统、装置与设备以及工业产品　系统内端子的标识》的规定标注端子代号。

2. 端子代号的前缀

端子代号的前缀如下：

"="表示端子是根据功能面标识的，即用来设计与功能有关的网络；

"–"表示端子是根据产品面标识的，即用来设计（电气）产品 / 组件网络；

"+"表示端子是根据位置面标识的。

端子的标识在同一系统内应是唯一的，包含相对于所关注的项目唯一标识端子的端子代号；端子代号前为"："（冒号）；冒号前为明确描述所关注项目的参照代号。参照代号的构成应按照 GB/T 5094.1—2018 标准的规则。如果参照代号和端子代号两部分靠得很近，应示出"："（冒号），否则，若不可能发生混淆，则可以省略，例如在表格中。如 -S6：B，表示控制开关 S6 的 B 端子，-X：9 表示端子板 X 的 9 号端子。省略"："后，即 -S6B，-X9。

1.5.5.5 功能面结构项目代码

功能面结构是基于系统的用途,从功能面将系统分为若干组成子项目,而无需考虑位置或实现其功能的产品。从功能面看,用于标识控制功能、功能配置、功能设备单元、设备单元和元件时,字母代码加前缀如下:

"="功能配置标识,控制功能,功能配置;

"+"功能,系统标识,功能设备单元,设备单元;

"−"产品标识,元件。

通过功能配置标识描述基于功能面结构的信息文件,用图形或文字说明系统的功能,又可分为若干分功能共同完成预定的用途;产品面结构基于将系统分为若干产品面的组成项目,而无需考虑功能或位置。描述基于产品面结构的信息文件,用图形或文字说明产品的若干子产品,以制造、装配或封装完成产品或提供产品;位置面结构基于系统的位置布局表示将系统分为若干位置面的组成项目,而无需考虑产品或功能。描述基于位置面结构的信息文件,用图形或文字说明构成系统的产品实际所处的位置。

1.5.6 项目代号的应用

图信息应与项目所处位置的必要信息一起表示,应包括项目和参照代号的标识信息,在紧邻项目符号或轮廓线旁示出项目的技术数据。安装方法应在文件中表明,如果某些项目要求不同的安装方法或方向,则可以用邻近项目表示处的字母代码特别标明,采用的字母代码应在文件或支持文件集中说明。

1.5.6.1 布置图

布置图包括平面图、安装图、装配图等。图中示出项目的相对或绝对位置和尺寸。图 1-20 是一个配电箱面板布置图示例。

1.5.6.2 电路图

电路图应包括下列内容:图形符号(GB/T 4728.1~13—2018,2008);标识功能性连接、元器件间电的、机械的、管线等的连接线;参照代号(GB/T 5094.2—2018);端子代号(GB/T 18656—2002);用于逻辑信号的电平标识;信息代号(GB/T 16679—2009)、位置信息(GB/T 6988.1—2008);项目功能等的必需补充信息。

1.5.6.3 接线图

接线图文件应包括下列信息:

1)单元或组件的元器件之间的物理连接(内部)。

2)组件不同单元之间的物理连接(外部)。

3)到一个单元的物理连接(外部)。

接线图中的连接点应用端子代号标识,并且

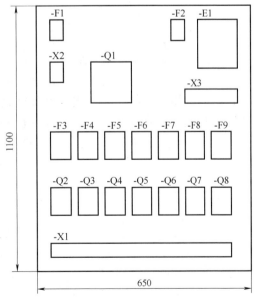

图 1-20 配电箱面板布置图示例

标识使用的导线或电缆。接线图按文件预定用途的要求可包括其他信息,例如:

1)导线或电缆的类型信息,如型号、项目或零件号、材料、结构、尺寸、绝缘颜色、额定电压、导线或电缆数量、其他技术数据等。

2）导线、电缆数量或参照代号。

3）布局、行程、终止、附件、扭曲、屏蔽等的说明或方法。

4）导线或电缆的长度。

用接线图（表）表示一个结构单元内连接关系即单元接线图（表），元器件、单元或组件的连接，应用正方形、矩形或圆形等简单的外形或简化图形表示法表示。对于端子应示出表示每个端子的标识，如图1-21所示。

图1-21中，-K1、-U1、-K2、-C1、-X1是标识种类项目的种类代码，线号1、2的折线符号表示这两根导线是绞合的。表示不同结构单元间连接关系的接线图（表）称为互连接线图（表）。表示一个结构单元的端子和该端子与外部连线（或包括内部连线）的接线图（表）称为端子接线图（表），如图1-22所示。

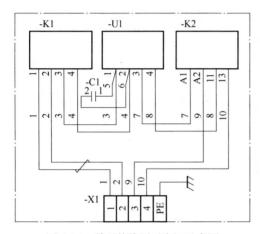

图1-21 单元接线图（表）示意图

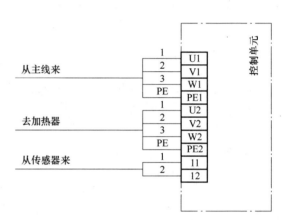

图1-22 控制单元端子接线图示意图

1.5.6.4 电缆敷设图（表）

电缆敷设图（表）是表示有关电缆或导线的识别标记、两端位置及特性、路径和功能等信息的一种简图（表）。对于电缆及其组成线芯，如用单条连接线表示多芯电缆，要示出其组成线芯连接到的物理端子，表示电缆的连接线应在交叉线处终止，并且表示线芯的连接线应从该交叉线直至物理端子。电缆及其线芯应清楚地标识，如图1-23所示。

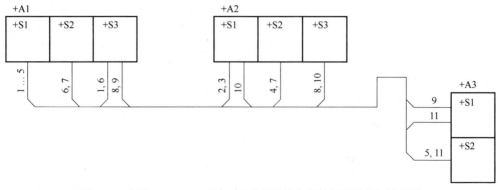

图1-23 位于+A1、+A2和+A3项目间的电缆敷设图（表）示意图

图 1-23 中，+A1、+A2、+A3、+S1、+S2、+S3 是标识位置项目的位置代码，其他为标号，描述电缆或导线的连接关系。

1.5.6.5　项目表（图）

项目表应清楚地区别表格中的每一行与其他行以及每一列与其他列。每一列或行中表示的信息类型应清楚。在每页应提供标题行或标题列。

1）要在表格中表示参照代号和标识符，包括参照代号、信号代号的端子代号等。

2）接线表应明确下列信息：单元或组件内的元器件之间的物理接线；不同单元或组件之间的物理接线（外部）；到一个单元的物理接线（外部）。

接线表中示出的接线点应标明其识别标识，如参照代号和端子代号。清楚标识连接的电缆和项目的代号等。电缆线芯应用电缆线芯标识符标识，如芯数或颜色代码。可以包括文件预定用途要求的附加信息，如导线或电缆的类型信息，如型号代号、项目或零件号、材料、结构、尺寸、绝缘颜色、电压额定值、导线数量及其他技术数据；导线、电缆数量或参照代号；布局、行程、端子、附件、扭曲、屏蔽等的说明；导线或电缆的长度。

接线表应用下列分类方法之一编制：①对于端子，接线顺序应按端子标识分类；②对于接线，顺序应按导线标识，如电缆和线芯标识符的参照代号分类。

3）在表图上利用参照代号、信号代号、端子代号、描述文字、表示位置等，使表图表示的详细内容应该明显地与所要解释的项目相关。

元件、设备表示例见表 1-11。

表 1-11　元件、设备表示例

序　　号	项目代号	名　　　称	型　　　号	规　　格	单　　位	数　　量
6	-MA	笼型交流电动机	Y132M-4	380V，7.5kW	台	1
5	-FN1	填料式熔断器	RT2	15A	个	3
4	-QA	交流接触器	CJX2	380V，30A	个	1
3	-FC	热继电器	NR2	30A	个	1
2	-SF1	起动按钮（绿色）	LA38	250V，5A	个	1
1	-SF2	停止按钮（红色）	LA38	250V，5A	个	1

以上更详细的内容请参阅 GB/T 6988.1—2008《电气技术用文件的编制　第 1 部分：规则》。

1.6　电气简图用图形符号

国家标准 GB/T 4728《电气简图用图形符号》系列标准包含 12 大类，约 1900 个图形符号。它是电气简图的国际性"图示语言"，类似于单词"词汇"，可组合成形象、专业的图形符号。图形符号的概念通常定义为"不使用语言，用来传递信息的直观图形"，用图形表示概念信息的项目。每个项目都有标识号（ID 号）、名称、状态、图形及一组可选择的属性。每个图形符号以符号标识号"Snnnnn"形式标识，n 为 0~9 的数字，数字按顺序但无含义。符号名称是符号含义的简短说明，一般是学科内的专业术语、名称等，一般根据该专业名称即可知道图形符号。

电气简图用图形符号包括图用图形符号、设备用图形符号、标志用图形符号和标注用图形符号等。图形符号由一般符号、功能符号要素、限定符号等组成。绘图时必须严格遵照 GB/T 4728《电气简图用图形符号》系列标准、GB/T 18135《电气工程 CAD 制图规则》、GB/T 5094《工业系统、装置与设备以及工业产品　结构原则与参照代号》系列标准、GB/T 14048《低压开关设备和控制设备》系列标准等国家标准。正确熟练地理解、绘制和识别各种电气图形符号是电气技术文件编制与读图的基本功。

1.6.1　电气图形符号的组成

1）一般符号：一般符号是同一类产品中不同产品的通用符号，可单独使用，也可与限定符号组合成一个特定产品的图形符号，一般符号也可作限定符号。如正方形、圆圈形、椭圆形等符号可用于绘制元器件或设备的外壳、外形，附加限定符号后，即可组合成一个特定的复合图形符号，如笼型电动机是由一般符号圆圈形与三相交流符号组合而成；一般符号"电容器"与限定符号"可调节性"组合而成"可调电容器"，缩小尺寸后，又可用作限定符号组合成"电容式传声器"。

2）功能符号要素：功能符号要素是一种功能要素或概念要素，并具有确定意义的图形，用于与其他图形符号组合构成一个完整的复合图形符号，不能单独使用，如不同功能、类型的主令开关是由开关的一般符号与不同功能的符号要素组成的。

3）限定符号：限定符号是一种具有限定功能的符号要素，用于附加在其他符号上限定其具体含义的图形，不能单独使用，如不同功能、类型的开关电器是由开关的一般符号与不同功能的限定符号组成的。一般符号有时也可用作限定符号，如电动机的一般符号加到其他一些符号上即构成电动式器件，加到一般阀门符号上就构成电动阀门；在电阻器一般符号的基础上，分别加上不同的限定符号，则可得到可变电阻器、滑线变阻器、热敏电阻器、光敏电阻器等。常用符号要素和限定符号见表 1-12。

更详细的见 GB/T 4728.2—2018《电气简图用图形符号　第 2 部分：符号要素、限定符号和其他常用符号》

表 1-12　常用符号要素和限定符号

功能要素、限定符号	符号标识号，说明	功能要素、限定符号	符号标识号，说明
	S00218，接触器的功能		S00219，断路器的功能
	S00220，隔离开关的功能		S01860，隔离断路功能
	S00222，自动释放功能		S00221，负荷开关的功能
	S00223，位置开关功能		S00226，开关的正向动作
	S00293，自由脱扣机构		S00217，数字
	S00120，热效应		S00167，手动操作件，一般符号
	S00121，电磁效应		S00168，操作件（手动操作，带保护）

（续）

功能要素、限定符号	符号标识号，说明	功能要素、限定符号	符号标识号，说明
形式1　　形式2	S00148，延时闭合 S00149，延时打开		S00169，操作件（拉拔操作）
			S00170，操作件（旋转控制）
	S00150，自动复位		S00171，操作件（按动操作）
	S00151，自锁		S00172，操作件（接近效应操作）
	S00123，磁场效应		S00173，操作件（接触操作）
	S00182，操作件（凸轮操作）		S00174，紧急开关（蘑菇头安全按钮）
	S00192，操作件（电动机操作）		S00175，操作件（手轮控制）
	S00193，操作件（电钟操作）		S00176，操作件（脚踏控制）
	过电流保护的电磁操作		S00177，操作件（杠杆操作）
	S00189，操作件（电磁效应驱动）		S00178，操作件（可拆卸手柄操作）
	S00195，操作件（液位控制）		S00179，操作件（钥匙操作）
	S00196，操作件（计数器控制）		S00180，操作件（曲柄操作）
	S00197，操作件（流体控制）		S00181，操作件（滚轮（滚柱）操作）
	S00199，操作件（相对湿度控制）		S01401，直流
L1　　L3	S00025，相序变更		S00200，保护接地
			S00200，接地
	S00194，操作件（半导体）		S01408，功能性接地
	S00218，材料，半导体		S00204，保护等电位联结
	S00150，自动复位		S00466，中性线
	S00151，自锁		S00467，保护线
	S00154，机械联锁		S00468，保护线和中性线共用

1.6.2　电气技术常用简图图形符号

电气简图用图形符号和文字符号用于传递某功能或某特定要求的信息，也可用于表示实际产品的情况。GB/T 4728《电气简图用图形符号》系列标准包含了电气技术表示概念信息的项目（图形符号）所有的图形符号，均按无电压、无外力作用的正常状态示出。

在图形符号中，多个图形符号可用于同一个对象，即同一对象的图形符号不止一个形式，标准中有"形式1""形式2""推荐形式""一般形式""简化形式"等。一般地，应优先选用"推荐形式"或"简化形式"，选定后，同一套工程图中的同一个对象的符号应保持一致。表示同一含义的符号，只能选用标准中的同一个符号；如果标准中没有，应根据符号的功能组图原则，使用功能符号要素、一般符号和限定符号组合为复合符号。

GB/T 4728《电气简图用图形符号》系列标准中有少数形状完全相同、但含义不同的符号，使用时要注意其含义及适用功能类别和应用类别，当使用相同形式的符号可能产生歧义时，应当采用文字符号、技术数据等描述附加信息。要避免使用形状相同的图形符号表示不同的含义，也不得用形状不同的图形符号表示相同的含义。当形状相同的图形符号表达不同含义无法避免时，应为每个图形含义单独赋予一个标识。

另外，电气设备用图形符号是完全区别于电气简图用图形符号的另一类符号，主要适用于各种类型的电气设备或部件，使操作人员了解其用途和操作方法，也可用于安装或移动电气设备的场合，以指出诸如禁止、警告、规定或限制等应注意的事项。电气设备用图形符号的用途是用于识别、限定、说明、命令、警告、指示。电气设备用图形符号须按一定比例绘制，含义明确，图形简单、清晰、易于理解、易于辨认和识别。常用电气技术图形符号见表1-13。

表1-13　常用电气技术图形符号

名称或含义		子类参考代码	图形符号	典型电气元件示例与说明
有或无继电器触头、线圈	常开触头	自定义：KF、KG、KH、KJ、KK 或 QB		开关一般符号 功能类别：主类 K，处理信号或信息，主类 Q，受控切换或改变 应用类别：电路图，接线图，功能图，框图
	常闭触头			
	交流线圈			驱动器件，有或无继电器线圈 功能类别：主类 K，处理信号或信息 应用类别：电路图，接线图，功能图，框图
	线圈			
	接触器常开触头	QB		接触器的主、辅触头 带动断触头的位置开关 功能类别：主类 Q，受控切换或改变 应用类别：电路图，接线图，功能图，框图
	接触器常闭触头			
	位置开关常开触头	自定义：KF、KG、KH、KJ、KK		位置开关，触头 功能类别：主类 K，处理信号或信息 应用类别：电路图，接线图，功能图，框图
	位置开关常闭触头			
	位置开关复合触头			

（续）

名称或含义		子类参考代码	图 形 符 号	典型电气元件示例与说明
有或无继电器触头、线圈	时间继电器线圈	自定义：KF、KG、KH、KJ、KK		延时继电器线圈。时间继电器延时触头。有或无继电器，驱动器件 功能类别：主类 K，处理信号或信息 应用类别：电路图，接线图，功能图，框图
	时间继电器延时闭合触头			
	时间继电器延时断开触头			
	时间继电器延时断开触头			
	时间继电器延时闭合触头			
按钮、转换开关、手动开关	常开按钮	SF		自动复位的手动按钮、手动操作开关，一般符号、无自动复位的手动旋转开关、接近开关 功能类别：主类 S，把手动操作转换为信号 应用类别：电路图，接线图，功能图，框图
	常闭按钮			
	复合按钮			
	手动开关			
	手动旋转开关			
	多位开关			
	接近开关			
开关	先断后合的转换触头	自定义：KF、KG、KH、KJ、KK		先断后合的转换触头等触头，开关 功能类别：主类 K，处理信号或信息 应用类别：电路图，接线图，功能图，框图
	先合后断的转换触头			
	中间断开的双向触头			
热继电器	热继电器触头			热继电器驱动器件、触头，有或无继电器，驱动器件 功能类别：主类 K，处理信号或信息 应用类别：电路图，接线图，功能图，框图
	热继电器线圈			

（续）

名称或含义		子类参考代码	图形符号	典型电气元件示例与说明
信号灯、指示灯、发光二极管	信号灯	EA	信号灯　发光二极管	灯，信号灯，发光二极管一般符号 功能类别：主类 E，提供辐射能或热能；主类 P，提供信息 应用类别：电路图，接线图，功能图，安装简图
功率变换器、整流器、光电耦合器	整流器	TB		桥式全波整流器，功率变换器 功能类别：主类 T，保持性质的变换 应用类别：电路图，接线图，功能图，概略图
	光电耦合器	TF		光电耦合器，光隔离器 功能类别：主类 T，保持性质不变的变换 应用类别：电路图
隔离开关、隔离器		QB		隔离开关、隔离器，双向隔离开关；双向隔离器、负荷隔离开关 功能类别：主类 Q，受控切换或改变 应用类别：电路图，接线图，功能图，框图
熔断器开关、熔断器式隔离开关、熔断器式隔离器、熔断器负荷开关、熔断器		FC		熔断器开关、熔断器式隔离开关、熔断器式隔离器、熔断器负荷开关组合电器、熔断器 功能类别：主类 F，防护；主类 Q，受控切换或改变 应用类别：电路图，接线图，功能图，框图
断路器、隔离断路器		QA		断路器，隔离断路器、电力开关器件 功能类别：主类 Q，受控切换或改变 应用类别：电路图，接线图，功能图，框图
静态开关		自定义：KF、KG、KH、KJ、KK		静态开关，一般符号，单向静态开关、静态继电器、半导体接触器、静态热过载电器 功能类别：主类 K，处理信号或信息 应用类别：电路图，接线图，功能图，框图
静态继电器				注1：半导体接触器用发光二极管作驱动元件，同时输出半导体动合触头
半导体接触器				注2：静态热过载电器，三极热过载继电器具有两个半导体触头，其中一个是半导体动合触头，另一个是半导体动断触头；驱动器需要独立辅助电源
静态热过载电器				

（续）

名称或含义	子类参考代码	图形符号	典型电气元件示例与说明
半导体接触器主触头	QA		静态（半导体）接触器 功能类别：主类 Q，受控切换或改变 应用类别：电路图，接线图，功能图，框图
多功能开关器件			多功能开关器件（CPS）；可逆 CPS 功能类别：主类 Q，受控切换或改变 应用类别：电路图，功能图，概略图 注：该多功能开关器件包括：可逆功能、断路器功能、隔离功能、接触器功能和自动脱扣功能，可通过使用相关功能符号来表示。使用该符号可逆功能时，应删除不适用的功能符号要素
自由脱扣机构			自由脱扣机构 功能类别：主类 Q，受控切换或改变 应用类别：电路图 注：三极机械式开关装置，电动或手动操作，具有自由脱扣机构、过负荷热脱扣器、过电流脱扣器、带闭锁的手动脱扣器、遥控脱扣线圈、一个动合和一个动断辅助触头
三极机械式开关装置			三极机械式开关装置 功能类别：Q 受控切换或改变 应用类别：电路图 注：弹簧贮能电动操作、三个过负荷脱扣器、三个过电流脱扣器、手动脱扣器、遥控脱扣线圈、三个动合主触头、一个动合和一个动断辅助触头、一个用于电动机的起动和停止操作的位置开关
三相笼型感应电动机	MA		三相笼型感应电动机，异步电动机 功能类别：主类 M，提供机械能 应用类别：电路
三相绕线式转子感应电动机			三相绕线式转子感应电动机，异步电动机 功能类别：主类 M，提供机械能 应用类别：电路
双绕组变压器	TA	形式1　形式2	双绕组变压器，一般符号，变压器 功能类别：主类 T，保持性质的变换 应用类别：电路图，接线图，功能俐，安装简图，网络图，概略图
电流互感器	BJ	形式1　形式2	电流互感器，一般符号 功能类别：主类 B，变量转换为信号 应用类别：电路图，接线图，功能图，安装简图，网络图，概略图
		形式1　形式2	具有三条穿线一次导体的电流互感器，电流互感器 功能类别：B 变量转换为信号 应用类别：电路图，接线图，概略图

（续）

名称或含义		子类参考代码	图形符号	典型电气元件示例与说明
变换器、整流器、逆变器、功率变换器	变换器	BC、TB		变换器，一般符号，能量转换器，信号转换器 功能类别：主类 B，把变量转换为信号，主类 T，保持性质不变的变换 应用类别：电路图，接线图，功能图，安装简图，网络图，概略图
	整流器			整流器，功率变换器 功能类别：主类 T，保持性质的变换 应用类别：电路图，接线图，功能图，概略图
	逆变器			逆变器，功率变换器 功能类别：主类 T，保持性质的变换 应用类别：电路图，接线图，功能图，概略图
	整流器／逆变器			整流器／逆变器 功能类别：主类 T，保持性质的变换 应用类别：电路图，接线图，功能图，概略图
电动机起动器	星-三角起动器	QA		星-三角起动器，电动机起动器 功能类别：主类 Q，受控切换或改变 应用类别：电路图，接线图，功能图，框图
	自耦变压器起动器			自耦变压器起动器 功能类别：主类 Q，受控切换或改变 应用类别：电路图，接线图，功能图，框图
	带可控硅整流器的调节-起动器			带可控硅整流器的调节-起动器 功能类别：主类 Q，受控切换或改变 应用类别：电路图，接线图，功能图，框图
	可逆起动器			可逆直接在线起动器 功能类别：主类 Q，受控切换或改变 应用类别：电路图，接线图，功能图，框图
过电流、欠电压、断相继电器	延时过电流继电器	BE	$I>$	延时过电流继电器，测量继电器 功能类别：主类 B，把变量转换为信号 应用类别：电路图，接线图，功能图，框图
	过电流继电器		$2(I>)$ $5...10A$	过电流继电器，测量继电器 功能类别：主类 B，把变量转换为信号 应用类别：电路图，接线图，功能图，框图 注：具有两个测量元件，整定值范围为 5~10A
	欠电压继电器		$U<$ $50...80V$ 130%	欠电压继电器，测量继电器 功能类别：主类 B，把变量转换为信号 应用类别：电路图，接线图，功能图，框图 注：欠电压继电器，整定值范围为 50~80V，整定比 130%
	反时限过电流继电器		$I>$ $5x$	过电流继电器，测量继电器 功能类别：主类 B，把变量转换为信号 应用类别：电路图，接线图，功能图，框图 注：有两路输出。一路在电流大于 5 倍整定值时动作，另一路依据器件的反时限特性动作

（续）

名称或含义		子类参考代码	图形符号	典型电气元件示例与说明
过电流、欠电压、断相继电器	断相保护继电器	BE	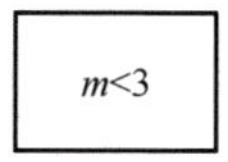 $m<3$	断相故障检测继电器，测量继电器 功能类别：主类B，把变量转换为信号 应用类别：电路图，接线图，功能图，框图 注：图示用在三相系统中
二进制逻辑元件	"与"元件	自定义：KF、KG、KH、KJ、KK	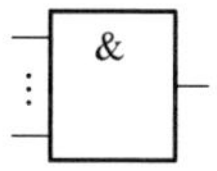 &	"与""或""非"元件一般符号，二进制逻辑元件 功能类别：K 处理信号或信息 应用类别：电路图，功能图，概略图
	"或"元件		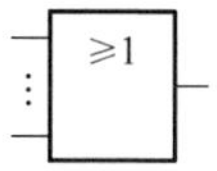 ≥1	注1："与"元件，当所有输入为"1"状态时，输出为"1"状态 注2："或"元件，当一个或以上输入为"1"状态时，输出为"1"状态。若不会引起混淆，"≥1"可用"1"代替 注3："非"元件当且仅当输入处于其外部"1"状态时，输出才处于其外部"0"状态
	"非"元件		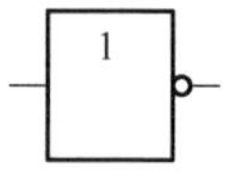 1	
导体、导体连接、分支、线束、电缆	导线的连接	WE	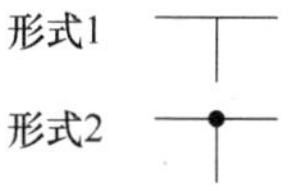 形式1 形式2	T形连接，分支，连接形 功能类别：主类W，导引或输送，X 连接 应用类别：电路图，接线图，功能图，安装简图，网络图，概略图
	导线分支连接		 形式2 形式1	导线的双T连接，分支，连接 功能类别：主类W，导引或输送，X 连接 应用类别：电路图，功能图，概略图
	导线绞合连接		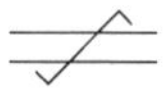	导线绞合连接，导体，连接 功能类别：主类W，导引或输送 应用类别：电路图，接线图，功能图，安装简图，网络图，概略图
	屏蔽导线			导体，连接 功能类别：主类W，导引或输送 应用类别：电路图，接线图，功能图，安装简图，网络图，概略图
	导体、导体连接		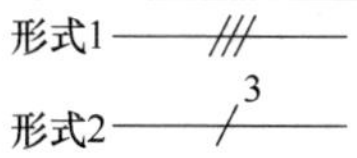 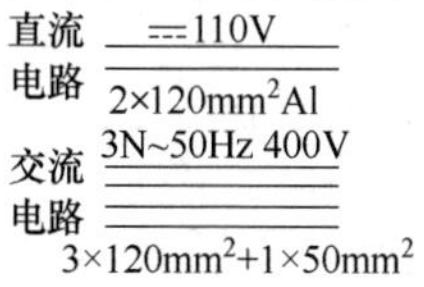 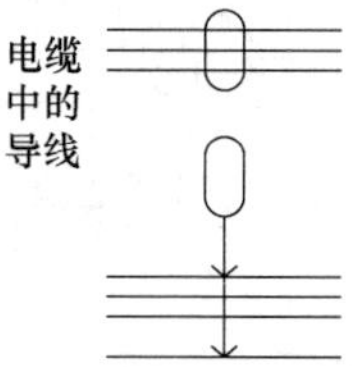 形式1 /// 形式2 /3 直流电路 ==110V 2×120mm²Al 交流电路 3N~50Hz 400V 3×120mm²+1×50mm² 电缆中的导线 注：五根导线，其中箭头所指的两根在同一电缆内	导线组，导体，连接 功能类别：主类W，导引或输送 应用类别：电路图，接线图，功能图，安装简图，网络图，概略图

（续）

名称或含义		子类参考代码	图形符号	典型电气元件示例与说明
导体连接	定向连接、进入线束的点，分支，线束，电缆	WE	分支，电缆，导线，连接 	功能类别：主类 W，导引或输送，X 连接 应用类别：电路图，接线图，安装图，概略图 符号限制：如果没有电气连接，该符号不适用，如捆扎 注：斜线应指向连接点的方向，所示符号是从右到左的一根导线，通过一个位于左边的连接点连接到末端
			进入结束的点 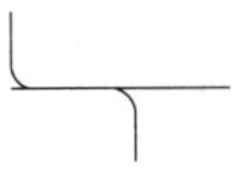	功能类别主类 W，导引或输送 应用类别：电路图，接线图，功能图，安装图，网络图，概略图 符号限制：本符号不适用于表示电气连接 注：在平面布置图中，本符号表示进入导线束的点，在功能图中，该符号表示"图形线束"，也就是 2 根或更多的连线在图中占用了同一个空间
			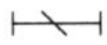	反时限特性，测量继电器 功能类别：功能要素或属性 应用类别：概念要素或限定符号
		XD	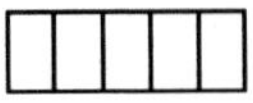	端子板 功能类别：X 连接 应用类别：电路图
			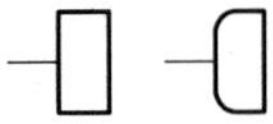	连接器，组件的固定、可移动部分 功能类别：X 连接 应用类别：电路图，接线图，功能图，安装简图，概略图
				连接片，接通的、断开的连接片 功能类别：X 连接 应用类别：电路图，接线图，功能图，安装简图，概略图
			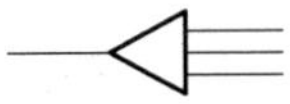	电缆密封终端（多芯电缆） 功能类别：X 连接 应用类别：接线图，安装简图 注：本符号表示带有一根三芯电缆
			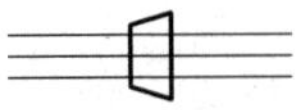	电缆密封终端（单芯电缆） 功能类别：X 连接 应用类别：接线图，安装简图，网络图 注：本符号表示带有三根单芯电缆
			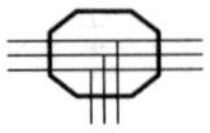	接线盒（多线表示） 功能类别：X 连接 应用类别：接线图，安装简图，网络图 注：本符号用多线表示带 T 形连接的三根导线

1.7　电气简图用文字符号

电气简图用文字符号是电气简图中的设备、装置和元器件等的种类特定的字母代码和功能字母代码，用以区别各元器件、部件、组件等的名称、功能、状态、特征、相互关系、安装位置等。

电气简图中的文字符号应符合国家标准 GB/T 5094.2—2018《工业系统、装置与设备以及工业产品　结构原则与参照代号　第 2 部分：项目的分类与分类码》的规定，采用拉丁字母表中的大写字母表示，标注在相应的设备、装置、元器件上方或图形左侧近旁。本节以下内容是作者根据 GB/T 5094.2—2018 进行编写的，仅考虑电气控制技术方面的使用，水平有限，难免出现谬误，仅供学习时参考，更准确地理解，请参阅 IEC 81346-2：2009 "Industrial systems，installations and equipment and industrial products—Structuring principles and reference designations—Part 2：Classification of objects and codes for classes"。

1.7.1　项目分类与项目主类字母代码

电气简图用文字符号按照项目类别和功能（用途和任务）分主类字母代码和子类字母代码两大类。注意：旧国标和传统概念上的项目类别是按照产品种类分类的，这是新、旧国标的重要区别。也可以这样理解，从电气技术角度看，新国标是从整个"工程"面定义项目分类，旧国标和传统概念是从"原理图"和产品面定义项目分类。新国标是为了适应现代信息技术的发展，以及国际交流而修订的。项目分类原则的概念模型如图 1-24 所示。

图 1-24　项目分类原则的概念模型

项目分类原则是把每个执行项目视为输入和输出活动的一种方式。项目内部结构是不重要的。在一个项目被视为一个装置中的主要设备的情况下，则按用途或任务给出项目子类。主类是按预期用途或任务划分的项目类别，其组成可通过子类进行分层描述，表 1-14 是按预期用途或任务划分的项目类别（主类字母代码），在确定项目类时，最重要的是按照描述项目或功能件的预期用途或任务来选择主类类别和子类。

表 1-14　按预期用途或任务划分的项目类别（主类字母代码）

代码	项目的预期用途或任务	描述项目或功能件的预期用途或任务的术语示例	典型的机械 / 液压、气动元件示例	典型电气元件示例
A	两种或两种以上的用途或任务。注：此类别仅供不能鉴别主要预期用途或任务的项目使用			电气柜、屏、箱，触摸屏
B	把某一输入变量（物理性质、条件或事件）转换为供进一步处理的信号	探测、测量（数值采集）、监控、传感、称重（数值采集）	测量用孔板传感器	气体继电器、电流互感器、火焰探测器、测量继电器、测量分路器（电阻）、话筒、运动探测器、过载继电器、光电池、位置开关、接近传感器、接近开关、烟雾传感器、转速表、温度传感器、视频摄像机、电压互感器

（续）

代码	项目的预期用途或任务	描述项目或功能件的预期用途或任务的术语示例	典型的机械/液压、气动元件示例	典型电气元件示例
C	能量、信息或材料的存储	记录、存储	桶、缓冲器、贮水器、容器、蓄热水器、纸卷座、罐	浮充电池、电容器、事件记录器（主要用途为存储）、硬盘、磁带机（主要用途为存储）、存储器、随机存储器（RAM）、光电池、录像机（主要用途为存储）、电压记录器（主要用途为存储）
E	提供辐射能或热能	冷却、加热、发光、辐射	锅炉、冷冻机、加热炉、煤气灯、加热器、热交换器、核反应堆、煤油灯、散热器、冰箱	锅炉、电加热器、电辐射器、荧光灯、灯、灯泡、激光器、发光设备、微波激射器
F	直接防止（自动）能量流、信号流、人身或设备发生危险的或意外的情况，包括用于防护的系统和设备	吸收、防护、防止、保护、保安、隔离	气囊、防护罩、安全隔膜、安全带、安全阀	阴极保护阳极、法拉第笼、熔断器、微型断路器、浪涌保护器、热过载脱扣器
G	启动能量流或材料流、产生用作信息载体或参考源的信号	生成	鼓风机、传送带（被驱动）、风扇、泵、真空泵、通风机	干电池组、电动机、燃料电池、发生器、发电机、旋转发电机、信号发生器、太阳能电池、波发生器
K	处理（接收、加工和提供）信号或信息（用于防护的物体除外，见F类）	闭合（控制电路）、连续控制、延时、断开（控制电路）、搁置、切换（控制电路）、同步	流体回流控制器、引导阀	有或无继电器、模拟集成电路、数字集成电路、接触器式继电器、CPU、延迟线、电子阀、电子管、反馈控制器、滤波器（AC或DC）、感应搅拌器、微处理器、可编程控制器、同步装置、时间继电器、晶体管
M	提供驱动用机械能（旋转或线性机械运动）	激励、驱动	内燃机、液压缸、热机、水轮机、机械执行器、弹簧承载执行器、汽轮机、风轮机	驱动线圈、执行器、电动机、线性电动机
P	提供信息	告（报）警、通信、显示、指示、通知、测量（量的显示）、呈现、打印、警告	衡器（称重用）、铃、钟、流量表、压力表、打印机、文本显示、温度计	安培表、铃、钟、连续行记录器、事件计数器、盖氏计数器、LED（发光二极管）、扬声器、打印机、记录式电压表（主要用途为描述）、信号灯、信号振动器、同步示波器、文本显示、电压表、功率表、电能表
Q	受控切换或改变能量流、信号流（对于控制电路中的信号，参见K类和S类）或材料流	断开（能量、信号和材料流）、闭合（能量、信号和材料流）、切换（能量、信号和材料流）、连接	制动器、控制阀、门、大门、关闭阀、锁	断路器、接触器（电力）、隔离开关、熔断器开关（若主要用途为防护，见F类）、熔断体隔离器式开关（若主要用途为防护，见F类）、电动机起动器、功率晶体管、晶闸管

（续）

代码	项目的预期用途或任务	描述项目或功能件的预期用途或任务的术语示例	典型的机械/液压、气动元件示例	典型电气元件示例
R	限制或稳定能量、信息或材料的运动或流动	阻断、阻尼、限制、限定、稳定	阻断装置、单向阀、防护装置、锁止器、锁、小孔板、减震器、挡板	二极管、电感器、限定器、电阻器
S	把手动操作转变为进一步处理的信号	影响、手动控制、选择	按钮阀、选择开关	控制开关、无线鼠标、差值开关、键盘、光笔、按钮、选择开关、设定点调节器
T	保持能量性质不变的能量变换，已建立的信号保持信息内容不变的变换，材料形态或形状的变换	放大、调制、变换、铸造、压缩、转变、切割、材料变形、膨胀、锻造、磨削、碾压、尺寸放大、尺寸缩小、镟削	射流放大器、自动装置、压力放大器、力矩变换器、铸造机、挤压机、锯	AC/DC 变换器、天线、放大器、光电转换器、变频器、电力变压器、整流器、信号变换器
U	保持物体在一定的位置	支承、承载、保持、支持	托架、柜、电缆槽、电缆托盘、定心装置、走廊、管道、固定架、地基、隔离体、输送管桥、滚珠轴承、房间	绝缘子、电缆桥架、线槽、保护管、电缆托盘
W	从一地到另一地导引或输送能量、信号、材料或产品	传导、分配、导引、导向、安置、输送	通道、导管、软管、连接、镜、滚动台、管道、传动轴、转盘	汇流排、套管、电缆、导体、数据总线、光纤
X	连接物	连接、啮合	法兰、钩、软管啮合、管线配件、管道法兰、刚性啮合	连接器、插座、插头、端子、端子板、端子排

注：1. 本表未包含 D、H、I、J、L、N、V、Y、Z 类代码，其中多数是"未使用"类，相应的字母代码中没有定义相关的分类表。不禁止使用这些字母代码。

2. 在电气控制技术中很少用到的 V 类等，未收入。

3. 本表参考 GB/T 5094.2—2018，个别地方根据专业术语做了改动。

1.7.2　按预期用途或任务的项目子类字母代码

按预期用途或任务的项目子类字母代码是第二个数据字符，是一个与主类有关的实际子类，但没有定义所有与组件相关的某些子类。子类并不代表分类表，只是用以区分项目层次的参照代号。例如，当温度传感器的代号只表示为 B 类不足以表示其预定用途时，可以定为 BT 类。表 1-15 是与主类相关的子类项目类别（子类字母代码）。

在表 1-15 中，未包括 GB/T 5094.2—2018 中标明"未使用"的类代码，即没有对这些字母代码定义，没有定义即不禁止使用这个字母代码，可自定义。不过，在后面版本标准中，如果这些字母代码被定义，不同于自定义，则将被禁止使用。与电气技术相关的子类字母代码 AA、AB、AC、AD、AE 是用于与电能相关的项目或任务，AF、AG、AH、AJ、AK 是用于与信息和信号相关的项目与任务，具体应用时的含义，可自定义，如各种电气柜、控制屏、配电箱、触摸屏等可定义为此类。

表 1-15　按预期用途或任务划分的与主类相关的子类项目类别（子类字母代码）

主类 A：两种或两种以上的用途或任务

代码	子类定义	
AA、AB、AC、AD、AE	与电能相关的项目（用户自行定义）	本类仅用于无法区分主要目的和任务的项目
AF、AG、AH、AJ、AK	与信息和信号相关的项目（用户自行定义）	
AL、AM、AN、AP、AQ、AR、AS、AT、AU、AV、AW、AX、AY	与机械工程、结构工程（非电工程）相关的项目（用户自行定义）	
AZ	组合任务	

主类 B：把某一输入变量（物理性质，条件或事件）转换为供进一步处理的信号

代码	基于输入被测变量子类定义	组件示例
BA	电位	测量继电器（电压）、测量分流器（电压）、测量变压器（电压）、电压变压器
BC	电流	电流互感器、测量继电器（电流）、测量变压器（电流）、过载继电器（电流）
BD	密度	
BE	其他电子或电磁变量	测量继电器、测量分流（电阻）、测量变压器
BF	流量	流量计、气表、水表
BG	距离、位置、长度（包括距离、伸长、振幅）	运动传感器、运动检测器、行程开关、接近开关、近距离传感器
BJ	功率	
BK	时间	时钟、计时器
BL	物位	回声测深仪（声呐）
BM	水分、湿度	湿度计
BP	压力、真空	压力表、压力传感器
BQ	质量（成分、浓度、纯度、材料属性）	气体分析仪、无损检测设备、pH 电极
BR	辐射值、中子流测量	火焰检测器、光电池、烟雾探测器
BS	速度、频率（包括加速度）	加速度计、速度计、转速表、振动传感器
BT	温度	温度传感器
BU	多变量	瓦斯继电器
BW	重力、质量	称重传感器
BX	其他设备	摄像机、话筒
BZ	事件的数量、计数、联合任务	切换循环检测器

主类 C：存储的能量、信息或材料

代码	基于存储方式的子类定义	组件示例
CA	电能的电容存储	电容器
CB	电能的感应存储	超导体、线圈

（续）

主类 C：存储的能量、信息或材料		
代码	基于存储方式的子类定义	组件示例
CC	电能的化学存储	缓冲电池组、电池。注：电池视为能源被分配到主类 G
CF	信息的存储	RAM、EPROM、CD-ROM、事件记录器、硬盘、磁带记录仪、电压记录器
CZ	组合任务	

主类 E：提供辐射能或热能		
代码	基于生成方法的子类定义	组件示例
EA	用电能产生用于照明目的的电磁辐射	炭光灯、炭光管、白炽灯、灯、灯泡、激光、LED 灯、UV 散热器
EB	通过电能制热	电热丝、电热棒、电热、电煮器、电蒸汽锅炉、电炉、红外加热元件、电暖炉

主类 F：为了能量、信号、人身或设备（包括系统和设备），免受危险或意外情况的损坏，而设置的直接防护（自动保护）		
代码	基于保护事项的子类定义	组件示例
FA	过电压保护	避雷器、浪涌保护器
FB	剩余电流保护	漏电保护器
FC	过电流保护	熔丝、熔断器、微型断路器、热过载脱扣器
FE	防止其他电气危险	法拉第笼、电磁屏蔽附件
FL	危险压力条件下的保护	真空断路器

主类 G：启动能量流或材料流，产生用作信息载体或参考源的信号		
代码	基于输入被测变量的子类定义	组件示例
GA	利用机械能产生电能流	发电机、电动发电机组、功率发生器、旋转发电机
GB	利用化学转换产生电能流	燃料电池、蓄电池、干电池
GC	利用光能产生电能流	太阳能电池
GF	产生作为信息载体的信号	信号发生器、转换器、波发生器
GP	产生液态和易流动物质连续地流动	泵

主类 K：处理（接收、处理和提供）信号或信息（用于保护目的的项目除外，见 F 类）		
代码	基于输入被测变量的子类定义	组件示例
KF	处理电气和电子信号	有或无继电器、模拟集成电路、自动并车装置、二进制集成电路、接触式继电器、延迟元件、延迟线、电子阀、反馈控制器、过滤器（交流或直流）感应式搅拌器、光耦合器、接收机、安全逻辑模块、发射机。注：有或无继电器是指有、无激励量激励的一种电磁继电器
KG	处理光学和声学信号	反射镜、控制器、测试单元
KH	处理流体和气体信号	控制器（阀位控制器）、液流反馈控制器、导向阀、阀门组件
KJ	处理机械信号	控制器、联动装置
KZ	组合任务	

（续）

主类 M：提供用于驱动的机械能量（旋转或线性机械运动）

代码	基于输入被测变量的子类定义	组件示例
MA	电磁驱动	电动机、线性电动机
MB	磁驱动	驱动线圈、传动装置、电磁铁
ML	机械驱动	重力、弹簧力、（机械的）激励器、储能弹簧激励器
MM	液和气驱动	流体执行器、伺服马达、液压缸、流体驱动
MQ	风力驱动	风力涡轮
MZ	组合任务	

主类 P：信息表达

代码	基于输入被测变量的子类定义	组件示例
PF	离散状态的可视形态	门锁、LED 灯、信号灯、信号
PG	离散变量值的可视形态	安培表、气压表、时钟、计数、事件计数器、流量计、频率计、盖革计数器、压力表、视镜、同步示波器、温度计、电压表、电能表、功率计、重量显示。注：盖革计数器是一种气体电离探测器，又称为盖革 - 米勒计数器，简写为 G-M 计数器。
PH	以画、图形和 / 或文本形式可视形态的信息	模拟记录器、条码打印机、事件记录器（主要用于展示信息）、打印机、记录电压表、文本显示、视频屏幕
PJ	可听的信息	铃、喇叭、扬声器、口哨
PK	可触的信息	振动器

主类 Q：受控切换或改变能量流、信号流或材料流（对于控制电路中的开 / 关信号，见 K 类或 S 类）

代码	基于输入被测变量的子类定义	组件示例
QA	电路的通断和变换	断路器、接触器、闸流晶体管、电动机起动器
QB	电能回路的隔离	隔离开关、负载断路开关
QC	电能回路的接地	接地开关
QL	中断	闸
QM	开关液态物质在封闭壳内的流量	关断阀（或溢流阀）、截止板、截止、插板阀
QN	调整和控制气体、液体和可流动物质在封闭壳内的流量	控制阀、气控路径、控制（插板）阀
QR	（无阀）液体和易流动物质流的开关的切换	开 / 关旋转锁、隔离器件

主类 R：限制或稳定能量、信息或材料的运动或流动

代码	基于输入被测变量的子类定义	组件示例
RA	限制电能的流动	灭弧电抗器、二极管、电感器、限幅器、电阻器
RB	稳定流动的电能	不间断电源（UPS）
RF	信号的稳定	均衡器、滤波器
RR	限制机械影响	补偿器

（续）

主类 S：把手动操作转变为进一步处理的特定信号		
代码	基于输入被测变量的子类定义	组件示例
SF	提供电信号	控制开关、差动开关、键盘、光笔、按钮、开关、选择开关、定点调节器
SG	提供电磁、光学、声学信号	无线鼠标
SH	提供机械信号	手轮、选择开关（机械信号）
SJ	提供液压或气动信号	按钮阀

主类 T：保持能量性质不变的能量变换，已建立的信号保持信息内容不变的变换，材料形态或形状的转换		
代码	基于输入被测变量的子类定义	组件示例
TA	维持能量类型和形态的电能通过	变压器、DC/DC 变换器、频率变换器
TB	保持能量性质不变及改变能量形式的能量变换	AC/DC 整流器、变换器
TF	（保持信息内容的）信号转换	放大器、隔离转换器、电传感器、脉冲放大器、天线
TL	转速、力矩、力的转换	速度和力矩转换器、变速控制耦合器、标定和自动装置、压力放大器
TM	通过加工转换机械形式	机床、剪、锯

主类 U：保持物体在指定位置		
代码	基于输入被测变量的子类定义	组件示例
UA	电能设备的支持和支撑	绝缘子、支撑结构
UB	电缆和导体的支持和支撑	门形架、杆、绝缘子、电缆桥架、线槽、保护管、电缆托盘、支柱绝缘子
UC	电能设备的外护物和支撑	隔间、外罩、封装
UF	支持、支撑、封装仪控和通信项目	传感器架、子架、印制电路板
UG	支持、支撑、封装仪控和通信线缆和导线	线缆桥架、保护管
UH	封闭、支撑、封装仪控设备	机柜

主类 W：从一地到另一地导引或输送能量、信号、材料或产品		
代码	基于能量、信号、材料或产品特性的传导或路由的子类定义	组件示例
WA	高压电能分配（>1000V 交流，或 >1500V 直流）	母线槽、马达控制中心、成套开关设备
WB	高压电能传输（>1000V 交流，或 >1500V 直流）	绝缘套管、电缆、导体
WC	低压电能分配（<1000V 交流，或 <1500V 直流）	母线、马达控制中心、开关总成
WD	低压电能传输（<1000V 交流，或 <1500V 直流）	绝缘套管、电缆、导体
WE	导通至地电位或参考电位	连接导体、接地母排、接地导体、接地棒
WF	电气或电子信号分配	数据总线、磁（电）场通路
WG	电气或电子信号传输	控制电缆、测量电缆、数据线
WH	光信号传输和排列	光纤、光纤电缆、光学波导

（续）

主类 X：连接物

代码	基于输入被测变量的子类定义	组件示例
XB	连接高电压对象（>1000V 交流，或 >1500V 直流）	端子、接线盒、插座
XD	连接低压对象（≤ 1000V 交流，或 ≤ 1500V 直流）	连接器、接线盒、插头连接器、插座、终端、终端块、端子板
XE	导通至地电位或参考电位	焊接端子、接地端子、屏蔽连接终端
XF	连接数据网络运营商	集线器
XG	连接电气信号运营商	信号分配器、插头连接器（电信号）、连接元件
XH	连接光学信号运营商	（光学）连接

1.7.3 按基础设施划分的项目类别

基础设施可理解为一套装置中的基本设备。结构树中的每一项目均按表1-14确定类别，并用相关字母代码进行编码，但有的项目，如由不同生产装置组成或由不同生产线和相关辅助设备组成，但有相同的用途或任务，这时类别选择时就会捉襟见肘，这些类别的项目就可定义为工业装置中的基本设备，主要设备的类别则属于相关分支。表1-16中的类别B~U就是为此目的定义的。

表1-16 基础设施项目的类别

类 别	代 码	项目类别界定	示 例
有共同任务的项目	A	项目整体管理的其他基础设施项目	监控系统
主过程设施项目	B~U	为相关分支类别界定预留。注：字母 I 和 O 不宜采用	
与主过程无关的项目	V	材料或货物贮存用的项目	成品库、生水箱站、废料库、油罐区、原材料库
	W	用于管理或社会目的或任务的项目	展厅、车库、办公室、娱乐休息所
	X	用于完成过程以外的辅助目的或任务的项目（例如在工地、工厂或建筑物内）	空调系统、告（报）警系统、时钟系统、起重系统、配电、防火系统、供气、照明装置、安全系统、污水处理系统、供水
	Y	用于通信和信息工作的项目	天线系统、计算机网络、扬声器系统、寻呼系统、铁路信号系统、标尺定位系统、电话系统、电视系统、交通信号灯系统、视频监视系统
	Z	放置或封存技术系统或成套装置的项目（如地和建筑物）	建筑物、施工设施、厂区、围栏、道路、围墙

表1-16所示的与某种生产过程有关的项目类别包括代表主过程项目（类别B~U），以及主过程以外的子项目（类别V~Z）。主过程通常由装置的设计者来界定或根据相关分支标准界定。例如，工厂中的各种成套生产设备可视为主过程设备，而将工厂中的成套动力设备划为主过程辅助设施类。这样界定的好处是当主过程设备的类别界定改变时，辅助设施的类别界定一般来说是不变的，如空调、照明装置、供水、办公室、电话系统、建筑物或道路之类的设施，它们不直接影响主过程，但仍然是主过程的重要组成部分。图1-25是按表1-16界定与某种生产过程有关的项目类别。

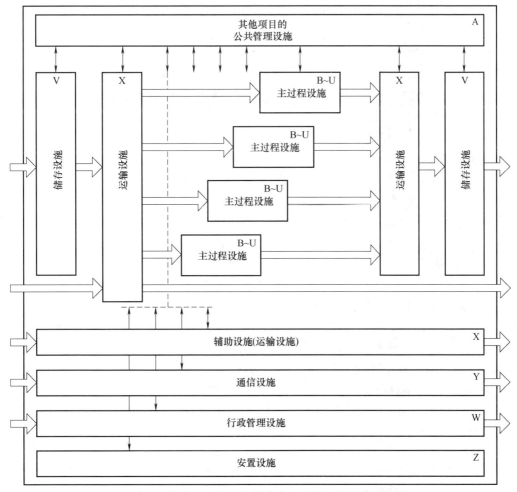

图 1-25　按表 1-16 界定与某种生产过程有关的项目类别

　　表 1-16 中的 A 类用于项目的最高层，是结构树的最顶端节点，其下层节点是与类别 B~Z 有关的子项目。如可编程序控制器控制着多种生产成套设备及其他设备，若将可编程序控制器定义为 A 类，成套生产设备及其他设备就可用类别 B~Z 来定义。

　　在给定的结构树内可用不同界定方式和相关字母代码来区分组成项目。表 1-16 只是提供了一个按生产过程项目来设置的项目类别界定表和相关的字母编码框架。对大多数应用，相同的一些设备均可视为同一设备，按照表 1-16 中的类别 A 和类别 V~Z 来定义它们的字母代码。在表 1-16 中，"与主过程无关的项目"是相对而言，有时可能根据实际工程性质不同，被划分为主过程项目。同一类别的项目可能会出现在不同的地方，这种情况可不必考虑该项目在过程中的位置，对"实际的"项目可以通过定义类别和字母代码来区分，即类别 B~Z 可在结构树的所有层次中重复使用。

1.7.4　项目类别界定规则

　　项目类别的分配（例如考虑系统元件的属性）应依据下列规则：

　　1. 规则 1

　　项目的类别界定应依据预期的用途或任务，以及考虑系统元件的属性来界定，不考虑实现的方法（例如，产品的种类）。依据表 1-14 和表 1-16 确定项目类别，主类和字母代码应与表 1-14 和表 1-16 一致。注意：项目的类别是按元件类别界定，而不能按产品分类。因为需要的用途如何实现则不重要，或者在设计过程早期阶段完全不得而知。示例：某项目需要的用途是加热，可能需要的元件是"加热器"。按照表 1-14，该项目属于 E 类，满足需要的加热元件可以是气炉或油炉或电热器等。如果使用电热器加热，热的产生可能是来自产品"电阻器"，而产品"电阻器"根据其用途"限流"是按 R 类分类。在这里"加热器"描述它使用的是一个元件类别，而"电阻器"则是产品类别。

2. 规则 2

在多于一种预期的用途或任务时，项目类别界定应考虑主要的预期用途或任务。仅在不能确定主要用途或任务时，项目类别才应采用表 1-14 中的字母 A 类。

示例：需要用一个流量记录仪存储测量值，同时需要一种可见形式的输出。如果存储是主要用途，则该项目属于表 1-14 中的 C 类，如果测量值的读数是主要用途，则该项目属于 P 类。如果两种用途是等效的，则可以选用 A 类。

3. 规则 3

项目类别根据表 1-14 中主类界定，如果子类是必需的，则应根据表 1-15 进行子类界定。以下情况下，表 1-15 中定义的子类还可附加子类，但应在结构树简图技术文件中对附加子类加以说明：①表 1-15 中没有适合的子类；②按照表 1-15 中的子类基本分组定义附加子类。表 1-15 中，项目表示每个子类，子类 A~E 是与电能相关的项目；子类 F~K（除 I 以外）是与信号或信息相关的项目；子类 L~Y（除 O 以外）是与处理机械和民用工程相关的项目；子类 Z 是与组合任务相关的项目。注意：它不同于旧标准中子类是按照专业门类相关进行排列的。

4. 规则 4

按表 1-16 划分项目关系涉及结构树中的位置时，应在相应文件或技术文件中加以说明。在给定结构树内可以用不同的类别和相关字母代码来区分组成项目。因为字母代码只是一种标识而已。图 1-26 是一种一般生产过程有关的项目类别界定示例。

图 1-26 所示的示例是按表 1-14 界定一般生产过程有关的项目类别，它包括与生产直接相关的项目（过程活动，即主生产设备）、主生产设备控制项目及生产管理项目（资源供给）三大部分。主生产设备接受驱动器、执行器等的信号运行，同时要通过传感器反馈过程数据，控制器接收到传感器的信号后，进行运算，然后下达控制指令给执行器。控制器通过人工输入、计算机等接收控制命令。这些信息都是按照事先预定的生产管理计划而实施的（资源供给）。

主生产设备、主生产设备控制和生产管理构成了一个生产流程不同环节，各环节之间是不影响流向的各种活动或工作支持。而这些活动是以静态方式起作用。生产管理的某些活动，与任何生产过程流向无关。在此示例中，同类别的项目出现在不同的地方，如"T""F""E"等。可理解为：对"实际的"项目，可以界定类别和字母代码而不必考虑该项目在过程中的位置。此示例与技术无关。因此可用于各类技术领域，它也与项目大小或重要性无关，因而可以用作小项目，也可用于大项目，也可在结构树的所有层次中重复使用。但是，此示例只是项目类别界定的示例，不是用来建立一种真实的生产过程类别和过程类型。

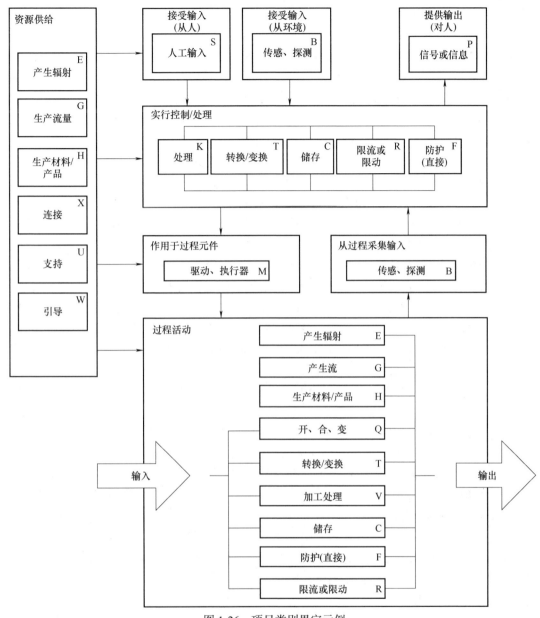

图 1-26　项目类别界定示例

1.8　电气技术文件 CAD 制图

　　计算机辅助设计（CAD）是一种技术方法，人们可利用计算机对电气系统进行设计、修改、显示、输出图样或技术文件，以往人们采用 CAD 主要解决自动绘图问题，随着智能制造的飞速发展，AutoCAD 已成为一门综合性应用技术，改变了传统的工作方式，从原来单纯图的概念转换为信息的概念，更多地利用网络进行异地设计和系统之间的信息交换等，在 AutoCAD 中，人与计算机密切合作，在决定设计策略、信息处理、修改设计及分析计算等方面充分发挥各自的特长。

1.8.1　电气工程 CAD 制图的一般性规则

GB/T 18135—2008《电气工程 CAD 制图规则》是电气工程 CAD 制图的一般性规则，适用于采用 CAD 技术编制电气简图、图、表图、表格等电气技术文件，同时应符合 GB/T 6988.1—2008《电气技术用文件的编制　第 1 部分：规则》的规定。

在采用 AutoCAD 编制电气技术文件时，应确保其表达准确、完整、清晰、读图方便，同时应具有较强的兼容性、扩展性和通用性，以及便于升级和维护等。在将文件存储在数据库内或从数据库将存储信息处理转化生成所需要的设计文件过程中，文件所属的项目、信息内容、用途和表达方式应该进行分类，文件内信息的表达应该明确。

为保持在所有文件之间及整套装置或设备与其文件之间的一致性，应建立与电气工程 CAD 制图软件配套的设计数据（包括电气简图用图形符号）和文件的数据库。数据库应便于扩展、修改、调用和管理。

电气简图用图形符号库中的符号应符合 GB/T 4728、GB/T 20063 系列标准。当 GB/T 4728 中没有需要的图形符号时，应在符合标准要求的前提下创建、派生或设计新符号和复合符号。

常用的电气工程 CAD 软件包括 AutoCAD、AutoCAD Electrical、Engineering Base、EPLAN Electric P8、OrCAD、Protel Schematic、PowerLogic、Visio 等软件，还有 Adobe Photoshop、CorelDRAW、Adobe Illustrator、Adobe InDesign 平面制图等设计软件，可根据需要进行选择。

1.8.1.1　电气制图一般原则

1）凡在计算机及其外围设备中绘制电气工程简图时，如涉及标准中未规定的内容，应符合有关国家、行业、地方标准或企业的规定。

2）用 CAD 技术绘制的电气图样，在完整、准确地表达成套设备、装置、系统、设备及其部件、组件的概略、功能、电路和接线关系的前提下，力求制图简便。

3）不管采用何种软件，CAD 文件产生、存储、转换、阅读应遵循 CAx 一致性原则，并符合表 1-7 列出的相关标准要求。

4）电气制图规范性参考文件有 GB/T 7408—2005《数据和交换格式　信息交换　日期和时间表示法》，GB/T 10609.4—2009《技术制图　对缩微复制原件的要求》，GB/T 14689—2008《技术制图　图纸幅面和格式》，GB/T 14691—1993《技术制图　字体》，GB/T 10609.2—2009《技术制图　明细栏》，GB/T 17450—1998《技术制图　图线》。

1.8.1.2　图纸的尺寸

在图纸或相应媒体上编制的正式文件中，其幅面应与 GB/T 14689—2008《技术制图　图纸幅面和格式》相一致。表 1-17 是技术制图图纸幅面尺寸。当主要采用示意图或简图的表达形式时推荐采用 A3 幅面。电气图一般不适用加长幅面尺寸。

表 1-17　技术制图图纸幅面尺寸　　　　（单位：mm）

标准幅面代号	尺寸（$B \times L$）	加长幅面代号	尺寸（$B \times L$）
A0	841 × 1189	A3 × 3	420 × 891
A1	594 × 841	A3 × 4	420 × 1189
A2	420 × 594	A4 × 3	297 × 630
A3	297 × 420	A4 × 4	297 × 841
A4	210 × 297	A4 × 5	297 × 1051

1.8.1.3 图框格式

在图纸上必须用粗实线画出图框，其格式分为有或无装订边两种，但同一产品的图样只能采用一种格式。无装订边的图纸图框格式（X 型、Y 型）如图 1-27 所示，有装订边的图纸图框格式（X 型、Y 型）如图 1-28 所示，尺寸按表 1-18 和表 1-19 的规定。

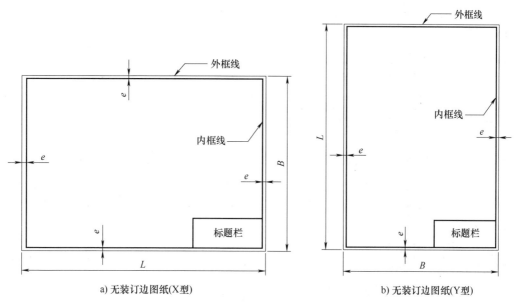

a) 无装订边图纸(X型)　　　　　　　　b) 无装订边图纸(Y型)

图 1-27　无装订边图纸的图框格式

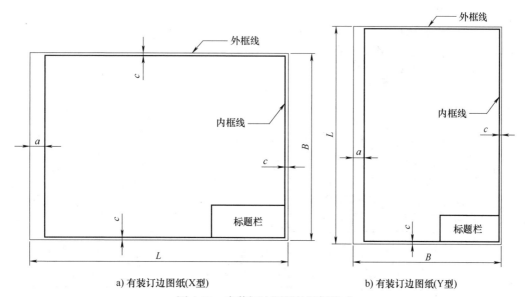

a) 有装订边图纸(X型)　　　　　　　　b) 有装订边图纸(Y型)

图 1-28　有装订边图纸的图框格式

表 1-18　图框尺寸　　　　　　　　　　　（单位：mm）

幅 面 代 号	A0	A1	A2	A3	A4
e	20		10		
c	10		5		
a	25				

表 1-19　图纸内框尺寸　　　　　　　　　　　　（单位：mm）

图 纸 幅 面	绘图机类型	
	喷　墨	笔　式
A0、A1 及其加长	1.0	0.7
A2、A3、A4 及其加长	0.7	0.5

1.8.1.4　标题栏及方位

标题栏是用以确定图样名称、图号、页码、更改和有关人员签名等内容的栏目。标题栏中的文字方向为看图方向，会签栏是供各相关专业的设计人员会审图样时签名和标注日期用。每张图纸上都必须画出标题栏。标题栏的位置应位于图纸的右下角，如图 1-27、图 1-28 所示。

标题栏的长边置于水平方向并与图纸的长边平行时则构成 X 型图纸，如图 1-27a、图 1-28a 所示。若标题栏的长边与图纸的长边垂直，则构成 Y 型图纸，如图 1-27b、图 1-28b 所示。在此情况下，看图的方向与看标题栏的方向一致。

1. 一般要求

标题栏中的字体，签字除外，应符合 GB/T 14691—1993 中的要求。

标题栏的线型应按表 1-20 选择粗实线和细实线的要求绘制。

标题栏中的年月日应按照 GB/T 7408—2005 的规定格式填写。

需缩微复制的图样，其标题栏应符合 GB/T 10609.4—2009 的要求。

2. 标题栏的组成

标题栏一般由更改区、签字区、其他区、名称及代号区组成，也可按实际需要增加或减少。图 1-29 是一个标题栏格式的示例。

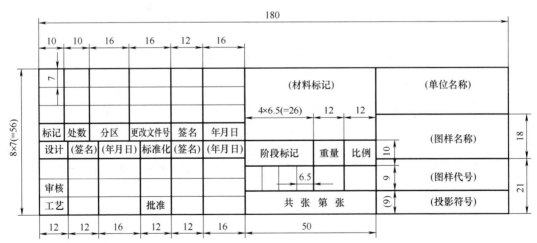

图 1-29　标题栏格式示例

图 1-29 中，左上方为更改区，一般由标记、处数、分区、更改文件号、签名和年月日等组成；左下方为签字区，一般由设计、审核、工艺、标准化、批准、签名和年月日等组成；中间区域是其他区，一般由材料标记、阶段标记、重量（数量）、比例、"共　张　第　张"等组成；右侧区域是名称及代号区，一般由单位名称、图样名称、图样代号和投影符号等

组成。

3. 标题栏的填写

更改区中的内容应按由下而上的顺序填写，也可根据实际情况顺延，或放在图样中其他的地方，但应有表头；按照有关规定或要求填写更改标记，并应填写同一标记所表示的更改数量；分区部分按照有关规定填写；填写更改所依据的文件号；填写更改人的姓名和更改的时间。

签字区一般按设计、审核、工艺、标准化、批准等有关规定签署姓名和年月日。

在其他区中，应按照相应标准或规定填写所使用的材料属性信息；按有关规定由左向右填写图样的各生产阶段；填写所绘制图样相应产品的计算重量（数量），以 kg 为计量单位时，可不写出其计量单位；填写绘制图样时所采用的比例；填写同一图样代号中图样的总张数及该张所在的张次；投影符号栏在电气制图中可以省略标注。

在名称及代号区中，填写绘制图样单位的名称或单位代号，必要时，也可不填写；填写所绘制项目的名称；按前述标准或规定填写图样的代号。

标题栏中各区的布置、各部分尺寸与格式可采用图 1-29 的形式，若有必要可根据需要修改。

1.8.1.5　图幅分区

必要时，可以用细实线在图纸周边内画出分区，如图 1-30、图 1-31 所示。

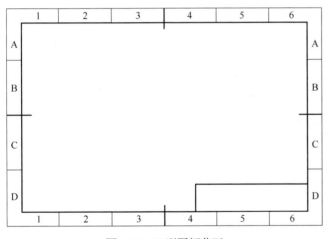

图 1-30　X 型图幅分区

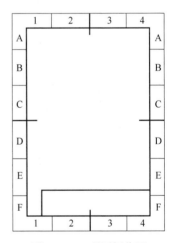

图 1-31　Y 型图幅分区

图幅分区数目按图样的复杂程度确定，但必须取偶数。每一分区的长度应在 25~75mm 之间选择。分区的编号，沿上下方向（按看图方向确定图纸的上下和左右）用大写拉丁字母从上到下顺序编写，沿水平方向用阿拉伯数字从左到右顺序编写。当分区数超过拉丁字母的总数时，超过的各区可用双重字母依次编写，如 AA、BB、CC 等。拉丁字母和阿拉伯数字的位置应尽量靠近图框线。

在图样中标注分区代号时，分区代号由拉丁字母和阿拉伯数字组合而成，字母在前、数字在后并排地书写，如 B3、C5 等。当分区代号与图形标识同时标注时，则分区代号写在图形标识的后边，中间空出一个字母的宽度，如 A B3；E-E A7。

1.8.2　电气简图的绘制

1.8.2.1　网格与模数

在使用 AutoCAD、Visio 等计算机辅助设计工具绘图时，应使用由间距为 1*M*（*M*=2.5，模数，单位为 mm）的平行线垂直相交所形成的网格作为图形符号的设计基础，并可再细分为 0.1*M* 和 0.125*M* 两种网格。对于同一图形符号或符号族，只应选用 0.1*M* 或 0.125*M* 两种网格系统之一进行设计，并应在适当的文件中简要说明。一般地，电气图用 1*M* 网格进行设计。

1.8.2.2　图线与线宽

1. 图线、线素、线段的定义

1）图线：起点和终点间以任意方式连接的一种几何图形，形状可以是直线或曲线、连续线或不连续线。

2）线素：不连续线的独立部分，如点、长度不同的画和间隔。

3）线段：一个或一个以上不同线素组成一段连续的或不连续的图线，如实线的线段或由"长画、短间隔、点、短间隔、点、短间隔"组成的双点画线的线段等。

2. 样式

根据不同用途，线型的图线宽度一般可按表 1-20 的线宽基本线型选择。常用箭头型式有 3 种，见表 1-21。

表 1-20　绘图图线宽度

线型编号	图线名称	线型	线宽 /mm	颜色	一般用途
1	实线 1	▬	1.0	蓝	标题、字符、主电路等
		▬	0.7	红	
2	实线 2	─	0.5	黄	
3	实线 3	─	0.35	绿	边界线、引出线、表格中的分隔线
4	实线 4	─	0.25	白	设备和元件的轮廓线等
5	实线 5	─	0.18	青	电缆、电线、导体、回路等
6	虚线 1	▬ ▬ ▬ ▬	0.7	红	设备和元件的不可见轮廓线
7	虚线 2	─ ─ ─ ─	0.5	黄	不可见电缆、电线、母线、导体回路等
8	虚线 3	- - - - - -	0.35	绿	
9	虚线 4	--------	0.25	白	
10	点画线	─ · ─ · ─	0.25	白	中心线、轴线、对称线等
		─ · ─ · ─	0.18	青	
11	双点画线	─ · · ─ · ·	0.25	白	圆轮廓线、投影轮廓线等
12	点线	··············	0.5	黄	标准牵引线、分界线

表 1-21　箭头形式及意义

箭头名称	箭头形式	意义
空心箭头	───▷	用于信号线、信息线、连接线，表示信号、信息、能量的传输方向
实心箭头	───▶	用于说明非电过程中材料或介质的流向
普通箭头	───→	用于说明运动或力的方向，也用作可变性限定符、指引线和尺寸线的一种末端

除此之外，还可以对基本线型进行变化，例如，将 5 号线型变化为规则波浪连续线、规则螺旋连续线、规则锯齿连续线、波浪线等。5 号基本线型的变化示例见表 1-22。

表 1-22　5 号基本线型的变化

基本线型的变化	名　称
〜〜〜〜〜	规则波浪连续线
◯◯◯◯◯	规则螺旋连续线
∧∧∧∧∧	规则锯齿连续线
〜〜〜	波浪线

指引线用于将文字或符号引注至被注释的部位，用细实线画成，并在末端加注标记。如末端在轮廓线内，加一黑点；如末端在轮廓线上，加一实心箭头；如末端在连接线上，加一短斜线或箭头。

3. 图线宽度

图形符号的线宽与用于图形符号设计的模数 M 之比应为 $1:10$。字符与图形符号线条一般宜采用相同的线宽。如果需增加线宽类型，则任意两类型之间线宽的比应至少为 $2:1$，并使用 M 值为 2.5、3.5、5、7、10、14、20 的标准线宽。线型的图线宽度 d，一般应按图样的类型和尺寸大小在 0.13mm、0.18mm、0.25mm、0.35mm、0.5mm、0.7mm、1mm、1.4mm、2mm 中选择，公比为 $1:\sqrt{2}$。粗线、中粗线和细线的宽度比率为 $4:2:1$。在同一图样中，同类图线的宽度应一致。除非另有规定，两条平行线之间的最小间隙不得小于 0.7mm。

图形符号的大小和图线的宽度一般不影响符号的含义，在有些情况下，为了强调某些方面，或者为了便于补充信息，或者为了区别不同的用途，允许采用不同大小的符号和不同宽度的图线。

1.8.2.3　图形字符及文本

在 AutoCAD 绘图环境中，中文字符应为 HZTXT.SHX 直体单线仿宋体。表示量的拉丁字母、数字应为 ROMANS.SHX 罗马体单线字体，希腊字母字体为 GREEKS.SHX。图样及表格中的文字通常采用直体字书写，也可写成斜体字。斜体字字头向右倾斜，与水平基准线成 75°。详见国家标准 GB/T 14691—1993《技术制图　字体》等。常用的几种情况字符高度见表 1-23、表 1-24。

表 1-23　图样中最小字符高度　（单位：mm）

字　符　高　度	图　幅				
	A0	A1	A2	A3	A4
汉字	5	5	3.5	3.5	3.5
数字和字母	3.5	3.5	2.5	2.5	2.5

表1-24　图样中各种文本尺寸　　　　　　　　　　　　　　　（单位：mm）

文 本 类 型	汉　字		字母或数字	
	字　高	字　宽	字　高	字　宽
标题栏图名	7~10	5~7	5~7	3.5~5
图形图名	7	5	5	3.5
说明抬头	7	5	5	3.5
说明条文	5	3.5	3.5	2.5
图形文字标注	5	3.5	3.5	2.5
图号和日期	5	3.5	3.5	2.5

字体的高度代表字体的号数。常用文本文字高度有：2.5mm、3.5mm、5mm、7mm、10mm、14mm、20mm 等七种。汉字高度 h 不应小于 3.5mm，数字、字母的高度不应小于 2.5mm；字宽一般为 $h/\sqrt{2}$。如需书写更大的字，其字体高度按 $\sqrt{2}$ 的比率递增。表示指数、分数、极限偏差、注脚等的数字和字母，应采用小一号的字体。文本方向（阅读方向）仅限于水平和垂直两种。图样中字体取向采用从下到上和从右向左两个方向来读图的原则，边框内图示的实际设备的标记或标识除外。表格中带小数的数值，按小数点对齐；不带小数的数值，按个位数对齐。表格中的文本书写按正文左对齐。

与图形符号相关的文本宜优先置于图形符号轮廓线框的上部中间或轮廓线框的中部。与输入或输出有关的文本应置于图形符号轮廓线框相应的输入或输出的位置。文本与其周围的几何图形的最小间距至少应为最宽线宽的 2 倍。

文字、图形或符号的输入/输出标志应按水平或垂直的方向布置，并从页的底部或右边读起。符号应置于毗连连接线的位置，在水平连接线上面和垂直连接线左边，而且顺着连接线的方向。如果不可能将信号代号置于毗邻连接线的地方，它应置于内容区的其他地方，并用一条指引线或一个标志引到那条连接线。

1.8.2.4　比例

图中图形与其实物相应要素的线性尺寸之比，称为比例。国家标准中规定的图形符号的比例为标准比例（即比例 1∶1）。图形符号的大小宜考虑其空间布置的需求，并考虑所要包含的文本、图形符号的组成部分、其他符号细节、连接点的位置与数目等。在应用符号时，如果符号比例调整后仍能够传递与原符号相同的信息，则可根据需要调整符号的比例。放大比例为 2∶1、3∶1 等。缩小比例为 1∶2、1∶3 等。电气简图中的设备布置图、安装图最好能按比例绘制。推荐采用的比例见表1-25。特殊应用需要时可按表1-26 中的比例选取。

表1-25　比例系列1

种　　类	比　　例
原图形比例	1∶1
放大比例	5∶1　2∶1 $5 \times 10^n \colon 1$　$2 \times 10^n \colon 1$　$1 \times 10^n \colon 1$
缩小比例	1∶2　1∶5　1∶10 $1 \colon 2 \times 10^n$　$1 \colon 5 \times 10^n$　$1 \colon 1 \times 10^n$

注：n 为正整数。

表 1-26　比例系列 2

种　　类	比　　例
放大比例	4∶1　2.5∶1 $4 \times 10^n∶1$　$2.5 \times 10^n∶1$
缩小比例	1∶1.5　1∶2.5　1∶3　1∶4　1∶6 $1∶1.5 \times 10^n$　$1∶2.5 \times 10^n$　$1∶3 \times 10^n$　$1∶4 \times 10^n$　$1∶6 \times 10^n$

注：n 为正整数。

比例标注方法：①比例符号应以"∶"表示，其标注方法如 1∶1、1∶500、20∶1 等；②比例一般应标注在标题栏中的比例栏内。也可在视图名称的下方或右侧标注比例，如

$\dfrac{I}{2∶1}$　$\dfrac{A向}{1∶100}$　$\dfrac{B\text{-}B}{2.5∶1}$　$\dfrac{柜7位置图}{1∶200}$　$\dfrac{平面图}{1∶100}$等。

无论采用何种比例，图样中所标注的尺寸数值必须是实物的实际大小，与图形比例无关。

1.8.2.5　弧线与直线

线与线之间相接或相交而成的锐角角度不宜小于 15°。与网格线不平行的直线，其与网格线的夹角宜按 15° 递增或按斜率（如 1∶1，2∶1，3∶1 或 4∶1）确定。直线的起点与终点宜落在网格线交点上。弧线的端点应位于网格线的交点上。曲线应由弧线和（或）直线构成。对于确定图形符号轮廓线的直线和弧线，当其上需要连接点时，应按以下规则绘制：①水平线和垂直线的轴线应位于 $0.5M$ 或 $1M$ 的网格线上；②斜线或弧线的轴线应与 $0.5M$ 的网格线交点相交，其交点数应与所需的连接点数一致。平行线间的最小间距应为最宽线条宽度的 2 倍，最小间隙不应小于 0.7mm。阴影区中平行线间的最小间距以及线宽应分别遵守上述直线、线间距等规定，应避免使用填实区。

1.8.2.6　基准点与连接点

工程技术人员应建立一个设计用基准符号库，以便统一调用，基准符号库的图形符号应建一个基准点。基准点应位于设计该图形符号时所使用的 $0.5M$ 或 $1M$ 的网格线交点上。必要时，图形符号宜给出适当数量的表示输入和输出的连接点。连接点宜位于 $0.5M$ 或 $1M$ 的网格线交点上。如果要在连接点之间或平行的端线之间放置文字，则连接点之间或端线之间的最小间距应为 $2M$。端线长度宜根据实际需要绘制，并尽可能短。在图形符号上不含端线的情形中，连接线宜以特定方式连接在图形符号上，此时连接线宜以虚线形式表示。

1.8.3　图形符号的选取

在实际应用中，图形符号可采用不同的取向形式以满足有关能流流向和阅读方向的不同需求。一个图形符号所需的取向形式可通过旋转或镜像的方式生成。但应遵循电流方向"自上而下（垂直方位画时）或自左向右（水平方位画时）"原则绘制；对于动合触头和动断触头应遵循"左开右闭（垂直方位画时），下开上闭（水平方位画时）"原则绘制，即静触头在上或左，动触头在下或右。即触头符号的取向：元器件受激时，垂直连接线的触头，动作向右闭合或断开；水平连接线的触头，动作向上闭合或断开。对于开关电器，如果按图面布置的需要，采用的图形符号的方向与 GB/T 4728 系列标准中示出的一致时，则直接采用；若方位不一致时，应遵循按图例"逆时针旋转 90°"原则绘制，但文字和指示方向不得颠倒。触头的取向如图 1-32 所示。

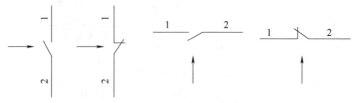

图 1-32 触头的取向

图形符号的矩形长边和圆的直径宜取为 $2M$ 的倍数，一般取 $M=2.5\text{mm}$。对于较小的图形符号则可选用 $1.5M$、$1.0M$ 或 $0.5M$。

表示功率电源的连接线应按下面的顺序自上而下或自左至右示出：对于交流电路：L1，L2，L3，N，PE；对于直流电流：L+，M，L−，即正极到负极。连接线应彼此相邻，或置于电路分支的对面。

1.8.4　电气简图的布局

电气简图的布局通常采用功能布局法和位置布局法。功能布局法是按功能划分，以便使绘图元件在图上的布置及功能关系易于理解。在概略图、电路图中常采用功能布局法。位置布局法是使绘图元件在图上的布置能反映实际相对位置的一种布局方法，常用在安装简图、接线图与平面布置图中。

电气简图的绘制应做到布局合理，排列均匀，使图面清晰地表示出电路中各装置、设备和系统的构成以及组成部分的相互关系，以便于看图。

布置简图时，首先要考虑如何有利于识别各种逻辑关系和信息的流向，重点要突出信息流及各级逻辑间的功能关系，并按工作顺序从左到右，从上到下排列。表示导线或连接线的图线都应是水平的，尽量使交叉最少，避免弯折的直线。图线水平布置时，各个类似项目应纵向对齐；垂直布置时，各个类似项目应横向对齐。功能相关的项尽量靠近，以使逻辑关系表达得清晰；同等重要的并联通路，应按主电路对称布置；只有当需要对称布置时，才可采用斜交叉线。图中的引入线和引出线，应画在图边沿或图纸边框附近，以便清楚地表达输入输出关系，以及各图间的衔接关系，尤其是大型图需绘制在几张图上时更为重要。

1.8.4.1　电气简图中电器元件的表示方法

同一电气设备、元件在不同类型的电气工程图中往往采用不同的图形符号表示，如具有机械的、磁的和光的功能联系的元件；在驱动部分和被驱动部分之间具有机械连接关系的器件和元件等。在电气工程图中可将各相关部分用集中表示法、半集中表示法、分离表示法、组合表示法等绘制，见表 1-27。

表 1-27　电气简图中电器元件的表示方法的比较

方　法	表　示　方　法	特　点
集中表示法	元件的各组成部分在图中靠近集中绘制。如继电器线圈及其触头	易于寻找项目的各个部分，但不易理解电路原理，适用于结构简单的图
半集中表示法	元件的某些部分在图上分开绘制，并用虚线表示相互关系，虚线连接线可以弯折、交叉和分支。如复合按钮及其触头	图面清晰，易于理解电路原理，易通过虚线找到部件，但不宜用于复杂电气图

（续）

方　法	表 示 方 法	特　点
分离表示法	元件的各组成部分在图上分开绘制，不用连接线而用项目代号表示相互关系，并表示出在图上的位置	清晰、简明、易于理解电路的功能。但是为了寻找被分开的各部分，复杂电路需要采用插图或表格辅助
组合表示法	元件中功能相关部件画在点画线框内封装为一个复合符号	清晰、简明，须与外围电路相互配合理解电路的功能

1. 集中表示法

集中表示法如图 1-33a 所示。为了表达元件的不同部件同属于一个元件，将不同部件集中画在一起，并用虚线连接起来。优点是一目了然地了解一个元件的所有部件。但不易理解电路的功能原理。所以，除非原理很简单，否则很少采用集中表示法。

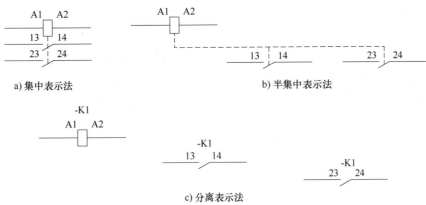

图 1-33　电器元件表示方法示例

2. 半集中表示法

半集中表示法如图 1-33b 所示。这是一种把同一个元件的不同部件在图上展开的表示方法，通过虚线把具有相互联系的不同部件连接起来，优点是清晰，易于理解电路的功能原理，也能通过虚线找到一个元件的所有部件，但不宜用于很复杂的电气图。

3. 分离表示法

分离表示法如图 1-33c 所示。这是一种把同一个元件的不同部件分散在图上不同部位的表示方法，采用同一个元件的项目代号表示各部件之间的关系，优点是清晰、简明、易于理解电路的功能。

4. 组合表示法

组合表示法如图 1-34 所示。这种表示法是将元件中功能相关部件画在点画线框内封装为一个复合符号。

图 1-34b 所示的二进制逻辑元件或模拟元件也常用分离表示法表示，把在功能上独立的

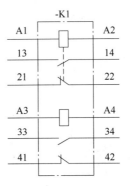
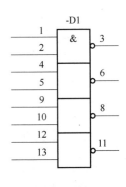

a) 双线圈继电器部件封装　　b) 二进制逻辑元件表示法

图 1-34　组合表示法示例

各部分分开示于图上，通过其项目代号使电路和相关各部分联系起来，使布局清晰、易于理解功能，如图 1-35 所示。

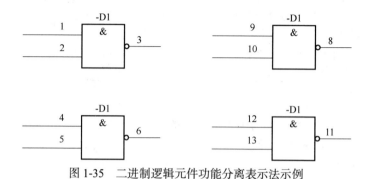

图 1-35 二进制逻辑元件功能分离表示法示例

1.8.4.2 信号流和符号布局

1. 信号流的方向

信号流的方向应从左到右或从上到下，如图 1-36a 所示。由于制图的需要，当信号流的方向与上述不同时，在连接线上必须画上开口箭头，以标明信号流的方向。需要注意的是，这些箭头不可触及任何图形符号，如图 1-36b 所示。

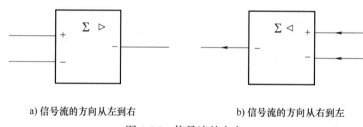

a) 信号流的方向从左到右   b) 信号流的方向从右到左

图 1-36 信号流的方向

对于方框形符号、二进制逻辑元件符号以及模拟元件符号，包括文字、限定符号、图形或输入/输出标记等，由于改变符号取向后，其方向也会改变，必须遵守图中文字方向从下到上或从右到左的规定。表 1-28 给出了这方面的一个实例。

表 1-28 标准中图形符号取向改变方法示例

信号从左到右	信号从右到左	信号从上到下	信号从下到上
L1 L4 L2 L3 L5	L4 L1 L2 L5 L3	L1 L2 L3 L4 L5	L4 L5 L1 L2 L3
取自标准中符号	将标准符号镜像	镜像符号逆时针旋转 90°	将标准符号逆时针旋转 90°

注："*"表示按照 GB/T 4728.2—2018 放在上部的限定符号；L1、L2、L3 是输入标记，L4、L5 是输出标记。

2. 符号的布局

符号的布局应按顺序排列,有功能布局法和位置布局法两种,以便强调功能关系和实际位置。

功能布局法是元件或元件的各部件在图上的布置使电路的功能关系易于理解的布局方法。对于表示设备功能和工作原理的电气图,进行画图布局时,可把电路划分成多个既相互独立又相互联系的功能组,按工作顺序或因果关系,把电路功能组从上到下或从左到右进行排列,并且每个功能组内的元器件集中布置在一起,其顺序也按因果关系或工作顺序排列,一般电路图都采用这种布局的方法。这样在读图时,根据从左到右、从上到下的读图原则,很容易分析图的工作原理。

位置布局法是在元件布置时,使其在图上的位置反映其实际相对位置的布局方法。对于需按照电路或设备的实际位置绘制的电气图,如接线图或电缆配置图等,进行画图布局时,可把元器件和结构组按照实际位置布置,这样绘制的导线接线的走向和位置关系也与实物相同,以利装配接线及维护时的读图。

3. 元器件技术数据的表示方法

元器件技术数据,如元器件型号、规格、额定值等,可直接标在图形符号近旁(上方,左上方),必要时可放在项目代号的下方。技术数据也可标在仪表、集成电路等的方框符号或简化外形符号内,也可用表格形式给出。

1.8.4.3 简图的连接线

电气工程图中的各种设备、元器件的图形通过实线连接线连接。连接线可以是导线,也可以是表示逻辑流、功能流的图线。一张图中连接线宽度应保持一致,但为了突出和区别某些功能,也可用不同粗细的连接线突显,如在电动机控制电路中,主电路、一次电路、主信号通路等采用粗实线表示,测量和控制引线用细实线表示。无论是单根还是成组连接线,其识别标记一般标注在靠近水平连接线的上方或垂直连接线的左方。允许连接线中断,但中断两端应加注相同的标记。导线连接交叉处若易误解,则应加实心圆点,否则可不加实心圆点。

1. 一般规定

简图的连接线应采用实线来表示,表示计划扩展的连接线用虚线。同一张电气图中,所有的连接线的宽度相同,具体线宽应根据所选图幅和图形的尺寸来决定。但有些电气图中,为了突出和区分某些重要电路,可采用粗实线,必要时可采用两种以上的图线宽度。

2. 连接线的标记

连接线需要标记时,标记必须沿着连接线放在水平连接线的上方及垂直连接线的左边,或放在连接线中断处。

3. 连接线中断处理

绘制电气图时,当穿越图面的连接线较长或穿越稠密区域时,为了保持图面清晰,允许将连接线中断,在中断处加相应的标记。如果同一张图上有两条或两条以上中断线,必须用不同的标记区分开。当须用多张电气图来表示一个电路时,连到另一张图上的连接线,应画成中断形式,并在中断处注明图号、张次、图幅分区代号等标记。

4. 连接线的接点

连接线的接点按照标准有两种表现方式,优先选用 T 形连接表示,另一种为接点表示方式,即所有连接点加上小圆点,不加小圆点的十字交叉线被认为是两线跨接而过,并不相连。需要注意的是,在同一张图上,只能采用其中一种方法。

5. 平行连接线

平行连接线有单线表示法和多线表示法两种。单根连接线汇入线束时，应倾斜相接。当平行走向的连接线数大于或等于6根时，应分组排列。如果连接线的顺序相同，但次序不明显，必须在每端注明第一根连接线，如用一个圆点标注。如端点顺序不同，应在每一端标出每根连接线的标记。

如果连接线表示传输几个信息的总线（同时的或时间复用的），可用单向总线指示符、双向总线指示符表示。

1.8.4.4　边界线

电气技术简图中的边界有点画线围框和双点画线围框两种。当需要在图上显示出图的某一部分，如功能单元、结构单元、项目组时，可用点画线（即短长线）围框表示。为了图面的清晰，围框的形状可以是不规则的。在表示一个单元的围框内，对于在电路功能上属于本单元而结构上不属于本单元的项目，可用双点画线围框围起来，并在框内加注释说明。

在复杂简图中，表示一个单元的围框可能包围不属于此单元的部件，这种符号应表示在第二个套装的围框中，这个围框必须用双短长线绘制。如图1-37所示，控制开关-S1和-S2不是-Q1单元的部件。

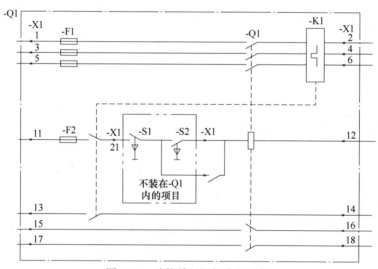

图1-37　功能单元围框应用示例

当单元中含有连接器时，应表示出一对连接器的哪一部分属于该单元，哪一部分不属于该单元，如图1-38所示。图1-38a表示插头-A1的组成部分，插座是-W1的组成部分；图1-38b表示插头和插座都是-A1的组成部分。

与边界线相关的参照代号应被置于上边和边界线的左边边缘，或在左边和边界线的上边边缘。

1.8.4.5　项目代号和端子代号标注

1. 项目代号的位置和取向

每个表示元件或其组成部分的图形符号都必须标注其参照代号。一套文件中所有参照代号（包括项目代号和端子代号）应一致。参照代号应标注在图形符号的旁边，如果图形符号有水平连接线，应标注在图形符号上边；如果图形符号有垂直连接线，应标注在图形符号左边，如图1-39所示。

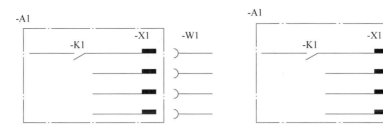

a) 插头是-A1的组成部分，插座是-W1的组成部分　　　　b) 插头和插座是-A1的组成部分

图 1-38　连接器围框示例

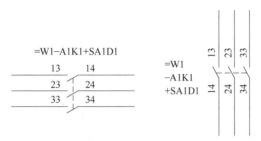

图 1-39　参照代号位置和取向

2. 端子代号的位置和取向

端子代号应靠近端子，应在水平连接线上边和垂直连接线的左边，端子代号的取向应与连接线方向一致。元件或装置的端子代号应位于该元件或装置轮廓线和围框线的外面。一个单元内部元件的端子代号应标注在该单元轮廓线或围框线里面，如图 1-38 所示。

3. 元件的技术数据

元件的技术数据一般放在符号的外面，靠近符号。当元件垂直布置时，技术数据标在元件左边；当元件水平布置时，技术数据标在元件的上方。技术数据应放在参照代号的下方。

4. 信号的技术数据

技术数据应顺着连接线的方向放在水平连接线的上边或垂直连接线的左边，不得与连接线接触或相交。如果不可能靠近连接线表示信息，则应表示在远离连接线的封闭符号内（如在圆圈内）通过一个引线引到连接线上。

5. 注释和标识

绘制电气图时，当遇到含义不便于用图示形式表达清楚的情况时，可采用文字注释。注释有两种表达方式：一是简单的注释可直接放在所要说明的对象附近；二是当对象附近不能注释时，可加标记，将注释放在图上的其他位置。当图中有多个注释时，应把这些注释集中起来，按标记顺序放在图框附近，以便于阅读。对于一份多张的电气图，应把一般性的注释写在第一张图上，其他注释写在有关的张次上。

如果在设备面板上有人机控制功能等的信息标识，则应在有关电气图的图形符号附近加上同样的标识。

6. 二进制逻辑元件符号所含信息

二进制逻辑元件符号的一般信息可标在符号轮廓线内，补充信息应标在方括号内，如图 1-40 所示。

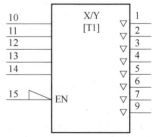

图 1-40　二进制逻辑元件符号的一般信息和附加信息

第2章　常用低压配电电器

本章内容主要以"工业用"配电系统为主，所述的用电"负荷"主要指"工业用"各类机器设备中的三相交流电动机。本章主要介绍常用低压配电电器的结构、工作原理、用途及其应用等有关知识，并介绍它们的选用方法，为正确选择和合理使用这些电器打下基础。

另外，近几年，有关低压电器的国家标准已全面根据 IEC 标准进行了修订，有相当一部分是直接翻译而成的，也就是说，我国的低压电器行业将全面与国际接轨，因此，本书内容将按照新的国家标准进行阐述。

2.1　低压配电系统的基本概念

低压配电系统是由多种配电电器（或设备）和配电设施所组成，直接面向用电负荷的电力分配网络。主要包括动力配电和照明动力（弱电设备）配电两大类，目前，最新技术均已上升到智能化配电范畴。

2.1.1　低压配电系统的负荷分级与配电要求

负荷特性是确定供电方案、供配电网络层次等的重要依据之一。不同行业、不同类型的工业企业对供电可靠性和连续性的要求不同，为使供配电系统符合技术经济指标，国家标准中将电力负荷分为三级。对涉及人身安全和生产安全的，GB 50052—2009《供配电系统设计规范》中的相关条文是强制性规定，而对于停电造成的经济损失的评价主要取决于用户所能接受的程度。停电一般分为计划检修停电和事故停电，计划检修停电可事先通知，通过采取措施可避免损失或将损失减少至最低限度。负荷分级是按事故停电的损失来确定负荷特性的。

2.1.1.1　一级负荷

对于中断供电会造成人身伤害及危及生产安全的用电负荷视为特别重要负荷，而对于中断供电会在经济上产生重大损失的用电负荷视为一级负荷。由于各个行业的负荷特性不一样，每个行业根据自身的特点，可制定本行业具体的负荷分级。

如在生产连续性较高的行业，当生产设备工作电源突然中断时，为确保安全停机，避免引起安全事故和人员伤亡，而必须保证的负荷，视为特别重要负荷；再如，化学品生产线，一旦发生电源中断，能够及时处理，防止事故扩大，保证工作人员的抢救和撤离，而必须保证的用电负荷，亦为特别重要负荷。

一级负荷是以中断供电造成经济损失的程度来确定。如连续生产线，一旦中断供电可能会造成废品、停产及原材料报废等，这类负荷特性为一级负荷。再如，在人员集中的公共场所等，由于电源突然中断造成正常秩序混乱的用电负荷为一级负荷。

在一个供配电区域内，当用电负荷中一级负荷占大多数时，本区域的负荷作为一个整体可以认为是一级负荷；在一个供配电区域内，当用电负荷中一级负荷所占的数量和容量都较少时，而二级负荷所占的数量和容量较大时，本区域的负荷作为一个整体可以认为是二级负荷。在确定一个供配电区域的负荷特性时，应分别统计特别重要负荷和一、二、三级负荷的数量和容量，并确定在电源出现故障时需向该区域保证供电的程度。在工程设计中，整体上对一个供配电区域的用电负荷进行统计，目的是确定整个供配电区域的供电方案。

如在一套生产设备中只有少量的用电设备生产连续性要求高，不允许中断供电，其负荷为一级负荷，而其他的用电设备可以断电，其性质为三级负荷，则整个生产装置的用电负荷可以确定为三级负荷；如果一套生产设备区域内的大部分用电设备生产的连续性都要求很高，停产将会造成重大的经济损失，则应确定本套生产设备的负荷特性为一级负荷。

一级负荷应由双重电源供电，当一个电源发生故障时，或因检修而停电，不至于影响另一个电源继续供电，以保证供电的连续性。双重电源可以是分别来自不同电网的电源，或来自同一电网但在运行时电路互相之间联系很弱，或者来自同一个电网但其间的电气距离较远，一个电源系统任意一处出现异常运行时或发生短路故障时，另一个电源仍能不中断供电，这样的电源都可视为双重电源。双重电源可一用一备，也可同时工作，各供一部分负荷。

一级负荷中特别重要的负荷的供电除由双重电源供电外，还需增加应急供电电源。应急供电电源又称安全设施电源，是用作应急供电系统组成部分的电源。

严禁将其他负荷接入应急供电系统；设备的供电电源的切换时间，应满足设备允许中断供电的要求。

应急电源类型的选择，应根据特别重要负荷的容量、允许中断供电时间，以及要求的电源为交流或直流等条件来进行。独立于正常电源的发电动机组、供电网络中独立于正常电源的专用的馈电线路、蓄电池等可作为应急电源。

由于蓄电池装置供电稳定、可靠、无切换时间、投资较少，故凡允许停电时间为毫秒级，且容量不大的特别重要负荷，可采用直流电源，由蓄电池装置作为应急电源。若特别重要的负荷要求交流电源供电，允许停电时间为毫秒级，且容量不大，可采用静止型不间断电源装置。若有需要驱动的电动机负荷，负荷不大，可以采用静止型应急电源，负荷较大，允许停电时间为 15s 以上的可采用快速起动的发电动机组。大型企业中，往往同时使用几种应急电源，以蓄电池、静止型不间断电源装置、发电动机组同时使用。

2.1.1.2　二级负荷

二级负荷是以中断供电会造成经济上较大损失，影响用电单位正常工作的程度来确定。对于二级负荷，停电造成的损失较大，且其包括的供配电区域范围也比一级负荷广，其供电方式的确定，需根据供配电系统停电概率所带来的停电损失等综合比较来确定。二级负荷的供配电系统主干线路应由两回路供电，即两条线路供电（包括工作线路、备用电源和联络线路）。当采用两回线路有困难时，允许用一回专用线路供电。两回线路与双重电源不同，虽然两者都要求主干线路有两个独立部分，但双重电源应是相对独立的两个电源，电源端母线应是双母线分段结构，而两回线路则可以是单母线分段，从不同分段上取得电源。

备用电源是当正常电源断电时，由于非安全原因用来维持电气装置或其某些部分所需的电源。各级负荷的备用电源设置可根据用户需要确定。备用电源的负荷严禁接入应急供电系统。

2.1.1.3　三级负荷

不属于一级和二级负荷的用电负荷为三级负荷。三级负荷虽无特殊供电要求，但应尽力保证供电的可靠性、连续性和安全性。

2.1.2　低压配电系统的分级

低压配电系统是根据配电要求，由各种低压配电设备通过电线电缆连接而成的低压供配电网络。低压配电设备是指各种开关柜、配电屏、动力配电箱、照明配电箱等，这些箱、柜是根据供配电要求，由各种不同规格和功能的电器元件，如隔离器、隔离开关、熔断器、断路器、接触器、避雷器、测量电表及控制电路等组装而成。

根据用电负荷分级、负荷容量、供配电区域和供配电要求，低压配电网络分为一级配电系统、二级配电系统和终端配电系统等三个层次。对于一个供配电区域而言，根据电源进线类型、负荷类型、负荷容量和供配电要求可以进行三层配置、二层配置或单层配置。

2.1.2.1　一级配电系统

一级配电系统是动力配电中心，集中安装在工矿企业变电（配电）站（柜）中，把电能分配给不同地点的下级配电设备。这一级配电设备一般紧靠10kV/380V降压变压器，电气参数要求较高，输出容量较大。

一级配电系统一般采用固定面板式开关柜、抽屉式开关柜或防护式（即封闭式）开关柜组成动力配电中心。

固定面板式开关柜常称为开关板或配电屏，是一种有面板遮拦的开启式开关柜，正面有防护作用，背面和侧面仍能触及带电部分，防护等级低，一般用在对供电连续性和可靠性要求不高的工矿企业，作配电室集中供电用。

抽屉式开关柜具有封闭外壳，进出线回路的电器元件都安装在可抽出的抽屉中，构成不同的功能单元。功能单元与母线或电缆之间，用接地的金属板或塑料制成的功能板隔开，形成母线、功能单元和电缆三个区域，具有较高的可靠性、安全性和互换性，是比较先进的开关柜，主要适用于供电可靠性要求较高的工矿企业、高层建筑等场合。

防护式（即封闭式）开关柜具有封闭外壳，除安装面采用门板外，其他所有侧面封闭。柜中的各种电器元件均安装在用钢质或绝缘板制成的安装板上。通常门与主开关（隔离开关）操作有机械联锁式操作手柄。

2.1.2.2　二级配电系统

二级配电系统是动力配电柜或电动机控制中心，作用是把上一级配电设备的一回路或多回路电能就近分配给负荷，主要是各类生产设备中的三相交流电动机。这级配电设备对负荷进行保护、监视和控制。动力配电柜在负荷比较分散、回路较少的场合使用，动力配电柜一般包括低压进线控制柜、动力柜、双电源互投柜、电容补偿柜、计量柜、馈线柜等；电动机控制中心是用于负荷集中、回路较多场合的一套配电柜，是各类设备中为控制三相交流电动机的专门设备。

二级配电系统一般采用防护式（即封闭式）开关柜、低压配电屏、动力柜（屏、箱）等，按电气接线要求将开关设备、测量仪表、保护电器和辅助设备等组装在封闭或半封闭金属柜（箱）中，构成低压配电装置，主要用作对用电设备进行供电、控制，以及过载、短路、漏电保护。

2.1.2.3　末级配电系统

末级配电系统一般是一类照明、动力配电箱。用于线路末端的小容量配电箱，分设动力、照明配电控制箱，是最常用的低压配电系统的末级设备，因使用场合不同，外壳防护等级也不同，配电箱类型也不同。动力配电柜是指为整台机器的正常运转提供动力的电气控制组合柜，主要负荷是各类设备中的三相交流电动机，以及为照明负荷提供电源的大容量配电箱（非终端配电，照明配电箱的上一级配电）。一些大容量动力配电柜还需要配有相应的无功补偿电容柜、专用控制柜、照明箱等。

2.1.2.4　配电系统应用示例

图 2-1 是上述三级配电系统的一般配置、结构示意图，目的是描述各层配电系统的结构原理，以及新型电器的使用情况，并非是实际的配电系统。具体内容详见本章其他部分内容。

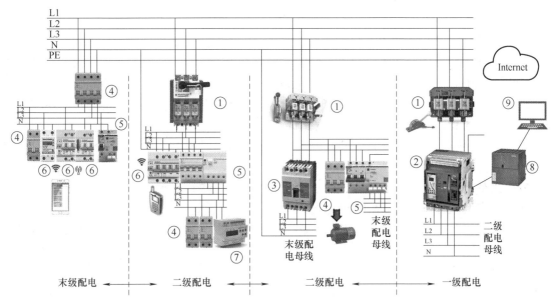

图 2-1　低压配电系统的组成示例

①—熔断器式隔离开关　②—框架式智能断路器　③—塑壳式断路器　④—小型模块化断路器
⑤—漏电断路器　⑥—4P 和 2P WiFi、GPRS 智能断路器　⑦—照明控制器　⑧—PLC　⑨—计算机

2.1.3　低压（220/380V）配电系统的接地方式

低压配电系统的接地方式有系统接地和保护接地两种。

系统接地是指低压配电系统内电源端带电导体的接地，通常低压配电系统的电源端是指配电变压器的中性点的接地。系统接地的作用是使系统取大地电位为参考电位，降低系统对地绝缘水平的要求，保证系统的正常和安全运行。

保护接地是指负荷端电气装置外露导电部分的接地，其中负荷端电气外露导电部分是指电气装置内电气设备金属外壳及外露部分。将负载的外壳接地，即保护接地，其作用是当发生接地短路电流时，保护电器会迅速动作，切断故障线路。

2.1.3.1　相关术语和定义

1）过电流，超过额定电流的任何电流。

2）短路，在两个或多个导电部件之间形成偶然或人为的导电路径，使其之间的电位差等于或接近于零。

3）短路电流，由于电路中的故障或错误连接造成的短路所产生的过电流。

4）过载，在正常电路中产生过电流的运行条件。

5）过载电流，在电气上尚未受到损伤的电路中的过电流。

6）带电部分，正常使用时带电的导体和导电部分，包括中性导体，但按惯例不包括保护接地中性（PEN）导体。这一定义不一定包含电击危险。

7）导电部分，能导电，但不一定承载工作电流的部分。

① 外露可导电部分，容易触及的导电部分和虽不是带电部分但在故障情况下可变为带电的部分。典型的外露导电部件如外壳壁、操作手柄等。

② 外部可导电部分，不是电气装置的组成部分，且易引入电位（通常是地电位）的导电部分。

8）中性导体（N），连接到系统中性点上并能提供传输电能的导体。在某些情况下，中性导体和保护导体的功能在规定的条件下可合二为一，该导体称为 PEN 导体。

9）保护导体（PE），用于在故障情况下防止电击所采用保护措施的导体。指与下列任一部分作电气连接的导体：外露可导电部分，外部可导电部分，总接地端子或主接地导体，接地极，电源接地点或人工中性点。

10）保护接地中性导体（PEN），同时具有保护接地导体和中性导体功能的导体。PEN 是由保护导体符号 PE 和中性导体符号 N 组合而成的。

11）接地导体，用于在设备、装置或系统给定点和接地极之间的电气连接，并具有低阻抗的导体。

12）接触电压，人体同时触及的两点之间意外出现的电压，接触电压值与人的阻抗值有关。此术语仅用在与间接接触保护有关的方面。

13）预期接触电压，电气装置中发生阻抗可以忽略的故障时，可能出现的最高接触电压。

14）系统接地，系统电源侧中性点的接地。

15）保护接地，为安全目的在设备、装置或系统上设置的一点或多点接地。

16）总等电位联结，使各外露导体可导电部分和电气装置外可导电部分电位基本相等的电气连接。

17）等电位联结，多个可导电部分间为达到等电位进行的联结。

18）辅助等电位联结，用导体直接连通两个物体之间的导电部分，使其电位大致相等。

19）局部等电位联结，在一局部范围内将各导电部分连通，而实施的保护等电位联结。

20）保护等电位联结，为了安全目的进行的等电位联结。

21）功能等电位联结，为保证正常运行进行的等电位联结。

22）接地故障，带电导体和大地之间意外出现导电通路。

23）直接接触，人或动物与带电部分的电接触。

24）间接接触，人或动物与故障状况下带电的外露可导电部分的电接触。

25）直接接触防护，无故障条件下的电击防护。

26）间接接触防护，单一故障条件下的电击防护。

27）附加防护，直接接触防护和间接接触防护之外的保护措施。

28）外壳，能提供一个规定的防护等级来防止某些外部影响和防止接近或触及带电部分和运动部分的部件。电器外壳是构成电器一部分的外壳。

29）电击，电流通过人体或动物身体时产生的病理生理学效应。

2.1.3.2 配电系统的接地型式

GB 14050—2008《系统接地的型式及安全技术要求》中规定的低压配电系统接地型式主要有 TN 系统、TT 系统和 IT 系统三类。

接地型式的第一个字母表示电源端与地的关系。

T 表示电源端有一点直接接地。

I 表示电源端所有带电部分不接地或有一点通过阻抗（电抗器）接地。

接地型式的第二个字母表示电气装置的外露可导电部分与地的关系。

T 表示电气装置的外露可导电部分直接接地，此接地点在电气上独立于电源端的接地点。

N 表示电气装置的外露可导电部分与电源端接地点有直接电气连接。

第一、二个字母后面的字母用来表示中性导体（N）与保护导体（PE）的组合情况，S 表示中性导体（N）和保护导体（PE）是分开的，C 表示中性导体（N）和保护导体（PE）是合一的，即 PEN 导体。

1. TN 系统

TN 系统是电源端有一点直接接地，电气装置的外露可导电部分通过中性导体（N）和保护导体（PE）连接到此接地点上，包括 TN-S 系统、TN-C 系统和 TN-C-S 系统三种组合类型，如图 2-2a、b、c 所示。TN 系统主要采用过电流保护电器进行电击防护。当采用了总等电位联结或辅助等电位联结措施时，也可增设剩余电流动作保护装置，或结合采用等电位联结措施和增设剩余电流动作保护装置等间接接触防护措施来满足要求。

TN-S 系统是在整个系统中，中性导体（N）和保护导体（PE）相互独立，在整个 TN-S 系统内，中性导体（N）和保护导体（PE）被分为两根平行不相交的导线。正常运行时，保护导体（PE）不通过电流，也不带电位。只有在发生接地故障时，会有故障电流通过，因此，电气装置的外露可接近导体，在正常运行时不带电位，该系统安全可靠性高，但需在回路全长多敷设一根导线，构成三相五线制配线。

TN-C 系统在整个系统中，中性导体（N）和保护导体（PE）合并在一根 PEN 导体中，TN-C 系统内的 PEN 线兼作 PE 线和 N 线，可节省一根导线，即三相四线制配线。这种配线方式从电气安全方面看存在较多问题，不能装设剩余电流动作保护装置，若必须装设，应将系统接地的型式由 TN-C 改装成 TN-C-S 或形成局部的 TT 系统。

TN-C-S 系统的一部分中性导体（N）和保护导体（PE）结合在单根的 PEN 导体中，自电源到用户电气装置之间省一根专用的 PE 线。这一段 PEN 线上的电压降使整个电气装置对地升高 $\triangle U_{PEN}$，但在 PE 线和 N 线分开后，PE 线并不产生电压降，整个电气装置对地电位都是 $\triangle U_{PEN}$，而在装置内不会出现电位差。

TN-C 及 TN-C-S 系统中的 PEN 导体应满足以下要求：

1）必须按可能遭受的最高电压考虑绝缘。

2）电气装置外的可导电部分，不得用来替代 PEN 导体。

3）TN-C-S 系统中的 PEN 导体从某点起分为中性导体和保护导体后，就不允许再合并或相互接触。在分开点，中性导体（N）和保护导体（PE）必须各自设置接线端子或母线，PEN 导体必须接在供保护导体用的接线端子或母线上。

4）系统中的 PEN 导体（或保护导体）应在建筑物的入口处作重复接地，或就近与地连接。

2. TT 系统

电源端可接地点与电气装置的外露可导电部分，分别直接接地。TT 系统的电气装置有各自的接地极，正常时，装置内的外露可导电部分为地电位。但发生接地故障时，因故障回路内包含两个接地电阻，故障回路阻抗较大，故障电流较小，一般不能用过电流保护兼作接地故障保护，宜装设剩余电流保护装置来切断电源。只有在电气装置的外露可导电部分与大地间的电阻非常低的条件下，才有可能以过电流保护电器兼作电击防护。装设剩余电流动作保护装置后，被保护设备的外露可导电部分仍必须与接地系统相连接。图 2-2d 所示为这种系统的型式。

3. IT 系统

电源端可接地点不接地或通过阻抗接地，电气装置的外露可导电部分单独直接接地或通过保护导体接到电源系统的接地极上。IT 系统在发生接地故障时由于不具备故障电流返回电源的通路，其故障电流仅为非故障相的对地电容电流，其值甚小，因此对地故障电压很低，不致引发事故。所以发生接地故障时，不需切断电源，但它一般不引出中性线，不能提供照明、控制等需要的 220V 电源，其应用范围受到限制。图 2-2e 所示为 IT 系统的型式。

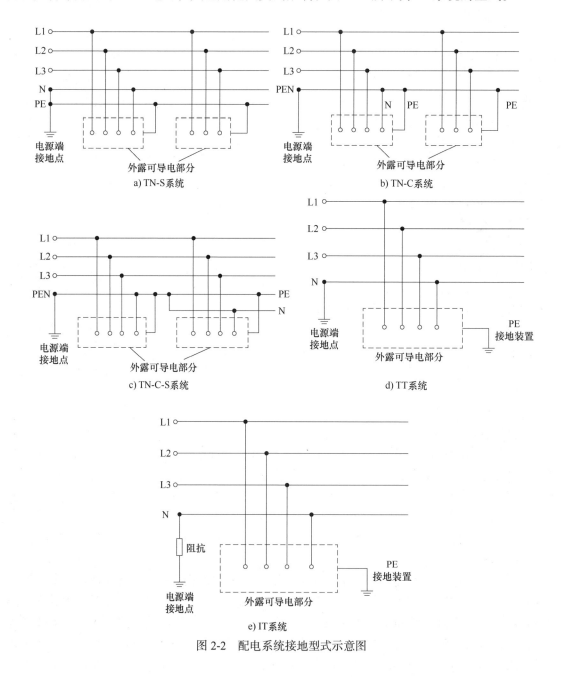

图 2-2　配电系统接地型式示意图

2.1.3.3 对系统接地的安全技术基本要求

1）系统接地是为保证发生接地故障时能自动切断电源的可靠而有效的措施，要求做到：

① 当电气装置中发生了带电部分与外露可导电部分（或保护导体）之间的接地故障时，所配置的保护电器应能自动切断发生故障部分的电源，并保证不出现超过交流 50V（有效值）的预期接触电压，对人体产生危险的生理效应（在人体一旦触及它时）。在与系统接地型式有关的某些情况下，如对于配电回路或只给固定设备供电的末端回路，不论接触电压大小，切断时间不应超过 5s。

对于 IT 系统，在发生第一次故障时，通常不要求自动切断供电，但必须由绝缘监视装置发出警告信号。

② 电气装置中的外露可导电部分，都应通过中性导体（N）和保护导体（PE）与接地极相连接，以保证故障回路的形成。凡可被人体同时触及的外露可导电部分，应连接到同一接地系统中。

2）系统中应尽量实施总等电位联结。

建筑物内的总等电位联结导体应与下列可导电部分互相连接：

① 总保护导体（保护导体干线）；

② 总接地导体（接地线干线）或总接地端子；

③ 建筑物内的公用金属管道和类似金属构件（如自来水管、煤气管等）；

④ 建筑结构中的金属部分、集中采暖和空调系统。

来自建筑物外面的可导电体，应在建筑物内尽量在靠近入口处与等电位联结导体连接。总等电位联结导体必须符合如下规定：接到总接地端子的保护联结导体其截面积不应小于装置内最大保护接地导体的一半，且不小于 $6mm^2$ 铜，或 $16mm^2$ 铝，或 $50mm^2$ 钢。接到总接地端子的保护联结导体其截面积不超过 $25mm^2$ 铜或其他材料的等值截面积。

3）在以下情况下应考虑实施辅助等电位联结：

① 在局部区域，当自动切断供电的时间不能满足防电击要求；

② 在特定场所，需要有更低接触电压要求的防电击措施；

③ 具有防雷和信息系统抗干扰要求。

4）辅助等电位联结导体应与区域内的下列可导电部分互相连接：

① 固定设备的所有能同时触及的外露可导电部分；

② 保护导体（包括设备的和插座内的）；

③ 电气装置外的可导电部分（如果可行，还应包括钢筋混凝土结构的主钢筋）。

辅助等电位联结导体必须符合联结外露可导电部分和外界可导电部分的保护联结导体，其电导不应小于相应保护接地导体一半截面积所具有的电导的规定。

5）有必要时，分级安装剩余电流动作保护电器和火灾监控系统，并符合剩余电流动作保护电器安装和运行的规定。

6）不得在保护导体回路中装设保护电器和开关，但允许设置只有用工具才能断开的连触点。

7）严禁将煤气管道、金属构件（如金属水管）用作保护导体。

8）电气装置的外露可导电部分不得用作保护导体的串联过渡触点。

9）连接保护导体（或 PEN 导体）时，必须保证良好的电气连续性。遇有铜导体与铝导体相连接和铝导体与铝导体相连接时，更应采取有效措施（如使用专门连接器）防止发生接触不良等故障。

10）保护接地导体必须有足够的截面积，其最小截面积应符合表 2-1 的规定。

表 2-1 保护接地导体的最小截面积

线导体（铜）截面积 S/mm^2	保护地线导体与线导体使用相同材料 允许最小截面积 $/\mathrm{mm}^2$	保护地线导体与线导体使用不同材料 允许最小截面积 $/\mathrm{mm}^2$
$S \leqslant 16$	S	$(k_1/k_2)\,S$
$16 < S \leqslant 35$	16	$(k_1/k_2)\,16$
$S > 35$	$S/2$	$(k_1/k_2)\,(S/2)$

注：保护地线导体与线导体使用不同材料时，允许最小截面积需经计算取得，k_1/k_2 值的选取，请参见 GB/T 16895.3—2017《低压电气装置 第 5-54 部分：电气设备的选择和安装 接地配置和保护导体》中表 A.54.2~ 表 A.54.6。

2.1.3.4 配电系统保护的一般规定

1）配电线路应装设短路保护和过负荷保护。

2）配电线路装设的上下级保护电器，其动作特性应具有选择性，且各级之间应能协调配合。非重要负荷的保护电器，可采用部分选择性或无选择性切断。

3）保证正常工作时通过中性导体的最大电流应小于其载流量，回路中装设的相导体保护装置应能保护中性导体的短路和过电流。

4）交流电动机应装设短路保护和接地故障保护，并根据电动机的用途分别装设过载保护、断相保护、低电压保护，以及同步电动机的失步保护。

5）每台交流电动机应分别装设相间短路保护，但符合下列条件之一时，数台交流电动机可共用一套短路保护电器：一是总计算电流不超过 20A，且允许无选择切断时；二是根据工艺要求，必须同时起停的一组电动机，不同时切断将危及人身设备安全时。

6）交流电动机的短路保护器件宜采用熔断器或低压断路器的瞬动过电流脱扣器，也可采用带瞬动元件的过电流继电器。主回路宜由具有隔离功能、控制功能、短路保护功能、过载保护功能、附加保护功能的器件和布线系统等组成。

7）当维护、测试和检修设备需断开电源时，应设置隔离电器。当隔离电器误操作会造成严重事故时，应采取防止误操作的措施。

8）隔离电器应符合下列规定：断开触头之间的隔离距离，应可见或能明显标示"闭合"和"断开"状态；应能防止意外的闭合；应有防止意外断开的锁定措施。

9）隔离电器应采用下列电器：单极或多极隔离器、隔离开关或隔离插头；插头与插座；连接片；不需要拆除导线的特殊端子；熔断器；具有隔离功能的开关和断路器。

10）半导体开关电器严禁作为隔离电器。严禁隔离器、熔断器和连接片作为功能性开关电器使用。

11）在 TN-C 系统中不应将保护接地中性导体隔离，严禁将保护接地中性导体接入开关电器。

12）独立控制电气装置电路的每一部分，均应装设功能性开关电器。功能性开关电器可采用下列电器：开关、半导体开关电器、断路器、接触器、继电器、16A 及以下的插头和插座。

13）固定式日用电器的电源线应设置隔离电器、短路保护电器、过载保护电器及间接接触防护。

14）移动式日用电器的供电回路应装设隔离电器和短路、过载及剩余电流动作保护电器。

15）功率小于或等于 0.25kW 的电感性负荷，以及小于或等于 1kW 的电阻性负荷的日用电器，可采用插头和插座作为隔离电器，并兼作功能性开关。

16）当建筑物配电系统可能出现下列情况时，宜设置剩余电流动作保护或监测电器作为电气火灾保护，其应动作于信号或切断电源：

① 配电线路绝缘损坏时，可能出现接地故障；

② 接地故障产生的接地电弧，可能引起火灾危险。

剩余电流动作保护或监测电器的安装位置，应能使其全面监视有起火危险的配电线路的绝缘情况。为减少接地故障引起的电气火灾危险而装设的剩余电流动作保护或监测电器，其动作电流不应大于 300mA；当动作于切断电源时，应断开回路的所有带电导体。

2.2　低压熔断器

低压熔断器是通用的过电流保护电器，由形成完整装置的所有部件组成，广泛应用于低压配电系统及用电设备中防护过载和短路故障。过电流可能引起的危害包括导线热损害、金属气化、气体离子化、燃弧、起火、爆炸、绝缘损害等，除了会造成人身伤害外，还将造成巨大的经济损失。因此，低压熔断器是电工技术中应用最普遍的保护器件之一，也是防护、消除或抑制过电流危害的非常经济有效的措施。正确选择和使用熔断器是十分必要的。

2.2.1　低压熔断器的结构及工作原理

2.2.1.1　低压熔断器的结构

低压熔断器由熔断器底座、载熔件和熔断体等三部分组成。熔断器底座（熔断器支架）是熔断器的固定部件，带有触头、接线端子；载熔件是熔断器可运动部件，用作载运熔断体；熔断体是带有熔体的部件，在熔断器熔断后可以更换。熔断体可包含几个并联的熔体。熔断器底座及载熔件的组合称为熔断器支持件。图 2-3 是典型的熔断体结构原理图。

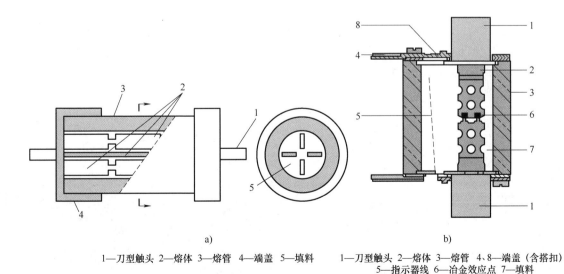

a)　　　　　　　　　　　　　　　　b)

1—刀型触头 2—熔体 3—熔管 4—端盖 5—填料　　1—刀型触头 2—熔体 3—熔管 4、8—端盖（含搭扣）
　　　　　　　　　　　　　　　　　　　　　　　5—指示器线 6—冶金效应点 7—填料

图 2-3　典型的熔断体结构原理图

以图 2-3b 为例，说明低压熔断器的结构原理，这是一种有填料式熔断器，熔断体由瓷质管体、熔体、熔断指示器、石英砂和刀型触头等部分组成，熔体采用紫铜箔冲制的网状多根并联形式的狭颈（缺口）熔片，中间部位有冶金效应点（球状），装配时将熔片围成笼状，再与两端的刀型触头连接，以充分发挥填料与熔体接触的作用，这样既可均匀分布电弧能量而提高分断能力，又可使熔断管体受热比较均匀而不易使其断裂。有的产品的熔体为银质狭颈（缺口）或网状形式。熔断指示器是机械信号装置，指示器上焊有一根很细的康铜丝，它与熔体并联，在正常情况下，由于康铜丝电阻很大，电流基本上从熔体流过，只有在熔体熔断之后，电流才转移到康铜丝上，使它立即熔断，指示器便在弹簧作用下向外弹出，显出醒目的红色标志信号。有的产品有 3 极并列的整体结构，并备有触头罩、极间隔板、绝缘手柄（载熔件）等附件，以便于在三相中使用。绝缘手柄（载熔件）是用来装卸熔断体的可动部件。

另外，图 2-3a 是有填料密封管式熔断器，也是高分断能力型。熔断器为瓷质圆管状，两端有帽盖，它分为带撞击器和不带撞击器两种类型，带撞击器的熔断器熔体熔断时，撞击器弹出，既可作熔断信号指示，也可触动微动开关以控制接触器线圈，作为三相电动机断相保护。也有熔断器在其瓷质管体两端的铜帽上焊有偏置式联结板，可用螺栓安装在母线排上，管内装有变截面熔体（冶金效应材料），在管体上有一指示用的红色小珠，熔体熔断时红色小珠就弹出。这种熔断器常用于开关熔断器组中。

熔断体材料分为低熔点材料和高熔点材料两大类。常用的低熔点材料有铅、锑铅合金、锡铅合金、锌等，其熔点低，易熔断，电阻率较大，制成的熔体截面尺寸较大，熔断时产生的金属蒸气较多，只适用于低分断能力的熔断器。高熔点材料有铜、银和铝等，其熔点高，不易熔断，但其电阻率较低，制成的熔体截面尺寸较小，熔断时产生的金属蒸气少。高熔点材料适用于高分断能力的熔断器，通常用铜作主体材料，而用锡及其合金作辅助材料，以提高熔断器的分断能力。

有填料封闭管式熔断器外形结构如图 2-4 所示。

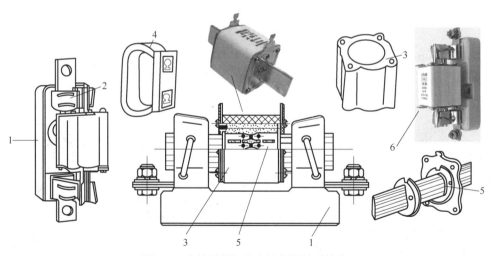

图 2-4　有填料封闭管式熔断器外形结构
1—瓷底座　2—弹簧片　3—熔断体　4—绝缘手柄　5—熔体　6—产品外形图

有填料高分断能力熔断器广泛应用于各种低压电气线路和设备中作为短路和过电流保护。典型产品有 NT（RT16、RT17）系列和 RT20 系列高分断能力熔断器。

常用的熔断体有 RO、RS 系列圆筒帽形熔断体；NH、RS、RO、RT、NTA、RTO 系列方管刀型触头熔断体；RW、RF 系列无填料圆筒帽形 / 圆管刀型触头熔断体；RG、RGS 系列螺栓连接式熔断体等。图 2-5 是部分熔断体产品的外形图。

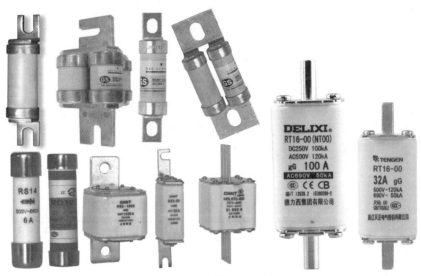

图 2-5　部分熔断体产品的外形图

2.2.1.2　熔断器的工作原理

熔断器是在短路和过载两个条件下动作。典型的短路电流耐受值是熔断器额定电流的 10 倍或以上，过载电流耐受值为低于熔断器额定电流的 10 倍。

熔断体串接于被保护电路，当电路发生短路或过载时，通过熔断体的电流使其发热，当达到熔体熔化温度时就会自行熔断，期间伴随着燃弧和熄弧过程，随之切断故障电路，起到保护作用。

过电流保护动作的物理过程主要是热熔化过程，而短路保护动作的物理过程主要是电弧的熄灭过程，大致可看成在未产生电弧之前的弧前过程和已产生电弧之后的弧后过程的两个连续过程。弧前过程的主要特征是熔断体的发热与熔化，在此过程中的功能在于对故障做出反应，过电流相对额定电流的倍数越大，产生的热量就越多，温度上升也越迅速，弧前过程时间就越短暂。反之，过电流倍数越小，弧前过程时间就越长。弧后过程的主要特征是含有大量金属蒸气的电弧在间隙内蔓延、燃烧，并在电动力的作用下在介质中运动并冷却，最后因弧隙增大，以及电弧能量被吸收而无法持续，从而熄灭。这个过程的持续时间决定于熔断器的有效熄弧能力。因此，通常熔断器的保护性能在熔断时间小于 0.1s 时是以 I^2t 特性表征，在熔断时间大于 0.1s 时则用弧前电流 - 时间特性表征。电流 - 时间特性曲线也称为安 - 秒特性曲线，如图 2-6 所示。

熔断器的熔断时间与通过熔体的电流大小有关，同时存在熔断电流与不熔断电流的分界线，此分界电流称为最小熔断电流 I_{min}。熔断器的额定电流必须小于最小熔断电

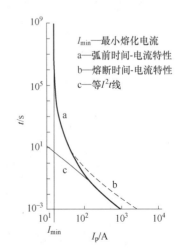

图 2-6　熔断器的电流 - 时间特性曲线

I_{min}—最小熔化电流
a—弧前时间-电流特性
b—熔断时间-电流特性
c—等 I^2t 线

流。熔断器的最小熔断电流与额定电流之比称为熔断器的熔化系数，熔化系数主要取决于熔体的材料、工作温度和结构。

熔断器的时间 - 电流特性曲线表征流过熔断体的电流与熔断体的熔断时间（熔断时间等于弧前时间或熔化时间与燃弧时间之和）的关系，这一关系与熔断体的材料和结构有关。在图 2-6 中，I_p 称为熔断器的预期电流，t 为熔断时间，通常产品样本中均给出多条 I_p-t 曲线，以适用于不同类型保护对象的需要。电流 - 时间特性曲线的形状与热继电器的反时限保护特性曲线相似，这是因为熔断器和热继电器一样，都是以热效应原理工作的，而在电流引起的发热过程中，总是存在 I^2t 特性关系，即电流通过熔断体时产生的热量与电流的二次方和电流持续的时间成正比，电流越大，则熔断体熔断时间越短。另外，熔断器也具有反时限特性，即过电流小时，熔断时间长；过电流大时，熔断时间短。所以，在一定过电流范围内，当电流恢复正常时，熔断器不会熔断，可继续使用。一般地，熔断体的熔断电流与熔断时间的关系见表 2-2。

表 2-2　熔断体的熔断电流与熔断时间的关系

熔 断 电 流	$1.25I_{RT}$	$1.6I_{RT}$	$2I_{RT}$	$2.5I_{RT}$	$3I_{RT}$	$4I_{RT}$
熔 断 时 间	∞	1h	40s	8s	4.5s	2.5s

注：I_{RT} 为熔体额定电流。

从参数方面来看，过电流保护要求熔化系数小，发热时间常数大；短路保护则要求较大的限流系数、较小的发热时间常数、较高的分断能力和较低的过电压。另外，在供配电系统中通常是由若干个不同额定电流的熔断器构成分级保护。上下级保护动作需要有选择性，即在系统回路中出现故障时，只断开发生故障的回路，以缩小事故影响范围，不影响其他回路的运行。高分断熔断器选择性比例一般为 1∶1.25，即下一级额定电流与上一级额定电流之比。以下从短路和过载两个方面进行分析。

1. 短路情况下熔断器的动作

在电路发生短路故障期间，熔体狭颈（缺口）全部同时熔化，形成了与熔体狭颈数量相同的系列电弧。由于电弧电压的作用，电流快速减小，并强制电流降至为零，此现象称作限流。图 2-7 描述了在短路条件下熔断体的限流能力。

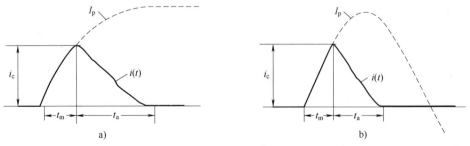

图 2-7　电路发生短路故障时的熔断器动作

t_m—弧前时间　t_a—燃弧时间　I_p—预期电流　i_c—被熔断体截断的电流

1）弧前（熔化）时间（t_m）：狭颈（缺口）发热至熔点，且伴随材料气化。

2）燃弧时间（t_a）：每个缺口开始起弧，然后电弧被填料熄灭。

熔断时间为弧前时间 t_m 和燃弧时间 t_a 之和。弧前 I^2t 和熔断 I^2t 值分别表示在弧前时间和熔断时间内被保护电路中电流释放的能量。由图 2-7 可见,熔断体的截断电流 i_c 大大低于预期电流峰值 I_p。

2. 过载情况下熔断器的动作

在电路发生过载期间,冶金效应的材料熔化,在熔体的缺口处形成电弧。围绕熔体的填料(石英砂)快速熄灭电弧,并强制电流降至为零。冷却时,熔化的填料转变成如玻璃状的材料,将熔体的各断开部分进行互相隔离,防止电弧重燃和电流再流通。熔断器动作分为两个阶段,如图 2-8a、b 所示。

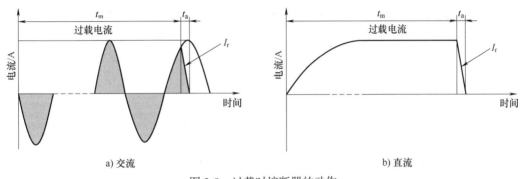

图 2-8 过载时熔断器的动作

第一阶段是弧前(熔化)时间 (t_m),熔体发热至含有冶金效应材料截面的熔点。典型的弧前时间大于数毫秒,并且与过载电流的大小成反比。低水平的过载形成长的弧前时间,从数秒至数小时。

第二阶段是燃弧时间 (t_a),在冶金效应截面处的电弧随后被填料熄灭。燃弧时间取决于外施电压。

两个阶段形成了熔断器熔断时间 ($t_m + t_a$)。弧前 I^2t 和熔断 I^2t 值分别在弧前(熔化)时间和熔断时间内释放能量,在过载条件下,弧前 I^2t 值很高,在时间大于数个周期或数个时间常数的弧前时间内是熔断器动作阶段。在这种情况下,与弧前时间相比,燃弧时间可忽略。

2.2.2 低压熔断器的主要技术参数

低压熔断器的主要技术参数有时间 - 电流特性、限流能力和分断能力,是产品说明书中标注的主要参数。时间 - 电流特性反映过载保护性能;分断能力反映短路保护性能;限流能力反映限制高倍短路电流的能力。最小熔化电流决定时间 - 电流特性,燃弧时间和限流作用决定分断能力。低压熔断器的主要技术参数如下:

1)熔断器的额定电压,是指熔断器部件(熔断器支持件、熔断体)的额定电压的最低值,一般等于或大于电气设备的额定电压,否则在熔断器熔断时将会出现持续飞弧和被电压击穿而危害电路的现象。熔断器的额定绝缘电压是熔断器支持件的绝缘电压等级,熔体的额定电压是熔断器允许的工作电压等级。

2)熔断器的额定电流,是指熔断器能长期通过的电流,实质上就是熔断体的额定电流,熔断体的额定电流取决于其最小熔化电流,它决定于熔断器各部分长期工作时的容许温升。熔断体的额定电流以 A 表示,应从下列数值中选用:2A、4A、6A、8A、10A、12A、

16A、20A、25A、32A、40A、50A、63A、80A、100A、125A、160A、200A、250A、315A、400A、500A、630A、800A、1000A、1250A。

3）熔断器支持件的额定电流，熔断器支持件的额定电流（以 A 表示）应从熔断体的额定电流系列中选取。对于"gG"和"aM"熔断器，熔断器支持件的额定电流以配用熔断体的最大额定电流表示。

通常，一个额定电流等级的熔断体可以配用不同额定电流等级的熔体，但熔体的额定电流不得超过与之配合的熔断体的额定电流。

4）熔断体的额定分断能力，熔断器在故障条件下能可靠分断的最大短路电流，是熔断器的主要技术指标之一。从发生短路故障开始到短路电流达到其最大值为止，这段时间的长短，取决于电路的参数，如果熔断器的熔断时间小于这段时间，则电路中的短路电流在它还未来得及达到其最大值之前就已被切断，这时，就称熔断器起了限流作用。换言之，限流作用是在短路电流达到峰值之前动作。限流作用越强，其分断能力就越大。限流作用可以显著地降低对保护对象的电动稳定性和热稳定性的要求。

5）熔断器的使用类别与分断范围，熔断器的使用类别与分断范围用字母表示，见表 2-3。

表 2-3 低压熔断器的使用类别与分断范围（本表根据 GB/T 13539.5—2013 摘编）

使 用 类 别	应用（特性）	分 断 范 围
aM	电动机电路短路保护	部分范围保护（后备）
aR	半导体保护	部分范围保护（后备）
gG	一般用途	全范围
gM	电动机电路保护	全范围
gR，gS	半导体和导线保护	全范围
gU	一般用于导线保护	全范围
gL，gF，gI，gII	旧标准一般用途熔断器类型，现已被 gG 类型替代	全范围

在表 2-3 中，第一个字母表示分断范围。"g"熔断体表示全范围分断能力熔断体；"a"熔断体表示部分范围分断能力熔断体。第二个字母表示使用类别，以此规定时间 - 电流特性、约定分断时间、约定电流和门限。例如，"gG"表示一般用途的全范围分断能力的熔断体。如果特性能承受电动机的起动电流，也常用来保护电动机电路，"gM"表示保护电动机电路的全范围分断能力的熔断体，"aM"表示保护电动机电路的部分范围分断能力的熔断体。"gR、gS"表示保护半导体和导线的全范围分断能力的熔断体；"gU"表示用于一般导线保护的全范围分断能力的熔断体；"aR"表示保护半导体的部分范围分断能力的熔断体。

"gM"熔断体用两个电流值来说明其特性。第一个值 I_n 表示熔断体和熔断器支持件的额定电流；第二个值 I_{ch} 表示门限所规定的熔断体的时间 - 电流特性。这两个额定值由表明用途的一个字母加以分隔。例如 I_n M I_{ch} 表示用以保护电动机电路，并且具有 G 特性的熔断器。第一个值 I_n 表示整个熔断器的最大连续工作电流；第二个值 I_{ch} 表示熔断体的 G 特性。

"aM"熔断体用一个电流值 I_n 和时间 - 电流特性来说明其特性。

6）时间 - 电流特性极限，是以周围空气温度 t +20℃为基础。时间 - 电流特性、时间 - 电流带与熔断体的结构有关。对于给定的熔断体，它们取决于周围空气温度以及冷却条件。

7）熔断体的截断电流与截断电流特性，在熔断器动作过程中可以达到的最高瞬态电流值称为熔断器的截断电流，由此限制电流达到最大值。截断电流特性由制造商用截断电流曲线给出，如图 2-9 所示。

例如，某电路额定工作电压为 380V、50Hz，短路电流 I_k=5kA，预期峰值截断电流 I_p=10kA，选用额定电流为 16A 的 RT20 系列熔断器，由图 2-9 可以查出这时的截断电流峰值约为 2kA。

在交流情况下，截断电流是非对称程度下所能达到的最大值；在直流情况下，截断电流是在规定的时间常数下所达到的最大值。分断能力是在规定电压下，能分断短路电流大小的能力，对交流，即指交流分量有效值。

8）I^2t 特性，是预期电流函数的 I^2t 曲线，是熔断体允许通过的 I^2t（焦耳积分）值，用以衡量在故障时间内产生的热能。通常，熔断器的保护性能在熔断时间小于 0.1s 时是以 I^2t 特性表征电流选择性，在熔断时间大于 0.1s 时则用弧前电流 - 时间特性表征电流选择性。I^2t 特性用于熔断器与断路器间的选择性配合保护。

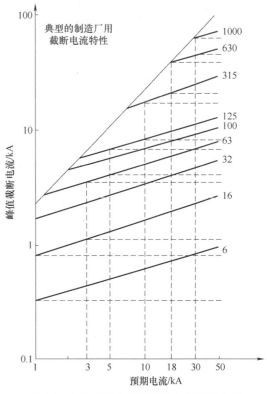

图 2-9　典型的制造商用截断电流特性曲线

2.2.3　低压熔断器的应用

低压熔断器的作用是对线路和电动机进行过载及短路保护。当线路或电动机回路发生过载或短路故障时，其电流大幅上升，熔断器熔体发热，当达到熔化点而熔化时，电路断开，起到保护作用。

2.2.3.1　电动机电路保护

熔断器通常用作电动机和电动机起动器电路的保护部件，在应用方面常称为短路保护装置（Short Circuit Protective Device，SCPD）。一般可选用 gG 类型熔断器作为短路保护，但选用时需要加大一个电流等级。也可选用全范围分断能力的 gM 类型熔断器，以及仅有短路保护功能的 aM 类型熔断器作为后备保护。这些类型的熔断器能耐受高的电动机起动电流，不需要增加电流等级。选择的熔断器额定电流值应能耐受电动机的起动电流，取值大小取决于电动机采用的起动方式，如直接起动电动机，起动电流是电动机额定电流 I_e 的 6~8 倍；星 - 三角或自耦变压器起动电动机，起动电流是电动机额定电流 I_e 的 3~4 倍。因此选择熔断器的额定电流要高于几倍的电动机额定电流，以躲过电动机的起动电流，而不误动作。

一般情况下，当通过电动机和电动机起动器电路的电流不超过 $1.25I_e$ 时，熔体将长期工作；当电流不超过 $2I_e$ 时，约在 30~40s 后熔断；当电流达到 $2.5I_e$ 时，在 8s 左右熔断；当电流达到 $4I_e$ 时，在 2s 左右熔断；当电流达到 $10I_e$ 时，熔体瞬时熔断。所以当电路发生短路时，短路电流会使熔体瞬时熔断，起到短路保护作用。

制造商产品样本中有用于电动机保护的熔断器数据，选择时应注意熔断器与保护电动机的过载继电器（该继电器与电动机起动器相关联）之间应具有选择性配合。

2.2.3.2 熔断器和电动机起动器配合

熔断器与电动机起动器之间的动作配合是保证两者之间的保护选择性，以避免热继电器（热过载继电器）损坏，以及电动机电路非正常断开。

接触器和起动器用熔断器作为后备保护，以及综合式起动器、综合式开关电器、保护式起动器和保护式开关电器，其额定限制短路电流性能应根据表 2-4 进行选择。

表 2-4　相应于额定工作电流的预期电流"r"（本表摘自 GB/T 13539.5—2013）

额定工作电流 I_e（AC-3）/A	预期电流"r"/kA
$0<I_e\leqslant 16$	1
$16<I_e\leqslant 63$	3
$63<I_e\leqslant 125$	5
$125<I_e\leqslant 315$	10
$315<I_e\leqslant 630$	18
$630<I_e\leqslant 1000$	30
$1000<I_e\leqslant 1600$	42
$1600<I_e$	由用户与制造商协商

用于配合接触器／电动机起动器使用的熔断体见表 2-3，具体应用需按照制造商的产品说明进行选配。熔断器和起动器配合特性的交点电流应位于接触器的分断能力之内。选择的熔断器应能躲过电动机的起动电流，即在图 2-10 所示的交点电流之下。

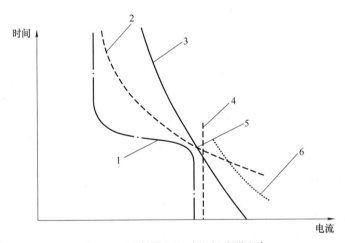

图 2-10　熔断器和电动机起动器配合
1—电动机电流　2—热继电器运行的时间 - 电流特性曲线　3—熔断体的时间 - 电流特性曲线
4—接触器的分断能力　5—交点电流　6—热继电器的反时限曲线

图 2-10 中曲线 2（热继电器运行的时间 - 电流特性曲线）与曲线 3（熔断体的时间 - 电流特性曲线）的交点，称为交点电流 I_{co}。

热继电器和起动器与熔断器配合曲线如图 2-11 所示。

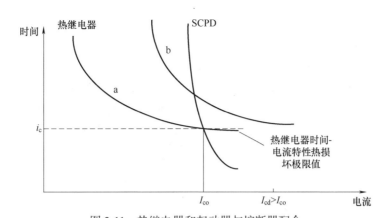

图 2-11 热继电器和起动器与熔断器配合
a—自冷态起动的热继电器时间 - 电流特性平均曲线 b—接触器时间 - 电流特性耐受能力曲线

由图 2-11 可见，自冷态起动的热继电器时间 - 电流特性平均曲线与熔断体时间 - 电流特性曲线的交点是热继电器和起动器与熔断器配合的交点，对应的电流是 I_{co}，当通过热继电器的电流小于 I_{co} 时，位于 SCPD 时间 - 电流特性的下方，分断电流 I_{cd} 应大于 I_{co}。接触器时间 - 电流耐受特性应位于热继电器时间 - 电流特性（自冷态起动）的上方。I_{co} 不应超过接触器的分断能力；在 I_{co} 上方，是过载继电器和接触器能够承受的区域，熔断器的熔断时间 - 电流特性必须低于此区域内，该区域由熔断器负责保护。

因此，熔断器和电动机起动器配合所选用的 SCPD 的额定值应适合给定的额定工作电流、额定工作电压及相应的使用类别。接触器和起动器与熔断器的配合类型（保护型式）有 1 型和 2 型两种，见表 2-5。

表 2-5 SCPD 配合类型（本表摘自 GB/T 13539.5—2013）

性 能 要 求	1 型	2 型
成功切断短路	是	是
人员不受伤害	是	是
导线和接线端子保持完整无损	是	是
对绝缘底座无造成移出带电部件的损害	是	是
不损害过载继电器或其他部件	非	是[①]
试验期间不允许更换部件（熔断器除外）	非	是
过载继电器脱扣特性无改变	非	是
试验后起动器绝缘水平良好	非	是

① 允许触头有容易分离的溶焊。

表 2-5 中，1 型配合的含义是当接触器或起动器发生短路故障时，不对人及设备引起危害，在未修理和更换零件前，不能继续使用。2 型配合的含义是当接触器或起动器发生短路故障时，不对人及设备引起危害，但可继续运行，此时触头可能发生熔焊，但触头可分离。

2.2.3.3 低压熔断器的优点

通过保护电路及其元件，限流熔断器提供过电流效应的完整保护。熔断器具有下列各项综合优点：

1）高分断能力和高限流特性，I^2t 值低。

2）不需要复杂的短路计算，容易扩展保护范围。

3）在重新接通电路之前能够识别和强制消除故障。

4）可靠性、安全性高，无移动部件磨损或由于尘埃、油或腐蚀气氛等被污染。更换熔断器时，新熔断器能保证恢复到最初水平；当分断最高短路电流时，不释放气体、火焰和电弧等。此外，分断高短路电流时的速度可有效限制故障处的电弧闪烁的损害。

5）结构紧凑、经济，用低成本实现高短路水平的过电流保护。

6）与起动器和接触器配合时，不损伤起动器和接触器，通过限制短路能量和峰值电流，熔断器可适用于2型保护，不损害电动机电路的元件；熔断器特性和高的限流等级很容易与其他电器配合。

7）防止误操作、不需维护，尺码合适的熔断器不需维护、调整或重新校核，在长期运行中能维持最初设计的过电流保护水平不变。一旦安装完毕，熔断器不能变动或调整，也确保了熔断器的性能保持不变，防止误操作。

2.2.3.4 低压熔断器的选用

选用低压熔断器时，首先应根据实际使用条件确定熔断器的类型，包括选定合适的使用类别和分断范围。一般按电网电压选用相应电压等级的熔断器；按配电系统中可能出现的最大短路电流，选择有相应分断能力的熔断器；根据被保护负载的性质和容量，选择熔体的额定电流。

1. 选用的一般原则

1）当有上下级熔断器选择性配合要求时应考虑过电流选择比。过电流选择比是指上下级熔断器之间满足选择性要求的额定电流最小比值，它和熔断体的极限分断电流、I^2t 值和时间-电流特性有密切关系。一般需根据制造商提供的数据或性能曲线进行较详细的计算和整定来确定。

g 类熔断体的过电流选择比有 1.6∶1 和 2∶1 两种。专职人员使用的刀型触头熔断器的过电流选择比规定为 1.6∶1，螺栓连接熔断器和圆筒帽熔断器的过电流选择比都规定为 2∶1。非熟练人员使用的螺旋式熔断器的选择比规定为 1.6∶1。例如，设上级熔断器的熔断体电流为 160A，则当过电流选择比规定为 1.6∶1 时，下级熔断器的熔断体电流不得大于 100A，并应用 I^2t 值进行校验，保证上级熔断器的 I^2t 值大于下级熔断器。

2）g 类熔断器兼有过电流保护功能，主要用作配电主干线路及电缆、母线等的短路保护和过电流保护；而 a 类熔断器主要用于照明线路和电动机回路等设备的短路保护，电动机回路在使用这种熔断器时应另外配用热继电器等过电流保护元件。

3）选择熔断器的类型时，如用于保护小容量电动机，一般考虑过电流保护，这时，希望熔体的熔化系数适当小些，而大容量的电动机，主要考虑短路保护及短路时的分断能力，除此以外还应考虑加装过电流保护，若预期短路电流较小，可采用熔体无填料密封管式熔断器；当短路电流较大时，宜采用具有高分断能力的熔断器；当短路电流相当大时，宜采用有限流作用的高分断能力熔断器。当回路中装有低压断路器时，还应考虑两者动作特性的配合问题。

2. 熔断体额定电流的确定

（1）一般用途熔断器的选用

一般地，对于负载电流比较平稳的设备，以及一般控制电路的熔断器，选择的熔体额定电流应大于或等于线路计算电流，即被保护电路上所有电器工作电流之和。

配电变压器低压侧的熔断器额定电流为（1.0~1.5）× 变压器低压侧额定电流；并联电容器组回路中的熔断器额定电流为（1.3~1.8）× 电容器组额定电流；电焊机回路中的熔断器额定电流为（1.5~2.5）× 负荷电流。

（2）保护电动机用熔断器的选用

对于电动机回路，应按电动机的起动电流倍数考虑躲过电动机起动电流的影响，单台全压直接起动的三相笼型异步电动机回路中的熔断器，一般选额定电流为（1.5~3.5）× 电动机额定电流，不经常起动或起动时间不长的电动机选较小倍数，频繁起动的电动机选较大倍数；多台全压直接起动的三相笼型异步电动机回路中的总保护熔断器，一般选额定电流为（1.5~2.5）× 各台电动机电流之和。为防止发生越级熔断，上、下级（即供电干、支线）熔断器间应有良好的协调配合，宜进行较详细的整定计算和校验。

减压起动三相笼型异步电动机回路中的熔断器额定电流为（1.5~2）× 电动机额定电流；线绕转子异步电动机回路中的熔断器额定电流为（1.2~1.5）× 电动机额定电流。

（3）熔断器与其他开关电器配合使用时的选用

一般的电动机控制电路，常由熔断器 - 断路器 - 接触器 - 热继电器 - 电缆（导线）- 电动机所组成。其中的断路器作为电路的电源开关，接触器用于远距离控制电动机，热继电器用于保护电动机、电动机馈电电缆和接触器不受过电流破坏，而接触器、热继电器、电动机馈电电缆和电动机本身的短路保护由断路器负责。如果回路中某处的短路电流超过所设断路器的额定分断能力，则需在断路器的电源侧增设后备保护熔断器。后备保护熔断器必须在短路电流达到断路器的额定分断能力以前分断。这种组合设备中的每一个电器元件都有预先规定的专门保护范围。电动机低倍数过电流保护段由热继电器负责，高倍数过电流保护段及低于断路器额定分断能力的短路电流由断路器的瞬动脱扣器分断，这样可以发挥断路器本身的优越性。只有在出现更大的短路电流的情况下熔断器才动作。这时，断路器也被瞬时脱扣器分断，以保证电路各极均被切断。因此选用熔断器、断路器、接触器和热继电器的组合时，需要对各电器元件的有效保护范围和工作特性进行仔细配置，图 2-11 就是熔断器和电动机起动器的配合示例。最简单的电动机起动器就是断路器、接触器和热继电器元件的组合。

1）各元件的保护特性均应在电动机起动特性曲线的上方。在过电流段内，熔断器的时间 - 电流特性比热继电器的动作特性要陡些。这对于电缆和导体的过电流保护是较为理想的，而电动机的过电流保护则需要一个延时特性。在短路电流段内，当电流刚刚超过瞬动脱扣器的动作电流时，断路器的响应比熔断器快，但当电流进一步增加时，熔断器的熔断速度又比断路器的动作速度快了。当电流非常大时，熔断器还有限制预期短路电流的作用。

2）热继电器与熔断器的时间 - 电流特性必须能满足电动机从零速起动到全速运行的延时特性。

3）熔断器还必须保护接触器和热继电器不受可能超过其额定电流的 8 倍及以上的大电流破坏。

4）熔断器还必须在短路情况下保护接触器，能分断接触器不能分断的大电流，使得接触器的触头在任何情况下不发生熔焊，或仅出现轻微熔焊现象。接触器分断能力，一般为 10 倍额定电流值。

5）熔断器与断路器配合时，熔断器主要分断大短路电流，即熔断器的分断范围是在交点电流以外的短路电流，而交点电流以内的熔断器特性曲线位于断路器特性曲线的上方，由断路器分断在交点以内的过电流和小倍数短路电流。需要说明的是，如果熔断器不与断路器配合，而与其他电器配合，只要使熔断器的特性曲线位于断路器的特性曲线下方即可，两者没有交叉点。

当满足上述条件时，电动机保护电器的选用是比较合理的。

2.2.3.5　低压熔断器的部分术语和定义

1）保护选择性或保护识别性，能识别电力系统的故障区域和 / 或相的保护能力。在给定的过电流范围内，串联的一个过电流电器优先于另一个过电流电器动作的能力。此外还考虑到过载区域内稳态负载电流对选择性的影响。

2）过电流选择性，两个或两个以上过电流保护装置之间的相关特性配合。当在给定范围内出现过电流时，指定在这个范围动作的装置动作，而其他装置不动作。

3）封闭式熔断体，熔体被完全封闭，在额定值范围内熔断时，不会产生任何有害的外部效应（如由于燃弧而释出气体或喷出火焰或金属颗粒）的熔断体。

4）限流熔断体，在规定电流范围内，由于熔断体的熔断，使电流被限制得显著低于预期电流峰值的熔断体。

5）"g"熔断体（全范围分断能力熔断体，以前称一般用途熔断体），在规定条件下，能分断使熔体熔化的电流至额定分断能力之间的所有电流的限流熔断体。

6）"a"熔断体（部分范围分断能力熔断体，以前称后备熔断体），在规定条件下，能分断对应时间 - 电流特性曲线上的最小电流至额定分断能力之间的所有电流的限流熔断体。"a"熔断体通常作短路保护用。

7）熔断器触头，是保证熔断体与相应的熔断器支持件之间的电路连续性的两个或两个以上导电部件。

8）熔体，当电流超过规定值经过规定的时间条件下熔化的熔断体部件。

9）指示装置（指示器），指示熔断器是否动作的熔断器部件。

10）撞击器，熔断体的机械装置。当熔断器动作时释放所需的能量，以促使其他装置或者指示器动作，或者提供互锁。

11）周围空气温度，该温度是距熔断器或熔断器外壳（如有）约 1m 处的周围空气温度。

12）熔断器部件温度，熔断器部件（触头、接线端子等）温度是指有关部件的温度。

13）熔断器系统，在熔断体形状、触头型式等方面遵循相同物理设计原则的熔断器族。

14）专职人员使用的熔断器（以前称工业用熔断器），仅由专职人员可以接近并仅由专职人员更换的熔断器。这种断路器没有采取结构上的措施来保证非互换性和防止偶然触及带电部分。专职人员应包括"受指导人员"和"熟练人员"。受指导人员是指在熟练人员指导或监护下能避免触电的人员（如操作、维护人员）；熟练人员是指具有技术知识或足够运行经验，能避免触电危险的人员（工程师和技术人员）。非熟练人员可以接近并能由非熟练人员更换的熔断器，具有防止直接触及带电部分的保护，如有需要，可要求非互换性。非熟练人员使用的熔断器以前称家用或类似用途熔断器。

15）非互换性，对形状和（或）尺寸加以限制，以免因疏忽在特定的熔断器底座上使用了电气性能不同于预定保护等级的熔断体。

16）低压熔断器额定值，低压熔断器通常规定的额定值包括电压、电流、分断能力、耗散功率和接受耗散功率、频率。在交流情况下，额定电压和额定电流为对称有效值；在直流情况下，额定电压为平均值，额定电流为有效值。

17）（电路及与熔断器有关的）预期电流，假定电路内的熔断器每个极的导线阻抗忽略不计，电路所流过的电流。对于交流，预期电流指交流分量的有效值。预期电流是熔断器分断能力和特性（如 I^2t 和截断电流特性）的参照量。

18）截断电流，熔断体分断期间电流达到的最大瞬时值，由此阻止电流达到最大值。

19）截断电流特性、允通电流特性，在规定的熔断条件下，作为预期电流函数的截断电流曲线。在交流情况下，截断电流是任何非对称程度下所能达到的最大值；在直流情况下，截断电流是在规定的时间常数下所达到的最大值。

20）（熔断器支持件的）峰值耐受电流，熔断器支持件所能承受的截断电流值。峰值耐受电流不小于与熔断器支持件配用的任何熔断体的最大截断电流值。

21）门限，熔断器的极限值，在此极限范围内，可获得熔断器的保护特性，如时间 - 电流特性。

22）I^2t 特性，在规定的动作条件下作为预期电流函数的 I^2t（弧前和 / 或熔断 I^2t）曲线。

23）I^2t 带，在规定的条件下最小弧前 I^2t 特性和最大熔断 I^2t 特性所包容的范围。

24）时间 - 电流带，在规定的条件下，最小弧前时间 - 电流特性和最大熔断时间 - 电流特性所包容的范围。

25）约定不熔断电流，在规定时间（约定时间）内，熔断体能承载而不熔化的规定电流值。

26）约定熔断电流，在规定时间（约定时间）内，引起熔断体熔断的规定电流值。

27）熔断器的电弧电压，燃弧期间熔断器接线端子间出现的电压瞬时值。

28）（熔断体内的）耗散功率，熔断体在规定的使用和性能条件下承载规定的电流时释放的功率。规定的使用和性能条件通常包括稳态温度条件到达后的电流恒定有效值。

29）（熔断器底座或熔断器支持件的）接受耗散功率，熔断器底座或熔断器支持件在规定的使用和性能条件下能接受的熔断体内的耗散功率规定值。

30）（熔断器的）隔离距离，熔断器底座触头之间或任何连接于此触头的导电部件之间的最短距离，该距离在带熔断体的或载熔件移去的熔断器上测得。

31）熔断器支持件的额定电流，熔断器支持件的额定电流（以 A 表示）应从熔断体的额定电流系列中选取。对于 "gG" 和 "aM" 熔断器，熔断器支持件的额定电流以配用熔断体的最大额定电流表示。

32）（开关电器或熔断器的）分断电流 I_b，在分断过程中，产生电弧的瞬间流过开关电器或熔断器的一个极的电流值 I_b。

33）熔断短路电流，用熔断器作限流装置的一种限制短路电流。

2.3　隔离器、隔离开关与熔断器组合电器

在对电气设备的工作带电部分进行维修时，必须一直保持这些部分处于无电状态，所以必须通过隔离器（隔离开关）将电气设备从电网脱开并隔离，以保证操作人员及设备的安全。隔离器（隔离开关）的电源隔离作用不仅要求各极动、静触头之间处于分断状态时，保持规定的电气间隙（距离），而且各电流通路之间、电流通路和邻近接地零部件之间也应保持规定的电气间隙要求，以保证电气设备检修人员的安全。

2.3.1 基本概念

1. 新国标的电器产品

旧标准是将低压开关电器分为隔离开关（不能接通和分断负荷电流和短路电流）、负荷开关（不能接通和分断短路电流）和断路器（可以接通和分断负荷电流和短路电流）三类，现行产品标准中已不采用这个分类。新国标的电器产品，如隔离器、断路器、接触器、熔断器、剩余电流动作保护电器、插头和插座等，是按用途分为"工业用""家庭和类似用途用"的产品，并分别执行不同的产品标准，在选用时应注意区别。

现行国家标准GB/T 14048《低压开关设备和控制设备》包括8个部分，共22个系列标准，以下以GB/T 14048.3—2017《低压开关设备和控制设备　第3部分：开关、隔离器、隔离开关以及熔断器组合电器》中的"电器定义概要"表为例，来说明新的国家标准中关于低压电器产品类别的变化，见表2-6（摘编自GB/T 14048.3—2017中的表1）。

表 2-6　开关、隔离器、隔离开关、熔断器组合电器的定义

功　　能		
开关（接通和分断电流）	隔离器（隔离）	隔离开关（接通、分断、隔离）
熔断器组合电器		
开关熔断器组	隔离器熔断器组	隔离开关熔断器组
熔断器式开关	熔断器式隔离器组	熔断器式隔离开关

注：1. 所有电器可以为单断点或多断点。

　　2. 标有"△"的熔断器可接在电器的任一侧或接在电器触头间的一个固定位置。

2. 有关表2-6中的术语与定义

1）开关熔断器组，开关的一极或多极与熔断器串联构成的组合电器。

2）熔断器式开关，用熔断体或带有熔断体载熔件作为动触头的一种开关。

3）隔离器熔断器组，隔离器的一极或多极与熔断器串联构成的组合电器。

4）熔断器式隔离器组，隔离器的动触头由熔断体或带熔断体的载熔件组成时，即为隔离器式熔断器组或称为熔断器式隔离器。

5）隔离开关熔断器组，隔离开关的一极或多极与熔断器串联构成的组合电器。隔离开关熔断器组再增设辅助元件如操作杠杆、弹簧、弧刀等可组合为负荷开关。负荷开关具有在非故障条件下，接通或分断负荷电流的能力和一定的短路保护功能。

6）熔断器式隔离开关，用熔断体或带有熔断体的载熔件作为动触头的一种隔离开关。

3. 低压开关

低压电器中的开关是指可以接通负荷电流、短路电流和分断负荷电流而不能分断短路电流的开关电器。

4. 隔离器

只具有隔离功能的开关电器称为隔离器。隔离（隔离功能），是出于安全原因，通过把电器或其中一部分与电源分开，以达到切断电器一部分或整个电器电源的功能。隔离器能承载正常电路条件下的电流，也能在一定时间内承载非正常电路条件下的电流（短路电流）。隔离距离是在满足规定的安全要求时处于断开位置触头间的电气间隙。

5. 隔离开关

具有隔离功能的开关称为隔离开关，是在断开位置上能满足隔离要求的一种开关。

6. 熔断器组合电器

将一个机械开关电器与一个或数个熔断器组装在同一个单元内的组合电器。如开关、隔离器、隔离开关和熔断器组合构成熔断器组合电器。

上述组合电器有单断点和双断点组合类型，如单断点熔断器式隔离开关、双断点熔断器式隔离开关等。单断点是仅在电路中熔断体的一侧提供断开，以满足隔离功能规定要求的熔断器式隔离开关。双断点是在电路中熔断体的两侧均提供断开，以满足隔离功能规定要求的熔断器式隔离开关。单极操作的三极电器是由三个能单独操作的单极开关和 / 或隔离单元组成的机械单元，并可作为一个整体用于三相系统。机械单元可以作为配电系统单独相的开闭和（或）隔离，但不能用作三相设备主电路的开闭。

2.3.2　产品类型简介

根据工作条件和用途的不同，隔离器、隔离开关与熔断器组合电器的产品有不同的结构形式，但工作原理基本相似。按极数可分为单极、二极、三极和四极刀开关；按切换功能（位置数）或刀片转换方向不同，分为单投刀开关和双投刀开关两种，以及有、无灭弧罩；按操纵方式又可分为中央手柄式和带杠杆传动操纵式等。隔离器、隔离开关与熔断器组合电器的产品种类很多，近几年不断出现新产品、新型号，应根据实际需要选用合适的产品。

图 2-12 是几种典型的隔离器、刀开关、隔离开关熔断器组产品实物图。

图 2-12 中的这些产品适用于交流额定电压 380V、额定工作电流至 1000A 的低压配电系统，有大短路电流的配电电路和电动机电路，在正常条件下不频繁接通、分断电路和设备的隔离电源。熔断器组型能对交流电路作短路保护。

隔离器属于无载通断电器，在配电设备中用于电源隔离。带熔断器组的隔离器产品具有短路保护功能，其分断能力应和其所保护范围的开断电流相适应。各种操作方式的隔离器中，400A 以下的产品一般采用单刀片，630~1000A 的产品一般采用双刀片，两侧加装片状弹簧增加触头压力，刀片与外部导线连接的触头均镀锡，加强表面保护和改善与导线连接的接触电阻。杠杆传动机构式的隔离器均有灭弧室，灭弧室一般采用绝缘纸板和钢板栅片拼铆而成，灭弧室扣在弹簧卡支架上，安装和拆卸方便。操作传动机构具有清晰的断开与闭合指示标志和可靠定位装置，隔离器的各个线端具有清晰的标志以便识别。

刀开关主要用于隔离电源，必须满足隔离功能，即开关断口明显，并且断口应能保持有效的电气隔离距离。中央手柄式单投刀开关，传统上常用大理石（或环氧树脂）做底板，所以有时也称为石板闸刀开关。石板闸刀开关在刀开关下方配用封闭管式熔断器。带有分断加速弹簧灭弧装置的石板闸刀开关，可以切断额定电流值以下的电流。装有灭弧室的 HD 型和 HS 型刀开关可以用来切断额定电流，没有装灭弧室的刀开关宜作为隔离开关使用。

a) HH15 隔离开关熔断器组　　b) HD11 系列旋转式单投刀开关，　　c) HS 系列双投刀开关，
　　　　　　　　　　　　　　　　　不带灭弧罩　　　　　　　　　　　　带灭弧罩

d) HRTO 石板闸刀开关　　e) HGLR 熔断器组式负荷隔离开关　　f) HGL 隔离开关

g) HR3 熔断器式隔离开关　　h) DZ47小型隔离开关

图 2-12　典型的隔离器、刀开关、隔离开关熔断器组产品实物图

2.3.3　选择与应用

隔离器、刀开关的主要参数包括额定绝缘电压（即最高额定工作电压）、额定工作电流、额定工作制、使用类别、额定通断能力、额定短时耐受电流、额定（限制）短路电流、操作性能等。选择隔离器、刀开关时主要应考虑以下方面：

1. 选择隔离器、刀开关的结构形式

选择时应根据隔离器、刀开关的作用和安装形式选择其结构形式。选择的隔离开关应有明显的断口。根据在开关柜或电源箱内的安装形式来选择操作形式，确定是正面操作、背面操作或侧面操作等形式，是直接操作还是杠杆传动，是板前接线还是板后接线的结构形式。

2. 选择隔离器、刀开关的额定电流

额定电流应大于或等于电路中的总负载的额定电流。对于电动机负载，应考虑其起动电流，宜选用大一级额定电流的隔离器、刀开关。若需考虑电路的短路电流，还应选用额定电流更大一级的刀开关。刀开关所在线路的三相短路电流不应超过规定的动、热稳定电流值。对熔断器式刀开关，熔断器的选择应与被保护电器相匹配，且三相熔断器的额定电流也应一致。

3. 隔离器、刀开关的操作注意事项

隔离器、刀开关严禁带负荷操作。操作隔离器、刀开关前，应先检查其回路中的低压断路器是否在断开状态，应在低压断路器断开状态下进行操作；停电操作时，断路器断开后，先拉开负荷侧隔离开关，后拉开电源侧隔离开关，送电时顺序相反。一旦发生带负荷断开或闭合隔离开关时，应急速拉开或合上；如已拉开，则严禁重合。一旦错合，无论是否造成事故，均不应再拉开，并采取相应措施。

4. 隔离器、刀开关的检修注意事项

1）隔离器、刀开关正常运行时，应巡视开关导电部分有无触头接触不良、发热、触头烧损、爬电、积存粉尘等情况，遇有以上情况时，应及时修复。

2）检查绝缘连杆、底座等绝缘部件有无烧伤和放电现象。维修时还应检查开关操作机构各部件是否完好、动作是否灵活，断开、合闸时三相是否同步和准确到位。

3）检查开关操作机构的部件是否完好，闭锁装置是否完好；外壳内有无金属粉尘、尘埃，若有，应彻底清除，以免降低绝缘性能；金属外壳应有可靠的保护接地，防止发生触电事故。

5. 隔离器、刀开关的安装

在低压配电系统中，隔离器、刀开关一般与低压断路器、接触器、熔断器等配合使用，以隔离电源。

1）为了操作安全，刀开关只能垂直安装，不能水平安装，更不允许倒装。安装时用螺栓将刀开关的底板固定在配电柜（箱）的安装板上，一般安装在配电柜（箱）的左上部，靠近母线或上进线端处，也就是配电柜（箱）内所有元件的上方，一般是低压断路器的上方。

2）安装前，应检查隔离器、刀开关的相间和底板的绝缘情况，如不合格，应置换。安装后要保证刀片插入静触头的深度到位。用连杆操作的隔离器、刀开关，应调节连杆长度，使之合闸时能到位，并应留有一定的备用行程，以缓冲合闸的冲击。

3）操作手柄中心距地面应在 1.2~1.5m 之间，以方便操作。侧面操作的手柄距建筑物或其他设备的距离不宜小于 200mm。安装杠杆刀开关时，应适当调节延长拉杆长度，使合闸时刀片到位，分闸时刀片与固定触头之间的距离符合规定要求。

操作手柄位置应与开关状态一致，合闸时，三相刀片应能顺利地同步进入静触头。静触头不仅要能夹住刀片，而且应对刀片有足够的夹紧力。如果夹紧力不够，在通过大电流时，将因接触电阻过大而发热。静触头和刀片的发热会加速氧化而增加接触电阻，严重时会烧毁刀片。分闸时刀片与静触头之间拉开的距离或张开的角度应符合规定标准。

4）电源线应接在静触头上（上接线端子），负荷侧导线应接在动触头上（下接线端子），不允许反接，若与硬母线相连，应保证开关不受应力作用。对装有灭弧罩的刀开关或熔断器式刀开关，安装时，灭弧罩应齐全、完好无损，并不影响开关分合闸。对带有灭弧触头的刀开关，要检查主触头与灭弧触头的动作先后顺序，应符合规定的安装调整要求。

2.4 低压断路器

低压断路器是既能接通、承载和分断正常电路条件下的电流，也能在规定的非正常条件下（如短路）接通、承载电流一定时间和分断电流的一种机械开关电器。低压断路器主要应用于不频繁操作的低压配电柜（箱）中作为电源开关和隔离器使用，能对线路、电器设备及电动机等进行保护，当发生严重过电流、过载、短路、断相、漏电等故障时，能自动切断电源，起到保护作用，应用十分广泛。

2.4.1 低压断路器的分类

2.4.1.1 按使用类别分类

低压断路器的使用类别是根据是否可通过整定约定脱扣时间与其他 SCPD 进行选择性保护或后备保护配合。使用类别分为 A、B 两类。A 类是非选择性。B 类是选择性。A 类断路器无额定短时耐受电流（I_{cw}）要求，B 类具有额定短时耐受电流（I_{cw}）要求，并应符合表 2-7 的要求。表 2-7 是额定极限短路分断能力 I_{cu} 与额定运行短路分断能力 I_{cs} 之间的关系值。

表 2-7　额定短路分断能力 I_{cu}、I_{cs}（预期电流有效值）

I_{cs}	使用类别 A（I_{cu} 的百分数）	25　50　75　100
	使用类别 B（I_{cu} 的百分数）	–　50　75　100b

低压断路器的额定短时耐受电流（I_{cw}）是制造商在规定的试验条件下对断路器确定的短时耐受电流值。对于交流电，此电流为预期短路电流交流分量的有效值，并认为在短延时时间内是恒定的。与额定短时耐受电流相应的短延时应不小于 0.05s，其优选值为 0.05s、0.1s、0.25s、0.5s、1s，额定短时耐受电流应不小于表 2-8 所示的相应值。

表 2-8　额定短时耐受电流 I_{cw} 最小值

额定电流 I_n	I_{cw} 最小值
$I_n \leqslant 2500A$	$12I_n$ 或 5kA，取较大者
$I_n > 2500A$	30kA

图 2-13 所示为断路器与 SCPD 选择性保护配合示例。

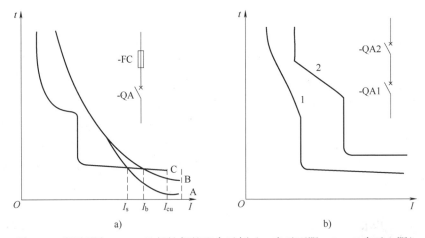

图 2-13　断路器与 SCPD 选择性保护配合示例（A 表示下限，B、C 表示上限）

I—预期短路电流　I_{cu}—额定极限短路分断能力　I_s—选择性极限电流　I_b—交点电流　A—熔断器（-FC）弧前特性
B—熔断器动作特性　C—非限流断路器（-QA、-QA1、-QA2）的动作特性（分断时间 / 电流和 I^2t/ 电流）

图 2-13a 是熔断器（-FC）与断路器（-QA）级联构成上下级保护，图 2-13b 是两台断路器（-QA1、-QA2）级联构成上下级保护。为了使熔断器（-FC）与断路器（-QA）在短路条件下配合，或使两台断路器（-QA1、-QA2）在短路条件下配合，应考虑两台电器各自的特性

及级联在一起的性能，才能配合，否则，在发生短路情况下将是无选择性动作，显然，如果有选择性保护或后备保护配合要求，则对于图 2-13a 中的断路器（-QA）应具有可整定的过载脱扣器（B 类断路器），同样，对于图 2-13b 中的两台断路器（-QA1、-QA2）都应具有可整定的过载脱扣器（B 类断路器），短路电流统一用 I^2t 特性来考虑或计算，这样可忽略这两台电器阻抗的影响。如果没有选择性保护或后备保护配合要求，则上述断路器采用 A 类即可。

2.4.1.2　按分断灭弧介质分类

1）空气中分断，触头在大气压力的空气中断开和闭合的断路器，即通常说的空气断路器（框架式、塑壳式、微型断路器）。

2）真空中分断，触头在高真空管中断开和闭合的断路器，即真空断路器。

3）气体中分断，触头在 SF_6 气体中断开和闭合的断路器，即 SF_6（六氟化硫）断路器。

2.4.1.3　按结构型式分类

1）万能框架式，包括固定式断路器和抽屉式断路器。抽屉式断路器除有分断触头外，还有一组与主电路隔离的隔离触头，处于抽出位置时，可以达到隔离距离。国际上通称大容量低压断路器为 ACB（Air Circuit Breaker），如万能框架式断路器。

2）塑料外壳式，具有一个用模压绝缘材料制成的外壳作为断路器整体部件，包括塑壳式断路器、塑壳式智能断路器、漏电断路器。国际上通称装置式（塑料外壳式）低压断路器为 MCCB（Moulded Case Circuit Breaker）、漏电断路器为 ELCB（Earth Leakage Circuit Breaker）、电动机控制中心为 MCC（Motor Control Center）。

3）微型（模数化）断路器，包括微型断路器、WiFi 断路器、GPRS 断路器、云断路器、漏电断路器。国际上通称微型（模数化）断路器为 MCB（Miniature Circuit Breaker）。

4）带熔断器的断路器，由断路器和熔断器组合而成的单个电器，其每相均由一个熔断器与断路器的一极串联而成。

5）限流断路器，"限流"是指把峰值预期短路电流限制到较小电流值，分断时间足够短，在短路电流达到预期峰值前分断。

6）插入式断路器，断路器除有分断触头外，还有一组可分离的触头，从而使断路器可从电路中拔出或插入。某些断路器仅在电源侧为插入式，而负载接线端子一般为接线式。

另外，按性能分为一般式、多功能式、高性能、智能型和智能化（PMD）低压断路器等类型；按操作方式为人力操作、电动操作及储能操作；按极数分为单极（1P）、双极（2P）、三极（3P）、四极（4P）；按保护类别分为选择型（带整定旋钮）和非选择型（不带整定旋钮），带或不带单相接地保护，带或不带欠电压延时，是否具有隔离功能；根据断路器在电路中的不同用途，断路器又分为配电用断路器、电动机保护用断路器、一般用途（如照明）断路器和家用断路器等。

关于低压断路器的型号，目前有以行业代号命名和以企业特征代号命名两大类。例如，NA15-[1]/[2]，其中，N 是企业特征代号，A 是企业命名的万能式断路器代号，15 表示设计序号，后缀[1]/[2]各企业表示方法略有不同，一般标注断路器壳架等级额定电流、极数、附件类型、用途和操作方式等。

2.4.2　低压断路器的工作原理与基本特性

低压断路器由触头和灭弧系统、各种脱扣器和自由脱扣机构、附件三个基本部分组成。低压断路器具有的多种功能是以脱扣器和附件的形式实现的，根据用途不同，可选用不同的脱扣器和附件组成不同功能的低压断路器。

2.4.2.1 低压断路器的工作原理

低压断路器的工作原理如图 2-14 所示。

低压断路器的主触头 2 有手动或电动操作两种闭合方式。主触头 2 闭合后，自由脱扣机构 3 将主触头闭锁在合闸位置。过电流脱扣器 4 的线圈和热脱扣器 6 的热元件串联在主电路 L3 相中，欠电压脱扣器 7 的线圈并联在 L1 和 L2 相间，当电路发生短路或严重过载时，过电流脱扣器的衔铁吸合，使自由脱扣机构 3 的锁扣机构脱扣动作，从而带动主触头分断主电路。当电路发生过载时，热脱扣器 6 的热元件持续发热导致双金属片受热而向上弯曲，并推动自由脱扣机构 3 向上动作，同样使自由脱扣机构 3 脱扣动作，带动主触头分断主电路。当电路电压降低时（如低于额定电压的 35%），欠电压脱扣器 7 的衔铁释放，向上推动自由脱扣机

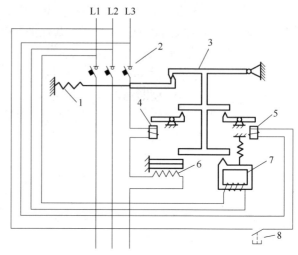

图 2-14 低压断路器的工作原理示意图
1—弹簧 2—主触头 3—自由脱扣机构 4—过电流脱扣器
5—分励脱扣器 6—热脱扣器 7—欠电压脱扣器 8—分励按钮

构动作，带动自由脱扣机构 3 脱扣，使主触头分断主电路。分励脱扣器 5 用于低压断路器远距离控制，其线圈并联在 L2 和 L3 相间，在正常工作时，线圈是断电的，在需要距离控制时，按下分励按钮 8 使线圈通电，吸合衔铁推动自由脱扣机构 3 向上动作，带动自由脱扣机构动作，使主触头分断主电路。故障排除后，通过复位机构复位。

脱扣是由脱扣器（脱扣机构）引起的断路器（开关电器）的断开动作，使保持断路器闭合的锁扣机构解脱，而使断路器触头断开或闭合的动作过程。脱扣机构是在断路器（开关电器）中介于脱扣器和触头系统之间的传递机构，它能接受脱扣器的指令而使闭合的触头断开。锁扣机构是在操作力消失后，使断路器（开关电器）的可动部分被锁住，不能由于弹簧或重力作用而返回至起始位置的机构。

自由脱扣是指在闭合操作后，发生脱扣动作时，即使保持闭合指令，其动触头仍能返回并停留在断开位置。

复位是动作了的电器的所有可动部分回复到起始位置。复位机构是使开关电器的可动部分恢复到起始位置的机构。自动复位是导致断路器动作的故障消失后，动作了的断路器的所有可动部分自动回复到起始位置。断路器脱扣后的锁扣回复到锁住位置的动作称为再扣。

2.4.2.2 主电路的额定值和极限值

1. 额定电压

（1）额定工作电压 U_e

额定工作电压 U_e 是指相间电压，对于三相四线中性线接地系统是指相地间电压，包括相间电压（220/380V）。对于三相三线不接地或经阻抗接地系统，表示相间电压（例如 380V）。

（2）额定绝缘电压 U_i

额定绝缘电压 U_i 是一个与介电试验电压和爬电距离有关的电压值。在任何情况下最高的额定工作电压值不应超过额定绝缘电压值。若没有明确规定额定绝缘电压，则额定工作电压

即认为是额定绝缘电压值。

（3）额定冲击耐受电压 U_{imp}

额定冲击耐受电压 U_{imp} 是在规定的条件下，低压断路器能够耐受而不击穿的冲击电压峰值，该值与电气间隙有关。低压断路器的额定冲击耐受电压应高于或等于该电器所处的电路中可能产生的瞬态过电压规定值。

2. 约定电流和额定电流

（1）约定自由空气发热电流 I_{th}

I_{th} 值应至少等于不封闭电器在 8h 工作制下最大额定工作电流值。不封闭电器是指无外壳的电器或外壳是构成完整电器的一部分，但该外壳通常不单独作为电器的防护外壳的电器。

（2）约定封闭发热电流 I_{the}

封闭电器是指一般用于规定的型式和尺寸的外壳中的电器或用于多个型式的外壳中的电器。如果电器一般不用在规定的外壳中，且满足约定自由空气发热电流 I_{th} 要求，制造商提供约定封闭发热电流值或降容系数，以及在特定的局部周围环境空气温度下的最大额定电流的指导值。例如，使用类别 AC-1，在局部空气温度为 40℃ 的环境中额定工作电流 I_e=45A，在局部空气温度为 60℃ 的环境中，额定工作电流 I_e=40A 等。

（3）额定工作电流 I_e 或额定工作功率

低压断路器的额定工作电流由制造商规定，额定工作电流与额定工作电压、额定频率、额定工作制、使用类别和外壳防护的型式有关。对于直接通断单独电动机的电器，额定工作电流可在考虑额定工作电压的条件下，按所控制电动机的最大额定功率从制造商规定的工作电流与工作功率间的关系中选择。

（4）额定不间断电流 I_u

额定不间断电流是电器能在不间断工作制下承载的电流值。

2.4.2.3　低压断路器的额定工作制

低压断路器的额定工作制有 S1—连续工作制、S2—短时工作制、S3—断续工作制（断续周期工作制）、S6—周期工作制、S8—8h 工作制，详见 1.3.4 节。

1）连续工作制是没有空载期的工作制，电器的主触头保持闭合且承载稳定电流超过 8h（数周、数月甚至数年）而不分断。

2）短时工作制是指电器的主触头保持闭合的时间不足以使其达到热平衡，有载时间间隔被无载时间隔开，而无载时间足以使电器的温度恢复到与冷却介质相同的温度。

3）断续工作制是指电器的主触头保持闭合的有载时间与无载时间有一确定的比例值，此两个时间都很短，不足以使电器达到热平衡。断续工作制用电流值、通电时间和负载因数来表征其特性，负载因数是通电时间与整个通断操作周期之比，通常用百分数表示。负载因数的标准值为 15%、25%、40% 和 60%。

根据电器每小时能够进行的操作循环次数，电器可分为如下等级：1、3、12、30、120、300、1200、3000、12000、30000、120000、300000。对于每小时操作循环次数较高的断续工作制，制造商规定实际操作循环次数或根据规定的操作循环次数来给出额定工作电流值，电器根据断续周期工作制的特征用符号标识，如在每 5min 有 2min 流过 100A 电流的断续工作制表示为 100A，12 级，40%。

4）周期工作制指无论恒定或可变负载总是有规律反复运行的一种工作制。

5）8h 工作制是指电器主触头保持闭合且承载稳定电流足够长时间，使电器达到热平衡，达到 8h 时立即分断电流的工作制，是确定电器的约定发热电流 I_{th} 和 I_{the} 的基本工作制。

2.4.2.4　低压断路器的短路保护特性

1）低压断路器的额定短路接通能力 I_{cm} 是在规定的额定工作电压、额定频率、功率因数或时间常数（直流）下的短路接通能力值，用最大预期峰值电流表示。额定短路接通能力表示断路器在对应于额定工作电压下能够接通电流的额定能力。

额定短路接通能力以电器安装处预期短路电流的峰值为最大值，额定短路分断能力则以短路电流周期分量的有效值表示。在选用时应保证开关电器的额定短路通断能力高于电路中预期短路电流的相应数据。

2）低压断路器的分断能力指标有额定极限短路分断能力 I_{cu} 和额定运行短路分断能力 I_{cs}。I_{cs} 是一种分断指标，即分断几次短路故障后，还能保证其正常工作。低压断路器应有足够的 I_{cu}，能够分断短路电流使开关跳闸。因此，所谓短路保护动作就是短路瞬时脱扣跳闸。目前，大多数断路器的 I_{cs} 在（50%~75%）I_{cu} 之间。它用预期分断电流 I_{pb} 表示（交流分量有效值），I_{pb} 对应于分断过程开始瞬间所确定的预期电流。

低压断路器的额定运行短路分断能力是按相应的额定工作电压规定下应能分断的运行短路分断能力值。它用预期分断电流表示，相当于额定极限短路分断能力规定的百分数中的一档的整数。它可用 I_{cu} 的百分数表示（如 $I_{cs}=50\%I_{cu}$，要求 $I_{cs} \geqslant 25\%I_{cu}$），见表 2-7。当额定运行短路分断能力等于额定短时耐受电流时，只要它不小于相应的最小值可以按额定短时耐受电流值规定。

3）额定短时耐受电流 I_{cw}，见 2.4.1.1 节。

4）限制短路电流是在规定的使用和性能条件下，电器动作期间所能承受的预期电流。限流分断能力是低压断路器短路跳闸时限制故障电流的能力。断路器发生短路时，触头快速打开产生电弧，相当于在线路中串入 1 个迅速增加的电弧电阻，从而限制了故障电流的增加。低压断路器断开时间越短，I_{cs} 就越接近 I_{cu}，限流效果就越好，从而可大幅降低短路电流引起的电磁效应、电动效应和热效应对断路器和用电设备的不良影响，延长断路器的使用寿命。

5）约定脱扣电流是在约定时间内，引起脱扣器动作的规定电流值。

6）约定不脱扣电流是在约定时间内，脱扣器能承载而不动作的规定电流值。

2.4.2.5　低压断路器的脱扣器

低压断路器有热磁和电子两种类型脱扣器，主要有过电流脱扣器、分励脱扣器和欠电压脱扣器三种型式，用于构成过载保护和短路保护，如图 2-15 所示。

热磁脱扣器是热（过载）脱扣器 + 电磁（短路）脱扣器的总称。热脱扣是通过双金属片的热变形特性推动脱扣传动机构脱扣；电磁脱扣是通过电磁机构瞬时推动衔铁带动脱扣机构脱扣。

热磁脱扣器是过载、短路复合保护。电子脱扣器是用电子元件构成脱扣电路，通过检测主电路电流而推动脱扣机构。电子脱扣器是短路速断保护。

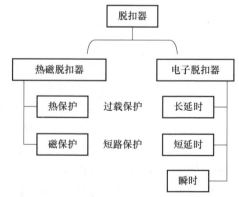

图 2-15　低压断路器脱扣器的类型与功能

1. 过电流脱扣器

当通过脱扣器的电流超过预定值时，使机械开关电器有延时或无延时地动作的脱扣器，包括短路脱扣器、过载脱扣器和瞬时脱扣器。

1）短路脱扣器，经整定一定延时后动作的过电流脱扣器，其延时动作时间可以调整，但不受过电流值的影响，用于短路保护（定时限特性）。整定值包括电流整定值和时间整定值。

2）过载脱扣器，经整定一定延时后动作的过电流脱扣器，其延时动作时间与所通过的过电流成反比，用于过载保护（反时限特性）。

3）瞬时脱扣器，当电流大于或等于脱扣电流时，脱扣器即动作的过电流脱扣器，用于瞬时动作短路保护（瞬时动作特性，无整定）。

2. 分励脱扣器

由电压源激励的脱扣器，用于远方分合断路器操作。

3. 欠电压脱扣器（失电压脱扣器）

当端电压下降至预定值以下时，有延时或无延时断开的脱扣器，用于低电压保护。

2.4.2.6 低压断路器过电流脱扣器的整定值

过电流脱扣器的额定电流是指在 GB 14048.2—2008 中 8.3.2.5 规定的试验条件下能够承载相应于最大电流整定值的电流有效值，在此条件下，温升不超过规定值。

1. 过电流脱扣器的电流整定值

过电流脱扣器有可调和不可调两种。如果低压断路器装有可调脱扣器，电流整定值（范围）以安培数或电流值的倍数标在脱扣器上。

如果低压断路器装有不可调脱扣器，电流整定值（范围）以安培数或电流值的倍数标在断路器上。

如果过载脱扣器的动作特性符合表 2-9 的要求，则只在断路器上标注额定电流（I_n）。在有电流互感器的情况下，标注电流互感器的电流比或一次电流。

表 2-9 反时限过电流脱扣器在基准温度下的断开动作特性

所有相极通电		约定时间
约定不脱扣电流	约定脱扣电流	
1.05 倍整定电流	1.30 倍整定电流	2h（当 $I_n \leqslant 63A$ 时，为 1h）

过电流脱扣器的动作值除热磁式脱扣器外是指在 –5~+40℃ 的范围内工作，与周围空气温度无关；对于热磁式脱扣器，规定的动作值则指基准温度为 +30℃ ±2℃。

2. 过电流脱扣器的脱扣时间整定值

（1）定时限过电流脱扣器

定时限过电流脱扣器的延时与过电流值无关。如果延时不可调，则脱扣时间整定值就是断路器的断开时间（s），如果延时是可调的，则脱扣时间整定值以断开时间的最大值和最小值表示。

（2）反时限过电流脱扣器的整定

反时限过电流脱扣器的延时取决于过电流值的大小。时间 - 电流特性以反时限过电流曲线形式表示，曲线是从冷态开始的断开时间与脱扣器动作范围内的时间 - 电流变化关系，电流以横坐标表示，时间以纵坐标表示，两个坐标轴均采用对数坐标刻度，电流以整定电流的倍数表示，时间以秒（s）表示，应用时按最大和最小电流进行整定。作为示例，图 2-16 是一种断路器动作特性曲线，表 2-10 是一种断路器的过电流保护特性。工业用断路器有配电保护型和电动机保护型两种型式。

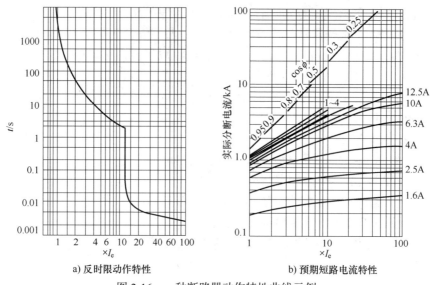

a) 反时限动作特性　　　　　b) 预期短路电流特性

图 2-16　一种断路器动作特性曲线示例

注：图 b 中曲线 1~4 依次是 32A、25A、20A、16A。

表 2-10　一种断路器的过电流保护特性

类　　型	试 验 电 流	试 验 时 间	起 始 状 态	周围空气参考温度
配电保护型	$1.05I_n$	1h 内不脱扣	冷态	30℃ ±2℃
	$1.3I_n$	1h 内脱扣	热态	
	$3I_n$	可返回时间≥5s	冷态	
	$10I_n$	<0.2s 脱扣		任何合适温度
电动机保护型	$1.05I_n$	2h 内不脱扣	冷态	40℃ ±2℃
	$1.2I_n$	2h 内脱扣	热态	
	$1.5I_n$	<2min		
	$7.2I_n$	$2s<T_p<10s$	冷态	
	$12I_n$	<0.2s 脱扣		任何合适温度

2.4.3　万能式低压断路器

　　万能式低压断路器也称低压框架式断路器，属于一级配电电器，是一种大容量低压断路器，具有高短路分断能力、高动稳定性和多段式保护特性，主要应用于 10kV/380V 电源变压器 380V 侧，用来分配电能和保护线路及电源设备，具有过载、短路、欠电压、单相接地等故障保护功能及隔离功能。

　　万能式低压断路器的壳架等级额定电流一般为 200~6300A，短路分断能力为 40~50kA，具有手动、杠杆和电动三种操作方式，极限通断能力较高的万能式低压断路器采用储能操作机构以提高通断速度。

　　万能式低压断路器主要由触头系统、操作机构、过电流脱扣器、分励脱扣器及欠电压脱扣器、附件、框架、二次接线回路等部分组成，全部组件进行绝缘后装于绝缘衬垫的钢制框架底座中。不同的脱扣器和附件可组合成具有选择性、非选择性或具有反时限动作特性的断路器。通过辅助触头可实现远方控制。

　　万能式低压断路器的产品类型和型号很多，品牌很多，性能各异，在正常条件下，可作为线路的不频繁转换之用。常用的有 DW15-630 型万能式低压断路器、DW16 型万能式低压断路器和抽屉式（固定）万能式低压断路器。

2.4.3.1　DW15 系列万能式断路器

图 2-17 是 DW15-630 型万能式低压断路器产品实物及结构示意图。

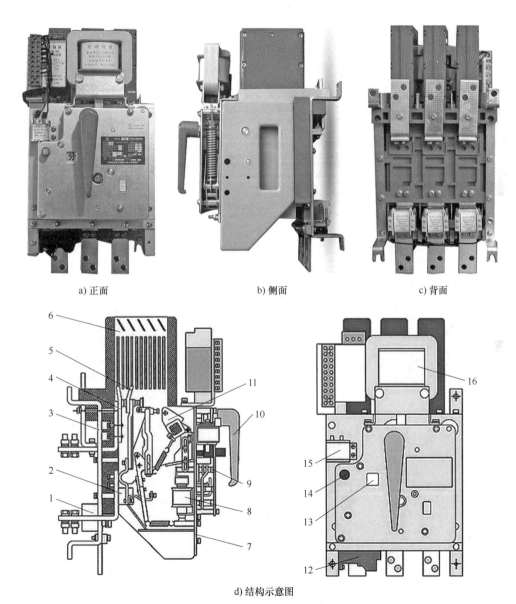

a) 正面　　　　　　　　　　b) 侧面　　　　　　　　　　c) 背面

d) 结构示意图

图 2-17　DW15-630 型万能式低压断路器的产品实物及结构示意图

1—电流互感器　2—电磁脱扣器　3—底板　4—静触头　5—动触头　6—灭弧罩　7—操作机构
8—欠电压脱扣器　9—阻尼延时器　10—操作手柄　11—传动机构　12—热继电器
13—分合指示器　14—分断按钮　15—分励脱扣器　16—电磁铁

DW15 系列万能式低压断路器为立体布置形式，触头系统、快速电磁铁、左右侧板均安装在一块绝缘板上。上部装有灭弧系统，操作机构装在正前方或右侧面。有"分""合"指示及手动断开按钮。其左上方装有分励脱扣器，背部装有与脱扣半轴相连的欠电压脱扣器。速饱和电流互感器或电流电压变换器套在下母线上。欠电压延时装置、热继电器或半导体脱扣器均分别装在下方，上部装有灭弧系统，右侧面装有操作机构。有"通""断"指示及手动"合""分"按钮。左侧面装有分励脱扣器、欠电压脱扣器。DW15 系列抽屉式结构和限流断路器由断路器本体和抽屉座组成，断路器本体上装有隔离触刀、二次回路动触头、接地触头支承导轨等。抽屉座由左右侧板、铝支架、隔离触座、二次回路静触头、滑架等组成。正下方由操作摇手柄、螺杆等组成推拉操作机构。

2.4.3.2　DW16 系列万能式低压断路器

DW16 系列万能式低压断路器主要由自由脱扣机构、触头系统、过电流脱扣器、灭弧系统等组成。触头系统、过电流脱扣器均装在断路器的底板上，触头系统上面装有灭弧系统，右侧装有自由脱扣机构。自由脱扣机构通过主轴与触头系统相连，左侧装有辅助开关。触头材料采用陶冶合金，有良好的抗熔焊性和低接触电阻。灭弧室栅片为平行布置，灭弧壁采用耐弧塑料制成，并配置隔弧板，从而提高断路器短路分断能力。断路器还可根据需要安装电动机操作机构、杠杆操作机构、电磁铁操作机构（只适用于壳架等级电流 630A 以下）等。图 2-18 所示为 DW16-630 型万能式低压断路器的产品实物及结构示意图。

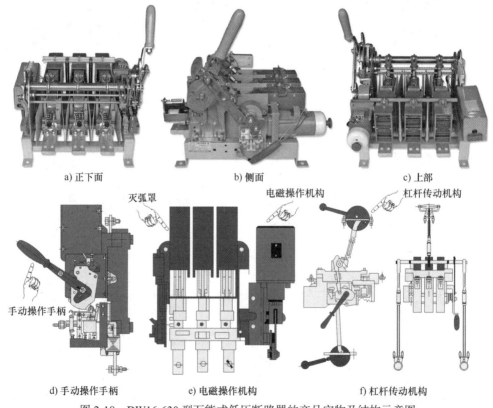

a) 正下面　　　　　　b) 侧面　　　　　　c) 上部

d) 手动操作手柄　　　e) 电磁操作机构　　　f) 杠杆传动机构

图 2-18　DW16-630 型万能式低压断路器的产品实物及结构示意图

2.4.3.3　抽屉式（固定）万能式低压断路器

抽屉式（固定）万能式低压断路器有抽屉式、固定式两种安装方式，把固定式本体装入专用的抽屉座内就成为抽屉式。国产产品规格型号繁多。这种断路器的特征是带有智能控制器（电子脱扣器），有带或不带通信接口（RS485）两种，具有高分断能力、零飞弧、小型化、模块化等特点，具有瞬时、短延时、长延时过电流及单相接地保护，以及显示功能、自检功能、整定功能、监控功能、故障记忆功能、试验功能。图 2-19 是抽屉式（固定）万能式低压断路器模块化结构图。图 2-20 是抽屉式（固定）万能式低压断路器内部结构图。这种类型的产品不同厂商有不同的型号，如 DW45、RMW1、SRW2、CW 等，字母 W 是"万能式"的意思。

1. 抽屉式（固定）万能式低压断路器的结构原理

由图 2-19 和图 2-20 可见，抽屉式（固定）万能式低压断路器是模块化结构，由各种组件组合而成，本体组件包括框架、触头及灭弧系统、手动操作机构、电动操作机构、抽屉座、智能控制器等 6 个部件，以及欠电压、分励脱扣器等附件，二次回路接线端子、安装板、相间隔板及支架、辅助开关等。触头单元每个极均设有一个灭弧室，灭弧室全部置于断路器的绝缘底座内。总装时用螺钉固定，拆装十分方便。核心部件是智能控制器（电子脱扣器）。

框架或抽屉座由带有导轨的左右侧板、底座和横梁等组成，底座上设有推进结构，并装有位置指示，框架或抽屉座的上方装有辅助电路隔离静触头。操作机构、手动和电动传动机构位于断路器正面。电动传动机构自成一体，操作机构是五连杆自由脱扣机构和弹簧储能机构。储能弹簧可以手动操作储能或者电动机储能，以提高合闸速度。弹簧储能机构总是处于预储能位置，只要断路器一接到合闸命令，断路器就能立即瞬时闭合。储能轴与主轴之间通过凹凸形楔口活动连接，可装拆。

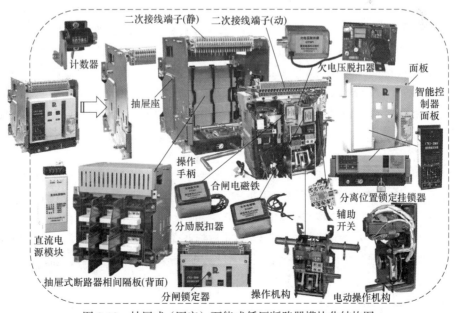

图 2-19　抽屉式（固定）万能式低压断路器模块化结构图

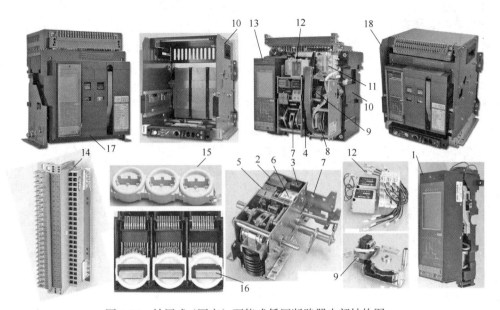

图 2-20 抽屉式（固定）万能式低压断路器内部结构图

1—智能控制器 2—合闸按钮 3—分闸按钮 4—操作手柄 5—合闸分闸指示 6—储能释放指示
7—操作机构 8—电动操作机构 9—电动机 10—框架（固定、抽屉） 11—辅助触头
12—欠电压脱扣器、分励脱扣器 13—故障跳闸指示/复位按钮 14—二次回路接线端子
15—电流互感器 16—主触头 17—固定式断路器 18—抽屉式断路器

　　抽屉式（固定）万能式低压断路器的外壳、框架采用塑料压制而成，触头、灭弧系统都放在绝缘小室中，防止相间短路，确保电弧向上喷出，保证下进线可靠分断。框架或抽屉座两侧有导轨，导轨上有活动的导板（抽出手柄），断路器本体装在左右导板上。本体为立体分隔布置，触头系统封闭在绝缘基座与底板之间，每组触头都被相间隔板分割在小室内，其上方是灭弧室。智能控制器、操作机构、电动储能机构依次排在前面。通过本体上的母线插入框架或抽屉座上的桥式触头连接主回路。动触头通过连杆与绝缘基座外的主轴连接完成分合。每相触头采用多触头并联形式安装在触头支持上，一端用软编织线与母排连接。断路器在闭合时，主轴带动连杆使触头支持绕支点逆时针转动，当动触头与静触头接触后压缩储能弹簧产生触头压力，使断路器可靠闭合。框架或抽屉座与断路器间有机械联锁装置，只有在连接位置和试验位置断路器才能闭合。断路器有手动和电动两种操作方式，并具有自由脱扣功能。分励脱扣器在外部命令下得电使断路器跳闸，欠电压脱扣器在断路器供电电源低于设定值时使断路器跳闸。

　　抽屉式（固定）万能式低压断路器有"连接""试验"和"分离"三个工作位置（手柄旁有位置指示）。位置变更通过手柄的旋进或旋出来实现。当处于"连接"位置时，主回路和二次回路均接通；当处于"试验"位置时，主电路断开，并有绝缘板隔开，仅二次回路接通，可进行动作试验；当处于"分离"位置时，主回路与二次回路全部断开，此时即可拉出断路器本体部分。断路器只有在连接位置或试验位置才能闭合，而在连接与试验的中间位置，断路器不能闭合。

　　2. 智能控制器的工作原理

　　智能控制器（智能脱扣器）的原理框图如图 2-21 所示。

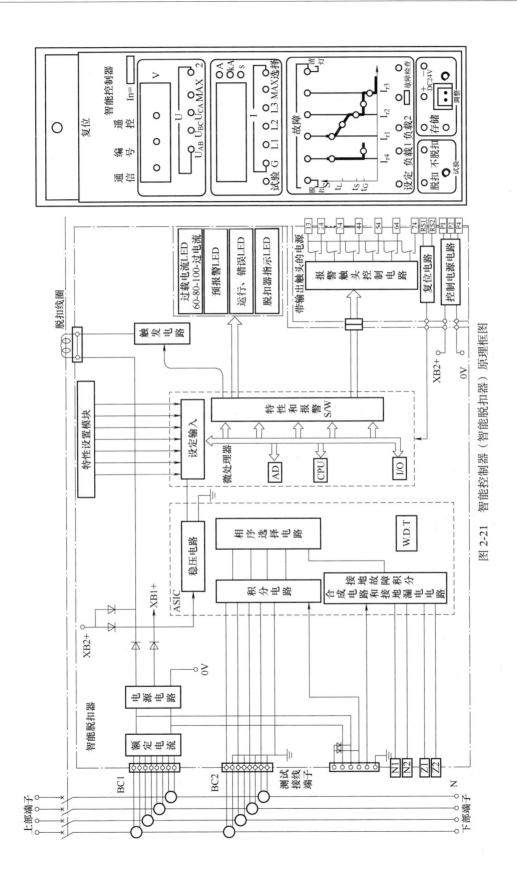

图 2-21　智能控制器（智能脱扣器）原理框图

抽屉式（固定）万能式低压断路器的主要工作原理是通过智能控制器采集电流互感器的电流，当电流超过整定值时立即驱动分励脱扣器分闸。智能控制器采集测量与保护用双线圈电流互感器的三相电流，实现过电流、过载、短路三段式保护，同时，将采集的电流与电压实现测量（电流、电压）和运行监视、负荷管理等辅助功能。辅助功能还包括数据查询、参数整定、模拟试验、自诊断、系统时钟、区域联锁、状态选择、过载报警与记忆、历史故障查询、通信联网等。利用通信接口可实现远程或现场数据通信。

智能控制器由电子组件板、复位按钮、联锁机构及外壳等构件组成。电子组件板由微处理器（MCU）板、电源及 I/O 板和人机界面板组成。MCU 板主要进行电流和电压信号的模拟量处理、模数转换、数字量运算和逻辑处理，产生脱扣指令，实现各种功能；电源及 I/O 板负责电源供给、电流及电压信号的输入、断路器机构动作信号输入、脱扣信号输出、信号触头功能输出等；人机界面板主要由按键和显示部分组成，通过面板上的按键可输入指令、整定保护参数、进行模拟试验、完成数据查询等，显示部分可显示相关信息。联锁机构用于控制器脱扣推杆位置的锁定，并带动一组辅助触头的开、闭，用来指示断路器主触头的分、合状态。

智能控制器通过 MCU 实时采集断路器的电流、电压信号和各种辅助信号，当采集到主回路电流符合设定的断路器保护条件时，选择性发出脱扣信号，控制断路器分断故障回路。

电源电路通过互感器为智能脱扣器供电。专用集成电路（Application Specific Intergrated Circuits，ASIC）将电流互感器（BC2）检测到的信号放大，并通过矢量合成检测接地故障电流。MCU 根据所检测的或放大的信号执行脱扣操作，同时将保护功能与各种显示、控制功能一体化。图 2-20 中的特殊设置模块是用于设置智能脱扣器特性的电路。

控制部分主要由电源回路、信号回路、显示、CPU 等功能单元组成，实现信号的输入、输出和计算，并显示相应的状态和数据，输出脱扣指令。

执行部分主要由电动机、复位指示按钮和联锁机构组成。当故障电流达到脱扣值时，电动机动作于跳闸，复位指示按钮弹出，断路器断开。排除故障后，只有在人工按下复位指示按钮后，断路器才能重新合闸。联锁机构用来保证当复位指示按钮按下时，断路器才能合闸，否则，无法合闸。

3. 智能控制器的功能

1）保护特性：具有过载长延时反时限保护，短路短延时反时限及定时限保护，短路瞬时保护，不对称接地（接零）、断相、三相不平衡故障保护等四段保护特性。

2）整定功能：可根据需要整定各保护参数，组成所需的四段保护特性。

3）显示功能：显示断路器的工作电流、整定电流、整定时间；显示保护状态。

4）自检功能：环境温度过热自诊断；微控制器内部的 CPU、ROM、RAM 及 I²C 通信自检。

5）记忆功能：记忆线路故障引起脱扣时的故障电流、延时动作时间、故障类别等。

6）试验功能：模拟故障状况进行断路器的脱扣或不脱扣试验。

7）可增选功能：电压表功能、负载监控功能、报警信号输出功能。

8）可选通信功能：通过通信接口对断路器实现远距离的"四遥"功能。"四遥"即遥控、遥信、遥调和遥测。遥控是通过主站计算机对系统中每一从站断路器进行储能、闭合、分断等操作控制；遥调是通过主站计算机对系统中的从站进行保护整定值的设定和更改；遥测是主站计算机对系统中从站采样的电网运行参数进行监测；遥信是在主站计算机上即可完整地查看从站的各种运行参数、故障参数、整定参数，以及型号、生产商、生产日期、控制器编号等参数。

9）通信协议：Modbus-RTU、PROFIBUS-DP、DeviceNet、CAN 协议等。

10）通信接口：RS485。

11）区域联锁功能：区域联锁功能用于配电系统中多个断路器分级进行选择性保护，以减少故障波及范围，并缩短断路器的分断时间。图 2-22 所示是 3 级抽屉式（固定）万能式低压断路器的联锁，一般最多可联锁 5 级。

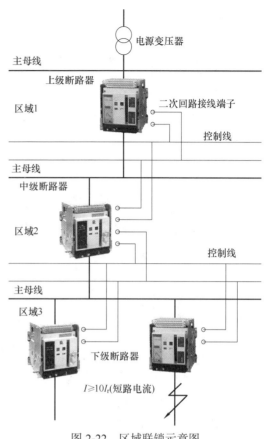

图 2-22 中，当下级断路器出口处发生大于 $10I_r$ 短路时，3 级智能控制器均检测到有大于 $10I_r$ 短路电流故障，下级断路器的短延时动作时间整定值 $t_{sd}=0s$，在 10ms 内即发出脱扣分断命令，并立即向中级断路器传递，中级断路器在 40ms 内如收到下级断路器送来的级联约束信号，则不分断中级断路器，并向上级断路器传递故障解除级联约束信号，保证了中级和上级断路器的正常供电；反之，若下级断路器因本身部件故障未能瞬动脱扣，中级断路器在 40ms 内未收到下级断路器送来的级联约束信号，则发出瞬动脱扣命令，并立即向上级断路器发送级联约束信号，上级断路器在 70ms 内如能收到中级断路器发来的约束信号，则不分断上级断路器，否则发出分断上级断路器脱扣命令。各级参数参考整定值见表 2-11。

图 2-22 区域联锁示意图

表 2-11 区域联锁各级参数参考整定值

参数	短延时整定电流阈值 I_{sd}	短延时动作时间整定值 t_{sd}	接地故障整定电流阈值 I_g	接地故障动作时间整定值 t_g
上级	$10I_r$	0.4s	$1.0I_n$	0.4s
中级	$8I_r$	0.2s	$0.8I_n$	0.2s
下级	$6I_r$	0s	$0.6I_n$	0s

注：I_r 为长延时整定电流阈值；I_n 为智能控制器额定电流。

这样，短路短延时或接地故障被隔离，并由离故障点最近的上级断路器分断。系统内其他区域的设备保持合闸持续供电。通过控制线可联锁多个配有区域联锁功能的断路器。

2.4.4 塑料外壳式低压断路器

2.4.4.1 结构原理

塑料外壳式低压断路器（简称塑壳式低压断路器）属于二级配电电器。塑壳式低压断路器的基本工作原理与图 2-14 相同，其特征是可由各种附件组合成不同功能的断路器，基本结构如图 2-23 所示。

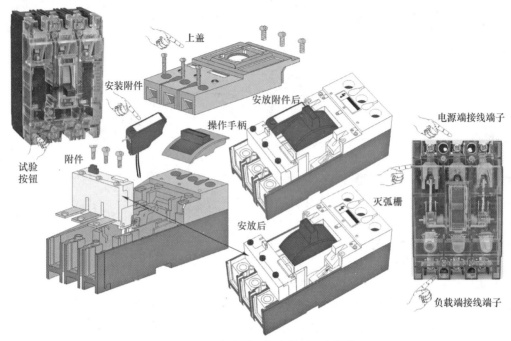

图 2-23　塑壳式低压断路器的基本结构

由图 2-23 可见，塑壳式低压断路器的基本结构是由绝缘封闭外壳（有的产品是透明外壳）、操作机构、触头和灭弧系统、热磁脱扣器、附件 5 个基本部分组成。内部附件模块式安装，基本部件包括自由脱扣器、热磁脱扣器、主触头、试验按钮、灭弧栅和操作机构。根据需要可选配不同附件以满足不同功能要求。各种附件及代号见表 2-12。热磁脱扣器的结构和动作原理示意图如图 2-24 所示。

表 2-12　塑壳式低压断路器的脱扣方式及附件代号

附 件 代 号	附 件 名 称	字 母 代 号	备 注
00	不带附件		
08	报警触头	SD	
10	分励脱扣器	MX	
20	辅助触头	OF	
30	欠电压脱扣器	MN	
40	分励脱扣器 + 辅助触头	MX+OF	000—无脱扣器
50	分励脱扣器 + 欠电压脱扣器	MX+MN	200—电磁式瞬时脱扣器
60	两组辅助触头	OF+OF	300—热磁式复式脱扣器
70	辅助触头 + 欠电压脱扣器	OF+MN	400—电子脱扣器
18	分励脱扣器 + 报警触头	MX+SD	
28	辅助报警触头	OF/SD	
38	欠电压脱扣器 + 报警触头	MN+SD	
48	分励脱扣器 + 辅助报警触头	MX+OF/SD	

（续）

附件代号	附件名称	字母代号	备　注
58	分励脱扣器＋欠电压脱扣器＋报警触头	MX+MN+SD	000—无脱扣器 200—电磁式瞬时脱扣器 300—热磁式复式脱扣器 400—电子脱扣器
68	两组辅助触头＋辅助报警触头	OF+OF+OF/SD	
78	欠电压脱扣器＋辅助报警触头	MN+OF/SD	
80	漏电脱扣器	LE	

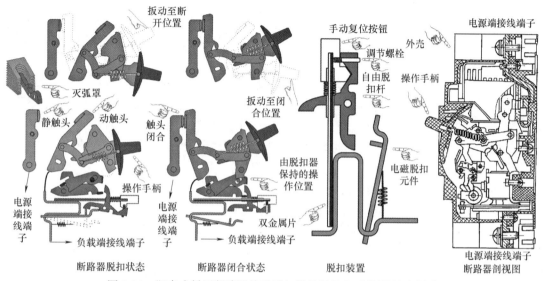

图 2-24　塑壳式低压断路器热磁脱扣器的结构和动作原理示意图

2.4.4.2　触头和灭弧系统

触头和灭弧系统是执行电路通断的主要部件。触头（静触头和动触头）用于电路接通或分断。主触头是由操作机构和自由脱扣器操纵其通断的，可手动操作，也可通过分励脱扣器远距离操作。在正常情况下，主触头可接通、分断工作电流，当出现故障时，能快速切断高达数十倍额定电流的故障电流，从而保护电路及电器设备。常用的触头型式有桥式触头和插入式触头。桥式触头多为面接触或线接触，在触头上焊有银基合金（如银钨合金）镶块。大容量低压断路器每相除主触头外，还有副触头和弧触头。触头动作顺序是，断路器闭合时，弧触头先闭合，然后副触头闭合，最后才是主触头闭合；断路器分断时则相反，主触头承载负荷电流，副触头的作用是保护主触头，弧触头用来承担切断电流时的电弧烧灼，电弧只在弧触头上形成，从而保证了主触头不被电弧损伤而长期稳定地工作。低压断路器的灭弧系统采用灭弧栅片灭弧，可熄灭分断电路时触头间产生的电弧。灭弧系统包括强力弹簧机构和灭弧室，强力弹簧机构使触头快速分开，在触头上方设有灭弧室。

无飞弧塑壳式低压断路器的动、静触头及连接板设计成平行状，利用短路电流尚未达到最大值前的电动斥力使动、静触头分开，限制电弧电流的增大。此外，采用在静触头周边设置能在电弧灼热下放出气体的芳香族绝缘物，以吸收电弧能、冷却电弧，使弧柱缩小，并减弱电弧向后喷射，同时采用具有电弧气体消游离的灭弧装置，使其飞弧距离做到零。

2.4.4.3 脱扣器

1. 自由脱扣机构和操作机构

由图 2-24 可见，自由脱扣机构是一套连杆机构，当主触头闭合后，自由脱扣机构将主触头锁在合闸位置上。如果电路中发生故障，自由脱扣机构就在相关热磁脱扣器的操动下动作，使脱钩脱开。

2. 电磁脱扣器

电磁脱扣器的线圈和热脱扣器（双金属片）与主电路串联。电磁脱扣器有瞬时、定时限和反时限之分，定时限和反时限还有短延时和长延时的区别。电磁脱扣器可以是固定式的，也可以是可调式的。电子式短路保护脱扣器是可调的。当电路发生短路或严重过载时，电磁脱扣器的衔铁吸合，使自由脱扣机构动作，从而带动主触头断开主电路，动作特性具有瞬动特性或定时限特性。

低压断路器的电磁脱扣器分为瞬时脱扣器和复式脱扣器两种，复式脱扣器是瞬时脱扣器和热脱扣器的组合。一般断路器都有短路锁扣功能，用来防止因短路故障而动作了的断路器在短路故障未排除时发生再合闸。在短路条件下，电磁脱扣器动作分断断路器，锁扣机构也动作使断路器的动作机构保持在分断位置，在未将断路器手柄扳到分断位置使工作机构复位以前，断路器拒绝复位合闸。

3. 热脱扣器

当电路过载时，热脱扣器（过载脱扣器）的热元件发热，使双金属片向上弯曲，推动自由脱扣机构动作，动作特性具有时间 - 电流特性。

热脱扣器在给定电流范围内是可调的，调节方式一般为旋钮式或螺杆式。热脱扣器的动作特性和整定电流对应，一般用整定电流的倍数来表示。当为长延时电子式过载脱扣器时，其动作时间也可按 6 倍整定电流确定。当低压断路器由于过载而断开后，一般应等待 2~3min 才能重新合闸，以使热脱扣器恢复原位，这也是低压断路器不能连续频繁地进行通断操作的原因之一。

4. 欠电压脱扣器

欠电压脱扣器用作线路及电源设备的欠电压保护。欠电压脱扣器的线圈和电源并联。当电源电压下降到额定电压 U_e 的 70%~35% 时，欠电压脱扣器的衔铁释放，也使自由脱扣机构动作，使断路器脱扣。当电源电压低于欠电压脱扣器额定电压的 35% 时，欠电压脱扣器能保证断路器不合闸；当电源电压高于欠电压脱扣器额定电压的 85% 时，欠电压脱扣器能保证断路器正常工作。

欠电压脱扣器也有瞬时和延时两种。带延时的欠电压脱扣器用来防止电网中因短时电压降低造成脱扣器误动作而使断路器不适当地跳闸。这种延时时间一般为 1s、3s 和 5s 三档，由电容器单元实现。欠电压脱扣器的外形如图 2-25a 所示。

5. 分励脱扣器

分励脱扣器用作远距离控制断路器断开之用。分励脱扣器的外形如图 2-25b 所示。通常分励脱扣器用于应急状态下对断路器进行远距离分闸操作和作为漏电继电器等保护电器的执行元件。目前较多使用在配电柜开门断电保护电路中。分励脱扣器在正常工作时，其线圈是断电的，当需要远距离控制时，按下起动按钮，使线圈通电，衔铁带动自由脱扣机构动作，使主触头断开。分励脱扣器的工作电压范围为 70%~110% U_N，有些产品可达 50%~110% U_N。还有一种作电网保护用的特殊分励脱扣器，其工作电压范围为 10%~110% U_N，它由一个普通脱

扣器和一个电容器延时单元组成。电容器容量保证延时单元能储备足够的能量，使这种脱扣器在电源出现故障后仍能动作。电容器充足电以后，在无电源条件下约可维持 4~5min。大功率低压断路器可配电动操作机构对断路器进行远距离操作分、合闸。

欠电压脱扣器和分励脱扣器的参数主要是额定电压、额定电流和额定频率，有时有延时指标，除延时外，其他参数都是固定的。

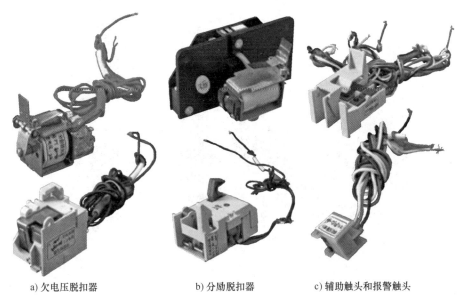

a) 欠电压脱扣器　　　　b) 分励脱扣器　　　　c) 辅助触头和报警触头

图 2-25　塑壳式低压断路器机内附件外形图

2.4.4.4　操作机构与附件

1. 电动操作机构

电动操作机构用作断路器的自动控制和远距离的闭合和断开之用。当断路器因故障而自由脱扣时，应先进行一次分闸操作使断路器再扣，然后便可进行合闸操作。如采用断路器的报警开关或辅助开关的动合触头，在断路器脱扣时，由报警开关或辅助开关立即将电动操作机构的分闸操作电路接通，电动操作机构就会立即进行分闸操作，使断路器实现再扣，以确保远距离对断路器进行"合""分"闸操作。电动操作机构有电动操作和电磁操作两种。电动操作由电动机驱动，一般适用于 400A 及以上大容量断路器的操作；电磁操作由电磁铁驱动，适用于 100A、225A 等小容量断路器。

2. 旋转操作手柄

旋转操作手柄用于在开关柜门外操作断路器及断路器处于闭合状态时与柜门机械联锁之用。旋转操作手柄有旋钮型和枪型等多种形式，并有手柄闭锁装置。旋钮型手柄直接安装在断路器上，其手柄露在配电柜面板或抽屉外；枪型手柄的操作机构安装在断路器上，手柄的面板安装在配电柜门上，手柄轴长度可调。旋转操作手柄能按同一方向指示断路器的分合状态。手柄闭锁装置是一种能使断路器操作手柄可靠地处于打开或闭合位置（即分闸或合闸锁定），而在机械上并不影响断路器自由脱扣的保护装置。当断路器负载侧电路需要维修或不允许通电时，可用手柄闭锁装置将断路器锁定在分闸状态，以防被人误将断路器合闸，从而保证维修人员安全或用电设备的可靠使用。当断路器合闸通电时，利用合闸锁定也可防止误操作，而引起停电事故。有的旋转操作手柄可外加挂锁锁定，以防误操作。图 2-26 是旋转手柄操作机构的外形及安装示意图。

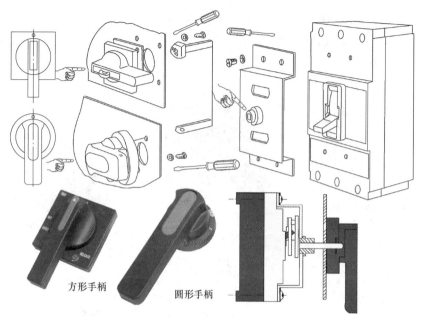

方形手柄　　　　圆形手柄

图 2-26　旋转手柄操作机构的外形及安装示意图

3. 辅助触头和报警触头附件

辅助触头用于对断路器相关的控制回路和信号回路作自动控制之用。辅助触头和报警触头的外形如图 2-25c 所示。其中，上图是辅助触头，下图是报警触头。报警触头用于对断路器保护对象的过载、短路及欠电压事故断开报警之用，在断路器故障脱扣时及时向其他相关电器实施控制或联锁，如向断路器外的报警装置、信号灯、继电器和逻辑电路等输出信号。辅助触头是在断路器分、合闸时显示断路器的接通状态和断开状态，但无法区别断路器是否是故障脱扣，因此辅助触头主要用于断路器的分合状态的显示，通过断路器的分合对其他相关电器实施控制或联锁，如向信号灯、继电器和逻辑电路等输出信号。

2.4.5　微型断路器

2.4.5.1　微型断路器的结构

微型断路器也称模数化小型断路器，是组成终端组合电器的主要部件之一，广泛应用于终端配电线路末端的动力配电箱、照明配电箱和其他成套电器箱内，对配电线路、电动机、照明电路等用电设备进行配电、控制，以及短路、过载、漏电保护。微型断路器的工作原理与图 2-14 相同，外形及内部结构如图 2-27 所示。

微型断路器由手柄操作机构、热脱扣器、电磁脱扣器、触头系统、灭弧栅等部件组成，所有部件都置于一绝缘外壳中。微型断路器的结构特征是外形尺寸模数化（9mm 的倍数）和安装导轨化，大电流产品的单极（1P）断路器的模数宽度为 18mm（27mm），小电流产品单极（1P）断路器的宽度是 17.7mm，凸颈高度为 45mm，用 35mm 标准导轨安装，利用断路器后面的安装槽及带弹簧的夹紧卡子定位，拆卸方便。微型断路器具有单极＋中性极（1P+N 型）、单极（1P）、二极（2P）、三极（3P）和四极（4P）等类型，如图 2-28 所示。

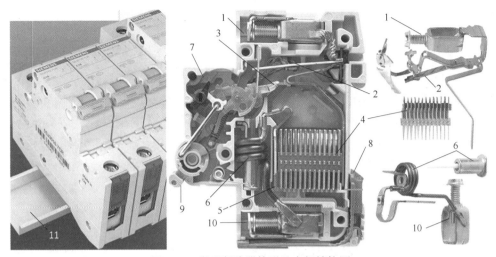

图 2-27 微型断路器外形及内部结构图

1—电源侧接线端子 2—热脱扣器（双金属片式） 3—动触头 4—灭弧栅 5—静触头 6—电磁脱扣器
7—脱扣机构 8—导轨卡子 9—操作手柄 10—负载端接线端子 11—安装导轨

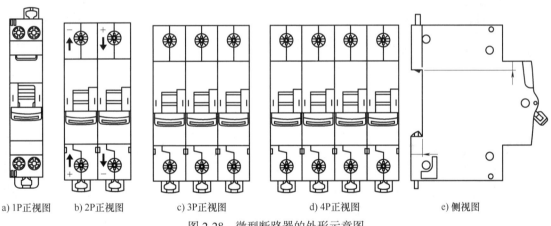

a) 1P正视图　　b) 2P正视图　　　c) 3P正视图　　　　d) 4P正视图　　　　e) 侧视图

图 2-28 微型断路器的外形示意图

单极（1P）是相线进出断路器，中性线不进出，1P+N 型（1P 宽度）是相线和零线都进出断路器，同时控制相线和中性线，二极（2P）断路器是双进双出，可以 1P+N 接线，也可以同时控制两相，三极（3P）断路器用于控制三相负载，四极（4P）用于控制三相线和中性线。

微型断路器产品具有产品系列化、模数化、模块化、体积小、分断能力强、功能多样、用途广泛等特点，生产厂商、品牌种类繁多，几乎所有的低压电器生产厂商均生产微型断路器。产品分为配电用断路器（动力、隔离）、直流断路器、漏电断路器、照明用断路器、WiFi断路器、云控断路器、GPRS 断路器等，附件品种主要有漏电脱扣器、电涌保护器、分励脱扣器、欠电压脱扣器、过电压脱扣器、重合闸控制、远程控制、智能网关等，可根据需要选择附件与断路器组合成具有不同功能的组合电器，如漏电断路器是带漏电保护附件的断路器，当负载电路发生漏电或人体触电时，漏电附件能够自动跳闸，确保人身安全。

2.4.5.2 终端配电箱

终端配电箱内装元件主要是宽度为 9mm 模数的微型断路器，安装于 35mm 标准导轨上。

可根据需要任意组合微型断路器及附件，组成具有漏电保护、短路保护、过载保护、插座及无线通信等功能的配电装置。

终端配电箱的主要结构部件有盖（有的有透明罩）、箱体、安装导轨、汇流排、接线座、双线罩等。箱体为金属喷塑或阻燃 ABS 材料结构。箱体上下、左右及背后均设置一定数量的进出线孔（敲落孔），箱内设有保护线接线端子，便于安装接线。开关元件手柄外露，带电及其他部分遮盖于盖内部，打开门可方便地进行操作，使用安全可靠。

终端配电箱分暗装和明装两种，按照可安装回路数（P）分为 6、10、12、15、18、20、24、30、36、45、60 等多种回路组合。有单排安装、双排安装及多排安装型式。图 2-29 是模数化终端配电箱的内部结构、外观和安装示意图。

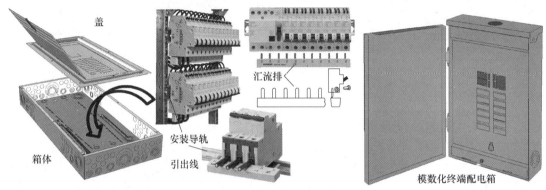

图 2-29　模数化终端配电箱的内部结构、外观和安装示意图

2.4.6　低压断路器的产品数据和术语

2.4.6.1　产品数据

每个低压断路器产品均以耐久方式标出下列数据。

1）下列数据标在断路器本体上或在一块或几块铭牌固定在断路器外壳上，并且在断路器安装好后，这些标志应位于显而易见之处。

① 额定电流（I_n）。

② 是否适合用作隔离，如果适合，则标上简图符号——／├✕—。

③ 执行标准代号。

④ 3C 认证标志。

⑤ 断开和闭合操作位置指示，如果采用符号作指示，则分别用符号 ON 或"○"和 OFF 或"|"表示。

2）下列数据均应按上述 1）规定标在断路器的外壳上，除断路器安装好后一些无需见到的数据除外。

① 制造商名称或商标。

② 型号或系列号。

③ 使用类别。

④ 额定工作电压（U_e）。

⑤ 额定冲击耐受电压（U_{imp}）。

⑥ 额定频率，直流断路器则标"d.c."或简图符号￣￣￣。

⑦ 相应于额定电压（U_e）的额定运行短路分断能力（I_{cs}）。

⑧ 相应于额定电压（U_e）的额定极限短路分断能力（I_{cu}）。

⑨ 额定短时耐受电流（I_{cw}），对使用类别 B 还标有相应的短延时。

⑩ 电源端和负载端，除非其连接方向无关紧要。

⑪ 中性极端子，用字母 N 标识。

⑫ 保护接地端子，用简图符号⏚标识，注意：旧标准为⏚。

⑬ 对于无温度补偿热脱扣器，如果基准温度不是 30℃，则应标明基准温度。

3）下列数据应按上述 2）规定标在断路器外壳上或在产品说明书中。

① 额定短路接通能力（I_{cm}）。

② 额定绝缘电压（U_i）。

③ 污染等级。

④ 约定封闭发热电流（I_{the}）。

⑤ IP 代号。

⑥ 已标明的额定值所适用的最小外壳尺寸和通风数据。

⑦ 适用于环境 A 或环境 B。

⑧ 互感器参数。

⑨ 对于不装外壳使用的断路器，应详细标明断路器与接地的金属部件之间的最小距离。

4）下列有关断路器的控制部件数据标明在控制部件的铭牌上或标明在断路器的铭牌上；如果位置不够，则应在产品说明书中载明。

① 控制部件的额定控制电源电压和额定频率（对于交流）。

② 分励脱扣器和欠电压脱扣器的额定控制电源电压和频率（对于交流）。

③ 间接过电流脱扣器的额定电流。

④ 辅助触头的数量和型式以及电流种类、额定频率（对于交流）和辅助触头的额定电压。

5）接线端子标志：应符合 GB 14048.1—2012 附录 L、GB/T 4026—2019 的规定，如电源端标志：LINE　L1、L3、L5、N；负载端标志：LOAD　L2、L4、L6、N。

2.4.6.2　低压断路器相关术语

1）壳架等级，表示一组断路器特性的术语，其结构尺寸对几个电流额定值者相同，壳架等级以相应于这组电流额定值的最大值表示，在一壳架等级中，宽度可随极数而不同。

2）报警开关，与断路器联结在一起的仅在断路器脱扣时才动作的辅助开关。

3）断开时间（约定脱扣时间），对断路器而言，"断开时间"通常被称为"约定脱扣时间"，是表示断开操作开始的瞬间到断开命令变成不可逆的瞬间之间的时间。对于直接动作的断路器，断开时间开始的瞬间是电流增大到足以导致断路器动作开始的瞬间；对于利用辅助电源动作的断路器，断开时间开始的瞬间是对断开脱扣器接通或断开辅助电源的瞬间。

4）过载延时保护，过载延时保护是负荷电流超过设备的限定范围时，保护装置能在一定时间内切断电源。过载有个热量积累的过程，对于短时过电流，保护不应该动作。

5）过电流保护配合，两个或多个过电流保护电器串联起来，以保证过电流选择性保护，或作为后备保护。

6）过电流选择性，两个串联的过电流保护电器的一种过电流配合。电源侧保护电器（或非电源侧电器）一个保护电器实现了过电流保护，以防止另一个保护电器的过负荷。

7）全选择性，在两台串联的过电流保护装置的情况下，负载侧的保护装置实行保护时而不导致另一台保护装置动作的过电流选择性保护。

8）局部选择性，在两台串联的过电流保护装置的情况下，负载侧的保护装置在一个给定的过电流值及以下实行保护时而不导致另一台保护装置动作的过电流选择性保护。

9）选择性极限电流，指负载侧保护装置的时间 - 电流特性与其他保护装置的弧前时间 - 电流特性（指熔断器）或脱扣时间 - 电流特性（指断路器）相交的交点电流，是一种电流极限值，在此值以下，如有两台串联的过电流保护装置，当线路发生过电流时，如果负载侧的保护装置及时动作分断线路，其上一级保护装置不动作，即保证了选择性；如果负载侧的保护装置不能及时动作分断线路，上一级保护装置就会动作，即不具有选择性。

10）后备保护，两个串联的过电流保护电器的一种过电流配合。上一级的过电流保护电器作为下一级过电流保护电器的后备保护。

11）断路器的 I^2t 特性，表示与分断时间有关的 I^2t 最大值与预期电流（交流对称有效值）的函数关系（一条曲线），预期电流可至最大值，最大的预期电流是相应于额定短路分断能力及有关的电压的预期电流。

12）复位时间，一台断路器过电流脱扣后到其重新达到闭合条件之间经过的时间。

13）额定瞬时短路电流整定值，使脱扣器自动延时动作的电流额定值。

2.4.7 低压断路器的一般选用原则

选用低压断路器应根据具体使用条件，选择使用类别、额定工作电压、额定电流、脱扣器整定电流和分励、欠电压脱扣器的电压和电流、漏电电流及保护范围、选择性配合等参数，参照产品样本提供的保护特性曲线选用保护特性，并需对短路特性和灵敏系数进行校验。当与另外的断路器或其他保护电器之间有配合要求时，应选用选择型断路器。

1）低压断路器的额定工作电压≥线路额定电压；低压断路器的额定电流≥线路负载电流。低压断路器的额定工作电压 U_e 和额定电流 I_e 应分别不低于线路、设备的正常额定工作电压和工作电流或计算电流。低压断路器的额定工作电压与通断能力及使用类别有关，同一台产品可以有几个额定工作电压和相对应的通断能力及使用类别。

2）低压断路器的额定短路通断能力≥线路中可能出现的按有效值计算的最大短路电流。所选低压断路器的额定短路分断能力和额定短路接通能力应不低于其安装位置上的预期短路电流。当动作时间大于 0.02s 时，可不考虑短路电流的非周期分量，即把短路电流周期分量有效值作为最大短路电流；当动作时间小于 0.02s 时，应考虑非周期分量，即把短路电流第一周期内的全电流作为最大短路电流。

线路末端单相对地短路电流≥1.25 倍断路器瞬时脱扣器整定电流。所选低压断路器的瞬时或短延时脱扣器整定电流 I_{t2} 应大于线路尖峰电流。配电断路器可按不低于尖峰电流 1.35 倍的原则确定，电动机保护电路当动作时间大于 0.02s 时，可按不低于 1.35 倍起动电流原则确定，如果动作时间小于 0.02s，则应增加为不低于起动电流的 1.7~2 倍。这些系数是考虑到整定误差和电动机起动电流可能变化等因素而加的。

3）所选低压断路器的长延时脱扣器整定电流 I_{r1} 应大于或等于线路的计算负载电流，可按计算负载电流的 1~1.1 倍确定；同时应不大于线路导体长期允许电流的 0.8~1 倍。

4）所选定的低压断路器还应按短路电流进行灵敏系数校验。灵敏系数即线路中最小短路电流（一般取电动机接线端或配电线路末端的两相或单相短路电流）和断路器瞬时或延时脱扣器整定电流之比。两相短路时的灵敏系数应不小于 2，单相短路时的灵敏系数一般可取 1.5~2。如果经校验灵敏系数达不到上述要求，除调整整定电流外，也可利用延时脱扣器作为后备保护。

5）分励和欠电压脱扣器的额定电压应等于线路额定电压，电源类别（交、直流）应按控制线路情况确定。国标规定的额定控制电源电压系列为直流（24V）、（48V）110V、125V、220V、250V；交流（24V）、（36V）、（48V）、110V、127V、220V，括号中的数据不推荐采用。

6）配电用低压断路器的长延时动作过载电流整定值 ≤ 导线容许载流量。对于采用电线电缆的情况，可取电线电缆容许载流量的 80%。3 倍长延时动作过载电流整定值的可返回时间 ≥ 线路中最大起动电流的电动机的起动时间。瞬时电流整定值 ≥ 1.1（$I_{js}+k_1kI_m$），其中，I_{js} 为线路计算负载电流；k_1 为电动机起动电流的冲击系数，一般取 k_1=1.7~2；k 为电动机起动电流倍数；I_m 为最大一台电动机的额定电流。

7）电动机保护用低压断路器的长延时过载电流整定值 = 电动机额定电流；对于保护笼型异步电动机的断路器，瞬时整定电流 =8~15 倍电动机额定电流；对于保护绕线转子电动机的低压断路器，瞬时整定电流 =3~6 倍电动机额定电流。6 倍长延时过载电流整定值的可返回时间 ≥电动机实际起动时间，按起动时负载的轻重，可选用的可返回时间为 1~15s 中某一档。

8）低压断路器与熔断器的配合原则，如果在安装点的预期短路电流小于断路器的额定分断能力，可采用熔断器作后备保护。熔断器的分断时间比低压断路器短，可确保断路器的安全。可选择熔断器的分断能力在断路器的额定短路分断能力的 80% 处。熔断器应装在低压断路器的电源侧，以保证使用安全。

9）微型断路器的瞬时脱扣器整定电流 ≤ 0.8 倍线路末端单相对地短路电流。用于导线保护的微型断路器的长延时整定值 ≤线路负载电流；瞬时动作整定值 ≤ 6~20 倍线路计算负载电流。用于电动机保护的微型断路器的长延时电流整定值 = 电动机额定电流；当保护三相笼型异步电动机时，瞬时动作整定值 =8~15 倍电动机额定电流。当保护三相绕线转子异步电动机时，瞬时动作整定值 =3~6 倍电动机额定电流。

10）在微型断路器标准中，规定了脱扣特性和基准温度。不同的产品规定的基准温度是不相同的。因此，应考虑实际工作环境温度对额定电流做修正。此外，标准中规定的校验条件是孤立的一个断路器，而实际使用时，若干台断路器紧靠安装，彼此发热并相互影响，且安装于防护外壳内，为此对产品的额定值也要做必要的修正。

2.4.8　剩余电流动作保护电器

剩余电流动作保护电器（Residual Current Device，RCD）俗称漏电保护器或漏电保护断路器，主要用来防护可能致命的电击危险，以及持续接地故障电流引起的火灾危险。

电击危险保护有故障保护（间接接触）和基本保护（直接接触）两种基本类型。故障保护是指该电器用来防止电气装置可触及的金属部件上持续的危险电压，这些金属部件是接地的，但在接地故障的情况下会变成带电。在这种情况下，危险不是来自使用者与带电的导电部件直接接触，而是来自与接地的金属部件接触，而接地金属部件本身与带电的导电部件接触。

RCD 采用自动切断电源的保护原理，主要功能或基本功能是故障防护，具有足够灵敏度（如不超过 30mA 动作的 RCD），以防止电器使用者与带电的导电部件直接接触发生危险。

直接接触是指人、动物与带电导体的接触。在直接接触防护中，RCD 作为防止电击危险的基本保护措施的附加保护。

间接接触是指人、动物与故障情况下变为带电的设备外露导体的接触。在间接接触防护中，RCD 作为防止因接地故障使电气设备外露导电部分带有危险电压而引发电击危害或电气火灾危险的有限保护。

2.4.8.1 RCD 的特性概要

剩余电流俗称为漏电电流，根据国家标准 GB/T 6829—2017《剩余电流动作保护电器（RCD）的一般要求》和 GB/T 13955—2017《剩余电流动作保护装置安装和运行》，关于 RCD 的主要相关术语和定义如下：

1）剩余电流（$I_\triangle$），是流过 RCD 主回路的电流瞬时值的矢量和（用有效值表示）。

2）剩余动作电流，是使 RCD 在规定条件下动作的剩余电流值。

3）额定剩余动作电流（$I_{\triangle n}$），是制造商对 RCD 规定的剩余动作电流值（也称灵敏度，如 10mA、30mA 等），在该电流值下，RCD 应在规定的条件下动作。

4）剩余不动作电流，是在小于或等于该电流时，RCD 在规定条件下不动作的剩余电流值。

5）额定剩余不动作电流（$I_{\triangle no}$），是制造商对 RCD 规定的剩余不动作电流值，在该电流值下，RCD 在规定的条件下不动作。

6）接地故障电流，是由于绝缘故障而流入地的电流。

7）对地泄漏电流，是无绝缘故障，从设备的带电部件流入地的电流。

8）剩余电流单元（r.c. 单元），是一个能同时执行检测剩余电流、将该电流值与剩余动作电流值相比较的功能，以及具有操作与其组装或组合的断路器脱扣机构的器件的装置。

9）剩余电流动作继电器，在规定的条件下，当剩余电流达到规定值时，发出动作指令的电器。

10）RCD 的分断时间，从达到剩余动作电流瞬间起至所有极电弧熄灭瞬间为止所经过的时间间隔。

11）分级保护，RCD 分别装设在电源端、负荷群首端、负荷端，构成两级及以上串联保护系统，各级 RCD 的主回路额定电流值、剩余电流动作值与动作时间协调配合，实现具有选择性的分级保护。负荷群是指具有共同分支点的所有电力负荷的集合。

① 一级保护（总保护），是安装在配电区低压侧的第一级 RCD。

② 二级保护，是安装在一级保护（总保护）和终端保护之间的低压干线或分支线的 RCD。根据安装地点、接线方式不同，可分为三相和单相二级保护。

③ 终端保护，是指终端配电保护或单台用电设备的保护，也称三级保护。

2.4.8.2 RCD 的分类

几乎所有生产低压断路器的厂商均生产 RCD 和剩余电流保护附件。产品类型繁多，常用类型有剩余电流动作附件，不带过载、短路保护，是一种剩余电流动作开关；RCD 带过载保护、短路保护和漏电保护等，是由低压断路器和剩余电流动作附件组合而成的；剩余电流动作继电器，无过载、短路保护功能，也不直接分断线路，是一种仅有漏电报警作用或借助于其他电器而动作的保护器。

1. 根据安装型式分

1）固定装设和固定接线的 RCD。

2）移动设置和 / 或用电缆将装置本身连接到电源的 RCD。

136

2. 根据极数和电流回路数分

1）单极二回路 RCD，适用于单相 220V 电源供电的电气设备。

2）三极 RCD，适用于 380V 电源供电的电气设备。

3）三极四回路 RCD 和四极 RCD，适用于三相四线制 220V 电源供电的电气设备，三相设备与单相设备共用的电路。

3. 根据过电流保护分

1）不带过电流保护的 RCD。

2）带过电流保护的 RCD。

3）仅带过载保护的 RCD。

4）仅带短路保护的 RCD。

4. 根据剩余动作电流是否可调分

1）不可调，额定剩余动作电流值固定的 RCD。

2）额定剩余动作电流分级可调的 RCD。

3）额定剩余动作电流连续可调的 RCD。

5. 按剩余电流含直流分量的 RCD 动作特性分

在配电线路中如有较多的计算机、变频器（含变频空调、变频洗衣机等）、交流整流器（如荧光灯照明回路）、办公设备（复印机、打印机）、逆变器、UPS、医疗设备（CT、核磁共振等）等电子设备的情况下，会使线路电流波形畸变，从而含有电流直流分量。在选用时，应注意标志符号，正确选用，否则不但起不到保护作用，反而会引起误动作。

1）AC 类 RCD（标志符号 $\boxed{\sim}$ ），在正弦交流剩余电流下，无论其突变或缓慢上升，都能瞬时脱扣的 RCD。

2）A 类 RCD（标志符号 $\boxed{\overset{\sim}{\sim}}$ ），在 AC 类情况下和在脉动剩余电流叠加 6mA 的平滑直流电流的情况下，都能瞬时脱扣的 RCD。

3）F 类 RCD（标志符号 $\boxed{\sim}$ $\boxed{\text{\tiny WWW}}$ 或 $\boxed{\text{\tiny www}}$ ），在 A 类情况下，由相线和中性线或者相线和接地的中间导体供电的电路产生的复合剩余电流，或脉动直流剩余电流叠加 10mA 的平滑直流电流的情况下，都能瞬时脱扣的 RCD。

4）B 类 RCD（标志符号 $\boxed{\sim}$ $\boxed{\text{\tiny WWW}}$ $\boxed{---}$ 或 $\boxed{\text{\tiny www}}$ ），在 F 类情况下，以及 1000Hz 及以下的交流剩余电流，或交流剩余电流（或脉动直流剩余电流）叠加 $0.4I_{\triangle n}$ 或 10mA 的平滑直流电流（两者取较大值）的情况下，都能瞬时脱扣的 RCD。

6. 按有延时或无延时动作分

1）无延时 RCD（瞬动型），用于一般用途。

2）有延时 RCD 有延时可调（选择型）和延时不可调（延时型）两种，均可用于选择性保护。

7. 按脱扣方式分

RCD 按脱扣器类型分为电子式与电磁式两类。

1）电磁式 RCD 以电磁型脱扣器作为中间机构，当发生剩余电流时，其中的剩余电流互感器的二次回路输出电压不经任何放大而直接激励脱扣器推动脱扣机构脱扣。

2）电子式 RCD 以集成电路作为中间机构，其中的剩余电流互感器的二次回路和脱扣器之间接入一个集成电路，当发生剩余电流时，剩余电流互感器二次回路的输出电压经过放大后再激励脱扣器，由脱扣继电器控制开关使其断开电源。

8. 根据结构型式分

1）由制造商装配成一个完整单元的 RCD。

2）在现场由一个断路器和一个 r.c. 单元装配组成的 RCD。

9. 根据有无自动重合闸分

1）无自动重合闸功能的 RCD。

2）具有自动重合闸功能的 RCD，在剩余电流保护动作后，会自动检测剩余电流，在剩余电流消失后，会自动重合，恢复供电。

2.4.8.3 RCD 的结构原理

组合式 RCD 是一类由剩余电流互感器、剩余电流动作继电器、断路器、报警或通信装置等独立部件分别安装，通过电气连接组合而成的 RCD。

RCD 中的检测功能是感知剩余电流存在的功能；判别功能是当检测的剩余电流超过规定的基准值时，使 RCD 可能动作的功能；断开功能是使得 RCD 的主触头从闭合位置转换到断开位置，从而切断其流过的电流的功能；RCD 的自由脱扣机构是当闭合操作开始后，若进行断开操作，即使保持闭合指令，其动触头能返回并保持在断开位置的机构。其检测原理如图 2-30 所示。

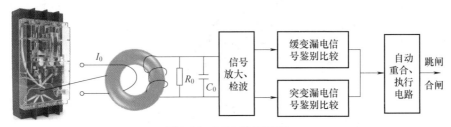

图 2-30 RCD 检测原理

剩余电流互感器是 RCD 的关键部件，通常用软磁材料坡莫合金制作，它具有很好的伏安特性，能正确反映突变剩余电流信号和缓变泄漏电流信号，并不失真地变换为控制信号。一般地，人体触电表现为一个剩余电流突变量，电器对地泄漏电流表现为一个缓变量。剩余电流或对地泄漏电流通过剩余电流互感器一次侧时，其二次侧的交流电压表现为一个突变量或缓变量，由电子电路将这一突变量或缓变量进行检波、放大等，再由执行电路控制执行电器（继电器、断路器或交流接触器），接通或分断供电线路，完成 RCD 的基本功能，检测部分有电磁式和电子式两种。

RCD 的核心部件就是依上述原理构成的剩余电流脱扣器，其次就是低压断路器功能部件，是一种典型的组合功能电器。终端小型断路器的剩余电流保护功能，多以剩余电流保护附件形式提供，需要时可与断路器本体组合而成。图 2-31 和图 2-32 是终端 RCD 的结构和动作原理图。

二极、三极和四极 RCD 的工作原理基本相同。以三相电路为例，当电网正常运行时，不论三相负载是否平衡，通过剩余电流互感器主电路的三相电流的相量和等于零，故其二次绕组中无感应电动势产生，RCD 也工作于闭合状态。一旦电路中发生剩余电流或触电事故，上述三相电流的相量和便不再等于零，而是等于剩余电流或触电电流 I_e。因为有 I_e 通过人体和大地而返回变压器中性点，于是，剩余电流互感器二次绕组中便产生一个对应于 I_e 的感应电

压 U_2，加到剩余电流脱扣器上。当 I_e 达到额定剩余动作电流时，剩余电流互感器的二次绕组就输出一个信号，并通过剩余电流脱扣器使断路器动作，从而切断电源，起到防触电的保护作用。当被保护电路或电动机发生过载或短路故障时，断路器的过电流脱扣器动作，切断电源。

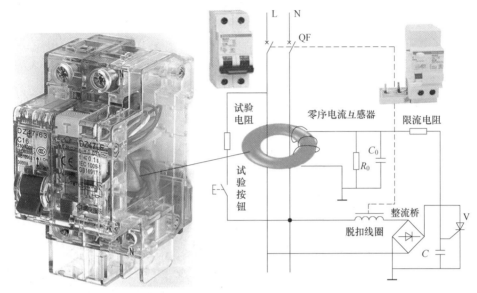

图 2-31 二极 RCD 结构原理图

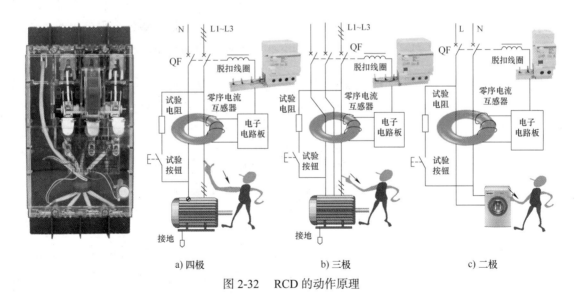

a) 四极   b) 三极   c) 二极

图 2-32 RCD 的动作原理

2.4.8.4 RCD 的选用与安装

RCD 具有两个功能：一是具有断路器的功能，二是具有剩余电流保护的功能。断路器功能与一般低压断路器相同，剩余电流保护部分通过剩余电流互感器检测的是剩余电流，即通过检测被保护回路内相线和中性线的电流瞬时值，判断对地泄漏电流的变化。因此，断路器功能部分的选择与一般低压断路器相同，如额定电压应大于或等于线路的额定电压；过电流脱扣器额定电流必须和线路或实际负载的电流和特性相适应；按线路负载电流选用额定电流；

RCD 的极限通断能力应大于或等于线路最大短路电流等。剩余电流保护功能部分的选择应考虑两个基本条件:一是 RCD 的剩余动作电流必须躲过线路正常泄漏电流,二是 RCD 的剩余动作电流必须小于引起火灾的最小点燃电流或人体安全电流,按选用 RCD 的主要目的确定。一般按以下原则选择:

1) RCD 用于直接接触电击事故防护时,应选用无延时的 RCD,其额定剩余动作电流不超过 30mA。

2) 间接接触电击事故防护的主要措施是采用自动切断电源的保护方式,以防止由于电气设备绝缘损坏发生接地故障时,电气设备的外露可接近导体持续带有危险电压而产生有害影响或电气设备损坏事故。当电路发生绝缘损坏造成接地故障,其接地故障电流值小于过电流保护装置的动作电流值时,应安装 RCD。RCD 用于间接接触电击事故防护时,应正确地与电网系统接地型式相配合。符合 GB 14050—2008《系统接地的型式及安全技术要求》中的规定。

3) 在 TN 系统中,应将 TN-C 系统改造为 TN-C-S、TN-S 系统或局部 TT 系统后,方可安装使用RCD。在 TN-C-S 系统中,RCD 只允许使用在 N 线与 PE 线分开部分。采用RCD的TN-C 系统,应根据电击防护措施的具体情况,将电气设备外露可接近导体独立接地,形成局部 TT 系统。

TT 系统的电气线路或电气设备应装设 RCD 作为防电击事故的保护措施。

IT 系统的电气线路或电气设备可以针对外露的可接触不同电位的导电部分保护性安装 RCD。

4) 在低压配电系统中,为了缩小发生人身电击事故和接地故障切断电源时引起的停电范围,RCD 应采用分级保护。分级保护方式应根据用电负荷和线路具体情况、被保护设备和场所的需要设置,形成由一级保护(总保护)、二级保护、终端保护组成的两级或三级保护。

各级 RCD 的动作电流值与动作时间应协调配合,实现具有动作选择性的分级保护。RCD 的分级保护应以终端保护为基础,终端保护上一级保护的保护范围应根据负荷分布的具体情况确定其保护范围。为防止配电线路发生接地故障导致人身电击事故,可根据线路的具体情况,采用分级保护。

5) 低压配电线路根据具体情况采用二级或三级保护时,在电源端、负荷群首端或线路终端(电源配电箱)安装 RCD。终端应安装 RCD 的设备和场所:

① 线路末端保护。

② 属于 I 类的移动式电气设备及手持式电动工具。

③ 工业生产用的电气设备。

④ 施工工地的电气机械设备。

⑤ 安装在户外的电气装置。

⑥ 临时用电的电气设备。

⑦ 机关、学校、宾馆、饭店、企事业单位和住宅等除壁挂式空调电源插座外的其他电源插座或插座回路。

⑧ 游泳池、喷水池、浴池的电气设备。

⑨ 安装在水中的供电线路和设备。

⑩ 医院中可能直接接触人体的医用电气设备。

⑪ 其他需要安装 RCD 的场所。

6) 具备下列条件的电气设备和场所,可不装 RCD:

① 使用安全电压供电的电气设备。

② 一般环境条件下使用的具有加强绝缘(双重绝缘)的电气设备(如 II 类和 III 类电器等)。

③ 使用隔离变压器且二次侧为不接地系统供电的电气设备。

④ 具有非导电条件场所的电气设备。

⑤ 在没有间接接触电击危险场所的电气设备。

7）按电气设备的供电方式，选用相应的 RCD：

① 单相 220V 电源供电的电气设备，应选用二极二线式 RCD。

② 三相三线式 380V 电源供电的电气设备，应选用三极三线式 RCD。

③ 三相四线式 380/220V 电源供电的电气设备，三相设备与单相设备共用的电路应选用三极四线式或四极四线式 RCD。

8）RCD 额定动作电流的选择应充分考虑电气线路和设备的对地泄漏电流值，必要时可通过实际测量取得被保护线路或设备的对地泄漏电流；一般按照 RCD 的额定剩余电流不动作电流不小于电气线路和设备的正常泄漏电流的最大值的 2 倍选择。因季节和天气变化引起对地泄漏电流值变化时，应考虑采用动作电流可调式 RCD；当有较多电力电子设备的场合，应考虑非工频泄漏电流的影响，考虑选用 A 类、F 类或 B 类 RCD。

一般地，不同额定剩余动作电流的 RCD 可按以下原则选用。

用于对直接接触及 TT 系统的保护及不直接接触、IT 中性线不接地系统和完全暴露条件（如建筑工地、游泳池、娱乐场所等）的保护选择额定剩余动作电流为 30mA 的 RCD。用于对非直接接触、TT 系统及防止火灾的保护选择额定剩余动作电流为 50mA 的 RCD。配置选择性保护时应保证除对非直接接触及 TT 系统可保护外，还能对下级装有 30mA 的 RCD 做选择性保护。仅隔离事故电路，其他电路仍应保证继续供电。

额定剩余动作电流、分断时间可按表 2-13 配合。

表 2-13　额定剩余动作电流、分断时间表

三 级 保 护	一 级 保 护	二 级 保 护	终 端 保 护
额定剩余动作电流 /mA	200~300	60~100	≤ 30
最大分断时间 /s	0.5	0.3	0.1

9）RCD 分电动机保护用与配电保护用两种。以电动机为负载的电路应选电动机保护用的 RCD。根据电动机负载的种类确定其形式和规格，确定工作电流，选取额定电压、额定电流和极数与此相适应的 RCD。根据电动机和导线的泄漏电流情况，确定剩余动作电流的大小。选择时应注意电动机起动电流、热特性和 RCD 之间的协调，必须使其过电流保护特性适应电动机的起动特性。

例如，对于 380V/4.5kW 的三相异步电动机，应选用额定电压为 380V、额定电流为 10A 的三极 RCD。如果是单相电动机，则应选用额定电流为 25A 的二极 RCD。

以照明电器为负载的电路，应选用配电保护用 RCD。由于分支电路范围较小，因而剩余电流保护、接地保护等都予以考虑，剩余动作电流的灵敏度可要求高一些。分支电路用的 RCD 的额定动作电流可在 30~200mA 间选择。终端电路用的 RCD 一般选取额定剩余动作电流 ≤ 30mA 的 RCD。

10）RCD 对同时接触被保护电路两线引起的触电危险不能进行有效安全保护。RCD 不宜并联使用；安装 RCD 后，电器设备仍应连接保护接地线。

11）根据不同使用环境条件选择额定剩余电流动作特性，见表 2-14。

表 2-14 根据不同使用环境条件选择额定剩余电流动作特性

使用环境	环境举例	保护目的	额定剩余电流动作特性选用	
潮湿有水汽的地方	户外变压器；雨露可以侵袭的地方	防触电，一级保护	100～500mA	
	易导电环境中的设备；浴室等	终端防触电	≤10mA	
室外	露天、屋檐下、简易遮棚	进线剩余电流保护或室外电气设备防触电	≤30mA	
室内	电能表下、房间、厨房、办公室、彩钢房屋	防触电	≤30mA	
特殊场所	固定电气设备、金属机加工车间、水泵房、公共食堂厨房	间接接触保护	安全电压大于65V	≤100mA，$R_{jc}<500\Omega$ ≤200mA，$R_{jc}<250\Omega$ ≤500mA，$R_{jc}<100\Omega$ R_{jc} 为接触电阻，下同
	温度高的场所，如室外电气设备、锅炉房		安全电压为36V	≤50mA，$R_{jc}<500\Omega$ ≤100mA，$R_{jc}<250\Omega$ ≤200mA，$R_{jc}<100\Omega$
	相对湿度大的场所，如漂染车间、洗衣作坊	作直接接触保护用	安全电压小于12V	≤30mA，$R_{jc}<500\Omega$ ≤50mA，$R_{jc}<250\Omega$ ≤100mA，$R_{jc}<100\Omega$
雷电活动频繁的区域	雷暴日>60的地区		优选电磁式 RCD	
电磁干扰强烈的地方	电加工车间、无线电发射的周围		优选电磁式 RCD	
冲击振荡强烈的地方	操作力较大的接触器旁、振动型电动工具及电气设备上		优选电子式 RCD	

2.5 智能化低压断路器

智能化低压断路器是指具有 PMD 功能、可通过物联网技术与工业互联网实现智能配电的低压断路器，其性能符合 GB/T 18216.12—2010《交流 1000V 和直流 1500V 以下低压配电系统电气安全防护措施的试验、测量或监控设备 第 12 部分：性能测量和监控装置（PMD）》、IEC 61557-12 Edition 2：2018 "Electrical safety in low voltage distribution systems up to 1000V AC and 1500V DC-Equipment for testing，measuring or monitoring of protective measures-Part 12：Power metering and monitoring devices（PMD）"、GB 14048.2—2008《低压开关设备和控制设备 第 2 部分：断路器》和 GB 14048.1—2012《低压开关设备和控制设备 第 1 部分：总则》等标准，是智能配电系统中的新一代智能化低压断路器。

2.5.1 智能化低压断路器的技术概貌

目前，物联网技术和工业互联网技术已渗透到智能配电系统，从而带动了传统一级配电电器的发展，物联网技术融合到传统低压断路器中衍生了真正意义上的智能化断路器。

2.5.1.1 智能化低压断路器的结构和分类

智能化低压断路器的主体与传统固定式或抽屉式断路器的结构和功能基本一样，根据上述标准，智能化低压断路器还应具有 PMD 功能，这一功能构成了智能化低压断路器的基本特征。

1. PMD 的通用结构

PMD 是由一个或多个功能模块组成的设备组合，这些功能模块用于测量和监控配电系统或电气设备的电气参数，并显示被监测的配电系统所需要的所有参数，包括

1）电能质量、电能管理和电能效率；电流和电压的有效值。

2）有功功率、无功功率和视在功率；有功电能、无功电能和视在电能。

3）功率因数、频率、相序；电压和电流不平衡度；电流需量、有功功率需量、无功功率需量和视在功率需量；电压总谐波畸变率、电流总谐波畸变率等。

4）通过 I/O 模块的数字量输入，包括电、水、空气、煤气、蒸汽等。

电流需量和功率需量的计算符合 GB/T 18216.12—2010 和 IEC 61557-12 Edition 2：2018 标准的规定。需量是指在一个特定时间段内一个数量的平均值。

电流需量使用电流热需量计算方法，积分时间常数在 1~60min 之间调整，间隔为 1min。功率需量的计算是用一个时间周期内的功率有效值除以周期时间。

电气参数测量值显示在嵌入式控制器（智能控制器）的人机界面（HMI）上，通过工业互联网和云平台联网进行配电系统监测和控制，以及电能管理，并可通过蓝牙、WiFi、GPRS 等在移动设备（如智能手机）进行操作。

一般在低压配电系统中，待测电量既可直接接入，也可通过测量传感器如电压传感器（VS）或电流传感器（CS）接入。

图 2-33 是一个 PMD 的通用结构，也是 PMD 的通用测量链，图中虚线部分不一定包含在 PMD 中。

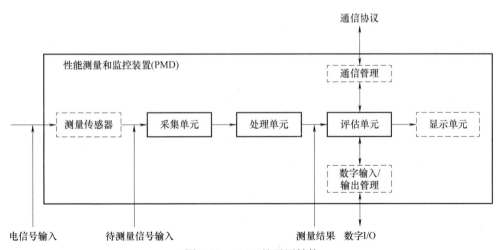

图 2-33　PMD 的通用结构

当 PMD 不包括传感器时，则不考虑与传感器关联的不确定度。当 PMD 包括传感器时，则需考虑与传感器关联的不确定度。

2. PMD 的分类

表 2-15 是 PMD 的分类。从表中可以看出，PMD 可分为 4 类，PMD 既可经内部传感器连接（直接接入），也可经外部传感器连接（半直接接入或间接接入）。图 2-34 是 PMD 不同类型的连接示意图。

表 2-15　PMD 的分类（根据 IEC 61557-12 Edition 2：2018 编制）

电流测量 电压测量	PMD 经外部电流传感器连接 → PMD Sx	PMD 经内部电流传感器连接 → PMD Dx
PMD 经内部电压传感器连接 → PMD xD	PMD SD（半直接接入）	PMD DD（直接接入）
PMD 经外部电压传感器连接 → PMD xS	PMD SS（间接接入）	PMD DS（半直接接入）

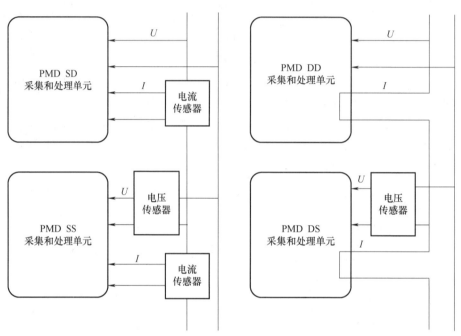

图 2-34　PMD 不同类型的连接示意图（根据 IEC 61557-12 Edition 2：2018 编制）

　　如果 PMD 分别直接经内部电流传感器连接为 PMD Dx 和内部电压传感器连接为 PMD xD，则为 PMD DD 型采集和处理单元；在一定条件下，PMD 也可以分别经外部电流传感器连接为 PMD Sx 和外部电压传感器连接为 PMD xS，则为 PMD SS 型采集和处理单元；当 PMD 仅使用外部电流传感器（内部为电压传感器）连接为 PMD Sx（内部为电压传感器），或者仅使用外部电压传感器（内部为电流传感器）连接为 PMD xS 的情况下，应能同时符合 PMD xS 和 xD，或者 PMD Sx 和 Dx 两者的要求。这样分别为 PMD SD 型采集和处理单元与 PMD DS 型采集和处理单元。

2.5.1.2　Masterpact MT 系列低压断路器简介

　　本节以施耐德电气的 Masterpact MT 系列低压断路器为例，介绍智能化低压断路器的结构原理。Masterpact MT 系列低压断路器的内部结构如图 2-35 所示。

　　Masterpact MT 系列低压断路器从结构上分为固定式和抽屉式两类：固定式由框架、连接器、断路器本体、脱扣单元、MicroLogic 控制单元和附件等组成；抽屉式由框架、抽屉架、连接器、断路器本体、移动部分、固定部分、脱扣单元、MicroLogic 控制单元和附件等组成。

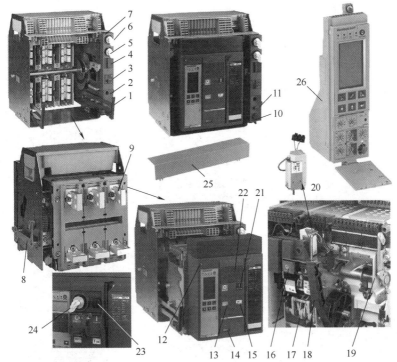

图 2-35　Masterpact MT 系列低压断路器内部结构示意图

1—抽屉架导轨　2—进退手柄插孔　3—位置指示　4—挂锁　5—钥匙锁　6—进退联锁
7—抽屉架前面板　8—门联锁　9—连接器　10—进退手柄储存　11—复位按钮
12—机械跳闸显示复位　13—触头位置指示　14—计数器　15—储能指示　16—断开按钮
17—操作机构　18—手柄　19—连杆机构　20—分励脱扣器（欠电压脱扣器）
21—合闸按钮　22—盖（断开位置锁和电动合闸按钮）　23—电动合闸按钮
24—断开位置锁　25—二次端子盖　26—MicroLogic 控制单元

　　壳架类别分为 Masterpact MT 630~1600A（N1 型）；Masterpact MT 800~6300A（N2、H、L 型）。按极数分为 3 极或 4 极。断路器本体按照应用场合分为 N1、N2、H1、H1b、H2、H3 和 L1 七种分断类型。

　　1）N1 标准型适用于分断低等级短路电流。

　　2）N2 型适用于一般的应用场合。

　　3）H1 型适用于分断大短路电流或两台变压器并联运行的电气系统中。

　　4）H1b 型适用于短路电流较大的工业场合。

　　5）H2 高性能型适用于可能产生非常大短路电流的重工业领域。

　　6）H3 型适用于既需要高性能的分断能力，又需要高水平配合的场合。

　　7）L1 型具有高限流能力，用以保护馈电单元，或当变压器额定功率提高时，提高开关柜的性能水平。

　　隔离开关是由断路器派生出来的，按照应用场合分为 NA、HA、HF 和 HH 四种类型。其中，HF 型具有瞬时保护功能，用于防止短路时合闸。一旦合闸，隔离开关不再提供保护，与普通开关一样。隔离开关常用于母联上。

　　所有 Masterpact MT 系列断路器可选配一种型号的 MicroLogic 控制单元，具有保护和测量功能，可远程显示电流、电压、频率、电能和电能质量等。

2.5.1.3 MicroLogic 控制单元

MicroLogic 控制单元除保护功能外，还能精确测量系统参数，具有计算、存储数据、事件记录、信号报警、通信等功能。图 2-36 是 MicroLogic 6.0A、MicroLogic 6.0E 和 MicroLogic 6.0P 面板图。

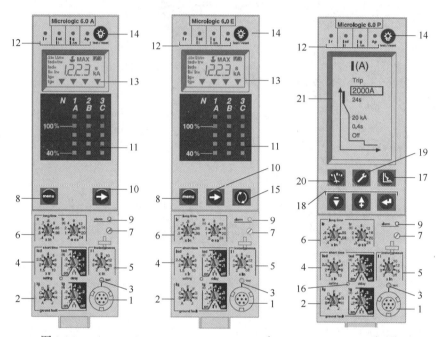

图 2-36　MicroLogic 6.0A、MicroLogic 6.0E 和 MicroLogic 6.0P 面板图

1—测试孔　2—接地故障和脱扣延时　3—接地故障测试按钮　4—短延时　5—瞬时值
6—长延时，电流设定值和脱扣延时　7—长延时校准固定螺钉　8—选择菜单导航键
9—过载信号（LED）　10—查看菜单导航键　11—安培计和三相柱状图表　12—脱扣原因显示
13—数字显示　14—测试灯，复位和电池测试　15—快速浏览导航键　16—透明罩上锁定孔
17—保护按钮　18—导航键　19—设置按钮　20—测量按钮显示　21—高清晰度显示屏

图 2-36 中的调节按钮 2、4、5、6 用于保护设定。在屏幕上显示电流和时间值。通过使用不同的长延时整定模块来限制调节范围、改变调节范围。可设定短延时和瞬时短路保护、接地故障保护和可选剩余型漏电保护。

1. MicroLogic 控制单元的保护功能

MicroLogic 控制单元按照保护功能分为：

1）MicroLogic 2.0 基本型（LI：长延时 + 瞬时）。

2）MicroLogic 5.0 选择性保护型（LSI：长延时 + 短延时 + 瞬时）。

3）MicroLogic 6.0 选择性 + 接地故障保护型（LSIG：长延时 + 短延时 + 瞬时 + 接地故障）。

4）MicroLogic 7.0 选择性 + 漏电保护型（LSIV：长延时 + 短延时 + 瞬时 + 漏电）。

2. MicroLogic 控制单元的测量功能

控制单元具有的测量功能用字母表示，无字母标记则为无测量功能。在 MicroLogic A、E、D、P、H 上采用独立的微处理器实现测量及高级功能。

（1）A 是电流表功能

测量 I_1、I_2、I_3、I_n、$I_{接地故障}$、$I_{漏电保护}$ 和这些测量参数的最大值，故障指示，以安培和以秒记设定值。

可测定电流真实有效值，在（0.2~20）I_n 范围内的测量精度为 1.5%（含互感器）。数字屏连续显示最大负载相电流或通过按导航键还可显示 I_1、I_2、I_3、I_n 等存储电流（最大值）和设定值。

（2）E 是 A+ 电压表功能

测量 V、A、W、VA、Wh、VAh、V 峰值、A 峰值，故障指示，事故历史记录等。除了具有 A 型的电流测量功能外，可测量与显示如下参数，包括需用电流值、电压参数（相间、相对地、平均值和不平衡系数）、功率瞬时值（有功、无功和视在功率）、功率因数、需用有功功率值、电能（有功、无功和视在电能），有功电能测量精确度为 2%（含互感器）。

电流测量范围和 A 型控制单元相同。具有接地故障保护，接地故障保护可通过测试按钮 3 进行测试。控制单元面板上的黄色 LED 灯 9 是过载报警指示。可编程触头 M2C 用于信号输出，可通过按键或 COM 通信选件编程。

（3）D 是 A+ 电能表功能

测量 V、A、W、var、VA、Wh、varh、VAh、Hz、V 峰值、A 峰值、功率因数最大值和最小值；分断电流的测量、故障指示、维修显示、事故历史记录等。

（4）P 是 A+ 功率表 + 高级保护功能

电能质量：基波、畸变、直到第 31 次谐波的幅值和相位；在故障中发出警报或根据要求捕捉波形；可编程序警报：阈值和动作。

P 型的保护功能与 A 型一致（过载、短路、接地故障和漏电保护）。在允许调节范围内，可用按键或 COM 通信选件远程对电流（1A 内）延时时间（ms 级）进行微调。调节过载保护曲线斜率可以对与熔断器等保护配合。提供接地故障保护和接地故障报警功能。

在 3 极断路器上，中性线保护可用键盘或远程 COM 通信选件整定，有四种方式可选择。在 4 极断路器上，用旋钮 4 或用键盘装置调节中性线的保护。

MicroLogic 6.0 P 型可监视电流、电压、功率、频率和相序。可实时计算所有电气参数、功率因数，以及在可调时间段内的需用功率和需用电流。当故障发生时，可存储分断电流值。通过 COM 通信选件可远程读或设置保护功能数据；传递所有测量数据和计算结果；发出报警和脱扣原因信号；记载维修显示记录；最大值复位事件和维修记录。

（5）H 是 P+ 谐波表功能

电能质量：基波、畸变、直到 31 次谐波的幅值和相位；在故障中发出警报或根据要求捕捉波形；可编程序警报：阈值和动作。

图 2-36 中的调节旋钮 2、4、5、6 用于保护设定。在屏幕上显示电流和时间值。通过使用不同的长延时整定模块来限制调节范围、改变调节范围。可设定短延时和瞬时短路保护、接地故障保护和可选剩余型漏电保护。

MicroLogic 控制单元具有诸多信息指示，如断路器的操作循环次数、触头磨损（P/H 型）、负荷日志、操作时间计数器等。可配置报警输出给操作循环计数器来计划预防性维护，通过脱扣历史记录，可分析评估断路器运行的状况。

2.5.1.4　COM 通信选件

Masterpact MT 系列断路器可以通过 COM 通信选件实现通信功能。使用以太网或 Modbus 通信协议与监控管理系统无缝兼容。通过 Ecoreach 软件（设计、配置与调试）实现智能通信和智能化配电。

固定式 Masterpact MT 系列断路器可选配的 COM 通信附件是 BCM ULP 通信模块和 IFM 网络连接模块。图 2-37a 是 BCM ULP 和 IFM 与固定式 Masterpact MT 系列断路器的通信连接示意图。

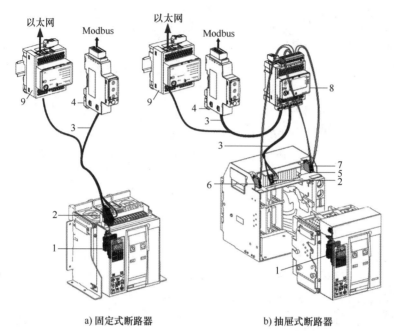

a) 固定式断路器　　　　　　　b) 抽屉式断路器

图 2-37　BCM ULP 和 IFM 与 Masterpact MT 系列断路器的通信连接示意图

1—BCM ULP 通信模块　2—终端连接器　3—断路器 ULP 接线　4—IFM
5—断路器连接位置触头（CE）　6—断路器断开位置触头（CD）
7—断路器测试位置触头（CT）　8—I/O 模块　9—IFE 智能网关

1. BCM ULP 通信模块

BCM ULP 通信模块独立于控制单元，是一种专用于断路器监测和控制的通信链路。具有 RS485 接口，线缆最长可达 5m。安装在断路器脱扣单元后面，通过辅助触头的信号与具有通信功能的 XF 和 MX 线圈，以及 COM 终端连接器连接。传送和接收来自通信网的信息。通过远红外连接传送控制单元和通信模块之间的数据。

2. IFM

IFM 用于网络连接，将 BCM ULP 连接至 Modbus 总线，使装有 BCM ULP 接口的断路器通过 Modbus 网络访问所有有效数据。通过前端拨码器设置 Modbus 地址（1~99）。IFM 可以自适应所在的 Modbus 网络环境（波特率、奇偶校验）。IFM 作为 Modbus 从站，可从 Modbus 主站访问。

3. IFE 智能网关

IFE 智能网关将 BCM ULP 连接到以太网模块，为装有 ULP 接口的断路器提供一个 IP 地址。通过 IFE1 以太网接口和 IFE 智能网关可将 Masterpact MT 系列断路器和 Compact NSX（施耐德塑壳断路器）连接到以太网。IFE1 以太网接口为单个断路器提供接口。IFE 智能网关可为最多 20 个断路器提供以太网接口。

通过 IFE1 以太网接口、触摸屏柜门显示单元（FDM128）、带有普通浏览器的个人计算机或以太网界面访问来自断路器的可用数据，内有嵌入式网页。

4. I/O 模块

单个断路器用 I/O 模块是带内置功能和应用程序的 ULP 系统的一个组件。在一个断路器单元中使用的同一 ULP 网络中可以连接两个 I/O 模块。一个 I/O 模块有 6 个数字量输入（可自供电的 NO/NC 触头或脉冲式计数器），3 个数字量双稳态继电器输出（最大值为 5A），1 个模拟量输入（Pt100 温度传感器）。I/O 模块是 DIN 导轨安装。

对于抽屉式 Masterpact MT 系列断路器可选配的 COM 通信附件是 BCM ULP 通信模块、IFM 网络连接模块、IFE 智能网关和 I/O 模块。BCM ULP 通信模块、IFM 网络连接模块和 IFE 智能网关的功能与前述相同。

图 2-37b 是 BCM ULP 和 IFM 与抽屉式 Masterpact MT 系列断路器的通信连接示意图。

Modbus（RS485 接口）系统是开放式总线，在此通信总线下，可以安装各种 Modbus 通信设备，所有类型的 PLC 和计算机都可以连接到 Modbus 总线上。地址 Modbus 通信参数通过 MicroLogic 单元的键盘进行设置。设备数目连接到总线上的设备的最大数量取决于设备类型。RS485 物理层最多可提供 32 个连触点（1 个主触点，31 个从触点）。一台固定式断路器需一个连触点（本体通信模块）。一台抽屉式断路器需要两个连触点（本体及抽架通信模块）。一条总线上最多可连接 15 台抽屉式断路器或 31 台固定式断路器。

2.5.2 智能配电的实现

通过 ComX 专用网关、BCM ULP 通信模块、IFM、IFE 智能网关和 I/O 模块等通信组件可以将 Masterpact MT 系列断路器、Compact NSX（施耐德塑壳断路器）、小型断路器（Acti 9）、集成控制断路器（Reflex）、执行器（继电器、脉冲继电器等）等保护控制和测量元件，通过以太网接口和 Modbus 接口组网构成数据可视化低压智能配电系统（Smart Panels），为本地显示和远端网络通信平台提供数据来源。ComX 专用网关，具有以太网接口，可获取能耗数据和设备运维数据，以有线或无线的方式推送数据到云端生成综合管理界面。智能配电柜通信系统框架结构如图 2-38 所示。

图 2-38 是一个典型智能配电柜的架构示意图，配电柜内的元件之间采用 Modbus 通信，配电柜前面板通过智能以太网柜门显示单元 FDM128 实现数据实时显示和设备的集中控制。外部可通过宽带以太网、GPRS 和 WiFi 等连接，通过计算机、手机等实现现场实时监控，以及通过云平台在线远程管理。Modbus-SL 以主 - 从模式运行，可以访问设备状态、电参数值和控制设备。

设备（从站）与以太网智能网关 IFE（主站）进行通信。一个断路器 Modbus 通信模块 IFM 对应一台 Compact NSX 塑壳断路器，作用是将 ULP 转为 Modbus 协议。

I/O 智能模块，主要采集 Masterpact MT 系列断路器、Compact NSX 塑壳断路器的触头信息及其他开关量信息，并上传到智能网关 IFE。

柜门显示单元 FDM128 可同时获取最多 8 台设备的电气参数，并可实现有权限的监控功能以及远程网页访问或手机 APP 访问。程序预设定，免调试，即插即用。

柜门显示单元 FDM121 可以获取单台 Masterpact MT 系列断路器或 Compact NSX 塑壳断路器的电气参数，并可实现监控功能。

POI Plus（Power Outage Insight Plus）站控专家系统是配电系统监测和运维分析工具，POI 产品包括工业 PC、I/O 模块、无线按钮，可动态监控低压配电系统，以实现故障预警、故障诊断及系统恢复。

电柜服务器 ComX，具有以太网接口，可获取能耗数据和设备运维数据，以有线或无线的方式推送数据到云端生成综合管理界面。

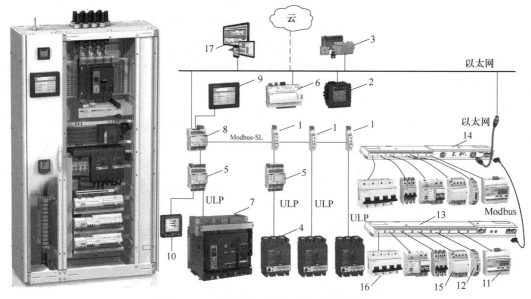

图 2-38　典型智能配电柜的架构示意图

1—Modbus 通信模块 IFM　2—电力仪表　3—POI Plus 站控专家系统　4—Compact NSX 塑壳断路器　5—I/O 模块
6—以太网专用网关 ComX　7—Masterpact MT 系列断路器　8—以太网智能网关 IFE　9—柜门显示单元 FDM128
10—柜门显示单元 FDM121　11—iEM3000 三相电能表　12—Acti 9 iME 单相电能表
13—Acti 9 PowerTag Link Modbus 串口模块　14—Acti 9 PowerTag Link SI B 智能网关模块 B 型
15—Acti 9 接触器　16—Acti 9 小型断路器　17—远程能源管理和设备运维管理

2.5.3　工业互联网平台与生态架构的概念

最近几年间，ABB、施耐德电气、通用电气 GE、西门子 SIEMENS、海尔集团、三一集团、富士康科技集团等相继推出了工业互联网平台。物联网简单说就是万物互联，公共互联网简单说就是 IP、4G、5G 之类的概念，但工业互联网要求数据实时传输、可靠和极高的安全性。

2.5.3.1　平台生态系统

在万物互联快速发展的时代，物理世界数字化、数字世界智能化已成现实，数字生态正在形成，数字能力、平台与生态创新发展速度迅猛。平台与生态、数字与智能技术的广泛渗透已改变了人们的传统思维方式和理论框架，在数字经济生产要素、平台经济、网络协同、生态系统的新型生产关系下，人工智能技术正在推动智能自动化的发展，并改变着电气技术的实现方式和业务流程。未来的电气技术将是数字化、智能化、生态化和功能软件化。原来，人们或是要用万用表来测参数，或是需要跑到配电盘那里看表计上的指针数字，并记录在本子上。现在，人们可以在任何地方掏出自己的手机查询想知道的数据了，不用记录，因为数据不会丢失，永远在那里。这就是下面要说的生态架构或平台生态系统的概念。

平台生态系统在不同的领域有不同的概念，目前尚没有明确的界定和定义，或界定不太清晰。本书作者从电器功能软件化角度定义如下：电气技术平台生态系统是一个建立在万物互联架构上的开放式软件生态系统，该系统能够给户内客户端（On-premises client）创造卓越空间，提供具有高度安全性、可靠性与伸缩性的应用程序和云服务。

2.5.3.2　云平台与云计算

"云"实质上是一个网络，云计算又称为网格计算，狭义上的云计算就是一种提供资源的网络，使用者可以随时获取"云"上的资源，按需求量和使用量付费就可以。从广义上说，云计算是与信息技术、软件、互联网相关的一种服务，这种计算资源共享池叫作"云"，云计算把许多计算资源集合起来，通过软件实现自动化管理，快速提供资源，让每一个使用互联网的人都可以使用网络上的庞大计算资源与数据中心。通常，云计算（Cloud Computing）的服务类型与云平台（Cloud Platforms）的基本的云服务类型一样，只是云计算服务常称为云计算堆栈，因为它们构建堆栈，位于彼此之上。因此，云平台与云计算被认为是同属于一个概念，可把云平台看作是为开发者创建应用而提供服务的软件系统，有 IaaS（基础设施即服务）、PaaS（平台即服务）和 SaaS（软件即服务）三种基本的云服务类型。

2.5.3.3　云服务类型

1）基础设施即服务（Infrastructure as a Service，IaaS），是指消费者通过 Internet 可以从完善的计算机基础设施获得服务，是云平台主要的服务类别之一，它提供虚拟化计算资源，如虚拟机、存储、数据库、网络和操作系统等基于 Internet 的服务。Internet 上其他类型的服务包括 PaaS 和 SaaS。PaaS 提供了用户可以访问的完整或部分的应用程序开发，SaaS 则提供了完整的可直接使用的应用程序，比如通过 Internet 管理企业资源。

2）平台即服务（Platform as a Service，PaaS），是指提供运算平台与解决方案堆栈即服务。在云计算层级中，PaaS 层介于 SaaS 层与 IaaS 层之间。PaaS 能让用户将云基础设施部署与创建至客户端，或者借此获得使用编程语言、程序库与服务。用户不需要管理与控制云基础设施，包含网络、服务器、操作系统或存储，但需要控制上层的应用程序部署与应用代管的环境。

PaaS 将软件研发的平台作为一种服务，以 SaaS 的模式交付给用户。因此，PaaS 也是 SaaS 模式的一种应用。但是，PaaS 可以加快 SaaS 的发展，尤其是加快 SaaS 应用的开发速度。PaaS 是一种新的软件应用模式或者架构，是应用服务提供商（Application Service Provider，ASP）的进一步发展。

3）软件即服务（Software as a Service，SaaS），是指在一个 Internet 服务商的服务器上运行的软件，即云平台或云计算，应用完全在"云"里，其户内客户端通常是一个浏览器或其他客户端。户内客户是云平台的直接用户，是开发者而不是最终用户，开发者可将写好的程序放在"云"里运行，或使用"云"服务，或两者皆是。在创建一个户内应用（On-premises application），即在机构内运行的应用时，该应用所需的基础架构（设施）已存在，操作系统为执行应用和访问存储等提供基础支持，机构里的其他计算机提供诸如远程存储等服务。

2.5.3.4　运营技术

运营技术（Operational Technology，OT）是指用特定的硬件和软件，对物理设备进行控制，从而导致物理过程与状态变化的技术集合。核心是工业知识的积累和传递，将人的知识转化为机器语言的一种可执行的知识体系。OT 分设备层、控制层和运营层 3 个层级。

1. 设备层

设备层是最底层，硬件包括各种现场设备和执行机构，如各种传感器、机器人、变频器、继电器和执行器、主令部件、电磁阀、电动机、阀门、RFID 阅读器、条码扫描器、嵌入式系统（如智能仪表）、数控机床设备等。在这个层级主要是设备间的互联。

2. 控制层

控制层处于中间层，称为边缘控制层，硬件包括现场总线和工业以太网、边缘控制器、

PLC、SCADA、DCS、CNC、RTU、运动控制、机器人等，软件包括 PLC 编程软件、DCS 或 SCADA 组态软件、CNC 编程软件、工业机器人控制软件和运动控制软件等，重要的是包含制造过程的工艺技术数据与人工知识和经验。在这个层级主要是实时数据处理和数据安全。

3. 运营层

最上层是运营层，是生产过程数字化平台的核心，需要将 OT 能力与控制层对接，并与企业的 IT 层及 ERP 层对接，将企业的宏观管理和微观执行有效地连接起来。这一层主要是云计算平台、云端连接以及数据及算力支撑。

施耐德电气构建了位于 PaaS 层的 EcoStruxure 架构与数字化云平台，包括互联互通的产品、边缘控制及应用、分析和服务的三层架构。

2.5.3.5 边缘计算

边缘计算（Edge Computing）将云计算平台迁移到网络的"边缘"，即在数据源附近运行应用程序、处理实时数据，并将移动通信网、互联网和物联网等业务进行深度融合，让数据在边缘网络处处理，使能于终端设备，以减小数据交换的延迟，从而提高数据处理响应速度，并节省带宽。可以说，边缘计算就是 OT 中的云计算。

边缘网络（Edge Network）的概念可以理解为网络边缘，桌面可以理解为边缘网络。边缘网络由支持边缘计算的终端设备（如移动手机、智能物品等）、边缘设备（如开关、位置感知、边界路由器、网桥、基站、无线接入点等）和边缘服务器等构成。网络边缘可视为是网络的接入层或者汇聚层，或将涉及接入层和汇聚层的网络称为边缘网络。

对于工业系统而言，需要检测、控制和执行的数据实时性要求极高，如果数据分析和控制逻辑全部在云端实现，会引起长距离往返延时、网络拥塞、服务质量下降等问题，难以满足实时控制海量数据的分析与存储对网络带宽的要求，这就需要边缘计算（边缘控制器）。例如，施耐德电气的边缘架构包括两部分：一是支持在客户现场快速打通就地系统与云平台的软件程序（DERA Connect，面向就地系统）；二是支持硬件厂商在网关上开发应用、实现网关与云平台连接的硬件接入云平台 SDK（DERA NP-SDK）。边缘架构在逻辑上抽象地分为北向协议与南向协议两部分，北向协议指在边缘侧面向云端连接云平台；南向协议指在边缘侧面向本地连接就地系统或设备，如图 2-39 所示。

边缘控制器是 IT 和 OT 之间的一个物理接口，是将 PLC、PC、运动控制、I/O 数据采集、机器视觉、现场总线协议、网关、设备联网等功能集成于一体，同时实现设备控制、数据采集、运算、与云端相连，以及在边缘侧协同远程工业云平台实现智能控制等的控制器。

针对设备层终端设备，还有雾计算、移动边缘计算（MEC）和移动云计算等几种计算，作为云计算和边缘计算的扩充。雾计算可以将基于云的服务 IaaS、PaaS 和 SaaS 等拓展到网络边缘，以促进位置感知、移动性支持、实时交互、可扩展性和可互操作性。MEC 使边缘服务器和蜂窝基站相结合，可以和远程云数据中心连接或者断开，旨在为用户带来自适应和更快的蜂窝网络服务，提高网络效率。根据《中国联通边缘计算技术白皮书》的中国联通 5G 网络 MEC 部署规划，可以按需将 MEC 部署分为无线接入云、边缘云或者汇聚云三种方式。移动云计算是指通过移动网络以按需、易扩展的方式获得所需的基础设施、平台、软件（或应用）等的一种 IT 资源或（信息）服务的交付与使用模式，是云计算技术在移动互联网中的应用。

2.5.3.6 EcoStruxure 的架构与平台

EcoStruxure 是施耐德电气推出的，E 代表能效、co 代表控制，EcoStruxure 是能效管理平台的总称，该平台为设备层、边缘控制层和运营层三层技术架构。支持现场和云端部署，在互联互通的产品层、边缘控制层及应用、分析和服务层都内置端到端的网络安全技术。EcoStruxure 的架构与平台如图 2-39 所示。

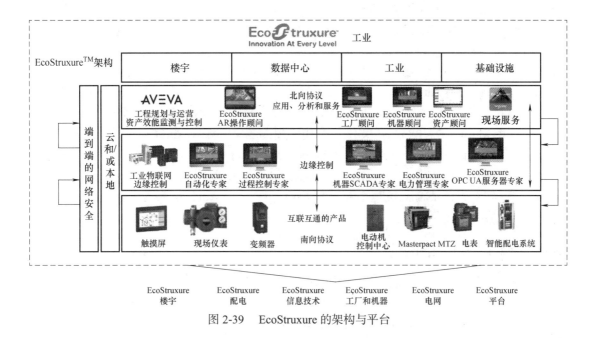

图 2-39　EcoStruxure 的架构与平台

最底层是设备层，是互联互通的产品。互联互通的产品是指能够被独立寻址的物理对象实现互联互通的物联网产品，如前述 OT 设备层的嵌入式智能产品。

中间层是边缘控制层，包括可通过远程访问连接的本地控制平台和防火墙、高级自动化以及操作指引等。边缘控制是指对物联网网络边缘的设备进行实时监测及任务操作与控制，以简化管理的复杂性。在物联网网络边缘实现边缘控制可保障数据安全与设备的正常运行。

最上层是运营层，即应用、分析和服务层，指的是多样化的硬件与软件系统，采用开放的 IP 协议，具有应用、分析和服务的容纳能力，可与任何厂商的硬件、系统或控制无缝连接。应用、分析和服务是通过工业软件平台对终端应用场合的各类硬件与系统提供技术支持与交互操作，实现无缝集成。应用可以实现设备、系统和控制器之间的协作；分析则通过运营人员的经验形成模型，用模型促进改善策略的形成，提升决策效率与精准度；服务通过可视化的人机接口，实现业务控制和管理。

北向部分负责与云平台对接，对北向协议进行了封装实现，从而配合平台完成网关管理、设备配置、数据传输、权限校验、版本控制等功能。南向部分负责面向就地系统或设备（运行于网关上的嵌入式环境），在具体硬件产品中由开发厂商（包括施耐德电气、软件开发商，或网关厂商）负责实现，并支持系统集成商在项目中进行定制实施。南向部分包括与北向同步数据接口和南向数据采集接口。南向支持开发厂商基于产品或项目需求，实现 OPC/BACNet/Modbus 等不同协议的接口程序，以便从就地系统中提取数据，或接受物理设备提交的数据。图 2-39 仅为逻辑关系示例，开发厂商可根据业务情况和技术选型，进行自己的南向实现。除此之外，未来云平台与其他平台的数据关联，也将纳入边缘架构的南向通信管理部分，以便更有效地实现数据聚合和共享。

EcoStruxure 针对楼宇、数据中心、工业和基础设施等不同领域，在三层技术架构的基础上，依据不同行业的特点和应用特性有不同的平台架构，如面向楼宇领域的 EcoStruxure、面向信息技术的 EcoStruxure、面向配电的 EcoStruxure、面向工厂的 EcoStruxure、面向机器的 EcoStruxure 和面向电力领域的 EcoStruxure 等平台架构。

施耐德电气工业软件业务与 AVEVA 合并为 AVEVA 集团公司，商标为施耐德电气所有，并由施耐德电气授权给 AVEVA。

AVEVA 系统软件平台是一个集成式、模块化的软件套件，具有多种软件可供选择。如在配电领域（EcoStruxure Power）有：①智能移动应用软件 EcoStruxure Power Device；②智能配电调试软件 EcoStruxure Power Commission（原名 Ecoreach）；③电力 SCADA 专家 EcoStruxure PowerSCADA Expert（PSE）；④电力监测专家 EcoStruxurePower Monitoring Expert（PME）；⑤EcoStruxure 工厂（机器）顾问 EcoStruxure Plant（Machine）Advisor；⑥EcoStruxure 资产顾问 EcoStruxure Asset Advisor；⑦EcoStruxure AR 操作顾问 EcoStruxure Augmented Operator Advisor；⑧EcoStruxure 电力顾问 EcoStruxurePower Advisor 等。其中，①～④是单个软件，⑤～⑧在一个云平台上。

2.5.4 智能模块单元简介

施耐德电气定义的智能模块单元（IMU）是指包含了安装在电气设备中，可在电气设备中执行某一功能（进线保护、电动机命令及控制）的一个或多个产品的机械和电气组件。其内部通信组件（如 MicroLogic 脱扣单元）和外部 ULP 模块（如 I/O 模块）连接到一个通信接口（IFM、IFE 或 EIFE）的断路器。

2.5.4.1 智能模块单元的概念

智能模块单元的组成部件包括断路器类型、MicroLogic 控制单元类型、I/O 模块等，以及具有的功能。断路器类型包括 Masterpact MTZ 系列断路器、Masterpact NT/NW 系列断路器、Compact NS 断路器、Compact NSX 断路器，以及 Powerpact P 型、R 型、H 型、J 型和 L 型断路器。图 2-40 是以 Masterpact MTZ 系列低压断路器为例的智能模块单元组成示意图。

对于 Masterpact MTZ 系列低压断路器而言（注：以下除非特指，Masterpact MTZ 系列低压断路器简称断路器），智能模块单元是指断路器本身、MicroLogic X 控制单元（注：以下简称 MicroLogic X）、IFE、EIFE、IFM 通信接口、I/O 模块和 ULP 附件。

断路器的本地访问通信路径：蓝牙通信、NFC（近场通信）、USB 端口等，通过 MicroLogic X 的 USB 端口可与运行智能配电调试软件的计算机或其他设备（如 PLC）通信，通过 NFC 或蓝牙连接可与运行智能移动应用软件的智能手机通信。远程通信路径：通过 IFE 或 EIFE 接口连接以太网，通过 IFM 接口连接 Modbus-SL 网络。

在断路器中，内部通信协议（ULP 端口）嵌入在 MicroLogic X 中（不再需要前一代的 BCM ULP 模块），由辅助触头提供信号，包括 OF 状态指示触头（ON/OFF）、SDE 触头（故障脱扣）、PF 触头（准备合闸）、CH 触头（弹簧已储能）。ULP 接口的作用是将 MicroLogic X 与 EIFE、IFE、IFM 和 I/O 模块互连，并为 MicroLogic X 和 EIFE 模块供电，是集成 ULP 总线的终端。对每一台断路器，所有相关联的通信模块（ULP 接口、IFE、IFM、I/O）必须使用同一个相同的 24V 直流电源供电。断路器通过其 ULP 端口连接到 EIFE 接口。

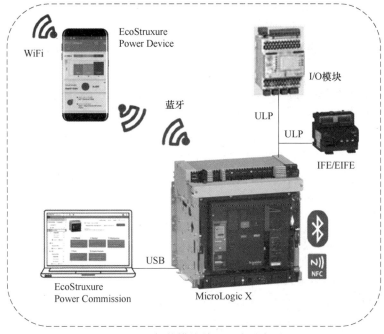

图 2-40 智能模块单元组成示意图

2.5.4.2 智能模块单元的通信方式

图 2-41 是与 Masterpact MTZ 系列断路器所连接的 MicroLogic X 的各种通信方式。

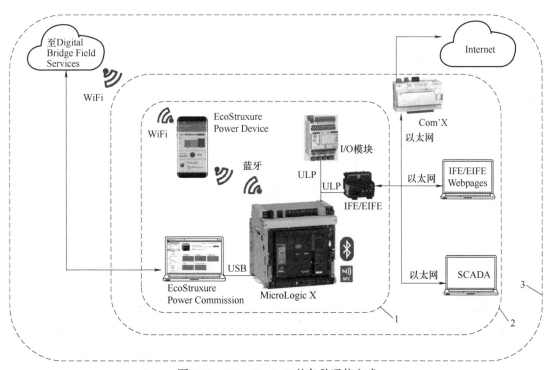

图 2-41 MicroLogic X 的各种通信方式

1—智能模块单元内部的各种通信方式 2—工业控制网络内部通信方式 3—公共互联网

1. 蓝牙连接

智能手机必须支持 Android 4.4 或 iOS 9 或更高版本，并兼容蓝牙，在手机上启动智能移动应用软件。MicroLogic X 通电，并启用（默认禁用）BLE（蓝牙低能耗）通信。如果有权限访问 MicroLogic X 时，可在 10m 内访问 MicroLogic X 的所有功能，包括在手机上快速查看电流值、断路器健康状态和事件历史记录概览；显示实时电流、电压、网络和电能的测量值；显示当前选择的保护设置并可以修改设置；显示维护提醒、使用寿命、执行器磨损、触头磨损和诊断计数器；分析触头磨损，以便评估断路器的隔离能力、额定负载耐受能力、操作能力和脱扣能力；显示断路器的状态。当 MicroLogic X 上安装了 Masterpact 操作助手的数字模块时，可以进行分闸和合闸操作。当 MicroLogic X 上还安装了其他数字模块时，还可查看其信息。

2. NFC 连接

智能手机必须支持 NFC，在手机上启动智能移动应用程序软件。如果具有物理访问 MicroLogic X 的权限，将智能手机置于 MicroLogic X 的 NFC 区域 20mm 范围内即可建立通信连接，开始下载数据，当出现提示音后即下载完毕。即使 MicroLogic X 无供电，通过 NFC 也可访问其信息，包括最后一次脱扣的类型及日期和时间；脱扣前的电流值及保护设置；访问电力恢复助手或 Masterpact 操作助手数字模块的信息。

通过智能移动应用软件可在日常运行和维护时将智能手机作为 Masterpact MTZ 系列断路器的主界面。当智能移动应用程序与数字模块一起使用时，在使用电力恢复助手数字模块时，可查看教程，获取恢复电源和确定脱扣原因方面的信息。使用 Masterpact 操作助手数字模块时，可远程控制断路器。

3. USB On-The-Go（OTG）连接

上述智能手机可通过 USB OTG 适配器和一根 USB A 型电缆，将智能手机的 USB 端口连接至 MicroLogic X 的 USB 端口。

将计算机直接连接至 MicroLogic X 的 USB 端口，启动运行智能配电调试软件，如果具有访问 MicroLogic X 的权限，就可以访问 MicroLogic X 的所有监测和控制功能。

智能配电调试软件用于断路器的配置、测试和调试。智能配电调试软件的主要功能：创建项目；将项目保存在云中；上传或下载断路器的设置；比较项目设置与断路器的设置；执行控制操作；生成并打印断路器设置报告；对整个项目执行通信测试，并生成和打印测试报告；查看设备间通信架构；查看测量、日志和维护信息；导出脱扣事件下的波形捕捉（WFC）；查看设备和 I/O 模块的状态；查看报警详细信息；购买、安装、卸载或检索数字模块；检查系统固件兼容状态；更新设备固件；执行强制脱扣和自动脱扣曲线测试；声明断路器附件等。

当计算机（或 FDM128 显示器或 PLC）启动智能配电调试软件，如果具有访问 MicroLogic X 的权限，并连接以太网时，就可在计算机上访问 MicroLogic X 的所有功能。

4. IFE 和 EIFE 接口与以太网通信

以太网接口模块 IFE 专用于将固定式 Masterpact MTZ 系列断路器连接到以太网。嵌入式以太网接口模块 EIFE 用于将单个抽屉式 Masterpact MTZ 系列断路器连接到以太网，可连接到 IFE 接口或 IFE 服务器，并通过可编程触头 CE/CD/CT 监视断路器的连接 / 退出 / 试验三个位置。IFE 服务器是以太网接口及 Modbus-SL 连接断路器的服务器。

IFE 接口和 EIFE 接口是菊花链式连接的双以太网端口，连接后可进行断路器的配置文件网络服务；识别局域网（LAN）上的其他 IFE 接口和 EIFE 接口；用于嵌入式设置网页、监控网页、控制网页、电子邮件报警通知和 SNTP 协议服务；抽架状态管理。

5. IFM 接口与 Modbus 通信

断路器和 MicroLogic X 连接到 IFM 接口。计算机或其他设备（如 PLC）启动并运行监控软件，并连接到 Modbus-SL 网络。如果具有访问 MicroLogic X 的权限，登录智能配电调试软件即可访问 MicroLogic X 的所有功能，包括读取计量信息和诊断数据；读取状态和远程操作；传输带有时间戳的日志；显示保护设置、读取断路器标识和配置数据；远程控制断路器、时间设置和同步。IFM 接口的物理接口是 RJ45 接口和堆叠接口。IFM 接口安装在 DIN 导轨上，堆叠附件可将几个 IFM 接口相互连接，无需额外接线。可通过 IFM 接口前面板上的两个地址旋转开关来定义 Modbus 地址。地址范围为 1~99。

6. ULP 系统

ULP 系统包括 ULP 模块和 ULP 附件。不同系列断路器所匹配的 ULP 系统是互不兼容的，对于抽屉式 Masterpact MTZ 系列断路器兼容的 ULP 模块有：用于单个断路器的 IFE 以太网接口、IFE 以太网服务器、用于单个抽屉式 Masterpact MTZ 系列断路器的 EIFE 嵌入式以太网接口、用于单个抽屉式 Masterpact MTZ1 断路器的备件套件 EIFE、用于单个抽屉式 Masterpact MTZ2/MTZ3 断路器的备件套件 EIFE、用于具有 Modbus-SL RJ45 端口的单个断路器的 IFM Modbus-SL 接口、用于单个断路器的 I/O 应用程序模块。

ULP 附件包括 RJ45 公 / 公 ULP 线缆、ULP 接线端子和 RJ45 母 / 母连接器。使用 ULP 系统的作用是将不同系列的断路器和 MicroLogic X，通过不同的 ULP 模块和 ULP 附件组合为智能模块单元。具体采用以下方式：通过以太网通信链路进行访问，并通过 IFE 接口或 EIFE 接口进行远程监控；通过 Web 访问的方式监控连接到 IFE 接口或 EIFE 接口的断路器；以 I/O 模块实现输入 / 输出应用，可监视和控制抽架中抽屉式断路器的位置、断路器运行和自定义应用程序等。利用智能配电调试软件执行测试、设置和维护功能。以 IFM 接口实现用于访问和远程监控的 Modbus-SL 通信链路。

2.5.5　Masterpact MTZ 系列低压断路器

Masterpact MTZ 系列低压断路器的主体结构与 Masterpact MT 系列低压断路器基本相同，是 Masterpact MT 系列低压断路器的更新和升级换代产品，将逐步取代 Masterpact MT 系列低压断路器。

2.5.5.1　Masterpact MTZ 系列低压断路器的特点

Masterpact MTZ 系列低压断路器（带有 MicroLogic X 或 MicroLogic B 型控制单元）具有保护、测量、诊断、通信和远程操作等功能，通过 MicroLogic X 实现本地或远程操作和监测。MicroLogic X 除基本功能外，可通过可选数字模块进行扩展功能定制。除此之外，还具有如下特点：

1）Masterpact MTZ 系列低压断路器通过数字化技术从硬件、软件和产品支持服务三个方面增强了智能化功能，具体表现在硬件标准化和集成化、功能软件化、产品支持服务数字化。

2）智能互联：通过无线蓝牙和 NFC 技术实现与智能手机互联；通过千里眼运维专家和千里眼顾问软件实现实时远程监控、配电设备运行状态监视、运行维护作业管理和设备资产管理、信息处理。

3）智能测量：内置 1 级精度电能测量功能，实时监测电气参数和能耗数据。通过电能管理软件 PME 和电力监控软件 PSO 实现远程电能管理和监控。

4）实时在线升级：MicroLogic X 可随时在线下载可选数字模块对断路器进行功能升级和定制。

5）可靠性高：可在最恶劣的应用环境下可靠运行，如电压波动、电磁干扰、振动冲击、腐蚀、化工环境和极端温度等环境。

6）硬件架构无缝兼容：许多配件在 Masterpact MT 和 Masterpact MTZ（MTZ1、MTZ2 和 MTZ3）之间是通用的。一些配件在 Masterpact 和 Compact 系列断路器中也是通用的。内置以太网接口，无缝兼容至任意既有系统架构，并可与智能配电系统无缝融合，实现远程监控。

7）全项目周期数字化产品支持服务：在用户的项目设计、配置和订购、安装和调试、运行和维护及现场服务等均有相应的数字化应用软件（平台）支持。

2.5.5.2　MicroLogic X（B）控制单元

Masterpact MTZ 系列低压断路器可配置 MicroLogic X 和 MicroLogic B 型两类控制单元。

MicroLogic B 是标准化功能单元，自带标准保护功能，不能扩展功能。标准保护包括长延时过电流保护（L）、短延时过电流保护（S）、瞬时过电流保护（I）、接地故障保护（G）、接地漏电保护（V）、中性线保护、双重设置和区域选择联锁（ZSI）、IDMTL（反时限最小延时保护）、过电压保护、定向过电流保护、欠频/过频保护。其中，MicroLogic 2.0B 是 LI 型、MicroLogic 5.0B 是 LSI 型、MicroLogic 6.0B 是 LSIG 型。

MicroLogic X 有 MicroLogic 2.0X（LI 保护型）、MicroLogic 5.0X（LSI 保护型）、MicroLogic 6.0X（LSIG 保护型）和 MicroLogic 7.0X（LSIV 保护型）四种类型，另外可选数字模块扩展功能，可选数字模块是可购买并下载的。可选的数字模块分为保护、测量、诊断与维护三大类，共 10 种可选数字模块。

除 LSIGV 保护外，可选的数字模块保护功能还有接地故障报警（P1）、ERMS 维护安全设定（P2）、逆功率保护（P3）、欠电压/过电压保护（P4）；可选的测量数字模块包括每相电能（M1）、每相谐波分析（M2）；可选的诊断与维护数字模块包括脱扣波形捕捉（D1）、电力恢复助手（D2）、操作助手（D3）、Modbus 数据转移（D4）；可选的 3 个数字模块包：人身保护数字模块包 P2 + D3；电能质量管理数字模块包 P4 + M2；停电危机管理数字模块包 D1+ D2+ D3。

MicroLogic X 可测量电网的所有电气参数，包括电流、电压、频率、功率、电能、功率因数、电流需求和功率需求，可计算多数参数的最小/最大和平均值。可选的数字模块可测量每相电能，以及脱扣波形捕捉等。

MicroLogic X 的通信功能包括无线（蓝牙和 NFC）、以太网和 Modbus-SL 通信。所有通过 MicroLogic X 处理和存储的信息都可通过液晶显示屏查看；通过蓝牙和 NFC 连接智能手机，实现本地在线查看能源消耗、电能质量、相位平衡、设备状态等数据；即使在停电的情况下，也能通过 NFC 连接读取已保存的（脱扣前）关键事件数据。通过智能手机查看状态：自诊断、负载量、警告和报警、保护设定和维护信息；通过 USB 接口连接计算机；Masterpact MTZ 系列断路器通过嵌入式以太网接口 EIFE 或以太网智能网关 IFE 实现与以太网的连接。通过 IFM 模块实现与 Modbus-SL 的连接。

图 2-42 是 MicroLogic 7.0X 的面板图。

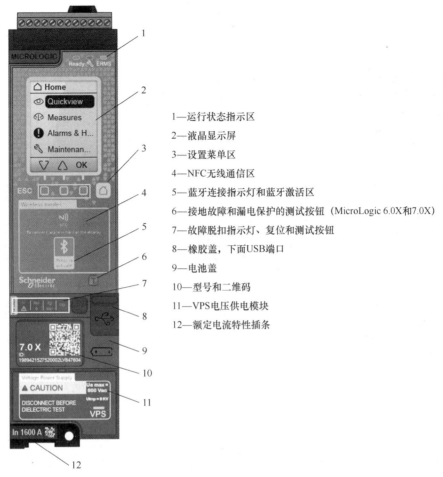

1—运行状态指示区

2—液晶显示屏

3—设置菜单区

4—NFC无线通信区

5—蓝牙连接指示灯和蓝牙激活区

6—接地故障和漏电保护的测试按钮（MicroLogic 6.0X和7.0X）

7—故障脱扣指示灯、复位和测试按钮

8—橡胶盖，下面USB端口

9—电池盖

10—型号和二维码

11—VPS电压供电模块

12—额定电流特性插条

图 2-42　MicroLogic 7.0X 的面板图

2.5.5.3　智能配电系统通信架构

图 2-43 所示是智能配电系统通信架构示意图。可在同一个柜内实现一级智能配电、二级智能配电和终端智能配电，也可分柜（箱）实现。智能网关等模块均可随断路器安装于配电柜（箱）内，实现强弱电一体化。通过硬接线或 ULP 链接，为一个或多个设备（断路器、执行器、计数器等）提供网络接口。通过网关确保两个网络与不同协议间（以太网和 Modbus）的通信。

图 2-43 中，通过 ULP 链路，IFE（EIFE）网关直接监控一级配电主断路器，其他二级配电断路器连接到 IFM 接口。IFE、I/O 和 EIFE 通过 ULP 链路监测和控制一级配电中的 Masterpact MTZ 系列断路器，然后通过交换机和以太网将其状态与值发送给网关 Com'X，将配电柜连接到云。IFM 通过 Modbus 网络对 Compact NSX 塑壳断路器进行监测，再通过 IFE 接口、Com'X 和以太网连接到云。在终端配电部分，Acti 9 PowerTag Link SI B 智能网关模块 B 型 Modbus 主站收集 Acti 9 PowerTag Link Modbus 从站中的数据，将每个配电单元连接到本地以太网，然后通过 IFE 和以太网将所有状态与值发送给 Com'X 再连接到云。在远端的计算机上显示所有连接到网络中的设备信息。

本地监控需将 FDM128 或配有标准浏览器的计算机连接到以太网，由配电柜共享。以太网上显示本地 IFE 以太网接口和 Acti 9 PowerTag Link SI B 生成的网页。

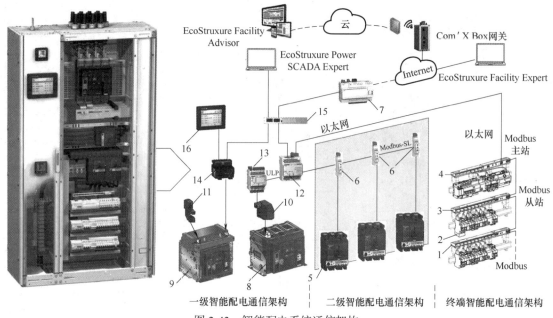

图 2-43　智能配电系统通信架构

1—Acti 9 断路器　2—无线电能测量模块 PowerTag　3—Acti 9 PowerTag Link Modbus 串口模块　4—Acti 9 PowerTag Link SI B 智能网关模块 B 型　5—Compact NSX 塑壳断路器　6—IFM　7—Com'X　8—固定式 Masterpact MTZ 系列断路器　9—抽屉式 Masterpact MTZ 系列断路器　10—用于固定式 Masterpact MTZ1 断路器的 ULP 接口　11—用于抽屉式 Masterpact MTZ1 断路器的 ULP 接口　12—IFE　13—I/O　14—EIFE　15—交换机　16—FDM128

1. Acti 9 PowerTag Link SI B 智能网关模块 B 型

Acti 9 是施耐德电气的第五代智能型终端配电产品系列。Acti 9 PowerTag Link SI B 智能网关模块 B 型用于 Acti 9 系列电器（组件）的测量、监控和组网通信，如图 2-44 所示。

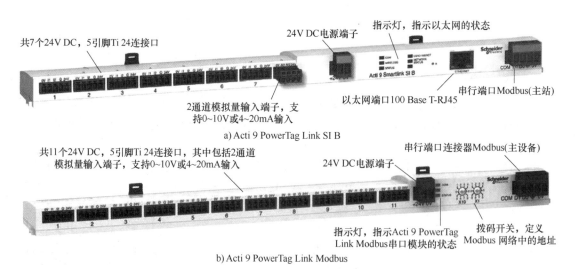

a) Acti 9 PowerTag Link SI B

b) Acti 9 PowerTag Link Modbus

图 2-44　Acti 9 PowerTag Link SI B 智能网关模块 B 型外形图

Acti 9 PowerTag Link SI B 智能网关模块 B 型包括 Acti 9 PowerTag Link Modbus 串口模块（Modbus 从设备）和 Acti 9 PowerTag Link SI B 智能网关模块 B 型本身（Modbus 主设备）。

内置嵌入式网络服务器可用于配置网页和实时数值监测，如断路器状态、电表、报警和监控等。

Acti 9 PowerTag Link SI B 用于连接 10/100MB 以太网，连接协议是 Modbus TCP/IP 服务器或 http（Web 页面）协议，网关协议是 Modbus TCP/IP → Modbus SL。Modbus 寻址范围是 1~247，能够接入 8 个 Modbus 从站设备和 20 个 ZigBee 设备。Acti 9 PowerTag Link SI B 智能网关模块 B 型也可以与任何具有 24V DC 数字输入 / 输出的设备交换数据。

Acti 9 PowerTag Link Modbus 是 Modbus、RTU、RS485 串行通信网络，主 / 从站协议，从站类型。通电时，自动适应 Modbus 主设备的通信参数。

Acti 9 PowerTag Link SI B 智能网关模块 B 型可以通过电子邮件进行电流、电压、功率因数、脱扣、功率和功耗阈值告警监测和传输；通过智能手机接收来自配电系统的所有报警，以及网络设备维护管理；通过网页监控按区域和按功耗的负载、电能和功率；通过单个入口可全面分析柜内配电状态（测量值、保护状态、温度、功耗、告警、监控）；通过 Modbus（以太网或 RS485）实时传输所有信息和命令。传输由柜内 Acti 9 组件收集的数据，如 Acti 9 iC65 系列小型断路器、剩余电流动作保护断路器和剩余电流动作开关；Acti 9 iC65 系列接触器和脉冲继电器；Reflex iC60 集成控制断路器、模拟传感器和脉冲表计等的数据。数据包括分闸 / 合闸状态、脱扣状态、分闸 / 合闸循环次数和脱扣动作次数、负载的总运行时间（设备关闭）；脉冲表计（水、电、气等）记录的脉冲数、脉冲值设置（默认：10Wh）、记录的总能耗、重置电表和数字输入 / 输出；一氧化碳传感器、光照传感器、湿度传感器和温度传感器的信号及 0~10V 或 4~20mA 工业信号。

Acti 9 PowerTag Link SI B 智能网关模块 B 型外形尺寸为长 359mm× 宽 42mm× 高 22.5mm，安装在配电柜中，每排 24 模块宽度，导轨间最小间距为 150mm，使用配套锁定夹和安装附件安装。使用 Ecoreach 软件对连接的设备进行通信和接线测试。可进行电气导通性测试（连接设备的布线）；有线、无线设备和模拟信号、Modbus 设备的通信测试；使用 Modbus 通信寄存器编辑完整的测试报告（Excel、pdf 格式），以便于集成到监控系统中；兼容 Windows XP、Windows 7、Windows 8 和 Windows 10 操 作 系 统。Ecoreach 软 件 可 从 schneider-electric.com 下载。

2. Acti 9 PowerTag Link 无线电能测量模块

Acti 9 PowerTag 是施耐德电气 EcoStruxure Power 智能配电架构互联互通产品层的一类无线电能测量模块，可根据需要，选择 Acti 9 PowerTag Link 智能网关模块（D 型 /HD 型）、PowerTag M63/P63/F63 型无线电能测量模块、PowerTag NSX 无线电能测量模块和 Acti 9 PowerTag Link SI D/B 智能网关模块配置终端配电智能化系统，实现从一级配电到终端配电的端到端远程实时监控。

Acti 9 PowerTag Link 智能网关模块（D 型 /HD 型）无线接收 PowerTag M63/P63/F63 的数据，再通过 Modbus 主站向上传输数据，Acti 9 PowerTag Link 智能网关模块 D 型最多可连接 20 个 PowerTag M63/P63/F63 型模块；Acti 9 PowerTag Link 智能网关模块 HD 型最多可连接 100 个 PowerTag M63/P63/F63 型模块。

PowerTag M63/P63/F63 型无线电能测量模块用于 63A 以内的 Acti 9 系列断路器、Multi 9 系列断路器和 Compact NSX 系列断路器，PowerTag 的不同品种可安装在断路器顶部（电源侧）或底部（负载侧）。有 1P/1P+N/3P/3P+N 几种类型，无需接线，可快速安装到新装或现有配电柜中。

PowerTag M63/P63/F63 与 Acti 9 PowerTag Link 配合使用，模块间无线传输，通过内嵌集成网页可用来监测开关状态及实时电气量，可实时测量相 / 线电压、电流、有功功率、总功率、单相功率、功率因数和能耗计量等。

图 2-45 是 PowerTag M63/P63/F63 与 Acti 9 PowerTag Link 的外形图及使用示例。

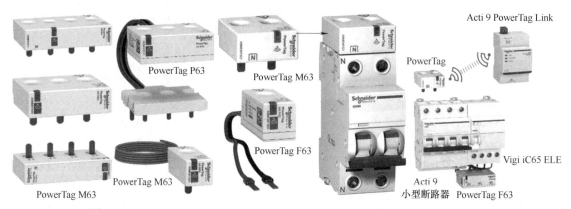

图 2-45　PowerTag M63/P63/F63 与 Acti 9 PowerTag Link 的外形图及使用示例

3. FDM128 柜门显示单元

FDM128 柜门显示单元安装在柜门上，可显示 8 台断路器的电气参数、报警日志和维护信息，并可进行断路器的遥控操作、多用户操作权限设置等。

4. 本地管理平台

电力监控自动化系统 EcoStruxure Power SCADA Expert（PSE）具有监视和控制功能，可对配电设备进行自动或手动控制、查看画面、读 / 写可变参数、监测实时功率和电能数据、报警和事件状态、设备状态（开 / 闭，温度），并进行控制等。

电能管理软件（PME）是专门用于配电管理的软件平台，通过对电能，以及水、空气、天然气和蒸汽等的综合能耗采集、计算、建模、预测和追踪以实现能源优化。

智能型电力故障诊断及预警系统 Power Outage Insight（POI）也称站控专家、电柜医生，由工业 PC、I/O 模块、无线远程合闸按钮和短路测试装置构成，安装在低压配电柜内，用于动态监测低压配电系统，以实现对配电系统的故障预警、诊断以及安全快速恢复供电的系统解决方案。

千里眼运维专家 EcoStruxure Facility Expert 平台将智能硬件中的有效信息进行处理，实现配电设备运行状态监视、运行维护作业管理和设备资产管理，可通过网页或手机 APP 掌控所有站点的设备运维和能耗状况，自动生成专业报告，及时获取报警和预警通知，实现电子化运维管理流程。

5. 远程管理云平台

千里眼顾问 EcoStruxure Facility Advisor 根据"千里眼运维专家"所收集的系统运行数据进行深入解析，评估电气设备健康度，并通过专家远程诊断给予用户电气系统优化建议和资产健康诊断报告，以更加智能高效地进行数字化运维。

云能效顾问 EcoStruxure Energy Advisor 是构建在云托管平台上的能源管理平台。以电、水、热、气等多种能源介质数据，以及天气、价格等信息为数据源，网页端与手机端协同工作，为用户提供能源信息的存储和展示、智能指标预测、智能能效诊断、节能量测量与验证、智能筛选最佳方案和专家顾问分析服务，制定有效节能策略，达成节能降耗的目标。

电力顾问 EcoStruxure Power Advisor 构建在云托管平台上，可根据需求定制服务级别，电力顾问依据配电系统的实时变化进行调整，主动诊断检查，通过对电能质量、系统运行状况的分析，提出专家级建议，实现定期高效的主动运维服务，提高配电系统的可靠性和高效性，降低系统故障风险，并优化最终决策。

智能配电系统的本地与远程平台架构如图 2-46 所示。

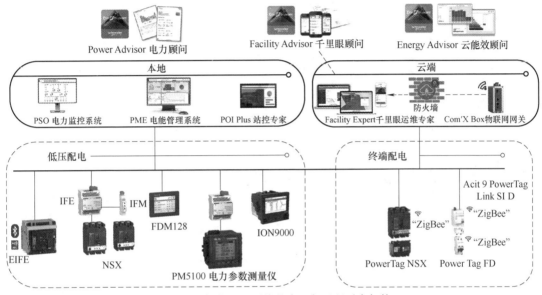

图 2-46 智能配电系统的本地与远程平台架构

6. 智能低压配电系统主要构成元件选型与配置

表 2-16 列出了智能低压配电系统主要构成元件及其功能简介，通过对这些元件的选型与配置，可构成不同规模的智能低压配电系统，可以是大、中型集中控制的三级配电系统，也可以是超小型的分散终端配电系统。更详细的介绍请参阅施耐德电气的产品资料。

表 2-16 智能低压配电系统主要构成元件及其功能简介

产品外形	产品型号	名称及功能概述	接口（连接设备）	接口（连接服务器）
	Com'X 专用网关	具有以太网接口，可获取能耗数据和设备运维数据以有线或无线方式推送数据到云端生成综合管理界面	Modbus 主站	以太网线缆 + WiFi + GPRS
	POI 故障预警及诊断模块	产品包括工业 PC、I/O 模块、短路测试器、无线按钮，通过 POI Plus 站控专家系统可动态监控低压配电系统，实现故障预警、故障诊断及系统恢复	Modbus 主站	以太网
	FDM128	彩色触摸屏柜门显示单元，可同时获取最多 8 台设备的电气参数，可实现有权限的监控功能及远程网页访问或手机 APP 访问。程序预设定，免调试，即插即用	—	以太网

（续）

产 品 外 形	产 品 型 号	名称及功能概述	接口（连接设备）	接口（连接服务器）
	FDM121	柜门显示单元，可以获取单台框架或塑壳断路器的电气参数，并可实现监控功能	ULP	—
	FDM12D	专为 PowerTag NSX 配套的柜门显示屏，可同时监测 14 台断路器	—	—
	IFE（IFE1）以太网接口智能网关	IFE 可同时连接一台 MT 或 MTZ 框架断路器，多台 NSX 塑壳断路器以及 iEM33 系列、PM3 系列等表计。IFE1 仅可连接一台	Modbus 主站和 ULP	以太网
	EIFE	MTZ 框架断路器的内置以太网接口	Modbus 从站和 ULP	以太网
	PowerTag Link NSX 测量通信模块	专用于采集单台 Compact NSX 断路器运行过程中的电气参数，并通过无线通信协议无线传输至网关 PowerTag Link SI B	—	—
	I/O	输入 / 输出智能模块，采集上传框架式、塑壳断路器的位置触头信息及其他开关量信息并上传到 IFE 智能网关	ULP	ULP
	IFM	用于 NSX 塑壳断路器的 Modbus 通信模块，将 ULP 转为 Modbus 协议	ULP	Modbus 从站
	Acti 9 PowerTag Link SI B	以太网智能终端，有一个以太网接口和 Modbus 主站接口，可实现设备的远程监控及邮件报警，内嵌网页显示	Modbus 主站	以太网
	Acti 9 PowerTag Link Modbus	Modbus 智能接口，有一个 Modbus 从站接口，可实现终端设备监控及分布式能效数据连接	—	Modbus 从站
	电力参数测量仪表	具有多种电力仪表，包括 PM8000、PM5000、IEM 导轨表等系列，测量精准，安装方便	—	—
	Masterpact MTZ 断路器	具有内置式测量和通信功能	—	Modbus 从站
	Compact NSX 塑壳断路器	具有内置式测量和通信功能	—	Modbus 从站
	Acti 9 iC65 系列小型断路器	iCT/iTL/Reflex/iOF SD/RCA 远程控制附件，可配 PowerTag FD 无线通信附件	—	Modbus 从站

2.6 控制与保护开关电器（设备）

控制与保护开关电器（设备）（Control and Protective Switching devices or equipment, CPS），是可以手动或以其他方式操作、带或不带就地人力操作装置的开关电器（设备）。"可以手动或以其他方式操作"指电器可以通过一种或多种外部激励被控制或保持在工作位置。CPS 可以是电磁式的，也可以是电子式的。可以是单一电器或多个电器组合而成，但它是一个整体（或单元）。

CPS 能够接通、承载和分断正常条件下包括规定的运行过载条件下的电流，且能够接通、在规定时间内承载、分断规定的非正常条件下的电流，具有过载和短路保护功能，这些功能经协调配合使得 CPS 能够在分断直至其额定运行短路分断能力的所有电流后连续运行。协调配合可以是内在固有的，也可以是按照规定经正确选取脱扣器而获得的。连续运行是指 CPS 承受规定条件下的过电流后能够恢复运行。一个 CPS 可以具有一个以上的休止位置。例如，（接触器的）休止位置，当接触器的电磁铁未被施加能量时，接触器可动部件所处的位置。

CPS 是一大类产品，包括各种接触器、各种保护用继电器、三相交流笼型异步电动机（以下除非特指，简称电动机）直接起动器、星 - 三角起动器、自耦减压起动器、绕线转子三相交流电动机转子变阻式起动器和综合式起动器等。

本节中的术语与定义依据国家标准 GB 14048.4—2010、GB/T 14048.6—2016、GB 14048.9—2008、GB/T 14048.12—2016 等中的条款编写的，标准中有些术语和定义与传统惯用的不尽相同。本书所述的有些术语与定义是参照上述标准，并根据传统惯用术语，从易于理解上进行定义的，仅供参考。若需深入研究，建议对照 IEC 标准原文去理解。

2.6.1 接触器

接触器是一种用于在低压配电系统中远距离控制、频繁操作交、直流主电路及大容量控制电路的自动控制开关电器，主要应用于电动机、电热设备、电容器组等的控制。接触器与保护电器组合可构成各种电动机起动器。

接触器的分类有不同的方式，如按灭弧介质分，有空气电磁式接触器和真空接触器等；按主触头控制的电流种类分，有交流接触器、直流接触器、切换电容接触器、机械联锁（可逆）接触器、建筑用接触器等。

2.6.1.1 相关术语与定义

1）（机械）接触器（交流和直流接触器），仅有一个休止位置，能接通、承载和分断正常电路条件（包括过载运行条件）下的电流的一种非手动操作的机械开关电器。术语"非手动操作"指电器可用一个或多个外部电源控制和保持在工作位置上。接触器可根据提供闭合主触头所需的力的方式等来命名，如电磁式接触器、半导体接触器、真空接触器等。

2）电磁式接触器，由电磁机构产生的力闭合或分断主触头的接触器。电磁机构可以是电子式控制的，电子式控制线圈由带有有源电子元件的电路激励。

3）半导体接触器（固态接触器），利用半导体器件实现接触器功能的电器。

4）真空接触器，低压交流真空接触器与一般空气式接触器相似，不同的是，真空接触器以真空为灭弧介质，触头密封在真空灭弧室（真空开关管）中。真空开关管是真空接触器的核心元件，其主要技术参数决定真空接触器的主要性能。

5）切换电容器接触器，专用于低压无功补偿设备中投入或切除并联电容器组，以调整用电系统的功率因数。切换电容器接触器带有抑制浪涌装置，能有效地抑制接通电容器组时出现的合闸涌流对电容的冲击和开断时的过电压。

6）接触器式继电器，用作控制开关的大容量继电器。接触式继电器与电磁继电器工作原理相同。电磁继电器无灭弧罩。接触式继电器有灭弧罩，结构类似接触器，所以叫接触器式继电器。

7）可逆接触器，用于控制较大功率电动机正、反转控制，由两台标准型接触器、一个机械互锁单元和电气联锁机构组成，机械联锁机构，保证两台可逆接触器触头可靠转换，保证在任何情况下（如机械振动或错误操作而发出的指令）都不能使两台交流接触器同时吸合，而只能是当一台接触器断开后，另一台接触器才能闭合，能有效地防止电动机正、反转转换时出现相间短路的可能性。

8）直流接触器，用在直流电路中的一种接触器。

9）自锁，电器动作后能自行锁住防止误动作。

10）联锁与联锁机构，联锁是在几个电器或部件之间，为保证电器或其部件按规定的次序动作或防止误动作而设的连接。联锁机构是使开关电器的动作取决于设备的一个或几个其他部件的位置或动作的机构。

11）电气联锁，通过电的方法来实现的联锁。

12）机械联锁，通过机械的方法来实现的联锁。

2.6.1.2　接触器的结构原理

电磁式接触器由电磁系统、触头系统、灭弧系统、释放弹簧机构、接线端子、绝缘外壳及基座等几部分组成。电磁系统包括吸引线圈、动铁心和静铁心。触头系统包括主触头和辅助触头，它和动铁心一起联动，工作原理见 1.2.3 节。图 2-47 是交流接触器的典型结构。

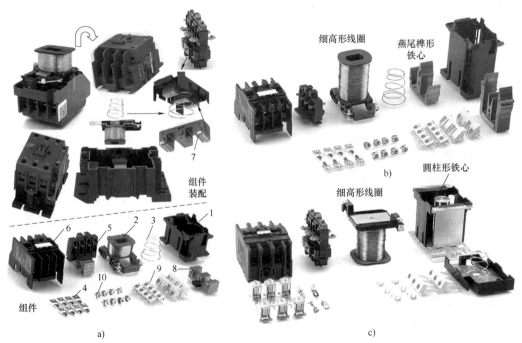

图 2-47　交流接触器的典型结构

1—底座　2—线圈　3—反作用力弹簧　4—静触头　5—动触头　6—面盖　7—动铁心与短路环
8—静铁心　9—接线端子护盖　10—螺钉

接触器的触头有主触头和辅助触头两类。主触头用于主回路，辅助触头用于控制回路。触头结构有双断点直动式和单断点转动式。中小容量的交、直流接触器的主、辅触头采用直动式双断点桥式结构设计，大容量的主触头采用单断点转动式指型触头。交流接触器的主触头流过主回路电流，产生的电弧是交流电弧；直流接触器主触头流过主回路电流，电弧是直流电弧。直流接触器常采用磁吹式灭弧，交流接触器常采用多纵缝灭弧。

中小容量的交、直流接触器的电磁机构采用直动式磁系统，大容量的采用绕棱角转动的拍合式电磁铁结构。对于交流接触器，为了减小因涡流和磁滞损耗造成的能量损失和温升，铁心和衔铁用硅钢片叠成。线圈绕在骨架上做成扁而厚的形状，与铁心隔离，这样有利于铁心和线圈的散热。直流接触器的铁心中不会产生涡流和磁滞损耗，铁心和衔铁用整块电工软钢或工业纯铁制作成圆柱形或燕尾榫形，线圈绕制成高而薄的圆筒状，且不设线圈骨架。大容量直流接触器采用串联双绕组线圈，包括一个起动线圈和一个保持线圈，接触器本身的一个常闭辅助触头与保持线圈并联。在电路刚接通瞬间，保持线圈被常闭触头短接，可使起动线圈获得较大的电流和电弧吸力。当接触器动作后，常闭触头断开，两线圈串联工作，保持衔铁吸合。

2.6.1.3　接触器的工作原理

图 2-48 是交流接触器外形及接线示意图。

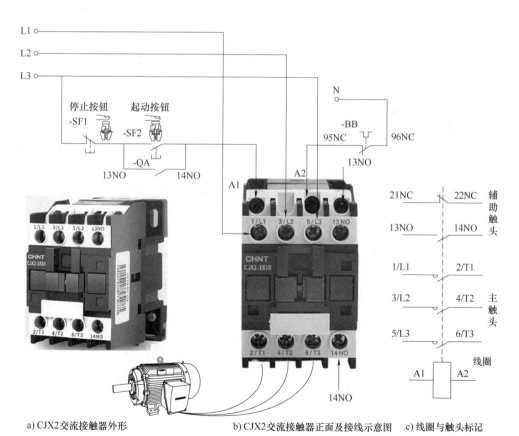

a) CJX2交流接触器外形　　　　b) CJX2交流接触器正面及接线示意图　　c) 线圈与触头标记

图 2-48　交流接触器外形及接线示意图

图 2-48c 所示有三层含义，一是示出了交流接触器的线圈和触头的图形符号，二是示出了交流接触器的线圈和触头的机械联动关系（垂直虚线），三是交流接触器产品上线圈和触头的标记，接线时要严格按照标记接线。

交流接触器的基本工作原理是利用电磁原理通过控制电路（见图 2-48b）中的停止按钮至热过载继电器触头（-BB）的回路的控制和可动衔铁的运动来带动触头控制主电路通断的。当接触器电磁线圈不通电时，弹簧的反作用力使主触头保持断开位置。当按下起动按钮（-SF2），接触器线圈（A1-A2）通过控制回路得到控制电压时（图 2-48b 中的控制电压为 220V），接触器线圈产生的电磁力克服反力弹簧的反作用力将衔铁吸向静铁心，从而带动主触头闭合，接通主电路，同时常开辅助触头（13NO-14NO）也随之动作并锁住起动按钮（称为自锁），电动机得电起动并运行。如果要停止电动机运行，只要按下停止按钮（-SF1），使控制回路失电，接触器线圈（A1-A2）失电，衔铁在反力弹簧的反作用力下迅速返回，并带动所有触头返回，电动机主电路失电，停止运行。

2.6.1.4　接触器的主要特性参数

接触器应用十分广泛，生产厂商、产品系列、品种繁多，其结构和工作原理基本相同，但有些产品在功能、性能和技术含量等方面各有独到之处，选用时可根据需要择优选择。接触器主要有如下主要特性参数。

1）接触器的型式，包括额定值和极限值、极数、电流种类、使用频率、灭弧介质、操动方式、使用类别、工作制等。

2）额定值和极限值，包括额定工作电压、额定绝缘电压、约定发热电流、约定封闭发热电流（有外壳时的）、额定工作电流或额定功率、额定工作制、额定接通能力、额定分断能力和耐受过载电流能力、辅助触头的约定发热电流、使用类别。其中，额定工作电压指主触头所在电路的电源电压；耐受过载电流能力是指接触器承受电动机的起动电流和操作过负荷引起的过载电流所造成的热效应的能力。

3）工作制，接触器有四种标准工作制，即 8h 工作制、连续工作制、断续周期工作制和短时工作制。8h 工作制是接触器的基本工作制，约定发热电流参数就是按 8h 工作制确定的。参见 1.3 节。

4）使用类别，接触器有四种标准使用类别。主触头使用类别为，交流 AC-1~AC-4，直流 DC-1、DC-3、DC-5；辅助触头使用类别为，交流 AC-11、AC-14、AC-15，直流 DC-11、DC-13、DC-14。参见 1.3 节。

5）控制电路，有电流种类、额定频率、额定控制电路电压 U_c 和额定控制电源电压 U_s 等几项参数。在多数情况下，控制电路电压与主电路额定工作电压相同，当不同时，应选用制造厂规定可选的控制电压。

6）辅助电路，包括辅助电路种类、触头种类及触头数量、附加功能附件等，如欠电压保护、过电压保护、断相保护、空气延时附件等。一般以附件形式提供。

2.6.1.5　接触器的选用原则

接触器的选用主要是选择型式、主电路参数、控制电路参数和辅助电路参数，以及电寿命、使用类别和工作制，另外需要考虑负载条件的影响，分述如下：

1. 型式的确定

型式的确定主要是确定极数和电流种类，电流种类由系统主电流种类确定。三相交流系统中一般选用三极接触器，当需要同时控制中性线时，则选用四极交流接触器，单相交流和直流系统中则常有两极或三极并联的情况。一般场合下，选用空气电磁式接触器；易燃易爆场合应选用防爆型及真空接触器等。

2. 主电路参数的确定

主电路参数主要是额定工作电压、额定工作电流（或额定控制功率）、额定通断能力和耐受过载电流能力。

接触器可以在不同的额定工作电压和额定工作电流下连续工作。但在任何情况下，所选定的额定工作电压都不得高于接触器的额定绝缘电压，所选定的额定工作电流（或额定控制功率）也不得高于接触器在相应工作条件下规定的额定工作电流（或额定控制功率）。额定通断能力应高于通断时电路中实际可能出现的电流值。耐受过载电流能力也应高于电路中可能出现的工作过载电流值。

这些数据可通过不同的使用类别及工作制来反映，当按使用类别和工作制选用接触器时，实际上已考虑了这些因素。生产中广泛使用的中、小容量笼型异步电动机的负载一般属于 AC-3 使用类别。如果负载明显地属于重任务类，则应选用 AC-4 类别。

3. 控制电路和辅助电路参数的确定

接触器的线圈电压应按选定的控制电路电压确定。控制电路电流种类分交流和直流两种，一般情况下选用交流 220V 或 380V，当操作频繁时则常选用直流。

接触器的辅助触头种类和数量，一般应根据系统控制要求确定所需的辅助触头种类（常开或常闭）、数量和组合型式，同时应注意辅助触头的通断能力和其他额定参数。当接触器的辅助触头数量和其他额定参数不能满足系统要求时，可增加接触器式继电器以扩大功能。

4. 电动机用接触器的选用

电动机用接触器根据电动机使用情况及电动机类别应按产品样本及手册选用。当电动机常需要点动、反向运转及制动时，使用类别应选 AC-4。

对于一般设备用电动机，工作电流小于额定电流，一般选用触头容量大于电动机额定容量的 1.25 倍即可。对于在特殊情况下工作的电动机要根据实际工况考虑。如电动葫芦属于冲击性负载、重载起停频繁、反接制动等，计算工作电流时要乘以相应倍数。

绕线转子电动机接通电流及分断电流都是 2.5 倍额定电流，一般起动时在转子中串入电阻以限制起动电流，增加起动转矩，使用类别为 AC-2，可选用转动式接触器。

5. 切换电容器接触器的选用

当电容器被接入电路时，电容器回路会产生瞬态充电现象，出现很大的合闸涌流，涌流大小与电网电压、电容器的容量和电路中的阻抗有关，因此，触头闭合过程中烧蚀严重，应当按计算出的电容器电路中最大稳态电流和实际电力系统中接通时可能产生的最大涌流峰值进行选择，并应选用带强制泄放电阻的切换电容器接触器。选用时要根据产品样本说明，并考虑无功补偿装置标准中的规定，额定电流应不小于其负载的额定电流的 1.65 倍。电容器投切瞬间产生的涌流不应超过电容器和电容器投切器件的最大允许电流。详见 GB/T 22582—2008《电力电容器　低压功率因数补偿装置》。

6. 控制电热设备的交流接触器的选用

常用的电热设备有电阻炉、调温设备等，此类负载属于 AC-1 使用类别，选用接触器时按照额定工作电流等于或大于电热设备的工作电流的 1.2 倍选择。

7. 接触器和低压断路器的配合

接触器的约定发热电流应小于低压断路器的过载电流，接触器的接通、断开电流应小于低压断路器的短路保护电流，并以此确定低压断路器的过载脱扣和电磁脱扣系数，这样断路器才能保护接触器。实际中，接触器在一个电压等级下约定发热电流和额定工作电流比值在1~1.38之间，而低压断路器产品样本中给出多种反时限过载系数，需要结合实际经核算后进行选择。

2.6.2　热过载继电器

热过载继电器是一种利用电流热效应原理工作的电器，具有与三相笼型异步电动机容许过载特性相近的反时限动作特性，使用时要与相匹配的接触器配合使用，用于对电动机的过电流和断相保护。常用的电动机保护装置种类很多，但使用最多、最普遍的是三相双金属片式热过载继电器，有与接触器插入安装和独立安装两种型式。

2.6.2.1　相关术语与定义

1）过载继电器（热过载继电器、热继电器），是一种电动机过载保护元件，与接触器配合使用接入主电路内，由流入热元件的电流产生热量，使有不同膨胀系数的双金属片发生弯曲形变，当形变达到一定位移程度时，就推动导杆动作，使接触器失电，主电路断开，实现电动机的过载保护。

2）断相保护热过载继电器或脱扣器，按规定的要求，当过载和断相时动作的多极热过载继电器或脱扣器。

3）电子式过载继电器（电子式过载保护继电器、电子式热继电器、数字式热继电器、智能热继电器），采用电子器件和数字处理技术，通过内置的电流互感器检测电动机的三相负载电流，可以显示三相电流并根据电流判断是否存在过载、欠载、断相、三相电流不平衡等故障。当电动机发生故障时，内部继电器触头断开，切断电动机电源。

4）智能电动机保护器，是一种多功能电动机保护器，具有过载保护、堵转保护、短路保护、相序保护、三相电流不平衡保护、断相保护、欠载保护、过（欠）电压保护、漏电保护、接地保护、接触器故障保护、故障记录、模拟量输出、远程控制、显示、声光报警和通信等功能。

5）整定，调整和确定电器动作值的工作。

2.6.2.2　热过载继电器的结构原理

热过载继电器的热元件是由双金属片及缠绕在双金属片上的电阻丝组成。双金属片是一种将两种线膨胀系数不同的金属用机械辗压方法使之形成一体的金属片。膨胀系数大的（如铁镍铬合金、铜合金或高锰合金等）称为主动层，膨胀系数小的（如铁镍类合金）称为被动层。由于两种线膨胀系数不同的金属紧密地贴合在一起，因此，当电流通过双金属片产生热效应时，使得双金属片向膨胀系数小的一侧弯曲，由弯曲产生的位移带动触头电路动作，使控制电路断开，从而使接触器失电，主电路断开，实现电动机的过载保护。

热元件的电阻丝是一种具有均匀米电阻值的铜镍合金、镍铬铁合金或铁铬铝合金电阻材料，其形状有圆丝、扁丝、片状和带材几种。中小容量的热过载继电器大多采用圆丝和扁丝复绕在条状双金属片上，大容量热过载继电器一般采用片状或带材将其制成各种条形并紧贴在条形双金属片上。

图2-49所示是热过载继电器的结构原理示意图。

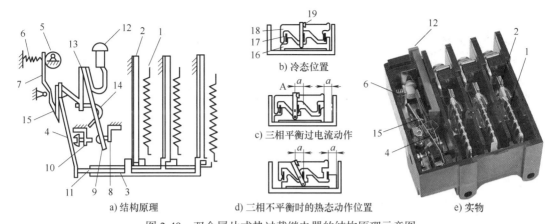

图 2-49　双金属片式热过载继电器的结构原理示意图

1—电阻丝　2—双金属片　3—导板　4—补偿双金属片　5—电流调节凸轮　6—压簧　7—连杆　8—常闭触头
9—动触头　10—常开触头　11—杠杆　12—复位按钮　13—片簧机构　14—弓簧机构　15—推杆　16—下顶板
17—双金属片　18—上顶板　19—摆动杠杆　A—动作位置

图 2-49a 中，为说明原理，将热元件的双金属片和电阻丝分离表示。热元件（双金属片 2 和电阻丝 1）直接串接于电动机定子电路中。当出现过电流时，双金属片受热向左弯曲，使导板 3 向左推动补偿双金属片 4，使它顺时针方向转动，推动电流调节凸轮 5，到达一定位置后，压簧 6 的作用力方向改变，使连杆 7 脱离推杆 15 向左运动，带动常闭触头 8 打开，常开触头 10 闭合。补偿双金属片 4 可以在规定温度范围内补偿环境温度对热过载继电器的影响。如果周围环境温度升高，双金属片 2 向左弯曲程度加大，补偿双金属片也向左弯曲，使导板 3 与补偿双金属片同步改变，反之亦然。调节热过载继电器面板上的整定电流调节旋钮，也就是改变了补偿双金属片与导板同步移动的距离即改变了热过载继电器的整定电流值。这种特性称为热过载继电器的时间 - 电流特性。

电动机的过载保护功能是由上、下导板组成的差动机构同步动作来实现的。图 2-49b 为冷态时的位置。运行时，当三相电流小于整定动作电流值时，三个热元件正常发热，双金属片端部均向左弯曲并推动上顶板 18 和下顶板 16 同时左移，但达不到动作位置。当过电流达到整定动作电流时，双金属片弯曲较大，推动上、下顶板平行移动，使摆动杠杆 19 移动到动作位置 A，移动的距离为 a 时，热过载继电器脱扣，起到过载保护作用（见图 2-49c）。当发生任意一相断相时，三相系统失去平衡，由于该相电流为零，双金属片不发生弯曲，下顶板不能跟随上顶板移动，而停留在原位不动，迫使摆动杠杆扭转偏移，当偏移距离为 a 时，热过载继电器脱扣，起到断相保护作用（见图 2-49d）。采用差动式动作原理的热过载继电器，具有很强的温度补偿特性。当外界温度在 -20~60℃ 范围内变化时，也能进行自动补偿，提高了动作可靠性。热过载继电器动作后，一般在 2min 内能可靠地手动复位，在 5min 内能可靠地自动复位。手动复位是按下按钮 12，迫使连杆 7 退回原位，压簧 6 受压，使常闭触头闭合，恢复原始状态。

2.6.2.3　热过载继电器的选用

选用过载继电器时应根据使用条件、工作环境、电动机的型式及其运行条件及要求、电动机起动情况及负荷情况等几个方面综合考虑。必要时应进行合理计算。

1）过载继电器的特性参数主要有脱扣级别、额定频率和变比（具有电流互感器的过载继电器）、时间 - 电流特性、类型、复位方式和脱扣时间等，标志在过载继电器上。

① 脱扣级别，即电流整定值（或整定范围），脱扣级别分为2级、3级、5级、10A级、10级、20级、30级和40级，每一级别都有相对应的整定电流范围，对应整定电流倍数（1.0、1.2、1.5、7.2）的动作时间，在产品样本中有说明。如10级脱扣级别在1.5倍整定电流下，应在4min内动作。

② 时间-电流特性（或电流特性范围），根据脱扣级别规定的条件下，脱扣时间超过40s时的最大脱扣时间。在-5℃或更低温度下，如果脱扣等级为10A级的过载继电器，其脱扣时间大于2min，则标明脱扣时间。时间-电流特性也称为反时限特性曲线。三相笼型异步电动机容许的时间-电流特性和过载继电器的时间-电流特性如图2-50所示。

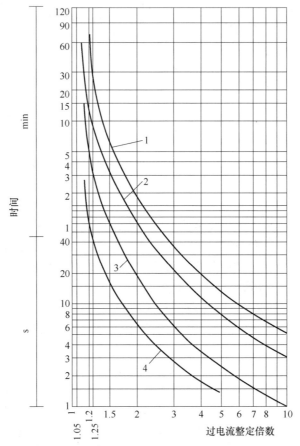

图2-50　三相笼型异步电动机和过载继电器的时间-电流特性
1—三相笼型异步电动机容许的时间-电流特性　2—过载继电器的冷态时间-电流特性
3—过载继电器的热态时间-电流特性　4—过载继电器的断相保护特性

三相笼型异步电动机在实际运行中，常会发生因为被拖动生产机械的异常工作状态，导致电动机过载运行，从而使电动机绕组中的电流增大，温度升高。若过载电流不大且过载时间较短，电动机绕组不超过允许温升，这种过载是允许的。但若过载时间长，过载电流大，电动机绕组的温升就会超过允许值，严重时会使电动机绕组烧毁。这是由三相笼型异步电动机容许的过载时间-电流特性所决定的。选用热过载继电器时，应使热过载继电器的时间-电流特性与电动机的容许时间-电流特性相匹配，才能起到保护作用。

③ 过载继电器的类型，有热过载继电器、电磁过载继电器、电子过载继电器或无热记忆的电子式过载继电器等类型。

④ 复位方式：手动和（或）自动；手动和自动复位均有。热过载继电器有复位按钮。

2）选择热过载继电器型式前应首先确定接触器的类型和形式，一般选用与接触器相同品牌及其配套系列的热过载继电器，时间 - 电流特性与电动机的过载时间 - 电流特性匹配。然后按实际安装情况选择安装形式。图 2-51 是热过载继电器与接触器配套使用示意图。

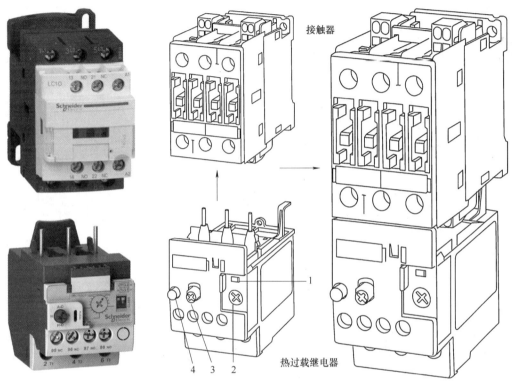

图 2-51　热过载继电器与接触器配套使用示意图
1—位置指示和试验按钮　2—电流调节旋钮　3—复位旋钮　4—停止按钮

图 2-51 中，热过载继电器是与接触器插入安装式，左侧实物只是示意，与右侧示意图并不对应。每一系列的与接触器插入安装式热过载继电器一般只能和相适应系列的接触器配套使用，如 3UA 系列热过载继电器与 3TB、3TF、3TW 等系列接触器配套使用，T 系列热过载继电器与 B 系列接触器配套使用。图 2-52 是热过载继电器与接触器配套使用时的接线示意图。

图 2-52 中，控制端子接线：95 NC → 14 NO；96 NC →接触器线圈端子（A1 或 A2，图中未示出）；14 NO → 54 NO；53 NO → 13 NO；13 NO → 3/L3；接触器线圈端子（A1 或 A2）→ 1/L1。热过载继电器操作面板上有动作脱扣指示，可以显示热过载继电器已经动作；有一个多档位整定电流旋钮，整定电流范围是由不同的脱扣级别确定的，可根据需要选择整定电流范围和动作值；有手动和自动复位按钮及一对辅助触头接线端子（NO- 常开和 NC- 常闭）等。

3）原则上热过载继电器的额定电流应按电动机的额定电流选择。但对于热过载能力较差的电动机，其配用的热过载继电器的额定电流应适当小些。通常选取热过载继电器的额定电流（实际上是选取热元件的额定电流）为电动机额定电流的60%~80%，并应校验动作特性。选择的热元件额定电流一般应略大于电动机的额定电流，取1.1~1.25倍，对于反复短时工作、操作频率高的电动机取上限。

　　在不频繁起动的场合，要保证热过载继电器在电动机的起动过程中不产生误动作。通常当电动机起动电流为其额定电流的6倍及以下、起动时间不超过5s时，若很少连续起动，就可按电动机的额定电流选用热过载继电器。当电动机起动时间较长时，就不宜采用热过载继电器，而采用其他型式的过载继电器或过电流继电器作为保护。

　　4）热过载继电器的主要参数是脱扣级别（整定电流范围），该参数选择得是否合适，直接影响热过载继电器的保护性能和动作的可靠性。通常选择的脱扣级别的中间值应等于或稍大于电动机的额定电流。热过载继电器投入使用前必须对脱扣级别进行整定，以保证电动机能得到有效的保护。

　　一般情况下，整定电流可调整为电动机的额定电流；当电动机起动时间较长时，选择脱扣级别为电动机额定电流的1.1~1.15倍；当电动机的过载能力较弱时，选择脱扣级别为电动机额定电流的60%~80%；对于反复短时工作的电动机，脱扣级别的调整必须通过现场试验。先将整定电流调整到比电动机的额定电流略小，如果发现热过载继电器经常动作，就逐渐调大其整定值，直到满足运行要求为止。例如，一台10kW/380V三相

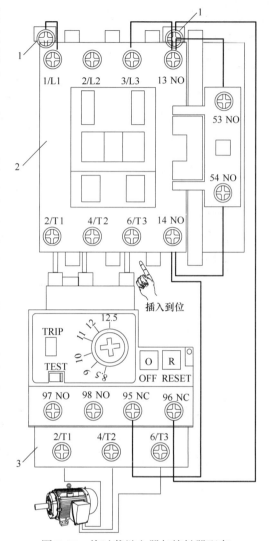

图2-52　热过载继电器与接触器配套使用时的接线示意图
1—接触器线圈端子　2—接触器本体
3—热过载继电器本体

异步电动机，额定电流为19.9A，选用的热过载继电器整定电流为17A—21A—25A，先按一般情况整定在21A，若发现有误动作，可将整定电流改至25A继续观察；若在21A，电动机温升高，而热过载继电器滞后动作，则可改在17A观察，以得到最佳的配合。

　　5）由于热过载继电器有热惯性，不能作短路保护，应考虑与短路保护的配合问题。当发生短路故障后，如有不正常情况，应及时更换。

　　6）当电动机工作于重复短时工作制时，要注意确定热过载继电器的允许操作频率。因为热过载继电器的操作频率较高时，热过载继电器的动作特性会变差，甚至不能正常工作。对于可逆运行和频繁通断的电动机，不宜采用热过载继电器作保护，必要时可选用装入电动机内部的温度保护。

　　7）热过载继电器一般都有手动复位和自动复位两种复位方式，当采用按钮控制起停电路

时，热过载继电器可设置为自动复位方式；对于重要设备，热过载继电器动作后，需检查电动机与拖动设备，宜采用手动复位方式。

8）热过载继电器应布置在整个开关柜（箱）的下部，如图 2-53 所示。热过载继电器安装接线时应注意连线的导线截面积和长度在允许范围内，应采用说明书规定的导线类型和截面积。一般根据热元件的额定电流来选择连接导线的截面积。

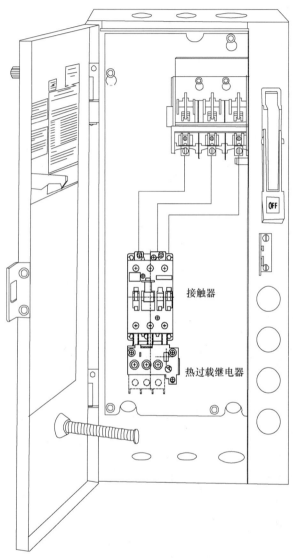

图 2-53　热过载继电器的安装位置示意图

2.7　起动器

通常小容量三相笼型异步电动机在起动时，定子绕组直接接在交流电源上起动，称为直接起动。对于大、中容量的三相异步电动机，一般采用减压起动方式，以防止过大的起动电流引起电源电压的波动，影响其他设备的正常运行。

　　减压起动装置有星-三角（Y-△）起动器、自耦变压器减压起动器、软起动（固态减压起动器）、变阻式起动器（H级起动器）等。各种起动器的起动原理都是基于继电逻辑控制原理，由开关电器级保护电器组合而成。实现这些起动方式的继电逻辑控制电路（系统）在新国标中统称为起动器。

　　无论哪种起动器，都包含起动、停止、自锁、互锁、联锁、顺序、可逆和点动这些基本控制环节的一种或多种及其组合。或者说，无论多么复杂的继电逻辑控制系统都是由这些基本控制环节组合而成的，其最小单元就是这些基本控制环节。本节从继电逻辑控制系统组成原理角度叙述这些基本环节和起动器，作者建议从逻辑控制思维方面去理解以下给出的每一个电路图的组成原理，这里所介绍的电路图本身的用途其实并不重要，重要的是逻辑组成原理。

2.7.1　有关起动器的术语和定义

　　1）直接（全电压）交流电动机起动器（单级起动器），将电路电压直接加到电动机接线端子上，起动和加速电动机全止常转速，并对电动机及其有关电路的过载操作（运行）进行保护，以及切断电动机的电源。

　　2）可逆起动器（正反转控制）与反接制动，用于三相笼型异步电动机的起动、停止或反转运行控制。反接制动是当电动机运行时反接电动机的定子接线而迅速使电动机停止运行。可逆转换，通过电器主触头的转换改变电动机定子回路上的电源相序，以实现电动机反向运转的过程。

　　3）交流减压起动器（星-三角起动器、自耦减压起动器），通过自动转换电器，采用一级以上的转换，将电压施加到电动机的端子上或逐渐施加到电动机端子上，使电动机起动和加速至正常转速，并对电动机及其有关电路的过载操作（运行）进行保护，以及切断电动机的电源。自动转换电器可用于控制从一级到另一级的依次切换操作。例如，延时接触器式继电器或定时限有或无继电器、欠电流继电器和自动加速控制器均可作为自动转换电器。

　　4）变阻式起动器（H级起动器），用一个或多个电阻来得到电动机起动时的转矩特性和限制电流的起动器。一般由三个基本部分构成，包括定子供电用的机械开关电器（通常装有过载保护电器）；接入定子或转子电路的电阻；循序切除电阻用的机械开关电器。H级起动器，在断开和运行位置之间有（$n-1$）个中间加速位置的起动器。例如，三级变阻式起动器有两级电阻用于起动。变阻式起动器的起动时间是起动时起动电阻或部分起动电阻的载流时间。

　　5）保护式起动器，由起动器、开关电器和短路保护电器等集成的一个单元设备。用作三相笼型异步电动机的频繁操作，具有短路保护、过载、断相、温度补偿等电路保护功能的一体化起动器。

　　6）磁力起动器，由接触器和热继电器组合而成的密封式电动机起动器。

　　7）电动机管理控制器，将电动机测量、保护、控制、现场总线、通信、显示、故障诊断等多种功能集成于一体的智能电动机控制器。

　　8）微动（inching）通断，即点动或寸动通断，在很短的时间内多次通断电动机或线圈，使被驱动机构得到小的位移。

　　9）远程控制，在远离被控开关电器处操作的控制，包括通过通信系统来控制。

　　10）就地控制，在被控开关电器上或其附近操作的控制。

　　11）软起动器，"软起动"一词是相对于开关电器类起动器的阶跃起动的开关状态而言，而软起动器的起动是一种斜坡曲线状态，起动完毕后，软起动器将退出主电路，不对电动机进行运行控制，在停机时，执行软停机（斜坡）操作。这种软起动器，国外称为 semiconductor soft-start motor controller（半导体软起动电动机控制器），是一种利用晶闸管开关特性实现斜坡曲线起动，以抑制电动机起动电流，在较低起动转矩下将电动机缓慢加速至正常转速，从而完成电动机起动过程，实质上是一种晶闸管减压起动控制方式，具有软起动、软停车、制动、轻载节能等功能，但不能控制电动机运行，使用时需要配用旁路接触器，旁路接触器有内置和外置两种。

12）半导体电动机控制器（智能电动机控制器），除具有软起动器的功能外，还对电动机的运行过程进行控制，国内也称在线智能软起动器。

2.7.2　继电逻辑控制的基本控制环节

逻辑电路简单地说就是能完成逻辑功能的电路。如果把继电器通电吸合、触头电路闭合定义为逻辑"1"，继电器失电释放、触头电路断开定义为逻辑"0"，就可用继电器组成各种逻辑门电路，起到逻辑控制的功能。将继电器、接触器、按钮、开关等开关器件用导线连接起来构成回路，就可构成各种各样的继电器逻辑控制电路，简称逻辑控制电路（系统）。如果将逻辑控制电路进行二进制逻辑编码，就可将继电器逻辑控制电路（系统）转换为数字逻辑控制电路（系统）。因此，本节内容可视为是数字逻辑控制电路（系统）的基础。

本书根据国家标准 GB/T 5094.1—2018《工业系统、装置与设备以及工业产品　结构原则与参照代号　第 1 部分：基本规则》、GB/T 5094.2—2018《工业系统、装置与设备以及工业产品　结构原则与参照代号　第 2 部分：项目的分类与分类码》，在电路图、接线图、布置图中的每一种电器使用参照代号加以标识。在电路图中主要使用产品"面"参照代号，产品"面"参照代号前缀符号为"-"，字母代码（文字符号）根据 GB/T 5094.2—2018 进行标注，详见 1.5~1.7 节。

2.7.2.1　起停、自锁和点动控制环节

图 2-54 是三相笼型异步电动机全压起停、点动控制电路。这是一个常用的最简单、最基本的控制电路。根据这种控制电路的实际产品称为电磁（力）起动器，如图 2-54d 所示。

图 2-54 中，主电路由隔离开关 -QB、熔断器 -FC1、断路器 -QA1、接触器 -QA2 的主触头、热继电器 -BB 的热元件与电动机 -M 构成，控制回路示出了三种方案，其中方案 1 由起动按钮 -SF2、停止按钮 -SF1、点动控制开关 -SF3、接触器 -QA2 的线圈及其常开辅助触头、热过载继电器 -BB 的常闭触头等构成。

电动机 -M 正常起动时，合上 -QB 和 -QA1，引入三相电源，按下 -SF2，交流接触器 -QA2 的吸引线圈通电，接触器主触头闭合，电动机接通电源直接起动运转。同时与 -SF2 并联的接触器 -QA2 的常开辅助触头闭合，使接触器吸引线圈经两条路通电。这样，当手松开 -SF2 自动复位，接触器 -QA2 的线圈仍可通过其辅助触头使接触器线圈继续通电，从而保持电动机的连续运行。因为这个辅助触头起着自保持或自锁作用，通常称之为自锁触头（-QA2）。这种由接触器（继电器）本身的触头来使其线圈长期保持通电的环节叫"自锁"环节。

"自锁"环节具有对命令的"记忆"功能，当起动命令下达后，能保持长期通电；而当停机命令或停电出现后不会自起动。自锁环节不仅常用于电路的起、停控制中，而且，凡是需要"记忆"的控制，也常运用自锁环节。

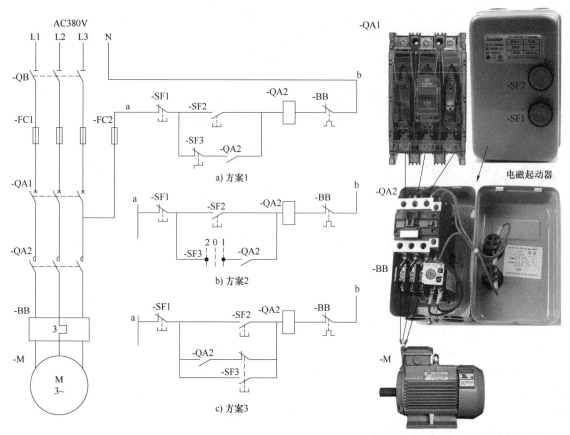

图 2-54 三相笼型异步电动机全压起停、点动控制电路

要使电动机 -M 停止运转，只要按下停止按钮 -SF1，将控制电路电源断开即可。这时接触器 -QA2 线圈断电释放，其常开主触头断开电动机的电源，电动机停止运转。当手松开按钮后，-SF1 的常闭触头在复位弹簧的作用下，虽又恢复到原来的常闭状态，但接触器线圈已不再能依靠自锁触头通电了，因为原来闭合的自锁触头已随着接触器的断电而复位。

另外，由图 2-54 可见，电路具有以下保护环节和功能：

1）熔断器 -FC1 在电路中起后备短路保护作用，电路的短路主保护由低压断路器承担。

2）热过载继电器 -BB 在电路中起电动机过载保护作用，具有与电动机的允许过载特性相匹配的时间 - 电流特性。由于热过载继电器的热惯性比较大，即使热元件流过几倍额定电流，热过载继电器也不会立即动作。因此在电动机起动时间不太长的情况下，热过载继电器应能耐受电动机的起动冲击电流而不动作，只有在电动机长时间过载情况下才动作，断开控制电路，使接触器断电释放，电动机停止运转，实现电动机过载保护。

3）欠电压保护与失电压保护是依靠接触器本身的电磁机构来实现的。当电源电压由于某种原因而严重降低或失电压时，接触器的衔铁自行释放，电动机停止运转。而当电源电压恢复正常时，接触器线圈也不能自行通电，只有在操作人员再次按下起动按钮后电动机才会起动。

4）"点动"控制，某些生产机械在安装或维修后常常需要试车或调整，此时就需要通过"点动"控制来查看电动机的转向和维修情况，图 2-54 所示就是实现点动的几种控制电路。

由图可见，"点动"控制就是当操作某一开关或控制按钮时，其常开触头接通电动机起动控制回路，电动机转动，松开按钮后，由于按钮自动复位，其常开触头断开，电动机停转。"点动"起停的时间长短由操作者手动控制。

图 2-54a 中，如在自锁回路中设置一个拨动开关 -SF3，就可构成一个最基本的点动控制电路。当需要点动时，打开拨动开关 -SF3，使自锁回路断开，当按下按钮 -SF2 时，接触器通电吸合，主触头闭合，电动机接通电源起动。当手松开按钮时，接触器断电释放，主触头断开，电动机被切断而停止。从而实现点动控制。

图 2-54b 是用旋转开关 -SF3 控制点动的方案。当需要点动时将旋转开关 -SF3 转到断开位置，操作 -SF2 即可实现点动控制。当需要连续工作时将旋转开关 -SF3 转到闭合位置，即可实现连续控制。

图 2-54c 是采用一个复合按钮 -SF3 控制点动的方案。点动控制时，按下按钮 -SF3，其常闭触头先断开自锁电路，常开触头后闭合，接通起动控制电路，接触器线圈通电，主触头闭合，电动机起动旋转。当松开 -SF3 时，接触器线圈断电，主触头断开，电动机停止转动。若需要电动机连续运转，则按下起动按钮 -SF2，停机时按下停止按钮 -SF1 即可。

2.7.2.2　可逆控制与互锁环节

可逆控制就是可同时控制电动机正转或反转。生产过程中，各种生产机械常常要求具有上下、左右、前后、往返等具有方向性运动的控制，这就要求电动机能够实现可逆运行。如电梯的上下运行、起重机吊钩的上升与下降、机床工作台的前进与后退、主轴的正转与反转等运动的控制，就是通过"可逆"控制实现的。由三相笼型异步电动机工作原理可知，若将接至电动机的三相电源进线中的任意两相对调，即可使电动机反向旋转。所以，可用两个方向相反的单向控制电路组合而成可逆控制电路，如图 2-55 所示。

由图 2-55 可见，主电路中接触器 -QA2、-QA3 所控制的电源相序相反，因此可使电动机反向运行。由控制电路的方案（见图 2-55a）可见，它就是由两个如图 2-54a 所示连续运行电路的组合（去掉点动控制的拨动开关 -SF3 后），只是在每个分支里分别串入了接触器 -QA2、-QA3 常闭触头。如果不考虑串入的 -QA2、-QA3 常闭触头，其原理不言而喻。但是，如果假设不串入 -QA2、-QA3 常闭触头，而 -SF2 和 -SF3 又被同时按下，就会造成短路事故，这是绝对不允许的。

现在再来分析串入的 -QA2、-QA3 常闭触头的作用。当一个接触器通电时，如 -QA2，其常闭辅助触头断开接触器 -QA3 的线圈电路，相反，当接触器 -QA3 通电时，其常闭辅助触头断开接触器 -QA2 的线圈电路，所以接触器不会同时带电闭合，我们称这种利用两个接触器（或继电器）的辅助触头互相控制的方法为"互锁"环节，而起互锁作用的触头叫作互锁触头，这也是一种顺序逻辑实现的方法。

图 2-55c 是三相电动机晶闸管正反转控制模块，使用时，在输入端子接入三相电源，在输出端子接入三相电动机，再在控制端子接入控制按钮即可工作。图 2-56 是采用 Teledyne 公司 EMCRT48D75 型三相交流固态继电器的可逆控制电路原理图。

EMCRT48D75 型三相交流固态继电器的额定电压为 50Hz、480V，输入电压范围为交流 24~550V，额定电流为 16A，可控制电动机功率为 7.5kW，控制电压范围为 DC 12~32V。外形尺寸为 100mm × 76mm × 56.5mm。重量为 130g。EMCRT48D75 型三相交流固态继电器可导轨安装或附带螺钉安装，可以用于控制三相笼型异步电动机，也可以控制单相电动机，主要应用于传送带、电梯、自动扶梯、水泵、风机、压缩机、吊车等领域的电动机正反向控制。

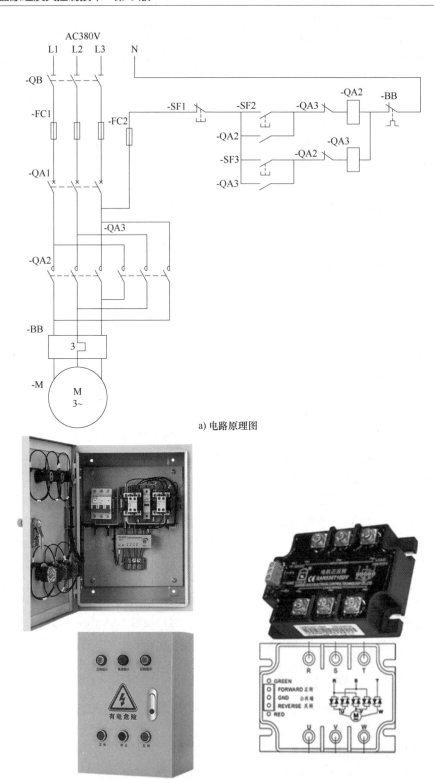

a) 电路原理图

b) 可逆控制箱实物　　　c) 晶闸管正反转控制模块(三相固态继电器)

图 2-55　三相笼型异步电动机可逆控制电路

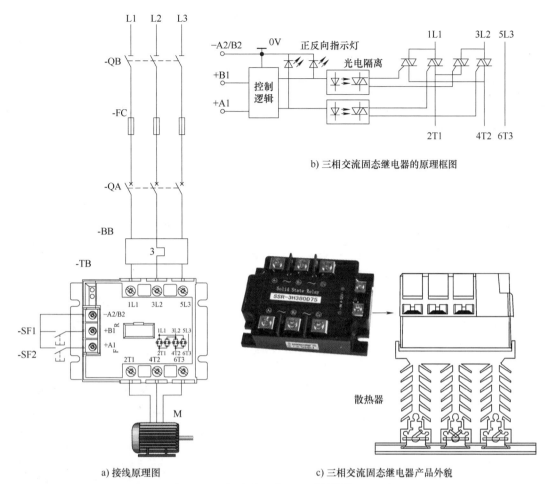

b) 三相交流固态继电器的原理框图

a) 接线原理图

c) 三相交流固态继电器产品外貌

图 2-56 三相交流固态继电器的结构原理图

图 2-56a 中，用按钮 -SF1（+B1，-A2/B2）和 -SF2（+A1，-A2/B2）控制三相笼型异步电动机的正反向速度，图中，-FC 采用快速熔断器，三相交流固态继电器要安装在散热器上，如图 2-56c 所示，其他按技术规范常规配置。

固态继电器的优点是没有机械零部件和运动的零部件，因此，能在高冲击、振动的环境下工作；输入电压范围较宽，驱动功率低，可与大多数逻辑集成电路兼容，不需加缓冲器或驱动器，切换速度可从几毫秒至几微秒；大多数交流输出固态继电器是一个零电压开关，在零电压处导通，零电流处关断，减少了电流波形的突然中断，从而减少了开关瞬态效应，电磁兼容性好。固态继电器耐过载能力较差，必须用快速熔断器或 RC 阻尼电路对其进行保护。固态继电器的负载与环境温度有关，温度升高，负载能力将迅速下降。

2.7.2.3 联锁控制与互锁控制

生产机械或自动生产线都由许多运动的部件组成，不同的运动部件之间互相有联系又互相制约。例如，电梯及升降机械的上下运行不能同时进行，机械加工车床的主轴必须在油泵电动机起动，使齿轮箱有充分的润滑油后才能起动，又如，龙门刨床的工作台运动时不允许刀架移动等。这种互相联系而又互相制约的控制称为联锁控制。其控制原则是，要求甲接触器动作时，乙接触器不能动作，则可将甲接触器的常闭触头串接在乙接触器的线圈电路中；要求甲接触器动作后乙接触器才能动作，则可将甲接触器的常开触头串接在乙接触器的线圈电路中，以此类推，可推广到 n 个需相互顺序联锁控制的对象。

如机械加工车床主轴转动时是需要油泵先起动给齿轮箱供油润滑，即要求保证润滑泵电动机起动后主拖动电动机才允许起动，也就是要按顺序联锁工作。如图 2-57 所示，将油泵电动机接触器 -QA2 的常开触头串入主拖动电动机接触器 -QA3 的线圈电路中，只有当接触器 -QA2 先起动，接触器 -QA3 才能起动。图 2-57b 的接法可以省去接触器 -QA2 的常开触头，使电路得到简化。类似的工艺过程在许多其他生产设备上同样存在，因此，这是一个典型的联锁控制电路。

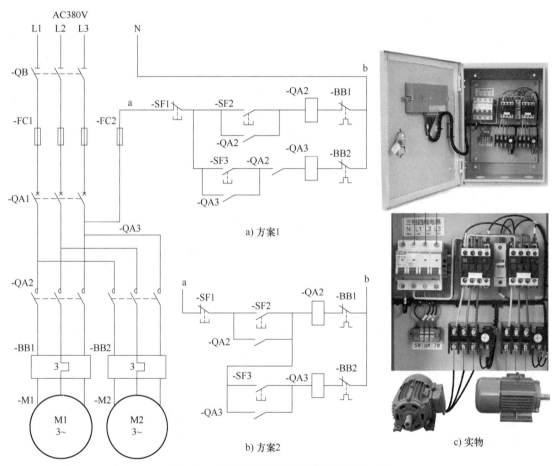

图 2-57　三相笼型异步电动机联锁控制电路

2.7.2.4　自锁、互锁和联锁的逻辑关系

电气控制系统中的自锁环节可以实现设备长期运行，互锁环节可在可逆控制中防止两个电器同时通电，避免产生事故，联锁环节则是实现几种运动体之间的互相联系又互相制约环节。这些关系实质上是逻辑上的"与""或""非"关系。例如联锁控制中，当接触器 -QA2 动作后才允许 -QA3 动作，即将 -QA2 的常开触头串联于 -QA3 的线圈电路中，这就是"与"逻辑关系。互锁及联锁控制中，当 -QA2 动作后不允许 -QA3 动作，即将 -QA2 的常闭触头串联于 -QA3 的线圈电路中，这就是"非"逻辑关系，也称互为反逻辑。自锁及多地点控制中，将两个及以上常开触头并联，只要其中一个常开触头闭合就使线圈通电，这就是"或"逻辑

关系等。在工程上，这三种逻辑关系通常是组合在一起的，分析电路时应注意区分，最简便的区分办法是将复杂的控制电路拆分成最小单元，然后一步一步地进行逻辑组合，这样可以获得清晰的逻辑控制关系和明确的电路工作原理。

2.7.3 星-三角起动器

星-三角起动器（两级起动器），采用改变三相笼型异步电动机定子绕组的接法，在起动时接成星形（Y形），在运行时改接为三角形（△形），并对电动机及其有关电路的过载操作（运行）进行保护，以及切断电动机的电源。两级起动器，在断开和运行位置之间只有一个中间加速位置。

额定功率在 4kW 及以上的三相笼型异步电动机的定子绕组均为△接法，故都可以采用 Y-△减压起动器。Y-△减压起动器控制电路的主电路特点是，电动机定子三相绕组 6 个线头均引出，然后由两个接触器分别进行控制。图 2-58 是三相笼型异步电动机 Y-△减压起动接线原理。

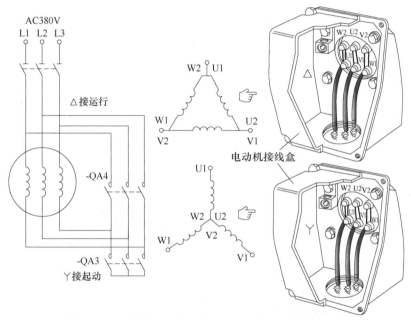

图 2-58　三相笼型异步电动机 Y-△减压起动接线原理

在Y联结时，加在电动机每相绕组上的电压为电源电压额定值的 $1/\sqrt{3}$，此时电动机的起动转矩和起动电流降为△联结直接起动时的 1/3。因此，Y-△起动器用在需要起动时限制冲击电流或被驱动机械要求限制起动转矩的场合。Y-△起动器的转换控制电路可视电动机的容量大小、应用场合等的不同，有不同的接线方式。图 2-59 是一种比较常用接线形式。

图 2-59a 的方案 1 中，当三相笼型异步电动机起动时，合上隔离开关 -QB、断路器 -QA1，按下起动按钮 -SF2，主接触器 -QA2 及Y接接触器 -QA4 与时间继电器 -KF 的线圈同时得电，接触器 -QA4 的主触头将电动机定子三相绕组接成Y形，并经 -QA2 的主触头接至电源上，电动机减压起动。当时间继电器 -KF 的延时设定值到达时，-QA4 线圈失电，△接接触器 -QA3 线圈得电，电动机的定子三相绕组被换接成△形，电动机正常运转。时间继电器 -KF 仅在起

动过程中通电，丫-△切换后，-KF 处于断电状态。

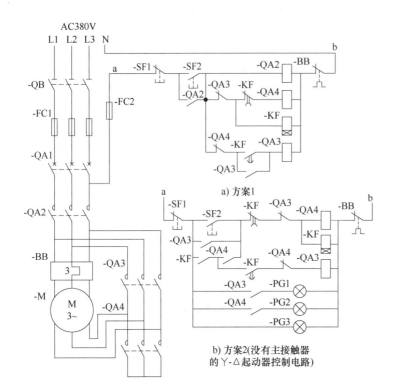

a) 方案1

b) 方案2(没有主接触器
的丫-△起动器控制电路)

c) 丫-△起动柜实物

图 2-59　丫-△起动器控制电路

图 2-59b 的方案 2 是省去接触器 -QA2 的一种方法，当合上低压断路器 -QA1，三相电源电压直接进入电动机定子绕组，但此时 -QA3 线圈和 -QA4 线圈均不得电，电动机也不会运转。只有按下起动按钮 -SF2 后，电动机才能够运转。电路的原理与图 2-59a 相似，其中，-QA3 和 -QA4 的常闭触头互锁，-KF 的瞬时触头与 -QA4 的常开触头串联构成接触器 -QA4 的自锁回路，-PG3 是电源指示灯，-PG1 和 -PG2 分别是丫-△转换指示灯。

与其他减压起动方法相比，丫-△减压起动器的投资少、电路简单，但起动转矩小，适用于电动机轻载状态下起动，并只能用于正常运转时定子三相绕组头尾都引出并接成三角形的三相异步电动机。

2.7.4　自耦变压器起动器

自耦变压器起动器（两级起动器）是先通过自耦变压器降压，再起动三相笼型异步电动机的减压起动方法。常用的自耦变压器有 65% 和 80% 两组起动电压抽头，当需要的起动转矩较小时可选用 65% 抽头，当需要的起动转矩较大时可选用 80% 抽头，得到不同的起动电压和起动转矩。在降低转矩条件下将电动机加速至正常转速。与在额定电压下直接起动相比，线电流和电动机转矩大约下降至起动电压与额定电压之比的二次方。图 2-60 是一种自耦变压器起动器控制电路图。

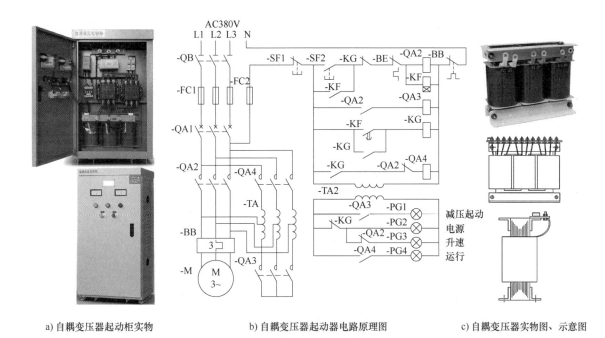

a) 自耦变压器起动柜实物　　　b) 自耦变压器起动器电路原理图　　　c) 自耦变压器实物图、示意图

图 2-60　自耦变压器起动器控制电路图

起动时，合上隔离开关 -QB、断路器 -QA1，按下起动按钮 -SF2，接触器 -QA2 的线圈和时间继电器 -KF 的线圈同时得电，-KF 的瞬时常开触头闭合构成自锁，接触器 -QA2 的一个常开触头接通接触器 -QA3，接触器 -QA2 的主触头闭合，接触器 -QA3 接通电源，从而将电动机定子绕组经自耦变压器抽头接至电源，电动机开始减压起动。

时间继电器 -KF 经过一定延时后，其延时常开触头闭合，使中间继电器 -KG 线圈得电，其常闭触头打开，使接触器 -QA2 线圈断电，同时 -KG 的常开触头闭合构成自锁，接触器 -QA2 复位，中间继电器 -KG 的另一个常开触头接通接触器 -QA4 的线圈电源，同时，在 -QA4 支路中的接触器 -QA2 的常闭触头复位，接触器 -QA2 和 -QA3 主触头断开，从而将自耦变压器从电网上切除。

接触器 -QA4 的主触头闭合，将电动机直接接到电网电源上运行，完成了整个起动过程。整个起动过程的状态通过控制变压器二次侧的各指示灯显示。图中 -BE 是自耦变压器线圈内部的热敏温度保护开关的常闭触头。当电动机起动时间长，超过自耦变压器允许温度限值或电动机起动过于频繁，造成自耦变压器过热，热敏温度保护开关就会动作，断开控制回路，使电动机停止工作，此时不能再次起动电动机。只有当自耦变压器线圈的温度下降到一定值时，热敏温度保护开关自动复位后，才能重新起动电动机。自耦变压器减压起动器适用于不频繁起动 10kW 及以上的三相笼型异步电动机。

2.7.5　变阻式起动器

变阻式起动器用于三相绕线转子异步电动机的起动控制。常应用在要求起动转矩较高的场合，如起重机械、卷扬机、天车、轧钢机、大功率水泵等的大容量三相绕线转子异步电动机。在三相绕线转子异步电动机的三相转子（或定子）绕组回路中串接起动电阻，再加之自动控制电路，就构成了三相绕线转子异步电动机的变阻式起动器。定子变阻式起动器是在起动时，循序切除预先接在定子电路中的一个或多个电阻的变阻式起动器。转子变阻式起动器是在起动时，循序切除已接入到转子电路中的一个或多个电阻的起动器。对于绕线异步电动机开路集电环间的最高电压应不超过接入转子电路的开关电器的绝缘电压的 2 倍。因为转子的电气应力低于定子的电气应力，且电气应力为短时应力。转子变阻式起动器也适用于电动机正反转控制的场合。点动、反向等操作必须有附加的控制功能。变阻器是专用于起动器的独立变阻器，如图 2-61a 所示。

需要说明的是，现在这种变阻器应用很少，而较多使用液体电阻（也称水电阻）替代，水电阻是用蒸馏水和电解粉按照一定比例配制而成，装入液体箱内通过电极串入电动机转子回路，然后通过控制电路自动无级调整该电阻值由大变小最后为零，实现电动机减压无冲击地平滑起动。从控制角度看，以下介绍的变阻式起动器的控制电路是典型的顺序控制电路，也是典型的继电逻辑控制电路，是典型的"与""或""非"逻辑组合，根据这种顺序逻辑控制思路，可举一反三，拓展到其他控制电路的设计，这是本节介绍以下内容的目的。

2.7.5.1　利用欠电流继电器的变阻式起动器

三相绕线异步电动机转子回路串电阻减压起动方法是在起动时，在三相定子电路中串接起动电阻，使加到定子绕组的起动电压降低，起动结束后再将电阻短接，使电动机在全电压下运行。一般仅适用于一些特殊应用场合，如起重机械、抓斗机等。

图 2-61 是一种利用欠电流继电器串接变阻器的起动器控制电路。通过欠电流继电器的释放值设定进行起动控制，利用电动机起动过程中，转子电流大小的变化来分级切除变阻器。

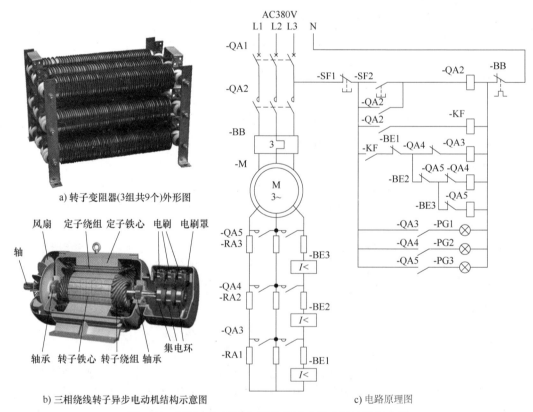

a) 转子变阻器(3组共9个)外形图

b) 三相绕线转子异步电动机结构示意图

c) 电路原理图

图 2-61　利用欠电流继电器的变阻式起动器的控制电路

图 2-61 中，三只欠电流继电器的线圈分别串接在电动机转子电路中。在起动前，起动电

阻全部接入转子回路，在起动过程中，起动变阻器被逐级短接。变阻器的短接是采用三只欠电流继电器 -BE1、-BE2、-BE3 和三只接触器 -QA3、-QA4、-QA5 的相互配合来完成的，电动机正常运行时，电路中只有接触器 -QA2、-QA5 工作，三只欠电流继电器的线圈被接触器 -QA5 短接，接触器 -QA3、-QA4 的线圈分别被接触器 -QA4、-QA5 的常闭触头断开。

三只欠电流继电器的吸合电流都一样，但释放电流不一样。其中，-BE1 的释放电流最大，-BE2 次之，-BE3 最小。电动机刚起动时，起动电流很大，三只欠电流继电器都吸合，它们的常闭触头断开，接触器 -QA3、-QA4、-QA5 不动作，变阻器的 3 组电阻全部接入电动机转子回路中。

当电动机转速升高后，电流减小，-BE1 首先释放，它的常闭触头 -BE1 复位闭合，使接触器 -QA3 线圈得电，短接第一级电阻 -RA1，这时电动机转子电流增加，随着转速升高，电流逐渐下降，使 -BE2 释放，它的常闭触头 -BE2 复位闭合，接触器 -QA4 线圈得电，短接第二级电阻 -RA2，同时利用其常闭辅助触头 -QA4 将接触器 -QA3 线圈断电退出运行，这时电动机转子电流又增加，随着转速继续升高，电流进一步逐渐下降，使 -BE3 释放，它的常闭触头 -BE3 复位闭合，接触器 -QA5 线圈得电，转子串联变阻器全部被短接，同时利用其常闭辅助触头将接触器 -QA4 线圈断电退出运行，电动机起动完毕。

起动变阻器的分级数量是根据不同要求确定的，可以是 n 级，短接起动过程如上述一样。

2.7.5.2　利用时间继电器的变阻式起动器

利用时间继电器的变阻式起动器是将图 2-61 主电路中的电流继电器改用时间继电器，通过设定时间继电器的定时控制变阻器分级切除，如图 2-62 所示。

图 2-62 中，在起动过程中，时间继电器 -KF1、-KF2、-KF3 和接触器 -QA3、-QA4、-QA5 相互配合控制变阻器的 3 组起动电阻短接。根据 $t_1<t_2<t_3$，设定三只时间继电器的定时时间。电路的动作规律与图 2-61 相同。同样，正常运行时，电路中只有 -QA2、-QA5 长期通电，-KF1、-KF2、-KF3、-QA3、-QA4 相继退出运行。

图 2-62 中，在起动前，变阻器的 3 组起动电阻全部接入转子绕组回路，接触器 -QA3、-QA4、-QA5 的常闭触头控制时间继电器 -KF1 的线圈，KF1 的延时闭合触头控制接触器 -QA3 的线圈，接触器 -QA3 的常开触头控制时间继电器 -KF2 的线圈，-KF2 的延时闭合触头控制接触器 -QA4 的线圈，接触器 -QA4 的常开触头控制时间继电器 -KF3 的线圈，-KF3 的延时闭合触头控制接触器 -QA5 的线圈。

减压起动时，按下起动按钮 SF2，如果接触器 -QA3、-QA4、-QA5 处于原始状态，则起动，接触器 -QA2 的常开触头自锁，主触头闭合，电动机开始减压起动，同时，控制回路中的接触器 -QA3、-QA4、-QA5 常闭触头串联回路使 -KF1 得电，当电动机转速升高后，-KF1 定时到，-KF1 的延时闭合触头控制接触器 -QA3 的线圈得电吸合，将第一段转子电阻 -RA1 短接，同时，接触器 -QA3 的一个常闭触头断开时间继电器 -KF1 的线圈电源使其退出运行，并使时间继电器 -KF2 的线圈得电。当 -KF2 定时到，-KF2 的延时闭合触头控制接触器 -QA4 的线圈得电吸合，将第二段转子电阻 -RA2 短接，同时，接触器 -QA4 的一个常闭触头断开时间继电器 -KF2 的线圈电源使其退出运行，并使时间继电器 -KF3 的线圈得电。

当 -KF3 定时到，-KF3 的延时闭合触头控制接触器 -QA5 的线圈得电吸合，将第三段转子电阻 -RA3 短接，转子串联电阻全部被短接，同时，接触器 -QA5 的一个常闭触头断开时间继电器 -KF3 的线圈电源使其退出运行，并自锁时间继电器 -KF3 的延时闭合触头，电动机起动完毕，投入正常运行。

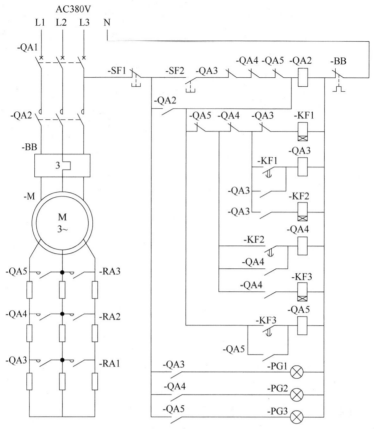

图 2-62　利用时间继电器的变阻式起动器控制电路

起动变阻器的分级数量是根据不同要求确定的，可以是 n 级，短接起动过程如上述一样。

前述的减压起动器是利用起动设备将施加到电动机上的电源电压适当降低后进行起动，待电动机起动运转后，再使其在额定电压下正常运行。由于三相笼型异步电动机的转矩与电压的二次方成正比，减压起动会使电动机的起动转矩大幅降低，需要在空载或轻载下起动。另外，当电动机端电压降至正常值的 65% 以下时，相应起动时间也会加长，并且电动机在通过开关短接或切除起动设备投入全电压运行时，电压突变会产生电流跃变，产生大电流冲击，这是减压起动的主要缺陷。

从控制角度看，变阻式起动器的控制电路是典型的顺序控制电路，也是典型的继电逻辑控制电路，是典型的"与""或""非"逻辑组合，根据这种顺序逻辑控制思路，可举一反三，拓展到其他控制电路的设计。

2.7.6　软起动器

软起动器是一种固态降压软起动控制装置，它实质上是一种利用晶闸管调压的减压起动控制方法，是一种集软起动、软停车、制动、轻载节能和多种保护功能于一体的三相笼型异步电动机减压起动器。图 2-63 是三相笼型异步电动机直接全压起动、Y-△起动器和软起动器起动特性的比较。

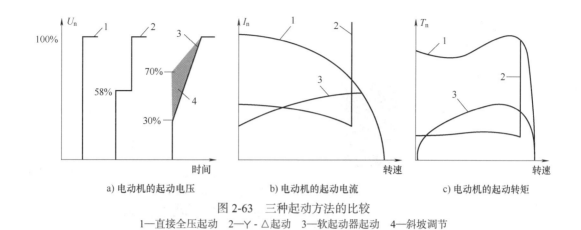

a) 电动机的起动电压　　　b) 电动机的起动电流　　　c) 电动机的起动转矩

图 2-63　三种起动方法的比较

1—直接全压起动　2—Y - △起动　3—软起动器起动　4—斜坡调节

由图 2-63 可见，软起动器起动具有明显的优点，起动电压可调、起动电流大幅降低、起动转矩平滑。因此，软起动器在工业企业得到普及应用。近年来，国内外软起动器技术发展很快，从最初的单一软起动、软停机、故障保护、轻载节能等功能，发展为全数字、智能化软起动器。新型的软起动器控制功能多样化，有多种软起动、软停机方式，故障检测和保护功能智能化，具有通信联网功能，并且体积小型化，规格多，适用范围广。

2.7.6.1　软起动器的结构原理

软起动器是由晶闸管模块和单片机及控制电路组成，产品一般做成装置型，外形类似于通用变频器，使用时需要另外配置旁路接触器，旁路接触器有内置和外置两种。内置旁路接触器的软起动器也称在线式软起动器。

软起动器的主要结构是串接于三相电源与被控电动机之间的三组（有的是两组）反并联晶闸管或双向晶闸管及其控制电路，利用晶闸管移相控制原理，控制三相反并联晶闸管的导通角，从而控制输出电压，使被控电动机的输入电压和电流按照预先设定的起动曲线平滑改变，从而实现平滑起动和控制，即软起动。起动时，使晶闸管的导通角从 0° 开始，逐渐前移，电动机的端电压从零开始，按预设斜坡函数关系逐渐上升，直至达到满足起动转矩而使电动机顺利起动为止。在整个起动过程中，软起动器的输出是一个平滑的升压过程（具有限流功能），直到晶闸管全导通，电动机在额定电压下工作，或通过旁路装置使电动机挂接到电网上全电压运行；停止时，则相反。

软起动器一般都具有软起动、软停止、限流起动、脉冲突跳起动、斜坡起动、泵控制、预置低速运行、制动、节能运行等控制和故障诊断功能。

图 2-64 是软起动器内部结构示意图，图 2-65 是全数字软起动器接线原理图。

由图 2-64 和图 2-65 可见，主回路是一个晶闸管模块调压回路，由 6 个晶闸管组成，另外，内部有 3 个霍尔传感器检测三相定子电流。在起动过程中，6 个晶闸管的触发角由控制主板上的 CPU 控制，使加在电动机三相定子绕组上的电压由零逐渐平滑地升至全电压。同时，电流检测单元将检测的三相定子电流送到 CPU 进行运算和判断，并控制输出电压。另外，由电动机理论可知，当电动机的输入电源频率不变时，电动机的输出转矩与输入电压的二次方成正比。因此，软起动器不仅使电动机定子电压连续平滑地变化，实现升压限流起动，而且避免了电动机起动转矩的冲击现象。

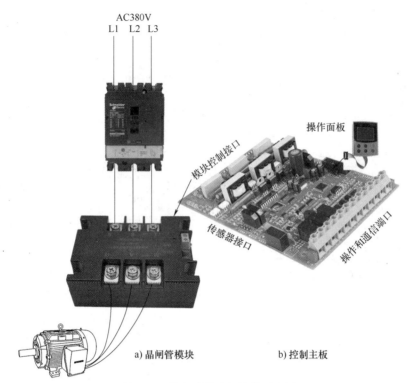

a) 晶闸管模块　　　　　　　　b) 控制主板

图 2-64　软起动器内部结构示意图

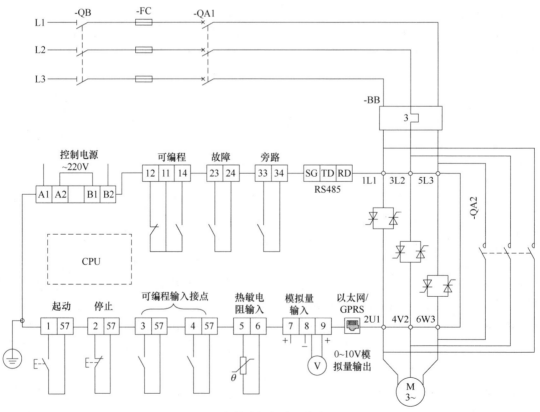

图 2-65　全数字软起动器接线原理图

图 2-64 中，晶闸管模块下部是散热器和散热风扇（图中未示出），控制主板一般安装在晶闸管模块上部，控制主板上的模块控制接口和传感器接口是内部与晶闸管模块接线用的接口。操作和通信端口是用户接线端口，不同厂商、不同系列产品的端口定义不同，具体操作时需要根据具体产品的端子标记接线。可编程端子是可自定义用途的端子，在操作面板上进行定义操作。RS485 通信接口一般都支持 Modbus-RTU 主从通信协议，可通过 PC/PLC 等上位机实现集中控制；以太网和 GPRS 通信一般需要选配通信模块，配置后可实现 Modbus TCP/IP 通信 / 无线网络通信。有的产品支持 PROFIBUS、AS-i 和 DeviceNet 等现场总线。图 2-66 是几种软起动器产品的外貌图。

a) 用软起动器组装的软起动柜　　　　　　　　　　　　　b) 软起动器

图 2-66　几种软起动器产品的外貌图

在使用软起动器时，需要附加一些起停控制电路及旁路电路，将软起动器、旁路电路、断路器和控制电路等组装为软起动柜。有些场合还需要具有运行和故障状态监视、通信功能、图形显示操作等。这样就需要选用全数字（智能）软起动器，以便与 PLC 等联网通信。也可以选购成套固态减压软起动控制柜或电动机控制中心（MCC）。图 2-66a 是采用装置式软起动器装配的一种软起动柜，上部是断路器，下部是装置式软起动器，可根据需要选择成品柜，也可以如图 2-66b 所示，选用不同厂商的产品组件组装。

2.7.6.2　软起动器的工作特性

1. 起动转矩可调，对电网的冲击电流小

异步电动机在软起动过程中，软起动器是通过控制加到电动机上的平均电压来控制电动机的起动电流和起动转矩的，能使电动机的起动电流以恒定的斜率平稳上升，使起动转矩逐渐增加，转速也逐渐增加。软起动器可以通过设定得到不同的起动特性曲线，以满足不同负载的起动特性要求。

2. 恒流起动

软起动过程中，不受电网电压波动的影响。在晶闸管的移相电路中，通过电动机电流反馈，使电动机在起动过程中保持恒流，由于起动电流可整定，当电网电压上下波动时，可自动地通过控制电路跟随增大或减小晶闸管导通角，从而维持原设定值，保持起动电流恒定。

3. 软起动，软停机

使用软起动器时，可根据负载选择不同的起动方式、整定和控制起动和停止时间，以实现软起动，软停机。软停机功能可消除自由停车方式可能产生的惯性冲击。软停机控制是当电动机需要停机时，不是立即切断电动机的电源，而是通过调节晶闸管的导通角，从全导通状态逐渐地减小，从而使电动机的端电压逐渐降低而切断电源，这一过程时间可整定。在许多应用场合，不允许电动机瞬间关机。如水泵系统，如果瞬间停机，会产生巨大的"水锤"效应，使管道甚至水泵遭到损坏。为减少和防止"水锤"效应，需要电动机逐渐停机，在泵站中，应用软停机可避免泵站设备损坏，减少维修费用和维修工作量。再如工业上的皮带机、升降机也不希望突然停车。采用软停车方式，在发出停机信号时，电动机端电压逐渐减小，实现软停机目的。

4. 轻载节能功能

有些产品具有轻载节能功能，可设置节能运行方式。可以根据电动机功率因数的高低，自动判断电动机的负载率，当电动机处于空载或负载率很低时，通过相位控制使晶闸管的导通角发生变化，从而改变输入电动机的功率，提高电动机的功率因数，以达到节能的目的。

5. 软起动器的特性曲线

软起动器的典型特性曲线如图 2-67 所示。

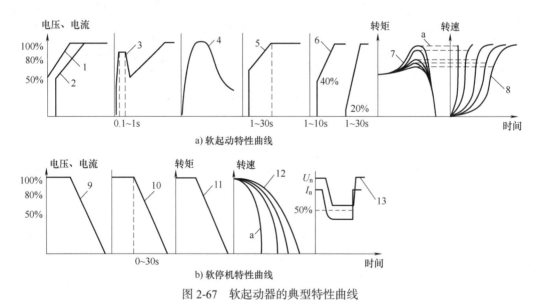

图 2-67 软起动器的典型特性曲线

1—起动极限电压 2—起动斜坡 3—脉冲阶跃 4—电流极限 5—加速时间 6—双斜坡 7—起动转矩 8—起动转速
9—停机斜坡 10—停机时间 11—制动转矩 12—停机速度 13—节电模式 a—最大转矩及对应的转速

一般情况下软起动器是在图 2-67a 所示曲线下运行，其他几种曲线可通过设定值实现。

（1）限流起动

限流起动是限制电动机的起动电流，主要用在轻载起动时降低起动电压。限流起动可使电动机在起动时的最大电流不超过预先设定的限流值 I_m，I_m 可根据电网容量及电动机负载情况而定。设定范围一般规定在电动机额定电流 I_e 的 1.5~5.0 倍之间选择。在保证起动压降下发挥电动机的最大起动转矩缩短起动时间，是较优的轻载软起动方式。

（2）电压（电流）斜坡起动

电压（电流）斜坡起动方式是在晶闸管的移相电路中引入电动机电流反馈实现的，通过设定电动机输入电压（电流）的上升速率来完成电动机的起动过程，电压（电流）由小到大斜坡线性上升，从而将电动机的起动转矩由小到大线性上升。也就是将传统的减压起动从有级变成了无级减压起动。它的优点是起动平滑，柔性好，同时降低电动机起动时对电网的冲击，主要用于重载起动。由于电压（电流）从初始值到额定值是线性变化的（初始值可保证电动机的最大起动力矩），所以整个起动过程可保证电动机平稳的起动。

这种起动方式在电动机起动的初始阶段起动电流逐渐增加，当电流达到预先所设定的限流值后保持恒定，直至起动完毕。起动过程中，电流上升变化的速率是可以根据电动机负载调整设定。斜坡陡，电流上升速率大，起动转矩大，起动时间短。当负载较轻或空载起动时，所需起动转矩较低，应使斜坡缓和一些，当电流达到预先所设定的限流点值后，再迅速增加转矩，完成起动。这是应用最多的起动方法，尤其适用于风机、泵类负载的起动。有的产品具有双斜坡起动方式，即同时设定电压和电流的初始斜坡起动值。

（3）转矩控制起动

通过控制起动转矩，从而改善电动机的起动特性，抑制浪涌转矩并且降低冲击电流。转矩控制起动主要用于重载起动。转矩加脉冲阶跃控制是在起动的瞬间用脉冲阶跃转矩克服电动机的静转矩，然后转矩平滑上升，缩短起动时间，但是，脉冲阶跃转矩会产生尖脉冲，产生电磁干扰。

（4）脉冲阶跃起动

脉冲阶跃起动特性曲线是在起动开始阶段，晶闸管在极短时间内以较大电流导通，经过一段时间后回落，再按原设定值线性上升，进入恒流起动状态。该起动方法适用于重载并需克服较大静摩擦的起动场合。

（5）停机方式

软起动器的停机可以靠负载惯性自由停机，也可以采用斜坡降速方式软停机，在发出停机信号时，电动机端电压逐渐减小，实现软停机目的。对于惯性力矩大的负载或需要快速停机的场合，可以选择快速制动。软起动器是采用向电动机输入直流电，以实现快速制动的。

在这种软停机方式下，需要将旁路接触器切换到软起动器，使软起动器的输出电压由全压逐渐减小，使电动机转速平稳降低，以避免机械振荡，直到电动机停止运行。在自由停机方式下，软起动器接到停止命令后，立即断开旁路接触器，并封锁晶闸管的电压输出，电动机依负载惯性逐渐停车。

2.7.6.3 软起动器的应用

对于一般用途的泵类、风机类负载，往往只需要软起动、软停车，电动机全速运行；有些场合需要用一台软起动器起动多台电动机机组，以节约资金投入，这时就需要采用旁路接触器。

1. 单台软起动器起动多台电动机

图 2-68 是用一台软起动器拖动两台水泵机组起动的示例。一台软起动器对两台以上机组进行软起动的原理类似。但不能同时起动或停机，只能一台一台按顺序起动和停机。

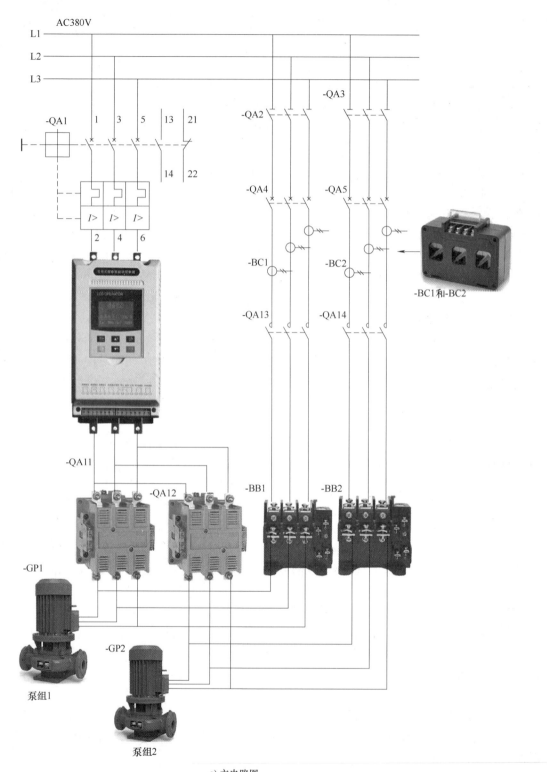

a) 主电路图

图 2-68 一台软起动器拖动两台水泵机组起动示例

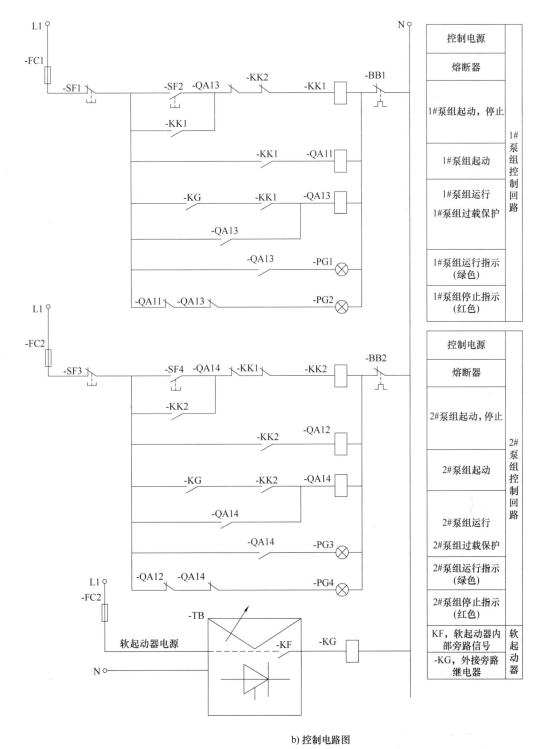

b) 控制电路图

图 2-68 一台软起动器拖动两台水泵机组起动示例（续）

图 2-68a 中的 -QA1 是三极机械式开关的电路符号，表示有三个过载脱扣器、三个过电流脱扣器、手动脱扣器、三个动合主触头、一个动合和一个动断辅助触头。接触器 -QA11 和 -QA12 分别控制泵组 1 和泵组 2 的软起动。接触器 -QA13 和 -QA14 分别控制泵组 1 和泵组

2 的运行。-BB1 和 -BB2 是泵组 1 和泵组 2 运行时的热过载继电器。-BC1 和 -BC2 是三相电流互感器，其二次侧接电流表。

　　当按下起动按钮 -SF2，继电器 -KK1 通电，其常开触头接通软起动器起动信号端子，同时其另一个常开触头接通接触器 -QA11 回路，-QA11 线圈通电，其主触头闭合，泵组 1 软起动（此时接触器 -QA13 处于断开位置），起动结束后，软起动器内部旁路信号 -KF 闭合，接通外接旁路继电器 -KG，旁路继电器 -KG 的常开触头接通接触器 -QA13 回路，接触器 -QA13 主触头闭合，将泵组 1 切换到电网运行。若需要电动机软停机，一旦发出停机信号，先将接触器 -QA13 分断，再合上接触器 -QA11，对电动机进行软停机。软起动器仅在起动、停机时工作，可以避免长期运行使晶闸管发热，延长使用寿命。泵组 2 的控制电路与泵组 1 相同，只是编号不同，另外，泵组 1 的控制电路和泵组 2 的控制电路互锁，如图中泵组起动、停止回路的 -KK1 和 -KK2。该电路也可用于泵组的一用一备控制，一用一备控制方式下，机组起动后，可使软起动器运行在节电方式。

　　2. 软起动器参数的设置

　　软起动器参数的设置就是根据需要设定电动机起动、停机时的工作曲线，如图 2-69 所示。软起动器用于典型负载时的基本参数设置（仅供参考）见表 2-17。

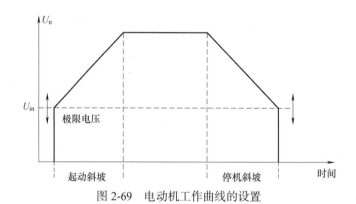

图 2-69　电动机工作曲线的设置

表 2-17　软起动器用于典型负载的基本参数设置（仅供参考）

负 载 种 类	初始电压 U_{in}（%）	起动斜坡时间 /s	停止斜坡时间 /s	电流极限 I_{lim}（I_e 倍数）
离心风机	15	20	0	3.5
离心泵	20	6	6	3
活塞式压缩机	20	15	0	3
螺旋压缩机	20	15	0	3.5
提升机械	30	15	6	3.5
搅拌机	40	15	0	3.5
破碎机	30	15	6	3.5
轻载电动机	20	10	0	2.5
皮带传送带	20	15	10	3.5
自动扶梯	20	10	0	3
热泵	20	15	6	3
气泵	20	10	0	2.5

3. 软起动柜一次回路配线规格

组装软起动柜的一次回路配线规格（仅供参考）见表 2-18。

表 2-18　组装软起动柜的一次回路配线规格（仅供参考）

软起动器标称功率 /kW	适配电动机容量 /kW	额定电流 /A	断路器额定电流 /A	旁路接触器额定电流 /A	截面积 /mm²	电流互感器
7.5	7.5	18	20	25	6	50/5
11	11	24	25	32	10	50/5
15	15	30	32	32	16	100/5
18.5	18.5	39	40	40	16	100/5
22	22	45	50	50	16	100/5
30	30	60	63	63	25	100/5
37	37	76	80	80	25	200/5
45	45	90	100	100	35	200/5
55	55	110	125	115	50	300/5
75	75	150	160	150	70	300/5
90	90	180	180	185	20×3	400/5
110	110	218	225	225	20×3	500/5
132	132	260	315	265	25×3	500/5
160	160	320	350	330	30×3	600/5
185	185	370	400	400	30×4	600/5
220	220	440	500	500	30×4	800/5
250	250	500	630	500	40×4	1000/5
280	280	560	630	630	40×4	1000/5
315	315	630	700	630	40×5	1500/5
400	400	780	800	800	50×5	1500/5
470	470	920	1000	1000	50×5	1500/5
530	530	1000	1250	1000	50×6	1500/5

2.8　控制电路和辅助电路电器

控制电路和辅助电路电器是在开关设备和控制设备中用于控制、发出信号、信号指示、电气联锁等的控制开关电器。（控制电路和辅助电路的）控制开关由具有共同操动系统的一个或多个触头元件组成，包括半导体元件或触头元件。

本节主要介绍各种有或无继电器（基础继电器和时间继电器）、人力操作控制开关（按钮、旋转开关、脚踏开关等）、指示开关（压力开关、热敏开关、位置开关、指示灯、程序器等），以及由机器或机械的一部分操控的控制开关。

2.8.1　继电器

"继电器"是"有或无继电器""基础（有或无非时间）继电器"等的简化术语，对特定类型继电器通过加前缀予以分类。

在电气控制领域或产品中，凡是需要逻辑控制的场合，几乎都需要使用有或无继电器，各种类型、种类、功能、用途、型号和不同尺寸的继电器琳琅满目，可谓无所不见，要对其进行严格的分类和说明是十分困难的，本节根据常用继电器技术条件及其应用领域大体归类，对其进行的说明也是最基本的。

2.8.1.1　与继电器类型相关的术语与定义

1）电气继电器，当控制该器件的输入电路满足一定条件时，在其一个或多个输出电路中产生预定跃变的电气器件，如电磁继电器、固体继电器、混合继电器、时间继电器等。输出电路即为触头电路，"线圈"用来代表"输入电路"，即使有可能还有其他类型的输入电路。

2）有或无继电器，预定由数值在其工作值范围内或实际上为零的某一激励量激励的电气继电器。有或无继电器包括"基础继电器"和"时间继电器"。

3）基础继电器（elementary relay），动作和释放无任何预定延时的有或无继电器。

4）量度继电器（measuring relay），在规定的准确度下，当其特性量达到其动作值时即进行动作的电气继电器。

5）机电继电器，由机械部件的运动产生预定响应的电气继电器。

6）电磁继电器，利用输入电路内电路在电磁铁与衔铁间产生的吸力作用而工作的一种机电继电器。电磁继电器包括电磁式和感应式。

7）固体继电器（solid-state relay），也称静态继电器，由电子、磁、光或其他无机械运动的元件产生预定响应的电气继电器。静态继电器是使用电子器件、磁元件或其他器件（没有机械运动）设计而成的继电器。

8）模拟式继电器，主要由模拟信号处理获得动作功能的电气继电器。

9）数位式继电器（digital relay），主要由数字信号处理获得动作功能的静态继电器。

10）数字式继电器（numerical relay），由算法运算获得动作功能的数位式继电器。

11）控制继电器，控制设备的电气继电器。控制继电器可以是一种将外部命令转换成控制信号的简单继电器，或者是一台可以将一个外部命令转换成若干顺序控制的信号的复杂器件。控制继电器也可以监视一个特征量，例如电流、电压等，依据特征量的特定设计功能产生控制信号。

12）集成保护（控制）继电器，在单一器件中组合了不止一种保护（控制）功能的保护（控制）继电器。

13）集成保护控制继电器，在单一器件中组合保护和控制功能的电气继电器。

14）时间继电器，是一种实现延时控制的自动开关装置。当加入（或去掉）输入的动作信号后，其输出电路经过整定的时间产生跳跃式变化（或触头动作）的一种继电器。时间继电器也是一种利用电磁原理、机械原理或半导体原理实现延时控制的控制电器。

15）动作延时继电器，从施加激励量开始计时，经过整定时间后，其延时输出电路转换到动作状态的时间继电器。

16）释放延时继电器，当施加激励量时，输出电路立即转换状态，从去除激励量时开始计时，经过整定时间其输出电路转换到释放状态的时间继电器。

17）间隔定时继电器，当施加或去除激励量时，输出电路转换至动作状态并保持到整定时间再转换至释放状态的时间继电器。

18）闪光继电器，在施加激励量的时间内，输出电路周期性地转换到动作与释放状态，且动作时间与释放时间大致相等的时间继电器。根据继电器类型，输出电路或从"闭合"开始，或从"断开"开始。

19）脉冲继电器，在施加激励量的时间内，输出电路周期性地转换到动作与释放状态的时间继电器。动作时间和释放时间可分别设定。根据继电器类型，输出电路或从"闭合"开始，或从"断开"开始。

20）星 - 三角时间继电器，有两个交替转换的延时输出电路，用于星形（丫）连接电动机的起动，并在起动后使其转换到三角形（△）连接的时间继电器。

21）累加时间继电器，施加激励量期间，采用累加时间的方法，在达到整定时间之时，其输出电路转换状态的时间继电器。

22）保持式时间继电器，如果去除激励量但定时时间尚未终止不会提前释放的时间继电器。

23）单稳态继电器（monostable relay），对某一激励量做出了响应并已转换其状态，当去除该激励量时，又返回其原来状态的电气继电器。

24）双稳态继电器（bistable relay），对某一激励量做出了响应并已转换其状态，当去除该激励量后仍保持在此状态；要转换此状态，需另加一合适的激励量。双稳态继电器又称为自保持继电器。

25）光耦继电器，是一种半导体继电器，是发光器件和受光器件一体化的光信号传输器件。

26）中间继电器，用于各种保护和自动控制电路中，以增加保护和控制回路的触头数量和触头容量。

27）舌簧继电器，利用密封在管内，具有导电簧片和衔铁磁路双重作用的舌簧动作来开、闭或转换电路的继电器。

2.8.1.2　继电器的结构原理

继电器是一种控制器件，它具有输入回路（如线圈）和输出回路（触头电路），广泛应用在自动控制电路中。继电器是利用输入激励量的变化（有或无），使输出状态转换，从而通过其触头电路实现逻辑转换的一类自动控制元件。

根据转化的电量或物理量不同，可以构成各种各样的不同功能的继电器，用于各种控制系统中，以实现自动控制和保护的目的。施加于继电器的电量或非电量称为继电器的激励量（输入量），激励量可以是电量，如交流电或直流电的电流、电压等，也可以是物理量，如时间、温度、速度、压力、位置等。这一类继电器称为有或无继电器，是指有、无激励量激励的一种电磁继电器。

继电器的状态发生转换而动作时，其触头吸合或释放，从而实现由逻辑"0"到"1"，或由逻辑"1"到"0"的转换。

以电磁继电器为例，电磁继电器由铁心（衔铁）、线圈和触头等组成。电磁继电器反映的是电信号，当线圈激励量是电压信号时，称为电压输入操作，线圈与电压源并联，如微型继电器、中间继电器、时间继电器等。电磁继电器有交、直流之分，它是按线圈通过交流电或直流电所决定的。当线圈激励量是电流信号时，称为电流输入操作，如电流继电器、热过载电器等，线圈与电流源串联。

电流继电器和电压继电器根据用途不同，又可以分为过电流（或过电压）继电器，欠电流（或欠电压）继电器。前者电流（电压）超过规定值时铁心才吸合，如整定范围为 1.1~6 倍额定值，后者电流（电压）低于规定值时铁心才释放，如整定范围为 0.3~0.7 倍额定值。

任何一种继电器，不论它们的动作原理、结构形式、使用场合如何千变万化，都具备"传感"和"执行"两个基本机构，感应机构反映外界输入信号的变化，执行机构实现对被控电路的"通""断"，即逻辑转换。继电器的"传感"功能是信号转换功能，如电磁继电器中的电磁机构（铁心与线圈）将输入的电压或电流信号变换为电磁力；热过载继电器中的双金属片将输入的电流信号变换为它内部的弯曲力。电磁继电器中的反力弹簧，由于事先的压缩产生了一定的预压力，使得只有当电磁力大于或等于（或略大于）预压力时触头系统才可能动作；热过载继电器中的双金属片的自由端与触头系统之间，由于事先留有一定的间隙，使得只有当热量大到一定程度时才能产生双金属片推动触头系统的动作。这表现为一种比较功能。

对于继电器触头的吸合和释放，半导体继电器中的晶闸管的截止和饱和状态，都能实现对电路的通断控制，是一种执行机构的逻辑转换表现。由此可见，"传感"机构和"执行"机构对任一种继电器都是不可缺少的，其特性表现为继电器的输入 - 输出特性，即继电逻辑特性，常用继电器特性曲线表示，它是一种矩形阶跃曲线，如图 1-15 所示。

2.8.1.3 继电器产品简介

1. 小型电磁继电器

小型电磁继电器广泛应用于工业自动化、控制电器和各类控制电路中，主要用于控制信号的转换和输出。小型电磁继电器的控制电源为 AC 或 DC 220V 及以下，触头最大控制电流为 20A 以下，安装方式多为插座式（插座可以安装在 35mm 标准导轨上）和印制板式，品种种类繁多。在工业电气控制中还常用到一种舌簧继电器，包括干簧继电器、水银湿式舌簧继电器、铁氧体剩磁式舌簧继电器。干簧继电器常与磁钢或电磁线圈配合使用，用于电气、电子和自动控制设备中做电路转换执行元件，如液位控制等。干簧继电器的触头是密封的，舌簧片由铁镍合金（坡莫合金）做成，舌簧片的接触部分通常镀以贵金属，如金、铑、钯等，接触良好，具有良好的导电性能。触头密封在充有氮气等惰性气体的玻璃管中与外界隔绝，因而有效地防止了尘埃的污染，减小了触头的电腐蚀，提高了工作可靠性，干簧继电器的吸合功率小，灵敏度高。一般舌簧继电器吸合与释放时间均在 0.5~2ms 以内，甚至小于 1ms，与电子电路的动作速度相近。其典型应用示例如图 2-70 所示。

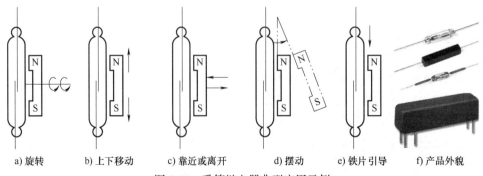

| a) 旋转 | b) 上下移动 | c) 靠近或离开 | d) 摆动 | e) 铁片引导 | f) 产品外貌 |

图 2-70 舌簧继电器典型应用示例

当磁钢靠近后，玻璃管中两舌簧片的自由端分别被磁化为 N 极与 S 极而相互吸引，从而接通了被控制电路。当磁钢离开后，舌簧片在自身弹力作用下分离，并复位，控制电路被切断。

图 2-71 所示为几种典型的工业自动化系统中常用的小型电磁继电器的产品外貌图。其中，继电器模组和光耦继电器常用于多个回路控制的 I/O 电路，有的产品可以用于多通信回路 I/O 接口，其他单个继电器多用于电气控制回路进行信号转接、联锁、顺序控制等的中间件。

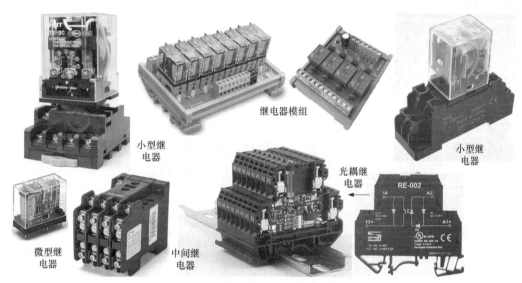

图 2-71　典型的小型电磁继电器产品外貌图

图 2-72 是 JT3 系列直流电磁继电器的结构和产品外貌，主要用于较大功率电动机的过电流保护。

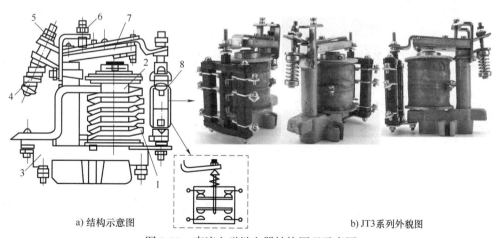

a) 结构示意图　　　　　　　　　　　　　b) JT3 系列外貌图

图 2-72　直流电磁继电器结构原理示意图

1—线圈　2—铁心　3—磁轭　4—反力弹簧　5—调节螺母　6—调节螺钉　7—衔铁　8—触头组

由图 2-72 可见，直流电磁继电器主要由线圈、拍合式铁心、触头组、反力弹簧和调节机构等组成。通电后，电磁线圈产生电磁力带动触头组动作，使被控电路接通；断电时，在反力弹簧作用下释放复位，使被控电路断开。继电器的返回系数值可通过调节螺母 5 和调节螺钉 6 调节。一般继电器要求低的返回系数应在 0.1~0.4 之间，这样当继电器吸合后，输入量波动较大时不致引起误动作。

2. 时间继电器

时间继电器在各种自动控制电路作为延时元件，按所预置时间接通或分断电路，以实现各种用途的选择性配合等，应用十分广泛。如在丫-△电动机控制电路中，时间继电器的延时控制使电动机在丫起动切换至△运行时起到联锁和顺序控制作用。

按时间继电器的结构原理有电磁式、空气阻尼式、电动机式、双金属片式、电子式、可编程式和数字式等，目前，时间继电器已由电磁式逐步向电子式发展，电子式时间继电器已在很多应用领域逐步替代电磁式时间继电器。

电子式时间继电器的逻辑电路由 CMOS 集成电路和电子元器件、专用延时集成芯片等构成，使用晶振分频，由石英晶体振荡器产生标准时基信号，通过一组或两组 BCD 码拨盘开关整定延时值，可编程减法计数达到延时。有的产品是采用单片机控制的高精度时间继电器，在专用芯片的基础上采用芯片掩膜技术，将继电器的核心部分掩膜在印制电路板上，将 LED 数码显示改为 LCD 液晶显示，再加上普遍采用贴片电子元器件，使产品外观体积更趋小型化，使用时可通过面板外设的拨码开关或功能按键进行功能预置。

电子式时间继电器产品具有多延时功能（通电延时、接通延时、断电延时、断开延时、循环延时、间隔定时等）、多设定方式（电位器设定、数字拨码开关、按键等）、多时基选择（如 0.01s、0.1s、1s、1min、1h 等）、多工作模式、LED 或 LCD 显示等，具有延时范围广、精度高、显示直观、体积小、耐冲击和耐振动、调节方便及寿命长等优点，应用广泛，产品型号繁多，图 2-73 是在工业自动控制领域应用的几种典型产品外貌。

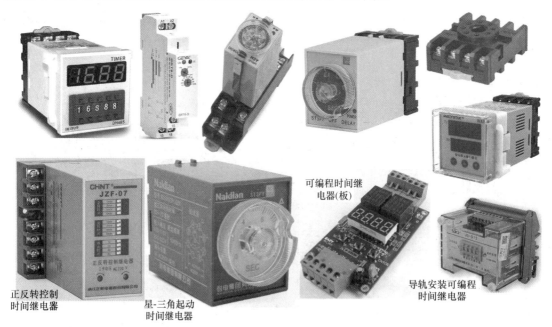

图 2-73 时间继电器

2.8.1.4 继电器的选用

选用电磁继电器时，主要考虑线圈工作电压和电流、触头容量、吸合电压、释放电压、外形尺寸、环境温度和线圈温升等。其中型号选择应以产品规格为参考依据，再考虑负载型式，应保留适当的余度。

电磁继电器的触头容量是指触头电路接通能力的大小，使用时不可超过此容量；工作电压和电流是指继电器输入电路（线圈、传感器）的激励电压和电流，一般地，同一型号规格的继电器有数种工作电压和电流可以选择，应根据实际需要选择；吸合电压是指电磁继电器能够产生吸合动作的最低线圈电压，在实际应用中，为使继电器可靠吸合，应以线圈额定工作电压为准，不可超过最高允许线圈电压，否则会烧毁线圈；释放电压是指电磁继电器释放时的最高线圈电压，当吸合状态的线圈电压降低到一定程度时，继电器触头将恢复到原始状态。

电磁继电器的外形尺寸依允许的安装空间而定，一般而言，外形尺寸较大的继电器具有较好的散热能力。安装电磁继电器时必须在允许的环境温度范围内，不致造成部件因温度异常导致继电器性能劣化。当电磁继电器工作时，其线圈本身是发热源，须在允许的最大温升内工作，否则会因温度过高导致性能劣化。

1）接触器式继电器，选用时主要是按规定要求选定触头型式和通断能力，其他原则均和接触器相同。有些应用场合，如对继电器的触头数量要求不高，但对通断能力和工作可靠性（如耐振）要求较高时，以选用小规格接触器为好。

2）时间继电器，选用时间继电器时要考虑的特殊要求主要是延时范围、延时类型、延时精度和工作条件。

3）保护继电器，保护继电器指在电路中起保护作用的各种继电器，主要有热过载继电器、过电流继电器、过电压继电器和欠电压（零电压、失电压）继电器等。过电流继电器主要用作电动机的短路保护，对其选择的主要参数是额定电流和动作电流。过电流继电器的额定电流应当大于或等于被保护电动机的额定电流，其动作电流可根据电动机工作情况按其起动电流的 1.1~1.3 倍整定。一般绕线转子异步电动机的起动电流按 2.5 倍额定电流考虑，三相笼型异步电动机的起动电流按额定电流的 5~8 倍考虑。选择过电流继电器的动作电流时，应留有一定的调节余地。

2.8.2　主令电器

主令电器是用作闭合或断开控制电路，以发出指令或作程序控制的开关电器，也是在电气控制系统中用于发送或转换控制指令的辅助电路电器。主令电器应用广泛，种类繁多，按其作用，包括按钮、行程开关、限位开关、接近开关、万能转换开关（组合开关）、主令控制器及其他主令电器，如脚踏开关、倒顺开关、紧急开关、钮子开关、指示灯等。

2.8.2.1　控制按钮和指示灯

1. 控制按钮

控制按钮主要用于远距离控制。在电气控制电路中，用于手动发出控制信号，以控制接触器、继电器、电磁起动器等控制电器。控制按钮的结构种类很多，按用途分类有开启式、保护式、防水式、防爆式、防腐式、紧急式、钥匙式、旋转式、自锁式、自复位式、带灯式和双速式等。按照外形分类有平头式、齐平式、揿按式、蘑菇头式、蘑菇头带灯式、旋柄式、集合式及形象符号式等。有单钮、双钮、三钮及不同组合形式。

产品一般采用积木式结构，由按钮帽、复位弹簧、桥式触头和外壳等组成，通常做成积木复合式，有一对常闭触头和常开触头，在电气上是绝缘的，接线处有防隔板，组合螺钉压线。为了标明各个按钮的作用，避免误操作，通常将按钮帽或标贴做成不同的颜色，以示区别，其颜色有红、绿、黄、白、黑、蓝等。例如，红色表示停止按钮，绿色表示起动按钮等。使用时应按国标规定的相应用途选用，见表 1-5。

开启式按钮一般用于开关柜、控制台、控制柜的面板上；保护式按钮带有保护外壳，可防止内部零件受机械损伤或操作者触及带电部分；防水式按钮带有密封外壳，防止水浸入，一般用于户外设备；防爆式按钮适用于有爆炸性气体和尘埃的环境；防腐式按钮适用于有腐蚀性气体的环境；紧急式按钮也称蘑菇头按钮，因有红色大蘑菇头突出于按钮帽之外，用于紧急切断电源；钥匙式按钮只有用钥匙插入按钮才可操作，防止误动作。

旋转式按钮用手柄旋转操作触头接通或分断电路；带灯式按钮带有指示灯，可兼做指示灯；自锁式按钮内装有自锁机构，一般用于面板操作；双速式按钮的两组触头可以通过接触器对具有两个回路或两个绕组的双速电动机进行无间歇的转换，如用于起重机的转速变换。

有的产品可用多个触头元件组合，最多可增至 8 组触头。还有一种自锁式按钮，按下后即可自动保持闭合位置，断电后才能打开。还有的产品是模块组合式，选购时可根据需要分别选用不同形式的按钮头、基座和触头模块等部件组装而成，如图 2-74 所示。

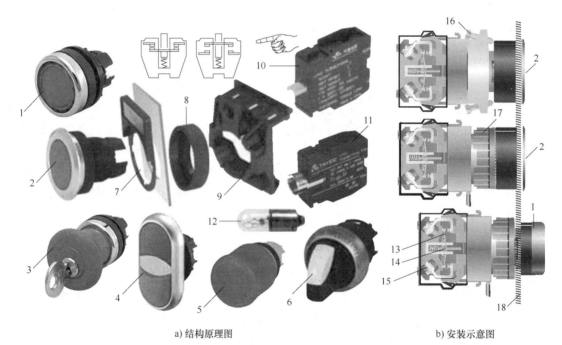

a) 结构原理图　　　　　　　　　　　　　　b) 安装示意图

图 2-74　按钮的基本结构及安装示意图

1—平头式　2—齐平式　3—钥匙式蘑菇头紧停按钮头　4—双位式　5—拍拉式紧停按钮头　6—揿按式
7—标志牌架　8—固定帽　9—基座　10—触头模块　11—带灯模块　12—电珠　13—触头　14—拉簧
15—接线端子　16—紧定螺钉式安装　17—固定帽式安装　18—控制柜面板

图 2-74b 是齐平式按钮的安装示意图。安装方式有紧定螺钉式和固定帽式两种安装方式。板前安装按钮头，板后安装基座和触头模块。安装时，从控制柜面板前部插入按钮头，从后部安装基座，紧固基座上的螺钉，把触头块或灯座直接卡在基座上。有些圆形系列按钮的安装基座可以双面使用，一面适合厚度为 1~4mm 的面板，另一面适合厚度为 3~6mm 的面板。常规配置的按钮可以安装两个触头模块。当需要三个触头模块或者一个灯座＋两个触头模块

时，需在按钮头后部插入一个 3 位支架。对于旋钮开关、钥匙开关和双按钮单元，需要插入一个带中心触头驱动片的 3 位支架。按钮的主要参数有型式、安装孔尺寸、触头数量及触头的电流容量，在产品说明书中都有详细说明。

按钮最主要的特点是接触系统采用杠杆式超临界翻动机构，动作迅速，能可靠接触或断开，通过拉簧的作用保证必要的触头压力，并有自洁功能，灭弧性能良好。通断时，由于金属簧片的跳动，能发出清脆的响声，以提示操作者执行与否。为了标明各个按钮的作用，产品还有内嵌式形象化符号可供选用，如图 2-75 所示。图 2-76 是带有起动（Ⅰ）和停止（○）形象化符号的两种按钮的外貌图。

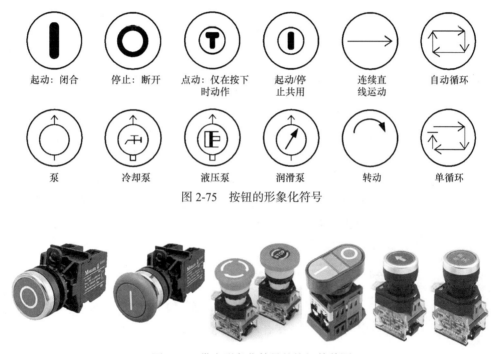

图 2-75　按钮的形象化符号

图 2-76　带有形象化符号的按钮外貌图

2. 指示灯

指示灯在各类电气设备及电气线路中做电源、操作信号、预告信号、运行信号、事故信号及其他信号的指示。另外还有用于塑料机械、包装机械、切割机械等需要工作状态信号指示的机器设备和其他场所用的塔灯。

指示灯主要由壳体、发光体、灯罩等组成。外形结构多种多样，发光体主要是 LED、白炽灯和氖灯型三种。有的 LED 型指示灯可显示电流、电压、频率、温度等参数。与按钮一样，指示灯也有各种外形形式，产品有积木式结构和模块组合式结构。安装方式与按钮相同。发光颜色有黄、绿、红、白、橙共五种，使用时应按国标规定的相应用途选用，见表 1-4。指示灯的主要参数有型式、安装孔尺寸、工作电压及颜色。电气控制系统常用 ϕ16mm、ϕ22mm、ϕ30mm 等规格。几种典型产品的外形外貌如图 2-77 所示。

塔灯灯罩采用透光散热性能良好的聚碳酸树脂制造，内置杆式减振缓冲结构，圆盘抗静电安装底座，避免来自机器内部的振动对灯体的破坏，发光体多为 LED。一般塔灯为白、红、黄、绿、蓝、灰等的组合色，有单体式塔灯、组合式塔灯。声源类型有蜂鸣、喇叭、音乐和语言 4 种，以适用于各种场合。组合式塔灯的外貌如图 2-78 所示。

图 2-77　典型指示灯产品外貌图

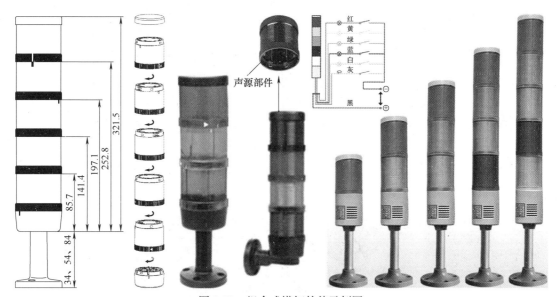

图 2-78　组合式塔灯外貌示例图

2.8.2.2　行程开关

行程开关又称限位开关或位置开关，是一种利用生产机械的运动部件的碰撞来发出控制指令的主令电器，用于控制生产机械的运动方向、速度、行程或位置。行程开关的产品类型很多，品种繁多，结构形式多种多样，但其基本结构主要由滚轮、撞杆（操作机构）、触头系统（微动开关）、接线端子、传动部分和壳体等几个部分组成。图 2-79 是一种行程开关的结构和产品外形示意图。

直动式行程开关由推杆、弹簧、动断触头和动合触头等组成，其动作原理与按钮相同，但其触头的分合速度取决于生产机械的运行速度，不宜用于速度低于 0.4m/min 的场所。对于滚轮式行程开关，当行程开关工作时，被控机械上的撞块撞击带有滚轮的撞杆时，撞杆转向，带动凸轮转动，顶下推杆，同时带动微动开关中的吸合弹簧使其受力，从而使触头迅速动作。当运动机械返回时，在微动开关中的复位弹簧的作用下，各部分动作部件复位。滚轮式行程开关又分为自动复位式和非自动复位式，双滚轮行程开关具有两个稳态位置，有"记忆"作用。

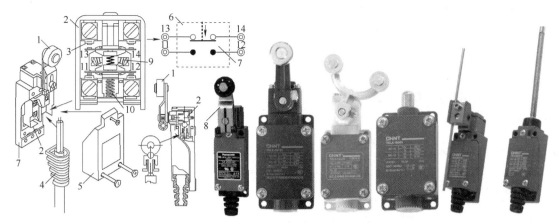

图 2-79　行程开关的结构和产品外形示意图

1—滚轮和撞（摆）杆　2—触头系统　3—触头　4—引线　5—上盖　6—接线原理图　7—壳体
8—LS 系列行程开关产品外貌　9—吸合弹簧　10—恢复弹簧　11~14—接线端子

　　行程开关产品的摆杆形式主要有直动式、杠杆式、滚轮式、微动式、组合式和万向式等，每种撞杆形式又分多种不同形式，如直动柱塞式、滚轮柱塞式、滚轮转臂式、可调滚轮转臂式、弹性撞杆式等。

　　直动柱塞式又分金属直动式、钢滚轮直动式和热塑滚轮直动式等。滚轮又有单轮、双轮、叉式轮等形式。触头类型有一常开一常闭、一常开二常闭、二常开一常闭、二常开二常闭等形式。

　　根据微动开关触头接通和断开的机械机理，动作方式可分为瞬动式、蠕动式、交叉从动式等。瞬动式的接通和断开转换时间与微动开关和被操动的速度有关，只要滚轮和撞杆操动部件被操动到一定位置，微动开关触头的状态即发生转换，此过程时间极短，一般为弹簧弹跳所需的时间，为一常数。

　　蠕动式的接通和断开动作切换时间与滚轮和撞杆操动部件被操动的速度有关，操动速度越快，开关的切换也越快。一般地，行程开关全行程最大为 6mm，动作行程最大为1.7~2.2mm，差程最大为 1.2mm。

　　行程开关的主要参数有型式、动作行程、工作电压及触头的电流容量，在产品说明书中都有详细说明。图 2-80 是 LS 系列行程开关产品的几种摆杆形式及组装示意图。

　　行程开关典型的应用领域有金属加工设备、压机、传送机械和专用设备、传送带、电梯、吊车和起重机械、包装机械和过程处理设备、纺织机械、建筑机械和设备、运载车辆和叉车等。例如，机床上的行程开关用于根据工艺要求控制工件运动、自动进刀的行程、使机床自动往复运动。再如，利用行程开关控制运料小车自动地在起始位置（装料）和终点位置（卸料）之间运行。

2.8.2.3　接近开关

　　接近开关是一种与运动部件无机械接触而能动作的位置开关（传感器）。它不仅能代替有触头行程开关来完成行程控制和限位控制，还可用于高频计数、测速、液面控制、零件尺寸检测、加工程序的自动衔接等的非接触式控制。由于它具有非接触式触发、动作速度快、可在不同的检测距离内动作、发出的信号稳定无脉动、工作稳定可靠、寿命长、重复定位精度高，以及能适应恶劣的工作环境等特点，所以在机床、纺织、印刷、塑料等工业生产中应用广泛。

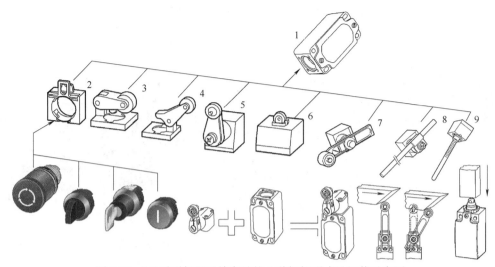

图 2-80　LS 系列行程开关产品的几种摆杆形式及组装示意图

1—本体　2—配装按钮所需的适配器　3—水平方向滚轮直动杆　4—垂直方向滚轮直动杆
5—滚轮摆动杆　6—滚珠直动头　7—可调滚轮摆动杆　8—长杆摇臂　9—弹簧摆动杆

接近开关由感应头、振荡器、放大器和外壳组成。当运动部件与接近开关的感应头接近时，就会输出一个电信号。按其工作原理来分，有电感式、电容式、霍尔式、超声波式、红外光电式、非磁性金属感应智能式等。

1. 电感（应）式接近开关

电感式接近开关是能在检测区产生电磁场且具有半导体开关元件的接近开关。

电感式接近开关有模拟量输出电感式、本安型、高频振荡式、线性位移式、磁感式等类型。由高频振荡器、集成电路或晶体管放大器和输出器三部分组成，其基本工作原理是，振荡器的线圈在感应头表面产生一个交变磁场，当金属检测体接近感应头时，金属物体内部产生的涡流将吸取振荡器的能量，致使振荡器停振。因而产生振荡和停振两种信号，经整形放大器转换成二进制开关信号，从而起到"开""关"控制作用。

模拟量输出电感式接近开关又称线性位移传感器，与普通电感式接近开关工作原理相同，但没有固定的开关点，而是当金属检测物接近检测面时，输出一个与目标物的距离（与目标物材质有关）成比例的电流或电压线性输出信号，经线性处理后，被内部信号放大器放大后输出。输出信号为 4~20mA/0~10mA、或 0~10V/2~10V，同时具备短路、过载、反向等保护。适用于简单测量和控制任务。典型应用如厚度、间隙或距离测量，轮偏心和轮宽测量，定位控制，绝对位置或角偏差控制等。在绕线或放线过程中，可以测量滚轮的厚度，并且将这个值转化为相应的电流或电压信号。

本安型接近开关又称 NAMUR 开关或安全开关，由电感振荡器和解调器组成，它能将金属检测物与传感器的位移转化成电流信号的变化，安装在有爆炸危险的环境中，通常与相应的开关放大器一起使用。

接近开关的工作电源种类有交流和直流两种，输出形式有二线、三线和四线制三种，输出类型有 NPN 型、互补 PNP 型晶体管输出和继电器输出等。有二线常开、二线常闭、三线常开、三线常闭、三线常开＋常闭、四线常开＋常闭、继电器触头输出、三线 NPN 常开、三线 NPN 常闭、三线 PNP 常开、三线 PNP 常闭、四线 NPN 常开＋常闭、四线 PNP 常开＋常闭等组合形式。外形有方形、槽形、螺纹形、圆柱形、平扁形、矮圆柱形、组合形、特殊形、贯穿形、多边形、环形等多种。感应面类型有对端感应、左侧感应、右侧感应、上侧感应、分离式等。

接近开关的主要参数有型式、动作距离范围、动作频率、响应时间、重复精度、输出型式、工作电压及触头的电流容量，在产品说明书中都有详细说明。图 2-81 是电感式接近开关的工作原理和输出类型示意图。电感式接近开关的产品种类十分丰富，图 2-82 是一些常用产品的外形外貌图。

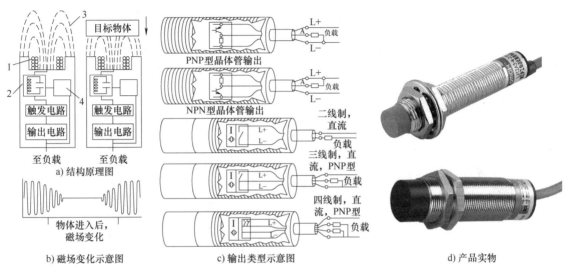

图 2-81　电感式接近开关的工作原理和输出类型示意图
1—电磁线圈　2—振荡器　3—感应头表面的磁场　4—电压比较器

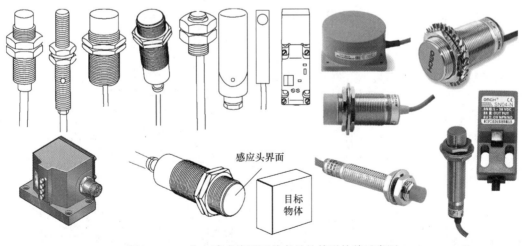

图 2-82　一些电感式接近开关产品的外形外貌示意图

2. 电容式接近开关

电容式接近开关是能在检测区产生电场且具有半导体开关元件的接近开关。电容式接近开关主要是由电容式高频振荡器和放大器组成，感应界面是一个圆形平板电极，与振荡电路的地线形成传感界面分布电容，另一个极板是物体本身。如果没有物体接近感应界面时，带浮动电极的高频振荡器不振荡，当有金属导体或其他介质物体（固体、液体或粉状物体）接近传感界面时，使浮动电极产生的电场变化，物体和接近开关的介电常数发生变化，从而改变其耦合电容值，高频振荡器产生振荡，使输出信号发生跃变，经放大器输出电信号。振荡器的振荡和停振信号由放大器转换成二进制开关信号，从而起到"开""关"的控制作用。电容式接近开关广泛应用于机械、制药、钢铁、玻璃、化工、造纸、物流、包装、采矿等领域。图 2-83 是电容式接近开关的结构原理图。

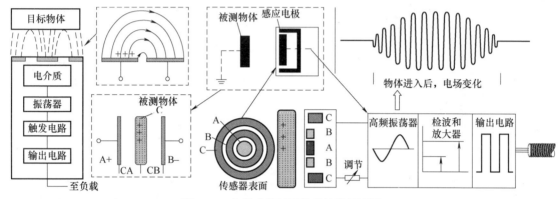

图 2-83　电容式接近开关的结构原理图

由图 2-83 可见，电容式接近开关的感应面由两个同轴金属电极构成，主电极 A、B 连接在高频振荡器的反馈回路中，当目标物体（被测物体）接近传感器表面时，即进入主电极 A、B 间的电场，从而使主电极 A、B 之间的耦合电容增加，高频振荡器开始振荡，振荡的振幅经检波和放大电路后形成开关信号。

电容式接近开关既能检测导体目标，也能检测非导体目标，如果目标物体是导体，则导体在主电极 A、B 之间形成一个负电极，连同主电极 A、B 构成串联电容的辅助电极 C，使串联电容（CA 和 CB）的电容量大于目标物体没有进入时，由主电极 A、B 所构成的电容量。

因为金属导体具有高传导性，所以目标物体是金属导体时，感应距离最大。在使用电容式接近开关时不必像使用电感式接近开关那样，对不同金属采用不同的校正因数。如果目标物体是非导体（绝缘体），其电容量的增加取决于目标物体材料的介电常数。图 2-84 是不同材料的介电常数与感应距离的关系曲线。

例如，某型号电容式接近开关的额定检测距离为 10mm，目标物体是玻璃，玻璃的介电常数是 5，由图 2-84 所示曲线可查得感应距离是 35%，则采用该型号电容式接近开关检测玻璃的最大检测距离为 3.5mm。

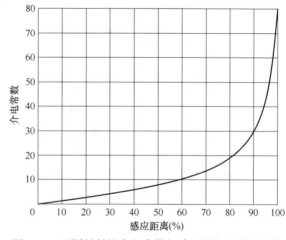

图 2-84　不同材料的介电常数与感应距离的关系曲线

表 2-19 是部分常用材料的介电常数，这些材料的介电常数均大于空气的介电常数，空气

的介电常数为 1。一般而言，材料的介电常数越大，可获得的感应距离就越大。图 2-85 是一些产品的外形外貌示意图。

表 2-19　部分常用材料的介电常数

材　　料	介电常数	材　　料	介电常数
水	80	软橡胶	2.5
大理石	8	松节油	2.2
云母	6	石蜡	2.2
陶瓷	4.4	酒精	25.8
硬橡胶	4	电木	3.6
玻璃	5	电缆	2.5
硬纸	4.5	油纸	4
空气	1	汽油	2.2
合成树脂	3.6	石英砂	4.5
赛璐珞	3	聚丙烯	2.3
普通纸	2.3	木材	2.7
有机玻璃	3.2	变压器油	2.2
聚乙烯	2.3	石英玻璃	3.7
苯乙烯	3	硅	2.8

图 2-85　一些电容式接近开关产品的外形外貌图

3. 光电式接近开关

光电式接近开关（简称光电开关）是能检测可反射或阻断可见光或不可见光的物体，并且具有半导体开关元件的接近开关。

光电开关是利用光电效应原理将光强度的变化转换成电信号的变化来实现控制的。它是利用投光器发出的光束被物体遮挡或反射，受光器做出判断有无被检测物体，所有能反射光线的物体均可被检测。光电开关将输入电流在投光器上转换为光信号射出，受光器再根据接收到的光线的强弱或有无对目标物体进行探测。多数光电开关是波长接近可见光的红外线光波型。

光电开关一般由投光器、受光器和检测电路三部分构成。投光器将半导体光源对准目标不间断发射光束，或者改变脉冲宽度。受光器由透镜和光圈等光学元件、光电二极管或光电晶体管或光电池、检测电路等组成。检测电路能滤出有效信号。反射板由很小的三角锥体反射材料组成，能够使光束准确地从反射板中返回，光束几乎是从一根发射线，经过反射后，还是从这根发射线返回。将发光器件与光电器件按一定方向装在同一个检测头内。当有反光面（被检测物体）接近时，光电器件接收到反射光后便有信号输出。根据光电开关在检测物体时投光器所发出的光线被折回到受光器的途径的不同，光电开关可分为遮断式和反射式两类。反射式光电开关又分为反射镜反射式及被测物漫反射式（简称散射式）。具体产品有扩散反射式（漫反射式）、镜反射式、对射式（透射式）、槽式和光纤式等。

扩散反射式（漫反射式）光电开关是集投光器和受光器于一体，当有被检测物体经过时，物体将光电开关投光器发射的光线反射到受光器，并产生开关信号。漫反射式光电开关发出的光线需要经检测物表面才能反射回漫反射式光电开关的受光器，所以检测距离和被检测物体的表面反射率将决定受光器接收到光线的强度。粗糙的表面反射回的光线强度必将小于光滑表面反射回的强度，而且被检测物体的表面必须垂直于光电开关的发射光线。漫反射式产品所采用的标准检测体为平面的白色画纸。当被检测物体的表面光亮或其反射率极高时，一般选用漫反射式光电开关检测模式。

镜反射式光电开关也是集投光器与受光器于一体，它不同于其他模式，它采用反射板将光线反射到光电开关，光电开关与反射板之间的物体虽然也会反射光线，但其效率远低于反射板，因而切断反射光束。投光器发出的光线经过反射镜反射回受光器，当被检测物体经过，且完全阻断光线时，即产生检测开关信号。当检测物体为不透明时，一般选用镜反射式光电开关检测模式。

对射式光电开关包含了在结构上相互分离且光轴相对放置的投光器和受光器，投光器发出的光线直接进入受光器，当被检测物体经过投光器和受光器之间，且阻断光线时，即产生开关信号。对射式光电开关最小可检测宽度为该种光电开关透镜宽度的80%。当检测物体为不透明时，一般选用对射式光电开关检测模式。

槽式光电开关通常采用U形结构，其投光器和受光器分别位于U形槽的两边，并形成一束光轴，当被检测物体经过U形槽且阻断光轴时，即产生开关信号。槽式光电开关比较适合检测高速运动的物体，并且能分辨透明与半透明物体。

光纤式光电开关采用塑料或玻璃光纤传感器来引导光线，可对距离远的被检测物体进行检测。通常光纤式光电开关分为对射式和漫反射式。

图2-86是一些产品的外形外貌示意图。

除光纤式光电开关外，多数光电开关是波长接近可见光的红外线光波型。反射式光电开关是利用红外线的反射与接收原理工作的。管状塑料外壳前端部为红色透明塑料圆片，其内部安装一只红外线LED发射管。在40kHz左右的调制电流激励下，发射出人眼看不见的红外光。当运动物体移动到光电反射式接近开关前时，物体将红外光反射回去。其中一部分被反射回接近开关，并透过其红色塑料片到达内部的红外接收光电池上。光电池将红外光转换为光电流，经放大和阈值比较后，使输出级的输出跳变为低电平，输出级的灌电流驱动能力较

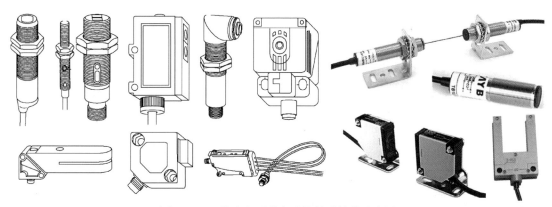

图 2-86　一些光电开关产品的外形外貌示意图

大，可直接驱动中间继电器。当反射物距离较远或反射平面角度偏离较大时，反射光强度达不到阈值比较器的要求，输出级输出保持高阻态。红外线光电开关在环境照度高的情况下都能稳定工作，但原则上应回避将光轴正对太阳光等强光源。

　　光电开关的检测距离是指检测体按一定方式移动，当开关动作时，检测到的基准位置（光电开关的感应表面）到检测面的空间距离。额定动作距离是指光电开关动作距离的标称值。动作距离与复位距离之间的绝对值称为回差距离。输出状态分常开和常闭两种。当无检测物体时，常开型光电开关内部的输出晶体管截止而不工作，当检测到物体时，晶体管导通，负载得电而工作。常用的输出形式分 NPN 2 线、NPN 3 线、NPN 4 线、PNP 2 线、PNP 3 线、PNP 4 线、AC 2 线、AC 5 线（自带继电器），以及直流 NPN/PNP/ 常开 / 常闭多功能等几种形式。

　　光电开关应用的环境也会影响其长期工作可靠性。当光电开关工作于最大检测距离状态时，由于光学透镜会被环境中的污物粘住，甚至会被一些强酸性物质腐蚀，以至其使用参数和可靠性降低。在一些较为恶劣的条件下，如灰尘较多的场合，应选择灵敏度高的光电开关。

　　光电开关应用广泛，如材料的定位剪切控制；控制液位的上下限值，使液面位的高度保持在上下限之间；利用物体对光的遮挡作用，检测流水生产线上物体的通过个数，或物体是否存在；利用光的直线传播性，检验产品是否等高排列等，另外在行程控制、直径限制、转速检测、气流量控制等方面也广泛应用。图 2-87 是光电开关的应用示例。

2.8.2.4　转换开关

　　转换开关是一种多档式、多回路控制的主令电器，广泛应用于设备控制，如小容量三相笼型异步电动机的起动、可逆转换、变速等。

　　常用的转换开关主要有万能转换开关和组合开关两大类。两者的结构和工作原理基本相同。万能转换开关按结构类型分为普通型、开启组合型和防护组合型等。按用途又分为主令控制用和控制电动机用两种。按手柄的操作方式可分为自复式和定位式及其组合方式。自复式是指拨动手柄于某一档位时，手松开后，手柄自动返回原位，并有手柄拉出操作型、推进操作型、拉出复位型、推进复位型等；定位式是指手柄被置于某档位时，停在该档位，不能自动返回原位。组合开关按用途分为电源开关、电动机可逆转换开关、星 - 三角起动开关、多速电动机变速开关等。

213

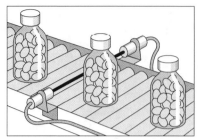
a) 检测瓶子清洁度，对射式

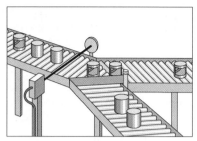
b) 检测罐头有无标签，扩散反射式

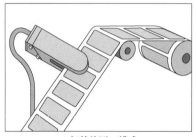
c) 标签检测，槽式

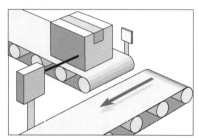
d) 检测传送带上有无物体，镜反射式

图 2-87　光电开关的应用示例

1. 转换开关的结构原理

转换开关由操作机构、定位系统、限位系统、接触系统、面板及手柄等组成。接触系统采用双断点结构，并由各自的凸轮控制其通断；定位系统采用棘轮棘爪式结构，不同的棘轮和凸轮可组成不同的定位模式，从而得到不同的输出开关状态，即手柄操作位置是以角度表示的，触头的分合状态与操作手柄的位置有关，如 0°、30°、45°、60°、90°、120° 等多种定位角度，手柄在不同的转换角度时，触头的状态是不同的。所以，除在电路图中画出触头图形符号外，还应画出操作手柄与触头分合状态的关系，即操作图。表 2-20 是定位式转换开关手柄转换角度位置，表 2-21 是 LW39（LW12）系列万能转换开关操作图示例。

表 2-20　定位式转换开关手柄转换角度位置

手 柄 操 作 位 置											
					0°	45°					
				45°		45°					
				45°	0°	45°					
				90°	0°	90°					
				45°	0°	45°	90°				
			90°	45°	0°	45°	90°				
			90°	45°	0°	45°	90°	135°			
		135°	90°	45°	0°	45°	90°	135°			
		135°	90°	45°	0°	45°	90°	135°	180°		
	120°	90°	60°	30°	0°	30°	60°	90°	120°		
	120°	90°	60°	30°	0°	30°	60°	90°	120°	150°	
150°	120°	90°	60°	30°	0°	30°	60°	90°	120°	150°	
150°	120°	90°	60°	30°	0°	30°	60°	90°	120°	150°	180°

如 45°-0°-45° 万能转换开关，当扳向左 45° 时，触头 1-2、3-4、5-6 闭合，触头 7-8 打开；扳向 0° 时，只有触头 5-6 闭合，扳向右 45° 时，触头 7-8 闭合，其余打开。

表 2-21　LW39（LW12）系列万能转换开关操作图示例

触头号＼位置	位置 I ← 90°	位置 II ↑ 0°←	位置 III ↗ 45°	位置 IV ↑ 0°	位置 V ← 90°←	位置 VI ↙ 135°
1—2		×		×		
3—4	×				×	
5—6			×			
7—8						×
9—10		×		×		
11—12			×			
13—14	×				×	
15—16		×		×		
17—18			×			
19—20	×				×	×
21—22		×			×	
23—24	×					×
25—26			×	×		
27—28			×	×		
29—30		×			×	
31—32	×					×

注："×"表示触头闭合。

以下以 LW39（LW12）系列万能转换开关为例，说明其结构原理，图 2-88a 为其中某一层的结构原理，图 2-88b 是面板带钥匙一般型外貌图。

LW39（LW12）系列万能转换开关由操作机构、面板、手柄及数个触头等主要部件组装成为一个整体。其操作位置有 2~12 个，触头底座由 1~12 节（层）组成，其中，每层底座最多可装四对触头，并由底座中间的凸轮进行控制。由于每层凸轮可做成不同的形状，因此，当手柄转到不同位置时，通过凸轮的作用，可使各对触头按所需要的规律接通和分断。

LW39 系列转换开关按结构类型分为普通型、开启组合型和防护组合型三种类型。具有定位操作、自复位、定位-自复位操作、闭锁操作、定位-闭锁、自复位-定位-闭锁操作等类型。按定位特征可分为自复位型、定位型和定位-自复位型三种。按手柄的操作型式分为方形、枪形、圆形、钥匙形和鱼尾形等，如图 2-88c 所示。按手柄转动角度可分为 30°、45°、60° 和 90° 四种。开启组合型和防护组合型还带有 2~3 个指示灯。防护组合型还带有两个电线插头座和两个板前快速装卸机构。按被控电路类型又分为主令控制用和控制电动机用两大类。

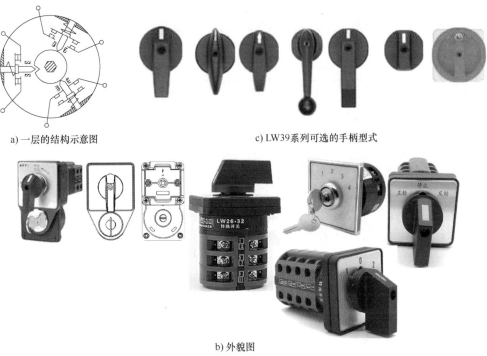

a) 一层的结构示意图　　　　　　　　c) LW39系列可选的手柄型式

b) 外貌图

图 2-88　LW39 面板带钥匙一般型结构与外貌图

2. 转换开关的应用

图 2-89 是采用转换开关控制三相异步电动机起停的示例。

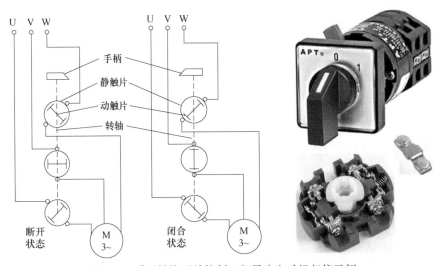

图 2-89　采用转换开关控制三相异步电动机起停示例

转动转换开关的手柄，转轴带动三个动触片将三对彼此相差一定角度的静触片同时接通或断开，从而控制三相异步电动机的起动或停止。

2.8.3　电气安装附件

电气安装附件是保证电气安装质量及电气安全而必需的一种工艺材料，在电路中起接续、连接、固定和防护等作用，是正确实现设计功能的必备材料。正确地选用电气安装附件，对提高产品质量和性能是十分重要的，众多的电气事故往往都是忽视或不重视安装质量甚至是违反电气安装规程造成的，因此应引起足够的重视。安装质量应符合国家现行的规程、规范及标准，并应积极采用新工艺、新技术、新材料及先进的安装工艺及操作方法，以适应电工技术的发展。

电气安装附件与其他电器元件一样，有着不同的功能用途及应用场合，因此品种种类繁多，本节只能简介一些常用的电气安装附件，更详细的内容请参阅有关产品说明书。

1. 电线连接器与接线座端子

接线座与接插件是电气设备中应用十分广泛的电气连接件，用于电路的电连接及线端接续。不同用途的接线座与接插件可实现不同需要的连接，如通用型端子、接地型端子、电路联络型端子、试验型端子、熔断型端子、刀闸型端子、传感器和执行器专用接线端子、屏蔽接地连接端子、建筑物电气安装用接线端子、穿墙接线端子、矩阵式接线端子、轨装接线端子等。图 2-90 是几种接线端子的产品外貌图。

图 2-90　几种接线端子产品外貌图

接线座与接插件产品主要包括各种形式及应用场合下的接线端子、接线端头、连接器、连接插头及插座等。常用的接线端子有组合式结构和整体式结构两种。组合式结构可根据需要将不同用途的接线端子及接线回路数所需的片数组合安装在一起。整体式结构每块的接线回路是固定的，如 5、10、15 路等。接线端子的安装方式有导轨安装和螺钉固定安装两种。

接线端子的接线方式有螺钉压接方式和弹簧夹持方式等。轨装螺钉压接方式接线端子的压线框是用淬火硬化并经镀锌钝化的钢制成，使用大力矩钢制螺钉牢固地压紧导线。铜质的导电片镀上柔韧的锡 - 铅合金，能确保与导线保持气密、低阻、永久性连接。弹簧夹持接线端子使单股导线或加了冷压接头的多股导线，以及经过端部紧固处理的细多股导线都可直接插入。弹簧夹持方式的优点是其紧固力可随导线的粗细自动调整，而螺钉压接方式易出现螺钉松脱紧固力不足的现象。有的产品还配有标志牌和防护罩等。为了使电连接牢固可靠、减少接触电阻，对于螺钉压接方式的接线座通常需要采用接线端头连接。冷压接线端头俗称为接线鼻子，用铜质材料做成，根据连接导线的载流量的不同，接线端头有各种不同的型式，如管形预绝缘端头、管形裸端头、叉形预绝缘端头、叉形裸端头、圆形预绝缘端头、圆形裸端头等；压线帽有安全型压线帽、螺旋式压线帽等。

普通轨装式接线端子适用于所有形式铜导线（多股及单股导线）的连接，接线范围为 0.08~95mm²，并有全绝缘插拔式跨接系列，如相邻跨接器、交错跨接器、高低跨接器等，可实现任意两片端子之间的跨接，以及 2 线、3 线和 4 线正面轨装式接线端子、普通侧面接线端子、相应的接地端子及各种附件。

多层轨装式接线端子是一种紧凑型的接线方式，适用于导线截面积为 0.08~4.0mm²，可进行横向和纵向跨接，仅一片宽度为 6mm 的多层执行器接线端子便可完成一个三相电动机的全部接线。多层轨装式接线端子适用于配电柜、接线盒、分电盘、机械设备、过程控制等。有双层、三层和用作电动机的轨装四层接线端子等类型。

熔断器型接线端子适用于截面积为 0.08~6.0mm² 的导线，熔断器盒可断开接线端子。有刀形熔断器、小型公制熔断器和旋转式熔断器盒，带有预备熔断器位和熔断指示灯等品种。

传感器和执行器专用轨装接线端子适用截面积为 0.08~2.5mm² 的导线，端子厚度为 5mm，并配有插拔式跨接器，跨接十分方便。有适用于 3 线、4 线传感器的专用接线端子及适用于 2 线执行器的专用接线端子。抑制电磁干扰就必须采取接地或屏蔽措施，屏蔽接地型接线端子可有效地提高设备的电磁兼容性。

增强安全型接线端子适用于在爆炸危险环境下的接线盒和配电柜中，可应用在本安型的接线盒和配电柜以及开关控制柜中。

矩阵式接线端子的现场侧和控制侧的相应接线位置是镜射的关系。矩阵式接线端子每一片都是独立的，需一片一片安装在导轨上。有可供选择的 4 层和 8 层矩阵接线端子；每层可接 2 根最大截面积为 1.5mm² 的导线。每一层都是独立电位或各层均为同一电位。使用带有线槽支架的矩阵接线端子可在两排端子之间形成一个线槽，还可加上线槽盖。

工业连接器、连接插头及插座广泛应用于电气设备内部、电气设备之间及各类电缆端头的连接，根据应用场合及用途也有多种结构形式。工业连接器由插头、插座两部分组成，具有连接可靠、防腐蚀、工艺造型美观等特点，在工业领域得到广泛应用。

2. 电器接线附件

电器接线附件是用于电气成套设备及配电箱柜内的元器件、导线的固定和安装用的一类辅助工艺材料，以使导线走向美观、维修方便和加强电气安全，是电气工程中不可缺少的工艺材料。电器接线附件种类很多，新产品不断涌现，以下仅简介几种常用的品种。

1）线号，线号用作导线的线端标记，线号标记可采用专用印号机打印或用记号笔标记。

2）字码管，字码管是一种用 PVC 软质塑料制造而成的字符代号或号码的成品，可单独套在导线上作线号标记管用，如图 2-91a、h 所示。

3）行线槽，行线槽采用聚氯乙烯塑料制造而成，用于配电箱柜及电气成套设备内作布线工艺槽用，对置于其内的导线起防护作用，如图 2-91b、h 所示。

4）波纹管、缠绕管，波纹管、缠绕管采用 PVC 软质塑料制造而成，用于配电箱柜及电气成套设备的活动部分作电线保护。缠绕管既可用于行线，捆绑和保护导线，又可用于过门导线的保护，如图 2-91c 所示。

5）固定线夹、贴盘、扎带，固定线夹用于配电箱柜及电气成套设备中过门导线（束）及其他配线的固定。贴盘和扎带配合广泛应用于电气仪表电气装置等配线的线束固定。扎带有自锁式尼龙扎带、插销式尼龙扎带、珠孔尼龙扎带等。扎带固定座有粘贴扎带固定座、吸盘、配线固定钮等。线扣有隔离式扭线环、扣式扭线环、马鞍型夹线套、R 型线夹等，如图 2-91d、e、f、h 所示。

6）母线绝缘框，母线绝缘框用于配电柜中的铜、铝母线排的支撑和固定安装。常用型号为 MK1 系列，如图 2-91g 所示。

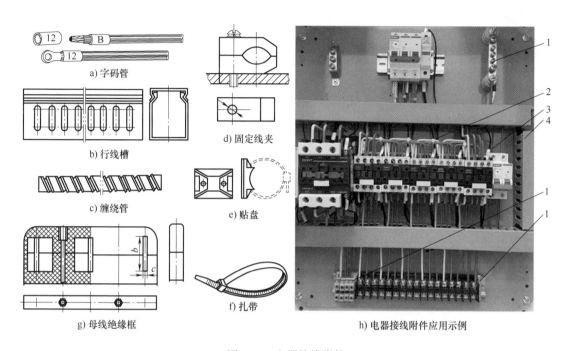

a) 字码管
b) 行线槽
c) 缠绕管
d) 固定线夹
e) 贴盘
f) 扎带
g) 母线绝缘框
h) 电器接线附件应用示例

图 2-91 电器接线附件
1—接线端子 2—扎带 3—字码管 4—行线槽

第3章 电力传动系统

电力传动系统（Power Drive System，PDS）是由电力设备（包括变频器部分、交流电动机和其他设备，但不限于馈电部分）和控制设备（包括开关控制，电压、频率或电流控制，触发系统、保护、状态监控、通信、测试、诊断、生产过程接口/端口等）组成的系统。

3.1 电力传动系统的概念

将电能转换为机械能的程度标志着先进工业发展的重要程度。在一个工业发达国家，大约 70% 以上的电能被电动机消耗，其中 90% 以上是感应电动机。感应电动机是工业设施中最重要的部件。电力传动，是指通过电动机把电能转换成机械能，从而带动各种类型自动化设备、生产机械、交通车辆以及生活日用电器。典型应用有鼓风机、压缩机、水泵、工业伺服传动（运动控制，机器人）、洗衣机、加热/通风/空调（HVAC）、电动汽车及各类自动控制装置。感应电动机已成为工业上使用最广泛的电动机。为了满足各类生产机械的工艺要求，电动机需要实现起动、停止、正反转、调速及制动等功能，由此构成了电力传动系统，它由电动机、电力变换装置和控制装置三个基本部分组成。图 3-1 描述了电力传动的结构框架。

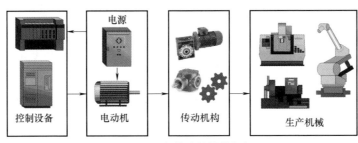

图 3-1　电力传动的结构框架

图 3-1 中，电动机是实现电能与机械能转换的机械。传动机构是把动力从机器的一部分传递到另一部分，使机器或机器部件运动或运转的构件或机构。控制设备是由各种控制电器按照一定应用逻辑组成，包括通信接口。电力传动分成恒速和调速两大类，调速又分交流调速（交流传动）和直流调速（直流传动）两种方式，发展最快的就是交流变频调速技术。交流传动采用 50Hz 交流电源，直流传动由直流电源供电。

现在，在智能制造进程中，生产系统中的电力传动系统需要从企业数字化集成角度考虑整体的系统集成，而不是以往主要关注单机工况点；需要从现代自动化系统（CPS，见第4章）角度融合微电子技术、电力电子技术、传感技术和通信技术，以实现柔性工艺调速、高可靠牵引调速和高精度调速。

3.1.1　电力传动系统的模型

传统上将利用电动机带动工作机械的运动称作电力拖动，又称电气传动。但是，一般来说，电力传动与一般机械拖动里的传动含意不同，现代电力传动系统已远远超出了传统上的电力拖动的概念，而是由电动机、机械传动机构、变频器及控制系统、通信接口与过程控制等所组成的一种自动化系统或装置。

早期，国际电工委员会（IEC）将电力传动归入"运动控制"范畴，起源于早期的伺服控制，是对机械运动部件的位置、速度等进行实时控制，使其按照预期的运动轨迹和规定的运动参数进行运动。这时期的运动控制器是可以独立运行的专用控制器，可以独立完成运动控制功能、工艺技术要求的其他功能和人机交互功能。现在，这类控制器已被嵌入式系统、电动机管理系统、伺服传动器、变频器和可编程序控制器（PLC）等所替代。本书定义的电力传动系统的参考模型如图 3-2 所示。

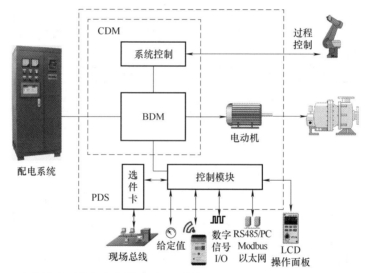

图 3-2　电力传动系统的参考模型（注：参考 IEC 61800-2：2015 图 2、图 16 编制）

从概念上看，图 3-2 包含两个相互有信息耦合的分部分。一部分是以能量为主的分系统，即电力传动系统的功率部分，类似传统上的电力拖动与控制部分，在能量分系统里面进行机电能量转换和控制。另一部分是信息处理分系统，这一部分用于实现控制、监视及保护功能等。与信息处理分系统有关的输入量就是操纵量和来自功率部分的反馈量，如转速、转矩、转角、位置、电流实际值等。这些量是控制与监视功率部分内部进行能量交换过程所必需的，也是与现代电气控制技术紧密联系的部分，并且包含能源效率和能源管理系统（Energy Management Systems，EMS）。

3.1.2　电力传动系统的定义

IEC 61800 系列标准定义 PDS 是由一个或多个成套传动模块（CDM）和一个或多个电动机组成的控制系统（CDM+ 电动机）；被传动机械连接到电动机轴的传感器也是 PDS 的一部分，但不包括机械设备在内。电力传动系统的定义如图 3-3 所示。

由图 3-3 可见，PDS 包括 CDM（也称驱动装置）、电动机和传感器。逻辑 PDS 由一个或多个逻辑控制器控制。逻辑控制器的功能由功能元素（Functional Element，FE）实现的应用控制程序来执行。逻辑PDS的功能通过位置控制、速度控制和转矩控制应用程序实现。FE是软件或软件与硬件结合而成的实体，能够完成设备的特定功能。图3-4所示是逻辑PDS中的FE。

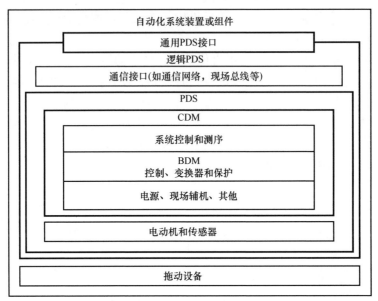

图3-3　电力传动系统的定义（注：参考IEC 61800-7-1：2015图2编制）

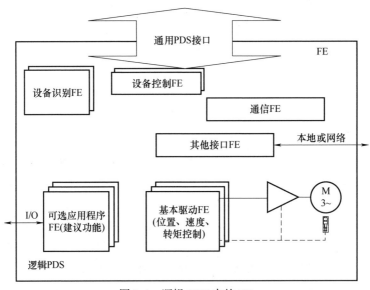

图3-4　逻辑PDS中的FE

图3-4中，设备识别FE包含识别物理设备所需的参数，如驱动设备和控制设备。设备控制FE包括控制驱动设备的状态机（State Machine）。状态机由状态寄存器和组合逻辑电路构成，详见第4章。逻辑PDS的通信FE由控制设备和驱动设备之间的网络通信特定参数组成，包括被连接设备的通信状态机。大多数通信FE的参数和状态是通信网络或现场总线特定的。一个配置可以使用不同的通信FE。基本驱动FE可以具有不同的控制功能，如位置控制、速

度控制和转矩控制等基本驱动功能。逻辑 PDS 可能包含其他可选的应用程序功能，如连接到一个分离的编码器设备、制动控制、限位开关等。逻辑 PDS 可能具有本地接口，或者支持通过网络到 HMI 或工具的其他协议。

额定输入电压低于或等于交流 50/60Hz 1.0kV 或直流 1.5kV 的 PDS，称为低压 PDS（lower-voltage PDS），属于 IEC 61800-2 范围。额定输入电压为交流 50/60Hz 1.0~35kV 的 PDS 称为高压 PDS（high-voltage PDS），属于 IEC 61800-4 范围。将电动机和 BDM/CDM 集成到一个单一的单元称为集成 PDS（integrated PDS）。

3.1.3　成套传动模块

成套传动模块（Complete Drive Module，CDM）由（但不限于）BDM 和扩展部件，如保护装置、变压器和辅助设备组成，但不包括电动机和机械耦合到电动机轴上的传感器。

CDM 是基于电力电子控制与传动技术，通过改变电源频率和电压幅值的方式，来控制交流电动机的转动速度和转矩。一般是指调速电力传动系统变频器（Variable Frequency Driver，VFD），是属于调速电力传动系统的一种，在日韩变频器称为 VVVF（Variable Voltage Variable Frequency Inverter），在欧洲变频器称为 VSD（Variable Speed Driver），而在中国标准中多称为变频调速设备（Variable Frequency Driver）。很多场合也将"Converter"译为"变频器"，但它一般是指变换器或逆变器的概念，即基本传动模块（Base Drive Module，BDM）。IEC 61800-2 中这样定义："Converter"是通过改变一个或多个电压、电流和 / 或频率，将主电源供电的形式变为输入电动机的形式的一种装置。由于"变频器"可以应用于各种场合下的普通感应电动机，因此称为通用变频器，简称变频器。另一种典型的调速电气传动系统是伺服传动（Servo Drive）。伺服传动是通过闭环控制的方式实现机械系统对位置、速度和加速度的精确控制，其中的电动机采用永磁或磁阻电动机，广泛应用于数控机床、机器人等需要精确运动控制的领域。图 3-5 是通用变频器的概念模型，图中除 BDM 和电动机外，其他表示通用变频器控制功能的算法，详见下文。

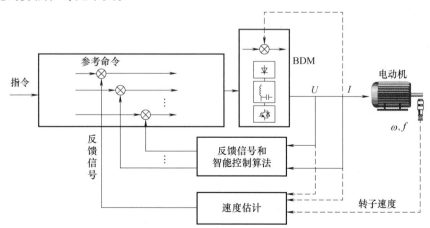

图 3-5　通用变频器的概念模型

BDM 是指功率模块和相关控制，连接在电源与电动机之间。根据 IEC 61800-2 的定义，BDM 能够将电力从电源传输到电动机，并也可将电力从电动机传输到电源。BDM 控制了在电动机和电动机输出中传输的一些或全部的参数，包括电流、频率、电压、速度、转矩、力。因此，BDM 在概念上相当于软起动器或通用变频器的主电路部分。

3.1.4　BDM/CDM/PDS 的特性与基本拓扑结构

3.1.4.1　BDM/CDM/PDS 的特性

低压 BDM/CDM/PDS 的一些重要特性包括以下几点。

1）大多数工业 BDM/CDM/PDS 由低压三相交流电源供电（简称动力电），通常输出功率从 0.2kW 到几千千瓦不等。其中一些小功率的由单相交流电供电。

2）许多 BDM/CDM/PDS 被设计成从连接多个 PDS 的直流链路的端口接收直流电源。PDS 可以从交流电源和连接直流链路的端口接收电力。

3）BDM/CDM/PDS 通过控制提供给电动机的电源的频率和电压来改变交流电动机的速度和转矩。最常见的 BDM/CDM/PDS 用来控制额定电压为 240V、400V、480V、600V 和 690V 的三相感应电动机。

4）一些 BDM/CDM/PDS 被设计成用于步进电动机、永磁电动机或开关磁阻电动机。

5）当电动机作为发电机运行时（在象限 II 和 IV 运行），大多数 PDS 将电力从电动机返回到直流链路。许多交流 PDS 提供了一个动态制动（也称为斩波制动或制动斩波器），以便在电动机作为发电机运行期间，管理从电动机返回到直流链路的功率。

6）再生式 PDS 设计用于将 BDM/CDM/PDS 的直流链路的电力返回到交流电源。在某些场合中，从直流链路到交流电源的电力转换可以在一个独立于 BDM/CDM/PDS 的子系统中完成。

7）用于交流感应电动机的 BDM/CDM/PDS 具有不同的控制算法，可优化成本，并为不同的应用程序的速度 / 转矩调节，包括 U/f 控制方式、无传感器矢量控制、磁通矢量控制、无传感器磁通矢量控制、磁场定向控制、无传感器磁场定向控制等。

3.1.4.2　BDM/CDM/PDS 的基本拓扑

低压 BDM/CDM/PDS 最常用的拓扑结构是电压源型变换器（VSC）。在 VSC 中，电源侧变换器将交流电变换为直流电。电容用于平滑变换器的直流电输出，并提供短期能量存储。供电侧变换器的直流输出，有时也称为直流链路，向电动机侧变换器提供能量，也称为逆变器。逆变器通常使用脉冲宽度调制（PWM）来为交流电动机供电，并允许控制电动机的速度和转矩。图 3-6 描述了一个常用的 BDM/CDM/PDS 的 VSC 的基本拓扑结构。

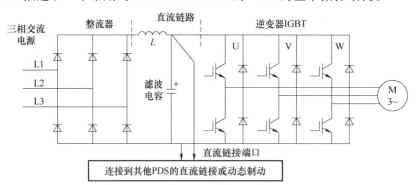

图 3-6　常用的 BDM/CDM/PDS 的 VSC 的基本拓扑结构（注：参考 IEC 61800-2：2015 图 4 编制）

在图 3-6 的低压 BDM/CDM/PDS 中，从交流电源到变换器（整流器和逆变器）的能量流是单向的。逆变器与电动机之间的能量流动是双向的，取决于电动机上机械负载的动态变化。直流链接端口可与其他 BDM/CDM/PDS 的直流链接端口或与动态制动装置交换能量。如果直流链接端口连接到其他 PDS 的直流链接端口，它可能从变换器或在象限 II 和 IV 运行期间，与在象限 I 和 III 运行的其他 PDS 共享由电动机反馈的能量。否则，直流链接端口可能被连接到一个外部动态制动器，以便在直流链接的电压超过期望的限制时耗散多余的能量。也可以将外部再生单元连接到直流链路，并将电力反馈给交流电源端。直流链路连接应进行良好的设计和保护。在设计不完善的直流链路系统中，低功率 CDM 可能会向高功率 CDM 反馈电力，这可能导致低功率 CDM 的破坏。此外，如果直流链路连接没有提供适当的保护，例如通过熔断器，故障情况可能导致连接到普通直流链路的一个或多个单元的破坏。

对于高压 BDM/CDM/PDS，从拓扑结构上主要分为功率单元串联多重化（多电平）型、三电平型、IGBT 直接串联型等几大类。多电平单元串联型 BDM 的拓扑结构主要由输入变压器、功率单元和控制单元三大部分组成。

功率单元串联多重化电压源型高压 BDM 采用多个低压的功率单元串联实现高压，输入侧的降压变压器采用移相方式，可有效消除对电网的谐波污染，输出侧采用多电平正弦 PWM 技术，可适用于任何电压的普通电动机，另外，在某个功率单元出现故障时，可自动退出系统，而其余的功率单元可继续保持电动机的运行，减少停机时造成的损失。系统采用模块化设计，可迅速替换故障模块。

多单元功率单元串联多重化（多电平）电压源型 BDM 的拓扑结构如图 3-7 所示。

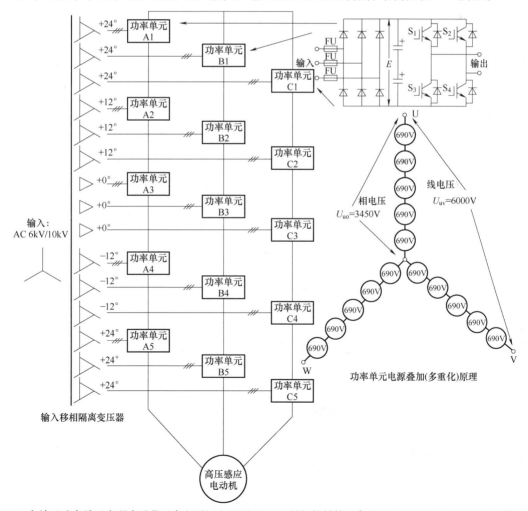

图 3-7　多单元功率单元串联多重化（多电平）电压源型 BDM 的拓扑结构（参见 IEC 61800-2、IEC 61800-4 附录 A）

多单元功率单元串联多重化（多电平）电压源型 BDM 功率单元的结构示意图，如图 3-8 所示。

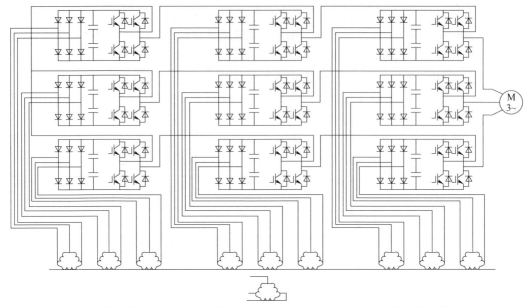

图 3-8 多单元功率单元串联多重化（多电平）电压源型 BDM 功率单元的结构示意图
（参见 IEC 61800-2、IEC 61800-4 附录 A）

图 3-7、图 3-8 所示是一个 15 单元功率单元串联多重化（多电平）电压源型高压 BDM 采用多个低压功率单元串联实现高压，各功率单元由一个多绕组移相隔离变压器供电，其主要特点是，整套 BDM 共有 15 个功率单元，每相由 5 台功率单元相串联，并组成星形连接，直接传动电动机。每台功率单元的电路、结构完全相同，可以互换，也可以互为备用。BDM 的输入部分是一台移相变压器，一次侧采用星形连接，二次侧采用延边三角形连接，共 15 个三相绕组，分别为每台功率单元供电。它们被平均分成 I、Ⅱ、Ⅲ 三大部分，每部分具有 5 副三相小绕组，绕组之间均匀分配相位偏移 12°。

6kV 移相变压器的三相 6 绕组 ×3（10kV 时需 12 绕组 ×3）延边三角形接法，采用多脉冲二极管整流输入（6kV 为 30/36 脉冲，10kV 为 54 脉冲），为功率单元提供隔离电源，可消除单个功率单元引起的大部分谐波电流。功率单元串联叠波升压，6kV 系列由 15 个（或 18 个）功率单元构成，每 5 个（或 6 个）功率单元串联成一相，三相输出采用星形连接。10kV 系列由 27 个功率模块组成，每 9 个功率模块串联成一相，三相输出采用星形连接，中性点悬浮，得到可变频三相高压电源。

3.2 电力传动系统相关标准

任何电气系统，都有规定的正常使用条件，达不到正常的使用条件，则不能正常运行，甚至会引发事故，因此，需要执行标准。

调速电力传动系统是电力电子技术中的一个重要应用，也是一个复杂的机电一体化系统，在工业领域应用非常广泛，不同应用场合的调速电力传动系统的技术要求有很大不同，优化这样复杂的机电系统需要深入的分析、专业知识和严谨的方法，以及在产品规划及开发阶段等的全生命周期综合考虑，并核对各项技术要求及是否符合专业技术标准，保证可以满足标准的要求。

对于电气工程领域，各种技术要求，如标称规范、使用条件、EMC 要求、安全要求、能效要求、功能要求、接口特性、负载类型和检验等技术标准是必须要遵守的，并且在产品层面，其中多数是需要通过国际认证的。

另外，技术标准是根据不同时期的科学技术水平和实践经验，针对具有普遍性和重复出现的技术问题，提出的最佳解决方案。技术标准一般分为基础标准、产品标准、方法标准和安全、能效、环境保护标准等。技术标准是从事科研、设计、工艺、检验等技术工作以及商品流通中共同遵守的技术依据，是目前大量存在的、具有重要意义和广泛影响的标准。

例如，国际电工委员会（IEC）制定的 IEC 61800（GB/T 12668）调速电力传动系统系列标准（目前发布了 20 项，详见表 3-1）覆盖了调速电力传动系统的各种技术要求，应用领域涵盖安装在工业、商业或家居环境的应用，但不包括机车牵引系统和电动车传动系统。该标准的目的在于根据不同的调速电力传动系统应用来界定相应的限值和测试方法，涵盖了功能安全、能效等级、抗扰度和电磁干扰等。除此之外，与通用变频器应用直接相关的国际标准多达上百项，因此，要提高专业水准、产品和应用水平，需要认真研究和应用这些标准，表 3-1 列出的部分通用变频器相关的技术标准，不是全部相关标准，如其中未列入相关的通信标准、传感器和仪表标准等。这些标准适合学习者、产品制造、产品应用及系统工程集成工程师等使用，具体应用时尚需根据特定领域查找更多的关联标准。

表 3-1　通用变频器相关的技术标准

序号	国　家　标　准	对应的国际标准
1	GB/T 12668.1—2002 调速电气传动系统　第 1 部分：一般要求　低压直流调速电气传动系统额定值的规定	IEC 61800-1：2021 Adjustable speed electrical power drive systems-Part 1：General requirements-Rating specifications for low voltage adjustable speed DC power drive systems
2	GB/T 12668.2—2002 调速电气传动系统　第 2 部分：一般要求　低压交流变频电气传动系统额定值的规定	IEC 61800-2：2015 Adjustable speed electrical power drive systems-Part 2：General requirements-Rating specifications for low voltage adjustable speed a.c.power drive systems
3	GB 12668.3—2012 调速电气传动系统　第 3 部分：电磁兼容性要求及其特定的试验方法	IEC 61800-3：2017 Adjustable speed electrical power drive systems-Part 3：EMC requirements and specific test methods
4	GB/T 12668.4—2006 调速电气传动系统　第 4 部分：一般要求　交流 1000V 以上但不超过 35kV 的交流调速电气传动系统额定值的规定	IEC 61800-4：2002 Adjustable speed electrical power drive systems-Part4：General requirements-Rating specifications for a.c.power drive systems above1000V a.c.and not exceeding 35kV
5	GB 12668.501—2013 调速电气传动系统　第 5-1 部分：安全要求　电气、热和能量	IEC 61800-5-1：2007/AMD 1：2016 Adjustable speed electrical power drive systems-Part5-1：Safety requirements-Electrical, thermal and energy
6	GB/T 12668.502—2013 调速电气传动系统　第 5-2 部分：安全要求　功能	IEC 61800-5-2：2016 Adjustable speed electrical power drive systems-Part 5-2：Safety requirements-Functional

（续）

序号	国　家　标　准	对应的国际标准
7	GB/T 12668.6—2011 调速电气传动系统　第 6 部分：确定负载工作制类型和相应电流额定值的导则	IEC/TR 61800-6：2003 Adjustable speed electrical power drive systems-Part 6：Guide for determination of types of load duty and corresponding current ratings
8	GB/T 12668.701—2012 调速电气传动系统　第 701 部分：电气传动系统的通用接口和使用规范　接口定义	IEC 61800-7-1：2015 Adjustable speed electrical power drive systems-Part7-1：Generic interface and use of profiles for power drive systems-Interface definition
9	GB/T 12668.7201—2019 调速电气传动系统　第 7-201 部分：电气传动系统的通用接口和使用规范　1 型规范说明	IEC 61800-7-201：2015 Adjustable speed electrical power drive systems-Part7-201：Generic interface and use of profiles for power drive systems-Profile type 1 specification
10		IEC 61800-7-202：2015 Adjustable speed electrical power drive systems-Part7-202：Generic interface and use of profiles for power drive systems-Profile type 2 specification
11		IEC 61800-7-203：2015 Adjustable speed electrical power drive systems-Part7-203：Generic interface and use of profiles for power drive systems-Profile type 3 specification
12		IEC 61800-7-204：2015 Adjustable speed electrical power drive systems-Part7-204：Generic interface and use of profiles for power drive systems-Profile type 4 specification
13	GB/T 12668.7301—2019 调速电气传动系统　第 7-301 部分：电气传动系统的通用接口和使用规范　1 型规范对应至网络技术	IEC 61800-7-301：2015 Adjustable speed electrical power drive systems-Part7-301：Generic interface and use of profiles for power drive systems-Mapping of profile type 1 to network technologies
14		IEC 61800-7-302：2015 Adjustable speed electrical power drive systems-Part7-302：Generic interface and use of profiles for power drive systems-Mapping of profile type 2 to network technologies
15		IEC 61800-7-303：2015 Adjustable speed electrical power drive systems-Part7-303：Generic interface and use of profiles for power drive systems-Mapping of profile type 3 to network technologies
16		IEC 61800-7-304：2015 Adjustable speed electrical power drive systems-Part7-304：Generic interface and use of profiles for power drive systems-Mapping of profile type 4 to network technologies
17	GB/T 12668.8—2017 调速电气传动系统　第 8 部分：电源接口的电压规范	IEC/TS 61800-8：2010 Adjustable speed electrical power drive systems-Part8：Specification of voltage on the power interface
18	GB/T 12668.901—2021 调速电气传动系统　第 9-1 部分：电气传动系统、电机起动器、电力电子设备及其传动应用的生态设计　采用扩展产品法（EPA）和半解析模型（SAM）制定电气传动设备能效标准的一般要求	IEC 61800-9-1：2017 Adjustable speed electrical power drive systems-Part 9-1：Ecodesign for power drive systems, motor starters, power electronics and their driven applications-General requirements for setting energy efficiency standards for power driven equipment using the extended product approach（EPA）and semi analytic model（SAM）
19	GB/T 12668.902—2021 调速电气传动系统　第 9-2 部分：电气传动系统、电机起动器、电力电子设备及其传动应用的生态设计　电气传动系统和电机起动器的能效指标	IEC 61800-9-2：2017 Adjustable speed electrical power drive systems-Part 9-2：Ecodesign for power drive systems, motor starters, power electronics and their driven applications-Energy efficiency indicators for power drive systems and motor starters

（续）

序号	国 家 标 准	对应的国际标准
20	GB/T 755—2019 旋转电机　定额和性能	IEC 60034-1：2017 Rotating electrical machines-Part 1：Rating and performance
21	GB/T 21210—2016 单速三相笼型感应电动机起动性能	IEC 60034-12：2016 Rotating electrical machines-Part 12：Starting performance of single-speed three-phase cage induction motors
22	GB/T 21209—2017 用于电力传动系统的交流电动机　应用导则	IEC/TS 60034-25：2014 Rotating electrical machines-Part 25：AC electrical machines used in power drive systems-Application guide
23	GB/T 32891.1—2016 旋转电动机　效率分级（IE 代码）第 1 部分：电网供电的交流电动机	IEC 60034-30-1：2014 Rotating electrical machines-Part 30-1：Efficiency classes of line operated AC motors（IE code）
24	GB/T 32891.2—2019 旋转电动机　效率分级（IE 代码）第 2 部分：变速交流电动机	IEC/TS 60034-30-2：2016 Rotating electrical machines-Part 30-2：Efficiency classes of variable speed AC motors（IE-code）
25	GB/T 32877—2016 变频器供电交流感应电动机确定损耗和效率的特定试验方法	IEC/TS 60034-2-3：2013 Rotating electrical machines-Part 2-3：Specific test methods for determining losses and efficiency of converter-fed AC induction motors
26	GB/T 22720.1—2017 旋转电机　电压型变频器供电的旋转电机无局部放电（Ⅰ型）电气绝缘结构的鉴别和质量控制试验	IEC 60034-18-41：2014/AMD1：2019 Amendment 1-Rotating electrical machines-Part 18-41：Partial discharge free electrical insulation systems（Type I）used in electrical rotating machines fed from voltage converters-Qualification and quality control tests
27	GB/T 22720.2—2019 旋转电机　电压型变频器供电的旋转电机耐局部放电电气绝缘结构（Ⅱ型）的鉴定试验	IEC 60034-18-42：2017 Rotating electrical machines-Part 18-42：Partial discharge resistant electrical insulation systems（Type II）used in rotating electrical machines fed from voltage converters-Qualification tests
28	GB/T 3859.1—2013 半导体变流器　通用要求和电网换相变流器　第 1-1 部分：基本要求规范	IEC 60146-1-1：2009 Semiconductor converters-General requirements and line commutated converters-Part 1-1：Specification of basic requirements
29	GB/T 3859.2—2013 半导体变流器　通用要求和电网换相变流器　第 1-2 部分：应用导则	IEC/TR 60146-1-2：2019 Semiconductor converters-General requirements and line commutated converters-Part 1-2：Application guidelines。注：IEC/TR 60146-1-2：2011 于 2019 年撤销
30	GB/T 3859.3—2013 半导体变流器　通用要求和电网换相变流器　第 1-3 部分：变压器和电抗器	IEC 60146-1-3：1991 Semiconductor convertors-General requirements and line commutated convertors-Part 1-3：Transformers and reactors。IEC 60146-1-3：1991 于 2020 年撤销
31	GB/T 3667.1—2016 交流电动机电容器第 1 部分：总则　性能、试验和额定值安全要求　安装和运行导则	IEC 60252-1：2013 AC motor capacitors Part 1：General Performance，testing and rating Safety requirements Guidance for installation and operation
32	GB/T 17702—2013 电力电子电容器	IEC 61071：2017 Capacitors for power electronics
33	GB/Z 29638—2013 电气/电子/可编程电子安全相关系统的功能安全　功能安全概念及 GB/T 20438 系列概况	IEC/TR 61508-0：2005 Functional safety of electrical/Electronic/programmable electronic safety-related systems-Part 0：Functional safety and IEC 61508

（续）

序号	国 家 标 准	对应的国际标准
34	GB/T 20438.1—2017 电气／电子／可编程电子安全相关系统的功能安全　第 1 部分：一般要求	IEC 61508-1：2010 Functional safety of electrical/electronic/programmable electronic safety-related systems-Part 1：General requirements
35	GB/T 20438.2—2017 电气／电子／可编程电子安全相关系统的功能安全　第 2 部分：电气／电子／可编程电子安全相关系统的要求	IEC 61508-2：2010 Functional safety of electrical/electronic/programmable electronic safety-related systems-Part 2：Requirements for electrical/electronic/programmable electronic safety-related systems
36	GB/T 20438.3—2017 电气／电子／可编程电子安全相关系统的功能安全　第 3 部分：软件要求	IEC 61508-3：2010 Functional safety of electrical/electronic/programmable electronic safety-related systems-Part 3：Software requirements
37		IEC/TS 61508-3-1：2016 Functional safety of electrical/electronic/programmable electronic safety-related systems-Part 3-1：Software requirements-Reuse of pre-existing software elements to implement all or part of a safety function
38	GB/T 20438.4—2017 电气／电子／可编程电子安全相关系统的功能安全　第 4 部分：定义和缩略语	IEC 61508-4：2010 Functional safety of electrical/electronic/programmable electronic safety-related systems-Part 4：Definitions and abbreviations
39	GB/T 20438.5—2017 电气／电子／可编程电子安全相关系统的功能安全　第 5 部分：确定安全完整性等级的方法示例	IEC 61508-5：2010 Functional safety of electrical/electronic/programmable electronic safety-related systems-Part 5：Examples of methods for the determination of safety integrity levels
40	GB/T 20438.6—2017 电气／电子／可编程电子安全相关系统的功能安全　第 6 部分：GB/T 20438.2 和 GB/T 20438.3 的应用指南	IEC 61508-6：2010 Functional safety of electrical/electronic/programmable electronic safety-related systems-Part 6：Guidelines on the application of IEC 61508-2 and IEC 61508-3
41	GB/T 20438.7—2017 电气／电子／可编程电子安全相关系统的功能安全　第 7 部分：技术和措施概述	IEC 61508-7：2010 Functional safety of electrical/electronic/programmable electronic safety-related systems-Part 7：Overview of techniques and measures
42	GB/T 5226.1—2019 机械电气安全　机械电气设备　第 1 部分：通用技术条件	IEC 60204-1：2016 Safety of machinery-Electrical equipment of machines-Part 1：General requirements
43		IEC/TR 61511-0：2018 Functional safety-Safety instrumented systems for the process industry sector-Part 0：Functional safety for the process industry and IEC 61511
44	GB/T 21109.1—2007 过程工业领域安全仪表系统的功能安全　第 1 部分：框架、定义、系统、硬件和软件要求	IEC 61511-1：2016 Functional safety Safety instrumented systems for the process industry sector Part 1：Framework，definitions，system，hardware and application programming requirements
45	GB/T 21109.2—2007 过程工业领域安全仪表系统的功能安全　第 2 部分：GB/T 21109.1 的应用指南	IEC 61511-2：2016 Functional safety-Safety instrumented systems for the process industry sector-Part 2：Guidelines for the application of IEC 61511-1：2016
46	GB/T 21109.3—2007 过程工业领域安全仪表系统的功能安全　第 3 部分：确定要求的安全完整等级的指南	IEC 61511-3：2016 Functional safety-Safety instrumented systems for the process industry sector-Part 3：Guidance for the determination of the required safety integrity levels
47		IEC/TR 61511-4：2020 Functional safety-Safety instrumented systems for the process industry sector-Part 4：Explanation and rationale for changes in IEC 61511-1 from Edition 1 to Edition 2

（续）

序号	国 家 标 准	对应的国际标准
48	GB 14048.1—2012 低压开关设备和控制设备 第 1 部分：总则	IEC 60947-1：2020 Low-voltage switchgear and controlgear-Part 1：General rules
49	GB 14048.4—2010 低压开关设备和控制设备 第 4-1 部分：接触器和电动机起动器 机电接触器和电动机起动器（含电动机保护器）	IEC 60947-4-1：2018 Low-voltage switchgear and controlgear Part 4-1：Contactors and motor-starters Electromechanical contactors and motor-starters
50	GB 28526—2012 机械电气安全 安全相关电气、电子和可编程电子控制系统的功能安全	IEC 62061：2015 Safety of machinery Functional safety of safety-related electrical, electronic and programmable electronic control systems
51	GB/T 19659.1—2005 工业自动化系统与集成 开放系统应用集成框架 第 1 部分：通用的参考描述	ISO 15745-1：2003/AMD 1：2007 Industrial automation systems and integration Open systems application integration framework Part 1：Generic reference description
52	GB/T 34064—2017 通用自动化设备 行规导则	IEC/TR 62390：2005 Common automation device-Profile guideline
53		IEC 60364-1：2005 Low-voltage electrical installations-Part 1：Fundamental principles, assessment of general characteristics, definitions
54		IEC 61326-1：2020 Electrical equipment for measurement, control and laboratory use-EMC requirements-Part 1：General requirements
55		IEC 61326-2-1：2020 Electrical equipment for measurement, control and laboratory use-EMC requirements-Part 2-1：Particular requirements-Test configurations, operational conditions and performance criteria for sensitive test and measurement equipment for EMC unprotected applications
56		IEC 61326-2-2：2020 Electrical equipment for measurement, control and laboratory use-EMC requirements-Part 2-2：Particular requirements-Test configurations, operational conditions and performance criteria for portable testing, measuring and monitoring equipment used in low-voltage distribution systems
57		IEC 61326-2-3：2020 Electrical equipment for measurement, control and laboratory use-EMC requirements-Part 2-3：Particular requirements-Test configuration, operational conditions and performance criteria for transducers with integrated or remote signal conditioning
58		IEC 61326-2-4：2020 Electrical equipment for measurement, control and laboratory use-EMC requirements-Part 2-4：Particular requirements-Test configurations, operational conditions and performance criteria for insulation monitoring devices according to IEC 61557-8 and for equipment for insulation fault location according to IEC 61557-9
59		IEC 61326-2-5：2020 Electrical equipment for measurement, control and laboratory use-EMC requirements-Part 2-5：Particular requirements-Test configurations, operational conditions and performance criteria for field devices with field bus interfaces according to IEC 61784-1

（续）

序号	国　家　标　准	对应的国际标准
60		IEC 61326-3-1：2017 Electrical equipment for measurement, control and laboratory use-EMC requirements Part 3-1：Immunity requirements for safety-related systems and for equipment intended to perform safety-related functions（functional safety）General industrial applications
61		IEC 61326-3-2：2017 Electrical equipment for measurement, control and laboratory use-EMC requirements-Part 3-2：Immunity requirements for safety-related systems and for equipment intended to perform safety-related functions（functional safety）-Industrial applications with specified electromagnetic environment
62	GB/T 15706—2012 机械安全　设计通则　风险评估与风险减小	ISO 12100：2010 Safety of machinery-General principles for design—Risk assessment and risk reduction
63		ISO/TR 22100-1：2015 Safety of machinery Relationship with ISO 12100 Part 1：How ISO12100 relates to type-B and type-C standards
64		ISO/TR 22100-4：2018 Safety of machinery Relationship with ISO 12100 Part 4：Guidance to machinery manufacturers for consideration of related IT-security（cyber security）aspects

以下国标无对应国际标准

GB/T 20161—2008 变频器供电的笼型感应电动机应用导则	GB/T 32505—2016 机床专用变频调速设备
GB/T 21056—2007 风机、泵类负载变频调速节电传动系统及其应用技术条件	GB/T 32515—2016 注塑机专用变频调速设备
GB/T 37892—2019 数字集成全变频控制恒压供水设备	GB/T 28562—2012 YVF 系列变频调速高压三相异步电动机技术条件（机座号 355~630）
GB/T 30844.1—2014 1kV 及以下通用变频调速设备　第1部分：技术条件	GB/T 21707—2018 变频调速专用三相异步电动机绝缘规范
GB/T 30844.2—2014 1kV 及以下通用变频调速设备　第2部分：试验方法	GB/T 26921—2011 电动机系统（风机、泵、空气压缩机）优化设计指南
GB/T 30844.3—2017 1kV 及以下通用变频调速设备　第3部分：安全规程	GB/T 34123—2017 电力系统变频器保护技术规范
GB/T 30843.1—2014 1kV 以上不超过 35kV 的通用变频调速设备　第1部分：技术条件	GB/T 3797—2016 电气控制设备
GB/T 30843.2—2014 1kV 以上不超过 35kV 的通用变频调速设备　第2部分：试验方法	DL/T 2033—2019 火电厂用高压变频器功率单元 试验方法
GB/T 30843.3—2017 1kV 以上不超过 35kV 的通用变频调速设备　第3部分：安全规程	GB/T 33595—2017 电动机软起动装置 型号编制方法
GB/T 37009—2018 冶金用变频调速设备	

3.2.1 IEC 61800 系列标准简介

IEC 61800 "Adjustable speed electrical power drive systems" 调速电力传动系统（PDS）系列标准旨在为调速电力传动系统提供一套通用规范，共分 9 大部分，每一部分又细分为几个子部分，所有部件不涉及机械工程部件，但齿轮减速电动机（带有直接适配的齿轮箱的电动机）被视为电力传动系统。IEC 61800 系列标准的结构如下：

第 1 部分：低压调速直流电力传动系统的一般要求、额定值规范；

第 2 部分：低压调速交流电力传动系统的一般要求、额定值规范（交流 1000V 以下）；

第 3 部分：EMC 要求和具体测试方法；

第 4 部分：交流 1000V 以上不超过 35kV 交流电力传动系统的一般要求、额定值规范；

第 5 部分：安全要求（子部分 IEC 61800-5-1：2016 电气安全；IEC 61800-5-2：2016 功能安全）；

第 6 部分：负载、负荷类型和相应额定电流的确定指南；

第 7 部分：电力传动系统的通用接口和规范的使用，描述了控制系统和电力传动系统之间的通用接口，包括模拟和数字输入和输出、串行和并行接口、现场总线和网络。这一部分共 9 个子部分，包括：

IEC 61800-7-1：2015，接口定义；

IEC 61800-7-201：2015，1 型（CiA402）规范（profiles，下同）；

IEC 61800-7-202：2015，2 型（CIP）规范；

IEC 61800-7-203：2015，3 型（PROFIdrive）规范；

IEC 61800-7-204：2015，4 型（SERCOS）规范；

IEC 61800-7-301：2015，1 型（CANopen、CC-Link IE、EPA、EtherCAT、以太网 Powerlink）规范映射到网络；

IEC 61800-7-302：2015，2 型（DeviceNet、ControlNet、以太网 /IP）规范映射到网络；

IEC 61800-7-303：2015，3 型（DeviceNet、ControlNet、以太网 /IP）规范映射到网络；

IEC 61800-7-304：2015，4 型（SERCOS I + II、SERCOS III、EtherCAT）规范映射到网络；

第 8 部分：电源接口电压规范；

第 9 部分：包含两个子部分，IEC 61800-9-1：2017 采用扩展产品法（EPA）和半解析模型（SAM）制定电气传动设备能效标准的一般要求；IEC 61800-9-2：2017 电气传动系统、电动机起动器、电力电子设备及其传动应用的生态设计 电气传动系统和电动机起动器的能效指标。

本书这部分涉及的"规范"是指 PDS 接口的表示，包括其参数、参数程序集和根据通信规范和设备规范的行为。限于篇幅，以下仅对第 2、3、5、7、9 部分简单介绍，详细内容请参见 IEC 61800 系列标准原文。

3.2.1.1 IEC 61800-2：2015 简介

IEC 61800-2：2015 适用于一般用途的调速交流电力传动系统，包括半导体功率转换及其控制设备、保护、监视、测量方法和交流电动机。控制设备包括开关控制，如通 / 断控制，电压、频率或电流控制，保护，状态监控，通信，测试，诊断，生产过程接口 / 端口等组成的系统。适用于交流电动机连接到交流 50/60Hz 线电压为 1kV 及以下和 / 或直流输入侧的 BDM 电压为 1.5kV 及以下。对于具有串联电子功率变流器部分的调速电力交流传动系统，线路电压为串联输入电压之和。

这一部分旨在定义交流 PDS：PDS 的主要部件（见 3.1.1 节）、评级和性能、拟安装和操作 PDS 的环境规范、当指定一个完整的 PDS 时可能适用的其他规范。给出了关于变频器额定值、正常使用条件、过载情况、浪涌承受能力、稳定性、保护、交流电源接地和试验等性能的要求。该标准是用户和制造商在制定产品规格时可能需要的最低要求，每个主题单独指定时，才有可能符合该标准。

3.2.1.2　IEC 61800-3：2017 简介

IEC 61800-3：2017 是产品标准，规定了 PDS 的电磁兼容性（EMC）要求。定义 EMC 指设备或系统在其电磁环境中令人满意地运行，而不会对该环境中的任何东西造成不可容忍的电磁干扰的能力。与 EMC 对应的是抗扰度（immunity），是指一种装置、设备或系统在电磁干扰下不退化的抗扰能力。

电磁发射会对其他电子设备（如无线电接收器、测量和计算机设备）造成干扰。抗扰度是为了保护设备免受连续和瞬态传导和辐射干扰，包括静电放电。电磁发射要求和抗扰性要求相互平衡，并与 PDS 的实际环境相平衡。PDS 可以连接到工业或公共配电网络。工业网络由专用的配电变压器供电，它通常位于工业地点附近或内部，仅为工业用户供电。工业网络也可以由它们自己的发电设备提供电力。另一方面，PDS 可以直接连接到低压公共干线网络，该网络也为住宅供电，中性点通常要接地。因此，电力传动设备产生的电磁干扰不应超过其预期工作环境的适当水平。此外，电力传动设备应对电磁干扰有足够的抗扰度，以使其能够在预期的环境中工作。

IEC 61800-3 定义了 PDS 的最低 EMC 要求。根据环境分类给出抗扰性要求。规定了转换器输入和 / 或输出电压高达 35kV 交流有效值的 PDS 要求。适应范围包括安装在住宅、商业和工业场所的 PDS，从几百瓦到几兆瓦范围的 PDS，也适应于直流电动机传动器。不包括可能发生的概率极低的极端情况及故障条件下，PDS 的 EMC 行为的变化。

IEC 61800-3：2017 的目的是根据 PDS 的预期用途定义其极限和测试方法，包括抗扰性要求和电磁发射要求。在特殊情况下，当附近有高度敏感的仪器被使用时，必须额外采取缓解措施，进一步减少电磁辐射使其低于规定水平或必须采取额外的对策提高高度敏感的仪器的抗扰度。作为 PDS 的 EMC 产品标准，IEC 61800-3：2017 优先于 PDS 的所有方面通用标准，并且不执行其他 EMC 测试。

3.2.2　IEC 61800-5：2016 简介

IEC 61800-5：2016 包括《调速电气传动系统　第 5-1 部分：安全要求 电气、热和能量》和《调速电气传动系统 第 5-2 部分：安全要求 功能》两个子项，其中，IEC 61800-5-1 部分是强制性标准，IEC 61800-5-2 部分是基于功能安全基础标准 IEC 61508 系列标准架构的产品标准。

3.2.2.1　功能安全的概念

1. 功能安全与安全相关系统

"安全"（Safety）是指避免可能造成人体损害或损伤的不可接受风险，而这种风险是由于对财产或环境的破坏而直接或间接地导致的，即安全不存在不可接受的风险。风险指的是出现伤害的概率及其严重性的组合。可接受风险（Acceptable Risk）指根据可达到的水准所能够接受的风险。

功能安全是"安全"范围的一部分，是指一个系统或设备对其输入的正确响应，是应对危险的方法之一。例如，在电动机控制回路上安装的热继电器的功能是在电动机过热前实现断电的过载保护，这是功能安全的一个典型实例。但若用外加风扇方法对电动机吹风以降低电动机的温度，就不是功能安全的例子。一般来说，设备及相关的所有控制系统在特定环境下的重大危险必须由专业人员或开发人员通过危险分析来识别，通过分析确定是否需要通过功能安全对每个重大危险提供足够的保护。如果需要，则应考虑在设计中采取适当措施来实现。

术语"安全相关"用来描述一个系统执行一个或多个特定功能以确保将风险保持在一个可接受的水平。这样的功能就是安全功能（Safety Function）。安全功能是针对规定的危险事件，为达到或保持受控设备（Equipment Under Control，EUC）的安全状态，由电气/电子/可编程电子（E/E/PE）安全系统、其他技术安全系统或外部风险降低设施实现的功能。EUC指用于制造、运输、医疗或其他领域的设备、机器、装置或装备。基于E/E/PE装置用于控制、防护或监视的系统，包括系统中所有的元素，如电源、传感器及其他输入输出装置及所有通信手段。

安全功能要求（功能用来做什么）由危险分析确定，安全完整性（Safety Integrity）要求（安全功能按要求执行的可能性）由风险评估确定。安全完整性的等级越高，危险失效发生的可能性越低。执行安全功能的系统，就是安全相关系统（Safety-related System）。安全相关系统可独立于设备控制系统，或者设备控制系统本身可实现安全功能，这个设备控制系统就是一个安全相关系统。安全完整性的等级越高，安全相关系统的工程实施要求越严格。安全相关系统是执行要求的安全功能以达到或保持EUC的安全状态，以及自身或与其他E/E/PES安全系统、其他技术安全系统或外部风险降低设施结合，要求的安全功能达到必要的安全完整性。

安全相关系统是在接受命令后采取适当的动作以防止EUC进入危险状态。安全相关系统的失效应被包括在导致确定的危险事件中。尽管可能有其他系统具备安全功能，但仅是指用其自身能力达到要求的允许风险的安全系统。安全相关系统分为安全控制系统和安全防护系统。

安全相关系统可以是EUC控制系统的组成部分，也可用传感器和/或执行器与EUC的接口，既可用在EUC控制系统中执行安全功能的方式达到要求的安全完整性水平，也可用分离的/独立的专门用于安全的系统执行安全功能。安全相关系统可独立于设备控制系统，或者设备控制系统本身可实现安全功能，这个设备控制系统就是一个安全相关系统。安全完整性的等级越高，安全相关系统的工程实施要求越严格。

2. 功能安全示例

例如一台工业风机，其旋转叶片由防护罩来保护。需要打开防护罩进行例行清洁时，可能触及叶片。防护罩是联锁的，在防护罩打开时电动机断电、起动制动，使叶片在可能伤害到操作员前停止旋转。为了保证安全，需要进行维护操作的危险分析和风险评估。

首先，通过危险分析识别清洁叶片可能出现的危险。对此工业风机，在起动制动并使叶片停止前，防护罩的开度不能超过5mm。进一步分析，使叶片停止的时间不应超过1s，这些就是描述了安全功能的要求。接着通过风险评估确定安全功能的性能要求，其目的是保证安全功能的安全完整性，以足够保证危险事件不会使人处于不可接受的风险环境中。安全功能失效导致的伤害可能是操作人员的手被切断或被擦伤。风险还取决于防护罩打开的频率，可能是一天或一月一次。所要求的安全完整性等级随着伤害的严重程度和暴露于危险环境频率的增加而提高。

安全功能的安全完整性取决于正确执行安全功能所需的所有设备,即联锁、相关电路、电动机和制动系统等。安全功能及其安全完整性规定了在特定环境下各系统作为一个整体所要求的行为。危险分析识别如何避免与叶片相关的危险事件发生。风险评估给出为使风险可接受的联锁系统所要求的安全完整性。"哪些安全功能必须执行"即安全功能要求和"执行安全功能所必需的确定性程度如何"即安全完整性要求,是功能安全的基础。

在自动化系统中,控制系统越来越多地采用复杂的 E/E/PE 设备和系统。这些设备和系统中最突出的是适用于安全相关应用 PDS(SR)的调速 PDS,如机床、机器人、生产测试设备、试验台、造纸机械、纺织机械;轧钢厂、橡胶、塑料、化工或金属生产的生产线;水泥破碎机、水泥窑、搅拌机、离心机、挤压机、钻床;输送机、搬运机械、起重机、龙门架等;泵、风机等。因此,IEC 61800-5-1 标准规定了调速 PDS 在电气、热和能量方面的安全要求。适用于 IEC 61800 标准范围内的调速 PDS 的功能安全要求。IEC 61800-5-2 标准规定了 PDS(SR)的设计、开发、集成和验证的功能安全要求,旨在促进 PDS(SR)的 E/E/PE 部件的安全性能的实现。使用 IEC 61800 标准的人应该知道一些 C 类机械标准,C 类标准是机械产品安全标准。在 ISO 12100:2010(GB/T 15706—2012)中定义为机器安全标准,涉及特定机器或机器组的详细安全要求。在很多情况下,都使用了包含 PDS(SR)的控制系统作为安全措施的一部分,以实现风险降低。

注:机械领域安全标准分类:A 类标准是基础安全标准;B 类标准是通用安全标准,又分 B1 类和 B2 类,B1 类是特定的安全特征(如安全距离、表面温度、噪声)标准,B2 类是安全装置(如双手操纵装置、联锁装置、压敏装置、防护装置)标准;C 类标准是机械产品安全标准。

IT 安全不仅包括数据还包括机器。在制造过程中的网络攻击或 IT 故障会对安全措施构成风险,从而对生产和人员产生影响。智能制造即利用互联网和数字技术的制造,可以实现整个价值链的无缝生产和集成。其中存在远程控制速度、力和温度等参数,以及能够跟踪机器性能和使用情况并提高效率,但它也加剧了 IT 安全威胁的风险,将机器的速度或力提高到危险水平,会带来严重风险。机器安全和网络安全在目标、方法和措施方面存在很大差异,但在制造业中它们却不可分割地联系在一起。ISO/TR 22100-4 补充了 ISO 12100 的内容,提供了整合 IT 安全与机器安全的指导。例如,可能成为 IT 安全攻击目标的组件类型、机器的设计、以最大限度地减少此类攻击的漏洞,以及为机器操作员提供关于可能威胁的信息等,为风险评估、风险分析及文件要求奠定基础。

IEC 61800-5-2 标准定义的功能安全要求包括范围限定、停止功能及其他安全功能三个大类的十多种基本安全功能。定义了集成安全传动器的安全功能。对于安装在工业机器上的调速类控制设备,功能安全需要满足 IEC 61800-5-2 的标准要求,包括停止功能(Stopping Functions)和监控功能(Monitoring Functions)。

3.2.2.2 停止功能

IEC 61800-5-2 标准定义的停止功能包括如下子功能:

1)安全转矩关闭(Safe Torque Off,STO),这一功能用于防止需要断电,防止意外起动的地方。相当于 IEC 60204-1:2016《机械和电气设备的安全 第 1 部分:一般要求》中停止类别 0 的非受控停止。如在存在外部影响的情况下(如悬浮荷载的下降),可能需要采取额外的措施(如机械制动)来防止任何危险。

2)安全停车 1(Safety Stop1,SS1),可以是减速控制 SS1-d、斜坡监控 SS1-r、时间控制

SS1-t 三种停止方式中的一种。减速控制 SS1-d 是起动并控制选定范围内的电动机减速以停止电动机，并在电动机转速低于规定限制时执行 STO 功能；斜坡监控 SS1-r 是起动并监控选定范围内的电动机减速以停止电动机，并在电动机转速低于规定限制时执行 STO 功能；时间控制 SS1-t 是在应用特定的时间延迟后，起动电动机减速并执行 STO 功能。这个安全功能对应于 IEC 60204-1 中控制停止的类别 1。

3）安全停车 2（Safety Stop2，SS2），可以是减速控制 SS1-d、斜坡监控 SS1-r、时间控制 SS1-t 三种停止方式中的一种。减速控制 SS1-d 是当电动机转速低于规定的极限时，起动并控制电动机减速，使电动机停止运行，执行安全运行停止功能；斜坡监控 SS1-r 是在选定的限制内起动并监控电动机减速，当电动机转速低于规定的限制时，电动机停止，并执行安全运行停止功能；时间控制 SS1-t 是在应用指定的时间延迟后，起动电动机减速并执行安全运行停止功能。这个安全功能 SS2 对应于 IEC 60204-1 中控制停止的类别 2。

例如，符合功能安全技术要求的电动机控制器将支持 STO 及 SS1 等安全功能，防止意外起动的发生，产品设计必须符合 IEC 61800-5-2 标准中的要求。典型的是防护联锁，只有在旋转部件停止时才有可能进入危险区域，以便将人员排除在危险之外。

3.2.2.3　监控功能

IEC 61800-5-2 标准定义的监控功能包括如下子功能：

1）安全操作停止（Safety Operation Stop，SOS），这个功能可以防止电动机从停止位置偏离，超过一个确定的量。PDS（SR）为电动机提供能量，使其能够抵抗外力。对操作停止功能的描述是基于 PDS（SR）实现的，没有外部制动器，如机械制动器。

2）安全转速范围（Safe Speed Range，SSR），这个功能使电动机的转速保持在规定的范围内。

3）安全限速（Safely-Limited Speed，SLS），这个功能防止电动机超过规定的速度限制。

4）安全转速监控（Safe Speed Monitor，SSM），提供安全输出信号，指示电动机转速是否低于规定的极限。

5）安全加速度范围（Safe Acceleration Range，SAR），此功能保持电动机加速和 / 或减速在指定的范围内。

6）加速度安全限制（Safely-Limited Acceleration，SLA），此功能防止电动机超过指定的加速和 / 或减速极限。

7）安全限制增量（Safely-Limited Increment，SLI），此功能防止电动机轴（或传动器，当使用直线电动机时）超过指定的位置增量限制。在这个功能中，PDS（SR）监测电动机的增量运动。如一个输入信号（如起动）起动一个增量移动，并在安全监控下指定最大行程。在完成增量所需的行程后，电动机停止并保持在适合应用的这种状态。

8）安全方向限制（Safe Direction，SDI），该功能可防止电动机轴在非预期方向上移动超过规定的量。

9）安全转矩范围（Safe Torque Range，STR），这个功能使电动机转矩（或直线电动机使用时的力）保持在规定的范围内。

10）安全转矩限制（Safely-Limited Torque，SLT），此功能防止电动机超过指定的转矩（或力，当使用直线电动机时）限制。

11）安全限位（Safely-Limited Position，SLP），此功能防止电动机轴（或传动器，当使用直线电动机时）超过指定的位置限制。

12）安全电动机温度（Safe Motor Temperature，SMT），此功能可防止电动机温度超过指定的上限。SMT 安全功能可用于防止电动机在爆炸性环境中过热。其他风险，如火花不包括在这个安全功能内。

13）安全凸轮（Safe Cam，SCA），提供安全输出信号，指示电动机轴位置是否在规定范围内。

14）安全制动控制（Safe Brake Control，SBC），这个功能提供安全的输出信号来控制外部制动器。

3.2.2.4 安全完整性

安全完整性是指在规定的时间内，在所有规定的条件下，PDS（SR）满意地执行所需的安全子功能的概率。PDS（SR）的安全完整性等级越高，PDS（SR）未能执行所要求的安全子功能的概率就越低。

安全完整性等级（Safety Integrity Level，SIL）是指定分配（全部或部分）给 PDS（SR）的安全子功能的安全完整性要求的离散级别（1~4）。SIL4 具有最高的安全完整性和安全等级。SIL1 是最低的安全完整性要求。

对于变频器而言，功能安全认证要求达到 SIL 1~3 等级。要求在不同安全场所（环境中）使用的变频器需要达到相应的功能安全 SIL 要求。如电梯中的安全要求，包括电动机在内应由符合 SIL3 要求，且具有符合 STO 的功能。变频器对于电力控制非常重要，为了确保变频器产品的安全性，对变频器的认证是强制性。SIL 认证就是根据 IEC 61508、IEC 62061、IEC 61800-3、IEC 61800-5-1、IEC 61800-5-2、IEC 61511、IEC 61326、ISO 12100 等相关标准，对安全设备的 SIL 或者性能等级（PL）进行评估和确认的一种第三方评估、验证和认证。功能安全认证主要涉及针对安全设备开发流程的文档管理（FSM）、硬件可靠性计算和评估、软件评估、环境试验、EMC 测试等内容。对于变频器而言，主要包括以下各项内容。

1）术语：电路类型、绝缘类型介绍、功能安全术语。

2）防触电设计要点：绝缘类型配合、电气间隙、爬电距离、绝缘穿透距离要求（PCB/光耦）、变压器绝缘设计、内部布线与连接、绝缘配合、电气安全距离、短路要求等。

3）防过热、防火、危险设计：内部器件的温度限值、结构设计、塑胶材料的阻燃等级、外壳 IP 等级、电气能量危险、机械能量危险等。

4）器件的要求及安规控制：端子、光耦、继电器、接触器、外壳、电容、整流模块、逆变模块、变压器、熔丝、压敏电阻、电线电缆、泄放电阻、绝缘膜等器件的选型要求、器件检测等。

5）变频器的安规测试要求：脉冲电压测试、耐压测试、局部放电测试、保护阻抗测试、漏电流测试、短路测试、电容器放电测试、温升测试、器件故障测试、异常操作测试等。

6）产品规格书、用户手册、产品标签、警告标记的安规要求及接地标识、警告标识的要求。

7）测试内容：变频器谐波测试、传导性能测试、辐射性测试、逆变测试、抗扰性测试、整流模块测试、静态测试、动态测试、功率测试、耐压测试、漏电性测试、高温高压测试等。

3.2.3　IEC 61800-7：2015 简介

IEC 61800-7：2015 标准通过使用通用接口模型规范 PDS 和控制器中的应用控制程序之

间的通用 PDS 接口，指定了不同驱动器规范类型在通用 PDS 接口上的映射，通用 PDS 接口只支持单轴控制。接口不特定于任何特定的通信网络技术。通用 PDS 接口可以嵌入到控制系统及智能驱动器中。物理接口包括模拟和数字输入和输出，串行和并行接口，现场总线和网络。在 IEC 61800-7：2015 中，驱动设备对应于 CDM。IEC 61800-7-201~204：2015 定义了包括 CiA402、CIP Motion、PROFIdrive 和 SERCOS 现场总线规范，用于数字伺服驱动和调速传动系统的现场总线接口和数据交换。

3.2.3.1　IEC 61800-7：2015 系列标准的结构

以往，基于特定物理接口的规范被一些应用领域（如运动控制）和一些设备类（如标准变频器、位置控制器）定义。相关驱动程序和应用程序编程接口的实现是专用的，而且差异很大。IEC 61800-7：2015 定义了一组常见的驱动器控制功能、参数、状态机或操作序列的描述，并将其映射到驱动器规范中，同时提供一种访问驱动器功能和数据的方法，该方法不依赖于使用的驱动器规范和通信接口。目标是建立一个通用驱动器模型，它具有适合映射到不同通信接口上的通用功能和对象。这使得在控制器中的运动控制功能（或速度控制或传动控制应用程序）的实现成为可能，而不需要专门的实现技术。图 3-9 描述了 IEC 61800-7 系列标准的结构和组成部分。

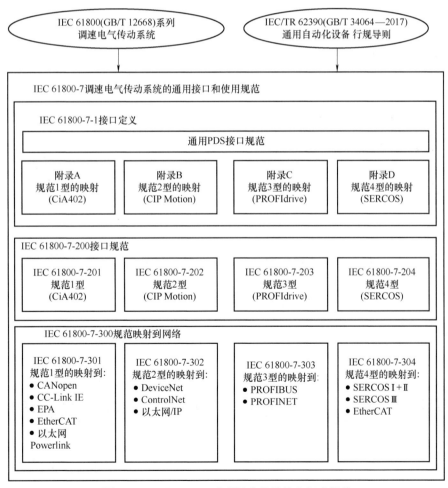

图 3-9　IEC 61800-7 系列标准的结构和组成部分

3.2.3.2 通用 PDS 接口的优点

图 3-10 是包含 PDS 的典型的工业自动化系统结构。

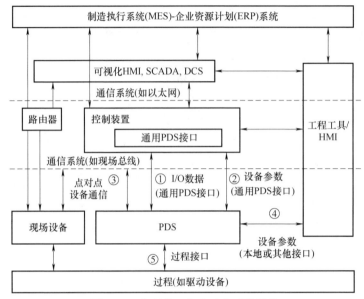

图 3-10 典型的工业自动化系统结构

图 3-10 中，PDS 具有编号为①～⑤的外部实体的不同逻辑接口。①I/O 数据（通用 PDS 接口），该接口是通用 PDS 接口的一部分。它提供控制和监视控制设备与 PDS 之间的接口。I/O 数据接口的数据通常是命令、设置点、状态和实际值。②设备参数（通用 PDS 接口），提供控制设备参数访问和远程工程接口，用于识别、配置、调整、监控或数据记录的工具。该设备参数可通过通用通信系统进行传输。③点对点设备通信，在其他设备之间使用点对点通信服务是一个功能特定的现场总线技术，不包括在一般的 PDS 接口。④设备参数（本地或其他接口），工程工具或人机界面（HMI）到 PDS 的本地访问和接口不在 IEC 61800-7 范围内。工程工具或 HMI 可以使用通用 PDS 接口或现场总线通信服务支持 PDS 接口。然而，HMI 共享的现场总线可能导致 PDS 数据的性能变化，这可以通知应用程序。⑤过程接口，过程驱动设备的接口不在 IEC 61800-7 范围内。根据所连接的通信网络类型不同，工程工具可以是一个连接到一个不同通信网络的工具，也可以是三个不同的工具。通信系统根据需要可以是冗余的，这对通用 PDS 接口没有影响。通用 PDS 接口根据具体网络或现场总线技术的需要进行映射或调整。

图 3-10 中，现场设备是集成在工业自动化应用系统中的组件，一般分布在多个层级，并通过通信系统连接，通过输入/输出连接到处理器，或者连接到物理或逻辑的子网中，包括可编程设备、路由器或网关。通信系统（如现场总线）连接现场设备到上层控制器，典型的上层控制器是可编程序控制器（PLC）、分布式控制系统（DCS），甚至是制造执行系统（MES）或企业资源计划（ERP）系统。由于工程工具和调试工具要访问现场设备及控制器，所以这些工具是位于控制器层，"智能"现场设备可通过现场总线或 PLC 与其他设备直接通信。可视化系统 HMI、DCS 和 SCADA 等都位于这一层，多个集群的现场设备通过工业以太网来相互连接，或与更高等级的系统连接。MES、ERP 系统和其他基于信息技术（IT）的系统可以直

接通过工业以太网和控制器或者直接通过路由器访问现场设备。

　　在集成如图 3-10 所示的自动化系统时，常常会遇到驱动器不共享相同的物理接口。一些控制设备只支持单一接口，而特定驱动器不支持该接口。另一方面，功能和数据结构的指定常常是不兼容的。一些应用程序需要设备可交换性或在现有设备中集成新设备配置。也就是说，对于系统工程师来说，会面临着不同的、不相容的解决方案，其中，功能及其相应要求的接口是必须的（包括定义的设备参数），要努力适应一个解决方案，需要为应用软件编写多个特殊的接口，这会显得捉襟见肘，也可能会耗尽项目资源。如果采用通用 PDS 接口，就可大幅减少设备集成工作，只用一种可理解的独立于总线技术的建模方式即可，而不需要花费大量的精力来分别设计运动控制、多个驱动器和特定的控制系统。

3.2.3.3　通用 PDS 接口示例

　　通用 PDS 接口可通过应用控制程序和工程工具访问。应用控制程序使用 PDS 接口进行控制操作，工程工具使用 PDS 接口进行工程操作。对 PDS 的本地或其他访问方法不在 IEC 61800-7 部分的范围。通用 PDS 接口示例如图 3-11 所示。图 3-12 是一个具体应用的操作示例。

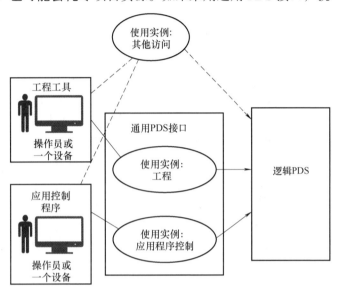

图 3-11　通用 PDS 接口的示例

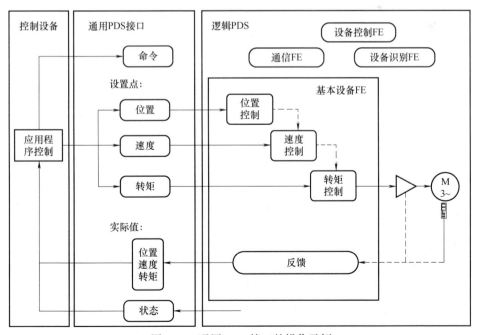

图 3-12　通用 PDS 接口的操作示例

工程工具使用 PDS 接口进行工程操作可在系统生命周期的不同阶段进行，如调试、维护阶段，包括不同的操作类型，如识别、配置、调整、命令、设置、监控、读取数据日志记录等。在操作控制中，用于 I/O 数据的通用 PDS 接口如下：应用控制程序向 PDS 发出命令，将设置点设置到 PDS 上。PDS 向应用控制程序发送其状态信号。PDS 可以向应用控制程序发送实际值，实际值是变量在给定时刻的值。实际值可作为应用控制程序的输入数据，用于监控 PDS 的变量，如反馈变量。命令、设置点、状态和实际值构成 PDS 的 I/O 数据。示例操作控制也可以使用通用 PDS 接口来监视或修改设备参数。可以是不同的应用程序模式。参数表示可以从设备读取或写入设备信息的数据元素，例如通过网络或本地 HMI。参数的典型特征是参数名称、数据类型和访问方向。

根据 PDS 内部使用的 PDS 基本驱动 FE 和可能的设置点值，应用模式可能是转矩控制、速度控制、位置控制或其他，如反馈。除了设置点值之外，还可以在数据数组的 PDS 中预置一个或多个设置点值。在本示例中，设置点是指向数组元素的指针。指针本身可以是数组的索引，也可以是命令字中的位模式。根据应用程序模式，存在不同的可能接口、参数和状态机来描述 PDS 的行为（对事件的反应）。所有应用模式的可能设置点值和实际值在图 3-12 中以示意图的方式给出。

3.2.3.4　规范类型 1（CiA402）简介

CiA402（CAN in Automation.CANopen Device Profile Drives and Motion Control. CiA Draft Standard Proposal 402，Version 2.0：2005）是 CANopen 协议的运动控制子协议，CiA DS402 2005 年版本，是调速驱动器和运动控制设备框架。

IEC 61800-7-201：2015 为 PDS 指定了规范类型 1（CiA402），CiA402 可以映射到不同的通信网络技术上。这部分规定了 CiA402 设备规范的 PDS，如变频器、伺服控制器或步进电动机控制器。包括实时控制对象的定义，以及配置、调整、识别和网络管理对象的定义。还定义了 PDS 有限状态自动机（Finite State Machine，FSA），它可以由控制设备通过通信系统与驱动设备通信进行外部控制。设备规范定义了几种操作模式，包括位置模式、寻参模式、插补模式、速度模式、转矩模式、循环同步位置模式、循环同步速度模式和循环同步转矩模式等。

IEC 61800-7-301：2015 指定了在 IEC 61800-7-201 中指定的规范类型 1（CiA402）到不同网络技术的映射，规定了 CiA402 与不同通信网络技术之间的映射关系，如 CiA402 驱动器规范映射到 CANopen、CC-Link IE、EPA、EtherCAT 和以太网 Powerlink。注：不同通信网络技术主要指现场总线，下同。

例如，施耐德的 ATV61/71、ATV32 和 ATV12/303 系列变频器都是采用 CiA402 功能框架，具有下列特征：驱动器只能遵守一定的命令流程进行起停控制；控制字是标准化的；控制字中有 5 位（bit11~15），可以赋予其他功能；适用 Modbus、CANopen、以太网、PROFIBUS-DP、DeviceNet 等通信协议。

3.2.3.5　规范类型 2（CIP Motion）简介

CIP（Common Industrial Protocol，通用工业协议），是一种应用于工业企业的通信体系结构。CIP Motion 是 CIP 的扩展应用之一。CIP 是 IEC 61158 系列标准中的通信规范类型 2（CP2），IEC 61784 系列标准中定义的通信协议族的类型 2（CPF2），详见 IEC 61784-1、2、3-2 和 5-2 部分，以及 IEC 61158-1、2、3-1、3-2、4-1、4-2、5-2 和 6-2 部分。

IEC 61800-7-202：2015 为 PDS 指定了规范类型 2（CIP Motion），CIP Motion 可以映射到

不同的通信网络技术上。

IEC 61800-7-302：2015 指定了 IEC 61800-7-202 指定的规范类型 2（CIP Motion）对不同通信网络技术的映射。这一部分规定了 CIP Motion 与不同通信网络技术之间的映射关系，如 CIP Motion 规范映射到 DeviceNet（CP 2/3）、ControlNet（CP 2/1）、以太网 /IP（CP 2/2）等。

CIP 是一个基于连接的面向对象协议。每个对象都有属性（数据）、服务（方法）和行为。对于给定的设备类型，如 CIP 运动驱动器，是一个最小的对象集，在相应的设备规范中定义。设备规范和相关的对象规范提供了这些设备之间的互操作性，而与制造商无关，从而促进了它们的使用和集成。遵循 CIP 规范的 CIP 运动驱动器具有相同的状态和属性，将响应相同的命令，具有显示相同的行为。CIP 网络是基于一个通用的应用层，即无论应用数据设备在哪个网络上，它都保持不变，用户不需要知道设备连接到哪个网络。

CIP 运动驱动设备规范支持"开环"变频驱动和"闭环"矢量控制驱动，可以配置为位置控制、速度控制、加速控制或电流 / 转矩控制。支持多个位置、速度和加速度反馈监测，如 CIP 运动编码器的设备规范。CIP 运动设备的所有属性、服务和状态行为都封装在一个或多个运动设备轴对象实例中。除了运动控制和反馈监控功能外，运动设备轴对象还支持事件监控，如事件位置捕获及与电源变换器相关联的直流总线管理。当通过 CIP 网络连接到符合 CIP 规范的控制器时，CIP 运动驱动器规范和相关的运动设备轴对象规范定义了支持运动控制所需的接口、特定属性和命令行为。在适用的 CIP 网络中，高性能、同步多轴控制的首选网络是以太网 /IP、ControlNet 和 DeviceNet 等，也可以应用于性能较低的非同步运动设备应用程序，如变频器、速度环驱动器和牵引驱动器等。

3.2.3.6　规范类型 3（PROFIdrive）简介

PROFIdrive 是国际组织 PI（PROFIBUS&PROFINET International）发布的一种标准驱动控制规范，它定义了一个统一的设备行为和对驱动器数据的访问技术。用于控制器与驱动器之间的数据交换，其底层可使用 PROFIBUS&PROFINET（CPF3）现场总线网络。因此，也称 PROFIdrive 是一种基于 PROFIBUS&PROFINET 现场总线的驱动技术标准，详见 IEC 61784-1、2、3-3 和 5-3 部分，以及 IEC 61158-1、2、3-3、4-3、5-3、5-10、6-3 和 6-10 部分。

PROFIdrive 驱动控制规范在驱动控制应用场合分为 AC1~AC5 几个不同的应用等级，其中，AC1 和 AC2 用于速度控制，如风机、水泵、传送带的控制等场合；AC3 用于普通的位置控制、转矩控制场合；AC4 和 AC5 是高级运动控制，如伺服系统、数控系统等。

IEC 61800-7-203：2015 为 PDS 指定了规范类型 3（PROFIdrive）。PROFIdrive 可以映射到不同的通信网络技术上，定义了一个统一的设备行为和对驱动器数据的访问技术。各种驱动器对控制指令的响应方式相同。通过在开环和闭环控制系统中使用标准化的程序块来控制驱动器，可大幅降低编程成本。

IEC 61800-7-303：2015 指定了 IEC 61800-7-203 定义的规范类型 3（PROFIdrive）对不同通信网络技术的映射，指定了 PROFIdrive 到不同通信网络技术的映射，如 PROFIBUS-DP、PROFINET-IO。

在自动化工厂和系统中，从基本的交流驱动转换器到高动态性能的伺服控制器，变速电气驱动器越来越多地通过数字接口连接到更高级别的开环和闭环控制系统，以实现分布式自动化。为了使分布式自动化中的数字现场总线接口也能应用于具有多个驱动轴的运动控制领域，这需要满足周期同步、驱动器之间无环通信等要求。应用 PROFIdrive 驱动控制规范就可实现这种需要。

PROFIdrive 协议定义了一个运动控制模型，其中包含多种设备。设备之间通过预设的接口及报文进行数据交换，这些报文被称为 PROFIdrive 消息帧。每一个消息帧都有标准结构，可以根据具体应用，选择不同的消息帧。通过 PROFIdrive 消息帧，可以传输控制字、状态字、设定值及实际值。例如，西门子 SIMATIC S7-1200 系列 PLC 中集成了运动控制功能，通过 PROFIdrive 控制伺服驱动器是其运动控制功能之一。如控制工业机器人，采用 PLC+ 位置开关 + 普通（调速）电动机或上位机 +PLC+ 编码器 + 调速电动机结构，就可实现系统转换迅速、动作敏捷，使用、操作、维护方便、工作稳定可靠。

3.2.3.7　规范类型 4（SERCOS）简介

SERCOS（SErial Realtime COmmunication System）是 IEC 61158 系列通信行规族类型 16（CPF16），CPF16 由三个通信行规（CP）组成。CP16/1（SERCOS I）基于光纤介质物理层，工作速率为 2Mbit/s 和 4Mbit/s；CP16/2（SERCOS II）与 CP16/1 类似，但以 8Mbit/s 和 16Mbit/s 运行，并提供其他功能；CP16/3（SERCOS III）是基于 ISO/IEC/IEEE 8802-3（以太网）MAC 和物理层协议，它还提供额外的特性，用于工业控制、运动设备、I/O、其他外围设备和标准以太网节点之间的高速实时通信。SERCOS 可按以太网 /IP 和 TCP/IP 协议，通过公共网络基础设施传输数据，不需要额外的电缆或额外的网络组件，如网关或交换机，详见 IEC 61784-1、2、3-2 和 5-16 部分，以及 IEC 61158-1、2、3-1、3-16、3-19、4-16、4-19、5-15、5-16、5-19、6-15、6-16 和 6-19 部分。

IEC 61800-7-204：2015 为 PDS 指定了规范类型 4（SERCOS）。SERCOS 可以映射到不同的通信网络技术上。在 SERCOS 接口中，主机和从机之间的数据交换，以及从机和主机之间的数据交换由操作数据和过程命令的传输组成。所有的操作数据和操作命令都应分配给识别号（Identification Number，IDN）。SERCOS 接口区分循环和非循环数据交换（服务通道）。在循环交换过程中，只传输数据块的操作数据。数据块的所有元素的传输只能通过业务通道进行。非循环数据交换应在电信号传递的信息的特殊数据领域中分步骤进行。数据交换的类型和长度取决于 SERCOS 接口的条件，以及连接到从机的驱动器的操作模式。最重要的操作模式包括位置控制、速度控制、转矩控制。重要的信息包括从驱动器或控制信号到驱动器的状态信号，总是周期性地传输。所有其他操作数据都可以通过周期性传输，如命令值、反馈值或非周期性的限制值，这取决于应用程序。为了保证运动协调无偏差，一台机器有几个来自不同制造商的驱动器具有同一个控制，为了实现同步，驱动器必须满足处理命令值、抽样反馈值、同步不同的周期时间和微调插补器等技术要求。

IEC 61800-7-304：2015 指定了 IEC 61800-7-204 定义的规范类型（SERCOS）与不同通信网络技术的映射关系，指定了 SERCOS 到不同通信网络技术的映射，如 SERCOS I/II、SERCOS III、EtherCAT，定义了到 CP16/1（SERCOS I）的映射，同时指定了 SERCOS 驱动器规范到通信规范 CP16/2（SERCOS II）、CP16/3（SERCOS III）和 CP12（EtherCAT）的映射，也描述了 SERCOS 驱动器规范到通信规范 CPF16（SERCOS I、II 和 III），以及 CP12（EtherCAT）的映射。SERCOS CP16/1 和 CP16/2 接口在控制单元之间使用光纤传输。SERCOS CP16/3 和 EtherCAT CP12 采用以太网数据传输，实现使用 100BASE-TX 或 100BASE-FX 提高抗扰性能。

3.2.4　IEC 61800-9-1、9-2：2017 简介

使用通用变频器进行电动机控制可使输出与过程的需求相匹配，并节约电能消耗，特别

是在离心流体运动应用中，功率随速度的三次方变化（如离心泵和风机），然而，通用变频器也引入了它自己的损失，导致额外的电动机的电能消耗。因此，对通用变频器馈电的电动机应用的分析，需要包括这些损失，在操作的不同速度 / 转矩点上测量或计算这些损失。IEC 61800-9-1、9-2 系列标准就是基于这种应用制定的确定应用能源效率指标（Energy Efficiency Index，EEI）的方法。

3.2.4.1　扩展产品方法

IEC 61800-9-1：2017 基于半分析模型（Semi Analytic Model，SAM）的概念，提出了一种确定应用能源效率指标的方法，即扩展产品方法（Extended Product Approach，EPA）；规定了任何扩展产品的能效标准化的通用方法和确定应用 EEI 的方法；规定了连接到电动机系统（所谓的扩展产品）的驱动设备能够与连接的电动机系统（如 PDS）的相对功率损耗测试接口，以计算整个应用的系统能源效率。这是基于指定的计算模型的速度 / 负载规范、占空比规范和相对功率损失的适当转矩与速度运行点；规定了确定扩展产品及其子部件损失的方法；适用于由电动机起动器或变频器（PDS）操作的电动机系统。图 3-13 是带有嵌入式电动机系统的扩展产品图解。

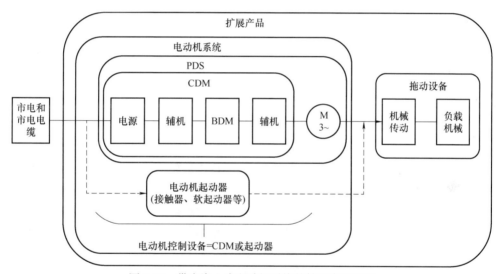

图 3-13　带有嵌入式电动机系统的扩展产品图解

在图 3-13 中，扩展产品（EP）划定了电动机系统的边界，电动机系统包含 PDS（=CDM+电动机）、CDM。拖动设备（DRE）包括机械传动和负载机械。EP=PDS+DRE。

EP 即驱动设备及其连接的电动机系统（如 PDS），扩展产品方法（EPA）指使用驱动设备的速度 / 转矩规范、电动机系统的相对功率损耗和应用的负载规范来确定 EP 的 EEI 的方法。EEI 是由 EPA 产生的，描述应用的能源效率的值。标准中为确定效率（或损失）的不同级别定义了不同的边界。

目前，确定能源效率最好的方法是确定 EPA 的效率并对其进行分类，同时考虑 PDS、机械传动（如齿轮、皮带或直接联轴器）和被驱动设备（如泵、风机或输送机）的完整集成和相互作用。一些包括电动机、驱动器和设备（泵、风机、压缩机等）的整套产品很容易进行效率测试，EPA 效率等于机械功率输出除以电力输入（用 % 表示）。然而，大多数情况下，应用系统是在终端用户现场组装的，不太可能对它们进行物理测试。现场测试有时是可能的，但永远不会像在受控环境和可重复条件下的实验室中进行的测试那样精确。因此，IEC 61800-9 中规定了一种确定电动机系统或驱动设备损耗的模型，称为 SAM。IEC 61800-9 标准只涵盖电气/机电组件（即电动机、驱动器或电动机起动器），不考虑机械组件（即机械传动和负载机械）。IEC 61800-9-1 中规定了确定 EPA 能源效率的通用方法，可用于开发其他非电气部件的能源效率测定程序。因此，IEC 61800-9 中规定的 EPA 只能用于确定电动机系统的电气/机电组件的损耗。该方法可用于确定电动机系统在特定应用中的能源效率。机械部件的损失需要从其他来源获得，如相关的 ISO 标准或产品制造商。为了计算 EEI，需要知道负载特性，即转矩或功率作为轴转速的函数，以及每个工作点（占空比）的工作时间，包括待机模式；需要知道在应用要求的操作点的部件（电动机，CDM，最终使用设备，辅助设备）的功率损耗。使用功率损耗而不是效率，因为它们考虑了特定的情况，如待机消耗（空载状态，效率为零）。然后，使用标准中规定的方法，用户将能够估计电动机系统和 EPA 在标准工作点（OP）或给定应用的实际负载点的功率损耗（PL），以及计算给定应用的 EPA 的 EEI。

3.2.4.2　能量损耗测量和效率等级

IEC 61800-9-1：2017 指定了一种将电动机系统数据与驱动设备数据相结合的方法，以计算整个应用（扩展产品）的系统能源效率。系统能源效率由一个定义的负载（负载时间）规范的 EEI 表示。它允许直接比较不同的电动机系统，并通过选择最有效的驱动器 + 电动机 + 驱动设备组合，在系统级执行优化。

IEC 61800-9-2：2017 定义了 CDM 和 PDS 的国际效率等级（International Efficiency，IE）。由于由变频器驱动的电动机主要在非满载下运行，因此 CDM 和 PDS 给出了 8 个测试工作点，该工作点由一对值确定，如 CDM 中的额定频率百分比和额定转矩百分比、PDS 中的额定转速百分比和额定转矩百分比等。

能源效率分类是基于单个操作点定义的。对于 CDM，损耗测量在电动机额定频率的90%，以避免在电压源逆变 PWM 输出中过调制。CDM 损耗的测定有三种方法，有单组分损耗测定法、输入/输出测定法和热量测定法三种方法。输入/输出测定法和热量测定法两种方法需要测试。单组分损耗测定法可使用分析计算程序确定总损耗，这种方法是在没有测量的情况下计算产品的损耗，根据制造商提供的参数计算单个组件的损耗。这种损耗计算方法包括 AC-AC 输出变换器损耗（晶体管通态损耗、续流二极管通态损耗、晶体管开关损耗和续流二极管开关损耗）、AC-DC 或 AC-AC 输入变流器损耗（二极管整流器损耗或有源馈电变流器损耗）、输入扼流圈损耗、直流链路损耗、导体/电缆热损耗、控制模块运行损耗、待机损耗和冷却损失系数。

所有电力传动设备都可以用机器/应用所需的功率来描述。功率是转矩和速度的乘积。在每个操作点，电动机系统中都有一个相关的功率损耗。电动机系统可能被操作的（转矩和速度）工作点很多，要测试每一点产生的功率损失的大小是很困难的。因此，IEC 61800-9-2 中定义了 8 个特定工作点和参考电动机（RM）、参考 CDM（RCDM）和参考 PDS（RPDS）的损耗参考值，并定义了 PDS 和相对于这些参考损耗的 CDM 的 IE。RM 的损失是按照 IEC 60034-30-1 中定义的 IE2 类确定。

对于速度大于零的工作点，损耗通常以机械输出功率的百分比给出，额定效率被定义为额定机械输出功率与电力输入功率（包括损耗）的比值。而 IEC 61800 标准认为在 EPA 中使用效率不是一个合适的值，因此，用额定输出功率而不是效率来定义 PDS 的效能。这是基于指定的计算模型的速度/负载规范、占空比规范和相对功率损失的适当转矩与速度运行点。这样做是为了保证 EPA 的通用性。使用 EPA 规定的任何扩展产品的能效标准化方法是通用的。标准中规定了确定扩展产品及其子部件损失的方法，适用于由电动机起动器或变频器（PDS）操作的电动机系统。

目前 IEC 61800-9-2：2017 标准定义了 CDM 对应的 IE0、IE1、IE2 三个类别，IE3~IE9 标注为 u.c.，解释为 "under consideration"。IEC 61800-9-2 标准为每一个功率类别定义了 IE1 类对应的损耗参考值，参考损失值为 ±25%。如果 CDM 的损耗高于参考值 25%，则归类为 IE0。如果它低于参考值 25% 以上，则归类为 IE2。同样，PDS 也类似推理，同样使用了三个类别，即 IES0、IES1 和 IES2，其中 IES1 作为参考类，参考损失值为 ±20%。IES 能源效率类别是根据单一的操作点（100、100）定义的。为了确定 PDS 损耗和 IE，规定了损耗计算和输入 / 输出测量两种方法。不采用热量测量法，因为很难在电动机系统上使用。此外，对于分析特定的 EPA 或 PDS，可以使用所有 8 个负载点或已知应用的实际负载点。例如，（100；100）、（100；50）、（50；25）可以用来估计变转矩负载的损失，如离心泵和风机，而（100；100）、（100；100）、（50；100）、（0；100）用于恒转矩负载测试，如传送带、提升机和挤出机等。对于恒功率负载，如卷扬机，可以使用（0；100）、（50；50）和（100；50）三个点测试。

IEC 61800-9-2：2017 标准还规定了计算其他中间点的外推方法。为了更准确地分析单个应用，可以使用 PDS 的实际操作点（速度；转矩）及占空比法。

3.3　电力传动技术基础

电力传动系统的主要技术问题是配置与控制，而其中最核心的问题是感应电动机的控制问题。

3.3.1　感应电动机控制系统模型

几十年来，研究人员一直在不懈地努力研究感应电动机的控制问题，研究方向主要是集中在基于经典的控制理论和电动机理论的感应电动机的智能控制，包括专家系统控制、模糊逻辑控制、神经网络控制、遗传算法等，不仅基于人工智能（AI）理论，也基于常规控制理论。各种算法采用各种算法控制器或数字信号处理器（DSP）或微控制器实现，如专家系统算法可以采用 DSP 实现，而模糊控制算法可以采用模糊微控制器或 DSP 实现。一般都是基于图 3-14 所示的感应电动机的控制系统模型进行研究的。

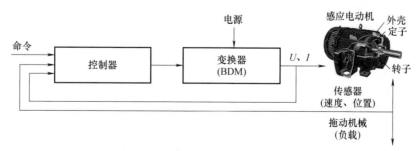

图 3-14　感应电动机控制系统模型

由图 3-14 可见，感应电动机控制系统主要由电源、控制器、变换器、传感器和感应电动机组成，控制目标是使被拖动机械（负载）的运动最优化。由此可见，在电力传动领域对感应电动机控制系统的研究主要涉及感应电动机、变换器和控制器技术的性能和能源效率问题。感应电动机涉及电动机技术，变换器（逆变器）涉及电力电子技术，控制器涉及计算机和控制技术。

在感应电动机方面主要从定子和转子方面研究其特性。由于其本质上是一个动态的、周期性的非线性系统，对其控制问题变得更加复杂，如不可预知的干扰（噪声和负载特性及变化）、机器参数的不确定性等。近年来的研究表明，感应电动机控制已构成一个具有重要理论意义和实用价值的非线性系统，并发展成为非线性控制的一个模板。

电力传动系统分为开环控制系统和闭环控制系统。一个控制系统包括控制器、传感器、变送器、执行机构、输入/输出接口等。控制器的输出经过输出接口和执行机构加到被控系统上；控制系统的被控量，经过传感器和变送器通过输入接口送到控制器。不同的控制系统中采用不同的传感器、变送器和执行机构。

3.3.2　电动机的类型

电动机是个能量转换器（将电能转换为机械能）。从电磁的角度来说，电动机是一种可用变频器控制的转矩生成器。与传动相关的变量是转速和转矩。

电动机按结构及工作原理一般分为直流电动机、异步电动机和同步电动机。同步电动机包括永磁同步电动机、磁阻同步电动机和磁滞同步电动机等。异步电动机可分为感应电动机和交流换向器电动机。感应电动机包括单相和三相感应电动机等。电动机按转子结构分为笼型感应电动机（笼型异步电动机）和绕线转子感应电动机（绕线转子异步电动机）。

3.3.2.1　三相异步电动机

三相异步电动机主要有由定子和转子组成。定子主要由铁心、三相绕组、机座和端盖组成。定子铁心用硅钢片叠压而成，在铁心的内圆冲有均匀分布的槽，用以嵌放定子绕组。三相绕组由三个在空间互隔120°电角度、对称排列、结构完全相同的绕组连接而成，这些绕组的各个线圈按一定规律分别嵌放在定子各槽内。其作用是通入三相交流电，产生旋转磁场。转子主要由铁心和绕组组成。转子铁心所用材料与定子一样，由硅钢片叠压而成，硅钢片外圆冲有均匀分布的孔，用来安置转子绕组。转子绕组分为笼型转子和绕线转子。笼型转子的转子绕组由插入转子槽中的多根导条和两个环行的端环组成。若去掉转子铁心，整个绕组的外形像一个鼠笼，故称笼型绕组。绕线转子的转子绕组与定子绕组相似，也是一个对称的三相绕组，一般接成星形，三个出线接到转轴的三个集电环上，再通过电刷与外电路连接。

用于50Hz或60Hz单速三相笼型感应电动机的起动性能用字母N（正常起动转矩）、H（高起动转矩，频率为60 Hz）、Y（星-三角起动）和E（高能效）代表不同设计，以及派生设计，见 IEC 60034-12：2016（GB/T 21210—2016）。

N 设计为正常起动转矩的三相笼型感应电动机，可直接起动，具有2极、4极、6极或8极，额定功率为0.12~1600kW。通常说的三相笼型感应（异步）电动机即 N 设计起动性能的通用三相笼型感应电动机。本书讨论的内容，非特指情况下，均是指 N 设计起动性能的通用三相笼型感应电动机。

NE 设计为比 N 设计具有更高堵转视在功率的正常起动转矩三相笼型感应电动机，可直接起动，具有2极、4极、6极或8极，额定功率为0.12~1600kW。

NY 设计和 NEY 设计分别类似于 N 设计或 NE 设计，但采用星-三角起动，星接起动时的堵转转矩 T_1 和最小转矩 T_u 的最小值应分别不低于 N 设计或 NE 设计相应值的25%。

H 设计为高起动转矩三相笼型感应电动机，可直接起动，具有 4 极、6 极或 8 极，额定功率为 0.12~160kW，频率为 60Hz。

HE 设计为比 H 设计具有更高堵转视在功率的高起动转矩三相笼型感应电动机。电动机采用直接起动，具有 4 极、6 极或 8 极，额定功率为 0.12~160kW，频率为 60Hz。

HY 设计和 HEY 设计分别类似于 H 设计或 HE 设计，但采用星 - 三角起动，电动机星接起动时的堵转转矩 T_1 和最小转矩 T_u 的最小值应分别不低于 H 设计或 HE 设计相应值的 25%。

笼型感应电动机与直流电动机相比具有明显的优点，如没有换向器和电刷、强度大、惯性低、操作和维护简单、尺寸和重量小、价格低等。因此，大多数工业驱动采用感应电动机，但是，感应电动机的速度不能连续变化，需要采用控制器控制其速度能按需连续变化，而笼型感应电动机的高性能控制比直流电动机更难，这也是研究人员一直在研究的问题。

本书涉及的电动机应用主要是指三相笼型异步电动机和变频调速专用三相异步电动机。

3.3.2.2 永磁同步电动机

永磁同步电动机（Permanent-Magnet Synchronous Motor，PMSM）是利用永磁体建立励磁磁场的同步电动机，其定子产生旋转磁场，转子用永磁材料制成。定子与普通感应电动机基本相同，采用叠片结构，转子做成实心或用叠片叠压。电枢绕组有集中整距绕组、分布短距绕组和非常规绕组三类。

按励磁电流的供给方式分类有他励永磁同步电动机和自励永磁同步电动机两类；按供电频率分类，包括永磁无刷直流电动机和永磁无刷交流电动机两类，电动机运行时需变频供电，永磁无刷直流电动机需要方波型逆变器供电，永磁无刷交流电动机需要正弦波型逆变器供电；按气隙磁场分布分类，有正弦波永磁同步电动机和梯形波永磁同步电动机两类，磁极均采用永磁材料。

正弦波永磁同步电动机的输入为三相正弦波电流时，气隙磁场按正弦规律分布，简称为永磁同步电动机。梯形波永磁同步电动机的输入为方波电流，气隙磁场呈梯形波分布，性能更接近于直流电动机。用梯形波永磁同步电动机构成的自控变频同步电动机又称为无刷直流电动机。

3.3.2.3 磁阻同步电动机

磁阻同步电动机也称可变磁阻或双磁阻电动机，分为开关磁阻电动机（Switched Reluctance Motor，SRM）和同步磁阻电动机（Synchronous Reluctance Motor，SynRM）和步进电动机三类。

步进电动机的结构形式和分类方法较多，一般按励磁方式分为磁阻式、永磁式和混磁式三种，按相数可分为单相、两相、三相和多相等形式。步进电动机基本上是一个数字式电动机，即它随着每一个数字脉冲以固定的步距或角度运动。

磁阻同步电动机可分为凸极式（外反应式）、内反应式（磁障式）和磁各向异性转子式等类型。同步磁阻电动机采用多层磁障结构的圆柱形转子，结构形式主要有横向叠片各向异性（TLA）和轴向叠片各向异性（ALA）两种形式。凸极效应是由转子铁心内部开槽等方式实现。ALA 结构由高导磁材料与非导磁绝缘材料沿轴向交替叠压而成，具有非常强烈的凸极性，因此转矩密度和功率因数都较高，一般来说，凸极率越高，磁阻转矩越大。

磁阻同步电动机转子结构特点主要是直轴和交轴的磁导不同，依靠磁导的变化（凸极反应）产生同步转矩（也称磁阻力矩）以维持电动机以某一特定的同步转速运行。交 - 直轴电枢反应电抗对电动机性能的影响称为凸极效应。SRM 具有双凸极性，即它的定子和转子均为凸极齿槽结构，定子和转子铁心由硅钢片叠压而成。

SRM 的定子与转子均采用凸极铁心结构，凸极有很多组合方式，凸极数量为偶数，一般转子比定子少两个，如四对定子极和三对转子极的四相磁阻电动机（8/6 电动机）。转子上既无绕组也无永磁体，一般装有位置传感器；定子上绕有集中绕组，径向相对的两个绕组串联构成一相绕组，每对定子极绕组由变流器的一相激励。例如，当转子极对 a-a′ 接近定子极对 A-A′ 时，定子极对 A-A′ 被通电，通过磁力产生转矩；当两个极对重合时，定子极对 A-A′ 断电。电动机的所有四个相借助转子的位置编码器被顺序地和同步地激励以产生单向转矩。

SRM 运行时依靠控制器根据转子位置开通或关断相应桥臂的电流，产生磁场，遵照磁阻最小原理，产生转矩，吸引转子朝一个方向连续转动。SynRM 通常采用通用变频器控制，这是两者最重要的区别。

3.3.2.4　电动机的应用

电能向机械能的转化是现代工业文明的一个重要标志。在一个工业发达国家，大约 60% 以上的电力最终通过电动机转换成机械能。电动机驱动的典型应用有工业驱动（机床、机器、机器人、自动控制）、加热 / 通风 / 空调（HVAC）、流体机械（风机、压缩机、水泵），以及办公电器、家用电器和电动汽车等。

对于电动机的应用，主要考虑技术参数匹配、安全和能效三个方面，IEC/TS 60034-25：2014（GB/T 21209—2017）中描述了用于高、低压变频器的交流电动机的性能特点。对于专门为变频器工作而设计的电动机定义了设计特征。它还指定了接口参数和电动机与变频器之间的交互，包括作为 PDS 的一部分的安装指导，以及标准中非明确用途电动机的所有特定要求。

国际能源机构（IEA）发布的 *Energy Efficiency 2018-Analysis and outlooks to 2040*（《2018 年能源效率——到 2040 年的分析与展望》）中指出，到 2040 年，为实现改善对气候变化的抗御力和减少温室气体排放的目标，并符合《巴黎协定》的要求，仅节能一项就可以减少 40% 以上的温室气体排放。在工业领域，电动机系统占电力消耗的 70% 以上，减少电力消耗和相应排放的最大潜力来自提高电动机和最终使用设备（如泵和风机）的效率，以及使用更好的系统 / 过程控制策略。因此，越来越多的工业企业意识到电动机系统能源效率的重要性，积极引入超过 IE4 和 IE5 效率水平的电动机，包括 PMSM、SynRM 和铜转子感应电动机（Copper Rotor Induction Motor，CRIM）等。据资料介绍，铜转子感应电动机具有效率高、成本低、重量轻、体积小、寿命长等诸多优点。采用铸铜转子可使电动机的能耗在原有基础上降低 15%~25%，电动机效率可提高 2%~5%。在各种不同转速（1800r/min、1600r/min、1400r/min、1200r/min、1000r/min）情况下，铜转子感应电动机的能效水平比永磁同步电动机更高。

电力传动可分为不调速和调速两大类。按照电动机的类型不同，又分为直流与交流传动两大类。直流电力传动与交流电力传动随着生产技术的不断发展，制造技术越来越复杂，对生产工艺的要求也越来越高，要求生产机械能够在工作速度、快速起动和制动、正反转运行等方面具有较好的运行性能，从而推动了电力传动技术不断向前发展。直流传动具有良好的调速性能和转矩控制性能，在工业生产中应用较早并沿用至今。随着交流调速技术的发展，近年来直流传动系统逐步由交流传动系统所取代。

交流电动机，特别是笼型异步电动机具有结构简单、运行可靠、价格低廉、维修方便等特点，应用面很广，几乎所有不调速传动都采用交流电动机。自从电动机的工业应用开始，人们一直在致力于交流调速的研究，先后发展了星 - 三角起动、变极调速、自耦变压器减压起动，以及绕线转子异步电动机转子回路串电阻调速等。随着电力电子技术、计算机技术的不断发展和电力电子器件的更新换代，交流变频调速技术获得了飞速的发展，使得交流电动机控制技术得到了突破性进展，能够有效地控制电动机的转速和转矩，从而也推动了电力传动技术的发展。

3.3.3　三相异步电动机的特性

电动机参数包括额定转速电压、额定转速频率、满载电流、磁场电流、定子电感、定子电阻、转子电感、转子电阻、转子参数温度系数等。

3.3.3.1　三相异步电动机的转速特性

根据异步电动机的基本原理可知，交流电动机转速公式如下：

$$n=(60 f_1/p)(1-s) \tag{3-1}$$

式中，p 为电动机极对数，f_1 为供电电源频率，s 为转差率。

由式（3-1）分析，通过改变定子电压频率 f_1、极对数 p 以及转差率 s 都可以实现交流异步电动机的速度调节，具体可以归纳为变极调速、变转差率调速和变频调速三大类，而变转差率调速又包括转子串电阻调速、串极调速（转差电压）、电磁耦合器调速等，这些都属于转差功率消耗型的调速方法。

3.3.3.2　三相异步电动机的转矩特性

转矩特性由额定转矩 T_N、最大转矩 T_b、堵转转矩 T_1 和最小转矩 T_u 特征值来表现。

额定转矩 T_N 是电动机在额定输出和额定转速下的轴转矩。

最大转矩 T_b 是电动机在额定电压和额定频率下所产生的无转速突降的稳态异步转矩最大值。

堵转转矩 T_1 是电动机在额定频率、额定电压和转子在其所有角位堵住时所产生的转矩的最小测得值。

最小转矩 T_u 是电动机在额定频率、额定电压下，在零转速与对应于最大转矩的转速之间所产生的稳态异步转矩的最小值。

以 $16 < P_N \leqslant 25$kW、4 极电动机为例，最大转矩 $T_b=1.9$、堵转转矩 $T_1=1.4$、最小转矩 $T_u=1.0$（注：数值均为 T_N 的标幺值）。

在某些特定的转速下，除了稳态异步转矩外，还会产生与转子功角呈函数关系的谐波同步转矩，对应于某些转子功角的加速转矩可能为负值，这是一种不稳定的运行状态。从转速为零至产生最大转矩的任一转速下，转矩应不小于转矩曲线上相应转矩值的 1.3 倍，此转矩曲线随转速的二次方做变化且在额定转速时等于额定转矩。这些特殊情况当采用通用变频器设计电力传动系统时应加以考虑。

堵转视在功率 S_1 是在额定电压和额定频率下，电动机处于停止状态时的输入视在功率，与极数无关，并为额定电压下的最大值。堵转视在功率不应大于制造厂的规定值。如 $6.3 < P_N \leqslant 25$kW 电动机的 $S_1/P_N=12$。

堵转电流 I_1 是在额定电压和额定频率下，电动机处于停止状态时的电流。

堵转电流 I_1 由堵转视在功率 S_1 按式（3-2）计算得出。

$$I_1=\frac{S_1}{P_N} \cdot \frac{P_N}{\sqrt{3} U_N} \tag{3-2}$$

式中，P_N 为电动机额定功率，U_N 为电动机额定电压。

3.3.3.3　三相异步电动机的负载转矩 - 转速特性

生产机械的负载转矩 T_L 的大小和许多因素有关，通常把生产机械的负载转矩 T_L 与转速 n 的关系称为生产机械的负载转矩 - 转速特性，也即电动机的负载特性。

三相异步电动机的功率与负载转矩和转速的乘积成比例，即

$$P=Tn/9550 \tag{3-3}$$

式中，P 为功率（kW），T 为转矩（N·m），n 为转速（r/min）。

负载种类不同其转矩 T 与转速 n 的关系也不同，选用通用变频器时应根据负载性质正确选择，否则不但不能充分发挥通用变频器的性能，甚至会损坏通用变频器和电动机。表 3-2 所示为影响三相异步电动机转矩 - 转速性能的主要因素。

表 3-2　影响三相异步电动机转矩 - 转速性能的主要因素

状　　态	电　动　机	变 频 器
最初起动	最大磁通	最大电流
恒定磁通	冷却（低速运行时的热损耗）	最大电流
弱磁运行	最高转速（机械强度及稳定性）、最大转矩	最高电压
动态响应	等值电路参数（电动机模型确定）	控制性能

如果三相异步电动机的恒功率和恒转矩调速范围与负载的恒功率和恒转矩区域一致，三相异步电动机及供电装置功率最小，但若负载恒功率区很宽，要继续维持上述关系，就需要适当增大异步电动机功率，减小弱磁调速范围。如某些恒速轧钢机类机械除要求电力传动装置有足够功率和起动转矩外，还要求有足够的过载转矩。图 3-15 所示是三相异步电动机输出转矩和输出功率特性曲线。

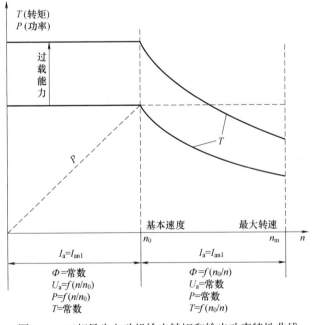

图 3-15　三相异步电动机输出转矩和输出功率特性曲线

图 3-15 中，I_a 为电动机基波电流，I_{an1} 为电动机额定基波电流，U_a 为电动机基波电压，n_0 为基本速度，对应于基本频率 f_0，f_0 是能够传送最大输出功率的最低频率。基本频率 f_0 以下属于恒磁通范围，基本频率 f_0 以上属于弱磁范围。弱磁是电动机磁通低于电动机额定磁通时的一种情况。

3.3.4 异步电动机调速时的机械特性

电动机轴转速 n 与电磁转矩 T 的关系称为电动机的机械特性（电动机产生的电磁转矩）。轴上的机械转矩涉及整个机械系统，通常不考虑负载的影响和损耗，而认为转矩就是电磁转矩。

由电机理论可知，对异步电动机进行调速控制时，电动机的主磁通应保持额定值不变。若磁通太弱，铁心利用不充分，同样的转子电流下，电磁转矩降低，电动机的带负载能力下降；而磁通太强，则处于过励磁状态，励磁电流增大，定子电流有功分量降低，带负载能力也要下降。异步电动机的气隙磁通（主磁通）是定、转子合成磁动势产生的，下面说明怎样才能使气隙磁通保持恒定。由电机学可知，三相异步电动机定子每相电动势的有效值为

$$E_1 = 4.44 f_1 N_1 \Phi \tag{3-4}$$

式中，E_1 为定子每相由气隙磁通感应的电动势的方均根值（V）；f_1 为定子频率（Hz）；N_1 为定子相绕组有效匝数；Φ 为每极磁通量（Wb）。

如果不计定子阻抗压降，则

$$U_1 \approx E_1 = 4.44 f_1 N_1 \Phi \tag{3-5}$$

由式（3-5）可见，若端电压 U_1 不变，则随着 f_1 的升高，气隙磁通 Φ 将减小，又从转矩公式

$$T = C_M \Phi I_2 \cos\varphi_2 \tag{3-6}$$

可以看出，主磁通 Φ 的减小势必导致电动机输出转矩 T 的下降，电动机的带负载能力下降。同时，电动机的最大转矩也将降低，严重时会使电动机堵转。若维持端电压 U_1 不变，而减小 f_1，则主磁通 Φ 将增加。这就会使磁路饱和，励磁电流上升，导致铁损急剧增加，这也是不允许的。因此，在许多场合，要求在调频的同时改变定子电压 U_1，以维持主磁通 Φ 接近不变。以下根据图 3-15 中的基本速度边界分为基本速度以下的恒磁通调速和基本速度以上的弱磁调速两种情况进行分析。

3.3.4.1 基本速度以下的恒磁通调速

为了保持电动机的负载能力，应保持主磁通 Φ 不变，这就要求降低供电频率的同时降低感应电动势，保持 E_1/f_1= 常数，即保持电动势与频率之比为常数进行控制，这种控制又称为恒磁通变频调速，属于恒转矩调速方式。但是，E_1 难于直接检测和直接控制。当 E_1 和 f_1 的值较高时，定子的漏阻抗压降相对比较小，如忽略不计，则可以近似地保持定子电压 U_1 和频率 f_1 的比值为常数，即认为 $E_1 \approx U_1$，保持 U_1/f_1= 常数。这就是恒压频比控制方式，是近似的恒磁通控制。

由图 3-15 可见，在基本速度以下的范围内，主磁通 Φ= 常数、电动机输出转矩 T= 常数、电动机基波电压 $U_a = f(n/n_0)$、电动机输出功率 $P = f(n/n_0)$。对应于基本速度 n_0 是额定压频比 U_{aN}/f_{aN}。当频率较低时，U_1 和 E_1 都变小，定子漏阻抗压降（主要是定子电阻 r_1 的压降）不能再忽略。这种情况下，可以人为地适当提高定子电压以补偿定子电阻压降的影响，使气隙磁通基本保持不变，图 3-16 所示是变频器输出电压 / 频率特性的示例。

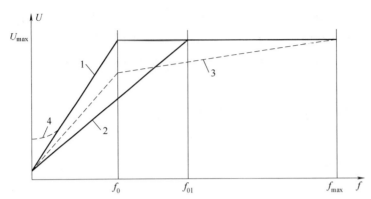

图 3-16　变频器输出电压 / 频率特性的示例

［参考 IEC/TS 60034-25：2014（GB/T 21209—2017）图 3］

图 3-16 中，情况 1，电压随速度增加而增加，在基本频率 f_0 时达到最大输出电压 U_{max}；情况 2，电压随速度增加而增加，在基本频率 f_0 以上新的频率 f_{01} 处时达到最大输出电压 U_{max}。这扩大了恒磁通（恒转矩）的转速范围，但在这一速度范围内有效转矩比情况 1 要小；情况 3，电压随速度增加而增加至基本频率 f_0 处，然后以缓慢的速率增长，并在 f_{max} 处达到最大输出电压 U_{max}，以避免在恒磁通范围内出现过大的转矩降低；情况 4，在低频时提高电压以改善起动性能，防止电流不必要的增长，进行转矩补偿。图 3-17 是基波电压 U_1 与运行频率 f_1 的关系曲线。

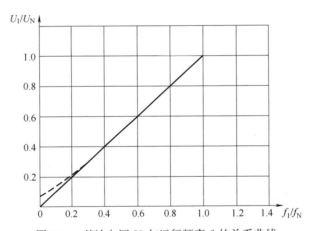

图 3-17　基波电压 U_1 与运行频率 f_1 的关系曲线

［参考 IEC/TS 60034-25：2014（GB/T 21209—2017）图 38］

实际上，变频器运行时，电动机在额定频率时的同步转速以下的速度调节范围内，若电动机定子绕组电阻与电抗相比可以忽略，应用保持 U_1/f_1= 常数的控制规则，可获得电动机的最大转矩为恒量。图 3-17 中实线所示是变频器使电动机主磁通保持不变时的输出电压和频率的关系曲线，该主磁通与正弦电压供电时近似相同。当频率较低时，为了补偿电动机定子电阻的影响，厂商将变频器特性设计成图 3-17 中的虚线所示特性，与没有补偿作用相比，低速时具有较高的转矩。

对于图 3-17 中电压和频率标幺值在 1.0 以上时，进入弱磁运行范围，变频器输出电压在频率增加时保持不变。一旦运行在这个范围，电动机的输出转矩会迅速降低，转矩特性如图 3-18 中 f_1/f_N=1.0 以上范围的特性曲线所示。

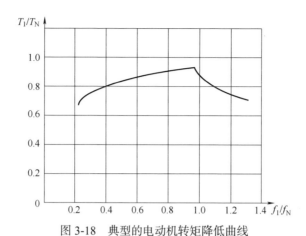

图 3-18　典型的电动机转矩降低曲线

［参考 IEC/TS 60034-25：2014（GB/T 21209—2017）图 39］

实际上，变频器在额定频率运行时，并不意味着在额定频率时基波磁通与正弦电压供电时的磁通一样，是存在转矩偏差的，即在 f_1/f_N=1.0 之前转矩就有下降趋势了，这个偏差值取决于它们自身的参数。因此，在用变频器传动电动机时，应避免运行在电动机额定频率，对于 50Hz 电动机而言，宜设定在 46Hz 附近运行。否则会增加损耗，参见图 3-15，这也是使用变频器会增加电能消耗的主要原因之一。

在任意情况下，依据负载转矩 - 转速的要求，电压 - 频率的关系可能为线性或者为非线性。实际的通用变频器中，U_1 与 f_1 之间的函数关系有很多种，需要根据负载性质和运行状况进行选择和设定，图 3-19 是变频器控制风机、水泵时的 U_1/f_1 曲线示例。

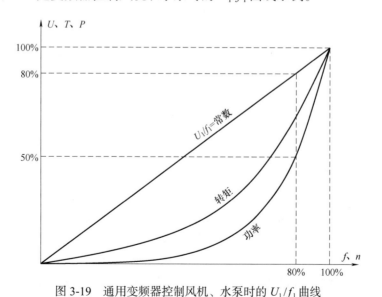

图 3-19　通用变频器控制风机、水泵时的 U_1/f_1 曲线

3.3.4.2　基本速度以上的弱磁调速

在弱磁范围内，电动机速度由 n_0 向上增大时，电压 U_1 由于受额定电压 U_{1N} 的限制不能再升高，只能保持 $U_1=U_{1N}$ 不变（图 3-15 中电动机基波电压 U_a= 常数），这样必然会使主磁通随着

频率 f 的上升而减小，相当于直流电动机弱磁调速的情况，即近似的恒功率调速方式（图 3-15 中 $P=$ 常数）。

将上述两种情况综合起来，异步电动机变频调速的基本控制特性如图 3-20 所示。

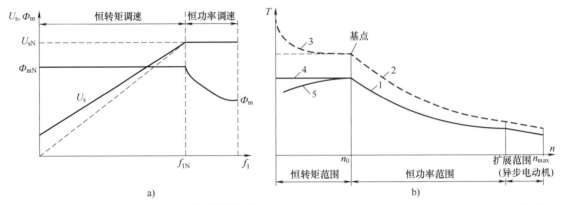

图 3-20　异步电动机变频调速时的控制特性［参考 IEC/TS 60034-25：2014（GB/T 21209—2017）图 1］
1—连续运行　2—短时运行　3—起动转矩提升　4—独立冷却　5—自冷却

图 3-20b 所示为变频器供电电动机的转矩 / 转速性能。可获得的最大转矩受电动机额定值和变频器电流限值的限制。在基本转速 n_0（基本频率 f_0）以上，电动机以恒功率运行，其转矩正比于 $1/n$。对三相异步电动机，如果达到了最大转矩的最小值（正比于 $1/n^2$），则功率按 $1/n$ 比率降低，转矩按 $1/n^2$ 比率下降（扩充的区域）。对同步电动机，扩充的区域则不适用。最大转速 n_{max} 不仅受转速 n_0 以上弱磁引起的转矩降低的限制，而且还受机械强度和转子稳定性、轴承系统的速度承受能力和其他机械参数的限制。

由上面的讨论可知，三相异步电动机的变频调速必须按照一定的规律同时改变其定子电压和频率，因此，根据 U_1 和 f_1 的不同比例关系，有不同的变频调速方式。保持 U_1/f_1 为常数的比例控制方式适用于调速范围不太大或转矩随转速下降而减少的负载，如风机、水泵等；保持转矩 T 为常数的恒磁通控制方式适用于调速范围较大的恒转矩性质的负载，如升降机械、搅拌机、传送带等；保持 $P=$ 常数的恒功率控制方式适用于负载随转速的增高而变轻的地方，如主轴传动、卷绕机等。因此，变频器有标量控制、矢量控制（无传感器或反馈控制）和直接磁通转矩控制类型，每种类型都具有不同的特性。

3.3.5　电力传动系统的配置

3.3.5.1　电力传动系统的类型

在电力传动系统中，原动机是旋转运动的电动机，通过传动机构可获得各种不同形式的运动。按其结构和功能可分成开环电力传动系统、闭环电力传动系统和综合自动化电力传动系统三种类型。

开环电力传动系统是指被控对象的输出（被控制量）对控制器的输出没有影响。在这种系统中，无反馈，不依赖将被控量反馈回来以形成任何闭环回路。开环电力传动系统主要用在要求不高的一些专用设备上，即传统上的电力拖动部分。

闭环电力传动系统的特点是被控对象的输出（被控制量）会反馈回来影响控制器的输出，形成一个或多个闭环，有正反馈和负反馈，若反馈信号与系统给定值信号相反，则称为负反馈，若极性相同，则称为正反馈，一般闭环电力传动系统均采用负反馈，又称负反馈控制系统，广泛应用在各种工作机械上。闭环电力传动系统一般围绕某种控制目标进行，如位置控制、速度控制、加速度控制和转矩控制等。

位置控制是将某负载从某一确定的空间位置按某种轨迹移动到另一确定的空间位置，数控机床和机器人就是典型的位量控制系统；速度和加速度控制是以确定的速度曲线使负载产生运动，如风机、水泵通过调速来调节压力、流量实现工作目标；转矩控制则通过转矩的反馈来维持转矩的恒定，如轧钢机械、造纸机械和传送带中的张力控制等。闭环控制器中最核心的是 PID 控制器，PID 控制器就是根据系统的误差（控制对象实际输出值与期望输出值之间的差），利用比例、积分、微分计算出控制量进行控制的。

综合电力传动系统是由多个控制器组成的复杂控制系统，应用在生产过程自动化系统等场合。在电气自动化领域中，主要研究电力传动装置与系统、运动系统的控制策略、运动参数的测量和反馈三个方面的内容。普适意义上是由电动机及其电源装置、传动机构、执行机构和电气控制系统按照生产工艺的要求组成的自动化控制系统。智能制造生产系统是一个数字化系统，通过边缘控制技术将工业软件和自动化系统进行一致性的数据集成、扩展通信网络、云控制，从而实现智能制造。

3.3.5.2 技术条件

一个简单的电力传动系统一般由电动机、电源装置及控制装置三部分组成，每部分都有多种设备或装置可供选择，设计时应根据生产机械的负载特性、工艺要求及环境条件和工程技术条件选择电气传动方案，包括机械负载、电动机、变频器和电网电源装置等。通常要考虑以下技术条件，最终的配置将受所选择系统的要求影响。

1）不同转速时的功率或转矩要求。

2）机械负载和电动机的期望转速范围。

3）受控过程中的加速度和减速度要求。

4）起动要求，包括起动次数和负载说明（折算到电动机轴上的转动惯量、起动时的负载力矩）。

5）是连续应用过程还是起动、停止和速度变化的周期工作制。

6）电力传动系统部件运行的环境及应用类型的一般要求。

7）电动机和变频器本身不能满足的附加功能要求，如电动机温度监控、必要时变频器的旁路能力、特殊的逻辑回路、时序和控制系统的基准速度信号等。

8）可用的电源和布线。

9）电气设备产生的电磁骚扰不应超过其预期使用场合允许的水平。设备对电磁骚扰应有足够的抗扰度水平，以保证电气设备在预期使用环境中可以正确运行。

10）机器、电气设备有关的安全防护，保证人身和财产的安全、控制反应的一致性，易于操作和维护。

3.3.5.3 电力传动方式的选择

电力传动方式的选择是根据生产机械的负载特性、工艺及结构的具体情况决定选用电动机的种类、数量，是单机拖动，还是多机拖动。选择依据是机械设备的工作要求，如工作精度、运动轨迹、速度特性、负载特性、行程、工作环境等。各种工作要求对传动形式选择的影响是不同的，应依据决定质量指标的主要要求，结合其他，综合考虑确定。

一般地，要求调速运行时，应优先采用通用变频器或伺服控制系统调速，再考虑采用变速比传动；通用变频器调速功率范围大、易实现控制，除此之外，还要注意技术标准和技术的适应性。

许多机械设备从工艺和节能等方面考虑，均有调速要求，如机床设备、风机、水泵、起重设备等。不同设备可能要求不同的调速范围、调速精度等。目前，交流调速装置已能替代直流调速装置，各种生产机械越来越多地实现了变频调速。

不同机械设备具有不同的负载特性，如机床的主轴运动通常属恒功率负载，而进给运动则为恒转矩负载。又如，风机、水泵则属于变转矩负载等。因此，选择调速方案时，应使电动机的调速特性与负载特性相适应，以充分发挥电动机本身的性能。

一般说来，电力传动控制的目的，就是控制电动机的起动、运行、停止、制动和反转等逻辑状态来满足生产机械的工艺要求。三相笼型感应电动机采用变频调速的工作特性和运行性能受整个传动系统的制约，包括供电系统、通用变频器、电动机、机械轴系，以及控制装置。电力传动系统可设计为下列一种或多种工作方式运行，选定的通用变频器的工作方式应与按照工作时的转矩和转速范围而确定的电动机的容量相适应。

1）可变转矩负载，转矩随转速的二次方而变化。

2）恒转矩负载，在规定的转速范围内转矩恒定不变。

3）恒功率负载，在规定的转速范围内功率保持不变，转矩随转速的增加而减小。

4）再生（制动）运行，是将系统的机械能转变为电能，再送回到输入电源的过程。传动系统将来自电动机轴的机械转矩转变为电能反馈到电源端。再生运行可用在可变转矩、恒转矩或恒功率三种中任何一种方式。如果需要再生（制动）运行，应选择具有再生功能的变频器。

5）能耗制动和能耗减速，是两个操作功能。能耗制动是将转子及其连接的惯性负载的旋转能量变换成电能并消耗于电阻的过程。传动系统将来自电动机轴的转矩转变为电能反馈传送给电阻器或类似的器件，作为热能消耗掉。这里所说的能耗制动是指通用变频器的直流链路上跨接一个电阻器。

6）直流制动，是通过将直流电流注入定子绕组，将转子及其所连接的惯性负载的旋转能量变换成电能并消耗于转子的过程。直流制动通常用于容量较小的电动机。

上述1）~3）是三种典型的负载类型，而实际的负载，其转矩特性往往是几种典型特性的综合。例如，实际的鼓风机除了主要是通风机负载特性外，由于其轴上还有一定的摩擦转矩 T_{z0}，因此实际鼓风机的负载特性应为 $T= T_{z0}+kn^2$。泵类负载当流体浓度和黏度较大时，就要考虑其起动转矩、加速转矩等增大的问题，有时往往呈恒转矩特性。

上述4）~6）是制动方式，根据需要选择其中之一。当需要能耗制动（停止）时，根据变频器的额定值，应能以110%、125% 或150% 额定电流制动一个负载；能耗制动电阻应能吸收6倍于电动机基本转速时存储的旋转能量；在被传动的设备具有大的可变转矩时（如卷取机），传动系统应能制动所存储的最大能量，能量额定值应足以使传动系统从任何工作转速停止一次。当需要能耗制动（减速）时，减速电阻器应能吸收电动机和被传动设备从最大转速到最小转速的6次连续的制动过程中所存储的全部旋转能量；通用变频器具备控制上述过程中的交流电流的能力。

3.3.5.4　通用变频器的功能特性与选择

由式（3-1）可见，改变异步电动机的供电频率，即可平滑地调节同步转速，实现调速运行，即电动机的变频调速是利用电动机的同步转速随频率变化的特性，通过改变电动机的供电频率进行的。

图 3-6 所示的低压 BDM/CDM/PDS 的拓扑结构就是电动机的变频调速的主电路，也是一种通用变频器交 - 直 - 交型主电路的基本结构。通用变频器主电路可分成交 - 直 - 交型和交 - 交型两大类。交 - 交变频器是将工频交流直接变换成频率、电压均可控制的交流，又称直接式变频器或矩阵式变频器，也是一种高压变频器的拓扑结构。图 3-7 和图 3-8 所示的拓扑结构就是矩阵式高压变频器的主电路的基本结构，其实质上也是一种交 - 直 - 交型拓扑结构。

通用变频器的显著特点是其通用性好、效率高、应用范围广、调速范围大、负载特性硬、精度高，可以应用于通用三相笼型异步电动机和永磁同步电动机等。

通用变频器分为单相通用变频器和三相通用变频器，以适应不同的场合。两者的工作原理相同，但电路的结构不同，单相变频器是单相输入三相输出型，选择时应加以注意。

1. 运行特性

通用变频器应具备的基本特性包括（但不限于）定时加速 / 定时减速、点动、可调电流限幅、直流制动、能耗制动（再生）、反向、电网滤波、输入 / 输出数据处理（模拟 / 数字）、自动再起动、（转矩）提升等。通用变频器具备基本的故障监视、指示及状态指示功能，由继电器或固态继电器触头提供公共报警和 / 或跳闸信号输出。故障指示通常因一个或多个故障而动作，故障可以包括（但不限于）外部故障、输出功率部分故障、瞬时过电流、过热（变频器）、电动机过载、辅助电源故障、电源过电压 / 欠电压、电源断相、内部控制系统故障、调节器 / 功率电路诊断。

通用变频器具备变量和参数的输入和输出接口，包括模拟或数字输入 / 输出和通信标准及接口。模拟量和数字量可采用控制面板人工设置，并可显示和读出。

2. 输出额定值

连续输出额定值包括负载侧基波交流电压、额定电流和频率。

3. 过载能力

在规定的工作条件下，能够在规定的时间段内供给而不会超过规定限值的最大输出电流。过载能力适用于额定的转速范围。

4. 工作频率范围

通用变频器可控制输出、能维持其规定的稳态输出电流时的工作频率范围（基波频率范围），相关参数包括额定输出电压（基波）、额定输出基波电流、最低频率、基本频率和最高频率。设计时应考虑的转速包括基本转速、最高转速和电动机最大安全转速。

额定输出电压（基波）是通用变频器负载侧交流端子处额定基波电压的有效值。注意，通用变频器负载侧交流端子处的电压未必就是电动机的基波电压。

额定输出基波电流是能够连续提供而不会超过规定限值的输出电流基波分量的有效值。

基本频率是指通用变频器能够传送最大输出功率的最低频率。基本频率可理解为基准频率。例如，基准电压与基准频率按出厂值设定（基准电压 380V，基准频率 50Hz）。基本频率对应电动机的同步转速即基本转速；通用变频器输出最低频率时电动机的转速即最低运行转速；通用变频器输出最高频率时电动机的转速即最高运行转速。电动机最大安全转速是在不引起永久性异常的机械性变形或缺陷的前提下，电动机最大设计转速，另外，被传动设备的最大安全转速可能更受限制。

5. 控制参数

通用变频器的基本参数有最小加速时间（不跳闸）、最小减速时间（不跳闸）、控制环稳定性调节参数（电压、电流、转速、转矩）、正向电流给定的限值范围、反向电流给定的限值范围、输入 dU/dt 限制、电压 / 频率比、最大输出电压等。

6. 通用变频器中的保护

通用变频器中的保护包括欠电压 / 过电压、断相、各相不平衡、故障电流、接地电流、内部故障、过载、设备过热、电动机过电流和过载、绕组过热等保护。

7. 效率和损耗

通用变频器供电对三相笼型异步电动机（机座号 315M、N 设计）在额定转矩和基本转速时各项损耗和效率的影响如图 3-21 所示。

图 3-21 中，由基波频率产生的损耗为 A—定子绕组损耗、B—转子绕组损耗、C—铁耗、D—负载附加损耗、E—摩擦损耗，由谐波产生的损耗为 F—定子绕组损耗、G—转子绕组损耗、H—铁耗。

由图 3-21 可见，三相笼型异步电动机由变频器供电时，相对基波频率，谐波增加的损耗由 F—定子绕组损耗 2.5%、G—转子绕组损耗 4.5%、H—铁耗 7.5% 和 D—负载附加损耗 0.5% 组成，合计增加 15%，效率降低 0.7%。伴随着速度降低，温升增加。当电动机低速运行时，由于内部空气循环效率降低，电动机轴上的冷却风扇可能不足以维持正常的温升，会进一步导致转矩下降，影响恒转矩负载运行，出现低速温升问题。一般地，温升取决于要求的转速范围，负载转矩与转速的关系曲线，电动机负载的类型（静态 / 动态），电动机机壳的类型、机座的尺寸、冷却系统，传动系统的额定值，设计特性（即标准效率或高效率、起动转矩），上述各项都将决定电动机风扇冷却是否合适。否则就需要考虑外加冷却系统。

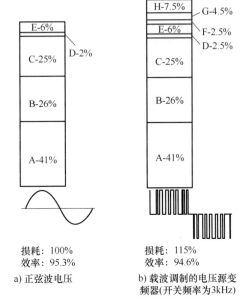

图 3-21　变频器供电对三相笼型异步电动机各项损耗和效率的影响示例（根据 IEC/TS 60034-25：2014（GB/T 21209—2017）图 32 编制）

8. 通用变频器的控制方式

通用变频器的控制方式即其内部算法的实现方式。目前，商品通用变频器主要有标量控制（Scalar Control），即 U/f 控制；矢量控制（Vector Control），也称为磁场定向控制（Field-Oriented Control，FOC）；直接转矩控制（Direct Torque Control，DTC），也称为直接自控制（Direct Self Control，DSC）三种算法的实现方式。三种控制方式都适用于变转矩和恒转矩应用场合（如离心泵或风机）。然而，选择通用变频器时应考虑到每一项性能要求以确保达到最佳运行状态。通常，应注意以下方面内容。

标量控制方式可用于一台变频器给多台不同容量的电动机并联运行的场合（多电动机运行）。虽然通过动态电压补偿可使标量控制下的稳态转矩能力与无传感器矢量控制方式等同，通过动态电压补偿提高低速运行时的性能，但标量控制一般不能满足低速负载运行要求（约低于 10% 基准速度）。标量控制和矢量控制或直接转矩控制之间最显著的差别在于动态响应。如果需要满足零转速附近运行、精确的转矩控制或低速时产生高峰值转矩控制等三项之一的特性要求，则需采用矢量控制或直接转矩控制。矢量控制或转矩控制可用于多台相同容量电动机运行，可带或不带速度反馈。矢量控制与转矩控制的特性几乎相同。

3.3.6　电力传动中的电力电子技术概述

3.3.6.1　电力电子器件

电力电子技术分为电力电子器件和变流（整流、逆变、斩波、变频等）两个技术分支。电力电子器件根据可控程度及构造特点等分为半控型、全控型、复合型和模块化器件四类。主要有普通晶闸管（SCR）、门极关断（GTO）晶闸管、双极型功率晶体管（GTR 或 BJT）、金属氧化物半导体场效应晶体管（MOSFET）、静电感应晶体管（SIT）、静电感应晶闸管（SITH）、MOS 控制晶体管（MCT）、绝缘栅双极型晶体管（IGBT）、IGBT 功率模块、耐高压绝缘栅双极型晶体管（HVIGBT）和智能功率模块（Intelligent Power Module，IPM）等，这些开关器件不断地更新换代，促使了电力变换技术的不断发展。目前，逆变器开关器件正从 IGBT 向高速氮化镓（GaN）和更高功率碳化硅（SiC）技术转变，技术发展正在加速。

IPM 是将整流电路、逆变电路、逻辑控制、传动和保护、电源回路全部集成在一个模块内，通过对内部的开关器件的通断控制技术（PWM）实现调频、调压的交流变换，目前已广泛应用于中小型通用变频器。从某种意义上来说，通用变频器就是一个可以任意改变输出电压和频率的交流变频电源。

3.3.6.2　PWM 技术

感应电动机的调速是通过可变的输入频率实现的，这是通过 PWM 技术进行的。PWM 技术通常是将正弦波参考电压与开关器件所需开关频率（通常在 5~20kHz 之间）的高频三角载波进行比较而产生的，产生的波形在振幅和频率上都可调，其正弦波参考电压在全速度范围内可调，输出频率通常在几赫兹到几百赫兹的范围内。正弦波参考电压和高频三角载波波形之间比较的结果即 PWM 信号，用于控制电源逆变器模块，逆变器模块的输出提供给感应电动机。通常采用一个微处理器 DSP 芯片产生 PWM 信号，PWM 处理单元用于产生输出模式。为了给感应电动机供电，需要功率变换器将处理器的低电平 PWM 信号转换到适当的高电压水平，这种功率变换器最常见的是电压源逆变器，它由六个功率开关器件组成，如 IGBT 模块。

随着全控型电力开关器件、微电子技术、自动控制技术、现代控制理论和非线性系统控制技术的发展，对开关器件的通断控制技术要求越来越高，研究人员提出并发展了诸多的 PWM 优化方式和算法，目标都是进一步提高功率变换器的性能。根据感应电动机控制算法的不同，发展了各种 PWM 技术，主要有相电压控制 PWM（等脉宽 PWM、SPWM、梯形波与三角波 PWM）、随机 PWM（RPWM）、预测电流控制 PWM、非线性控制 PWM、空间电压矢量控制 PWM（SVPWM）、增强 PWM（enhanced PWM，ePWM）、矢量控制 PWM、直接转矩控制 PWM 和遗传算法（GA）优化技术等方法，而在变频器产品中，应用最多、最成熟的是 SPWM 和 SVPWM，以及矢量控制 PWM 和直接转矩控制 PWM 技术。因此，也产生了目前常用的三类控制方式的通用变频器产品，以适用于各类不同应用场合。变频器技术的发展就是建立在上述 PWM 控制技术基础之上的。

1. SPWM 方式

PWM 技术是一种功率变换器的电压 / 电流控制方法，用脉冲宽度按正弦规律变化而与正弦波等效的 PWM 波形即 SPWM 波形，用于控制逆变器中的开关器件的通断，使其输出的脉冲电压的面积与所希望输出的正弦波在相应区间内的面积相等，通过改变调制波的频率和幅值方法，则可调节逆变器输出电压的频率和幅值。无论用哪种 PWM 方法对开关器件进行通断控制，都是通过把每一脉冲宽度的脉冲序列作为 PWM 波形，改变脉冲列的周期可以调频，改变脉冲的宽度或占空比可以调压，采用适当控制方法即可使电压与频率协调变化，以得到所需的输出电压、电流、磁通或转矩等控制参数。

SPWM 的信号波为正弦波，将正弦波等效成一系列等幅不等宽的矩形脉冲波形，其脉冲宽度是由正弦波和三角波自然相交生成，从而在输出侧产生正弦波波形。常用的产生正弦波波形的方法主要有不对称规则采样法和平均对称规则采样法两种。不对称规则采样法在一个载波周期里要采样两次正弦波，对于微处理器来说，当载波频率较高时，对微处理器的要求较高。平均对称规则采样法应用最为广泛。

2. SVPWM 方式

SPWM 的关注点是如何生成一个可以调压调频的三相对称正弦波电源。而 SVPWM 是将功率变换器和电动机看成一个整体，以内切多边形逼近圆的方式进行控制，使感应电动机获得幅值恒定的正弦磁通和圆形磁场，再引入磁通反馈控制磁通的大小和变化的速度，在比较估算磁通和给定磁通后，根据误差决定产生下一个电压矢量，形成 PWM 波形，实现对电动机恒磁通、变压、变频调速。若忽略定子电阻压降，当定子绕组施加理想的正弦电压时，由于电压空间矢量为等幅的旋转矢量，故气隙磁通以恒定的角速度旋转，轨迹为圆形。因此，SVPWM 比 SPWM 的电压利用率高，这是两者最大的区别，但是，典型的 SVPWM 是一种在 SPWM 的相调制波中加入了零序分量后进行规则采样得到的结果，因此，SVPWM 有对应 SPWM 的形式。SPWM 方式也都有对应的 SVPWM 算法，只是 SPWM 易于通过硬件电路实现，而 SVPWM 更适合于软件化实现。

通用变频器输出电压波形及输出电压频谱，根据通用变频器输出电压产生的方法不同而不尽相同，如"载波频率"（恒频 2.5kHz）PWM 切换方法、"非载波频率"（平均频率约 2.2kHz）磁滞切换方法等。无论什么方法，均应用专门的控制技术优化电流波形或频谱，如使电流峰值最小或消除某些谐波。

图 3-22 所示为开关频率 $f_s=30 \times f_1$ 的变频器输出线电压 U_{LL} 的波形示例。

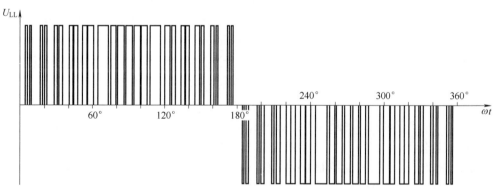

图 3-22 变频器输出线电压 U_{LL} 的波形示例
［参考 IEC/TS 60034-25：2014（GB/T 21209—2017）图 B.1］

变频器采用载波调制，即包含了同步和异步脉冲模式，其产生的频率为

$$f=k_s \times f_s \pm k_1 \times f_1 \tag{3-7}$$

式中，$k_s=1$，2，3，…，$k_1=1$，2，4，5，7，…，分别为开关频率 f_s 和运行频率 f_1 的相乘系数。变频器的输出开关频率将影响（电动机和变频器中的）损耗和整个系统的噪声及转矩脉动。

变频器采用"载波频率"调制（"调制器"）控制变频器的输出转换模式，使其输出电压与目标值相等。载波频率与工频或输出频率同步。选择适当的载波频率可以减少电动机的损耗、电流纹波或噪声。也可使载波频率保持波动（"摆动"或"随机"PWM）以使输出电压的谐波频谱分布于较宽的范围。

变频器采用"非载波频率"调制，即没有事先决定开关频率的情况下，输出电压的频谱是带宽的随机函数，在特定的频段上也没有尖峰噪声。有的通用变频器采用磁滞（滑模）控制的"非载波频率"（非同步）控制器控制变频器的转换切换而输出电压。一旦控制参数的实际值与基准值之差超过一定值时即进行转换切换。磁滞切换可采用电压、电流、磁通或转矩控制参数，取决于控制型式。

通用变频器的输出电压（电动机电源端子上的线电压）是指对应于开关频率的电压的平均值和对应于变频器基本输出频率的电压的瞬时值。

现在，任何针对变换器的控制算法的最终实现几乎都是以各种 PWM 控制方式完成的，但是，由于在实际的三相笼型异步电动机调速控制过程中，简单地调整电源频率并不能满足对电动机调速控制的需要，还必须考虑起动转矩、起动电流和动态转矩特性等方面的问题，对于某些机器来说，更高的性能和更高的精度一直是人们追求的目标功能。然而，数字变换器控制性能已经取得进步，另外，由于大多数工业自动化机器有多个电动机轴的控制，一个更好的衡量指标是伺服驱动器可以支持两个轴，而不是传统的单一电动机。因此，各种控制算法不断出现和优化。

得州仪器公司（TI）已发布了高度集成的 F28004x 和 F28002x 系列 C2000 微控制器（MCU），可实现非常强劲的运动控制性能，并可同时驱动两个电动机，芯片可用于伺服驱动器和交流逆变器，两个电动机可同时反馈信号，可用于三相永磁同步电动机（PMSM）或交流感应电动机的控制。

3.3.7　感应电动机的模型

根据电动机理论，电动机可以被看作是具有旋转二次绕组的变压器，其中定子和转子相绕组之间的耦合系数随着转子位置 θ_r 的变化而连续变化，通常用电动机的 Γ 型或 T 型等效电路推导出的具有时变互感的微分方程组来描述，表示为一个六阶非线性方程组，进而可得到 12 个状态方程组，以此来实现各种控制算法。

3.3.7.1　坐标变换

三相电动机可以用等效的两相电动机来表示，d^s-q^s 对应于定子的直轴和交轴，而 d^r-q^r 对应于转子的直轴和交轴。虽然这使问题简化了一些，但还存在时变参数的问题。20 世纪 20 年代，R. H. Park 提出了一种变量的变化规则，用以同步转速随转子旋转的假想绕组的变量来代替与同步电动机定子绕组关联的变量（电压、电流和磁链）。本质上，是将定子变量变换到或归算到一个固定在转子上的同步旋转参考坐标系上，称为 Park 变换（派克变换）。通过这种变换消除了时变电感。其后，20 世纪 30 年代，H. C. Stanley 指出通过将转子变量变换成与假想的静止绕组关联的变量，就可消除异步电动机的电压方程中由于电路做相对运动导致的时变电感。在这种情况下，转子变量被变换到一个固定在定子上的静止参考坐标系。再后来，G. Kron 提出了一个将定子和转子变量共同变换到一个与旋转磁场一起运动的同步旋转参考坐标系的变换。后来，一些研究提出了一个将定子变量变换到固定在转子上的旋转参考坐标系上的变换，以及通过将定子和转子变量归算到一个共同的以任意转速旋转的参考坐标系（任意参考坐标系）上，都可以把时变电感消除。这样为在同步旋转和静止的参考坐标系上建立动态电动机模型奠定了基础。动态电动机模型是建立在坐标轴变换上，首先将三相对称异步电动机建立在相隔 $2\pi/3$ 角的静止坐标轴 A_s-B_s-C_s 上，目标是要将三相静止参考坐标系（A_s-B_s-C_s）变量变换成两相静止参考坐标系（d^s-q^s）变量，然后将这些变量变换到同步旋转参考坐标系（d^e-q^e）上，反之亦然。假设 d^s-q^s 轴定向在 θ 角方向，电压 v_{ds}^s 和 v_{qs}^s 可以被分解成 A_s-B_s-C_s 上的分量，并且可以由矩阵形式来表示，经过复杂的推导演算，最终推导出描述电动机模型的微分方程式及状态方程式。在各时期出版的电动机学及相关书籍、文献中，不同作者从不同的研究角度有各种不同的结论和形式，但结论基本一致，感应电动机可以被称为一个动态的、递归的和非线性的系统。可根据不同的目标，采用不同的模型进行研究，如电流源输入模型适合研究电流源控制的电动机驱动系统，电压源输入模型和离散状态模型更适合研究逆变器供电的感应电动机控制等。本书不涉及方程式的推导，仅介绍一点基本知识，引用一些结论，深层次的知识请参阅电动机理论相关书籍和文献。

3.3.7.2 磁场定向矢量控制的坐标变换

磁场定向矢量控制是通过异步电动机转了磁场的矢量分析和控制理论来解决异步电动机转矩控制问题。其理论源于电力系统分析的对称分量法、坐标变换、Clarke 变换和 Park 变换。Park 变换就是将交流感应电动机定子三相绕组通过坐标变换方法投影到转子上（Clarke 变换），等效成两相静止坐标系（$\alpha\beta$ 坐标系），再经 Park 变换，在转子上建立随转子旋转的两相坐标系（dq 坐标系，MT 坐标系），然后在 dq 坐标系的直轴（d 轴、M 轴）、交轴（q 轴、T 轴）与垂直于 dq 平面的零轴（0 轴）上进行磁场分析，建立等效电路、磁链方程和转矩方程，再经坐标变换实现对定子磁场的解耦，把定子电流中的励磁电流分量与转矩分量变换为独立标量，分别进行控制。这样，通过从静止坐标系到旋转坐标系之间的坐标变换，就将感应电动机模型等效为一台直流电动机，从而可像直流电动机那样进行转矩和磁通的矢量控制。将这种理论与方法应用到三相笼型异步电动机时，也可称为磁场定向控制，即三相笼型异步电动机转子磁场定向矢量控制方法。坐标变换矢量如图 3-23 所示。

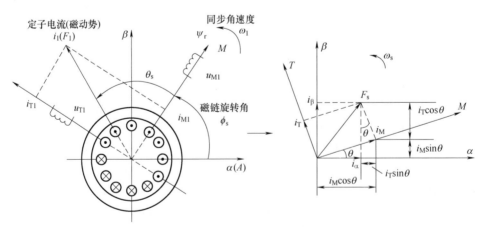

图 3-23　坐标变换矢量图

一般采用 MT 坐标系分析异步电动机，定义同步旋转角速度为 ω_1，转子旋转角速度为 ω_s，转差为 $\Delta\omega$，定子磁链为 ψ_1，转子磁链为 ψ_2，M 轴与转子磁链 ψ_2 方向一致。

三相笼型异步电动机转子磁场定向矢量控制的基本思路是根据坐标变换，将三相坐标系

上的定子电流 i_U、i_V、i_W，通过三相 / 两相变换，等效成两相静止坐标系上的交流电流 $i_{\alpha 1}$、$i_{\beta 1}$，再通过同步旋转变换，等效成同步旋转坐标系上的直流电流 i_{M1} 和 i_{T1}。这时设想，如果人站在 M、T 坐标系上，观察到的一定是一台直流电动机。M 绕组相当于直流电动机的励磁绕组，i_M 相当于励磁电流，T 绕组相当于静止的电枢绕组，i_T 相当于与转矩成正比的电枢电流。

图 3-23 中，两相交流电流 i_α、i_β 和两个直流电流 i_M、i_T 产生同样的，以同步转速 ω_s 旋转的合成磁动势 F_s。由于各绕组匝数都相等，可以消去磁动势中的匝数，直接用电流矢量 i_s 表示。M、T 轴和矢量 $F_s(i_s)$ 都以转速 ω_s 旋转，分量 i_M、i_T 的大小不变，相当于 M、T 绕组的直流磁动势。α、β 轴是静止的，α 轴与 M 轴的夹角 θ 随时间而变化，因此，i_s 在 α、β 轴上的分量的长短也随时间变化，相当于绕组交流磁动势的瞬时值。从整体看，三相交流 i_U、i_V、i_W 输入，得出转速 ω_r 输出，是一台异步电动机。从内部看，经过三相 / 两相变换和同步旋转变换，则变成一台输入为 i_{M1} 和 i_{T1}，输出为 ω_r 的直流电动机。既然异步电动机可以等效成直流电动机，那么就可以模仿直流电动机的控制方法，求得等效直流电动机的控制量。再经过相应的反变换，就可以按控制直流电动机的方式控制异步电动机了。矢量控制算法框图如图 3-24 所示。

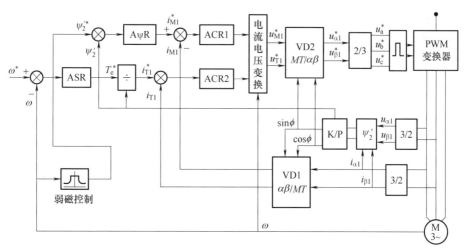

图 3-24　矢量控制算法框图

在图 3-24 中，将异步电动机的定子电流矢量分解为产生磁场的电流分量 i_{M1}（励磁电流）和产生转矩的电流分量 i_{T1}（转矩电流）分别加以控制，并同时控制两分量间的幅值和相位，即控制定子电流矢量，所以称这种控制方式为矢量控制方式。

在矢量控制中，只有三个状态变量（两相的速度和电流）和两个输入（电压）可供测量，因此必须估计另外两个状态变量（磁通）。利用测量和估计的状态变量，反馈信号可以由矢量控制器计算。矢量控制和直接转矩控制是两种基于动态模型的高性能的交流电动机调速系统。矢量控制系统通过矢量变换和按转子磁链定向得到等效直流电动机模型，然后按照直流电动机模型设计控制系统。直接转矩控制系统利用转矩偏差和定子磁链幅值偏差，根据当前定子磁链矢量所在的位置直接选取合适的定子电压矢量实施电磁转矩和定子磁链的控制。两种交流电动机调速系统都能实现优良的静、动态性能，各有所长，也各有不足。

3.3.7.3　直接转矩控制方式

直接转矩控制（直接磁通转矩控制）与矢量控制不同，它不是通过控制电流、磁链等量来间接控制转矩，而是把转矩直接作为被控量来控制，也不需要解耦电动机模型，而是在静止坐标系中计算电动机磁通和转矩的实际值，然后，对磁链和转矩控制产生 PWM 信号，对逆变器的开关状态进行控制，从而实现无速度传感器转矩控制。直接转矩控制变频器采用磁滞（"滑模"）PWM 控制方式，无论是否采用速度反馈信号，都通过电动机的数学模型计算、调整其磁通和转矩。这种控制类型中没有调制器，变频器中每个功率开关切换都是独立的。此外，利用速度反馈（传感器）信号可进一步提高电动机性能。与矢量控制一样，直接转矩控制通常用于对转矩或转速指令要求快速响应的场合。

1. 直接转矩控制原理

直接转矩控制（Direct Torque Control，DTC），也称为直接自控制，直接转矩控制与矢量控制的区别是，取消了坐标变换，通过检测电动机定子电压和电流，建立电动机模型，借助空间矢量控制理论计算电动机的磁链和转矩，把转矩直接作为被控量控制，用空间矢量分析方法，以定子磁场定向方式，直接在定子坐标系下分析异步电动机的数学模型，计算与控制异步电动机的磁链和转矩，并通过磁链和转矩的直接跟踪，实现 PWM 和系统的高动态性能，对定子磁链和电磁转矩进行直接控制。

与矢量控制方式比较，直接转矩控制磁场定向所用的是定子磁链，它采用离散的电压状态和六边形磁链轨迹或近似圆形磁链轨迹的概念。只要知道定子电阻就可以把它观测出来。而矢量控制磁场定向所用的是转子磁链，观测转子磁链需要知道电动机转子电阻和电感。因此，直接转矩控制不受参数变化的影响，加强了转矩的直接控制与效果。

2. 直接转矩控制通用变频器的原理

在直接转矩控制中，采用高速数字信号处理器（DSP）与电动机软件模型相结合，使电动机的状态每秒钟可被更新 4 万次，因此，电动机状态、实际值和给定值的比较值被不断地更新，且变频器的每一次开关状态都是单独确定的，可以产生最佳的开关组合，并对负载扰动和瞬时掉电等动态变化做出快速响应。图 3-25 是直接转矩控制系统原理结构图。

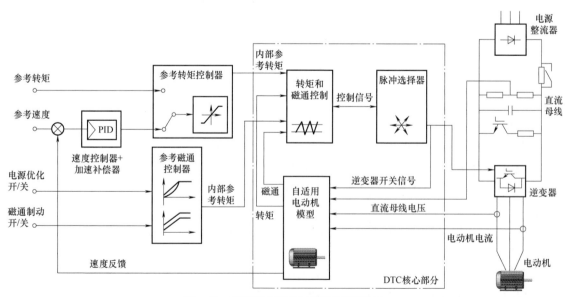

图 3-25　直接转矩控制系统原理结构图

在图 3-25 中，DTC 核心部分是转矩控制回路，其中自适应电动机模型应用高级算法预测电动机状态。主要控制变量（定子磁通和电动机转矩）是利用电动机相电流和直流母线电压测量值以及功率开关晶体管的状态，依照电动机模型进行准确估计和计算轴速度。在对电动机辨识过程中，其他电动机参数会自动输入自适应模型。许多情况下，可在不旋转电动机轴的情况下进行相应的模型参数识别。如果要进行电动机模型微调，电动机必须处于运行状态，但只是较短时间，并且无需负载。定子电阻（电压降）是用于估算电动机磁通所需的唯一且容易测量的参数。然后，电动机转矩通过估算的定子磁通和定子电流矢量的向量积计算。尽管定子电阻是产生估算误差的主要原因，但其影响会随着不断增加的电动机速度和电压而变小。因此，DTC 在较宽速度范围内具有较高的转矩精度。此外，DTC 通过先进算法可最大限度地减小电动机低速时的估算误差。

自适应电动机模型的输出信号（代表实际定子磁通和电动机转矩）分别传输至磁通比较器和转矩控制（比较）器，控制单元将输入值与参考值加以比较，然后利用 DSP 每隔 12.5μs 来执行，产生一组精确的转矩和磁通的实际值，使磁通或转矩矢量幅度保持在参考值的回差区间内。

磁通和转矩误差，即估算值与参考值之差，以及定子磁通矢量的角位置（或扇区），用于计算磁滞控制器中的磁通和转矩状态。然后，这些状态值成为最佳脉冲选择器的输入来选择最佳电压矢量。这样，每个控制周期最适当的信号脉冲可被发送至逆变器中的功率开关管，优化脉冲选择器决定逆变器的最佳开关位置，以获得或保持精确的电动机转矩。通过现场可编程门阵列（FPGA），协助 DSP 确定逆变器开关逻辑及其他任务。

速度控制涉及速度控制器、参考转矩控制器和参考磁通控制器三个部分。速度控制器包含 PID 控制器和加速补偿器。速度控制器的输入是在外部速度参考信号和来自自适应电动机模型的实际速度信号两者比较的误差。这个利用速度变化计算出来的误差信号传输到 PID 单元和加速补偿器，合成后成为速度控制器的输出。该输出被发送至参考转矩控制器，其中速度控制输出由预设转矩限值和直流母线电压进行调整。外部（或用户的）参考转矩信号也可代替速度控制用作该功能块的输入，参考转矩控制器输出是所谓的"内部参考转矩"，传输到转矩和磁通控制回路中的转矩比较器。类似地，参考磁通控制器可提供传输至磁通比较器（转矩和磁通控制回路的一部分）的"内部参考磁通"。该信号是绝对定子磁通值，DTC 可相应地对其进行调节和修改，以获得逆变器的输出功能。电源优化开 / 关可最大限度地降低电动机损失并减少电动机噪声，磁通制动开 / 关是在未使用制动电阻时，通过暂时增加电动机损耗，更快速地完成电动机制动。

直接转矩控制技术是建立在精确的电动机模型基础上的，电动机模型是在电动机参数自动辨识程序运行中建立的。因此在使用直接转矩控制方式通用变频器时，需要事先准确输入被拖动电动机的铭牌参数，否则将影响变频器的性能发挥。

ABB 公司的直接转矩控制通用变频器，已成为其各系列通用变频器的核心技术，动态转矩响应已达到 <2ms，可以在不使用速度传感器的情况下，从零速开始就可以实现电动机速度和转矩的精确控制。开环动态速度控制精度可以达到闭环磁通矢量控制的精度，静态速度控制精度可以达到标称速度的 ±0.1%，如果配备标准编码器（1024 个脉冲 /r），通常能达到 ±0.001% 的速度精度。在电动机传动典型设备的情况下，动态速度精度（100% 转矩阶跃下的速度偏差时间积分）为 0.3%~0.4%·s。利用编码器，速度精度通常可提高到 0.1%·s，达到伺服传动精度。转矩响应时间（达到 100% 参考转矩）通常为 1~5ms，接近电动机的物理极限。相同参考命令之下的转矩可重复性，在整个传动速度范围通常低至额定转矩的 1%，可以

零速提供 100% 转矩，使用编码器时还具备位置控制功能。

3.3.7.4　感应电动机的电压输入模型

感应电动机的电压输入模型通过 T 型等效电路的微分方程组导出，根据状态变量 $\{i_{ds}^s,$ $i_{qs}^s,$ $i_{dr}^s,$ $i_{qr}^s,$ $\omega_0\}$ 导出的计算电流矢量的公式如下：

$$
\begin{bmatrix} i_{ds}^s \\ i_{qs}^s \\ i_{dr}^s \\ i_{qr}^s \end{bmatrix} = \int_0^t \left\{ [\boldsymbol{B}]^{-1} \begin{bmatrix} V_{ds}^s \\ V_{qs}^s \\ 0 \\ 0 \end{bmatrix} - [\boldsymbol{A}] \begin{bmatrix} i_{ds}^s \\ i_{qs}^s \\ i_{dr}^s \\ i_{qr}^s \end{bmatrix} \right\} \mathrm{d}t \tag{3-8}
$$

其中，$[\boldsymbol{A}] = \begin{bmatrix} R_s & 0 & 0 & 0 \\ 0 & R_s & 0 & 0 \\ 0 & \dfrac{P}{2}\omega_0 L_M & R_r & \dfrac{P}{2}\omega_0 L_r \\ -\dfrac{P}{2}\omega_0 L_M & 0 & -\dfrac{P}{2}\omega_0 L_r & R_r \end{bmatrix}$

$[\boldsymbol{B}] = \begin{bmatrix} L_s & 0 & L_M & 0 \\ 0 & L_s & 0 & L_M \\ L_M & 0 & L_r & 0 \\ 0 & L_M & 0 & L_r \end{bmatrix}$

式中，电压向量 $[V_{ds}^s,\ V_{qs}^s]$ 为输入向量，定子电流向量 $[i_{ds}^s,\ i_{qs}^s,\ i_{dr}^s,\ i_{qr}^s]$ 为输出向量。参数 ω_0 为转子转速；参数 $(L_s,\ L_r)$ 为定子和转子电感；参数 L_M 为互感；参数 $(R_s,\ R_r)$ 为定子和转子电阻；参数 P 为极对数。

根据式（3-8）可在 MATLAB/Simulink 中建立感应电动机的模型，如图 3-26 所示，其中箭头表示矢量输入或输出。

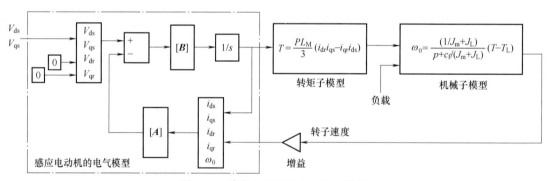

图 3-26　感应电动机的电压输入模型

在图 3-26 的建模方案中，感应电动机由一个电气子模型、一个转矩子模型和一个机械子模型组成，以便于分别仿真分析和驱动系统设计。

3.3.8　感应电动机的控制算法概述

目前，根据已有的研究，感应电动机的控制算法可归纳为三大类。

1）标量控制：开环电压 / 频率（U/f）控制、转差频率和电压控制，以及转差频率和电流控制。

2）矢量控制：直接（间接）磁场定向控制（FOC）、直接转矩控制（DTC），以及加速度控制（Acceleration Control）。

3）智能控制（Intelligent Control）：模糊控制（Fuzzy Control）、神经网络控制（Neural-network Control）、专家系统控制（Expert-system Control）和遗传算法（Genetic Algorithm）。

图 3-5 可以看作是一个感应电动机的不同控制算法的模型。控制算法可以通过选择具有适当控制功能和控制策略的反馈信号来描述。

3.3.8.1 标量控制算法

20 世纪 80 年代初，有学者提出磁通轨迹控制方法，生成三相波形，逼近电动机气隙的理想圆形旋转磁场轨迹，一次生成两相调制波形，发展了调压调频（Variable Voltage Variable Frequency，VVVF）技术（又称为 U/f 方式，标量控制方式），此后逐步成为变频调速的核心技术，并发展了诸多的优化模式。U_1 与 f_1 之间的函数关系有很多种，在具体的变频器中，也不尽相同。典型的标量控制包括开环 U/f 控制、闭环 U/f 控制、定子电流和转差频率控制。当负载力矩恒定且对速度调节没有严格要求时，开环 U/f 控制方式足以传动感应电动机。当负载要求更快的动态响应和更准确的速度或转矩控制时，就需要闭环控制方式。闭环标量控制包括闭环 U/f 控制与定子电流与转差频率控制。

由前述的分析可知，当变频器输出电压与频率成比例时，即使没有速度反馈信号，电动机也近似恒磁通运行。通常采用电压提升（在变频器输出电压上增加一个固定电压），即常规的电压补偿（定子绕组电阻压降）或超前的动态电压补偿的方法来提高低速区的起动和运行性能。这是变频器中的两种不同的补偿方式。

当电动机电压较低时，在低速区提升电压效果较好，但应确保电压提升后不使电动机磁路饱和。当电动机轻载时，电压提升量与电动机的电流大小成比例，电压补偿可改善其性能。许多标量控制采用特殊的算法对由电动机定子电阻和电感造成的电压降进行动态补偿。在低速区，这种方法对改善电动机的起动和运行性能更加有效，且通过附加的电动机电压和电流反馈信号，即使在较低频率区，这种控制也能使电动机产生与矢量控制相近的转矩值。标量控制通常用于对转矩或转速指令快速响应无要求的场合，尤其适用于单台变频器给多台电动机供电的场合。

在上述基础上，如果对异步电动机能够像控制直流电动机那样，用直接控制电枢电流的方法控制转矩，那么就可以使异步电动机得到与直流电动机同样的静、动态特性。而转差频率控制方式和矢量控制方式就是基于这种思路控制异步电动机转矩的方法。

1. 开环 U/f 控制

反馈信号：$F=[0]$，开环 U/f 控制方式没有反馈信号。

控制函数：
$$u=\begin{bmatrix} |V_s| \\ \omega \end{bmatrix}=\begin{bmatrix} c \times \omega^* \\ \omega^* \end{bmatrix} \tag{3-9}$$

式中，$|V_s|$ 为定子电压幅值；c 为常数；ω 为电源角频率；ω^* 为电源角频率命令，$|V_s|/\omega^*$ 保持恒定；u 为控制函数，矢量。

控制策略：恒定 U/f 控制，以保持定子磁链恒定。

2. 转差频率和电压控制

反馈信号：$F=[\omega_0]$

控制函数：
$$u=\begin{bmatrix} |V_s| \\ \omega \end{bmatrix} = \begin{bmatrix} c \times \omega \\ \omega_0 + \omega_r \end{bmatrix} \tag{3-10}$$

$$\omega_r = f(\omega_0^* - \omega_0) \tag{3-11}$$

式中，ω_0^* 为转子转速命令；ω_r 为转差频率；ω_0 为转子速度。

控制策略：转差频率控制和恒定 U/f 控制，在峰值转矩点附近设置转差率的限制，根据速度命令提供驱动系统的快速响应。

3. 转差频率和电流控制

反馈信号：
$$F=\begin{bmatrix} \omega_0 \\ |i_s| \end{bmatrix} \tag{3-12}$$

控制函数：
$$u=\begin{bmatrix} |i_s| \\ \omega \end{bmatrix} = \begin{bmatrix} f_1(\omega_0^* - \omega_0) \\ \omega_0 + \omega_r \end{bmatrix} \tag{3-13}$$

$$\omega_r = f_2(\omega_0^* - \omega_0) \tag{3-14}$$

式中，$|i_s|$ 为定子电流幅值；f_1 为定子电流频率；f_2 为转子电流频率。

控制策略：转差频率控制和电流控制。设置最大转矩点附近的转差率限制，根据参考速度提供驱动系统的快速响应。

3.3.8.2 矢量控制算法

从原理上看，矢量控制包括磁场定向控制（FOC）和直接转矩控制（DTC），DTC 也称为直接自控制（DSC）。FOC 使用定积分获得转子磁通角，而 DTC 使用定积分获得定子磁通空间矢量，旨在控制电压或电流矢量的大小和相位。这两种方法都试图将复杂的非线性控制结构简化为线性控制结构，这一过程涉及求定积分。FOC 算法可分为直接定向控制和间接定向控制两种。在直接 FOC 方法中，转子磁链 ψ_r、转矩 T 和转子磁链角 θ_r 是由气隙磁链（或定子电压）和定子电流信号反馈而来的信号。在间接 FOC 方法中，转子磁链 ψ_r^* 和转矩 T 为控制指令，转子磁链角 θ_r 为由转子转速和参考转差频率之和得到的反馈信号。

1. 直接定向控制

反馈信号：
$$F=\begin{bmatrix} \theta_r \\ i_{ds}^s \\ i_{qs}^s \\ \psi_{dr}^s \\ T_L \end{bmatrix} = q(x) \tag{3-15}$$

式中，
$$x=\begin{bmatrix} i_{ds}^s \\ i_{qs}^s \\ \psi_{dr}^s \\ \psi_{qr}^s \end{bmatrix} \quad 或 \quad x=\begin{bmatrix} i_{ds}^s \\ i_{qs}^s \\ V_{ds}^s \\ V_{qs}^s \end{bmatrix}$$

i_{ds}^s、i_{qs}^s 为定子参考系下的 d 轴和 q 轴定子电流状态量，对应定子磁链状态量 ψ_{dr}^s、ψ_{qr}^s 和输入电压状态量 V_{ds}^s、V_{qs}^s；T_L 为负载转矩。

控制函数：
$$u=\begin{bmatrix} i_{ds}(T^*-T, \psi_{dr}^{s*} - \psi_{dr}^s, \theta_r) \\ i_{qs}(T^*-T, \psi_{dr}^{s*} - \psi_{dr}^s, \theta_r) \end{bmatrix} \tag{3-16}$$

在磁场定向条件下，$\psi_{qr}^e = 0$；$\psi_{dr}^e = c$

ψ_{dr}^e、ψ_{qr}^e 为励磁参考系下的 d 轴和 q 轴转子磁链。

控制策略：坐标转换，当前控制和磁场定向条件。

2. 间接定向控制

反馈信号：
$$F=(\theta_r)$$

控制函数：
$$u=\begin{bmatrix} i_{ds}^s(T^*-T,\psi_{dr}^{s*}-\psi_{dr}^s,\theta_r) \\ i_{qs}^s(T^*-T,\psi_{dr}^{s*}-\psi_{dr}^s,\theta_r) \end{bmatrix} \tag{3-17}$$

在磁场定向条件下，$\psi_{qr}^e=0$；$\psi_{dr}^e=c$

控制策略：坐标转换，当前控制和磁场定向条件。

3. 直接转矩控制

反馈信号：
$$F=\begin{bmatrix} |\psi_\mu^s| \\ \theta_\mu \\ T \end{bmatrix}=q(x) \tag{3-18}$$

式中，$x=\begin{bmatrix} i_{ds}^s \\ i_{qs}^s \\ V_{ds}^s \\ V_{qs}^s \end{bmatrix}$

控制函数：
$$u=\begin{bmatrix} S_a(V_{ds}^s,\ V_{qs}^s,\ i_{ds}^s,\ i_{qs}^s,\ T^*,\ |\psi_\mu|^*) \\ S_b(V_{ds}^s,\ V_{qs}^s,\ i_{ds}^s,\ i_{qs}^s,\ T^*,\ |\psi_\mu|^*) \\ S_c(V_{ds}^s,\ V_{qs}^s,\ i_{ds}^s,\ i_{qs}^s,\ T^*,\ |\psi_\mu|^*) \end{bmatrix} \tag{3-19}$$

式中，S_a、S_b、S_c 为逆变器开关状态。

控制策略：磁滞（砰砰）控制和最优开关切换表。转矩和磁链的直接自控制原理是基于最优开关切换表的磁滞控制。在该系统中，磁通和转矩的瞬时值由定子电压和电流计算。通过选择最佳的逆变器开关模式，可以直接独立地控制磁通和转矩。这种选择使磁链和转矩的误差限制在磁滞带内，在低逆变器功率下获得快速的转矩响应。

4. 加速度控制

利用加速度控制知识和人工比较策略，可消除经典矢量控制器因积分和机械参数影响而产生的累积误差。

反馈信号：
$$F=\begin{bmatrix} a \\ \theta(i_s) \end{bmatrix}=q(x) \tag{3-20}$$

式中，$x=\begin{bmatrix} \omega_0 \\ i_{ds} \\ i_{qs} \end{bmatrix}$

控制函数：
$$u=\begin{bmatrix} S_a(\theta(i_s),a^*,a) \\ S_b(\theta(i_s),a^*,a) \\ S_c(\theta(i_s),a^*,a) \end{bmatrix} \tag{3-21}$$

式中，S_a、S_b、S_c 为逆变器开关状态；a 为转子加速；a^* 为加速命令。

控制策略：磁通角推理、加速度比较、专家系统原理。在加速度控制方案中，由定子电流角和加速度状态推断得到磁通角的近似值。通过比较不同电压矢量相对于定子电流角产生的两种加速度来确定逆变器的开关模式。将加速度和定子电流角作为反馈信号。

3.3.8.3　智能控制算法

近十几年来，随着智能控制方法和技术的发展，智能控制迅速走向各种专业领域，应用于各类复杂被控对象的控制问题，如工业过程控制系统、机器人系统、现代生产制造系统、交通控制系统等。针对不同领域有不同的定义，一般认为智能控制是由智能机器自主地实现其目标的过程。智能机器是在结构化或非结构化的环境中，自主地或与人交互地执行规定的任务的一种机器。能实现控制系统智能化的方式，就是智能控制，自适应控制是智能控制的低级体现。基于人工智能的控制系统通常称为智能控制系统。

智能控制的相关技术与控制方式结合可构成功能各异的智能控制系统和智能控制器。一个好的智能控制器本身应具有多模式、变结构、变参数等特点，可根据被控动态过程特征识别、学习并组织自身的控制模式，改变控制器结构和调整参数。目前，在制造系统中，智能控制的具体应用主要包括生产过程中的智能控制和先进制造系统中的智能控制。

最近几年，感应电动机驱动器控制引入了人工智能技术，使用知识表示或决策来进行系统控制与开发，变换器技术开发广泛使用 MATLAB/Simulink 和 Code Composer Studio 集成开发环境和开发工具，目标是感应电动机驱动器的数字化，将专家系统、模糊逻辑、神经网络和遗传算法等智能技术应用在感应电动机驱动系统中的研究已在一些文献中提出。

MATLAB 是 matrix 和 laboratory 两个词的组合，意为矩阵工厂（矩阵实验室），它将数值分析、矩阵计算、科学数据可视化及非线性动态系统的建模和仿真等功能集成在一个视窗环境中，广泛应用于科学计算、可视化及交互式程序设计。

MATLAB/Simulink（可视化仿真工具）集成了各种模块集和工具箱。用户可以直接使用工具箱学习、应用和评估不同的方法，而不需要自己编写代码。涉及领域有，数据采集、数据库接口、优化算法、神经网络、信号处理、系统辨识、控制系统设计、鲁棒控制、模型预测、模糊逻辑、非线性控制设计、嵌入式系统开发、DSP 与通信等，常用工具箱（Toolbox）有主工具箱、控制系统工具箱、通信工具箱、系统辨识工具箱、模糊逻辑工具箱、模型预测控制工具箱、神经网络工具箱、鲁棒控制工具箱、动态仿真工具箱（Simulink 可视化仿真工具）、DSP 处理工具箱等。

感应电动机智能控制器的研究与开发中应用较多的有模糊逻辑、神经网络、专家系统、遗传算法等理论，以及自适应控制、自组织控制和自学习控制等技术。专家系统是利用专家知识对专门的问题进行描述的控制系统。模糊逻辑用模糊语言描述系统，适用于任意复杂的对象控制，既可以描述应用系统的定量模型，也可以描述其定性模型。遗传算法作为一种非确定的拟自然随机优化工具，具有并行计算、快速寻找全局最优解等特点，它可以与其他技术混合使用，用于最优控制。神经网络是利用神经元按一定的拓扑结构进行学习和调整的自适应控制方法。

1. 模糊控制算法

模糊逻辑技术的主要特点是利用模糊规则集和人类知识的语言表示来描述被控对象或构造模糊控制器。基于模糊逻辑或模糊推理系统的控制算法，称为模糊控制。一个模糊变量的值可以用自然语言来表示。例如，电动机定子绕组的温度是一个模糊变量，它可由定性的语言变量冷、温、热来定义，其中每一个语言变量可以用一个隶属函数（MF）来表示。这些语言变量被定义为模糊集或模糊子集。尽管可用 FOC 解决交流电动机的动态 d-q 模型问题，但要实现精确控制几乎是不可能的，因为系统中存在大量的不确定的参数变化问题。为了解决这类不确定问题，可用模糊控制技术进行优化，模糊控制对参数变化的线性或非线性对象有着很强的鲁棒性。图 3-27 是矢量控制系统中的模糊控制器示例。

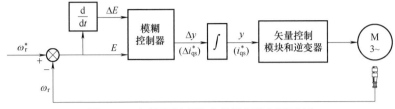

图 3-27　矢量控制系统中的模糊控制器示例

设矢量控制系统中的模糊控制器模块根据速度误差信号更新输出 Δy，以实际速度 ω_r，跟踪给定速度 ω_r^*。模糊控制器有两个输入信号，即误差 $E=\omega_r^*-\omega_r$ 和误差的变化量 ΔE，其中，ΔE 与误差的导数 dE/dt 有关。$dE/dt = \dfrac{\Delta E}{\Delta t} = \dfrac{\Delta E}{T_s}$，$\Delta E$ 是采样周期 T_s 内的变化量，如果 T_s 为常量，则 ΔE 与 dE/dt 成正比。在矢量控制系统中，控制器输出量 y 是转矩电流增量 Δi_{qs}^*，它的和或积分产生实际的控制信号 y 或转矩电流给定量 i_{qs}^*。根据这类系统的实际工作原理，模糊逻辑控制规则可被描述为：如果 E 近似为零（ZE）且 ΔE 为正小（PS），那么控制器输出 Δy 为负小（NS），其中，E 和 ΔE 为输入模糊变量；Δy 为输出模糊变量；ZE、PS 和 NS 是相应的模糊集。模糊控制算法由数据库的模糊化、基于规则库的模糊逻辑推理和解模糊化三部分组成。模糊化操作实现了将清晰的输入值转换为模糊集的过程。模糊集由各元素组成，每个元素都有一定的隶属度，并与语言值相关联。去模糊化操作是确定一个最佳数值来表示给定模糊集的过程。

模糊控制器输入：
$$F_{in}=\begin{bmatrix} R \\ E \\ \Delta E \end{bmatrix} \tag{3-22}$$

式中，R 为反馈信号；E 为误差信号；ΔE 为误差信号中的变化量。

模糊化：
$$\begin{bmatrix} F_{T(x)} \\ \mu_{in} \end{bmatrix}=f\left(F_{in} \right) \tag{3-23}$$

式中，$F_{T(x)}$ 为输入模糊语言值；μ_{in} 为输入的模糊隶属度。

模糊逻辑推理：
$$\begin{bmatrix} \mu \\ \mu_{out} \end{bmatrix}=K\left(\begin{bmatrix} F_{T(x)} \\ \mu_{in} \end{bmatrix} \right) \tag{3-24}$$

式中，μ 为输出模糊语言值的精确值；μ_{out} 为输出的模糊隶属度。

解模糊化，
$$y=g\left(\begin{bmatrix} \mu \\ \mu_{out} \end{bmatrix} \right) \tag{3-25}$$

式中，y 为控制器输出的精确值。

2. 神经网络控制算法

人工神经网络（Artificial Neural Network，ANN），简称神经网络，它是模仿人类思考过程的一类人工智能。与模糊逻辑相比，神经网络是人工智能模拟人类思维的最普遍形式。一个ANN就是通过电子电路或计算机程序等方法去模拟人脑的生物神经系统。模式识别或输入/输出映射是神经计算的核心。ANN像人脑一样可以记忆和学习，通过一组输入和输出数据样本，网络可以被"训练"（不是编程），产生相应的输出期望值。这就像学字母表，需要不断地重复字母的写法和读音（大脑神经网络被训练），之后一看到该字母就能辨认出来，这实质上就是有监督学习过程的模式识别。现在，ANN 技术已被应用于感应电动机驱动系统的参数辨识和状态估计。神经网络具有并行计算的优点，可以减少由于复杂计算而引起的控制器时滞。一个神经网络模型在数学上由一个径向基函数 $[w, b]$（网络函数）和一个激发函数 $f[\cdot]$（神经元函数）表示。这些函数的选择往往取决于神经网络的应用。通过训练程序，利用神经网络逼近感应电动机的控制函数。

$$输入和输出：\qquad \begin{bmatrix} x \\ z \end{bmatrix} = \begin{bmatrix} g(t) \\ IM(x) \end{bmatrix} \qquad (3\text{-}26)$$

式中，x 为输入数据样本；z 为输出期望值；$g(t)$ 为输入样本的生成函数；IM 表示设备输出。

$$训练：\qquad \begin{bmatrix} w \\ b \end{bmatrix} = R_e \left\{ f\left(\begin{bmatrix} x \\ z \end{bmatrix} \right) \right\} \qquad (3\text{-}27)$$

式中，w 为网络的权值；b 为网络的偏差；f 为激活函数；R_e 为训练算法。

$$实现：\qquad z'=f(wx'+b) \qquad (3\text{-}28)$$

式中，z' 为神经网络的输出；x' 为实际输入。

3. 专家系统控制算法

专家系统（Expert System，ES）称为经典的人工智能（AI），是人工智能技术的先驱，专家系统被认为是在不具有严格的数学描述知识的情况下解决控制问题的一种强有力的方法，特别是在处理定性知识和用符号操作进行推理的复杂系统中。专家系统已被用于交流驱动产品的选择、监控和诊断、驱动系统的设计和仿真。专家系统程序的基本单元包括知识库、推理机和用户界面。

知识库中专业知识的表示是专家系统的核心，因此专家系统也称为知识库系统。推理机是用户界面与知识库之间的接口，它通过测试知识库得到推断或结论。用户界面是用户用自然语言（如英语）与计算机交流的窗口。通常专家系统查找参数，并将它们用于规则库中规则的执行，而这些参数的值是由用户通过用户界面提供的。信息可以通过菜单提交，也可直接输入。如在交流传动应用，专家系统提供的问题和相应的输入如下：

传感器是做什么用的？　　"测量"
测量范围是多少？　　　　"4~20mA"
供电电压是多少？　　　　"5V"
需要溢出报警吗？　　　　"需要"

根据用户对这些问题的回答，专家系统搜索知识库并触发相应的规则，最后解决方案就显示在显示器上。

基于控制专家以编码形式获取的知识，通过在线推理机导出控制函数。类似人的知识推理系统可用于处理复杂的感应电动机驱动系统或参数不确定的系统。

$$知识采集：\qquad K_b=f(E_x) \qquad (3\text{-}29)$$

式中，K_b 为知识库；E_x 为专家知识；f 为知识获取过程。

$$输入输出接口：\qquad x'=g(x),\ x=h(z') \qquad (3\text{-}30)$$

式中，x 为电信号；x' 和 z' 表示数字代码和语言代码；$g(\cdot)$ 表示实现电信号编码；$h(\cdot)$ 表示实现数字和语言解码。

推理机：
$$z'=I_{nf}\left(\begin{bmatrix} k_b \\ x' \end{bmatrix}\right)$$
(3-31)

式中，I_{nf} 表示推理过程。

用户界面：
$$L=e(E_{xec})$$
(3-32)
$$K'_b=f'(U_{ser}, K_b)$$
(3-33)

式中，E_{xec} 为执行规则；L 为自然语言；U_{ser} 为用户；$e(\cdot)$ 为解释函数；f' 为知识库的修改过程。

4. 控制中的遗传算法

遗传算法（Genetic Algorithm，GA）是一种通过模拟自然进化过程搜索最优解的方法。在求解较为复杂的组合优化问题时，相对一些常规的优化算法，通常能够较快地获得较好的优化结果。函数优化是遗传算法的经典应用领域，对于一些非线性、多模型、多目标的函数优化问题，用遗传算法可以方便地得到较好的结果。遗传算法由编码（二进制编码、格雷码、浮点数编码、符号编码、多参数编码等）、适应度函数、遗传算子（选择、交叉、变异）及运行参数组成。最常用的表示形式是二进制编码。

遗传算法已被人们广泛地应用于组合优化、机器学习、信号处理和自适应控制等领域，如用于感应电动机驱动控制器的参数优化。采用这种算法的驱动控制器一般也采用卡尔曼滤波器估计转子速度，称为遗传算法-卡尔曼滤波（GA-EKF）驱动控制器。

输入和输出：
$$\begin{bmatrix} x \\ z \end{bmatrix}=\begin{bmatrix} g(t) \\ IM(x) \end{bmatrix}$$
(3-34)

式中，x 为输入样本；z 为输出；$g(t)$ 为输入样本的生成函数；IM 为设备输出。

编码参数：
$$S=M(P)$$
(3-35)

式中，P 为控制器参数；M 为编码方法；S 为遗传字符串。

适应性评价适应度：
$$S_{n+1}=R(S_n)$$
(3-36)

式中，S_{n+1} 为新的再现算法；R 为具有适应性评价的再现算法。

交叉和变异：
$$S_{n+2}=CM(S_{n+1})$$
(3-37)

式中，CM 为交叉变异方法。

解码参数：
$$P_L=N(S_L)$$
(3-38)

式中，N 为解码方法；S_L 为最优字符串；P_L 为最优控制器参数。

3.3.8.4 速度估计算法

感应电动机驱动控制器（如通用变频器）中，所有无速度传感器算法都依赖于感应电动机的数学模型，控制算法策略是最核心的技术之一，也是上述各种算法中必须解决的问题，在各种算法策略中，都是要估计电动机的速度并将其作为闭环速度控制的反馈信号，这些算法大体可归纳为以下几类。

1. 开环转差补偿算法

转子转速由负载估计的同步转速和转差转速之和得到。该算法仅适用于稳态情况。

模型：感应电动机的稳态转矩-转速关系。

速度估计函数：
$$\omega_0=\omega+\omega_r(T_L)$$
(3-39)

2. 转差频率的算法

转差率的计算是基于感应电动机的稳态模型。

模型：感应电动机的稳态 T 型等效电路。

速度估计函数：$\qquad \omega_0=(\ \omega,\ i_s^s,\ V_s^s\ )$ （3-40）

$$\omega_0=f(\ V_{ds}^s,\ V_{qs}^s,\ i_{ds}^s,\ i_{qs}^s,\ \psi_{dr}^s,\ \psi_{qr}^s\ ) \qquad (3\text{-}41)$$

3. 使用状态方程的速度估计算法

由感应电动机的 T 型等效电路的状态方程可以计算出转子转速。

模型：基于感应电动机的 T 型等效电路的状态方程。

速度估计函数：$\qquad \omega_0=f(\ V_{ds}^s,\ V_{qs}^s,\ i_{ds}^s,\ i_{qs}^s,\ \psi_{dr}^s,\ \psi_{qr}^s\ )$ （3-42）

4. 磁通估计和磁通矢量控制算法

通过估计感应电动机的同步转速和转差转速得到转子转速。用定子磁链转速代替同步转速，根据感应电动机的参数估计转差转速。

模型：基于感应电动机的 Γ 型等效电路的状态方程。

速度估计函数：$\qquad \omega_0=f(\ V_{ds}^s,\ V_{qs}^s,\ i_{ds}^s,\ i_{qs}^s,\ \psi_{d\mu}^s,\ \psi_{q\mu}^s\ )$ （3-43）

5. 观测算法

分别用感应电动机的电压模型和电流模型计算磁通。速度是根据两个磁通之间的差值来估计的。

模型：感应电动机的电压模型和电流模型。

速度估计函数：$\qquad \omega_0=f(\ V_{ds},\ V_{qs},\ i_{ds},\ i_{qs},\ \psi_{dr},\ \psi_{qr},\ k_P,\ k_I\ )$ （3-44）

式中，k_P 和 k_I 是适应机制增益。

6. 模型参考自适应控制算法

对感应电动机参考模型的估计器和可调模型的估计器进行比较，利用两个估计器输出之间的误差量，推导出一个合适的自适应机制，产生估计的转子转速，以修正可调模型。

模型：感应电动机的参考模型和可调模型。

速度估计函数：$\qquad \omega_0=f(\ \varepsilon_\alpha,\ \varepsilon_\beta,\ \tilde{\varepsilon}_\alpha,\ \tilde{\varepsilon}_\beta,\ k_P,\ k_I\ )$ （3-45）

式中，k_P 和 k_I 为适应机制增益；ε_α 和 ε_β 为感应电动机参考模型的输出；$\tilde{\varepsilon}_\alpha$ 和 $\tilde{\varepsilon}_\beta$ 为可调模型的输出，输出可以是磁通、反电动势、无功功率等。

7. 扩展卡尔曼滤波估计算法

卡尔曼滤波算法是基于感应电动机的完整电气模型来确定系统状态的。转速可以根据测量的电压和电流来确定。利用状态方程和扩展卡尔曼滤波器估计转子速度（扩展状态）。

模型：具有扩展状态的感应电动机的完整电气模型、转子转速。

速度估计函数：$\qquad \omega_0=f(\ V_{ds}^s,\ V_{qs}^s,\ i_{ds}^s,\ i_{qs}^s,\ \omega_0\ )$ （3-46）

8. 神经网络算法

由于分布式网络智能，神经网络具有极快的并行计算和容错特性，是感应电动机速度估计的理想方法。

模型：神经网络。

速度估计函数：$\qquad \omega_0=f(\ i_{ds},\ i_{qs},\ \psi_{ds},\ \psi_{qs}\ )$ （3-47）

3.4　通用变频器

本书定义：通用变频器是适应于不同设计类型的 50/60Hz 单速三相笼型感应电动机、永磁同步电动机和同步磁阻电动机等的 BDM，可对电动机的频率、电压、转速、转矩或电流等进行控制的调速变频器（Variable-Speed Driver，VSD），本书非特指情况下，简称变频器。

3.4.1　通用变频器的类型

通用变频器有标量控制、矢量控制（无传感器或反馈控制）和直接转矩控制三种类型的产品。一般地，矢量控制和直接转矩控制方式通用变频器产品均具有标量控制方式可供选择。每种类型的产品都具有不同的特性，根据其性能、控制方式和用途的不同，厂商将其分为通用型（微型、壁挂型）、专用型、柜机型和工程型等。通用型是基本类型，可用于各种场合；专用型又分为风机、水泵、空调专用型、注塑机专用型、纺织机械专用型等。柜机型和工程型一般是 90kW 以上的大型机型，需要根据用途选用组件组装或定制。

1. 风机、水泵、空调专用型通用变频器

风机、水泵、空调专用型通用变频器是一种以节能为主要目的的通用变频器，多采用标量控制方式，主要在转矩控制性能方面是按降转矩负载特性设计，几乎所有通用变频器生产厂商均生产这种机型。其中，除具备通用功能外，不同品牌、不同机型中还增加了一些新功能，如内置 PID 调节器功能、多台电动机循环起停功能、防水锤效应功能、管路泄漏检测功能、管路阻塞检测功能、压力给定与反馈功能、惯量反馈功能、低频预警功能及节电模式选择功能等，应用时可根据实际需要选择。

除风机、水泵、空调专用型通用变频器外，专用型变频器基本上采用矢量控制和直接转矩控制方式，主要应用于对动态性能要求较高的专用机械或系统。例如，机床主轴传动专用的高性能变频器、电梯专用变频器、中频专用变频器、伺服控制专用变频器、抽油机专用变频器、塑料机械专用变频器等。

通用变频器的最高输出频率为 400Hz，超过 400Hz 就属于目前所称的高频变频器，最高输出频率为 3000Hz，现在的高频变频器控制电动机的最高转速可以达到 18000r/min 以上。高频变频器主要用于高速电动机传动的场合，通常采用脉冲幅度调制（Pulse Amplitude Modulation，PAM）控制方式，一般应用在超精密加工机械、纺织机械和高性能专用机械领域。PAM 控制变频器在整流器部分对输出电压（电流）的幅值进行控制，而在逆变器部分对输出频率进行控制，逆变器换流器件的开关频率即为变频器的输出频率，所以是一种同步调制方式。

上述用途的变频器根据功率大小和应用场合可选择微型（外形类似接触器，可安装在导轨上）、壁挂型和柜机型。

2. 矢量控制和直接转矩控制型通用变频器

矢量控制和直接转矩控制型通用变频器属于动态性能高的变频器，从应用方面看，两者无太大区别，其中重要的一个功能特性是零速时的起动转矩和过载能力，通常起动转矩在 150%~200% 范围内，甚至更高，过载能力可达 160% 以上，一般持续时间为 60s。这类通用变频器的特征是具有较硬的机械特性和动态性能，即通常说的挖土机性能。在使用这类通用变频器时，可以根据负载特性选择需要的功能，并对参数进行设定，也可以根据系统的需要选择一些选件来满足系统的特殊需要，高动态性能通用变频器广泛应用于各类生产机械，如机床、塑料机械、生产线、传送带、电梯、升降机械等对调速系统性能和功能有较高要求的场合。

3. 中、高压变频器

通常所称的高压变频器，国外称为中压变频器，是相对于输电网的电压等级而言，对应的负载额定电压为 690V~13.8kV，在这个电压范围内，我国的电压等级为 1500V、3kV、6kV、

10kV，国外认为这个电压范围为中压，故习惯称为中压电动机和中压变频器。我国标准中没有中压输电网，而将这个电压范围的电动机称为高压电动机，相应的变频器也通常称为高压变频器。这类变频器通常采用 GTO PWM 控制方式，输出频率可以达到 120Hz，在风机、水泵、矿山机械、电力设备等领域中广泛应用。

4. 单相变频器

单相变频器主要用于输入为单相交流电源的三相交流电动机的场合。所谓的单相通用变频器是单相进、三相出，是单相交流 220V 输入，三相交流 200~230V 输出，与三相通用变频器的工作原理相同，但电路结构不同，即单相交流电源→整流滤波变换成直流电源→经逆变器再变换为三相交流调压调频电源→传动三相笼型异步电动机。选用时要特别注意，单相变频器不是用于单相电动机，而是用于单相电源上的三相电动机。

单相变频器采用 IPM 结构，将整流电路、逆变电路、逻辑控制、传动和保护或电源回路等集成在一个模块内，使整机的元件数量和体积大幅度减少，微型单相变频器可安装在导轨上，可使整机的智能化水平和可靠性进一步提高。

3.4.2　通用变频器的内部结构原理

通用变频器的基本结构由主电路、内部控制电路板、外部接口及显示操作面板组成，软件丰富，各种功能主要由软件来完成。通用变频器的内部结构原理如图 3-28 所示。图 3-29 所示是通用变频器裸机结构示意图。

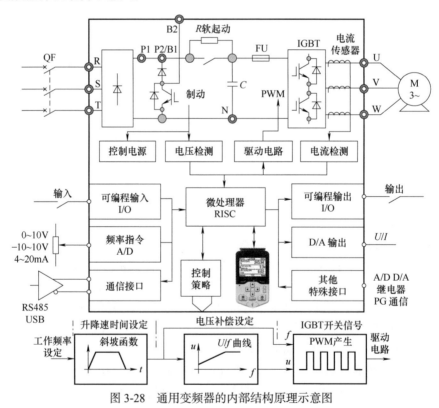

图 3-28　通用变频器的内部结构原理示意图

由图 3-28 可见，通用变频器主要由主电路［包括整流单元（整流器）、中间直流单元（大容量电解电容器）、逆变器］和控制器组成。

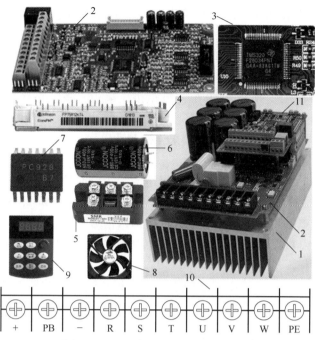

图 3-29　通用变频器裸机结构示意图

1—散热器　2—主控制板　3—DSP 控制芯片　4—IGBT 模块　5—整流器模块
6—电解电容器　7—光耦　8—散热风扇　9—操作面板
10—输入 / 输出接线端子　11—控制端子板

1）整流器，电网侧的变流器是整流单元，作用是把三相交流整流成直流，有可控整流桥模块和不可控整流桥模块两种，通用变频器大多采用不可控整流桥模块，回馈型通用变频器采用可控整流桥模块，见图 3-29 中的 5，其位置在主控制板 2 的下面，散热器 1 的上面。

2）逆变器，负载侧的变流器是具有六个 IGBT 组成的三相桥式逆变电路模块或 IPM。通过光耦信号有规律地控制模块中 IGBT 的通与断，以得到任意频率的三相交流输出，见图 3-29 中的 4，其位置在主控制板 2 的下面，散热器 1 的上面。

3）中间直流单元，通用变频器的中间直流单元主要是一组大容量电解电容器。由于逆变器的负载为异步电动机，属于感性负载，无论电动机处于电动或发电制动状态，其功率因数总不会为 1。因此，在中间直流单元和电动机之间总会有无功功率的交换，这种无功能量要靠中间直流单元的储能元件（电容器或电抗器）来缓冲，所以，常称中间直流单元为中间直流储能单元，见图 3-29 中的 6。

4）控制器，控制器是通用变频器的心脏，它包括主控制板（见图 3-29 中的 2）、信号检测板、控制信号的 I/O 电路、传动电路和保护电路等。其主要作用是完成对逆变器的开关控制、对整流器输出电压控制、通过外部接口电路输入和输出控制信息等。外部接口有模拟量和数字量 I/O 接口、通信接口等。通用变频器目前已经采用大规模微处理器进行全数字控制，主要控制功能由软件完成。

3.4.3　通用变频器的外部接口电路

随着通用变频器的发展，其外部接口电路的功能也越来越丰富。外部接口电路的主要作用是对通用变频器进行各种操作，并和其他装置一起构成高性能自动控制系统。通用变频器的外部接口电路通常包括逻辑控制指令输入电路、频率指令 I/O 电路、过程参数监测 I/O 电路、数字量 I/O 电路、可编程（多功能）I/O 电路等。不同厂商、不同型号的产品，外部接口各不相同，端口符号和定义也不尽相同，使用时需要参考产品说明书正确使用。

3.4.3.1 主电路接线端子

由图 3-29 可见，通用变频器有 10 个主电路接线端子。主电路接线端子中，R、S、T 是电源输入端子，接电网三相交流电；U、V、W 是交流输出端子，接电动机；PB 和（+）之间用来连接直流制动电阻；（+）、（-）之间用来连接制动单元。

3.4.3.2 模拟量 I/O 端子

模拟量输入端用于从外部输入模拟量设定速度给定值时使用。频率设定电位器用于就地手动调节速度。当需要从外部输入模拟量（0~5V、0~10V、0~20mA、4~20mA 等）设定速度给定值时，可构成简单的闭环控制系统。模拟量输入信号主要包括过程参数，如温度压力等指令及其参数的设置、直流制动的电流指令和过电流检测值。模拟量输出信号主要包括输出电流、电压和输出频率。

模拟量输出和数字频率计输出端子用于需要在远离变频器的地方显示运行状态时使用，可以从相应端子处引出接线至监视仪表。

3.4.3.3 数字量 I/O 端子

数字量 I/O 端子的输入电路与 PLC 的输入电路类似，接通有效，有些端子的定义是固定的，不能改变。有些端子是可编程的，可自定义其功能。

继电器输出端子在变频器运行时转换状态，如果有些设备或电路需要在变频器运行后才能动作，则可使用该端子控制。报警继电器输出端子在变频器故障时动作，对外可控制需要故障时动作的保护电路或显示。

有的变频器还有 I/O 扩展模块，可使用选配的模拟和数字 I/O 扩展模块来扩展功能。这些模块可安装在变频器的扩展槽上。

3.4.3.4 数字操作面板

数字操作面板是一个具有 LCD 显示及操作键的人机界面，用于对系统进行各种参数编程、监视和运行操作，监视变频器的运行状态，显示故障内容及发生原因等，数字操作面板主要包括以下功能。

1. 运行操作

通用变频器的运行操作包括运行/停止、正转/反转、点动、输出频率的设定等内容，这些操作可以根据外部给定信号通过通用变频器的数字操作面板进行设定。

2. 内部参数设定

通用变频器内部软件功能丰富，可以通过数字操作面板来设定各种参数和选择各种所需要的功能。虽然通用变频器因品牌不同其内部参数的定义各不相同，但一般来说，内部参数可以分为两大类：与运行环境和功能有关的参数和与通用变频器工作方式有关的参数。这些参数包括电动机参数输入、控制模式设定、速度给定、加/减速曲线设定、加/减速时间设定、防失速功能、PWM 载频频率、转矩提升等功能的数值设定，以及其他控制参数的设定等。

3. 运行状态监测

在通用变频器产品说明书中通常说明可提供的操作显示面板的类型及是否有可选件的操作显示面板，如远程操作面板、高级操作员操作显示面板等。操作面板可以显示出频率指令值和实际的输出频率、输出电压指令值和实际的输出电压及输出电流等各种反映通用变频器状态的量。运行过程中可以显示的参数，如输出频率（Hz）、输出电流（A）、输出电压（V）、设定频率（Hz）、线速度（m/min）、PID 设定值、PID 反馈值、通信参数等。

4. 查看记录和显示故障内容

当通用变频器的保护功能动作后，可以通过操作面板显示故障内容、查看其发生原因，以便根据这些信息排除故障等。

5. 自定义编程

有的变频器具有助手型控制盘，内有嵌入式的助手程序和典型的应用程序，无需编程，可进行自定义编程。查看控制盘的可编辑主页视图即可监视过程。主页视图可显示变频器的运行状态。所谓自定义编程就是将一些公共程序块按变频器使用的目的，以一定的逻辑关系连接而成的运行程序。

传统方式是用户通过控制面板设置参数来控制变频器的运行，每种参数都有自己一组固定的选项或取值范围。这样虽然简单，容易操作，但选项或取值范围比较繁杂，用户不能根据需要设定自己的参数，而自定义编程就可根据需要编制和设定自己的参数。

自定义编程的程序由功能块组成，一个程序可以由几个独立的功能块组成，操作面板就是编程工具，可以用框图模板来编制程序，在现场就可以完成程序编写和调试，也可以通过PC 工具软件实现自定义编程，编程的过程类似于以往的参数设定操作，所以，自定义编程与传统的参数编程相比，具有更好的适应性，编出的程序更能符合现场需要。

公共程序块是事先编制好的基本功能块，且已存储在变频器软件中，它包括一些基本的逻辑运算功能块、函数运算功能块、参数设定和传递功能块等。用户可任意调用功能块并进行编程，可自由定义程序块的输入、程序块与 I/O 接口或控制器的连接方式，因此可以创建出新的 I/O 信号传递通道，或修改变频器的转速和转矩的给定关系。

编程时通过一个块参数集将一个功能块连接到其他功能块上，使用该块参数集不仅可以从应用程序中读取数值，也可以给应用程序传输数据，自定义编程的输出值通过一个连接参数和一个源选择参数传送到变频器的应用程序中。

6. 蓝牙控制盘

有的变频器可选配蓝牙控制盘，使用手机 APP 进行连接。使用手机操作即可进行变频器调试、故障排除、监视和控制，还可以访问变频器全部参数。

3.4.3.5　通用变频器的通信接口

通用变频器具有 RS232/RS485 的通信接口，主要作用是与计算机、PLC 及其他可通信设备进行通信，并按照计算机或 PLC 的指令完成所需的动作。另外还有与编程设备连接的专用通信口。通过可选的总线适配器，能够连接现场总线及主要的工业自动化网络。如以太网 /IP、PROFIBUS-DP、Modbus TCP、Modbus RTU、PROFINET IO、ControlNet、DeviceNet、CANopen 等，通过内置的网络服务器和数据记录器，能够远程访问变频器。

3.4.4　通用变频器的外部接口应用示例

以下以 ABB 变频器为例，说明变频器的外部信号接口及应用。ABB 变频器有多种应用宏（预定义的应用程序），每个应用宏都有单独的参数设定。如标准（矢量）宏、3 线宏、交变宏、电动电位器宏、手动 / 自动宏、手动 /PID 宏、PID 控制宏、（泵和风机应用）PFC 宏等。不同的应用宏对 I/O 接口和信号处理都做了默认配置，需要时可方便地调出使用。

ABB 应用宏是适用于特定控制配置的一组默认参数值。在起动变频器时，通常先选择最适合的应用宏作为起点，然后再进行必要的改动，将其保存为用户参数集。这样，与传统的变频器编程方式相比，需要编辑的参数数量少。

ABB 变频器的所有宏的参数均为标量控制。应用宏可在"初始设置"菜单中选择：菜单—初始设置—宏或使用参数 96.04 宏选择。如果要使用矢量控制，将电动机控制模式变更为矢量控制：菜单—初始设置—电动机—控制模式，然后按说明进一步操作。

ABB 标准宏是默认宏，标准宏是标量控制方式。标准（矢量）宏是矢量控制，否则，它与标准宏一样，要启用宏，需在初始设置菜单中选择所需的应用宏，如设置参数 96.04 宏选择为 ABB 标准（矢量）。

标准（矢量）宏具有通用和二线 I/O 配置，带三种恒速。一个信号用于起动或停止电动机，另一个信号用于选择方向。

图 3-30 所示是 ABB ACS580 系列变频器的外部控制端子的布局。图 3-31 所示是 ABB ACS580 系列变频器的标准（矢量）宏的外部端口示意图。

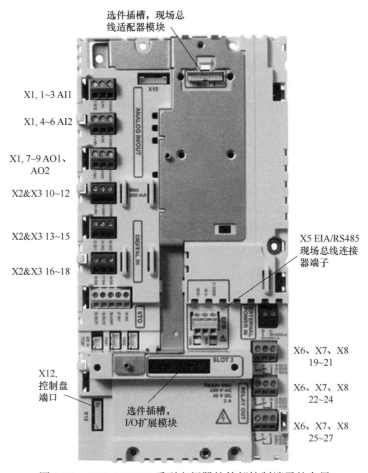

图 3-30　ABB ACS580 系列变频器的外部控制端子的布局

由图 3-31 可见，X1 端子板是给定值和模拟量 I/O 接口。X2 & X3 端子板是输出和可编程数字输入接口。X6、X7、X8 端子板是继电器输出接口。X5 端子板是内置总线通信控制接口。在变频器内部的具体位置见图 3-30。

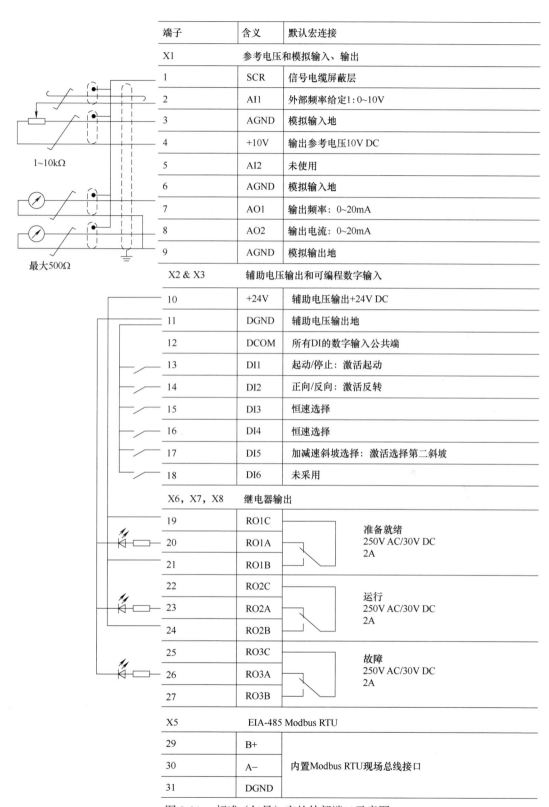

端子	含义	默认宏连接
X1	参考电压和模拟输入、输出	
1	SCR	信号电缆屏蔽层
2	AI1	外部频率给定1：0~10V
3	AGND	模拟输入地
4	+10V	输出参考电压10V DC
5	AI2	未使用
6	AGND	模拟输入地
7	AO1	输出频率：0~20mA
8	AO2	输出电流：0~20mA
9	AGND	模拟输出地
X2 & X3	辅助电压输出和可编程数字输入	
10	+24V	辅助电压输出+24V DC
11	DGND	辅助电压输出地
12	DCOM	所有DI的数字输入公共端
13	DI1	起动/停止：激活起动
14	DI2	正向/反向：激活反转
15	DI3	恒速选择
16	DI4	恒速选择
17	DI5	加减速斜坡选择：激活选择第二斜坡
18	DI6	未采用
X6，X7，X8	继电器输出	
19	RO1C	准备就绪 250V AC/30V DC 2A
20	RO1A	
21	RO1B	
22	RO2C	运行 250V AC/30V DC 2A
23	RO2A	
24	RO2B	
25	RO3C	故障 250V AC/30V DC 2A
26	RO3A	
27	RO3B	
X5	EIA-485 Modbus RTU	
29	B+	内置Modbus RTU现场总线接口
30	A−	
31	DGND	

1~10kΩ

最大500Ω

图 3-31　标准（矢量）宏的外部端口示意图

表 3-3 是 ABB ACS580 系列通用变频器的参数组，参数组完整表达了变频器的功能及含义，对于一台具体的通用变频器，可根据参数组查找对应的功能名称和功能代码。根据应用需要进行相应的设置。

表 3-3 ABB ACS580 系列通用变频器的参数组

参 数 组	内 容
01 实际值	变频器监测用基本信号
03 输入给定值	接收自各信号源的给定值
04 警告和故障信息	最后发生的警告和故障信息
05 诊断	变频器维护相关的各运行时类型计数器和测量值
06 控制字和状态字	变频器控制字和状态字
07 系统信息	变频器硬件和固件（固化的程序）信息
10 标准 DI、RO	数字输入和继电器输出的配置
11 标准 DIO、FI、FO	频率输入的配置
12 标准 AI	标准模拟输入配置
13 标准 AO	标准模拟输出配置
15 I/O 扩展模块	安装在插槽 2 中的 I/O 扩展模块的配置
19 运行模式	外部控制位置源和运行模式选择
20 起动 / 停止 / 方向	起动 / 停止 / 方向和运行、起动 / 点动允许信号源选择；正 / 负给定值允许信号源选择
21 起动 / 停止模式	起动和停车模式；急停模式和信号源选择；直流励磁设置
22 速度给定选择	速度给定选择；电动电位器设置
23 速度给定斜坡	速度给定斜坡设置（为变频器的加速率和减速率编程）
24 速度给定调节	速度误差计算；速度误差窗口控制配置；速度误差步阶
25 速度控制	速度控制器设置
26 转矩给定值链	转矩给定值链设置
28 频率给定控制链	频率给定控制链设置
30 限值	变频器操作限制
31 故障功能	配置外部事件；选择故障情况下变频器的行为
32 监控	信号监测功能 1~6 配置
34 定时功能	定时功能的配置
35 电动机热保护	电动机热保护设置，如温度测量配置、负载曲线定义和电动机风机控制配置
36 负载分析器	峰值和幅度记录器设置
37 用户负载曲线	用户负载曲线的设置
40 第一套过程 PID 参数集	过程 PID 控制参数值

（续）

参　数　组	内　　容
41 第二套过程 PID 参数集	过程 PID 控制的第二组参数值
43 制动斩波器	内部制动斩波器的设置
44 机械抱闸控制	机械制动控制配置
45 能源效率	节能计算器以及峰值和能量记录器设置
46 监控 / 换算设置	速度监测设置；实际信号滤波；一般换算设置
47 数据存储	使用其他参数源和目标设置可以读写的数据存储参数
49 控制盘接口通信	变频器控制盘接口通信设置
50 总线适配器（FBA）	现场总线通信配置
51 现场总线适配器 A 设置	总线适配器 A 配置
52 现场总线适配器 A 数据输入	通过总线适配器 A 从变频器向现场总线控制器转移数据的选择
53 现场总线适配器 A 数据输出	选择通过总线适配器 A 从现场总线控制器向变频器转移的数据
58 内置总线通信	配置内置总线通信（EFB）接口
71 外部 PID1	外部 PID 的配置
76 PFC 配置	PFC（泵和风机控制）和自动切换配置参数
77 PFC 维护和监控	PFC（泵和风机控制）维护和监控参数
95 硬件配置	各种硬件相关的设置
96 系统	语言选择；访问等级；宏选择；参数存储和恢复；控制装置重启；用户参数组；装置选择
97 电动机控制	开关频率；转差补偿；电压储备；磁通制动；抗堵塞（信号注入）；IR 补偿（转矩提升）
98 用户电动机参数	用户输入的用于电动机模型中的电动机值
99 电动机数据	电动机配置设置

3.4.4.1　标准（矢量）宏的输入端子

可编程的模拟量输入控制单元有两个可编程模拟量输入。可以使用参数把每个输入单独设置为电压（0/2~10V）或电流（0/4~20mA）输入。每个输入均可进行滤波、取反和换算。

1）模拟量速度给定值（AI1）是外部频率给定，可在 X1 端子板的 2、3、4 接口上接一个 1~10kΩ 电位器给定 0~10V 速度信号。参数组见表 3-4。

2）起动 / 停止选择（DI1），可在 X2 & X3 端子板 13 接口输入（如接一个按钮）起动 / 停止信号（逻辑 1 或逻辑 0）。

3）方向选择（DI2），可在 X2 & X3 端子板 14 接口输入（如接一个按钮）正转 / 反转信号（逻辑 1 或逻辑 0）。

4）恒速选择（DI3、DI4），可在 X2 & X3 端子板 15、16 接口输入（如接一个按钮）运行（恒速）信号（逻辑 1）。

5）斜坡设置（第 1 个，共 2 个）选择（DI5），可在 X2 & X3 端子板 17 接口输入（如接一个按钮）加 / 减速命令，但要在参数 23.11 中的斜坡设置里选择：0 = 加 / 减速时间 1 激活；1 = 加 / 减速时间 2 激活。

表 3-4　参数组 12（标准 AI）

12 标准 AI，标准模拟输入配置

序　号	名　　称	类型	范　　围	设　备	FbEq32
12.02	AI 强制选择	PB	0000h~FFFFh	---	1 = 1
12.03	AI 监控功能	设置	0~4，0= 无动作，1= 故障，2= 警告，3= 当前速度，4= 安全速度给定	---	1 = 1
12.04	AI 监视选择	PB	0000h~FFFFh	---	1 = 1
12.11	AI1 实际值	实际	0.000~20.000mA 或 0.000~10.000V	mA 或 V	1000 = 1 个单位
12.12	AI1 换算值	实际	–32768.000~32767.000	---	1000 = 1
12.13	AI1 强制数值	实际	0.000~20.000mA 或 0.000~10.000V	mA 或 V	1000 = 1 个单位
12.15	AI1 单位选择	设置	2，10；2=V，10=mA	---	1 = 1
12.16	AI1 滤波时间	实际	0.000~30.000	s	1000 = 1s
12.17	AI1 最小值	实际	0.000~20.000mA 或 0.000~10.000V	mA 或 V	1000 = 1 个单位
12.18	AI1 最大值	实际	0.000~20.000mA 或 0.000~10.000V	mA 或 V	1000 = 1 个单位
12.19	AI1 最小换算值	实际	–32768.000~32767.000	---	1000 = 1
12.20	AI1 最大换算值	实际	–32768.000~32767.000	---	1000 = 1
12.21	AI2 实际值	实际	0.000~20.000mA 或 0.000~10.000V	mA 或 V	1000 = 1 个单位
12.22	AI2 换算值	实际	–32768.000~32767.000	---	1000 = 1
12.23	AI2 强制数值	实际	0.000~20.000mA 或 0.000~10.000V	mA 或 V	1000 = 1 个单位
12.25	AI2 单位选择	设置	2，10；2=V，10=mA	---	1 = 1
12.26	AI2 滤波时间	实际	0.000~30.000	s	1000 = 1s
12.27	AI2 最小值	实际	0.000~20.000mA 或 0.000~10.000V	mA 或 V	1000 = 1 个单位
12.28	AI2 最大值	实际	0.000~20.000mA 或 0.000~10.000V	mA 或 V	1000 = 1 个单位
12.29	AI2 最小换算值	实际	–32768.000~32767.000	---	1000 = 1
12.30	AI2 最大换算值	实际	–32768.000~32767.000	---	1000 = 1
12.101	AI1 百分比值	实际	0.00~100.00	%	100 = 1%
12.102	AI2 百分比值	实际	0.00~100.00	%	100 = 1%

注：1. PB 表示布尔值（位列表）。

　　2. 符号（---）表示参数在 16/32 位格式中无法访问或无。

　　3. FbEq32（16）是 16/32 位的现场总线换算值。

3.4.4.2　标准（矢量）宏的输出端子

可编程的模拟量输出控制单元具有两个电流模拟量输出（0~20mA）。可以使用参数把模拟量输出端口 AO1 设置为电压（0/2~10V）或电流（0/4~20mA）。模拟量输出 AO2 始终使用电流（0/4~20mA）。每个输出均可进行滤波、反转和换算。参数组见表 3-5。

表 3-5 参数组 13（标准 AO）

13 标准 AO，标准模拟输出配置

序 号	名 称	类 型	范 围	设 备	FbEq32
13.02	AO 强制选择	PB	0000h~FFFFh	---	1 = 1
13.11	AO1 实际值	实际	0.000~22.000mA 或 0.000~11000V	mA 或 V	1000 = 1mA
13.12	AO1 信号源	模拟源	---	---	1 = 1
13.13	AO1 强制数值	实际	0.000~22.000mA 或 0.000~11000V	mA 或 V	1000 = 1mA
13.15	AO1 单位选择	设置	2，10；2=V，10=mA	---	1 = 1
13.16	AO1 滤波时间	实际	0.000~30.000	s	1000 = 1s
13.17	AO1 信号源最小值	实际	−32768.0~32767.0	---	10 = 1
13.18	AO1 信号源最大值	实际	−32768.0~32767.0	---	10 = 1
13.19	AO1 最小输出值	实际	0.000~22.000mA 或 0.000~11000V	mA 或 V	1000 = 1mA
13.20	AO1 最大输出值	实际	0.000~22.000mA 或 0.000~11000V	mA 或 V	1000 = 1mA
13.21	AO2 实际值	实际	0.000~22.000	mA	1000 = 1mA
13.22	AO2 信号源	模拟源	---	---	1 = 1
13.23	AO2 强制数值	实际	0.000~22.000	mA	1000 = 1mA
13.26	AO2 滤波时间	实际	0.000~30.000	s	1000 = 1s
13.27	AO2 信号源最小值	实际	−32768.0~32767.0	---	10 = 1
13.28	AO2 信号源最大值	实际	−32768.0~32767.0	---	10 = 1
13.29	AO2 最小输出值	实际	0.000~22.000	mA	1000 = 1mA
13.30	AO2 最大输出值	实际	0.000~22.000	mA	1000 = 1mA
13.91	AO1 数据存储	实际	−327.68~327.67	---	100 = 1
13.92	AO2 数据存储	实际	−327.68~327.67	---	100 = 1

1）模拟量输出 AO1，是输出频率。可在 X1 端子板 7、9 接口间接一个频率表显示电动机转速，0~20mA 对应频率 50（60）Hz，乘相应倍数即电动机转速。

2）模拟量输出 AO2，是电动机电流。可在 X1 端子板 8、9 接口间接一个电流表显示电动机电流，0~20mA 对应实际运行电流 I（A），乘相应倍数即电动机运行电流。

3）标准（矢量）宏的数字输入和输出，可编程的数字输入和输出控制单元有六个数字输入。可以将数字输入 DI5 用作频率输入，DI6 用作热敏电阻输入。通过数字输入扩展模块可增加六个数字输入，使用多功能扩展模块可增加一个数字输出。参数组见表 3-6。

3.4.4.3 标准（矢量）宏的继电器输出

可编程继电器输出控制单元有三个继电器输出。输出显示的信号可以由参数来选择。两个继电器输出可通过多功能扩展模块或数字输入扩展模块添加。

1）继电器输出 1（RO1C、RO1A、RO1B）：触头状态转换后，是变频器准备运行信号。

2）继电器输出 2（RO2C、RO2A、RO2B）：触头状态转换后，是变频器运行信号。

3）继电器输出 3（RO3C、RO3A、RO3B）：触头状态转换后，是变频器故障信号。

可在 X6、X7、X8 端子板的 19~21、22~24、25~27 接口间接入信号灯或继电器监视变频器状态。

表 3-6 参数组 10（标准 DI、RO）、11（标准 DIO、FI、FO）

10 标准 DI、RO，数字输入和继电器输出的配置

序　号	名　　称	类　型	范　　围	设　　备	FbEq32
10.02	DI 延时状态	PB	0000h~FFFFh	---	1 = 1
10.03	DI 强制选择	PB	0000h~FFFFh	---	1 = 1
10.04	DI 强制数据	PB	0000h~FFFFh	---	1 = 1
10.21	RO 状态	PB	0000h~FFFFh	---	1 = 1
10.22	RO 强制选择	PB	0000h~FFFFh	---	1 = 1
10.23	RO 强制数据	PB	0000h~FFFFh	---	1 = 1
10.24	RO1 信号源	二进制源	---	---	1 = 1
10.25	RO1 ON 延时	实际	0.0~3000.0	s	10 = 1s
10.26	RO1 OFF 延时	实际	0.0~3000.0	s	10 = 1s
10.27	RO2 信号源	二进制源		---	1 = 1
10.28	RO2 ON 延时	实际	0.0~3000.0	s	10 = 1s
10.29	RO2 OFF 延时	实际	0.0~3000.0	s	10 = 1s
10.30	RO3 信号源	二进制源	---	---	1 = 1
10.31	RO3 ON 延时	实际	0.0~3000.0	s	10 = 1s
10.32	RO3 OFF 延时	实际	0.0~3000.0	s	10 = 1s
10.99	RO/DIO 控制字	PB	0000h~FFFFh	---	1 = 1
10.101	RO1 切换计数器	实际	0~4294967000	---	1 = 1
10.102	RO2 切换计数器	实际	0~4294967000	---	1 = 1
10.103	RO3 切换计数器	实际	0~4294967000	---	1 = 1

11 标准 DIO、FI、FO

序　号	名　　称	类　型	范　　围	设　　备	FbEq32
11.21	DI5 配置	设置	0、1；0= 数字输入，1= 频率输入	---	1 = 1
11.38	频率输入 1 实际值	实际	0~16000	Hz	1=1Hz
11.39	频率输入 1 换算值	实际	−32768.000~32767.000	---	1000 = 1
11.42	频率输入 1 最小值	实际	0~16000	Hz	1=1Hz
11.43	频率输入 1 最大值	实际	0~16000	Hz	1 = 1Hz
11.44	频率输入 1 最小换算值	实际	−32768.000~32767.000	---	1000 = 1
11.45	频率输入 1 最大换算值	实际	−32768.000~32767.000	---	1000 = 1

3.4.4.4 现场总线接口

ABB ACS580 系列变频器可使用内置总线通信接口 29~31 或总线适配器连接到外部控制系统。内置总线通信接口支持 Modbus RTU 协议。变频器控制程序可在 10ms 内处理 10 个 Modbus 寄存器数据。例如，如果变频器接收到读取 20 个寄存器数据的请求，它将在接收到请求的 22ms 内开始响应，20ms 用于处理请求，2ms 用于处理总线数据。可将变频器设置为通过现场总线接口接收所有控制信息，或可在内置总线通信接口和其他可用源（例如数字和模拟输入）之间分配控制。参数组见表 3-7 和表 3-8。

表 3-7　参数组 58（内置总线通信）

58 内置总线通信，配置内置总线通信（EFB）接口

序　号	名　　称	类　型	范　　围	设　备	FbEq32
58.01	协议允许	列表	0、1；0=无，1=启用通信	---	1 = 1
58.02	协议版本	实际	0000h~FFFFh	---	1 = 1
58.03	节点地址	实际	0~255	---	1 = 1
58.04	波特率	列表	0~7	---	1 = 1
58.05	校验	列表	0~3	---	1 = 1
58.06	通信控制	列表	0~2	---	1 = 1
58.07	通信诊断	PB	0000h~FFFFh	---	1 = 1
58.08	已接收的数据包	实际	0~4294967295	---	1 = 1
58.09	已发送的数据包	实际	0~4294967295	---	1 = 1
58.10	全部数据包	实际	0~4294967295	---	1 = 1
58.11	UART 错误	实际	0~4294967295	---	1 = 1
58.12	CRC 错误	实际	0~4294967295	---	1 = 1
58.14	通信丢失动作	列表	0~5	---	1 = 1
58.15	通信丢失模式	列表	1~2	---	1 = 1
58.16	通信丢失时间	实际	0.0~6000.0	s	10 = 1s
58.17	发送延时	实际	0~65535	ms	1 = 1ms
58.18	内置现场总线控制字	PB	00000000h~FFFFFFFFh	---	1 = 1
58.19	内置现场总线状态字	PB	00000000h~FFFFFFFFh	---	1 = 1
58.25	控制协议	列表	0, 5	---	1 = 1
58.26	内置现场总线给定 1 类型	列表	0~5	---	1 = 1
58.27	内置现场总线给定 2 类型	列表	0~5	---	1 = 1
58.28	内置现场总线实际值 1 类型	列表	0~5	---	1 = 1
58.29	内置现场总线实际值 2 类型	列表	0~5	---	1 = 1
58.31	内置现场总线实际值 1 直接信号源	模拟源	---	---	1 = 1
58.32	内置现场总线实际值 2 直接信号源	模拟源	---	---	1 = 1
58.33	寻址模式	列表	0~2	---	1 = 1
58.34	传输字序	列表	0~1	---	1 = 1
58.101	数据 I/O 1	模拟源	---	---	1 = 1
58.102	数据 I/O 2	模拟源	---	---	1 = 1
58.103	数据 I/O 3	模拟源	---	---	1 = 1
58.104	数据 I/O 4	模拟源	---	---	1 = 1
58.105	数据 I/O 5	模拟源	---	---	1 = 1
58.106	数据 I/O 6	模拟源	---	---	1 = 1
58.107	数据 I/O 7	模拟源	---	---	1 = 1
58.114	数据 I/O 14	模拟源	---	---	1 = 1

注："列表"指具有的相关可设置参数类型项的列表。

表 3-8　参数组 58（内置总线通信）中的"列表"参数

序　号	名称 / 值	描　　述		Def/FbEq16
58.03	节点地址	定义变频器在现场总线链路上的节点地址。允许的值为 1~247。也被称为站点 ID、MAC 地址或设备地址。同时上线的设备不允许有重复的地址。此参数的变更将在控制单元重启或由参数 58.06 通信控制（刷新设置）使新设置生效后生效		1
	0~255	节点地址（允许的值为 1~247）		1 = 1
58.04	波特率	选择现场总线链路的传输率。在使用自动检测选择时，总线的奇偶校验设置必须已知并在参数 58.05 校验中配置。在参数 58.04 波特率设置为自动检测时，必须通过参数 58.06 刷新 EFB 设置。对总线进行一段时间的监测。检测到的波特率被设置为本参数的值。此参数的变更将在控制单元重启或由参数 58.06 通信控制（刷新设置）使新设置生效后生效		Modbus：19.2 kbit/s
	自动检测	自动检测波特率		0
	4.8kbps	4.8kbit/s		1
	9.6kbps	9.6kbit/s		2
	19.2kbps	19.2kbit/s		3
	38.4kbps	38.4kbit/s		4
	57.6kbps	57.6kbit/s		5
	76.8kbps	76.8kbit/s		6
	115.2kbps	115.2kbit/s		7
58.05	校验	选择奇偶校验位的类型以及停止位的数量。此参数的变更将在控制单元重启或由参数 58.06 通信控制（刷新设置）使新设置生效后生效		8 EVEN 1
	8 NONE 1	八个数据位，无奇偶校验位，一个停止位		0
	8 NONE 2	八个数据位，无奇偶校验位，两个停止位		1
	8 EVEN 1	八个数据位，偶数校验位，一个停止位		2
	8 ODD 1	八个数据位，奇数校验位，一个停止位		3
58.06	通信控制	使用变更的 EFB 设置，或启动无声模式		有效
	有效	正常运行		0
	刷新设置	刷新设置（参数 58.01~58.05、58.14~58.17、58.25、58.28~58.34）并使用变更的 EFB 配置。自动反转为有效		1
58.25	控制协议	定义 Modbus 协议使用的通信规范。此参数的变更将在控制单元重启或由参数 58.06 通信控制（刷新设置）使新设置生效后生效		ABB Drives
	ABB Drives	ABB 变频器规范（带 16 位控制字）		0
	DCU Profile	DCU 控制规范（带 16 位或 32 位控制字）		5
58.26	内置现场总线给定 1 类型	选择通过内置总线接口收到的给定值 1 的类型和换算。换算后的给定值由 03.09 内置现场总线给定值 1 显示		速度或频率
	速度或频率	通过当前激活的运行模式自动选择类型和换算		0
		运行模式（见参数 19.01）	给定 1 类型	
		速度控制	速度	
		转矩控制	速度	
		频率控制	频率	

（续）

序　号	名称 / 值	描　述		Def/FbEq16
58.26	透明	未应用换算		1
	常规	无具体单位的通用给定。换算：1 = 100		2
	转矩	转矩给定值换算由参数 46.03 转矩换算定义		3
	速度	速度给定。换算由参数 46.01 速度换算定义		4
	频率	频率给定。换算由参数 46.02 频率换算定义		5
58.27	内置现场总线给定 2 类型	选择通过内置总线接口收到的给定值 2 的类型和换算。换算后的给定值由 03.10 内置现场总线给定值 2 显示		转矩
58.28	内置现场总线实际值 1 类型	选择实际值 1 的类型		速度或频率
	速度或频率	通过当前激活的运行模式自动选择类型和换算		0
		运行模式（见参数 19.01）	实际值 1 类型	
		速度控制	速度	
		转矩控制	速度	
		频率控制	频率	
	透明	未应用换算		1
	常规	无具体单位的通用给定。换算：1 = 100		2
	转矩	换算由参数 46.03 转矩换算定义		3
	速度	换算由参数 46.01 速度换算定义		4
	频率	换算由参数 46.02 频率换算定义		5
58.29	内置现场总线实际值 2 类型	选择实际值 2 的类型。有关选择项，见参数 58.28 内置现场总线实际值 1 类型		透明
58.33	寻址模式	在 400101~465535 Modbus 寄存器范围内定义参数和保持寄存器之间的映射。此参数的变更将在控制单元重启或由参数 58.06 通信控制（刷新设置）使新设置生效后生效		模式 0
	模式 0	16 位值（组 1~99，索引 1~99）：寄存器地址 = 400000 +100 × 参数组 + 参数索引。例如，参数 22.80 将映射到寄存器 400000 + 2200 + 80 = 402280。32 位值（组 1~99，索引 1~99）：寄存器地址 = 420000 + 200 × 参数组 + 2 × 参数索引。例如，参数 22.80 将映射到寄存器 420000 + 4400 + 160 = 424560		0
	模式 1	16 位值（组 1~255，索引 1~255）：寄存器地址 = 400000 + 256 × 参数组 + 参数索引。例如，参数 22.80 将映射到寄存器 400000 + 5632 + 80 = 405712		1
	模式 2	32 位值（组 1~127，索引 1~255）：寄存器地址 = 400000 + 512 × 参数组 + 2× 参数索引。例如，参数 22.80 将映射到寄存器 400000 + 11264 + 160 = 411424		2
58.34	传输字序	选择 32 位参数的 16 位寄存器的传输顺序。对于每个寄存器，第一个字节包含高顺序字节，第二个字节包含低顺序字节。此参数的变更将在控制单元重启或由参数 58.06 通信控制（刷新设置）使新设置生效后生效		LO-HI
	HI-LO	第一个寄存器包含高位字，第二个则包含低位字		0
	LO-HI	第一个寄存器包含低位字，第二个则包含高位字		1

注：Def 是使用标准宏时参数的默认值。

3.5 通用变频器的应用原理

变频器的主要控制功能包括转速控制、频率控制、变频器逻辑（起动 / 停止）、I/O、反馈、通信和保护功能。控制功能使用参数进行配置和编程。

3.5.1 通用变频器的控制位置

通用变频器有外部和本地两个主要控制位置，如图 3-32 所示。

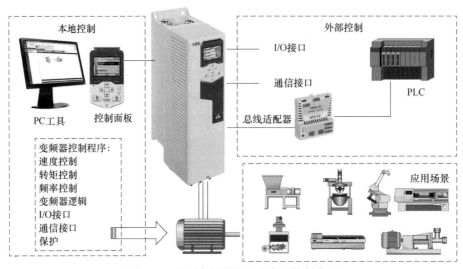

图 3-32　通用变频器的两个主要控制位置

控制地的选择可通过变频器控制盘上的设置键，或者通过 PC 工具来完成。本地控制主要在调试和维护期间使用。可在变频器初始设置菜单（菜单—初始设置—起动、停止、给定值）或设置参数为每个地点单独选择起动和停止命令的信号源。

当变频器处于本地工作模式时，控制命令从控制盘的小键盘或者从 PC 工具上发出。当使用矢量控制模式时，可以使用速度控制和转矩控制模式；当使用标量控制模式时，可以使用频率模式。在本地模式下使用控制盘时，控制盘指令优先于外部控制信号源。

当变频器处于外部（远程）控制模式下时，控制命令通过 I/O 端口（数字和模拟输入）或可选 I/O 扩展模块，以及现场总线接口（通过内置总线通信接口或可选总线适配器模块 FBA）传送。

运行模式可以根据控制地单独选择，使变频器可以在不同控制模式间自由快速切换，例如速度控制和转矩控制。

3.5.2 通用变频器的工作模式

由前述可知，通用变频器的控制方式有标量控制方式（U/f 控制）和矢量控制方式两种，实际应用通用变频器时需要根据需要事先设定。通用变频器的工作模式原理如图 3-33 所示。

标量控制方式（U/f 控制）适用于大多数不需要极高性能和电动机识别运行的情况下。在多电动机应用、电动机额定电流小于变频器额定输出电流的 1/6，以及变频器没有和电动机相连（如测试）的情况下必须使用标量控制方式。正确的通用变频器运行要使电动机的励磁电流不超过变频器额定电流的 90%。

矢量控制方式比标量控制方式精度高，但需要电动机辨识（识别）运行才能发挥作用。通用变频器首次投入运行时必须先输入电动机铭牌参数，然后执行电动机静止辨识运行，在静止辨识运行后起动新的运行命令。要达到更好的电动机控制性能，最好在无负载的情况下执行辨识运行。

通用变频器可以在几种不同类型的给定控制模式下工作。只有正确地给定控制模式，通用变频器才能在给定方式下发挥应有的性能。

变频器控制程序主要包括转速控制、频率控制、变频器逻辑（起动 / 停止）、I/O、反馈、通信和保护功能的执行控制功能。控制程序功能使用参数进行配置和编程。参数可通过控制盘、PC 工具、内置通信接口（EFB）或总线适配器（FBA）三种方式设置。所有参数设置自动保存到变频器的永久存储器中。不同给定值类型和控制链的概述如下。

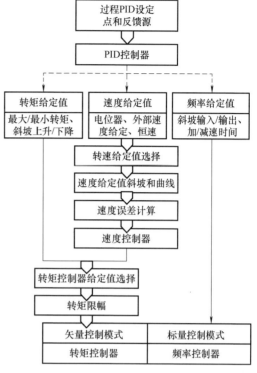

图 3-33　通用变频器的工作模式原理

3.5.2.1　速度控制模式

在本地控制模式和外部控制模式下都可以使用速度控制模式。通用变频器传动的电动机按照变频器给定转速旋转。速度控制模式仅在选择了矢量控制方式下有效。要进行速度控制，在通用变频器的"速度给定选择"参数组中选择速度给定值，形成速度给定值链。表 3-9 是 ABB ACS580 系列变频器的参数组"22 速度给定选择"。表 3-9 中相关的"列表"见表 3-10。

表 3-9　ABB ACS580 系列变频器的参数组"22 速度给定选择"

22 速度给定选择					
序　号	名　　　称	类　型	范　　围	设　备	Def/FbEq16（32）
22.01	显示速度给定	实际	−30000.00~30000.00	rpm	100=1rpm
22.11	外部 1，速度给定 1	模拟源	---	---	1 = 1
22.12	外部 1，速度给定 2	模拟源	---	---	1 = 1
22.13	外部 1，速度功能	列表	0~5	---	1 = 1
22.18	外部 2，速度给定 1	模拟源	---	---	1 = 1
22.19	外部 2，速度给定 2	模拟源	---	---	1 = 1
22.20	外部 2，速度功能	列表	0~5	---	1 = 1
22.21	恒速功能	PB	0000h~FFFFh	---	1 = 1

（续）

序　号	名　　称	类　型	范　围	设　备	Def/FbEq16（32）
22.22	恒速选择 1	二进制源	---	---	1 = 1
22.23	恒速选择 2	二进制源	---	---	1 = 1
22.24	恒速选择 3	二进制源	---	---	1 = 1
22.26	恒速 1	实际	−30000.00~30000.00	rpm	100=1rpm
22.27	恒速 2	实际	−30000.00~30000.00	rpm	100=1rpm
22.28	恒速 3	实际	−30000.00~30000.00	rpm	100=1rpm
22.29	恒速 4	实际	−30000.00~30000.00	rpm	100=1rpm
22.30	恒速 5	实际	−30000.00~30000.00	rpm	100=1rpm
22.31	恒速 6	实际	−30000.00~30000.00	rpm	100=1rpm
22.32	恒速 7	实际	−30000.00~30000.00	rpm	100=1rpm
22.41	安全速度给定	实际	−30000.00~30000.00	rpm	100=1rpm
22.42	点动 1 给定值	实际	−30000.00~30000.00	rpm	100 = 1rpm
22.43	点动 2 给定值	实际	−30000.00~30000.00	rpm	100=1rpm
22.51	危险转速功能	PB	00b~11b	---	1 = 1
22.52	危险转速 1 下限值	实际	−30000.00~30000.00	rpm	100=1rpm
22.53	危险转速 1 上限值	实际	−30000.00~30000.00	rpm	100=1rpm
22.54	危险转速 2 下限值	实际	−30000.00~30000.00	rpm	100=1rpm
22.55	危险转速 2 上限值	实际	−30000.00~30000.00	rpm	100=1rpm
22.56	危险转速 3 下限值	实际	−30000.00~30000.00	rpm	100=1rpm
22.57	危险转速 3 上限值	实际	−30000.00~30000.00	rpm	100=1rpm
22.71	电动电位器功能	列表	0~3	---	1 = 1
22.72	电动电位器初始值	实际	−32768.00~32767.00	---	100 = 1
22.73	电动电位器上升信号源	二进制源	---	---	1 = 1
22.74	电动电位器下降信号源	二进制源	---	---	1 = 1
22.75	电动电位器斜坡时间	实际	0.0~3600.0	s	10 = 1s
22.76	电动电位器最小值	实际	−32768.00~32767.00	---	100 = 1
22.77	电动电位器最大值	实际	−32768.00~32767.00	---	100 = 1
22.80	电动电位器给定实际值	实际	−32768.00~32767.00	---	100 = 1
22.86	速度给定 6 实际值	实际	−30000.00~30000.00	rpm	100=1rpm
22.87	速度给定 7 实际值	实际	−30000.00~30000.00	rpm	100=1rpm

表 3-10　参数组 "22 速度给定选择" 中的相关参数

22 速度给定值选择

序　号	名称 / 值	描　述	Def/FbEq16（32）
22.13	外部 1 速度功能	选择由参数 22.11 和 22.12 选定的给定值源之间的功能	Ref1
	Ref1	22.11 选定的信号用作速度给定值 1	0
	Add（给定值 1 + 给定值 2）	给定值源的总和用作速度给定值 1	1
	Sub（给定值 1– 给定值 2）	给定值源的差（22.11–22.12）用作速度给定值 1	2
	Mul（给定值 1 × 给定值 2）	给定值源的乘积用作速度给定值 1	3
	Min（给定值 1，给定值 2）	给定值源中的较小者用作速度给定值 1	4
	Max（给定值 1，给定值 2）	给定值源中的较大者用作速度给定值 1	5
22.20	外部 2 速度功能	选择由参数 22.18 和 22.19 选定的给定值源之间的功能	Ref1
	Ref1	外部 2 速度给定 1 选定的信号用作速度给定值 1	0
	Add（给定值 1 + 给定值 2）	给定值源的总和用作速度给定值 1	1
	Sub（给定值 1– 给定值 2）	给定值源的差（22.11–22.12)用作速度给定值 1	2
	Mul（给定值 1 × 给定值 2）	给定值源的乘积用作速度给定值 1	3
22.71	电动电位器功能	激活并选择电动电位器模式	禁用
	禁用	电动电位器禁用，其值设置为 0	0
	已允许（停止 / 上电时初始化）	允许时，电动电位器首先选用参数 22.72 电动电位器初始值定义的值。随后该值将从参数 22.73 电动电位器上升信号源和 22.74 电动电位器下降信号源定义的上升和下降信号源调整。停止或上电循环将会把电动电位器复位为初始值（22.72）	1
	已允许（始终恢复）	与已允许（停止 / 上电时初始化）相同，但是重启电源后电动电位器值保留	2
	允许（初始化到实际值）	只要选择了其他给定值信号源，电动电位器的值将遵循该给定值。当给定源返回到电动电位器时，其值可以再次由上升和下降信号源（由 22.73 和 22.74 定义）更改	3
22.72	电动电位器初始值	定义电动电位器初始值（启动点）。见参数 22.71 电动电位器功能的选择项	0.00
	–32768.00~32767.00	电动电位器初始值	
22.73	电动电位器上升信号源	选择电动电位器上升信号源。0 = 无改变，1 = 增大电动电位器值。如果上升和下降信号源均打开，那么电位器值将不会改变。注：电动机电位器的功能是在零到最大速度或频率之间上 / 下调节信号源控制速度或频率。可以通过参数 20.04 修改运行方向	未使用
	DI1	数字输入 DI1（10.02 DI 延时状态，位 0）	2
	DI2	数字输入 DI2（10.02 DI 延时状态，位 1）	3
	DI3	数字输入 DI3（10.02 DI 延时状态，位 2）	4

（续）

序 号	名称/值	描 述	Def/FbEq16（32）
22.73	DI4	数字输入 DI4（10.02 DI 延时状态，位 3）	5
	DI5	数字输入 DI5（10.02 DI 延时状态，位 4）	6
	DI6	数字输入 DI6（10.02 DI 延时状态，位 5）	7
	定时功能 1	34.01 定时功能状态中的位 0	18
	定时功能 2	34.01 定时功能状态中的位 1	19
	定时功能 3	34.01 定时功能状态中的位 2	20
	监测 1	32.01 监控状态中的位 0	24
	监测 2	32.01 监控状态中的位 1	25
	监测 3	32.01 监控状态中的位 2	26
	其他"位"	源选择。该数值取自另一参数的特定位。信号源通过参数列表选择	---
22.74	电动电位器下降信号源	选择电动电位器下降信号源。0 = 无改变，1 = 减小电动电位器值。如果上升和下降信号源均打开，那么电位器值将不会改变。注：电动机电位器的功能是在零到最大速度或频率之间上/下调节信号源控制速度或频率。可以通过参数 20.04 信号源修改运行方向。见参数 22.73 电动电位器上升信号源	未使用
	10 标准 DI、RO	数字输入和继电器输出的配置	---
10.02	DI 延时状态	显示数字输入 DI1~DI6 的状态。位 0~5 反映 DI1~DI6 的延时状态。示例：0000000000010011b = DI5、DI2 和 DI1 开启，DI3、DI4 和 DI6 关闭。此字仅在激活/停用延迟 2ms 后更新。如果更改数字量输入的值，则要接受的新值必须在两个连续样品中保持相同，即为 2ms。此参数为只读参数	未使用
10.04	DI 强制数据	允许强制数字输入从 0 变为 1。只能强制设置在参数 10.03 DI 强制选择中选择的输入	0000H
	0000H~FFFFH	数字输入强制数值	1=1
32.01	监控状态	信号监测状态字。指出信号监测功能监控的值是在各自的限值之内还是之外	0000H
	0000H~FFFFH	信号监测状态字	1=1
34.01	定时功能状态	组合定时器的状态。组合定时器的状态为与其相连的所有定时器的逻辑 OR。此参数为只读参数	
	0000H~FFFFH	组合定时器 1~3 的状态	1=1

图 3-34 是一个变频器速度控制原理及应用原理示例。图示目的是帮助理解变频器内部速度控制程序及控制链的工作原理。应用时，根据需要选配 I/O 输入端按钮等，设置 P2 最大速度、P3 最小速度、P4 和 P5 加/减速时间、P9 停机模式、P11 U/f 曲线、P13 转矩提升等参数，变频器起动后，其内部按照图中箭头方向构成控制链，以实现设定的参数功能，每一部分的工作原理请自行分析。

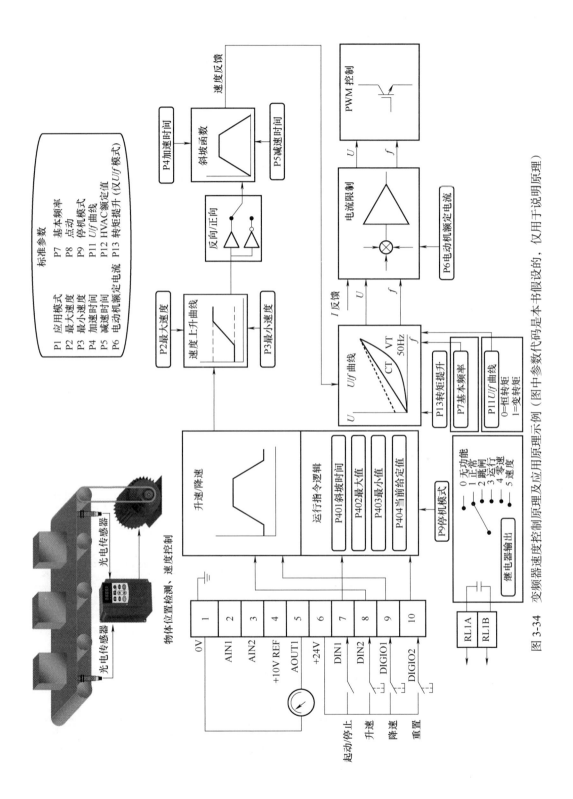

图 3-34　变频器速度控制原理及应用原理示例（图中参数数代码是本书假设的，仅用于说明原理）

对于传送带控制，如果需要传送带收到停止命令后行驶一段距离再停机，则需要选择速度补偿停车参数来停止变频器。传送带以最大速度运行时，在定义的延迟行走距离后，电动机沿定义的减速斜坡正常停止。在低于最大速度时，在电动机以斜坡停车前，通过以当前速度运行变频器来延长停止时间。表3-11是参数组"21起动/停止模式"中的几个相关参数。

表3-11　参数组"21起动/停止模式"中的几个相关参数

21起动/停止模式		起动和停止模式；急停模式和信号源选择；直流励磁设置	
序　号	名称/值	描　述	Def/FbEq16
21.30	速度补偿停止模式	选择用于停止变频器的方法。速度补偿停止仅在运行模式不是转矩，且参数21.03停止模式为斜坡，或者参数20.11运行使能停止模式为斜坡（如果运行允许信号丢失）	关断
	关断	根据参数21.03停止模式停止，而不是速度补偿停止	0
	正向速度补偿	如果旋转方向为正向，速度补偿用于恒定距离制动。采用的速度和最大速度之间的速度差通过在电动机斜坡停止之前将变频器以当前速度运行来补偿。如果旋转方向为反向，变频器将沿斜坡停止	1
	反向速度补偿	如果旋转方向为反向，速度补偿用于恒定距离制动。采用的速度和最大速度之间的速度差通过在电动机斜坡停止之前将变频器以当前速度运行来补偿。如果旋转方向为正向，变频器将沿斜坡停止	2
	双向速度补偿	无论旋转方向怎样，速度补偿均用于恒定距离制动。采用的速度和最大速度之间的速度差通过在电动机斜坡停止之前将变频器以当前速度运行来补偿	3
21.31	速度补偿停止延时	此延时可增加从最大速度停机过程中的总行走距离。可将其用于调整距离以满足需求，从而使得行走距离不仅由减速率决定	0.00s
	0.00~1000.00s	速度延时	1 = 1s
21.32	速度补偿停止阈值	该参数用于设置速度阈值，当速度低于该阈值时，将禁用速度补偿停止功能。在此速度范围内，将不会尝试速度补偿停止，且变频器将使用斜坡选项停止	10%
	0~100%	速度阈值作为电动机额定速度的百分比	1 = 1%
21.34	强制自动重启	强制自动重启。只有在控制板供电设置为外部24V时（通过参数95.04设置），才使用此参数	禁用
	禁用	强制自动重启已经停用。如果参数21.18自动重启时间的值高于0.0s，则该参数生效	0
	有效	强制自动重启已经启用。参数21.18自动重启时间被忽略。变频器绝对不会因欠电压故障跳闸，起动信号永远保持开启。在直流电压恢复时，继续正常操作	1
21.03	停止模式	选择收到停止命令后电动机停止的方式。选择磁通量制动后可以得到额外的制动（见参数97.05磁通制动）	自由停车
	自由停车	通过切断变频器输出。电动机自由停车至停止。警告！如果采用机械抱闸，应确保变频器可以通过自由停车安全停止	0

（续）

序　号	名称 / 值	描　述	Def/FbEq16
21.03	斜坡	沿激活减速斜坡停止。见参数组 23 速度给定斜坡或参数组 28 频率给定控制链	1
	转矩限值	根据转矩限值停止（参数 30.19 和 30.20）。此模式仅在矢量电动机控制模式下有效	2
20.11	运行使能停止模式	选择运行使能信号关闭时电动机的停止方式。运行使能信号源通过参数 20.12 运行使能 1 信号源选择	自由停车
	自由停车	通过切断变频器输出半导体停止。电动机自由停车至停止。警告！如果采用机械抱闸，应确保变频器可以通过自由停车安全停止	0
	斜坡	沿激活减速斜坡停止。见参数组 23 速度给定斜坡	1
	转矩限值	根据转矩限值停止（参数 30.19 和 30.20）	2
21.18	自动重启时间	短时供电故障后，可通过自动重启功能重启电动机。当将参数设置为 0.0s 时，自动重启功能禁用。否则，参数定义试图重启后的电力故障最大持续时间。注意此时间还包括直流预充电延时时间。见参数 21.34 强制自动重启。只有在控制板供电设置为外部 24V 时，本参数才有效。警告！激活该功能之前，应确保不会出现危险状况。此功能将自动重新启动变频器，并且在供电中断之后继续运行	10.0s
	0.0s	自动重启禁止	0
	0.1~10.0s	最大电力故障时间	1 = 1s

3.5.2.2　转矩控制模式（仅适用于矢量控制方式）

在转矩控制模式下，电动机按照变频器转矩给定值运行。在本地和外部控制位置下都可以使用转矩控制模式。转矩控制使用参数组 "26 转矩给定值控制链" 中的参数选择转矩给定值。表 3-12 是 ABB ACS580 系列变频器的参数组 "26 转矩给定值控制链"。

表 3-12　ABB ACS580 系列变频器的参数组 "26 转矩给定值控制链"

26 转矩给定值选择

序　号	名　　称	类　型	范　围	设　备	Def/FbEq16（32）
26.01	转矩给定值至 TC	实际	−1600.0~1600.0	%	10 = 1%
26.02	采用的转矩给定	实际	−1600.0~1600.0	%	10 = 1%
26.08	最小转矩给定值	实际	−1000.0~0.0	%	10 = 1%
26.09	最大转矩给定值	实际	0.0~1000.0	%	10 = 1%
26.11	转矩给定值 1 信号源	模拟源	---	---	1 = 1
26.12	转矩给定值 2 信号源	模拟源	---	---	1 = 1
26.14	转矩给定值 1/2 选择	二进制源	---	---	1 = 1

（续）

序 号	名 称	类 型	范 围	设 备	Def/FbEq16 (32)
26.17	转矩给定值滤波时间	实际	0.000~30.000	s	1000 = 1s
26.18	转矩斜坡上升时间	实际	0.000~60.000	s	1000 = 1s
26.19	转矩斜坡下降时间	实际	0.000~60.000	s	1000 = 1s
26.21	转矩选择转矩输入	二进制源	---	---	1 = 1
26.22	转矩选择转矩输入	二进制源	---	---	1 = 1
26.70	转矩给定值 1 实际值	实际	−1600.0~1600.0	%	10 = 1%
26.71	转矩给定值 2 实际值	实际	−1600.0~1600.0	%	10 = 1%
26.72	转矩给定值 3 实际值	实际	−1600.0~1600.0	%	10 = 1%
26.73	转矩给定值 4 实际值	实际	−1600.0~1600.0	%	10 = 1%
26.74	转矩给定值斜坡输出	实际	−1600.0~1600.0	%	10 = 1%
26.75	转矩给定值 5 实际值	实际	−1600.0~1600.0	%	10 = 1%
26.13	转矩给定值 1 功能	选择由参数 26.11 和 26.12 选定的给定值源之间的功能			Ref1
	Ref1	参数 26.11 选定的信号用作转矩给定值 1			0
	Add（给定值 1+ 给定值 2）	给定值源的总和用作转矩给定值 1			1
	Sub（给定值 1− 给定值 2）	给定值信号源的差（26.11−26.12）用作转矩给定值 1			2
	Mul（给定值 1× 给定值 2）	给定值源的乘积用作转矩给定值 1			3
	Min（给定值 1，给定值 2）	给定值源中的较小者用作转矩给定值 1			4
	Max（给定值 1，给定值 2）	给定值源中的较大者用作转矩给定值 1			5

3.5.2.3 频率控制模式（仅适用于标量控制方式）

在频率控制模式下，电动机按照变频器输出频率给定值运行。在本地和外部控制位置下都可以使用频率控制模式。频率控制使用参数组"28 频率给定值控制链"中的参数选择频率给定值。变频器频率设置有三种方法：一是利用变频器操作面板进行频率设置；二是利用变频器 I/O 端口（数字和模拟输入）或可选 I/O 扩展模块进行频率设置；三是通过通信接口（现场总线接口）设置，即通过内置总线通信接口或可选总线适配器模块。

利用变频器操作面板进行频率设置，只需在操作面板上操作上升、下降键，就可以实现频率的设定，方法简单，频率设置精度高，属于数字量频率设置，适用于单台变频器的频率设置。

利用变频器控制端子进行频率设置有三种方法：一是利用外接电位器进行频率设置；二是利用变频器的模拟量输入端子，通过标准工业信号进行频率设置；三是利用恒频（多段速）设定功能设置。

在本地控制和外部控制中都可以使用频率控制模式。频率控制模式属于标量控制模式。按照"频率给定值"参数组选择给定。表 3-13 是 ABB ACS580 系列变频器的参数组"28 频率给定值控制链"。

表 3-13 ABB ACS580 系列变频器的参数组 "28 频率给定值控制链"

28 频率给定值选择

序 号	名 称	类 型	范 围	设 备	Def/FbEq16（32）
28.01	频率给定斜坡输入	实际	−500.00~500.00	Hz	100=1Hz
28.02	频率给定斜坡输出	实际	−500.00~500.00	Hz	100=1Hz
28.11	外部 1 频率给定 1	模拟源	---	---	1 = 1
28.12	外部 1 频率给定值 2	模拟源	---	---	1 = 1
28.13	外部 1 频率功能	列表	0~5	---	1 = 1
28.15	外部 2 频率给定 1	模拟源	---	---	1 = 1
28.16	外部 2 频率给定 2	模拟源	---	---	1 = 1
28.17	外部 2 频率功能	列表	0~5	---	1 = 1
28.21	恒频功能	PB	00b~11b	---	1 = 1
28.22	恒频选择 1	二进制源	---	---	1 = 1
28.23	恒频选择 2	二进制源	---	---	1 = 1
28.24	恒频选择 3	二进制源	---	---	1 = 1
28.26	恒频 1	实际	−500.00~500.00	Hz	100=1Hz
28.27	恒频 2	实际	−500.00~500.00	Hz	100=1Hz
28.28	恒频 3	实际	−500.00~500.00	Hz	100=1Hz
28.29	恒频 4	实际	−500.00~500.00	Hz	100=1Hz
28.30	恒频 5	实际	−500.00~500.00	Hz	100=1Hz
28.31	恒频 6	实际	−500.00~500.00	Hz	100=1Hz
28.32	恒频 7	实际	−500.00~500.00	Hz	100=1Hz
28.41	安全频率给定值	实际	−500.00~500.00	Hz	100=1Hz
28.51	临界频率功能	PB	00b~11b	---	1 = 1
28.52	临界频率 1 下限值	实际	−500.00~500.00	Hz	100=1Hz
28.53	临界频率 1 上限值	实际	−500.00~500.00	Hz	100=1Hz
28.54	临界频率 2 下限值	实际	−500.00~500.00	Hz	100=1Hz
28.55	临界频率 2 上限值	实际	−500.00~500.00	Hz	100=1Hz
28.56	临界频率 3 下限值	实际	−500.00~500.00	Hz	100=1Hz
28.57	临界频率 3 上限值	实际	−500.00~500.00	Hz	100=1Hz
28.71	频率斜坡设置选择	二进制源	---	---	1 = 1
28.72	频率加速时间 1	实际	0.000~1800.000	s	1000 = 1s
28.73	频率减速时间 1	实际	0.000~1800.000	s	1000 = 1s
28.74	频率加速时间 2	实际	0.000~1800.000	s	1000 = 1s
28.75	频率减速时间 2	实际	0.000~1800.000	s	1000 = 1s
28.76	频率斜坡输入为零信号源	二进制源	---	---	1 = 1

（续）

序　号	名　称	描述	Def/FbEq16（32）
28.13	外部 1 频率功能	选择由参数 28.11 和 28.12 选定的给定值源之间的功能	Ref1
	Ref1	参数 28.11 选择的信号被用作频率给定值 1	0
	Add（给定值 1+ 给定值 2）	给定源的总和用作频率给定 1	1
	Sub（给定值 1– 给定值 2）	给定值源的差（28.11–28.12）用作频率给定值 1	2
	Mul（给定值 1 × 给定值 2）	给定值源的乘积用作频率给定值 1	3
28.17	外部 2 频率功能	选择由参数 28.15 和 28.16 选定的给定值源之间的功能	Ref1
	Ref1	参数 28.15 选择的信号被用作频率给定值 1	0
	Add（给定值 1+ 给定值 2）	给定值源的总和用作频率给定值 1	1
	Sub（给定值 1– 给定值 2）	给定值源的差（28.15–28.16）用作频率给定值 1	2

标量控制模式（使用频率控制）的 U/f 控制功能有线性模式和二次方模式两种。在线性模式中，U/f 的比值总是低于弱磁点，用于恒定转矩应用，可在整个频率范围内产生等于或接近额定转矩的转矩。在二次方模式（默认）中，当频率的二次方低于弱磁点时，U/f 的比值增加，通常应用于离心泵或风机负载，其转矩与频率的二次方成比例关系。因此，如果电压随二次方关系而变化，那么在这些应用中，电动机便以更高的效率和较低的噪声水平运行。U/f 功能无法与节能功能一并使用。

安全频率（频率限制）即变频器输出频率的上、下限幅值，是为防止误操作或外接频率设定信号源出故障，而引起输出频率过高或过低，以防损坏设备的一种保护功能，是为满足设备运行控制的目的而设置的。它通过设置频率指令的上、下限，来限定过程控制参数的上、下限，并按一定的比例进行控制。

最低运行频率即电动机运行的最小转速，电动机在低转速下运行时，其散热性能很差，电动机长时间运行在低转速下，会导致电动机烧毁。而且低速时，其电缆中的电流也会增大，会导致电缆发热。最高运行频率的设置是防止电动机超过额定转速运行。

在实际应用中，按实际需要设定即可。如带式输送机若输送物料不太多，为减少机械和传送带的磨损，可将变频器上限频率设定为某一较低频率值，这样就可使带式输送机运行在一个固定、较低的工作速度上。

图 3-35 是一个变频器频率控制原理及应用原理示例。图示目的是帮助理解变频器内部频率控制程序及控制链的工作原理，请自行分析。

3.5.2.4　过程 PID 控制模式

一般地，通用变频器均有内置 PID 控制器，通过 PID 控制参数组可控制过程变量，如管道中的压力或流量、容器中的液位等物理量。在 PID 控制过程中，以过程给定信号（给定值）取代变频器速度给定信号。过程实际值（过程反馈）也可反馈给变频器，以调节变频器转速，从而将所测量的过程变量（实际值）保持在所需的水平（给定值）。变频器根据过程 PID 参数自动调节其操作，无需再为变频器设置频率 / 速度 / 转矩给定值。过程 PID 控制原理框图如图 3-36 所示。

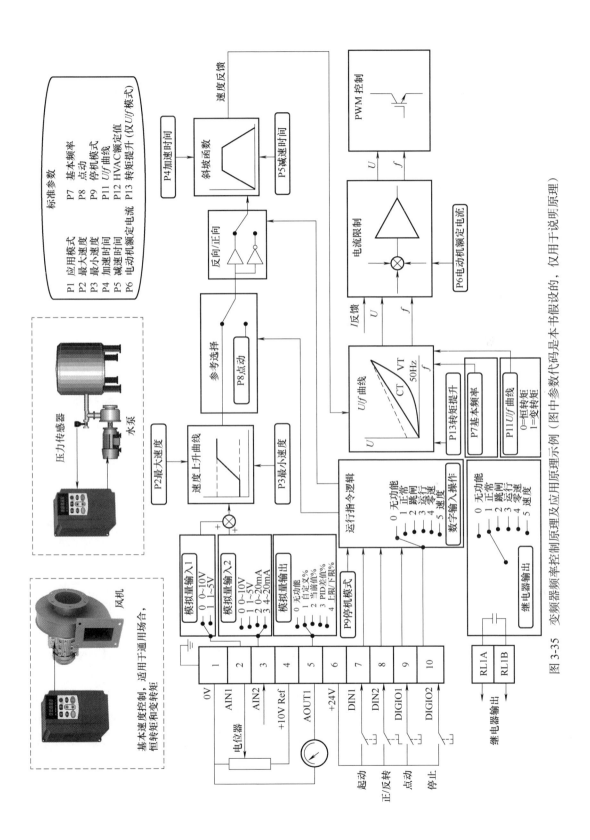

图 3-35　变频器频率控制原理及应用原理示例（图中参数数代码是本书假设的，仅用于说明原理）

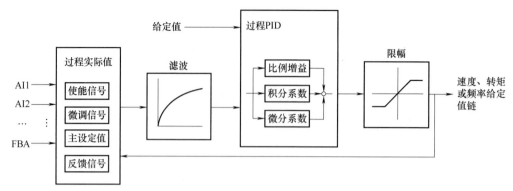

图 3-36 过程 PID 控制原理框图

过程 PID 控制器的配置：

1）激活过程 PID 控制器：菜单—初始设置—PID—PID 控制。

2）选择反馈源：菜单—初始设置—PID—反馈值。

3）选择给定值源：菜单—初始设置—PID—给定值。

4）设置增益、积分时间、微分时间：菜单—初始设置—PID—参数整定。

5）设置 PID 输出限制：菜单—初始设置—PID—PID 输出。

6）将 PID 控制器输出选择为（例如）参数 22.11：菜单—初始设置—起动、停止、给定值—给定源。

在跟踪模式下，PID 功能块输出直接设置为参数 40.50（或 41.50）跟踪给定选择的值。设置：菜单—初始设置—PID；参数 96.04 宏选择（宏选择）；参数组 40 第一套过程 PID 参数集或参数组 41 第二套过程 PID 参数集。

图 3-37 是一个变频器 PID 控制原理及应用原理示例。图示目的是帮助理解变频器内部 PID 控制程序及控制链的工作原理，请自行分析。

PID 控制常用在变频恒压供水系统，以管网水压为设定参数，通过 PID 控制变频器的输出频率，从而自动调节增压水泵电动机的转速，实现管网水压的 PID 闭环调节，使供水系统自动恒稳于设定的压力值，即用水量增加时，频率升高，水泵转速加快，供水量相应增大；用水量减少时，频率降低，水泵转速减慢，供水量也相应减小，这样就保证了供水水压和水流量的要求。再如，夜间耗水量降低，PID 控制器将降低电动机的转速而低速运行。当变频器的睡眠功能检测到这种低速运转情况时，经睡眠延时后，停止水泵运转。在变频器进入睡眠模式后仍会监视水压。当水压降到预先定义的最小值以下，经唤醒延时后，水泵就会恢复运行。使用睡眠功能时，低需求期间（如夜间）水泵将完全停止，而不是以低于其有效工作范围的速度缓慢运行。

在跟踪模式下，PID 功能块输出直接设置为参数 40.50（或 41.50）跟踪给定选择的值。PID 控制器的内部 I 值被设定，不允许有瞬变传送到输出，所以当跟踪模式过去后，正常的过程控制才可以没有影响地恢复。设置：菜单—初始设置—PID—参数 96.04 宏选择（宏选择）—参数组 40 第一套过程 PID 参数集和 41 第二套过程 PID 参数集。

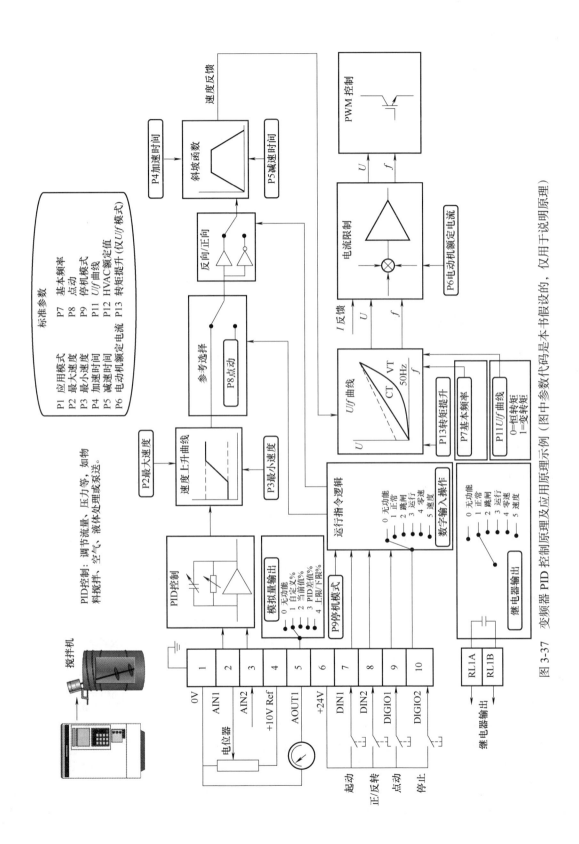

图 3-37　变频器 PID 控制原理及应用原理示例（图中参数代码是本书假设的，仅用于说明原理）

3.6　通用变频器的常用参数功能及应用

3.6.1　给定斜坡函数

给定斜坡函数的设置是应用通用变频器的最主要参数之一。需要根据确定的控制模式（速度、转矩和频率）选择不同的参数组设置，设置步骤是菜单—初始设置—斜坡，如图 3-38 所示。

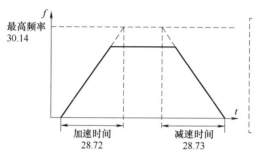

图 3-38　给定斜坡函数（f-t）的设置

在频率（速度）控制模式下，加速、减速时间也称作斜坡时间，分别指电动机从静止状态加速到最高频率（速度）所需要的时间和从最高频率（速度）减速到静止状态所需要的时间。

图 3-39 是变频器给定斜坡函数控制原理及应用原理示例。图示目的是帮助理解变频器内部斜坡函数控制程序及控制链的工作原理，请自行分析。

3.6.1.1　加/减速模式

加/减速模式又称加/减速曲线选择。一般有线性、非线性和 S 形三种曲线。通常大多选择线性曲线；非线性曲线适用于变转矩负载，如风机等；S 形加/减速功能的作用是当被传动的负载较重，需要缓慢起停运行时，选择该功能可以使通用变频器按照 S 形曲线比较平滑地运行。加/减速时间设定功能的作用是可分别进行设定变频器的加、减速时间。常用于重型负载或机械设备需要缓慢起动、缓慢停机等情况。通常用频率设定信号上升和下降来确定加/减速时间。重型负载在电动机加速时须限制频率设定的上升率以防止过电流，减速时则限制下降率以防止过电压。参数 28.72 设置过小可能导致变频器过电流；参数 28.73 设置过小可能导致变频器过电压。应用时通过参数 46.01 速度换算或 46.02 频率换算加速或减速时间。

加速时间设定要点是将加速电流限制在变频器过电流值以下，不因过电流而引起变频器跳闸；减速时间设定要点是防止直流电路电压过大，不因直流过电压而使变频器跳闸。加/减速时间可根据负载计算出来，但在调试中常采取按负载和经验先设定较长加/减速时间，通过起、停电动机观察有无过电流、过电压，然后将加/减速设定时间逐渐缩短，以运转中不发生报警为原则，重复操作几次，便可确定出最佳加/减速时间。

对于频率（速度）给定，也可以控制斜坡曲线。在转矩给定值下，斜坡被定义为给定值在零转矩和电动机额定转矩之间的改变所需的时间（参数 01.30 额定转矩换算）。使用变坡功能可控制给定变化时速度斜坡的坡度。设置参数 23.28 变坡功能允许和参数 23.29 变坡率。

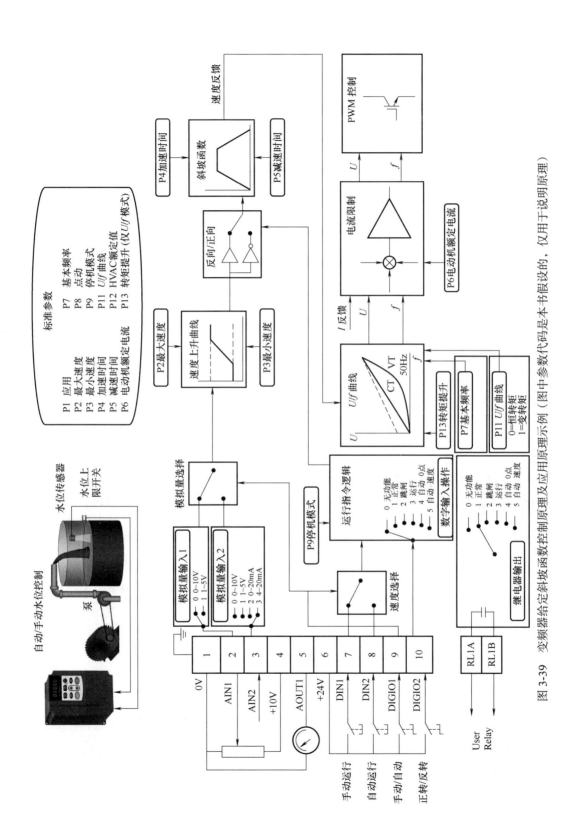

图 3-39 变频器给定斜坡函数控制原理及应用原理示例（图中参数代码是本书假设的，仅用于说明原理）

3.6.1.2　点动功能

通过点动功能可使电动机短暂地旋转，通常用于现场设备维护和调试。信号源由参数 20.26 和参数 20.27 进行选择：菜单—初始设置—起动、停止、给定值—点动功能。当点动功能激活时，变频器起动并按照定义的点动加速斜坡（参数 23.20 点动加速曲线）加速到定义的点动速度（参数 22.42 点动 1 给定值或参数 22.43 点动 2 给定值）。当点动信号关闭时，变频器按照定义的点动减速斜坡减速停车（参数 23.21 点动减速曲线）。

3.6.1.3　急停功能

急停是指将电动机的转速降到零速的操作，变频器沿定义的减速斜坡停止，变频器调制也停止。如果对停机有特殊要求，可以使用急停功能定义一个减速斜坡（"Off 3"模式）。Off 3 功能激活后，电动机停止的时间是速度从参数 46.01 或参数 46.02 定义的值降低到零所要求的时间。变频器按照所设定的斜坡下降时间由全速降为零速。急停模式和激活信号源分别通过参数 21.04 和参数 21.05 选择。急停 Off 1 采用参数 23.11~23.15 定义的标准减速斜坡由全速降为零速。Off 2 自由停机，变频器封锁脉冲输出，电动机处于惯性滑行状态，直至速度为零速。

为了缩短电动机减速时间，可以用直流抱闸（直流制动）和制动斩波器（能耗制动）两种制动方式实现电动机快速制动。直流抱闸通过参数 21.08 激活。激活后，直流抱闸功能用于在正常运行下，锁定在零速或接近零速运转的电动机。当给定和电动机转速同时满足给定值时（参数 21.09 直流抱闸速度），变频器将停止产生正弦电流并开始向电动机输送直流电。电流通过参数 21.10 直流电流给定设定。当给定超过参数 21.09 直流抱闸速度的值时，变频器继续正常运行。制动斩波器（能耗制动）是通过制动单元和制动电阻（通过参数 43.07 激活），将电动机回馈的能量以热能的形式消耗掉，以达到停机目的。

3.6.1.4　自动转矩补偿（IR 补偿，电压提升）功能

转矩补偿是为补偿电动机低速时的转矩降低。由于电动机定子绕组电阻会在低速时产生电压降（IR）而引起转矩降低，转矩补偿是在低速时提高电压，使低频率范围的 U/f 增大的方法，也称为自动电压提升。变频器在电动机的加速、减速和定常运行的所有区域中可以根据负载情况自动调节 U/f 值，对电动机的输出转矩进行必要的补偿，使电动机加速顺利进行。如采用手动补偿时，根据负载特性，尤其是负载的起动特性，通过试验选择最佳值。对于变转矩负载（风机、泵类负载），如转矩提升参数设置不当，会出现低速时的输出电压过高，电动机带负载起动时电流大，而转速上不去的现象。

自动转矩补偿功能起作用时，变频器会给低速运转的电动机增加电压。只有在标量控制模式下才能激活自动转矩补偿功能。在矢量控制模式中，由于会自动提升转矩，因此不需要进行自动转矩补偿功能。

3.6.2　恒速 / 恒频（多段速）

恒速 / 恒频（多段速）是预定义（预置参考值）参数，用数字端子等方法选择固定频率的组合，实现电动机多段速度运行。预定义参数是一个数组，一般可设定 8 个不同的值，具体的频率（速度）值 f 由 3 位二进制数可以组合成 8 种状态，也即利用 3 个数字输入端子，可以完成运行 7 段速的功能。最多可以为速度控制定义 7 个速度，并为频率控制定义 7 个恒频，见表 3-14、表 3-15。

表 3-14　恒频预定义

该参数定义的源 28.22	该参数定义的源 28.23	该参数定义的源 28.24	恒频激活	示例：DI4、DI5 和 DI6 组合的二进制编码
0	0	0	无	000 预定义值 0
1	0	0	恒频 1	100 预定义值 1
0	1	0	恒频 2	010 预定义值 2
1	1	0	恒频 3	110 预定义值 3
0	0	1	恒频 4	001 预定义值 4
1	0	1	恒频 5	101 预定义值 5
0	1	1	恒频 6	011 预定义值 6
1	1	1	恒频 7	111 预定义值 7

表 3-15　恒速预定义

该参数定义的源 22.22	该参数定义的源 22.23	该参数定义的源 22.24	恒速激活	示例：DI4、DI5 和 DI6 组合的二进制编码
0	0	0	无	000 预定义值 0
1	0	0	恒速 1	100 预定义值 1
0	1	0	恒速 2	010 预定义值 2
1	1	0	恒速 3	110 预定义值 3
0	0	1	恒速 4	001 预定义值 4
1	0	1	恒速 5	101 预定义值 5
0	1	1	恒速 6	011 预定义值 6
1	1	1	恒速 7	111 预定义值 7

设置：菜单—初始设置—起动、停止、给定值—恒频（恒速）或参数组 22 和参数组 28。例如，利用 DI4、DI5 和 DI6 数字输入端子预定义恒速 / 恒频（多段速）。如 DI4、DI5 和 DI6 的逻辑值均为 "0" 时，组合的预置参考值为 "0"，即 "000 预置参考值 0"，运行值为 0；如 DI4 和 DI5 的逻辑值均为 "0"，DI6 的逻辑值均为 "1"，则组合的预置参考值 001 为 "1"，即 "001 预置参考值 1"，运行值为 "1"，激活后为恒频 4 或恒速 4。以此类推。图 3-40 是一个变频器恒速 / 恒频（多段速）控制原理及应用原理示例。图示目的是帮助理解变频器内部恒速 / 恒频（多段速）控制程序及控制链的工作原理，请自行分析。

3.6.3　临界转速 / 频率（防危险转速、防失速、跳跃速度）

通用变频器的临界转速 / 频率功能是保证电动机的转速始终在可控的允许范围内，不至于发生危险转速的功能，包括加速过程中的防失速功能、恒速运行过程中的防失速功能和减速过程中的防失速功能三种，见参数组 22。

加速过程中的防失速功能和恒速运行过程中的防失速功能的基本作用是，当由于电动机加速过快或负载过大等原因出现过电流现象时，变频器将自动降低输出频率，以避免变频器因为电动机过电流而出现保护电路动作和停止工作的情况。若预置的加速时间过短，容易因

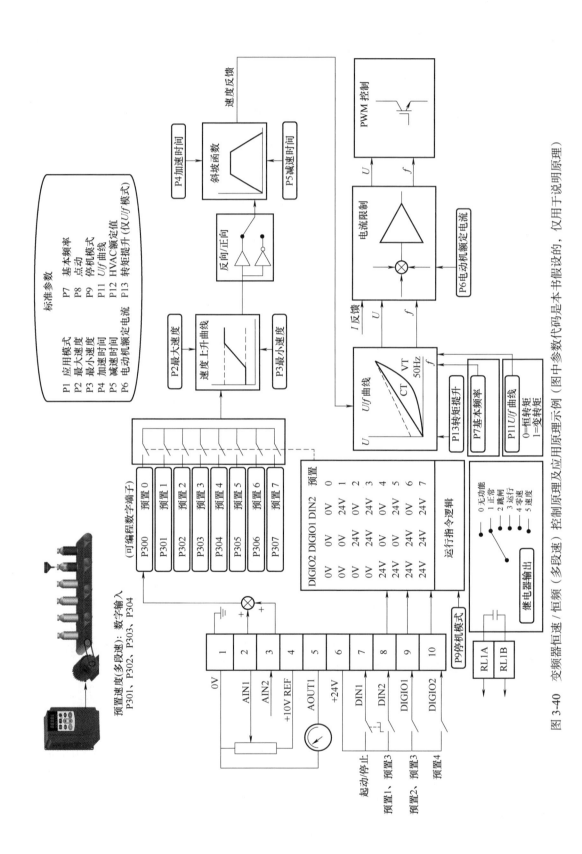

图 3-40 变频器恒速/恒频（多段速）控制原理及应用原理示例（图中参数数代码是本书假设的，仅用于说明原理）

过电流而跳闸；加速时间过长，又会影响电动机运行效率，并引起电动机发热。变频器在加速过程中若出现过电流，超过了预置的上限值（即加速电流的最大允许值），变频器的输出频率将不再增加，待电流下降到上限值以下后再继续加速。

电动机在减速过程中回馈能量会使变频器直流中间电路的电压上升，并有可能出现因保护电路动作使变频器停止工作的情况。对于惯性较大的负载，如果减速时间预置得过短，会因拖动系统的功能释放得太快而引起直流回路的过电压。如果在减速过程中，直流电压超过了上限值（即直流电压允许最大值），变频器的输出频率不再下降，待直流电压下降到设定值以下后再继续减速，从而达到防止失速的目的。

当变频器限制了允许的输出速度 / 频率时，若从停止状态加速，其将限制为绝对最低危险转速（低危险转速或低临界频率），除非速度给定超过危险转速 / 频率的上限。

通用变频器的可调节输出频率范围为 0~400Hz，在 50Hz 时，电动机的转速达到额定频率，如果频率继续上升，电动机的实际转速将超过额定转速的 N 倍，此时，电动机就会失去控制，甚至可能发生飞车引发安全事故。通用变频器的防失速功能，也给电动机的转速设置了一个上限，这个上限是通过控制频率来实现的，因为大部分的变频器都是开环控制的。

为了达到减少噪声、减小机械振动、降低冲击、保护机械设备的目的，通用变频器设置了包括对 U/f 和转矩补偿值进行调节、选择加 / 减速模式、选择停止方式、载频调节、电动机参数设定与调节和设定跳越频率等功能，可以根据实际情况选定其中一项或多项进行设定。

在调速运行过程中，机械设备在某些频率点上可能会与系统的固有频率形成共振而造成较大振动，产生噪声。如在控制压缩机时，要避免压缩机的喘振点。频率跳越功能就是为了避开这些共振频率而设置的。它可以用于泵、风机、机床等机械设备，以达到防止机械系统发生共振的目的。

3.6.4　泵和风机控制（PFC）

泵和风机控制（PFC）逻辑在包含一个变频器和多个泵或风机的系统中使用。除了通过接触器把其他泵 / 风机直接连接到供电网络（和断开连接）外，变频器还用于控制其中一个泵 / 风机的速度。ACS580 最多可控制 4 个泵或风机。设置：参数 96.04 宏选择，选择 PFC；参数组 10 标准 DI、RO，定义 DI；参数组 40 第一套过程 PID 参数集，定义相关参数；参数组 76 PFC 配置与参数 77 PFC 维护和监控，定义相关参数。

PFC 控制逻辑可根据需要打开或关闭辅助电动机。例如，在泵应用中，变频器控制第一个泵的电动机速度以控制泵的输出，该泵属于调速泵。当反馈值（PID 给定值）超过第一个泵的能力（定义的速度 / 频率限制）时，PFC 逻辑自动起动辅助泵。PFC 逻辑还可以降低变频器控制的第一个泵的速度，而增加辅助泵的输出。然后，PID 控制器按照系统输出满足过程需求的方式调整第一个泵的速度 / 频率。如果需求继续增加，则 PFC 逻辑将按照上述的类似方式进一步添加辅助泵。随着需求降低（如压力），PFC 逻辑通过将第一个泵的速度降低到最小限值（定义的速度 / 频率限值）以下，来自动停止辅助泵。PFC 逻辑还可以通过提高变频器控制的泵的速度，以停止辅助泵的输出，由调速泵承担辅助泵的负荷。

可以选择在 PFC 系统中定义每个电动机的互锁信号。如果电动机的互锁信号处于"可用"状态，则会将电动机加到 PFC 起动序列。如果信号处于"互锁"状态，则会将电动机排除在外。此功能可用于维护或手动直接起动时停用 PFC 逻辑，以保证安全。

3.6.5　泵和风机软起动控制（SPFC）

风机软起动控制（SPFC）逻辑是用于泵和风机实现直接软起动（辅助）电动机的方法。PFC 逻辑和 SPFC 逻辑之间的主要区别在于 SPFC 逻辑可在线连接辅助电动机。当满足起动新电动机的条件时，SPFC 逻辑在快速运转过程中（即当电动机仍在运转时）将变频器控制的电动机连接到供电网络。然后，变频器连接到要起动的下一个泵 / 风机单元，并开始控制该泵单元的速度。同时，现在可以通过接触器直接在线连接先前控制的单元。其他（辅助）电动机以类似的方式起动。电动机停止程序与正常 PFC 程序相同。在某些情况下，SPFC 可以在连接联机的辅助电动机时软化起动电流。因此，可以在管道和泵上实现较低的压力峰值。

3.6.6　变频器与保护有关的功能

通用变频器的保护功能有些是通过变频器内部的软件和硬件直接完成的，而有些功能则与变频器的外部工作环境有密切关系，需要和外部信号配合完成，或者需要用户根据系统要求对其动作条件进行设定。前一类保护功能主要是对变频器本身的保护，ABB 变频器称为固化 / 标准保护；而后一类保护功能则主要是对变频器所传动的电动机的保护以及对系统的保护等内容。

3.6.6.1　变频器内部固化 / 标准保护

1. 过电流保护

如果输出电流超过了内部过电流限值，IGBT 会立即关闭以保护变频器。

2. 直流过电压保护

当电动机减速时即处于发电状态，或当电动机轴的转动速度大于额定速度或频率时也会处于发电状态。为了防止直流电压超过过电压控制限值，当达到限值时，过电压控制器会自动减小输出转矩。当达到限值时，过电压控制器也会增加减速时间；为了获得较短的减速时间，就需要外设制动斩波器和电阻。

3. 欠电压控制（掉电跨越）、自动重起功能

如果电网电压瞬间丢失，变频器将利用电动机旋转的动能继续维持运行。只要电动机旋转并给变频器提供能量，变频器就会正常运行。如果主接触器（如有）保持闭合状态，变频器在电源恢复后，可以立即投入运行。即欠电压控制（掉电跨越）功能。要启用欠电压控制（掉电跨越）功能，使用参数 30.31 欠电压控制启用变频器的欠电压控制功能。同时必须将参数 21.01 起动模式设置为自动（在矢量模式下）或将参数 21.19 标量起动模式设置为自动（在线性模式下）才能实现快速起动（起动进入旋转电动机）。如果设备装有主接触器，应在接触器控制电路中使用延时继电器（保持）。注意：启用欠电压控制（掉电跨越）功能应确保电动机的快速重起不会造成任何危险。否则，禁止启用欠电压控制功能。

如果发生短时电源中断（最多 10s），可以使用自动重起功能使变频器单元自动重新起动，变频器在没有冷却风机的情况下可以运行 10s。如果直流电压在参数 21.18 自动重起时间定义的时间到达之前恢复，并且起动信号仍然开启，变频器将继续正常运行；如果直流电压在定义的时间到达之后仍然持续很低，变频器跳闸，显示故障代码 3220 "直流母线欠电压"。但是，如果参数 21.34 强制自动重起设置为有效，变频器就不会因欠电压故障跳闸，起动信号保持为开。在直流电压恢复时，继续正常操作。注意：启用自动重起功能应确保不会出现危险状况。否则，禁止启用自动重起功能。

4. 电压控制和跳闸限值

中间直流电压调节器的控制和跳闸限值与供电电压以及变频器类型有关。中间直流电压大约是相间电压的 1.35 倍，最大约为 560V，可在参数 01.11 "直流电压"中查询和显示。设置：参数 01.11 直流电压；参数 30.30 过压控制；参数 30.31 欠电压控制；参数 95.01 供电电压；参数 95.02 自适应电压限值。

5. 变频器温度

如果变频器内部温度上升到足够高，变频器会首先限制开关频率，然后限制电流以保护其自身。如果变频器温度持续升高，例如由于风扇故障等原因，将会发出过温故障信号。

6. 短路

如果出现短路故障，IGBT 会立即关闭以保护变频器。

7. 急停

急停信号通过选择参数 21.05 急停信号源，并在相应端子上连接急停输入信号。急停功能同样可以通过现场总线发出（参数 06.01 主控制字，位 0~2）。急停模式通过参数 21.04 急停模式选择。可选斜坡停机 Off 1，沿特定给定类型定义的标准减速斜坡停止；自由停机 Off 2；紧急斜坡停机 Off 3，通过参数 23.23 急停时间停机。在 Off 1 或 Off 3 急停模式下，电动机的斜坡下降速度可以通过参数 31.32 急停斜坡监视和参数 31.33 急停斜坡监视延时来监测。当检测到急停信号后，即使急停信号被取消，急停功能也不能被停止。如果将最小（或最大）转矩限值设置为 0%，那么急停功能将不能停止变频器。

设置：菜单—初始设置—起动、停止、给定值—运行允许；参数 21.04 急停模式、参数 21.05 急停信号源、参数 23.23 急停时间、参数 31.32 急停斜坡监视和参数 31.33 急停斜坡监视延时。表 3-16 是 ABB ACS580 系列变频器的参数 "21 起动 / 停止模式"的部分参数。

表 3-16　ABB ACS580 系列变频器的参数 "21 起动 / 停止模式"的部分参数

21 起动 / 停止模式		起动和停车模式；急停模式和信号源选择；直流励磁设置	
序号	名称 / 值	描　　述	Def/FbEq16
21.01	起动模式	为矢量电动机控制模式选择电动机起动功能，即 99.04 电动机控制模式设置为矢量时。标量控制模式的起动功能由参数 21.19 标量起动模式选择。变频器运行时，此参数不会改变	自动
	快速	起动前，变频器对电动机预励磁。预励磁时间是自动确定的，根据电动机的大小通常是 0.2~2s。如果需要高起动转矩，应选择这种模式	0
	恒定时间	起动前变频器对电动机预励磁。预励磁时间通过参数 21.02 励磁时间确定。如果要求预励磁时间恒定，应该选择此模式（例如，如果电动机起动和机械抱闸释放必须同时进行）。该设置也保证了电动机具有足够长的预励磁时间，同时获得最高的起动转矩。警告！即便电动机励磁没有完成，在设定的励磁时间过去之后，变频器也将起动。实际应用时，如果需要满负载的起动转矩，请确保恒定励磁时间足够长以便达到满磁和满转矩	1
	自动	自动起动在大多数应用场合中能保证最优电动机起动，包括快速起动功能和自动重起。在所有情况下，变频器控制程序都会快速识别磁通和电动机机械状态，并立即起动电动机。注：如果将参数 99.04 电动机控制模式设置为标量，不能快速起动或自动重起，除非将参数 21.19 标量起动模式设置为自动	2

（续）

序号	名称/值	描　　述	Def/FbEq16
21.03	停止模式	选择收到停止命令后电动机停止的方式。选择磁通量制动后可以磁通制动（参数97.05磁通制动）	自由停车
	自由停车	通过切断变频器的逆变器停止输出。电动机自由停车至静止。警告！如果采用机械抱闸，应确保变频器可以通过自由停车安全停止	0
	斜坡	沿激活减速斜坡停止。见参数组23速度给定斜坡或参数组28频率给定控制链	1
	转矩限值	根据转矩限值停止（参数30.19和参数30.20）。此模式仅在矢量电动机控制模式下有效	2
21.04	急停模式	选择收到急停命令后电动机停止的方式。通过参数21.05急停信号源选择急停信号源	斜坡停车（Off 1）
	斜坡停车（Off 1）	变频器运行的情况下：1 = 正常操作。0 = 沿为特殊给定类型定义的标准减速斜坡正常停止。变频器停止后，通过取消急停信号并将起动信号从0调至1重新起动变频器。变频器停止的情况下：1 = 允许起动。0 = 不允许起动	0
	自由停车（Off 2）	变频器运行的情况下：1 = 正常操作。0 = 通过自由停车。可通过恢复起动联锁信号并将起动信号从0调至1重新起动变频器。变频器停止的情况下：1 = 允许起动。0 = 不允许起动	1
	紧急斜坡停车（Off 3）	变频器运行的情况下：1 = 正常操作。0 = 沿通过参数23.23急停时间定义的紧急斜坡停车。变频器停止后，通过取消急停信号并将起动信号从0调至1重新起动变频器。变频器停止的情况下：1 = 允许起动。0 = 不允许起动	2
21.05	急停信号源	选择急停信号源。通过参数21.04急停模式选择停车模式。0 = 急停激活。1 = 正常操作。注：变频器运行时，此参数不会改变	未激活（真）
	激活（假）	0	0
	未激活（真）	1	1
	保留		2
	DI1	数字输入DI1（10.02 DI延时状态，位0）	3
	DI2	数字输入DI2（10.02 DI延时状态，位1）	4
	DI3	数字输入DI3（10.02 DI延时状态，位2）	5
	DI4	数字输入DI4（10.02 DI延时状态，位3）	6
	DI5	数字输入DI5（10.02 DI延时状态，位4）	7
	DI6	数字输入DI6（10.02 DI延时状态，位5）	8
	其他［位］	源选择（该数值取自另一参数的特定位。信号源通过参数列表选择）	-

（续）

序号	名称 / 值	描 述	Def/FbEq16
21.18	自动重起时间	短时供电故障后，可通过自动重起功能自动重起电动机。当将参数设置为 0.0s 时，自动重起功能禁用。否则，参数定义试图重起后的电力故障最大持续时间。注意此时间还包括直流预充电延时时间。另见参数 21.34 强制自动重起。只有在参数 95.04 控制板供电设置为外部 24V 时，本参数才有效。警告！激活该功能之前，请确保不会出现危险状况。此功能将自动重新起动变频器，并且在供电中断之后继续运行	10.0s
	0.0s	自动重起禁止	0
	0.1~10.0s	最大电力故障时间	1 = 1s
21.19	标量起动模式	为标量控制模式选择电动机起动功能，即 99.04 电动机控制模式设置为标量时。注：矢量电动机控制模式的起动功能由参数 21.01 起动模式选择。变频器运行时，此参数不会改变	标准
	标准	立即从零速起动	0
	恒定时间	起动前，变频器对电动机预励磁。预励磁时间通过参数 21.02 励磁时间确定。如果要求预励磁时间恒定，那么应该选择此模式（例如如果电动机起动和机械抱闸释放必须同时进行）。该设置也保证了电动机具有足够长的预励磁时间，同时获得最高的起动转矩。注：该模式无法用于起动旋转中的电动机。警告！即便电动机励磁没有完成，在设定的预励磁时间过去之后，变频器也将起动。实际应用时，如果需要满负载的起动转矩，请确保恒定励磁时间足够长以便达到满磁和满转矩	1
	自动	变频器自动选择正确的输出频率来起动旋转中的电动机。这对于快速起动很有用：如果电动机已经在旋转，变频器将在当前频率下平稳起动。注：无法用于多电动机系统中	2
	转矩提升	起动前，变频器对电动机预励磁。预励磁时间通过参数 21.02 励磁时间确定。在起动时应用转矩提升。当输出频率超过额定频率 40% 或等于给定值时，转矩提升停止。见参数 21.26 转矩提升电流。如果需要高起动转矩，应选择这种模式。注：该模式无法用于起动旋转中的电动机。警告！即便电动机励磁没有完成，在设定的预励磁时间过去之后，变频器也将起动。实际应用时，如果需要满负载的起动转矩，请确保恒定励磁时间足够长以便达到满磁和满转矩	3
23.23	急停时间	定义急停 Off 3 功能激活后，电动机停止的时间（即速度从参数 46.01 速度换算或 46.02 频率换算定义的值降低到零所要求的时间）。急停模式和激活信号源分别通过参数 21.04 急停模式和 21.05 急停信号源选择。急停功能也可以通过现场总线激活。注：急停 Off 1 采用参数 23.11~23.15 定义的标准减速斜坡。相同的参数值也用于频率控制模式（斜坡参数 28.71~28.75）	3.000s
	0.000~1800.000s	急停 Off 3 减速时间	10 = 1s
30.31	欠电压控制	激活中间直流母线的欠电压控制。如果直流电压由于输入电源切断而下降，为了保持电压在下限值以上，欠电压控制器会自动减小电动机转矩。通过减小电动机转矩，负载的惯性会导致再生能量反馈回变频器，从而保持直流母线的充电状态并防止欠电压跳闸，直到电动机自由停止。在大惯性系统（如离心机或风机）中，该功能可以用作电压瞬时中断保护	有效
	禁用	欠电压控制禁用	0
	有效	欠电压控制允许	1

（续）

序号	名称 / 值	描　述	Def/FbEq16
31.32	急停斜坡监视	参数 31.32 急停斜坡监视和参数 31.33 急停斜坡监视延时，以及参数 24.02 采用的速度反馈的微分一起为急停模式 Off 1 和 Off 3 提供监测功能。监测基于观察电动机停止时间或比较实际和预期的减速速率。如果此参数设置为 0%，那么最大停止时间直接在参数 31.33 中设置。否则，通过参数 31.32 定义预期减速速率的最大允许偏差，该速率通过参数 23.11~23.15（Off 1）或参数 23.23 急停时间（Off 3）计算得出。如果实际减速速率（参数 24.02）与预期速率偏离较大，变频器会因故障 73B0 急停斜坡失败而跳闸，将参数 06.17 变频器状态字 2 的第 8 位置位并自由停止。如果参数 31.32 设置为 0%，且参数 31.33 设置为 0s，急停斜坡监控将被禁止。另见参数 21.04 急停模式	0%
	0~300%	与预期减速速率的最大偏差	1 = 1%
31.33	急停斜坡监视延时	如果参数 31.32 急停斜坡监视设置为 0%，此参数定义采取急停（模式 Off 1 或 Off 3）允许的最大时间。如果时间过去后电动机仍未停止，电动机会因故障 73B0 急停斜坡失败而跳闸，将参数 06.17 变频器状态字 2 的第 8 位置位并自由停止。如果将参数 31.32 设置为 0% 以外的值，此参数定义收到急停命令和监测激活之间的延时。建议设置短延时以稳定速度变化率	0s
	0~100s	最大斜坡向下时间或监测激活延时	1 = 1s

3.6.6.2　电动机的保护

1. 过载保护

通用变频器对电动机的保护功能的主要作用是通过变频器内部的电子热继电器功能为电动机提供过载保护。当电动机电流（通用变频器输出电流）超过电子热保护功能所设定的保护值时，则电子热继电器动作，使变频器停止输出，从而达到对电动机保护的目的。用户可以根据需要在一定范围内对电子热继电器的动作点和动作特性（热能时间常数）进行调节，以最大限度地发挥电动机的作用并为电动机提供保护。

通用变频器的控制程序一般具备两个独立的电动机温度检测功能，包括电动机热保护（变频器内部的估计温度）或电动机上安装的传感器。温度数据的来源和警告 / 跳闸限值可以根据每个功能独立设置。电动机热保护模型变频器在下列假定的基础上计算电动机的温度：当变频器首次通电时，电动机温度为环境温度（此温度由参数 35.50 电动机环境温度定义）。然后，当变频器通电后，假定电动机处于估算的温度值；电动机温度使用用户可调整电动机热时间和电动机负载曲线计算。当环境温度超过 30℃ 后，应该对负载曲线进行调整。

对于异步电动机，在其轴上有冷却风扇，当采用变频器传动时，在低速范围内冷却风扇转速也降低，这将使风扇的冷却效果变差，电动机的容许温升也相应降低。考虑到上述因素，对电动机的电子热保护功能，虽然已在低频范围按照容许温升范围进行了一定的补偿，但使用时还需要特别注意。而对于通用变频器专用电动机来说，因为冷却风扇是另外控制的，就不存在冷却失效问题。但这种功能的保护对象是单台三相异步电动机。当用同一台变频器同时传动数台电动机时，则应该采用外部热继电器保护。

使用热敏电阻继电器监控温度可以将常闭或常开热敏电阻继电器连接到数字输入 DI6。设置：菜单—初始设置—电动机—热保护估计值，菜单—初始设置—电动机—热保护测量值，或参数组 35 电动机热保护。可编程的保护功能外部事件（参数 31.01~31.10）来自过程的五个不同事件信号可以连接到可选输入上，以便使变频器设备跳闸或向其发出警告。当信号丢失时，一个外部事件产生（故障、警告或仅日志条目）。消息的内容可以在控制盘上选择菜单—初始设置—高级功能—外部事件来编辑。

2. 电动机断相保护

电动机断相保护是通过电动机断相检测参数 31.19，选择在检测到电动机断相时，变频器如何响应：无操作或跳闸。在标量控制模式下，在高于电动机额定频率 10% 时激活检测功能。如果电流在一定时间限值内保持非常小的值，则给出输出断相故障。如果电动机额定电流低于变频器额定电流的 1/6，或没有电动机连接，建议禁用电动机输出断相功能。

3. 接地故障保护

接地故障保护是通过接地故障检测参数 31.20，选择在出现接地故障时或在电动机或电动机电缆中检测到电流不平衡时变频器如何响应：警告或跳闸。接地故障保护不能保护供电电缆的接地故障，可以对电源接地起到保护作用。

4. 堵转保护（参数 31.24~31.28）

变频器具有电动机堵转保护功能。可以调整监控限值（电流、频率和时间）并选择变频器对于电动机堵转状况如何做出反应。堵转条件定义如下：变频器超过堵转电流限制（参数 31.25 堵转电流限值），并且输出频率低于参数 31.27 堵转频率上限设置的水平，或电动机转速低于参数 31.26 堵转速度上限设置的水平，并且上述条件的存在时间比参数 31.28 堵转时间设置的时间要长。

3.6.6.3 系统的保护

1. 外部报警输入功能

外部报警输入功能是为了将被变频器拖动设备的故障信号输入到变频器以配合工作而设置的。当设备发生故障并发出报警信号时，使变频器停止工作，以避免故障扩大。在使用该功能时需要在电动机外壳上安装热敏温度传感器等。

2. 通用变频器过热预警

通用变频器过热预警功能主要是当变频器环境温度过高将危及变频器正常运行时发出报警信号，以便采用相应的保护措施。在使用该功能时需要在变频器外部安装热敏温度传感器等。

3. 制动电路异常保护

制动电路异常保护功能的作用是为了给系统提供安全保障措施。当检测到制动电路出现异常或者制动电阻过热时发出报警信号，并使通用变频器停止工作。直流制动功能的作用是在不使用机械制动器和制动电阻的条件下，使电动机制动。当变频器通过降低输出频率使电动机减速，并达到预先设定的频率时，变频器将给电动机绕组加上直流电压，使电动机绕组中流过直流电流，使电动机进入直流制动状态，达到直流制动的目的。

3.6.6.4 与运行方式有关的功能

1. 自寻速跟踪功能

对于风机等惯性负载来说，当由于某种原因使变频器暂时停止输出，电动机进入自由运行状态时，具有这种自寻速跟踪功能的变频器可以在没有速度传感器的情况下自动寻找电动机的实际转速，并根据电动机转速自动进行加速，直至电动机转速达到所需转速，而无需等到电动机停止后再进行传动。

2. 载波频率调整

通过调整载波频率可达到降低系统运行噪声的目的。载波频率设置得越高，其高次谐波分量越大，这和电缆的长度、电动机发热、电缆发热变频器发热等因素是密切相关的。

3. 节能控制（能源效率）

具有节能控制功能的变频器有专用 U/f 模式，可改善电动机和变频器的运行效率，可根据负载电流自动降低变频器输出电压，从而达到节能目的，用户可根据具体情况设置为有效或无效。

4. 故障自动复位

变频器在发生过电流、过电压、欠电压、外部故障等故障后，能够自动复位。用户也可以为某一故障设定自动重启。默认情况下，自动复位处于关闭状态，需要时可将其激活。但是，激活该功能之前，应确保不会出现危险状况。出现故障后，该功能将自动复位变频器并使其继续运行。设置：菜单—初始设置—高级功能—自动复位故障，或参数 31.12~ 参数 31.16。

5. 诊断

信号监控可选择六个信号通过此功能进行监控。当信号超过（或低于）预定义的限值时，将激活 32.01 监控状态的位，并发出警告或故障提示。监测信号是低通滤波。设置：参数组 32 监控。

6. 节能计算器

节能计算器功能具有能量优化器、计数器和负载分析器的特性。能量优化器可调整电动机磁通使系统总效率达到最大。计数器用于监控电动机已使用和已节省的能量，并以 kWh、货币或二氧化碳（CO_2）排放量为单位显示出来。

负载分析器包括峰值记录器和幅度记录器，用于显示变频器的负载模式。用户可选择一个信号由峰值记录器进行监控，记录器以 2ms 间隔对峰值取样，记录该信号的峰值、发生峰值的时间、出现峰值时的电动机电流、直流电压和电动机转速。

幅度记录器控制程序有两个幅度记录器。幅度记录器 1 用于监控电动机的电流，不能被复位。对于幅度记录器 1，100% 对应于变频器的最大输出电流（I_{max}）。测量的电流将连续记录，采样的分布情况通过参数 36.20~36.29 进行显示。用户可选择一个信号由幅度记录器 2 在变频器运行过程中以 200ms 的时间间隔对该信号进行采样，并可指定对应于 100% 的值。所收集的采样按照其幅度存储到 10 个只读的参数中。每个参数代表一个宽度为 10% 的幅度范围，并显示落于该范围内的百分数。可在控制盘或 Drive composer PC 工具中以图表的形式查阅该信息。设置：菜单—诊断—负载规范，或参数组 36 负载分析器。

此外，还有用于显示当前小时和前一小时的能源消耗以及当前日和前一日的能源消耗（以 kWh 为单位）。统计已经通过变频器的能量总量，并以 GWh、MWh 和 kWh 完整显示。累积能量也显示为完整的 kWh 值。所有这些计数器都可以复位。注：节能计算的精确度直接取决于参数 45.19 参考功率给定的电动机功率的精确度。设置：菜单—能源效率—参数组 45 能源效率，或参数 01.50 当前小时 kWh、01.51 前一小时 kWh、01.52 当前日 kWh 和 01.53 前一日 kWh，或参数 01.55 逆变器电动 GWh（可复位）、01.56 逆变器电动 MWh（可复位）、01.57 逆变器电动 kWh（可复位）和 01.58 逆变器累积能量（可复位）。

3.7 通信

目前，可以通过通信网络对多台通用变频器进行实时监控，按预先设定的工作流程和控制策略，实现集中或分散控制。

通用变频器的通信功能是通过通信接口、通信协议和现场总线实现的。智能化通用变频器通过选件（通信适配器或总线适配器）可以支持各种现场总线，在现场级也可实现与工业自动化用以太网（Ethernet for Plant Automation，EPA）联网，通过实现各种通信协议，利用 EPA 功能，使企业的网络授权用户共享现场信息，并对现场设备进行远程在线控制、编程和组态等。目前现场总线技术正向工业控制现场设备区域延伸，已被广泛应用于各行业的现场控制。

ABB ACS580 系列变频器可通过内置总线通信接口 RS485（端子 X5）或总线适配器连接到外部控制系统。内置总线通信接口支持 Modbus RTU 协议。总线适配器可用于多种通信系统和协议，如 CANopen、ControlNet、DeviceNet、EtherCAT、以太网 /IP、PROFINET-IO、PROFIBUS-DP、Modbus TCP、以太网 POWERLINK、EPA 等。可将变频器配置为通过现场总线接口接收所有控制信息，或可在现场总线接口和其他可用源（数字和模拟输入，具体取决于控制地外部 1 和外部 2 的配置方式）之间分配控制。

使用表 3-17 所示的参数，为变频器设置内置总线通信。"现场总线控制设置"列提供了要使用的值或默认值。"功能 / 信息"列提供了参数描述。

表 3-17　ABB ACS580 系列变频器的参数

参　　数	现场总线控制设置	功能 / 信息
内置 Modbus 配置		
58.01	Modbus RTU	初始化内置总线通信
58.03 节点地址	1（默认）	节点地址。不得有节点地址相同的两个节点在线
58.04 波特率	19.2 kbit/s（默认）	定义链路的通信速度。使用与主站相同的设置
58.05 校验	8 EVEN 1（默认）	选择奇偶校验和停止位设置。使用与主站相同的设置
58.14 通信丢失动作	故障（默认）	定义当检测到通信中断时的操作
58.15 通信丢失模式	Cw/Ref1/Ref2（默认）	启动 / 禁用通信中断监控并定义复位通信中断延时计数器的方法
58.16 通信丢失时间	3.0s（默认）	定义通信监控的超时限值
58.17 发送延时	0ms（默认）	定义变频器的响应延时
58.25 控制协议	ABB Drives（默认）	选择变频器使用的控制规范
58.26 内置现场总线给定 1 类型 58.27 内置现场总线给定 2 类型	速度或频率（58.26 的默认值）、透明、常规、转矩（58.27 的默认值）、速度、频率	定义现场总线给定值 1 和 2 的类型。各个给定类型的换算由参数 46.01...46.03 定义。使用速度或频率设置，会根据当前激活的变频器控制模式自动选择类型

（续）

参　　　　数	现场总线控制设置		功能 / 信息
58.28 内置现场总线实际值 1 类型 58.29 内置现场总线实际值 2 类型	速度或频率（58.28 的默认值）、透明（58.29 的默认值）、常规、转矩、速度、频率		定义实际值 1 和 2 的类型。各个实际值类型的换算由参数 46.01…46.03 定义。使用速度或频率设置，会根据当前激活的变频器控制模式自动选择类型
58.31 内置现场总线实际值 1 直接信号源 58.32 内置现场总线实际值 2 直接信号源	其他		定义当将 58.26 内置现场总线给定 1 类型（58.27 内置现场总线给定 2 类型）设置为透明时实际值 1 和 2 的源
58.33 寻址模式	模式 0（默认）		在 400001…465536（100…65535）Modbus 寄存器范围内定义参数和保持寄存器之间的映射
58.34 传输字序	LO-HI（默认）		在 Modbus 消息框架中定义数据字的顺序
58.101…58.114	数据 I/O 1… 数据 I/O 14	例如，默认设置（I/O 1…6 包含控制字、状态字、两个给定值和两个实际值）RO/DIO 控制字、AO1 数据存储、AO2 数据存储、反馈数据存储、给定值数据存储	定义 Modbus 主站读取或写入对应于 Modbus 输入 / 输出参数的寄存器地址时，访问的变频器参数的地址。选择希望通过 Modbus I/O 字读取或写入的参数。这些设置将输入数据写入到存储参数 10.99 RO/DIO 控制字、13.91 AO1 数据存储、13.92 AO2 数据存储、40.91 反馈数据存储或 40.92 给定值数据存储
58.06	通信控制	刷新设置	使配置参数的设置生效
控制命令源选择			
20.01 外部 1 命令	内置现场总线		当外部 1 被选为激活控制地时，选择现场总线作为启动和停止命令源
20.06 外部 2 命令	内置现场总线		当外部 2 被选为激活控制地时，选择现场总线作为启动和停止命令源
速度给定选择			
22.11 外部 1 速度给定 1	内置现场总线给定值 1		将通过内置总线通信接口接收的给定选择作为速度给定 1
22.18 外部 2 速度给定 1	内置现场总线给定值 1		将通过内置总线通信接口接收的给定选择作为速度给定 2
转矩给定值选择			
26.11 转矩给定值 1 信号源	内置现场总线给定值 1		选择通过内置现场总线接口收到的给定值作为变频器的转矩给定值 1
26.12 转矩给定值 2 信号源	内置现场总线给定值 1		选择通过内置现场总线接口收到的给定值作为变频器的转矩给定值 2
频率给定选择			
28.11 外部 1 频率给定 1	内置现场总线给定值 1		将通过内置总线通信接口接收的给定选择作为频率给定 1
28.15 外部 2 频率给定 1	内置现场总线给定值 1		将通过内置总线通信接口接收的给定选择作为频率给定 2

3.8　变频器的谐波问题

几乎所有的变频器在其输出电流和电压的波形中均含有谐波。谐波的分布和幅值取决于变频器的类型和电动机的参数。施加于电动机的电压/电流波形的谐波含量会产生有害的热量和电动机转矩（制动、堵转和摆动）、轴向力以及附加的音频噪声等。噪声的分贝值由电动机的极数、变频器的脉冲模式和其他因素确定。这些影响是综合性的，并且取决于最低运行转速、所产生的谐波幅值及谐波次数、连接的被传动设备和电动机的参数。

3.8.1　共模电压与轴承电流

电动机由变频器供电的情况下，电压变化率 dU/dt、端子间峰值电压和从端子到机座/地的电压等，可能会损伤电动机绕组匝间绝缘，影响电动机寿命，输出电压和电流谐波过大会导致转矩下降。应限制电压波形尖峰电压 $U_{peak} \leqslant 3 \times$ 额定电压和 $dU/dt \leqslant 1500V/\mu s$，设计时应弄清系统中所用电动机的限值，并采取适当的措施（输出电抗器）限制变频器负载侧的 U_{peak} 和 dU/dt 的最大值。

当电动机运行时，由于定子轭部的不对称（如有扣片槽、通风道、迭片的各向异性）会在由轴、轴承、端盖和机座构成的闭合导电回路中产生交流磁通（环形磁通），并在导电回路感应出交流电压，如果所感应电压足以击穿润滑剂绝缘，包括两端轴承在内的回路中就会流过电流（环流），该电流称为低频轴承电流，另外，电动机内部绕组和铁心间存在寄生电容，包括转子-定子间的寄生电容、绕组-定子间的寄生电容、转子-绕组间的寄生电容，在一定条件下，这些寄生电容构成了电流流通的通路，现代变频器产生的快速脉冲具有很高的频率，即使很小的寄生电容也会形成低阻抗路径供电流流通。这也是电动机运行时机壳带电（漏电）的原因，如图 3-41 所示。

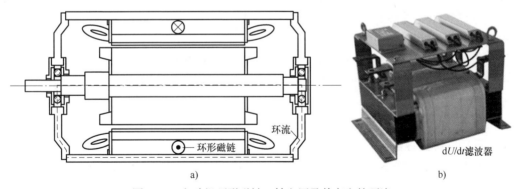

a)　　　　　　　　　　　　　b)

图 3-41　电动机环形磁链、轴电压及其产生的环流

图 3-41 是电动机运行时产生的环形磁链、轴电压及其产生的环流路径示意图。当电动机由通用变频器供电运行时，由于变频器固有的拓扑结构和控制方式，会产生高频环路磁通，由此引起的环流流经上述回路，包括电流流经绕组和铁心之间的寄生电容，寄生电容的作用使在同一匝线圈的两边产生不同的电流，就会产生一个高频轴承电流，叠加到低频轴承电流中，在回路上形成高频共模电压（U_{CM}），其峰值约为变频器中间电路直流电压的 50% 范围内，或约为变频器输入线电压的 72% 范围内。三相共模电压同相，可看作是零序电压分量。电动

机端的高频共模电压会产生共模电流，在包括电动机及其轴承、负载和变频器在内的整个封闭回路中循环流通，共模电流的幅值取决于共模电路的阻抗（电抗），电流经由输出回路所有元件的对地电容流入大地，再经由变频器的对地电容和接地导体流回变频器的中性点，如图 3-42 所示。

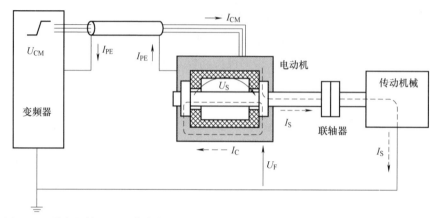

图 3-42 潜在的轴承电流［参考 IEC/TS 60034-25：2014（GB/T 21209—2017）图 15］
I_{CM}—高频共模电流 U_S—高频转轴电压 I_C—高频循环电流 I_{PE}—高频返回电流
U_F—高频机座电压 I_S—高频转轴电流

在正常情况下，三相正弦波电源是平衡且对称的，中性点电压为零。然而，当电动机采用变频器供电时，虽然输出电压的基频分量是对称和平衡的，但瞬时三相输出电压之和不为零，即中性点电压不为零，该电压就是高频共模电压的来源。电动机机座电压是变频器共模电压的一部分。共模电流会沿最小阻抗的路径流过。如果路径呈现的阻抗足够大，在电动机机座和变频器外壳之间可能出现大于 100V 的电压降。在这种情况下，电动机转轴通过接地的金属联轴器连接至传动机械，那么就可能有部分共模电流流经电动机轴承、转轴和传动机械返回至变频器。如果机器的转轴没有直接接地，则电流将经由负载机器轴承流通，这些轴承将先于电动机轴承而损坏。

如果定子铁心和机座很好地接地，存在于轴承径向间隙的由寄生电容耦合产生的电压，称作轴承电压。轴承电压是共模电压的镜像。共模电压的百分比称作轴承电压比，它取决于定子绕组和转子之间的寄生电容，转子和机壳之间的寄生电容，以及轴承本身的寄生电容。通常，轴承电压峰值在 10~30V 范围之间。如轴承电压超过其击穿值时，还会出现短时的高频轴承电流脉冲，称为静电放电加工（Electrostatic Discharge Machining，EDM）电流。EDM 电流的峰值在数安培的范围之内，重复率为 50~100 次 /20ms。重复率随着轴承电压数值和脉冲频率的增长而增加。

泄漏到定子机座的电流须回流到它的源头变频器中。任何回流路线都包含阻抗，因此对地电平相比机座电位更高。如果电动机转轴经传动机械接地，那么电动机轴承将承受机座增加的电压。如果该电压的增加超出了润滑膜的绝缘能力，那么就会有部分电流流经轴承、转轴和传动机械再返回至变频器。

3.8.2 接地导体和电气屏蔽措施

综上，应用通用变频器时，有可能影响电力传动系统安全的共有 3 种类型的高频轴承电流：环流、转轴接地电流和 EDM 电流。影响程度与电动机容量大小、电动机机座和轴的接地方式有密切关系。因此，必要时，需要采取措施防止高频轴承电流损害，基本措施有：采取适宜的布线和接地系统；改变轴承电流回路；用滤波器降低共模电压和 / 或 dU/dt；对于可能被轴承电流损坏的负载或其他设备采用非导电联轴器；使变频器运行在满足噪声和温度要求的最低开关频率；使用绝缘轴承（陶瓷球轴承、涂层轴承）等。这些措施可单独采用或合并采用。对于不同类型的高频轴承电流，须采用不同的方法，但最基础是采用适宜的接地系统，电气安装时应选择合适的电缆类型、接地导体和电气屏蔽措施。图 3-43 所示是电动机和变频器电缆屏蔽层连接的较好应用实例。

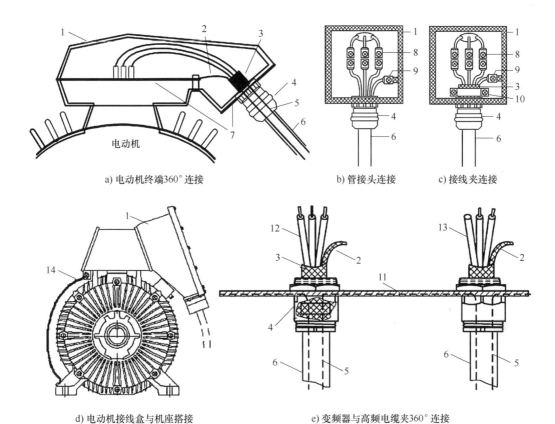

图 3-43　电动机和变频器电缆屏蔽层连接［根据 IEC/TS 60034-25：
2014（GB/T 21209—2017）图 19、图 22、图 24 编制］

1—电动机接线盒（导电）　2—屏蔽尾辫（尽可能短，与接地端子 9 连接）　3—电缆屏蔽
4—EMC 电缆管接头（见图 3-44）　5—全长连续法拉第笼式电缆屏蔽层　6—电缆外护套
7—导电衬垫　8—电动机端子　9—接地端子　10—屏蔽接线夹　11—镀锌铁板
12—电源电缆（尽可能短）　13—电动机电缆（尽可能短）　14—搭接接地辫子线

图 3-44　EMC 电缆管接头

如图 3-43 所示，变频器和电动机间的连接线要用屏蔽电缆，电缆的屏蔽层最好是编织网状或金属薄膜的单层屏蔽或双层屏蔽，屏蔽层沿电缆周围 360° 包裹多条导线。这样在 70MHz 频率范围内均有较低的阻抗，能有效降低转轴和机座电压并改善 EMC 性能。屏蔽的作用机理是将屏蔽层接地使之隔绝外接对导线的感应干扰电压。

变频器和电动机接线盒之间相连接的电缆两端应去除屏蔽层，该部分的长度应尽量短。一般情况下，100m 及以下长度的屏蔽电缆可不采取附加措施而直接使用。对于较长的电缆，可能需要采取一些特殊措施，如加装输出滤波器。如果采用共模电压滤波器，可大大降低共模电压，有效阻止高频轴承电流，包括环流、转轴接地电流和 EDM 电流。滤波器应安装在变频器输出侧。当使用滤波器时，从变频器输出至滤波器之间的电缆应按图 3-43 要求接线。如果使用 EMC 性能较好的滤波器，从滤波器至电动机之间的电缆不需屏蔽或对称，但电动机需另外接地。无屏蔽的单芯电缆用于大容量电动机时，须紧密安装在金属电缆桥架上，电缆桥架至少在电缆敷设路径的两端与接地系统搭接。需注意，源自这些电缆的磁场可能会在附近的金属件中引发电流，从而产生发热损耗。

图 3-43d 所示的搭接接地可提高系统的 EMC 性能，以金属条或编织带为好，长宽比应小于 5，并且应沿着最短的路径搭接。对于 100kW 以上电动机，其机座还应与传动机械之间搭接。

如果联轴器绝缘、机座与负载机械连接可有效阻止转轴接地电流，防止损坏负载机械，但不能阻止环流和 EDM 电流。

输出电抗器用以调节 PWM 输出波形，也可用来降低 dU/dt 和峰值电压。然而需要谨慎的是，从理论上说，如果电抗器选择不当就会延长上升持续时间，特别是铁氧体磁心的电抗器。电动机性能可能会受到电压降的影响。

dU/dt 滤波器是由电容、电感和二极管或电阻组成的，用以限制 dU/dt 值，降低电压幅值和增加峰值电压上升时间。但会增加约 0.5%~1.0% 的损耗，还可能降低电动机的最初起动转矩和最大转矩，系统应对此进行调节。

正弦滤波器是使高频电流分流的低通滤波器，使输出到电动机的电压波形接近正弦波，但不适用于对动态性能要求较高的场合。

第 **4** 章　智能制造使能技术——采标篇

中国制造战略对企业竞争战略具有显著的影响。为了实现企业的竞争目标，应与制造系统竞争战略相一致，采标是增强竞争能力、促进发展新技术、新产品和新制造方法的重要战略，是走向世界工厂的必由之路，因此，本章将采标视为主题，以期转变传统的思维方式，扩大视野，以制造强国愿景和数字工厂视角来讨论现代自动化系统。

本章主要介绍制造产业智能化涉及的电气工程相关内容的基础知识，这是跨专业、跨学科、跨领域的，但需要强势融合，这是现代自动化系统最主要的特征，也是数字化手段的特质。本书将内容限定在现代工业自动化系统范畴内，涉及的智能制造知识是狭义的，相关内容的叙述属于概念性和引导性的，涉及的新技术名词及主要知识多数可在本章中找到，更详细内容请按照章节中相关条目、关键字及参考文献的指引自行查询、参考。

4.1　智能制造概述

从数字工厂视角看，智能制造定义了具有增强能力的下一代智能制造生态系统愿景。视角是建立在新兴信息和通信技术基础上，包含产品、生产系统和企业（业务）系统三个维度，它将标准与每个维度中的生命周期阶段联系起来。

中国智能制造的定义和核心是两化融合（信息化和工业化融合），旨在将工业装备技术、工业生产工艺技术、工业生产和供应的管理技术、工业自动化技术与工业互联网技术等深度融合，从技术基础上看，是工业工程学科、电子电气工程学科、自动化工程学科、信息工程学科、计算机科学学科和机械工程学科等相互融合，以实现智能制造，它集成制造活动要素中的设计、生产、管理、服务等各个环节，具有自感知、自学习、自决策、自执行、自适应等功能的新型生产方式，核心问题是人工智能的知识与传承过程，对集成制造要素（材料、装备、工艺、测量和维护等）的活动进行建模，通过模型使能（技术）各要素的活动，实现现代工业自动化系统。现代工业自动化系统的核心是信息物理系统（Cyber-Physical Systems，CPS），CPS 是人工智能应用的基础，也是实现智能制造（Intelligent Manufacturing）或敏捷制造（Agility Manufacturing）的核心技术，是支撑两化融合的综合技术体系。因此，也可以说，信息空间与实体物理系统（自动化）融合的制造业就是智能制造。

智能制造的系统架构包括智能工厂、智能装备和智能服务。智能制造的使能技术包括可用的赋能（使能）技术和需要进一步开发的赋能（使能）技术两大类。关键赋能（使能）技术涵盖 CPS（ICPS、CPPS、CPMS）、工业物联网、云计算、大数据、数字孪生、计算机仿真、增强现实、增材制造、系统集成、自主机器人和网络安全等技术。

4.1.1　两化融合生态系统参考架构

GB/T 23004—2020《信息化和工业化融合生态系统参考架构》中定义了一个两化融合生

态系统参考架构，它由三个视角、四个要素、三个历程构成。发展进程是通过组织生态（主体）、价值网络（客体）、信息物理空间（空间）三个视角，不断推进数据、技术、业务流程和组织结构四要素互动创新和持续优化的过程。整个过程可视为是数字化、网络化和智能化三个螺旋式上升发展阶段（历程）在时间维度上的投影。

图 4-1 所示的两化融合生态系统（智能制造生态系统）参考架构以立体化方式展示其内涵与路径。这是一个基于智能制造生态系统定义的智能制造系统标准愿景，包含产品、生产系统和企业（业务）系统三个维度。愿景将标准与每个维度中的生命周期阶段联系起来。三个视角综合体现了两化融合发展的三个视角在融合发展进程中的交互作用，形成三个不同生命周期视角融合的产业升级智能制造生态系统金字塔（GB/T 20720.1—2019、IEC 62264-1：2013、ISA-95），系统架构包括业务计划和物流管理层（企业层）、制造运行管理层、监控与数据采集层、设备层与协同层，见图 4-2。智能制造生态系统金字塔（制造金字塔，Manufacturing Pyramid）全面反映了工业化与信息化交互影响、协同发展的理念、要素、方法和规律。通过四个核心要素的互动创新与持续优化，将工业化与信息化的产业发展特征有机结合，制造企业实现从数字化到网络化，再到智能化的转型则体现为从数字化制造、网络化制造到智能化制造的逐步发展过程。

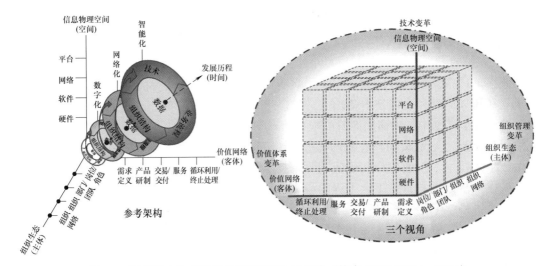

图 4-1 两化融合生态系统参考架构和三个视角（摘自 GB/T 23004—2020）

智能制造生态系统背景下的产品生命周期包括设计、工艺规划、生产工程、制造、使用和服务、报废和回收 6 个阶段。生产系统的典型生命周期阶段包括设计、构建、调试、运维和退役。生产系统是指机器、设备和辅助系统的集合；产品生命周期包括设计、生产、物流、销售与服务，与信息流和控制技术有关，这些信息流和控制技术从产品设计的早期阶段开始，一直持续到产品生命周期的结束。例如，如果主要子系统崩溃或目标产品逐步退出市场，那么产品系统的生命周期就结束了；业务周期是处理供应商和客户交互的功能。

智能制造生态系统包括制造系统业务中的生产、管理、设计和工程的功能。三个维度中的每一个都在机器、工厂和企业系统的垂直集成中发挥作用，称为智能制造生态系统金字塔。在每个维度上集成的制造系统软件应用程序有助于在车间实现高级控制，并在工厂和企业中进行最佳决策。这些视角和支持它们的系统的组合构成了制造系统的生态系统。表 4-1 描述了智能制造生态系统的功能和映射。

表 4-1　智能制造生态系统的功能和映射

技　术	描　述	信　息　流	关键功能支持
产品生命周期管理（Product Life-cycle Management，PLM）	PLM 是对产品的整个生命周期进行管理的过程，从产品初始，到工程设计和制造，再到服务和处理制造的产品	双向信息流贯穿产品和生产系统生命周期	质量、灵活性和可持续性
供应链管理（Supply Chain Management，SCM）	SCM 是在供应商、制造商、经销商和最终用户之间管理物料、最终产品和相关信息的上、下游增值流动	供应链利益相关者之间的双向信息流	敏捷性、质量、生产力
供应链管理设计（Design for Supply Chain Management，DFSCM）	为供应链管理而设计，设计产品以利用和强化供应链	供应链管理活动和设计工程师活动之间的双向信息流	质量和敏捷性
持续过程改进（Continuous Process Improvement，CPI）	CPI 是一套持续进行的系统工程和管理活动，用于选择、裁剪、实施和评估用于生产产品的过程	从运行时制造系统到过程设计活动的信息流	质量、可持续性和生产力
连续调试（Continuous Commissioning，CC）	生产系统的诊断、预测性能改进的持续过程	生产过程活动和生产操作活动之间的双向信息	生产力、敏捷性、可持续性和质量
制造与装备设计（Design for Manufacturing and Assembly，DFMA）	为使零件易于制造和装配而设计产品	从生产工程、运营活动到产品设计活动的信息流	效率和灵活性
柔性制造系统（FMS）和可重构制造系统（RMS）	机器是灵活的，可以通过配置来生产、改变数量或新产品类型，无论工艺是否改变	从产品工程活动到生产工程活动的信息流	敏捷性
快速创新周期（Fast Innovation Cycle，FIC）	通过收集产品使用数据，预测趋势，并反馈到产品创意中，以改善新产品导入的周期	从产品使用到产品设计的信息流	质量和敏捷性

两化融合生态系统参考架构有一系列参考标准及模型支撑，例如，GB/T 23000—2017《信息化和工业化融合管理体系　基础和术语》、GB/T 23001—2017《信息化和工业化融合管理体系 要求》、GB/T 23004—2020《信息化和工业化融合生态系统参考架构》、GB/T 23020—2013《工业企业信息化和工业化融合评估规范》、GB/T 20720.1—2019《企业控制系统集成 第 1 部分：模型和术语》、GB/T 20720.2—2020《企业控制系统集成　第 2 部分：企业控制系统集成的对象和属性》、GB/T 20720.3—2010《企业控制系统集成　第 3 部分：制造运行管理的活动模型》、GB/Z 32235—2015（IEC/TR 62794：2012）《工业过程测量、控制和自动化生产设施表示用参考模型（数字工厂）》、GB/T 40647—2021《智能制造　系统架构》等。

4.1.1.1　三个视角

1. 价值网络

企业的价值网络（生产制造价值链）包括制造资源、系统集成、互联互通、信息融合与新兴业态。企业的基本要素——技术、产品、市场、资源和组织，一经组合起来，就构成了企业的价值链，支持着企业的发展。价值网络是由客户、供应商、合作企业和它们之间的信息流构成的动态网络，是从产品研制价值增值环节上升到全价值链的延伸。价值网络视角包括需求定义（需求分析）、产品研制（产品设计、工艺设计和生产制造）、交易 / 交付（销售和物流)、服务(使用和产品服务)、循环利用/终止处理(报废和回收)。

2. 信息物理空间

信息物理空间可视为资源环境(空间),包括物理空间和信息空间两个"面",如制造基础设施,它以硬件(装备)为主,从局部资源配置优化到基于互联网开放平台的全局资源配置优化。信息空间与物理实体空间密切关联。在物理实体空间进行的一切活动,都会在数字空间有所映射。随着技术不断发展,这种映射会越来越强烈,甚至在信息空间形成物理实体空间的数字孪生,而信息空间海量的数据和信息,也将成为人们认识和改造物理实体空间的工具。

信息物理空间视角包括硬件(工业装备)、软件(工业软件)、网络(工业互联网)、平台(智能服务平台)。组织(机构)通过持续深化新技术应用,推动硬件、软件、网络、平台等手段螺旋式升级和融合创新,构建相互映射、协调互动的信息空间和物理实体(事物)空间,支持数据驱动的组织管理变革和价值体系变革。这里的信息物理空间即 CPS,在制造领域衍生了 ICPS、CPPS、CPMS 等,后面将详细介绍。

3. 组织生态

组织生态(虚拟企业)是从科层制(又称官僚制)组织模式转变为动态组织网络。组织生态视角包括岗位/角色(生产岗/操作工)、部门/团队(管理岗/管理者和决策者)、组织(班组/项目组/生产部门/管理部门)、组织网络(企业)。组织通过推动三个视角的协调互动和融合创新,实现组织的不断演进升级。

组织(organization)是指为实现其目标,具有特定职能且具有职责、权限和相互关系的一个人或一组人,包括但不限于公司、集团、企事业单位和研究机构等,以及上述组织的部分或组合。

组织应树立系统的融合发展观,通过数据、技术、业务流程和组织结构四个要素的共同作用,持续打造信息化环境下的新型能力(enhanced capability)。以数据为驱动,推动技术、业务流程和组织结构的互动创新和持续优化,实现作用主体的管理变革、作用对象的价值创造和作用空间的技术创新。新型能力是指不断形成新的竞争优势,整合、建立、重构组织的内外部能力,实现能力改进的结果。新型能力相对于已有能力,可以表现为量的增长,也可以是质的跨越。

4.1.1.2　四个要素

四个要素包括数据(挖掘数据)、技术(集成应用和融合创新)、业务流程(业务集成与协同)和组织结构(组织生态),给出了两化融合的构成要素及其相互作用关系。随着时间的推移,四个要素本身及其相关作用关系也将不断演变。

1. 数据

国际标准化组织(ISO)将数据定义为:以适合于通信、解释或处理的正规方式来表示的可重新解释的信息。数据对事物的表示方式和解释方式必须是权威、标准、通用的,只有这样,才可以达到通信(传输、共享)、解释和处理的目的。在信息化环境下,数据(信息)的应用开发和共享是四个要素的内核和基础,数据是数字经济时代的新型生产要素。数据的管理能力已成为现代组织的核心竞争力之一,如果没有数据的加工能力、快速反馈能力和综合利用能力等,企业将会失去竞争力。

2. 技术

新一代信息技术推动了工业技术、管理技术、服务技术和信息技术之间的融合,技术实现突破了固有的物理边界和时空约束。CPS、物联网、云计算、大数据、数字孪生、边缘计算和移动互联网等新技术在产业领域的应用极大地加速了产业的数字化、网络化和智能化发展，进而衍生出一系列新的商业模式和产业形态。

3. 业务流程

在数字经济时代，利用业务流程优化的手段来规范和提升管理水平，管理的首要原则是以业务流程为中心，围绕着业务流程所建立的组织，具有更高的敏捷性和效益，具有扁平化、网络化特征。特别是工业互联网环境下的业务流程优化和再造，强调用户参与和持续改进，参与各方通过共建共享更加高效、透明、动态的业务流程，实现组织间实时在线的业务协作，可极大提高总体资源效率，大幅提升快速响应能力和核心竞争力。

4. 组织结构

随着信息技术的高速发展，尤其是互联网（移动互联网）应用的持续深化，用户参与、服务个性化、生产分散化逐渐成为市场和服务的新要求，组织结构将朝着扁平化、柔性化、网状化和分权化的方向发展，组织之间以及组织与消费者之间的边界日益模糊化，过去高度集中的决策中心组织将逐步转变为分散的多中心决策组织。

4.1.1.3　三个历程

三个历程包括数字化、网络化和智能化，从时间维度明确两化融合是一个循序渐进、螺旋式发展的历程，组织推进两化融合的目标理念、重点任务和机制模式应与时俱进。

1. 数字化历程

数字化历程的主要任务是提升组织内部的资源配置能力和水平。通过经营管理活动的全面数字化、软件化，实现组织内部行为的全流程规范化、柔性化和敏捷化；通过提升数据管理与运营能力，推动知识的数字化沉淀、学习和共享，实现组织隐性知识显性化；通过数字化推动产品和服务创新，培育数字化新业务。

2. 网络化历程

网络化历程的主要任务是提升组织之间资源的动态配置能力和水平。通过组织之间经营管理活动的在线化、平台化，实现组织之间资源的网络配置和动态优化，以提升产业链和产业集群的整体竞争能力。

3. 智能化历程

智能化历程的主要任务是提升组织内外部资源的精准配置能力和水平。利用新一代信息技术推动内外部经营管理活动的自组织、自适应、自决策、自优化，实现人、信息空间、物理实体空间三元智能融合，以及创新发展、智能发展和绿色发展。

4.1.2　智能制造核心技术概述

一般认为，智能是知识和智力的总和，知识是智能的基础，智力是获取和运用知识求解的能力。通过人与智能机器的协同，去扩大、延伸或部分取代人类专家在制造过程中的脑力劳动，将制造自动化扩展到具有柔性化、智能化和高度集成化特性的智能制造系统。

从工业自动化角度看，智能制造技术的进程是继自动化制造之后更进一步的数字化、网络化和智能化，也是工业技术软件化的进程，核心是物理设备数字化和互联互通，涉及的核心技术包括标准化和参考架构、复杂系统的管理、工业云计算、工业云平台、工业大数据、工业软件、人工智能应用、物联网（IoT）、边缘计算、区块链、深度分析、知识图谱、CPS、语义网络、时间敏感网络（TSN）、机器人、增材制造、嵌入式技术和"采标"等，其中，"采标"是核心的核心。任何工业自动化系统中都有可编程序控制器（PLC）控制系统、PLC 与 SCADA（监视控制和数据采集）之间的交互、SCADA 与 MES（制造执行系统）之间的交互、数据收集（data collection）和定期维护五个主要支柱，这其中的现代化或智能化将是软件与硬件解耦，彼此独立，软件具有"赋能、赋值、赋智"的作用，可为物理实体定义新的功能、效能与边界，是实现系统"连接"的基础使能技术。注意，数据收集与数据采集有着不同的概念，详见后面的介绍。

实现中国智能制造或现代自动化系统的关键问题是如何将传统工业技术向"中国制造 2025"兼容的方向发展，注意，是兼容，不是跨越，对中国企业而言，这是新旧资源转换问题，这个转换可能很困难，可能无法将传统机器集成到现代自动化系统中，如可能需要对原有的 PLC 的软件进行彻底的重新设计或更换，可能要耗费巨大的投资，企业可能将背负沉重的负担。最好的方式是能以最小的代价、系统地、无缝地过渡到现代自动化系统中。这是本章也是本书写作的核心思想。简单地说，过去我们是以"装置""品牌"的概念讨论新技术，如 PLC，现在则需要摒弃单一"装置""品牌"的概念，而以"模型"的思维方式取而代之，建立"模型"需要"知识图谱"和"黑盒"，而不是程序逻辑行。标准是撬开"黑盒"的基本的和有价值的工具，从中可以获得可采用的技术和创新，有助于获得一个或多个所需的关键功能。现在这种环境已经存在，领域内竞争日趋激烈，世界工厂日新月异，传统工厂即将消失得无影无踪。

4.1.2.1　已经使用的使能技术

已经使用的使能技术包括在用或立即就可使用的和基本可用的技术，发展程度取决于"采标"程度。采标是采用国际标准和国外先进标准的简写。如电气工程领域的 GB/T 15969.3—2017（IEC 61131-3：2013）《可编程序控制器　第 3 部分：编程语言》、GB/T 38869—2020《基于 OPC UA 的数字化车间互联网络架构》、GB/T 30269（IEC 29182）《信息技术　传感器网络》系列标准等。

基本可用的使能技术是还需要进行开发或标准化的技术，如电气工程领域的 GB/T 19769.3—2012（IEC 61499-3：2004）《工业过程测量和控制系统用功能块　第 3 部分：指导信息》、GB/T 21099（IEC 61804）《过程控制用功能块》系列标准、GB/T 38619—2020《工业物联网　数据采集结构化描述规范》等。

4.1.2.2　正在开发的使能技术

正在开发的使能技术主要是集成和采标。智能制造需要将智能产品、智慧人、智能物料和智能工厂四大元素有效地组合，也需要把客户集成、智力集成、横向集成、纵向集成、价值链集成这五方面集成起来，通过集成，使制造产生更大的价值。

按照 GB/T 20720.1—2019（IEC 62264-1：2013）《企业控制系统集成　第 1 部分：模型和术语》的功能层次模型，将企业的功能划分为五个层次，即一个工厂纵向系统由 5 层结构组成，这也是前面提到的智能制造生态系统金字塔，如图 4-2 所示。

1. 纵向集成

纵向集成也称垂直集成。纵向集成系统就是集成智能工厂系统。在智能工厂内部纵向集成是通过把传感器、各层次智能机器、工业机器人、智能车间与产品有机地集成，同时将这些信息传输到企业资源计划 ERP、SCM、CRM、PLM 系统中，构成工厂内部的网络化制造体系，其中，包括模型、数据、通信、算法等模块，对横向集成及端到端的价值链集成提供支持。这个集成后的网络化制造体系就是一个智能机器系统，模块可以看成它的程序单元，而改变拓扑结构的过程就是自动重新编程的过程。根据不同产品发出的指令，网络化制造体系能够根据需要来组织完成生产。

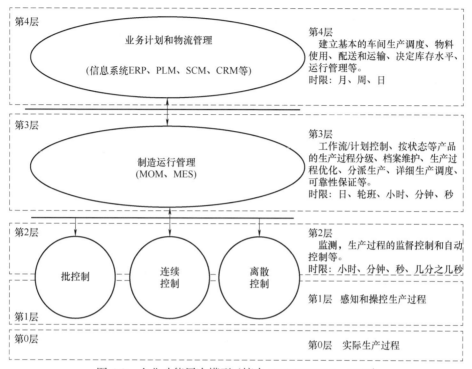

图 4-2 企业功能层次模型（摘自 GB/T 20720.1—2019）

企业功能层次给出了不同时间段内的功能和任务。图 4-2 所示的第 4 层业务计划和物流管理（ERP、PLM、SCM、CRM），俗称 ERP 层，定义了制造企业管理所需的相关业务类活动，包括管理企业的各种资源、管理企业的销售和服务、制定生产计划、确定库存水平，以及确保物料能按时传送到正确的地点进行生产等。通常会选用 ERP（或 MRP II）、PLM、SCM、CRM 等系统实现这些功能。业务计划层的活动运行时限通常是月、周、日。"时限"是指时间模型中的时间元素概念，主要是指 MOM 的 KPI 中的 KPI 元素，非通常意义下的时间概念。

重要的企业级制造标准包括 GB/T 18757—2008（ISO 15704：2019）定义了企业参考体系结构与方法论的需求、GB/T 16642—2008（ISO 19439：2006）定义了企业建模框架和构件、GB/T 35132（ISO 20140）系列标准建立了制造系统环境影响评估方法和一般原则、GB/T 39466.1~3—2020 定义了 ERP、MES 与控制系统之间软件互联互通接口。

第 3 层制造运行管理（Manufacturing Operations Management，MOM）系统有时也称为制造执行系统，主要包括生产运行管理、维护运行管理、质量运行管理和库存运行管理等运行模块，每个运行模块对应一个活动模型，每个活动模型包括详细计划、调度、执行管理、资源管理、定义管理、跟踪、数据采集和分析等活动，这些活动应用于生产运行、质量运行、库存运行和维护运行。可通过 MOM、MES 实现这些功能。活动运行时限通常是日、轮班、小时、分钟、秒。

重要的 MOM 标准包括 GB/T 20720（IEC 62264）系列标准定义了 MOM 领域中的活动模型、功能模型和对象模型；GB/T 33863（IEC 62541）系列标准和 GB/T 38869—2020 定义了工业控制系统应用程序之间的通信接口；GB/T 34044（ISO 22400）系列标准定义了用于 MOM 的关键性能指标的概念、术语和方法；GB/T 35115—2017（IEC 62837：2013）、GB/T 39115—2020 和 GB/T 32910 系列标准定义了能效指标。

MOM 系统是一个几乎包括企业现代化管理的所有功能模块的软件平台。其核心是把传统制造工厂所使用的零星的、单独的功能软件通过数字化或者数据库的平台组成一个统一的环境。MOM 功能模块的种类很多，包括生产管理、性能分析、质量和合规及人机界面（HMI）等。生产管理模块提供有关任务和订单、人力和物料、机器状态和产品发运的实时信息；性能分析模块用于工厂和企业级的机器、生产线、仓库等历史分析指标等；质量和合规模块用于促进遵守标准和规范的操作流程和程序；HMI 模块使运营商能够使用基于计算机的界面管理工业和过程控制设备。

第 2、1、0 层过程控制层（批控制、连续控制、离散控制）也称为 SCADA 和设备层，定义了感知、监测和控制实际物理生产过程的活动，按照实际生产方式可细分为连续控制、批控制和离散控制。控制系统包括 DCS、分布式数控系统（DNC）、PLC、SCADA 等。活动运行时限通常是小时、分钟、秒、几分之几秒甚至更短。从数据流角度看，PLC 处在第三层顶端，与第 4 层接口。

过程控制层即生产系统，相关标准来自不同学科的工程工具，如系统工程、机械工程、电气工程、过程及控制工程、HMI、PLC 编程、DCS、机器人编程等。因此，这一层涉及的标准多达上千项，如 GB/T 33863（IEC 62541）系列标准、IEC 61784-1：2019、IEC 61784-2：2019、GB/T 38869—2020、GB/T 19892（IEC 61512）系列标准、GB/Z 32235—2015（IEC/TR 62794：2012）、GB/T 33009 系列标准、IEC 61158 现场总线标准、GB/T 33008.1—2016、工业网络标准、PLC 标准、传感器标准、变频器标准等。

除此之外，企业功能层次还涉及 GB/T 38561—2020、ISA/IEC 62443（ISA-99）系列标准、GB/T 30976.1—2014、GB/T 31495 系列标准等信息安全相关标准，以及 ISO 27000 系列信息安全标准、ISO 9000 族质量管理体系标准、ISO 50001 能源管理体系和 ISO 14000 系列环境管理标准等。

智能工厂就是这几层的上下贯通，每一层模块化，共同组成一个智能平台及生产数据中心。这样就可以实现智能产品和智能设备之间的数据流动，从而实现数据自动采集、数据自动传输、数据自动决策、自动操作运行和自主故障处理等。

2. 横向集成

横向集成是指将各种不同的制造阶段的智能系统集成在一起，横向集成与纵向集成、价值链集成整合起来构成了智能制造网络。横向集成通过互联网、物联网、云计算、大数据、边缘计算、移动通信等技术手段，对分布式的智能生产资源进行高度整合，从而构建在网络基础上的智能工厂间的集成。在传统制造价值链模式中，工厂是整个链条的核心，大量主要的生产环节在某个集中的工厂实现，在智能制造网络下，原来的集中工厂组织模式将不复存在，企业是虚拟的、工厂是智能的，其生产单元是瘦身的，以实现更为个性化的生产。

3. 端到端集成

工业端到端数字集成横跨整个价值链，是通过价值链上不同企业资源的工程化数字集成，实现从产品设计、生产制造、物流配送、使用维护的产品全生命周期的管理和服务。不同领域对于端到端集成有不同的理解。一般而言，端到端是指业务在端点到端点之间进行透明传送，中间的端点不需要进行复杂的转化和处理。

4.1.3　采用国际标准和国外先进标准

"采标"是采用国际标准和国外先进标准，是指将国际标准或国外先进标准的内容，不同程度地转化为国家标准并贯彻实施。标准是经济活动和社会发展的技术支撑，是国家治理体系和治理能力现代化的基础性制度。国家标准是以国家的经济、社会和环境优先为基础，明确符合国家总体战略，并强调有效利用资源制定的标准。标准化已上升到国家重大战略层面。国家标准化战略是一个国家确保其国家战略重点得到相关国家和国际标准支持的政策路线图。

4.1.3.1　什么是标准

1. 标准无处不在

想象一下，如果你新买的空调要把插头插到墙上的插座上，却发现插头和插座不匹配，你必须重新安装空调专用插座才行。但是，你带着手机去旅游，你在世界任何地方都可以找到插座充电，或者从这里打电话到任何一个国家。所有这些都是标准的结果。标准不仅让生活更轻松，还让世界更开放。例如，建筑商可以在极短时间建成火神山医院、雷神山医院与方舱医院，除"力量"因素外，重要的是因为建筑材料有标准尺寸。与此同时，建筑工人必须遵守的电气规范挽救了生命。有些标准是在市场竞争中演变而来的，以 PROFIBUS 为代表的 20 种现场总线的垄断地位就是一个典型的例子。几十年来，中国政府一直把制定标准视为国家经济发展战略，将标准化作为国家治理体系和治理能力现代化建设中的基础性和战略性目标，现在，中国已发布了 5000 余项强制性标准，从电气、电器、机械、家电、农业到公路和交通安全等，以及 40000 余项推荐性和指导性国家标准，还有若干项行业标准，这些标准都是各行各业自愿努力制定的，是有利于制造商、供应商和客户的"自愿共识标准"。它是启动智能制造系统的基础。不同的标准会以不同的方式帮助实现智能制造系统的能力。为了实现智能制造系统愿景，需要根据标准是否对功能（生产率、敏捷性、质量和可持续性）有贡献来选择标准，并分析在何处、何时以及为了什么目的而使用这个标准。

2. 采标的好处

标准体现领域内的先进技术，标准的主要特性、优点和好处包括实现投资的直接回报、降低成本、节约资金、减少库存、支持组件的互换性、可用更少的"定制"努力改进设计、增加安全、有利于各方沟通、快速获得专家知识及实际应用。采标可提高性能、降低维护成本、减少停机时间、提高可操作性、实现高效的运行。

3. 标准如何降低成本

GB/T 19892（IEC 61512、ISA-88）《批控制》系列标准说明了如何使用一个标准来降低成本。批控制指一些控制活动和控制功能，它们提供一种在有限的时间内，使用一台或多台装置，通过一组有序的处理活动来处理有限量的输入材料的方法，如食品、制药和化工等流程工业的自动化系统。GB/T 19892.1 标准将这些企业使用的系统和软件的设计成本可降低30% 左右。标准中制定了一个模型，工程师可以使用它来让代码的各个部分互换，这比从头开始设计每个部分要便宜得多，并且节省的不仅仅是设施的设计费用。据资料介绍，通过使用批控制标准，企业可以节省高达 10%~15% 的典型成本。

4. 标准如何降低风险

IEC 62443 系列标准由 ANSI/ISA 提出，后被 ISO/IEC 采纳，因此会出现 ANSI/ISA-99、ISA-99、ISA 62443、ISO/IEC 62443、ISO62443 和 IEC 62443 等不同的名字。IEC 62443 系

列标准在国际上是被广泛采纳和认可的工控系统（Industrial Automation and Control System，IACS）标准，制定的本国或行业工控相关标准都是等同、参考和吸收该标准中的概念、方法和模型。关于工控系统安全问题及其应对措施，该标准是一个完整的主要资料来源。

GB/T 33007—2016 标准引用了 IEC 62443-1-1 术语、概念与模型中的内容，给出了 IACS（或 ICS）、SCADA 的概念模型、资产模型、安全域模型，以及对工控安全相关的名词进行了解释，分析了工控系统的应用现状，基于脆弱性、安全威胁、资产的风险分析模型分析了工控系统的安全风险，对工控系统与通用信息系统在安全上的要求的不同进行了比较。基于能力成熟度模型分析了工控系统安全项目，介绍了策略、安全域、安全等级、安全等级的生命周期管理等信息安全概念与方法。所有这些对从事工控安全相关工作的人非常有意义和实用。

在工业领域，仪器仪表、自动控制、过程测量与控制等工控系统安全问题由来已久，但对工控安全的关注度仅局限在专业领域。当自动控制系统被广泛地应用于能源、电力、水和污水处理、化工、交通运输、制药、纸浆和造纸、食品和饮料、汽车和航空航天等各行业基础设施以后，SCADA 系统、PLC 系统大量出现，工控系统的规模越来越大，分布也十分广泛，对国家、社会安全产生巨大影响，从而引起了业界广泛关注。面临的风险可能包括阻止或延迟通过 IACS 网络的信息流，这可能会破坏 IACS 的运行；对命令、指示或报警阈值非授权的更改，可能损坏、禁用或关闭设备，和 / 或危及生命；不准确的信息被发送到系统操作员，或者是掩饰非授权的更改，或导致操作者发起不适当的行动；IACS 软件或配置参数被修改，或软件感染恶意软件，干扰安全系统的运行，可能危及生命安全。在国家层面，重点关注关键基础设施的安全，对于制造业来说，工控安全更多的是 PLC 系统、SCADA 系统等的安全问题，这些问题在 IEC 62443 系列标准中都有界定，该系列标准提出了应对工控系统安全的必然措施，一是对信息交换与边界的管控，二是要从应用安全着手。

工控系统安全问题相比通用信息系统安全问题，涉及更多的专业性，IEC 62443 系列标准中突出了制造商在工控安全领域的重要作用，对于用户来说，需要充分认识工控系统安全的重要性，从规划、设计、建设、使用和管理等生命周期的各环节进行管控。

对于上述内容，本书作者推荐参阅 NIST SP 800-82 Rev.2-2015-05 *Guide to Industrial Control Systems（ICS）Security*，及相关的多个文档。在网上可下载中文版《工业控制系统安全指南》，这是翻译自 SP 800-82 Rev.1（05/14/2013）的版本，并有删减。建议在 NIST 网站上下载 SP 800-82 Rev.2 原版阅读。

4.1.3.2 采标的意义

目前，产品全球价值链的兴起已成为现实。大多数产品的生产过程全球化、碎片化，产品不再是在一个国家制造，而是在全世界制造。全球大多数国家的公司只有通过国际标准和合格评定程序，才能进行"全球产品"的生产和买卖，开展贸易与合作。国际标准是贸易投资走向世界的通行证。因此，技术标准已不仅仅是技术创新与产品研发的基础，更直接渗透到现代科技发展前沿，其与新技术同步发展或引领技术发展，一个国家的国际标准化水平体现着其综合实力和核心竞争力。

"全球产品"的本质是生产国际化，需要"全球标准"的支持，其生产的组织方式是根据各国、各地、各企业的优势和成本，在全球范围内安排和组织生产，这就是一种建立在专业化和协作基础上的分工。保证这种国际分工得以实现的前提是国际标准。在国际贸易中，是以国际标准和国外先进标准作为确认商品质量的依据，"标准"是国际贸易中的基本要素，是贸易双方之间的联系要素，是贸易谈判的共同背景和语言。因此，采用国际标准和国外先进标准有利于打破和减少技术性贸易壁垒，有利于促进技术进步，有利于提高标准及标准化水平，健全标准体系，有利于增强世界各国的交流和合作，也是为了发展我国社会主义市场经济，提高产品质量和技术水平。因此，我国将采用国际标准工作作为一项既定的技术经济政策。

国际标准和国外先进标准是依据世界范围内先进的科学技术和先进的生产、管理经验制定的，通常是全球工业界、研究人员、消费者和法规制定部门经验的结晶，包含了各国的共同需要，也是世界先进科学技术和生产力的集中反映。国际标准也是向 ISO 和 IEC 成员以及国际、区域和国家传播先进技术和生产方式，以及消除国际贸易技术壁垒的重要基础之一，已引起世界各国的普遍重视。

国际标准也是国际自由贸易和开放性的基础，世界贸易组织的《技术性贸易壁垒协议》（WTO/TBT）要求各成员把采用国际标准作为制定技术法规和技术标准的基础，以避免国际贸易中不必要的障碍，保护各自利益。在"技术性贸易壁垒协议的基本原则"中明确提出"标准协调原则"，为减少各成员差异带来的不利影响，协议鼓励各成员以国际标准作为制定技术法规和技术标准的基础，除非这些国际标准因气候、地理因素或基本技术对实现正当目标不适用，一般来说，采用国际标准的技术法规不会对国际贸易产生不必要的技术壁垒。因此，为了发展对外贸易，尽量采用和使用国际标准十分重要。

4.1.3.3　采用国家标准

标准是提供可重复过程和不同技术解决方案组合的构建块，以促进采用新技术、新产品和新方法的创新目标。标准的制定和采用可降低企业开发解决方案和实施方案的风险，加速新产品和制造方法的进程。除"强制性标准"外，技术标准主要是"自愿共识标准"，是由一个基于使用它们的合作伙伴的共识的标准化组织设定的。这类标准的执行是自愿的，旨在向其用户打开新的市场机会。

国家标准是国家利益在技术、经济领域中的体现，也是国家实施产业技术和经济政策的重要手段，能充分体现国家的技术基础和产业基础实力。

技术标准是国家科技创新驱动发展战略的核心之一。标准化工作是一个国家的重要技术经济政策，没有标准化，就没有高质量发展。技术标准是产品质量的命脉，要提高产品质量必须严格执行各种技术标准，这是一条不可逾越的客观规律。目前，智能制造标准已成为全球产业竞争的焦点，其中，参考模型、数据接口和通信协议标准则是竞争的核心。

对于一个企业来说，不论规模和性质，应将制定和发展以产品标准为龙头的技术标准作为企业发展战略的一个组成部分。通过实施技术标准战略，开发具有自主知识产权的新产品，提高产品质量水平，才能提高企业核心竞争力。

因此，对中国企业而言，只有"采标"才能推动技术进步，提高产品质量水平和企业素质，促进对外贸易，扩大市场占有率。在发展智能制造时，要以国际标准为指引，特别是开放性的技术标准尤其重要。如果开放性技术标准实现得稳准快，就可能在领域中取得领先。

4.1.3.4　国际标准和国外先进标准的界定

1. ISO/IEC 国际标准

ISO/IEC Guide 2：2004 *Standardization and related activities-General vocabulary* 中对"国际标准"的定义是，由国际标准化 / 标准组织正式通过并公开提供的标准。国家质量监督检验检疫总局于 2001 年 12 月 4 日颁布的《采用国际标准管理办法》中规定，国际标准是指国际标准化组织（ISO）、国际电工委员会（IEC）和国际电信联盟（ITU）制定的标准，以及国际标准化组织确认并公布的其他国际组织制定的标准。

根据这一规定，国际标准包括 ISO、IEC 和 ITU 三大国际标准化组织制定的标准，以及由 ISO 认可并在 ISO 标准目录上公布的其他国际组织制定的标准两大类。ISO 和 IEC 的正式文本语言为英文、法文和俄文。IEC 提供一个全球性、中立性的平台，工作范围涵盖所有电气电子设备和系统的组件、安全、互操作性、质量、性能、效率、电磁干扰、废弃物管理和循环利用等。国际标准是世界通用语言，影响着全球 80% 的贸易和投资，在推动科技创新、促进产业发展、消除技术壁垒、提高生产效率等方面发挥着重要作用。

我国于 2011 年成为 IEC 常任理事国，2020 年，中国国家电网有限公司董事长舒印彪为 IEC 第 36 届主席，任期为 2020~2022 年。目前，我国承担了 IEC 技术委员会和分委会的主席、副主席职务 11 个，秘书处 10 个，是 IEC 理事局（CB）、标准化管理局（SMB）、市场战略局（MSB）、合格评定局（CAB）等管理机构成员，是 IEC 的 204 个技术委员会、分委员会和 4 个合格评定体系的积极成员。这说明，中国对 IEC 越来越重要，IEC 对中国也越来越重要。

2. 区域性组织和发达国家标准

目前，世界上大约有 300 个国际或区域组织制定标准或技术规则。除 ISO（前身 ISA）、IEC、ITU 外，在 ISO 网站还公布了联合国教科文组织（UNESCO）、万国邮政联盟（UPU）、世界卫生组织（WHO）、世界知识产权组织（WIPO）等 49 个 ISO 认可的国际组织，它们制定的标准需经 ISO 认可才能视为国际标准。因此，请注意不要把所有国际组织制定的标准和技术规则均视为国际标准，也不要把 ISO 认可的国际组织制定的所有标准和技术规则视为国际标准，更不要把国外样机样品测试数据当成国际标准。

国外先进标准一般是指未被 ISO 认可、未在 ISO 网站公布的国际组织制定的标准、区域性组织的标准、发达国家的国家标准、国际上有权威的行业 / 专业团体标准和企业（公司）标准中的先进标准。欧洲标准化委员会（CEN）、欧洲电工标准化委员会（CENELEC）、欧洲电信标准化协会（ETSI）等制定的标准，属于区域性组织制定的标准；美国国家标准（ANSI）、德国国家标准（DIN）、英国国家标准（BS）、法国国家标准（NF）、日本工业标准（JIS）、俄罗斯国家标准（TOCT）等制定的标准，属于发达国家的国家标准；美国材料与试验协会（ASTM）、美国机械工程师协会（ASME）、德国电气工程师协会（VDE）等制定的标准，属于国际上有权威的行业 / 专业团体标准。

国际自动化学会（International Society of Automation，ISA）是一个非营利技术协会，服务于从事研究、学习工业自动化及其相关领域的工程师、技术员、企业家、教育者和学生及对这些领域感兴趣的人士，是行业基础标准技术资源主要提供商，主要发布网络安全、数字转换、工业物联网和智能制造等领域的系列技术报告和标准。至今，ISA 已发布了 200 余个系列标准，如国内比较熟悉的 ANSI/ISA 62443（ISA/IEC 62443）《工业自动化和控制系统的安全》系列、ANSI/ISA 88（IEC 61512、GB/T 19892）《批控制》系列、ANSI/ISA 95（IEC 62264、GB/T 20720）《企业控制系统集成》系列、ANSI/ISA-TR 104《EDDL：满足现场总线设备集成在现场设备工程工具中的要求》系列等。

3. 开源项目

开源（Open Source）是美国的 OSI（Open Source Initiative）协会的认证标记，用于描述那些源码可以被公众使用的软件和文本等设计内容开放的开发模式，其版权由开源协议定义。开源用户可依据开源协议自由获取设计内容并根据需求自行修改。开源的主要包括开源基金会、开源许可证、开源项目、开源代码托管平台等。开源项目主要是软件和标准两大类。开源软件就是大家熟知的各类供免费下载使用的软件。开源标准是标准开发联盟开发的描述标准的规范或参考，向感兴趣的参与者开放。

ISO/IEC 国际标准主要发布制造系统的信息技术标准，包括传感器和设备网络及用户界面。许多协会也在开发和测试相关标准，包括 OPC 基金会、OAGi、MTConnect、ProSTEP iViP、DMSC 和 MESA 等。这些组织开发的标准作为开放源代码、文档免费提供给公众下载，有的被 ISO 或 IEC 发布为正式国际标准，以促进更广泛的传播和采用。如 OAGi 和 MTConnect 将标准作为开放源代码免费提供给公众下载。美国数字计量标准联盟（Digital Metrology Standards Consortium，DMSC）开源的 ANSI/DMSC QIF 3.0 标准，于 2019 年初由 ISO/TC 184/SC 4 技术委员会提交 ISO 收集，于 2020 年 8 月被 ISO 批准并发布，成为 ISO 23952：2020 *Automation systems and integration-Quality information framework（QIF）-An integrated model for manufacturing quality information*（《自动化系统和集成 - 质量信息框架（QIF）- 制造质量信息的集成模型》）。该标准由 8 个部分组成。第 1 部分：QIF 概述；第 2 部分：QIF 数据结构；第 3 部分：基于模型的定义；第 4 部分：QIF 计划；第 5 部分：QIF 资源维度测量和资源的数字定义；第 6 部分：QIF 规则；第 7 部分：QIF 结果；第 8 部分：QIF 统计。QIF 可以很容易地与网络 / 互联网应用程序集成，支持物联网（IoT）等新概念。

开源项目本身的确是免费的，但开发者的意图其实是为了通过后续服务或出售进一步的软件功能等方式获利。开源标准一般是包含着知识产权，一般是由获得知识产权许可的厂商来定义标准。

开源项目的意义就在于内容开放的开发模式，免费只能说是它的一种说法，并不代表实质性意义。对中国开源用户而言，开源产品的意义主要是学习开源产品的使用、实现原理和模仿。但应特别注意开源相关的法律约束，包括开源许可证、司法管辖权与出口管制。建议参考中国工程院院士倪光南先生的《开源项目风险分析与对策建议》报告。

4.1.3.5　国家标准采用国际标准的方法

GB/T 1.2—2020《标准化工作导则 第 2 部分：以 ISO/IEC 标准化文件为基础的标准化文件起草规则》规定了国家标准采用国际标准的方法及国家标准与国际标准之间一致性程度的分类体系，将促进我国采用国际标准的规范化。

国家标准与相应的国际标准的关系，用一致性程度标示，划分为等同（IDT）、修改（MOD）和非等效（NEQ）三类。国家标准等同采用 ISO 标准和（或）IEC 标准的编号方法是国家标准编号与 ISO 标准和（或）IEC 标准编号结合在一起的双编号方法。具体编号方法为将国家标准编号及 ISO 标准和（或）IEC 标准编号排为一行，两者间用斜线分开。例如，GB/T 15969.3—2017/IEC 61131-3：2013，在封面标题下用括号标注（IEC 61131-3：2013，IDT）字样。对于与 ISO 标准和（或）IEC 标准的一致性程度是修改和非等效的国家标准，只使用国家标准编号，不使用上述双编号方法。双编号在国家标准中仅用于封面、页眉、封底和版权页上。代号"GB"是强制性国家标准、"GB/T"是推荐性国家标准、"GB/Z"是指导性技术文件。

1）国家标准与相应国际标准的一致性程度为"等同"时，是指国家标准与国际标准的技术内容和文本结构相同，但可以最小限度地编辑性修改，如用小数点符号"."代替符号"，"；改正印刷错误；删除多语种出版版本中的一种或几种语言文本等，并且清楚地说明这些修改及其产生的原因。

等同采用国际标准可保证国家标准制定的透明度，这是促进国际贸易的基本条件。因为即使不同国家标准机构在采用同一国际标准时各自仅做了一些看来是很小的修改，这些修改也可能会叠加在一起导致不同国家标准相互不被接受，而等同采用国际标准则可以避免这些问题。

2）国家标准与相应国际标准的一致性程度为"修改"时，主要包括如下情况：技术性差异，并且清楚地说明这些差异及其产生的原因；文本结构变化，但同时有清楚的比较。至于是"修改"还是"非等效"，取决于是否清楚地标示和解释技术性差异。

3）国家标准与相应国际标准的一致性程度为"非等效"时，主要存在国家标准与国际标准的技术内容和文本结构不同，同时这种差异在国家标准中没有被清楚地说明。与国际标准一致性程度为"非等效"的国家标准，不属于采用国际标准。

4）采用国际标准以外的其他类型文件，如 ISO 或 IEC 发布的技术规范（TS）、可公开获得的规范（PAS）、技术报告（TR）、指南（Guide）、技术趋势评定（TTA）、工业技术协议（ITA）、国际专题研讨会协议（IWA）等的方法在 GB/T 1.2—2020 中有规定。

4.2　智能制造系统架构

GB/T 40647—2021《智能制造　系统架构》中定义的智能制造系统架构（智能制造生态系统）是从生命周期、系统层级和智能特征三个维度进行描述，每个维度有其特定的含义，分别对应产品、生产系统和企业（业务），关键功能包括关键绩效指标（KPI）、敏捷性和可持续性，与图 4-2 对应。

智能制造的核心是智能工厂（数字工厂），它以智能加工与装配为核心，覆盖设计、服务及管理等多个环节。智能工厂中的全部活动以产品设计、生产制造及供应链三个维度描述。在这些维度中，如果所有活动均能在信息物理空间中得到充分的数据支持、过程优化与验证，同时在物理系统中能够实时地执行并与信息物理空间进行深度交互，这样的工厂就可称为智能工厂。

与传统的自动化工厂相比，智能工厂具备制造系统集成化、决策过程智能化、加工过程自动化和服务过程主动化等特征，由物理系统中的实体工厂和信息物理空间中的虚拟工厂构成。其中，实体工厂中有大量的车间、生产线、加工装备等，为制造过程提供硬件基础设施与制造资源，也是实际制造流程的载体；虚拟工厂则是建立在这些制造资源及制造流程的数字化模型基础上，对整个制造流程进行全面的建模与验证。

为了实现实体工厂与虚拟工厂之间的通信与融合，实体工厂的各制造单元配备大量的智能器件，用于制造过程中的工况感知与数据采集。在虚拟制造过程中，智能决策与管理系统对制造过程进行不断迭代优化，使制造流程达到最优；在实际制造中，智能决策与管理系统则对制造过程进行实时的监控与调整，进而使制造过程体现出敏捷性、自适应、自优化与自主决策等智能化特征。

由此可知，智能制造的基本框架体系包括智能决策与管理系统、数字化制造平台和智能制造车间等关键组成部分。实现智能制造的关键是设备层、单元层、车间层、企业层和协同层的纵向集成；资源要素、互联互通、融合共享、系统集成和新兴业态间的横向集成，以及覆盖设计、生产、物流、销售、服务的端到端集成，如图 4-3 所示。

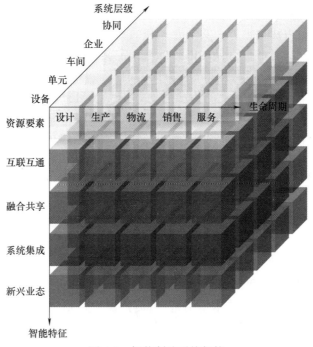

图 4-3　智能制造系统架构

（本图摘自 GB/T 40647—2021《智能制造　系统架构》）

4.2.1　生命周期维度

智能制造生态系统的生命周期见图 4-3，除此之外，其中还需要包括生产力、敏捷性、质量和可持续性的智能制造能力（capability of intelligent manufacturing）。根据 GB/T 39116—2020《智能制造能力成熟度模型》，智能制造能力是为实现智能制造的目标，企业对人员、技术、资源、制造等进行管理提升和综合应用的程度。根据 GB/T 23000—2017《信息化和工业化融合管理体系 基础和术语》，新型能力是为适应快速变化的环境、不断形成新的竞争优势，整合、建立、重构组织的内外部能力，实现能力改进的结果。新型能力相对于已有能力，可以表现为量的增长，也可以是质的跨越。

4.2.1.1　制造业生产率

制造业生产率可定义为生产过程中的产出与投入的比率，以进一步细分为劳动生产率、材料和能源效率。对于以定制为特点的智能制造系统，还需要调整生产率度量，以更包容地响应客户需求。现有的相关标准可为工厂和生产系统设计提供信息模型，以增强信息交换，并实现虚拟调试，从而提高制造敏捷性，降低制造成本。现有的技术，特别是计算机辅助技术（ECAD、MCAD、CAM、CAE、CAPP、CIM、CIMS、CAS、CAT、CAI）、三维数字化设计技术（MBD/MBE）等，这些技术的运用普遍大大提高了生产率，提高了建模精度，减少了产品创新周期，从而直接有助于提高制造系统的敏捷性和产品质量。

最近几年已经产生了一种新的产品开发技术，称为基于模型的定义（Model Based Definition，MBD）和基于模型的企业（Model Based Enterprise，MBE）技术，这已经成为发展智能制造系统的必然趋势。MBE 技术最新发展建议关注 NIST AMS100-24 *Proceedings of the 10th Model-Based Enterprise Summit*（MBE 2019），相关技术内容可参考 GB/T 39466.1~3—2020、GB/T 16656（ISO 10303）系列标准。它由许多部分组成，可分为描述方法、集成资源、应用协议、一致性测试方法论框架、实现方式和抽象测试集等 6 大类，是一种用于不同计算机描述的产品模型之间进行数据交换的国际标准，定义了产品全生命周期内模型交换，从设计到分析、制造、质量控制、产品检测等各方面的信息。

运用 MBE 技术，企业可将其产品生命周期管理（PLM）中的数据、信息和知识进行整理，通过将现有技术与信息物理系统（CPS）、工业物联网（IIoT）和人工智能（AI）等相结合，建立便于系统集成和应用的产品模型和过程模型，通过模型进行多学科、跨部门、跨企业的产品协同设计、制造和管理，以支持技术创新、定制和绿色制造，从而实现产品生命周期的高级配置管理。MBE 包括基于模型的工程（Model Based Engineering，MBe）、基于模型的数字化制造（Model Based Manufacturing，MBm）和基于模型的维护（Model Based Sustainment，MBs）三大部分组成，其中 MBe 是 MBE 整体实施的基础，MBD 是 MBe 的重要组成部分。

4.2.1.2　敏捷制造

敏捷性可定义为在持续和不可预测的、变化的竞争环境中生存和繁荣的能力。根据 GB/T 25486—2010《网络化制造技术术语》，敏捷性能力包括响应能力、知识管理能力、变革能力、快捷性、柔性、学习能力、纠错能力、协同能力和其他能力等；敏捷制造（agile manufacturing）是通过动态联盟的形式，用最有效和最经济的方式组织企业活动，并参加竞争，迅速响应市场瞬息万变的需求，这种联盟式的企业也称为虚拟企业（virtual enterprise），它将改变企业的价值观、业务流程和企业文化。虚拟企业是将产品涉及的不同公司临时组建成为一个没有围墙、超越时空的约束、靠计算机网络的联系、统一指挥的合作经济实体。

敏捷制造成功的关键是实现技术，如基于模型的工程、供应链集成和具有分布式智能的柔性制造技术等。柔性制造技术（flexible manufacturing technology）是采用信息技术、计算机技术、系统工程理论和现代管理科学与方法快速响应市场需求，且能适应生产环境变化的自动化制造技术。其中的产品质量除传统衡量质量的方法外，质量还包括产品创新和个性化定制的程度，以及服务。

4.2.1.3　制造业的可持续性

制造业的可持续性可定义为对环境的影响，如资源（物质、能源和信息）等实体流动、销售和服务、员工的安全和福祉及经济可行性。中国制造业可持续发展就是制造业逐步实现数字化、网络化和智能化，步入"工业机器人时代"。智能制造系统既是智能、技术集成应用的环境，也是绿色发展的载体。与传统制造业相比，智能制造系统具有自律能力、人机一体化、虚拟现实、自组织与超柔性等特点。

4.2.1.4　相关标准

ISO 18629（GB/T 20719）系列标准定义了一种过程规范语言（PSL），旨在识别、定义和构建与离散制造相关的过程信息的捕获和交换的语义概念。

IEC 62832 系列标准定义了一个由数字模型、方法和工具组成的综合网络，以表示基本元素和自动化资源，以及这些元素 / 资源之间的行为和关系。数字工厂的概念包括建设、功能、性能、位置和业务五种信息。

ISO/PAS 17506：2012、IEC 62714-1（GB/T 39003.1—2020《工业自动化系统工程用工程数据交换格式 自动化标识语言 第 1 部分：架构和通用要求》）定义了一个开放的标准，用于在各种图形软件应用程序中交换数字资产、工厂几何表示和动力学模拟。

IEC 62337：2012 *Commissioning of electrical，instrumentation and control systems in the process industry-Specific phases and milestones*（《过程工业中电气、仪表和控制系统的调试 特定阶段和目标》）定义了流程工业中电气、仪表和控制系统调试的特定状态和重要事件（phases and milestones）。注：GB/T 23691—2009 等标准中将"milestone"一词翻译为"里程碑"，并定义为"项目中的重大事件，通常指一项主要可交付成果的完成。"。本书认为，"milestone"一词在电气及相关领域宜译为"状态、目标、重要事件"。

IEC 61987 系列标准定义了过程测量数据和控制设备数据之间的数据转换和交换。

4.2.2　系统层级维度

系统层级是指与企业生产相关的组织结构层级，包括车间层（设备层、单元层）、企业层和协同层，是构成企业（智能工厂／车间）智能制造的层级，如图 4-3 所示。

4.2.2.1　车间层

车间层（生产线层）是面向工厂或车间的生产管理层级，其中，设备层通过传感器、仪器仪表、条码、射频识别、装置、数控机床、机器人和执行单元等实现人机交互、实体运行和操控；单元层是工厂内部处理信息、监测和控制实体的物理单元，包括 HMI、生产监测与控制系统、移动终端、PLC、SCADA 系统、DCS、现场总线控制系统（Fieldbus Control System，FCS）、ERP 车间版、工业无线网络（WIA）、MES 及 PLM 等，机器间通信方式包括现场总线、工业以太网和 M2M（Machine to Machine，机器对机器）等方式。

4.2.2.2　企业层

企业层是面向企业经营管理的层级，由企业的生产计划、采购管理、销售管理、人员管理、财务管理、智能决策支持等信息化系统构成面向服务架构（Service-Oriented Architecture，SOA）的企业集成平台，其中包含多个服务，通过配合提供一系列功能。

1）通信服务，在分布环境下提供同步／异步通信服务功能，使用户和应用程序以功能调用或对象服务方式实现所需的通信服务要求。

2）信息集成服务，为应用提供信息访问服务，通过异构数据库系统之间的数据交换、互操作、分布数据管理和共享信息模型定义，使集成平台上运行的应用、服务或客户端能够以一致的语义和接口实现对数据的访问与控制。

3）应用集成服务，通过高层应用接口来实现对相应应用程序的访问。接口以功能或对象服务的方式向平台的组件模型提供信息，通过为应用提供数据交换和访问操作，使各种不同的系统能够相互协作。

4）平台运行管理，提供企业集成平台的运行管理和控制模块，负责企业集成平台系统的静态和动态配置、集成平台应用运行管理和维护、事件管理和出错管理等，以维护整个服务平台的系统配置及稳定运行。

5）服务类别包括开发服务（Development Services）、业务创新优化服务（Business Innovation & Optimization Services）、管理服务（Management Services）、业务应用服务（Business App Services）、信息服务（Information Services）、流程服务（Process Services）和交互服务（Interaction Services）等。

4.2.2.3　协同层

协同是指协调两个或两个以上的不同资源或者个体，协同一致地完成某一目标的过程。协同层是企业实现其内部和外部信息互联和共享过程的层级。主要由产业链上不同企业通过互联网共享信息平台，实现创新、研发、设计、制造、服务、信息等资源共享。

传统上，上述的组织结构层级一直是一些孤岛，即使是在同一个维度上进行集成也是很困难的。现在要将其集成为智能制造生态系统，需要将由单个维度形成的组织以跨维度方式进行，这依赖于各维度之间的信息交换，在这三个维度内和跨维度进行更紧密的整合，才能实现最优的产品创新周期、更有效的供应链和更灵活的生产系统，这就需要现代自动化系统的最佳控制和智能决策的力量。本质上，这正是三个维度内部和跨维度的无缝集成，以及制造金字塔所要实现的智能制造系统的功能。显然，实现现代自动化系统是首要条件，这需要通过对传统的自动化系统重新洗牌来实现，而不是新瓶装旧酒。同时，专业色彩淡化，原来的设计工程师角色将变为跨领域的集成工程师角色。

4.2.3 智能特征维度

智能特征是指基于新一代信息通信技术使制造活动具有自感知、自学习、自决策、自执行、自适应等一个或多个功能的层级划分，包括资源要素、互联互通、融合共享、系统集成和新兴业态五层智能化要求。

4.2.3.1 资源要素

资源要素是指生产时所需要的资源、数字化模型和工具等所在的层级，包括人员、信息系统、自动化机械、生产车间、工厂和业务服务（如产品设计图纸、工艺文件、原材料等），也包括电力、燃气等能源。这些资源单独地或集体地提供执行制造和业务流程及其组成活动所需的功能。资源的安排、目标和交互需要合适的业务规则和组织结构，使企业能够按照国际标准提供产品和服务。

数字化模型是工业PaaS平台的核心，它将工业技术原理、行业知识、经验及方法、工艺、模型、研发工具等规则化、软件化、模块化，并封装为可重复使用的组件，包括通用类功能组件、工具类功能组件、面向机器类功能组件等。

数字化模型来源于物理设备、业务流程和研发工具等，包括产品生产活动中的原理、工艺、知识、经验及方法等；ERP、MOM、MES、SCM、CRM等系统；计算机辅助技术、三维数字化设计技术（MBD/MBE）等计算机辅助设计工具中的三维模型、仿真模型、工艺配方、工艺流程、工艺参数等模型。

4.2.3.2 互联互通、系统集成与融合共享

互联互通是指通过有线、无线等通信技术，实现机器之间、机器与控制系统之间、企业之间的互联互通。

系统集成是实现智能装备到智能生产单元、智能生产线、数字化车间、智能工厂，乃至智能制造系统的集成。

融合共享是在互联互通基础上，利用CPS、物联网、云计算、大数据、数字孪生、边缘计算、区块链等新一代信息通信技术，在保障信息安全的前提下，实现信息协同共享。

4.2.3.3 新兴业态

新兴业态是形成新型产业的一种新兴服务业态。它是通过创新而产生的一些新的技术、模式、方式或体验，包括智能制造关键技术装备、核心支撑软件、工业互联网等系统集成应用，智能产品及智能互联产品、智能制造使能工具与系统、智能制造云服务平台、流程智能制造、离散智能制造、网络化协同制造、远程诊断与运维服务等新型制造模式。

4.3　智能制造标准体系

智能制造标准体系从生命周期、系统层级、智能功能 3 个维度建立体系参考模型和体系框架，框架包括"基础""安全""管理""检测评价""可靠性" 5 类基础共性标准和"智能装备""智能工厂""智能服务""工业软件和大数据""工业互联网" 5 类关键技术标准，以及在不同行业的应用标准。

4.3.1　智能制造标准体系结构框架

《国家智能制造标准体系建设指南（2018 年版）》中按基础共性（A）、关键技术（B）和行业应用（C）进行分类。建立了由"A5+BD5+C10"类标准组成的智能制造标准体系结构框架，如图 4-4 所示。

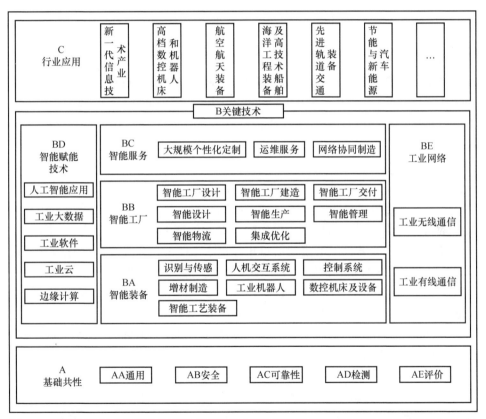

图 4-4　智能制造标准体系结构框架（摘自《国家智能制造标准体系建设指南（2018 年版)》）

智能制造标准体系框架由体系结构向下映射而成，各类标准之间有包容关系、并列关系、上下层关系。智能装备、工业互联网 / 物联网、智能工厂 / 数字化车间、工业云和大数据等技术领域对应于智能制造系统架构的不同位置，构成相应技术领域的标准体系参考模型。标准包括工业控制系统信息安全、工厂自动化无线通信技术、智能装置和智能测控设备可靠性、EPA 通信行规、配电系统安全监测、移动机器人及其智能单元、电气设备、环保、数据、新能源等领域。

4.3.2 基础共性（A）标准与规范

智能制造基础标准包括参考模型、术语、产品数据描述、数据采集、数据字典等基础数据共享和交换标准，产品对象标识、解析、可视化等自动识别标准；共性技术标准包括：数字化设计、建模、仿真、工程等数字化协同标准，通信接口、通信协议、时钟同步、互操作要求、人机交互、人工智能、互联互通等系统集成标准，智能调度、能效优化、安全控制等过程控制标准。

4.3.2.1 标准与规范类别

基础共性（A）标准与规范包括 AA 通用、AB 安全、AC 可靠性、AD 检测和 AE 评价5 类基础共性二级子类标准，其中包括术语定义、参考模型、元数据、对象标识注册与解析等基础标准；体系架构、安全要求、管理和评估等信息安全标准；评价指标体系、度量方法和实施指南等管理评价标准；环境适应性、设备可靠性等质量标准。例如，GB/T 32400—2015《信息技术 云计算 概览与词汇》、GB/T 33745—2017《物联网 术语》、GB/Z 32235—2015《工业过程测量、控制和自动化 生产设施表示用参考模型（数字工厂）》、GB/T 35299—2017《信息技术 开放系统互连 对象标识符解析系统》、GB/T 23000—2017《信息化和工业化融合管理体系 基础和术语》、GB/T 37928—2019《数字化车间 机床制造 信息模型》、GB/T 38846—2020《智能工厂 工业自动化系统工程描述类库》、GB/T 38854—2020《智能工厂 生产过程控制数据传输协议》、GB/T 38869—2020《基于 OPC UA 的数字化车间互联网络架构》、GB/T 38559—2020《工业机器人力控制技术规范》、GB/T 38560—2020《工业机器人的通用驱动模块接口》等。

4.3.2.2 信息安全标准

在这里要特别提及信息安全标准，业界要高度重视。近年来针对工业自动化和控制系统的攻击日益增多，尤其是针对国家关键基础设施的攻击，这些攻击造成系统的破坏后果比起IT 领域的后果更加严重。同时信息安全的内容已经出现在国家"十三五"规划新一代信息技术中，并成为重点关注的焦点，工业和信息化部也于近年专门发布了《工业控制系统信息安全防护指南》和《工业控制系统信息安全行动计划（2018—2020 年）》。

工业安全分为功能安全（Functional Safety）、物理安全（Physical Safety）和信息安全（Information Security）三类。对于标准而言，IEC 62443（GB/T 33007—2016、GB/T 35673—2017 等）系列标准分为概述、信息安全规程、系统技术和组件技术 4 大类。对工业控制系统的信息安全保障具有重要的参考价值。

IEC 62443-4-1：2018《工业自动化和控制系统的安全 第 4-1 部分：安全产品开发生命周期要求》；GB/T 33007—2016（IEC 62443-2-1：2010）《工业通信网络 网络和系统安全 建立工业自动化和控制系统安全程序》；GB/T 35673—2017（IEC 62443-3-3：2013）《工业通信网络 网络和系统安全 系统安全要求和安全等级》；JB/T 11961—2014（IEC 62443-1-1：2009）《工业通信网络 网络和系统安全 术语、概述和模型》；JB/T 11962—2014（IEC 62443-3-1：2009）《工业通信网络 网络和系统安全 工业自动化和控制系统信息安全技术》；IEC 62443-2-4：2015《工业自动化和控制系统的安全 第 2-4 部分：IACS 服务提供商的安全程序要求》（同名国标待出版）。

IEC 62443 系列标准是技术规范，它规定了用于工业自动化和控制系统产品的信息安全开发的过程要求，使得工业自动化和控制系统环境中使用网络安全相关产品的开发，以及开发过程能够满足相应的信息安全要求。产品供应商和维护商可以使用该系列标准开发、维护和淘汰新旧产品的硬件、软件或固件，以满足资产所有者的目标安全级别要求。另外一套通用信息安全标准是，ISO/IEC 27000：2018 *Information technology-Security techniques-Information security management systems-Overview and vocabulary*（《信息技术　安全技术　信息安全管理系统：概述和术语》）；ISO/IEC 27001：2013 *Information technology-Security techniques-Information security management systems-Requirements*（《信息技术　安全技术　信息安全管理系统：要求》）；ISO/IEC 27002：2013 *Information technology-Security techniques-Code of practice for information security controls*（《信息技术　安全技术　信息安全控制实施规程》）。

GB/T 33008.1—2016《工业自动化和控制系统网络安全　可编程序控制器（PLC）第 1 部分：系统要求》规定了 PLC 系统网络安全要求，包括在系统生命周期内的设计开发、安装、运行维护、退出使用等各阶段与系统相关的所有活动。危险源主要包括非安全设备、系统和网络的接入点。安全威胁可能来自 PLC 系统外部，或 PLC 系统内部。危险源通过危险引入点并利用传播途径可能对受体造成伤害。PLC 系统面临的风险在整个生命周期内会发生变化，应该通过技术和管理两个方面，把 PLC 系统网络安全风险降低到最低或可接受的范围内。

这一系列标准所述的信息安全管理系统（ISMS）适用于所有类型及规模的机构，对信息安全的定义是保持信息的保密性、完整性、可用性。信息是一种资产，就像其他重要的业务资产一样，对于组织的资产来说是必不可少的业务，因此，需要适当的保护。在许多组织中，信息依赖于信息和通信技术，有助于促进创造。

ISMS 由政策、程序、指南以及相关的资源和活动组成，由组织共同管理，以追求保护其信息资产。ISMS 是一种系统的方法，用于建立、实施、运行、监控、审查、维护和改善组织的信息安全，以实现业务目标。它基于风险评估和组织的风险接受水平，旨在有效地处理和管理风险。分析保护信息资产的要求，并适当应用。根据需要，对这些信息资产进行保护的控制有助于 ISMS 的成功实施。

4.3.3　关键技术（B）标准与规范

智能制造关键技术标准包括增材制造关键工艺和检测、机器人术语、分类、通用要求、设计规范、接口规范、通信规范、性能评估与测试、人机交互、安全规范、信息安全、软件、环境可靠性、环保、能效评估和模块化等。其中，关键技术（B）标准与规范包括 BA 智能装备、BB 智能工厂、BC 智能服务、BD 智能使能技术和 BE 工业网络等 5 类关键技术二级子类标准。

BA 智能装备标准与智能制造实际生产紧密联系；BB 智能工厂标准是对智能制造装备、软件、数据的综合集成；BC 智能服务标准是涉及智能制造新模式和新业态的标准；BD 智能使能技术标准与 BE 工业网络标准贯穿 B 关键技术标准的 3 个领域（BA、BB、BC），是融合物理域、信息域和认知域的通道。

关键技术标准与规范包括工业机器人、工业软件、智能物联装置、增材制造、人机交互等装备/产品标准；体系架构、互联互通和互操作、现场总线和工业以太网融合、工业传感器网络、工业无线、工业网关通信协议和接口等网络标准；数字化设计仿真、网络协同制造、智能检测、智能物流和精准供应链管理等智能工厂标准；数据质量、数据分析、云服务等工业云和工业大数据标准；个性化定制和远程运维服务等服务型制造标准；工业流程运行能效分析软件标准。例如，GB/T 33474—2016《物联网 参考体系结构》（已成为 ISO/IEC 30141：2018 *Internet of Things（IoT）-Reference architecture*）、GB/T 34068—2017《物联网总体技术 智能传感器接口规范》、GB/T 15969.1~10（IEC 61131-1~10）《可编程序控制器》、GB/T 19769（IEC 61499）《功能块》（共 4 部分）、GB/T 21099（IEC 61804）（共 5 部分）、GB/T 33905.1~5《智能传感器》、GB/T 35123—2017《自动识别技术和 ERP、MES、CRM 等系统的接口》、GB/T 33266—2016《模块化机器人高速通用通信总线性能》、GB/T 33264—2016《面向多核处理器的机器人实时操作系统应用框架》等。

4.3.4　行业应用（C）标准与规范

行业应用（C）标准与规范包括《中国制造 2025》中十大重点行业应用领域在内的不同行业的二级子类应用标准。

十大重点行业应用领域包括新一代信息技术、高档数控机床和机器人、航空航天装备、海洋工程装备及高技术船舶、先进轨道交通装备、节能与新能源汽车、电力装备、新材料、生物医药及高性能医疗器械和农业机械装备。例如，GB/T 35128—2017《集团企业经营管理信息化核心构件》、GB/T 32827—2016《物流装备管理监控系统功能体系》、GB/T 33266—2016《模块化机器人高速通用通信总线性能》、GB/T 33264—2016《面向多核处理器的机器人实时操作系统应用框架》、GB/T 39116—2020《智能制造能力成熟度模型》、GB/T 32854《自动化系统与集成 制造系统先进控制与优化软件集成》系列标准、GB/T 37967—2019《基于 XML 的国家标准结构化置标框架》等。

4.3.5　智能装备（BA）标准子体系

智能装备（BA）对应于智能制造系统架构的位置构成了该技术领域的标准体系参考模型。智能装备标准子体系主要包括识别与传感、人机交互系统、控制系统、增材制造、工业机器人、数控机床及设备、智能工艺装备等七个部分，其中，识别与传感、控制系统和工业机器人标准主要规定智能传感器、自动识别系统、工业机器人等智能装备的信息模型、数据字典、通信协议、接口、集成和互联互通、优化等技术要求，解决智能生产过程中智能装备之间，以及智能装备与智能化产品、物流系统、检测系统、工业软件、工业云平台之间数据共享和互联互通的问题。智能装备（BA）在智能制造系统架构的位置如图 4-5 所示。智能装备标准子体系如图 4-6 所示。

4.3.5.1　识别与传感标准

识别与传感标准主要包括标识及解析、数据编码与交换、系统性能评估等通用技术标准；信息集成、接口规范和互操作等设备集成标准；通信协议、安全通信、协议符合性等通信标准；智能设备管理、产品全生命周期管理等管理标准。主要用于在测量、分析、控制等工业生产过程，以及非接触式感知设备自动识别目标对象、采集并分析相关数据的过程中，解决数据采集与交换过程中数据格式、程序接口不统一的问题，确保编码的一致性。例如，GB/T 36211.1—2018《全分布式工业控制智能测控装置 第 1 部分：通用技术要求》、GB/T 36211.2—2018《全分布式工业控制智能测控装置 第 2 部分：通信互操作方法》、GB/T 34068—2017《物联网总体技术 智能传感器接口规范》、GB/T 33899—2017《工业物联网仪表互操作协议》等。

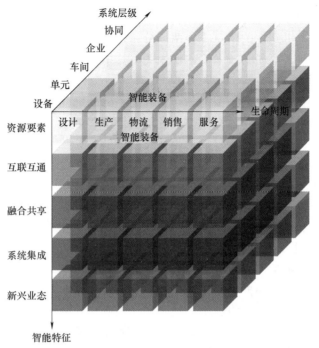

图 4-5 智能装备（BA）在智能制造系统架构的位置

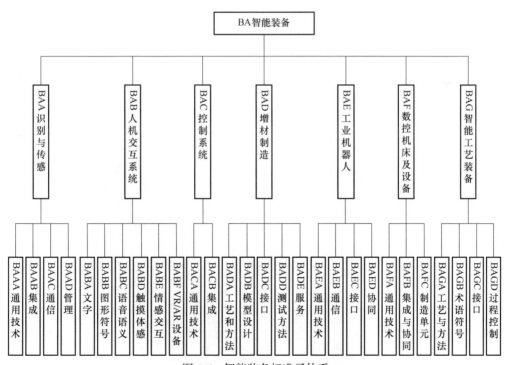

图 4-6 智能装备标准子体系

4.3.5.2　人机交互系统标准

人机交互主要是指关于研究、设计、评价和实现人与计算机之间的信息交换技术,主要包括人到计算机和计算机到人的信息交换两部分,是一门综合性学科,与认知心理学、人机工程学、多媒体技术、虚拟现实技术等密切相关。其中,认知心理学与人机工程学是人机交互技术的理论基础,而多媒体技术、虚拟现实技术与人机交互是相互交叉渗透的。

人机交互系统标准主要包括工控键盘布局等文字标准;智能制造专业图形符号分类和定义等图形标准;语音交互系统、语义库等语音语义标准;单点、多点等触摸体感标准;情感数据等情感交互标准;虚拟显示软件、数据等虚拟现实 / 增强现实 (VR/AR) 设备标准。主要用于规范人与信息系统多通道、多模式和多维度的交互途径、模式、方法和技术要求,解决包括工控键盘、操作屏等高可靠性和安全性交互模式,语音、手势、体感、VR/AR 设备等多维度交互的融合协调和高效应用的问题。例如,GB/T 34083—2017《中文语音识别互联网服务接口规范》、GB/T 34076—2017《现场设备工具（FDT）/ 设备类型管理器（DTM）和电子设备描述语言（EDDL）的互操作性规范》等。

4.3.5.3　控制系统标准

控制系统是指生产系统的控制系统。控制系统涉及的标准十分广泛,主要包括 CPS、数字孪生、现场总线、时间敏感网络、工业物联网、工业互联网、控制方法、传感器、数据采集及存储、人机界面及可视化、通信、柔性化、智能化等通用技术标准;控制设备集成、时钟同步、系统互联等集成标准。主要用于规定生产过程及装置自动化、数字化的信息控制系统,如可编程逻辑控制器（PLC）、可编程自动控制器（PAC）、分布式控制系统（DCS）、现场总线控制系统（FCS）、数据采集与监控系统（SCADA）等相关标准,解决控制系统数据采集、控制方法、通信、集成等问题。

作为示例,PLC 对应于智能制造系统架构的位置如图 4-7 所示。

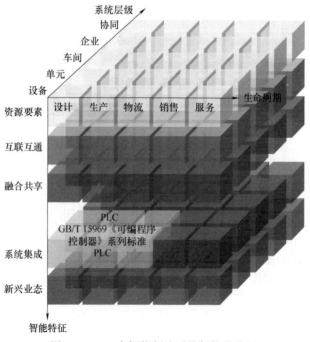

图 4-7　PLC 在智能制造系统架构的位置

由图 4-7 可见，PLC 在生产系统自动化中，承担着承上启下的主控制器和服务器的重要作用。随着信息物理生产系统（Cyber-Physical Production Systems，CPPS）的出现，原来的基础工业自动化将走向先进工业自动化，先进工业自动化系统及其操作的复杂性显著增加，PLC 不仅在控制过程中而且在操作过程中，都需要更全面、更系统地与所在系统的所有方面（如机械、电子、软件和网络）进行数据交换，并要参与到管理控制决策系统中。GB/T 33008.1—2016 中定义的 PLC 系统典型结构包括运营管理层、监督控制层、现场控制层和现场设备层，因此，我们现在讨论 PLC 就不能再简单地将其看作一个装置，而是要从系统工程建模角度讨论它能承担的角色是什么，这就需要研究与其相关的接口标准，用什么语言交换数据等。你会发现，与其紧密相关的标准多达上百项，这些标准是走向先进工业自动化的必由之路。

4.3.5.4　增材制造标准

增材制造标准主要包括典型增材制造工艺和方法标准；设计规范、文件格式、数据质量保障、文件存储和数据处理等模型设计标准；增材制造设备接口标准；增材制造材料、设备和零部件性能的测试方法标准；增材制造服务架构、服务模式等服务标准。主要用于规范智能制造系统中增材制造相关技术、方法，确保增材制造与智能制造各环节、要素的协调一致及效能最优。例如，GB/T 39331—2020《增材制造　数据处理通则》、GB/T 39247—2020《增材制造　金属制件热处理工艺规范》、GB/T 39251—2020《增材制造　金属粉末性能表征方法》、GB/T 39252—2020《增材制造　金属材料粉末床熔融工艺规范》、GB/T 39328—2020《增材制造　塑料材料挤出成形工艺规范》、GB/T 39254—2020《增材制造　金属制件机械性能评价通则》等。

4.3.5.5　数控机床及设备标准

数控机床及设备标准主要包括智能化要求、语言与格式、故障信息字典等通用技术标准；互联互通及互操作、物理映射模型、远程诊断及维护、优化与状态监控、能效管理、接口、安全通信等集成与协同标准；智能功能部件、分类与特性、智能特征评价、智能控制要求等制造单元标准。主要用于规范数字程序控制进行运动轨迹和逻辑控制的机床及设备，解决其过程、集成与协同以及在智能制造应用中的标准化问题。例如，GB/T 39561.1~7—2020《数控装备互联互通及互操作》（包含以下部分：第 1 部分：通用技术要求；第 2 部分：设备描述模型；第 3 部分：面向实现的模型映射；第 4 部分：数控机床对象字典；第 5 部分：工业机器人对象字典；第 6 部分：数控机床测试与评价；第 7 部分：工业机器人测试与评价）、GB/T 38267—2019《机床数控系统编　程代码》、GB/T 38266—2019《机床数控系统　可靠性工作总则》、GB/T 39134—2020《机床工业机器人数控系统　编程语言》、GB/T 39128—2020《机床数控系统　人机界面》、GB/T 39129—2020《机床数控系统　故障诊断与维修规范》等。

4.3.5.6　智能工艺装备标准

工艺装备是指产品制造过程中所用的各种工具总称，包括刀具、夹具、模具、量具、检具、辅具、钳工工具和工位器具等，简称工装。工艺装备标准化是工艺装备设计、制造及使用等方面所进行的一系列标准化活动。工艺装备标准化主要是在工艺规程典型化的基础上，对企业现有工艺装备进行简化，压缩不必要的品种规格；发展和使用组合式工艺装备，以扩大工艺装备的应用范围，如使用组合夹具、组合模具、组合刀具等；采用标准的工艺装备，如生产中需要量较大的刀具、量具，专业厂都是按有关标准生产供应的，企业可以外购而不必自行设计；对复杂的工艺装备（如夹具、模具）的设计，应采用标准的零部件，以缩短其设计和制造周期。加工某产品的工艺装备标准化程度可用工艺装备标准化系数来衡量。

智能工艺装备标准主要包括成形工艺和方法标准；工艺术语、工艺符号、工艺文件及其格式、存储、传输、数据处理标准；成形工艺装备接口标准；工艺过程信息感知、采集、传输、处理、反馈标准；工艺装备状态监控、运维标准。主要用于规范智能制造系统中铸造、塑性成形、焊接、热处理与表面改性、粉末冶金成形等热加工成形工艺装备相关技术、方法、工艺，确保成形制造与智能制造系统的协调一致。

4.3.6 智能工厂（BB）和智能服务（BC）标准子体系

智能工厂（BB）标准主要包括智能工厂设计、智能工厂建造、智能工厂交付、智能设计、智能生产、智能管理、智能物流和集成优化等部分。

智能工厂设计标准主要是智能工厂参考模型、通用技术要求等总体规划标准；智能工厂信息基础设施设计、物联网系统设计和信息化应用系统设计等工厂智能化系统设计标准；虚拟工厂设计参考架构、虚拟工厂信息模型和虚拟工厂建设要求等虚拟工厂设计标准；达成智能工厂规划设计要求所需的仿真分析、工艺优化、工厂信息标识编码和设计文件深度要求等实施指南标准。

智能工厂（BB）标准子体系如图 4-8 所示。

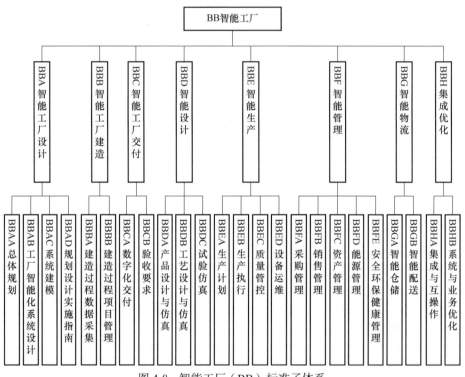

图 4-8 智能工厂（BB）标准子体系

智能服务（BC）标准主要包括大规模个性化定制、运维服务和网络协同制造等三个部分，主要用于实现产品与服务的融合、分散化制造资源的有机整合和各自核心竞争力的高度协同，解决了综合利用企业内部和外部的各类资源，提供各类规范、可靠的新型服务的问题。例如，GB/T 38846—2020《智能工厂 工业自动化系统工程描述类库》、GB/T 38854—2020《智能工厂 生产过程控制数据传输协议》、GB/T 37393—2019《数字化车间 通用技术要求》、GB/T 38844—2020《智能工厂 工业自动化系统时钟同步、管理与测量通用规范》、GB/T 39173—2020《智能工厂 安全监测有效性评估方法》、GB/T 34046—2017《制造业信息化服务平台参考体系结构》、GB/T 34045—2017《制造业信息化服务平台服务资源分类规范》、GB/T 23005—2020《信息化和工业化融合管理体系 咨询服务指南》、GB/T 23003—2018《信息化和工业化融合管理体系 评定指南》等。

4.3.7 智能使能技术（BD）和工业网络（BE）标准子体系

智能使能技术（BD）标准主要包括人工智能应用、工业大数据、工业软件、工业云、边缘计算、物联网等部分，其中，人工智能应用标准和边缘计算标准主要用于构建智能制造信息技术生态体系，提升制造领域的信息化和智能化水平。

工业网络（BE）标准主要包括体系架构、组网与并联技术和资源管理，其中体系架构包括总体框架、工厂内网络、工厂外网络和网络演进增强技术等；组网与并联技术包括工厂内部不同层级的组网技术，工厂与设计、制造、供应链、用户等产业链各环节之间的互联技术；资源管理包括地址、频谱等，但智能制造中的工业网络仅包括工业无线通信和工业有线通信。例如，GB/Z 38623—2020《智能制造 人机交互系统 语义库技术要求》、GB/T 38555—2020《信息技术 大数据 工业产品核心元数据》、GB/T 38667—2020《信息技术 大数据 数据分类指南》、GB/T 38666—2020《信息技术 大数据 工业应用参考架构》、GB/T 38868—2020《工业控制网络通用技术要求 有线网络》、GB/T 51419—2020《无线局域网工程设计标准》等。

智能使能技术（BD）和工业网络（BE）标准子体系如图 4-9 所示。工业网络（BE）对应于智能制造系统架构的位置构成了该技术领域的标准体系参考模型，如图 4-10 所示。

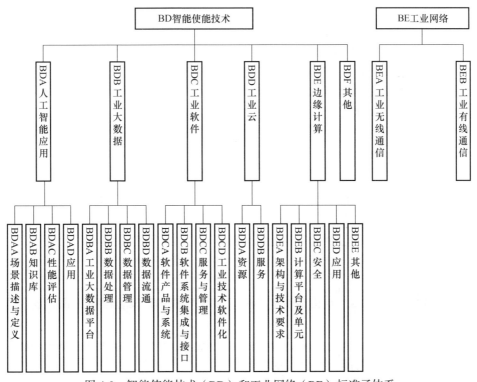

图 4-9 智能使能技术（BD）和工业网络（BE）标准子体系

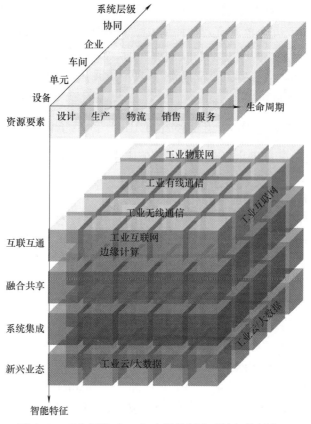

图 4-10　工业网络（BE）在智能制造系统架构的位置

4.3.7.1　人工智能应用标准

人工智能涉及广泛的智能科学技术，如机器学习与数据挖掘（深度分析）、机器视觉、智能技术、智能系统、智能工程、语义网络（Semantic Network）和知识图谱（Knowledge Graph）等。应用目标是使机器能够胜任一些通常需要人类智能才能完成的复杂工作，用人工的方法和技术，模仿、延伸和扩展人的智能，实现机器智能等。

人工智能标准体系结构包括："A 基础共性""B 支撑技术与产品""C 基础软硬件平台""D 关键通用技术""E 关键领域技术""F 产品与服务""G 行业应用""H 安全 / 伦理"等八个部分。

A 基础共性标准包括术语、参考架构、测试评估三大类标准，用于支撑标准体系结构中的其他部分。

B 支撑技术与产品标准包括人工智能软硬件平台建设、算法模型开发，属于人工智能应用基础类，主要包括大数据、物联网、云计算、边缘计算、智能传感器、数据存储及传输设备等。

C 基础软硬件平台标准主要包括智能芯片、系统软件、开发框架等方面，属于人工智能基础设施类。

D 关键通用技术标准主要包括机器学习、知识图谱、类脑智能计算、量子智能计算、模式识别等方面，属于人工智能应用通用技术类。

E 关键领域技术标准主要包括自然语言处理、智能语音、计算机视觉、生物特征识别、虚

拟现实 / 增强现实、人机交互等方面，属于人工智能应用领域技术类。

F 产品与服务标准包括在人工智能技术领域中形成的智能化产品及新服务模式的相关标准。

G 行业应用标准是面向行业具体需求，对其他部分标准进行细化。

H 安全 / 伦理标准贯穿于其他部分，为人工智能建立合规体系。

人工智能研发和应用过程中涉及的感知和执行关键技术要素，为人工智能各类感知信息的采集、交互和互联互通提供支撑。包括智能感知设备标准、感知设备与人工智能平台的接口和互操作等智能网络接口、物联网标准、感知与执行一体化模型标准、多模态和态势感知标准等。例如，ISO/IEC 21823-2：2020《物联网　物联网系统互操作性　第 2 部分：传输互操作》、ISO/IEC 30141：2020《物联网　参考体系结构》、ISO/IEC TR 30164：2020《物联网　边缘计算》。

4.3.7.2　工业大数据标准

工业大数据是工业领域产品和服务全生命周期数据的总称，包括工业企业在研发设计、生产制造、经营管理、运维服务等环节中生成和使用的数据，以及工业互联网平台中的数据等。大数据标准用于规范研发及应用等过程涉及的数据存储、处理、分析等大数据相关支撑技术要素，包括大数据系统产品、数据共享开放、数据管理机制、数据治理等标准。

工业大数据技术是挖掘和展现工业大数据价值的技术与方法，包括数据规划、采集、预处理、存储、分析挖掘、可视化和智能控制等。工业大数据技术的研究目标是从复杂的数据集中发现新的模式与知识，挖掘有价值的新信息。工业大数据应用则是对特定的工业大数据集，集成应用工业大数据系列技术与方法的过程。

工业企业数据分类维度包括但不限于研发数据域（研发设计数据、开发测试数据等）、生产数据域（控制信息、工况状态、工艺参数、系统日志等）、运维数据域（物流数据、产品售后服务数据等）、管理数据域（系统设备资产信息、客户与产品信息、产品供应链数据、业务统计数据等）、外部数据域（与其他主体共享的数据等）。工业互联网平台企业工业数据分类维度包括但不限于平台运营数据域（物联采集数据、知识库模型库数据、研发数据等）和企业管理数据域（客户数据、业务合作数据、人事财务数据等）。

工业数据分为一级、二级、三级 3 个级别。工业企业、平台企业等企业应按照《工业数据分类分级指南（试行）》《工业控制系统信息安全防护指南》等要求，结合工业数据分级情况，建立健全相关管理制度，做好防护工作。企业针对三级数据采取的防护措施，应能抵御来自国家级敌对组织的大规模恶意攻击；针对二级数据采取的防护措施，应能抵御大规模、较强恶意攻击；针对一级数据采取的防护措施，应能抵御一般恶意攻击。

三级数据：易引发特别重大生产安全事故或突发环境事件，或造成直接经济损失特别巨大；对国民经济、行业发展、公众利益、社会秩序乃至国家安全造成严重影响。

二级数据：易引发较大或重大生产安全事故或突发环境事件，给企业造成较大负面影响，或直接经济损失较大；引发的级联效应明显，影响范围涉及多个行业、区域或者行业内多个企业，或影响持续时间长，或可导致大量供应商、客户资源被非法获取或大量个人信息泄露；恢复工业数据或消除负面影响所需付出的代价较大。

一级数据：对工业控制系统及设备、工业互联网平台等的正常生产运行影响较小；给企业造成负面影响较小，或直接经济损失较小；受影响的用户和企业数量较少、生产生活区域范围较小、持续时间较短；恢复工业数据或消除负面影响所需付出的代价较小。

工业数据可分为三类：第一类是生产经营相关业务数据；第二类是设备数据；第三类是外部数据。

工业大数据标准主要包括平台建设的要求、运维和检测评估等工业大数据平台标准；工业大数据采集、预处理、分析、可视化和访问等数据处理标准；数据质量、数据管理能力等数据管理标准；工厂内部数据共享、工厂外部数据交换等数据流通标准。主要用于典型智能制造模式中，提高产品全生命周期各个环节所产生的各类数据的处理和应用水平。例如，GB/T 37721—2019《信息技术　大数据分析系统功能要求》、GB/T 38667—2020《信息技术　大数据　数据分类指南》、GB/T 38666—2020《信息技术　大数据　工业应用参考架构》、GB/T 38673—2020《信息技术　大数据　大数据系统基本要求》等。

4.3.7.3　工业软件标准

工业软件主要是指在工业领域里应用的自动化软件，包括系统、应用、中间件、嵌入式软件和非嵌入式软件等。工业互联网、人工智能、大数据、边缘计算、物联网等技术的最内核就是工业软件。

一般工业软件分为编程语言、系统软件、应用软件和中间件。其中系统软件为计算机使用提供最基本的功能，但并不针对某一特定应用领域，如 AutoCAD、ERP、CAE 等；应用软件根据用户和所属领域提供不同的功能，如 PLC 编程软件、组态软件等；非嵌入式软件是装在通用计算机或者工业控制计算机之中的设计、编程、工艺、监控、管理等软件，如 PLC 产品配套的编程软件包和组态软件等；嵌入式软件是嵌入在控制、通信、传感装置之中的采集、控制、通信等软件，如机器人控制软件、SoftPLC 等。应用在工业控制等领域之中的嵌入式软件对可靠性、安全性、实时性有特殊要求。

工业软件的可靠性通常通过测试和模拟来保证，可以通过形式化分析，特别是模型检查技术来提高。自动建立被控对象的形式化模型（形式规范或形式化描述），可以显著减少人的工作量，缓解人的因素问题。通常，复杂的工业装置和控制器具有模块化的结构，因此，自动构建模块化工厂模型的问题就显得尤为重要。

工业软件标准主要包括产品、工具、嵌入式软件、系统和平台的功能定义、业务模型、技术要求等软件产品与系统标准；工业软件接口规范、集成规程、产品线工程等软件系统集成和接口标准；生存周期管理、质量管理、资产管理、配置管理、可靠性要求等服务与管理标准；工业技术软件化方法、参考架构、应用程序接口（API）封装等工业技术软件化标准。主要用于指导工业企业对研发、制造、生产管理等工业软件的集成和选型。例如，GB/T 38557.1—2020《系统与软件工程　接口和数据交换　第 1 部分：企业资源计划系统与制造执行系统的接口规范》、GB/T 38634.1—2020《系统与软件工程　软件测试　第 1 部分：概念和定义》、GB/T 38634.2—2020《系统与软件工程　软件测试　第 2 部分：测试过程》、GB/T 38638—2020《信息安全技术　可信计算　可信计算体系结构》、GB/T 39406—2020《工业机器人可编程控制器软件开发平台程序的 XML 交互规范》等。

4.3.7.4　工业云标准

"云"是网络、互联网的一种比喻。工业云本质上是云计算，是云计算按应用领域分类的一种，是使用云计算模式为工业企业提供软件服务的工业云平台。云计算是使用互联网接入存储或者运行在远程服务器端的应用、数据或服务（"服务器平台"或"开发环境"）。云计算的运营模式是由云运营商（即第三方服务运营商）来搭建计算机存储、计算服务中心，把资源虚拟化为"云"后集中存储起来，为用户提供服务。云计算将所有来自物理实体的数据直接放在云上，云实现了存储、计算和分析，与大数据息息相关，相辅相成，大数据的分析应用依赖于云计算平台。

通俗地讲，云就是互联网，云计算就是基于互联网的计算，是一种按使用量付费的互联网技术（IT），以前使用 IT 业务是需要购买计算机软硬件（包括服务器、存储器、网络、系统软件、应用软件等），而云计算是使用者不需要购买这些设备，而是通过网络租用的模式进行使用，按需付费。工业云计算的本质是基于技术创新，通过生产要素使用效率来提高资源配置的效率，从而推动工业经济效率的提升。云平台可简单理解为是远程服务器，在这个服务器上存储着数据资源，也运行着各类软件及服务。

1. 工业云平台

工业云平台的组成通常包括软件、虚拟服务器以及接收和处理数据的能力。"平台"即操作系统、数据库和一些中间件，统称为软件平台。云平台可理解为互联网中的用户提供基础服务、数据、中间件、数据服务和软件的提供商。云是分层（访问类型）的，云架构划分为基础设施层 IaaS（Infrastructure as a Service，基础设施即服务）、平台层 PaaS（Platform as a Service，平台即服务）和软件服务层 SaaS（Software as a Service，软件即服务）三个层次。

IaaS 提供给用户的服务是对所有计算基础设施的利用，用户能够部署和运行任意软件，包括操作系统和应用程序。

PaaS 提供给用户的服务主要是把用户的应用程序部署到供应商的云计算基础设施上去。SaaS 提供给用户的服务是运营商运行在云计算基础设施上的应用程序。

PaaS 和 SaaS 可以运行在 IaaS 上，PaaS 可以为 SaaS 提供服务，SaaS 可以使用 PaaS 解决性能问题，SaaS 可以使用 IaaS 作为基础设施。

2. 云制造

根据 GB/T 29826—2013《云制造术语》，云制造（cloud manufacturing）是一种基于网络的、面向服务的智能制造新模式。它融合发展了现有信息化制造（信息化设计、生产、试验、仿真、管理、集成）技术与云计算、物联网、服务计算、智能科学等新兴信息技术，将各类制造资源和制造能力虚拟化、服务化，构成制造资源和制造能力的服务池，并进行统一的、集中的优化管理和经营，从而用户只要通过网络和终端就能随时随地按需获取制造资源和制造能力的服务，进而智能地完成其产品全生命周期的各类活动。

3. 云制造服务

云制造服务（cloud manufacturing service）是基于云制造技术的制造服务，服务内容包含论证服务 AaaS、设计服务 DaaS、生产加工服务 FaaS、试验服务 TaaS、仿真服务 SimaaS、维护维修服务 MRaaS、经营管理服务 MaaS、集成服务 InaaS 等。

云制造服务平台（cloud manufacturing service platform）是支持产品全生命周期各类活动，支持各类制造资源与制造能力的感知与接入、虚拟化、服务化、搜索、发现、匹配、组合、交易、执行、调度、结算、评估等，支持用户的普适使用，支持分散的制造资源和制造能力集中管理、集中的制造资源和制造能力分散服务的支撑环境以及工具集。

云制造服务系统（cloud manufacturing service system）是基于云制造服务平台，接入制造资源和制造能力，并面向应用建立的制造服务系统。

4. 制造资源与制造能力

制造资源（manufacturing resource）是完成产品全生命周期的所有活动的元素，包括软制造资源、硬制造资源和其他相关资源。软制造资源包括模型、数据、软件、领域知识、数据文档等并融合语义网、物联网、嵌入式技术和智能控制器等新技术。硬制造资源主要是指产品全生命周期过程中的制造设备，如工业机器人、数控机床、加工中心、计算设备、物料等。其他相关资源主要指除硬资源、软资源之外的制造资源集合，如各种服务培训、信息咨询、运输工具等。

制造能力（manufacturing capability）是完成产品全生命周期过程中各项活动的能力，是人及组织、经营管理、技术三要素的有机结合，如设计能力、仿真能力、生产加工能力、试验能力、产品维护能力等。制造能力体现了一种对制造资源配置和整合的能力，反映了制造企业或制造实体完成某一任务及预期目标的 T（开发时间）、O（质量）、C（成本）、S（服务）、E（环境清洁）、K（知识含量）水平。

如果将"制造资源"代以"计算资源"，则在制造环境中"制造即服务"，云制造即是一种融合先进信息技术、制造技术、云计算和物联网等技术的制造方式，云制造业主体在广泛的网络资源环境下，为产品提供高附加值、低成本和全球化制造的服务。

5. 嵌入式技术

嵌入式技术是执行专用功能，运行固化的软件，即术语固件（firmware）。通常，嵌入式系统是置入应用对象内部起信息处理或控制作用的专用计算系统，或是一个控制程序存储在 ROM 中的嵌入式处理器控制板。其软件包括运行环境及其操作系统。硬件包括信号处理器、存储器、通信模块等。软件硬件可剪裁，其硬件至少包含一个微控制器、微处理器或数字信号处理器单元。

工业云标准主要包括云平台建设与应用，工业云资源和服务能力的接入与管理等资源标准；能力测评规范、计量计费、服务级别协议（SLA）；虚拟和物理资源池化、调度，智能运算平台架构，智能运算资源定义和接口、应用服务部署等标准。例如，GB/T 35279—2017《信息安全技术　云计算安全参考架构》、GB/T 38624.1—2020《物联网 网关 第 1 部分：面向感知设备接入的网关技术要求》、GB/T 33474—2016《物联网 参考体系结构》、GB/T 37684—2019《物联网 协同信息处理参考模型》等。

4.3.7.5　边缘计算标准

边缘计算（edge computing）是在靠近物理实体（数据源头）的网络边缘侧，处于物理实体和工业连接之间，或处于物理实体的顶端，在工业自动化领域，"边缘"是指接近或靠近工业过程的位置。边缘计算采用网络、计算、存储、应用核心能力为一体的开放平台，从云延伸到网络边缘，就近提供最近端服务，满足行业在实时业务、应用智能、数据安全等方面的基本需求，是物理域和数字域连接的桥梁。云计算和边缘计算本质上都是处理大数据的计算运行方式，云计算侧重在"云"（网络），而边缘计算则侧重在"端"（节点），两者互为补充。边缘计算数据的处理、应用程序的运行，无需再传到远程的云端，而在边缘侧处理，因此，边缘计算更适合实时的数据分析和智能化处理，也更加高效、安全。如果说云计算是集中大数据处理，那么边缘计算则可理解为边缘分布式大数据处理。

边缘计算的参考架构包含了设备、网络、数据与应用四域，平台提供者主要提供在网络互联、计算能力、数据存储与应用方面的软硬件基础设施。基于边缘计算的数据处理在边缘侧和云端分别对数据进行分析和加工。边缘侧主要负责各种原始数据的分析、整理、计算、编辑等的加工和处理。云端主要针对大量边缘侧传递来的数据进行建模分析。

边缘计算架构通过云端和边缘侧的计算资源，使智能优化延伸到边缘侧，将边缘节点智能化，采用云上智能模型训练、边缘模型推理、预测执行的模式，既能满足实时性要求，又可大幅降低无效数据上云，降低网络负载、减少数据暴露及降低数据管理成本。利用边缘计算架构实现的自动化技术比传统的自动化技术的控制精度和实时性都能得到极大提高。

边缘计算推动了工业物联网设备和工业物联网技术的发展。为了满足物联网的实时响应和大数据处理等的需求，通常需要边缘计算和云计算协调工作，边缘计算负责实时分析和响应，"云"（网络）负责数据集的收集和处理，以提高智能设备的功能。如边缘控制器将PLC、PC、网关、运动控制、I/O 数据采集、现场总线协议、机器视觉、设备联网等多领域功能集成于一体，同时实现设备运动控制、数据采集、运算和与云端相连，以及在边缘侧协同远程工业云平台实现智能生产线控制等。工业物联网是工业领域的物联网技术，是将具有感知、监控能力的各类传感器、数据采集或控制器、移动通信和智能分析等技术融入生产过程各个环节，以提升智能化水平。

边缘计算标准主要包括架构与技术要求、计算及存储、安全、应用等标准。主要用于指导智能制造行业数字化转型等方面的关键需求，以及边缘计算技术、设备或产品的研发和应用，涉及端计算设备、网络、数据与应用、数据传输接口协议、智能数据存储、端端协同、端云协同等标准。例如，ISO/IEC 21823-2：2020《物联网 物联网系统互操作性 第 2 部分：传输互操作》、ISO/IEC 30144：2020《物联网 支撑变电站的无线传感器网络系统》和 ISO/IEC TR 30164：2020《物联网 边缘计算》等。

4.3.7.6　工业无线通信标准

工业无线通信是工业环境下的无线通信技术。工业无线网络技术通过支持设备间的交互与实体物联，实现新一代泛在信息控制系统和环境，已成为智能制造、物联网技术、工业互联网的核心和重要使能技术之一。工业无线技术的核心技术包括时间同步、确定性调度、跳信道、路由和安全技术等。

工业无线通信是指通过无线传输介质进行数据通信。无线传输介质在两个通信设备之间无任何物理连接，是通过空间传输方式实现面向设备间短程、低速率信息交互，并与可通信设备位置无关。最常用的无线传输介质有无线电波、微波和红外线。

工业无线通信技术能够在工厂环境下，为各种智能现场设备、移动机器人及各种自动化设备之间的通信提供高带宽的无线数据链路和灵活的网络拓扑结构，在一些特殊环境下可弥补有线网络的不足，进一步完善工业控制网络的通信性能。基于无线通信技术的网络化智能传感器使得工业现场的数据能够通过无线链路直接在网络上传输、发布和共享。工业无线通信标准是用于现场设备级、车间监测级及工厂管理级的各种局域和广域工业无线网络标准。

目前，工业无线通信国际标准包括基于 IEEE 802.15.4 标准的 WIA-PA 和基于 IEEE 802.11 标准的 WIA-FA、WirelessHART、ISA100.11a。WIA-PA 和 WIA-FA 的国家标准是 GB/T 26790《工业无线网络 WIA 规范》。WIA-PA 和 WIA-FA 是具有中国自主知识产权、符合中国工业应用国情的一种工业无线标准体系。例如，GB/T 51419—2020《无线局域网工程设计标准》、GB/T 26790.4—2020《工业无线网络 WIA 规范 第 4 部分：WIA-FA 协议一致性测试规范》、GB/T 31491—2015《无线网络访问控制技术规范》等。

4.3.7.7　工业有线通信标准

工业有线通信标准是针对工业现场总线、工业以太网、工业布缆的工业有线网络标准。有线通信是指通过有线传输介质进行数据通信，是指除工业无线通信网络之外的工业控制网络，包含现场总线、工业以太网（实时以太网）和嵌入式系统。有线传输介质是指在两个通信设备之间实现的物理连接部分，它将信号从一方传输到另一方，常用的有线传输介质有双绞线、同轴电缆和光纤等。

现场总线（field bus）是一种工业数据总线，是基于数字式、串行、多点数据传输并用在工业自动化或过程控制（包括断续和连续生产过程两类）应用中的底层数据通信网络，是以单个分散的、数字化、智能化的测量和控制设备作为网络节点，用总线相连接，实现相互交换信息，共同完成运动控制功能的网络系统与控制系统。

工业以太网是一种应用于工业控制领域的技术规范，遵循 IEEE 802.3：2018 以太网标准。IEEE 802.3：2018 定义了有线以太网的物理层和数据链路层的介质访问控制（MAC）中采用的通信介质类型和信号处理方法。一个典型的工业以太网络环境有网络部件、连接部件（交换机）和通信介质三类网络器件。当以太网用于工业控制时，体现在快速实时通信、系统组态对象和工程模型的应用协议，具有代表性的有 Ethernet/IP、Modbus TCP/IP、PROFINET、FOUNDATION HSE、EPA 等协议。

根据 GB/T 38868—2020《工业控制网络通用技术要求 有线网络》的定义，工业控制网络是连接工业控制系统设备的网络；不同的工业控制网络可以在一个车间中共存，也可以与车间外的远程设备和资源相连。工业控制系统是由计算与工业控制主机、设备和装置组成的系统，计算与工业控制主机、设备和装置集成到一起以控制工业生产、传输或分布式过程。工业控制网络连接智能制造系统中的设备层与控制层，是智能制造系统中的基础通信网络。

国际标准 IEC 61158 和 IEC 61784 按照类型（Type）来区分和定义不同的现场总线、工业以太网或工业控制网络通信协议，其中，在我国应用比较广泛的部分，我国国家标准等同采用，见表 4-2。

表 4-2　IEC 61158 第 4 版现场总线类型

序号	IEC 61158 类型	现场总线 / 工业以太网技术名称（行规名称）	国家标准 /IEC
1	类型 2	CIP（ControlNet/Ethernet/IP）现场总线 / 实时以太网	GB/Z 26157
2	类型 3	PROFIBUS（PROFIBUS DP/PROFIBUS PA）现场总线	GB/T 20540
3	类型 10	PROFINET（PROFINET IO CC-A、CC-B、CC-C）实时以太网	GB/T 25105 GB/T 25740
4	类型 12	EtherCAT 实时以太网	GB/T 31230
5	类型 13	Ethernet POWERLINK（POWERLINK）实时以太网	GB/T 27960
6	类型 14	EPA（CP14/1 NRT、CP14/2 RT、CP14/3 FRT、CP14/4 MRT）实时以太网	GB/T 26796
7	类型 18	CC-Link（CC-Link/V1、CC-Link/V2、CC-Link/LT）现场总线	GB/T 19760
8	类型 23	CC-Link IE（CC-Link IE Controller Network、CC-Link IE Field Network）现场总线	GB/T 33537
9	类型 20	HART（HART，WirelessHART）现场总线	GB/T 29910
10	类型 15	MODBUS-RTPS（Modbus TCP、RTPS）实时以太网	GB/T 19582
11	类型 8	INTERBUS 现场总线	GB/Z 29619
12	类型 16	SERCOSS（SERCOSS Ⅰ、SERCOSS Ⅱ）现场总线	
13	类型 19	SERCOSS（SERCOSS Ⅲ）实时以太网	
14	类型 4	P-NET 现场总线	

（续）

序号	IEC 61158 类型	现场总线 / 工业以太网技术名称（行规名称）	国家标准 /IEC
15	类型 1 类型 9	FOUNDATION fieldbus（FOUNDATION H1、FOUNDATION H2）现场总线	
16	类型 5	FOUNDATION HSE 高速以太网	
17	类型 7	WorldFIP 现场总线	
18	类型 11	TCnet 实时以太网	
19	类型 17	VNET/IP 实时以太网	
20	类型 21	RAPIEnet 实时以太网	
21	类型 22	SafetyNET p 实时以太网	
22	类型 24	MECHATROLINK 现场总线	
23	类型 25	ADS-net 自动化设备规范	
24	类型 26	FL-net 实时以太网	
25	类型 6	SwiftNet，因用户少，在 IEC 61158：2019 中被撤销	

注：本表参考 IEC 61158-1：2019、IEC 61784-1：2019 及相关国家标准编制。

4.4 工业机器人的标准体系

工业机器人是实现智能制造的重要基础，也是最核心的智能装备之一。机器人技术是智能制造关键技术之一，将融合通信、感知、处理、移动、意识、操作等方面的最新技术，向着更加智能化、柔性化、安全及多应用领域的方向发展，工业机器人在多领域替代人工是未来制造业的必然发展趋势。

工业机器人标准体系属于前述智能装备标准子体系之一。工业机器人标准主要包括集成安全要求、统一标识及互联互通、信息安全等通用技术标准；数据格式、通信协议、通信接口、通信架构、控制语义、信息模型、对象字典等通信标准；编程和用户接口、编程系统和机器人控制间的接口、机器人云服务平台等接口标准；制造过程机器人与人、机器人与机器人、机器人与生产线、机器人与生产环境间的协同标准。主要用于规定工业机器人的系统集成、人机协同等通用要求，确保工业机器人系统集成的规范性、协同作业的安全性、通信接口的通用性。

目前，已发布和计划发布的机器人国家标准达 100 项以上，机器人相关的国家标准 50 余项，还有行业标准 30 余项，标准体系相对完整。ISO/TC 299 国际机器人标准化技术委员会发布的国际标准已全部被国内对口组织 SAC/TC 159/SC 2 转化为国家标准。我国机器人领域国际标准的采标率是 100%，并参与制定和修订国际标准。例如，GB/T 38559—2020《工业机器人力控制技术规范》、GB/T 38642—2020《工业机器人生命周期风险评价方法》、GB/T 38839—2020《工业机器人柔性控制通用技术要求》、GB/T 38560—2020《工业机器人的通用驱动模块接口》、GB/T 37414.1—2019《工业机器人电气设备及系统 第 1 部分：控制装置技术条件》、GB/T37414.2—2020《工业机器人电气设备及系统 第 2 部分：交流伺服驱动装置技术条件》、GB/T 37414.3—2020《工业机器人电气设备及系统 第 3 部分：交流伺服电动机技术条件》等。

4.4.1 工业机器人的定义

根据国家标准 GB/T 12643—2013（ISO 8373：2012）《机器人与机器人装备 词汇》，机器人是指具有两个或两个以上可编程的轴（axis），以及一定程度的自主能力（autonomy），可在其环境内运动以执行预期任务的执行机构。

1. 机器人（robot）

机器人包括控制系统（control system）和控制系统接口。按照预期的用途，机器人可划为工业机器人或服务机器人（service robot）两类。在机器人产业方面，我国将机器人划分为工业机器人、个人/家用服务机器人、公共服务机器人和特种机器人四类。

2. 工业机器人系统（industrial robot system）

工业机器人系统是由（多）工业机器人、（多）末端执行器（end effector）和为使机器人完成其任务所需的任何机械、设备、装置、外部辅助轴或传感器构成的系统。

3. 工业机器人（industry robot）

工业机器人是指面向工业领域的机器人，是自动控制的、可重复编程（reprogrammable）、多用途（multipurpose）的操作机（Manipulator），可对三个或三个以上轴进行编程。它可以是固定式或移动式，在工业自动化中使用。工业机器人包括操作机，含致动器（actuator）；控制器，含示教盒（pendant）和通信接口（硬件和软件）；还包括某些集成的附加轴。

4. 服务机器人（service robot）

服务机器人是除工业自动化应用外，能为人类或设备完成有用任务的机器人。工业自动化应用包括（但不限于）制造、检验、包装和装配。用于生产线的关节机器人（articulated robot）是工业机器人，而类似的关节机器人用于供餐的就是服务机器人。

5. 智能机器人（intelligent robot）

智能机器人是具有依靠感知其环境、和/或与外部资源交互、调整自身行为来执行任务的能力的机器人。例如，具有视觉传感器用来拾放物体的工业机器人；避碰的移动机器人（mobile robot）；不平地面行走的腿式机器人。

工业机器人是广泛应用于工业领域的机器人，具有一定的自动性，可依靠自身的动力能源和控制能力实现各种工业加工制造功能。

通常工业机器人按用途分类有焊接机器人、切割机器人、装配机器人、冲压机器人、上下料机器人、喷涂机器人、码垛机器人和搬运机器人等多种类型；按结构形式可分为直角坐标机器人、圆柱坐标机器人和关节型机器人，其中关节型工业机器人以 4~6 轴为主；按负载分类可分为小型负载机器人（负载小于 20kg）、中型负载机器人（负载在 20~100kg 之间）和大型负载机器人（负载大于 100kg）。

工业机器人目前已广泛应用于汽车、3C 电子、物流、化工、机械加工、医疗器械、橡胶、塑料、国防军工等流程生产和离散生产的工业领域中。

4.4.2 机器人的基本结构与特征

工业机器人主要由本体结构、减速器、驱动系统和运动控制系统四大部分组成，其中包括本体结构系统、驱动系统、传感系统、机器人-环境交互系统、人机交互系统和控制系统六个子系统。

工业机器人本体结构是指机体结构和机械传动系统，是机器人的支承基础和执行机构，包括臂部、腕部和手部，有的机器人还有行走机构。大多数工业机器人有 3~6 个运动自由度（Degree of Freedom，DOF），其中，腕部通常有 1~3 个运动自由度。DOF 是用以确定物体在空间中独立运动的变量（最大数为 6），但表述机器人的运动时应使用术语"轴（axis）"。

运动控制器、伺服系统、减速器是工业机器人的三大关键零部件，主要包括精密减速器、交直流伺服电动机和驱动器及运动控制器等。它们之间的控制关系是，运动控制器接收示教盒指令，将指令信号转换为路径控制信号，并将控制信号发送到伺服驱动系统，伺服驱动系统控制伺服电动机转动，伺服电动机通过减速器带动执行机构运动。

工业机器人驱动系统包括动力装置和传动机构，核心为减速器和伺服系统；传感部分包括感知和视觉两部分，核心为智能传感器。

工业机器人控制系统是一套具有逻辑控制和动力功能的系统，能控制和监测机器人机械结构并与环境（设备和使用者）进行通信。控制系统按照输入的程序对驱动系统和执行机构发出指令信号，并进行控制。控制系统主要是由运动控制器（卡式或嵌入式）和 PLC（软 PLC）组成，执行标准是 GB/T 15969.3—2017（IEC 61131-3：2013）《可编程序控制器　第 3 部分：编程语言》、GB/T 39007—2020《基于可编程控制器的工业机器人运动控制规范》等。

运动控制是工业机器人的核心技术。工业机器人的关键性能指标，如重复精度、速度、稳定性、臂展、重量等都是建立在运动控制技术基础上的。工业机器人的三大核心零部件（减速器、伺服系统、控制系统）都可以归结到运动控制技术。

4.4.2.1　工业机器人减速器

为保证工业机器人在生产中能够可靠地工作，在重复执行相同的动作时要保证工艺质量，就需要很高的定位精度和重复定位精度，这是由高精度减速器实现的。工业机器人运动的核心部件"关节"就是由减速器构成，每个关节都要用到不同的减速器产品。因此，减速器是连接机器人动力源和执行机构之间的中间装置，通常它把伺服电动机高速运转的动力通过输入轴上的小齿轮啮合输出轴上的大齿轮来达到减速的目的，并传递更大的转矩。减速器除了回转精度要求特别高外，还需要很高的刚度和疲劳强度，对材料和工艺水平要求高，产品要求高可靠性、高精度、大转矩、大速比。

减速器按结构主要有 RV 减速器、谐波减速器和行星减速器三大类。用精度、转矩、刚度、传送效率等指标衡量减速器性能，它们各有不同。RV 减速器和谐波减速器是工业机器人应用最多的精密减速器。一台六关节工业机器人需要搭载多台 RV 减速器。RV 减速器主要用于 20kg 以上的机器人关节，谐波减速器用在 20kg 以下机器人关节。在关节型机器人中，一般将 RV 减速器放置在机座、大臂、肩部等重负载的位置；而将谐波减速器放置在小臂、腕部或手部；行星减速器一般用在直角坐标机器人上。

1. RV（Rot-Vector）减速器

RV 减速器由一个行星齿轮减速器的前级和一个摆线针轮减速器的后级组成，为一封闭差动轮系。主动的太阳轮与输入轴相连，如果渐开线中心轮顺时针方向旋转，它将带动三个呈 120° 布置的行星轮在绕中心轮轴心公转的同时，还有逆时针方向自转；三个曲柄轴与行星轮相连而同速转动，两片相位差为 180° 的摆线轮铰接在三个曲柄轴上，并与固定的针轮相啮合，在其轴线绕针轮轴线公转的同时，还将反方向自转，即顺时针转动。输出机构（即行星架）由装在其上的三对曲柄轴支撑轴承来推动，把摆线轮上的自转矢量以 1:1 的速比传递出来。

RV 减速器结构紧凑，传动比大，以及在一定条件下具有自锁功能，是最常用的减速器之一，而且振动小、噪声低、能耗低。

2. 谐波减速器

谐波减速器是使柔轮产生可控弹性变形的构件，由谐波发生器、柔轮和刚轮三部分组成，其工作原理是由谐波发生器使柔轮产生可控的弹性变形，靠柔轮与刚轮啮合来传递动力，并达到减速的目的。按照谐波发生器的不同，有凸轮式、滚轮式和偏心盘式。

谐波发生器是一个杆状部件，其两端装有滚动轴承构成滚轮，与柔轮的内壁相互压紧。柔轮是可产生较大弹性变形的薄壁齿轮，其内孔直径略小于谐波发生器的总长。当谐波发生器装入柔轮后，迫使柔轮的剖面由原先的圆形变成椭圆形，其长轴两端附近的齿与刚轮的齿完全啮合，而短轴两端附近的齿则与刚轮完全脱开。周长上其他区段的齿处于啮合和脱离的过渡状态。当谐波发生器连续转动时，柔轮的变形不断改变，使柔轮与刚轮的啮合状态也不断改变，由啮入、啮合、啮出、脱开到再啮入，如此周而复始地进行，从而实现柔轮相对刚轮沿谐波发生器相反方向的缓慢旋转。

谐波减速器工作时，固定刚轮由电动机带动谐波发生器转动，柔轮作为从动轮，输出转动，带动负载运动。在传动过程中，谐波发生器转一周，柔轮上某点变形的循环次数称为波数，常用的是双波和三波两种。双波传动的柔轮应力较小，易于获得大的传动比，应用最多。

谐波减速器传动比大、外形轮廓小、零件数目少且传动效率高，单机传动比为 50~4000，传动效率为 92%~96%。

3. 行星减速器

行星减速器主要传动结构为轴承、行星轮、太阳轮、内齿圈。由一个内齿环紧密结合在齿轮箱壳体上，环齿中心有一个由外部动力所驱动的太阳齿轮，介于两者之间有一组由三个齿轮等分组合在托盘上的行星齿轮组，行星齿轮依靠出力轴、内齿环及太阳齿支撑；行星减速器输入侧动力驱动太阳齿时，可带动行星齿轮自转，并按内齿环的轨迹沿着中心公转，游星的旋转带动托盘的输出轴输出动力。

行星减速器体积小、重量轻、承载能力高、使用寿命长、运转平稳、噪声低，具有功率分流、多齿啮合的特性；与谐波减速器、RV减速器相比，具有更高的刚度和回转精度。

4.4.2.2　工业机器人伺服系统

伺服系统（servo mechanism）又称随动系统，是用来精确地跟随或复现某个过程的反馈控制系统（自动控制系统），主要由伺服驱动器和伺服电动机组成。它的主要任务是按控制命令对功率进行放大、变换与调控等处理，使驱动装置控制输出的力矩、速度和位置。在很多情况下，伺服系统专指被控制量（系统的输出量）是机械位移或位移速度、加速度的反馈控制系统，其作用是使输出的机械位移（或转角）准确地跟踪输入的位移（或转角）。衡量伺服控制系统性能的主要指标是系统精度、稳定性、响应特性和工作频率，特别是频带宽度和精度。

伺服控制（servo control）是指机器人控制系统控制机器人的致动器以使实到位姿尽可能符合指令位姿的过程。实到位姿是机器人响应指令位姿时实际达到的位姿。指令位姿（command pose）即编程位姿（programmed pose），是由任务程序（task program）给定的位姿（pose）。位姿是空间位置和姿态的合称。

任务程序是定义工业机器人或工业机器人系统特定的任务所编制的运动和辅助功能的指令集。此类程序通常是在机器人安装后生成的，并可在规定的条件下由通过培训的人员修改。任务是指应用中特定的部分。应用是指一般的工作范围。注意：控制程序（control program）

是定义工业机器人或工业机器人系统的能力、动作和响应度的固有控制指令集。此类程序通常是在安装前生成的，并且以后仅能由制造厂修改。

伺服电动机是工业机器人的动力系统，一般安装在机器人的"关节"处，是机器人运动的"心脏"，其功能是将电信号转换成转轴的角位移或角速度。

机器人的关节驱动离不开伺服系统，关节越多，机器人的柔性和精准度越高，所要使用的伺服电动机的数量就越多。机器人对伺服系统的要求是必须满足快速响应、起动转矩高、动转矩惯量比大和调速范围宽，适应机器人的形体需要体积小、重量轻和加减速运行等，且需要高可靠性和稳定性。

伺服电动机主要分为交流和直流两大类。交流伺服电动机在工业机器人中广泛应用。

4.4.2.3 工业机器人运动控制器

工业机器人运动控制器的主要功能是控制工业机器人的运动位置、姿态和轨迹、操作顺序及动作时间等。从功能结构上可将控制器分为软件和硬件两部分。

根据硬件类型的不同，软件部分安装不同的操作系统和控制软件。常用操作系统有VxWorks、VxWorks+Windows、Windows CE、Linux（PREEMPT_RT）等类型。控制软件主要是编程软件，多数采用 CODESYS、ROS、OROCOS 和软 PLC（如 PLCnext、OpenPLC 等）。

硬件部分的产品主要有插卡式运动控制器、嵌入式运动控制器、网络型运动控制器和通用一体化运动控制器等类型。

插卡式运动控制器是插在工业计算机内插槽上的一种板卡；嵌入式运动控制器本身有外壳，一般装在工业机器人控制柜内；网络型运动控制器也是一种嵌入式结构，可以通过网络远程控制；通用一体化运动控制器是将工业计算机、PLC（运动控制、逻辑控制）、通信网络和人 - 机组态功能集成在一起的嵌入式控制器，从功能上看，类似于计算机的主机，使用时，接上显示器即可进行编程、组态和控制等的操作，其镶嵌的软件主要包括操作系统、软 PLC 及运动控制功能模块等。软件部分融合了运动控制、逻辑控制（PLC）和人 - 机交互（HMI）软件开发环境，符合 GB/T 15969.3—2017（IEC 61131-3：2013）和 GB/T 39007—2020 等，支持结构文本（ST）、指令表（IL）、顺序流程图（SFC）、功能框图（FBD）、梯形图（LD）和连续功能编辑器（CFC）6 种编程语言。

我国工业机器人控制器产品已趋于成熟，大部分知名机器人本体制造商均已实现自主生产控制器，所采用的硬件平台也趋于国际化，差距主要体现在控制算法和软件开发平台方面。现在，工业机器人控制器正向着标准化、开放式和可维护性方向发展。基本特征主要体现在以下几个方面：

1）可维护性。智能制造的核心是柔性自动化。工业机器人应能随其工作环境变化的需要进行再编程。

2）拟人化。智能化工业机器人还有许多类似人类的"生物传感器"，如皮肤型接触传感器、力传感器、负载传感器、视觉传感器、声觉传感器、语言功能等。工业机器人在计算机控制下有类似人的行走、腰转、大臂、小臂、手腕、手爪等对周围环境的自适应能力。

3）人工智能。智能机器人不仅具有获取外部环境信息的各种传感器，而且还具有记忆能力、语言理解能力、图像识别能力、推理判断能力等人工智能。

4）通用性。除了专用工业机器人外，一般工业机器人在执行不同的作业任务时具有较好的通用性。例如，更换工业机器人手部末端操作器（手爪、工具等）便可执行不同的作业任务。

4.4.2.4　机器人相关的术语

1. 手臂、手腕和轴

关节机器人是指手臂（arm）具有三个或更多个回转关节（rotary joint）的机器人。手臂是操作机上一组互相连接的长形的杆件（用于连接相邻关节的刚体）和主动关节，用以定位手腕（wrist）。有一种应用于装配作业的机器人手臂（Selective Compliance Assembly Robot Arm，SCARA），它有 3 个旋转关节，最适用于平面定位。

手腕是操作机上在手臂和末端执行器之间的一组相互连接的杆件和主动关节，用以支承末端执行器并确定其位置和姿态。回转关节是连接两杆件的组件，能使其中一杆件相对于另一杆件绕固定轴线转动。

"轴"也用于表示"机器人的机械关节"，是用于定义机器人以直线或回转方式运动的方向线。

2. 自主能力、可重复编程、控制系统与示教盒

自主能力是基于当前状态和感知信息，无人为干预地执行预期任务的能力。

可重复编程是指尤需物理变更（机械系统的更换）即可更改已编程的运动或辅助功能。

控制系统是一套具有逻辑控制和动力功能的系统，能控制和监测机器人机械结构并与环境（设备和使用者）进行通信。控制系统的任务是根据机器人的作业指令，以及从传感器反馈回来的信号，支配机器人的执行机构去完成规定的运动和功能。精度、速度、稳定性是数控机床和工业机器人性能的关键指标，这些指标都建立在运动控制技术的基础上。工业机器人的三大核心零部件（减速器、伺服系统、控制系统）都可以归结到运动控制技术，因此，运动控制技术的发展，将决定机器人技术的发展。

示教盒是与控制系统（control system）相连，用来对机器人进行编程或使机器人运动的手持式单元。

3. 末端执行器

末端执行器（end effector）是指为使机器人完成其任务而专门设计并安装在机械接口处的装置，如夹持器、扳手、焊枪、喷枪等。机械接口（mechanical interface）位于操作机末端，是用于安装末端执行器的安装面。

4. 操作机

操作机是指来抓取和（或）移动物体、由一些相互铰接或相对滑动的构件组成的多自由度机器。操作机的位姿通常指末端执行器或机械接口的位置和姿态。多用途的操作机是指经物理变更（机械系统的更换）后，有能力适用不同用途的性能。

操作机可由操作员（operator）、可编程序控制器、或某些逻辑系统（如凸轮装置、线路）来控制。操作机不包括末端执行器。

操作员是指定的从事机器人（robot）或机器人系统（robot system）启动、监控和停机等预期操作的人员。

5. 机器人系统与工业机器人系统

机器人系统是由（多）机器人、多末端执行器和为使机器人完成其任务所需的任何机械、设备、装置或传感器构成的系统。

工业机器人系统是由（多）工业机器人、（多）末端执行器和为使机器人完成其任务所需的任何机械、设备、装置、外部辅助轴或传感器构成的系统。

6. 致动器

致动器是用于实现机器人运动的动力机构，如把电能、液压能、气动能转换成使机器人运动的马达。

7. 人 - 机器人交互（human-robot interaction）

人 - 机器人交互是指人和机器人通过用户接口（user interface）交流信息和动作来执行任务，如通过语音、视觉和触觉方式交流。用户接口是在人 - 机器人交互过程中人和机器人间交流信息和动作的装置。人 - 机交互系统是人与机器人进行联系和参与机器人控制的装置，如计算机的标准终端、指令控制台、信息显示板、危险信号报警器、麦克风、扬声器、图形用户接口、操作杆和力 / 触觉装置。

8. 机器人 - 环境交互系统

机器人 - 环境交互系统是实现机器人与外部环境中的设备相互联系和协调的系统。机器人与外部设备集成为一个功能单元，如加工制造单元、焊接单元、装配单元等。

9. 感知系统

机器人感知系统是把机器人各种内部状态信息和环境信息从信号转变为机器人自身或者机器人之间能够理解和应用的数据和信息，如感知与自身工作状态相关的机械量（如位移、速度和力等）。视觉伺服系统将视觉信息作为反馈信号，用于控制调整机器人的位置和姿态。机器视觉系统用于质量检测、识别工件、食品分拣、包装等。感知系统是由内部传感器模块和外部传感器模块组成的智能传感器。

10. 驱动系统

机器人驱动系统是向机械结构系统提供动力的装置。根据动力源不同，驱动系统的传动方式分为液压式、气压式、电气式和机械式 4 种。

11. 机械结构系统

从机械结构来看，工业机器人总体上分为串联机器人和并联机器人。串联机器人的特点是一个轴的运动会改变另一个轴的坐标原点，而并联机器人一个轴的运动则不会改变另一个轴的坐标原点。并联机构定义为动平台和定平台通过至少两个独立的运动链相连接，机构具有两个或两个以上自由度，且以并联方式驱动的一种闭环机构。并联机构有两个构成部分，分别是手腕和手臂。手臂活动区域对活动空间有很大的影响，而手腕是工具和主体的连接部分。与串联机器人相比较，并联机器人具有刚度大、结构稳定、承载能力大、微动精度高、运动负荷小的优点。

4.5　PLC 的标准体系

智能制造的核心是智能制造装备，可编程序控制器（PLC）是智能制造装备中的核心部件之一。PLC 等同于工业自动化系统中的现场控制器。智能制造中的 PLC，不同于以往概念下的 PLC，是基于 IEC 61131、IEC 61499 和 IEC 61804 系列标准下的 PLC，是一种组件式边缘控制器或 CPS 控制器。

4.5.1　PLC 相关的系列标准

PLC 的国家标准 GB/T 15969.1~.10 等同采用 IEC 61131-1~10。它是 PLC 及其外围设备的技术规范，不仅适用于 PLC，也适用于 DCS、IPC、PAC、HMI、嵌入式控制器、运动控制、工业机器人、SCADA 系统等的编程系统，包括其相关外围设备，如编程和调试工具（PADT），以及执行 PLC 或其相关外围设备的功能的任何产品，其中 GB/T 15969.3 定义了面向对象编程的标准化编程语言。GB/T 15969 和 IEC 61131 系列标准见表 4-3。

表 4-3　GB/T 15969 和 IEC 61131 系列标准

序号	GB/T 15969	等同 IEC 61131
1	GB/T 15969.1—2007 可编程序控制器　第 1 部分：通用信息	IEC 61131-1：2003 Programmable controllers-Part1：General information
2	GB/T 15969.2—2008 可编程序控制器　第 2 部分：设备要求和测试	IEC 61131-2：2007 Industrial-process measurement and control-Programmable controllers-Part2：Equipment requirements and tests
3	GB/T 15969.3—2017 可编程序控制器　第 3 部分：编程语言	IEC 61131-3：2013 Programmable controllers-Part3：Programming languages
4	GB/T 15969.4—2007 可编程序控制器　第 4 部分：用户导则	IEC 61131-4：2004 Programmable controllers-Part4：User guidelines
5	GB/T 15969.5—2002 可编程序控制器　第 5 部分：通信	IEC 61131-5：2000 Programmable controllers-Part5：Communications
6	GB/T 15969.6—2015 可编程序控制器　第 6 部分：功能安全	IEC 61131-6：2012 Programmable controllers-Part 6：Functional safety
7	GB/T 15969.7—2008 可编程序控制器　第 7 部分：模糊控制编程	IEC 61131-7：2000 Programmable controllers-Part7：Fuzzy control programming
8	GB/T 15969.8—2007 可编程序控制器　第 8 部分：编程语言的应用和实现导则	IEC/TR 61131-8：2003 Industrial-process measurement and control-Programmable controllers-Part8：Guidelines for the application and implementation of programming languages
9	GB/T 15969.9—2021 可编程序控制器　第 9 部分：小型传感器和执行器的单点数字通信接口（SDCI）	IEC 61131-9：2013 Programmable controllers-Part9：Single-drop digital communication interface for small sensors and actuators（SDCI）
10	GB/T 15969.10—2021 可编程序控制器　第 10 部分：PLC 的 XML 开放交互格式	IEC 61131-10：2019 Programmable controllers-Part10：PLC open XML exchange format

注：非特指情况下，本书将 GB/T 15969（IEC 61131）简写为 GB/T 15969，视 GB/T 15969 等同于 IEC 61131。同样，对于其他标准，非特指情况下，也仅示出 GB/T×××××。

4.5.2　PLC 的定义及发展背景

IEC 61131 系列标准是 PLC 广泛采用的标准，包括设备要求和测试、通信、功能安全、编程语言及实施指南等。其中，IEC 61131-3《可编程序控制器　第 3 部分：编程语言》应用最广泛，它已成为工业自动化系统的通用编程语言。

4.5.2.1　PLC 系统的典型结构

GB/T 33008.1—2016 中定义 PLC 是"一种用于工业环境的数字式操作的电子系统。这种系统用可编程的存储器作面向用户指令的内部寄存器，完成规定的功能，如逻辑、顺序、定时、计数、运算等，通过数字或模拟的输入/输出，控制各种类型的机械或过程。可编程序控制器及其相关外围设备的设计，使它能够非常方便地集成到工业控制系统中，并能很容易地达到所期望的所有功能"。最后一句是强调了"集成到工业控制系统中"和"能很容易地达

到所期望的所有功能"，这深层次地揭示了 PLC
的发展和先进 PLC 应必备的"集成"能力，而
不仅仅是个传统上的逻辑"盒子"。PLC 系统的
典型结构如图 4-11 所示。

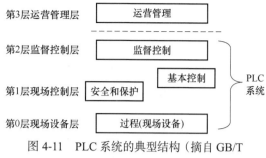

图 4-11　PLC 系统的典型结构（摘自 GB/T
33008.1—2016）

　　由 图 4-11 可见，GB/T 33008.1—2016 标
准中定义的 PLC 系统的典型结构，包括运营
管理层、监督控制层、现场控制层和现场设备
层。随着工业信息物理系统（Industrial Cyber-
Physical Systems，ICPS）的发展，这里的"集
成"就是机电系统的数字孪生（digital twin）系统的集成和信息物理系统（CPS）的融合，生
产制造中的机电系统能够利用自身的机载智能扩展到物理边界之外，原来控制机器的 PLC 不
再仅仅是控制逻辑的执行者，而是连接网络系统的"网关"，它将机器与它们的数字对应物连
接起来，成为机电系统生命周期管理角色模型（actor model）的角色（actor），通过 ICPS 技
术，将机器和 OT 技术与 IT 系统进行数字化互联，如企业资源计划（ERP）、客户关系管理
（CRM）、供应链管理（SCM）、计算机化维护管理和制造执行系统等。

4.5.2.2　基于 IEC 61499 系列标准的 ICPS 架构

　　从工业控制技术角度看，一个典型的基于 IEC 61499 系列标准的 ICPS 架构如图 4-12
所示。

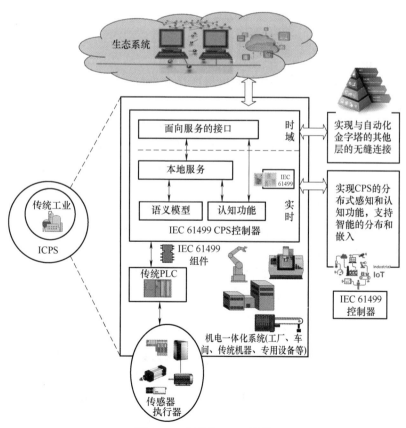

图 4-12　典型的 ICPS 架构

　　传统工业升级改造很大程度上是由各种数字技术的快速发展推动的，工业环境中的计算要素、网络要素和物理要素紧密融合，形成了ICPS，构建了现实世界的网络化工业基础设施的核心，通过跨企业，随着价值链和过程工程生命周期、数字线程（digital thread）和供应链的数据数字化，实现了物理资产的数字表示，即创建物理系统的数字模型或数字孪生。

　　本书定义，数字孪生是指数字表示与实体物理对象或资产配对。数字线程是指物理系统的数字化过程链，也可理解为在企业范围内把机器、业务数据、生产过程等物理系统经数字化后连接在一起。

　　面向服务体系结构（Service-Oriented Architecture，SOA）是一个组件模型，它将应用程序的不同功能单元（称为服务）通过这些服务之间定义良好的接口和契约联系起来。面向服务接口采用中立方式定义，它独立于实现服务的硬件平台、操作系统和编程语言，系统中的服务以一种统一和通用的方式进行交互。基于IEC 61499标准的事件的接口实现与企业集成金字塔的其他层的无缝连接。其中，OPC标准OPC-UA统一架构为过程控制和管理系统的集成提供一个一致的机制，OPC-UA定义服务器可以提供的服务集，通过预定义的数据类型交换信息（OPC-UA/vendor）服务器定义客户端可以动态发现的对象模型，IEC 61499功能块网络提供系统配置的抽象视图。将IEC 61499和OPC-UA相结合，实现了一个可视化的ICPS可执行模型。另外，由于OPC-UA使用了基于面向服务的技术，嵌入式现场设备、DCS、PLC、HMI和网关可以通过OPC-UA服务器，直接连到嵌入的Windows、Linux、VxWorks、QNX、RTOS等操作系统。

　　语义模型可在图形模型中提供企业和资产的现实世界抽象表示，通过该模型，应用程序可以通过各种访问方法来访问不同系统中的信息。

　　机器认知功能也称为机器感知能力，能力须具备用已知信息认识现实，构建出认知空间对象集合；从现实识别未知信息，验证后补充已知信息，补充认知空间对象。通过获取的来自现实世界的数据还原能够真实反映现实世界的认知空间。这个过程主要包含元数据标注、对象归属和对象关联等。在知识层面实现知识映射到本体、属性和关系；本体、属性映射到键（key）；本体映射到对象；关系映射到本体间的关系；属性映射到对象的包含。在信息层面实现类型定义（如IP地址类、URL类和域名类等）和信标的类型归类。基于IEC 61499标准的实时通信中间件，实现CPS的分布式感知和认知功能，同时支持智能的分布和嵌入。

　　IEC 61499 CPS控制器是具有CPS集成开发环境的PLC，由一组IEC 61499功能块网络组件组成，符合IEC 61499的单个CPS被分层排列成一组CPS，以提供更高的和复杂的功能；具有IEC 61499工程编程环境，具有"应用程序库"、CPS-based仿真工具，能够处理符合交互标准的专有技术，通过"CPS分组"的方法，实现复杂系统的构建。

　　基于IEC 61499标准的ICPS技术将使整个工厂或车间成为一个大规模的CPS，一个制造生态系统可能存在无数个CPS互操作，它们使用工业物联网（IIoT）协议和技术进行数据收集、处理和驱动。这个制造生态环境，现在已经被广泛地扩展到支持产品/系统设计、虚拟调试、优化生产线和制造系统升级等全过程。

　　数字孪生是智能制造的关键元素，其中包括利用大数据、人工智能、机器学习和物联网等。在这个意义上，ICPS实质上是一个机电一体化系统，它为"实时"交互提出了一个标准，并为"随时"交互提供了一个面向服务的接口。ICPS可以聚合起来提供更复杂的功能。以数字方式将机器和操作技术（Operational Technologies，OT）连接起来，如ERP、MES、CRM、SCM和计算机维修管理系统（Computer Maintenance Management Systems，CMMS）。

因此，我们现在讨论 PLC 就不能再简单地将其看作一个装置"盒子"，而是要从系统建模角度讨论它的功能，看它在具体的实体系统中能承担什么角色，这就需要研究与其相关的接口及标准，与机械、机器人、软件和网络等用什么语言交换数据。这其中涉及如何表示一个设计，即语法（syntax）；一个设计表示什么，它如何工作，即语义（semantics）；应该如何使设计可视化，并对其进行编辑和分析，即语用（pragmatics）。语法上的不兼容，是因为不同设计结构的本质是不同的，比如西门子 STEP 7 PLC 编程软件与三菱 PLC 编程软件的语法几乎没有共同之处，这两种编程工具编辑的应用程序在语法上是不兼容的，就不可能互操作。语义的差异有一定偶然性，不同的理解会出现差异。语用在不同领域中可能具有不同意思，如同一个框图在控制领域和软件领域中可能代表着完全不同的意思。新技术和标准的出现将对工业控制系统的设计和实施产生巨大的影响。传统上的业务系统和工厂自动化系统，包括机器，将需要被集成在一起，共享同一种软件技术。显然，这需要跨领域的思维方式才能实现。

目前，封装为组件的面向对象（Object Oriented，OO）软件的使用呈爆炸式增长，在欧洲已出现数字市场（平台），它是一个基于 web 的应用程序，它公开一组 web 服务，允许外部组件（IDE、应用程序等）与数字市场连接，并利用其提供的功能。在业务系统中，软件组件和技术以及面向服务的体系结构的使用越来越普遍，使得系统越来越复杂。在工业系统中，基于 IEC 61499 标准的 PLC 和基于个人计算机（PC）架构的软控制器也开始采用这些新技术，使用新的工具和技术进行系统设计和建模。原来我们需要对机器"编程"，现在则需要对系统"建模"，如使用统一建模语言（Unified Modeling Language，UML）处理基于 OO 的系统的复杂性。

随着现场总线和工业互联网技术等技术的发展和进步，控制和系统工程师也面临着软件复杂性的增加，智能设备和智能技术已广泛分布在整个控制系统中，从控制器、仪器、执行器，甚至到传感器本身，以至于越来越难以定义一个自动化控制系统的"智能"真正存在于何处，因为智能正在变得真正的分布式。在你努力搜寻智能的藏身之处时，你会发现，与其紧密相关的技术琳琅满目、目不暇接，开源的、不开源的，比比皆是，一时很难辨识哪些是可用的、需要的。相关标准多达上百项甚至更多，标准在不断更新，新标准不断出现，但你在迷茫过后，可能会确信，这些标准就是走向现代自动化的必由之路。

4.5.2.3　PLC 的发展背景

随着工业信息物理生产（制造）系统（CPPS & CPMS）的发展，PLC 在先进生产系统中的作用越来越重要，在日益发展的全球化环境中，制造企业正专注于采用更具成本效益的制造系统以保持竞争力，以及在全球制造链和制造网络中为关键和复杂的制造活动（如设计和制造）进行协作，在地理分布的制造实体之间共享资源、知识和信息，可以使它们更敏捷、更有成本效益、更高的资源利用率，在所有参与者双赢的情况下取得竞争优势。因此，制造行业的自动化控制系统需要完成越来越复杂的任务，以提高制造系统的自适应控制能力。

制造企业为了生产具有竞争力和创新性的产品，以及对产品开发全生命周期各个环节的协作与资源共享，必须能够快速设计和创造新型的现代自动化系统，这需要创建包括工业控制、制造执行和价值链的混合体，具有强集成、强耦合、深度计算和物理仿真能力。新系统的一个关键特征将是快速处理变更的内置能力，从而建立云制造（CM）范式，以适应这一趋势，使分布式企业和制造单元之间能够实现资源、知识和信息的互利共享。

在云制造环境下，制造资源不再是由单一企业的资源组成，而是由不同地域、不同企业的资源组成，针对云制造系统资源所呈现的分布、异构、不确定等特征，进行资源的配置，将制造系统中的资源重新组织。在这个系统中，软件将被组织成一系列网络组件，而不是大型定制软件单元的集成。将计算机资源作为服务提供的概念应用于制造，将制造资源作为不同的服务提供，如设计即服务（DaaS）、加工即服务（MCaaS）、装配即服务等。这将对传统操作方式重新洗牌，导致网络环境下离散制造操作的协调计划、控制和执行的新的要求，也将极大地增加在分布式实时环境下，实现自适应控制的复杂性，以及分布式制造环境下的更高程度的不确定性，复杂性将显著提高。在协同制造任务中，对所有参与实体的内部和外部变化都可能造成变化和不可预见的事件。因此，自适应分布式控制结构的一个显著特性是对全局和局部环境实例的决策动态协调和分布。这将使自适应系统控制成为对任何变化的调整，尤其是对制造设备运行时的变化。传统的自动化控制系统往往不能有效地处理不可预见的变化。因此，分布式环境中物理资源的计划、调度和控制对云制造的成功实现至关重要。

在传统工业自动化系统发展过程中，一直存在基于 DCS 和基于 PLC 的两大系统。在这两种系统中，都需通过编写大型单个软件包来实现，而这些软件包通常不具备模块化、灵活性、可扩展性、可重用性和互操作性，很难在新的应用程序中重用、共享数据和功能，尤其难以相互集成和升级，形成信息孤岛。一个应用程序的数据和功能对于其他应用程序也是不可用的，即使这些应用程序是用相同的编程语言编写的，并且运行在同一台机器上，也是如此。

以往，开发 DCS 和 PLC 这两种系统，大量的时间耗费在设备之间的信号映射和调试驱动程序，以允许不同类型的传感器、仪器仪表和控制器进行通信。这两种系统往往难以修改和扩展，而且不具有高度灵活性。随着现场总线等工业通信标准的出现，使不同类型的仪器和控制设备具备互操作，基于 DCS 和 PLC 的系统之间的差异开始消失。DCS 和 PLC 也开始具有现场总线接口功能。工业应用也在 PC 硬件上实现软 PLC 功能，有的形成软控制器（PAC），即 PLC 逻辑运行在通用 PC 上。经典的 PLC 只能使用 PLC 制造商提供的专用编程软件包进行编程，不具有可移植性和一致性。

现在可以预见，不久，就会出现云制造系统，一个工厂可以将总部运行的业务系统与世界任何地方的工厂运行的制造流程和工业自动化控制系统甚至控制器无缝连接起来，这其中，PLC 将起到重要作用。

4.5.2.4 与 PLC 紧密相关的标准

随着智能制造的发展，以 PLC 为主控制器或服务器的现代自动化系统需要高度的移植性、可配置性、互操作性、可重新配置、分布性和可集成。

1）移植性是指一个软件工具可以接受并正确解释另一个软件工具编写的软件部件和系统组态。

2）可配置性是指任意设备及其配套的软件都可以被软件工具和多个不同制造商的设备及其软件进行配置。

3）互操作性是指某一制造商的设备可以与其他制造商的设备一起运行和操作，执行和完成分布式应用程序所需的功能。

4）可重新配置是指具有现场适应性，即可通过增加或减少或改变组件化的软件模块的配置，来自适应制造单元的物理或逻辑变化，即能在不改变硬件的条件下重新配置。

5）分布性是指数据处理的分布性，整个分布式系统的功能是分散在各个节点上实现的。

6）可集成是指实现与不同制造商之间系统的集成和面向对象的"继承性"，从更高的层次来进行系统建模。

在生产系统的控制系统中，包括现场总线、设备、功能块和模块化子系统之间，实现综合和一致性的生命周期数据交换，需要把不同的自动化设备、功能块和模块化子系统集成到一个控制系统的生命周期管理工具之中。在这个集成活动的过程中，需要存储和交换不同工程领域，如机械工程、电气工程、PLC、HMI、机器人等的工程数据，需要不同工程领域相关标准的支持。对于 PLC 系统而言，紧密相关的重要标准见表 4-4。

表 4-4　与 PLC 系统相关的重要标准

序号	国 家 标 准	等同 IEC 标准
1	GB/T 19769.1—2015 功能块　第 1 部分：结构[①]	IEC 61499 1：2012 Function blocks-Part 1：Architecture
2	GB/T 19769.2—2015 功能块　第 2 部分：软件工具要求[②]	IEC 61499-2：2012 Function blocks-Part 2：Software tool requirements
3	GB/T 19769.3—2012 工业过程测量和控制系统用功能块　第 3 部分：指导信息[③]	IEC/TR 61499-3：2004 Withdrawn Function blocks for industrial-process measurement and control systems-Part 3：Tutorial information，Withdrawn
4	GB/T 19769.4—2015 功能块　第 4 部分：一致性行规指南[④]	IEC 61499-4：2013 Function blocks-Part 4：Rules for compliance profiles
5	GB/T 21099.1—2007 过程控制用功能块　第 1 部分：系统方面的总论[⑤]	IEC/TS 61804-1：2003 Function blocks（FB）for process control-Part 1：Overview of system aspects
6	GB/T 21099.2—2015 过程控制用功能块　第 2 部分：功能块概念规范[⑥]	IEC 61804-2：2018 Function blocks（FB）for process control and electronic device description language（EDDL）-Part 2：Specification of FB concept
7	GB/T 21099.3—2018 过程控制用功能块　第 3 部分：电子设备描述语言（EDDL）[⑦]	IEC 61804-3：2020 Devices and integration in enterprise systems-Function blocks（FB）for process control and electronic device description language（EDDL）-Part 3：EDDL syntax and semantics
8	GB/T 21099.4—2010 过程控制用功能块　第 4 部分：EDD 互操作指南[⑧]	IEC 61804-4：2020 Devices and integration in enterprise systems-Function blocks（FB）for process control and electronic device description language（EDDL）-Part 4：EDD interpretation
9		IEC 61804-5：2020 Devices and intergration in enterprise systems-Function blocks（FB）for process control and electronic device description language（EDDL）-Part 5：EDDL Builtin library
10	GB/Z 21099.6—2018 过程控制用功能块和电子设备描述语言（EDDL）　第 6 部分：满足现场设备工程工具对集成现场总线设备的需求	IEC/TR 61804-6：2012 Function blocks（FB）for process control-Electronic device description language（EDDL）-Part 6：Meeting the requirements for integrating fieldbus devices in engineering tools for field devices
11	GB/T 19898—2005 工业过程测量和控制应用软件文档集	IEC 61506：1997 Industrial-process measurement and control—Documentation of application software
12	GB/T 19659.1—2005 工业自动化系统与集成开放系统应用集成框架 第 1 部分：通用的参考描述	ISO 15745-1：2003 Industrial automation systems and integration-Open systems application integration framework-Part 1：Generic reference description

（续）

序号	国 家 标 准	等同 IEC 标准
13		IEC 61158-1：2019 Industrial communication networks-Fieldbus specifications-Part 1：Overview and guidance for the IEC 61158 and IEC 61784 series （现场总线规范系列标准）
14		IEC／TR 63069：2019 Industrial-process measurement，control and automation-Framework for functional safety and security （工业过程测量、控制和自动化 功能安全和保障框架）
15		IEC 61784-1：2019 Industrial communication networks-Profiles-Part 1：Fieldbus profiles （工业通信网络概要 第 1 部分：现场总线概要）
16		ISO/IEC 19501：2005 Information Technology-Open Distributed Processing-Unified Modeling Language（UML）Version 1.4.2 ［ISO/IEC 19501：2005 信息技术 开放分布式处理 统一建模语言（UML）版本 1.4.2］
17	GB/T 34076—2017 现场设备工具（FDT）/设备类型管理器（DTM）和电子设备描述语言（EDDL）的互操作性规范	IEC 62795：2013 Interoperation guide for field device tool（FDT）-device type manager（DTM）and electronic device description language（EDDL）
18	GB/T 29618 现场设备工具（FDT）接口规范（系列标准）	IEC 62453 Field device tool（FDT）interface specification
19	GB/T 39003.1—2020 工业自动化系统工程用工程数据交换格式 自动化标记语言 第 1 部分：架构和通用要求	IEC 62714-1：2018 Engineering data exchange format for use in industrial automation systems engineering-Automation markup language-Part1：Architecture and general requirements
20		IEC 62424：2016 Representation of process control engineering-Requests in P＆I diagrams and data exchange between P＆ID tools and PCE-CAE tools （过程控制工程的表示 P＆I 和 P＆ID 图工具与 PCE-CAE 工具之间的数据交换）
21	GB/T 39007—2020 基于可编程控制器的工业机器人运动控制规范	
22	GB/T 37391—2019 可编程序控制器的成套控制设备规范	
23	GB/T 39406—2020 工业机器人可编程控制器软件开发平台程序的 XML 交互规范	
24		ISO/PAS 17506：2012 Industrial automation systems and integration-COLLADA digital asset schema specification for 3D visualization of industrial data （ISO/PAS 17506：2012 工业自动化系统与集成 工业数据三维可视化的 COLLADA 数字资产架构规范）
25	GB/T 39466.1—2020 ERP、MES 与控制系统之间软件互联互通接口 第 1 部分：通用要求	
26	GB/T 33863 OPC 统一架构（系列标准）	

（续）

序号	国　家　标　准	等同 IEC 标准
27	GB/T 33905 智能传感器（系列标准）	
28	GB/T 38641—2020 信息技术 系统间远程通信和信息交换 低功耗广域网媒体访问控制层和物理层规范	
29	GB/T 16656.1—2008 工业自动化系统与集成 产品数据表达与交换 第 1 部分：概述与基本原理	ISO 10303-1：1994 Industrial automation systems and integration-Product data representation and exchange-Part 1：Overview and fundamental principles
30	GB/T 16656.11—2010 工业自动化系统与集成 产品数据表达与交换 第 11 部分：描述方法：EXPRESS 语言参考手册	ISO 10303-11：2004 Industrial automation systems and integration-Product data representation and exchange-Part 11：Description methods：The EXPRESS language reference manual
31	GB/T 17564.2—2013 电气元器件的标准数据元素类型和相关分类模式 第 2 部分：EXPRESS 字典模式	IEC 61360-2：2012 Standard data element types with associated classification scheme for electric components-Part 2：EXPRESS dictionary schema
32	GB/T 16656.21—2008 工业自动化系统与集成 产品数据表达与交换 第 21 部分：实现方法：交换文件结构的纯正文编码	ISO 10303-21：2016 Industrial automation systems and integration-Product data representation and exchange-Part 21：Implementation methods：Clear text encoding of the exchange structure
33	GB/T 16656.28—2010 工业自动化系统与集成 产品数据表达与交换 第 28 部分：实现方法：EXPRESS 模式和数据的 XML 表达（使用 XML 模式）	ISO 10303-28：2007 Industrial automation systems and integration-Product data representation and exchange-Part 28：Implementation methods：XML representations of EXPRESS schemas and data，using XML schemas
34	GB/T 17645.102—2008 工业自动化系统与集成 零件库 第 102 部分：符合 GB/T 16656 一致性规范的视图交换协议	ISO 13584-102：2006 Industrial automation systems and integration-Parts library-Part 102：View exchange protocol by ISO 10303 conforming specification
35	GB/T 18473—2016 工业机械电气设备 控制与驱动装置间实时串行通信数据链路	

① GB/T 19769.1—2015 采用的是 IEC 61499-1：2005。
② GB/T 19769.2—2015 采用的是 IEC 61499-2：2005。
③ GB/T 19769.3—2012 采用的是 IEC 61499-3：2004，IEC 61499-3 于 2008-01-15 撤销。
④ GB/T 19769.4—2015 采用的是 IEC 61499-4：2005。
⑤ IEC/TS 61804-1：2003 于 2017-04-03 撤销。
⑥ GB/T 21099.2—2015 采用的是 IEC 61804-2：2006。
⑦ GB/T 21099.3—2018 采用的是 IEC 61804-3：2012。
⑧ GB/T 21099.4—2010 采用的是 IEC 61804-4：2006。

4.5.3　IEC 61499、IEC 61804 和 IEC 61131 系列标准的特点

对于 PLC 系统集成而言，IEC 61804 标准的电子设备描述语言（EDDL）和 GB/T 29618（IEC 62453）的现场设备工具（FDT）各有特点，GB/T 34076—2017（IEC/TR 62795：2013）提供了基于 EDDL 和 FDT 技术转换的准则。

4.5.3.1　互操作性和可重用性

为了解决复杂分布式控制系统的互操作性和可重用性问题，IEC 61499（GB/T 19769）和

IEC 61804（GB/T 21099）系列标准扩展了 IEC 61131 系列标准中的功能块概念，作为分布式控制系统开放标准的基础。IEC 61499 和 IEC 61804 系列标准是开放式架构，定义了与制造商无关的语言格式，独立于具体的软件工具、现场总线技术和现场设备制造商的国际标准，旨在增强复杂分布式系统的互操作性和可重用性，提高控制系统在软件和硬件方面的灵活性和可重构性。IEC 61499 标准和 IEC 61131-3 标准有相同的根源，但有不同的范围和目的，所以要学习和使用 IEC 61131-3 标准，需要连同 IEC 61499 和 IEC 61804 系列标准一同进行研究。注意，虽然在 IEC 61131 标准中也有功能块，但 IEC 61499 标准中的功能块与其的概念是完全不同的。

4.5.3.2　组件封装和可移植性

IEC 61131-3 标准中定义的编程语言是针对单台设备的编程。当用于具有多个控制器的分布式控制系统，需要对整个工厂和设备进行编程时，就会显得捉襟见肘。而 IEC 61499 和 IEC 61804 系列标准提供了一个框架和体系结构，以及组件模型，用于描述分布式控制系统中功能块协作网络的功能。它通过改进软件组件的封装来扩展 IEC 61131-3 的应用范围，以提高可重用性，并简化了对不同控制器之间通信的支持，具有分发功能和动态重新配置特性。同样要设计一个分布式工业过程测量和控制系统，使用 IEC 61131-3 标准编程语言编程，需要为每一个设备编写不同的程序及设备之间的通信协议。系统的调试、部署和监控需要分别进行，或借助组态软件界面统一进行。而使用 IEC 61499 和 IEC 61804 系列标准的分布式设计，分段映射到控制器的方式使得系统的修改和重配置变得简单，例如，希望将某些功能块从一个控制器转移到另一个控制器上运行时，只要重新映射即可。因此，IEC 61804、IEC 61499 和 IEC 61131-3 系列标准是密切相关的，它们有着相同的根源，但有不同的范围和目的。

4.5.3.3　"黑盒"式分布式部署

IEC 61804 系列标准的通用名称是"企业系统中的设备和集成　过程控制功能块（FB）和电子设备描述语言（EDDL）"，它定义了过程和仪表（P & I）控制用的功能块和电子设备描述语言，主要用于流程控制过程的设备集成。

IEC 61804 系列标准建立在 IEC 61499 和 IEC 61158 等系列标准之上，定义了分布式过程控制系统用功能块模型和概念（通用接口和功能性），以及几种不同的块类型（模型），它们封装了设计过程控制系统所需的变量、参数和算法，以实现过程控制的应用。同时从体系结构、模型和生命周期的角度描述了一个基于分布式功能块应用的工业过程测量和控制系统（Industrial Process Measurement and Control Systems，IPMCS），还定义了用于创建电子设备描述（EDD）的电子设备描述语言。

算法是指用于解决某个问题所需的有限步骤序列描述。物理过程一般不呈现如步骤序列那样的结构；但它们的组织结构类似于并发组件（concurrent component）间的连续排列。在这里，并发（同时发生）是指同步序列操作，而不表示一个步骤序列。特别地，两个及以上的连续过程可以并发同步操作，而并不一定直接表示成一系列步骤。

IEC 61499 系列标准定义的功能块是带事件触发器的功能块，像个"黑盒"，每个"黑盒"相当于一段应用程序，可用于构建整个应用程序；符合 IEC 61499-4 中定义的一致性行规和 IEC 61499-2 中要求的软件工具，可开发可重用的软件模块（功能块）部署在分布式系统中，以满足可移植性、互操作性和可配置性。可移植性是软件工具可以接受并正确解释由其他软件工具生成的软件组件和系统配置；互操作性是指嵌入式设备可以一起操作，以执行分布式应用程序所需的功能；可配置性是指任何设备及其软件组件都可以通过来自多个制造商的软件工具进行配置。

4.5.3.4　标准的重要性

IEC 61499 和 IEC 61804 系列标准是一个复杂的标准，其中定义了许多与功能块和支持体系结构相关的新概念，因此，第一次阅读该标准，有些内容可能很难理解。尽管如此，它们已经连同其他标准一起集成先进自动化控制系统，并已在工业各个领域中推动智能制造的发展。因此，本书作者建议学习者应摒弃单一知识、单一装置、单一标准的思路，重新审视对传统"PLC"的认识。

以往，根据 IEC 61131-3 标准编程语言来实现基于时间的控制逻辑，在时域内管理实时反馈控制回路的执行，不适合于实时分布式系统。新一代的工业自动化系统要求实时性、分布性、重新配置和基于事件的控制。这是建立在 IEC 61499 和 IEC 61804 系列标准定义的计算模型之上实现的。

计算模型是一个抽象模型，域是模型在软件上的具体实现。语义域（semantic domain），通常称为域（domain），通过它定义设计中两个组件交互的"物理定律"，为组件之间的并发执行以及两个组件之间的通信指定管理规则。模型规则包括组件的构成要素、指定执行和并发机制、通信机制三类。组件的构成要素是角色（actor），一个组件一般是一个角色，如逻辑角色、PID 角色等。执行和并发机制是指定调用角色是按序的还是同时的或者是非确定性的。通信机制就是定义角色之间怎样交换数据。并发机制的定义是一个具有层级关系的对象由一系列拥有父子关系的对象通过树形结构组成，子对象既可被串行执行，也可被并发执行。如果一个具有层级关系的对象由一系列拥有父子关系的对象通过树形结构组成，则是组合机制。这是并发机制与组合机制的区别，如果两者都具备，则称为并发组合机制，如在处理原本串行的网络 I/O 部分阻塞问题时可以并发执行，利用多核技术提升性能，消除阻塞。

IEC 61131、IEC 61499 和 IEC 61804 系列标准间的关系是，IEC 61804 系列标准用于构造过程控制功能块（不带触发器或事件触发），IEC 61131 系列标准用于单个设备控制的编程，而 IEC 61499 系列标准功能块（带触发器或事件触发），用于分布式系统的组织，整合现有技术的描述，它用一个抽象层次，以基本功能块方式定义公共特性。这个抽象的概念称为"概念性功能块规范"，并映射到特定的通信系统及其相关的定义，如可以映射到 GB/T 19659.1（ISO 15745-1）。IEC 61499 标准最重要的特性是可扩展性，允许对不同的需求进行扩展，因此，可以用于部署 CPS 及数字孪生系统，支持异构系统的设计。

因此，在从事电气自动化控制系统工作而需要使用 IEC 61131-3 编程语言时，应特别关注与其相关的其他标准。当然，单一简单应用另当别论，不过要充分认识标准的重要性，因为最先进、最前沿的技术，以及最需要的创新思路和解决方案，往往都是在这些标准里，因此，本书作者认为，在电气工程领域，研究标准是创新的必由之路，十分重要。表 4-3 所列仅是作为示例列出的一部分。

4.5.4　工业自动化系统集成相关标准

在设计和制造过程中，有许多系统用于管理技术产品数据。注意，在本书中除非特指，提到的"产品"是个广义词，一个设计的组件也是产品。每个系统都有自己的数据格式，所以相同的信息必须多次输入到多个系统中，导致数据冗余和错误，甚至导致操作人员之间的错误和误解。为此，国际标准化组织（ISO）为统一技术产品数据的所有方面而制定了一个国际标准，命名为产品模型数据交换标准（Standard for the Exchange of Product Model Data，STEP），简称 STEP 项目标准，或非正式地称为 STEP。

4.5.4.1　STEP 简介

STEP 分为多个部分，大体可分为描述方法、信息模型、应用协议、实现方法和一致性工具等大类，每个大类又有若干个组成部分。每个组成部分又是一组涉及不同领域和技术的、计算机可解释的产品信息表示和产品数据交换的系列国际标准，涵盖了各种不同的产品类型（电子、机电、机械、钣金、纤维复合材料、船舶、建筑、加工工厂、家具等）和生命周期阶段（设计、分析、规划、制造等），几乎每个 CAD/CAM/CAE/CNC 系统都包含一个模块，用于读取和写入由 STEP 应用程序协议（AP）定义的数据，AP 用于交换数据，最终目标是覆盖所有产品的整个生命周期，从概念设计到最终处理。

最直接的用途是将设计数据交换为实体模型和实体模型的组装，如使用 IEC 61499 系列标准定义的功能块设计 PLC 应用程序，并在不同设计工作站之间保存和交换数据。它们都构建在同一组集成资源（IR）之上，信息模型和应用协议描述了一个完整产品模型的数据结构和约束（限制）。每个应用程序协议组合一个或多个信息模型，并在这些模型上放置额外的约束（限制）。因此，它们都对相同的信息使用相同的定义，从而约束（限制）了错误和误解。

STEP 最重要的是它的可扩展性，可扩展性是基于 EXPRESS 建模语言的信息模型实现的。EXPRESS 语言是 STEP 定义的面向对象的信息模型描述语言（ISO 10303-1），用于描述集成资源和应用协议，即是记录产品数据的建模语言，在 STEP 技术中处于基础和核心的地位。EXPRESS 本身不是一种实现语言，STEP 规定了若干通过映射关系来实现 EXPRESS 的语言，主要有基于 ASCII 编码（ISO 10303-21）、SDAI（ISO 10303-22）、数据交换语言 XML（ISO 10303-28）。

标准数据存取接口（Standard Data Access Interface，SDAI）是 STEP 中规定的标准数据存取接口，提供访问和操作信息模型数据的操作集，为应用程序开发员提供统一的 EXPRESS 实体实例的编程接口规范，可用于访问更高层的数据库和知识库的实现。可扩展标记语言（eXtensible Markup Language，XML）提供 STEP 文件到 XML 的映射，XML 是为 Internet 上传输信息而设计的一种中性的数据交换语言，是 Internet/Intranet 间存储和提取产品数据的主要语言工具。实体通过 EXPRESS 描述，就可在 XML 或任何其他语言格式中容易理解。由于 EXPRESS 语言是计算机可识别的，所以通过编译器来将 EXPRESS 转换成各种有用的形式，如 C++ 类或 SQL 数据库定义。

总起来说，STEP 通过应用程序协议（Application Protocols，AP）对各种类型的产品数据进行分类。每个 AP 都是描述产品生命周期活动的正式文档，称为应用活动模型（Application Activity Model，AAM），活动形成部分称为应用程序参考模型（Application Reference Model，ARM），通过正式的表达信息模型获取 ARM 中的所有内容，并将其与现有定义的库联系起来，这称为应用解释模型（Application Interpreted Model，AIM）。此外，STEP 定义了可以在 AP 之间共享的公共定义集合，称为应用程序集成结构（Application Integrated Construct，AIC）。

一般来说，特定工程系统的解释器和接口支持特定的应用协议，通用的工具包通常可以针对任何 AP 进行定制。AP 定义作为基本交换单元所需的信息集合。在现有环境中，AP 描述的产品数据分布在多个不同的工程系统之间。在这种情况下，可能需要建立到几个系统的接口，以及将结果部分数据组装到一个完整交换单元的工具中。这样，对于 PLC 系统而言，就可能实现图 4-11 所示的各层的无缝集成。

特别说明，基于 IEC 61131 的 PLC 在这里是一个面向对象的编程数据接口，它告诉目标机器的是"做什么"，而不是直接对它编程；它告诉目标机器"如何工作"，动作流程是以工作步骤（working step）为基本单位，将特征与技术信息联系到一起，每个工作步骤只定义一种操作，"做什么""如何工作"等，通过任务描述（如开、关、加速、减速、转移等），把工作的动作程序传到车间，在车间可以根据实际的需要对程序进行修改，修改后的过程信息可以保存并返回到设计或管理部门，使经验和知识能更好地交换和保留，从而实现产品生命周期数据的共享。STEP 的以下标准可供参考。

GB/T 16656.1—2008（ISO 10303-1：1994）《工业自动化系统与集成 产品数据表达与交换 第 1 部分：概述与基本原理》。

GB/T 16656.11—2010（ISO 10303-11：2004）《工业自动化系统与集成 产品数据表达与交换 第 11 部分：描述方法：EXPRESS 语言参考手册》。

GB/T 16656.21—2008（ISO 10303-21：2001）《工业自动化系统与集成 产品数据表达与交换 第 21 部分：实现方法：交换文件结构的纯正文编码》。

GB/T 16656.28—2010（ISO 10303-28：2007）《工业自动化系统与集成 产品数据表达与交换 第 28 部分：实现方法：EXPRESS 模式和数据的 XML 表达（使用 XML 模式）》。

GB/T 19114.44—2012（ISO 15531-44：2010）《工业自动化系统与集成 工业制造管理数据 第 44 部分：车间级数据采集的信息建模》。

GB/T 19903.1—2005（ISO 14649-1：2003）《工业自动化系统与集成 物理设备控制计算机数值控制器用的数据模型 第 1 部分：概述和基本原理》。

GB/T 17564.1（IEC 61360-1）《电气项目的标准数据元素类型和相关分类模式 第 1 部分：定义 原则和方法》以及 GB/T 17564.2~5 部分，第 2 部分：EXPRESS 字典模式，第 3 部分：维护和确认的程序，第 4 部分：IEC 标准数据元素类型和元器件类别基准集，第 5 部分：EXPRESS 字典模式扩展。本书建议阅读 IEC 61360 系列标准的原版标准。

4.5.4.2　IEC 61360 与 IEC 62656 系列标准简介

IEC 61360 系列标准规定了涵盖电工技术、电子技术及相关领域的通用技术术语字典，称为 IEC 通用数据字典（IEC Common Data Dictionary，IEC CDD），在 IEC 62656-1：2014 中定义了 IEC CDD 接口。IEC CDD 以计算机可识别的形式指定为参考字典。通过使用字典，应用程序可以以明确的方式交互和共享数据，而不受语义不确定性的影响。IEC CDD 需要根据 IEC CDD 接口规范来形成对 IEC CDD 的更改。

IEC 62656-1 定义的电子表格接口结构包含用于定义、传输和注册参考字典的电子表格接口的逻辑结构和布局；库实例数据，一组电子表格描述的参考字典类的定义和规范；元字典的定义和规范，该元字典允许将参考字典定义并作为符合该元字典的实例数据集传输；将元模型定义并规范为支持定义的数据，以及作为符合映射的元 - 元 - 字典（meta-meta-dictionary）规范的一组实例数据的引用字典的传输；字典数据之间表示的电子表格格式和 IEC 61360-2/ISO 13584-42 规定的 EXPRESS 模型，以及 ISO 13584-25 的部分元素。

IEC 61360 系列标准从字典提供者和字典用户的角度详细介绍了字典的结构及其用法。IEC 61360-2 规定了详细的字典数据模型以及使用 EXPRESS 建模语言的信息模型，将 IEC 61360-1 的定义和结构被形式化，并以计算机可识别的形式表示出来。IEC 61360-6 规定了字典内容的质量标准，规定必须在以明确的方式传递产品信息的所有情况下引用通用字典。

IEC 62656-1 标准定义了符合该标准的电子表格格式的字典包元数据与 IEC 61360-2 兼容的字典交换 EXPRESS 模型所表示的元数据之间的标准映射。

IEC 62656-1：2014 标准中为一组用作数据包的电子表格指定了逻辑结构，用于定义、传输和注册产品本体，这种本体描述有时称为参考字典。IEC 62656 标准中描述的逻辑数据结构称为封装本体模型（Parcellized Ontology Model，POM），对于一个具体项目，就是一个项目对象模型 POM。模型中的每一传输工具称为一个封装，可作为元数据集合的参考字典的定义、传输和注册，或用于引用字典中某一类的实例。这个本体模型允许将本体模型本身建模或修改为一组实例数据，因此它允许本体模型随时间而演进。假定一个传输工具支持 IEC 62656 定义的可能读取和写入一组电子表格数据的语义和语法，实体文件结构的电子表格可能是逗号分隔值（Comma Separated Values，CSV）格式。CSV 是一种纯文本格式，用来存储数据。在 CSV 中，数据的字段由逗号分开，程序通过读取文件重新创建正确的字段。通常用于电子表格应用程序，或包括 XML 模式或可转换到 CSV 格式兼容的格式。

注意：本体（ontology，o），本书指"概念化"（conceptualization）或"本体理论"（ontological theory）。概念化指某一概念系统所蕴涵的语义结构，它是对某一事实结构的一组非正式的约束规则。可理解和 / 或表达为一组概念，包括实体、属性、过程及其定义和相互关系。本体理论是表达本体知识的逻辑理论，是一种特殊的知识库。详见第 5 章。

IEC 62656-1：2014 *Standardized product ontology register and transfer by spreadsheets-Part 1：Logical structure for data parcels*，翻译为《标准化产品本体论注册和通过电子表格传输　第 1 部分：数据包的逻辑结构》。

ISO 13584-42：2010 *Industrial automation systems and integration Parts library Part 42：Description methodology：Methodology for structuring parts families*，翻译为《工业自动化系统和集成 零件库 第 42 部分：描述方法学：构造零件族的方法学》。

ISO 13584-25：2004 *Industrial automation systems and integration Parts library Part 25：Logical resource：Logical model of supplier library with aggregate values and explicit content*，翻译为《工业自动化系统和集成 零件库 第 25 部分：逻辑资源：具有聚合值和明确内容的制造商库的逻辑模型》。

4.5.5　工业自动化系统数据交换相关标准

GB/T 39003（IEC 62714）《工业自动化系统工程的工程数据交换格式 自动化标记语言（AML）》系列标准专用于自动化工程领域的数据交换，旨在建立不同领域的工程工具之间的联系，如机械装备工程、电气设计、过程工程、过程控制工程、人机界面开发、PLC 编程和机器人编程等。

最常用的建模语言有自动化标记语言（Automation Markup Language，AML）、可扩展标记语言（eXtensible Markup Language，XML）、统一建模语言（Unified Modeling Language，UML）。另外还有发展较快的 OMG 系统建模语言 Systems Modeling Language V1.0（OMG SysML™ V1.5）（ISO 10303-233）和 Modelica 多领域统一的面向对象物理系统建模语言等。OMG 系统建模语言（OMG SysML）是一种用于系统工程应用程序的通用语言，旨在统一系统工程师使用的各种建模语言，并且可以与各种特定于标准和领域的建模语言一起使用，支持各种复杂系统的规范、分析、设计和验证。这些系统可能包括硬件、软件、信息、过程、人员和设施。

4.5.5.1　AML 和 XML

AML 是用来连接不同工程学科的工程工具。它跨层、强类型链接了不同的技术标准，包括 IEC 62424 系列标准中定义的计算机辅助工程交换（Computer Aided Engineering Exchange，

CAEX）工具，用于对象的属性和层次结构中的关联，以及用于定义图形属性的 COLLADA
（ISO/PAS 17506：2012、IEC 62714-3：2017）和 PLCopen XML 等。

COLLADA（COLLAborative Design Activity）是一个协作设计活动，它定义了一个基于
XML 的模式，使 3D 创作应用程序能够自由交换数字资产而不丢失信息，使多个软件包能够
组合成非常强大的工具链。

COLLADA 定义了一个基于 XML 的资源工具，以便 COLLADA 资产可以直接用于现有
的内容工具链，并促进这种集成机制，使所有的数据都可以通过 COLLADA 获得，成为 3D
应用程序之间公共数据交换的基础，可在应用程序之间传输 3D 文档，以便使各种 3D 文档能
够组合到生产线中。协作设计通常是一个更分散的组织环境。COLLADA15.0 代码软件可在网
上免费下载。

AML 中定义的数据交换格式是一种基于 XML 的工厂工程数据格式。XML 提供了建模
类和实例的方法。关于在 PLC 中的应用详见 IEC 61131-10：2019 *Programmable controllers-
Part10：PLC open XML exchange format*。

AML 使用 IEC 62424：2016 中的 CAEX 工具作为其核心表示语言，用于存储和交换不同
工程领域（如机械工程、电气工程、PLC、HMI、机器人等）的工程数据，它是一种开放的、
独立于制造商的、基于 XML 的、免费的数据交换格式，用于生产系统各个工程阶段、多种工
程工具和不同学科之间的数据交换。

CAEX 用于分层对象信息的存储。支持面向对象的概念，如封装、类、类库、实例及其
层次结构、继承、关系、属性及其类型、属性类型库和接口。CAEX 类或属性类型表示真实
物理或逻辑项的可重用数据模型，并被建模为系统单元类、角色类、接口类或属性类型。

AML 在 CAEX 框架下整合已有的基于 XML 的数据格式，根据不同的数据格式及其功能
对 AML 格式的架构进行划分，如通过 CAEX 描述 AML 对象属性、接口信息及对象之间的拓
扑关系；通过面向交互式 3D 应用程序 COLLADA 描述 AML 对象的几何学和运动学特性；通
过 XML 文件交换标准（IEC 61131-10）描述 AML 对象的逻辑信息等。

4.5.5.2　Modelica 建模语言

Modelica 是一种复杂物理系统建模语言，用于物理和技术系统和过程的建模、仿真和编
程，包括机械、电子、电力、液压、热、控制及面向过程的子系统模型等，旨在支持有效的
库开发和模型交换。它是一种建立在因果建模基础上的现代语言，利用数学方程和面向对象
的结构来促进建模知识的重用。Modelica 语言的语义是通过一组将 Modelica 语言中描述的
任何类转换为扁平 Modelica 结构的规则来指定的。一个类必须有额外的属性，以便它的平面
模型结构可以进一步转化为一组面向对象的以方程为基础的语言，如微分、代数和离散方程
（微分代数方程组）等，这样的类称为仿真模型。2D（平面）Modelica 结构也被定义为仿真
模型以外的其他情况，如功能（可用于提供算法内容）、封装（用作结构化机制）和局部模型
（用作基本模型）。

Modelica 旨在促进模型的符号转换，特别是通过将基本的 Modelica 语言构造映射到 2D
（平面）Modelica 结构中的连续或瞬时方程。功能调用视为一组方程，其中包含所有输入变量
和所有结果变量，方程的数量等同于基本结果变量的数量；算法的每个部分都被视为一组涉
及算法部分中出现的变量的方程，方程的数量等同于不同分配变量的数量。

华中科技大学国家 CAD 支撑中心（苏州分中心）开发了基于 Modelica 复杂工程系统建模、
仿真与优化一体化的计算平台 MWorks，MWorks 是多领域工程系统建模、仿真、分析与优化

通用 CAE 平台，基于多领域统一建模规范 Modelica，提供从可视化建模、仿真计算到结果分析的完整功能，支持多学科多目标优化、硬件在环$^{\ominus}$（Hardware-In-the-Loop，HIL）仿真及与其他工具的联合仿真，具有丰富的可重用的 Modelica 领域库，以广泛满足多领域、多行业的知识积累、建模仿真与设计优化需求。

以上内容参考的标准包括 GB/T 32854 系列标准；GB/T 20719 系列标准等。

4.5.5.3 数据流与接口

在企业自动化系统中有"纵向"和"横向"两种主要的数据流。"纵向"数据流，是从企业层向下到现场设备，包括信号和组态数据；"横向"通信，发生在现场设备之间，通常存在不同的通信技术。为了在一个工厂范围内实现控制和自动化设备管理的一致性，需要对现场总线、设备和模块化子系统进行集成，使整个自动化生命周期中的所有任务无缝衔接。涉及的标准根据专业领域不同而不同，大体上有以下几个常用标准。

GB/T 29618.2—2017（IEC 62453-2：2016）《现场设备工具（FDT）接口规范 第2部分：概念和详细描述》提供了一个接口规范，用于开发 FDT 组件，在一个客户端 / 服务器架构中，支持功能控制和数据访问。一个设备或模块特定的软件组件，称为一个 DTM（设备类型管理器），是由某个制造商提供的、具有相关设备类型或实体类型的信息。每个 DTM 通过定义的 FDT 接口可以集成到工程工具中。可用于异类现场总线环境、多个制造商设备、功能块和模块化子系统的通用工厂层工具；实现所有自动化领域的生命周期管理，如流程自动化、工厂自动化和类似 SCADA 应用等。

在控制系统中，包括现场总线、设备、功能块和模块化子系统之间，实现综合和一致的生命周期数据交换，可把不同自动化设备、功能块和模块化子系统集成到一个控制系统的生命周期管理工具之中。

对于设备集成而言，IEC61804 标准的电子设备描述语言（EDDL）和 GB/T 29618.2—2017（IEC 62453-2：2016）标准的现场设备工具（FDT）各有特点，GB/T 34076—2017（IEC/TR 62795：2013）《现场设备工具（FDT）/设备类型管理器（DTM）和电子设备描述语言（EDDL）的互操作性规范》提供了基于 EDDL 和 FDT 技术转换的准则。

GB/T 20719 系列标准用于生产系统工程的标准化程序。

GB/T 20438（IEC 61508）《电气 / 电子 / 可编程电子安全相关系统的功能安全》是电气、电子和可编程电子安全相关系统的标准。它规定了确保系统设计、实施、操作和维护的安全完整性等级（SIL）标准的要求。

GB/T 21109（IEC 61511）《过程工业领域安全仪表系统的功能安全》规定了系统工程的实践，通过使用仪器来确保工业过程的安全。

ISO 13849 为控制系统中与安全相关的部分的设计和集成提供了安全要求和指导原则，包括软件的设计。

另外还有 GB/T 33009《工业自动化和控制系统网络 安全集散控制系统（DCS）》系列标准、IEC 61158-1：2019 *Industrial communication networks-Fieldbus specifications-Part 1：Overview and guidance for the IEC 61158 and IEC 61784 series*（《工业通信网络 现场总线规范 第1部分：IEC 61158 和 IEC 61784 系列的概述和指南》）、GB/T 31230《工业以太网现场总线

$\ominus$　"硬件在环"是专业术语，也即是硬件在回路。通过使用"硬件在环"，可以虚拟仿真物理实体，如电气、机械元件或系统，可显著降低开发时间和成本。

EtherCAT》系列标准、GB/T 19582《基于 Modbus 协议的工业自动化网络规范》系列标准、GB/T 26796《用于工业测量与控制系统的 EPA 规范》系列标准、GB/T 15969《可编程序控制器》系列标准、GB/T 33008.1—2016《工业自动化和控制系统网络安全 可编程序控制器（PLC）第 1 部分：系统要求》等，这一类针对不同领域的标准有几百项，应用时可根据需要选择。

ISO 15926（GB/T 18975）系列标准是一个数据相关标准，用于流程工业规范设计、构建和管理流程工厂过程中所涉及的计算机系统之间的数据集成、共享、交换和移交。借助 ISO 15926 中的中性格式，位于不同计算机系统上的数据可自由传送，而无需了解任一端的数据配置信息。因此，可无需人为干预，信息即可从一个系统直接移到另一个系统，同时会消除可能引发的任何错误，例如，可通过将信息从一个电子数据表重新输入到数据库中的方式来消除错误。为了能够为工厂创造良好的运营环境并为未来的项目构建知识数据库，可同时采用手动和自动方式将数据从不同的系统转移到主系统中。由此可充分利用当前工厂运营方面的数字资产，进行日常维护及后续开展工厂设计工作。

ISO 16739：2013 *Industry Foundation Classes（IFC）for data sharing in the construction and facility management industries*［《工业基础类（IFC）用于建筑和设施管理行业的数据共享》］规定了建筑信息模型（Building Information Model，BIM）数据的概念数据模式和交换文件格式。概念模式用 EXPRESS 数据规范语言定义。根据概念模式交换和共享数据的标准交换文件格式是使用交换结构的明文编码。如果符合概念模式，可以使用替代的交换文件格式。ISO 16739：2013 由数据模式和引用数据组成，数据模式表示为一个表达模式规范，引用数据表示为属性、数量名称和描述的定义。数据模式和引用数据的子集被称为模型视图定义。符合标准的软件应用程序需要识别它们符合的模型视图定义。ISO 16739：2013 主要应用于建筑及相关设施，其内部设施许多结构与各领域（如水、电、气）较小规模的项目有关。

4.5.6　IEC 61131（GB/T 15969）PLC 系列标准概貌

GB/T 15969 系列标准等同 IEC 61131 系列标准。由于本书采用的 IEC 61131 最新版本与 GB/T 15969 等同版本不同，以下仅标示 IEC 61131 相应版本，阅读时可参考相应的 GB/T 15969 等同版本。

4.5.6.1　IEC 61131-1：2003，通用信息

这一部分定义了 PLC 系统的主要功能特性以及一些概念，规定了 PLC 及系统使用的术语和主要功能特性，包括软件和硬件。该标准适用于 PLC 及其相关外围设备，如编程和调试工具（PADT）、人机界面（HMI）等。定义 PLC 及其相关外围设备用于工业环境，作为一种开放式装置或封闭式装置。

PLC 的功能可在特殊硬件和软件平台上实现，也可在具有工业环境特性的一般用途的计算机或个人计算机上实现。包括 PLC、可编程自动化控制器（PAC）、远程 I/O、PADT、工业 PC 和工业面板 PC、工业用显示器和 HMI、分布式控制系统（DCS），以及在 IEC 61131 标准范围内列出的 DCS 组件，预期用途是控制和指挥机器的执行工业控制设备相关的外设，自动化制造和工业过程，如离散、批量和连续控制。在 IEC 61131 标准范围内，控制设备等同于工业控制器，PLC 及其应用程序以及相关外围设备都被作为一个控制系统的部件看待。这一部分给出了 IEC 61131 中所使用的术语和定义，它定义了 PLC 系统的主要功能特性。

1. 应用程序或用户程序（application programme or user programme）

用 PLC 系统控制机械或者过程，进行预期信号处理所必需的所有编程语言元素和结构的逻辑集合。

2. 自动化系统（automated system）

GB/T 15969 范围之外的控制系统，在自动化系统中，PLC 系统由用户来协调工作，或者为用户而协调工作，但是该自动化系统还包含包括其应用程序在内的其他部件。

3. 现场设备（field device）

向 PLC 系统提供输入和 / 或输出接口，或提供数据预处理 / 后置处理的组成部分。远程现场设备可独立于 PLC 系统自主地工作。使用现场总线，可将现场设备与 PLC 连接。

4. 梯形图或继电器梯形图（ladder diagram or relay ladder diagram，LD）

用电源轨线界定在左边和右边（可选）的由触头、线圈、图形表示的功能、功能块、数据元素、标号以及连接元素形成的一个或多个网络。

5. 可编程序控制器系统或 PLC 系统（programmable controller system or PLC-system）

用户根据所要完成的自动化系统要求而建立的由 PLC 及其相关外围设备组成的配置。其组成是一些由连接永久设施的电缆或插入部件，以及由连接便携式或可搬运外围设备的电缆或其他连接方式互连的单元。

6. 编程和调试工具（programming and debugging tools，PADT）

支持 PLC 系统应用的编程、试验、调试、故障查询、程序记录和存储的外围设备，它还可被用作 HMI，如果 PADT 是可插入的，在任何时候可插入到有关的接口，亦可拔出，而对操作者和应用都没有任何危险。在其他情况下，PADT 是固定的。

7. 远程输入 / 输出站（remote input/output station，RIOS）

制造厂的 PLC 系统组成部分，包括仅在主处理单元（CPU）的分级情况下允许运行的输入和 / 或输出接口，用于输入 / 输出多路复用信号 / 信号的分离和数据预处理 / 后置处理。RIOS 仅被允许有限的自主运行（例如，在 CPU 的通信网络断开或 CPU 本身的紧急故障情况下或要进行维护和故障维修时）。

4.5.6.2 IEC 61131-2：2017，设备要求和试验

这一部分定义了包括 PLC 及其相关的外设的工业控制设备的试验和验证方法；操作条件；温度和气候试验；机械要求和试验；I/O、电源和其他部件的功能要求和测试；EMC 要求和测试；标识和文件要求。目前在 IEC 61131 范围内的 PLC 和其他类型工业控制设备的产品安全要求在 IEC 61010-2-201：2017 中规定，它取代了 IEC 61131-2：2007 中的条款 11~14 的要求。操作条件和海拔温度降额应该符合 IEC 61010-2-201：2017 *Safety requirements for electrical equipment for measurement，control，and laboratory use Part 2-201：Particular requirements for control equipment*，本书翻译为《测量、控制和实验室用电气设备的安全要求 第 2-201 部分：控制设备的特殊要求》。

IEC 61010-2-2×× 标准是一系列关于工业过程测量、控制和自动化设备安全的标准。IEC 61010-2-201：2017 部分规定了控制设备，包括 PLC、DCS 组件、I/O 设备、HMI 等的完整安全相关要求和相关测试。通用安全术语的定义见 IEC 61010-1：2010 *Safety requirements for electrical equipment for measurement，control，and laboratory use Part 1：General requirements*（《测量、控制和实验室用电气设备的安全要求 第 1 部分：一般要求》）。更具体的术语定义在 IEC 61010 的每一部分中。

IEC 61010-2-201：2017 规定了任何具有控制设备和 / 或其相关外设功能的产品的安全要求和相关验证试验。此外，这些产品的预期用途是对机器、自动化制造和工业过程的命令和控制，如离散和连续控制。一些设备的例子有 PLC、PAC、DCS、远程 I/O、工业 PC 和面板 PC、PADT 显示和 HMI、定位器等。上述设备及在本标准范围内的部件为（辅助）单机电源、外围设备，如数字和模拟 I/O、远程 I/O、工业网络设备。控制设备及其相关的外围设备用于工业环境，可以作为开放式或封闭式设备提供。几个术语和定义如下：

1）终端，提供用于将设备连接到外部导体的组件。端子可以包含一个或几个触头，因此该术语包括插座、连接器等。

2）功能性接地端子，直接与测量或控制电路的某一点或屏蔽部分进行电气连接的端子，其目的是为了除安全外的任何功能目的的接地。对于测量设备，该端子通常称为测量接地端子。

3）保护导体端子，为安全目的而连接到设备导电部件的端子，用于连接到外部保护接地系统。

4）外壳，保护设备免受某些外部影响的部件，以及在任何方向上保护设备免受直接接触的部件。封闭设施还可以防止火灾蔓延。

5）保护屏障，提供保护的部件，防止从任何通常的进入方向直接接触。根据其结构不同，防护屏障可称为外壳、盖、屏风、门、防护罩等。防护屏障可以单独起作用；只有当它到位时，它才有效。保护屏障也可以与带或不带保护锁的装置一起起作用；在这种情况下，无论保护屏障的位置如何，保护都得到保证。

4.5.6.3　IEC 61131-3：2013，编程语言

这一部分规定了一套 PLC 统一编程语言的语法、语义和面向对象编程的方法，以及通用 PLC 架构模型，包括配置（Configuration）、资源（Resource）、多任务（MultiTask）、变量（Variable）、地址（Address）、程序（Program）、函数（Function）、功能块（Function Block），以及功能 / 功能块二次封装与代码重用等概念。编码字符请参考 ISO/IEC 10646：2017 *Information technology Universal Coded Character Set*（*UCS*）[《信息技术通用编码字符集（UCS）》]。

编程语言包含指令列表（IL）和结构文本（ST）两个文本语言及梯形图（LD）和功能框图（FBD）两个图形语言，以及定义为图和类文本元素的顺序功能图（SFC），还有用于构造 PLC 程序与功能块的内部组织。定义了每种编程语言和元素的主要应用场合、语法和语义规则、编程元素的基本集、可采用的试验和手段。制造商可扩展或采纳这些基本集，用于自己的 PLC 编程软件的实现。同时，定义了配置元素，支持 PLC 程序安装到 PLC 系统；便于 PLC 和自动系统的其他部件之间通信的功能；通过标准化编程接口来规范工业控制的方式；通过标准编程接口可在软件生命周期的不同阶段创建程序的不同元素，包括规范、设计、实现、测试、安装和维护。

IEC 61131-3 标准的层次与结构如图 4-13 所示。

图 4-13 中，体系结构模型部分定义了软件模型、通信模型和编程模型，以及配置、资源、任务、程序组织单元和存取路径等基本概念。

公共元素部分定义了各种编程语言中的字符集、标识符、关键字等，以及数据的外部表示、数据类型、变量和程序组织单元等；最常用编程语言的基本编程元素、语法和语义规则；用于构造程序内部组织的顺序功能图（SFC）的基本元素等。

编程语言部分定义了梯形图（LD）和功能块图（FBD）两种图形语言的语法和语义；指令表（IL）和结构化文本（ST）两种文本语言的语法和语义。

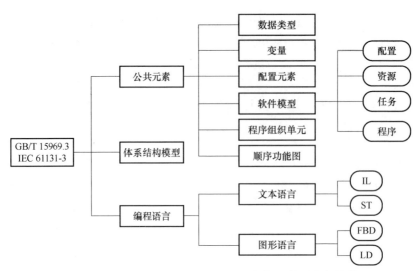

图 4-13　IEC 61131-3（GB/T 15969.3）标准的层次与结构

本书作者特别提醒，如前所述，在使用 GB/T 15969.3 时，应特别注意与 IEC 61131-3 标准有关的下列标准。

1）IEC 61499-1~4（GB/T 19769.1~4），各部分分别规定了在分布式工业过程测量和控制系统中使用功能块的符合性行规的结构、软件工具要求、指导信息和规则。在 IEC 61499-1 附录 D 中说明了 IEC 61499 与 IEC 61131-3 标准的关系。

2）GB/T 19898（IEC 61506）定义了工业过程测量和控制系统中软件文本的要求。由于 IEC 61131-3 规定了这种系统中软件实现的功能，因此，在使用 IEC 61131-3 编程语言的系统的文本中必须考虑 GB/T 19898 的要求。

3）IEC 61804（GB/T 21099）定义了功能块提供控制、应用的维护和技术管理的整体要求，这些功能块与数字过程控制系统中的执行器和测量设备进行交互作用。IEC 61804 用如同 IEC 61131-3 中定义的"基本功能块（EFB）"一样表示功能块，并规定这种功能块的行为用 IEC 61131-3 中的 ST 语言定义。

4）建立 IEC 61131-3 的元素尽可能与 GB/T 4728.12（IEC 60617-12）、GB/T 4728.13（IEC 60617-13）和 GB/T 21654（IEC 60848）兼容。

5）使用 IEC 61131-3 应尽可能与 PLC 现有的编程实际情况一致，并符合 GB 13000（ISO/IEC 10646）字符集。以程序的图形和半图形表示的符合 IEC 61131-3 的系统，其实现者应考虑扩展这种表示方式，从而实现与 GB/T 4728.13 和 GB/T 21654 的图形表示更多的兼容性。

4.5.6.4　IEC 61131-4：2004，用户导则

这一部分是针对 PLC 最终用户（含系统集成商）使用 IEC 61131 的通用综合信息和应用导则，是介绍 IEC 61131 系列标准的一般性概述和应用指南的技术报告（TR）。指导最终用户按 IEC 61131 系列标准选择 PLC 装置及其技术规范。IEC 61131 系列标准要求 PLC 的制造商为用户提供合适的产品信息。用户可向制造商提出技术要求和技术规范，以便从制造商得到合适的产品和服务。本部分可作为 PLC 系统的其他应用方面的参考。

4.5.6.5　IEC 61131-5：2000，通信

这一部分定义了 PLC 与其他电子系统间的通信。定义了 PLC 的通信范围是 IEC 61131-3 中的"通信模型"的一个子集，即通信功能块和通过访问路径通信，用于程序内部和程序之

间的通信。它从 PLC 的角度规定了任何设备如何与作为服务器的 PLC 进行通信，以及 PLC 如何与任何设备进行通信。它特别规定了当 PLC 为其他设备提供服务和 PLC 应用程序能从其他设备请求服务时，PLC 的行为特性。规定 PLC 作为通信客户机和服务器的行为特性独立于专指的通信子系统，而这种通信功能可能取决于所使用的通信子系统的能力。

4.5.6.6　IEC 61131-6：2012，功能安全

这一部分定义了 PLC 及其外围设备的功能安全。规定了对 IEC 61131-1 定义的 PLC 及其相关的外围设备的要求，其目的是用作电气 / 电子 / 可编程电子（E/E/PE）安全相关系统的逻辑子系统。符合 IEC 61131-6 要求的 PLC 及其相关的外围设备认为是适用于 E/E/PE 安全相关系统的，称为 FS-PLC。FS-PLC 通常包括硬件（HW）/ 软件（SW）子系统，也可包含软件组件，如预定义的功能块。IEC6 1131-6 部分主要用于 FS-PLC 制造商，但对于用户也十分重要。

E/E/PE 安全相关系统通常包含传感器、执行器、软件和逻辑子系统。本部分是 GB/T 20438（IEC 61508）标准要求的产品特定实现，符合 IEC 61131-6 部分就符合 GB/T 20438（IEC 61508）标准关于 FS-PLC 的所有适用的要求。

GB/T 20438（IEC 61508）标准是系统标准，而 IEC 61131-6 部分为 GB/T 20438（IEC 61508）标准的原则在 FS-PLC 中的应用，提供了产品特定要求。PLC 系统或其相关软件的安全性问题在 GB/T 20438 各部分做了规定。

IEC 61131-6 部分中规范性引用的国际标准有一致性对应关系的国家标准如下：GB/T 17626.2—2018（IEC 61000-4-2：2008）《电磁兼容　试验和测量技术　静电放电抗扰度试验》、GB/T 20438.1~3、6（IEC 61508-1~3、6）《电气 / 电子 / 可编程电子安全相关系统的功能安全》。

4.5.6.7　IEC 61131-7：2000，模糊控制编程

这一部分定义了在 PLC 中应用模糊控制的编程语言。规定了制造商和用户将模糊控制应用集成于 IEC 61131-3 规定的 PLC 语言中的基本方法，以及在不同编程系统之间交换可移植模糊控制程序的可能性。IEC 61131-7 附录 A 中简单介绍了模糊控制和模糊逻辑的最基本内容。

在控制应用中将模糊逻辑理论定义为模糊控制。当一种专门的技术能用经验逻辑描述出细节时，能与人类的经验结合，就可以运用模糊控制。例如，当在没有具体的进程模式可用的情况，或进程很难评估分析，或进程实时评估非常复杂的情况下应用模糊控制能够增强工业自动化的能力，并适合于一般在 PLC 上执行的控制层的任务，如控制（线性或非线性系统，单一或多变量），控制系统参数的在线或离线设置，分类和图形识别，做出实时判断（把该部件送往机器 A 或 B），检测及诊断系统的出错等。

模糊控制也可以直接与具体的控制模式结合起来。很多时候，也没有必要将整个控制器进行模糊控制，而是穿插在线性系统中，或是动态地适配"线性控制器"的参数，因此使之成为非线性，或选择性地放大到需要改进的现有控制器的某种属性上。IEC 61131-7 部分为了概括所有的应用，把模糊控制系统的特征映射到所定义的一致性的类别中。

4.5.6.8　IEC 61131-8：2017，编程语言的应用和实现导则

这一部分是一份技术报告，给出了第 3 部分中定义的编程语言的应用和实现指南及调试工具（PADT）实现导则。适用于 IEC 61131-3 定义的 PLC 系统用户，从事工业过程测量和控制系统的编程、组态、安装和维护的人员。IEC 61131-8 部分的第 2 章总体介绍了 IEC 61131-3；第 3 章是 IEC 61131-3 中规定的一些编程语言元素应用的补充信息；第 4 章介绍了部分编程语言元素的预期实现；第 5 章总体介绍了用于程序开发和维护的硬件和软件的要求。第 2 章和第 3 章对于 PLC 的用户是必须参考的背景材料。第 4 章和第 5 章对于编程

语言的顺利编程很重要。

4.5.6.9　IEC 61131-9：2013，小型传感器和执行器的单回路数字通信接口（SDCI）

这一部分规定了用于小型传感器和执行器的单回路数字通信接口（SDCI）的点对点数字通信接口技术，它将传统数字输入和数字输出接口扩展到点对点 IO-Link 通信链路。IO-Link 系统包括 IO-Link 主站及传感器和执行器等 IO-Link 设备。所有 IO-Link 设备均需连接至 IO-Link 主站。

IO-Link 是一种点对点有线（或无线）系统的串行数字通信协议，针对各种传感器和执行器均采用三线制连接，并为需要额外电源的设备提供五线制标准电缆连接。三线制连接的 IO-Link 术语称为 A 类端口；三芯导线中，一芯用于通信，一芯用于电子设备供电，另一芯则作为公共参考电位。此连接的最大输出电流为 200mA。要求使用 4 针连接器，第 4 针引脚用作符合 IEC 61131-2 标准的附加信号线，主站和设备均可选用。五线制连接称为 B 类端口，用于需要外加电气隔离式独立 24V 电源的设备（通常是执行器）。

IO-Link 具有现场总线中立性，IO-Link 功能可连接至任何一种现场总线。既可使用 PROFUBUS、PROFINET、EtherCAT 和 SERCOS 等现场总线的标准映射，也可使用 EtherNet/IP、CANopen、Modbus、CC-Link 和 AS-Interface 的制造商特定映射。每个 IO-Link 设备都具有独立于现场总线或控制器的 I/O 设备描述（IO-Link Device Description，IODD），以实现现场总线中立性。

IODD 是由 IO-Link 设备厂商创建的一个文件，其中包括设备的制造商、型号、序列号、设备类型和参数详情等相关信息，还包含设备的外形图和制造商的标识。所有制造商的所有设备的 IODD 结构是相同的，使用 IODD 解释器工具所展示的是相同的形式。因此，用户使用第三方的解释器工具可以处理所有的 IO-Link 设备。IODD 是作为一个包提供给用户的，它包括一个或者多个 XML 描述设备文件和 png 格式的图像文件。文件描述了所有设备的通用和强制属性。这个文件必须在 IODD 目录下，在每种支持的语言中存储一次。

在现场总线概念中，SDCI 技术定义了连接传感器的通用接口和驱动器的一个主单元，其中可以结合网关能力成为一个现场总线远程 I/O 节点。符合 SDCI 的设备在设备中进行物理到数字的转换，然后使用 24V I/O 的"编码交换"在标准格式中直接通信，从而消除了对不同 DI、DO、AI、AO 模块等对电缆的要求。传输速率为 4kbit/s、8kbit/s、38.4kbit/s 和支持 230.4kbit/s。

常规 I/O 与 IO-Link 的主要区别在于 IO-Link 能够传输过程数据、值状态、设备数据和事件等四种主要数据类型。过程数据包括循环（即每个通信周期）传输的模拟量和开关状态。每个端口都具有值状态。值状态可显示过程数据是否有效，并且可与过程数据一起循环传输。设备数据可以是参数、标识数据和诊断信息。设备数据采用非循环交换，并在响应 IO-Link 主站查询时进行。设备数据既可写入设备，也可从设备读取。事件是非循环的，包括错误消息（如短路）和警告 / 维护数据（如过热）。设备参数或事件的传输独立于过程数据的循环传输。各传输不会相互影响。

4.5.6.10　IEC 61131-10：2019，PLC open XML 交换格式

这一部分规定了基于 XML 的 PLC 程序的交换格式标准，通过软件工具接口支持可以实现对已有 PLC 程序的重用。PLC 程序的重用是指使用不同厂商 PLC 编程软件编制的用户程序有统一的程序描述规范和标准化的交换格式，以在不同的 PLC 软件开发环境之间，可导出平台或导入平台，交换 PLC 程序或该程序的一部分。

IEC 61131-3 规定了 PLC 的编程语言规范。IEC 61131-10 部分定义了一种 XML 交换格式。目的是把 IEC 61131-3 环境下的工程项目的全部信息用 XML 格式予以表达，包括全部 4 种编程语言和顺序功能图（SFC）、图形信息（如地点、位置和连接路径）、注释、程序组织单元（POU）（功能、功能块、程序和数据类型）、工程项目分层结构、映射信息，以及制造厂商的特定信息。倡导一种而不是多种开发环境，在此基础上构成统一的工程软件平台。

IEC 61131-10 规定了 IEC 61131-3 编程语言的交换格式；与图形和逻辑信息的生成程序接口；功能块库的分发格式；用于导出和导入 IEC 61131-3 项目的基于 XML 交换格式。在 IEC 61131-3 环境中实现的完整项目，可以在不同的编程环境之间传输，从而为在统一的工程平台上实现不同控制功能的编程、组态，为实现设计、调试、运行操作、维护各阶段功能的前后衔接提供了基础。还可以利用 XML 进行不同硬件平台定义的 I/O 变量和内部变量之间的变换，为控制程序无障碍移植创造前提条件。XML 交换格式既为开发工具和图形以及逻辑信息的生成软件与使用软件提供接口，又为不同工程项目的开发工具和 POU 提供输入/输出接口。

IEC 61131-10 标准的 XML 交互格式覆盖了自动化系统的整个生命周期，如重用设计、设备维护或更换等。如果 PLC 程序使用 IEC 61131-10 所规定的交互格式进行存储，则可以通过其他任何支持本交互格式标准的软件开发平台对其进行修改和维护。因此，通过制定 PLC 程序的交互格式标准，能够实现 PLC 程序在不同软件开发环境之间的交互，有利于提高程序的复用率，实现开放式 PLC（Open PLC）。

IEC 61131-10 标准提供了对 PLC 程序的配置信息、数据类型和 POU 的转换支持，同时具有转换图形表示信息的能力，例如功能块的位置、大小以及它们之间的连接方式。交换格式由相应的 XML schema 文档进行详细的规定和说明。XML schema 文档是以 .xsd 为扩展名的独立文件，并作为本标准的一部分。

在本标准基础上，项目充分考虑了扩展性的需要，给出了多种扩展机制，包括数据类型扩展、用户自定义信息扩展、制造商信息扩展、平台软件扩展等。PLC 在软件开发平台导入导出时，导入工具应具有过滤功能，即能够选择部分信息导入至目标环境，制造商特定的信息包含在导出文件中并被选择性地导入。除了本标准中规定的 XML 交互格式，厂商特定的信息和属性也可通过厂商特定的 XML schema 文件进行添加。

基于现场总线、工业以太网、OPC 统一架构（OPC UA）等标准的解决方案已经基本实现了控制系统内部以及不同的业务层（比如 ERP、MES、控制系统以及云端）之间的互联互通。因此，XML 具有自描述性、可扩展性、互操作性，并具有严格的语法规范，便于表达各种类型的数据，非常适于作为异构系统之间的中间语言。

4.5.7　IEC 61499（GB/T 19769）系列标准概貌

IEC 61499 系列标准由控制系统软件领域的国际专家开发了好多年，现在，基于 IEC 61499 系列标准的软件工具已经步入工程应用，如 4DIAC 开源软件工具和运行平台，可以对复杂功能块网络的行为进行建模、验证和模拟。这是一种全新的开发方法，将成为处理复杂分布式系统的过程和系统的一种重要方法。一些关于 IEC 61499 标准模型的执行、开发方法、验证方法和通信方面等的研究，完全改变和改进了我们以往对 PLC、工业控制系统和分布式系统建模的理解和使用方式。

IEC 61499 系列标准也为其他支持系统生命周期，包括系统规划、设计、实施、验证、操作和维护的标准，提供使用功能块的参考模型。给出的模型是通用的、领域独立的、可扩展到其他标准或特定应用程序或应用领域中功能块的定义和使用。

4.5.7.1 IEC 61499 系列标准的结构

IEC 61499 标准共发布了 4 个部分，IEC 61499-3 在第 2 版中被撤销。目前，IEC 61499 只有 3 个部分。

1）IEC 61499-1（GB/T 19769.1）结构。介绍了面向分布式功能块系统的设计和建模的体系结构和概念，包括范围、标准引用、定义和参考模型（系统模型、资源模型、应用程序模型、功能块模型、执行基本功能块模型、分布模型、管理模型、运行状态模型）；功能块（基本功能模块、复合功能块、服务接口功能块、通信功能块、管理功能模块、行为管理功能块）、功能块类型声明的规则，以及所声明类型实例的行为规则；分布式工业过程测量和控制系统（IPMCS）配置中功能块的使用规则；满足分布式 IPMCS 通信需求的功能块使用规则；在分布式 IPMCS 中管理应用程序、资源和设备时使用功能块的规则。定义了功能块如何在分布式工业过程、测量和控制系统中使用等。

2）IEC 61499-2（GB/T 19769.2）软件工具要求。定义了系统工程任务的软件工具的要求；功能块类型的规范；资源类型和设备类型的功能规范；分布式 IPMCS 的规范、分析与验证；分布式 IPMCS 的配置、实现、运维软件工具之间的信息交换等。

3）IEC 61499-4（GB/T 19769.4）一致性行规指南。定义了合规的开发规则，它指定了基于 IEC 61499 的系统、设备和软件工具的属性：多个制造商设备的互操作性；软件在多个制造商的软件工具之间的可移植性；通过多个制造商的软件工具实现多个制造商设备的可配置性。可移植性是软件工具可以接受并正确解释由其他软件工具生成的软件组件和系统配置；互操作性是指嵌入式设备可以一起操作，以执行分布式应用程序所需的功能；可配置性是指任何设备及其软件组件都可以通过来自多个制造商的软件工具进行配置。

本节主要简单介绍 IEC 61499-1 中定义的体系结构和模型。

4.5.7.2 使用 IEC 61499 标准功能块的意义

IEC 61499 功能块的主要目的不是作为编程方法，而是作为分布式系统的体系结构和模型及其组件，是一种描述分布式工业过程测量和控制系统的行为和结构的模型。这是与 IEC6 1131 标准的重要区别。

IEC 61499 标准提供了术语、模型和概念，以一种明确和正式的方式描述面向功能块的分布式控制系统的实现。

1. 功能块的含义

功能块的真正含义是，它是一种软件模型，类似于集成电路形式封装行为，也类似于将软件表示为硬件的一部分的思路。在软件开发过程中，关键的是进一步添加抽象和更高级别的软件建模，以扩展程序功能。一般情况下，软件模型由若干个软件组件组成，一个软件组件就是一个对象或角色。软件组件可独立地部署。功能块是一个封装的黑盒。

2. 软件组件

软件组件可定义为自包含的、可编程的、可重用的、与语言无关的软件组合单元，它可以很容易地被应用于组装应用程序中。软件组件可以独立部署，并且与环境和其他组件明显分离。第三方无需了解组件的内部构造，就可以将组件与其他组件结合使用。与组件的交互必须通过明确定义的动态接口定义。此外，组件必须没有隐藏的接口，如全局变量。

在面向组件的程序开发中，系统设计人员的主要关注点是采用标准的、经过验证的封装功能，并尽可能以最快和最直观的方式将黑盒功能块连接在一起。黑盒功能块的使用更接近于工业自动化设计师的思维模式，可以通过不同的方式将物理设备连接在一起，再施以特定的系统解决方案。黑盒功能块具有软件组件的大部分特征，这给系统开发人员带来了一些显著的好处，如通过使用功能块来减少开发控制软件的数量；减少开发控制系统所需的时间；使用相同类型的功能块的控制系统具有一致性；提高控制系统质量。

功能块组件开发的发展趋势是通过建模方法，在更高的层面使用抽象形式化模型来描述更高级别的软件，能够描述信息模型和数据转换的通用方法。使用域定义规范模型方法，能够通过域专家高质量地开发出来。IEC 61499 标准提供了软件建模有效工具，也提供了复杂系统建模语言来定义分布式控制系统，特别是 IPMCS 领域。软件组件作为一个单独的过程，将组件作为构造软件的"零部件"。现在，软件组件也作为一种独立的软件产品出现在市场上，可供应用开发人员选用。

3. 对象与建模概念

在面向对象（OO）软件中使用的对象（在某些方面类似于功能块或软件组件）就是用来实现实体和概念的建模。在设计应用程序时，直观地将与应用程序相关的真实实体表示为对象，如设备、文档、员工和产品等。一般来说，对象是经过证实的软件单元，不会发生显著的变化。在许多情况下，应用程序中会使用相同的对象类。例如，当创建一个对象来表示一个实体（一台机器）的所有行为和特征时，相同部分可以在应用程序中复制使用，而不必重复编码，并且可以在不真正了解对象内部工作方式的情况下使用对象。可以通过创建和链接对象来开发应用程序，通常不需要了解目标实体的内部原理。

一个对象研发和测试完成，它就可以作为开发者清单中的一部分。可以在库中发布对象，本地或者全局的开发者都能够使用该对象，也就是对象是可重用的。

4.5.7.3　分布式体系结构

IEC 61499 系列标准定义了一个通用的分布式体系结构，并提出了独立的、在分布式工业过程测量和控制系统（IPMCS）中使用的功能块，用于描述分布式工业过程、测量和控制系统中功能块协作网络的功能。

体系结构是根据可实现的参考模型、文本语法和图形表示来表示的。资源是主体，它将应用程序的所有部分集成到工作的分布式系统所需的服务。体系结构是用一组模型来描述的，在实时执行环境中使用事件驱动的功能块实现分布式控制系统。支持智能去中心化，并将其封装在软件组件中，这些软件组件分布在系统控制网络中。

1. 体系结构

一个系统的体系结构从下层到上层依次为功能块、资源（Resource）、设备（Device）和系统。功能块是系统基本单元，资源是功能块的容器，一个设备包含单个或多个资源，而设备的互连形成分布式系统。功能块模型可以用图形和文本两种方式表示，采用 XML 定义系统、设备、资源和功能块，以实现易用性、重用性、移植性和兼容性。

IPMCS 是由多台设备通过网络构成的系统，其架构概念是将分布式工业过程测量和控制系统当作一个整体考虑，整体地定义系统、设备和资源，并设计一个完整的、统一的基于功能块网络的应用程序，然后将这个功能块网络分解成为若干段，映射到相应的设备上去。就好像是在一个控制器上编写一个应用程序，然后将其分段映射到不同的控制器中运行。映射时系统会自动地增加用于功能块之间事件和消息交换的通信功能块。功能块网络就能分布在各个控制器中运行，就像在一台控制器上运行一样。系统的调试、部署和监控都按一个整体来考虑。所谓部署，就是通过网络将功能块网络段下载到设备中。

2. 分布式系统

分布式系统由一组设备组成，这些设备通过不同的网络相互连接，以支持一组协作应用程序。一个应用程序，如生产线或输送机的控制，通常需要在多个设备中运行的软件的互操作。IEC 61499 系列标准定义的系统模型提供了为可用设备、通信链路和设备互连建模的方法，不考虑工厂的物理布置以及与工艺的相互作用。这也是 IEC 61499 系列标准的最主要的内容。

参考模型将进程和通信网络作为嵌入式设备、资源和应用程序的环境。应用程序是由功能块网络（Function Block Network）构建的。

功能块网络可理解为是分布在一组硬件资源上的通信程序的逻辑网络，它将分布式系统的实现描述为是相互连接的功能块网络的一种体系结构。功能块网络的节点是功能块或子应用及它们的参数，其分支是数据连接和事件连接的网络。在物理层面上，通常考虑系统的物理配置，它描述了系统中的物理设备和控制器的位置及总线和通信链路上的详细信息，并显示了它们之间的各种网络通信链路。

3. 应用程序

IEC 61499 标准将应用程序定义为由相互连接的功能块组成的网络，由事件和数据流连接起来。因此，一个应用程序由功能块实例和互连定义组成，在某些情况下，互连定义包括特定功能块类型的多个功能块实例。应用程序中不存在可以存在于功能块之外的全局或局部变量。这是基于 IEC 61131-3 为 PLC 创建的应用程序与 IEC 61499 应用程序之间的一个重要区别。

分布式应用程序是通过将可重用功能块类型的实例与适当的事件和数据连接起来构建的，就像用集成电路块设计电路板一样。使用符合 IEC 61499 标准的软件工具，这些功能块可以通过网络分布到物理设备上，也可以将应用程序分布到设备中的多个资源中。资源可以是插入背板的多个处理器，也可以是具有多任务操作系统的单个处理器中的多个任务。

4. 资源

资源定义了存在于模型范围内的内容与特定于设备和系统的功能之间的重要边界。资源是包含在设备里的一个功能单元，其中包括一个分布式应用的本地应用、过程映射、通信映射和调度功能。在一个设备里可以对一个资源执行创建、构造、参数化、启动、删除操作。资源的功能是接收和处理来自过程和通信接口的数据和事件，并返回数据和事件。将服务接口功能块（SIFB）和基本、复合功能块联合使用形成资源，以提供一个分布式控制应用的本地部分。

5. 设备

设备是多个资源的容器及这些资源与通信网络、传感器和执行器之间的接口。接口功能由 SIFB 实现。通信网络把各分散设备集成为一个完整的系统。这样，分布在不同物理设备中的功能块形成了一个真正的分布式应用。

IEC 61499 系列标准中定义的参考模型是通用的、行业领域独立和可扩展的，适用于其他标准中功能块的定义和使用，也适用于特定的应用或应用领域。它的意图是根据本标准中给出的规则编写的规范是简洁的、可实现的、完整的、明确的和一致性的。

4.5.7.4　系统模型

系统模型定义了可用的控制设备以及这些设备之间的通信关系，形成了通信设备的网络。通信链路可以具有不同的类型，并且设备可以连接到不同的通信段。不考虑实际的物理布置以及与工艺的相互作用，系统模型如图 4-14 所示。

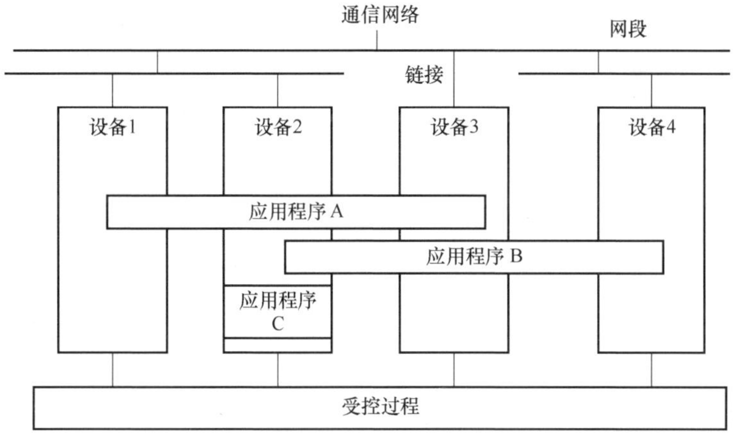

图 4-14　系统模型

在物理层面上，分布式系统由一组设备组成，这些设备通过不同的网络相互连接，以支持一组协作应用程序。一个应用程序，例如生产线、工艺容器或输送机的控制，通常需要在多个设备中运行的软件的互操作。

对 IPMCS 进行建模，是通过由段和链路组成的网络相互连接和通信的设备集合。设备通过链路连接到网段。IPMCS 执行的功能被建模为可以驻留在单个设备中的应用程序（如图 4-14 中的应用程序 C），或分布在多个设备中（如图 4-14 中的应用程序 A 和 B），一个应用程序可以由一个或多个程序组成。例如，一个应用程序可以由一个或多个控制循环组成，其中输入采样在一个设备中执行，控制处理在另一个设备中执行，输出转换在第三个设备中执行。图 4-14 中的受控过程不是 IPMCS 中的一部分。

1. 设备模型

设备模型描述支持执行 IEC 61499 功能块网络的任何物理控制设备的总体结构。该设备的主要用途是提供支撑一种或多种资源的基础设施。IEC 61499 资源与 PLC 编程语言标准 IEC 61131-3 中定义的资源概念具有相似的属性，从这个意义上说，资源为功能块网络提供了执行环境。然而，与 IEC 61131-3 相反，IEC 61499 资源不需要直接绑定到执行单元（如 CPU）。IEC 61499 资源是设备内部的逻辑分离，为功能块网络提供独立的执行和控制。设备模型如图 4-15 所示，图中显示了图 4-14 中设备 2 的可能内部结构。

一个设备至少应该包含一个接口，即过程接口或通信接口，可以包含零个或多个资源。一个设备被认为是对应设备类型的实例。一个不包含资源的设备被认为在功能上等同于一个资源。一个设备有一个"过程接口"，它提供服务，使资源能够与物理设备上的输入和输出（I/O）点交换数据。与物理进程交换的信息将作为数据或事件、或两者兼备，呈现给资源。通信接口为资源提供通信服务，通过外部网络与远程设备中的资源交换数据。

一个设备可能与多个网络交互。在这种情况下，通信接口也处理这些访问。通信接口提供的服务可以包括以数据或事件或两者兼有的形式向资源展示已沟通的信息，支持编程、配置、诊断等的附加服务。通信链路可以直接与设备相关联，也可以与设备的一个实例相关联，还可以与一个特定的资源类型（通信资源）的实例相关联，分布式应用程序的一部分可以映射到其上，也可以不映射，这取决于资源类型。

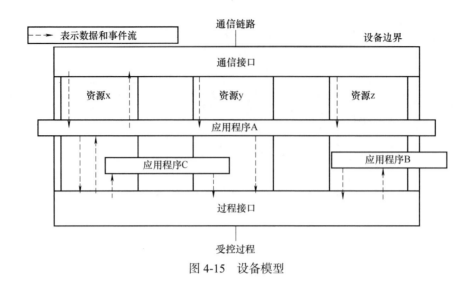

图 4-15　设备模型

2. 资源模型

资源定义了存在于 IEC 61499 模型范围内的内容与特定于设备和系统的功能之间的重要边界。资源的一个重要特征是它支持独立操作。可以加载、配置、启动和停止资源，而不影响同一设备或网络中的其他资源。

资源提供设施和服务来支持分配给它的功能块的网络的执行。为此，资源必须确保以正确的优先级和时间，使用事件来调度封装在功能块中的功能，该资源负责在两次调用之间在功能块中保留变量的值，还负责在相同资源上的功能块之间或在使用通信服务的资源之间传播事件和传输数据。

资源提供到通信系统和"设备特定服务"的接口，即外部服务和与设备紧密相连的子系统，如设备 I/O 子系统或显示器。每个资源将有一个链接通信系统的接口，以允许功能块与远程资源中的功能块交换数据，以及一个读取和写入本地设备 I/O 的接口。因此，资源关注的是数据流和事件流的映射，这些数据流在本地资源的功能块之间通过设备通信接口传递到远程资源功能块。类似地，资源将读取和写入设备 I/O 的所有请求映射到过程接口上。图 4-16 所示的资源模型描述了 IEC 61499 标准定义的资源的主要特性。

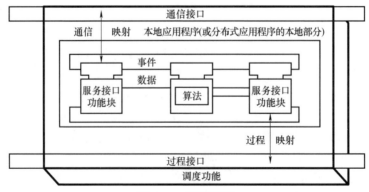

图 4-16　资源模型

在资源中，它显示了由数据和事件流链接的相互连接的功能块组成的网络。资源提供的调度功能确保了功能块内封装的功能以正确的顺序执行，也就是按照事件到达每个功能块时的要求执行。

服务接口功能块是功能块的一种特殊形式，提供了功能块与资源接口之间的链接。例如，通信服务接口功能块可用于读取或发送数据到远程资源中的功能块。

3. 应用程序模型

IEC 61499 标准将应用程序定义为由相互连接的功能块组成的网络，由事件和数据流连接起来。即应用程序是由功能块网络定义的，该网络指定了功能块或子应用程序实例之间的事件和数据流。事件流决定由每个功能块的算法指定的操作的关联资源来调度和执行。符合此标准的组件和系统可以利用替代方法来调度执行。这些替代方法使用标准中定义的要素加以准确规定。

一个应用程序由功能块实例和互连定义组成，互连定义可以包括特定功能块类型的多个功能块实例。原则是，所有的行为都是根据功能块来定义的。因此，应用程序中不存在可以存在于功能块之外的全局或局部变量。这是与基于 IEC 61131-3 的 PLC 创建的应用程序和 IEC 61499 应用程序之间的重要区别。应用程序模型如图 4-17 所示。

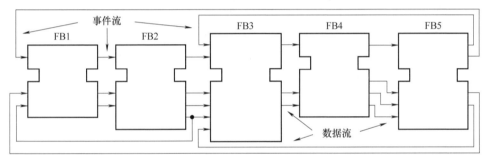

图 4-17 应用程序模型

事件连接通常总是点到点连接，即从一个事件输出到一个事件输入。对于数据连接，可以扇出连接，即一个数据输出可以连接到多个数据输入。但是，不允许多个数据输出连接到一个数据输入的扇入。这是由于在 IEC 61499 标准中，功能块是完全解耦的，并且没有关于输入连接源的信息。如果允许扇入，则功能块不能确定从哪个连接获取数据。传入的事件和数据连接不需要来自同一个功能块，如图 4-17 中的功能块 FB1 的输入。

在实际工程中，应用程序是解决特定自动化控制问题的一整套功能块和互连。例如，控制生产线、食品发酵罐、自动切片机等所需的一组功能块。在设计阶段的应用程序模型不考虑任何特定的硬件，只关注总体控制功能，这与 IEC 61131-3 标准非常注重资源的应用程序开发不同，IEC 61499 标准应用程序开发是以应用程序为中心的，应用程序是系统开发中的核心元素，可以仅专注于功能。这不仅可减少后期硬件更改的影响，还可使通用控制功能重用。此外，工程工具可以提供独立于特定控制硬件的应用程序测试和模拟功能，可在开发过程的早期阶段评估功能。

图 4-17 中省略了输入和输出的名称（事件和数据）。功能块网络的节点是功能块或子应用及其参数，分支为数据连接和事件连接。子应用是子应用类型的实例，就像应用由功能块网络组成一样。因此，应用程序名、子应用程序名和功能块实例名可以用来创建一个标识符层次结构，该标识符可以唯一地标识系统中的每个功能块实例。应用程序可以分布在相同或不

同设备中的多个资源中。资源使用应用程序指定的因果关系来确定对可能由通信和处理接口或资源的其他功能产生的事件的响应，可能包括算法的调度和执行，修改变量，生成附加事件，与通信和流程接口的交互。

4.5.7.5 分布模型

应用程序可以是分布式的，即可以配置在几个资源上运行。分布式应用程序由一个功能块网络组成，功能块单元运行在指定的资源上，即把应用程序的功能块分配（映射）到系统模型中定义的设备的不同资源上。也就是说，分布模型将独立于系统的应用模型与系统模型连接起来。它涉及将应用程序部件分配给设备和资源，并执行指定应用程序部分的设备特定配置，如图4-18所示。图4-18显示了从图4-17应用程序模型到图4-14系统模型设备的示例应用程序的映射。

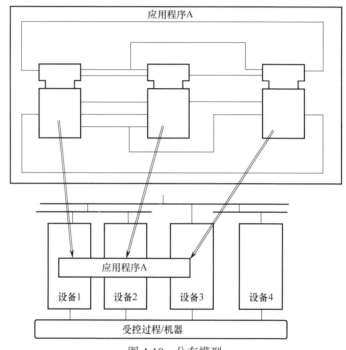

图4-18 分布模型

一个应用程序或子应用程序可以通过将其功能块实例分配给一个或多个设备中的不同资源来进行分发。由于功能块的内部细节对任何使用它的应用程序或子应用程序都是隐藏的，所以一个功能块应该形成一个分布的最小单位。也就是说，给定功能块实例中包含的所有元素都应该包含在同一资源中。应用程序或子应用程序的功能块之间的功能关系不受其分布的影响。然而，与只限于单一资源的应用程序或子应用程序不同，通信功能的响应时间和可靠性将影响分布式应用程序或子应用程序的定时和可靠性。子应用程序的功能也由功能模块网络来定义，子应用程序可以被分布部署。

1. 应用程序的映射

IEC 61499标准的系统模型和分布模型的一个具体特征是，它允许设备支持多个应用程序的执行。它定义了一个设备模型，可以加载和卸载分布式应用程序而不会干扰现有的应用程序，这是通过在设备内部使用管理服务实现的。因为设备可以支持多个资源，因此可以将不同的应用程序映射到不同的资源。此外，应用程序也可能只映射到单个设备，即在相同的设备中使用一个或多个资源。

应用程序的响应时间和性能取决于它所依赖或分配的资源，以及连接的通信网络。例如，两个相同的传送带控制应用程序，运行在两个不同的控制器网络上，一个网络使用 1Gbit/s 的光纤数据链路，另一个使用 1Mbit/s 的双绞线运行。由于两个网络的通信数据速率不同，这两个应用程序显然会由于网络延迟而具有不同的性能和响应时间，尽管它们的内部软件算法是相同的。

相反，如果功能块容量"很小"，并且只在单个资源中运行，则功能块的性能不会受通信网络特性的影响。然而，性能可能在较小程度上受到实例化功能块的资源和设备的行为和特征的影响，如设备的计算能力。

2. 平台独立性

应用程序的映射会导致两个问题。首先，分发应用程序会破坏功能块之间的直接连接，例如图 4-17 中的 FB4 和 FB5 之间的连接。第二个问题是特定于系统的配置，例如分配物理输入端口地址来提供传感器值，不是应用程序模型的一部分，因为应用程序模型是平台和系统独立的。但是，IEC 61499 标准允许添加特定于系统的配置值，并有扩展映射的应用程序部件。特定于平台的应用程序扩展通常是通信服务接口功能块及其配置，例如通信通道标识符的插入。通信服务接口功能块支持跨设备和资源边界的连接。这是 IEC 61499 标准应用程序的平台独立性，及以应用程序为中心的设计过程的特点。在开发周期的后期，特定于平台的配置增加了应用程序和应用程序部件的可重用性。此外，它的优点是设备和系统配置的后期更改不会像 IEC 61131-3 以设备为中心的开发方法那样在很大程度上影响应用程序开发。

3. 资源和设备管理模型

IEC 61499 标准定义了一种特殊形式的应用程序，称为管理应用程序，它负责管理资源和资源内功能块网络的应用生命周期。管理应用程序具有比普通应用程序更高的特权功能，可以通过创建 / 删除功能块和连接来构造 / 销毁其他应用程序的部分。它通常通过与外部代理（如远程编程站）的通信接口提供管理功能。管理应用程序的功能需要包括在资源中创建功能块实例；创建功能块实例之间的数据和事件连接；设置资源和功能块实例的参数；作为分布式应用程序的一部分，初始化功能块实例的执行；改变资源和功能块实例的操作状态；从通信链接上提供服务支持查询，如功能块实例的状态，包括操作状态以及输入和输出的值；当前的功能块实例及其连接；删除功能块实例、数据和事件连接等。管理应用程序可能包含代表设备或资源实例的服务接口功能块实例，用于查询或修改设备或资源参数。

管理应用程序能够为不同的应用程序加载功能块网络分段，而不会干扰其他正在运行的应用程序的执行。管理应用程序的某些部分很可能以非易失性的形式存在于设备中，并且总是可以在设备通电时加载应用程序。一些设备可能以一种不能通过外部通信修改的非易失形式保存所有这些功能块网络，在这种情况下，管理应用程序的大部分功能可能不需要。标准中提出了两种提供管理应用程序的方案。图 4-19 所示的共享管理模型说明了一个管理资源为管理设备内的其他资源提供共享设施的情况，图 4-20 所示的分布式管理模型说明了管理服务在设备内资源之间的分配。

图 4-19 描述了一个设备，它具有一个特殊的"管理资源"，该资源包含管理应用程序，这些应用程序提供功能来在设备中提供的相邻资源中构建和维护功能块网络。

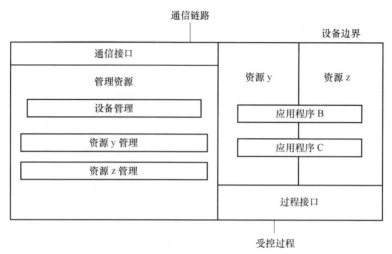

图 4-19　共享管理模型

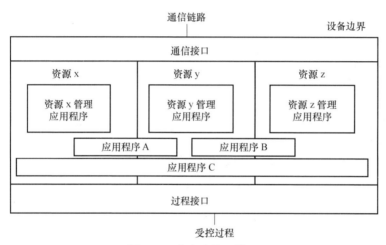

图 4-20　分布式管理模型

图 4-20 中定义了一个替代安排，其中每个资源包含一个管理应用程序，该应用程序负责加载同一资源内的功能块网络。管理应用程序可以以与使用功能块和服务接口功能块网络的其他应用程序完全相同的方式建模。

管理应用程序很可能需要大量的服务接口功能块来处理与外部通信链接的接口，例如处理创建功能块实例的请求。此外，服务接口功能块将为执行管理任务提供对执行环境的访问。

在 IEC 61499-1 标准中的 6.3 节定义了用于应用管理的业务接口功能块类型，IEC 61499-2 标准中提供了使用示例，IEC 61499-4 中描述的 IEC 61499 合规概要需要明确定义如何实现管理功能。

4.5.7.6　功能块模型

IEC 61499 标准体系结构的核心是功能块模型。功能块概念是描述分布式工业过程测量和控制系统的行为和结构的模型，是"软件的功能单元，它有自己的数据结构，可以被一个或多个算法操作"。功能块类型定义是对数据结构的正式描述，以及将算法应用于在各种实例中存在的数据。功能块的主要特征是其封装性，是一个封装的"黑盒"，对其外部来说，算法、执行控制图（Execution Control Chart，ECC）和内部数据都是不可见的，只有其外部接口可见。

这个概念的描述与传统 PLC 对于功能块的描述是一致的，如传统 PLC 中的 PID 功能块和 PID 控制器中使用的 PID 算法，制造商提供一个 PID 的类型定义，可以在控制程序中创建 PID 功能块的多个实例，每个实例都可以独立运行。每个 PID 实例，比如"回路 1""回路 2"等，都有自己的初始化参数和内部状态变量，并且共享相同的更新算法。这就是"软件的功能单元"的含义。

功能块模型包含功能块实例的特征、功能块类型规范和基本功能块的执行模型。其中包含了执行控制、临时变量、服务序列、功能块实例映射语法、段类型、定义语法、与 PLC 互操作的功能块类型及读/写管理命令等。在 IEC 61499-1 标准附录 D 中说明了 IEC 61499（GB/T 19769）与 IEC 61131（GB/T 15969）的关系。

1. 功能块及其一般特征

IEC 61499 标准将功能块从 IEC 61131-3 中的子程序结构扩展至分布系统中的功能单元，核心是事件触发功能块网络。功能块为逻辑代码提供统一的接口封装，通过事件与数据接口相互连接。IEC 61499 标准定义了几种形式的功能块，主要特征如下：

每个功能块都有一个类型名和一个实例名。显示在以图形方式描述的功能块上。

每个功能块都有事件输入和事件输出，它可以通过事件连接从其他功能块接收事件，以及将事件传播到其他功能块。输入事件发生时，会更新其相关的输入变量（即从连接中取样），而其他输入变量则保持其值（即保持不变）；在触发事件输出时，会提供有关的数据输出（如在连接上取样），而其他输出则保持不变。

每个功能块都有数据输入和数据输出，允许数据值从其他功能块传入，以及将功能块内产生的数据值传递给其他功能块。所有的功能块数据（即输入、输出和内部）在功能块调用之间被保留。

功能块封装了可能包含内部变量的功能。被封装的功能的类型和形式取决于功能块类型。由于 IEC 61499 标准功能块不允许全局变量，被封装的功能只能访问功能块的输入、输出和内部变量。IEC 61131-3 数据类型用于变量数据类型。

事件使用"WITH"限定符与数据关联。在图形表示中，使用一个小的方形连接器（适配器接口）显示，该连接器将事件与其关联的数据连接起来。图 4-21 描述了 IEC 61499 标准的图形化基本功能块的主要特性。适配器（WITH）接口不是真正的功能块，它包含一种连接中的几种事件和数据关联，并且提供了接口概念，以区分定义和实例。

图 4-21 中，功能块的顶部，称为"执行控制"部分，包含了将事件映射到封装的功能上的定义。它定义了在事件到达"执行控制"和输出事件被触发时，触发下半部分定义的哪些封装功能，标准中称为"事件输入、事件输出和封装功能执行之间的因果关系"。标准中定义了不同功能块类型将到达事件输入的事件、封装功能的执行和触发输出事件之间的关系映射到功能块类型的方法。功能块的下部包含（隐藏）了封装的功能和可能的内部数据，包含所有的算法和初始化值来定义它们的完整行为。控制变量和事件只通过外部暴露的接口传递。但标准中规定资源可以选择性地提供附加特性，以允许访问功能块的内部结构。在现场总线设备中，维护或调试时能够检查功能块中的内部变量。

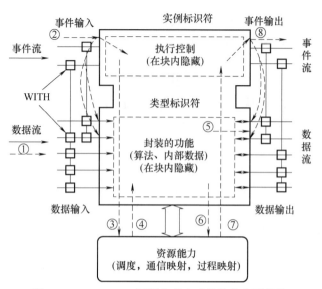

图 4-21　IEC 61499 图形化基本功能块的主要特性

2. 功能块的执行模型

功能块的执行模型通常将功能块定义为被动元素。将功能块的执行定义为算法（algorithm）。它们需要输入事件的触发器来调用其封装的功能。图 4-21 中的虚线箭头和对应的数字描述了功能块的执行模型的操作步骤和顺序。该模型假设功能块的执行环境有一个调度功能，该功能确保功能块执行的每个阶段以正确的顺序和优先级发生。每个阶段的结束是由一个特定的编号步骤来定义。

① 来自其他功能块的数据在功能块数据输入端可用。

② 有事件输入，相关输入变量采样（即限定符），进入执行控制中。

③ 根据功能块的当前状态，执行控制向调度功能发出信号，表明其封装功能的某个元素已经准备好执行。

④ 根据资源的加载和性能特征，经过一段时间后，调度功能开始执行被请求的功能块所封装的功能。

⑤ 封装的功能执行其任务，处理输入值（包括内部存储的值），以创建写入功能块输出的新输出值。

⑥ 被封装的功能完成了它的执行，并向调度功能发出信号，表明更新后的输出值是稳定的，准备好了。

⑦ 调度功能调用功能块的执行控制，通知它被封装的功能完成执行，并使它生成输出事件。根据已经到达的输入事件和执行控件的内部状态，可能会生成不同的输出事件（或无）。输入变量采样之后，输入变量在由输入事件触发的整个功能块执行过程中不会发生变化；这确保了在执行被封装的功能期间稳定和确定的数据值。

⑧ 执行控制反过来在功能块输出事件接口上创建一个相应的输出事件，同时相关的输出变量对连接的功能块可用，如在连接中采样。输出事件用于触发下游功能块的执行，表示它们现在可以使用这个功能块生成的输出值。

上述执行步骤序列是输入事件到达后发生的最基本的执行序列。根据已经到达的输入事件和执行控制的内部状态，可以多次执行这些步骤。在这种情况下，可能会发送几个输出事件来响应一个输入事件的触发。在这个执行模型上有许多时段约束，这些时段不能重叠，必须按规定的顺序发生，以便功能块正确执行。在某些实现中，有些阶段的持续时间很短或是瞬时的。标准中假设的事件在时间上表现为离散点，并且没有持续时间。在物理系统中，事件可能需要在块之间传输某种形式的状态变化信息，持续时间可能很短。这意味着它在有限的时间内结束。因此，阻塞元素不能在功能块中使用。对于实时约束的应用程序，执行时间约束可以更强，即低于应用程序特定的阈值。有许多离散的阶段，每个阶段都可能需要一段时间来执行功能块；每个阶段都依赖于功能块和底层调度功能之间定义的交互。

3. 功能块类型

IEC 61499 标准中的一个重要概念是定义功能块类型的能力，该类型定义了可以从该类型创建的功能块实例的行为和接口。在面向对象的编程中，对象实例的行为是由相关的对象类定义的。

功能块类型由类型名、功能块的输入和输出事件的正式定义，以及输入和输出变量的定义而定义。类型定义还包括块的内部行为，但不同类型的功能块以不同的方式定义。

功能块（FB）是 IEC 61499 标准的基本模型，按功能分为基本功能块（BFB）、复合功能块（CFB）和业务（服务）接口功能块（SIFB）三大类。

1）基本功能块（BFB）类型，BFB 的内部行为描述包括算法和功能块执行控制两个方面。一个 BFB 通常包含一个或多个算法。每个算法都由资源调度功能调用，以响应到达功能块接口的特定输入事件。当算法执行时，它处理来自输入、输出和内部变量的数据，并为内部变量和输出变量创建新值。当一个算法完成了它的执行，它可以触发输出事件来通知输出数据已经准备好，并且可以"被其他功能块使用"。算法不能访问功能块之外的任何数据。算法可以使用任何高级语言，如使用 IEC 61131-3 中定义的结构化文本（ST）语言等。

2）复合功能块（CFB）类型，CFB 可以包含其他 CFB 和 / 或 BFB。其功能由功能模块网络来定义。CFB 支持模块化设计方法。CFB 的内部行为是由一个由功能块实例组成的网络定义的，包括内部功能块实例之间需要存在的数据和事件连接。

3）业务（服务）接口功能块（SIFB）类型，SIFB 提供功能块域与外部服务之间的接口，如与远端设备的功能块通信、读取硬件实时时钟值等。因为服务接口功能块类型主要与数据事务有关，所以它是使用服务序列图来定义的。SIFB 包括通信功能块、管理功能块、行为管理功能块等。

4.5.7.7　基于 IEC 61499 标准的分布式系统框架和架构

根据 IEC 61499-1 标准，分布在设备中的功能块应用程序的整个功能都位于采用了分布功能块的现场设备中。完成算法的封装与 BFB（在设备或 PLC）的位置是无关的。算法决定功能块的功能特性。算法经过对一组已定义的输入数据和参数的处理，计算期望的输出数据，单一功能块或（网络）组合功能块 BFB 可构成控制应用程序。

IEC 61499 标准面向分布式系统提供了一个控制应用程序框架和架构。

1）系统模型定义了一组相互连接的设备，可以通过网络连接实现。

2）设备模型支持一个或多个资源，为功能块网络的加载、配置和执行提供支持。应用程序可以驻留在一个或多个资源上。每个资源都可以支持应用程序部分的管理和执行；每个部分都被分配为一个功能块网络的单元或片段。

3）IEC 61499 的核心元素是功能块，它以事件触发的方式执行，即功能块执行是由输入事件触发的。

4）基本功能块和复合功能块用于处理不同形式的功能块结构和功能块层次结构。业务（服务）接口功能块提供网络通信和硬件接口设施。

5）应用程序是通过实例化功能块和连接其事件和数据输入、输出，独立于控制硬件开发。

6）基于各种模型，分布控制系统开发工作可由以下步骤组成：

① 通过实例化功能块并连接它们来对应用程序建模。

② 通过指定设备、资源及设备之间的通信链接来建模系统基础设施。

③ 将应用程序分配到控制设备中的建模资源。

④ 执行平台特定的参数化和插入通信功能块。

⑤ 将分布式应用程序部署到使用管理接口的设备上。

7）IEC 61499 标准提供文本语法和 XML 交换格式（包括图形布局信息）两种可移植交换模型方式。IEC 61499-1 标准附录 B 中描述了文本语法所有特性的产生规则。附录 F 中给出了所有功能块类型的完整文本规范。附录 A 给出了一些功能块类型的实例，基本的功能块类型使用 ECC，算法的文本声明使用的语言是在 IEC 61131-3 中定义的结构化文本（ST）语言。

8）目前，符合 IEC 61499 标准的常用软件工具有 FBDK（Function Block Development Kit）、4DIAC、nxtControl、ISaGRAF 5、FBench、上海乐异自动化科技有限公司的基于 IEC 61131-3+IEC 61499+HMI 的运行环境、FBB（IEC 61499+IEC 61131 编程工具）和 FBSRT（基于 IEC 61499 的 PLC 运行环境）。

9）触发功能块执行其功能的步骤如下：

① 输入事件到达功能块。

② 与进入事件相关的数据输入被刷新。

③ 事件传递给 ECC。

④ 根据类型和执行控制，内部功能被触发执行。

⑤ 内部功能完成执行，并提供新的输出数据。

⑥ 与输出事件有关的输出数据被刷新。

⑦ 输出事件发送。

⑧ 步骤④～⑦可能会重复多次，输出事件不是强制触发的。

10）数据交换与格式。类似于 IEC 61131-3 的功能模块，IEC 61499 功能模块类型同时明确了接口与逻辑实现方法。不同于 IEC 61131-3，IEC 61499 的界面在数据变量输入与输出之外，包含了事件输入与输出。各种事件可以通过文本限定符 WITH 限制与数据输入和输出相关联。文本限定符和图形表示相同，均用于显示输出事件及其输出数据之间的关联。

IEC 61499 规定的几种功能模块类型均可包含对服务顺序的行为描述。IEC 61499 的管理模型可为任何设备资源提供全生命周期维护，并且通过管理指令实现软件工具之间的信息交互（如配置工具、代理技术）。通过软件工具的接口及管理指令，可以实现 IEC 61499 应用程序的动态重构。IEC 61499-2 规定了兼容 IEC 61499 标准的软件工具的要求，包括 IEC 61499 各元素的表达及可移植性，以及在不同软件工具间以 DTD 格式传输 IEC 61499 的元素。

DTD（Document Type Definition，文档类型定义）是一种文件定义格式，它规定了 XML 文件结构，为 XML 文件提供语法与规则。在 DTD 中定义 XML 文件的结构，然后按照 DTD 的声明来编写 XML 文件。一个 DTD 文档包含元素的定义规则、元素间关系的定义规则、元素可使用的属性和可使用的实体或符号规则。XML 文件提供应用程序的数据交换格式，DTD 使 XML 文件能够成为数据交换的标准，从而能够共享或建立 XML 文件，并且进行验证，即可满足网络共享和数据交互。DTD 文件是一个 ASCII 的文本文件，后缀名为 .dtd。

4.5.8　IEC 61804（GB/T 21099）系列标准概貌

IEC 61499 系列标准的通用功能块模型描述了分布控制用系统功能块的基本模型，IEC 61804 系列标准以 IEC 61499 系列标准为基础，补充了在过程控制设备中实现的功能块的参数和功能的规范。在国家标准 GB/T 26796.4—2011《用于工业测量与控制系统的 EPA 规范 第 4 部分：功能块的技术规范》中继承和简化了 IEC 61804 系列标准定义的功能块类型、参数和算法。

IEC 61804 系列标准共发布了 6 个部分，其中，IEC 61804-1 在第 4 版中被撤销，其中部分内容整合在 IEC 61804-2 中；IEC 61804-2：2018 功能块（FB）概念规范；IEC 61804-3：2020 电子设备描述语言（EDDL）语法和语义；IEC 61804-4：2020 EDD 设计规则；IEC 61804-5：2020 EDDL 内置库；IEC 61804-6：2012 满足现场设备工程工具对现场总线设备集成的要求。IEC 61804 各部分的通用名称是"企业系统中的设备和集成 过程控制功能块（FB）和电子设备描述语言（EDDL）"。我国还没有将 IEC 61804-5 转化为国家标准。

本节内容主要涉及 IEC 61804-2：2018 和 IEC 61804-3：2020 部分。

4.5.8.1　IEC 61804-2 标准与其他标准的关系

IEC 61804-2 部分定义了功能块概念性规范，适用于过程控制的功能块，是基于 IEC 61499-1（GB/T 19769.1）抽象定义，并可以映射到 ISO 15745-1（GB/T 19659.1）。EDDL 文件是 IEC 61804-2 功能块和产品实现之间的衔接，IEC 61804-2 与其他相关标准和产品相关的位置，如图 4-22 所示。

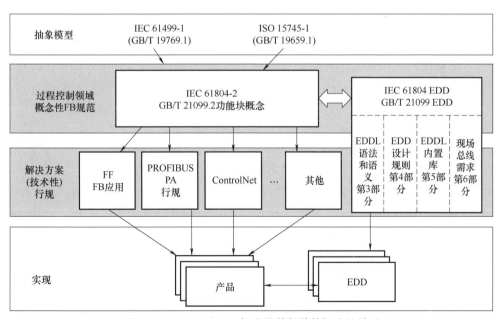

图 4-22　IEC 61804-2 标准及其与其他标准的关系

IEC 61804 系列标准为过程控制领域的分布式控制系统的发展提出了一种体系结构，描述了基于功能块的分布式过程控制系统的规范和要求，定义了用 EDDL 描述适用于过程控制用的功能块。用来创建电子设备描述（Electronic Device Description，EDD）的技术称为 EDDL。

EDDL 是在设备描述语言（Device Description Language，DDL）基础上发展形成的，用 DDL 对设备描述简称为 DD（Device Descriptions），作为数字化现场设备间的互操作的应用行规，它使现场设备间或与主系统间的传输数据，如数据类型、参数语义、应用功能等能互相理解。现场设备采用可读的结构化文本，用 DDL 编写设备描述的源程序，经设备描述编译器转化成机器可读的输出文件，控制系统从而辨识各制造商的设备的数据意义。

EDDL 是一种基于 ASCII 格式的描述性语言，用于编写 EDD 文件，描述自动化系统组件的特性，如制造商信息、固件 / 硬件版本和数据格式等。EDD 文件是一种压缩文本，是自动化系统组件的所有设备参数、相关性、图形表示和被传送数据集的描述的一种数据集合。采用文本编辑器生成解释代码，以支持如远程 I/O、控制器、传感器和 PLC 等自动化系统组件的参数处理、运行和监控。通过 EDDL，所有的信息将通过现场总线在设备（控制器、传感器、执行器和工程站等）之间传递。

在 IEC 61804-3 中规定了 EDDL 技术，定义了语义和词法结构，将 EDDL 规定为用于描述自动化系统组件特性的通用语言。EDDL 能够描述设备参数及其相关性；设备功能，如仿真模式、定标；图形化表示，如菜单；与控制设备的交互；图形化表示（增强用户接口和绘图系统）；数据存储；创建 EDD，如成套设备，通用的可用配置文件或库。EDD 采用语言工具来生成解释代码，以支持如远程 I/O、控制器、传感器和 PLC 等自动化系统组件的参数处理、运行和监控。

EDDL 及与设备相关的 EDD 文件适用于工业自动化，包含的设备有通用数字量和模拟量输入输出模块、运动控制器、人机接口、传感器、闭环控制器、编码器、液压阀和 PLC 等。

4.5.8.2 设备模型

IEC 61804 系列标准中定义的功能块是从工艺流程图（Process Flow Diagram，PFD），如液体过程控制流程中描述主要部件之间关系的管道和仪表图（Piping and Instrument Diagram，P & ID）派生的类。基类包括块、功能块、组件功能块和工艺封装块等。P&ID 是工艺流程图，其中的测量值和执行值信息及在 P & ID 中设计的控制结构被转换成功能块网络，过程控制系统通常被认为是一个混合系统，因为它通常包含离散和连续系统。智能控制和多智能体方法是分布式控制应用的新兴技术。在工厂自动化应用的设计过程中，功能块网络由集成工程工具（如 MCAD、ECAD）设计方案确定。

功能块是过程及其控制系统设计所需的变量及其处理算法的封装，通过连接数据输入和数据输出来执行应用（变量、驱动、控制和监视）。

功能块可以分布在多个设备中，在不同的设备类型中以不同的方式实现，定义的算法可以映射到设备、代理或监控站。由控制系统设计产生的功能块是抽象的表示。组件功能块可以使用特定的额外处理过程（如未经授权的参数值）执行数学和逻辑处理，并封装在复合功能块中。组件之间具有已定义的关系，用 UML 类图来指定，其中，组件被转换成 UML 元素。UML 是面向对象技术的标准建模语言，UML 采纳了 Harel 状态图作为面向对象的动态行为的描述方法。状态图是面向对象行为的一种描述方法，是 UML 可视化建模的一部分。

设备模型描述定义了几种不同的块类型，它们封装了设计过程控制系统所需的变量、参数和算法，以实现过程控制的应用。由控制系统设计产生的过程控制功能块是抽象的表示，是通过设备模型和 EDD 技术定义的。一个功能块就是一个不带执行控制的 IEC 61499 标准功能块，它没有事件输入和事件输出，其算法的执行控制是隐藏的。块结构和应用可以分布在多个设备之中。设备模型如图 4-23 所示。

设备模型描述功能块是变量及其处理算法的封装。设备模型定义了符合 IEC 61804-2 标准的设备的部件。设备是硬件和软件模块化的，是硬件组件（设备、模块）和软件组件（块、功能、变量）的组合，组件包括块、模块、功能、变量和算法（隐含）。不同的块类型都封装了执行自动化应用程序的设备的特定功能。设备通过通信网络或通信网络的层次结构连接。

IEC 61804 标准范围内的所有设备均具有相同的逻辑设备结构。模块包括块、功能和变量。在实际设备中，仅有数据和应用程序及通信、过程和 HMI 的接口。数据和应用程序在通信系统中被视为功能块、管理或数据连接。功能块可以在现场设备、PLC、可视化站和设备描述中实现。

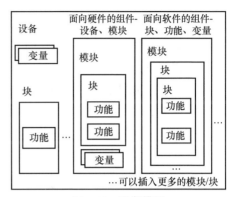

图 4-23 设备模型

4.5.8.3 块类型

IEC 61804 标准中定义了工艺块、设备块、应用功能块和组件块等块类型，以实现过程控制工艺的应用，如图 4-24 所示。

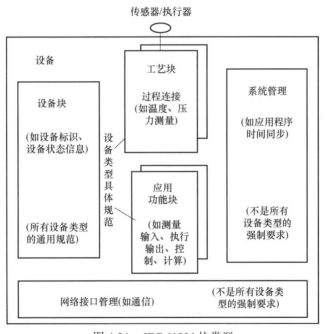

图 4-24 IEC 61804 块类型

在设备中实例化的块的数量和类型与设备和制造商有关。该设备至少应具有一个设备块、一个应用程序功能块和一个网络接口管理。

设备块是一个没有输入和输出的功能块。设备块表示设备的资源，它包含设备本身的信息、标识、设备状态和功能、设备的操作系统、设备硬件的信息和功能，具有与通信系统的接口和系统管理功能。系统管理的基本功能是管理资源中应用的功能块。

技术块（或称转换块、工艺块）表示设备的过程连接，它包含设备的测量和执行规则，由采集或输出和转换部分组成。技术实例块包括温度工艺块、压力工艺块、可调执行工艺块、

开 / 关执行工艺块。对于过程至少有一个输入或输出的功能块。技术块的功能是处理过程量检测信号，并将其转化为数值形式表示，计算过程量，得出最终测量值，或从输出功能块中取得输出值，对其进行转换运算（如 D-A 转换等），将控制信号传递到执行机构。

应用功能块包含与应用程序相关的信号处理，如标定、报警检测或控制和计算。它使用技术块的输出和其他内部数据来生成主要测量值及其伴随的状态。具体包括模拟量输入功能块、模拟量输出功能块、离散量输入功能块、开 / 关执行（输出）功能块、离散量输出功能块、计算功能块、控制功能块、组件功能块等。可由上述已定义的应用功能块来建立组件功能块。异常处理和状态处理是技术所规定的，并是组件功能块定义的一部分。应用功能块组件可以执行数学计算和逻辑处理、特定的附加异常处理过程，如未经授权的参数值。它们被封装在复合功能块中。

从信号检测到技术块和应用功能块之间有一个数据流链或逻辑链（功能链），称为通道；链路中的信号在块内或块间流动，形成一个测量通道或一个执行通道。应用功能块有两类公用算法：一类是与过程信号流相关的算法，如过程信号算法，包括测量值采样、执行器转换等；另一类是管理算法，如设备状态预估、测试、诊断等。参数与过程信号流及管理都相关。每个算法都用适当的语言对其单独做算法描述，如 Harel 状态图、IEC 61131 功能块图或结构化文本语言。

在测量通道中，测量技术块中是测量值及状态值等信息，应用功能块使用测量工艺块的数据及其他内部数据生成控制值及其状态值。来自一个测量技术块的信息可提供给多个应用功能块。执行通道用于完成信号流输出功能和附加测量功能。一个执行通道至少包含一个应用功能块，但不一定有技术块。

除此之外，根据功能块在控制流程中所起的作用，还有输入型功能块、输出型功能块、运算型功能块等。其中输入型功能块包含模拟量输入功能块、数字量输入功能块；输出型功能块包含模拟量输出功能块、数字量输出功能块；运算型功能块包含 PID 运算功能块、控制量选择功能块等。

输入型功能块从技术块获得测量值，对其进行量程转换、滤波等运算，把测量值发布到下游功能块。输出型功能块从运算功能块或其他上游功能块获得运算结果，对其进行量程转换、限幅处理等，把控制数据传递到输出型技术块。

运算型功能块是进行控制量运算的软件单元。运算型功能块的功能是扫描锁存输入参数、扫描内含参数，根据参数的设定，运行相应的控制算法，由链接关系向下游功能块发布运算结果。

根据设备的功能需求及性能，一个设备内可以仅具备一个类型的功能块，也可以同时具备两个或三个类型的功能块。每类功能块可存在一个或多个功能块实例。

4.5.8.4　功能块类型

功能块是软件中的功能单元，它封装了变量和算法。功能块类型是由它的过程控制工艺定义的，通过连接数据输入和数据输出来执行应用（测量、驱动、控制和监视）。

一个功能块包含一个或多个算法。功能块的描述是一个算法列表，它与相关的数据输入、数据输出和参数一起封装在功能块中。算法包括与处理过程信号流相关的算法，以及除此之外的与其他块特定算法相关的算法，称为管理。参数与过程（工艺）信号流和管理有关。数据输入和数据输出表示处理信号流的概念定义，而不是携带相应值的特定数据。参数表指定功能块的所有需要的可访问数据输入、数据输出和参数。功能块概貌如图 4-25 所示。

根据参数在控制流程中起的作用，功能
块的参数分为输入参数、输出参数和内含参
数。输入参数用于接收其他设备分发的数据的
接口。输出参数是将运算结果分发给其他设备
的接口。在一个功能块的输出参数和下游功能
块的输入参数之间，通过链接对象来描述其通
信关系，一个链接对象描述一对输出和输入参
数之间的通信关系。一个输出参数可与多个输
入参数建立链接关系。但一个输入参数只能与
一个输出参数建立链接关系。这些链接关系是
根据应用需要，在系统组态时确立。内含参数
不进行数据发布，也不接收其他设备的数据发

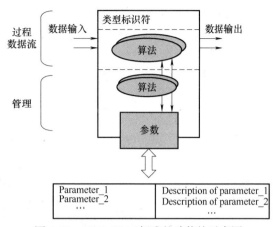

图 4-25 IEC 61804 标准的功能块示意图

布，但可接受上位机的读/写操作。内含参数是功能块中参与运算（或控制）的变量。在功能
块运行过程中，可通过操作内含参数对控制、运算过程进行干预。

图 4-25 中，数据输入和数据输出表示信号流处理，而不是携带相应值的特定数据。参
数（参数表）指定功能块的所有需要的可访问数据输入、数据输出和参数。功能块设计只是
一个抽象的表示，它可以用不同类型的设备，如现场设备（FD）、PLC、可视化站和设备描述
（DD）来实现。

作为示例，图 4-26 是一个 P & ID 示意图，用于说明如何使用 IEC 61804 功能块进行应用
程序的设计，以及系统设计方法，这通常也适用于 IEC 61499 功能块的应用。

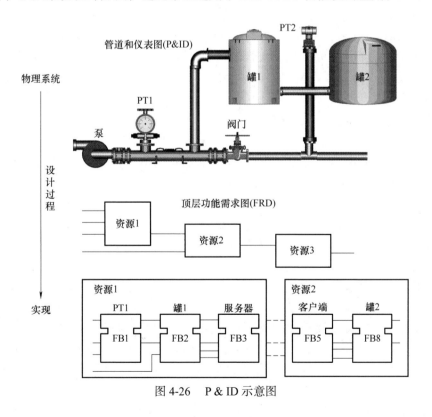

图 4-26 P & ID 示意图

根据前面所述，可以从液体类过程控制物理流程中描述的主要部件之间关系的 P & ID 派生块、功能块、组件功能块和工艺封装块等。对于一个控制系统的设计，通常从物理系统图和控制系统需求开始，按不同的功能区域定义功能，以及与其他部分的关系，再将功能映射到物理资源，如 PLC、仪器和控制器中。在分布式控制设计中考虑划分以下阶段进行应用程序设计。

1. 功能设计阶段

在此阶段，首先分析物理系统设计，通过使用 P & ID 创建顶层功能需求图（FRD），可以表示为一系列框图，其中考虑包括主要组件及其主要互连的块，在这个设计阶段，不考虑块的物理分布。在许多情况下，须绘制工厂或机械的物理系统设计的图表，如 P & ID、主设备的位置、阀门、泵和仪表、压力和温度传感器等的位置。功能块之间有数据和事件流，允许数据及其相关事件紧密耦合，即是连贯的或者是为了异步处理事件和数据。

2. 功能分布阶段

在分布式系统中，进一步设计和定义控制功能在处理资源上的分布。将功能分布定义为相互关联的功能块。将需求映射到功能块上，完成详细设计。它们可以分布在各种处理资源上。在许多情况下，现场设备中本身具有的功能块可以被集成利用。例如，智能阀门等智能设备可以提供打包成功能块的软件。一些功能块需要专门为系统应用程序设计，一些情况下，可以使用仪表和控制器内现有的功能块。

3. 系统设计

在上述工作基础上，系统设计实际上就是软件组件选择、配置、功能块封装和互连的过程，就像许多电子硬件设计、集成电路（芯片）的选择和互连一样。IEC 61499 和 IEC 61804 功能块使用的概念和方法是一致的，允许将软件功能和算法封装成标准格式的功能块。标准还定义了一系列通信功能块，如客户端（Client）/ 服务器（Server）功能块，可以用来将不同物理处理资源中的功能块之间的数据交换转换成标准格式。还有服务接口功能块，以提供与处理资源基础设施的接口。

4.6　分布式系统功能块应用

本节总结 IEC 61499（GB/T 19769）和 IEC 61804（GB/T 21099）系列标准中的功能块的概念，其中的一些概念同样也适应于 IEC 61131（GB/T 15969）。

4.6.1　功能块的概念总结

IEC 61499 和 IEC 61804 系列标准定义了在分布式工业过程、测量和控制系统中，功能块是如何使用的，以及如何解决语义集成问题的。

在工业系统中，功能块是定义健壮、可重用的软件组件的概念工具。一个功能块可以为一个简单控制提供一个软件解决方案，比如控制一个阀门，或者控制一个工厂的主要单元，如一个完整的生产线。功能块可以将工业算法封装在一种可以很容易理解和应用的形式（表格、表单）中。每个功能块都有一个定义的输入数据集，当它执行时会被内部算法读取。算法的结果被写入功能块输出。完整的应用程序可以由连接功能块输入和输出形成的功能块的网络构建。

IEC 61499 标准，建立在 IEC 61131-3 标准中定义的功能块概念，是与现场总线标准化相联系的。现场总线通信堆栈的应用程序层部分提供软件接口，使远程功能块在现场总线上互操作。IEC 61804 系列标准，建立在 IEC 61499 系列标准之上，专门用于流程分布式系统功能块的封装。

然而，IEC 61499 是一种通用标准，定义了一种一般的模型和方法，用于描述独立于实现的格式的功能块，可在逻辑连接的功能块上定义一个系统，该系统可在不同的处理资源上运行。因此，IEC 61499 标准功能块可应用于不同领域，通过功能块构建软件组件和分布式控制系统。

算法和功能块执行控制描述了基本功能块的内部行为。基本功能块通常包含一个或多个算法。每个算法都由资源调度功能调用，以响应到达功能块接口的特定输入事件。当算法执行时，它被允许处理来自输入、输出和内部变量的数据，从而为内部变量和输出变量创建新值。内部变量可用于捕获功能块接口上没有应用电缆输出的算法结果。像输出这样的内部变量总是在功能块调用之间保留（如 PID 算法的 ID 部分）。当一个算法完成了它的执行，它可能会触发输出事件来通知输出数据已经准备好，并且可以被其他功能块使用。算法不能访问功能块之外的任何数据，这是一个重要的属性，以确保基本功能块是自包含的，并以独立于使用它们的关联的相同方式行为。

功能块也可视为是一个软件单元，它是变量及其处理算法的封装，变量和算法由过程及控制系统设计确定。通过连接这些功能块的数据输入和数据输出，来执行应用（测量、执行、控制和监视）。一个功能块包含了一个或多个算法。一个功能块的描述是算法的列表，它与相关的数据输入、数据输出和参数一起被封装在功能块内。有与过程信号流相关的算法，也有与之不相关的其他的管理算法。参数与过程信号流及管理都有关。所有同类型的功能块在设备中使用同样的算法和相同结构的参数表。但每一个功能块的实例的参数都相互独立不相干，参数表指定了功能块所有需要可访问的数据输入、数据输出和参数。每一个独立的参数都由其唯一的实例标识 FB_ID 和 ObjectID 来区分。

过程控制系统可以包含不同功能块的多个实例（由带有所定义类型的属性的独立、有名实体组成的功能单元）。功能块典型的操作包括在相关数据结构中数据值的修改。功能块的事件和数据相对独立，具有清晰的设计路径。功能块类型伴随功能块的调用而持续存在。使用功能块设计分布式控制系统，就是将设备功能块实例按逻辑关系进行连接成功能块网络的工作。以下名词及定义是通用概念。

1）功能块实例（function block instance）是由功能块类型规定的数据结构的一个独立的、已命名的映像和相关操作所组成的软件功能单元。每个实例拥有一个标识符，即实例名称，并包含其输出变量和内部变量，可能还包含其输入变量的数据结构。

2）功能块类型（functional type）是功能块实例的类型，它是一种软件元素，规定了该类型所有实例的特征。功能块类型规范包括：类型名；事件输入、事件输出的编号、名字、类型名（标识符）和顺序；输入、输出和内部变量的编号、名字、数据类型和顺序。

IEC 61499（GB/T 19769）功能块类型包括基本功能块、复合功能块和服务接口功能块三大类型。IEC 61804（GB/T 21099）中还定义了应用功能块、组件功能块、管理功能块、技术块和设备块等。

3）基本功能块（basic function block）是不能分解为其他功能块的功能块类型，使用 ECC 来控制其算法的执行。

4）复合功能块（composite function block）是其算法和执行控制完全按照互连的组件功能块、事件和变量来表示的功能块类型。

5）服务接口功能块（service interface function block）是基于服务原语对功能块的事件输入、事件输出、数据输入和数据输出的映射，为应用提供一个或多个服务的功能块。

6）IEC 61131-3 中定义的功能块实例和它相应的功能块类型是具有不同特征的编程语言元素。功能块网络是 IEC 61131-3 中定义的功能块图的推广。

7）适配器接口 WITH 表示事件和数据的路径，通过这些路径，提供者给接受者提供服务，反之亦然，这取决于提供者/接受者交互的模式，可通过服务原语序列来表示。适配器接口类型是一种方法，用于定义提供者功能块的一个输入和输出的子集（插头适配器），该子集可以插入到接受者功能块对应的输出和输入的一个与之匹配的子集（插座适配器）里。图 4-27 是适配器接口概念模型。

图 4-27 中，PRT 表示提供者类型，PRI 表示提供者实例，ACT 表示接受者类型，ACI 表示接受者实例，ADT 表示适配器类型，PLI 表示插头实例，SKI 表示插座实例。限于篇幅，具体用法详见 IEC 61499-1 的 5.5 节。

图 4-27　适配器接口概念模型

4.6.2　图形化功能块的基本特征

图 4-28 是 IEC 61499、IEC 61804 和 IEC 61131 图形化功能块的基本特征。图 4-29 是 IEC 61499 和 IEC 61131 图形化功能块表示形式的比较示例。

图 4-29 中，上面是 IEC 61499 基本功能块，下面是 IEC 61131 基本功能块，IEC 61499 的功能块如同 IEC 61131-3 中定义的"基本功能块（EFB）"一样表示功能块，并规定这种功能块的行为用结构化文本语言定义。IEC 61499 中的这类基本功能块也称为基本功能块。两者相比可以看出 IEC 61499 标准的功能块多了事件（EVENT）输入输出，因此称为基于事件的功能块。

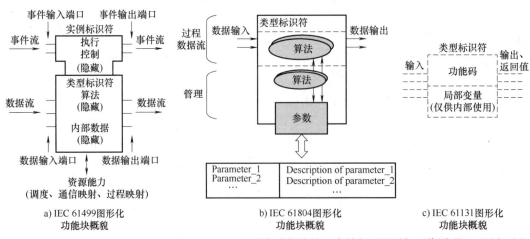

a）IEC 61499图形化功能块概貌　　b）IEC 61804图形化功能块概貌　　c）IEC 61131图形化功能块概貌

图 4-28　IEC 61499、IEC 61804 和 IEC 61131 图形化功能块的基本特征（图形仅用作说明，不是标准）

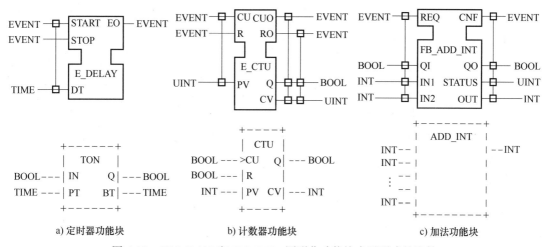

a) 定时器功能块　　　　　　b) 计数器功能块　　　　　　c) 加法功能块

图 4-29　IEC 61499 和 IEC 61131 图形化功能块表示形式的比较

IEC 61804 功能块模型相比 IEC 61499 功能块有非功能块应用和功能块应用的交互,IEC 61499 仅有功能块应用。一个 IEC 61804 功能块就是一个不带执行控制的 IEC 61499 功能块,它没有事件输入和事件输出,IEC 61804 功能块算法的执行控制是隐藏的。EDDL 文件是 IEC 61804 功能块概念规范和产品实现之间的衔接。

IEC 61131 图形化功能块实例是包括输入 / 输出和内部变量的数据结构的定义。当一个功能块实例被调用时,作用在数据结构元素上的一组操作被执行。在功能块网络中,节点是功能块实例,是图形化表示的功能、方法调用、变量、直接量和标号等,称为功能块图。

图 4-28b 是 IEC 61804 图形化功能块的概貌,它是软件中的功能单元,定义为块,是变量和算法的封装,其描述是一个算法表,算法同与之相关的输入 / 输出变量及参数一起被封装在块内。通过连接这些块的数据输入和数据输出,来执行应用(测量、执行、控制和监视)。

IEC 61499 事件驱动的功能块类型的类型名称,由被转换的 IEC 61131-3 相同名称的功能块加前缀 E_ 组成,如 E_CTU、E_ADD_INT 等。基本功能块类型的类型名称,由所转换的 IEC 61131-3 功能或功能块类型的名称加前缀 F_ 或 FB_ 组成,如 FB_ADD_INT。

IEC 61499 基本功能块类型在块下半部的顶端中心处给出功能块的类型名(标识符);输入变量名称、类型声明和插座适配器在块的下半部的左边给出;输出变量名称、类型声明和插头适配器在块的下半部的右边给出;功能块类型和事件之间接口的声明在块的上半部给出。

事件接口位于块上半部的明显区域;事件输入的名称在控制块上半部的左边给出;事件输出的名称在控制块上半部的右边给出;事件类型在控制块的外部、靠近与之相关的事件输入或输出处给出。如果未给出事件输入或输出的事件类型,则视为默认的 EVENT。一个 EVENT 类型的事件输出可以连接到一个任何类型的事件输入,一个 EVENT 类型的事件输入可接收一个任何类型的事件。除 EVENT 之外的任何类型的事件输出只能连接到一个相同类型或 EVENT 类型的事件输入。

当事件来到时,功能块根据事件的类型和内部状态决定执行内部算法,并且根据执行的结果输出事件,数据与事件同步地输入输出,适配器接口(图中交叉点的小方块)决定了数据和哪一个事件同步。以图 4-29a 为例,IEC 61499 的功能块 E_DELAY 可用于 IEC 61131-3 中的多种类型定时功能块的延时功能。当 START 输入上发生一个事件之后,间隔 DT 时间就会在 EO 上产生一个事件。如果 STOP 输入上发生一个事件，将立即取消事件。在 EO 上一个事件发生之前，如果 START 输入上发生了多个事件，则在 START 输入上第一个事件发生 DT 时间过后，在 EO 上只会发生一个事件。如果一个 DT 不大于 t#0s 的事件在 START 输入上发生，则没有事件延迟被启动。

4.6.3　基本功能块应用举例

本节通过"2/3 选择"（三选二）功能块（TCT）说明功能块如何在算法中定义功能。图 4-30 所示是"2/3 选择"（三选二）功能块外部接口声明（建模）。

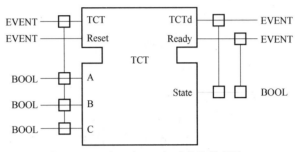

图 4-30　三选二（TCT）功能块外部接口

如图 4-30 所示，功能块有 A、B、C 三个布尔型静态输入接口，有选择（TCT）和复位（Reset）两个事件输入。TCT 事件用于触发选择进程，该进程负责检查 A、B 和 C 的状态，如果两个及以上输入为"TRUE"，则输出状态（State）设置为"TRUE"，并一直保持"TRUE"，直到重置触发。当选择完成后，在所选的事件输出处产生一个事件 Reset，Reset 事件触发状态输出重置，然后在 Ready 输出处产生一个事件。描述 TCT 功能块接口的文本语法如下：

```
FUNCTION_BLOCK TCT(*TCT FB*)
  (*Event definitions*)
  EVENT_INPUT
    TCT WITH A,B,C;(*Trigger TCT*)
    Reset; (*Reset event*)
  END_EVENT
  EVENT_OUTPUT
    TCTd WITH State;
    Ready WITH State;
  END_EVENT
  (*Variable definitions*)
  VAR_INPUT
    A:BOOL;
    B:BOOL;
    C:BOOL;
  END_VAR
```

```
VAR_OUTPUT
  State:BOOL;
END_VAR
(*Service sequence definitions*)
SERVICE TCT/FB_Internals
  SEQUENCE Negative TCT
    TCT.TCT(A:=FALSE,B:=FALSE,C:=TRUE)->
      TCT.TCT(State:=FALSE);
  END_SEQUENCE
  SEQUENCE Positive TCT
  TCT.TCT(A:=TRUE,B:=FALSE,C:=TRUE)->
      TCT.TCT(State:=TRUE);
  END_SEQUENCE
  SEQUENCE UnTCTd Reset
    TCT.Reset();
  END_SEQUENCE
  SEQUENCE TCTdReset
    TCT.TCT(A:=False,B:=TRUE,C:=TRUE)->
      TCT.TCT(State:=TRUE);
    TCT.Reset()-> TCT.Reseted(State:=FALSE);
  END_SEQUENCE
  END_SERVICE
END_FUNCTION_BLOCK
```

从这个示例中可以看到以下几点：文本定义包括 EVENT_ 和 VAR_ 部分来声明功能块的输入和输出接口的所有事件和数据；将数据点赋值给事件，在事件声明时使用 WITH 语句，后跟带数据点名称的语句；关键字 SERVICE 和 END_SERVICE 用于服务序列的定义。作为 SERVICE 语句的一部分，定义了左右接口名称，左右接口名称用 "/" 符号分隔；每个服务序列以关键字 SEQUENCE 引入，以关键字 END_SEQUENCE 结束；服务序列定义了启动事务的服务原语和相关参数；运算符 "->" 表示可能由于外部处理或通信延迟而存在时间延迟，以及操作符右边的结果服务原语将作为左边的服务原语的结果出现；服务序列的名称必须一一映射到服务序列图上给出的名称。在服务初始化时应将该有效的输入名称括在服务原语之后的圆括号中。类似地，为结果服务原语设置的输出名称显示在右边。

TCT 功能块定义为一个基本功能块。为了对所描述的行为建模，可使用执行控制图描述其状态和转换，如图 4-31 所示。

由图 4-31，当一个 TCT 输入事件处于就绪状态（Ready）时，进入 TCT 状态并执行算法 TCTAlg。该算法执行选择，并在选择完成后触发 TCTd 输出事件，并将选择结果通知后续的功能块。如果 TCT 结果为 "正数"，TCTdPos 状态激活，否则就回到就绪状态。当 TCTdPos 状态为活动时，如果重置输入事件，将转换到 Reset 状态而调用 ResetAlg，触发就绪输出事件，并最终返回就绪状态，等待下一个 TCT 请求。算法采用 IEC 61131-3 结构化文本（ST）语言表达，如图 4-31 右侧所示。描述 TCT 功能块内部结构的文本语言表达如下：

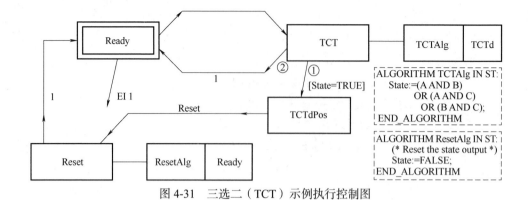

图 4-31　三选二（TCT）示例执行控制图

```
FUNCTION_BLOCK TCT(*TCT FB*)
  EVENT_INPUT
  (*Interface definition omitted*)
  END_VAR

  EC_STATES
    Ready;
    TCT:TCTAlg-> TCTd;
    TCTdPos;
    Reset:ResetAlg-> Ready;
  END_STATES

  EC_TRANSITIONS
    Ready TO TCT:= TCT;
    TCT TO TCTdPos:=[State = TRUE];
    TCT TO Ready:= 1;
    TCTdPos TO Reset:= Reset;
    Reset TO Ready:= 1;
  END_TRANSITIONS

  ALGORITHM TCTAlg IN ST;(*TCT algorithm*)
      State:=(A AND B)OR(A AND C)OR(B AND C);
  END_ALGORITHM
  ALGORITHM ResetAlg IN ST;(*Reset Algorithm*)
    State:= FALSE;        (*Reset the state output*)
  END_ALGORITHM
END_FUNCTION_BLOCK
```

从这个文本语法示例中可以看到以下几点：

在 EC_STATES 和 EC_TRANSITIONS 中声明，定义功能块的内部状态，并与触发状态之间转换的事件相关联；在 EC_STATES 部分定义由算法和输出事件组成的动作；每个算法在算法部分中定义，语言的类型是指定的，然后是使用语言表达的算法的主体。在本例中，

ResetAlg 和 TCTAlg 算法都是使用结构化文本（ST）定义的。然而，IEC 61499 没有为算法定义文本语法，而是允许使用任何现有的标准文本语言，包括 Java 或 C 语言等。

4.6.4　定义基本功能块与执行控制图

基本功能块的行为是根据响应输入事件时调用的算法定义的，即对事件状态和算法执行之间的关系进行建模。由事件（即参数数据的变化）输入和输出、数据输入和输出、执行控制图（ECC）、算法和内部数据组成。当算法执行时，它们触发输出事件，以指示功能块中发生了某些状态更改。事件到算法的映射使用 ECC 的特殊状态转换符号表示。状态之间的转换可以通过以下方式来描述：一个事件；一个带布尔表达式的事件或者一个布尔表达式但没有事件。它通过一个 ECC 实现。与功能块的其他特征一样，ECC 可以图形化或文本化定义。

ECC 类似于 Harel 状态图（有限状态机）、UML 中的行为图，是一种状态建模技术、状态转换图的形式。可采用软件工具来设计组件模块，如用 NI LabVIEW 状态图模块中的状态图来设计组件模块，采用数据流图形编程的方法来定义状态行为和转移逻辑。另外，状态图是一个数学模型，是一个状态转换图，其中的主要元素是状态（State）、事件（Event）、动作（Action）和转换（Transition）。ECC 通过事件的发生来触发算法的执行。

每个基本功能块本体都包含一个接口和一个主体。该接口是数据传输和事件触发器的连触点。本体描述了基本功能块的整个行为。对于复合功能块来说，这种描述是在功能块网络的条件下提供的。每个基本功能块需要一个 ECC 来定义：功能块的内部状态；功能块如何响应每个输入事件；在响应输入事件时，哪些算法以哪些顺序激活；当关联的算法在响应特定的输入事件和 ECC 的当前状态中完成了它们的执行时，哪个输出事件被触发等。图 4-32 是功能块类型的图形接口声明示例。在这个基本功能块示例中，ECC 是捕获功能块状态的主要元素。

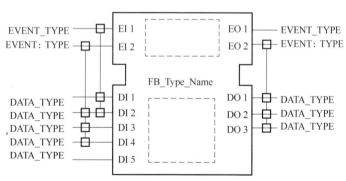

图 4-32　功能块类型的图形接口声明示例

功能块类型名应该位于本体的中心位置，如图 4-32 中 FB_Type_Name 所示。功能块的输入总是显示在功能块的左侧，输出总是显示在功能块的右侧。输入 / 输出事件在左侧显示，从功能块上部的右侧出来。输入 / 输出变量的名称显示在功能块主体中的关联图形连接器旁边。输入 / 输出的数据类型显示在左边和右边，图形连接中的关联图形连接器旁边。输入 / 输出的数据类型显示在左边和右边，图形连接器的两端。这种图形表示提供了足够的信息，可以作为一个正式的类型声明。图形建模工具能够将图形表示转换为文本表示，反之亦然。

图 4-32 中，当 EI1 事件发生时，需要对输入 DI1 和 DI2 进行采样。同样，当 EI2 事件发生时，将采样 DI2、DI3 和 DI4 输入值。还可以将输出事件与某些输出变量关联起来。这用于表示那些已被内部算法更新并在输出事件触发时准备好的输出变量。当功能块更新输出 DO1、DO2 和 DO3 时，EO2 输出事件就会发生。

事件可以定义为具有可选的事件类型。这样，就对仅使用数据类型定义功能的方式进行了扩展，允许连接携带兼容数据的输入和输出。事件类型确保只有特定类型的事件可以用于兼容的目的。如果功能块的事件输入或输出没有指定事件类型，则应用默认类型为泛型 EVENT，可以连接到任何其他类型的 EVENT 事件输入。相反，EVENT 类型的事件输入可以接收任何事件类型的事件。

基本功能块的每个输入和输出都应该分别与至少一个事件输入或输出相关联。这是因为当输入值被采样或输出值发生变化时，总是需要至少一个事件来发出信号。也可将事件及其关联数据视为一种消息类型，允许在事件及其数据之间传递。如果一个数据输入或输出与任何事件没有关联（如图 4-32 中的 DI5），它不能用于连接，只可看作是一个常量，它获得一个固定的参数值，这个参数值在应用程序执行期间不会更改。这一特性说明，基本功能块必须具有存储事件样本之间输入值的存储空间。同样，它具有存储在触发输出事件之间的输出值的功能。当然，基本功能块总是有可能接收事件。数据的速率要比基本功能块存储和处理的速率快。在 IEC 61499 标准中指出，在这种情况下，底层调度功能应该以确保这种重载的方式确定功能块执行的优先级情况不会发生。

外部接口声明、内部变量、算法和 ECC 这四个主要元素共同描述了基本功能块的属性和行为，定义了事件、状态和算法执行之间的关系。图 4-33 是一个图 4-32 所示功能块的 ECC 示例。

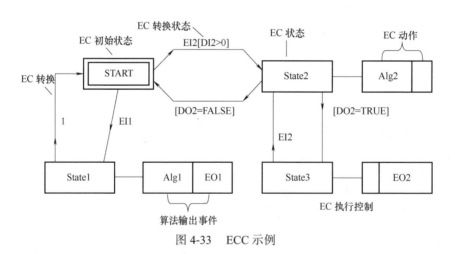

图 4-33 ECC 示例

图 4-33 所示的 ECC 示例描述了对应于功能块的 START、State1、State2 和 State3 四种状态。启动状态表示功能块创建时的初始状态。当进入 State1 时，将执行算法 Alg1，并发出输出事件 EO1；当进入 State2 时，执行算法 Alg2；当进入 State3 时，发出输出事件 EO2。State1 和 State2 是暂态状态，只有在它们的相关算法（即在 EC 动作中声明）执行时才处于活动状态。表 4-5 是 ECC 中的状态与转换示例。

表 4-5　ECC 中的状态与转换示例

状　态	状态变化	转换状态	转　换　描　述
START	State1	EI1（）	事件
State1	START	1	总为 "1"
START	State2	EI2［DI2>0］	事件和布尔表达式
State2	State3	［DO2 = TRUE］	布尔表达式
State2	START	［DO2=FALSE］	布尔表达式
State3	State2	EI2	事件

从表 4-3 中可见，状态之间的转换可以用一个事件、或一个事件和一个布尔表达式、或一个布尔表达式，但没有事件、或没有事件并且无条件（即总为 "1"）表示。IEC 61499 标准中定义了使用 ECC 的特性和规则，概述如下：

1）一个基本功能块总是只有一个 ECC，可以在功能块类型定义的执行控制块部分以图形方式或使用文本语法来定义。

2）每个 ECC 必须有一个初始状态，总是用双轮廓形状描述。

3）每个 ECC 都有一个或多个状态，其中圆形或矩形单个轮廓形状可以用于描述 ECC 内的状态。图 4-33 中，用矩形形状来表示 ECC 状态。

4）每个 ECC 状态可以有零个或多个动作。每个操作通常与一个算法和一个输出事件相关联。当进入一种状态时，为该状态定义的所有操作都会一个接一个地执行。一个动作可能有一个空算法，它只需要触发一个输出事件。动作也有可能是没有输出事件的操作。通常，一个状态将至少有一个带有输出事件的动作，该事件向外部发出已被更新的信号的特定输出。

需要强调的是，ECC 主要用于表示输入事件、算法执行和输出事件触发之间的关系。使用 ECC 对应用状态建模是一种以易于理解的形式表示应用状态的有效方法，可降低算法的复杂性。因此，在基本功能块的建模中，ECC 显得尤为重要。在 IEC 61499-1 中定义了到达基本功能块事件输入的事件在 ECC 中触发状态变化的方式，这些状态变化继而导致按资源调度功能块算法，并最终生成输出事件。主要特性如下：资源维护应用程序中的事件发生，并将输入事件传递给功能块实例。这里，资源必须确保在任何时候交付的事件不超过一个；资源将功能块的执行视为最小单位，只有在前一个输入事件触发的执行完成后，才会交付新的输入事件。然后，如果从当前活动状态（即从转换的前一个状态）引导的转换条件得到满足，资源只允许 ECC 中的状态改变。用于 ECC 评估和执行的基本功能块的执行行为可以用一个简单的由三种状态组成的状态机来描述，如图 4-34 所示。

一个状态机至少要包含两个状态（State），如 "TRUE" 或 "FALSE" 两个状态。事件（Event）即执行某个操作的触发条件或者口令，如由 "FALSE" 转换为 "TRUE" 就是一个事件。

事件发生以后要执行动作（Action），如由 "FALSE"

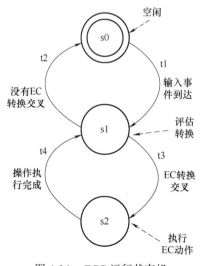

图 4-34　ECC 运行状态机

转换为"TRUE"时的动作是什么？一个动作一般就对应一个功能。从一个状态变化为另一个状态即转换（Transition），如由"FALSE"转换为"TRUE"时的动作过程。

在图4-34中，t1~t4这四个状态变化过程是：t1状态变化是输入事件由资源交付，使用WITH构造与事件关联的任何输入变量都被采样并存储在功能块中；t2状态变化是当前活动状态的所有向外的转换都被评估为FALSE，因此没有EC转换交叉；t3状态变化的转换条件被评估为TRUE，导致EC转换的交叉，并产生新的活动EC状态；t4状态变化是处于激活状态的所有动作都已执行完毕。ECC运行状态机的三种状态激活时的操作见表4-6。

表4-6　基本功能块执行的主要状态

状态操作	注释
s0 空闲	在这种状态下，功能块中没有正在执行或挂起的执行。功能块正在等待输入事件的到来
s1 评估转换	评估当前活动的EC状态的传出转换的转换条件。第一个计算结果为TRUE的转换条件被交叉，这意味着当前活动的EC状态被取消激活，而转换的目标状态被激活
s2 执行操作	EC处于激活状态时，执行EC动作

在这里，主执行以s1和s2两种状态执行。当资源（t1）交付输入事件或EC动作执行完成（t4）时，状态s1被激活。在s1状态激活的基础上，对当前激活的EC状态的EC转换条件进行了评价。EC转换条件计算为TRUE的第一个EC转换被交叉。适用下列规则：一个EC转换是由其前一个EC状态的失活和后继EC状态的激活交叉而成的；评估EC转换条件的顺序与文本语法中的顺序、XML表示或图形表示中的顺序相对应；如果状态s1是通过t1输入的，那么激活功能块执行的输入事件的发生仅在EC转换条件的评估中被考虑，即在通过t1进入时，只有使用当前输入事件的EC转换条件或没有输入事件的转换条件将被评估。

在t4进入s1状态时（即在EC动作执行完毕后），只会评估没有输入事件的转换条件。在进入状态s2时，执行新激活的EC状态的EC操作（如果有的话）。这是按顺序执行的，EC动作一个接一个地执行。对于每个操作，首先执行算法，然后在算法完成后发出相关的输出事件。如果操作不包含算法或输出事件，则会忽略相应的元素。例如，如果没有指定算法，则直接发出事件。动作执行的顺序是从上到下的图形表示，这与在文本语法或XML中声明它们的顺序相同。

由于t4返回到状态s1，因此在激活的EC状态的EC操作完成后递归地评估EC转换。当没有任何过渡（如将t2转换回状态s0）时，功能块的执行最终结束。资源实际执行基本功能块的特定算法的方式在某种程度上是与实现相关的。

如前所述，一个算法可以用多种语言表达，然而，算法实现具备以下特性：输入、输出和内部变量应该精确、明确地映射到算法内的变量；算法应该封装在一种方式，它只能读和写功能块体中的变量，这样就实现了功能块的封装属性；与触发算法执行的事件的预期到达率相比，算法的执行时间应该很短。显然，如果一个算法被设计为每100ms执行一次，并且将使用100ms的时钟事件触发，那么它的最坏情况执行时间应该远低于100ms，以允许其他算法执行；算法应该有一个定义良好的初始状态，当资源第一次准备好执行功能块时，它可以进入该初始状态。

4.6.5　基本功能块实例的特性

IEC 61499 标准基本功能块执行模型在执行期间没有交付输入事件。一个新的输入事件（相同的或另一个）只有在基本功能块完成执行之后才会交付。资源需要提供方法来正确地交付在功能块执行期间发生的事件。但是，如果触发的事件多于功能块所能处理的事件，那么就会出现重载情况。标准中规定资源应该提供检测这种过载条件何时存在的方法，并为错误恢复采取适当的行动。例如，可以创建一个避免事件重载的模型，通过创建功能块来提供事件和数据队列，或者通过向上游功能块反馈加载信息来修改事件输出生成率。

使用文本或图形声明，可以定义基本功能块的实例，从应用程序或复合功能块中基本的功能块类型定义创建。一个基本功能类型的实例将具有由其类型定义的行为，但它将有自己的存储用于其输入、输出和内部变量，并保持其 ECC 的状态。换句话说，每个基本功能实例的状态完全独立于其他实例。

在第一次激活功能块之前，已经声明了一个基本功能块的资源。这个初始化包括：将每个输入、输出和内部变量的值设置为在功能块类型定义中定义的初始值。在没有给定初始化值的地方，将使用特定数据类型的默认值。例如，没有定义初始值的布尔输入将永远被初始化为布尔（BOOL）变量的默认初始值 "FALSE"。内部状态的算法将被初始化。例如，如果使用 IEC 61132-3 中的顺序功能图（SFC）定义了一种算法，那么算法将被重置，以便它将从 SFC 初始步骤开始。实例 ECC 的初始状态将被激活，ECC 中的所有其他状态都将是不活动的。

第5章 智能制造使能技术——IEC 61131-3 编程语言

以往讨论 PLC 多是从它的来历、发展、品牌、硬件结构、编程软件、编程、应用等的思路开始和进行的，一路下来充满着好奇，但总是令人沮丧，到头来也没弄懂这个"PLC"到底是什么？所谓"应用"也只不过是"跟着走"而已，出现问题则由集成商来解决，但着实也感觉到了它的先进性，因为它实现了自动化。现在，进入了智能化时代，需要"OT & ICT 融合"，"跟着走"好似进入了迷宫，原来的思路似乎一觉醒来就乱套了。在智能化时代，人的思路首先要智能；要创新，首先要找到创新的"路"在哪里；要数字化，首先要找到"数据"访问的途径是什么。

IEC 61131-3：2013 Edition 3（GB/T 15969.3—2017）的推广应用，推动了集成开发环境（IDE）、SoftPLC、板式 PLC、嵌入式 PLC 和边缘 PLC 等的发展，使 PLC 的概念已远远超出了传统装置式 PLC（"box"式）的概念，其主要功能及重点应用对象也从逻辑"logic"控制转向了运动"motion"控制，并形成基于 PLC 的工业机器人运动控制规范，已可实现 6 轴工业机器人的控制，PLC 及其控制的工业机器人也成为智能制造的核心部件。除此之外，目前，大多数以 IEC 61131-3：2013 标准为基础的 PLC 产品均支持 MATLAB 软件接口，可以直接生成 PLC 执行代码，Simulink PLC Coder 从 Simulink 模型、Stateflow 图表及 MATLAB 功能生成独立于硬件的 IEC 61131-3 结构化文本和梯形图。结构化文本和梯形图采用 PLCopen XML 及 IDE 支持的其他文件格式生成。

除此之外，PLC 与工业互联网、工业物联网（IIoT）结合已成为现实，PLC 可十分便捷地与互联网服务器连接，可实现云的可编程技术，用 PLC 云端多线程批量编程技术，可远程维护在不同地区、不同应用的 PLC。

因此，用"模型"的概念，而不是用传统上"装置"和"品牌"的概念来讨论 PLC 还是比较恰当的，因为现代的 PLC 功能是构筑在开放的 IDE 下，而不是封闭在"box"上。尽管如此，"box"上的接线端子是没有变化的，还是有电源端子、数字/模拟式 I/O 端子和通信接口。

另外，IEC 61131-3：2013 标准不仅描述 PLC 编程语言本身，而且为创建 PLC 项目提供了全面的概念和指南，术语和思维方式与传统 PLC 编程的概念也不尽相同。本章试图厘清一些基本概念，而无意详细介绍编程问题，详细的 PLC 编程可参考本书第 2 版。

5.1 三个模型

IEC 61131 标准通过软件模型、编程模型和通信模型全面描述了 PLC 及其系统的软件元素及其相互关系和功能，它是现代，PLC 系统的软件基础。

5.1.1　软件模型

IEC 61131-3（GB/T 15969.3）标准定义了一个 PLC 的软件模型，是 IEC 61131 标准的基础性理论工具，通过它可比较全面地理解除编程语言以外的全部内容。软件模型如图 5-1 所示。

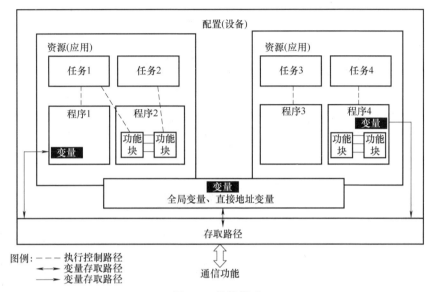

图 5-1　软件模型

图 5-1 描述了编程语言的层次结构，每一层隐含其下层的结构，从而表达了基本的高级语言元素及其相互关系。

5.1.1.1　配置

配置（Configuration）对应一个实际的 PLC 系统，例如一个机架中的控制器，具有多个（相互连接的）CPU，控制一个机器单元。资源对应一个 PLC 中的一个 CPU，可能能够进行多任务处理。任务对应程序和功能块的运行时（Run-time）属性（PLC 程序类型）。运行时程序由程序或功能块及与之相关联的任务组成单元。CPU 的主程序由程序类型的 POU（程序组织单元）组成。较大的应用程序往往采用顺序函数图的结构，控制其他 POU 的执行。主程序和功能块被分配运行时属性，如循环执行或优先级。术语"运行时程序"是指由所有必要的程序和任务组成的单元，即一个程序及其运行时属性。因此，运行时程序是一种能够在 CPU 上独立运行的程序单元。图 5-2 是真实的 PLC 系统的配置元件与元件之间的关系。

PLC 系统中配置元素的实际分配将取决于硬件架构。

使用配置元素，可以将所有任务分配给一个将同时执行它们的 CPU，也可以将它们分配给不同的 CPU。因此，一个资源是一个 CPU 还是一个机架中的一组 CPU 取决于具体的 PLC 硬件架构。对于小型 PLC 系统，所有配置都可以在一个 POU 类型的程序中完成。

配置、资源和带有运行时程序的任务分层次地位于 POU 之上。当 POU 组成调用层次结构时，配置元素将属性分配给 POU，程序和功能块被分配运行时属性，配置之间定义通信关系，程序变量被分配给 PLC 硬件地址。应用程序由预制块"配置"，自主运行，不会被其他块"调用"。IEC 61131-3 标准意义上的函数和功能块在本地提供，供程序调用。直接调用另一个资源（CPU）上的块是不可能的，一个程序也不会调用另一个程序。一个程序调用其他块并通过参数向它们传递信息。对于其他程序，只交换数据。

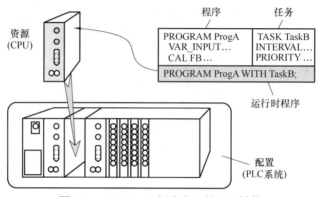

图 5-2　IEC 61131 标准定义的配置结构

5.1.1.2　资源

资源（Resource）对应于 PLC 中的一个 CPU，可能能够进行多任务处理。资源是一个语言元素，构成配置的要素，是执行程序的虚拟界面，具有用户程序的必要特征。它对应于"信号处理功能"及其"人机接口"和"传感器和执行机构接口功能"。资源反映了 PLC 的物理结构，在程序和 PLC 的物理 I/O 通道之间提供了一个接口。只有在装入资源后才能执行用户程序。

资源的功能包括全局变量的定义（在这个资源内有效）、任务和程序分配给一个资源、使用输入和输出参数调用运行时程序和直接表示（全局）变量的声明。在一个配置中可以定义一个或多个"资源"。一个资源即一个"应用"，"应用"为运行程序提供一个支持系统，可以加载、启动和执行多个相互独立的程序。"应用"被分配在一个 PLC 的 CPU 中，可将"应用"理解为一个 PLC 中的 CPU，所以资源也可理解为一个 PLC 或控制系统里的微处理器单元，用于支持任务的运行，每个应用包含在一个或多个任务控制下执行的一个或多个程序，应用对象包括全局变量、任务和 POU 等。

资源的详细定义与代码见 IEC 61131-3：2013 的 6.8 节。

5.1.1.3　任务

任务（Task）用于规定 POU 在运行时的属性，是一个执行控制元素，具有调用能力。能把程序和功能块联系起来，规定其执行方法。在一个资源内可以定义一个或多个"任务"。任务被配置后可以控制一组程序或功能块。这些程序和功能块可以周期地执行，也可以由一个事件驱动来执行。在一个配置中可以建立多个任务，而一个任务中，可以调用多个 POU，任务被配置以后，它就可以控制程序周期执行或者通过特定的事件触发开始执行。在任务配置中，用名称、优先级和任务的启动类型来定义它。任务分为很多类型，如主任务，周期型、事件型、自由运行型、状态触发型、中断触发型的任务等。在 IEC 61131-3 标准的 6.8.2 节中定义了任务的控制规则。

5.1.1.4　运行时程序

图 5-1 中的程序是指运行时程序，是由程序或功能块及与之相关联的任务组成的单元。CPU 的主程序由程序类型的 POU 组成。在 IEC 61131-3 标准范围内，较大的应用程序往往采

用顺序功能图的结构，控制其他 POU 的执行。主程序和功能块被分配运行时属性，如"循环执行"或"优先级"，如上所述，"运行时程序"是一个程序及其运行时特性，能够在 CPU 中独立运行。一个程序可以用不同的编程语言来编写。典型的程序由许多互连的功能块组成，各功能块之间可互相交换数据。在一个程序中不同部分的执行通过"任务"来控制。

5.1.1.5　POU

POU 包含运行时程序（主程序）、函数（Function）、功能块（Function Block）等。一个 PLC 项目由 POU 组成，这些 POU 由 PLC 制造商规定，或由用户创建。用户程序可以用来建立经过测试的 POU 库，以便在新的项目中再次使用。正确理解 POU 是全面理解 IEC 61131 标准定义的编程语言概念的基础。IEC 61131 标准定义的 POU 的结构如图 5-3 所示。

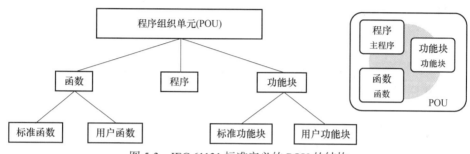

图 5-3　IEC 61131 标准定义的 POU 的结构

POU 对应于传统 PLC 编程系统中的块，是用户程序的最小的独立软件单位。也可以说，POU 是程序、功能块、函数的总称，程序、功能块、函数是 POU 的类型，是用户程序的基本单位，包括变量声明和代码两部分。POU 包含的函数、功能块和程序，按功能升序排列。函数和功能块之间的主要区别是，当使用相同的输入参数调用函数时，函数总是产生相同的结果（函数值），它没有内存。功能块有自己的数据记录，可以记住状态信息（实例化）。程序代表 PLC 用户程序的顶部，可访问 PLC 的 I/O，并使它们可访问到其他 POU。IEC 61131-3 标准预先定义了调用接口和标准函数，如算术或比较函数，以及标准功能块，如计时器或计数器。

IEC 61131-3 标准使用变量来存储和处理信息。在传统的 PLC 系统中，变量对应于（全局）标志或位存储器。然而，它们的存储位置作为绝对地址或全局地址，由编程系统自动管理，每个都拥有固定的数据类型。IEC 61131-3 标准中定义了几种数据类型（Bool、Byte、Integer 等），它们在比特数或符号的使用上有所不同。用户还可以定义新的数据类型，如结构和数组。变量也可以被分配到一个特定的 I/O 地址，并且可以被电池支持以防止断电。变量有不同的形式。它们可以在 POU 外部定义（声明）并在程序范围内使用，可以声明为 POU 的接口参数，也可以具有 POU 的本地含义。出于声明的目的，它们被划分为不同的变量类型。POU 使用的所有变量都必须在 POU 的声明部分声明。POU 的声明部分可以独立于所使用的编程语言以文本形式编写。声明的部分（POU 的输入和输出参数）也可以图形化表示。变量声明用来定义该 POU 中使用的变量的名称、类型及初始值；代码是使用 IEC 61131-3 标准中定义的 4 种编程语言编译的程序代码。一组 POU 的执行可包括程序和功能块等元素，功能块的实例在程序的声明中规定。也可以把任务理解为一个库，其中堆放的就是 POU 的各种元素，其作用是规定其中的 POU 元素何时处于活动状态或非活动状态。POU 的代码部分或指令部分，紧随声明部分，并包含由 PLC 处理的指令。POU 可以使用文本编程语言指令列表（IL）和结构化文本（ST），也可以使用图形语言梯形图（LD）和功能框图（FBD）进行编程。IL 是一种接近机器代码的编程语言，而 ST 是一种高级语言。LD 适用于布尔逻辑操作。FBD 可用于图形表示的布尔和算术运算编程。

程序和功能块可以同时具有输入和输出参数。另一方面，函数具有输入和输出参数及作为返回值的函数值。这些属性以前仅限于功能块。带有输入和输出参数的 IEC 61131-3 标准的 FUNCTION_BLOCK 大致对应于传统的功能块。

POU 是一个封装的单元，它可以独立于其他程序部分进行编译，并作为其他程序的部件。然而，编译器需要关于在 POU（原型）中调用的另一个 POU 的调用接口的信息。经编译的 POU 可以连接在一起组成完整的用户程序。因为在 IEC 61131-3 中不允许使用与其他一些（高级）语言一样的局部子程序。因此，在编写一个 POU（声明）之后，它的名称和调用接口将在整个项目中始终是唯一的、全局的。

1. 函数（Function）

"函数"包括标准函数和用户函数。函数是可以分配参数但没有静态变量（没有内存）的 POU，当使用相同的输入参数调用静态变量时，总是会产生与其函数值（输出）相同的结果。函数是用户程序的一个构成要素，是一种具有过程特性的基本单元，因为没有自己的静态变量和存储区，只是实现算法，运算返回值仅与当前输入值有关。但可以设置输入/输出参数，可以有多个输入，但只能有一个输出，如正弦函数 sin 的计算。在执行时，通常产生一个数据元素返回值（结果），并可能产生输出变量，包含局部变量和指令代码。

2. 功能块（Function Block，FB）

功能块包括标准功能块和用户自定义功能块。功能块是可以分配参数的 POU，具有静态变量（带内存）。当使用相同的输入参数调用函数（例如计数器或计时器块）时，它所产生的值也依赖于它的内部变量（VAR）和外部变量（VAR_EXTERNAL）的状态，这些变量在功能块的一次执行到下一次执行时都保持不变。

功能块是构成程序的一个逻辑单元，具有面向对象的基本算法单元，是程序的主要组成部分之一。功能块拥有输入/输出变量，与函数的区别在于它有属于自己的存储区，可以存放静态变量。功能块可以有多个输入和多个输出。如 PID 功能块，其内部有用于保存当前输入值和前几个周期输入值的变量。可以将程序中经常使用的代码（如电动机起停控制单元）编译成功能块，这样就可以反复调用，将复杂任务分解成若干小的模块，既简化了程序结构，又能节省项目编程的时间，提高了程序的可读性。

3. 程序（Program）

这里的程序类型是 POU 的最大形式，可以理解为是主程序。整个程序中所有分配给物理地址的变量（例如 PLC 输入和输出）必须在这个 POU 中或上面声明（资源，配置）。程序是所有编程语言元素和结构的逻辑组合，与具体任务相联系，包括指定的 I/O、全局变量和存取路径。可以被任务启动，并调用函数或功能块。程序中可以定义全局变量、地址映射、局部变量等；整个程序的所有变量（包括指定的物理地址）都应该在此（或资源、配置）中声明。程序可以调用函数或功能块。功能块也可以调用函数，但函数不能调用功能块和程序。典型的程序由许多互连的功能块和/或函数组成，每个功能块之间可相互交换数据。函数与功能块是基本的组成单元，其中包括一个数据结构和一种算法。

4. 类（Class）

类是一个为面向对象编程设计的 POU，包含基本的变量和方法，一个数据结构的定义，一套执行这套数据结构的方法。类实例化之后，才能调用其方法或访问其他变量。

1）方法（method）是指一个语言元素，其类似于一个函数的、被定义在一定范围的功能块类型，并隐式访问功能块或类实例的静态变量。

2）实例（instance）是与功能块类型、类、程序类型关联的数据结构的命名的复制，它保持其值从一个相关操作的调用直到下一次调用。实例名称是与特定实例关联的标识符。

3）变量（variable），可以取不同值的软件实体，每次一个。

4）全局变量（global variable），其范围是全局的，用于 POU 之间交互数据。

5）存取（访问）路径，访问路径是当前配置对外通信的接口，主要功能是将全局变量、直接表示变量和 POU 的输入 / 输出变量联系起来，实现信息的存储。它提供在不同应用之间交换数据和信息的方法，每一个应用内的变量可通过其他远程配置来存取。

6）继承（inheritance）是基于现有的类、功能块类型或接口，独立创建一个新的类、功能块类型或接口。

5.1.2　通信模型

图 5-4 描述了变量值在软件元素之间的传递方式。

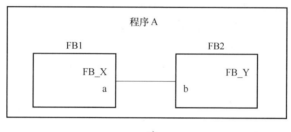

a)

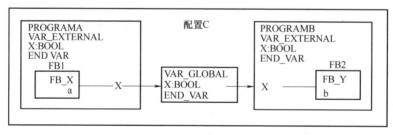

b)

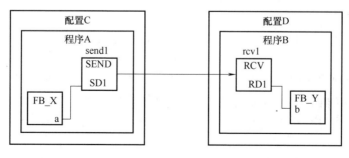

c)

图 5-4　通信模型

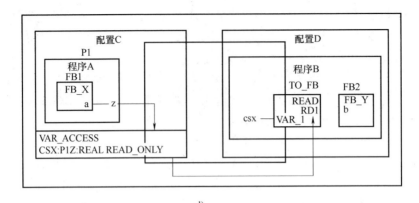

d)

图 5-4　通信模型（续）

图 5-4c 和 d 拥有单个资源。

1）程序内的数据流连接，在一个程序内的变量值可以通过将一个程序元素的输出链接到另一个程序元素的输入直接通信。在相同配置中的程序间，变量值可以通过全局变量来进行通信。

2）变量值通过全局变量通信，在相同配置中的程序间，变量值可以通过全局变量来进行通信，如图 5-4b 中的变量 X。这些变量在配置中应该声明为全局变量（GLOBAL），而在程序中则应声明为外部变量（EXTERNAL）。

3）通信功能块，使用 IEC 61131-5 标准中定义的通信功能块，变量值可在一个程序中的不同部分之间、相同或不同配置中的程序之间、PLC 程序和非 PLC 系统之间进行通信。

4）通过存取路径通信，PLC 或非 PLC 系统可以通过访问路径传输数据。访问路径可以对直接变量、全局变量或程序的输入、输出或内部变量或功能块实例进行声明。IEC 61131-5 标准中规定了使用访问路径读、写变量的方法。

通信功能提供与其他系统，如其他 PLC 系统、机器人控制器、计算机等装置的通信，用于实现程序传输、数据文件传输、监视、诊断等。通信接口和协议通常是 RS232、RS485 或工业现场总线，如 CANopen、PROFIBUS、EtherCAT、Modbus、EtherNet/IP、DeviceNet 等。

5.1.3　编程模型

图 5-5 是一个编程模型，也称为功能模型，它归纳了 PLC 编程语言元素的组合原则，描述了 PLC 系统所具有的功能。图 5-5 所示为 IEC 61131-3 标准定义的编程模型。

5.1.3.1　编程规则

图 5-5 中，①数据类型必须声明，数据类型包括标准数据类型、标准化扩展数据类型和用户自定义数据类型三大类，可用标准数据类型或任何事先定义数据类型进行声明。②函数可以使用标准或用户定义的数据类型、标准函数和事先定义的任何函数来声明。这些声明应使用 IL、ST、LD 或 FBD 语言定义的规则。③功能块类型可以使用标准和用户定义的数据类型、函数、标准函数块类型和任何事先定义的函数块类型来声明。这些声明应使用 IL、ST、LD、FBD 语言和顺序功能图（SFC）元素定义的规则。也可以定义面向对象的功能块类型或使用方法和接口的类。④一个程序应该使用标准的或用户定义的数据类型、函数、功能块和类来声明。这些声明应使用 IL、ST、LD、FBD 语言和 SFC 元素定义的规则。⑤可以使用全局变

量、资源、任务和访问路径等元素将程序组合成配置。

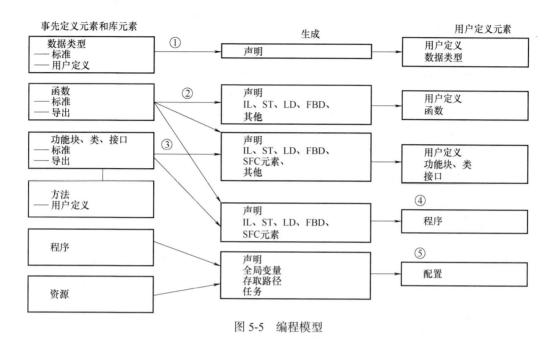

图 5-5　编程模型

　　用一种或多种编程语言编写的各类 POU，即通常说的程序块，是相互独立的，一个完整的用户程序需要把这些程序块连接起来才是运行时程序，将各个程序块组成完整的运行程序，就需要进行配置，即通过"声明"和"定义"配置元素，将程序块紧密地连接在一起。

　　配置元素包括配置、资源、程序（任务）和运行时程序，它们之间是按层次划分的，通常是以文字形式声明的。配置定义了资源和存取路径，资源定义了程序（任务）并将任务分派到 PLC 的物理资源，程序（任务）定义了程序运行时的属性，由此构成了完整的声明链。在这里，各配置元素的作用如下：

　　1）配置，定义全局变量（在本配置内有效）、组合 PLC 系统内的所有资源、定义配置之间的存取路径和声明直接表示的变量。

　　2）资源，定义全局变量（在本资源内有效）、给任务和程序指定资源、用输入 / 输出参数调用程序和声明直接表示的变量。

　　3）程序（任务），定义运行时属性。运行时程序，给程序块或功能块指定运行时属性。

　　4）直接表示的变量声明将整个配置映射到 PLC 的硬件地址，这些声明可在配置层、资源层或程序（任务）层实现，POU 通过外部变量声明存取这些变量。所有的 POU 声明的直接表示的变量，组成 PLC 的符号地址（绝对地址），对应于 PLC 的 I/O 端口（即接线端子）。

　　各规则中，引用"事先定义"的数据类型、函数和功能块是指那些已被声明，且其定义有效，事先定义的元素。例如，放在"库"中的事先定义元素，可在进一步定义中使用。图 5-5 中，"其他"是指其他编程语言，在 IEC 61131-3 标准定义之外的编程语言也可在函数或功能块类型和方法的编程中使用，如在 IEC 61499 和 IEC 61804 标准中定义的功能块。

　　编写 PLC 的用户程序实际上就是构造所需的功能块和程序块。编程软件中已经预先定义了一些标准的功能块，如定时器、计数器、通信功能块等，用户程序就是将提供的功能块按照所需的逻辑要求组织成的可运行 POU 程序。

5.1.3.2 编程语言的种类

IEC 61131-3 标准规定了统一的编程语言及语法和语义，IEC 61131-8 是编程语言的应用和实现导则。2 种图形化编程语言包括梯形图（Ladder Diagram，LD）和功能块图（Function Block Diagram，FBD）；2 种文本编程语言包括结构化文本（Structured Text，ST）和指令表（Instruction List，IL）；1 种用于构造程序与功能块的内部组织的图和类文本元素，即把顺序功能图（Sequential Function Chart，SFC）作为公用元素定义，既可用于文本化编程语言，也可用于图形化编程语言。习惯上称 SFC 是一种编程语言实际上是不确切的。

IEC 61131-3 标准编程语言对程序中有关变量的数据类型进行了严格定义，支持数据结构，因此，相关数据元素如果不是相同的数据类型，也可在程序的不同部分传送，类似于在同一实体内的传送。此外，在不同 POU 之间传送的复杂信息，也可像传送单一变量一样。

语义（semantics）是指编程语言的符号元素与其意义、解释和使用之间的相互关系。上述编程语言示意图如图 5-6 所示。

由图 5-6 可见，LD、FBD 和 SFC 程序之间通常是能相互转换的；用 ST 编写的程序块不能转换成其他四种的任何一种。LD 程序块可转换成 IL 程序块，但用 IL 编写的程序块通常是不能转换成 LD 程序块，除非结构很简单。因此，可以采用其中的一种或几种标准语言编制用户应用程序，其中，POU 可以互相调用，但禁止递归调用（互相调用能产生循环的情况）。

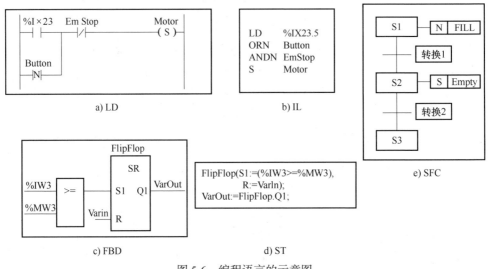

图 5-6 编程语言的示意图

符合 IEC 61131-3 标准的 PLC 产品，可在同一个 PLC 中使用多种编程语言编制用户程序，对每一个特定的任务可选择最合适的编程语言，在同一个控制程序中，不同的程序块也可用不同的编程语言编制，这是面对 PLC 产品本身而言，不是对用户。大多数 PLC 系统的开发软件包都是为了让那些很少或根本没有编程知识的人能够学习如何开发程序，而不是让应用者使用多种语言编制程序。这也可能是 IEC 61131-3 标准完全包含四种不同编程语言的原因之一。特别是，LD、FBD 和 IL 这三种语言被许多学习者认为是直观和容易理解的。因为 LD 是开发 PLC 时的第一种语言，它是在继电逻辑图的基础上设计的。这对于电工和其他有电气背景的人来说是很熟悉的，因此，对于有这样技术背景的应用新手来说自然是一件愉快的事。FBD 与逻辑电路图有许多相似之处，具有数字电子基础知识或布尔代数和组合学知识的学习者，会从中发现许多可识别的元素。IL 语言非常容易被联想到汇编语言，熟悉汇编语言的用户非常乐意在程序开发工具中实现和使用，将它当作高级语言和机器代码之间的桥梁，这意味着可以将用另一种语言编写的源代码转换为 IL。

但是，上面说的这些都不是现代意义上的 PLC 的初衷，它是要应用程序代码运行 PLC 实现控制技术的，因为 PLC 是在数字硬件中处理程序代码的，即所说的 PLC 是由硬件和软件（程序代码）两部分组成的，不像通常说的 PLC 程序运行那么简单。说到这里要特别提醒，IEC 61131-3 标准不是告诉人们如何编程，而是让人们知道，PLC 是如何在数字硬件中处理程序代码的，因此，在标准的前 6 大部分都在讲"公共元素"，这些"公共元素"就是规定的代码格式。怎么使用，有 4 种编程语言可选，也可混用，但不建议同时全用！要想知道更多内容，请见本章最后一节。

从原理上看，编程语言元素是依据电气控制中的基本元器件及其逻辑电路（网络）的原理，采用可在数字处理器和计算机上运行的编码字符仿真而形成的模型化功能。LD 语言是将逻辑器件（如继电器触头和线圈、定时器、计数器等）字符化，通过连接字符网络（电路）加以模型化，实现动作功能；FBD 语言则是将数字或模拟的电子器件（如加法器、乘法器、寄存器、逻辑门等）字符化，通过连接字符网络，模型化后实现功能算法；ST 语言将典型的信息处理任务（如在高级语言 Pascal、C++ 中的数值算法）予以模型化；IL 语言是将汇编语言中控制系统的底层编程予以模型化，可用于其他语言的中间语言；SFC 将时间驱动和事件驱动的顺序控制设备和算法模型化。

每一种编程语言都有其优点和适用性，LD 语言是最符合电气控制逻辑和电气工程师的思维逻辑、最接近物理实体、逻辑概念直观明了的编程语言。因此，对于电气工程师而言，要掌握 PLC 技术，本书建议在思维逻辑上要特别重视用 LD 语言，然后可根据目标对象的动作或控制系统的工艺流程要求，考虑将某些程序块（子程序）转化为其他语言，如 FBD 语言，以简化程序，尤其是需要将 PLC 代码融入统一编程环境时，FBD 语言是不可缺少的。IL 语言类似于汇编语言，在较复杂的系统中，程序过于冗长，应用受限，一般作为其他语言的中间语言使用。ST 语言适用于对复杂控制系统编制程序，一般具有一定 C 语言基础就可比较好地应用 ST 语言，不过 ST 语言是开放式编程平台的框架语言，需要认真研究才能更好地应用。对于顺序控制类的控制对象，采用 SFC 语言比较适宜。除上述外，还有连续功能图（Continuous Function Chart，CFC）语言，它是西门子公司的一种图形化程序编辑器，用于 PCS 7 系统的编程语言，也是 STEP 7 系统的高级语言选件。除 PCS 7 系统必须用 CFC 工具编程外，在规模较大的 DCS（分散控制系统）、有很多过程控制回路（如很多 PID 控制回路）的分布式系统，以及控制算法较多、模拟信号处理也较多的系统中采用 CFC 工具编程比较适宜。现在一些开放式 IDE 中支持 CFC 编程，如 CODESYS 软件工具。

总而言之，要编制一个好的用户程序，前提是对目标对象的动作或控制系统的工艺流程研究或熟悉的程度，而不在于编程语言本身。

5.1.3.3　集成开发环境

集成开发环境（Integrated Development Environment，IDE）是用于程序开发环境的应用程序，一般是包括代码编辑器、编译器、调试器和图形用户界面等的一体化编程工具。对于 PLC 而言，传统上 IDE 就是制造商配套的编程软件。制造商各自使用自己的编程语言，造成编程语言不统一，用户程序不具有可移植性和可复用性，并缺乏足够的程序封装能力和执行能力，是一个相对封闭的系统，不能满足现代自动化系统和智能制造的发展需求。现在，各制造商按照 IEC 61131-3 标准和 IEC 61508/ISO 13849 标准（安全标准）制造产品，硬件采用 "CPU 模块 + 外围模块 + 接口模块"结构，各接口都按标准设计，编程语言遵循 IEC 61131-3 标准，软件工具是基于操作系统 Windows 7 和实时操作环境及开放式计算机（PC）的编程平台。

开放式编程平台是与制造商无关的编程系统软件，运行于 PC 环境中。目前，应用广泛的有德国 3S 公司的 CODESYS、德国菲尼克斯电气软件公司（原 **KW-Software**）的 MULTIPROG、罗克韦尔公司的 ISaGRAF、德国 KPA（koenig-pa GmbH，柯尼希帕）公司的 EtherCAT、德国 Infoteam 公司的 OpenPCS、上海翌控科技有限公司的 LogicLab 等。为数众多的 PLC、软 PLC、DCS、SCADA 和运动控制器等制造商都是在这些开放式编程平台上进行二次开发，形成自己的封装软件。

软 PLC 即以 Windows 操作系统和 PC 为平台，将 PLC 的控制功能封装在软件内，运行于 PC 环境中，用软件实现传统硬件 PLC 的控制功能。

以 CODESYS 软件工具为例，它是基于先进的 .NET 架构和 IEC 61131-3 标准的、面向工业 4.0 及物联网应用的软件开发平台。单一 CODESYS 软件工具套件就可以实现 PLC、运动控制及 CNC 控制、人机界面（HMI）、基于 Web Service 的网络可视化编程和远程监控、冗余控制和安全控制等，支持 EtherCAT、CANopen、PROFIBUS、Modbus 等现场总线。面向工程应用编程的工具软件（CODESYS Engineering）系统架构与 CODESYS 产品概览如图 5-7 所示。

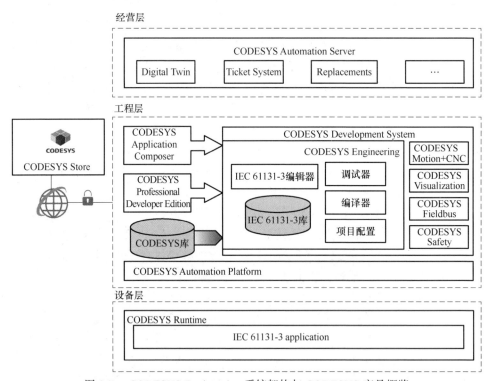

图 5-7　CODESYS Engineering 系统架构与 CODESYS 产品概览

根据 CODESYS 的软件架构和功能，分为 Engineering、Runtime、Fieldbus、Visualization、Safety、Motion+CNC 等版本。CODESYS Development System 称为 CODESYS IDE 开发系统，是一个可扩展的自动化工业应用开发平台，专用于 IEC 61131-3 标准的自动化工程。由

各种组件组成，包括工程自动化应用程序所需的所有功能件：IEC 61131-3 库（Libraries）、IEC 61131-3 语言编辑器（Editors）、代码编译器（Compilers）、信息安全（Safety）、现场总线（Fieldbus）、项目调试器（Debugger）、项目配置（Project Configuration）、运动控制（Motion+CNC），以及中间件等。

1）CODESYS Automation Platform 用于制造商定制具有自己商标（logo）的软件，即去掉 CODESYS IDE 的"CODESYS"商标，加上自己公司的商标，深度定制、二次开发，形成了自己的 IDE。

2）CODESYS Automation Server 是基于云的工业 4.0 平台，通过 web 界面操作，用于管理控制任务，可以在 CODESYS Store 中获得。其中的 CODESYS 边缘网关，通过在专用硬件上或直接在控制器上安装安全传输层（TLS）协议，将控制世界从外部安全通信封装到 CODESYS 自动化服务器。无论服务器是在本地操作还是在云端操作，PLC 总是被边缘控制器抽象出来，这确保了 IT 和 OT 网络的清晰分离，以确保信息和数据安全。

3）CODESYS Professional Developer Edition 是专业开发版，从事编程的软件开发人员可以使用集成的工具和附加工具来开发应用程序。本书多数示例是在版本 CODESYS V3.5 SP16 上操作的。

4）CODESYS Application Composer 是一种开发工具，可以创建由功能块组成的应用程序变体。这样，可以从预定义的模块中设计出完整的控制系统，并组合机器的应用程序。然后 CODESYS 根据模块及其参数化，生成完整的 PLC 程序。为了使硬件设备可以使用基于 IEC 61131-3 标准的编程环境进行编程，必须在对应的硬件设备上移植 CODESYS Runtime System，通过在硬件平台上移植 Runtime，可以将任何嵌入式设备或基于 PC 的设备转变为符合 IEC 61131-3 标准的工业控制器，CODESYS Runtime 也支持二次开发功能。

5）将运动控制与逻辑控制合二为一，集成在 CODESYS Development System 和 CODESYS Runtime 运行软件中，形成了 CODESYS Motion+CNC 工具包软件，可以实现从单轴运动到复杂 CNC 控制和机器人的编程。CODESYS Fieldbus 是现场总线协议栈需要购买才能使用。

6）CODESYS Safety 安全控制器开发平台是为制造商开发的基于 IEC 61508 的 SIL2 和 SIL3 标准的安全控制器解决方案，可大大减少制造商的开发成本并提高认证效率。

7）CODESYS Store 是提供 CODESYS 扩展产品的在线商店（Store），例如专业开发版中包含的产品。终端用户可以直接从 CODESYS 开发系统或标准浏览器访问该商店，下载和安装附加组件。集成包管理器中列出了每个已安装的附加包，包括版本、许可状态和可用更新。设备制造商和终端用户可以在 Store 中向终端用户提供自己的扩展、示例和程序段。CODESYS 开发系统在 Store 中免费提供。

5.2　编程语言的公共元素

定义编程语言的公共元素是 IEC 61131-3 标准的目标之一，目的是使定义的所有程序语言都能够集成，如用 ST 语言编写的 POU 可以包含用 LD 语言编写的 POU 的调用，或者带有相关变量声明和注释的程序代码可以从一种程序语言转换为另一种程序语言。为了实现这一点，标准中有很多概念和元素遵循所有语言都通用的定义规则，包括印刷字符的使用、标识符、关键字、注释、直接量 - 数据的外部表示、寻址、访问、引用、数据类型、变量、POU、

SFC 元素、配置元素和命名空间等。也就是说，编程语言的公共元素是所有编程语言的公用的规范。

5.2.1　字符集和关键字

标识符、关键字和注释这组公共元素处理允许使用的字符，可以是标识符、变量、程序名，也可以是注释。某些特殊的字符组合不允许用作标识符。这样的组合称为关键字，并按关键字进行处理。

PLC 使用的字符集包括文本语言和图形语言的文本元素，字符应依据 ISO/IEC 10646 表示，并根据 GB 2312—1980《信息交换用汉字编码字符集　基本集》来表示汉字。支持小写字母时，字母的大小写具有相同的意义。例如，Control 与 CONTROL 是相同的变量名或标识符。

5.2.1.1　标识符

标识符是一个用来表示名称的花哨单词（有时没有意义）。在编程之前或过程中，必须给许多元素一个名称。这适用于程序、变量、用户定义的函数和功能块，以及步骤和动作等。IEC 61131-3 标准要求硬件至少对名称中的前 6 个字符进行唯一性测试。这意味着系统必须能够区分诸如变量名称 Motor1 和 Motor2（6 个字符），但不一定能够区分变量 Switch1 和 Switch2（7 个字符），但是，制造商可以自由地实现更大的数字，而且大多数系统可以区分长度远高于 6 的名称。例如，在编程工具 CODESYS 中，允许的标识符名称的长度是不受限制的。这也适用于标识符的有意义的部分，即测试唯一性的名称部分。IEC 61131-3 标准中适用于标识符的其他指导原则是，标识符的解释必须独立于字符大小写。例如，系统应该将 sensor、Sensor 和 SENSOR 解释为相同的标识符。标识符不能包含空格，必须以字母或 _（下划线）开头。它们可以不以下划线结束，或者有两个连续的下划线。数字是允许的，但不能放在标识符的第一个位置。即标识符是字母、数字和下划线字符的一个串，并且应以字母或下划线字符开头，并被命名为语言元素（Language Element）。每个标识符分配了一个数据类型，它显示需要保留的内存空间和存储的值的类型。标识符用于表示在 IEC 语言中的不同元素，包括变量、标号和功能、功能块、POU 等名称。例如，TIA_201 表示某个温度报警变量，STARTWEIGHTING 表示某个开始称重的标号等。使用标识符的规则如下：

1）标识符的第 1 个字符必须是字母或下划线，最后一个字符必须是字母或数字，中间字符只允许是字母、数字或下划线。因此，其他字符，如空格、钱币符号、小数点、各种括号等不允许作为标识符。例如，T_218、_216T 等是有效标识符，而 $W1、T-325、T32.3s 等是无效的标识符。

2）标识符中字母的大小写具有相同的意义。例如，标识符 abcd、ABCD 和 aBCd 具有相同的意义，VAR1 和 var1 引用相同的变量。

3）在标识符中，下划线是有意义的，如 A_BCD 和 AB_CD 被视为两个不同的标识符。不允许多个连续的下划线。下划线是标识符的一部分，但标识符中不允许有两个或两个以上连续的下划线，如 _W123__SW5 是不正确的标识符。标识符的结尾不能用下划线。

4）在使用标识符的编程系统中，至少应支持 6 个标识符，即对具有 6 个有效位的编程系统中，应确保所编写标识符的前 6 个字符是唯一的。一个标识符中允许的最多字符数是与执行有关的参数。标识符的长度是无限的。

5）标识符不得在本地声明两次。标识符在全局范围内可以使用多次。如果局部变量与全局变量具有相同的名称，则局部变量在 POU 中具有优先级。

5.2.1.2　分隔符

分隔符（Delimiter）也称分界符、定界符，是用于分隔程序语言元素的字符或字符组合。它是专用字符，不同的分隔符具有不同的含义。例如，用于表示时间、时刻等时间文字的操作符号为持续时间直接量分隔符，如 T#、D、H、M、S、MS、DATE#、D#、TIME_OF_DAY#、TOD#、DATE_AND_TIME#、DT# 等。而用于逻辑运算和算术运算等的操作符号则为中间操作符，如 NOT、MOD、+、−、*、/、<、>、&、AND、OR、XOR。

表 5-1 列出了一些常用分隔符及应用示例。

表 5-1　常用分隔符及应用示例

分　隔　符	应　用　场　合	备注和示例
空格	可在程序中任何位置插入空格	不允许在关键字、文字、标识符和枚举值中直接插入空格
TAB	可在程序中任何位置插入 TAB	不允许在关键字、文字、标识符和枚举值中直接插入 TAB
(*	注释开始	用户自定义注释，可以在程序允许空格的任何位置输入注释，且
*)	注释结束	可以通过设置允许注释嵌套
+	十进制数的前缀符号（正数）	+456；+1.23
+	加操作符	23+11
−	十进制数的前缀符号（负数）	−789
−	年 - 月 - 日的分隔符	D#1980-02-29
−	减操作符	19-11
#	基底数的分隔符	2#1101；16#FF；SINT#123
#	时间文字的分隔符	T#200ms；TOD#05：30：35：28；t#14m_12s
.	正数和小数的分隔符	3.14；2.18
.	分级寻址地址符	%IX0.3
.	结构元素分隔符	Channel［0］.type；abc.number
.	功能块结构分隔符	TON1.Q；SR_3.S1
E/e	指数分界符	1.0e+6；3.14E6
'	字符串开始 / 结束符	'Hello World！！'
$	串中特殊字符的开始	$L 表示换行；$R 表示回车
:	时刻文字分隔符	TOD#12：41：21.11
:	变量 / 类型分隔符	Test：INT
: =	初始化操作符	Var1：INT：=3
: =	输入变量链接操作符	INT_2（SINGLE：=z2，PRIORITY：=1）
: =	赋值操作符	Var2：=45
（）	枚举表范围分界符	V：（B1_10V，UP_10V，IP_15V）：= UP_10V
（）	子范围分界符	DATA：INT（-32768..32767）
（）	初始化重复因子	ARRAY（1..2，1..3）OFINT：=1，2，3（4），6
（）	指令表修正符	（A>B）
（）	函数自变量	Var2*LIMIT（Var1）

（续）

分　隔　符	应　用　场　合	备注和示例
（　）	子表达式分级	（A*（B-C）+D）
（　）	功能块输入表分界符	TON_1（IN:=%IX5.1，PT:=T#500ms）
［　］	数组下标分界符	MOD_5_CFG.CH［5］.Range:=BI_10V
,	枚举表分隔符	V:（BI_10V，Up_10V）:=Up_1_5V
,	初始值分隔符	ARRAY（1..2，1..3）OF INT:=1，2，3（4），6
,	数组下标分隔符	ARRAY（1..2，1..3）OF INT:=1，2，3（4），6
,	被声明变量的分隔符	VAR_INPUT A，B，C：REAL；END_VAR
,	功能块初始值分隔符	TON_1（IN:=%IX5.1，PT:=T#500ms）
,	功能块输入表分隔符	SR_1（S1:=%IX1.1，RESET:=%IX2.2）
,	操作数表分隔符	ARRAY（1..2，1..3）OF INT:=1，2，3（4），6
,	函数自变量表分隔符	LIMIT（MN:=4，IN:=%IW0，MX:=20）
,	Case 值表分隔符	CASE STEP OF 1，5：DISPLAY:=FALSE
;	类型分隔符	TYPE R：REAL；END_TYPE
;	语句分隔符	QU:=5（A+B）；QD:=4（A-B）
..	子范围分隔符	ARRAY（1..2，1..3）
..	Case 范围分隔符	CASE STEP OF（1..5）：DISPLAY:=FALSE
%	直接表示变量的前缀	%IW0
=>	输出连接操作符	C10（CU:=bInput，Q=>Out）

5.2.1.3　关键字、空格、注释与附注

1. 关键字（Keyword）

关键字是不用作标识符的字符的唯一字符组合，是语言元素特征化的词法单元，作为编程语言的字，是特定的标准标识符，只在程序中用作语法元素，用于定义不同结构或启动和终止特定的软件元素。关键字不应包含内嵌的空格，不区分字符的大、小写，如关键字"FOR"和"for"语法上等价。关键字不可用于任何其他目的，如不能作为变量名或扩展名，即不能用 TON 作为变量名，不能用 VAR 作为扩展名等。部分关键字配对使用，如 VAR_INPUT 与 VAR_OUTPUT 等。部分关键字单独使用，如 AND、OR、NOT、MOD、XOR、RETAIN、AT 等。作为示例，表 5-2 列出了一些常用关键字。

关键字中只使用大写字母。一般情况下，编程系统对关键字的大小写不敏感。一般来说，编程系统会自动更正并在编辑器中只显示大写字母，然后用特定的颜色来清楚地将关键字与其他单词和标识符区分开来。

2. 空格

在 PLC 程序文本中的任何地方，允许插入一个或多个"空格"，但关键字、直接量、枚举（enumerated）值、标识符、直接表示变量，或在分界符组合内除外。例如，对于注释，"空格"定义为十进制数编码值为 32 的 SPACE 字符以及如空格、换行等非打印字符。

表 5-2　常用关键字

关　键　字	描　述	关　键　字	描　述
END_PROGRAM	程序结束	EN，ENO	使能输入 / 输出
FUNCTION	函数段开始	TRUE	逻辑真
END_FUNCTION	函数段结束	FALSE	逻辑假
FUNCTION_BLOCK	功能块段开始	TYPE	数据类型段开始
END_FUNCTION_BLOCK	功能块段结束	END_TYPE	数据类型段结束
VAR	内部变量段开始	STRUCT	结构体开始
END_VAR	变量段结束	END_STRUCT	结构体结束
VAR_INPUT	输入变量段开始	IF THEN EISIF	IF 语句
VAR_CONFIG	实例初始化和地址赋值	ELSE END_IF	IF 语句结束
VAR_OUTPUT	输出变量段开始	CASE OF	CASE 语句
END_VAR	变量段结束	END_CASE	CASE 语句结束
VAR_IN_OUT	输入 / 输出变量段开始	FOR TO BY DO	FOR 循环语句
RETAIN	保持的变量	END_FOR	FOR 循环语句结束
NON_RETAIN	非保持的变量	REPEAT UNTIL	REPEAT 循环语句
VAR_GLOBAL	全局变量声明开始	END_REPEAT	REPEAT 语句结束
VAR_EXTERNAL	配置通过 VAR_GLOBAL 提供	WHILE DO	WHILE 循环语句
VAR_TEMP	功能块和程序内的临时存储	END_WHILE	WHILE 语句结束
CONSTANT	常数变量	RETURN	跳转返回符
VAR_ACCESS	访问路径声明	NOT，AND，OR，XOR	逻辑操作符
ARRAY OF	数组	IF	选择
AT	直接表示变量声明	：=	赋值
REF_TO	引用	；	空白语句

3. 注释

注释可以在任何地方使用，如在所有 POU 和任何编程语言中。注释的目的部分是为了使程序员更容易地跟踪自己的程序代码，部分是为了让其他人更容易阅读和理解代码。经常使用注释是一个好习惯。IEC 61131-3 标准对如何注释制定了若干要求。注释用（＊注释内容＊）括起来，即在注释内容前、后加上圆括号和星号。注释不应有语法或语义。注释可以放在代码中的任何地方，但不能放在变量名或类似的地方。只要（＊注释内容＊）成对出现，就可使用嵌套注释，如（＊这（＊是＊）合规的＊），但（＊这（＊）是不合规的＊）。注释可以包含所有字符。标准中还定义了可选的字符组合"/＊"和"＊/"。在字符组合 // 后面可以显示一行注释，如"// 这是一行注释"。也允许使用（＊注释内容＊）作为一行注释。注意，单个注释中的字符数取决于一个与实现相关的参数。下面的代码示例包含各种注释应用程序。由于注释中允许使用所有字符，所以（＊注释内容＊）之间可以有几个星号。

单行的注释用字符"//"开始，以下一行输入、新行、换页和回车换行等结束。单行的注释中包含"（＊"和"＊）"或"/＊"和"＊/"没有特殊含义。

多行注释应该分别用特殊字符"（＊"和"＊）"开始和结束定界。另一个多行注释也可用特殊字符"/＊"和"＊/"开始和结束定界。多行的注释中包含"//"没有特殊含义。

注释示例:

(**********RS 触发器 *********)

(* 实现复位优先触发器功能块示例 *)

(***************************)

```
FUNCTION_BLOCK RS
// 声明输入变量:
    VAR_INPUT
    Set:BOOL;
    Reset:BOOL;
END_VAR
// 声明输出变量:
VAR_OUTPUT
    Out:BOOL;
END_VAR
    Out:= NOT Reset AND(Set OR Q1);(*FB 的程序代码 *)
END_FUNCTION_BLOCK
```

4. 附注

附注应分别在开头和结尾由花括号"{"和"}"定界。附注可以在程序的任何地方,只要空间容许,字符串直接量内除外,如 {x: =256, y: =45} 等。

5.2.2 数据的外部表示

在 PLC 的各种编程语言中,数据的外部表示(External Representation of Data)由数字直接量、字符串直接量和时间直接量组成。直接量可理解为是操作数。操作数包括常量、变量、地址和功能等。

5.2.2.1 数字直接量

数字直接量(Numeric Literal)分为整数直接量和实数直接量两类。一个数字直接量可用二进制、八进制、十进制和十六进制数表示。数字直接量也可理解为常量。

1. 常量、变量、地址

常量的类型包括 BOOL 常量、TIME/LTIME 常量、DATE_AND_TIME 常量、DATE 常量、TIME_OF_DAY 常量、数字常量、REAL/LREAL 常量、字符串常量和类型字面量(类型化的常量,非显式声明常量)等。常量可以使用关键字 CONSTANT 声明常量。常量可以是局部的,也可以是全局的。

语法:VAR CONSTANT < 标记符 >: < 类型 >: = < 初始化值 >; END_VAR

变量可以在 POU 的声明部分或全局变量列表中声明为局部变量或全局变量。可以使用变量的位置取决于其数据类型。在应用程序中映射有效地址,须知道它在过程映像中的位置(适用的存储范围),如输入存储范围(I)、输出存储范围(Q)和标志存储范围(M)。此外,还须指定所需的大小前缀:BYTE(X、B)、WORD(W)、DWord(D)。

2. 数字直接量

数字直接量表达一个正整数,每种数字直接量的最大数字应足够表达整个范围和精确值。插在数字与数字直接量间的单下划线字符"_"是没有意义的,如 2#1111_1111 表示二进制值

11111111。在数字直接量中，下划线字符的其他用法是不允许的。

十进制直接量应以十进制符号表示。实数直接量以小数点的存在来区别。一个指数表示是十的整数幂乘以前面的数以获得所表示的值。十进制直接量及其指数可以包含一个前置符"+"或"-"，以表示数值的正负，如 -15，-273.15。

整数直接量也可以 2、8 或 16 为基底表示。基底应为十进制符号，如 2#1111_1111 与 16#FF 都表示十进制的 255。十进制数的基 10# 不需要表示，因此，可直接表示为 255。对于基底是 16 的整数直接量，应使用由字母 A~F 组成的一组扩展数字，分别表示十进制 10~15。基底数不应包含前置符"+"或"-"。它们被解释为位字符串直接量。

布尔数据应分别用具有值（0）或（1）或关键字"FALSE"或"TRUE"的整数直接量来表示。布尔或数字直接量的数据类型通过在直接量前加类型前缀来规定，该类型前缀由基本数据类型名和符号"#"组成。

表 5-3 是数字直接量的性能和示例。

表 5-3　数字直接量的性能和示例

序　号	描　述	举　例	说　明
1	整数直接量	-12, 0, 123_4, +986	
2	实数直接量	0.0, 0.4560, 3.14159_26	实数数据类型主要用于处理模拟量输入信号，如来自压力传感器、热电偶和转速表的信号；用于闭环控制，如进行 PID 运算；模拟量输出，如输出模拟量信号到变频器等
3	带指数的实数直接量	-1.34E-12, -1.34e-12 1.0E+6, 1.0e+6 1.234E6, 1.234e6	
4	基底为 2 的直接量	2#1111_1111 2#1110_0000	基数 2 的直接量 （十进制 255） （十进制 240）
5	基底为 8 的直接量	8#377 8#340	基数 8 的直接量 （十进制 255） （十进制 240）
6	基底为 16 的直接量	16#FF 或 16#ff 16#E0 或 16#e0	基数 16 的直接量 （十进制 255） （十进制 240）
7	布尔 0 和 1	0　1	
8	布尔 FALSE 和 TRUE	FALSE　TRUE	
9	类型化的直接量	INT#-123	十进制数字 -123 的整数直接量
		INT#16#7FFF	十进制数字 32767 的整数直接量
		Word#16#AFF	十六进制数字 0AFF 的字直接量
		Word#1234	十进制数字 1234 的字直接量
		UINT#16#89AF	十六进制数字 89AF 的无符号整数直接量
		CHAR#16#41	字符直接量 "A"
		BOOL#0	
		BOOL#1	
		BOOL#FALSE	
		BOOL#TRUE	

注：1. 关键字 FALSE 和 TRUE 分别对应于布尔值 0 和 1。
　　2. 特性 5 基底为 8 的直接量将被弃用，下一个版本的 GB/T 15969 可能将不包括这部分。

5.2.2.2　字符串直接量

字符串直接量（Character String Literal）包括单字节或双字节编码的字符。直接量（literal）即程序中直接使用的数据值。一个字符串常量是用单引号引起来的字符串。这些字符是根据 ISO/IEC 8859-1：1987（GB/T 15273.1—1994）中指定的字符集编码的。因此，字符串常量可以包含空格和带重音的字符，因为它们属于此字符集。这也称为字符串常量，或简称为字符串，如 'Hello China！'。

单字节字符串直接量是零个或多个字符的序列，并以单引号字符（'）开头和结尾。在单字节字符串中，美元符号（$）与随后的两个十六进制数字的三字符组合，应将该字符串的两个十六进制数组成的数表示八位字符码的十六进制数。例如，'$0A'，表示 LF 字符的长度为 1 的串，它与字符 '$L' 等效。双字节字符串直接量是零个或多个字符的序列，并以双引号字符（""）开头和结尾。在双字节字符串中，美元符号（$）与随后的四个十六进制数字的五字符组合，表示 16 位字符码的十六进制数。

$ 与随后的一个字符表示转移，该代码也对应于 ASCII 代码。带 $ 代码的字符串示例见表 5-4。

表 5-4　带 $ 代码的字符串示例

带 $ 代码的字符串	解　　释
'$<8-bit code>'	8 位代码：根据 ISO/IEC 8859-1：1987 解释的两位十六进制数字
'$41'	A
'9A'	©
'$40'	@
'$0D'	控制字符：换行（对应 '$R'）
'$0A'	控制字符：新行（对应 '$L'and'$N'）
'$L', '$l'	控制字符：换行（对应 '$0A'）
'$N', '$n'	控制字符：新行（对应 '$0A'）
'$P', '$p'	控制字符：换页
'$R', '$r'	控制字符：回车（对应 '$0D'）
'$T', '$t'	控制字符：制表
'$$'	美元符号：§
'$"'	单引号：'

示例：常量声明

```
VAR CONSTANT
constA:STRING:='Hello China';
constB:STRING:='Hello China $21';//Hello China！
END_VAR
```

5.2.2.3　持续时间直接量

持续时间直接量（Duration Literal）用于表达一个控制事件通过的时间。例如，定时器设定时间是一个持续时间。它表示定时器计时开始后，要持续到设定时间后才能有输出。

1. 持续时间数据标识符

持续时间数据是用标识符 T、TIME 或 LTIME，以及分隔符 # 组成的关键字 T#、TIME# 或 LTIME#，按天、小时、分、秒、毫秒和纳秒及它们的任意组合表示，如 T#5d2h5m36s。标识符字母、表示时间单位的天、小时、分、秒和毫秒等字母的大小写具有相同意义。因此，T#32.5s 与 t#32.5S 等效。时间数据类型在内部被视为 DWORD。TIME 和 TIME_OF_DAY 以毫秒为单位解析，DATE_AND_TIME 以秒为单位解析。

最小有效时间单位可用不带指数的实数符号书写。持续时间直接量的单位由下划线字符分隔。允许持续时间直接量最大有效单位的"溢出"，如符号 T#28h_45m 是允许的。持续时间直接量示例见表 5-5。

表 5-5　持续时间直接量示例

序号	特 性 描 述	举　　例
1	短前缀持续时间直接量	T#14ms, T#-14ms, LT#14.7s, T#14.7m T#14.7h, t#14.7d, t#25h15m lt#5d14h12m18s3.5ms, t#12h4m34ms230us400ns T#25h_15m, t#5d_14h_12m_18s_3.5ms LTIME#5d_30s_500ms_100.6us
2	长前缀持续时间直接量	TIME#14ms, TIME#-14ms, time#14.7s TIME#25h_15m, LTIME#5d_30s_500ms_100.6us ltime = 5d_14h_12m_18s_3.5ms LTIME#34s_345ns
3	日期直接量（长前缀）	DATE#2020-06-25, date#2018-09-22 DT#1984-06-25-15：36：50.360_227_400 LDATE_AND_TIME#1984-06-25-15：36：05.360_227_400 LDT#1984-06-25-15：36：55.360_227_400
4	日期直接量（短前缀）	D#2020-06-25
5	长日期直接量（长前缀）	LDATE#2012-02-29
6	长日期直接量（短前缀）	LD#2000-06-25
7	日时直接量（长前缀）	TIME_OF_DAY#16：38：50.36
8	日时直接量（短前缀）	TOD#15：36：55.36
9	长日时直接量（短前缀）	LTOD#15：36：55.36
10	长日时直接量（长前缀）	LTIME_OF_DAY#15：36：55.36
11	日期和日时直接量（长前缀）	DATE_AND_TIME#1998-06-25-15：36：50.360227400
12	日期和日时直接量（短前缀）	DT#1988-06-25-15：36：50.360_227_400
13	长日期和日时直接量（长前缀）	LDATE_AND_TIME#2017-06-25-15：36：05.360_227_400
14	长日期和日时直接量（短前缀）	LDT#2016-06-25-15：36：55.360_227_400

2. TIME 的语法

可以使用 TIME 来操作标准计时器模块。该常量的大小为 32 位，分辨率以毫秒为单位。此外，时间常数 LTIME 可用作高分辨率计时器，LTIME 常量的大小为 64 位，分辨率以纳秒为单位。TIME 的语法为

＜时间关键字：TIME | time | T | t >#< 时间长度 >

时间长度：D | d：、H | h：、M | m：、s：、MS | ms：

时间单位的顺序不得更改。但不需要指定所有单位。允许以大写形式写入单位。

示例：

```
VAR
timLength:TIME:= T#14ms;
    timLength1:TIME:= T#100s12ms;// 最高单位允许溢出
        timLength2:TIME:= T#12h34m15s;
timCompare:TIME;
xIsOK:BOOL;
timLongest:= T#49D17H2M47S295MS;//4294967295
END_VAR
IF timLength< T#15MS THEN
    IF timCompare< timLength1 THEN
xIsOK:= TRUE;
    END_IF;
END_IF
```

3. LTIME 的语法

LTIME 的语法为

< 长时间关键字：LTIME | ltime>#< 高分辨率时间长度 >

高分辨率时间长度：us（不可用 μs）、ns，// (...) 可选的。

示例：

```
PROGRAM PLC_PRG
VAR
ltimLength:= LTIME#1000d15h23m12s34ms2us44ns;
        ltimLength1:= LTIME#3445343m3424732874823ns;
END_VAR
```

LTIME 与 TIME 可以使用相同的单位。可以指定微秒和纳秒，指定的时间是以更高的时间分辨率计算的。LTIME 在内部被视为数据类型 LWORD，因此值以纳秒为单位解析。

4. TIME_OF_DAY 的语法

可以使用 TIME_OF_DAY 来定义一天中的时间。语法为

< 时间的关键字 >#< 时间的值 >

时间的关键字：TIME_OF_DAY | time_of_day | TOD | tod

时间的值：小时（0~23）、分钟（0~59）、秒（0.000~59.999）

TIME_OF_DAY 在内部的数据类型为 DWORD，该值以 ms 为单位进行解析。

示例：

```
PROGRAM POU
VAR
todClockTime:TIME_OF_DAY:= TIME_OF_DAY#15:36:30.123;
todEarliest:TIME_OF_DAY:= TIME_OF_DAY#0:0:0.000;
todLatest:TOD:= TOD#23:59:59.999;
END_VAR
```

5. DATE_AND_TIME 的语法

DATE_AND_TIME 用于日期和时间的组合。语法为

< 日期和时间的关键字 >#< 日期和时间的值 >

日期和时间的关键字：DATE_AND_TIME | date_and_time | DT | dt

日期和时间的值：年（1970~2106）、月（12）、日（1~31）、时（0~24）、分（0~59）、秒（0~59）。

DATE_AND_TIME 在内部的数据类型为 DWORD。因此，时间以秒为单位进行处理。

示例：

```
PROGRAM PLC_PRG
    VAR
dtDate:DATE_AND_TIME:= DATE_AND_TIME#1996-05-06-15:36:30;
        dtDate1:DATE_AND_TIME:= DT#1972-03-29-00:00:00;
      dtDate2:DATE_AND_TIME:= DT#2018-08-08-13:33:20.5;
dtEarliest:DATE_AND_TIME:= DATE_AND_TIME#1979-1-1-00:00:00;
dtLatest:DATE_AND_TIME:= DATE_AND_TIME#2106-2-7-6:28:15;//4294967295
    END_VAR
```

5.2.3　数据类型

PLC 执行程序需要许多不同类型的数据，可能是布尔（BOOL）变量，可能与数字 I/O 相关，各种类型的整数（INT、UINT、DINT 等），浮点数（REAL），或时间管理类型（TIME）。变量名标识变量的存储位置，变量类型指示变量是全局的还是局部的，数据类型指示变量可以具有何种类型的值或文字。这对于可以对相关变量执行哪些操作以及如何存储变量的内容也很重要。当声明一个变量时，必须同时声明数据类型（Data Type）。IEC 61131-3 标准定义了变量和数据类型及声明方式，以及各个数据类型的值范围的原则。变量及其属性（作为数据类型）的声明是在单个 POU 中的单独声明字段中完成的。无论在 POU 中使用哪种编程语言，声明都用同样的方式进行。标准中定义了一组基本数据类型，以及用户自定义的数据类型。因此，数据类型是一种分类，它为直接量和变量定义了可能值、可做的操作及值的存储方式。每个标识符与一种数据类型匹配。数据类型决定了存储内存空间的大小以及它所存储的值的类型。数据类型分为基本数据类型（标准数据类型）、类数据类型和用户定义数据类型三大类。数据类型与它在数据存储器中所占用的数据宽度有关。

5.2.3.1　基本数据类型

基本数据类型（Elementary Data Type）是在标准中预先定义的标准数据类型，包括"BOOL""整数""实数""字符串"和"时间"五大类数据类型，它有约定关键字、数据元素的位数、数据允许取值范围及约定的（默认的）初始值等基本特征。

1. 基本数据类型规范

基本数据类型名包括数据类型名、时间类型名、位串类型名、STRING、WSTRING 和 TIME 等。

基本数据类型规范见表 5-6。

除表 5-6 所示的标准数据类型外，还有扩展数据类型和用户定义数据类型。扩展数据类型包括"UNION""ANY_TYPE""引用""指针"和"BIT"等。用户定义数据类型包括"数组 ARRAY（a）""结构体""枚举 ENUM（e）""子界"和"引用"（REF_TO）等。

表 5-6 基本数据类型

标准数据类型	数据类型/关键字/（前缀）		系统默认初始值	位数	取值范围（最小/最大值）
布尔	布尔	BOOL[①]（x，b 预留）	0，FALSE	1	FALSE（0）或 TEUE（1）
整型	字节（操作符）	BYTE（by）	16#00	8	0~255
	字（操作符）	WORD（w）	16#0000	6	0~65535
	双字（操作符）	DWORD（dw）	16#0000_0000	32	0~4294967295
	长字（操作符）	LWORD（lw）	16#0000_0000_0000_0000	64	0~（2^64-1）
	短整型	SINT（si）	0	8	-128~127
	无符号短整型	USINT（usi）	0	8	0~255
	整型	INT（i）	0	16	-32768~32767
	无符号整型	UINT（ui）	0	16	0~65535
	双精度整型	DINT（di）	0	32	-2147483648~2147483647
	无符号双整型	UDINT（udi）	0	32	0~4294967295
	无符号长整型	ULINT（uli）	0	64	
	长整型	LINT（li）	0	64	-2^63~（2^63-1）
实数	实数	REAL（r）	0.0	32	1.175494351e-38~3.402823466e+38
	长实数	LREAL（lr）	0.0	64	2.2250738585072014e-308~1.7976931348623158e+308
字符串	可变长度单字节字符串	STRING（s）	''（空）	—	由制造商确定，字符编码见 ISO/IEC 10646
	可变长度双字节字符串	WSTRING	""（空）	—	
	单字节字符串	CHAR	'$00'		
	双字节字符串	WCHAR	"$0000"		
时间	持续时间	TIME（tim），LTIME（ltim）	T#0s，LTIME#0s	64	以纳秒为单位的 64 位有符号整数
	日期	DATE（date），LDATE（）	LDATE#2020-01-01	64	
	时间（当日）	TIME_OF_DAY（tod）	TOD#00：00：00	64	
	时间与日期	DATE_AND_TIME（dt）	DATE_AND_TIME DT#2021-02-11-00：00：00	64	

① BOOL 使用 x 做前缀，b 预留，是为了区别 BYTE，也是为了适应编程，如 %IX0.0 编址。

"BOOL"类型用于与数字输入和输出以及状态和内存标志相关的变量。位字符串格式 BYTE、WORD、DWORD 和 LWORD 对应于正整数、SINT、INT、DINT 和 LINT 的数据类型。定义这些位字符串数据类型的目的是用于存储二进制信息，以便于存储和设置各种状态位（标志）的外部单元和仪器通信，如用于控制电动机（如步进电动机）。数据类型字（16 位）也用于声明与数字输入和输出相关的变量。许多传统 PLC 也使用字节（8 位）、字等类型。

数值类型分整数和浮点数两种类型。整数组包括位字符串类型 BYTE、WORD、DWORD 和 LWORD。整数值可以直接输入十进制，如 316。如果需要，还可以输入并显示二进制、八进制或十六进制形式的整数。为了区分这些格式，给出了基数和字符 #。如果该值前面没有基数和字符 #，则该值将自动解释为小数。

一个数字可输入和存储的大小取决于可用位的数量（8、16、32 或 64）。例如，对于数字 0、37 和 –14（十进制），8 位数据类型（如 SINT）就足够了，而数字 12534（十进制）则至少需要 16 位数据类型。为了提高可读性，使用下划线字符 "_" 来划分长数字，如 12_534（2#00110000_11110110）。这对于输入和表示二进制数特别有用。而且，与标识符的定义一样，这里不区分大写字母和小写字母。对于负数，用互补数表示，如 –14（–2#00001110 或 –16#0E），用互补数表示则是 2#11110010 或 16#F2。即使可以输入前面有符号的数字，它们也以双补码格式存储在 PLC 中。这就是负数的处理方法。双补码即该值的二进制表示形式中的所有位都是倒序的，然后该数加 1（二进制）。

浮点数浮动的是尾数的小数点，因为它在数字输入之后移动。浮点数数字用尾数和指数两部分表示。通常用字母 E 代替基数 10 来表示数字。例如，12532 可表示为 1.2532E+4，而 0.00001234 要写成 1.234e5。在使用此显示格式之前，浮点数必须是多大或多小取决于实现。

在工业控制系统中，经常需要监测持续时间事件和动作，例如，在一天的什么时间或在一周的哪一天动作应该执行。使用这些特别设计的数据类型（如时间），这些事件可以以更结构化的方式进行编程。数据类型 DATE、TOD 和 DT 用于许多不同的目的。它可以是根据一天中的时间或特定日期激活和终止操作。这对于规划空调和照明是很有用的。另外，是用于报告目的。如设备故障报警或操作停止时，可能需要存储日期和时间。如果电力中断，在恢复电力时可能需要执行各种操作，这需要记录时间。可以用多种方式输入和显示时间和持续时间。所有的时间标识必须有一个表示类型的前缀，后跟字符 #，实际时间在此之后。

示例：

```
VAR
    Start:BOOL:=TRUE;
      Alarm:BOOL;
        MV:REAL:=48.5;
          Temp_ref:INT:=70;
    Denomination:STRING:='Degrees';
      Light:Color:=Yellow;
        Time1:TOD;
          Time2:TIME:=time#70m_30s;
    Date1:DATE:=DATE#2020-01-23;
END_VAR
```

2. 字符串

基本数据类型字符串是由关键字 CHAR、WCHAR、STRING 和 WSTRING 表示的文本字符串。所有这些数据类型都用来管理字母和其他字符。CHAR 和 WCHAR 以及 STRING 和 WSTRING 之间的区别只取决于内容解释和存储的方式。CHAR 和 STRING 是 ASCII 格式的文本，而 WCHAR 和 WSTRING 是 Unicode 格式的文本。这是为了能够处理更多的各种角色而引入的。例如，需要输入 ASCII 中找不到的特殊字符，或者需要处理除英语以外的许多语言，这是很有用的。Unicode 字符集包含更多字符的原因是每个字符占用两个字节的数据或 16 位，而 ASCII 中的每个字符只占用一个字节。为了区别这两种格式的输入文字，在 CHAR 和 STRING 类型字符串两端加单引号 "''"，在 WCHAR 和 WSTRING 类型字符串两端加双引号 """"。当声明字符串类型的变量时，如果需要，可以输入变量的长度，即变量所能容纳的最大字符数。如果没有指定长度，则使用默认长度。

STRING 数据类型的变量可以包含任何字符串（字符串常量），以 ASCII 格式编码。一个字符串常量是用单引号引起来的字符串。这些字符是根据 ISO/IEC 8859-1（GB/T 15273.1）中指定的字符集编码的。因此，字符串常量可以包含空格和带重音的字符（Accented Character）。在声明变量时分配的字符串中字符的序号（内存量）放在圆括号和方括号中，如果未定义大小，一般默认分配 80 个字符。通常，不限制字符串长度，但是，字符串功能只能处理 1~255 之间的长度。如果一个变量使用对于数据类型而言太长的字符串初始化，则相应地从右侧截断该字符串。

STRING 类型变量需要的内存空间一般为 1 个字节，每个字符 + 1 个额外字节，如 81 个字节对应 STRING［80］的声明。与 STRING 数据类型不同，WSTRING 字符串数据类型以 Unicode 格式编码，显示字符数取决于字符。WSTRING 字符串数据类型的长度为 10，意味着其长度最多可以包含 10 个字。但是，对于 Unicode 中的某些字符，编码一个字符需要多个字（WORD），这样字符的数目就不必与 WSTRING 的长度相对应（在这种情况下为 10）。WSTRING 字符串数据类型需要 2 个字节以及 2 个字节的外加存储空间。

在数据类型 CHAR 或 WCHAR 元素的字符串中，访问单个字符应该用方括号和字符串中的字符的位置，开始位置为 1。单个字符的数据类型（CHAR 和 WCHAR）只能含一个字符，字符串数据类型可以包含多个字符。如果使用单字节字符访问双字节类型字符串或者使用双字节字符访问单字节类型字符串，将产生错误。

示例 1：STR10 最大的长度是 10 个字符，默认的初始化值是 'ABCDEF'，并且初始长度是 6 个字符。声明如下：

```
TYPE
STR10: STRING [10]: ='ABCDEF';
END_TYPE
```

示例 2：使用 STRING、WSTRING 和 CHAR、WCHAR

```
VAR
String1: STRING [10]: ='ABCD';
 String2: STRING [10]: ='';
aWStrings: ARRAY [0..1] OF WSTRING: = ["1234", "5678"];
Char1: CHAR;
WChar1: WCHAR;
    END_VAR
Char1: =String1 [2];      // 等于 Char1: ='B';
String1[3]:=Char1;      // 返回值 String1:='ABBD';
String1[4]:='B';      // 返回值 String1:='ABBB';
String1[1]:=String1[4];      // 返回值 String1:='BBBB';
    String2:=String1[2];(* 结构 String2:='B'; 如果隐式转换 CHAR_TO_STRING
```

已经执行 *)

示例 3：使用 WSTRING 和 WCHAR

```
WChar1:=aWStrings[1][2];    // 等于 WChar1:='6';
aWStrings[1][3]:=WChar1;    // 返回值 aWStrings[l]:="5668";
aWStrings[1][4]:="6";    // 返回值 aWStrings[1]:="5666";
aWStrings[1][l]:=aWStrings[1][4];    // 返回值 StringT:="6666";
aWStrings[0]:=aWStrings[1][4];//(* 返回值 aWStrings[0]:="6"; 如果隐式
转换 WCHAR_TO_WSTRING 已经执行 *)
```

3. 类数据类型（Class Data Type）

类数据类型用前缀 "ANY" 加以标识。类数据类型采用分级结构，它以标准功能和功能块的输入和输出的规范使用，使用时应遵守以下规则：直接派生的泛型类型（多于一个数据类型的数据类型）应与用基本类型派生的泛型类型相同；子界类型的泛型类型应使用 ANY_INT；定义的所有其他导出类型的泛型类型应是衍生数据类型 ANY_DERIVED。类数据类型的层次见表 5-7。

表 5-7　类数据类型的层次

类数据类型				类数据类型	基本数据类型组
ANY					
	ANY_DERIVED				
	ANY_ELEMENTARY				
		ANY_MAGNITUDE			
			ANY_NUM		
				ANY_REAL	REAL, LREAL
				ANY_INT ANY_UNSIGNED	USINT, UINT, UDINT, ULINT
				ANY_SIGNED	SINT, INT, DINT, LINT
			ANY_DURATION		TIME, LTIME
		ANY_BIT			BOOL, BYTE, WORD, DWORD, LWORD
		ANY_CHARS			
			ANY_STRING		STRING, WSTRING
			ANY_CHAR		CHAR, WCHAR
		ANY_DATE			DATE_AND_TIME, LDT, DATE, TIME_OF_DAY, LTOD

在实现函数或方法时，可以将输入（VAR_INPUT）声明为具有通用 IEC 数据类型（ANY 或 ANY_<type>）的变量，以实现对数据类型具有不同调用参数的调用。

示例：函数调用的传输参数具有不同的数据类型。

```
FUNCTION AnyBitFunc:BOOL
    VAR_INPUT
        value:ANY_BIT;
    END_VAR
FUNCTION AnyDateFunc:BOOL
```

```
    VAR_INPUT
        valuc:ANY_DATE;
    END_VAR
  FUNCTION AnyStringFunc:BOOL
    VAR_INPUT
        value:ANY_STRING;
    END_VAR
```

子界类型是一种数据类型,其值范围是基本类型的子集。声明的语法为

<名称>: <整数类型>(<下限>...<上限>);

子界类型语法各部分含义见表 5-8。

表 5-8　子界类型语法含义

<名称>:	有效的 IEC 标识符
<整数类型>	子界的数据类型(SINT, USINT, INT, UINT, DINT, UDINT, BYTE, WORD, DWORD, LINT, ULINT, LWORD)
<下限>	范围的下限:必须与基本数据类型兼容的常量。下限也包括在该范围内
<上限>	范围的上限:必须与基本数据类型兼容的常量。上限也包括在该范围内

示例:

```
VAR
    i:INT(-4095..4095);
    ui:UINT(0..10000);
END_VAR
```

5.2.3.2　用户定义数据类型和初始化

除了基本数据类型和制造商定义的特殊数据类型之外,还可以定义自己的数据类型。这些建立的自定义数据类型,也称为衍生数据类型、派生数据类型或导出数据类型。因为它们是从(基于)基本数据类型派生出来的。用户定义数据类型的目的是能够获得更结构化的代码,特别是在通过定义由基本数据类型组成的新 I/O 类作为成员而很自然地将各种数据类型的多个 I/O 分组的情况下。派生数据类型是通过关键字 TYPE 和 END_TYPE 文本结构声明。开发工具可能只允许在每组关键字 TYPE 和 END_TYPE 中定义一种类型。定义的类型可以全局访问。通过这种方式,可以基于新的数据类型声明全局和局部变量。有时需要能够以结构化的方式(STRUCT 和数组)处理多个变量或值的集合,或者简单地为所选数据类型定义一些额外的不同属性,例如,以限制值范围。不过,基本数据类型的使用是最基本的。结构化数据类型(STRUCT)有点复杂,在传统 PLC 的编程中很少用,甚至被认为没有用处。然而,使用它可提高生成结构良好程序代码的能力。

例如,一个 PLC 是用来对冷库现场进行监控的,冷库由几个不同的冷冻室组成,每个冷冻室的设备完全相同,控制方式相同,都需要监控温度和压力。这样就不必为每个冷冻室中的每个 I/O 声明一个变量,而是可以首先创建一个自定义的结构化数据类型,例如,freezer(冷柜),其中与一个冷冻室相关联的所有 I/O 都是新数据类型的成员。然后,可以在存储点的每个冷冻室中声明一个类型为 Freezer 的变量。

用户定义数据类型包括结构化数据类型、枚举数据类型、子界数据类型、数组数据类型、指针、引用等。所有声明的默认初始值是 0，可以在每个变量和数据类型的声明中添加用户自定义的初始值。基本数据类型的约定初始值见表 5-6。自定义数据类型应根据派生数据的类型取不同的约定初始值。直接派生数据类型的约定初始值与原数据类型的约定初始值相同。

类型声明（Type Declaration）语法为

＜类型名＞：（带可选初始化值的数据类型声明）

冒号后面是声明类型本身。

示例：

```
TYPE
myDatatypel:< 带可选初始化值的数据类型声明 >;
END_TYPE
```

数据类型的初始化是 PLC 启动时对有关变量赋予初始值的过程。当对变量不说明初始值时，初始值直接采用系统中该数据类型约定的初始值。当在变量声明中说明变量所赋予的初始值时，该变量被赋予由变量声明所指定的初始值。也可以说，初始化就是给用户程序中要用的寄存器设置一个初始值。用户定义数据类型的初始化按照变量声明之后跟随赋值运算符“：＝”及初始值的格式。可用直接量或常数表达式，以及其他的变量或功能来定义一个初始值。初始值应是兼容类型，即相同类型或可以用隐式类型转换的类型。由直接量和常量表达式初始化（规则）见表 5-9。

表 5-9　由直接量和常量表达式初始化（规则）

类数据类型	由直接量初始化	返 回 值
ANY_UNSIGNED	非负的整数直接量或非负的常量表达式	非负的整数值
ANY_SIGNED	整数直接量或常量表达式	整数值
ANY_REAL	数字直接量或常量表达式	数值
ANY_BIT	无符号整数直接量或无符号的常量表达式	无符号整数值
ANY_STRING	字符串直接量	字符串值
ANY_DATE	日期和日时的直接量	日期和日时值
ANY_DURATION	持续时间直接量	持续时间的值

数组数据类型的约定初始值是其基本数据类型的约定初始值。初始化表给出的初始值个数超过数组项的个数，则超过的（最右面部分）初始值被忽略。如果初始值个数小于数组项的个数，则余下的数组项用相应数据类型的默认初始值填充。

结构化数据类型由多种不同数据类型组合，根据各自约定初始值确定其初始值。当某数据类型需要由用户赋予特定的初始值时，可直接用赋值符。其格式是，数据类型：＝特定初始值。

5.2.3.3　结构化数据

结构化数据用 STRUCT 关键字开始，中间是结构化数据的说明，最后用 END_STRUCT 结束。结构化数据类型用于将多个不同的数据类型组合在一起。一个类型的结构体声明包含：类型名；一个“：”（冒号）；定义以下条款的声明类型本身。声明结构体的语法为

`TYPE< 结构体的名称 >:`

```
STRUCT
<声明变量1> … <声明变量n>
END_STRUCT
END_TYPE
```

结构体的名称是一种可以被识别整个工程的类型，可以将其用作标准数据类型，也可以使用嵌套结构，但不允许将地址分配给变量（因为不允许 AT 声明）。

示例：声明名为 ANALOG_CHANNEL_CONFIGURATION 的结构体（端子模拟量信号范围）。

```
TYPE ANALOG_CHANNEL_CONFIGURATION:
  STRUCT
      RANGE:ANALOG_SIGNAL_RANGE;
      MIN_SCALE:ANALOG_DATA:=-4095;
      MAX_SCALE:ANALOG_DATA:=4095;
  END_STRUCT;
END_TYPE
```

结构化数据类型规定这类数据元素应包含能由特定名称存取的特定子元素。如 AI_Broad 数据类型的元素是 Range、Min 和 Max，它们的数据类型分别是 SIGNAL_RANGE、Analog 和 Analog。这些数据类型是衍生数据类型，因此，应分别根据它们的数据类型所允许的取值范围确定。

结构化数据类型的约定初始值可在数据类型定义时重新定义。

示例：结构化数据类型定义新的约定初始值。

```
TYPE
PRESSURE:REAL:=0.3;(* 设定压力值为 0.3MPa*)
END_TYPE;
 TYPE PRESSURE_SENSOR;
    STRUCT
INPUT:PRESSURE:=0.5;(* 过压设定值为 0.5MPa*)
STATUS:BOOL:=0;(* 设定为 0*)
CALIBRATION:DATE:=DT#2020-08-01;(* 设定安装时间为校验时间 *)
HIGH_LIMIT:REAL:1.0;(* 设定的限值为 1.0MPa*)
ALARM_COUNT:INT:=0;(* 设定没有报警 *)
 END_STRUCT
    END_TYPE;
    TYPE GAS_PRESS_SENSOR;
PRESSURE_SENSOR(PRESSURE:=0.4;(* 重新定义设定压力值为 0.4MPa*)
HIGH_LIMIT:=<0>);(* 重新定义设定限值为 0.9MPa*)
END_TYPE
```

例中，GAS_PRESS_SENSOR 是从 PRESSURE_SENSOR 派生的数据类型，对 PRESSURE 和 HIGH_LIMIT 重新设定了初始值。

5.2.3.4　枚举

枚举（enumeration）是一种基于文本常量的用户自定义数据类型。由用于声明自定义变量的一系列逗号分隔的组件（枚举值）组成。枚举数据类型的允许取值范围应根据枚举表列举的数据范围取值。枚举表是枚举数据值的有序集，它有一个最小数据值，位于枚举表的开始，最大数据值位于枚举表的结束。对枚举值，不同枚举数据类型可使用相同的标识符。最大允许的枚举值是一个与执行有关的参数。为在特定上下文使用时能够唯一识别，枚举文字可以用一个前缀限定。前缀由它们相关的数据类型名称和"#"符号组成，如 SINT# 等。

可以在 DUT（数据单元类型）对象中声明一个枚举，将 DUT 对象添加在应用程序下方或 POU 视图中，在工程中创建。DUT 描述了用户特定的数据类型。DUT 由各种数据类型的结构组成。枚举声明语法为

```
({attribute'strict'})// 语法可选
   TYPE< 枚举名称 >:(<Enum_0>,<Enum_1>,...,<Enum_n>);(:=< 默认的变量初始
值 >);
   END_TYPE
```

变量初始化：组件名称之一。枚举类型的默认初始值为第一个标识符，或用户在类型声明中使用：= 指定的值。可以在声明中指定一个组件，然后使用该组件初始化枚举变量。如果列举值未被初始化，计数则会从 0 开始。在进行初始化时，要确认原始值不断增大。在枚举声明中，通常至少声明两个及以上组件，可以声明任意多个。每个组件都可以分配自己的初始化。枚举自动具有 INT 的数据类型，也可以指定其他基本数据类型。

示例 1：

```
TYPE  COLOR_BASIC:(yellow,green,blue,black);// 基本数据类型为 INT, 所
有 COLOR_BASIC 变量的默认初始化为黄色
END_TYPE
```

示例 2：

```
TYPE TRAFFIC_SIGNAL:(Red,Yellow,Green:=10);(* 对每个颜色的初始化值分别
为红色是 0, 黄色是 1, 绿色是 10*)
END_TYPE
TRAFFIC_SIGNAL1:TRAFFIC_SIGNAL;
TRAFFIC_SIGNAL1:=0;(* 交通灯信号值为红 *)
FOR i:= Red TO Green DO
   i:= i + 1;
END_FOR
```

示例 3：枚举模拟量信号范围，如果没有设置初始值，则初始值是枚举的第 1 个枚举数据 BIPOLAR_10V，本例中，初始值是 UNIPOLAR_1_5V，设定初始值是 1V。

```
TYPE
 ANALOG_SIGNAL_RANGE:
        (BIPOLAR_10V,
        UNIPOLAR_10V,
        UNIPOLAR_1_5V,
        UNIPOLAR_0_5V,
        UNIPOLAR_4_20MA,
        UNIPOLAR_0_20MA)
```

```
:=UNIPOLAR_1_5V;//初始化
END_TYPE
```

示例4：某设备不同的操作模式。该设备的运行模式表示为 DEVICE MODE#RUNING。DEVICE 有初始化、运行、待机和故障 4 种操作模式。限定电机输入电压为 320.5~400.9V。在此，采用子界数据类型约束数据的实际允许范围。

```
TYPE DEVICE_MODE;
            (INITIALISING,RUNING,STANDBY,FAULTY);
END_TYPE
```

设置子界数据类型如下：

```
TYPE
        MOTOR_VOLTS:REAL (320.5…400.9);
END_TYPE
```

子界数据类型的取值范围由子界确定。因此，子界数据类型取值只能取在特定的上限和下限之间，包括上、下限。如果子界数据值落在特定的取值范围之外则会出错。例中，MOTOR_VOLTS 的允许取值范围只能在 320.5~400.9V 范围内，否则会出错。

5.2.3.5 数组

数组是一种常见的派生数据类型，一个数组（ARRAY）是相同数据类型的数据元素的集合。可以在 POU 的声明部分或全局变量列表中定义数组。数组数据定义为用户自定义数据类型。数组数据类型用 ARRAY 表示，用方括号内的数据定义其范围。数组中的单个元素通常可以是基本数据类型或用户定义的数据类型。可以定义一维、二维和三维数组。当维数大于一维时，用逗号分隔。数组数据类型的取值根据该数据类型中单元素的数据类型取值范围确定。例如，该元素的数据类型是 INT，则取值范围是 −32768~32767。数组数据类型被广泛应用于存储数组变量或多元素变量。

一维数组声明的语法为

<变量名称>：ARRAY［<维数>］OF <数据类型>（：=<初始化的值>）；

<维数>：<下限>..<上限>

<数据类型>：基本数据类型|用户自定义数据类型|功能块类型

多维数组声明的语法为

<变量名称>：ARRAY［<第一维>（，<第二维>）+］OF <数据类型>（：=<初始化值>）；

<第一维>：<第一维下限索引>..<第一维上限索引>

<第二维>：<第二维下限索引>..<第二维上限索引>

<数据类型>：基本数据类型|用户自定义数据类型|功能块类型

示例1：对一个反应器的温度分3层检测，每层3个检测点，共有9个温度检测点，用 REACTOR_TEMP_DATA 数据变量表示，用数组数据表示如下：

```
TYPE  REACTOR_TEMP_DATA;
  ARRAY [1..3,1..3] OF TEMPERATURE;
END  TYPE
```

示例2：数组处理，下面的代码定义了一个排序函数，其中输入参数是一个具有 256 个元素的浮点值数组形式的结构化对象。当调用 Sort 函数时，该函数将按递减顺序对数组中的所有元素进行排序，使最大值存储在元素号 0 中，最小值存储在元素号 255 中。

```
(* 变量声明 :*)
FUNCTION  Sort:  ARRAY[0..255]  OF  REAL;
VAR_INPUT
    Tab:  ARRAY[0..255]  OF  REAL;
END_VAR
VAR
    N:              UINT:= 256;
    j:               UINT;
    k:               UINT;
    Temp:         REAL;
END_VAR
(* 函数代码 : *)
FOR j: =0TO N-2 DO
      FOR k:= j +1 TO N-1 DO
       IF Tab[j]< Tab[k]THEN  (*FOR 循环遍历所有元素 *)
            Temp:=Tab[j];  (* 如果下一个元素 *)
            Tab[j]:= Tab[k];  (* 大于前一个元素 ,*)
            Tab[k]:=Temp;  (* 元素交换位置 *)
                END_IF;
             END_FOR;
      END_FOR;
      Sort:= Tab;(* 分组序列返回 *)
END_FUNCTION
(* 函数调用程序 *)
PROGRAM Sorting
VAR
    Unsort_tab:ARRAY[0..255]  OF  REAL;  (* 原始数组 *)
   Sort_tab:ARRAY[0..255]  OF  REAL;  (* 分类数组 *)
END_VAR
    Sort_tab:=Sorter(Unsort_tab);  (* 函数调用 *)
END_PROGRAM
```

5.2.3.6　引用

引用（REFERENCE）是一个变量，它仅包含对于一个变量或一个功能块实例的引用。引用可能有 NULL 值，即指空。

引用是用关键字 REF_TO（或 REFERENCE TO）声明定义数据类型，并可用引用数据类型声明定义数据类型。引用数据类型应该已被定义。它可能是一个标准数据类型或用户定义的数据类型。引用的语法为

　　< 标识符 >: REF_TO< 数据类型 >

示例:

```
    TYPE
myArrayType:ARRAY [0_999]OF INT;
myRetArrType:REF_TO myArrayType;//定义一个引用
myArrOfRefType:ARRAY[0..12]OF myRefArrType;//定义一个数组引用
 END_TYPE
VAR
myArrayl:myArrayType;
myRefArrl:myRefArrType;  //声明一个引用
myArrOfRef:myArrOfRefType;  //声明一个数组的引用
END_VAR
```

引用可以使用 NULL 值初始化(默认)或一个已经声明变量的地址,一个功能块或类的实例。
示例:

```
FUNCTION_BLOCK Fl...END_FUNCTION_BLOCK;
VAR
mylnt:INT;
myReflnt:REF_TO INT:=REF(mylnt);
myFl:F1;
myRefFl:REF_TO Fl:=REF(myFl);
END_VAR
```

5.2.4　变量

变量(Variable)相对于常量(Constant)而言是可变化(刷新)的量。常量是预先设定好的,在整个程序运行过程中没有变化。而变量是存储的数据,在程序执行过程中可能被不断改变和赋值,从而不断实时刷新而变化。与数据的外部表示相反,变量提供能够改变其内容的数据对象的识别方法。例如,可改变与 PLC 输入和输出或存储器有关的数据。

在 IEC 61131-3 标准中,变量用于初始化、处理和存储用户数据。目的是将传统上的直接寻址方法符号化。为所有需要使用的地址分配唯一的符号名。例如,通过结构化和合理地使用符号,使用诸如 Motor1、Startswitch 和 Pump_no2 等描述性名称,替代在传统 PLC 系统中使用的直接寻址(全局地址),符号化与直接寻址相比是一个显著的改进,这也是 IEC 61131-3 标准与传统 PLC 的重要区别。IEC 61131-3 标准引入变量替代符号和硬件地址,所有将要使用的地址都必须以变量的形式声明,变量的使用也与一般高级编程语言程序设计一致。例如,通过输入一个在配置过程中分配给相关输入或输出的地址,将变量与输入和输出关联起来。最大的区别在于数据类型的使用,并且变量最初在声明它们的 POU 中是局部的,因此与在另一个 POU 中使用的同名变量不会产生冲突。而在传统 PLC 中使用固定地址,当从程序的不同部分或不同程序向相同的地址写入时,会发生地址重叠而冲突。使用固定地址的唯一好处是用户不必声明变量。而声明变量也不必使用固定的地址和符号名称。

IEC 61131-3 中变量的声明在编程之前或过程中,变量必须在每个 POU 的开头声明,并按规范输入存储数据的元素,确定它应用的数据类型(整数、浮点数、文本等),并给这些元素命名具有逻辑的、合理的标识符，这个过程称为变量声明。变量对特定数据类型（如 BYTE 或 REAL）的赋值是已知的。

变量的声明从指定变量的类型开始，使用正确的关键字。例如，有局部变量、全局变量与输入和输出变量。通常，使用关键字 VAR 声明局部变量。通过在数据类型后面加上一个有效标识符来为变量指定一个名称。如果需要，可以给变量一个初始值。语句通过关闭变量类型的组名 END_VAR 来结束声明。每个声明块（VAR_*…END_VAR）对应于一个变量类型，可包含一个或多个变量。

5.2.4.1　变量声明

变量声明用于建立变量与它的数据类型之间的关系，在变量声明中可对一些变量设置用户的初始值，变量声明和初始化在变量声明段同时完成。在变量声明中指定变量的名称和数据类型来创建变量称为实例化。在实例化之后，可以使用功能块"FB"（作为实例）等在声明它的 POU 中调用它。实例名对应于许多 PLC 编程系统使用的符号名或符号。功能块类型对应于它的调用接口。例如，计数器主要由它的类型（如计数的方向）和用户给出的数字定义，如计数器"CTU6"。这必须在 POU 的声明部分声明。有了变量名，编程时可以以透明的方式使用不同或相同类型的计数器，而不需要检查名称冲突。"功能块"在使用时，通常有两个稍微不同的含义，它可以作为功能块实例名称和功能块类型的同义词，即功能块本身的名称。一般地，"FB"的意思是功能块类型，而功能块实例总是明确指定其实例名，如功能块实例"Motor1"。

变量声明的规则如下：

1. 变量声明的格式

变量在一个变量段内声明，并在 POU 的定义开始时声明。变量声明段以变量类型关键字开始，它表示该变量段内声明的变量类型。例如，VAR_INPUT 表示该变量声明段用于声明的变量是输入变量。中间部分是变量声明段本体，变量声明段以 END_VAR 结束。每个变量声明段对应一种变量类型，但可包含多个变量。变量声明段本体的格式如下：

变量名：变量数据类型（及初始值）；

需设置用户变量初始值时，圆括号内的初始值用（：=）和初始值表示。如果使用系统默认初始值，则圆括号内的内容可省略。

示例：变量声明段本体为

START：BOOL；（*变量名 START，其数据类型是布尔量*）

START：BOOL：=1；（*变量名 START，数据类型是布尔量，初始值为 1*）

2. 变量声明的属性

变量的不同属性取决于变量的用途，如被作为输入变量、输出变量或作为内部变量等。一个变量声明可以使用基本数据类型、以前用户定义类型、引用类型或带变量声明立即用户定义的类型。

变量属性包括变量名（name），标识；地址（address），存储位置；大小（size），存储空间；类型（type），值域和运算集；值（value），内容；生存期（lifetime），存在时段；作用域（scope），作用范围。一个变量可以是单元素变量（Single-Element Variable）或多元素变量（Multielement Variable）。

一个单元素变量即一个变量，其类型是标准数据类型、枚举或子界类型。一个多元素变量代表一个数组变量（ARRAY）或一个结构体（STRUCT）。

一个引用即一个变量，它指引用另一个变量或功能块实例。

不同变量类型声明的示例：

(* 局部变量 *)

    VAR　VarLocal:BOOL; END_VAR　 (* 局部布尔变量 *)

(* 调用接口：输入参数 *)

    VAR_INPUTVarIn:REAL; END_VAR(* 输入变量 *)

    VAR_IN_OUTVarInOut:UINT; END_VAR(* 输入 / 输出变量 *)

(* 返回值：输出参数 *)

    VAR_OUTPUTVarOut:INT; END_VAR　 (* 输出变量 *)

(* 全局接口：全局 / 外部变量和访问路径 *)

    VAR_EXTERNALVarGlob:WORD; END_VAR　 (* 外部其他 POU*)

    VAR_GLOBALVarGlob:WORD; END_VAR　 (* 全局其他 POU*)

    VAR_ACCESSVarPath:WORD; END_VAR　 (* 配置访问路径 *)

    同一数据类型的几个变量的声明 （编号只是为了说明方便）：

(* 声明块 1*)

    VAR　VarLocal1,VarLocal2,VarLocal3:BOOL; END_VAR

(* 声明块 2*)

    VAR_INPUT　VarIn1:REAL; END_VAR

(* 声明块 3*)

    VAR_OUTPUT　VarOut:INT; END_VAR

(* 声明块 4*)

    VAR　VarLocal4,VarLocal5:BOOL; END_VAR

(* 声明块 5*)

    VAR_INPUT　VarIn2,VarIn3:REAL; END_VAR

(* 声明块 6*)

    VAR_INPUT　VarIn4:REAL; END_VAR

    不同数据类型的变量的声明：

```
VAR
    Start:BOOL:=TRUE;
    Alarm:BOOL;
    MV:REAL:= 48.5;
    Temp_ref:INT:=70;
    Denomination:STRING:='Degrees';
    Light:Color:= Yellow;
    Time1:TOD;
    Time2:TIME:= time#70m_30s;
    Date1:DATE:= DATE#2020-01-23;
END_VAR
```

变量声明关键字和限定符见表 5-10。

表 5-10 变量声明关键字和限定符

关 键 字	描 述
VAR	内部变量，在 POU 内使用。在 VAR...END_VAR 段变量声明固定从程序或功能块实例的一个调用到另一个调用。对于声明局部变量与功能块实例，可以与 RETAIN 关键字一起使用，用于声明保持型变量
END_VAR	终止上面的变量 VAR 段
VAR_INPUT	外部提供，在 POU 内只读。对于声明符号变量，它是函数、功能块和程序的输入
VAR_OUTPUT	用于函数、功能块和程序输出的变量。当执行 POU 时，可以读写变量。可以与 RETAIN 关键字一起使用，用于声明保持型变量
VAR_IN_OUT	外部实体提供，POU 内可读写。用于字符串、数组和结构体等复杂的数据类型。一个输入 / 输出变量的地址由引用来传递。连接到功能 / 功能块输入 VAR_IN_OUT 参数的变量被自动连接到功能 / 功能模块输出，反之亦然
VAR_EXTERNAL	配置通过 VAR_GLOBAL 提供，POU 内可读写。一个 VAR_EXTERNAL 变量的值由相关的 VAR_GLOBAL_PG 声明来提供。此值在 POU 内被修改
VAR_GLOBAL	全局变量声明。用 VAR_GLOBAL 声明变量可以被另外一个 POU 使用，条件是这些变量在 VAR_EXTERNAL 段中需再次声明。对 VAR 和 VAR_GLOBAL 变量，可附加变量 CONSTANT 常数属性。对于声明全局变量，工程中所有 POU 中都可以使用。一个全局变量可以使用关键字 RETAIN 将其声明为保持型变量。在资源的全局变量声明中，必须用 VAR_GLOBAL 来声明，而在它们被使用的 POU 变量声明中，必须用 VAR_EXTERNAL 来声明
VAR_ACCESS	访问路径声明。变量在 VAR_ACCESS 段内声明，可用声明给出的寻址路径。仅在非常特定的情况下应用，取决于硬件
VAR_TEMP	功能块、方法和程序中变量暂存。在 POU 中，变量可在 VAR_TEMP...END_VAR 段声明。对于函数和方法，关键字 VAR 和 VAR_TEMP 是相同的。在每次调用时会用默认指定值赋值和初始化这些变量，两次调用间不保存
VAR_CONFIG	初始化特定实例和位置赋值。VAR_CONFIG...END_VAR 结构提供一种具体实例的位置赋值手段
AT	地址赋值。使用 AT 声明变量可完成符号变量的物理或逻辑地址的分配
限定符：可跟上面的关键字	
RETAIN	保持变量
NON_RETAIN	非保持变量
PROTECTED	只能从自有本体和它的派生（默认）内部寻址
PUBLIC	公共，容许所有实体寻址
PRIVATE	只能从自有实体寻址
INTERNAL	只能在同样名字空间中寻址
CONSTANT	常数，只读（不能修改的变量）

如表 5-10 所示，所有变量类型都可以在程序中使用。功能块全局变量不能用于其他 POU，只能在程序、资源和配置中可用。功能块使用变量类型 VAR_EXTERNAL 访问全局数据。函数只允许本地变量与输入和输出变量。它们使用函数返回值返回计算结果。

除局部变量外，所有变量类型都可用于将数据导入 POU 并从 POU 导出数据。这使得 POU 之间的数据交换成为可能。POU 接口及 POU 中使用的本地数据区域是通过将 POU 变量赋值给声明块中的变量类型来定义的。POU 接口可分为以下几个部分：调用或调用接口、形式参数

（输入和输入 / 输出参数）、返回值（输出参数或函数返回值）、具有全局 / 外部变量和访问路径的全局接口。

调用接口和 POU 的返回值也可以用 LD 和 FBD 语言图形化表示。调用接口的变量也称为形式参数。当调用 POU 时，形式参数被替换为实际参数，即分配实际（变量）值或常量。实际的形参作为值传递给 POU，也就是说，不使用变量本身，而只使用它的副本。这确保了这个输入变量不能在被调用的 POU 中更改。这个概念称为值调用。

3. 变量声明的范围

在 IEC 61131-3 中，变量最值得注意的特性之一是可以在有关的 POU 中局部声明。只要变量在它自己的 POU 中声明为局部的，就可以再次使用相同的标识符作为另一个 POU 中的变量的名称，即能够在几个地方使用相同的标识符，这可减少不希望的数据重写的风险。局部变量的特征是声明中使用的组类型是 VAR…END_VAR。全局变量是可以从资源（CPU）内部的多个 POU 或多个资源中访问。全局变量不像局部变量那样在 POU 中声明，而是在更高的配置级别上声明。声明的格式与局部变量类似，只是使用了另一种组类型 VAR_GLOBAL…END_VAR。

变量声明有效的范围包含在本地 POU 的声明部分，声明的变量不能访问其他 POU，除非通过被声明成输入或输出单元的变量进行一个明确的参数传递。这些变量只能通过 VAR_EXTERNAL 声明访问 POU。如果变量类型声明在一个 VAR_EXTERNAL 块中，在相关程序、配置和资源的 VAR_GLOBAL 块中对应的类型进行声明。

示例：

```
VAR_GLOBAL
    ItemCount:UINT;
    AlarmLight:BOOL;
END_VAR
```

这个示例中声明了两个全局变量，一个数据类型为 UINT 的变量称为 ItemCount，另一个数据类型为 BOOL 的变量称为 AlarmLight。现在声明了这两个全局变量，但是不经过进一步的编程就不能使用它们。为了能够从一个 POU 访问一个全局变量，使用该变量的 POU 必须包含同一个全局变量的声明形式，这需使用组类型 VAR_EXTERNAL…END_VAR 来实现，即

```
VAR_EXTERNAL
    ItemCount:UINT;
    AlarmLight:BOOL;
END_VAR
```

多次声明同一个变量似乎是不必要的，但这样做可防止在忘记名称已经被用作全局变量的名称时，又意外地使用本地标识符而造成的不一致性。允许给局部变量取与全局变量相同的名字。在这种情况下，局部变量将在声明它的 POU 中使用。

5.2.4.2 变量声明的示例

示例：典型的 POU 变量声明

```
VAR_INPUT (*输入变量*)
    ValidFlag:BOOL;(*二进制值*)
END_VAR
```

```
VAR_OUTPUT (* 输出变量 *)
        RevPM:REAL;(* 二进制浮点数 *)
END_VAR
    VAR RETAIN (* 局部变量 *)
        MotorNr:INT;(* 整型变量 *)
            MotorName:STRING [10];(* 字符串的长度 10*)
        EmStop AT%IX2.0:BOOL;(*I/O 2.0 位输入 *)
END_VAR
```

示例显示了一个 POU 的变量声明部分。声明名称为 MotorNr 的有符号整型变量（包括符号在内 16 位）和一个名称为 MotorName 的文本（长度为 10）。输入变量 ValidFlag 的值将由调用 POU 设置，并具有布尔值 TRUE 或 FALSE。二进制变量 EmStop（紧急停止）分配给 I/O 输入 2.0（I 的第 3 字节第 1 位），使用关键字 AT。这 3 个变量只在相应的 POU 内已知，即它们是局部的。在电源故障期间，保留它们的值，由限定符 RETAIN 表示。POU 返回的输出参数是二进制浮点值 RevPM。布尔值 TRUE 和 FALSE 也可以用 1 和 0 表示。

以下是一个命名为 programMotorControl 的 POU 的声明及相应的代码部分示例。注释用括号 "（*...*）"表示。

```
PROGRAM Motor Control (* 命名 POU 的类型 *)
VAR_INPUT (*input variable*)
    MaxRPM:REAL;
END_VAR
VAR (*local variable*)
    Start:MotStart;
    Braking:MotBrake;
END_VAR (* 以上是声明部分 *)
...(*FB call*)(* 以下是代码部分 *)
    CAL  Start (RPM:= MaxRPM)
    LD  Start. running
    ...
    CAL  Braking (*FB call*)
...
END_PROGRAM (*POU 结束 *)
```

电动机控制主程序：

```
FUNCTION_BLOCK MotStart (*function block*)
    VAR_INPUT  RPM:REAL; END_VAR (* 声明 RPM*)
    VAR_OUTPUTrunning:BOOL; END_VAR (* 运行声明 *)
...
    LD  RPM
     MotAccel  1200.0 (* 调用函数 *)
...
END_FUNCTION_BLOCK
```

```
FUNCTION_BLOCK MotBrake (* 功能块 *)
...
END_FUNCTION_BLOCK
FUNCTION MotAccel:REAL (* 函数 *)
    VAR_INPUT Param1,Param2:REAL; END_VAR (* 变量的声明 *)
        LD  Param2
        LOG  (* 调用标准函数 LOG*)
        ...
        ST MotAccel
END_FUNCTION
```

当这个程序启动时，变量 RPM 会被分配一个初始值，并通过调用传递给它。然后 POU 调用启动块（MotStart），并用 RPM 和 1200.0 两个输入参数调用实际函数 MotAccel。然后调用标准函数 LOG（对数）。再次激活 MotorControl，计算结果，再调用停止块 MotBrake。功能块 MotStart 和 MotBrake 不是使用这些名称直接调用的，而是使用实例名称 Start 和 Brake 分别调用的。

MotStart 中只有一个形式参数 RPM，它是实际参数 MaxRPM 的值，它还有一个输出参数 running。函数 MotAccel 有两个形式参数，其中一个被赋值为常量 1200.0，并将其结果作为函数的返回值返回。

程序在加载到 PLC 之前，需要更多的信息来确保关联的任务具有所需的属性，如在哪个 PLC 类型和哪个资源运行程序？如何执行程序，是否规定优先级？变量需要分配到 PLC 的哪些物理地址？是否有对其他程序的全局或外部变量引用的声明？这些信息都需要存储为配置。

```
CONFIGURATION MotorCon
    VAR_GLOBAL Trigger AT%IX2. 3:BOOL; END_VAR
    RESOURCERes_1 ON CPU001
    TASK T_1 (INTERVAL:=t#80ms,PRIORITY:=4);
    PROGRAMMotR WITH T_1:MotorControl (MaxRPM:=1400);
END_RESOURCE
    RESOURCERes_2 ON CPU002
    TASK T_2 (SINGLE:=Trigger,PRIORITY:=1);
    PROGRAMMotP  WITH T_2:MotorProg (...);
END_RESOURCE
END_CONFIGURATION
```

以上示例描述在 PLC 的"配置"中分配一个电动机控制系统的程序。PLC 系统的资源（CPU）执行产生的运行时程序。程序 MotorControl 与它的函数和功能块一起运行在资源 CPU001 上。关联的任务指定 MotorControl 应以优先级 4 循环执行。在这里，程序 MotorProg 在 CPU002 上运行，但是如果 CPU001 支持多任务处理，它也可以在 CPU001 上执行。配置还用于为 I/O 分配变量，以及管理全局变量和通信变量。

1. 内部变量的声明

POU 内部使用的变量（本地变量）用 VAR 关键字声明。

示例：内部变量的声明。

```
VAR
    AVE_SPEED:REAL;(*AVE_SPEED 为实数类型，平均转速 *)
    Inhibit:BOOL:=1;(*Inhibit 为布尔类型，禁止，初始值为 1*)
    AT%MW10:WORD:=2#0000_1010;(* 初始存储位 10，值为 1010*)
END_VAR
```

2. 输入、输出变量的声明

程序、功能块和函数需要输入变量。输入到一个 POU 作为其输入的变量，用 VAR_INPUT 关键字声明。特别提示，VAR_INPUT、VAR_OUTPUT 和 VAR_IN_OUT 与 PLC 的物理输入和输出无关，而是与用于读取或从 POU 传输参数的变量有关。在从另一个 POU 调用 POU 时使用这些变量。如果被调用的 POU 中的变量声明为 VAR_INPUT，那么来自另一个 POU 的调用可以包含将在被调用的 POU 的执行中使用的数据。通过将变量声明为 VAR_OUTPUT，被调用的 POU 可以将值返回给进行调用的 POU。

示例：在 CODESYS 中对加计数器功能块 CTU（Count Up）的变量声明。

```
FUNCTION_BLOCK CTU
    (*CV increases by 1 each time CU has a rising flank.*)
    (*Q becomes TRUE when CV reaches the value of PV.*)
    VAR_INPUT (*Declares input variable:*)
        CU:BOOL;(*Count Up*)
        RESET:BOOL;(*Sets counter value CV to 0*)
    PV:WORD;(*Desired quantity*)
END_VAR
    VAR_OUTPUT (*Declares output variable:*)
     Q:BOOL;(*Output ready*)
        CV:WORD;(*Current value*)
END_VAR
    VAR (*Declares a local variable:*)
        M:BOOL;
END_VAR
:(*Program code for the function block*)
:// 这里不包括计数器的程序代码，是一个函数符号
END_FUNCTION_BLOCK
```

上述示例中，声明包含了两种类型的变量 VAR_INPUT 和 VAR_OUTPUT。功能块的调用包含三个变量（参数），将与变量 CU、RESET 和 PV 耦合在一起。状态 Q 和当前值 CV 将返回给调用的 POU。

3. 输入 / 输出变量的声明

除了这两种变量类型之外，还有一种类型的变量同时作为输入变量和输出变量。这种类型的变量在 POU 中由关键字 VAR_IN_OUT 声明。在使用这种类型时，被调用的 POU 不仅会从外部接收变量值，就像使用 VAR_IN 一样，而且还会接收实际的内存位置。换句话说，被调用的 POU 可以更改调用中使用的变量的值。即接受来自外部的变量值，修改 POU 内的值。

从外部看，这些变量的值用同样的方法存取作为其输出参数。它是外部到 POU 的变量，通常用于控制功能块。例如，带输入 / 输出变量 AUTO 的功能块，AUTO 被连接到一个外部变量 MAIN_MODE。通过在功能块外部的程序将初始化功能 INIT 写入 MAIN_MODE 来初始化功能块的值。当功能块执行时，它存取到 AUTO 变量，使功能块初始化。功能块可通过 READY 直接写到 AUTO 参数，并存储在 AUTO 内，也可从源变量 MAIN_MODE 存取。

示例：输入 / 输出变量的声明。

```
TYPE
    MODE_LIST:(INIT,READY,RUNNING,STOPPED);
END_TYPE
VAR_IN_OUT
    AUTO:MODE_LIST;(*AUTO 输入 / 输出变量是枚举数据类型 *)
END_VAR
```

4. 全局变量的声明

全局变量可在配置、资源或程序层进行声明。它们能够在配置、资源或程序内的任何 POU 内被存取。在 POU 内的变量被声明为外部，它就可以存取在 POU 外部声明的全局变量的值。在功能模块声明的外部变量能够对一个包含该功能模块的配置、资源或程序内定义的全局变量进行访问。通常，全局变量和外部变量被用于提供存取在程序和功能模块中的关键数值。

示例：全局变量的声明。

```
VAR_GLOBAL
    LINESPEED:LREAL;// 用双精度浮点数表示线速度。
    JOB_NUMBER:INT;// 用 16 位整数计数。
END_VAR
```

5. 暂存变量的声明

暂存变量在 POU 内声明，它可放置在暂存存储区，如堆栈。当 POU 终止运行时，清除这些变量的值。

示例：暂存变量的声明。

```
VAR_TEMP
    RESULT:REAL;(* 定义 RESULT 作为暂存变量 *)
END_VAR
    RESULT:=AF18+XV23*XV67+54.23;(* 用于中间返回值的计算 *)
        OUT1:=SQRT  (RESULT)
```

6. 外部变量的声明

外部变量在 POU 内声明，用于提供在配置、资源和程序层定义的全局变量的存取。

示例：外部变量的声明。

```
VAR_EXTERNAL
    LINESPEED:LREAL;// 用双精度浮点数表示线速度。
    JOB_NUMBER:INT;// 用 16 位整数计数。
END_VAR
```

7. 配置变量的声明

配置变量在配置中用关键字 VAR_CONFIG 声明，用于声明配置内实例的特性，如初始化和地址分配。

示例：配置变量的声明。

VAR_CONFIG

STATION_1. P1. COUNT:INT:=1;// 配置变量 STATION_1. P1. COUNT 对资源 STATION_1 和程序 P1 的输入参数 COUNT 设置为整数类型，初始值设置为 1。

STATION_1. P1. TIME1:TON:=(PT:=T#2.5s);

STATION_2. P1. TIME1:TON:=(PT:=T#4.5s);

STATION_2. P4. FB1. C2 AT%QB25:BYTE;

　　END_VAR

5.2.4.3　变量初始化

变量在系统启动时进行初始化（Initialization）。初始化后变量的值是被保持的值，或是用户规定的初始值，或是根据变量的有关数据类型提供的约定初始值。一个变量的默认的初始值是基本数据类型的默认初始值，见表 5-6；或是变量的用户定义值；或是数据类型赋值的用户定义值，用户可用赋值运算符“：=”任意指定这个值，在 TYPE 段声明。这个用户定义的值可以是一个直接量（如 –123，1.55，"abc"）或一个常数表达式（如 12*24）。初始值不能在 VAR_EXTERNAL 声明中给出。

指定初始值也可以用由 VAR_CONFIG...END_VAR 结构的特定实例初始化特征指定。待定实例初始值总是重写特定类型初始值。如果变量是一个引用，则 NULL（空）。

没有声明附加属性的变量初始化时，根据启动特性确定初始值。系统重启属性有“热重启”“冷重启”和“暖重启”三种类型。

“热重启”（Hot Restart）是在电源故障后，在过程最大允许时间内，系统恢复到故障前状态的重新启动，是系统进入 STOP 前的程序执行状态的接续。这时，变量的值根据是否有附加属性 RETAIN 来确定。如果具有该属性，则变量恢复到掉电前的值。如果没有该属性，则称为系统的冷重启。这时，变量初始值由用户规定的初始值或该变量对应的数据类型的约定初始值（当没有用户规定初始值时）确定。

“冷重启”（Cold Restart）是 PLC 系统及其应用程序在所有的变量被复位到预定的状态后再启动。“冷重启”可以自动或手动。CPU 从自检开始，从头执行程序。

“暖重启”（Warm Restart）是在电源故障后的重新启动，由用户预先编程的状态标志或可指示在运行状态下检测系统的电源故障停机的应用程序来识别，系统不再进行自检，而从头执行程序。

变量初始值取值有优先级。系统约定初始值是最低优先级。用户不能规定从外部输入的变量的初始值。例如，VAR_EXTERNAL、VAR_INPUT 变量段声明的变量不能赋予初始值。声明 POU 部分可包含各种 VAR 段，其取决于 POU 的种类。变量在各种 VAR...END_VAR 文本结构中声明，如果适用，可包括 RETAIN（保留）或 PUBLIC（公共）限定符。

5.2.5　变量的表示

变量可分为单元素变量（Single-Element Variable）和多元素变量（Multielement Variable）两大类，包括直接表示变量（Direct Variable）、常数变量、数组变量、结构化变量和保持变量（RETAIN，NON_RETAIN）等。

5.2.5.1 直接表示变量

如前所述，IEC 61131-3 标准引入变量使寻址符号化，但仍然可使用直接符号寻址，即引用特定的内存区域。这是通过在程序中直接使用地址，或在声明字段中为地址分配符号名实现的，即传统的寻址方式仍然是可用的。所有地址都以百分号（%）（GB/T 1988 码表中位置 2/5）开始，后跟一个位置前缀（字母）。位置前缀指示该内存区域是与输入（I）、输出（Q）还是内部内存（M）相关联。接下来是一个大小前缀，指示该地址所引用的存储位置的长度，由 X、B、W、D 或 L 分别表示 1、8、16、32 或 64 位。这与数据类型没有直接关系，因为前缀仅指示存储区域的大小，而不指示可以存储在那里的数据类型。

如果有分级寻址，则用整数表示分级，并用小数点符号"."分隔，最左侧是分级最高层，其他层级依次排列在它的右面。变量的位置前缀符号和大小前缀符号同时也定义了内存的起始地址位置。

示例 1：%IW2.5.7.1，表示在 PLC 系统的输入（字）是第 2 列 I/O 总线的第 5 个机架（Rack）中的第 7 个模块上的第 1 个通道。

示例 2：%IX0.7 表示输入单元 0 的第 8 位。%QW5 表示输出单元的第 5 通道（字）。

使用直接内存地址可能有点风险。除了代码的易读性比使用变量或符号地址更差外，还有引用彼此重叠的内存位置的风险。例如，地址 %MW50 包含了两个字节地址 %MB100 和 %MB101，每个单独的位都可以被寻址。对内存区域引用的重叠意味着会有地址在编程中是不能使用的。如果使用直接寻址，需要使用一个一致的方式来使用内存，例如，可以决定内存位置 0~4 用于布尔对象，位置 5~19 用于字节，位置 20~29 用于内存字等。如果要使用几个双字和长字地址，那么重要的是跳过一些内存位置，这样就不会出现重叠。例如，可以避免连续使用双字地址，即不要同时使用地址 %MD0、%MD1、%MD2，可跳过一些位置而使用 %MD0、%MD2 和 %MD4 等。如双字 %MD0 包括地址 %MW0 和 %MW1，双字 %MD1 包括 %MW1 和 %MW2，字地址 %MW1 包含在两个连续的双字地址，将被两者覆盖，所以地址 %MW1 不能使用。

如果地址指向输入或输出内存中的数据元素，还需要指定它适用于哪些输入或输出。这是通过在前缀后添加一些数字来实现的。这些数字表示模块号、通道号等。这个位置引用的实际结构依赖于具体的 PLC 产品，它有一个层次结构，一般最左边的数字表示地址结构中的最高层，依次向下层和向右排列。

上述说明，编程者应当正确指定直接表示变量及其内存、输入或输出物理或逻辑位置对应关系。直接表示变量允许在函数、功能块、程序、方法、配置和资源体内使用。表 5-11 是直接表示变量中前缀符号的定义和特性。

表 5-11 直接表示变量中前缀符号的定义和特性

位置前缀	定　义	大小前缀	数据类型	示　例
I	输入	X/None	单个位	%IX0.7
Q	输出	B	字节（8 位）	%QB5
M	存储器单元位置	W	字（16 位）	%IW6
*	特别指定的变量位置，如 %M*	D	双字（32 位）	%MD48
		L	长字（64 位）	%IL3

位置前缀符号"*"用在位置前缀和无符号整数链接处，用来表示直接表示变量尚未完全指定。可以用于程序和功能块类型内部地址赋值，以表示仍没有完全指定地点为直接表示变量。可以用星号"*"表示没有特定地址的变量。

示例：

```
VAR
    C2 AT%Q*:BYTE;//声明变量C2的赋值没有位置，数据类型为字节
END_VAR
```

这种情况，直接表示变量被用于一个在程序或功能块类型的声明部分的内部变量位置赋值。这种类型的变量不能用于 VAR_INPUT 和 VAR_IN_OUT 部分。

直接变量可理解为 PLC 的操作数，它对应于某一可寻址的存储单元，如输入单元、输出单元等。直接变量用于程序、功能块、配置和资源的声明中。

变量声明关键字"AT"定义符号名称和数据类型。一个变量声明包含被声明过变量名称的一个列表；一个冒号"："；一个数据类型带一个可选的变量特定的初始化。明确的（用户定义的）内存赋值用关键字 AT 声明，需与直接表示变量结合（如 %MW10）。

用户定义数据类型的变量，如一个数组变量可用"AT"指定一个"绝对"的内存地址。

示例：直接表示的使用

```
VAR  //输入的名字与类型
    INP_0 AT%10. 0:BOOL;
    AT%IB12:REAL;
    PA_VAR AT%IB200:PA_VALUE;//开始位置在%IB200的一个输入名字和用户定
义类型
        OUTARY AT%QW6:ARRAY [0..9]OF INT;//从%QW6开始连续赋值输出的10
个整数数组
END_VAR
```

如果需要让变量直接使用明确的地址，就必须用关键字 AT 来定义变量，给地址赋予一个名字，输入和输出信号的任何改变只要在一个地方修改就可以了。要求输入的变量不能被写操作访问。例如，

```
counter_heat7 AT%QX0.0:BOOL;
light cabinet impulse AT%IX7.2:BOOL;
download AT%MX2.2:BOOL;
```

注意：如果布尔变量被赋值字节、字或双字地址，它们将占一个字节，而不是位。

5.2.5.2　常数变量

常数变量是定义在变量段内部，并包含关键字 CONSTANT，表示该变量是一个常数，因此，程序执行时，该变量的值保持不变（不能修改）。

示例：常数变量

```
VAR CONSTANT
        Pi:REAL:=3.141592;//圆周率
        TwoPi:REAL:=2.0*Pi;//2倍圆周率
END_VAR
```

5.2.5.3 数组变量

数组（Array）是一个包含多个值的变量，是一系列同样数据类型数据元素的组合，用符号变量名和下标表表示，下标表在一对方括号内，下标表是一系列用表达式表示的下标，用逗号分隔。例如，数组变量 AI：ARRAY [1..3, 1..8] OF REAL 表示数组变量 AI，它是由 3×8 个实数数据类型的变量组成。各组成变量是 AI [1, 1]，…，AI [1, 8]，AI [2, 1]，…，AI [2, 8]，AI [3, 1]，…，AI [3, 8]。

数组变量有固定长度一维和多维数组或可变长度的一维和多维数组。数据类型可以是基本数据类型、用户自定义数据类型或功能块类型。

1. 固定长度数组

可以在 POU 的声明部分或全局变量列表中定义固定长度数组。

（1）一维数组声明的语法

<变量的名称>：ARRAY [<维数>] OF <数据类型> (：=<初始化的值>)；

<维数>：<索引下限>..<索引上限>。

示例1：10 个整数元素的一维数组

```
VAR
aiCounter:ARRAY[0..9]OF INT;
END_VAR
```

索引下限:0；索引上限:9

初始化

```
aiCounter:ARRAY [0..9] OF INT:= [0,10,20,30,40,50,60,70,80,90];
```

数据存取

```
iLocalVariable:= aiCounter [2];
```

这个值 20 被分配给局部变量。

示例2：用户定义的数据类型

```
TYPE
myType:ARRAY [1..9]OF INT;  //之前用户定义的数据类型
END_TYPE
VAR
    myVarl,myVarla:INT;  //两个用基本类型的变量
    myVar2:myType;  //用之前用户定义的类型
    myVar3:ARRAY [1..8] OF REAL;  //用一个立即用户定义类型
END_VAR
```

（2）多维数组声明的语法

<变量的名称>：ARRAY [<第一维> (, <第二维>) +] OF <数据类型> (：=<初始化值>)；

<第一维>：<第一维下限索引>..<第一维上限索引>

<第二维>：<第二维下限索引>..<第二维上限索引>

索引限制是整数；数据类型 DINT 的最大值。

数据访问语法：<变量的名称> [<一维索引> (, <二维索引>) *]

示例：用户定义结构的三维数组

```
TYPE DATA_A
STRUCT
        iA_1:INT;
        iA_2:INT;
        dwA_3:DWORD;
END_STRUCT
END_TYPE
PROGRAM PLC_PRG
VAR
aData_A:ARRAY [1..3,1..3,1..10] OF DATA_A;
END_VAR
```

数组 aData_A 由 3×3×10 = 90 个数据类型为 DATA_A 的数组元素组成。

初始化部分：

```
aData_A:ARRAY [1..3,1..3,1..10] OF DATA_A:=[(iA_1:= 1,iA_2:=
10,dwA_3:= 16#00FF),(iA_1:= 2,iA_2:= 20,dwA_3:= 16#FF00),(iA_1:=
3,iA_2:= 30,dwA_3:= 16#FFFF)];
```

在该示例中，仅前三个元素被显式初始化。未明确分配初始化值的元素在内部使用基本数据类型的默认值进行初始化。这将从元素 aData_A [2,1,1] 开始在 0 处初始化结构组件。

数据存取：

```
iLocal_1:= aData_A [1,1,1]. iA_1;// 值为 1
dwLocal_2:= aData_A [3,1,1]. dwA_3;// 值为 16#FFFF
```

2. 变长数组变量

变长数组实际大小数量和形参是相同的。在索引范围内，使用"*"作为一个未定义的子界说明。变长数组只能用于作为函数和方法的输入、输出或输入/输出变量；功能块的输入/输出变量。形参是在定义函数名和函数体时使用的参数。变长数组变量使用"*"声明，格式：ARRAY［*, *, ...］OF < 数据类型 >。

在功能块、函数或方法中，可以在 VAR_IN_OUT 声明部分中声明长度可变的数组。用 LOWER_BOUND 和 UPPER_BOUND 运算符确定运行时实际使用的数组的索引限制。例如，得到一个二维数组 A 的下限：low2：= LOWER_BOUND（A，2）；得到一个二维数组 A 的上限：up2：UPPER_BOUND（A，2）。

（1）一维变长数组声明的语法

< 变量的名称 >：ARRAY［*］OF < 数据类型 >（：= < 初始化值 >）；

示例：

```
VAR_IN_OUT
  A:ARRAY[*,*]OF INT;
END_VAR;
```

（2）多维变长数组声明的语法

< 变量名称 >：ARRAY［*（, *）+］OF < 数据类型 >（：= < 初始化值 >）；

示例：矩阵乘法

```
FUNCTION MATRIX_MUL
```

```
VAR_INPUT
    A:ARRAY [*,*] OF INT;
    B:ARRAY [*,*] OF INT;
  END_VAR;
VAR_OUTPUT C:ARRAY [*,*] OF INT; END_VAR;
VAR i. j,k,s:INT; END_VAR;
FOR i:=LOWER_BOUND (A,1)TO UPPER_BOUND (A,1)
  FOR j:=LOWER_BOUND (B,2)TO UPPER_BOUND (B,2)
s:=0;
    FOR k:= LOWER_BOUND (A,2) TO UPPER_BOUND (A,2)
s:=s +A [I,k]*B [k,j];
    END_FOR;
C[i,j]:=s;
    END_FOR;
 END_FOR;
 END_FUNCTION
VAR
    A:ARRAY [1.. 5,1.. 3] OF INT;
    B:ARRAY [1.. 3,1.. 4] OF INT;
    C:ARRAY [1.. 5,1.. 4] OF INT;
 END_VAR
    MATRIX_MUL (A,B,C) ;
```

5.2.5.4　保持变量

保持变量（RETAIN，NON_RETAIN）用于 PLC 故障重启后的状态参数设置，即是保持的还是非保持的。RETAIN 表示变量附加保持属性，即电源掉电时能够保持该变量的值不变；NON_RETAIN 表示变量附加不保持属性，即电源掉电时不具有掉电保持功能。当功能块或程序实例中使用附加属性 RETAIN 和 NON_RETAIN 时，所有实例的数据都被处理为具有 RETAIN 和 NON_RETAIN 的属性。

PLC 故障重启属性有"热重启""冷重启"和"暖重启"三种类型。

保持变量由关键字 RETAIN 声明，添加到范围 VAR、VAR_INPUT、VAR_OUTPUT、VAR_IN_OUT、VAR_STAT 或 VAR_GLOBAL 的编程对象中。不允许使用 AT 关键字分配输入、输出或内存地址。

在 VAR_CONFIG 实例中允许使用附加属性 RETAIN 和 NON_RETAIN，这时，所有该结构变量的成员，包括嵌套结构的成员都具有相应的附加属性。

声明中的语法为

```
<scope> RETAIN
<identifier>:<data type>(:= <initialization>)
END_VAR
<scope> (范围):VAR | VAR_INPUT | VAR_OUTPUT | VAR_IN_OUT | VAR_
STAT | VAR_GLOBAL
```

例如，在一个 POU 内：

VAR RETAIN

iVarRetain:INT;

END_VAR

在一个全局变量列表（GVL）内：

VAR_GLOBAL RETAIN

g_iVarRetain:INT;

END_VAR

使用 RETAIN 限定符，如果开始操作是"热重启"，所有变量的初始值在变量段内是保留值。

使用 NON_RETAIN 限定符，如果开始操作是"热重启"，所有变量的初始值在变量段中将被初始化。

如果开始操作是"冷重启"，在一个带 RETAIN 和 NON_RETAIN 限定符的 VAR 段中，所有变量的初始值是用户定义的初始化值。如果值没有定义，则采用默认初始值，默认初始值见表 5-6。

在静态 VAR_INPUT、VAR_OUTPUT 和 VAR_GLOBAL 段中，RETAIN 和 NON_RETAIN 限定符可用于声明变量，但在 VAR_IN_OUT 段中不可。可使用 RETAIN 和 NON_RETAIN 声明功能块、类和程序实例。效果是所有实例的变量处理成 RETAIN 或 NON_RETAIN。但也有例外，具体使用时应注意。

5.2.6　POU 的特性

POU 是程序应用程序的一个结构化部分。应用程序至少包含一个程序类型的 POU。这个程序很可能包含（调用）一个或多个函数（用于计算、转换、比较等）和一个或多个功能块（计数器、定时等）。所有用于 PLC 的开发工具都包含许多预定义的函数和功能块，可以在应用程序中使用。IEC 61131-3 定义了标准的函数和功能块，制造商通常还提供更多的附加功能，用户也可以自己制作函数和功能块。

POU 由声明部分和本体两部分组成，它是应用程序的最小软件单位。POU 按功能分为函数、功能块、类和程序。功能块和类可以包含类函数。POU 包含模块化和结构化程序的定义。一个定义好的输入和输出接口，可以多次调用和执行。用户根据 POU 的定义设计用户的 POU，对 POU 调用和执行。已经声明的 POU 可以用于其他 POU 的声明，如图 5-5 所示。

5.2.6.1　赋值

赋值和表达式的语言结构在文本语言和图形语言中使用。赋值用于将文字、常量表达式、变量或变量表达式的值写入另一个变量。后一个变量可以是任何类型的变量，比如函数、类函数、功能块等的输入或输出变量。总是可以分配相同数据类型的变量。此外，以下规则适用：

1）STRING 或 WSTRING 类型的变量或常量可以分别赋值给另一个 STRING 或 WSTRING 类型的变量。

2）子界类型的变量可以在基本类型（基类）变量可用的任何地方使用。如果子界类型的值超出指定的值范围，则会出现错误。

3）派生类型的变量可以在基类变量可用的任何地方使用。

隐式和显式数据类型的转换可以应用于使源的数据类型适应目标的数据类型：

1）在文本形式（也部分适用于图形语言）中，赋值操作符是

"： ="，表示操作符右侧的表达式的值被写入操作符左侧的变量。

"=>"，表示操作符左侧的值被写入操作符右侧的变量。操作符 "=>" 仅用于函数、类函数、功能块等调用的形参列表中，并且仅用于将 VAR_OUTPUT 形参传递回调用者。

示例：

```
A:=B+C/2;
Func (in1:=A,out2 => x);
A_struct1:=B_Struct1;
```

2）图形化分配是从源到目标的图形连接线，原则上从左到右，例如，从一个功能块输出到一个功能块输入，或从一个变量 / 常数的图形位置到一个函数输入，或从一个函数输出到一个变量的图形位置。标准函数 MOVE 是赋值的图形表示形式之一。

5.2.6.2　表达式

表达式是一种语言结构，它由一组已定义的操作数组成，与字面值、变量、函数调用和（+、–、*、/）等操作符类似，并产生一个可能是多值的值，即数组或结构。函数不能包含状态信息，即每次同样参数的调用应得到同样的返回值。已声明的函数可以在其他程序组织单元中调用。

隐式和显式数据类型转换可应用于数据类型表达式的运算。

1）在文本形式中（在图形语言中也部分适用），表达式根据语言中指定的优先级按照定义的顺序执行，例如……B + C/2*SIN（x）……

2）在图形化形式中，表达式被可视化为图形块的网络（功能块、函数等）与线连接。

3. 常量表达式是一种语言结构，它由操作符，如文字、常量、变量、枚举值和（+、–、*、/）等操作符的定义组合而成，并产生一个可能是多值的值。

5.2.6.3　访问 ANY_BIT 变量

对于 ANY_BIT（BYTE，WORD，DWORD，LWORD）数据类型的变量，符号 "%" 和直接变量大小前缀（X，none，B，W，D，L）与变量内地址的整数字面值（0~max）组合使用。0 是最小有效部分，max 是最大有效部分。"%X" 在位寻址的情况下是可选的，如 By1.%X7 等同于 By1.7。ANY_BIT 变量的部分访问语法示例如下：

```
VB2.%X0//<variable_name>.%X0 to <variable_name>.%X7
VW3.%X15//<variable_name>.%X0 to <variable_name>.%X15
VW4.%B0//<variable_name>.%B0 to <variable_name>.%B1
VL5.%D1//<variable_name>.%D0 to <variable_name>.%D1
```

示例：对 ANY_BIT 的部分访问

```
VAR
    Bo:BOOL;
    By:BYTE;
    Wo:WORD;
    Do:DWORD;
    Lo:LWORD;
```

```
END_VAR;
Bo:=By.%X0;  //bit 0 of By
Bo:=By.7;   //bit 7 of By;%X 是默认值，可省略
Bo:=Lo.63   //bit 63 of Lo
By:=Wo.%B1;  //byte 1 of Wo
By:=Do.%B3;  //byte 3 of Do
```

5.2.6.4　调用表示和规则

调用用于执行一个函数、功能块实例、功能块或类。调用可以用文本或图形的形式表示，见表 5-12。

表 5-12　调用的正式和非正式表示（示例）

图形（FDB）示例	文本（ST）示例	说　　明

<pre>   +-------+
    | ADD |
B---| |--A
C---| |
D---| |
    +-------+</pre>
	A：＝ADD（B，C，D）；// 函数
	或
	A：＝B＋C＋D；// 运算符
		非正式（不完整）参数列表（B，C，D）

<pre>   +-------+
    | SHL |
B---|IN |--A
C---|N |
    +-------+</pre>
	A：＝SHL（IN：＝B，N：＝C）；	正式（完整）参数名称 IN，N

<pre>   +-------+
       | SHL |
ENABLE--|EN ENO|O-NO-ERR
B--|IN |--A
C--|N |
       +-------+</pre>
	A：＝SHL（
	EN：＝ENABLE，
	IN：＝B，
	N：＝C，
	NOT ENO =>
	NO_ERR）；
		正式（完整）参数名称，使用 EN 输入和否定的 ENO 输出

<pre>   +-------+
    | INC |
    | |--A
X--|V-----V|--X
    +-------+</pre>
	A：＝INC（V：＝X）；	用户定义的 INC 函数，形式参数名称 V 为 VAR_IN_OUT

表 5-13 中的示例说明了图形和等效的文本用法，包括使用没有定义形式化参数名的标准函数（ADD）；定义了形参名的标准函数（SHL）、相同的函数（SHL）附加使用 EN（Enable）输入和否定的 ENO（Enable Out）输出；定义了形参名的用户定义函数（INC）。

对于输入 / 输出变量名的规定：如果没有为标准函数的输入变量指定名称，则默认名称为 IN1、IN2、…，按从上到下的顺序。当一个标准函数有一个单一的未命名输入时，应该使用默认的名称 IN。上述默认名可以出现在函数表示的左边，也可以不出现。还可以使用附加输入 EN 和附加输出 ENO，它们分别位于左右的最上方。

如果 POU 内调用的 VAR_IN_OUT 变量没有正确映射，则会报错。正确映射 VAR_IN_OUT 变量应当是，它以图形的方式在左边连接；它在文本调用中使用"：＝"操作符给在 POU 的块中声明的变量赋值，包括 VAR_IN_OUT、VAR_TEMP、VAR、VAR_OUTPUT 或 VAR_

EXTERNAL 中声明的变量（没有常量限定符）等。调用的"正确映射"VAR_IN_OUT 变量可以是在右边用图形连接或在文本赋值语句中使用"：="操作符对包含的 POU 的 VAR、VAR_OUTPUT 或 VAR_EXTERNAL 块中声明的变量进行赋值。

如果功能块实例的名称被 VAR_INPUT 或 VAR_IN_OUT 声明，可以用作输入。实例可以在被调用的实体中按以下方式使用：如果声明为 VAR_INPUT，功能块变量只能被读取；如果声明为 VAR_IN_OUT，则可以读和写功能块变量，也可以调用功能块。

1. 文本调用的特性

文本调用应由被调用实体的名称和一系列参数组成。在 ST 语言中，参数应该用逗号分隔，在左边和右边用圆括号分隔。调用的参数列表应该提供实际的值，并可以将它们赋值给相应的形式参数名称。参数列表是一系列实参到形参的赋值组成的集合。

（1）完整形式的调用

如果在调用中需要使用 EN/ENO，则使用此方法。

参数列表具有完整参数名称（参数列表）的一组实际值赋值的形式。使用"：="操作符给输入和输入/输出变量赋值；使用"=>"操作符将输出变量的值赋值给变量。形式参数列表可能是完整的，也可能是不完整的。在列表中没有赋值给任何变量的初始值（如果有）应在被调用实体的声明中赋值，或默认值给相关数据类型。列表中参数的顺序不重要。可以使用执行控制参数 EN 和 ENO。

示例：A：= LIMIT（EN：= COND，IN：= B，MN：= 0，MX：= 5，ENO=> TEMPL）；

（2）不完整形式的调用

如果在调用中没有必要使用 EN/ENO，则使用此方法。MN 变量的默认值为 0。

除了执行控制参数 EN 和 ENO 之外，参数列表应该包含与函数定义中给出的完全相同的参数数量、顺序和数据类型。

示例：A：= LIMIT（IN：= B，MX：= 5）；

（3）没有正式名称的标准函数的调用语法

示例：A：= LIMIT（B，0，5）；

这个调用等价于上面例子中的完整调用，但是没有 EN/ENO。

2. 图形化语言的特性

在图形化语言中，函数的调用应按照下列规则表示为图形块：代码块的形状为矩形。块的大小和比例取决于输入的数量和要显示的其他信息，输入参数在左，输出参数在右。实体的名称或符号应位于块内。输入和输出变量的名称分别在图形框的左右内侧。可以使用输入 EN 和/或输出 ENO。如果有输入 EN 和/或输出 ENO，它们应分别在块的左边和右边的最上面的位置。除非有 ENO 输出，否则函数返回值应显示在代码块右侧的最上面位置，在这种情况下，函数返回值应显示在 ENO 输出下面的下一个位置。因为被调用实体本身的名字是用来赋值它的输出值的，所以输出变量的名字不应该显示在代码块的右边，也就是函数返回值的右边。参数连接（包括返回值）应通过信号流线显示。布尔信号的"FALSE"（否定）应该在块的输入或输出线交点外放置一个开放圆来表示。在字符集中，可以用大写字母"O"表示。"取反"在 POU 之外执行。一个图形表示的函数的所有输入和输出（包括返回值）都应该在块对应的一侧用单线表示，即使数据元素可能是一个多元素变量。返回值和输出（VAR_OUTPUT）可以连接到一个变量，作为其他调用的输入，也可以不连接。

3. 执行控制

通常需要使用指令、LD 中的网络或 POU 的结果来控制其他 POU。这可以通过将指令或网络的结果发送到一个全局变量来解决，该全局变量随后用于控制其他 POU 的执行。也可以通过使用 Enable（EN）和 Enable Out（ENO）直接实现。如果在函数、功能块或程序中使用这些变量，POU 的执行将按照以下规则进行：如果输入 EN=FALSE（0），则 POU 中定义的指令都不执行，输出 ENO 设置为 0；如果 EN=TRUE（1），则执行定义的指令，一旦指令的执行成功完成（没有错误），输出 ENO 就被设置为 1。对于功能块，如果 EN 设置为 0，那么所有的输出（VAR_OUTPUT）将保留上次调用的值。如果 EN 是 FALSE，一个功能块会被冻结。然后，不管其他输入的状态是什么，该块的所有输出都将保持它们的值。一旦 FALSE 状态结束，即当 EN 被设置为 TRUE 时，将恢复正常操作。在 CODESYS 中，当在图形语言 LD 和 FBD 中插入程序或功能块的调用时，可以选择插入带有 EN/ENO 的空框。然后单击出现在框内的问号，写程序的名字或希望调用的功能块。

语法为

```
VAR_INPUT  EN:BOOL:= 1; END_VAR
VAR_OUTPUT  ENO:BOOL; END_VAR
```

当使用这些变量时，POU 定义的操作的执行应按照以下规则进行控制：如果 EN 的值为 FALSE（0），则不执行 POU。ENO 将被重置为 FALSE（0）。否则，如果 EN 为 TRUE（1），则 ENO 为 TRUE，执行 POU。POU 可以根据执行的返回值将 ENO 设置为一个布尔值。如果在某个 POU 的执行过程中发生任何错误，该 POU 的 ENO 输出应该被 PLC 系统重置为 FALSE（0），或者制造商指定此类错误的其他处理方法。输入 EN 只能作为实际值设置为 POU 的一部分，输出 ENO 只能作为 POU 调用的一部分，转移到一个变量。输出 ENO 只能设置在 POU 中。

5.2.7　函数

函数是一种可以赋予参数，但没有静态变量（不存储其状态）的 POU，具有 POU 的共同特征，是可重复使用的软件元素。每次调用（执行）它都会产生相同的结果。函数调用的结果通常是一个单一值，当用相同的输入参数调用某一函数时，总能够生成相同的返回值（临时返回值）作为其函数值（输出），这个返回值可能是一个单数据元素或一个多值数组的输出变量，可以是一个矩阵或多个值的结构。标准中定义的许多函数属于 ST 编程语言中的操作符组，因此，使用该函数被称为对操作数执行操作。许多标准函数也有它们自己的操作符符号，在 ST 中使用它们来代替函数名，如 "+"（ADD）、"*"（MUL）等。函数的结构与程序和功能块的结构相同，顶部是声明字段，下面是程序代码字段（实现字段）。声明字段包含代码中使用的所有变量的声明。无论在程序代码字段中使用哪种编程语言，都以相同的方式发生。

5.2.7.1　函数声明与组成元素

函数声明由以下元素组成：以关键字 FUNCTION 开头，后面是指定函数名称的标识符；如果返回值可用，则用冒号 "："，并在后面加上函数返回值的数据类型，如果没有函数返回值可用，则省略冒号和数据类型；可以使用 VAR_INPUT、VAR_OUTPUT 和 VAR_IN_OUT 的结构指定函数形参的名称和数据类型；通过 VAR_EXTERNAL 结构传递给函数的变量的值可以在函数块中修改；通过 VAR_EXTERNAL 常量结构传递给函数的常量值不能从函数内部修改；通过 VAR_IN_OUT 结构传递给函数的变量的值可以在函数内部修改；可变长度数组可以用作 VAR_INPUT、VAR_OUTPUT 和 VAR_IN_OUT；输入、输出和临时变量可以初始化；可

使用 EN/ENO 输入和输出；如果需要指定内部临时变量的名称和类型，则使用 VAR…END_
VAR 和 VAR_TEMP…END_VAR 结构，与功能块不同，VAR 部分声明的变量不存储；如果在
标准函数变量的声明中使用了泛型数据类型（如 ANY_INT），则使用这些函数形参的实际类
型的规则是函数定义的一部分；变量初始化结构可用于声明函数输入的初始值，以及内部变
量和输出变量的初始值；使用关键字 END_FUNCTION 终止声明。即函数由关键字 FUNCTION
（开始）、函数名、冒号、返回值、数据类型、变量声明和函数本体组成，用 END_FUNCTION
结束。可以用文本或图形类编程语言表示函数本体程序。

函数有多个输入变量，有一个函数值作为该函数的返回值。作为任意数据类型，函数返
回值可以是多值的，即可以是一个任意数据或结构。

5.2.7.2　函数声明的规则

函数声明的规则见表 5-13。

表 5-13　函数声明的规则

类　型	描　述	示　例
没有返回值	FUNCTION...END_FUNCTION	FUNCTION myFC...END_FUNCTION
有返回值	FUNCTION <name>: <data type> END_FUNCTION	FUNCTION myFC: INT...END_FUNCTION
输入	VAR_INPUT...END_VAR	VAR_INPUT IN: BOOL; T1: TIME; END_VAR
输出	VAR_OUTPUT...END_VAR	VAR_OUTPUT OUT: BOOL; ET_OFF: TIME; END_VAR
输入 / 输出	VAR_IN_OUT...END_VAR	VAR_IN_OUT A: INT; END_VAR
临时变量	VAR_TEMP...END_VAR	VAR_TEMP I: INT; END_VAR
	VAR...END_VAR	VAR B: REAL; END_VAR
外部变量	VAR_EXTERNAL...END_VAR	VAR_EXTERNAL B: REAL; END_VAR 对应于 VAR_ GLOBAL B: REAL...
外部常量	VAR_EXTERNAL CONSTANT...END_ VAR	VAR_EXTERNAL CONSTANT B: REAL; END_VAR; 对应于 VAR_GLOBAL B: REAL
初始化输入		VAR_INPUT MN: INT: = 0;
初始化输出		VAR_OUTPUT RES: INT: = 1;
临时变量初始化		VAR I: INT: = 1;
EN/ENO 输入和输出		见 5.2.6.4 节

5.2.7.3　函数声明和函数体示例

1. 有函数返回值

```
FUNCTION SIMPLE_FUN:REAL// 参数接口规范
    VAR_INPUT
        A,B:REAL;
          C:REAL:= 1. 0;
    END_VAR
        VAR_IN_OUT COUNT:INT;
```

```
END_VAR
VAR COUNTP1:INT; END_VAR// 函数体规范
    COUNTP1:= ADD (COUNT,1);
    COUNT:= COUNTP1
    SIMPLE_FUN:= A*B/C;// 返回值
END_FUNCTION
```

图形表示如下：

// 参数接口规范

```
              FUNCTION
        +-------------+
        |  SIMPLE_FUN |
REAL----|A            |----REAL
REAL----|B            |
REAL----|C            |
INT-----|COUNT---COUNT|----INT
        +-------------+
```

// 函数体规范

```
    +---+
    |ADD|---           +----+
COUNT--|   |---COUNTP1--|:= |---COUNT
   1--|   |   |         +----+
    +---+    +---+
        A---| * |    +---+
        B---|   |---| / |-SIMPLE_FUN
            +---+   |   |
        C-----------|   |
                    +---+
```

输入变量被定义为默认值 1.0，以避免在调用函数但未指定输入时出现"除零"错误，例如，函数的图形输入未连接。

2. 没有函数返回值

```
VAR_GLOBAL DataArray:
    ARRAY [0.. 100] OF INT; END_VAR// 外部接口
    FUNCTION SPECIAL_FUN
    VAR_INPUT  // 没有函数返回值，只有输出的总和
        FirstIndex:INT;              // 图形化如下：
        LastIndex:INT;
END_VAR
    VAR_OUTPUT
        Sum:INT;
    END_VAR
    VAR_EXTERNAL DataArray:
        ARRAY [0.. 100] OF INT;
    END_VAR
      VAR I:INT; Sum:INT:= 0; END_VAR
      FOR i:= FirstIndex TO Last Index
```

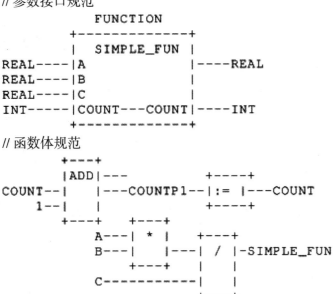

```
        +------------------+
        |   SPECIAL_FUN    |
INT----|FirstIndex     Sum|----INT
INT----|LastIndex         |
        +------------------+
```

```
        DO Sum:= Sum + Data Array [i];// 函数体，无图形化显示
        END_FOR
    END_FUNCTION
```

5.2.7.4　函数调用

函数的调用可以用文本或图形形式表示。由于函数的输入变量、输出变量和返回值不被存储，对输入变量的赋值、对输出变量的访问和对返回值的访问应该在调用函数时立即进行。如果使用变长数组作为参数，则该参数应连接到静态变量。

函数不应包含任何内部状态信息，即它不存储从一个调用到下一个调用的任何输入、内部（临时）和输出元素。

调用具有相同参数（VAR_INPUT 和 VAR_IN_OUT）的函数，相同的 VAR_EXTERNAL 值总是会产生相同的输出变量值、输入/输出变量、外部变量及其函数返回值（如果有）。

示例 1：完整形式，如果在调用中需要使用 EN/ENO，则使用此方法。

```
A:= LIMIT(EN:= COND,
    IN:= B,
    MN:= 0,
    MX:= 5,
    ENO => TEMPL);
```

示例 2：不完整形式，如果在调用中没有必要使用 EN/ENO，则使用此方法。

```
A:= LIMIT(IN:= B,
MX: = 5); //MN 变量的默认值为 0
```

示例 3：非正式形式，用于没有正式名称的标准函数的调用。此调用相当于完整形式，但没有 EN/ENO。

```
A:= LIMIT(B,0,5);
```

示例 4：无函数返回值的函数

```
FUNCTION myFun              // 无声明类型
    VAR_INPUT x:INT; END_VAR;
     VAR_OUTPUT y:REAL; END_VAR;
    myFun(150,var);    // 调用
```

示例 5：图形化表示形式

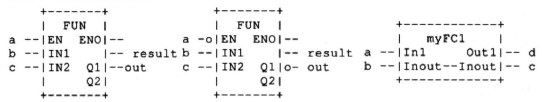

示例 6：标准函数调用（返回值和 EN/ENO）

```
Call
VAR
    X,Y,Z,Res1,Res2:REAL;
    En1,V:BOOL;
END_VAR
```

```
Res1:= DIV(In1:= COS(X),In2:= SIN(Y),ENO => EN1);
Res2:= MUL(SIN(X),COS(Y));
Z:= ADD(EN:= EN1,IN1:= Res1,IN2:= Res2,ENO => V);
```

图形形式：

```
         +-----+      +------+       +------+
X --+-| COS |--+  -|EN ENO|-----|EN ENO|-- V
    | |     | | |   |      |     |      |
    | +-----+ +---|  DIV  |-----|  ADD  |-- Z
    |         |   |      |     |      |
    | +------+ |   |      |   +-|      |
Y -+---| SIN |------|      |   | +------+
   | | |     |     +------+   |
   | | +-----+              |
   | |                      |
   | | +------+    +------+  |
   | +-| SIN |--+  -|EN ENO|- |
   |   |     | | |   |      | |
   |   +-----+ +---|  MUL  |---+
   |           |   |      |
   | +------+ |   |      |
   +---| COS |------|      |
       |     |     +------+
       +-----+
```

示例 7：标准函数调用（无返回值，有输出变量）

Declaration

FUNCTION My_function   // 无类型、无返回值

   VAR_INPUT In1:REAL;

   END_VAR

   VAR_OUTPUT Out1,Out2:REAL;

   END_VAR

   VAR_TEMP Tmp1:REAL;

   END_VAR // 允许 VAR_TEMP

   VAR_EXTERNAL Ext:BOOL;

   END_VAR // 函数体

END_FUNCTION

文本形式调用：

```
My_Function(In1:=a,Out1=>b;Out2=>c);// 无返回值，有两个输出
```

图形形式调用：

```
    +------------+
    | My_Function|
a --|In1     Out1|-- b
    |        Out2|-- c
    +------------+
```

示例 8：函数调用（用图形表示变量）

```
myFC1(In1:= a,Inout:= b,Out1 => Tmp1);   // 使用临时变量
d:= myFC2(In1:= Tmp1,Inout:= b); //b存储在 inout；分配给 c
c:= b; //b 被分配给 c
```

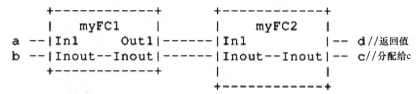

5.2.7.5 类型化和加载功能

通常表示加载操作符的函数将被类型化。这在所需类型后面添加"_"（下划线）字符来实现。类型化函数使用类型作为其输入和输出的数据类型来执行。可以应用隐式或显式类型转换。一个加载转换函数，形式为 TO_xxx 或 TRUNC_xxx，其中 xxx 类型化基本输出类型，此类型化处理是在所需的基本数据之前跟一个"_"（下划线）字符。

加载函数：ADD（ANY_Num to ANY_Num）

```
               +---------+
               |   ADD   |
ANY_NUM --|         |-- ANY_NUM
ANY_NUM --|         |
    .     --|         |
    .     --|         |
ANY_NUM --|         |
               +---------+
```

输入转换：ANY_ELEMENT TO_INT

```
                    +---------+
ANY_ELEMENTARY---|  TO_INT |----INT
                    +---------+
```

类型化函数：ADD_INT

```
        +---------+
        | ADD_INT |
INT --|         |-- INT
INT --|         |
 .   --|         |
 .   --|         |
INT --|         |
        +---------+
```

转换：WORD_TO_INT

```
         +-----------+
WORD----|WORD_TO_INT|---INT
         +-----------+
```

示例：类型化和加载函数

```
VAR
   A:INT;
   B:INT;
   C:INT;
END_VAR
```

用法（FBD 和 ST）

```
    +---+
A --| + |-- C
B --|   |
    +---+
```

C：= A+B；

```
VAR
    A:INT；
    B:REAL；
    C:REAL；
END_VAR
```

用法（FBD 和 ST）

```
    +-----------+   +---+        +-------+   +---+
A --|INT_TO_REAL|---| + |-- C A---|TO_REAL|---|ADD|---C
    +-----------+   |   |        +-------+   |   |
B ------------------|   |        B-----------|   |
                    +---+                    +---+
```

C：= INT_TO_REAL（A）+B；　　C：= TO_REAL（A）+ B；

```
VAR
    A:INT；
    B:INT；
    C:REAL；
END_VAR
```

用法（FBD 和 ST）

```
    +---+   +-----------+           +---+   +-------+
A --| + |---|INT_TO_REAL|-- C A---|ADD|---|TO_REAL|-- C
B --|   |   +-----------+      B---|   |   +-------+
    +---+                         +---+
```

C：= INT_TO_REAL（A+B）；　　C：= TO_REAL（A+B）；

5.2.7.6　标准函数

标准中规定的可扩展的标准函数允许有两个或两个以上的输入，并对其应用指定的运算。可扩展函数的正式调用中有效的实际输入数由变量名序列中位置最高的正式输入名决定。

标准中定义了若干标准函数，包括数据类型转换函数（数字数据的数据类型转换、位数据类型的转换、位到数值的数据类型转换、日期和时间的数据类型转换、字符的数据类型转换）；数值函数（ABS、SQRT、LOG、LN、EXP、SIN、COS、TAN、ASIN、ACOS、ATAN）；算术函数（ADD、SUB、MUL、DIV、MOD、EXPT、MOVE）；位字符串和布尔函数（SHL、SHR、ROR、ROL、AND、OR、XOR、NOT）；选择和比较函数（SEL、MAX、MIN、LIMIT、MUX；GT、GE、LT、LE、EQ、NE）；字符串函数（LEN、LEFT、RIGHT、CONTACT、MID、INSERT、DELETE、RAPLACE、FIND）；日期和持续时间函数（TIME、DT、TOD、LTIME、LDT、LTOD 等）；枚举数据类型函数（SEL、MUX、EQ、NE）；时间数据类型的附加功能连接和分割等。详见 IEC 61131-3：2013 的表 22~ 表 39。

5.2.8　功能块

功能块是一种在执行时能够产生一个或多个值的 POU，它表示程序的模块化和结构化的定义部分。功能块实际是某种控制算法，如 PID 功能块是用于闭环控制的 PID 算法。

5.2.8.1　功能块类型和实例

IEC 61131-3 标准的功能块概念是通过功能块类型和功能块实例实现的。功能块类型由输入、输出和内部变量的数据结构的定义组成，包括在调用功能块类型的实例时对数据结构的元素执行的一组操作，它是一个功能块类型的多个命名（实例）的用法。

功能块类型是一种 POU，这个 POU 描述了输入和输出变量以及功能块实例的本地数据区域。它进一步包含在调用功能块的实例时处理该数据的规则。不能从功能块类型本身读取或写入变量，也不能调用功能块类型本身；这些操作是为功能块的实例保留的。可以使用基于这种类型声明的多个功能块实例。单个实例彼此独立。每个功能块实例都有一个唯一的标识符（实例名）与用于静态输入、输出和该功能块实例的内部变量自己的数据区域（结构）。功能块实例可以通过它的实例名访问和调用。

功能块的这些特性与面向对象编程（OOP）有关，称为实例化。静态变量（有记忆功能）的值在功能块实例的一次执行到下一次执行时保持不变。因此，调用具有相同输入参数的功能块实例并不一定会产生相同的输出值。POU 的常见特性适用于功能块。面向对象的功能块可以通过一组面向对象的特征来扩展功能块。面向对象的功能块也是类的超集。功能块的内部变量对用户来说是隐含的。

IEC 61131-3：2013 通过其他语言结构扩展了面向对象的思想。典型的功能块实例是计时器或计数器，它们将它们的值从一次调用保存到下一次调用，并确定是否已达到最终值。使用功能块的另一个领域是以受控方式访问共享设备。在这里，一个功能块实例获得该设备的独占控制权，并充当一个信号量，只有当相应的功能块实例被调用时，才能访问该设备。使用功能块实例的优点是，与已定义数据结构相关联的功能只需要声明一次，然后就可以在PLC 程序的多个实例中独立使用。这个原型保存在功能块类型中，并且可以通过声明该类型的实例来重复使用它。因此，只要关联的功能块类型中没有错误，就可以确保在任何功能块实例中都没有错误。功能块实例对于测试和调试也很有帮助，因为可以很容易地访问实例的整个当前状态数据集，以便进行监视和在线修改。

5.2.8.2　功能块类型声明

功能块类型声明与功能类型声明类似。功能块可以用文本形式和图形形式表示。功能块的结构：关键字 FUNCTION_BLOCK，后跟一个被声明功能块名称的标识符，以及构成本体的一组操作，功能块本体后面是终止关键字 END_FUNCTION_BLOCK。

1. 功能块类型声明的特征

（1）声明功能块类型

FUNCTION_BLOCK...END_FUNCTION_BLOCK

　例：FUNCTION_BLOCK　myFB...END_FUNCTION_BLOCK

（2）声明输入

VAR_INPUT...END_VAR

　例：VAR_INPUT　IN：BOOL；T1：TIME；END_VAR

（3）声明输出

VAR_OUTPUT...END_VAR

　例：VAR_OUTPUT　OUT：BOOL；ET_OFF：TIME；END_VAR

（4）声明输入 / 输出

VAR_IN_OUT...END_VAR

例：VAR_IN_OUT　A：INT；END_VAR

（5）声明临时变量

VAR_TEMP...END_VAR

例：VAR_TEMP I：INT；END_VAR

（6）声明静态变量

VAR...END_VAR

例：VAR B：REAL；END_VAR

（7）声明外部变量

VAR_EXTERNAL...END_VAR

例：VAR_EXTERNAL B：REAL；END_VAR

对应于 VAR_GLOBAL B：REAL

（8）声明外部变量

VAR_EXTERNAL CONSTANT...END_VAR

例：VAR_EXTERNAL CONSTANT B：REAL；END_VAR

对应于 VAR_GLOBAL B：REAL

在功能块结构中，包括功能块名、功能块变量声明和功能块本体。功能块变量声明包括输入变量声明、输出变量声明、输入 / 输出变量声明、外部变量声明和保持变量声明等。功能块与函数的区别是，功能块没有返回值的数据类型声明，有输出变量，而函数只有返回值，没有输出变量，总是生成相同的返回值。功能块具有静态变量，内部变量也有不同的使用类型。因此，当用相同的输入变量调用功能块时，功能块的输出与内部变量和外部变量的状态有关。输入、输出和静态变量可以初始化。在功能块内，允许使用 VAR、VAR_INPUT、VAR_IN_OUT、VAR_OUTPUT、VAR_EXTERNAL 变量，不允许使用 VAR_GLOBAL、VAR_ACCESS 等变量。功能块表示中，没有冒号和返回值数据类型。

由 VAR_INPUT、VAR_OUTPUT 和 VAR_IN_OUT 组成的结构可以指定变量的名称和类型。通过 VAR_EXTERNAL 结构声明的变量的值可以在功能块中修改。通过 VAR_EXTERNAL 常量结构声明的常量的值不能在功能块中修改。可变长度数组可以用作 VAR_IN_OUT。功能块具有 EN/ENO 的附加属性，用于控制执行过程是否进行，可在功能块中使用任意一个，或两个都使用或都不使用。使用原则与函数的使用原则相同。

VAR...END_VAR 结构和 VAR_TEMP...END_VAR 用于指定功能块内部变量的名称和类型。VAR 部分声明的变量是静态的。

RETAIN 或 NON_RETAIN 限定符可以用于功能块的输入、输出和内部变量，如 VAR_INPUT　RETAIN X：REAL；END_VAR 和 VAR_OUTPUT　RETAIN X：REAL；END_VAR。

在文本声明中，限定符 R_EDGE 和 F_EDGE 用于布尔输入功能块的边缘检测。在该功能块中分别隐式声明一个类型为 R_TRIG 或 F_TRIG 的功能块，以执行所需的边缘检测。示例如下：

```
FUNCTION_BLOCK   AND_EDGE
        VAR_INPUT X:BOOL R_EDGE;
         Y:BOOL F_EDGE;
        END_VAR
        VAR_OUTPUT Z:BOOL; END_VAR
```

```
            Z:= X AND Y;  (*ST 语言范例 *)
END_FUNCTION_BLOCK
```

2. 功能块类型声明示例

（1）文本声明（ST 语言）

```
FUNCTION_BLOCK DEBOUNCE   (*** 外部接口 ***)
    VAR_INPUT
        IN:BOOL;(* 默认 = 0*)
        DB_TIME:TIME:= t#10ms;  (* 默认 = t#10ms*)
    END_VAR
    VAR_OUTPUT
        OUT:BOOL;(* 默认 = 0*)
            ET_OFF:TIME;(* 默认 = t#0s*)
    END_VAR
    VAR DB_ON:TON;(** 内部变量 **)
        DB_OFF:TON;(**FB 实例 **)
    DB_FF:SR;
END_VAR
(*** 功能块的本体 ***)
    DB_ON(IN:=IN,PT:=DB_TIME);
    DB_OFF(IN:=NOT IN,PT:=DB_TIME);
    DB_FF(S1:=DB_ON.Q,R:=DB_OFF.Q);
    OUT:=DB_FF.Q1;
    ET_OFF:=DB_OFF.ET;
END_FUNCTION_BLOCK
```

（2）图形声明（FBD 语言）

```
FUNCTION_BLOCK   (* 外部参数接口 *)
            +---------------+
            |   DEBOUNCE    |
    BOOL---|IN        OUT|---BOOL
    TIME---|DB_TIME  ET_OFF|---TIME
            +---------------+
```

```
(* 功能块类型本体 *)
                DB_ON        DB_FF
                +-----+      +----+
                | TON |      | SR |
    IN----+------|IN  Q|-----|S1 Q|---OUT
          |  +---|PT ET|  +--|R   |
          |  |   +-----+  |  +----+
          |  |            |
          |  |   DB_OFF    |
          |  |   +-----+   |
          |  |   | TON |   |
       +--|--O|IN  Q|--+
    DB_TIME--+---|PT ET|--------------ET_OFF
                +-----+

END_FUNCTION_BLOCK
```

3. 功能块实例声明

功能块实例的声明方式与结构化变量的声明方式类似。当声明一个功能块实例时，功能块实例的输入、输出或公共变量的初始值可以在一个圆括号括起来的列表中声明，该列表跟在功能块类型标识符后面的赋值操作符后面。初始值没有在上述初始化列表中列出的元素，必须在功能块类型声明中声明这些元素的默认初始值。

示例：功能块实例的声明，初始化变量，为功能块实例的输入和输出分配初始值。

```
VAR
    FB_instance_1,FB_instance_2:my FB_Type;
      T1,T2,T3:TON;
END_VAR
VAR
    TempLoop:PID:=(PropBand:= 2.5,Integral:= T#5s);
END_VAR
```

5.2.8.3　功能块访问和调用

功能块实例的调用可以用文本或图形形式表示。对功能块实例的变量的读取访问与调用功能块实例本身是有区别的。读取功能块实例的输出变量等价于读取结构化变量的元素值。然而，与结构化变量不同的是，不允许对功能块输出变量进行显式赋值。给功能块实例的输出变量赋值只允许在功能块实例的主体内进行。通常，可以在一个 POU 中多次调用功能块的单个实例（多个赋值）。然而，根据 PLC 的实现，这种可能性可能被限制为 POU 内每个功能块实例的单一调用。

对一个功能块实例使用多个调用的 POU 可能无法移植到这样的实现中。功能块实例的私有数据区的所有值在一次调用到下一次调用时都保持不变。因此，这个实例的私有数据区域可以看作是一个记录当前状态的内存，对具有相同输入变量值的相同功能块实例的不同调用，可能会产生该实例数据区域的不同值。只允许在调用功能块实例时将值赋给输入变量。然而，并不是功能块实例的所有输入变量都必须显式地设置才能启用调用。

可能存在没有未定义值的变量，原因如下：为所有可能的数据类型的变量的初始化定义了标准默认值；任何变量的初始值均可在其声明中指定；所有变量的值从一个功能块实例的一次调用一直保持到下一个。如果没有分配功能块实例的所有输入变量，则必须使用功能块的正式调用。

功能块的非正式调用需要在其实参列表中包含完整的实际实参。除了输入和输出之外，可以在 POU 的变量声明中使用关键字 PUBLIC 来声明变量。其他使用前面声明的 POU 甚至可以在调用之外访问这些公共变量。功能块调用（包括正式和非正式调用）的特性类似于函数，具有以下扩展：

功能块的文本调用应该由功能块的实例名和一系列参数组成。在图形表示中，功能块的实例名应该位于该块的上方。功能块实例的名称可以用作功能块的输入。

功能块实例的输入变量和输出变量可以存储，并可以表示为结构化数据类型的元素。因此，可以对输入赋值（可单独）和访问（可立即）功能块输出。单独的赋值将在下一次调用功能块时生效。一个功能块的未赋值或未连接的输入应该保持它们的初始值或最近一次调用的值（如果有）。

一个功能块实例的名称可用作为功能块实例的输入，如果作为输入变量为 VAR_INPUT 声明，或作为一个功能块实例的输入 / 输出变量为 VAR_IN_OUT 声明。不同的功能块实例通过 VAR_INPUT、VAR_IN_OUT 或 VAR_EXTERNAL 结构传入功能块，在功能块内，实例的输出值可以被访问，但不能被修改。功能块的实例名通过 VAR_IN_OUT 或 VAR_EXTERNAL 结构传入功能块，功能块内部可以调用。

只有变量或功能块实例名可以通过 VAR_IN_OUT 结构传入功能块。这是为了防止无意中对输出进行修改。但是，允许"级联" VAR_IN_OUT 结构。

1. 功能块调用的特性

从未调用过的 EN、CU、PV 变量将具有最后一次调用的值或初始值。

（1）完整形式示例

```
YourCTU  ( EN:= not B,
           CU:= r,
           PV:= c1,
           ENO=> next,
           Q => out,
           CV => c2);
```

（2）不完整形式示例

```
YourCTU(Q => out,CV => c2);
```

（3）图形形式示例

```
      YourCTU                  YourCTU
     +-------+                +-------+
     | CTU   |                | CTU   |
 B --|EN  ENO|-- next   B -0|EN  ENO|-- next
 r --|CU    Q|-- out    r --|CU    Q|0- out
 c1 --|PV  CV|-- c2     c1 --|PV  CV|-- c2
     +-------+                +-------+
```

2. 输入和输出参数的使用

输入读：M：= In;

初始输入赋值：

```
    // 直接赋值
      FB_INST(In:= A);
    // 单独赋值
    FB_INST.In:= A;
```

输出读 :M:= Out;

```
    // 直接赋值
    FB_INST(Out => B);
    // 单独赋值
    B:= FB_INST.Out;
```

输出赋值 :Out:= M;

输入 / 输出读 :M:= In_out;

输入 / 输出赋值 :In_out:= M;

语法示例如下：

```
FUNCTION_BLOCK FB_TYPE;
    VAR_INPUT  In: REAL; END_VAR
    VAR_OUTPUT  Out: REAL; END_VAR
    VAR_IN_OUT  In_out: REAL; END_VAR
    VAR  M:  REAL; END_VAR
    END_FUNCTION_BLOCK
    VAR  FB_INST:FB_TYPE; A,B,C:REAL;
    END_VAR
```

3. 功能块实例和函数的区别

虽然功能块和函数都是虚化的，但是功能块和函数之间有很大的区别。调用一个函数可能只有一个返回值，也可能没有返回值。此外，函数可以像功能块一样有输出变量。函数的调用会影响其相关的输出变量或输入 / 输出变量的值及其返回值。

调用函数的返回值可以用作表达式或赋值语句中的值，但不能用作赋值操作的目标。函数没有私有内存（即内部状态信息）。因此，每次调用具有相同参数的函数都会产生相同的返回值。函数名的作用域，就像功能块类型的作用域一样，是全局的，而不是功能块实例名的作用域。

4. 使用间接引用的功能块实例

引用功能块实例的目的是通过它的输出变量读取或调用被引用的实例。这些操作也可以在实例名作为参数传递给 POU 的功能块实例上执行。在这种情况下，功能块实例不是通过使用功能块实例的固定名称直接引用的；引用是通过 POU 的输入或输入 / 输出变量间接进行的。引用功能块的实例名从引用该功能块的 POU 外部分配给适当的变量。这种机制允许访问或调用另一个程序或功能块体中指定功能块类型的不同实例。使用功能块实例名作为参数，使得访问或调用功能块类型的实例成为可能，而无需在引用 POU 的声明部分定义所引用功能块需要的特定实例。此外，被引用的实例可以从引用 POU 的一次调用更改为另一次调用。这个机制应用在几台具有相同行为的机器，每台机器都由单个功能块表示实例的情况下十分有用。

IEC 61131-3 标准定义了对功能块实例建立间接引用的机制。功能块引用可以建立为在 VAR_INPUT 声明中声明的变量；在 VAR_IN_OUT 声明中声明的变量；外部变量。

示例：功能块名的图形化使用，功能块名作为输入变量

FUNCTION_BLOCK

   (＊ 外部接口 ＊)

```
            +---------------+
            |    INSIDE_A   |
TON---|I_TMR    EXPIRED |---BOOL
            +---------------+
```

   (＊ 功能块本体 ＊)

```
                +------+
                | MOVE |
I_TMR.Q---|        |--- EXPIRED
                +------+
```

```
END_FUNCTION_BLOCK
FUNCTION_BLOCK
   （＊ 外部接口 ＊）
```

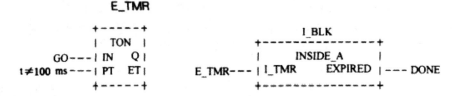

```
END_FUNCTION_BLOCK
```

5.2.8.4 功能块中的数据范围

封装是将功能相关的数据和 / 或过程打包到单个软件实体中。封装有助于软件的可靠性、可维护性、可用性和适应性。隐藏过程和数据的概念与封装有关。"隐藏"意味着用户不会获得关于软件实体的内部数据结构和过程实现的信息。只能获取关于其外部接口和指定功能的信息。隐藏有助于软件的可维护性、完整性、可用性、可移植性和可重用性。

IEC 61131-3 标准支持封装和隐藏以下元素：Program（程序）、Function block（功能块）、Class（类）、Interface（接口）、Function（函数）、Method（方法）、Data type（数据类型）。名称空间定义可以用来避免类型声明之间的命名冲突。使用内部访问说明符可以隐藏名称空间的元素以防止外部访问。

声明方式与 VAR 中的变量相同，使用 VAR…END_VAR 结构。因此，出现在另一个功能块内部的功能块实例在包含的功能块之外是不可见的，这与一些传统的 PLC 系统相反。一个功能块的实例的作用域对于它被实例化的 POU 来说应该是局部的，除非它在一个 VAR_GLOBAL 块中声明为全局的。即任何已经声明的功能块都可以用于另一个功能块或程序的声明。然而，后一种情况指的是功能块类型，而不是功能块实例。图 5-8 说明了这一原理。

包含功能块类型的声明如下：

```
FUNCTION_BLOCK FBx
   VAR FB1:FBy; END_VAR; (*FBy 是一个功能块类型 *)
   ...
   FB1(...); (* 调用实例 FB1*)
   ...
```

图 5-8 隐藏功能块实例

```
END_FUNCTION_BLOCK
```
包含程序类型的声明如下：
```
PROGRAM A
    VAR FBA:FBx;  (* 两个实例类型 FBx*)
    FBB:FBx;  (* 每个都包含一个实例类型 FB1 的 FBy*)
    END_VAR;
    ...
    FBA(...);  (* 调用实例 FBA*)
    FBB(...);  (* 调用实例 FBB*)
    ...
END_PROGRAM
```

图 5-8 中，功能块类型为 FBy 的名为 FB1 的实例将出现在功能块类型为 FBx 的每个实例中。当功能块类型 FBx 在程序类型 A 的实例中实例化两次时，将创建两个独立且不同的功能块类型 FBy 实例。每个这样的实例都构成了关联 FBx 实例（分别为 FB1 和 FB2）的私有数据区域的一部分，因此在该实例之外是不可见的。

5.2.8.5 标准功能块

IEC 61131-3 标准定义了 5 类标准功能块，包括双稳态功能块、边沿检测功能块（R_TRIG 和 F_TRIG）、计数器功能块、定时器功能块、通信功能块。

1. 双稳态功能块

双稳态功能块有两个输入变量，根据两个输入变量都为 1 时输出稳态值的不同，可分为置位优先（SR）和复位优先（RS）两类。S 是置位端，R 是复位端。

2. 边沿检测功能块

边沿检测功能块用于对输入信号的上升沿边沿检测（R_TRIG）和下降沿边沿检测（F_TRIG）。在调用功能块时，分别为布尔输入的值。变量条件仅当检测到指定的边缘时为 TRUE，否则为 FALSE。

3. 计数器功能块

计数器功能块有加计数器、减计数器和加减计数器 3 种基本功能块。基本功能块用于计数的变量 PV 是整数数据类型，根据不同的整数类型数据，将计数器功能块类型化，分为双整数、长整数、无符号整数等类型计数器。

加计数器有 3 个输入变量，2 个输出变量。输入变量 CU 是上升沿触发的计数脉冲，它是边沿触发的脉冲信号，在图形形式表示中，可在矩形框该形式参数 CU 旁用 ">" 表示是上升沿触发脉冲信号。计数器的复位输入 R 用于将加计数器的计数值恢复到零。计数器的计数设定值由输入变量 PV 送入。每次计数脉冲上升沿，加计数器将计数值加 1，当计数值 CV 大于或等于设定值 PV 时，计数器输出被置 1。计数器当前计数值由 CV 输出。

示例：

```
         +-----------+
         |  CTU_INT  |
BOOL--->CU        Q|---BOOL
BOOL---|R          |
 INT---|PV       CV|---INT
         +-----------+
```

```
IF R
THEN CV:= 0;
ELSIF CU AND (CV <PVmax)
    THEN
    CV:= CV+1;
END_IF;
    Q:=(CV >= PV)
```

减计数器的工作原理与加计数器类似，3 个输入变量中，输入变量 CD 是上升沿触发的计数脉冲信号，计数器的设定值由 PV 输入变量送入。复位输入 LD 用于将减计数器的当前计数值恢复到计数设定值 PV。每次计数脉冲上升沿，减计数器将当前计数值 CV 减 1，当计数值小于或等于零时，减计数器的输出 Q 被置 1。减计数器的当前计数值由 CV 输出。

加减计数器有 5 个输入变量和 3 个输出变量。输入变量 CU 是加计数的脉冲信号，输入变量 CD 是减计数的脉冲信号。复位变量 R 用于将加减计数器当前计数值 CV 置为 0，复位变量 LD 用于将加减计数器当前计数值 CV 置为 PV。每次 CU 计数脉冲的上升沿使 CV 加 1，每次 CD 计数脉冲的上升沿使 CV 减 1。如果计数值 CV 大于或等于 PV，则输出变量 QU 被置 1，如果计数值 CV 小于或等于零，则输出变量 QD 被置 1。

4. 定时器功能块

定时器功能块包括脉冲定时器、接通延迟定时器和断开延迟定时器三类。脉冲定时器的工作过程：当输入 IN 变为 1 时，定时器开始计时，当当前计时时间 ET 等于设定时间 PT 时，定时器输出回到 0，即定时器输出 Q 的脉冲宽度等于设定时间 PT。接通延迟定时器的工作过程：当输入变量 IN 为 1 时，定时器开始计时，当前计时值 ET 作为定时器功能块的输出。当当前计时时间 ET 等于由输入变量 PT 输入的计时设定值时，定时器功能块才有输出 Q 为 1。当 IN 为 0 时，输出 Q 也回到 0。断开延迟定时器的工作过程：当输入变量 1N 为 1 时，定时器输出 Q 为 1，当输入变量 IN 回到 0 时，定时器开始计时，当前计时值 ET 作为定时器功能块的输出。当计时时间等于由输入变量 PT 输入的计时设定值时，定时器功能块才使输出 Q 为 0。

5. 通信功能块

标准通信功能块在 IEC 61131-5 定义，包括设备检验、轮询数据获取、程控数据获取、参数控制、互锁控制、程控报警、连接管理和保护。这些功能块可以在一个 IEC 61131-3 程序中以与其他功能块完全相同的方式控制和访问。

CONNECT，提供本地通道 ID，用于与远程设备通信。远程设备应该有一个唯一的名称。这个功能块提供的通道 ID 可以被其他通信功能块用来识别远程设备。

STATUS，轮询远程设备以获取设备验证信息。PLC 定期检查远程设备的状态，以确保远程 PLC 运行正常。

USTATUS，允许 PLC 接收远程设备的验证信息，包括其物理和逻辑状态。

READ，轮询远程设备以获取一个或多个变量的值。

WRITE，将一个或多个值写入远程设备中的一个或多个变量。可以指定一组变量名来标识远程设备中的变量。远程设备由从 CONNECT 块中获取的 R_ID 变量选择。

USEND，将一个或多个变量的值发送到远程应用程序中的 URCV 块。远程应用程序可以以正常方式使用转移到 URCV 功能块的值。R_ID 变量确保本地 USEND 块将值发送到远程设备中正确的 URCV 块。URCV 从关联的 USEND 块接收一个或多个变量的值。SEND 在远程设备中提供一个具有 RCV 块的联锁数据交换。

SEND，将一个或多个变量的值发送到一个远程 RCV 块，该 RCV 块对应于连接块中的通道 ID 和 R_ID 变量。远程 PLC 应用程序在接收到值后，加载一组值作为响应，然后返回给发送块。SEND 和 RCV 块是为本地和远程程序之间需要联锁和数据交换的应用程序提供的。

5.2.8.6　非标准功能块

在使用开发工具时会有更多功能块的定义。此外，第三方供应商开发新的功能块经常在互联网上提供。因此，在开始为某个特定目的编写程序之前，在编程工具库或在网上搜索一下可能会得到更多所需要的功能块。在 CODESYS 中可以通过下载库标准来访问标准功能块库，有些则可以在 OSCAT 上下载，它是一个包含超过 800 个库模块的软件包。OSCAT 是自动化技术开源社区的首字母缩写，它支持 CODESYS 之外的许多其他开发工具，包括西门子公司的 STEP 7 和菲尼克斯电气公司的 AUTOMATIONWORX Software Suite（PCWORX）。不仅可以找到上千个有用的函数和功能块，代码也是开源的。在 CODESYS 包含的库的 Util.lib 中，可以找到一个 PID 用于进程调节块，代码无法查看，但可看到变量声明和注释，以便了解如何使用该块。PID 功能块图形符号如下所示：

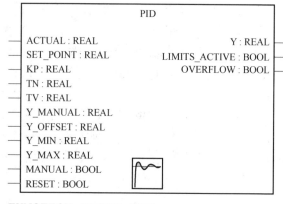

```
FUNCTION_BLOCK PID
VAR_INPUT
    ACTUAL:REAL;  (* 实际值 (PV 过程变量 )*)
    SET_POINT:REAL;  (* 期望值 , 设定值 *)
    KP:REAL;  (* 比例常数 P*)
    TN:REAL;  (* 积分时间 I,s*)
    TV:REAL;  (* 微分时间 D,s*)
    Y_MANUAL:REAL;  (* 只要 MANUAL=TRUE,Y 就被设置为这个值 *)
    Y_OFFSET:REAL;  (* 调节变量的偏移量 *)
    Y_MIN:REAL;  (* 被调节变量的最小值 *)
    Y_MAX:REAL;  (* 被调节变量的最大值 *)
    MANUAL:BOOL;  (*TRUE: 手动 :Y 不受控制器影响 ,FALSE: 控制器决定 Y*)
    RESET:BOOL;  (* 设置 Y 输出为 Y_OFFSET 并重置积分部分 *)
END_VAR
VAR_OUTPUT
```

```
        Y:REAL;  (* 调节量 *)
        LIMITS_ACTIVE:BOOL;  (*TRUE, 如果实际值超过 Y_MIN, 则 Y_MAX*)
        OVERFLOW:BOOL;  (* 积分超限 *)
    END_VAR
    VAR
        CLOCK:TON;
        I:INTEGRAL;  (* 库中的积分功能块 *)
        D:DERIVATIVE;  (* 库中的微分功能块 *)
        TMDIFF:DWORD;
        ERROR:REAL;
        INIT:BOOL:=TRUE;
        Y_ADDOFFSET:REAL;
    END_VAR
```

5.2.9　程序

在 IEC 61131-1 中，程序被定义为一种由所有编程语言元素和构造的逻辑集合，这些元素和构造是控制一台机器或 PLC 系统的过程所必需的信号处理，是最大的 POU，它能在资源层被声明。也就是，一个程序由地址、变量、常量、函数、功能块和控制结构以一种逻辑的方式组合在一起，这样它就构成了一个解决控制问题的可运行代码。在概念上，一个程序类似于功能块，程序的声明和使用与功能块相同。函数和功能块用于构成用户子程序，程序用于构成用户主程序，程序由程序类型定义，与功能块类似，它由输入变量、输出变量和内部变量等的声明段和程序的本体组成。在下面编程语言的部分能够很好地理解什么是程序，以及程序代码是如何用各种编程语言构造的。程序的声明和使用与功能块类似，由关键字 PROGRAM…END_PROGRAM 限定。

示例：

```
PROGRAM  AND_EDGE
    VAR_INPUT  X:BOOL  R_EDGE;
               Y:BOOL  F_EDGE;
    END_VAR
        VAR_OUTPUT  Z:  BOOL;    END_VAR
        Z:=  X  AND  Y;    (*ST 语言示例 *)
END_PROGRAM
```

程序可以包含访问路径的声明 VAR_ACCESS…END_VAR，提供了命名变量用于通信服务（IEC 61131-5）。

可以包含全局变量声明 VAR_GLOBAL…END_VAR、外部变量声明 VAR_EXTERNAL…END_VAR 和临时变量声明 VAR_TEMP…END_VAR。

程序只能在资源中实例化，而功能块只能在程序或其他功能块中实例化。程序的全局和内部变量声明中可以包含地址赋值，而不完整的直接表示的地址赋值只能用于内部变量。

一个程序可以调用其他程序。可以通过将代码分解为程序和功能块类型的几个 POU 来更好地构建应用程序，每个 POU 处理自己的控件部分。这在大型应用程序中很重要，并使代码的维护和结构更简单。另一个优点是，可以通过导入以前为其他项目开发的程序和功能块来重用代码段。当程序被调用时，值和变量的任何变化都将保留到下次程序被调用时。这与调用功能块不同，后者只更改功能块的当前实例中的变量。可以在一个程序中声明同一个功能块的几个实例。被更改的值只影响当前实例，因此，只有在对同一实例的下一个调用中才有效。

5.3 面向对象

面向对象（Object Orientation，OO）是编程语言中一个对现实世界理解和抽象的方法的概念，也称为面向对象编程（Object Oriented Programming，OOP）。在 IEC 61131-3 第 3 版中扩展了相关内容。引入了类、方法和接口及继承等新的语言元素和概念。适合类的每个特性也适合功能块类型。因此，所有类的语句对于功能块也有效，如果没有显式地声明，类是一组方法和一组变量的集合。变量和方法的可访问性是通过使用关键字 PUBLIC、PRIVATE、PROTECTED 和 INTERNAL 定义的。

5.3.1 类

类是为面向对象编程而设计的 POU。类是一组方法和一组变量的集合。一个类可以从另一个类派生，继承这个类的所有方法和所有数据。原始类通常被称为基类。原始类通常被称为基类。派生（子）类通常通过附加的方法扩展基（父）类。"基"类代表所有的父类，即父类及其父类等。

5.3.1.1 类的概念

类的目的是声明一个完整描述对象结构和行为的方法、操作和属性的集合。从类实例化的所有对象都具有与完整类描述符的属性匹配的属性值，并支持在完整类描述符中找到的操作。有些类可能不能直接实例化。这些类被称为抽象类，它们的存在只是为了让其他类继承和重用它们声明的特性。对象可以通过非抽象的子类成为抽象类的间接实例，但任何对象都不能是抽象类的直接实例。当一个类被实例化以创建一个新对象时，就会创建一个新的实例，该实例初始化时包含了在完整的类描述符中找到的每个属性的属性值。该对象还使用到完整类描述符中的方法列表的连接进行初始化。新对象的标识返回给创建者。

在一个结构良好的系统中，每个实例的身份是唯一的和自动的。一个类可以泛化到其他类，即类的完整类描述符是由它自己的段声明及其父类的段声明继承而来的。类间泛化意味着可替换性，只要需要超类（继承中的父类）的实例，就可以使用类的实例。

如果该类被指定为根类，则它不能是其他类的子类。类似地，如果它被指定为叶子类，则没有其他类可以成为该类的子类。类中声明的每个属性都具有可见性和类型。可见性定义了属性是否对任何类公开可用，是否只能在类及其子类中可用（受保护），是否可以在包含的包中使用，或者是否只能在类中使用（私有）。属性的作用域对象声明它的值是该类型的实例（子类型的实例）还是该类型本身的（子类型的）。

一个类应该在它的方法可以被调用或者它的变量可以被访问之前被实例化，即类实例化后才能使用。类实例称为对象（Object），即对象是类的一个实例（Instance）。一个类实例必须声明才能使用它的方法（算法）。也可以说，通过类定义的变量称作对象。变量和函数都是类的成员。类的成员变量称为属性（Property），类的成员函数称为方法。虽然类实例的数据可以从类外部进行读写操作，但操作类对象的首选方法是调用类对象上的方法。与功能块实例不同，类对象没有调用，只有对对象方法的调用。类不定义主体。一个类可以从另一个类派生，一个类可以实现接口。类不能用作基类。每个对象实例化一个包含类定义中定义的数据信息的数据结构。此对象可能包含附加信息，如对基类结构的引用或对代码的引用。在很多情况下，术语"类"与 FUNCTION_BLOCK 是同义词。

在 C#、C++、Java 和统一建模语言（UML）等编程语言中的术语"类"和"对象"，与 IEC 61131-3 第 3 版 PLC 编程语言中使用的术语功能块类型（Type）和功能块实例（Instance）相对应，即类（CLASS，=类的类型）对应功能块和类的类型（Type）；对象（Object，=类的实例）对应于功能块和类的实例（Instance）。如果没有其他声明，适用于类的每个特性也适用于功能块类型。因此，所有关于类的语句对于功能块也是有效的。

5.3.1.2　类声明的特性

语法：CLASS...END_CLASS，关键字 CLASS 后跟指定要声明的类的名称的标识符，终止关键字为 END_CLASS。

对变量的访问是用以下关键字之一定义的：PUBLIC（公共变量）、PROTECTED（受保护变量）、PRIVATE（私有变量）和 INTERNAL（内部变量）。PRIVATE 是只能从类内部访问的变量。PROTECTED 是可以从类及其派生类内部访问的变量。PUBLIC 是可以从任何地方访问的变量。INTERNAL 是可以从本地命名空间访问的变量。一般情况下建议不要使用 PUBLIC，限制使用受保护的使用方法访问变量。受保护的访问说明符是默认的。

通过 VAR...END_VAR 结构，指定类变量的名称和类型。变量可以初始化。VAR 部分（静态）中的变量可以声明为 PUBLIC。可以使用访问功能块输出的相同语法从类外部访问公共变量。RETAIN 或 NON_RETAIN 限定符可以用于类的内部变量。星号"*"可用于类内部变量的声明。

通过 VAR_EXTERNAL 结构声明的变量的值可以从类内部修改。

通过 VAR_EXTERNAL CONSTANT 常量结构声明的常量的值不能从类内部修改。

一个类可以支持其他类的继承来扩展基类。一个类可以实现一个或多个接口。其他功能块、类和面向对象的功能块的实例可以在变量段 VAR 和 VAR_EXTERNAL 中声明。

在类内部声明的类实例不应该使用与功能块相同的名称（同名作用域），以避免歧义。这个类与功能块有以下区别：

1）关键字 FUNCTION_BLOCK 和 END_FUNCTION_BLOCK 被 CLASS 和 END_CLASS 分别替换。

2）变量只在 VAR 部分声明。不允许使用 VAR_INPUT、VAR_OUTPUT、VAR_IN_OUT 和 VAR_TEMP。

3）类没有主体。一个类可以只定义方法。不能调用类的实例。只有类的方法可以被调用。方法的定义语法：METHOD...END_METHOD。

类实例的声明方式应与定义结构化变量的方式相同。当声明一个类实例时，类实例的公共变量的初始值可跟在赋值操作符后的圆括号中初始化列表方式赋值。没有在初始化列表中赋值的元素必须具有类声明的初始值。

示例 1：使用默认初始化的类实例声明

```
VAR
    MyCounter1:CCounter;
```

```
END_VAR
```
示例 2：类实例的声明及其公共变量的初始化
```
VAR
    MyCounter2:CCounter:=(m_iUpperLimit:=20000;
                          m_iLowerLimit:=-20000);
END_VAR
```

5.3.1.3　类声明示例

以下示例说明了类声明的特性及其用法。

示例：类声明

```
Class  CCounter
  VAR
    m_iCurrentValue:INT;   (*Default = 0*)
    m_bCountUp:BOOL:=TRUE;
  END_VAR
  VAR  PUBLIC
    m_iUpperLimit:INT:=+10000;
    m_iLowerLimit:INT:=-10000;
  END_VAR
METHOD  Count(*Only body*)
  IF(m_bCountUp AND m_iCurrentValue<m_iUpperLimit)THEN
      m_iCurrentValue:= m_iCurrentValue+1;
  END_IF;
  IF(NOT m_bCountUp AND m_iCurrentValue>m_iLowerLimit)THEN
          m_iCurrentValue:=m_iCurrentValue-1;
  END_IF;
END_METHOD
METHOD  SetDirection
  VAR_INPUT
    bCountUp:BOOL;
  END_VAR
  m_bCountUp:=bCountUp;
END_METHOD
END_CLASS
```

5.3.1.4　类变量的使用

示例：类将一个值缩放到预设的缩放因子和偏移量（线性方程）。比例系数是私有的。由于缩放的设置是通过一种方法来执行的，该方法检查了比例因子，只接受有效的比例因子，因此标度法 SCALE_VALUE 不需要在每次调用时检查因子。可以通过 GET_* 方法检索当前的扩展。

```
CLASS  SCALER
  VAR PRIVATE
```

```
        FACTOR:INT:= 1;
        OFFSET:INT;
    END_VAR
// 根据线性方程进行缩放
METHOD PUBLIC SCALE_VALUE:INT
    VAR_INPUT VALUE:INT; END_VAR
    SCALE_VALUE:= FACTOR*VALUE + OFFSET;
END_METHOD
METHOD  PUBLIC  SET_SCALING:BOOL
    VAR_INPUT
      SET_FACTOR:INT;
      SET_OFFSET:INT;
    END_VAR
    IF(0 = SET_FACTOR)THEN  // 无效的比例
      SET_SCALING:= FALSE;    // 不接受
    ELSE// 有效的比例
      FACTOR:= SET_FACTOR;
      OFFSET:= SET_OFFSET;
      SET_SCALING:= TRUE; // 接受
    END_IF
END_METHOD
METHOD PUBLIC GET_FACTOR:INT
    GET_FACTOR:= FACTOR;
END_METHOD
    METHOD PUBLIC GET_OFFSET:INT
      GET_OFFSET:= OFFSET;
    END_METHOD
END_CLASS
```

5.3.2　方法

对于 PLC 编程语言而言，方法在面向对象的编程中，是一组在类定义中定义的可选语言元素。方法可用于定义要对类实例数据执行的操作。

方法的内部数据在每次激活（调用）时都被动态初始化。通常，方法数据是在堆栈上创建的。由于方法调用可能是通过接口引用的虚调用，所以调用方只知道方法的外部接口。也就是说，只有输入、输出和输入/输出的堆栈空间可以由调用方分配，而局部变量必须由被调用方分配。

类数据可以看作是方法的额外输入（THIS-reference）。在继承的情况下，基类及其派生类可以使用相同的方法。因此，派生类需要具有与基类相同的内存布局。接口没有具体的方法实现，也没有定义任何数据。因此，从实现的角度来看，接口是方法的子集。接口提供了以一种共同的方式处理具有共同属性的不同功能块或类的可能性。接口只是一组方法原型。方法原型定义了一个方法的外部接口，其中包含了它的输入、输出和输入/输出，但不包含代码和临时变量。

5.3.2.1　签名

签名（signature）是一组明确定义方法参数接口标识的信息，该接口由方法的名称与所有参数的名称、类型和顺序（即输入、输出、输入 / 输出变量和返回值类型）组成。签名包括：方法的名称、返回值类型、变量名、数据类型和所有参数的顺序，即输入、输出、输入 / 输出变量。局部变量不是签名的一部分。VAR_EXTERNAL 和常数变量与签名无关。像 PUBLIC 或 PRIVATE 这样的访问说明符与签名无关。

5.3.2.2　方法声明和执行

一个类可以有一组方法。方法声明应符合下列规定：

1）这些方法是在类的范围内声明的。方法可以用任何一种编程语言定义。在文本声明中，方法列在类的变量声明之后。方法可以声明自己的 VAR INPUT、内部临时变量 VAR 和 VAR_TEMP、VAR_OUTPUT、VAR_IN_OUT 和方法返回值。关键字 VAR_TEMP 和 VAR 具有相同的含义，都允许用于内部变量（VAR 在函数中使用）。

2）方法声明应该包含以下访问说明符之一：PUBLIC、PRIVATE、INTERNAL 和 PROTECTED。如果没有给出访问说明符，默认情况下该方法为 PROTECTED。方法声明可以包含额外的关键字 OVERRIDE 或 ABSTRACT。

3）方法的实施应符合下列规定：当执行时，一个方法可以读取它的输入，并使用它的临时变量计算它的输出和返回值；方法的返回值分配给方法名；所有的方法变量和返回值就像函数的变量一样，都是临时的，这些值不会从一个方法执行到下一个方法。因此，方法输出变量的计算只能在方法调用的直接语境中进行。

4）每个方法和类的变量名应该是唯一的、不同的。不同方法的局部变量名称可能相同。所有的方法都有对类中声明的静态和外部变量的读 / 写访问权。所有的变量和返回值都可以是多值的，如数组或结构。正如函数定义的那样，方法返回值可以用作表达式中的操作数。

5）方法的算法可以访问它们自己的数据和类数据。当一个方法被执行时，它可以使用这个类中定义的其他方法。这个类实例的方法应该使用关键字"THIS"来调用。

示例 1：一个类的简化声明，该类有两个方法和方法的调用。

类（类型）和方法的声明：

```
CLASS name
VAR vars; END_VAR
VAR_EXTERNAL externals; END_VAR
METHOD name_1
VAR_INPUT inputs; END_VAR
VAR_OUTPUT outputs; END_VAR
END_METHOD
METHOD name_i
VAR_INPUT inputs; END_VAR
VAR_OUTPUT outputs; END_VAR
END_METHOD
END_CLASS
```

方法的调用：

// 返回值的用法：（返回值是可选的）

R1：= I.method1（inm1：= A，outm1 => Y）；

// 调用的用法：（没有声明返回值）

I.method1（inm1：= A，outm1 => Y）；

示例2：类计数器（CLASS　COUNTER）有两个方法来计数。方法 UP5 是如何调用同一个类的方法。

```
CLASS   COUNTER
VAR
        CV:UINT;                 // 计数器的当前值
        Max:UINT:= 1000;
END_VAR
        METHOD   PUBLIC   UP:UINT   // 整数计数
VAR_INPUT INC:UINT;
END_VAR   // 增量
VAR_OUTPUT QU:BOOL;
END_VAR   // 上限检测
IF  CV <= Max-INC         // 对当前值进行累加
        THEN  CV:= CV + INC;
        QU:= FALSE;  // 达到上限
    ELSE QU:= TRUE;    // 方法的返回值
END_IF
    UP:= CV;
END_METHOD
    METHOD PUBLIC UP5:UINT  // 计数到 9
VAR_OUTPUT QU:BOOL; END_VAR  // 达到上限
    UP5:= THIS.UP(INC:=9,QU => QU);    // 内部方法调用
END_METHOD
END_CLASS
```

5.3.2.3　方法调用表示

可以用文本语言和图形语言调用这些方法。在所有的语言表示中，方法的调用都有两种不同的情况。

1）类实例本身的方法的内部调用。方法名的前面应该有关键字"THIS"。这个调用可能由另一个方法发起。

2）对另一个类实例的方法的外部调用。方法名的前面应该有实例名和"."。这个调用可以由声明了实例的方法或功能块本体发出。语法如下：

A（）用于调用全局函数 A；THIS.A（）用于调用自己实例的方法；I1.A（）用于调用另一个实例 I1 的方法 A。

5.3.2.4　方法的文本调用表示

带有返回值的方法应作为表达式的操作数调用。没有返回值的方法不能在表达式中调用。该方法可以被称为正式方法或非正式方法。方法的外部调用还需要外部类实例的名称。方法的内部调用使用的是 THIS 而不是实例名。

示例 1：...class_instance_name.method_name（参数）

示例 2：...THIS.method_name（参数）

示例 3：完整的正式调用，如果在调用中需要 EN/ENO，则使用这种方法。

```
A:= COUNTER.UP(EN:= TRUE,INC:= B,
START:= 1,ENO=>%MX1,QU => C);
```

示例 4：不完整的正式调用，如果在调用中不需要 EN/ENO，则使用这种方法。

```
A:= COUNTER.UP(INC:= B,QU => C);
```

START 变量的默认值为 0。

示例 5：非正式调用。

```
A:= COUNTER.UP(B,1,C);
```

这个调用相当于示例 3，但没有 EN/ENO。

5.3.2.5　方法的使用

与没有方法的经典功能块相比，类提供了更多构造代码的可能性。一个经典的功能块被限制为一个函数体，可以看作是一个方法，而一个类可以包含任意数量的方法。方法可以被描述为具有特殊访问类变量的函数。方法本身包含临时输入、输出和局部变量。使用方法最重要的是可降低代码的复杂性。如果功能块的主体超过了一定的复杂性，将代码划分为方法并使用面向对象的功能块或类而不是传统的功能块的标志。通常并不是功能块的所有代码都在每个循环中执行。在某些情况下，只执行了代码的一个部分。例如，可能有一个初始化阶段和一个循环阶段，这两个阶段有不同的代码，可在这两个阶段用两种不同的方法，以避免程序错误，如 CTUD 计数器功能块在一个块里同时具有加计数和减计数代码，两者是互斥的，可能会发生程序运行错误，并难以消除。面向对象的实现可以引入复位（Reset）、加载（Load）、减计数（Count_Down）、加计数（Count_Up），从而避免发生错误。

示例：

```
(*Call of a traditional instance*)
CTUD_instance(Load:= bStart,Reset:= bStart,PV:= 200,
                  CU:= bUp,CD:=NOT(bUp),
                  QU =>up_reached,QD =>down_reached);
(*Call of an OO-instance*)
IF bStart THEN
       CTUD_OO_Instance.Reset();
        CTUD_OO_Instance.Load(200);
ELSE
IF bUp THEN
    up_reached:= CTUD_OO_Instance.Count_Up();
ELSE
    down_reached:= CTUD_OO_Instance.Count_Down();
END_IF
END_IF
```

从面向对象功能块派生出来的 CTUD 标准功能块如下：

```
FUNCTION_BLOCK  CTUD  EXTENDS  CTUD_OO
```

```
VAR_INPUT
    CU,CD:BOOL R_EDGE;
    Reset,LOAD:BOOL;
    PV:INT;
END_VAR
VAR_OUTPUT
    QU,QD:BOOL;
    CV:INT;
END_VAR
IF Reset THEN Reset();
ELSIF LD THEN
    Load(PVin:= PV);
ELSE
IF NOT(CU AND CD)THEN
    QU:= Count_Up(CU:= CU);
    QD:= Count_Down(CD:= CD);
END_IF;
END_IF;
    PV:= m_PV;
    CV:= m_CV;
END_FUNCTION_BLOCK
```

由上可见，面向对象方法有几个优点。首先是面向对象的派生块不太复杂。在面向对象实现中避免了一个混淆的来源：它不可能在输入 CU 和 CD 都为真的情况下调用功能块。面向对象功能块需要的变量也更少。然而，在使用时，标准功能块仍然显示出一些优势。特别是在图形语言中，调用一个功能块的实例更容易处理。这两种方法都是可行的解决方案。但在一些情况下考虑传统的和面向对象的同一功能块类型的变量的处理方法会很有用。

5.3.3　类继承

要理解继承，首先需要理解完整描述符和段描述符的概念。完整描述符是描述对象或其他实例所需的完整描述。它包含了对象所包含的所有属性、关联和操作的描述。段是实际声明的建模元素，包括类元素和其他可泛化的元素。完整描述符包含它自己的段描述符，段描述符是其中的一个数据结构项，由编译器创建，如果一个可泛化的元素没有父元素，那么它的完整描述符就和它的段描述符一样。泛化是描述实例之间的一般事物与该事物中的特殊种类之间的关系，泛化关系是父类与子类之间的关系。

5.3.3.1　实例化的概念

在面向对象语言中，建模的目的是描述系统的可能状态及其行为。系统的状态包括对象、值和链接。每个对象都由完整的类描述符描述。与这个描述符对应的类是对象的直接类。如果一个对象不是由单个类（多个分类）完全描述的，那么在不相关（通过泛化）类的最小集合中，其联合完全描述该对象的任何类都是该对象的直接类。类似地，每个链接都有一个直接关联，每个值都有一个直接数据类型。这些实例中的每一个都是派生出完整描述符的分类器的直接实例。实例是分类器或其任何父类的间接实例。对象的数据内容包括其完整类描述符中的每个属性的一个值，该值必须与属性的类型一致。链接的数据内容包括一个包含实例列表的元组，实例列表是完整关联描述符中每个参与者分类器的间接实例。实例和链接必须遵守它们作为实例的完整描述符的任何约束（包括显式约束和内置约束，比如多重性）。如果系统中的每个实例都是系统模型中某个元素的直接实例，并且实例满足了模型施加的所有约束，那么系统的状态就是有效的系统实例。

5.3.3.2　继承的概念

在面向对象语言中，数据结构的完整描述符是直接声明的。对象的描述由使用继承组合而成的增量段构建而成，以生成对象的完整描述符。段是在模型中实际声明的建模元素。它们包括 CLASS 等元素和其他可泛化的元素。每个可泛化元素都包含一组特性和其他关系，这些特性和关系是它从父类那里继承来的。继承机制定义了完整的描述符如何从一组由泛化连接的片段中产生。完整的描述符是隐式的，但是它们定义了实际实例的结构。每种可泛化元素都有一组可继承的特征。对于任何模型元素，这些都包括约束。

对于分类器来说，这些包括特征（属性、操作、信号接收和方法）和参与关联。可泛化元素的父类是它的父元素（如果有的话）以及它们的所有父类。对于名称空间，如带有嵌套声明的包或类，名称空间的公共内容或受保护内容对该名称空间的后代可用。如果一个可泛化的元素没有父元素，那么它的完整描述符就和它的段描述符一样。如果一个可泛化元素有一个或多个父元素，那么它的完整描述符包含它自己的段描述符和它所有父类的段描述符的特征的并集。

对于一个分类器，具有相同签名的任何属性、操作或信号都不能在多个段中声明，即它们不能被重新定义。一个方法可以在多个段中声明。在任何段中声明的方法将取代并替换在任何父类中声明的具有相同签名的方法。如果两个或两个以上的方法仍然存在，那么它们就会发生冲突，并且模型是不正确的。完整描述符的约束是段本身和它所有父类的约束的并集。如果它们中的任何一个是不一致的，那么这个模型是不正确的。在任何分类器的完整描述符中，每个方法都必须有相应的操作。在一个具体的分类器中，它的完整描述符中的每个操作都必须在完整描述符中有一个对应的方法。

对于 PLC 编程语言而言，面向对象编程中定义的继承概念是创建新元素的一种方式。类的继承（使用 EXTENDS、SUPER、OVERRIDE、FINAL）如图 5-9 所示。

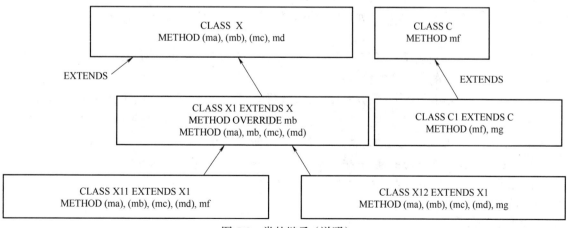

图 5-9　类的继承（说明）

基于现有的类，可以派生一个或多个类，可被多次重复。不支持多重继承。派生（子）类通常通过附加的方法扩展基（父）类。一个类可以使用关键字从一个已经存在的类（基类）派生延伸，如 CLASS X1 EXTENDS X；。

5.3.3.3　接口

接口的目的是收集一组操作，这些操作构成由分类器提供的一致服务。接口提供了一种划分和描述操作组的方法。接口只是带有名称的操作的集合。它不能直接实例化。可实例化的分类器，如 CLASS 或实例，可以使用接口来指定它们的实例提供的不同服务。几个分类器可以实现相同的接口。它们必须至少包含与接口中包含的操作相匹配的操作。操作的规范包含操作的签名（即操作的名称、参数的类型和返回类型）。

接口并不意味着实现分类器的任何内部结构。如它没有定义使用哪个算法来实现一个操作。然而，操作可以包括对其调用效果的说明。规范可以通过几种不同的方式来实现，如使用前置和后置条件、伪代码或纯文本。每个操作都声明它是应用于声明它的分类器的实例，还是应用于分类器本身，如类的构造函数（ownerScope），还表明其应用程序是否将修改实例的状态（isQuery），以及声明是否所有类都必须具有相同的操作实现（isPolymorphic）。接口可以是由泛化表示的其他接口的子接口，即提供接口的分类器不仅必须提供在接口中声明的操作，还必须提供在接口的父类中声明的操作。如果指定接口为根，则不能作为其他接口的子接口。类似地，如果它被指定为叶子，则没有其他接口可以作为该接口的子接口。

5.3.3.4　扩展基类规则

1）派生类无需进一步声明就继承其基类的所有方法（如果有），但也有例外，即 PRIVATE 方法不被继承，INTERNAL 方法不会在命名空间之外继承。

2）派生类继承其基类的所有变量（如果有）。一个派生类只继承一个基类，不支持多继承。一个类可以实现（使用关键字 IMPLEMENTS）一个或多个接口。

3）派生类可以扩展基类，除了继承基类的方法和变量之外，派生类可以有自己的方法和变量，从而创建新的功能。

4）用作基类的类本身可以是派生类。然后，它还将继承的方法和变量传递给派生类。这可以重复多次。如果改变基类的定义，所有的派生类（及其子类）也会改变它们的功能。

5.3.3.5　继承的使用

继承是在不复制代码的情况下重用代码的可能性。一个类通过使用关键字 EXTENDS 派生自另一个类。派生类包含基类的所有变量和方法，可以添加新的变量和方法，也可以覆盖基类的一些方法。

虽然继承是面向对象编程的特征之一，但由于派生类比其他类拥有更多关于基类的信息，因此继承与信息隐藏的原则相冲突。

一个类如果想要使用另一个类的代码，最好使用类的本地实例，而不是从该类继承。继承允许一个类仅从一个基类派生。组合或接口的使用允许从多个来源设计类。然而，在某些情况下，使用继承可能是合理的，特别是使用来自抽象基类的继承。

示例：基类功能块 ETrig（边沿触发）。

```
FUNCTION_BLOCK  ABSTRACT  ETrig
VAR_INPUT
    xExecute:BOOL;
END_VAR
```

```
VAR_OUTPUT
   xDone:BOOL;
   xBusy:BOOL;
   xError:BOOL;
END_VAR
VAR
   xPrevious Execute:BOOL;
    xPreviousAbortIn Progress:BOOL;
     xAbortIn Progress:BOOL;
END_VAR
METHOD PROTECTED ABSTRACT CyclicAction// 实现必须适当地设置变量 xDone
和 xError
END_METHOD
   METHOD PROTECTED ABSTRACT ResetOutputs
END_METHOD
   METHOD PROTECTED ABSTRACT Start
END_METHOD
   METHOD PROTECTED ABSTRACT Abort
END_METHOD
   IF NOT xAbortIn Progress THEN
      IF NOT xBusy THEN
         IF NOT xExecute AND xPrevious Execute THENResetOutputs();
ELSIF xExecute AND NOT xPrevious Execute THEN
      xBusy:= TRUE;
      xPrevious Execute:= TRUE;
      Start();
END_IF
END_IF
IF xBusy THEN
   CyclicAction();
   IF xDone THEN
   xBusy:= FALSE;
END_IF
END_IF
   IF xBusy THEN
   IF xError AND NOT xPreviousAbortIn Progress THEN
   xAbortIn Progress:= TRUE;
END_IF
END_IF
END_IF
```

```
IF xAbortIn Progress THENAbort();
IF NOT xAbortIn Progress THENxBusy:= FALSE;
END_IF
END_IF
    xPreviousAbortIn Progress:= xAbortIn Progress;
END_FUNCTION_BLOCK
```

这个功能块被指定为所有具有类似行为的功能块的抽象基，在输入的上升沿事件上启动功能块，运行一个或多个周期，完成后在输出上产生上升沿。从这个基类派生的功能块必须实现抽象方法 CyclicAction、ResetOutputs、Start 和 Abort，它必须触发变量 xDone（如果操作成功完成）和 xError（如果操作无法完成），在主体中，派生功能块必须调用基功能块的主体。派生功能块不必关心状态机，因为状态机的实现是在基类中实现的。因此，ETrig 派生功能块的行为总是相同的。例如，如果循环动作可以在一个周期内完成，那么功能块将在一个周期内完全执行，并在同一个周期内产生完成信号，而不会丢失处于忙碌状态的周期。多个连接的 ETrig 派生功能块可以在同一个周期内执行。

关于类的详细内容详见 IEC 61131-3：2013 的 6.6 节。

5.4　文本编程语言

IEC 61131-3：2013 标准定义的文本语言包括结构化文本（ST）编程语言和指令表（IL）编程语言两种。顺序功能图（SFC）可以与这两种语言中的任何一种一起使用。

5.4.1　常用编程语言元素（关键字）

表 5-14 中的程序结构元素对文本语言是共用的。

表 5-14　常用的文本元素（关键字）

关键字	描述	关键字	描述
PROGRAM END_PROGRAM	程序段开始 程序结束	VAR_CONFIG END_VAR	用于初始化符号表示的变量和位置
FUNCTION END_FUNCTION	函数段开始 函数段结束	METHOD END_METHOD	方法声明
FUNCTION_BLOCK END_FUNCTION_BLOCK	功能块段开始 功能块段结束	TYPE END_TYPE	数据类型段开始 数据类型段结束
VAR END_VAR	内部变量段开始 变量段结束	STRUCT END_STRUCT	结构体开始 结构体结束
VAR_INPUT END_VAR	输入变量段开始 变量段结束	IF THEN EISIF ELSE END_IF	IF 语句 IF 语句结束
VAR_OUTPUT END_VAR	输出变量段开始 变量段结束	CASE OF END_CASE	CASE 语句 CASE 语句结束
VAR_IN_OUT END_VAR	输入/输出变量段开始，结束	FOR TO BY DO END_FOR	FOR 循环语句 FOR 循环语句结束

（续）

关键字	描述	关键字	描述
VAR_GLOBAL END_VAR	全局变量段开始，结束	REPEAT UNTIL	REPEAT 循环语句
		END_REPEAT	REPEAT 循环语句结束
VAR_EXTERNAL END_VAR	访问路径可指定方向： READ_WRITE READ_ONLY（默认）	WHILE DO END_WHILE	WHILE 循环语句
VAR_TEMP END_VAR	访问路径可指定方向： READ_WRITE READ_ONLY（默认）	RETURN	跳转返回符
		CONSTANT	常数变量
VAR_ACCESS END_VAR	用于远程访问	ARRAY OF	数组
		AT	直接地址
STEP END_STEP	SFC 语言的步结构	POINTER TO	指针
		EN，ENO	使能输入 / 输出
TRANSITION END_TRANSITION	SFC 语言的有向连线	TRUE	逻辑 1
		FALSE	逻辑 0
ACTION END_ACTION	SFC 语言的动作结构	NAMESPACE END_NAMESPACE	命名空间

5.4.2　结构化文本（ST）编程语言

IEC 61131-3：2013 标准定义的结构化文本（Structured Text，ST）编程语言是从 Pascal 编程语言中派生出来的，类似于 C 语言。Pascal 和 C 语言是基于 PC 的一种块结构的高级编程语言。ST 语言共享 IEC 61131-3 公共元素。变量和函数调用由公共元素定义，因此可以在同一程序中使用 IEC 61131-3 标准中的不同语言。ST 语言被称为高级语言，是因为它不使用低级的、面向机器的操作符（IL 语言），而是用抽象语句，以非常压缩的方式描述复杂的功能。ST 语言与 IL 语言相比，优点是压缩编程量，在语句块中消除程序的构造，以强大的结构来控制命令流。机器代码的翻译不受用户的直接影响，因为它是通过编译器自动执行的。但高度的抽象可能导致效率的损失（编译后的程序通常更长），速率取决于编译器的效率。

5.4.2.1　结构化文本（ST）编程语言的特点与规则

ST 编程语言编写的程序是结构化的，求值时，生成对应于其中一种数据类型的值。表达式由操作符和操作数组成。一个操作数应该是一个文字、一个枚举值、一个变量、一个函数调用的返回值，方法调用的返回值，功能块实例调用的返回值或其他表达式。ST 语言不包括跳转指令（GOTO），因为跳转指令是非结构化程序。不过，所有的条件跳转可以通过一个 IF 语句结构编程。然而，由于特定的 PLC 环境，如其有实时性要求，跳转可能会提高效率，快速离开复杂的嵌套语句，例如，在发现错误条件后。

1）ST 算法分为几个步骤（语句）。语句用于计算和赋值、控制命令流及调用或离开 POU。一个 ST 程序由许多语句组成。通过条件语句实现程序的分支。在 ST 编程语言中的语句用分号"；"分隔，一个语句的结束用一个分号"；"。一个语句可以分成几行编写，也可将几个语句编写在同一行，只需在语句结束用分号"；"分隔即可。分号表示一个语句的结束，换行的结尾在语法上被解释为空格。

2）在 ST 编程语言的语句中可以有注释，注释用圆括号和星号（＊注释＊）构成。一个语句中可有多个注释，但注释符号不能嵌套，即不能用（＊（＊注释＊）＊）。注释可以设置在语句的任意空格位置，其内容部分也可包含空格，如 A：= B（＊湿度＊）+ C（＊温度＊）;

3）ST 编程语言中的基本元素是表达式。操作符用于表达式内操作数的逻辑操作。操作符应采用表 5-15 中定义的操作符及优先级。语句规则见表 5-16。语句中结合几个变量和 / 或函数调用来产生一个值的那部分称为表达式。表达式产生语句处理所需的值。表达式由操作数和关联操作符组成。表达式值可以由单个操作数生成，也可以由多个操作数上的逻辑操作结果生成。操作数可以由以下几种组成：

① 文字，包括数字、字母、数字字符和时间等，如 10，'abcdef'，t#3d_7h 等。

② 变量，单 / 多元素变量，如 Var1，Var［1，2］，Var1.Substruc 等。

③ 函数调用，更准确地说是函数的返回值，如 FunName（Par1，Par2，Par3），10 + 20。

4）表达式中应首先使用优先级最高的操作符，然后是下一个优先级较低的操作符，以此类推，直到求值完成。例如，如果 A、B、C 和 D 的类型为 INT，值分别为 1、2、3 和 4，则 A+B−C*ABS（D）计算返回值为 −9，（A+B−C）*ABS（D）计算返回值为 0。相同优先级的操作符应按表达式中从左到右的顺序使用。例如，A+B+C 等于（A+B）+C。理解表达式对于理解 ST 语句是如何工作的至关重要。

5）当一个操作符有两个操作数时，最左边的操作数应首先求值。例如，在表达式 SIN（A）*COS（B）中，先求表达式 SIN（A），然后是求 COS（B），最后是乘积的求值。

6）对布尔表达式的求值，只需在需要确定的范围内求值，以简化程序的执行。例如，对于表达式（A>B）&（C<D），它是充分的，如果 A<=B，仅求值（A>B），即可确定表达式的值为 FALSE。如果 A > B，则表达式（A>B）或（C<D）的求值只需计算（A>B）即可确定返回值为 TRUE。

7）函数和方法可以作为表达式的元素被调用，表达式由函数或方法名和圆括号括起来的参数列表组成。

8）如果支持 CONTINUE 或 EXIT 语句（表 5-16 语句 9 或 10），那么实现中支持的所有迭代语句（FOR、WHILE，REPEAT）都应该支持它。如果函数、功能块类型或方法提供了一个返回值，而调用不在赋值表达式中，则返回值将被丢弃。与函数调用（即表达式）不同，功能块调用（表 5-16 语句 2b）是一条语句。它没有返回值，因此，在表达式中不允许功能块调用。

表 5-15　ST 编程语言的操作符

编　　号	操 作 描 述	符　　号	示　　例	级　　别
1	圆括号（）	（表达式）	（A+B/C），（A+B）/C，A/（B+C）	11（最高级）
2	功能和方法的返回值求值——如果声明了返回值	标识符（参数表）	LN（A），MAX（X，Y），myclass.my_method（x）	10
3	解引用	^	R^	9
4	负	−	−A，− A	8
5	正	+	+B，+ B	8

（续）

编　　号	操 作 描 述	符　　号	示　　例	级　　别
6	补	NOT	NOT C	8
7	求幂	**	A**B, B ** B	7
8	乘	*	A*B, A * B	6
9	除	/	A/B, A / B / D	6
10	模运算（求余）	MOD	A MOD B	6
11	加	+	A+B, A + B + C	5
12	减	–	A–B, A – B – C	5
13	比较	<, >, <=, >=	A<B, A < B < C	4
14	相等	=	A=B, A=B & B=C	4
15	不等	<>	A<>B, A <> B	4
16a	布尔与	&	A&B, A & B, A & B & C	3
16b	布尔与	AND	A AND B	3
17	布尔异或	XOR	A XOR B	2
18	布尔或	OR	A OR B	1（最低级）

表 5-16　ST 编程语言的语句

编　　号	描　　述	示　　例
1	赋值；变量：= 表达式	
1a	变量和基本数据类型的表达式	A：= B；CV：= C V+1；C：= SIN（X）；
1b	变量和不同基本数据类型的表达式，隐式类型转换	A_Real：= B_Int；
1c	自定义变量和表达式	A_Struct 1：= B_Struct1；C_Array 1：= D_Array1；
1d	功能块类型实例	A_Instance 1：= B_Instance 1；
	调用	
2a	函数调用	FCT（17）；
2b	功能块调用和功能块输出用法	CMD_TMR（IN：=bInl, PT：= T#300ms）； A：= CMD_TMR.Q；
2c	方法调用	FB_INST.M1（17）；
3	返回	RETURN
	选择	
4	IF... THEN... ELSIF... THEN... ELSE...END_IF	D：= B*B–4*A*C； IF D < 0.0 THEN NROOTS：= 0； ELSIF D = 0.0 THEN NROOTS：= 1； X1：=-B/（2.0*A）； ELSE NROOTS：= 2； X1：= (-B + SQRT (D)) / (2.0*A)； X2：= (-B-SQRT (D)) / (2.0*A)； END_IF

（续）

编　号	描　　述	示　　例
5	CASE...OF ... ELSE... END_CASE	TW: = BCD_TO_INT (THUMBWHEEL); TW_ERROR: = 0; CASE TW OF 1, 5: DISPLAY: =OVEN_TEMP; 2: DISPLAY: = MOTOR_SPEED; 3: DISPLAY: = GROSS_TARE; 4, 6..10: DISPLAY: =STATUS (TW-4); ELSE DISPLAY: = 0; TW_ERROR: = 1; END_CASE; QW100: =INT_TO_BCD (DISPLAY)
	循环	
6	FOR...TO...BY...DO ... END_FOR	J: = 101; FOR I: = 1 TO 100 BY 2 DO IF WORDS [I] ='KEY' THEN J: = I; EXIT; END_IF; END_FOR
7	WHILE...DO ... END_WHILE	J: = 1; WHILE J <= 100&WORDS [J] <>'KEY' DO J: = J+2; END_WHILE
8	REPEAT... UNTIL... END_REPEAT	J: =-1; REPEAT J: = J+2; UNTIL J = 101 OR WORDS [J] ='KEY' END_REPEAT
9	CONTINUE	J: = 1; WHILE (J <= 100 AND WORDS [J] <>'KEY') DO ..IF (J MOD 3 = 0) THEN CONTINUE; END_IF; (*if j=1, 2, 4, 5, 7, 8, ...then this statement*); ... END_WHILE
10	EXIT	见本表编号 6

5.4.2.2 运算规则

表 5-15 中规定的运算符有等同的标准函数，如取幂、乘法等，它们必须遵守关于输入参数的数据类型和函数返回值的值/类型的规则，例如，表达式 x+y 和标准函数 ADD（x，y）是等价的。

如果一个表达式包含多个运算符，应根据优先级规则确定表达式部分求值的顺序。下面是按优先级顺序处理操作符的示例。

示例：（115-（15 + 20*2））MOD 24 MOD 10 + 10

在表达式中，运算符的执行顺序见表 5-15。先计算括号内最里面的表达式，因为括号的优先级最高：

计算乘法：20*2 = 40，计算加法：15 + 40 = 55。

计算下一级括号：计算减法：115–55 = 60。

计算模运算符：60 MOD 24 = 12。

如果一个表达式包含几个具有相同优先级的操作符，则从左到右对它们进行处理。计算 60 MOD 24 MOD 10 = 2。操作符的操作数从左到右进行处理。首先，计算"+"号左边的表达式，即计算（115–（15 + 20*2））MOD 24 MOD 10，计算结果为 2。然后，计算"+"号右侧的表达式：+10。最终，计算结果为 12。该值的数据类型取决于"：="左边的变量。该变量必须是泛型 ANY_INT 的数据类型。括号不仅可以用来定义特定的处理序列，还可以增加复杂表达式的可读性。此外，使用括号可以避免对优先级的错误假设。

函数调用由函数名和它的形参列表组成，形参列表由逗号和圆括号分隔。可以使用正式的形参列表，也可以使用实际的形参列表。因为一个正式的参数列表包括每个参数的名称（：=）（输入参数）和它的实际值（=>）（输出参数），形参的序列是任意的。参数可以省略，并提供默认值。实际参数列表仅由逗号分隔的实际值组成。在这种情况下，所有的形参必须在它们的正确序列中出现，即函数声明中定义的函数形参的序列。下面的示例是调用带有实际参数的标准函数 ADD、带有形参的 LIMIT 和带有附加输出参数的 USERFUN。示例：ADD（1，2，3）；（*没有形参的实际参数*），LIMIT（MN：= 0，MX：= 10，IN：= 4）；（*形参，序列无关*），USERFUN（OutP1：=10，OutPar=>Erg）；（*用户函数，1 个输入参数、1 个功能值（返回值）和一个增加的输出参数*）。

除了标准函数，用户自定义函数也允许作为操作符。与功能块调用（语句）不同，函数调用是表达式。函数只返回一个结果，连同可选的输出参数。当提供相同的输入参数时，函数总是返回相同的返回值和输出参数值。禁止在函数中使用全局变量。

5.4.2.3　赋值语句（比较、返回值、调用）

ST 编程语言中的语句有赋值语句、函数和功能块控制语句、选择语句和循环语句，它们以分号"；"作为语句的结束标志。

赋值语句用表达式求值的返回值替换单个或多个元素变量的当前值（在操作符的左侧）。一个赋值语句由变量引用、赋值操作符"：="和待求值的表达式组成，即赋值语句格式为变量：= 表达式，其中，"：="表示赋值操作符。例如，语句 A：= B；表示将右边的计算值赋给左边的标识符。

如果变量 B 和变量 A 都是 INT 类型，或者变量 B 可以隐式转换为 INT 类型，则可以用变量 B 的当前值替换变量 A 的单个数据值。

如果 A 和 B 是多元素变量，则 A 和 B 的数据类型应相同。在本例中，变量 A 的元素被变量 B 的元素值替换。类型赋值"：="语句示例如下：

```
TYPE MulVar:STRUCT Var1:INT; Var2:REAL; END_STRUCT; END_TYPE
    VARd:INT;
        e:ARRAY [0..9] OF INT;
        f:REAL;
        g:MulVar(Var1:=10,Var2:= 2.3);
        h:MulVar;
```

```
        END_VAR
        d:= 10;  (* 赋值 *)
        e [0] := d**2; h:= g;  (* 一行中有两个赋值 *)
        d:= REAL_TO_INT(f);  (* 赋值对函数调用求值 *)
```

示例中的第一次赋值将值10存储在变量d中。下一条语句将值100赋给数组e的第一个元素。将存储在g中的所有值赋给多元素变量h（Var1为10，Var2为2.3）。使用赋值时，重要的是要记住数据类型的兼容性。如果赋值的左边和右边有不同的数据类型，则需要一个类型转换函数来避免数据类型冲突。在函数体中，将表达式求值的结果赋值给函数名的赋值语句是必须的。函数的数据类型必须与表达式结果的数据类型匹配。在函数返回之前执行的最后一个赋值是函数的返回值。

带有返回值赋值的函数定义和函数调用的示例（MulVar的类型定义见上例）如下：

```
FUNCTIONXyz:MulVar
        VAR_INPUT Factor1,Factor2:INT; END_VAR
        VAR_TEMP Tmp:MulVar; END_VAR
        Tmp.Var1:= 10*Factor1;
        Tmp.Var2:= 4.5*INT_TO_REAL(Factor2);
        Xyz:= Tmp;
END_FUNCTION
Callof functionXyz:
...
    VAR i:INT; z:MulVar; END_VAR
    z:= Xyz(20,3);
    i:= z.Var1;
...
```

1. 比较

比较语句返回一个布尔类型的返回值。比较运算符应该包括左边的变量引用、接着是比较运算符和右边的变量引用。变量可以是单元素或多元素变量。

例如，比较A = B。如果变量A和变量B的数据类型相同，或者其中一个变量可以隐式转换为另一个变量的数据类型，则可以使用变量A=B的值来比较变量A和变量B的值。如果A和B是多元素变量，则A和B的数据类型应相同。在本例中，将变量A的元素值与变量B的元素值进行比较。

2. 返回值

赋值也可用于为函数、功能块类型或方法的返回值赋值。如果为这个POU定义了一个返回值，那么至少需要对这个POU的名称进行一次赋值。返回的值应是此类赋值的最新返回值。如果求值后返回的ENO值为FALSE或不存在ENO输出，则返回错误，除非至少进行了一次这样的赋值。

3. 调用

函数、方法和功能块控制语句由调用此POU的机制组成，以及将控制返回到调用POU的实体（函数、方法或功能块），即分为（函数、方法、功能块）调用和返回控制两个语句的机制。函数调用本身不是语句，但可以在表达式中作为操作数使用。

　　调用另一个功能块类型的 POU，包括它的参数：="输入参数"，"输出参数"=>，离开当前的 POU 并返回到调用 POU。

　　函数应该通过一个由函数名和圆括号括起来的参数列表组成的语句来调用，见表 5-16，并遵守 5.2.7 节中定义的函数调用规则和特性。

　　示例：FBName（Par1：=10，Par2：=20，Par3：=>Res）；

　　功能块应该由一个语句来调用，该语句由功能块实例的名称和带圆括号的参数列表组成，见表 5-16。

　　方法应该由一个由实例名后面跟着的语句来调用，即实例名后面跟着的点"."+方法名+圆括号中的参数列表。

　　RETURN 返回语句有提前退出函数、功能块或程序的功能，例如，作为 IF 语句求值的结果。对于函数，必须在执行 RETURN 语句之前对具有函数名称（函数值）的变量进行赋值。如果功能块的输出参数没有在功能块中赋值，它们有其数据类型的初始值，或前一次写访问期间存储的值。

　　使用 RETURN 在到达被调用的 POU 的末尾之前返回到调用 POU 的示例如下：

```
...
(*if variable x less than y,exit POU*)
IF x < y THEN RETURN; END_IF;
...
```

　　在 ST 编程语言中，功能块是通过它的名字和圆括号中的参数列表激活的。参数由形参名称和通过"："赋值的实际值组成。对于输出参数，赋值是通过"=>"完成的。参数赋值的顺序是不相关的。如果忽略了参数，那么功能块使用该数据类型的默认初始值，如果这是对该功能块的第一次调用，或者在前一次调用中分配的值。在 ST 语言中也可以通过实际参数调用，传递的实际值用逗号分隔。

　　给输出参数赋值的功能块定义和功能块调用的示例如下：

```
FUNCTION_BLOCK FbType
    VAR_INPUT
        VarIn:INT,VarH:INT:= 1;
    END_VAR
    VAR_OUTPUT VarOut:INT:= 5;
    END_VAR
    IF(VarIn>VarH)THEN
        VarOut:= 10;
    END_IF;
END_FUNCTION_BLOCK
Call of FB Fb Name:
...
VAR FbName:Fb Type; RES:INT;
END_VAR
    FbName(); (*FbName.VarOut == 5*)
    FbName(VarIn:= 3,VarOut=>Res);
```

```
(*Alternative call:FbName(3,1,Res*)
(*FbName.VarOut == 10,copied to RES*)
```
...

5.4.2.4 选择语句（IF、CASE）

选择语句包括 IF 和 CASE 语句。根据规定的条件选择表达式来确定执行它所组成的语句之一。根据指定的条件执行。表 5-16 给出了示例。

1. IF 选择语句

通过布尔表达式选择备选项。IF 选择语句中，只有关联的布尔表达式的值为 TRUE 的一组语句被执行。如果条件为 FALSE，则不是没有语句被执行，而是在 ELSE 关键字（或 ELSIF 关键字）所示条件中的一组语句被执行。IF 选择语句的格式如下：

```
IF      表达式1    THEN    语句组1;
ELSIF   表达式2    THEN    语句组2;
ELSE    语句组;
END IF;
```
示例如下：
```
IF  d < e
THEN f:=1;
ELSIF d=e  THEN  f:=2;
ELSE f:= 3;
END_IF;
```

2. CASE 选择语句

如果需要进行多次比较，得出不同的结果，则应该考虑使用 CASE 语句，而不是嵌套的 IF 语句。CASE 基于测试整数（INT，SINT，UINT，USINT）的值或枚举数据类型的内容（见 5.1.3.4 节）。根据整数或枚举变量的值执行各种指令或语句。与嵌套的 IF 语句相比，使用 CASE 的好处是有更多的指令可以与一个相同的条件测试相关联。CASE 选择语句由一个表达式和一个语句组组成，该表达式计算为元素数据类型的变量（选择符），每个语句组由一个或多个文字、枚举值或子范围标记。这些标签的数据类型应与选择符变量的数据类型相匹配，即选择符变量应能够与标签进行比较。它指定执行第一组语句，其中一组语句的范围包含选择符的计算值。如果选择符的值不出现在任何 CASE 范围内，则执行关键字 ELSE 后面的语句序列（如果出现在 CASE 语句中）。否则，不执行任何语句序列。

CASE 选择语句由 ANY_INT 数据类型或枚举数据类型变量求值的表达式和一组语句列表组成。

CASE 选择语句格式如下：
```
CASE Condition OF
    value1:Instruction_A;
    value2:Instruction_B;
    value3,value4,value6:Instruction_C;
    value7..value12:Instruction_D;
    valueN:Instruction_X;
ELSE
```

```
        Other_instructions;
    END_CASE;
```

如果 Condition 的值为 value1，则执行 Instruction_A。如果 Condition 的值为 value2，则执行 Instruction_B，以此类推。Condition 也可能是一个整数表达式，可能不是一个单一变量，而是一个算术表达式，它产生一个整数作为结果。可以对变量/表达式的每个结果执行多条指令。如果 Condition 没有产生任何列出的值，则不执行任何操作，或使用 ELSE，则执行 ELSE 后面的指令。如果同一条指令要对变量的多个值执行，这些值可以用逗号分隔。如果要对执行条件的几个连续值执行相同的指令，这些值可以列在初始值和最终值之间。如果 Condition 是整数类型的变量，那么 value1、value2 等也将是 10、20、30 等整数值。如果 Condition 是用户定义的枚举数据类型，那么 value1、value2 等可以是 Ready、Wait、Run 和 Fill（准备、等待、运行、填充）等。

示例 1：某产品根据颜色分拣进行分类。传送带把产品传送到分拣机，当产品到达分拣机时，色敏光电传感器会检查产品的颜色，并激活适当的机构将产品推离传送带。代码中的检测变量 Color 是自定义的数据类型，值可以是绿色、红色或蓝色，RE 是 R_TRIG 的一个实例。

```
RE(clk:= PhotoSwitch,Q =>New_item); (*A product is in place*)
    IF New_item THEN
    CASE Color OF(*Checks color*)
        Green:Piston1:= TRUE;
        Green_count:= Green_count + 1;
        Red:Piston2:= TRUE;
        Red_count:= Red_count + 1;
        Blue:Piston3:= TRUE;
        Blue_count:= Blue_count + 1;
    ELSE
        Error_count:= Error_count + 1;
    END_CASE;
    END_IF;
```

示例 2：检查地址 %MW1 的内容，根据 %MW1 的值，将三个离散输出地址中的一个逻辑设置为高。

```
CASE    %MW1  OF
    1:    %QX2.0:= TRUE;
    2:    %QX2.1:= TRUE;
    3..5:    %QX2.2:= TRUE;
END_CASE;
```

示例 3：检测条件可以是一个整数表达式。测试变量可以是枚举数据类型。

```
CASE  A-B  OF
    4:Out:= TRUE;
    7:IF  B>0  THEN  Result:=%MW5;
    ELSE  Result:=%MW4;
    END_IF;
```

```
END_CASE;
```

5.4.2.5　迭代语句（WHILE、REPEAT、FOR、EXIT、CONTINUE）

有时，需要执行特定次数的操作。可以使用迭代（循环）语句。迭代语句指定一组关联语句重复执行。WHILE 和 REPEAT 语句不能用于实现进程间的同步，例如，一个由外部决定终止条件的"等待循环"。如果在不能保证满足循环终止条件或执行退出语句的算法中使用WHILE 或 REPEAT 语句，这将是一个错误。如果可以提前确定迭代次数，则使用 FOR 语句；否则，使用 WHILE 或 REPEAT 结构。

1. FOR 迭代语句

FOR 迭代语句格式中，语句序列反复执行，直到 END_FOR 关键字，同时将一系列值赋给 FOR 迭代控制变量。语句块的多个迭代，具有开始和结束条件以及递增值。

控制变量是在迭代执行过程中不断变化的变量，在每次迭代执行后，该变量的值增加增量表达式所计算的值，即控制变量：= 控制变量 + 增量表达式。因此，如果增量表达式的值是负数，表示每次迭代执行后，控制变量的值减小。控制变量、初始值和最终值必须是相同的整数类型的表达式，例如，SINT、INT 或 DINT，并且不能被任何重复的语句改变。FOR 迭代语句的格式如下：

FOR 控制变量：= 初值表达式 TO 终值表达式 BY 增量表达式 DO
语句组；
END_FOR;
示例：

```
m:= 1;
FOR m:=1 TO 100 DO
    IF Product [m] .PictureResult = OK THEN
    IF(Product [m] .Weight > 240.0)AND(Product [m] .Weight < 260.0)
THEN
    OK_Product [m] := Product [m] .ID;
END_IF;
END_IF;
END_FOR;
```

示例包含值排序、条件指令、FOR 循环和变量声明。

```
PROGRAM PLC_PRG
    VAR
    Index:INT:= 1;
    Parameter:ARRAY [0..10] OF REAL;
     Data AT%MW5:ARRAY [0..10] OF REAL;
END_VAR
    IF%MX0.1 THEN
        %MW0:= 0;
         %MX0.2:=%MX20.0;
    ELSIF NOT%MX3.0 THEN
        %MW0:= 10;
```

```
END_IF;
FOR Index:= 1 TO 10 BY 1 DO
Parameter [Index] := Data [Index] ;
Index:= Index-1;
END_FOR;
```

FOR 迭代语句将控制变量从初始值向上或向下递增到最终值，递增的增量由表达式的值决定。如果省略了 BY 结构，则递增值默认为 1。

终止条件的检测在每个迭代开始时进行，因此当控制变量超过终值（当增量为正时控制变量大于终值，当增量为负时控制变量小于终值）时，不执行语句序列。当控制变量的值超出 TO 构造所指定的范围时，迭代将终止。

表 5-16 的编号 6 给出了使用 FOR 语句的一个例子。在该例中，FOR 迭代用于确定字符串 'KEY' 的第一次出现（如果有）的引用 J，该字符串位于字符串数组 WORDS 的奇数元素中，下标范围为（1..100）。如果没有发现，J 的值将是 101。

2. WHILE 迭代语句

WHILE 迭代语句根据表达式条件是否为 TRUE（满足）确定是否执行有关迭代语句。因此，迭代次数在迭代语句执行前是不确定的，是以结束条件开头的语句块的多次迭代。

WHILE 迭代语句的格式如下：

WHILE 条件表达式 DO

语句组；

END_WHILE；

示例：

```
k:= 1;
WHILE(Area [k] < 1000)AND(k < 200)DO
    Area [k] := 3.14*radius [k] *radius [k] + 2*3.14*radius [k]
    *height;
    K:= k + 1;
END_WHILE;
```

WHILE 迭代语句格式中的表达式是一个布尔表达式，其值为 TRUE 时，迭代语句组被执行，执行到 END_WHILE 关键字之前的语句序列。重复执行这些语句，直到关联的布尔表达式为 FALSE。如果表达式最初为 FALSE，则根本不执行这组语句。

表 5-16 中给出的 FOR…END_FOR 例子也可用 WHILE…END_WHILE 结构编写。

3. REPEAT 迭代语句

REPEAT 迭代语句根据表达式的条件是否为 TRUE，确定是否执行有关的迭代语句。因此，迭代次数在 REPEAT 迭代语句执行前是不确定的，是语句块的多次迭代，结束条件位于语句块的末尾。

REPEAT 迭代语句的格式如下：

REPEAT

语句组；

UNTIL 条件表达式

END_REPEAT；

示例：

```
REPEAT
Values [x] := New_value;
X:= x + 1;
UNTIL New_value> 1000;
END_REPEAT;
```

REPEAT 迭代语句执行语句组，然后对表达式进行判别，直到 UNTIL 语句序列被重复执行，至少执行一次，相关的布尔条件为 TRUE。当表达式值为 FALSE 时，迭代不被执行。

表 5-16 中的示例也可用 WHILE 结构编写。

4. CONTINUE 语句

CONTINUE 语句用来跳过迭代的其余语句，其中 CONTINUE 位于迭代结束符（END_FOR、END_WHILE 或 END_REPEAT）之前的迭代的最后一条语句之后。

示例：执行这段代码之后，如果布尔变量 FLAG=0，变量 SUM =15；如果布尔变量 FLAG=1，变量 SUM=9。

```
SUM:= 0;
FOR I:= 1  TO  3  DO
FOR  J:= 1  TO  2  DO
SUM:= SUM + 1;
IF  FLAG  THEN
CONTINUE;
END_IF;
SUM:= SUM + 1;
END_FOR;
SUM:= SUM + 1;
END_FOR;
```

5. EXIT 语句

EXIT 语句用于迭代语句执行过程中，满足终止条件之前终止迭代，即迭代语句的提前终止，而不管迭代的终止条件是否满足。当 EXIT 语句位于嵌套迭代语句内时，EXIT 语句退出迭代发生在 EXIT 语句所在迭代的最内层，也就是说，控制应该传递给 EXIT 语句后面的第一个迭代结束符（END_FOR、END_WHILE、END_REPEAT）后面的下一个语句。

示例：

```
K:= 1;
REPEAT
    Area [k] := 3.14*radius [k] *radius [k] + 2*3.14*radius [k]
    *height;
    K:= k + 1;
IF  k >= 200 THEN EXIT;
END_IF;
    UNTIL Area [k] > 1000
END_REPEAT;
```

5.4.2.6 PID 控制器 ST 语言编程示例

PID（比例（Proportion）、积分（Integral）和微分（Derivative））控制器是一个在工业过程控制中应用广泛的闭环反馈回路部件（PID 反馈回路）。控制器将收集到的数据和一个参考值进行比较，然后把这个差值用于计算新的输入值，这个新的输入值的目的是可以让系统的数据达到或保持在期望值，与其他简单控制运算不同，PID 控制器可以根据历史数据和差值的出现率来调整输入值，以使系统运行参数更加准确和稳定。PID 反馈回路控制技术是基于反馈的概念以减少不确定性，在闭环自动控制原理中称作 PID 控制器。

在工业控制技术应用中，PID 及其衍生算法是应用最广泛的算法之一，在各种控制算法中，PID 控制算法有很多，如遗传算法、专家系统算法、模糊算法、神经网络算法等，最能体现反馈控制的经典控制算法有位置算法 PID 和增量算法 PID 等，在各种相关文献中都有详细介绍。经典的应用是管道和仪表流程图（P&ID）领域、电动机控制、机器人控制等。本书在这里重复叙述，目的是提醒一下控制算法思路，以及设计思路，这对深入研究其他控制算法和创新设计是有益的。经典的基本上是最基础的，无论什么先进的控制算法和先进的设计都是构筑在基础技术之上的，因此，本书强调基础最重要，就像本书全面强调"采标"的重要性一样，先进的技术、创新思路都在这里面。

本书建立的 PID 控制器传递函数框图如图 5-10 所示。

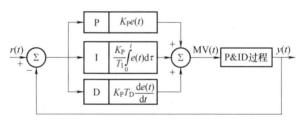

图 5-10　PID 控制器传递函数框图

图 5-10 中，$r(t)$ 是给定值，$y(t)$ 是系统的实际输出值，偏差 $e(t)=r(t)-y(t)$，即设定点 $r(t)$ 与工艺值 $y(t)$ 之间的偏差。$MV(t)$ 为调节量 MV。

PID 控制器的输出 $MV(t)$ 用数学形式表示为

$$MV(t) = MR + K_P e(t) + \frac{K_P}{T_I} \int_0^t e(t)\,d\tau + K_P T_D \frac{de(t)}{dt} \tag{5-1}$$

式中，$e(t)$ 作为 PID 控制器的输入，$MV(t)$ 作为 PID 控制器的输出和被控对象的输入。三个重要的参数：K_P 为控制器的增益，也称比例系数。T_I 为控制器的积分时间，也称积分系数，以 s 为单位。T_D 为控制器的微分时间，也称微分系数，以 s 为单位。MR 为手动设置（偏差）。

式（5-1）所示的函数是连续值，不能直接在 PLC 中实现，但通过对微分和积分使用一些数学近似，函数可以表示为离散形式：

$$MV(t) = MR(k-1) + K_P \left[\left(1 + \frac{T}{2T_I} + \frac{T_D}{T}\right) e(k) - \left(1 - \frac{T}{2T_I} + \frac{2T_D}{T}\right) e(k-1) + \frac{T_D}{T} e(k-2) \right] \tag{5-2}$$

在式（5-2）中引入了一个新的量，即采样时间 T。在实践中，这将是更新时间，即式（5-2）执行的频率。在 PLC 中，通常会将这样一个 PID 块插入到一个周期性更新的任务中，然后 T 将是该任务的扫描时间［第一次执行时 $MV(k-1)$ 等于 MR］。字母 k 表示周期号。因此，$MV(k-1)$ 和 $e(k-1)$ 分别是调节量和从上一个周期到当前周期的偏差之间的差值。为

了计算周期时间 *T*，设置了一个 SysTimeRtc 函数库，函数以 ms 为单位返回 PLC 的时钟。以下是一个用 ST 语言编写的功能块，它实现 PID 控制器功能。

```
FUNCTION_BLOCK PID
VAR_INPUT
    Man_auto:BOOL; //0- 手动 ,1- 自动
    PV:WORD; // 过程值
    SP:REAL; // 设置点
    MR:REAL; // 偏差——手动设置
    Kp:REAL; // 比例增益
    Td:REAL; // 微分时间
    Ti:REAL; // 积分时间
END_VAR
VAR_OUTPUT
    MV:WORD; // 调节值
END_VAR
VAR
    T:REAL; // 循环时间
    Dev:REAL; // 偏差量差异 SP-PV
    MV1:REAL; // 上一个周期的 MV 值
    Dev1:REAL; // 前一个周期的差值
    Dev2:REAL; // 前两个周期的差值
    T1,T2:ULINT;
    A,B:REAL; // 因子
END_VAR
T1:= T2;
SysTimeRtcHighResGet(pTimeStamp:=T2);
T = ULINT_TO_REAL(T2-T1)/1000; // 确定循环时间
IF T1=0 THEN
MV:= MR; //MV 起始值
END_IF
Dev:= SP-WORD_TO_REAL(PV); // 偏差
IF Man_auto = TRUE THEN
    (* 计算 MV:*)
    A:= 1 + T/(2*Ti)+ Td/T;
    B:= 1*T/(2*Ti)+ 2*Td/T;
    MV:= MV1 + Kp*(A*Dev*B*Dev1 +(Td/T)*Dev2);
    (* 更新变量 :*)
    MV1:= MV;
    Dev2:= Dev1;
    Dev1:= Dev;
```

```
ELSE
    (* 当控制器处于手动模式时为 MV:*)
    MV:= MR;
    MV1:= MV;
END_IF
END_FUNCTION_BLOCK
```

5.4.3　指令表（IL）编程语言

指令表（IL）语言是一种通用的面向机器的低级汇编语言，经常作为其他文本语言和图形语言的一种中间语言。在 IEC 61131-3：2013 中已经明确，在下一个版本中将被弃用。

指令表由一系列指令组成。每条指令都以一个新的行开始，并且包含一个带有可选修饰符的操作符，如果需要，还包含一个或多个用逗号分隔的操作数。操作数可以是文字、枚举值和变量的任何数据表示形式。指令的前面有一个识别标签，后跟一个冒号（:）。可以在指令之间插入空行。

示例 :START:LD　%IX1.1(* 起动 *)

　　　　　　ANDN　%MX5.3(* 停止 *)

　　　　　　ST　%QX2.7(* 运行 *)

LD 操作数（* 将数据存储单元中的内容作为当前结果存储 *）

LDN 操作数（* 将数据存储单元中的内容取反后作为当前结果存储 *）

ST 操作数（* 将当前结果存储到指定的数据存储单元 *）

LD 是 Load 的缩写，意为取（装载）操作，LDN 是 Load Not 的缩写，意为取反操作。即 LD 或 LDN 是对操作数对应的数据存储单元内容进行读取操作。读取的数据被存放在运算结果累加器，该数据也被称为当前值。读取操作对应继电器控制系统中的物理触头的状态，逻辑 0 或逻辑 1，对应常开触头或常闭触头。对常开触头的数据读取用 LD 指令，对常闭触头的数据读取用 LDN 指令，而 ST 操作数对应的是线圈状态。

示例中，START 程序是一个起停控制。LD 指令读取第 1 个输入单元 I（字节，位号 0~7）的第 2 位信号（起动按钮），存放到运算结果累加器。ANDN 指令用于将存储单元 M 的第 5 单元的第 4 位取反操作（停止按钮），取反后的结果进行与逻辑运算，结果仍存放到运算结果存储器。ST 指令用于将运算结果存储器存放的信号传送到输出（Q）的第 2 号输出单元的第 8 位存放。指令中，操作符用于规定操作的方法，操作数是操作的对象。例如，%IX1.1 表示对第 1 个输入单元的第 2 位进行操作。IL 编程语言提供了一个存储当前结果的存储（累加）器，与传统的 PLC 使用的累加器不同，这种标准累加器的存储位数是可变的，即标准 IL 编程语言提供了一种存储位数可变的虚拟累加器，其存储位数取决于正在处理的操作数的数据类型。同样，虚拟累加器的数据类型也可发生变化，以适应最新运算结果的操作数的数据类型。

标准汇编程序通常是基于处理器的一个真实（硬件）累加器，即一个值被加载到累加器中，值进一步被加、减等，累加器的结果最终可以存储在内存位置中，在 IL 语言中称为当前结果累加器（CR）。然而，CR 不像真正的硬件累加器那样有固定的布尔位。IL 编译器采用一种存储位数可变的虚拟累加器（包括累加器堆栈），其存储位数取决于被处理的操作数的数据类型。与 CR 关联的数据类型也会更改，以匹配最近操作数的数据类型。指令执行过程中，数据存取采用的方法是，运算结果：=当前运算结果操作数。因此，在操作符规定的操作下，当前运算结果与操作数进行由操作符规定的操作运算。运算结果作为新的运算结果存放回当前运算结果的累加器。

IL编译器也没有特定的处理器状态位。比较操作的计算在CR中产生一个布尔值0（FALSE）或1（TRUE）的结果。后续的条件跳转和调用使用CR的TRUE或FALSE内容作为执行条件跳转或调用时的条件。CR（当前结果）的类型可以是基本数据类型、派生数据类型（结构、数组等）和功能块类型。

数据存储单元地址用"字节，位"表示。例如，%IX1.1表示第1个输入单元（字节）的第2位。字节、字、双字和长字的单元地址用相应的符号B、W、D和L表示。例如，%QB2表示第2个输出单元的一个字节（8个位）。"%"表示这些存储单元是直接表示变量的地址。用位置前缀表示输入（I）、输出（Q）和存储器（M）单元。用位（X）、字节（B）、字（W）、双字（D）和长字（L）表示数据存储单元的大小前缀。使用时应注意，不同制造商的产品的地址是不同的，例如，有直接用0000表示存储器的位0000，也有用I1.0表示第1个输入单元的第1位等。具体要看制造商的使用说明书。表5-17是IL语言常用的操作符及其功能。具体应用在下文其他语言中有引用，在此不再赘述。

表5-17 IL语言常用的操作符及其功能

操作符	修改符	含　义	示　例
LD	N	将（取反）操作数的值加载到累加器中	LD iVar
ST	N	将累加器的（取反）内容存储在操作数中	ST iErg
S		如果累加器的内容为TRUE，则将操作数（BOOL类型）置为TRUE	S bVar1
R		如果累加器的内容为TRUE，则将操作数（BOOL类型）置为FALSE	R bVar1
AND	N,（	累加器值与（负）操作数的按位与	AND bVar2
OR	N,（	累加器值与（负）操作数的按位或	OR xVar
XOR	N,（	累加器值与（负）操作数的按位异或	XOR N,（bVar1, bVar2）
NOT		累加器值的按位求反	
ADD	（	累加器值和操作数相加；结果写入累加器	ADD iVar1
SUB	（	从累加器值中减去操作数；结果写入累加器中	SUB iVar2
MUL	（	累加器值与操作数的乘积；结果写入累加器	MUL iVar2
DIV	（	累加器值除以操作数；结果写入累加器	DIV 44
GT	（	检查累加器值是否大于操作数；结果（BOOL）写入累加器	GT 23
GE	（	检查累加器值是否大于或等于操作数；结果（BOOL）写入累加器	GE iVar2
EQ	（	检查累加器值是否等于操作数；结果（BOOL）写入累加器	EQ iVar2
NE	（	检查累加器值是否不等于操作数；结果（BOOL）写入累加器	NE iVar1
LE	（	检查累加器值是否小于或等于操作数；结果（BOOL）写入累加器	LE 5
LT	（	检查累加器值是否小于操作数；结果（BOOL）写入累加器	LT cVar1
JMP	C, N	无条件（有条件）跳转到指定的跳转标签	JMPN next
CAL	C, N	（视情况而定）调用程序或功能块（如果累加器值为TRUE）	CAL prog1

（续）

操作符	修改符	含　义	示　例
RET		退出方框并返回到调用方框	RET
RET	C	如果累加器值为 TRUE：退出方框并返回到调用方框	RETC
RET	CN	如果累加器值为 FALSE：退出方框并返回到调用方框	RETCN
）		评估复位操作	

5.5　图形语言

IEC 61131-3：2013 标准定义的图形语言是梯形图（LD）和功能块图（FBD）语言。顺序功能图（SFC）元素可与这两种语言中的任一种语言结合使用。标准中定义的基本元素可应用于 LD 和 FBD 语言，也可用于 SFC。FBD 语言的原理来源于信号处理领域，其中整数和 / 或浮点值是重要的。同时，它已经成为工业控制器领域通用的语言。

在图形语言中，所有支持的数据类型作为操作数或参数是可访问的；所有支持的声明过的实例都是可访问的。

5.5.1　FBD 和 LD 语言的网络、图形元素和连接

使用图形语言 FBD 或 LD 表示的 POU 包括与文本语言类似的部分：POU 的开头部分和结尾部分、声明部分和代码部分。声明部分可以是图形的，也可以是文本的。大多数编程系统至少支持文本声明。代码部分被划分为网络。网络有助于建立 POU 的控制流程。

1. 网络

网络被定义为互相连接的图形元素（不包括 LD 语言中的左右信号流线）的最大集合。网络包括网络标签（Network label）、网络注释（Network comment）和网络图形（Network graphic）。从另一个网络跳转进入的每个网络或网络组，都有一个用户定义的字母数字标识符或无符号小数整数形式的前缀，称为网络标签（Network_label）。编程系统通常对网络进行连续编号。当新网络插入时，所有网络的连续编号会自动更新。这使得网络查找速度更快，例如转向网络或定位的错误行，并与文本语言中的行号相对应。

IEC 61131-3：2013 标准只定义了网络跳转标签。这个标签是一个 POU 的本地标识。在网络标签和网络图形之间，使用由（*...*）分隔的注释输入。IEC 61131-3 标准本身没有为图形语言定义注释，因此没有规定位置或格式。网络图形由图形对象组成，这些图形对象被细分为图形（单个）元素及连接线。信息（数据）通过连接流到用于指定处理的图形元素中。结果存储在输出参数中，准备发送给下一个元素。

2. 线和块的表示

为了网络信息（数据）流，元素用线连接起来，这些线也可以相互交叉。标准中定义了没有连接的线交叉（线相互独立，没有相互影响）和线连接或分离的线交叉（信息流在一起或传递到多个目的地）。图形语言元素使用字符集的字符作线元素作图。线可以使用链接符扩展。数据存储或数据元素的关联与链接符的使用无关。因此，为避免歧义，如果用作链接符标号的标识符与在相同的 POU 内的另一个命名元素的名称相同，则视为一个错误。图 5-11 是标准中定义的图形元素示例。

图 5-11 中，"+"号表示直接连接，如水平/垂直交点（节点）中的"+"号。连接线是唯一允许的外端图（虚线），它代表"有线或"（"wired OR"）。连接器是图形中的"换行符"的等效元素，不是控制或数据流元素。要构建长网络，可以在编辑器窗口右手边画一条命名线。这个命名的行再次作为输入行出现在编辑器窗口的左边，以显示网络的延续。像这样的命名行称为连接器。连接器名称是 POU 的本地标识符。在同一个 POU 中，禁止再次使用连接器名作为网络标签或变量名，连接器可由用户定义（"固定换行"）或由编程系统自动显示在编辑器窗口上或打印页面上。有些系统不需要这些连接器，因为它们的网络深度是无限的。所有直接连接或通过连接器间接连接的网络元素都属于同一个网络。注意：本书下文中的示例，为避免歧义，仍使用实线绘制图形。

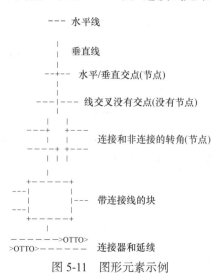

图 5-11　图形元素示例

3. 网络中的流向

网络被定义为互相链接的图形元素的最大集，不包括 LD 语言的网络情况下左右栏。规定对图形语言中相关的每个网络或网络组用网络标号右边的冒号（：）分界。这个标号应具有标识符形式或无符号十进制整数形式。网络范围及其标号对于网络所在的 POU 应是局部的。图形语言通过"能量流""信号流"和"活动流"的概念来表示网络信息（数据）流的流动。"能量流"类似于继电器控制系统中的电源流，在 LD 语言中的电源流从左到右流动；"信号流"类似于一个信号处理系统中各元素间的信号流，在 FBD 语言中的信号流，从功能或功能块的输出（右侧）到链接的功能或功能块的输入（左侧）；"活动流"类似于工作步骤的流动，如在 SFC 各元素间的活动流，从步开始，通过适当的转换到相应后继步。

4. 网络求值顺序

网络求值顺序应符合 LD 和 FBD 语言中的规定，但不一定与其标记或显示顺序相同。同样地，一个网络求值能被重复前，不必对所有网络进行求值。然而，当一个 POU 本体包含一个或多个网络时，该 POU 本体网络求值的结果应在功能上等价于以下规则：当一个网络元素的所有输入求值后，该网络元素才能求值；当一个网络元素的所有输出求值后，该网络元素才能结束求值；当网络的所有元素求值结束后，该网络才能结束求值。

当一个函数或功能块的输出被用于网络中处于它前面的函数或功能块的输入，就称该网络存在回路，与之关联的变量称为反馈变量。回路的使用应满足如下规则：显式的回路只能出现在 FBD 语言中；用户应能够使用实现相关的方式来决定在显式回路中元素的执行顺序；反馈变量可以初始化，初始值将被用于第一次网络求值；一旦将反馈变量作为输出的元素被求值，新的反馈变量将被使用，直到该元素的下一次求值。

5. 执行控制元素

LD 和 FBD 语言中，程序控制的转移用图形元素表示。跳转以一个双箭头终止的布尔信号线表示，FBD 语言：1---->>LABELA；LD 语言：+---->>LABELA。用于跳转条件的信号线应始于布尔变量、函数或功能块的布尔输出，或梯形图的能量流线。当信号线的布尔值是 1（TRUE）时，发生程序控制到指定的网络标号的转移；然而，无条件跳转是条件跳转的一种特殊情况。跳转的目标应是发生该跳转所在的 POU 本体内的或者方法本体内的一个网络标号。若跳转出现在 ACTION…END_ACTION 结构内，则跳转目标应在同样的结构内。函数和功能块中的有条件返回应使用 RETURN 关键字。当布尔输入是 1（TRUE）时，应将程序执行返回到调用主体；当布尔输入是 0（FALSE）时，程序的执行应以正常方式继续。无条件返回应由函数或功能块的物理结束点提供，或由链接到 LD 语言中左栏的 RETURN 元素提供。

5.5.2　功能块图（FBD）语言

FBD 网络的图形元素包括矩形框与由水平和垂直线连接的控制流语句。未连接的输入框可以附加变量或常量。输入 / 输出也可以保持开放。函数和连接的图形化组合使逻辑和算术关系能够清晰地表示出来，如图 5-12 所示。为防止歧义，本书示例用实线。

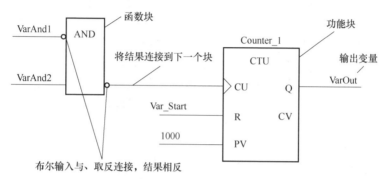

图 5-12　FBD 语言的网络架构

图 5-12 中，输入变量 VarAnd1（逻辑反）和 VarAnd2 执行 AND 函数，并将逻辑反的结果与计数输入 Counter_1 的 CU（功能块类型 CTU 的实例）连接起来。输出参数 Counter_1 的 Q 存储在一个名为 VarOut 的变量中。函数和功能块的布尔逻辑反输入 / 输出用圆圈 "○" 标记。功能块的边沿触发输入通过形式参数名称旁边的 ">"（上升边沿）或 "<"（下降边沿）表示。

IEC 61131-3 标准中没有定义一个函数的输出线应该出现在框的顶部还是底部。变量名是否总是在页面的左侧或方框旁边，或应该写在连接线的上方或旁边，这也取决于具体的编辑器。图 5-13 是图 5-12 的另一种布局。

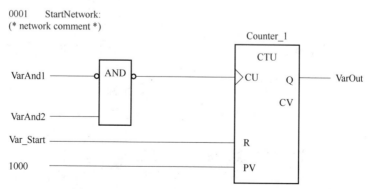

图 5-13　FBD 语言的网络架构的另一种布局

FBD 有以下图形对象：连接、执行控制的图形元素（如跳转）、图形元素调用函数或功能块（标准的或用户自定义的）和连接器。基本数据类型和派生数据类型的变量可以被传递。输出参数与连接的输入参数具有相同的数据类型，这一点很重要。功能块和函数可以有几个输入和输出参数。在框内编写正式参数。实际的参数是在（外部）它的正式参数旁边的变量或常量。传递信息的方法是将输入参数与另一个方框的输出连接起来。在 FBD 语言中，功能块和函数至少有一个布尔输入和输出参数。函数的返回值由函数名的值赋值决定。如果创建函数名的几个赋值，那么在离开函数之前分配的最后一个值是有效的。函数框中的返回值传递到右边，连接没有正式参数名。其他输出参数通过正式参数名称（在框内）重新呈现，以有更好的可读性。在 VAR_IN_OUT 声明的情况下，水平线连接正式输入和输出参数。

5.5.3 梯形图（LD）语言

LD 语言源于电气系统的逻辑控制图，逻辑图采用继电器、触头、线圈和逻辑关系图等表示它们的逻辑关系。IEC 61131-3 标准规定梯形图可采用的图形元素有电源轨线、连接元素、触头、线圈、函数和功能块等。在梯形图中，触头的 ON 和 OFF 状态，等效于逻辑 1 和逻辑 0，表示有关布尔变量的状态。它只读的存取到布尔变量的状态，不能用于改变变量的值。线圈是只写的存取，仅能够用于更新有关布尔变量的状态。IEC 61131-3 标准中没有规定触头和线圈的数据类型，它可以是字节、字或双字等数据类型，因此，它可用一个类似的梯级表示多个相同的控制逻辑。与 FBD 语言一样，LD 语言也使用网络。

5.5.3.1 LD 网络

LD 程序在程序段的左边和右边都有一根引出梯级的母线，类似于继电逻辑控制电路中的电源线。一个程序段至少有一个梯级从左母线引出。用户程序的梯级和程序段从上到下、从左到右执行。只有先运行完所有梯级后，才处理下一个程序段。梯级和程序段编程时，应从梯级的左边开始，从上到下、从左到右进行。可以使用多个梯级和分支延长母线。编程元素（指令）在梯级上按照一定的逻辑关系在分支上顺序排列，构成"与逻辑"（串联）、"或逻辑"（并联），及"与""或""非"组合逻辑。开关逻辑用常开触头、常闭触头和输出线圈等表示，复杂逻辑功能用功能框表示。梯级以输出线圈（逻辑运算结果）结束，输出线圈中止于右母线。

5.5.3.2 梯形图中的基本编程符号

IEC 61131-3 标准中定义了几种梯形图中的基本编程符号，具体使用时，不同制造商可能有不同的定义。

1. 常开触头

常开触头 ┤├，存储在指定＜地址＞的位值为"1"时，处于闭合状态。触头闭合时，梯形图梯级能流流过触头，逻辑运算结果（RLO）为"1"。否则，如果指定＜地址＞的信号状态为"0"，触头将处于断开状态。触头断开时，能流不流过触头，RLO 为"0"。串联使用时，通过"与"逻辑将 ┤├ 与 RLO 位进行链接。并联使用时，通过"或"逻辑将其与 RLO 位进行链接。

常开触头 ┤├ 对应于存储区 I、Q、M、L、D、T、C 中的选中位。

2. 常闭触头

常闭触头 ┤/├，存储在指定＜地址＞的位值为"0"时，处于闭合状态。触头闭合时，梯形图梯级能流流过触头，RLO 为"1"。否则，如果指定＜地址＞的信号状态为"1"，将断开触头。触头断开时，能流不流过触头，RLO 为"0"。串联使用时，通过"与"逻辑将 ┤/├ 与 RLO 位进行链接。并联使用时，通过"或"逻辑将其与 RLO 位进行链接。

常闭触头 ┤/├ 对应于存储区 I、Q、M、L、D、T、C 中的选中位。

3. 带附加功能的触头

带附加功能的触头，如 ┤P├、┤N├ 等，如果满足特定条件，则执行附加功能，如正转换 - 检测触头 ┤P├，当左边链接的状态是 ON 的同时，检测到有关变量从 OFF 到 ON 的转换时，则从这个元素的一次求值到下一次求值期间，右边链接的状态是 ON，在所有其他时间，右边链接的状态应是 OFF。负转换 - 检测触头 ┤N├ 的执行相反。比较触头 ┤CMP├ 用于两个操作数的比较。

4. 标准输出线圈

标准输出线圈—( )—的工作方式与继电器逻辑图中线圈的工作方式类似。如果有能流通过线圈（RLO = 1），将置位 < 地址 > 位置的位为 "1"。如果没有能流通过线圈（RLO = 0），将置位 < 地址 > 位置的位为 "0"。只能将输出线圈置于梯级的右端。可以有多个（最多 16 个）输出单元。

如复位线圈—(R)—、置位线圈—(S)—、正转换 - 检测线圈—(P)—等是用于程序控制和 RLO 边沿检测的带附加功能的线圈，除了判断逻辑运算的结果，还具有附加功能。对于用于程序控制的线圈，需要指定跳转目标，而不是操作数。

5.5.3.3　LD 程序编制规则

LD 程序以一个或多个程序段表示。逻辑块的代码段由一个或多个程序段组成。每个程序段内可以有多个梯级，梯级是独立分支，每个梯级以写入逻辑运算结果的线圈结束。常开触头、常闭触头、线圈和功能框等编程元件（指令元素）按照一定的逻辑关系组合构成程序段。开关逻辑信号以触头的形式排列在梯级上。

1）梯形图中流过的不是物理意义的电流，只是一种"能流概念"，能流方向自左向右。一个梯形图程序段可由多个分支中的许多元素组成，所有的元素和分支必须进行连接。每个程序段都必须使用线圈或程序框来终止。一个程序段内使用多个梯级时，梯级间不允许存在连接。但是，不可使用比较框和用于 RLO 上升 / 下降沿检测的线圈来终止程序段。线圈会自动放置在程序段的右边，用于终止分支。但用于 RLO 上升 / 下降沿检测的线圈不能直接放置在分支的最左边和最右边，也不允许放在其他分支中。

2）前导逻辑运算中只能使用布尔输入。只能将触头插入具有前导逻辑运算的并行分支中。但用于将逻辑运算结果取反的触头（┤NOT├）例外。用于将逻辑运算结果取反的触头及线圈和功能框可用在并行分支中，前提是它们要直接来源于母线。使能输入 "EN" 与使能输出 "ENO" 可连接到功能框，但这不是必需的。

3）跳转运算只能放在末尾，"返回"指令—(RET)—可放在开头。每个程序段只允许有一个跳转指令。

4）不能将常数（如 TRUE 或 FALSE）分配给常开触头或常闭触头。但可使用 BOOL 数据类型的操作数。

5）用户程序的运算结果可立即被后面的程序段使用。只有被分配外部 I/O 位地址的内部继电器可用于输出控制，其他只能用于内部工作位，存放逻辑中间状态。

6）不能创建可能导致能流反方向流动的任何分支，如图 5-14 所示，当 bvar1.2 处的信号状态为 "0"

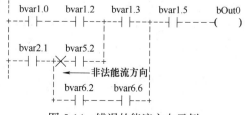

图 5-14　错误的能流方向示例

时，可能导致 bvar5.2 处产生从右到左的电流，这是不允许的。

7）不能创建可能导致短路的任何分支，如图 5-15 所示。

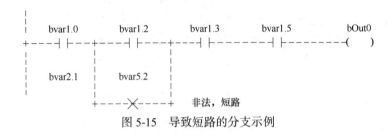

图 5-15 导致短路的分支示例

8）可在一个程序块中插入多个程序段。可在一个梯形图程序段中插入多个并行分支。为创建梯形图程序段中的或（OR）指令，需要创建并行分支。

5.5.3.4 矿山缆车控制示例

FB MRControl 程序控制要求如下：

1）有三个站点和一个揽舱，当揽舱到达其中一个站点时，传感器 S1、S2、S3 发送 true（1）。用计数器"StationStop"设定站点的总站数。

2）电动机拖动揽舱由以下信号控制：

* 方向：前进（TRUE）/后退（FALSE）（保留变量），*StartStop：起动（TRUE），停止（FALSE）。

3）在揽舱内，DoorOpenSignal 信号用来开门/关门。开门信号等于真开门信号，假关门信号。如果 DoorOpenSignal 信号为"TRUE"则"开门"，如果为"FALSE"则"关门"。

4）拖动门的电动机有两个执行器：OpenDoor 和 CloseDoor（开门和关门）。两个执行器是由两个信号之一的上升边沿触发的。

5）用按钮（MRStart）起动/关闭整个系统。

6）在缆车停运或重新开动时必须发出警示信号。

控制任务的要求：

```
FUNCTION_BLOCK  MRControl
    VAR_INPUT
        MRStart:BOOL;(* 按钮起动缆车 *)
        MREnd:BOOL;(* 开关起动结束操作 *)
        S1,S2,S3:BOOL;(* 各站点传感器 *)
        DoorOpenSignal:BOOL;(* 按开关开门 ,1: 开 ;0: 关！ *)
    END_VAR
    VAR_IN_OUT
        StartStop:BOOL;(* 缆车移动 :1; 不移动 :0*)
    END_VAR
    VAR_OUTPUT
        OpenDoor:BOOL;(* 电动机开门 *)
        CloseDoor:BOOL;(* 电动机关门 *)
    END_VAR
```

```
VAR_OUTPUT  RETAIN
    EndSignal:BOOL;(* 关机警告信号 *)
END_VAR
VAR
    StationStop:CTU;(* 标准 FB ( 缆舱停止计数器 *)
    DoorTime:TON;(* 标准 FB ( 缆舱延迟起动定时器 )*)
    DirSwitch:SR;(* 标准 FB ( 触发器 ) 改变方向 *)
END_VAR
VAR  RETAIN
    Direction:BOOL;(* 电流方向，向上或向下 *)
END_VAR
```

0001:

(* 系统上电后首次运行？是：重置结束信号 *)(* 由上次关机激活 *)

```
|                                                   |
|  MRStart         EndSignal                         |
+---|P|--- +--- ( R )--- +------+
|               |                                   |
|               |                                   |
|               L-------->>    ResCount
```

控制程序：

```
FUNCTION_BLOCK MRControl
    VAR_INPUT
        MRStart:BOOL R_EDGE;(* 边沿触发按钮起动 *)
         MREnd:BOOL;(* 开关起动结束操作 *)
        S1,S2,S3:BOOL R_EDGE;(* 每个站点都有边沿触发传感器 *)
        DoorOpenSignal:BOOL;(* 按开关开门,1: 开 ;0: 关!  *)
    END_VAR
    VAR_IN_OUT
        StartStop:BOOL;(* 缆舱移动 :1; 不移动 :0*)
    END_VAR
VAR_OUTPUT
    OpenDoor:BOOL;(* 电动机开门 *)
    CloseDoor:BOOL;(* 电动机关闭舱门 *)
END_VAR
VAR_OUTPUT RETAIN
    EndSignal:BOOL;(* 关机警告信号 ( 保存 )*)
END_VAR
    VAR
    StationStop:CTU;(* 标准 FB ( 缆舱停止计数器 )*)
    DoorTime:TON;(* 标准 FB ( 缆舱延迟起动定时器 )*)
END_VAR
```

```
    VAR RETAIN
        Direction:BOOL;(* 电流方向，向上或向下 *)
    END_VAR(* 系统上电后首次运行？是：重置结束信号 *) (* 由上次关机激活 *)
        LDMRStart(* 第 1 次调用？*)
        REndSignal(* 是：重置警报信号 *)
        JMPCResCount
        (* 不是第一个调用！ *)
        JMPArrive
        (* 重置站计数器 *)
        ResCount:LD1
        STStationStop.RESET(* 重置计数器 *)
        LD9999
        STStationStop.PV(* 最大 *)
        CALStationStop(* 调用 FB 实例 StationStop*)
        JMPCloseCabin
(* 当缆舱到站时，计数器 StationStop 增加计数 *)
        Arrive:LDS1(* 传感器是边沿触发！ *)
        ORS2
        ORS3
        (* 如果累加器 CR 现在为 TRUE，则停止 *)
        R  StartStop(* 缆舱停止 *)
        CALC StationStop(RESET:=0,CU:=1)(* 如果停止，增加计数器的值 *)
        (* 改变方向？*)
        LDS1
        XOR S3
        JMPCN  NoDirChange(*S1 或 S3 是 TRUE?*)
        (* 缆舱改变方向 *)
        LD  Direction
        STN  Direction
    (* 开启缆舱的条件：缆舱停止，舱门开启开关被激活 *)
    NoDirChange:LD DoorOpenSignal
        ANDN StartStop
        ST OpenDoor
    (* 站点内和缆舱的终端信号，POUend*)
        LD MREnd(* 断电激活吗？*)
        ANDN StartStop
        ·S EndSignal
        JMPC  PouEnd
    (* 门开关发出关门信号 *)
    CloseCabin:LD DoorOpenSignal
```

```
              STN CloseDoor
(* 缆舱门开关起动 10s 后，缆舱起动 *)
              LDN DoorOpenSignal
              ANDN StartStop
              STDoorTime.IN
              LDT#10s
              STDoorTime.PT
              CALDoorTime
              LDDoorTime.Q(* 计时到 ?*)
              S StartStop
       RET(* 返回调用 POU*)
       PouEnd:
    END_FUNCTION_BLOCK
```

5.5.4　顺序功能图（SFC）语言

顺序功能图（Sequential Function Chart，SFC）元素被定义为将一个复杂的程序分解成更小的可管理单元，并描述这些单元之间的控制流，用于构成 PLC POU 的内部组织，以设计顺序和并行过程，这些单元执行的时间取决于静态条件（由程序定义）和动态条件（I/O 的状态），单元本身可由 IEC 61131-3 标准中定义的任何一种语言编写程序。但不能在 SFC 结构中构造函数，因为 SFC 结构的 POU 需要静态信息，即保留状态信息，这在函数中做不到。因此，能使用 SFC 元素构成的 POU 只能是功能块和程序。如果一个 POU 是用 SFC 编写的，整个 POU 必须用 SFC 编写。

IEC 61131-3 标准中定义的 SFC 的方法来源于 Petri 网技术。在自动化市场上第一个广泛使用的是由法国施耐德公司开发的 GRAFCET 规范语言，它通过几个状态和过渡条件来描述一个系统，后来作为国际标准 IEC 60848（GB/T 21654），也就是说，IEC 61131-3 标准中的 SFC 元素的前身是 GRAFCET 图形语言编辑器，用它作为 PLC POU 的执行控制元素，因此，也不定义它是一种语言。SFC 元素主要是一种图形元素，但也定义了文本描述，提供了一种手段，把 PLC POU 划分成由有向连线相互链接的一组步和转换，与每个步与一组动作相关，而每个转换与转换条件相关。每一步都由一个特殊的算法控制。当一个步骤的结束到达时（由定时器或传感器报告），随后的一个步骤和其他串行或并行控制单元被激活。新的指令集被（循环地）执行，直到这一步结束，发出信号。

也可以说，SFC 元素是一种通用的技术语言元素，用于描述工业控制系统的控制过程、功能和技术特性，但不涉及所描述的控制功能的具体技术，是一种设计 PLC 控制程序的工具，适合于规模较大的系统，程序关系较复杂的场合，特别适合于对顺序操作的控制。在一些 PLC 中的步进指令常用 SFC 编程。在编制复杂的顺序控制程序时，一般首先根据控制过程的要求画出 SFC，然后根据 SFC，可采用 ST、LD、FBD 或 IL 语言编写程序段，再输入到 PLC 中。事实上，可以直接采用 ST、LD、FBD 或 IL 语言直接编写顺序控制程序，只是有时不是很直观而已，采用 SFC 元素会直观很多，这也是采用 SFC 元素编程的目的。

SFC 元素的注释规则与 IEC 61131-3 其他语言的注释规则相同。在文本形式中，括号 / 星号组合（ * 描述 * ）可以写在任何允许空格的地方。

1. 步

一个步代表一种状况，在该状况中，POU 的行为特性相对于其输入和输出要遵守由步相关动作定义的规则。一个步可以是活动的或是不活动的。在任何给定时刻，POU 的状态由一些活动步的设置及其内部变量和输出变量的值定义。如表 5-18 所示，一个步应由一个包含有标识符形式的步名称的方块图表示，或由一个 STEP…END_STEP 的文本结构表示。进入步的有向连线可由一个连接到步的顶部的垂直线表示。由步出来的有向连线可由一个连接到步的底部的垂直线表示。此外，有向连线还可由 TRANSITION…END_TRANSITION 结构表示。在表 5-18 中，图形框内的 *** 是步名称。步标志（步的活动或不活动状态）可由布尔元素表示，当相应的步为活动时，此布尔变量值为 1，当相应的步为不活动时，此布尔变量值为 0。此变量的状态对于表 5-18 所示的步右侧的图形连接。从一个步的开始所经历时间可由表 5-18 所示的类型 TIME 的结构元素来表示。当一个步被解除激活时，步所经历时间的值应保持在此步被解除激活时它所具有的值。当步被激活时，步所经历时间的值应复位为 t#0s。步名称、步标志和步时间这些变量对这些步所在的 POU 应都是局部变量。

POU 的初始状态由其内部和输出变量的初始值及其初始步的设置表示。每个 SFC 网络或其文本等价体应有一个初始步。初始步可由双边框线图形化表示，如表 5-18 所示。对于系统初始化，这些步的缺省初始经历时间是 t#0s，而原始步的缺省初始状态是 BOOL#0，初始步的缺省初始状态是 BOOL#1。但是，当一个功能块或程序的实例被声明是保持时，包含在该程序或功能块中所有步的状态和经历时间应按系统初始化的状态保持。图 5-16 描述了 SFC 的三要素：步（矩形框）、转换和有向连线，及由步、有向连线、转换、转换条件和动作（或命令）组成的基本 SFC 网络。

图 5-16 的右边描述了构造的操作序列。当一个在 SFC 中构建的 POU 被调用时，一个称为初始步的特殊步骤被激活。"Start"表示初始步，步和步通过"有向连线"连接。通用的步标志格式为 ***.X，当 *** 是活动时，***.X = BOOL#1，否则 ***.X=BOOL#0，*** 是步名称，见表 5-18。在这里步名称是 STEP1 和 STEP2。当 *** 是活动时，***.X = BOOL#1，分配给这个步的指令集（用户的步控制程序）将被执行，否则 Start 被取消激活。与此同时，通过转换连接的下一个步骤，步 STEP1 和步 STEP2 被激活。现在与这些步相关的所有指令都已执行。

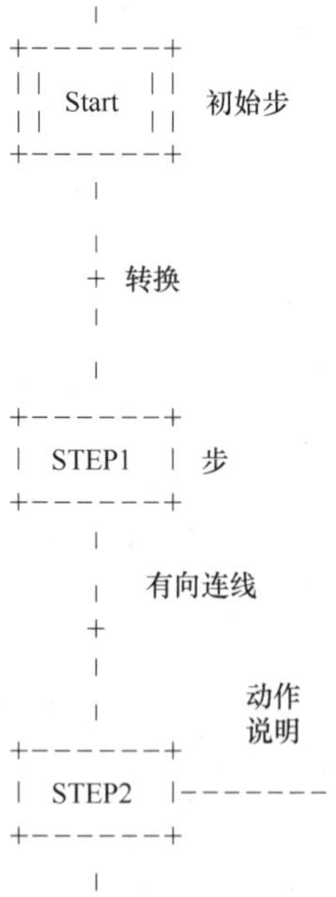

SFC 所描述系统的实际控制或操作过程是将一个过程周期分解为若干个清晰而连续的阶段，这种阶段称为"步"，每一步都由一个特殊的算法控制。每一步完成一个动作，当该步功能完成或下一步的开始条件为"TRUE"时，可以进入下一步，步和步之间由"转换"分隔，当两步之间的转换条件得到满足时，实现转换，即上一步的活动结束而下一步的活动开始。

一个步可以是动作的开始、持续或结束，一个过程循环划分

图 5-16　SFC 网络的组成要素

的步越多，过程的描述也越精确。步、转换和有向连线就是 SFC 中使用的三个图形符号，也是 SFC 的基本组成元素。将这三种符号按规定的方法组合，即可表示系统的状态（初始步、工作步），根据系统是否运行，工作步又可分为静态（非活动步）或动态（活动步）。静态表示当前没有运行的步，动态是指当前正在运行的步。步表示过程中的一个动作。每一步可与一

个或一个以上的命令或动作相对应；每一个转换必须与一个转换条件相对应。

SFC 的步特性见表 5-18。

表 5-18　SFC 步特性

序号	描　　述	图 形 表 示

1a	步——带有向连线的图形形式	`│`
		`+-----+`
		`│ *** │`
		`+-----+`
		`│`

1b	初始步——带有向连线的图形形式，如果没有前驱步，就不会出现初始步上方的有向连线	`│`
		`+=======+`
		`‖ │ *** │ ‖`
		`‖ │ │ ‖`
		`+=======+`
		`│`

2a	步——没有有向连线的文本形式	`STEP***:`
		`(*Step body*)`
		`END_STEP`

2b	初始步——没有有向连线的文本形式	`INITIAL_STEP***:`
		`(*Step body*)`
		`END_STEP`

3a[①]	步标志，*** 步名称，即 Step_Name.X 当 *** 活动时，***.X = BOOL#1；否则，***.X =BOOL#0	`***.X`

3b[①]	步标志——布尔变量 ***.X 直接链接到步 "***" 的右侧	`│`
		`+-----+`
		`│ *** │----`
		`+-----+`
		`│`

4[①]	步时间，***.T= 类型 TIME 的变量，即 Step_name.T	`***.T`

① 当支持特性 3a、3b 或 4 时，如果用户程序试图修改相关的变量，则它应是一个出错。例如，如果 S4 是步名称，则按 5.4.2 节中定义的 ST 语言，下面的语句应是一个错误：

S4.X：= 1；（＊出错＊）

S4.T：= t#100ms；（＊出错＊）

由表 5-18 可见，SFC 的步特性中定义了两个变量地址 Step_name.X 和 Step_name.T，可在每个步分配这两个变量地址用于转换和动作。

Step_name.X 是一个布尔变量，当步激活时是活动的，未激活时，状态是 0。当关联步被激活或被禁用或持续时，该变量可以用来执行操作。这个变量也可以用于转换。注意，如果不能调节这个变量的状态，有可能导致来自编译器的错误消息。

Step_name.T 是数据类型时间的变量。SFC 的所有步，包括起始步，都是在定时器中构建的。当一个步被激活时，在定时器上定义开始和运行，直到步被取消激活。当步被去激活时，定时器重置为 t#0。注意：这两个变量都不能被用户程序修改。

2. 转换

转换的条件决定何时停用上一步和激活下一步。为了让 PLC 对一个步的过渡进行检测，直接位于该步的过渡之上的所有步骤都必须是活动的。完成转换后，先停用上一步，然后再立即激活下一步。两个步的过渡不能相邻放置，中间没有步。所有的转换都在这里编程转换，表示控制从一个或多个前驱步沿相应的有向连线转换到一个或多个后继步所依据的条件。转换由从"+"开始的一条与有向连线垂直连接的水平线表示。每个转换应有一个相关的转换条件，它是一个单布尔表达式的求值结果。总是为"TRUE"的转换条件应由符号"1"或关键字"TRUE"来表示。

通过下列方法之一把转换条件与转换联系起来：通过 ST 语言布尔表达式紧邻垂直有向连线连接；使用 LD 语言（或 FBD 语言）网络紧邻垂直有向连线；使用一个 LD 或 FBD 网络连接符将其输出与垂直有向连线相交；使用 ST 语言的 TRANSITION…END_TRANSITION 结构，关键字 TRANSITION FROM 后跟前驱步名称（若有一个以上的前驱步，则使用加括号的前驱步列表），关键字 TO 后跟后继步名称（若有一个以上的后继步，则使用加括号的后继步列表），用赋值操作符（：=）后跟 ST 语言的一个布尔表达式指定转换条件，用关键字 END_TRANSITION 结束；使用 IL 语言的 TRANSITION…END_TRANSITION 结构，关键字 TRANSITION FROM 后跟前驱步名称和一个冒号（：）；关键字 TO 后跟后继步名称，在单独一行上开始的一个 IL 语言指令表，其求值结果决定转换条件，结束关键字 END_TRANSITION；在有向连线右边使用标识符形式的转换名，用标识符定义一个 LD 或 FBD 语言网络或一个 IL 语言指令表或一个 ST 语言布尔表达式的赋值的 TRANSITION…END_TRANSITION 结构，它的求值把一个布尔值赋给由转换名称指示的变量。转换名对转换所在的 POU 是局部的。SFC 转换和转换条件见表 5-19。

表 5-19　SFC 转换和转换条件

序号	描　　述	图 形 表 示

1[①]	转换条件物理或逻辑地紧邻使用 ST 语言	<pre> |
		        +-----+
		        |STEP7|
		        +-----+
		            |
		            + bvar1 & bvar2
		            |
		        +-----+
		        |STEP8|
		        +-----+
		            |</pre>

2[①]	转换条件物理或逻辑地紧邻使用 LD 语言	<pre> |
		        +-----+
		        |STEP7|
		        +-----+
		            |
		            + bvar1 & bvar2
		            |
		        +-----+
		        |STEP8|
		        +-----+
		            |</pre>

（续）

序号	描　述	图 形 表 示

3[①]	转换条件物理或逻辑地紧邻使用 FBD 语言	<pre> |
		                         +-----+
		                         |STEP7|
		                +-------+ +-----+
		                | & | |
		  bvar1 ---| |-----+
		  bvar2 ---| | |
		                +-------+ +-----+
		                         |STEP8|
		                         +-----+
		                              |</pre>

4[①]	链接符的使用	<pre> |
		                         +-----+
		                         |STEP7|
		                         +-----+
		                              |
		  >TRANX>-------------+
		                              |
		                         +-----+
		                         |STEP8|
		                         +-----+
		                              |</pre>

5[①]	转换条件：使用 LD 语言	<pre> | bvar1 bvar2
		  +---||-----||---->TRANX>
		  |</pre>

6[①]	转换条件：使用 FBD 语言	<pre> +-------+
		                | & |
		  bvar1 ---| |-->TRANX>
		  bvar2 ---| |
		                +-------+</pre>

7[②]	使用 ST 语言的特性 1 的文本等价体	<pre>STEP STEP7:END_STEP
		TRANSITION FROM STEP7 TO STEP8
		:=bvarl bvar2;
		END_TRANSITION
		STEP STEP8:END_STEP</pre>

8[②]	使用 IL 语言的特性 1 的文本等价体	<pre>STEP STEP7:END_STEP
		TRANSITION FROM STEP7 TO STEP 8:
		LD bvar1
		AND bvar2
		END_TRANSITION
		STEP STEP8:END_STEP</pre>

(续)

序号	描　述	图　形　表　示
| 9[①] | 转换名称的使用 | ```
        |
     +-----+
     |STEP7|
     +-----+
        |
        +  TRAN7  TO  STEP8
        |
     +-----+
     |STEP8|
     +-----+
        |
``` |
| 10[①] | 使用 LD 语言的转换条件 | ```
TRANSITION TRAN78 FROM STEP7 TO STEP8:
|                               |
|  bvar1  bvar2     TRAN78 |
+---||-----||------( )---+
|                               |
END_TRANSITION
``` |
| 11[①] | 使用 FBD 语言的转换条件 | ```
TRANSITION TRAN78 FROM STEP7 TO STEP8:
        +-------+
        |   &   |
bvar1 ---|       |--TRAN78
bvar2 ---|       |
        +-------+
END_TRANSITION
``` |
| 12[②] | 使用 IL 语言的转换条件 | ```
TRANSITION TRAN78 FROM STEP7 TO STEP8:
LD bvar1
AND bvar2
END_TRANSITION
``` |
| 13[②] | 使用 ST 语言的转换条件 | ```
TRANSITION TRAN78 FROM STEP7 TO STEP8
:=bvar1 & bvar2;
END_TRANSITION
``` |

① 如果支持表 5-18 的特性 1，则也应支持本表的特性 1、2、3、4、5、6、9、10 或 11 中的一个或多个特性。
② 如果支持表 5-18 的特性 2，则也应支持本表的特性 7、8、12 或 13。

SFC 转换和转换条件示例：液体搅拌。

当 PLC 被设置为运行模式时，启动准备步骤被激活。当操作员按下开始按钮（start = TRUE），PLC 通过取消激活准备步（Ready）和激活灌装步（Fill）开始。这个步一直保持活动，直到罐满（液位传感器 Tank_full 发送一个高位逻辑信号）。然后灌装步（Fill）被取消激活，搅拌器（Stirrer）被激活。这一步是要在一段时间内保持活动。这是由下一个步 Stir 表示的。T>t#30s。当内置计时器的值达到 30s 时，就满足这个比较（TRUE）。然后停止搅拌步和激活排液步（Drain）。当罐空（传感器信号 Tank_empty 变为 TRUE）时，排液步被取消激活，准备好启动步，再次激活。程序现在准备好重新运行。SFC 和 ST 语言代码如图 5-17 所示。
```

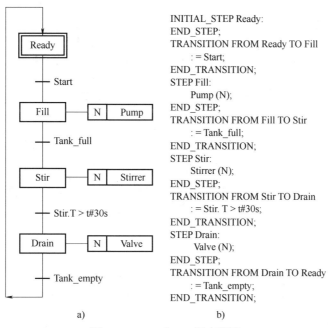

```
INITIAL_STEP Ready:
END_STEP;
TRANSITION FROM Ready TO Fill
    : = Start;
END_TRANSITION;
STEP Fill:
    Pump (N);
END_STEP;
TRANSITION FROM Fill TO Stir
    : = Tank_full;
END_TRANSITION;
STEP Stir:
    Stirrer (N);
END_STEP;
TRANSITION FROM Stir TO Drain
    : = Stir. T > t#30s;
END_TRANSITION;
STEP Drain:
    Valve (N);
END_STEP;
TRANSITION FROM Drain TO Ready
    : = Tank_empty;
END_TRANSITION;
```

a)　　　　　　　　　　　　　　b)

图 5-17　SFC 和 ST 语言代码

IEC 61131-3 标准中定义了可以用文本语言定义步、转换和动作，见表 5-19，这在传统 PLC 中是不能实现的。图 5-17b 的 ST 代码与图 5-17a 的功能原理是一样的。

3. 动作

动作是布尔变量、IL 语言的一组指令、ST 语言的一组语句、LD 语言的一组梯级、FBD 语言的一组网络或构成的一个 SFC。动作通过文本的步主体或图形动作块与步联系起来。一个或多个操作（指令）可以与每个单独的步相关联。如果没有动作与步相关联，则该步要么是延迟步，要么是收敛可选分支的步。对于如何在功能图中呈现动作和指令，有一些自然的规则。在 IEC 61131-3 标准中，一个单独的动作是作为一个矩形的盒子来呈现的，它与所讨论的步相关联。这种与步的直接连接使得很容易看到在哪里以及如何激活或启动操作。矩形中的第一个字段总是包含一个限定符，见表 5-23。这是一个字符，或者可能是两个字符，标识要执行的操作类型。如果限定符是时间类型，时间也会以时间格式显示在这个字段中。下一个字段包含要执行的操作或操作的名称。通常，这是一个单独的操作或指令，通常改变一个布尔变量的状态。在这种情况下，操作是一个布尔变量的名称。如果有其他类型的指令或更多的指令要执行，则在 ACTION 字段中给出用户选择的名称。这个名称指向一个已命名的程序代码，该代码包含一组指令。在这两种情况下，限定符都指定要执行哪个操作。第三个也是最后一个字段可以包含一个"指示器"变量（如果需要的话），"指示器"变量在标准中并没有定义，因此，它将由制造商来实现。通常，"指示器"变量是一个随着正在执行的操作的结果而改变的变量。通常，指示变量将在下一个转换中用作条件。

为了更容易控制操作的执行方式和时间，标准中指定了一组动作操作类型。动作的控制由动作限定符来表示。每个步涉及零个或多个动作。具有零个相关动作的步具有 WAIT 功能，即等待后继转换条件为 TRUE。SFC 的动作说明见表 5-20。动作与步的关联见表 5-21。

表 5-20 SFC 的动作说明

序号	描述①②	图 形 表 示
1	在 VAR、VAR_OUTPUT 块或其他图形化等价块中声明的任何布尔变量可以是一个动作	
21	动作使用 LD 语言的图形声明	<pre>+---+
ACTION_4
+---+
	bvar1 bvar2 S8.X bOut1	
+---||-----||----||-----()---+
	+------+	
+----|EN ENO| bvar2	
	C--| LT |----------(S)---+
	D--|	
	+------+
+---+</pre>
2s	动作使用 SFC 元素	<pre>+---+
OPEN_VALVE_1
+---+
| | ... |
| +===============+ |
| || VALVE_1_READY || |
| +===============+ |
| | |
| + STEP8.X |
| | |
| +-----------------+   +---+-----------+ |
| | VALVE_1_OPENING |--| N |VALVE_1_FWD| |
| +-----------------+   +---+-----------+ |
| | ... |
+---+</pre> |
| 2f | 动作使用 FBD 语言的图形声明 | <pre>+---+
| ACTION_4 |
+---+
| +---+ |
bvar1--	&	
bvar2--		-- bOut1
S8.X--------		
+---+   FF28
+----+
	SR	
+------+	Q1	- bOut2
C--| LT |--|S1	
D--		+----+
+------+
+---+</pre> |
| 3s | 动作使用 ST 语言的文本声明 | ```
ACTION ACTION_4:
bOut1:= bvar1 & bvar2 & S8.X;
FF28(S1:=(C<D));
bOut2:= FF28.Q;
END_ACTION
``` |
```

（续）

序号	描述①②	图 形 表 示
3i	动作使用 IL 语言的文本声明	```ACTION ACTION_4:` `LD S8.X` `AND bvar1` `AND bvar2` `ST bOut1` `LD C` `LT D` `S1 FF28` `LD FF28.Q` `ST bOut2` `END_ACTION```

注：在这些例子中，使用步标志 S8.X 以获得所期望的结果，即当 S8 被解除激活时，bout2：==0。
① 若支持表 5-18 的特性 1，则也应支持本表中的一个或多个特性或表 5-21 中的特性 4。
② 若支持表 5-18 的特性 2，则也应支持本表中的特性 1、3s 或 3i 中的一个或多个特性。

表 5-21　动作与步的关联

序号	描　　述	图 形 表 示
1	动作块在物理上或逻辑上与步相邻	```	` `+----+ +-----+----------+---+` `	S8	--	L	ACTION_1	DN1	` `+----+	t#10s			` `	+-----+----------+---+` ` + DN1` `	```
2	连接动作块在物理上或逻辑上与步相邻	``` |` `+----+ +-----+-----------------------+---+` `| S8 |--| L	ACTION_1 |DN1|` `+----+ |t#10s|	|` `	+-----+-----------------------+---+` ` +DN1	P	ACTION_2	|` `	+-----+-----------------------+---+` `		N	ACTION_3	|` `	+-----+-----------------------+---+```
3	文本的步主体	```STEP S8:` `ACTION_1(L,t#10s,DN1);` `ACTION_2(P);` `ACTION_3(N);` `END_STEP```
4①	动作块"d"字段。 "d"，动作使用 ST、LD、FBD、IL 语言	``` +-----+----------------------------+---+` `----	N	ACTION_4		---` ` +-----+----------------------------+---+` `	bOut1:= bvar1 & bvar2 & S8.X;	` `	FF28 (S1:= (C<D));	` `	bOut2:= FF28.Q;	` ` +-----+----------------------------+---+```

① 当使用特性 4 时，相应的动作名不能在任何其他动作块中使用。

4. 动作块

动作块操作有时不仅仅是设置或重置布尔值，而是希望改变数值变量的值或执行一组指令。这些动作可以在功能图本身之外编程，并通过动作名称进行标识，这样它们就可以从功能图中调用。动作可以在 IL、LD、ST、FBD，甚至在 SFC 中编程，并将成为包含功能图的 POU 的子对象。如表 5-22 所示，动作块是一个图形元素，用于将布尔变量与一个动作限定符相组合，以便根据规则为相关的动作生成一个使能条件。与步相关，动作块可以在 LD 或 FBD 语言中用作图形元素。动作限定符限定每个步 / 动作的关联或动作块的动作。表 5-23 列出的限定符 L、D、SD、DS 和 SL 应是属于 TIME 类型的一个相关持续时间。

表 5-22 动作块

序号	描　述	图形表示

1[①]	"a"：限定符，见表 5-23
	"b"：动作名称
	"c"：布尔型"指示器"变量（弃用，无此段）
	"d"：使用 ST、LD、FBD、IL 语言
		<pre>+-----+-------------+-------+
		| | | |
		---| "a" | "b" | "c" |---
		+-----+-------------+-------+
		| |
		| "d" |
		| |
		+-----------------------------+</pre>

2	LD 中动作块的使用	<pre>| S8.X bIn1 +---+------+---+ OK1 |
		+--| |----| |----| N | ACT1 |DN1|--( )--+
		| +---+------+---+ |</pre>

3	FBD 中动作块的使用	<pre> +---+ +---+------+-----+ S8.X ---| & |----| N | ACT1 | DN1 |---OK1 bIn1 ---| | +---+------+-----+ +---+</pre>

① 当限定符是"N"时，可以省略字段"a"。当没有使用指示器变量时，可以省略字段"c"。

表 5-23 动作限定符

序　号	类　型	限定符	描　述
1	非存储的（空限定符）	无	
2	非存储的	N	在相关步处于活动状态时执行的操作
3	重写复位	R	使存储动作失效
4	设置（存储）	S	存储操作，执行，直到重置
5	限制时间	L	在给定的时间或步停止激活后停止
6	延迟时间	D	如果步仍处于活动状态，则在给定时间后启动
7	脉冲	P	每次步活动时执行一次脉冲动作
8	存储和延迟时间	SD	在给定的时间之后，操作被设置为激活，即使步在此之前失效，该操作将继续，直到重置为止
9	延迟时间和存储	DS	如果此步在指定的时间之后仍处于活动状态，则将启动该操作。它将一直运行，直到重置为止
10	存储和限制时间	SL	当步开始时，动作开始，在给定的时间内继续活动，直到它重置
11	脉冲（上升沿）	P1	在激活步时执行一次脉冲动作
12	脉冲（下降沿）	P0	当步停止时执行一次脉冲动作

　　IEC 61131-3 标准中将表 5-23 中的动作限定符定义了一个 ACTION_CONTROL 功能块实例，但对用户来说是不可视的，规定与每个动作有关的应与定义的 ACTION_CONTROL 功能块实例的功能对等。

　　标准并不要求 ACTION_CONTROL 功能块本身实现，只要求动作的控制应等价于以上的规则。表 5-23 中的 N、S 和 R 三种类型是最常用的，还有类型 P 的操作，如果实现，则是 P1 和 P0。字母 N 指的是一种非存储类型的动作，表示只要相关步处于活动状态，就将持续执行的动作。N 是默认选择的。如果对一个布尔变量动作的控制，仅关联 "N" 限定符，那么采用 MOVE（：=）和布尔 OR 功能就足以实现控制。

　　其他与时间相关的操作类型只在特殊情况下才需要。其中一个原因是，在步中内置的定时器对于大多数情况下的序列时间管理是足够的。此外，创建功能图通常是一个设计技巧，这样就可以避免需要激活和禁用的操作，减少不可预见事件的风险。图 5-18 是一个动作限定符 "N" 的应用示例。示例显示了调用名为 Calculate 的动作和命名动作的代码。可以看到，IEC 61131-3 规定动作限定符指令集将包含在关键字 ACTION 和 END_ACTION 之间。但是，在许多编程工具中，这些关键字是隐式的，或者内置在编程程序的对象中。

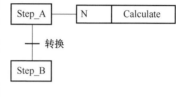

```
ACTION Calculate;
  IF Count > 10 THEN
    Light : =TRUE;
END_IF;
  IF Enable_Inc THEN
    Value : =Value + 50;
END_IF
END_ACTION
```

图 5-18　动作限定符 "N" 的应用示例

5. 动作控制

　　每个动作都由特定于动作的一段程序控制，称为动作控制。一个动作的计算规则控制一个动作。所有调用此动作的活动步都将 TRUE 发送给等效输入（N、R、S、L、D、P、SD、DS、SL、P1、P0），Step_name.T 数据类型时间的变量 T 是在动作块中指定的类型为 TIME 的参数。所有调用该动作的动作块都会影响其执行时间。在大多数编程系统中，操作控制及其输出对用户是不可见的。每个动作的动作控制，大多作为一个系统功能块实现，这是（SFC 特定的）动作系统的一部分，决定了一个动作的启动和停止条件。特殊动作控件的输入连接到使用该动作的动作块（步标志、限定符），根据表 5-23 中的动作限定符规则，输出是一个布尔值，它显示了动作的启动 / 停止条件。显式地编程这个变量的可能性取决于实现。重要的是要清楚该标准的定义，所有的动作在动作被取消激活后被额外执行一段时间。这意味着动作至少执行两次，除了 P1 和 P0 类型的动作只执行一次外，P1 和 P0 类型的动作是 "内置" 在步中的步动作。当涉及与时间相关的动作类型 L、D、SD、DS 和 SL 时，使用该动作类型需要说明相关的延迟或持续时间（时间类型）。在限定符字段或其他地方可以做到什么程度取决于具体实现。所有存储的动作类型都必须在另一个地方重置。在使用限定符 R 及动作类型 S、SD、DS 和 SL 时，要给出相同的动作名。最主要的是以不同方式激活动作的可能性。

　　如果相应的限定符等价于输入名称（N、R、S、L、D、P、P0、P1、SD、DS 或 SL），则对一个动作的 ACTION_CONTROL 功能块的布尔输入可以说和一个步有关联或和一个动作块有关联。如果所关联的步是活动的，或所关联的动作块的输入具有值 BOOL#1，则应认为该关联是活动的。一个动作的活动关联等价于设定其 ACTION_CONTROL 功能块的所有输入为活动关联。如果 ACTION_CONTROL 功能块的输入至少有一个活动关联，则其布尔输入具有值 BOOL#1，否则其布尔输入具有值 BOOL#0。

　　功能块的 T 输入的值是持续时间值，它是活动关联的一个时间有关限定符（L、D、SD、DS 或 SL）部分。如果不存在这样的关联，则 T 输入的值应是 t#0s。

示例：一个液体罐的动作是物料混合、加热和搅拌，示例设定搅拌 12min，同时灌装物料和加热。如果在时间到达排放步，则重置操作。通过对泵使用动作限定符 L 来实现，并指定泵的工作时间最长为 15min。还增加了一个操作员控制的停车和一个设备运行指示灯，如图 5-19 所示。这个示例与图 5-18 有点相似，但在图 5-18 中关注的是 SFC 转换和转换条件，以及如何使用 ST 语言编制顺序控制程序，这是一个全新的概念。在图 5-19 中，主要说明限定符的用法。意在指引在 CODESYS v3.16 中如何使用不同的动作类型。

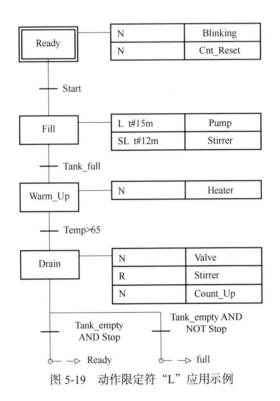

图 5-19　动作限定符 "L" 应用示例

5.6　统一建模语言（UML）——状态图

在项目设计和程序规划阶段，通常使用流程图、序列图或状态图来提高工作效率。在流程图、序列图或状态图的基础上，开发顺序控制系统结构化程序代码，这样可大幅缩短总的开发时间，至少可以减少代码中需要检测和纠正的错误数量。流程图的使用并不局限于具有明显顺序性质的系统，但是当一个状态有多条路径时就不太适合了。在前面讨论 SFC 元素时，我们看到流程可以分解为一组定义的状态和转换，从一种状态到另一种状态取决于一个或多个信号或变量的值。这两个条件可在状态图中清楚地表达出来。被控系统可以用一组独特的、不同的状态来描述其顺序过程，使用状态图更能清晰描述过程各阶段，其中每个段是状态图中的一个状态。程序的执行段可以导致另一个程序段或一个新的控制事件的预期。再根据这些 "段" 来设计控制过程的程序代码。随着智能制造的发展，工业控制系统也越来越复杂，单一运行的机器越来越少，甚至会消失，原来需要 "编程"，现在和未来需要 "建模"。在这种趋势下，对于项目规划和设计来说需要结构化技术，而不是传统上的代码思维。每个电气工程技术人员都要掌握状态图的概念，这是其技术中的重要组成部分，否则难以胜任复杂系统的工作，这就需要掌握统一建模语言（Unified Modeling Language，UML），它是一种适用于所有工程领域的通用建模标准化软件开发语言。

5.6.1　UML 简介

UML 是面向对象软件工程领域的一种标准化通用建模语言，由对象管理集团（Object Management Group，OMG）管理并创建。UML 标准建模语言用于指定、可视化、修改、构造和记录开发中的面向对象软件密集型系统的工件，可以对并发和分布式系统进行建模。它提供了一种可视化系统架构蓝图的标准方法，包括活动、角色、业务流程、数据库模式、（逻辑）组件、编程语言语句和可重用的软件组件，结合了数据建模（实体关系图）、业务建模（工作流）、对象建模和组件建模等技术，可以用于所有流程，贯穿整个软件开发生命周期，并跨越不同的实现技术，统一了 Booch 方法、OMT（对象建模技术）和 Objectory（对象体）的表示法建模语言，同时也综合了 Booch 方法、OMT 和面向对象软件工程（Object-Oriented Software Engineering，OOSE）的符号，将它们融合成一种单一的、通用的和广泛使用的建模语言，以更好地面向对象设计（Object-Oriented Design，OOD）。UML 模型以通过类似查询 /视图 / 转换（Query/View/tranSformation）语言自动转换为其他语言表示（如 Java）。

Grady Booch、James Rumbaugh 和 Ivar Jacobson 博士是 UML 的创始人，著有多部软件工程方面的著作，在对象技术发展上有诸多杰出贡献，其中包括前面提到的 Booch 方法、OMT 和 Objectory，三位方法论专家被业界称为 "UML 三友"。Grady Booch 是 Booch 方法的创始人，IBM 院士，IBM 研究院软件工程首席科学家。James Rumbaugh 是著名的计算机科学家，面向对象方法学家，最著名的是创建了 OMT 和 UML。Ivar Jacobson 博士曾任瑞典爱立信公司的首席软件体系架构师，被认为是深刻影响或改变整个软件工业开发模式的世界级大师之一。他最主要的贡献是 UML、Objectory 和统一软件开发过程（Rational Unified Process，RUP）和面向方面的软件开发，以及模块和模块架构、实例、现代业务工程等方法、技术的创始人之一。他的实例驱动方法对整个面向对象的分析和设计（Object Orient Analysis Design，OOAD）行业影响深远。2005 年他在中国成立了雅各布森软件（北京）有限公司，致力于软件开发新方法的研究。

自 OMG 发布 UML1.1 以来，经过几次修订形成 UML1.x（UML1.1、1.2、1.3、1.4 和 1.5），2005 年后陆续发布了 UML2.x（UML2.0、2.1.2、2.2、2.3、2.4.1 和 2.5.1 版本，2.1 版本未曾公开发布过），目前，形成国际标准的是 UML1.x 版本，如 ISO/IEC 19501：2005 是 UML1.42 版本。2017 年，OMG 发布了 UML2.5.1 版本，已成为事实上的国际标准。以下简称 UML 标准。UML2.x 有 4 个部分：一是为图及其模型元素定义符号和语义的上层结构；二是定义上层结构所基于的核心元模型的基础设施；三是对象约束语言（Object Constraint Language，OCL）用于为模型元素定义规则；四是定义如何交换 UML2.x 图布局的 UML 图交换。

UML 标准与开放分布式处理（Open Distributed Processing，ODP）的标准化密切相关。ISO/IEC 10746 开放分布式处理参考模型（RM-ODP）定义了一个体系结构，在这个体系结构中可以集成对分布、互操作性和可移植性的支持。ISO/IEC 10746-2 定义了描述分布式系统的基本概念和建模框架。这一部分与 UML 标准的范围和目标虽然相关，但并不相同，并且在许多情况下，与 UML 标准使用相同的术语来表示相关但不相同的概念，如接口。然而，使用 ISO/IEC 10746-2 建模概念的标准可以使用 UML 标准及适当的扩展，如使用原型、标记和约束来表示。ISO/IEC 10746-3 定义了一个开放分布式系统的参考模型，它使用 ISO/IEC 10746-2 中定义的基本概念和框架表示。这个参考模型定义了由企业语言、信息语言、计算语言、工程语言和技术语言等五个视角组成的框架，每种语言都使用 ISO/IEC 10746-2 的概念。

详细内容请参考：① IEC 61499、IEC 61804、IEC 61131-10；② ISO/IEC 19505-1~4；③ ISO/IEC 19501：2005；④ ISO/IEC 19500-1~3；⑤ ISO/IEC 19793：2015；⑥ ISO/IEC 10746-2：2009；⑦ ISO/IEC 10746-3：2009；⑧ GB/T 28174.1~4—2011、GB/T 28167—2011；⑨ *State Chart XML*（*SCXML*）：*State Machine Notation for Control Abstraction*，W3C Recommendation 1 September 2015；⑩ *OMG Unified Modeling Language*（*OMG UML*）*Infrastructure Version 2.5.1* 等。

UML1.1~2.5.1 各版本的文档及一些 UML 代码都可在 OMG 网站上免费下载。本书下列内容参考前述国际标准和状态机标准，以及 UML2.5.1 版本，这个版本是最新版本，相对之前的版本有较大的改动，并将之前的 UML 基础结构〔Unified modeling language（UML）-Part1：Infrastructure〕和上层结构〔Unified modeling language（UML）-Superstructure specification〕合并，后续版本也不再分列。这是一个庞大的建模语言国际标准，UML2.5.1 文档含参考附件有 1000 多页，也不是按顺序编排的，因此，不需要从头看，只看对自己工作有用的部分即可，下列内容仅是根据本书内容需要的一点提示性简介，非"建模"方法叙述，叙述也是摘要式的。有需要，学习时可用 Visio 里的状态机模板画状态图，或用专业建模工具（CASE 工具），如 Rational Rose 等。

5.6.1.1 模型及其建模内容概述

1983 年，David Harel 开发了一种用于有限状态机的图形语言，提供了自然且易于掌握的抽象特性，如层次结构、并行性和聚合等，以帮助理解复杂的系统行为。此后，David Harel 等设计了另外两种图表语言，用于指定功能的活动图和用于指定结构的模块图。1986 年发布了状态机的第一版投入使用。状态机用户可以绘制模型的工件，检查并分析它们，生成文档，并管理它们的配置和版本。状态机可以执行模型的功能和行为描述，并可自动生成可执行的代码。20 世纪 90 年代，状态机被合并到 UML 中，这是一种用于指定、可视化、构造和记录软件系统工件的行业标准语言。

目前，UML 标准是面向对象软件工程领域的一种标准化的通用建模语言，具有语义标准、图形符号、交换格式和存储库查询接口，包括一组图形符号技术，用于创建面向对象的软件密集型系统的可视化模型，在面向对象的软件应用程序中使用。UML 标准的各种组件为模型和元数据交换提供了一个在软件开发工具之间、在软件开发人员之间，以及在存储库和其他对象管理工具之间的公共基础。适用于系统开发过程中从需求到系统完成后测试的各个阶段：在需求分析阶段，通过用户模型视图可捕获用户需求；在分析和设计阶段，可以用静态结构视图和行为模型视图来描述系统的静态结构和动态行为；在实现阶段，可以将 UML 模型自动转换为用面向对象编程语言实现的代码；在测试阶段，UML 模型还可作为各种类型软件测试的依据。

模型是指某种事物的模型，包含分类器、事件和行为基本特征。被建模的事物通常可认为是论域个体域中的一个系统。然后，模型对该系统进行一些描述，从某个角度和某个目的，从可能被描述的系统的所有细节中抽象出来。对于一个现有的系统，模型可以表示对系统的属性和行为的分析。对于一个计划好的系统，模型可以表示一个系统如何被构造和运行行为。系统内部的设计和功能用逻辑视图（logical view）描述，利用系统的静态结构和动态行为来表示。所有系统均可表示为静态结构和动态行为两个方面。静态结构描述类、对象和它们之间的关系等。动态行为主要描述对象之间的动态行为，以及接口和类的内部结构等。当对象之间彼此发送消息给角色时产生动态行为，具有一致性（persistence）和并发性（concurrency）等属性。静态结构在类图和对象图中描述，动态行为用状态图、序列图、通信图和活动图描述。

UML 提供图来描述系统的结构和行为。类图（class diagram）用于描述系统的静态结构，包括类、对象以及它们之间的关系。而状态、序列、通信和活动图则适合于描述系统的动态行为，即描述系统中的对象在执行期间不同的时间点是如何动态交互的。类图将现实生活中的各种对象以及它们之间的关系抽象成模型。描述系统的静态结构能够说明系统包含些什么以及它们之间的关系，但它并不解释系统中的各个对象是如何通信来实现系统的功能。系统中的对象需要相互通信，相互发送消息。通常一个消息就是一个对象激活另一个对象中的操作调用。对象是如何进行通信以及通信的结果如何则是系统的动态行为，即对象通过通信交互的方式及系统中的对象，在系统的生命周期中改变状态的方式是系统的动态行为。一组对象为了实现一些功能而进行通信称为交互，可通过序列图、交互图和活动图三类图来描述交互。

除了静态结构和动态行为外，还可以从功能的角度来描述系统，描述系统提供的功能。实例就是从功能的角度来描述系统，它描述角色如何使用系统。通常情况下，在系统描述的早期阶段，如需求分析阶段，通过实例来描述角色是如何使用系统的。实例模型描述的是角色如何使用系统而不是如何建立系统、类和交互实现系统中的实例。交互通过序列图或活动图等来描述，因而在系统的功能视图和动态视图之间也存在着联系。在实例的实现中所使用的类在类图和状态图中描述。

1. 分类器与结构

一个 UML 模型由分类器、事件和行为这三个主要的模型元素类别组成，每一个类别都可以用来对正在建模的系统中不同种类的个体事物进行描述，简称为个体，这些类别是分类器、事件和行为。分类器根据实例的特征表示它们的分类。分类器是通过泛化在层次结构中组织的。

分类器有一组特征，其中一些是称为分类器属性的属性。每个特性都是分类器的成员。strucalfeature 是分类器的类型化特性，它指定了分类器实例的结构。分类器的结构特征是属性，称为分类器的属性。在 UML 中，属性是唯一的一种结构特征，所以分类器的所有结构特征都是属性，因此也就是属性。对于一个分类器的每个实例，它的每个直接或继承的非静态属性都有一个值或一个值集合，例如，如果属性的多重性为 1，要么没有值，要么只有一个类型符合属性类型的值；必须有一个符合属性类型的单一值，如果属性的多样性为 j..k 不为 1 时，应该有一个大小不小于 j 且不大于 k 的值集合，每个值的类型都符合属性的类型。如果属性的多重性为 0..0，不存在一个或多个值。分类器描述一组对象。对象是具有状态和与其他对象的关系的个体。对象的状态标识该对象的对象分类器属性的值。在某些情况下，分类器本身也可被认为是一个个体事件；事件描述一组可能发生的事件。事件是指对系统产生某种后果的事件；行为描述了一组可能的执行。执行是一个算法根据一组规则动作的执行，这些动作可能生成并响应事件的发生，包括访问和更改对象的状态。行为本身在 UML 标准中被建模为分类器的种类，因此，执行本质上被建模为对象。然而，一般而言，将行为和执行考虑在一个单独的语义类别中比将分类器和对象考虑在一个单独的语义类别中更清楚。

2. 语法和语义

UML 的语法与如何构造、表示和交换 UML 模型有关。UML 标准定义了 UML 的语法，抽象的和具体的。然而，UML 的语法是在 MOF（元对象工具）的框架内指定的，语法模型的意义是为了工具一致性的目的，在 MOF 核心标准和相关的 XML 元数据交换（XML Metadata Interchange，XMI）和图表交换标准中给出。相反，UML 本身的语义与 UML 模型所做的关于正在建模的系统的陈述的标准意义有关。这有时被称为 UML 的运行时语义，特别是在可执行软件或其他可执行过程的 UML 模型的关联描述。然而，并不是所有的 UML 模型在这种意义上都是可执行的，也不是所有的 UML 语义都与运行软件或其他过程相关。相反，考虑 UML 建模构造的一般划分为两类语义。一是结构语义定义关于正在建模的领域中个体的 UML 结构模型元素的含义，这在某些特定的时间点可能是正确的。这个类别有时称为静态语义。然而，在编程语言定义中，术语静态语义通常被用来表示敏感的名称解析和类型约束，超出了语言的基本关联无关语法，这与 UML 抽象语法标准中的良好格式约束相对应。为了避免混淆，UML 标准中使用术语结构语义。二是行为语义，定义 UML 行为模型元素的含义，这些元素描述了被建模的领域中的个体如何随时间变化。这有时称为动态语义。

UML 的主要目标之一是对并发的分布式系统进行建模，通过支持对象可视化建模工具的互操作性来推动行业的发展。提供语义和符号，以直接方式解决各种各样的建模问题；语义方便各种工具之间的模型交换，为共享和存储模型工件指定存储库的接口，以解决预期的未来建模问题，特别是与组件技术、分布式计算、框架和可执行性相关的问题；扩展机制，使单个项目可以低成本地为其应用程序扩展元模型，可使后续的建模方法在 UML 之上开展。为了在工具之间实现有意义的模型信息交换，需要在语义和符号上达成一致。

UML 标准是基于 MOF 的通用元模型的正式定义，它指定了 UML 的抽象语法。抽象语法定义了一组 UML 建模概念，它们的属性和关系，以及组合这些概念以构建部分或完整 UML 模型的规则；每个 UML 建模概念的语义的详细解释。语义以一种技术独立的方式定义 UML 概念如何被计算机实现；人类可读的表示单个 UML 建模概念的符号元素的规范，以及将它们组合成与建模系统的不同方面对应的各种不同图表类型的规则。UML 工具的兼容方法的详细定义是由一个基于 XML 的相应模型交换格式（XMI）单独标准支持的。XMI 是由 OMG 开发的，它是 UML 模型中元数据的标准交换方式。XML 元数据交换算法是使数据交换各方之间按共同规则描述元数据信息的 XML 模板文档，通过解析 XML 模板文档识别该元数据的信息，完成对元数据的存取交换功能，而无须知道各应用程序的元数据库结构信息和元数据交换握手信号的规则等技术细节。

XMI 集成了 XML、MOF 和 UML 三种工业标准。XMI 标准已经广泛地集成到各种 UML CASE（Computer Aided Software Engineering，计算机辅助软件工程）工具中，如 Rational Rose 提供了 XMI 插件，用于引入和导出 UML 模型，用户通过 Rational Rose 的 XMI 插件导出 UML 模型并保存为 XMI 文档，也可以将 UML 模型从 XMI 文档引入到 Rational Rose 中。XMI 是基于 XML 技术发展起来的一种标记语言，它继承了 XML 的所有特征，如结构化文档、标签可扩展等；XMI 使用 XML Schema 定义语法。XMI 标准是交换 UML 模型数据的桥梁。

UML 标准的建模概念被分组成语言单元。语言单元由一组紧密耦合的建模元允许建模者使用状态图形式的变体来指定离散的事件驱动的行为，而活动语言单元提供基于类似工作流的行为建模。大多数语言单元被划分为多个增量，每个增量都为之前的增量添加了更多的建模功能。

最新版本 UML 标准中定义每个元类都完全在一个子句中指定。每个子句都有从元模型中生成的文档的一部分，其中包含所有的元类及其属性，以及所有的元关联及其属性。生成的文档中的所有交叉引用都包含指向目标的超链接。

元模型被划分成包,对应于子句结构。所有这些包都属于一个名为 UML 的顶级包,也被导入到 UML 中,这样元类就可以通过它们在 UML 中的不限定名称来引用。许多对象约束语言(Object Constraint Language,OCL)约束被修正或添加到没有它们的地方。为了避免 OCL 表达式中的歧义,更改了一些关联拥有的属性和相应的关联的名称。为了表示不能使用 MOF 正式表示的默认值,一小部分较低的重复数从 1 放宽到 0,没有值表示存在默认值。属性 LoopNode::loopVariable 已经被合成,以支持循环变量的交换,NamedElement::clientDependency 已被派生。为了使语义一致,在一些属性中添加或删除了 {ordered}。这些在 UML2.4.1 及之前的早期版本中根本无法表示。从 UML2.4.1 版本开始定义的 MOF2.x 元模型,包括 UML2.x 元模型,是一个有效的 UML2.x 模型。与早期版本相比,这是一个实质性的简化和统一。

3. 行为特征

每个行为特征都与一个称为 featureingclassifier 的分类器相关联。这个特性代表了分类器的一些结构或行为特征,作为限定符的属性。isStatic 属性指定该特征是与单独考虑的分类器实例相关,还是与分类器本身相关。所有与没有明确声明该特性是否静态的特性相关的语义都假定为引用非静态特性。在没有为静态特性显式指定语义的地方,这些语义是未定义的。

非静态的行为特征指定了它的特征分类器的实例,将通过执行一个特定的行为响应来响应行为特征的调用。行为特征的子类为分类器的不同行为方面建模。ownedParameters 和 direction in 或 inout 定义了调用行为特性时需要提供的参数。带有 out、inout 或 return 方向的 ownedParameters 定义了从调用中输出和返回的参数。行为响应的一种方法是将一个或多个行为指定为实现该行为特征的方法。对 behavialfeature 的调用会导致一个相关方法的执行。当 isAbstract 属性为 TRUE 时,它指定行为特性没有任何实现它的方法,并期望一个实现将由更具体的元素提供。concurrency 属性指定对同一实例的并发调用的语义。它的类型是 CallConcurrencyKind,一个具有以下文字的枚举。

顺序(sequential),没有并发管理机制与行为特征相关联,因此可能会发生并发冲突。调用行为特性的实例需要进行协调,以便对任何行为特性的目标只发生一次调用;防范(guarded),在同一个实例中可能会有多个重复的行为特性调用,但是只允许一个实例开始调用。其他的被阻塞,直到当前正在执行的行为特性的性能完成;并发(concurrent),在同一时间内,对一个行为特性的多个调用可能会发生重叠,并且所有调用都可能并发进行。注意,在 UML2.5.1 标准中删除了包并发。

5.6.1.2　UML 图的定义与分类

图表定义(Diagram Definition(DD)Version 1.1)规范为建模和交换图形符号提供了基础,为其他建模语言规范提供了一个框架来定义它们的图,如在 UML、SysML 和 BPMN 中的节点和圆弧样式图,符号绑定到 MOF 定义的抽象语言语法。因此,DD 规范是符合使用 UML 的建模语言规范。

1. UML 类图定义

图表定义(DD)规范定义了一个使用 DD 规范来定义 UML 类图的 UML DI 元模型(UML DI Metamodel)作为 DI 元模型的扩展,从这个 UML DI 元模型到框图(Diagram Graphics,DG)元模型的映射。它是类图元素的代表性子集,这些元素由类、接口和数据类型三个分类器与关联、泛化和接口实现三个关系组成。类图的形状符号带有标签、分隔符和替代符号,以及带有标签、标记和线条样式的边符号。UML DI 符号模型如图 5-20 所示。

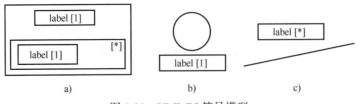

图 5-20　UML DI 符号模型

　　图 5-20 所示的 UML DI 符号模型包括图 a、b、c 三类。图 a 有一个标签和一个可选的格子列表，每个格子都有一个可选的其他标签列表，如分类器框表示法；图 b 是一种只有标签的形状，如界面球表示法；图 c 是一条具有可选标签列表的边，如关联符号。当框中没有间隔时，图 b 实际上是图 a 的一个特例。在这个基础上定义了 UMLShape、UMLLabel 和 UMLCompartment 三个形状类和一个边缘类（UMLEdge），以及相关定义的多样性模式（图 a、c）。

　　除 UMLCompartment 外，这些类的子类 UMLDiagramElement 独立地引用它们自己的 UML 元素和被接入，一条边只用于连接 UMLDiagramElement 类型的元素。可以在标签上设置一种类型，以指示 UML 元素的哪些方面要在文本上显示。可以在分类器的形状上设置 showClassifierShape 标志，以指示是否使用方框表示法，为了简洁，只涵盖了可能的表示法选项的子集。其中，［*］是对描述的模型元素的引用，它可以是任何基于 MOF 的元素；是一个图表元素的有序集合，它直接属于这个图表元素；相对于嵌套图原点的可选点列表，指定边缘的连接线段。

　　［1］是边的源图元素，也就是边开始的地方。边缘（Edge）的目标图元素，即是边缘的终点。Edge 是一个图元素，它定义了一系列连接的路径点，形成一条折线，连接一个源元素和一个目标元素两个图元素，在 self connection 中可以与源元素相同。路径点相对于嵌套图的原点定位，为图上的折线指定路径。边可以是纯符号的，可不引用任何模型元素，如将注释附加到 UML 元素的那一行。另一方面，边可以是来自抽象语法模型的关系元素的描述，包括 UML 泛化边界或 BPMN 消息流边界。在这种情况下，边缘的源和目标参考图元素分别描述了关系的源和目标元素，如果关系没有定向，则是两个相关元素。边缘的源和目标引用被抽象地定义为派生并集。在特定于扩展语言的 DI 元模型中，这些引用需要细化。如果源和目标引用可以明确地从模型元素派生出来，那么可以用派生逻辑重新定义属性。否则，可以用具体的可设置属性专门化属性。

　　UML DI 元模型扩展了 DI 元模型，使用元模型扩展语义（子类化、属性子集设置和重定义）。类 UMLDiagram 组成了 UMLDiagramElement 类型的元素集合。可选地引用 UML 模型中的元素，并且可以使用类 UMLStyle 的实例进行样式化，该类有两个属性：fontName 和 fontSize。

　　当 DI 用于 UML 以外的元模型时，modelElement 属性可以被重新定义，即使元类不是 UML∷Element 的显式子类。根据 MOF 的语义，classElement 是所有基于 MOF 的模型元素的隐式超类。

　　样式是一组属性，如 fontName、fillColor 或 strokeWidth，它们影响图表元素的外观或样式，而不是它们的内在语义。Style 被定义为一个抽象类，没有规定任何样式属性，让特定于语言的 DI 扩展来定义具体的样式类，这些类具有它们自己的属性，这些属性适用于它们的图元素类型。一个样式元素既可以是一个图元素的本地元素，也可以在几个图元素之间共享，即由几个图元素引用，在这种情况下，它是在其他地方拥有的，如通过在合并图交换的语言中打包元素。在一个图元素中设置为一个局部样式属性的值会覆盖在一个由相同的图元素引用的共享样式上设置为相同属性的值。这是实现级联样式所需要的，其中一个图元素中的未设置的样式属性从其拥有的元素链中最近的图元素获取其值，该元素为该属性设置了值。上面的语义有效地指定了样式属性的值基于以下机制（按照优先级顺序），如果在局部样式上设置了级联值，则使用它。否则，如果在共享样式上设置了级联值，则使用它。否则，如果级联值可以从所属元素链中的图元素中获得，则从最近的所属元素中使用它。否则，使用 style 属性的默认值。

DD 规范允许交换建模者可以控制的 UML 模型的纯图形方面。为了再现 UML 图，图信息必须在工具之间进行交换。DD 规范没有解决 UML 模型的图形方面，这些图形方面完全由 UML 决定，而不是由建模者决定的，如各种模型元素的大多数几何形状和线条样式。这个信息对于所有符合 UML 的图都是一样的，并且不需要交换。工具可以通过提供在可交换的图信息和可交换的抽象语法实例之间的链接来确定 UML 的哪一部分指定了不可交换的图形方面。

通过在 UML 抽象语法和 UML DI 中实例化类和关联来交换 UML 图，然后通过引用将它们链接在一起。模型实例指定图表上图形的位置及其包含的标签。图只是设定时元素，原型可以基于 UML DI 的元素，并应用到这些元素的实例中。符合标准的工具应该给原型应用 MOF 等效语义和 XMI 序列化。

2. 图表定义

UML 模型由包、类和关联等元素组成。相应的 UML 图是 UML 模型各部分的图形表示。UML 图包含表示 UML 模型中的元素的图形元素（通过路径连接的节点）。例如，一个包中定义的两个关联类，在一个包的图中，将由两个类符号和连接这两个类符号的关联路径表示。每个图表都有一个内容区域（contents area）。作为一个选项，它可能有一个框架和一个标题（heading），如图 5-21 所示。

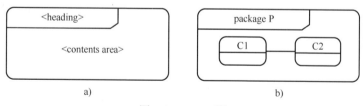

图 5-21　UML 图

框架是一个长方形的。框架主要用于图表化的元素具有图形边框元素的情况，比如类和组件的端口（与复合结构连接），以及状态机上的入口/出口点。在不需要的情况下，框架可能被省略，并通过工具提供的图表区域的边界暗示。如果框架被省略，标题也被省略。内容区域包含图形符号，主要的图形符号定义了图的类型，例如，一个类图是一个内容区域的主要符号是类符号的图。

标题是一个包含在矩形最左上角的标签（带有截止角的矩形）中的字符串，语法为 [<kind>] <name> [<parameters>]，图的标题表示包含元素的名称空间的种类、名称和参数，或者包含由内容区域中的符号表示的元素的模型元素。

内容区域的大多数元素表示在名称空间中定义的模型元素，或者由另一个模型元素拥有。图 5-21b 所示的类 C1 和 C2 定义在包 P 类图的命名空间中。

UML 图可能有下列类型的框架名称作为标题的一部分：活动（activity）、类（class）、组件（component）、配置（deployment）、交互（interaction）、包（package）、状态机（state machine）、实例（use case）等。除了用于图表标题类型的长格式名称外，还可以使用以下缩写形式：act（活动框架）、cmp（组件框架）、dep（配置框架）、sd（交互框架）、pkg（包框架）、stm（状态机机架）、uc（实例框架）等。

3. UML 图分类

UML 图主要有结构图和行为图两类图表类型。结构图描述系统中对象的静态结构，即描述那些与时间无关的元素。结构图中的元素表示应用程序的有意义的概念，并且可能包括抽象的、真实的和实现的概念。

结构图不描述动态行为的细节，动态行为的细节由行为图来描述，包括它们的方法、通信、活动和状态历史。系统的动态行为可以描述为随时间对系统的一系列更改，这可能与结构图中显示的分类器的行为有关。结构图和行为图进一步又分为其他几种图。分类只是为主要类型的图提供一个逻辑网络，并不排除混合不同类型的图类型，如在设计组合结构和行为元素时可几种图混用。因此，各种图之间的边界没有严格限制。结构和行为图的分类如图 5-22 所示。

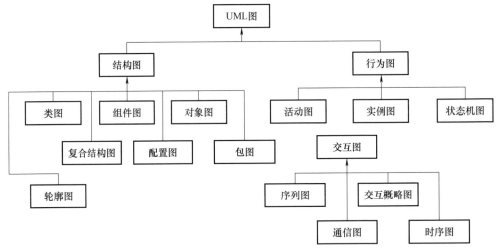

图 5-22　结构和行为图的分类

每个 UML 图中包含结构图和行为图的构造（图分类），图分类包括活动图、类图 - 结构化的分类器、通信图 - 交互、组件图 - 结构化的分类器、复合结构图 - 结构化分类器、配置图 - 配置、交互概略图 - 交互、对象图 - 分类、包图 - 包、轮廓图 - 包、状态机图 - 状态机、序列图 - 交互、时序图 - 交互、实例图 - 实例。注意：后缀是指该图的行为属性。有些可能还有其他译名，本书根据与 IEC 61131 等标准的术语同义翻译，如实例图，就是用例图，配置图就是部署图等，这样可以与本书术语统一，以便阅读及概念的一致性。

5.6.1.3　状态图 - 状态机

状态图是表示状态机的图形。状态图描述系统的状态和状态转换；状态图可以用多种方式进行解释，但本质上，状态图是一种绘图，一个状态图就是一个增强了的状态机，这种增强解决了状态机存在的许多问题，特别是随着被描述系统的规模的扩大，状态机随之增长，伴随发生的状态爆炸（state explosion）性增多。理解状态图与理解状态机几乎是一样的。在许多方面，状态图是状态机的"大哥"，旨在克服状态机的一些限制。因此也可以说状态图本质上是一种状态机，它允许任何状态以分层的方式包含更多的"机器"，这是为了克服状态机固有的一些限制。状态图的主要特征是状态可以按层次结构组织，状态图是一种状态机，其中状态机中的每个状态都可以定义自己的从属状态机，称为子状态。这些子状态可以再次定义子状态。

1. 状态机的概念

状态图通常用于描述有限状态发展过程中的状态机器，称为有限状态机。根据定义，这是一个"机器"，它总是在一个指定的状态及其他状态转换，转换是基于瞬时状态的用输入信号和内部变量的组合函数。接下来就是哪个状态是用户控制事件的结果（如按下一个按钮）和 / 或内部计算结果。"机器"不是实体物理上的机器，是一组代码或是一个软件。具体说就是，它是一个由一组节点和一组相应的转移函数组成的有向图形。它通过响应事件而"运行"，每个事件都在当前节点（源元素）的转移函数的控制范围内，这个函数是节点的一个子集。函数返回"下一个"（或同一个）节点。节点中至少有一个是目标元素。当到达目标，状态机停止。因此，状态机是包含一组状态集（states）、一个起始状态（start state）、一组输入符号集（alphabet）、一个映射输入符号和当前状态到下一状态的转换函数（transition function）的计算模型。当输入符号串，模型随即进入起始状态，依赖于转换函数转换到新的状态。状态图最原始的定义是"复杂系统的可视化形式"。

2. 有限状态机的概念

有限状态机是一种计算的数学模型，它描述了在任何给定时间只能处于一种状态的系统的行为。形式上，有限状态机有五个部分：一个有限数目的状态；有限数量的事件；一个初始状态；一个转换函数，在给定当前状态和事件的情况下确定下一个状态；一组（可能为空）最终状态。状态是指一些有限的、定性的"模式"或"状态"的系统被一个状态机建模，并不描述与该系统相关的所有（可能是无限的）数据。例如，电动机有 5 种状态：起动、停止、工频运行、变频运行和故障。然而，它的电压、电流、温度是变化的，对它的测量是定量的和无限的。在有限状态机中，会有许多变量，例如，状态机有很多与动作（actions）转换或状态关联的活动，多重起始状态，没有输入符号的转换或指定符号和状态的多个转换，递归接收状态（识别者）的一个或多个状态等。

传统应用程序的控制流程基本是顺序的，遵循事先设定的逻辑执行，事件主要涉及异常状态，很少用事件改变执行流程。事件通常在应用程序之外生成，无法由应用程序来控制。具体需要执行的代码取决于接收到的事件，或者它相对于其他事件的抵达时间。所以，控制流程既不能是顺序的，也不能是事先设定好的，因为它要依赖于外部事件。如果能采取不同的技术来处理任何顺序的事件，即使这些事件发生的顺序和预计的不同也能响应，这就是有限状态机设计的功能。同样，有限状态机也是一种概念性机器，它能采取某种操作来响应一个外部事件。具体采取的操作不仅能取决于接收到的事件，还能取决于各个事件的相对发生顺序。这是因为这个"机器"能跟踪其内部状态，在收到事件后进行更新。因此，对于一个事件的响应的活动不仅取决于事件本身，还取决于机器的内部状态，同时更新机器的状态。这样，任何逻辑都可建模成一系列事件 / 状态的组合。可将状态机归纳为现态、条件（事件）、动作和次态这 4 个要素。现态是当前状态。次态相对现态而言，次态一旦激活，即转换为一个新现态。因此也可以说状态机就是状态转移图。

有限状态机有 Moore 状态机（摩尔模型）和 Mealy 状态机（米利模型）两种。Moore 状态机的输出仅与当前状态有关，Mealy 状态机的输出不仅取决于当前状态，还与输入有关。在电气工程领域，摩尔模型应用更广泛，它是基于要执行的动作是与状态相关联的，即变化只依赖于在任何给定时刻处于的活动状态。

3. 新的状态机模型

新版的 UML2.5.1 中引入了"历史状态"（state history）概念，它是一个与组合状态中区域有关的概念，一个区域可以保持自己前一次退出时的状态构成的痕迹，还可以以一种容易的方式在下次状态被激活，或者存在一个返回历史状态的局部迁移时恢复到同样的状态构成（如从中断处理返回）。这是通过使迁移终止于一个区域中希望类型的历史伪状态而简单地完成。这样就可构成一个更加简单的状态机模型。有深历史（deep history）和浅历史（shallow history）两种类型的历史伪状态。

深历史是包含区域的完整的状态。其效果使终止于历史伪状态的迁移产生的效果等同于迁移终止于被保存的状态构成的最里层中的某个子状态，也包括所遇到的所有入口行为的执行。

浅历史是返回最近状态构成的最上层子状态，进入时适用于缺省的进入规则。如果存在与终止于历史伪状态上的迁移，可以使用缺省历史机制使之强制迁移到一个特定的子状态。这是一个起始于历史伪状态，终止于包含该历史伪状态的区域中的一个特定顶点（缺省历史状态）的迁移。这个迁移只有执行到历史伪状态而且状态从来没有被激活过的情况下才会发生。否则进入区域的适当的历史入口行为将被执行。状态可以定义延迟的时间类型，只要状态维持活动，那些类型的事件就不会发生，直到一个状态到达事件类型不再被延迟的位置。一个事件可以被组合状态或子状态机状态延迟，只要组合状态仍处于活动的状态构成中，它就继续被延迟。

状态可以定义一个入口行为，当通过外部迁移进入状态时它就会被执行。另外，状态也可以定义一个关联的退出行为，每当状态退出时它就会被执行。状态也可以关联一个多活动行为（doActivity）。这个行为在一个状态下，不受这种状态的内部过渡的影响。

5.6.1.4　状态图 - 状态机示例

如上所述，既然状态图甚至 UML 如此有用，而且据说具有很多好处，那么为什么不是所有的开发人员都使用这些技术呢？如果状态图像上面说的那样强大，为什么它们没有被广泛使用？据观察，关于这个主题的大多数书籍、网站上的很多论述都是基于如银行取钱、商业行为、日常比喻、交通电动车、数字手表等之类来解释状态图。其实这样的例子并不能帮助工程开发人员，他们可能想使用状态图来处理用户界面，或者解决一些复杂性问题。更令人不解是，多数不使用状态图的主要原因竟然是 YAGNI 心态（你不需要它），而宁愿使用布尔代码。如，一个人开发一个组件时，从一个简单的行为模型开始，它有不同的模式，所以在很早的时候，组件开始获得一些布尔值。布尔值可以是显式的，或者是更含蓄的，然后组件开始根据这些显式或隐式标记来决定如何响应事件，例如 switch/case 和 if/else 语句，if（！requestIsActive）或 if（request == null）。如果把所有的 if 语句都弄对了，它就会在某种程度上行得通。在非常小的范围内，有两到三种不同的行为时，这个功能就会发挥得很好。但很快就会发现出来混乱的 if 语句了，然后，需要放大镜似地寻找可能会修改对的各种变量的状态，以使它们保持一致，直到头昏眼花。这时就好像不需要状态图一样，直到为时已晚。如果采用状态图思路，将组件的行为知识放入定义的对象中，当状态改变时，对象就会被切换出来，不用刻意去找。这当然是对传统方法的巨大改进，有时足以处理一些复杂性问题。到这里，至少应该明白，用状态图不为别的，只为少走弯路！这是一大堆好处里的一个。尽管我也没全弄明白 UML2.5.1 到底有多少用处，但感觉，它作为被建模系统的仿真测试倒是很靠谱的。以下以一个示例说一下状态图到底怎么使用，仅供参考而已。

示例：假设有一个要用到的按钮，并想使用状态图定义其行为。一个自锁按钮，控制一台电动机（或其他电器），它有开（On）和关（Off）两种状态。当按下（press）按钮时，它就由 Off 到 On，或相反。这是将要在状态图中描述的基本行为。其他行为可通过修改状态图来改变它。这是一个假设的设计示例，目的是剖视状态机的概念，看上去似乎简单了点，但明晰地解释了一些使用特定于状态图的技术对行为建模的方法。尽管这是一个简单的按钮，但其思路方法可举一反三，可将其以各种方式进行扩展。在某种程度上，它也可以作为我所说的状态图的最小"缩微"版。弄明白了这个最小的状态机，再建大的，可以用照葫芦画瓢的办法放大几倍甚至几十倍，大概也不难。先建一个开 / 关行为状态机模型，如图 5-23 所示。

1. 构造子状态机

通过在状态机中添加"子状态"来专门化开 / 关这两种状态来改变系统的行为，首先看这个状态机（机器）的行为：每当按下按钮，press 事件发生时，机器将在 On 和 Off 状态之间交替。当它进入 / 离开 On 状态时，它调用相应的起动（On）或停止（Off）电动机的操作事件。这通常是正确的，但也有一些例外。接下来细化一下，例外情况将再引入子状态来描述。首先介绍 off 状态中的几个新状态。这些子状态专门化 Off 状态的行为是，它导致 Off 状态改变行为。行为的变化是，都要处理电动机按钮的误操作。在误操作中（可能是人为、抖动、脱扣或按钮损坏等），带有 press 事件的按钮将触发起动或停止电动机。按钮开、关得非常快，可能会因为太快而导致电动机起动不了或损坏。我们希望的新行为是，需要 5s 的时间起动电动机，在这段时间里，"press 事件"不应该进入 On 状态，如果"press 事件"发生得太早，则 On/Off 现在必须再等待 5s，才能进入 On 状态。这时的 On/Off 行为状态机模型，如图 5-24 所示。

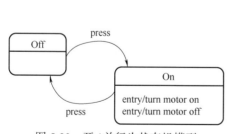

图 5-23　开 / 关行为状态机模型

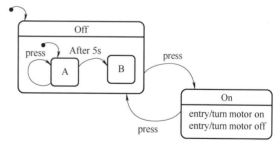

图 5-24　开 / 关行为新状态机模型

这时"Off"状态有了它自己的小状态机图，包括初始状态 A；一些状态处理 press 事件，A；有些状态不处理 press 事件，B；5s 后的新事件表示延迟转换。如果整个状态图有点难以处理，可屏蔽状态图的其余部分，只留下 Off 状态，深颜色部分就是"Off"小状态机，如图 5-25 所示。

因为 A 是初始状态，所以无论何时进入 Off 状态，它也会自动进入状态 A。当状态机同时处于两种类似的状态时，最先处理事件的是隐藏"最深的"状态机。因此，当机器处于状态 A 时，press 事件将由 A 通过转换到自身来处理它，即状态 A 指向 A。这样的事件是由最深层的状态机消耗的。

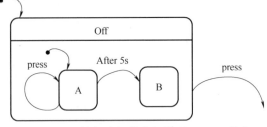

图 5-25　开 / 关行为新状态机模型——Off 状态

从 A 到 B 的延迟转换（5s 后）导致机器进入 B，当且仅当它已经在 A 中不间断地运行了 5s。当机器处于状态 B，并且 press 事件发生时，状态 B 并不关心，所以父 Off（parent Off）状态通过转换到 On 状态来处理它。这是一种定义精确消除抖动行为的简单方法。请注意，在这个状态机中，脱扣只发生在 Off 状态，如果 press 事件快速连续发生，那么 On 状态将在事件的第一个实例中退出。

父状态机会在状态机算法中将子状态机看成一个原子状态。子状态机是独立的，它维护自己的事件队列和相关配置。但子状态机的 configuration（）并不是父状态机的 configuration（）的一部分。子状态机中的状态不能被指定为父状态机中的过渡的目标状态；反过来也是这样。不过，子状态机的 finished（）信号可以在父状态机中被用来触发一个过渡。

2. 细化 On 状态

对于 On 状态，做点特别的事：我们想要延迟一点 On 动作，但是允许 press 事件在任何时候将我们转换到 Off 状态。为此，我们专门化 On 状态，并将操作移动到另一个子状态，以便 entry/turn 操作也只在处于 On 状态后很短时间内发生。按此想法构建一个模型，如图 5-26 所示。

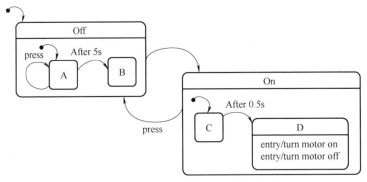

图 5-26　开 / 关行为新状态机模型——On 状态

将新的状态命名为 C 和 D，会导致进入 On 状态的边际效应（side effects⊖）延迟 0.5s。然而，由于这些子状态都不处理 press 事件，如果该事件在 On 状态的任何时候发生，则状态机立即返回到 Off 状态。有趣的是，只有当 On 动作被调用时，Off 动作才会被调用，因为只有当它一开始就进入了 D 时，才有可能退出 D。

⊖　side effects 这个词多出现在与函数有关的地方，在很多文献里被直译为"副作用"，这与函数的行为不太贴切，从编程角度看，函数的主要功能是返回值，除返回结果外，还做"其他事"，但也可以不做其他事，做"其他事"多是给其他函数或功能块"赋值"，这个"赋值"行为是"附加赋值"即附加作用，不是其主要作用，因此本书认为译为"边际效应"或"附加作用"比较切合其行为本意。

　　下面再进一步细化 On 状态。让我们假设，在前面的操作中，没有将电动机起动起来，这是不希望的场景，但有时会出现。操作者试图查找原因，进行了如下操作：按下按钮（On），约 0.2s 再次关闭，电动机会起动一下，假设通电 0.3s，不管是什么原因，根据电动机特性，总是希望电动机通电时间不应少于 0.5s，也就是说不应该在 turn motor on action 后立即调用 turn motor off action，而应该至少打开电源 0.5s。这很容易在状态图中调节，通过添加一些新的子态来专门化 D。这些新状态的任务是在前 0.5s 内处理 press 事件，如果它发生，基本上什么也不做。

　　3. 完整状态图

　　在 On 或 Off 状态下处理 press 事件的不同之处：On 和 Off 状态有相似的行为，但不完全相同。两者对 press 事件的反应都有所不同。在 Off 状态下，当按钮被轻触（甚至多次，如按钮损坏时会发生抖动）时，电源不通，反复操作事件流将被忽略，电动机保持关闭。只有当 press 事件在 5s 内没有发生时，下一个 press 事件才会打开它。换句话说，press 事件必须冷却 5s 后才会产生效果（这是热继电器效应决定的）。在 On 状态下，当按钮被重复地轻触时，在 On 状态前 0.5s 的轻触事件被忽略。只有在 0.5s 后，press 事件才会导致电动机关闭。press 事件基本上被忽略了 0.5s。即当处于状态 D 时，press 事件应被忽略 0.5s。

　　为了解决这个问题，再定义几个新状态：一个用于 Off 状态应该忽略的事件（命名为 E）；一个用于 Off 状态应该处理的事件（命名为 F）；它应该在 E 中停留 0.5s，然后过渡到 F。为了忽略事件，在这里引入了 E 的一个子状态，命名为 G，它的存在只是为了忽略事件。构造的状态机模型如图 5-27 所示。完整的状态图如图 5-28 所示。图 5-29 是状态机的用户调试界面。

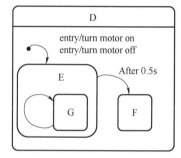

图 5-27　开 / 关行为新状态机模型——忽略事件

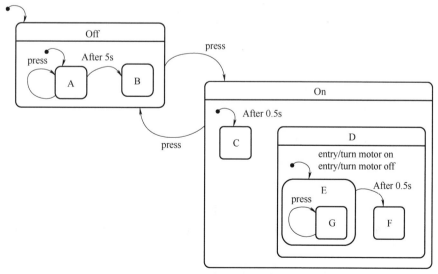

图 5-28　开 / 关行为完整的状态图

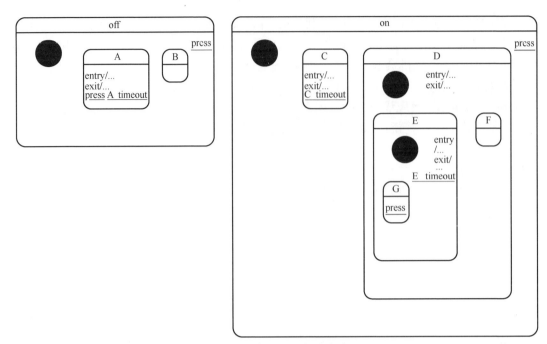

图 5-29　状态机的用户调试界面

4. 概念总结

在上面的示例中，逻辑层（turn motor on 和 turn motor off）都保持不变。所有这些新的行为都是在状态图中设计的。示例也折射了一些可以用来解决各种问题的技术。被解决的问题是人为设计的，尽管问题领域相对简单（按下按钮就能起动或关闭电动机），但它所做的远不止一个简单的布尔值。

当电动机被关闭时，任何试图在关闭电动机后 5s 内再次起动电动机的尝试都将失败。只有当按钮没有被按下 5s 时，按钮才开始再次工作，只要按一下按钮，电动机就会起动，但实际上要等 0.5s 后电动机才会起动。如果再按一下按钮，电动机就不会起动了。当按钮在 0.5s 后起动电动机时，任何额外的按钮操作都将在 0.5s 后被忽略，除此之外，也不会出现像布尔定时器那样出现奇怪的 bug 导致事件发生乱序。在一个常规的命令式实现中，经常会忘记取消任何已经启动的定时器，从而导致定时器的效果被执行，即使它们不应该这样做。这类 bug 已经不复存在了。也许你永远不需要一个这样的开关，但如果你考虑微交互（交互设计）领域，事情就会变得非常复杂。假如在设计的用户界面上考虑显示一个弹出通知按钮，用户可以单击它来解除，如果用户正要单击弹出通知出现的地方，而不是单击通知，从而在没有阅读通知的情况下就解除了它。通知应该忽略短时间的单击，也许是 0.5s，这正是在示例状态图中解决的问题。类似的情况在工业现场的机器操作面板、仪表面板、控制器等上都存在。另外，在控制器，如 PLC 的控制程序设计，需要处理的类似状态就更多了，可以考虑一下，PLC 里为什么会有个边沿触发器。最后，本示例的图表本身就很能说明问题，关注一下顶层的 On 和 Off 状态，大致了解这个状态图或机器的功能，然后单独查看每个状态，以了解每个状态的功能。在这个示例中，涉及了以下概念和术语：状态（state），A/B/C/D/E/F/G/Off/On；复合状态（compound state），D/E/Off/On；简单（原子）的状态［simple（atomic）states］，A/B/C/F/G；过渡（Transition），所有箭头；事件（Event），单箭头弧线上的 press；最初的过渡（initial transition), 4 个带圆点的弧线箭头；自我转型（self transition），2 个圆形弧线箭头；延迟过渡（delayed transition），after5s，after 0.5s；活动（actions），逻辑层（entry/turn motor on 和 entry/turn motor off）；输入操作（entry actions），turn motor on；退出操作（exit actions），turn motor off。

　　状态可以指定在该状态中可以延迟的一组事件类型（延期的事件），只要状态保持为活动状态，就不会分派这些类型的事件发生。相反，这些事件将保留在事件池中，直到到达状态配置时，这些事件类型不再被延迟，或者，如果延迟事件类型显式地用于源为延迟状态的转换（即某种覆盖选项）的触发器中。事件可以由复合状态或子机器状态延迟，在这种情况下，只要复合状态保持在活动配置中，事件就会一直延迟。

　　状态机包定义了一组概念，这些概念可用于使用有限状态机形式对离散事件驱动的行为进行建模。除了表示系统各部分的行为（如分类器实例的行为）之外，状态机还可以用来表示系统各部分的有效交互序列，称为协议。这两种状态机分别称为行为状态机和协议状态机。行为状态机包含一个或多个区域，每个区域包含一个图（可能是分层的），图中包含一组顶点，这些顶点由表示转换的弧连接起来。状态机执行由适当的事件触发。

　　状态机的特定执行由一组通过一个或多个区域图的有效路径遍历表示，由调度与这些图中的活动触发器匹配简单状态、复合状态和子状态。简单状态没有内部顶点或转换。复合状态至少包含一个区域，而子状态指的是整个状态机，从概念上，该状态机被认为嵌套在状态中。复合状态可以是只有一个区域的简单复合状态，也可以是有多个区域的正交状态。通常，一个状态机可以有多个区域，每个区域可能包含自己的状态，其中一些可能与自己的多个区域复合。因此，正在执行的实例的特定状态由一个或多个状态层次结构表示，从状态机的最顶层区域开始，通过组合层次结构一直到简单状态（叶状态、原子状态）。复合状态中的这种子状态层次结构称为状态或状态机的状态配置。正在执行的状态机实例一次只能处于一种状态配置中，称为其活动状态配置。状态机执行是通过响应与状态机触发器匹配的事件发生，从一个活动状态配置转换到另一个活动状态配置来表示的。如果某个状态是活动状态配置的一部分，则该状态称为活动状态。状态配置没有进一步的转换，并且该配置的所有入口行为已经完成。在创建状态机并完成初始转换之后，状态机总是处于某种状态配置中。然而，由于状态可以是分层的，并且可能存在与转换和状态相关联的行为，因此进入分层状态配置涉及一个动态过程，该过程仅在达到稳定状态配置后终止。

　　区域表示可以与其正交区域并发执行的行为片段。如果两个或多个区域属于同一状态，或者在最高级别上属于同一状态机，则它们彼此正交。当进入其拥有的状态，或者当其拥有的状态机，即它是一个顶级区域，开始执行时，一个区域成为活动的，即它开始执行。每个区域拥有一组顶点和转换，它们决定该区域内的行为流。它可能有自己的初始伪态和最终态。

　　一个状态可能有一个关联的入口行为。如果定义了此行为，则在通过外部转换进入状态时执行此行为。此外，状态还可能有关联的退出行为，如果定义了该行为，则在状态退出时执行该行为。

　　为什么要学习使用状态图？至此应该有答案了，因为状态图具有很多令人好奇的好处，它比许多其他形式的代码更容易理解。对象行为与相关组件解耦会使得更改行为变得更容易。更容易进行代码推理，有助于做出好的设计，这是创新所必需的。并且可以独立于组件测试行为。构建状态图的过程容易探明所有的状态，避免遗漏。若干研究表明，基于状态图的代码比传统代码的错误数量更少。状态图有助于处理可能被忽略的、细微的异常情况。随着系统复杂性的增长，状态图可以很好地扩展。状态图也是一种很好的交流工具。

另外，程序状态是程序中所有变量及其在任何时间点的值的集合。假如一个程序或软件组件有 5 个自变量，每个变量都可以是真或假，那么理论上它可以处于 32（2^5）种状态中的任何一种，然而，一个程序经常会有无效的状态，在软件中，需要仔细检查和操作变量才不致被混进无效的状态，状态机就是对程序状态建模的一种方法。

5.6.2　UML 图简介

以下介绍除状态图外的几种图，目的是补充一下前述内容中的一些概念。

5.6.2.1　活动图

活动图 - 活动（Activity Diagram-Activities）描述系统组件的业务和操作的逐步工作流程。主要用来描述如何完成工作及做什么工作。可以用活动图来描述操作、类或实例，但是它们只能描述工作流。

活动图描述了控制的总体流程。一个动作的执行对应于一个特定动作的执行。类似地，一个活动的执行就是一个活动的执行，最终包括其中的动作的执行。活动中的每个动作在每次活动执行时可能执行零次或多次。操作需要访问数据，它们需要转换和测试数据，并且操作可能需要排序。活动在逻辑上可多个控制线程同时、同步按照指定的顺序执行。基于并发执行的语义可以映射到分布式实现中。然而，并发地执行对象并不一定是分布式软件结构。一些实现可以将对象组合成单个任务并按顺序执行，只要实现的行为符合标准的顺序约束。活动建模强调协调下级行为的顺序和条件，而不是分类器拥有这些行为。这些通常称为控制流和对象流模型。由活动模型协调的操作可以被启动，因为其他操作已经执行完毕，对象和数据变得可用，或者因为事件发生在流的外部。

活动图着重描述操作（方法）实现中所完成的工作以及实例或对象中的活动。活动图是状态图的一个变种，与状态图的目的略有差别，活动图的主要目的是描述动作执行的工作和活动，以及对象状态改变的结果。当状态中的动作被执行时，活动图中的状态称为动作状态，直接转移到下一个阶段。活动图是另一种描述交互的方式，描述采取何种动作，做什么（对象状态改变），何时发生（动作序列）等。活动图可以描述一个操作执行过程中（操作实现的实例化）所完成的工作（动作）；描述对象内部的工作和如何执行一组相关的动作，以及这些动作如何影响它们周围的对象；描述实例是如何执行动作及如何改变对象状态等。

执行动作就会产生结果。可以用一组相关动作来描述操作的实现，然后将这些动作转换成代码行。活动图描述动作及动作之间的关系，有一个起点和一个终点。起点用黑圆点来表示，终点用黑圆点外加一个小圆来表示。活动图中的动作用一个圆角四边形表示，使用状态图中同样的标记方法。除了事件外，动作之间的转移的描述方法与状态图中所用的方法一致。事件可能只通过从起点到第一个动作之间的转移联系在一起。动作之间的转移用箭头来表示，表示只要动作状态中的所有活动一完成转移就开始，用防范条件来约束转移，只有防范条件为 TRUE 时转移才可开始。防范条件的语法规则与状态图中的防范条件的语法规则一致。用防范条件来做决策，如［yes］和［no］。用菱形符号来表示决策点。一个决策符号可以有一个或多个进入转移，两个或更多的带有防范条件的发出转移。可以将一个转移分解成两个或更多的转移，从而导致并发的动作。动作既可以并发执行，也可以串行执行。重要的是所有的并行转移在合并之前，如果它们曾合并，必须被执行。一条粗黑线表示将转移分解成多个分支，表示真正分解成并发动作。同样用粗黑线来表示分支的合并。可以在活动图中发送和接收信号，有两个与信号有关的符号，一个表示发送信号，另一个表示接收信号。发送符号对应于与转移联系在一起的发送短句，发送和接收符号均与转移联系在一起。发送和接收符号可以与消息的发送对象或接收对象联系在一起。表示方法是从发送或接收符号画一条虚线箭头到对象。如果是发送符号，则箭头指向对象，如果是接收符号，则箭头指向接收符号。

5.6.2.2 类图

类图 - 结构化分类器（Class Diagram-Structured Classifiers）用来表示系统中的类和类与类之间的关系，它是对系统静态结构的描述，通过描述系统的类、属性和类之间的关系来描述系统的结构。类图是用类和它们之间的关系描述系统的一种图示，从静态角度表示系统，因此，类图属于一种静态模型，类图是构建其他图的基础，没有类图，就没有状态图等其他图，也就无法表示系统的其他方面。类图中使用的模型元素只有类和它之间的关系。类用长方形分成上、中、下三个区域，每个区域用不同的名称标识，以代表类的特征。

类与类之间有多种连接方式（关系），如关联（彼此间的连接）、依赖（一个类使用另一个类）、通用化（一个类是另一个类的特殊化）或打包（packaged）（多个类聚合成一个基本元素），这些关系都体现在类图的内部结构中，通过类的属性（attribute）和操作（operation）表示。在系统的全生命周期中，类图所描述的静态结构在任何情况下都是有效的。

一个典型的系统中通常有若干个类图。一个类图不一定包含系统中所有的类，一个类还可以加到几个类图中。类具有派生关联，以指示如何通过一个或多个构造扩展它。原型是唯一的一种不能被原型扩展的元类。类包包含处理 UML 基本建模概念的子包，以及特定类及其关系的子包。重用来自 UML2 基础设施的包内核包代表 UML 的核心建模概念，包括类、关联和包。在许多情况下，重用的类在内核中扩展，并具有附加的特性、关联或超类。在显示抽象语法的图中，基础设施库中的元素子类总是被省略。每个元类都完全描述为子句的一部分，内核是一种扁平的结构，就像构造一样，只包含元类而不包含子包。产生这种区别的原因是，基础设施库的某些部分是为灵活性和重用而设计的，而重用基础设施库的内核必须将重用的元类的不同方面结合在一起。

元模型中的类称为元类。因此，UML 元类元素是 UML 元模型中的一个抽象类，即它可以从 MOF 的角度看作是元类的一个实例，其 isAbstract 属性的值为 TRUE。另一个是名为 body 的属性，它可以从 MOF 的角度反过来作为一个元类属性的实例，其名属性具有值 body。使用自身的这个受限子集来定义 UML，可以确保 UML 模型可保存在 MOF2 存储库中，可以使用 MOF 特性进行操作，并根据 MOF2 XMI 映射标准使用 XMI 进行交换。

5.6.2.3 对象图

对象图 - 分类（Object Diagram-Classification）是类图的变体。两者之间的差别在于对象图表示的是类的对象实例，而不是真实的类。所谓对象就是可以控制和操作的实体，它可以是一个设备或一个组织，类是对象的抽象描述，它包括属性的描述和行为的描述两方面，属性描述类的基本特征，如开关、PLC、变频器等，行为描述类具有的功能，如变频、数字控制，功能也就是对该类的对象可以进行哪些操作，就像程序设计语言中整型变量是整数类，可以对整型变量进行操作，并不是对整数类型进行操作。

对象图是类图的一个范例（example），它及时具体地反映了系统执行到某处时，系统的工作状况。对象图中使用的图示符号与类图几乎完全相同，只不过对象图中的对象名加了下划线，而且类与类之间关系的所有实例也都画了出来。对象图通常用来示例一个复杂的类图，通过对象图反映真正的实例是什么，它们之间可能具有什么样的关系，帮助对类图的理解。对象图也可以用在通信图中作为其一个组成部分，用来反映一组对象之间的动态通信关系。

对象是类的实例化，所有的操作都是针对对象进行的。在计算机系统中，用类表示系统，并把现实世界中我们能够识别的对象分类表示，这称作面向对象，由于面向对象的概念与现实世界中的事物的表示方式相似，所以采用面向对象的概念建造模型，会给建模者一个直观感觉。当建模者建造一个流程系统、通信系统或其他系统时，如果用于描述模型的一些概念与问题域中的概念一致，那么这个模型就易于理解，易于交流。

对象可以作为动作的输入或输出，或简单地表示指定动作对对象的影响。对象用对象矩形符号来表示，在矩形的内部有对象名或类名。当一个对象是一个动作的输入时，用一个从对象指向动作的虚线箭头来表示；当对象是一个动作的输出时，用一个从动作指向对象的虚线箭头来表示。当表示一个动作对一个对象有影响时，只需用一条对象与动作间的虚线来表示。作为一个可选项，可以将对象的状态用中括号括起来放在类名的下面，如 [planned]、[filled] 等。

5.6.2.4　通信图

通信图 - 交互（Communication Diagram-Interactions）按照顺序的消息描述对象或部件之间的交互（Interactions）和链接。它们代表了从类图、序列图和描述系统静态结构和动态行为的实例图中获取的信息的组合。

序列图和通信图都描述交互，但是序列图强调的是时间，而通信图强调的是空间。链接显示真正的对象以及对象间是如何联系在一起的。可以只显示对象的内部结构，构成对象的对象显示在对象的内部。通信图也可以说明操作的执行，实例的执行，或系统中的一次简单的交互情节。通信图显示对象、对象间的链接以及链接对象间如何发送消息。在面向对象的编程中，两个对象之间的交互表现为一个对象发送一个消息给另一个对象。在这里不能仅仅从字面上理解"消息"这个词，因为消息是在通信协议中发送的。通常情况下，当一个对象调用另一个对象中的操作时，消息是通过一个简单的操作调用来实现：当操作执行完成时，控制和执行结果返回给调用者。消息也可能是通过一些通信机制在网络上或一台计算机内部发送的真正的报文。在所有动态图，包括序列图、通信图、状态图、活动图中，消息是作为对象间的一种通信方式来表示的。

通信图和序列图的作用类似，描述的是动态通信。除了描述消息变化（称为交互）外，通信图还描述对象和它们之间的关系（关联）。由于通信图或序列图都反映对象之间的交互，所以可任意选择一种反映对象间的通信。如果需要强调时间和序列，宜选择序列图，如果需要强调关联关系，则选择通信图。

消息是用连接发送者和接收者的一根箭头线表示。箭头的类型表示消息的类型。图中含有若干个对象及它们之间的关系（使用对象图或类图中的符号），对象之间流动的消息用消息箭头表示，箭头中间用标签标识消息发送的序号、条件、迭代（iteration）方式、返回值等。通过识别消息标签的语法，可以识别对象间的信号，也可以跟踪执行流程和消息的变化情况。信号是对象之间通信的发送请求实例的规范。接收对象按照其接收对象所指定的方式处理接收到的请求实例。发送请求携带的数据（由导致该请求的发送调用事件传递给它）表示为信号的属性。信号的定义独立于处理信号发生的分类器。信号以异步方式触发接收方的反应，且不需要回应。信号的发送者不会阻塞等待应答，而是立即继续执行。通过声明与给定信号相关联的接收，分类器指定它的实例将能够接收该信号或其子类型，并将用指定的行为响应它。

信号事件（SignalEvent）表示异步信号的接收。如果发送请求引用的信号在指定接收方对象的分类器中拥有或在继承的接收中被提及，则信号事件可能导致响应。拥有匹配接收的分类器实例接收信号实例将导致异步调用指定为接收方法的行为。如果接收到的信号是接收所引用的信号的子类型，则接收与信号匹配。行为如何响应接收到的信号的细节取决于与接收相关的行为类型。例如，如果接收是由状态机实现的，信号事件将触发转换和该状态机指定的后续效果。触发器指定可能导致执行关联行为的事件。事件通常最终是由操作的执行引起的，但不一定全是这样。

事件可能导致行为的执行，如状态机中一个转换的效果活动的执行。触发器指定可能触发行为执行的事件以及该事件上的任何约束，以过滤出不感兴趣的事件。事件通常是由系统内部或系统周围环境中的某些操作产生的结果。当事件发生时，事件被放置到对象的输入池中（BehavioredClassifier）。事件从输入池中获取并由分类器处理时将被分派。此时，事件被认为已被使用，并被称为当前事件。

已被使用的事件不再可供处理。被不触发任何触发器的状态标识为延迟的事件不会被分派，因此永远不会被消耗，状态来自 BehaviorStateMachines 和 ProtocolStateMachines。语义变化点没有对事件发生、事件分派和使用之间的时间间隔做任何假设。这就有可能产生不同的语义变化，比如零时间语义。触发器用于定义未命名的事件。事件语法的细节是由事件的不同子类定义的，也可以通过定义事件的规范元素的属性访问事件所传递的数据。

5.6.2.5　组件图

组件图 - 结构化分类器（Component Diagram-Structured Classifiers）是可以用来定义任意大小和复杂性的软件系统的一组构图。组件定义为具有定义良好的接口的模块化单元，这些接口在其环境中是可替换的。组件概念解决了基于组件的开发和基于组件的系统结构化领域，组件在整个开发生命周期中建模，并依次细化为配置和运行时。基于组件的开发的一个重要方面是重用以前构建的组件。组件总是可以被认为是系统或子系统中的一个自治单元。它有一个或多个提供和 / 或需要的接口（可能通过端口公开），它的内部是隐藏的和不可访问的，而不是由它的接口提供的。尽管在所需的接口方面，它可能依赖于其他元素，但组件是被封装的，其依赖性被设计成可以尽可能独立地对待它。这样，组件和子系统就可以通过连接（布线）的方式灵活地重用和替换。自治和重用方面也扩展到部署时的组件。实现组件的构件应该能够被独立地部署和重新部署，如更新现有的系统。组件包支持逻辑组件（如业务组件、流程组件）和物理组件（如 EJB 组件、CORBA 组件、COM+ 和 .net 组件、WSDL 组件等）的规范，以及实现它们的构件、配置和执行的节点。

在建模中，组件表示系统的模块部分，封装其内容，其表现形式在其环境中是可替换的。组件是一个自包含的单元，它封装了许多分类器的状态和行为。组件指定了它向客户端提供的服务和系统中其他组件或服务根据其提供的和需要的接口要求提供的服务的正式契约。组件是一种可替换的单元，可以在设定时或运行时由基于接口兼容性提供等效功能的组件替换。只要环境与组件提供的和需要的接口完全兼容，它就能够与该环境交互。类似地，可以通过添加新功能的新组件类型来扩展系统。系统功能的较大部分可以通过将组件重用为包含组件的部件或组件的组件，并将它们连接在一起来组装。组件在整个开发生命周期中建模，并依次细化为配置和运行时。组件可以通过一个或多个工件来表现，然后，该工件可以配置到它的执行环境中。

DeploymentSpecification 可以定义参数化组件执行的值。组件所需和提供的接口允许对结构特性（如属性和关联终端）以及行为特性（如操作和接收）进行规范。组件可以直接实现提供的接口，或者它的实现分类器可以这样做，或者接口可以被继承。所需和提供的接口可以选择通过端口组织，这些允许定义指定的提供和需要的接口集，这些接口通常（但并不总是）在运行时处理。

组件通过其公开可见的属性和操作拥有一个外部视图（或黑盒）。可选地，像 Protocol-StateMachine 这样的行为可以附加到接口、端口和组件本身，通过显式地在操作调用序列中设置动态约束来更精确地定义外部视图。系统或其他关联的组件之间的连接可以通过使用兼容简单端口之间的依赖关系，或者使用和匹配的接口实现之间的依赖关系（由组件图上的套接字和示意表示）来结构化地定义。创建一个连接依赖使用和匹配 InterfaceRealization 之间，或兼容之间简单的端口，即可能会有一些额外的信息，如性能要求、传输绑定或其他，确定接口实现的方式适用于使用的不同组件。这样的附加信息可以通过模板的方式在轮廓文件中捕获。

组件还通过其私有属性和实现分类器来拥有内部视图（白盒）。这个视图显示了外部行为是如何在内部实现的。对外部视图的依赖提供了对内部视图可能发生的事情的方便概述，没有规定必须发生的事情。更详细的行为规范，如交互和活动，可以用来详细描述从外部行为到内部行为的映射。组装连接器（assembly connector）的执行时语义是，请求（信号和操作调用）沿着连接器的实例传递。直接往返不同部分的多重连接器，或 n 元（n-ary）连接器，表示将在执行时确定产生或处理该信号的实例。存在许多应用于组件的 UML 标准原型，如子系统建模大规模组件，规范和实现建模具有不同的规范和实现定义的组件，其中一个规范可能有多个实现。一个组件可以由许多分类器来实现。在这种情况下，组件拥有这些分类器的一组组件实现。组件的作用就像一个包，包含在它的定义中或与它的定义相关的所有模型元素，这些元素要么被拥有，要么被显式导入。通常，实现组件的分类器由组件所有。isDirectlyInstantiated 属性指定应用于组件的实例化类型。如果为 FALSE，则组件被实例化为一个可寻址对象。如果为 TRUE，则在设定时（design-time）定义组件，但在运行时（run-time）［或执行时（execution-time）］组件指定的对象不存在，也就是说，组件通过其实现分类器或部件的实例化间接实例化。

组件显示为带有关键字 Component 的分类器矩形。可选地，在右下角可以显示组件图标。这是一个分类器矩形，有两个较小的矩形从它的左边伸出。如果显示图标符号，则关键字组件可能被隐藏。属性、操作和内部结构单元都有它们正常的含义。内部结构使用StructuredClassifiers 中定义的符号。组件提供的和需要的接口可以用球（棒棒糖状）和插座符号表示，球（棒棒糖状）和插座从组件矩形中伸出来。为了显示组件提供的或需要的接口的完整签名，这些接口也可以显示为普通的可扩展分类器矩形。对于这个选项，接口矩形通过适当的依赖箭头连接到组件矩形。一个符合标准的工具可以选择性地支持命名为"提供的接口"和"要求的接口"的单元，按名称列出提供的和要求的接口。在组件具有大量提供的或需要的接口的场景中，这可能是一个有用的选项。

组件图指定了一组可用于定义任意大小和复杂性的软件系统的构造。特别地，它将组件指定为具有定义良好的接口的模块化单元，这些接口在其环境中是可替换的。组件概念处理基于组件的开发和基于组件的系统构造领域，其中组件在整个开发生命周期中建模，并依次细化为部署和运行时。基于组件的开发的一个重要方面是重用以前构建的组件。组件总是可以被认为是系统或子系统中的一个自治单元。它有一个或多个提供和 / 或需要的接口（可能通过端口公开），它的内部是隐藏的和不可访问的，而不是由它的接口提供的。尽管在所需的接口方面，它可能依赖于其他元素，但组件是被封装的，其依赖性被设计成可以尽可能独立地对待它。这样，组件和子系统就可以通过连接（布线）的方式灵活地重用和替换。自治和重用方面也扩展到部署时的组件。实现组件的构件应该能够被独立地部署和重新部署，例如更新现有的系统。

5.6.2.6　交互概略图

交互概略图 - 交互（Interaction Overview Diagram-Interactions）提供了节点代表通信图的概览；对象图在特定时间显示一个被建模的示例系统结构的完整或部分视图；交互作用用于许多不同的情况。它们用于更好地把握单个设计师或需要对情况达成共识的团队的交互情况。交互也用于更详细的设计阶段，其中必须根据正式协议建立精确的进程间通信。当测试被执行时，系统的跟踪可以被描述为交互作用，并与早期阶段的那些相比较。交互包描述了表示交互所需的概念，这取决于交互的目的。交互可以在几种不同类型的图中显示，如序列图、交互概览图和通信图。此外还提供了一些可选的关系图类型，如时序关系图和交互表。每种类型的图提供了略微不同的功能，使其更适合某些情况。交互是描述系统的一种通用机制，它可以被计算机系统设计的专业人员以及潜在的最终用户和系统的利益相关者在不同的细节层次上理解和生成。

交互最明显的方面是生命线之间的消息。消息的顺序被认为对了解情况很重要。消息传递的数据和生命线存储的数据也可能非常重要，但是交互并不关注数据的操作，即使数据可以用来装饰图表。通过交错（指合并两个或多个跟踪），来自不同跟踪的事件可以在结果跟踪中以任何顺序出现，而在同一跟踪中的事件保留它们的顺序。交错语义不同于认为两个事件可能同时发生的语义。为了解释交互作用，应用了交错语义。

5.6.2.7　实例图

实例图 - 实例（Use Case Diagram-Use Cases）用于描述系统提供的功能，根据参与者，他们的目标表示为实例及这些实例之间的依赖关系。在 UML 中，实例模型也就是用实例图描述的被建模系统的模型。

实例模型可以由若干个实例图组成。实例图中包含系统、角色和实例等三种模型元素，实例图用三种模型元素绘制，同时还要表达元素之间的关联、依赖、通用化等各种关系。实例模型是把应满足需求的基本功能（集）聚合起来表示的工具。实例模型的基本组成部件是实例、角色和系统。实例用于描述系统的功能，也就是从外部角度观察，系统具有哪些功能，帮助分析、理解系统的行为，它是对系统功能的宏观描述。一个完整的系统中通常包含若干个实例，每个实例具体说明应完成的功能，代表系统的所有基本功能（集）。角色是与系统进行交互的外部实体，可以是系统用户，也可以是其他系统或硬件设备，总之，凡是需要与系统交互的任何事物都称作角色。系统的边界线以内的区域（即实例的活动区域）则抽象表示系统能够实现的所有基本功能。在一个基本功能（集）已经实现的系统中，外部角色先初始化实例，然后实例执行其所代表的功能，执行完后实例便给角色返回一些值，这个值可以是角色需要的来自系统中的任何事物。在实例模型中，系统好似是实现实例的"黑盒"，只需关心系统实现了哪些功能，并不关心其内部的具体实现细节，如系统是如何做的，实例是如何实现的等。

实例模型主要应用在工程开发初期，进行系统需求分析时使用。通过分析描述使开发者明确需要开发的系统功能有哪些。引入实例的主要目的是确定系统应具备哪些功能，这些功能是否满足系统的需求，为系统的功能提供清晰一致的描述，以便为后续工作打下基础，也方便开发人员之间相互传递需求的功能。实例图所表示的图形化的实例模型（可视化模型）本身并不能提供实例模型必需的所有信息。从可视化的模型只能看出系统应具有哪些功能，每个功能的含义和具体实现步骤必须使用实例图和文本描述，它记录着实现步骤。

在 UML 中，实例模型（也就是实例视图）是实例图描述的。实例模型可以由若干个实例图组成。实例内容（即实例所代表功能的具体实现过程）通常用普通的文字叙述。实例内容被看作实例元素的文档。另一描述实例内容的工具是活动图。实例图与活动图（比较正式的结构）相比，前者的描述更易理解，也易于信息交流。

1. 系统

系统是实例模型的一个组成部分，代表一个机器或一个过程等，而并不是真正实现的系统。系统的边界用来说明构建的实例模型的应用范围。例如，一台变频器应具有编程、精度、转矩控制、过载保护、电源、维修维护等功能，这些功能在变频器控制区域起作用，除此之外的情况一般不考虑。准确定义系统的边界（功能）有时并不容易，因为严格地划分哪种任务最好由系统自动实现，哪种任务由其他系统或机器实现是困难的。在建模初期，要定义一些术语和定义，以便在描述系统、实例，或进行作用域分析（Domain Analysis）时，采用统一的术语和定义，不致出现歧义。通用或专业术语和定义应采用标准中定义的。实例图中的系统用一个长方框表示，系统的名称写在方框上面或方框里面，方框内部还可以包含该系统中用符号表示的实例。

2. 角色

角色（actor）是与系统交互的事物或人。角色是一个群体概念，代表的是一类能使用某个功能的事物或人，不是指某个个体。所谓"与系统交互"指的是角色向系统发送消息，从系统中接收消息，或是在系统中交换信息。只要使用实例，与系统互相交流的任何事物或人都是角色。例如，操作员使用系统中提供的实例，则操作员就是角色；与系统进行通信（通过实例）的某种硬件设备也是角色。通常系统会对角色的行为约束，使其不能随便执行某些功能。角色与系统进行通信的收、发消息机制，类似于面向对象编程中的消息机制。角色是启动实例的前提条件，称为激活（stimulus）。

角色先发送消息给实例，初始化实例后，实例开始执行，在执行过程中，该实例也可能向一个或多个角色发送消息，可以是其他角色，也可以是初始化该实例的角色。角色可以分成几个等级。主角色（primary actor）是执行系统主要功能的角色。代理角色（secondary actor）是使用系统的代理功能的角色，代理功能一般是指完成维护系统的功能（如管理数据库、通信、备份等）。将角色分级的主要目的是，保证把系统的所有功能表示出来。而主要功能是使用系统的角色最关心的部分。角色也可以分成主动角色和被动角色。主动角色可以初始化实例，而被动角色则不行，仅仅参与一个或多个实例，在某个时刻与实例通信。

UML 中的角色具有类属性，该类的名称用角色的名称命名，用以反映角色的行为。角色类包含有属性、行为和描述角色的文档。UML 中用一个小人形图形表示角色类，小人形图形的下方书写角色名称。角色类的图示方式用一个长方框表示。

3. 实例

实例（Use Case）代表的是一个完整的功能。UML 中的实例是动作步骤的集合。动作（action）是系统的一次执行（能够给某个角色输出结果值）。与角色通信，或进行计算，或在系统内工作都称作动作。实例应支持多种可能发生的动作。系统中的每种可执行情况就是一个动作，每个动作由许多具体步骤实现。实例总由角色有意或无意地初始化，实例所代表的功能必须由角色激活，而后才能执行。角色需要系统完成的功能，其实都是通过实例具体完成的，角色一定会直接或间接地命令系统执行实例。实例必须为角色提供实在的值，虽然这个值并不总是重要的，但是能被角色识别。实例是一个完整的描述。虽然编程实现时，一个实例可以被分解为多个实例（函数），各实例之间互相调用执行，一个实例可以先执行完毕，但是该实例执行结束并不能说这个实例执行结束。也就是说，不管实例内部的实例是如何通信工作的，只有最终产生了返回给角色的结果值，才能说实例执行完毕。这个概念在 ST 语言一节中已有体现。

实例和角色之间也有连接关系，实例和角色间的关系属于关联（association），称为通信关联（communication association），这种关联表明哪种角色能与该实例通信。关联关系是双向的对等关系，即角色可以与实例通信，实例也可以与角色通信。实例的命名方式与角色相似，通常用实例实际执行功能的名称命名。实例的名称一般由多个词组成，通过词组反映出实例的含义。

实例表示的也是一个类，描述它代表的功能的各个方面，也就是包含了实例执行期间可能发生的动作，如选择、错误处理、例外处理等。实例的动作代表系统的一种实际使用方法，这个实例通常称为脚本（scenario），脚本是系统的一次具体的执行路线。UML 中的实例用椭圆形（或圆形）表示，实例的名称写在椭圆的内部或下方。实例位于系统边界的内部。角色与实例之间的关联关系（或通信关联关系）用一条直线表示。实例之间有扩展、使用、组合三种关系。扩展和使用是继承关系（即通用化关系）的另一种体现形式。组合是把相关的实例打成包（package）当作一个整体看待。一个实例中加入一些新的动作后则构成了另一个实例，这两个实例之间的关系就是通用化关系，又称扩展关系。扩展关系通过继承一些行为得来，分别称为通用化实例和扩展实例。扩展实例可以根据需要有选择地继承通用化实例的部分行为。扩展实例也一定具有完全性。

由于实例的具体功能通常采用文本描述，因此，从文本中划分哪些行为是从通用化实例中继承而来的，哪些行为是在实例中重新定义的（作为实例本身的具体行为），哪些行为是添加到通用化实例中（扩展通用化实例）的，都比较困难。引入扩展实例便于处理通用化实例中不易描述的某些具体情况、扩展系统，提高系统性能，减少重复工作。一个实例使用另一个实例时，这两个实例之间就构成了使用关系。一般情况下，如果若干个实例的某些行为都是相同的，则可以把这些相同的行为提取出来单独做成一个实例，这个实例称为抽象实例。这样，当某个实例使用该抽象实例时，就好像这个实例包含了抽象实例的所有行为。

5.6.2.8　包图

包图 - 包（Package Diagram-Packages）通过显示这些组之间的依赖关系来描述一个系统如何被分割成逻辑组。包（Package）是一种组合机制，把各种各样的模型元素通过内在的语义连在一起成为一个整体称为包，构成包的模型元素称为包的内容，包通常用于对模型的组织管理，因此，也可将包看作一个子系统（subsystem）。包拥有自己的模型元素，包与包之间不能共用一个相同的模型元素。包的实例没有任何语义，仅在模型执行期间包才有意义。包能够引用来自其他包的模型元素，当一个包从另一个包中引用模型元素时，这两个包之间就建立了关系，而不是在实例之间建立，因为包的实例没有语义。包与包之间允许建立的关系有依赖、精化和通用化。包图是类似书签卡片的形状，由两个长方形组成，小长方形是标签，位于大长方形的左上角。如果没有包内容，则包的名称可以写在大长方形内。一个包可以有一个或多个描述文件，应用程序指示已经应用了哪些描述文件。因为描述文件是一个包，所以不仅可以将描述文件应用到包中，还可以应用到其他描述文件中。

5.6.2.9 序列图

序列图 - 交互（Sequence Diagram-Interactions）、时序图 - 交互（Timing Diagram-Interactions）显示对象如何根据消息序列相互通信，也表明了相对于这些信息的物体的寿命。时序图是一种特定类型的交互图，其重点是时序约束；序列图描述对象如何相互交互和通信。序列图中最重要的是时间。通过序列图可以看出为了完成某种功能一组对象如何发送和接收一序列消息。

序列图主要用来描述在指定情节中一组对象是如何交互的。它着眼于消息序列，也就是说，在对象间如何发送和接收消息。序列图有两个坐标轴：纵坐标轴显示时间，横坐标轴显示有关的对象。序列图中最基本的东西是时间。通信图主要用来描述对象在空间中的交互，即除了动态交互，它也直接描述对象是如何链接在一起的。在通信图中没有时间轴，因而将消息按序编号。序列图描述对象是如何交互的，并且将重点放在消息序列上，即描述消息是如何在对象间发送和接收的。序列图有两个坐标轴：纵坐标轴显示时间，横坐标轴显示对象。序列图也显示特殊情况下的对象交互：在系统执行期间的某一时间点发生在对象间的特殊交互。在序列图的横坐标轴上是与序列有关的对象。每一个对象的表示方法是，矩形框中写有对象和 / 或类名，且名称下面有下划线。同时，有一条纵向的虚线表示对象在序列中的执行情况，即发送和接收的消息，及对象的活动，这条虚线称为对象的"生命线"。对象间的通信用对象的生命线之间的水平的消息线来表示。消息线的箭头说明消息的类型，如同步、异步，或简单。

有一般格式和实例格式两种使用序列图的方式。实例格式详细描述一次可能的交互。实例格式没有任何条件、分支或循环，它仅仅显示选定的情节的交互。而一般格式则描述所有的情节，因此，包括了分支、条件和循环。同样的情况，如果用实例格式来描述，则描述的内容就不一样。它仅仅选择一个特定情节来描述。如果要显示所有的情节，则需要很多个实例序列图。一条消息是一次对象间的通信，通信所传递的信息是期望某种动作发生。通常情况下，接收到一条消息被认为是一个事件。当对象收到一条消息时，活动就开始，称之为"激活"（activation）。激活显示控制的焦点，对象及时地在某一点执行。一个被激活的对象要么执行自己的代码，要么等待另一个对象返回结果。"激活"用对象的生命线上的窄的矩形来表示。生命线表示一个对象在一个特定时间内的存在，它是一条从上到下的虚线。每一条消息可以有一个说明，内容包括名称和参数。

5.6.3 程序开发的周期

所有编程语言的共同之处在于，源代码必须经过编译才能生成可运行的机器码。无论用户选择哪种编程语言，PLC 都将以相同的方式处理程序代码。在 CPU 能够理解和执行代码中的指令之前，它必须转换成二进制形式。用户所能看到的原始形式的代码称为源代码。二进制形式是计算机和其他数字硬件的本地语言，称为机器代码。最早的计算机实际上是用机器码编程的，机器码是以位的形式被打到所谓的穿孔带（卡）上。用机器代码编程自然是一件很糟糕的工作，所以最终开发了一种叫作汇编的语言，将常用操作收集并定义为一组指令。与此同时，有一些开发出来的程序可以解释汇编指令并将它们转换成机器代码，称为编译代码，而执行这项工作的程序称为编译器。汇编语言就是通常所说的低级语言，它在计算机的寄存器级别上运行。汇编语言不是一种特别友好的用户语言，但通过它可更好地理解数字硬件是如何操作和实现功能的。为了使程序更简单，又开发了 Pascal、C++ 和 Java 等几种高级语言，对于 PLC 来说，ST 语言是这样一种高级语言。尽管汇编器编程很费力，而且已经开发了许多高级语言，但仍然经常使用汇编器，原因是它是一种资源高效的语言。

在编译用高级语言编写的源代码时，总是会产生一些不必要的代码，因为高级语言使用的元素和指令用于各种各样的目的。只要代码编写得很好，编译用汇编器编写的源代码就不会生成任何不必要的代码，这对于严格要求内存和处理速度的系统而言至关重要。

5.6.3.1　从源代码到机器码

所有编程语言的共同之处在于，源代码必须经过编译才能生成可运行的机器码。图 5-30 说明了在通常开发工具中，一个程序从源代码到机器代码的各个阶段，从用户程序（源代码）到可运行程序（机器码）的过程。

所有编程工具都有一个或多个编辑器。这些是程序编写者在其中构造程序代码的用户界面。这可以是一个没有图形符号和工具的简单编辑器，也可以是一个为用图形语言编程而配备的编辑器。当编程使用基于文本的语言（如 C++、JavaScript 或 HTML）或 IEC 61131-3 标准中的 IL 和 ST 语言完成时，就会出现前者。例如，如果编译器可以处理 txt 类型的文件，就可以很容易地使用 Microsoft Windows 程序记事本来开发程序代码。这在 PLC 中并不常见，因为它们几乎总是伴随着一个从制造商提供的开发工具来实现。

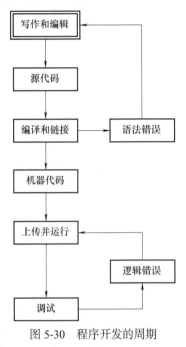

图 5-30　程序开发的周期

1. 编译、语法错误和链接

如前所述，编译器是将源代码转换为机器码的程序，机器码是 PLC 等数字设备能够理解和处理的代码。如果源代码包含由于违反规则而导致的错误，那么它将在编译器中生成错误消息。由编译器发现的这种错误称为语法错误。语法错误的例子包括缺少变量声明，使用关键字作为标识符，或调用不存在的函数或子例程等。所有语法错误的共同之处在于，它们使 CPU 无法执行已编译的代码，因此需要修改编辑代码以消除这些错误。一些开发工具，如 CODESYS，是基于这样一种理念，当用户希望通过激活和启动编译器来执行编译时，就可以执行编译。编译器浏览所有代码并生成一个报告。如果代码包含语法错误，生成的报告将包含对代码中错误所在位置的引用，或错误第一次发生的位置。在一些开发工具中，每当用户确认所写的语句和指令时，编译器就会持续地自动运行。通过这种方式，用户会不断地收到任何语法错误的通知，因为一个标记会在第一个错误出现时闪烁。错误的代码示例如下：

```
PROGRAM Error_PRG
    VAR
        Digital_in  AT  %IX20:BOOL  // 语法错误：缺少分号
    END_VAR
    IF Digital_in = TRUE THEN
        %MW0=0;         // 语法错误：在 = 之前缺少冒号
    %MX0.15:=%MW20;  // 语法错误：将字"W"分配给了布尔对象
```

```
      ELSIF  NOTDigital_in  THEN
          %MW0:=10;
    ELSE  // 逻辑错误
          %MW0:=20;// 这条指令永远不能执行
      END_IF
```

2. 加载、运行和调试

当代码没有语义（用于修饰或说明词语和其他符号的含义）错误，可以编译时，机器码就可以加载到 PLC 中运行。许多编程工具包中有模拟器，这样就可以在不将其加载到 PLC 的情况下测试代码。

调试程序包括寻找和纠正错误。大多数 PLC 开发工具都包含代码故障排除工具。通常用"调试"按钮来代替人工"故障排除"，这个错误查找工具称为调试器。在使用调试器时，可以一步一步地运行程序，如一条指令一条指令地运行，同时观察布尔对象的状态和内容及其他类型的变量和对象。也可以插入一个或多个断点。当程序运行时，程序指示符到达这个断点，CPU 将停止代码的执行。这样做的目的是可以在确认正确的情况下快速运行代码，然后，以一种更可控的方式运行代码的某些部分。也可以使用断点来研究从一个程序扫描到下一个程序扫描的情况。这对于研究用于计数的对象的内容是很实用的。这种程序代码的受控执行，加上强制变量为期望的值和状态，使查找程序中的逻辑错误变得容易得多。

3. 关于颜色

大多数编辑器使用不同颜色来区分注释、变量和关键字等。不同的开发工具使用的颜色不同。例如，CODESYS 使用以下默认格式：当编程使用 IL 和 ST 语言时，就会出现保留字（AND、OR、IF 等）以蓝色大写字母显示；描述用蓝绿色显示；变量、常量、赋值操作符等都用黑色表示。CODESYS 还使用暗洋红色来表示直接地址，使用橄榄色表示 TRUE、FALSE、t#30s 等值，如果输入错误，则显示红色，所有颜色可由用户自定义。IEC 61131-3 标准中的 SFC 元素、LD 和 FBD 语言，它们都有预先指定的图形元素，需要编辑器，图形元素可以在菜单和 / 或工具面板中访问。编辑器包含了一个工具栏，其中的图形元素可以在编程中使用。

4. 基于状态图设计

在项目设计和程序规划阶段，使用流程图、序列图或状态图可以提高工作效率。在流程图、序列图或状态图的基础上，为顺序系统开发结构化程序代码。如果花一点时间来规划程序结构，那么总的开发时间就会更短。至少是，代码中需要检测和纠正的错误数量也会减少。本节示例特意穿插流程图、序列图和状态图，目的仅是示例，并不是示例本身必须的，也不详细解释，有需要，请参考相关文献。

流程图的使用并不局限于具有明显顺序性质的系统，但是当一个状态有多条路径时就不太适合了。在某些情况下，被控系统可以用一组独特的、不同的状态来描述其顺序过程。在这种情况下，可能会更多地实际使用状态图。

状态图用于说明状态，显示状态如何相互关联，以及显示为了使系统从一种状态转换到另一种状态，必须满足哪些条件。这些条件称为转换。状态名反映将在各个状态执行的操作的某些情况。根据定义，状态图是一个"机器"，它总是特定数量状态中的一个唯一状态，这个状态的转换，是基于瞬时状态以及输入信号和内部变量的组合函数。换句话说，它的下一个状态是用户控制的事件（如按下一个按钮）和 / 或内部计算的结果。"机器"一词不是真正的机器，在数字技术下，"机器"是由数字组件组装而成，用于程序代码和算法的开发。

有限状态机有摩尔模型和米利模型两种变体。米利模型的输出信号依赖于输入信号，而摩尔模型要执行的动作是与状态相关联的，只依赖于在任何给定时刻处于的活动状态，因此适用于电气控制。

状态图技术广泛应用在图形用户界面的开发中。图形用户界面根据用户需要有不同的选择，通常是根据用户的各种选择而产生的各种激活程序段，其中每个段是状态图中的一个状态。程序的执行段可以导致另一个程序段或一个新的对象预期控制事件。然而，在这里，将着重于使用状态图作为以后的设计技术开发控制过程的程序代码。在 SFC 一节中，我们看到流程流可以被分解成一组定义好的状态，从一个状态到另一个状态的转换，取决于一个或多个信号或变量的值。这两个条件可在状态图中清楚地显示出来。除了状态图对于开发控制的具体算法是有用的技术外，还可用于规划代码结构和应用程序。前面已经提到，电气工程师了解 UML 中的状态图的概念，是项目开发甚至是创新设计中的重要组成部分，并不是传统上单纯对 PLC 编程的概念，这种概念或"技术"将不复存在，UML 是一种建模的标准软件开发语言，建议学习一下前面提到的标准，尤其是 IEC 61131-10。

5.6.3.2　示例：**产品抽样检测**

产品包装生产线的产品抽样检测部分如图 5-31 所示。

产品包装生产线上的产品从传送带上通过，每 10 个选出 1 个待检。通过一个电容式传感器（CapSensor）检测产品位置，同时由计数器计数。被选中的这个待检产品通过暂时停止传送带，由机器人机械手将它取送到测试线上。当系统采集了 50 个样品后，传送带将停止工作。操作员将 50 件物品打包，然后再次起动传送带。

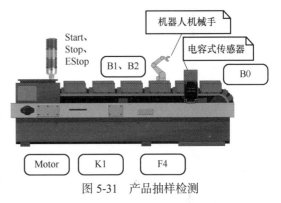

图 5-31　产品抽样检测

通过给接触器 K1 一个信号使电动机再次起动。电动机配有电动机保护器。还有一个内置的停止功能和报警功能，如果超过 10s 后下一件物品到达电容式传感器，报警功能就会被激活。图 5-32 是产品包装生产线的输送带的简易控制状态图。

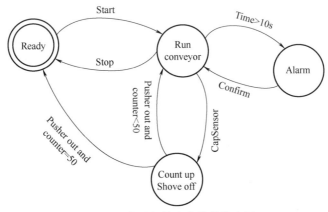

图 5-32　产品包装生产线的状态图

图 5-32 只是个示例，说明状态图与流程图的含义类似，但状态图绘制起来更快、更紧凑。双圆表示系统的初始状态，如当电源接通时起动（处于运行状态）等。通常，这是一种空闲状态，不执行任何操作（初始化或重置变量除外），如控制（有限状态机、PLC 程序等）保持在该状态，等待操作员发出起动信号。其他状态描述和包含的内容取决于图表的过程，这些动作可以是正在执行的动作，如起动泵或打开阀门，也可以什么都不是，如系统只是在等待某个时间或传感器的信号。转换（带箭头曲线）是逻辑表达式，其中，可能涉及输入信号和内部变量，在完成的程序代码中，是活动步，之后直接出现转换条件。图 5-32 的目的仅是提示状态图的画法，所以使用伪代码，即普通的单词和句子来表示转换和状态。为了进一步减少以后的编程工作，宜在 ST 语言中使用有效的状态名和单个代码。还请注意，转换条件在图中是这样明确标记的。其他请自己分析。

本例主要讨论抽样检测部分的程序代码。抽样检测过程中，若按下停止按钮，第一次取样后输送带应停止。如果按下紧急停止（stop）按钮（NC）或电动机保护起动，传送带等设施和程序立即停止。当按下起动按钮时，它们应该以相同的程序状态再次起动。机器人机械手的动作由气缸动作实现，气缸为单动式，当气缸阀 Y1 接收到一个高电平信号（DC24V）时，它将到达其设定的正位置，当信号在逻辑上为负时，气缸返回到负位置。气缸圆柱体内置有信号传感器，活塞伸出的运动为 B+，完全缩回的运动为 B−。设计的变量表见表 5-24，过程状态表见表 5-25。

表 5-24　变量表

输入	输出	内部	注释
Start	Motor	NumSamples	Total samples taken 总样本
Stop	Cylinder	Count10	Count10
EStop		Count50	Count50
MotorProt		SFCPause	Freezes the sequence
CapSensor			
PistonOut			
PistonIn			

表 5-25　过程状态表

Now state	Next state			
	Ready	Run belt	Alarm	Push off
Ready		Start		
Run belt	Stop		Time > 10s	CapSensor
Alarm		Acknowledge		
Push off	Piston out and counter = 50	Piston out and counter <50		

由以上条件可知，这是一个顺序动作过程，为了实现功能，首先配置一个对象 SFC Pause，用于冻结序列，当按下紧急停止按钮或当电动机关闭时，及对象被重置时，执行将从它停止的地方继续。只要 Pause_SFC（BOOL）BOOL 变量为真，图表的所有执行都将停止。

动作的执行也会暂停，输出的状态会冻结。由于 SFC Pause 必须在 SFC POU 中声明，因此，将它声明为输入变量，以便从其他 POU 转移值。当 SFC Pause 设置在逻辑高电平时，SFC 将停止执行。当对象被重置时，执行将从它停止的地方继续。程序代码如下：

```
VAR_GLOBAL
(*定义多个变量中使用的变量 POU:*)
        Start AT%I2.0:BOOL;
        EStop AT%I2.1:BOOL;
        MotorProt AT%I2.2:BOOL;
        Motor AT%Q3.0:BOOL;
        Cylinder AT%Q3.1:BOOL;
END_VAR
PROGRAM Freeze
(*这里，当起动电动机保护或紧急停止时,SFC Pause 设置为 TRUE*)
VAR
    SetPause:SR;
END_VAR
```

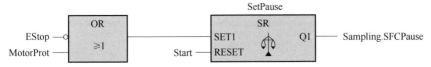

```
END_PROGRAM
PROGRAM Safety
(*当 SFC 停止时，动作不执行*)
        IF Sampling.SFCPause THEN
        Motor:= Cylinder:= FALSE;
END_IF
END_PROGRAM
```

下一步是一个包含取样序列的 POU。当 CapSensor 检测到传送带上有新物品时（见 NewItem 过渡代码），它激活计数步骤，计数器在其中递增。只要少于 10 个产品通过，序列就会循环返回运行传送带。当 10 个产品通过时，序列进入取样步骤，当传送带停止时，气缸活塞伸出，计数样品增加。当活塞完全缩回时，下一步被激活，活塞返回。SFC 前进的路径取决于停止按钮和是否已采集了 50 个样本。

```
PROGRAM Sampling
VAR_INPUT
    SFCPause:BOOL;(*对象，必须显式声明*)
END_VAR
VAR
    Stop AT%I2.3:BOOL;
    CapSensor AT%I2.3:BOOL;
    PistonOut AT%I2.3:BOOL;
```

```
PistonIn AT%I2.3:BOOL;
NumItems:USINT;
NumSamples:USINT;
RE1:R_TRIG;(*用于NewItem转换*)
END_VAR
```

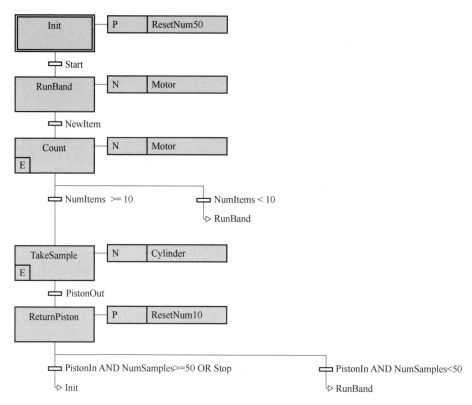

ACTION ResetNum50 NumSamples:=0;	ACTION ResetNumItems NumItems:=0;	ACTION Count_StepEntry NumItems:=NumItems+1;
ACTION TakeSample_StepEntry NumSamples:=NumSamples+1;	TRANSITION NewItem RE1(CLK:=CapSensor); NewItem:=RE1.Q;	

上面的框中是从 SFC 序列调用的动作和 NewItem 转换的内容（ST 代码）。图 5-33 显示了程序在 CODESYS 文件夹中的结构。双击其中一个文件夹，IEC 61131-3 标准中的所有语言都可以使用，就可以打开编辑器进行编程。

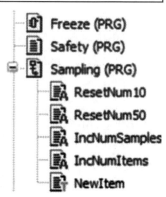

5.6.3.3 示例：产品监控和分类

图 5-34 所示是食品生产线监控部分的示意图，对产品做最终检验，以防出现任何错误，如重量错误、标签错误或漏气（缺少真空）。产品（bag）通过传送带运送到监测点进行称重，然后用工业相机拍摄一张照片，在传送带的末端，装箱分类成不同的类别。

图 5-33 程序在 CODESYS 文件夹中的结构

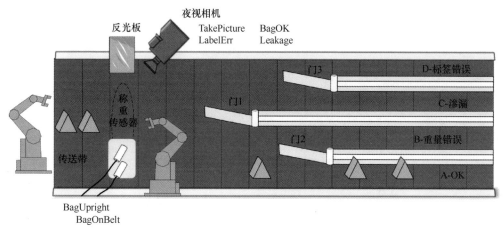

图 5-34　产品监控和分类

1. 生产线简要描述

光电传感器用于检测传送带上的物品（BagOnBelt），以及检测产品是否直立（BagUpright），产品必须是直立的，以便相机能够正确拍照。称重传感器发出模拟重量信号，重量必须在 240~260g 之间。工业夜视相机（有 I/O）检查产品标签的位置是否正确和产品上是否缺少真空，若没有真空，产品外形是鼓起来的。用一个仿拍信号（TakePicture）起动相机拍照。相机中有图片分析程序，并设置一个或多个输出信号为高电平，取决于是否有错误。定义来自相机的信号逻辑名称为 BagOk（合格）、LabelErr（标签错误）和 leakage（无真空）。相机中的信号类型只在每次拍摄新照片时才会改变。

在传送带的末端有三个闸门，根据选择条件把产品送到不同的通道。选择 1（Selector1）将产品送到 A 和 B 或 C 和 D 通道，选择 2（Selector2）将产品送到 A 或 B 通道，选择 3（Selector3）将产品送到 C 或 D 通道。重量错误优先级高于标签错误优先级，标签错误优先级低于无真空优先级。闸门由带弹簧复位的单作用气动气缸转动。如图 5-34 所示，闸门是可转动的，当气缸发出高电平信号时，闸门就会转动。这个动作可参考图 5-31，动作原理一样。

2. 功能描述

在启动信号开启时，传送带启动，一个产品被送出，信号设置高电平，时间间隔 1s。之后，如果一切正常，每 5s 时间机器人机械手就会将一个产品放到传送带上。这样就有足够的时间在产品到达光电传感器之前对产品进行检测。当产品到达称重传感器位置时，光电传感器发出高电平信号，传送带停止 1s，以便称重，相机拍照，拍照设置信号高电平。如果只检测到产品通过信号而没有产品竖直方向信号，报警信号发出高电平，产品保持静止，直到机器人机械手取走该产品。然后通过激活开始（Start）来确认。通过称重传感器和夜视相机的返回信号，闸门动作到适当位置。每一类的产品数量要计数统计。如果激活停止（Stop），设备在下一个产品到达光电传感器之前或到达光电传感器时停止。假设停止信号保持在高电平，直到一个新的开始信号再次启动设备，并使停止（Stop）信号失效。类似控制动作在实际设定时有许多可能的解决方案，本例是其中之一，设计的变量见表 5-26。

表 5-26 设计的变量

输入	输出
Start	Feeder
Stop	Beltmotor
Weight（analog signal）	TakePicture
BagOnBelt	Selector1
BagUpright	Selector2
BagOk	Selector3
LabelErr	
Leakage	

设计一个单独的序列负责以合适的速度将产品放到传送带上。每 5s 放一个产品，直到激活停止信号或产品倒了（BagDown）的报警信号高电平。在两个序列（POU）中使用的对象是全局声明。接下来主序列处理称重、拍照和分类。如果一个产品在光电传感器之后倒了，传送带就会停止，发出产品缺失报警信号。直到机器人机械手取走该产品，并发出开始（Start）信号，这个过程才会继续。然后重置报警信号，继续。1s 后，假定称重、光电传感器等部分已稳定。程序读取权重值并设置权重为 TRUE 或 FALSE。这里用克重进行比较，根据重量、无真空和标签等信息，对闸门进行定位控制，计数器值 +1。

称重在优先级排序中最高，只要停止（Stop）信号没有被激活，这个序列就会在运行（Run）步中继续。大多数操作都是对布尔对象的直接操作，但有些动作是在序列之外编程的，用于增加产品数量和管理图片结果的操作。

```
VAR_GLOBAL
    Start AT%IX2.0:BOOL;
      Stop AT%IX2.1:BOOL;
        Feeder AT%QX3.0:BOOL;
          BagDown:BOOL;
END_VAR
    TYPE Camera:  // 定义枚举数据类型
    (OkBag,LabelError,LeakBag);
END_TYPE
    TYPE ProductData:      // 基于相机的结构化数据类型
    STRUCT                 // 这是用来存储信息的
    PicResult:Camera;    // 每个产品都拍照
        Weight:REAL;
    ID:UINT(0..10000);
END_STRUCT
END_TYPE
PROGRAM Feed_Bags
END_PROGRAM
```

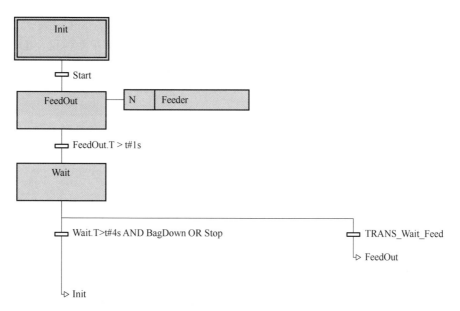

```
TRANS_Wait_Feed:= Wait.T>t#4s AND NOT BagDown AND NOT Stop;
    PROGRAM CheckBags
    VAR
            (* 输入输出 :*)
            BagOnBelt  AT%IX2.2:BOOL;
            BagUpright AT%I2.3:BOOL;
            BagOk  AT%I2.4:BOOL;
            LabelError  AT%I2.5:BOOL;
            Leakage  AT%I2.6:BOOL;
            Beltmotor  AT%Q3.1:BOOL;
            TakePicture  AT%Q3.2:BOOL;
            Selector1  AT%Q3.3:BOOL;
            Selector2  AT%Q3.4:BOOL;
            Selector3  AT%Q3.5:BOOL;
            Weight  AT%IW4.0:WORD;
            (* 内部对象 :*)
            WeightOk:BOOL;
            BagDown:BOOL;
            m:UINT;
            NumOk:UINT;
            NumWeightErr:UINT;
            NumLabelErr:UINT;
            NumLeakage:UINT;
            Product:ARRAY[1..1000]OF Productdata;
    END_VAR
```

　　下述的 CODESYS 程序段是图 5-34 所示生产线主要动作的 SFC，SFC 主序列的"步"对应主要动作的操作，编程过程中可通过点击程序段中的"步"，了解单个项目（ID、重量和图片结果）的信息是如何存储的，存储的信息可供以后使用和作为历史记录。

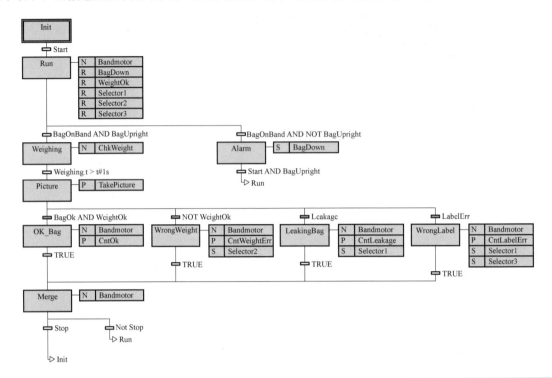

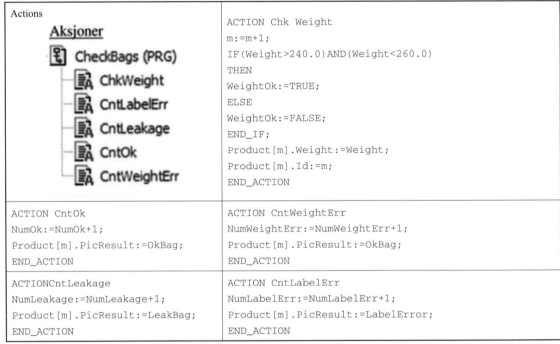

Actions

Aksjoner

- CheckBags (PRG)
  - ChkWeight
  - CntLabelErr
  - CntLeakage
  - CntOk
  - CntWeightErr

```
ACTION Chk Weight
m:=m+1;
IF(Weight>240.0)AND(Weight<260.0)
THEN
WeightOk:=TRUE;
ELSE
WeightOk:=FALSE;
END_IF;
Product[m].Weight:=Weight;
Product[m].Id:=m;
END_ACTION
```

```
ACTION CntOk
NumOk:=NumOk+1;
Product[m].PicResult:=OkBag;
END_ACTION
```

```
ACTION CntWeightErr
NumWeightErr:=NumWeightErr+1;
Product[m].PicResult:=OkBag;
END_ACTION
```

```
ACTIONCntLeakage
NumLeakage:=NumLeakage+1;
Product[m].PicResult:=LeakBag;
END_ACTION
```

```
ACTION CntLabelErr
NumLabelErr:=NumLabelErr+1;
Product[m].PicResult:=LabelError;
END_ACTION
```

5.6.3.4　示例：批处理过程

本示例场景是根据生产现场实际虚构的，但可分解出多个实例思路，用于实际生产现场，本示例的目的是简介设计思路和方法，介绍流程图、序列图和状态图的实际用法及示例。

液位控制示例如图 5-35 所示，这是 A 混合液体和 B 混合液体（工质）的生产过程段，一套设备内工质分别独立生产。用 PLC 控制储液罐内的液位。罐内液位通过液位控制信号 S1（LT1）、S2（LT2）和 S3（LT3）控制。Ts 是一个温度传感器。Heater 是加热元件，该设备还有一个启动按钮（Start）和一个停止按钮（Stop）。系统控制开关电平是 NC 型的，所以当它不被激活时，它是一个逻辑高信号。假设开始时储液罐是空的。

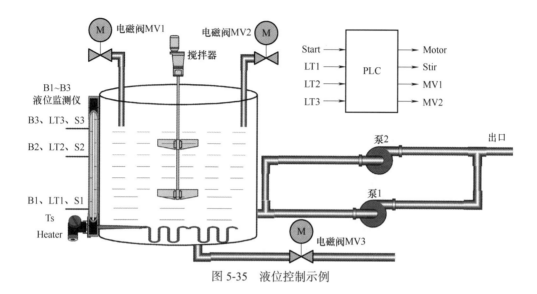

图 5-35　液位控制示例

1. A 混合液体生产过程

启动按钮（Start）信号使电磁阀 MV1 打开。在 S2（LT2）液位层，电磁阀 MV1 关闭，加热元件（Heater）打开，搅拌器（Stirrer）启动，电磁阀 MV2 打开。在 S3（LT3）液位层，电磁阀 MV2 关闭。当达到 85℃时，定时器被激活。50s 后，关闭加热元件，打开电磁阀 MV3。在 S2（LT2）液位层以下，搅拌器停止。在 S1（LT1）液位层以下，电磁阀 MV3 关闭，电磁阀 MV1 再次打开。重复这个顺序，直到按下停止按钮（Stop）。

2. 绘制混合过程流程图

在开始设计程序代码之前，最好先绘制一个流程图或顺序图，目的是厘清设计思路，重点是要考虑整个序列，序列应该分为多少步，转换条件等。如果序列中有多个可选路径（多个分支），要确定选择哪一个或多个分支。然后考虑任何一个分支的转换条件。这些条件必须是唯一的，这样序列才能沿着一个以上的分支进行。如果序列需要同时沿着几个平行分支继续，就是"AND 分支"（并列分支）。从本示例过程描述来看，这个序列中没有分支。在这里，用流程图说明过程，用图形块表示生产线上的工艺流程，不同图形块之间以箭头相连，代表它们在工艺流程内的流动方向。下一步如何做，取决于上一步的结果。用菱形框表示决策，用方框表示活动，清楚地描述工作过程的顺序。混合过程的流程图如图 5-36 所示。

图 5-36 的流程图中有几点需要重点考虑，首先是动作（事件、指令）的形成。"电磁阀 MV1 开启"动作应该在一个顺序步中激活。这表示当序列继续到下一个步时，操作结束。其次，一个活动步应保持几步，如"启动搅拌器"。然后，在图表的其他地方必须有一个相应的"停止搅拌器"步。因为第一个动作定义为"打开 MV1 阀门"，但在接下来的步中，必须有

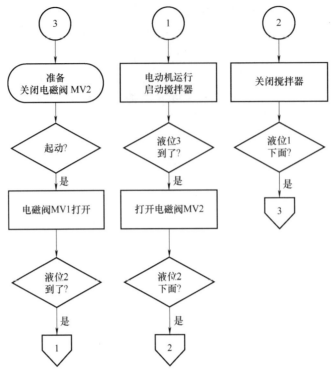

图 5-36　混合过程的流程图

"关闭 MV1 阀门"。如果直接从流程图开发程序代码，这步很重要。另外，注意引用的用法和编号。这里，为了说明这一点，故意将序列分开。编号功能在流程图中，往左的跳转标记为跳转号 1。往右的跳转标记为跳转号 2 与目标号 2 跳转在一起。当流程图限于一页就没有必要指出页码。在这里，序列图（Sequence Diagram），也称顺序图、时序图、循序图，是一种

UML 交互图。通过描述对象之间发送消息的时间顺序显示多个对象之间的动态协作。表示实例的行为顺序，当执行一个实例行为时，其中的每条消息对应一个类操作或状态机中引起转换的触发事件。图 5-37 是混合过程序列图（顺序图）。

图 5-37 是为了构造变量和可视化所涉及的信号，建立一个信号在顺序过程中变化的概念。在这里，将启动按钮的信号绘制为一个短时间信号（1-2），将输入信号和输出信号分在不同的组中，这样可以很清楚地看出过程的运行情况。会看到，在任何一个单独

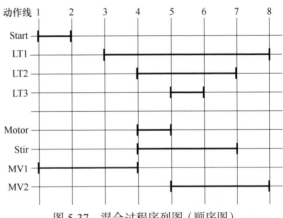

图 5-37　混合过程序列图（顺序图）

的动作线上只有一个输入信号或内部变量改变状态，这是非常重要的概念，因为这个图为编辑程序代码提供了基础。图 5-38 是这个批处理过程的序列图。

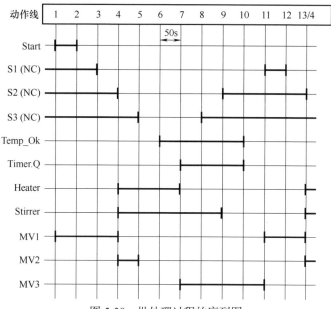

图 5-38 批处理过程的序列图

图中使用代码中的变量名。当达到所需的温度（Temp_Ok）时，激活定时器 ON 时间延迟。30s 后，定时器 Timer.Q 时间延迟输出高电平（动作行 6-7 之间）。设备在任何最终停止之前完成一个正在进行的序列。在程序代码中，必须存储事件（Stop pressed），并在当前序列的末尾检查它。然而，在序列图中无法绘制可选择的结果，因此无法说明停止。当加热元件关闭后，我们不知道什么时候温度会再次降到所需的温度以下。这里，假定这发生在液面下降到 S2 以下之后。

3. B 混合液体生产过程

B 混合液体不需要加热，设置两台泵 P1 和 P2。泵同样由三个液位信号监测，控制信号为 S1（LT1）、S2（LT2）和 S3（LT3）。

系统功能如下：混合过程与 A 相同。混合过程状态图如图 5-39 所示。图中用编程时的状态码表示。名称（用于变量和对象）将以字符开头，不包含任何空格。例如，在 Mix_Drain 中使用下划线是允许的。

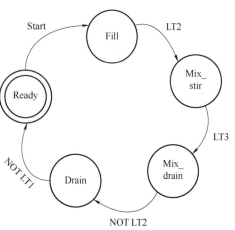

图 5-39 混合过程状态图

当液位达到 S2（LT2）以上时，其中一台水泵启动，当液位下降到 S1（LT1）以下时停止。两台泵交替启动运行，运行时间由现场设定。这样 P1 和 P2 一次启动一个。泵启动的转换将不会发生，直到水平下降到 S1（LT1）以下，然后又上升到 S2（LT2）。如果水平上升到 S3（LT3）以上，两台泵将同时运行，直到水平再次下降到 S1（LT1）以下。如果 S3（LT3）灯亮超过 3min，警示灯就会亮起。在这个过程中，罐内的液位是通过两台泵来控制的，状态图如图 5-40 所示，图中使用 ST 语言程序代码。

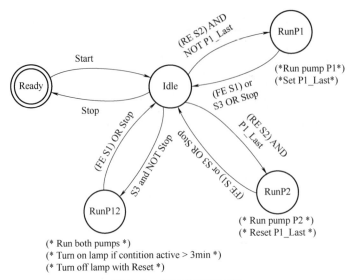

图 5-40　液位控制状态图

图 5-40 中，转换是用 ST 代码编写的。该设备还有一个启动按钮、一个停止按钮和一个复位按钮（用于解除警报）。为了使程序代码的转换尽可能简单，这里使用的状态名是 IEC 61131-3 标准允许的状态名。出于同样的原因，描述性代码也用于状态之间的转换。各个状态要执行的动作和指令都以注释的形式给出。P1_Last 是一个布尔变量，它被插入到代码中以跟踪哪台泵被激活。启动时，该变量为 FALSE。当液位超过 S2 时，泵 P1 将启动（从空闲状态转换是 RE S2，不是 P1_Last）。然后变量 P1_Last 取 TRUE，这样液位高于 S2 时，泵 P2 就会启动。RE 表示上升沿，只有当信号 S2 的状态从 0 变为 1 时，才能满足 RE S2 存在的条件。FE 表示下降沿，这里用 FE 检测信号 S1 从 1 到 0 的状态变化。用 RE 和 FE 来表示这种边沿检测也可使用像 ↑ S2 和 ↓ S1 这样的箭头。从 Idle 状态到 Run P12 状态的转换里，NOT Stop 是条件的一部分。这是为了确保来自同一状态的两个转换同时为真。

假设液位上升到 S3 以上。然后激活 Run P12 状态。当按下停止按钮时，"Run P12"将处于去激活状态，"Idle"将重新处于激活状态。然而，如果 S3 继续发出信号，"Run P12"将在就绪状态被激活时再次被激活。在 S2 中使用 RE 的目的是在其他两个转换中没有冲突，在这些转换中包括 NOT Stop。激活 Stop，当其中一个转换中包含 P1_Last 而另一个转换中不包含 P1_Last 时，相同的两个转换也会相互排除。

4. 程序

```
(*user-defined datatype that defines the possible states:*)
TYPE
    States (Ready,Idle,Runp1,Runp2,Runp12):
END TIPE
PROGRAM  Level_Process
VAF
(*Declares a variable based on our States datatype.The initial value is
set equal to Ready:*)
    State:States:= Ready:
```

```
S1,S2,S3,P1,P2,Start stop,Pl_Last,Reset,Light:BOOL;
    RE_S2,RE_Run:R_TRIG
    FE_Run:R_TRIG
    Gone_3m:TON
END_VAR
    RE_S2(Clk:= S2);(*Calls up all the FBS.*)
    RE_Run(clk:=Start stop);(*Note the IN condition for the Timer*)
    FE_Run(clk:=Start stop);
    Gone_5m(IN:=(State Runp12)AND NOT Reset,PT:T#5m);
IF Gone_5m.Q  TIIEN
  Light:=TRUE;(*The light should go on if the state Runp12 has been
active for more than 30 seconds.*)
END_IF(*The light should stay on until Reset is pressed.*)
IF Reset THEN
   Light:=FALSE;
END_IF
CASE State OF
   Ready:(waiting for start)
IF RE_run.Q  THEN
   State:Idle;
END_IF
Idle:(*Program active.No Pumps running.*)
   P1:=P2:=FALSE:
   IF FE_Run.Q THEN
        State:Ready;
   ELSIE RE_S2.Q AND NOT  Pl_Last  THEN
       State:=Runpl;
   ELSIF RE_S2.Q  AND Pl_Last  THEN
      State:= Runp2;
   ELSIF S3 THEN
     State:=Runp12;
   END_IF
Runpl:(*Run Pump P1*)
   P1:=TRUE;
   P1_Last:=TRUE;
            IF(NOT S1)OR S3 OR FE_Run.Q  THEN
               State:Idle:
            END_IF
Runp2:(*Run Pump P2*)
        P2:=TRUE;
```

```
        P1_Last:= FALSE;
        IF(NOT S1)OR S3 OR FE_Run.Q  THEN
           State:Idle:
        END_IF
Runp12:(*Run both Pumps*)
        P1:=P2:= TRUE;
        IF(NOT S1)  OR FE_Run.Q  THEN
        State:= Idle:
        END_IF
END_CASE
```

5. 总结

状态图和 SFC 程序段很容易转换成用 LD、FBD 和 ST 写的代码，通常使用 CASE 语句和枚举数据类型程序结构。通过本示例介绍了流程图、序列图和状态图，那么什么时候使用哪种类型的图呢？这在一定程度上是一个品味问题，也取决于过程和程序的复杂性程度，不管它是否是一个顺序系统，流程图和状态图都可以在项目规划过程中使用，并作为一种系统的方法来完成程序代码。流程图最适合于顺序系统。结构和符号在很大程度上模拟 SFC 图形编程语言，对这种语言的转换比较容易。但是，无论如何，最常见的方法可能是在项目早期计划阶段使用流程图，然后使用一般的语言和表达来描述事件和条件。状态图可以用于顺序系统和没有顺序结构的复杂系统。这个液位批控制过程是一个典型的实例，其中的数据流是组合的，而不是顺序的。为了从状态图中获得可能的最佳好处，建议在转换中使用"合法的"变量和状态名及尽可能正确的代码进行一些程序外的工作。在大系统中，状态图可以在宏观上使用，以说明程序单元是如何组合在一起并被调用的。对于小型简单的系统，序列图非常有用，因为如果正确使用，可直接获得激活操作的条件，而不需要关注流程状态。当涉及更大的过程和控制，或者顺序结构有可选分支时，绘制这样的图表可能会变得复杂和耗时。

本示例及类似的控制属于批控制（batch control）范畴，包括批处理（batch）、批过程（batch process）和批进度（batch schedule）。batch 是"生产、一批产品"这两个词的抽象缩写。

批控制是指控制活动和控制功能，提供一种方法来处理有限数量的输入材料，通过使用一个或多个设备在有限的时间内将它们置于一组有序的处理活动中。

批处理是指正在生产或已通过单一执行批次工艺生产的材料；在生产过程中任何时刻代表一种材料生产的实体。

批过程是指在一段有限的时间内，使用一件或多件设备，将大量的输入材料置于一组有序的加工活动中，从而产生有限数量材料的生产过程。

批进度是指在特定工艺单元中生产的批次列表。

批计划通常包含这样的信息，如生产什么，生产多少，何时或以什么顺序批是需要的，以及使用什么设备。

详见 IEC 61512-2：2001（GB/T 19892.2—2007）。

5.7　PLC 的集成开发环境

集成开发环境（Integrated Development Environment，IDE）是指程序开发环境的应用程

序，一般是包括代码编辑器、编译器、调试器和图形用户界面等一体化工具。对于 PLC 而言，IDE 就是制造商配套的编程软件套件，即编程软件平台。

5.7.1　集成开发环境和应用程序的概念

传统概念上的 PLC 基本上是一种用于工业的小型计算机，它通过 I/O 控制各种机器和系统。一般来说，按钮和传感器产生输入，而输出的目标多是控制电动机。从信息技术（IT）的角度看 PLC，可以把它想象成类似树莓派（RPi）、Arduino（Arduino 板和软件 Arduino IDE）和开源可扩展硬件平台（BBB，含 Cloud9 IDE）或类似的带有 I/O 的嵌入式板。因此有定义 PLC 是专门为工业应用而准备的，根据需要（能实现）的应用（程序），像买计算机一样，从不同的制造商处购买。因此，可认为 PLC 仅是（狭窄领域的）工业控制器，相反，一个普通的计算机（PC）却是一个通用计算机，可以用它来完成可想象的几乎所有的工作。因此，每个 PLC 制造商不仅开发了硬件，还开发了运行在 PLC 上的软件（固件），这个固件可与普通计算机的操作系统（Windows、Mac OS 和 Linux 等）相媲美。这就是传统意义上的 PLC。

5.7.1.1　基于 IEC 61131-3 的 PLC 集成开发环境

为 PLC 编程就需要一个 IDE，它是一个软件，用作与某个主题相关的所有任务，在这种情况下，IDE 与正在使用的 PLC 及其制造商有关。IDE 运行在普通计算机（Windows、Mac OS 和 Linux 等）上，允许对应用程序进行编码，然后将其上传到 PLC。请注意，用来区分相似概念的不同术语：应用程序是由用户编写并在 PLC 上运行的软件。当"为 PLC 编程"时就是在创建应用程序；传统上，IDE 是 PLC 制造商提供的软件，允许对应用程序进行编码，并将其上传到 PLC，调试它……；固件是制造商已在 PLC 上固化的基础软件。IDE 与固件交互，用户只能更新固件，而不能修改它。

用户只能通过以下步骤控制 PLC：从制造商获取 IDE，安装到计算机上并学习如何使用它；了解 PLC 的功能及用户应用程序如何访问输入和输出；在 IDE 中编写应用程序代码；将计算机连接到 PLC，通过以太网电缆，将应用程序从 IDE 上传到 PLC。现在，只要打开 PLC，用户应用程序就会在它上面运行。尽管每个 PLC 制造商都提供了特定的 IDE，但 PLC 支持的五种不同的编程语言在 IEC 61131-3 标准中是标准化的，为了简化 PLC 的编程，IEC 61131-3 标准中定义的编程语言元素（注意，定义的是编程语言格式，不是编程方法）是高度抽象化的，特别是图形化语言。图 5-41 是一个功能块图（FBD）的示例。

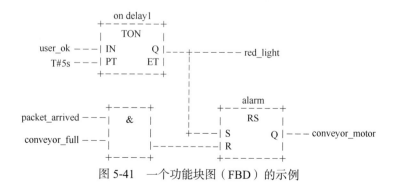

图 5-41　一个功能块图（FBD）的示例

从图 5-41 中可看到 3 个功能块（on_delay1、AND 和 alarm）、4 个输入参数（user_ok、T#5s、packet_arrived 和 conveyor_full）、2 个输出参数（conveyor_motor、red_light），以及它

们之间的连接。尤其是实例名称为 "alarm" 的功能块，类型为 "RS"，类似地还可以创建许多相同类型的实例。所有这些实例的行为都很相似，但是每个实例都有一个单独的内部状态。对于所有的功能块，输入位于块的左侧，输出位于块的右侧。在传统编程语言中常将功能块解释为可以调用的函数，输入对应于函数的参数，输出对应于返回值（一个函数块可以有几个输出）。对于 RS 功能块，如果输入 S 为真，输入 R 为假，则输出 Q 为真，当 R 为真时，Q 为假，在 IDE 中编程 / 绘制这个应用程序后，必须编译它，然后把它上传到 PLC。为了看到它在真实系统中的行为，PLC 的物理输入和输出必须连接到真实的传感器和电动机。每个 IDE 都有自己的方法来表示编程过程中的物理输入 / 输出。

以上就是初学者想知道的关于 IDE 和 PLC 的所有基本概念。不过这只是了解了基于传统意义上的概念，即是起源于 20 世纪 90 年代的基于 ISA95 的传统制造模型的概念，其物理层和逻辑层是被绑在一起的，即软硬件是被绑定的，难以分离和交叉，以及由此产生的专有技术和软件工具，导致了今天在工业自动化系统中的各种弊病。最明显的是，无法将现有的用户应用程序从一个制造商系统移植或迁移到另一个制造商系统。以至于系统的扩展及在现有自动化系统上采用新技术显得无能为力、不灵活和高成本等。所有这些问题都是工业自动化系统的通病，也被认为是不可避免的。今天，是智能制造高速发展的时代，传统的制造模型需要推倒重来，这就需要想象一下，如果能分离它们、需要的专有技术和软件工具可以通用，会是什么样子？

5.7.1.2　工业制造行业的下一步

现在，工业制造行业正在进行第四次工业革命，这是由人工智能和大规模物 - 物互联的最新工业革命，并正在快速深入发展。在这个新时代，由智能传感器和数字系统产生的数据使企业能够监控现实世界中发生的过程，新的体系结构的生产模式更加关注速度、敏捷性、灵活性和效率。随着全球经济、地缘政治、环境、人口等问题和危机的蔓延，产业劳动力供应和供应链受到前所未有的冲击。随着工业自动化程度的提高，具有重复性、危险性的工作由机器人承担，这就为制造商增加了人力，确保了生产的连续性。在这里，智能机器和设备相互之间，以及与工厂人员之间进行广泛的沟通和协作，通过集成系统架构极大地提高了制造的灵活性、生产率和可用性。这是智能制造已经定义了的架构，但要完全实现这一愿景，还需要创建全新的制造自动化系统，而这些自动化系统将由标准化软件来构建。高度标准化的软件需要具备诸如快速重新配置、高可见性、高可用性、互操作和一致性等属性。为了实现这一愿景，人们一直在讨论如何增加越来越多的能力，比如物联网、时间敏感网络（Time Sensitive Networking，TSN）⊖、增强现实、协作机器人（Cobots）⊖和飞行时间（Time of Flight，TOF）⊖技术在制造环境中的使用，以从制造过程中能收集越来越高分辨率的数据，使更多方

⊖　时间敏感网络（TSN）位于 OSI 七层模型中数据链路层，兼容传统以太网。TSN 与 IP 网络、控制网络协议、OPC UA、5G、边缘计算等新兴信息技术融合，能使网络的确定性延伸至网络层及更高层，通过 TSN 可实现从控制到整个工厂的连接，是目前国际产业界正在积极推动的全新工业通信技术。
⊖　协作机器人（Cobots）是用于安全地与人类合作工作，通常用在工业自动化领域，如机器手臂夹取和放置作业、机器管理等，还可服务和应用于其他非制造业和非传统的领域。
⊖　飞行时间（TOF）在广义上可理解为通过测量物体、粒子或波在固定介质中飞越一定距离所耗费时间（介质 / 距离 / 时间均为已知或可测量），从而进一步理解离子或媒介某些性质的技术。不同的应用领域有不同的解释。如在工业领域，传感器发出经调制的近红外光，遇物体后反射，传感器通过计算光线发射和反射时间差或相位差，来换算被拍摄景物的距离，以产生深度信息，再结合传统的相机拍摄，就能将物体的三维轮廓以不同颜色代表不同距离的地形图方式呈现出来，用于产品检测。

面的实时决策成为可能。有了可靠的实时数据和易于重置的系统，制造商可以迅速做出决策，如调度维护、调整机器设置、增加新的灵活性、状态监测和预测性维修等，典型的实例是从生产衬衫转向生产 N95 口罩，以适应和加入新的供应链。另一个例子是分散的 3D 打印设施，这大幅减少了先进制造的上市时间和客户时间。

在上述大环境下，企业纷纷改变运营方式，以应对新的需求，包括从传统的基于计算机的基础设施跳到新的网络上寻求解决方案，实现更快的速度、更好的数据管理、更高的能源效率、更本地化的生产设施，以及设计可以根据不同批量大小快速重置生产线，以获得智能制造在效率、安全和生产率等方面的许多好处，并为制造业的下一步变革奠定基础。然后，他们需要管理整个工厂和供应链，以便能够实时响应，并将工厂配置成从一种模式到另一种模式，每个系统之间的实时、高带宽连接可更好地控制各种生产过程和提高效率。然而，实现这一飞跃也绝非易事。大多数工厂依赖于现有的，甚至是过时的技术系统，简单地用新设备替换旧设备既昂贵又不现实，正因为如此，智能制造可能是增强而非替代，需要将现代信息技术的智能融入到工厂里已经存在的机器上。通过在生产层面建立一个无线、智能传感器驱动的通信网络，实现基于状态监测等新兴技术，在这种情况下，一个特定机器或部件的健康状况可以通过智能传感器进行监测，使工厂能够实时识别、诊断和解决异常问题，这种实时状态监测可以帮助延长设备寿命和提高生产率。同时，据一份 2018 年的资料记载，非计划性停机时间可达总制造成本的近四分之一，预测性维护的实现可显著地节约成本。对于制造商来说，防止意外停机是定义智能制造技术的主要目标，因为停机时间造成的损失占总制造成本的 23.9%。

对于制造商来说，在未来要迈出下一步，就需要对支撑工厂的自动化系统和技术进一步升级，正是在这里，在智能传感器驱动的基础上，物理世界与数字世界相遇，数字工厂才能真正实现。智能制造的核心是一个被称为互操作性的概念，即数字工厂产生的大量数据，能跨众多工业物联网设备进行实时数据通信的能力，一个健壮的现场网络是实现互操作性的先决条件。实时确定性以太网（时间敏感网）是实现这一目标的一项关键技术，它可以更好地管理连接工厂中的大量数据，这就需要制造行业的控制系统转向更分布式的模式，在分布式系统中，单个控制部分（如 PLC）具有智能，可以顺畅地相互通信，将系统互联成一个整体。如果在这样的一种系统中，仅仅使用支持 IEC 61131-3 标准的控制器就会出现两大问题：一是由应用程序中的反馈连接引起的，在一个功能块图中，随着添加的反馈增加，系统的行为将取决于底层软件的实现；其次是不同制造商的 PLC 之间的通信并不标准化，通常很难实现。因此就出现了在第 4 章中介绍的 IEC 61499 和 IEC 61804 标准，这两个标准的目的是通过互操作实现分布式控制。

IEC 61499 标准定义了与 IEC 61131 标准的可编程序控制器互操作，IEC 61131-5 定义可编程序控制器可以作为服务器，也是 IEC 61499 标准定义的设备，并可作为 IEC 61131-5 定义的客户机。当符合 IEC 61131-3 标准的可编程序控制器系统支持与 IEC 61499 标准的一个或多个功能块类型的互操作性时，应符合采用 READ、UREAD、WRITE 和 TASK 功能块，以及包括 IEC 61131-5 中定义的实现特定特性和参数的值的规范。IEC 61131-3 标准函数和功能块可以转换为 IEC 61499 标准的基本功能块，以下通过对 IEC 61499 标准功能块的回顾，介绍如何实现互操作和分布式控制。详细内容见 IEC 61499-2 标准附录 D。

5.7.1.3　基于 IEC 61499 的 PLC 集成开发环境

IEC 61499 标准体系结构是分布式工业自动化系统的组件解决方案，旨在实现分布式应用的可移植性、可重用性、互操作性和重置，为分布式系统提供了一个通用模型和建模语言。这个模型包括作为嵌入式设备、资源和应用程序环境的进程和通信网络。应用程序是由功能块网络构建的。功能块是标准的基本模型。功能块通常为事件 I/O 和数据 I/O 提供接口。功能块分为基本功能块和复合功能块两种。复合功能块可以包含其他复合功能块和 / 或基本功能块。因此，复合功能块支持模块化设计方法。基本功能块包括事件驱动的执行控制图（ECC），这是一种状态机。ECC 的元素是状态和事件触发的转换。ECC 可以通过事件的发生触发算法的执行。

IEC 61499 标准融合了分布式编程语言和传统 PLC 编程语言与 IEC 61131-3 分布式控制应用程序的通用建模方法，以及功能块与分离数据和事件流的概念，用于开发分布式工业控制解决方案，通过改进软件组件的封装来提高可重用性，提供独立于制造商的格式，并简化控制器之间的通信，扩展和加强了 IEC 61131-3 标准，它使基于组件的软件设计和应用程序的可移植性成为可能。它提供了一个功能强大的配置功能块模型，既可以支持事件触发的执行模型，也可以支持循环的执行模型。它以分布式系统为导向定义对整个系统的建模方法，即使它是由更小的部件（单个 PLC）组成。功能块用于完全封装功能，不允许使用全局变量，通过连接单个功能块来创建应用程序。此外，还定义了一个模型来表示系统中的设备及其连接。如果应用程序被分割为多个设备，应用程序中的所有功能块都可以映射到各自的设备。

1. IEC 61499 标准功能块的行为特性

在图 4-21 中已描述了 IEC 61499 标准功能块的特性。功能块封装了所需的功能，同样输入在左边，输出在右边，但对接口严格区分了事件和数据部分，顶部是事件接口，底部是数据接口，即它是一个事件触发的功能块，然后功能块使用数据输入处可用的数据。但事件和数据连接是不兼容的，即不能以任何方式连接它们，事件接口以扇出方式进行数据连接，扇出描述的是连接到下一级的几个输入端的输出，即下一阶段的几个数据输入可以连接到其输出。相反，数据连接的扇入是不允许的，其扇入是前一阶段的几个输出与一个输入的连接。因此，功能块需要从数据连接中选择输入值，对于事件连接，扇入和扇出都是可能的。每个事件输入通过连接线和插头插座连接到几个数据输入；每个事件输出都连接到几个数据输出，当输入 / 输出事件发生时，刷新哪些数据输入 / 输出。功能块的行为取决于它的事件 ECC，它接收输入事件，基于当前状态，ECC 执行封装功能的某一部分。图 4-21 还描述了一个功能块是如何被触发来执行其功能的，当事件到达功能块时，将执行一系列步骤。由于 IEC 61499 标准定义的应用程序不需要只在一个设备上运行，可分割并部署到几个设备（PLC）上，甚至可以有许多应用程序在许多设备上分发。IEC 61499 标准定义的系统模型就是用于设计这个分布系统的，如图 4-14 所示。

在图 4-15 中，描述了一个设备可能包含几个资源，这可以被想象成设备内的线程。准确地说，功能块实际上是加载到资源上的，而不是设备本身。由于这些功能块不是整个应用程序的一部分，所以它们只在资源视图中可见。这需要回顾一下在 4.5.7 节中的主要内容，特别是那里定义的两种主要的功能块类型及其用途。

在基本功能块（BFB）中，可以使用 ECC 定义一个状态机，这与上一节说的状态机概念一致。ECC 根据其状态和输入事件决定执行哪个算法。图 5-42 是一个 ECC 的功能块示例。

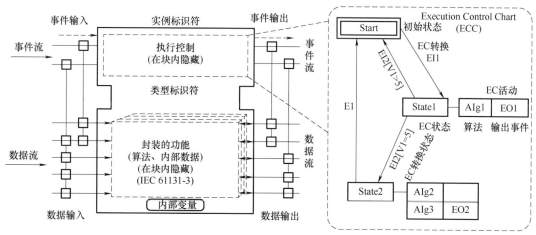

图 5-42　一个 ECC 的功能块示例

图 5-42 中，ECC 中的 AIg1~AIg3 是封装在功能块中的算法。这些算法由用户编写，如使用结构化文本，EO1 和 EO2 表示状态被访问时触发的输出事件。状态之间的转换用箭头表示。它们连接到特定的事件，除非转换被命名为 "E1"，在这种情况下不需要事件，执行控制直接跳转到下一个状态。如，如果功能块处于启动状态，并且 EI1 事件到达，那么功能块跳转到 State1，执行 AIg1 并输出 EO1 事件。一些转换包括方括号之间的表达式。这些表达式是事件到达时需要满足的条件。只有当条件保持时，执行控制切换到下一个状态。一个事件只被使用一次。如果从状态 State1 到 Start 的转换再次发生在状态 State1，则不会创建无限循环。只有当一个新的事件 E1 到达时，状态才会跳回 Start。这类循环在转换中使用 "E1" 时会发生，因为只使用事件。

在复合功能块（CFB）中，CFB 只有一个由其他功能块组成的内部网络，如图 5-43 所示。

图 5-43 说明，不是一个应用程序的所有功能块都运行在同一个设备上。一个设备可以同时运行多个应用程序或应用程序的多个部分。但一个功能块不能被拆分为多个设备。可以将图中的 FB1、FB2 等看作是一些单个的 PLC 或树莓派。

2. 实现互操作的功能块

为了实现互操作，IEC 61499 标准中定义了一个服务功能块（SFB），它是实现互操作、访问硬件特定部分的功能块。如上所述，同一个应用程序可以部署到多个设备上，然后，应用程序

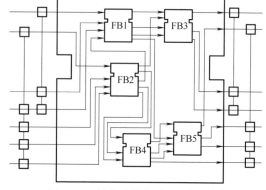

图 5-43　复合功能块（CFB）示例

需要访问输入或输出，甚至需要通信特定的硬件。SFB 用于需要访问平台的任何事情，这是 BFB 或 CFB 无法做到的，因此，它实际是一个通用服务接口（Service Interface，SI）。图 5-44 描述了两个 SI 功能块。

图 5-44 所示的这两个 SI 功能块没有定义特定数量的输入和输出，数据类型使用关键字 ANY 来定义，即它是一个类型定义的轮廓模板，SI 功能块的类型定义提供了将功能块用作应用程序、子应用程序或复合功能块的一部分所需的最小信息。要在特定的应用程序中使用，

还需要进一步的具体细节和数据类型。

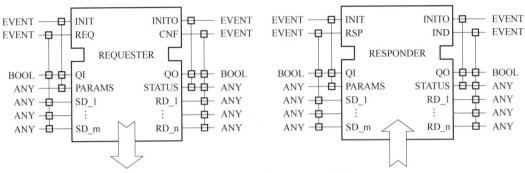

图 5-44 通用服务接口（SI）功能块

SI 功能块根据服务原语到功能块的事件输入、事件输出、数据输入和数据输出的映射，向应用程序提供 一个或多个服务。SI 功能块类型的外部接口与 BFB 类型的外观大体相同。但是，SI 功能块类型的一些输入和输出具有专门化的语义，并且这些类型的实例的行为是通过服务原语序列的专门化图形符号定义的。SI 功能块类型的声明可以使用标准的事件输入，表 5-27 中列出的事件输入、事件输出、数据输入和数据输出，适用于特定的服务。当使用它们时，其语义应按图 5-45 中的定义。功能块类型应表明所提供的服务。

表 5-27 SI 功能块的标准输入和输出

输入和输出	功　　　能
事件输入	
INIT	该事件输入应该映射到一个请求原语，请求功能块实例提供的服务的初始化，例如，通信连接或进程接口模块的本地初始化，如网络地址和波特率
REQ	该事件输入应该映射到功能块实例提供的服务的请求原语。例如，可用于发起请求传输，以从外部设备获取数据
RSP	该事件输入应映射到功能块实例提供的服务的响应原语。例如，向远程 HMI 设备发送数据以响应数据请求
事件输出	
INITO	该事件输出应映射到一个确认原语，该原语表示服务初始化过程已完成
CNF	该事件输出应该映射到功能块实例提供的服务的确认原语。例如，它用来表示读取特定物理 I/O 点的请求已经被控制器的 I/O 子系统处理了
IND	该事件输出应映射到功能块实例提供的服务的指示原语。例如，当从控制器的 I/O 子系统读取的 I/O 获得了所选传感器的值时，将产生 IND 事件
数据输入	
QI：BOOL	该输入表示映射到事件输入的服务原语上的限定符。例如，如果发生 INIT 事件时此输入为 TRUE，则请求服务初始化；如果为 FALSE，则请求终止服务
PARAMS：ANY	该输入包含与服务关联的一个或多个参数，通常作为结构化数据类型实例的元素。当有这个输入时，功能块类型规范应该定义它的数据类型和默认初始值。SI 功能块类型规范可以用一个或多个服务参数输入来替代这个输入。用于互操作时，标准中定义的任何类型的 PARAMS 输入用类型为 WSTRING 的 ID 输入取代。参数输入包含网络寻址信息和其他通信特征，或者当向输出设备写入值时，这些参数值将包含硬件地址，如机架、模块和通道

（续）

输入和输出	功　　能
数据输入	
SD_1，…，SD_m：ANY	该输入包含与请求和响应原语相关联的数据。功能块类型规范应定义这些输入的数据类型和默认值，并在图 5-45 所示的事件序列图中定义它们与事件输入的关联。功能块类型规范可以为这些输入定义其他名称
数据输出	
QO：BOOL	该变量表示映射到事件输出的服务原语上的限定符。例如，当 INITO 事件发生时，此输出的 TRUE 值表示服务初始化成功，FALSE 值表示初始化不成功
STATUS：ANY	输出的数据类型应适合于在事件输出发生时表示服务的状态。服务规范可能表明此输出的值对于某些情况是无关的，例如，对于图 5-45 描述的 INITO+、IND+ 和 CNF+
RD_1，…，RD_n：ANY	这些输出包含与确认和指示原语相关的数据。功能块类型规范应定义这些输出的数据类型和初始值，并在图 5-45 中描述的事件序列图中定义它们与事件输出的关联。功能块类型规范可以为这些输出定义其他名称

REQUESTER 功能块（请求者）和 RESPONDER 功能块（响应者）表示由功能块类型的实例提供的特定服务。SI 功能块的交互分别由应用程序和资源发起。服务可以在同一个 SI 中同时提供资源和应用程序发起的交互功能块。SI 类型还可以利用输入和输出，包括插头和插座，它们的名称与这里给出的不同，在这种情况下，它们的使用是根据适当的服务原语序列来定义的。

REQUESTER 功能块（请求者）用于为应用程序发起的交互服务，对外部数据的请求由应用程序中生成的事件触发，即"应用启动的互动"。

RESPONDER 功能块（响应者）为"资源启动的交互"提供服务。数据请求从外部资源到达，并导致指示 IND 事件和 RD_1…RD_n 上的输出数据产生。应用程序需要对随时可能发生的事件做出反应。通过将数据写入响应器输入 SD_1…SD_m 可以返回对请求的响应，并在响应 RSP 事件输入处触发一个事件，通知服务接收的数据的处理已经完成。

3. 服务序列图

SI 功能块实例的行为应在相应的功能块类型规范中定义，根据以下规则利用服务序列图，图 5-45 是图 5-44 中的两种通用 SI 功能块类型的行为服务序列图。

图 5-45 说明了 SI 功能块实例的服务启动、数据传输和服务终止的正常顺序。每个服务序列图都在顶部中间标注名称标识，它由两条垂直线分隔的两个接口组成。接口的两侧分别是由功能块类型名称表示的功能块接口和资源接口。可以利用类似的图来指定正常和异常情况下所有相关的服务原语序列及其相关数据。服务事务由一个或多个服务组成原语。

服务原语是一个输入原语（即进入接口）或输出原语（即从接口出来），应适用下列语义：服务序列由一个或多个服务事务组成，时间按照从上到下的顺序。按顺序关联的事件在资源之间或资源内部链接在一起。如果事件之间没有特定的关系，则使用波浪线"~"或类似的文本符号。服务由单个 SI 功能块表示的情况下，图应用一条垂直线划分为两个区域，在服务主要由应用程序发起的情况下，交互时，应用程序应该在左边字段，资源在右边字段；在服务主要由资源发起的情况下，交互时，资源应该在左边字段，应用程序应该在右边字段。服务由两个或多个 SI 功能块表示的情况下，可以使用如图 5-46 所示的符号。服务原语应以水平箭

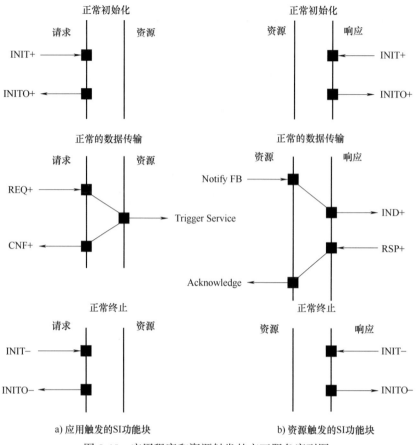

a) 应用触发的SI功能块   b) 资源触发的SI功能块

图 5-45   应用程序和资源触发的交互服务序列图

头表示。事件的名称表示服务原语的，应该写在箭头的旁边，表示输入和 / 或输出变量的名称与原语相关联的数据。当功能块类型定义中有 QI 输入时，后缀"+"应与事件输入名一起使用，表示在发生关联事件时，QI 输入的值为 TRUE，后缀"−"表示它为 FALSE；当功能块类型定义中有 QO 输出时，后缀"+"应与事件输出名一起使用，表示在发生关联事件时，QO 输出的值为 TRUE，后缀"−"表示它为 FALSE。事件名称后缀"+"表示事件是否与成功或正常事务关联，而后缀"−"则表示事件是否与不成功或异常事务关联，标准语义见表 5-28。

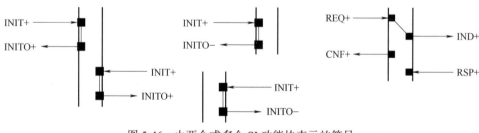

图 5-46   由两个或多个 SI 功能块表示的符号

表 5-28　服务原语语义

原　语	语　义
INIT+	服务建立请求。例如，事件 INIT+ 表明它将被接收，QI 设置为 1，并暗示服务应该被初始化
INIT−	请求服务终止。指示将接收事件，QI 设置为 FALSE，并发出应该终止服务的信号
INITO+	表示已建立正常服务。指示通信服务已被初始化
INITO−	拒绝服务设立请求或指示服务终止。指示通信服务已被初始化
REQ+	正常服务请求。（请求者）请求正常的传输数据
REQ−	禁用服务请求。禁用数据传输请求
CNF+	正常服务确认。确认数据传输成功
CNF−	异常使用状态的指示
IND+	指示服务正常到达。数据成功到达的指示
IND−	异常使用状态的指示
RSP+	应用程序正常响应。（响应者）响应由应用程序成功到达的数据
RSP−	应用程序异常响应

请求者和响应者在图中的第一个和最后一个服务顺序是相同的，主要区别在于两种类型的正常数据传输服务顺序，可以清楚地看到，请求者将在从应用程序接收到一个 REQ 事件时执行其服务请求，而在响应者的情况下，服务将接管活动部分并通过 IND 事件通知应用程序。同时，可以使用请求者和响应者 SI 功能块，在由某种通信形式连接的两个资源之间交换数据网络设施。因此，通常是一组相互合作的 SI 功能块，由请求者和响应者 SI 功能块组成。

4. 实现互操作性的功能块类型

IEC 61499-2 附录 D 中给出的规范可根据 IEC 61499-4 中给出的规则，按照具体配置引用可实现互操作性的 READ、UREAD、WRITE、TASK 功能块类型。当一个 PLC 系统符合 IEC 61131-3 支持互操作性与定义，它应该支持这些功能，并应包括 IEC 61131-3 的 8.1 和 8.2 中定义的实现特定的功能和参数的值。以下是 READ、UREAD、WRITE、TASK 功能块类型的源代码，它们是图 5-44 的具体应用，若以图形形式引用时，将图 5-44 的输入 / 输出参数代码更换成与源代码一致即可，详细内容见 IEC 61499-2 附录 D。

（1）READ 功能块类型的源代码

一个 READ 功能块类型的实例（见图 5-44 的具体应用），可被 IEC 61499 客户端设备用于从 IEC 61131-3 服务器读取程序或状态变量值。源代码如下：

```
FUNCTION_BLOCK READ(*Read server status or program variable*)
EVENT_INPUT
    INIT WITH QI,ID,TYPE;(*Initialize/Terminate Service*)
    REQ WITH QI;(*Service Request*)
END_EVENT
EVENT_OUTPUT
    INITO WITH QO,STATUS;(*Initialize/Terminate Confirm*)
```

```
    CNF WITH QO,STATUS,RD;(*Confirmation of Requested Service*)
END_EVENT
VAR_INPUT
    QI:BOOL;(*Event Input Qualifier*)
    ID:WSTRING;(*Path to variable to be read*)
    TYPE:WSTRING;(*Data type of RD variable*)
END_VAR
VAR_OUTPUT
    QO:BOOL;(*1=Normal operation,0=Abnormal operation*)
    STATUS:INT;
    RD:ANY;(*Variable data from IEC 61131 device*)
END_VAR
SERVICE CLIENT/SERVER
SEQUENCE normal_establishment
    CLIENT.INIT+(ID,TYPE)->  SERVER.initRead(ID,TYPE) ->  CLIENT.
INITO+();
END_SEQUENCE
SEQUENCE unsuccessful_establishment
CLIENT.INIT+(ID,TYPE) ->  SERVER.initRead(ID,TYPE) ->  CLIENT.
INITO-(STATUS);
END_SEQUENCE
    SEQUENCE request_read
    CLIENT.REQ+() -> SERVER.reqRead(ID) -> CLIENT.CNF+(RD);
END_SEQUENCE
    SEQUENCE request_inhibited
    CLIENT.REQ-() -> CLIENT.CNF-(STATUS);
END_SEQUENCE
    SEQUENCE request_error
    CLIENT.REQ+() -> SERVER.reqRead(ID)-> CLIENT.CNF-(STATUS);
END_SEQUENCE
    SEQUENCE client_initiated_termination
    CLIENT.INIT-() -> SERVER.terminateRead(ID) -> CLIENT.INITO-
(STATUS);
END_SEQUENCE
    SEQUENCE server_initiated_termination
    SERVER.readTerminated(ID,STATUS) -> CLIENT.INITO-(STATUS);
END_SEQUENCE
END_SERVICE
END_FUNCTION_BLOCK
```

READ 功能块允许资源接收从一个或多个设备读取的最新值，如读取输入设备的最新位置值和机器人机构上的微开关。

（2）WRITE 功能块类型的源代码

WRITE 功能块类型的实例可以被 IEC 61499 客户端设备用于向 IEC 61131-3 服务器写入可变数据值。

```
FUNCTION_BLOCK WRITE(*Write a variable value to an IEC 61131
server*)
EVENT_INPUT
    INIT WITH QI,ID,TYPE;(*Initialize/Terminate Service*)
    REQ WITH QI,SD;(*Service Request*)
END_EVENT
EVENT_OUTPUT
    INITO WITH QO,STATUS;(*Initialize/Terminate Confirm*)
    CNF WITH QO,STATUS;(*Confirmation of Requested Service*)
END_EVENT
VAR_INPUT
    QI:BOOL;(*Event Input Qualifier*)
    ID:WSTRING;(*Path to variable to be written*)
    TYPE:WSTRING;(*Data type of SD variable*)
    SD:ANY;(*Variable value to write*)
END_VAR
VAR_OUTPUT
    QO:BOOL;(*1=Normal operation,0=Abnormal operation*)
    STATUS:INT;
END_VAR
    SERVICE CLIENT/SERVER
    SEQUENCE normal_establishment
    CLIENT.INIT+(ID,TYPE) -> SERVER.initWrite(ID,TYPE) -> CLIENT.
INITO+();
    END_SEQUENCE
    SEQUENCE unsuccessful_establishment
    CLIENT.INIT+(ID,TYPE) -> SERVER.initWrite(ID,TYPE) -> CLIENT.
INITO-(STATUS);
    END_SEQUENCE
    SEQUENCE request_write
    CLIENT.REQ+(ID,SD) -> SERVER.reqWrite(ID,SD) -> CLIENT.CNF+();
    END_SEQUENCE
    SEQUENCE request_inhibited
    CLIENT.REQ-(ID,SD) -> CLIENT.CNF-(STATUS);
    END_SEQUENCE
    SEQUENCE request_error
```

```
        CLIENT.REQ+(ID,SD) -> SERVER.reqWrite(ID,SD) -> CLIENT.CNF-
(STATUS);
    END_SEQUENCE
        SEQUENCE client_initiated_termination
        CLIENT.INIT-() -> SERVER.terminateWrite(ID) -> CLIENT.INITO-
(STATUS);
    END_SEQUENCE
        SEQUENCE server_initiated_termination
        SERVER.writeTerminated(ID,STATUS) -> CLIENT.INITO-(STATUS);
    END_SEQUENCE
    END_SERVICE
    END_FUNCTION_BLOCK
```

WRITE 功能块允许资源向本地连接的 I/O 设备传输一个或多个值。IEC 61499 标准假设控制器 I/O 子系统位于资源之外，可以使用 SI 功能块访问 I/O 端口或背板总线连接的 I/O 模块，以便更新驱动物理设备（如阀门、加热器或泵）的执行器的值。WRITE 功能块用于将值写入物理输出，而 READ 功能块用于从选定的物理输入中读取值，两者的功能类似。让我们考虑一下如何使用 WRITE 功能块。应用程序将需要 WRITE 功能块的至少一个实例来将值写入物理输出。要设置服务，应用程序必须首先发送一个 INIT 事件，其中，QI 输入设置为 TRUE，输入参数（ID：WSTRING；TYPE：WSTRING）设置为标识服务的特征，可以包含详细信息，如写更新速率、失败时重试的次数等。此后，通过将输入 SD_1 设置为一个输出地址，如机架、通道和 I/O 点，并将新值设置为输入 SD_2，数据就可以发送到所选的输出。写是由事件输入请求中的一个事件发起的。当硬件 I/O 系统完成写操作时，将出现一个输出事件 CNF，以确认写操作已经完成。输出状态提供操作是否成功的指示。如果操作失败，状态将包含适当的错误代码。输出 RD_1 提供从输出设备读取值的反馈。这可以用来确认写入已经成功。READ 功能块以类似的方式执行。在使用 INIT 事件初始化服务之后，使用 QI 和参数输入，任何物理输入的值都可以通过在输入 SD_1 上设置 IO 地址并向事件输入请求发送一个事件来读取。当从输入传感器读取数据时，一个确认事件将在输出事件 CNF 上发生。读取操作的成功将由输出状态的值来表示，如果成功，从输入读取的值将在输出 RD_1 上可用。

在实例中，两个功能块都应用了应用程序触发的 SI 功能块类型。对于 READ 功能块，也可以选择资源触发方案。在这种情况下，输入参数（ID：WSTRING；TYPE：WSTRING）也将包含关于 IO 地址的信息，在 INIT 时，功能块将注册这个 IO 地址。然后，服务可以在有新值可用或已经过一段时间时使用 IND 事件通知应用程序。WRITE 和 READ 功能块是用于访问硬件 I/O 的相当简单的 SI 功能块形式。然而，可以考虑更复杂的功能块来为读写功能建模，比如，在一个操作中为多个 I/O 点建模多个值。注意，从触发 REQ 事件发出请求到接收确认事件 CNF 之间所花费的时间取决于许多因素，如加载资源调度系统，设备操作系统响应资源请求的速度，将请求传送到物理 I/O 点的时间。

（3）UREAD 功能块类型的源代码

一个 UREAD 功能块类型的实例（图 5-44 的具体应用）可被 IEC 61499 客户端设备用于请求程序值更改的异步通知，或 IEC 61131-3 服务器的状态变量。在指定任务执行完成后，当检测到指定变量的值（相对于任务执行启动时的值）发生变化时，通过块的 IND 事件输出接收通知。这个功能块类型的实例还可以通过不指定块的 ID 和类型输入来接收指定任务的每次执行完成的通知。源代码如下：

```
FUNCTION_BLOCK UREAD(*Unsolicited read of IEC 61131 program or
status variable*)
    EVENT_INPUT
        INIT WITH QI,ID,TASK,TYPE;(*Initialize/Terminate Service*)
    END_EVENT
    EVENT_OUTPUT
        INITO WITH QO,STATUS;(*Initialize/Terminate Confirm*)
        IND WITH QO,STATUS,RD;(*Indication of changed RD value*)
    END_EVENT
    VAR_INPUT
        QI:BOOL;(*Event Input Qualifier*)
        ID:WSTRING;(*Path to variable to be read*)
        TYPE:WSTRING;(*Data type of RD variable*)
        TASK:WSTRING;(*Path to IEC 61131 TASK triggering read on
changed value*)
    END_VAR
    VAR_OUTPUT
        QO:BOOL;(*1=Normal operation,0=Abnormal operation*)
        STATUS:INT;
        RD:ANY;(*Input data from resource*)
    END_VAR
    SERVICE CLIENT/SERVER
    SEQUENCE normal_establishment
    CLIENT.INIT+(ID,TYPE,TASK) -> SERVER.initURead(ID,TYPE,
TASK) -> CLIENT.INITO+();
    END_SEQUENCE
    SEQUENCE unsuccessful_establishment
    CLIENT.INIT+(ID,TYPE,TASK) -> SERVER.initURead(ID,TYPE,TASK) ->
CLIENT.INITO-(STATUS);
    END_SEQUENCE
    SEQUENCE data_changed
    SERVER.dataChanged() -> CLIENT.IND+(RD);
    END_SEQUENCE
    SEQUENCE client_initiated_termination
    CLIENT.INIT-() -> SERVER.terminateURead() -> CLIENT.INITO-(STATUS);
    END_SEQUENCE
    SEQUENCE server_initiated_termination
    SERVER.UReadTerminated(ID,STATUS) -> CLIENT.INITO-(STATUS);
```

```
END_SEQUENCE
END_SERVICE
END_FUNCTION_BLOCK
```

（4）TASK 功能块类型的源代码

TASK 功能块类型的实例，可以被 IEC 61499 客户端设备用来请求在 IEC 61131-3 服务器上执行任务。当实现支持此特性时，会触发 request_task 服务序列的相应任务的执行。

```
FUNCTION_BLOCK TASK(*Trigger IEC 61131 task*)
EVENT_INPUT
        INIT WITH QI,ID;(*Initialize/Terminate Service*)
        REQ WITH QI;(*Service Request*)
END_EVENT
        EVENT_OUTPUT
        INITO WITH QO,STATUS;(*Initialize/Terminate Confirm*)
        CNF WITH QO,STATUS;(*Confirmation of Requested Service*)
END_EVENT
VAR_INPUT
        QI:BOOL;(*Event Input Qualifier*)
        ID:WSTRING;(*Path to task to be triggered*)
END_VAR
VAR_OUTPUT
        QO:BOOL;(*1=Normal operation,0=Abnormal operation*)
        STATUS:INT;
END_VAR
        SERVICE CLIENT/SERVER
        SEQUENCE normal_establishment
    CLIENT.INIT+(ID) -> SERVER.initTask(ID) -> CLIENT.INITO+();
END_SEQUENCE
    SEQUENCE unsuccessful_establishment
    CLIENT.INIT+(ID) -> SERVER.init(ID) -> CLIENT.INITO-(STATUS);
END_SEQUENCE
    SEQUENCE request_task
    CLIENT.REQ+(ID) -> SERVER.reqTask(ID) -> CLIENT.CNF+();
END_SEQUENCE
    SEQUENCE request_inhibited
    CLIENT.REQ-() -> CLIENT.CNF-(STATUS);
END_SEQUENCE
    SEQUENCE request_error
    CLIENT.REQ+(ID) -> SERVER.reqTask(ID) -> CLIENT.CNF-(STATUS);
END_SEQUENCE
    SEQUENCE client_initiated_termination
```

```
    CLIENT.INIT-() -> SERVER.terminateTask(ID) -> CLIENT.INITO-
(STATUS);
END_SEQUENCE
    SEQUENCE server_initiated_termination
    SERVER.taskTerminated(ID,STATUS) -> CLIENT.INITO-(STATUS);
END_SEQUENCE
END_SERVICE
END_FUNCTION_BLOCK
```

5. 总结

IEC 61499 标准的核心元素是以事件触发的方式执行的功能块，分为基本功能块、复合功能块和服务接口功能块。基本功能块和复合功能块用于处理不同形式的功能块构造和功能块层次结构。服务接口功能块提供网络通信和硬件接口设施。应用程序是独立于控制硬件开发的，通过实例化功能块和连接它们的事件，实现数据的输入和输出。系统模型定义了一组可以通过网络连接进行通信的互联设备。设备支持一个或多个资源，这些资源为功能块网络的加载、配置和执行提供支持。应用程序可以驻留在一个或多个资源上。每个资源都可以支持部分应用程序的管理和执行，每个部分作为一个功能块网络的一个片段分布。基于这些，就可以进行 IEC 61499 控制系统的开发，工作流程大体是通过实例化功能块并将它们互连来为应用程序建模；通过指定设备、它们的资源及设备之间的通信链路来为系统基础设施建模；将应用程序分发到控制设备中的建模资源；执行平台特定的参数化并插入通信功能块；利用服务接口将分布式应用程序部署到设备上。IEC 61499 提供了两种方式，以一种可移植的方式交换模型：一是基于文本语法的一种简明而正式的规范方法，二是 XML 交换格式，包括图形布局信息。这就要求新的信息技术（IT）在硬件和软件上都需要很大程度上满足操作技术（OT）的要求。今天的标准化系统可以结合前述的时间敏感网络（TSN）等，开源操作系统和云技术创建工厂车间的 CPS，将实时确定性行为和几乎任何程度的高可用性结合在一起。然而，自动化应用程序将继续使用现有的控制系统建模实例进行定义。但未来的控制系统将会分散，而不是集中在大型 PLC 或 DCS 控制器中。这就引出了对前述的建模技术的需求，可以开发统一的自动化控制系统应用程序，这就不可避免地将基于 IEC 61499（IEC 61804）标准的模型。

总而言之，这是因为 IEC 61499 可以跨 OT 和 IT 设备的异构架构建模分布式自动化应用程序；当与标准应用程序规范结合时，启用应用程序的可移植性；可以混合实时和事件驱动的应用程序。现在已经出现和正在进行的多个开放自动化软件工具，助力工业控制应用程序的可移植性。其中之一，就是施耐德电气的 EcoStruxure Machine Expert，它预示着自动化系统的未来。2021 年 4 月，施耐德电气发布了 EcoStruxure Machine Expert V2.0，它将作为一个完整且独立的实例安装到 EcoStruxure Machine Expert V1.1。EcoStruxure Machine Expert V2.0 可与 EcoStruxure Machine Expert V1.1 或 V1.1 spl 或 V1.2.x 并行安装。它将先前发布的 SoMachine、SoMachine Motion 和 SoSafe 合并为单一软件环境中开发、配置和调试整个机器的应用程序软件包，是目前全面支持 IEC 61131、IEC 61499（IEC 61804）标准的最先进、最强大的商业软件工具，用单一的软件环境就可开发、配置和调试整个无围墙工厂区域（包括本质安全）的机器，包括逻辑、运动控制、HMI 和相关的网络自动化功能等，并可云端操作，具备互操作、可执行、异构、重构等特性，与 CODESYS 融合近乎完美。类似的商业软件工具还有 NXT Studio，其特点是 IEC 61499 + IEC 61131 + HMI + SCADA + 模拟和测试 + 文档；开源软件 FBDK 2.6（The Function Block Development Kit）开发工具包，可以根据 IEC 61499 标准构建和测试数据类型、功能块类型、适配器类型、功能、资源类型、设备类型、网段类型和系统配置；开源软件 4DIAC 是一个基于 Eclipse 框架，用 Java 编写的集成开发环境，可以使用 4DIAC 创建功能块、应用程序、配置设备和其他与 IEC 61499 相关的任务，在 4DIAC IDE 中，这些结果也可以部署到运行 4DIAC FORTE 的设备或其他兼容的运行时环境中。

5.7.2　EcoStruxure Machine Expert 简介

以下部分简介 EcoStruxure Machine Expert 1.1（含 V2.0 版），它是 2021 年 4 月新发布的大规模工业自动化软件工具，支持所有的可编程设备，是目前最先进的自动化系统开发工具，本书限于篇幅无法详细介绍，仅限于入门提示，详细资料可在施耐德官方网站下载，或查看在线资料。

5.7.2.1　引言和基本概念

EcoStruxure Machine Expert 是一个独立的控制器编程系统，符合 IEC 61113-3 标准，支持所有标准编程语言。可以并行安装多种版本。其项目组织的结构、编程元素和特性、实例化编程单元、多设备使用、逻辑构建器（Logic Builder）等，充分体现了面向对象的方法。项目组织也是以面向对象的方式确定的。EcoStruxure Machine Expert 项目包含由各种编程对象组成的控制器程序，它包含了在定义的目标系统（设备、控制器）上运行应用程序实例所需的资源的定义。所以在一个项目中有 POU 和资源对象（设备树）两种主要的对象。

1. 逻辑构建器

逻辑构建器为创建项目提供配置和编程环境、硬件视窗和软件视窗。它在不同的视图中显示项目的不同元素，可以根据需求在用户界面上安排。这个视图结构允许通过拖放将硬件和软件元素添加到项目中。逻辑构建器窗口中央是为项目创建内容的主要配置对话框。除了易于配置和编程外，逻辑构建器还具有强大的诊断和维护功能。硬件视窗包括控制器、HMI、IPC、设备和模块等，通过简单的拖放可将硬件设备配置到项目中，可使用设备模板和功能模板。软件视窗包括变量、资源、宏、工具箱、库等，通过简单的拖放可配置不同类型的软件元素。例如，资源视图可创建和管理功能块和 POU。

逻辑构建器提供扫描功能，以检测以太网中可用的控制器，支持各种通信协议，通信建立之后，就可以将应用程序下载到控制器或从控制器上传应用程序。应用程序可以在控制器上启动和停止。可通过在线模式使用内置的可视化与机器交互，用于诊断和测试。通过调试功能读取控制器和设备的状态，检测潜在的编程逻辑错误。

2. 编程对象（POU）

POU 是程序、函数、功能块、方法、接口、操作、数据类型、定义等。POU 用于所有创建控制器应用程序的编程对象（程序、功能块、函数等）。按照 IEC 61131 标准的定义，POU 是一个程序、一个功能块或一个函数。然而，在这里，POU 通常用于包含 IEC 代码的编程元素，如方法、属性、接口等，称为 POU 对象。

在应用程序树的全局节点中管理的 POU 不是特定于设备的，但是它们可以被实例化以便在设备或应用程序上使用。为此，POU 必须由相应应用程序的任务调用。但 POU 也是添加对象菜单中的某个子类别的名称，它只包括程序、功能块和函数。因此，POU 对象通常是一个编程单元，也是一个对象，可以在应用程序树的全局节点（非设备特定）中管理，也可以直接在应用程序树中的应用程序下面管理。可以在编辑器视图中查看和编辑它。可以为每个特定的 POU 对象设置某些属性，如构建条件等。创建的 POU 对象将添加到软件目录的资产视图中。你可以用两种不同的方式在项目的资产视图中添加一个可用的 POU 对象：在配置视图中选择一个 POU 对象，并将其拖动到应用程序树中合适的节点或在配置视图中选择一个 POU 对象，并将其拖动到逻辑构建视图。除了 POU 对象之外，还有用于在目标系统上运行程序的设备对象（资源、应用程序、任务、配置等），它们在应用程序树中进行管理。

3. 资源对象（设备树）

设备对象仅在设备树中进行管理。在设备树中插入对象时，只需在逻辑构建器视窗右侧的硬件目录中选择一个设备或对象，并将其拖放到设备树中。选择的设备或对象对应的节点将被展开并以粗体显示。其他不能插入所选设备或对象的节点为灰色。将设备或对象放到合适的节点上，它就会被自动插入，或者，可以在树中选择一个节点。如果可以将对象添加到所选设备或对象中，则会显示一个绿色的加号按钮，单击它打开一个菜单，有可供插入的元素。也可以通过右键单击设备树中的节点，执行"添加对象"或"添加设备"命令来添加对象或设备。可以插入的设备类型取决于设备树中选择的对象。例如，PROFIBUS DP 从站的模块不能在没有插入一个适当的从站设备之前被插入。不能在非可编程设备下面插入应用程序。只有正确安装在本地系统上并与树中的当前位置相匹配的设备才能用于插入。要将设备添加到根节点，只有设备可以被定位在根节点的正下方才可以。如果从"添加对象"对话框中选择另一种对象类型，如文本列表对象，则会将其添加到应用程序树的全局节点中。将设备作为节点插入到树中称子节点。如果在设备描述文件中定义，子节点将自动插入。子节点可以再次成为可编程设备。可以在设备对象下面插入更多的设备。如果它们安装在本地系统上，因此可以在硬件目录或"添加对象"或"添加设备"对话框中获得。设备对象在树中从上到下排序，在一个特定的树形层次上，首先安排可编程设备，然后是按字母顺序排列的任何其他设备。

4. 代码生成

通过集成编译器生成代码，以及随后使用生成的机器代码，可以缩短执行时间。

5. 支持的编程语言

IEC 61131 中定义编程语言元素是通过特别的编辑器支持的，包括 ST 编辑器、FBD/LD/IL 编辑器和 SFC 编辑器，此外，EcoStruxure Machine Expert 还提供了不属于 IEC 标准的一个连续功能图（Continuous Function Chart，CFC）编辑器，它是对 IEC 61131-3 标准的扩展。

CFC 是一种基于 FBD 语言的图形化编程语言，与 FBD 语言相比，它没有网络，允许图形元素自由定位，反过来又允许反馈循环，主要用于规模较大的分布式过程控制、有很多 PID 控制回路、控制算法较多和模拟信号较多的系统中。

6. 数据传输到控制器设备

EcoStruxure Machine Expert 与设备之间的数据传输通过网关（组件）到运行时系统。将应用程序下载到控制器后，即可在 EcoStruxure Machine Expert 对其进行监控。通过单一电缆与机器连接，通过使用相同的电缆从 PC 到控制器和人机界面传输数据，如图 5-47 所示。

图 5-47 说明了等效访问。控制器的下载和调试可以通过两种不同的方式进行，将 EcoStruxure Machine Expert PC 与控制器直接连接，控制器将信息路由到 HMI；将 EcoStruxure Machine Expert PC 连接到 HMI，进而将信息路由到控制器。这样，EcoStruxure Machine Expert PC 就

可以直接连接到 HMI，并通过 HMI 连接到控制器。

7. 经过测试、验证和文件化的架构

施耐德电气开发了适用于各种领域的通用机器控制应用的 TVDA（Tested Validated & Documented Architectures，经过测试、验证和文件化的架构），以及专门的应用，如包装、物料加工、物料搬运、起重、泵送、食品饮料和电子等以运动为中心的机器，以及通用机器控制应用。基本架构如图 5-48 所示。

图 5-48 描述了架构的 4 个层次，最上层是所有设备都在 EcoStruxure Machine Expert 一个软件中管理，这是一个强大的协同工程环境。EcoStruxure Machine Advisor 是一个基于云的服务平台，专为机器制造商设计，以跟踪全球运行中的机器，监控性能数据，并解决异常事件。下面一层是控制器和解

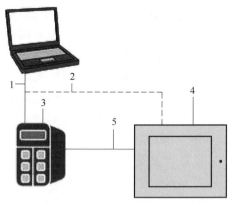

图 5-47　EcoStruxure Machine Expert PC 与控制器或 HMI 连接

1—EcoStruxure Machine Expert PC 与控制器连接
2—EcoStruxure Machine Expert PC 与人机界面可选连接
3—控制器　4—HMI　5—控制器与 HMI 的连接

决方案，从基本的运动控制到以机器人为中心的机器，可实现一致性和可扩展性，实现灵活性、高性能、生产力和数字化。I/O 层范围包括扩展模块（数字、模拟和专家 I/O）、阀岛负荷管理系统、伺服驱动器和变频器等，也可实现一致性和可扩展性。在本质安全领域包括安全逻辑控制器、Sercos 接口模块和 I/O 模块（数字、模拟和安全 I/O），具有整体解决方案以增加机器自动化的整体安全需求。

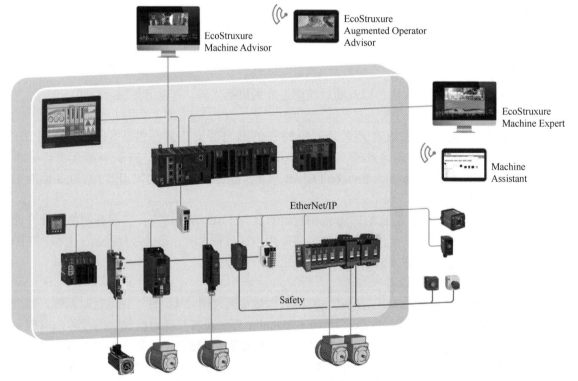

图 5-48　EcoStruxure Machine Expert 的架构

5.7.2.2　进入 EcoStruxure Machine Expert 1.1

EcoStruxure Machine Expert 1.1 的安装与其他软件相同，安装之后会在桌面生成快捷键，然后，双击快捷键即可打开软件，如图 5-49 所示。

桌面快捷键

启动

图 5-49　EcoStruxure Machine Expert 1.1 快捷键和启动画面

1. 打开后的第一个视窗（默认逻辑构建器屏幕）

逻辑构建器屏幕的布局（见图 5-50）对于一般的工具软件都相似。多选项卡导航器是逻辑构建器屏幕的默认组件，由菜单和工具栏、导航器视图、目录视图、主编辑器窗口等组成。当打开逻辑构建器时，它会提供一个默认的屏幕布局。可以根据需要定制自己的用户界面，调整元素布局。在"自定义"对话框中查看和修改当前设置。默认情况下，它可以在"工具"菜单中找到。还可以通过移动、停靠 / 断开停靠视图、调整大小或关闭窗口随时安排视图和窗口。当重新打开项目时，元素将被放置在保存项目时它们所在的位置。视图的位置分别保存在访问视图中。默认情况下，可以使用以下导航器：

1）设备树：管理要运行应用程序的设备。

2）应用程序树：在单个视图中管理特定项目及全局 POU 和任务。

3）工具树：在单个视图中管理特定项目及全局库或其他元素。

4）功能树：根据个人需求对控制器的内容进行分组。

导航器的根节点表示可编程设备。可以在这个根节点下面插入更多的元素。要向导航器的节点添加元素，只需在逻辑构建器屏幕右侧的硬件或软件目录中选择一个设备或对象，并将其拖动到导航器（如设备树）。系统将自动展开所选设备或对象所在的一个或多个节点，并以粗体显示。其他不能插入所选设备或对象的节点为灰色。将设备或对象放到合适的节点上，它就会被自动插入。如果设备或对象还需要其他元素，如通信管理器，则会自动插入这些元素。或者，可以在树中选择一个节点。如果可以将对象添加到所选设备或对象中，则会显示一个绿色的加号按钮。单击这个加号按钮打开一个菜单，可选择需要插入的元素。还可以通过右键单击导航器中的节点并执行添加对象或添加设备命令来添加对象或设备。可以插入的设备类型取决于导航器中选择的对象。例如，PROFIBUS DP 从站的模块不能在没有插入一个适当的从站设备之前被插入。只有正确安装在本地系统上并与树中的当前位置相匹配的设备才能用于插入。

菜单栏　工具栏　多选项卡编辑器视图

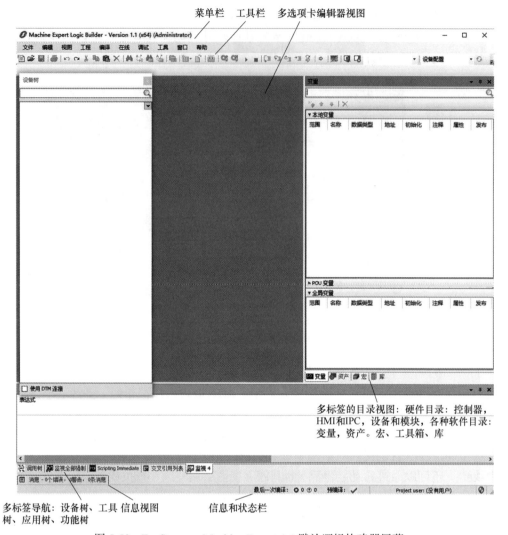

多标签的目录视图：硬件目录：控制器，HMI和IPC，设备和模块，各种软件目录：变量，资产。宏、工具箱、库

多标签导航：设备树、工具 信息视图　　　　信息和状态栏
树、应用树、功能树

图 5-50　EcoStruxure Machine Expert 1.1 默认逻辑构建器屏幕

2. 创建项目

要创建项目，打开左上角文件，选择新建工程，单击即可打开窗口，接下来输入项目名称，如"批处理"，接着选择控制器型号、编程语言种类，单击"确定"按钮，即打开一个设备树窗口，如图 5-51 所示。

3. 设备树

设备树中的每个设备对象代表一个特定的（目标）硬件对象，如控制器、现场总线节点、总线耦合器、驱动器和 I/O 模块等。在"设备树"中管理设备和子设备。在控制器上运行应用程序所需的其他对象被分组在其他导航器中。设备树中的每个条目显示符号、符号名称（可编辑）和设备类型（设备描述提供的设备名称）。设备是可编程的或可配置的。设备的类型决定了树中可能的位置，也决定了哪些进一步的资源可以插入设备下面。在单个项目中，可以配置一个或多个可编程设备，无论制造商或类型（多资源、多设备、网络）。配置设备的通信、参数、设备对话框中的 I/O 映射（设备编辑器），要打开设备编辑器，双击设备树中的设备节点。可以在设备对象下面插入更多的设备。如果它们安装在本地系统上，可以在硬件目录或

"添加对象"或"添加设备"对话框中获得。设备对象在树中从上到下排序，在一个特定的树层上，首先安排可编程设备，然后是任何其他设备。

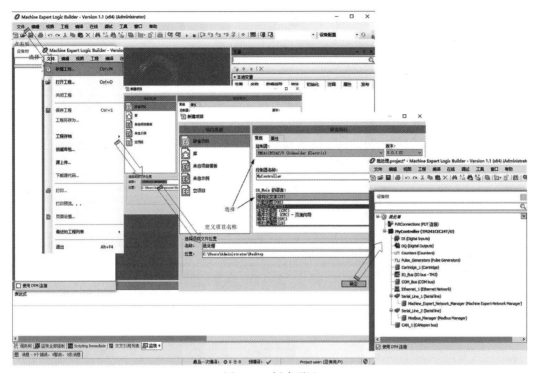

图 5-51　创建项目

树的根节点是一个符号节点条目。控制器配置由设备树中设备的拓扑结构定义。特定设备或任务参数的配置在相应的编辑器对话框中执行。硬件结构通过设备对象的相应排列在设备树中被映射和表示，可建立一个由网络控制器和底层现场总线组成的复杂异构系统。若要将配置有设备类型管理器（Device Type Manager，DTM）的设备添加到项目中，需要激活设备树下方的"使用 DTM 连接"复选框。这样做的效果是在树的根节点下面添加一个节点 FdtConnections。在 FdtConnections 节点下面，将自动插入一个通信管理器节点。可以将合适的 DTM 设备添加到该节点。设备树示例如图 5-52 所示。

4. 功能树

功能树用于在设备树中有功能模型节点的控制器。可对多个对象（如 IEC 代码或设备）进行分组，并将它们链接到一个函数。创建此功能后，就可以重用它。通过创建这种模块化，可以更容易地重用开发，可以导出 / 导入功能树，并在另一个项目中重用它。图 5-53 是功能树示例。

5. 应用程序树

应用程序对象、任务配置和任务对象在应用程序树中管理。编程设备所需的对象（应用程序、文本列表等）在应用程序树中管理。不能编程（仅配置）的设备不能被分配为编程对象。可以在设备编辑器的参数对话框中编辑设备参数的值。编程对象，如特定的 POU 或全局变量列表，可以在应用程序树中以两种不同的方式管理，这取决于它们的声明。当它们被声明为全局节点的子节点时，所有设备都可以访问这些对象。当它们被声明为应用程序节点的

图 5-52 设备树示例

1—根节点 2—可编程器件（带应用程序） 3—设备符号名称 4—设备描述文件中定义的设备名称

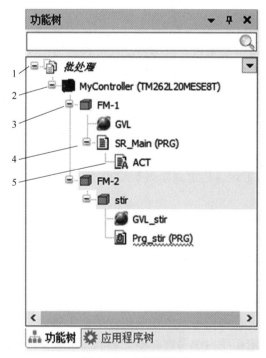

图 5-53 功能树示例

1—根节点，对应于打开的项目的名称 2—"控制节点"，只显示"设备树"中有"功能模型节点"的控制器
3—功能模块，创建功能树的节点 4—附加对象，对象附加到功能模块 5—子对象，附加对象的子对象

子节点时，这些对象只能被这个应用程序节点中声明的相应设备访问。只能在应用程序树中插入应用程序对象。在每个应用程序下面，可以插入额外的编程对象，如数据单元类型（Data Unit Type，DUT）、全局变量列表（Global Variable List，GVL）或可视化对象。在应用程序下面插入任务配置。在这个任务配置中，必须定义各自的程序调用（来自应用程序树全局节点的POU 实例或特定于设备的 POU 实例）。应用程序是在相应的设备编辑器的 I/O 映射视图中定义的。图 5-54 是应用树示例。

6. 工具树

库在工具树中管理。纯可配置设备不能分配这样的编程对象。可以在设备编辑器的参数对话框中编辑设备参数的值。像库管理器这样的编程对象，在工具树中有两种不同的管理方式，取决于它们的声明：当它们被声明为全局节点的子节点时，然后所有设备都可以访问这些对象；当它们被声明为应用程序节点的子节点时，然后这些对象只能被在这个应用程序节点中声明的相应设备访问。图 5-55 是工具树示例。

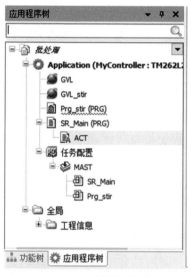

图 5-54　应用树示例

图 5-55　工具树示例

7. 多选项卡

多选项卡的硬件目录是逻辑构建器屏幕的默认组件。它包含以下选项卡：

1）控制器：包含逻辑、人机界面和运动控制器，可以插入 EcoStruxure Machine Expert 项目。

2）设备和模块：包含 PLC、I/O 模块及通信模块、电动机控制、安全和传感器设备，可以插入 EcoStruxure Machine Expert 项目。还可使用设备模板插入设备。

3）HMI 和 IPC：包含 HMI 和 IPC 设备，可以插入 EcoStruxure Machine Expert 项目。

4）其他：包含第三方设备，可以插入 EcoStruxure Machine Expert 项目。

各个选项卡的内容取决于项目。如果 EcoStruxure Machine Expert 项目中集成的控制器不支持 CANopen，那么 CANopen 设备就不会显示在目录中。可以通过菜单视图扩展软件目录的选项卡（变量、资产、宏、工具箱、库）。

"设备 & 模块"选项卡包含底部的设备模板选项。激活此选项可在"设备 & 模块"选项卡的列表中显示现场设备的可用模板。

5.7.2.3 应用程序

用户程序包括程序（Program）组件、任务（Task）配置、管理（Managing）应用程序。程序组件包括 POU、功能块、应用程序对象和应用程序。POU 包含 POU、添加和调用 POU 对象、程序、函数、方法、属性、接口、动作、转换、POU 隐式检查，用于所有创建控制器应用程序的编程对象（程序、功能块、函数等）。按照 IEC 61131 标准的定义，POU 是一个程序、一个功能块或一个函数。在软件中，POU 通常用于包含 IEC 代码的编程元素，如方法、属性、接口等。

1. POU

在应用程序树的全局节点中管理的 POU 不是特定于设备的，但是可以在设备（应用程序）上实例化它们。为此，POU 必须由相应的应用程序的任务调用。但 POU 也是添加对象菜单中这些对象的某个子类别的名称。在这里，它只包括程序、功能块和函数。因此，POU 对象通常是一个编程单元。它是一个对象，可以在应用程序树的全局节点（非设备特定）中管理，也可以直接在应用程序树中的应用程序下面管理。可以在编辑器视图中查看和编辑它。POU 对象可以是程序、函数、功能块。可以为每个特定的 POU 对象设置某些属性（如构建条件等）。可以用两种不同的方式在项目的资源视图中添加一个可用的 POU 对象：资源视图中的 POU 对象，并将其拖动到应用程序树中的适当节点；资源视图中的 POU 对象，并将其拖放到逻辑构建器视图中。除了 POU 对象之外，还有用于在目标系统上运行程序的设备对象（资源、应用程序、任务配置等）。它们在应用程序树中进行管理。创建 POU 示例如图 5-56 所示。

可以在软件目录中添加 POU 对象到应用程序中。POU 对象的不同类型有：

程序：它在操作期间返回一个或几个值。从程序最后一次运行到下一次运行，所有的值都保留下来。它可以被另一个 POU 对象调用。

功能块：它在程序处理过程中提供一个或多个值。与函数相反，输出变量的值和必要的内部变量应该在功能块的一次执行中保持不变。因此，调用具有相同参数（输入参数）的功能块并不一定会产生相同的输出值。

函数：它在处理时只产生一个数据元素，可以由多个元素组成，如字段或结构。在文本语言中的调用可以作为表达式中的操作符出现。

2. 程序

程序是一个 POU 对象，它在操作过程中返回一个或几个值。从程序最后一次运行到下一次运行，所有的值都保留下来。然而，与函数块不同，程序没有单独的实例。当调用一个函数块时，只有函数块的给定实例中的值被修改。只有当再次调用相同的实例时，修改才会受到影响。修改的程序值将被保留，直到再次调用程序，即使是从另一个 POU 调用程序。

要将程序添加到现有的应用程序，在应用程序树中选择应用程序节点，单击绿色的加号按钮，并执行命令 POU。或右键单击应用程序节点，并从上下文菜单中执行 Add Object → POU 命令。如果需要添加与应用无关的 POU，选择应用树的全局节点，执行相同的命令。在"添加 POU"对话框中选择"程序"选项，输入程序名称，并选择所需的实现语言。单击 Open 按钮进行确认。新程序的编辑器视图将打开。声明一个程序语法：PROGRAM <program

name>，接下来是输入、输出和程序变量的变量声明。访问变量也可以作为选项。程序示例如图 5-57 所示。

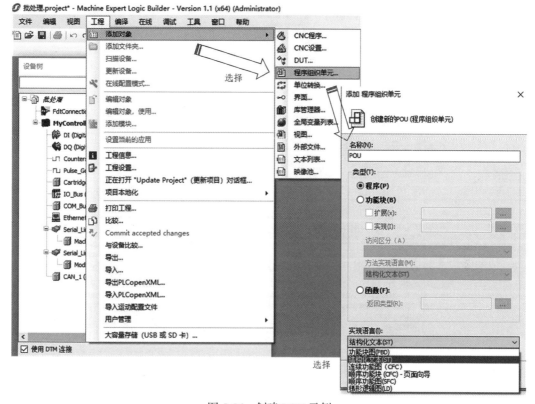

图 5-56　创建 POU 示例

3. 函数

函数是一个 POU，它在处理时只产生一个数据元素（可以由多个元素组成，如字段或结构）。它在文本语言中的调用可以作为表达式中的操作符。声明函数语法：FUNCTION <function name>：<data type>，接下来是输入变量和函数变量的变量声明。将结果赋给函数，即函数名被用作输出变量。不要在函数中声明局部变量为 RETAIN 或 PERSISTENT，因为这样做没有效果。

4. 方法

方法是一种语言元素，类似于可以在功能块中使用的函数。它可以被看作是一个包含了相应功能块实例的函数。函数（一个方法）有一个返回值，以及它自己的临时变量和参数的声明部分。同样，作为面向对象编程的一种手段，可以使用接口来组织项目中可用的方法。当将方法或属性从 POU 复制或移动到接口时，所包含的实现将自动删除。在从接口复制或移动到 POU 时，要求指定所需的实现语言。要将方法分配给功能块或接口，在应用程序树中选择适当的功能块或接口节点，单击绿色加号按钮并执行命令 method。或右键单击功能块或接口节点，并从菜单中执行添加对象→方法命令。在"添加方法"对话框中，输入名称、所需的返回类型、实现语言和访问说明符。要选择返回数据类型，请单击按钮"…"，打开输入助手对话框，单击按钮"…"打开进行确认。

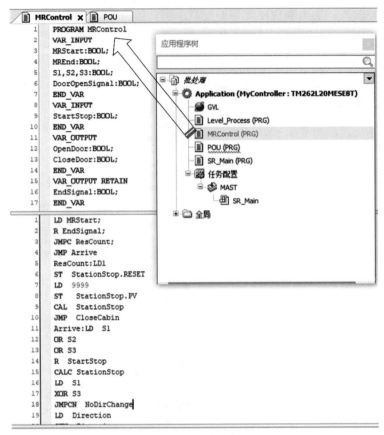

图 5-57　程序示例

5. 接口

使用接口是面向对象编程的一种手段。接口 POU 定义了一组没有实现的方法和属性。接口可以被描述为一个功能块的空壳。它必须在功能块的声明中实现，以便在功能块实例中实现。一个功能块可以实现一个或几个接口。相同的方法可以用相同的参数实现，但不同的实现代码由不同的功能块实现。因此，可以在任意 POU 中使用 / 调用接口，而不需要 POU 标识相关的特定功能块。

6. 动作

可以定义操作并将它们分配给功能块和程序。操作是一个附加的实现。它可以用不同于基本实现的语言创建。每个操作都有一个名称。一个动作与它所属的功能块或程序的数据一起工作。它使用定义的输入 / 输出变量和局部变量，不包含自己的声明。

7. 转换

可以在 SFC 实现的程序或功能块中使用转换对象作为转换元素。EcoStruxure Machine Expert 使用功能块中的继承来促进面向对象编程：当在一个继承自另一个功能块的功能块上执行添加对象"Add Object"时，会列出基本功能块中使用的动作（Action）、方法（Method）、属性（Property）和转换（Transition）元素以供选择，并可以调整继承对象的定义。

8. 功能块

功能块是在控制器程序处理过程中提供一个或多个值的 POU。与函数相反，输出变量的值和必要的内部变量应该在功能块的一次执行中保持不变。因此，使用相同输入参数调用功能块并不一定会产生相同的输出值。除了 IEC 61131-3 标准所描述的功能之外，还支持面向对象的编程，并且可以将功能块定义为其他功能块的扩展。它们可以包括有关方法调用的接口定义。因此，在使用功能块编程时可以使用继承。功能块总是通过实例来调用，实例是功能块的复制。

5.7.3　CODESYS 软件工具简介

CODESYS 是一个工业自动化技术的软件平台，平台的核心是 IEC 61131-3 编程工具"CODESYS 开发系统"。目前最新版本 CODESYS V3.5 SP16，由 3S-Smart Software Solutions GmbH 开发。目标是提供开放的接口、全面的安全功能，以及与基于云的管理平台的方便连接，使 CODESYS 成为一个工业 4.0 平台，可以进行边缘、雾或云控制器等的开发，以及工业物联网网络之间的数据交换等。

CODESYS 工具不是由 PLC 制造商开发的，而是许多硬件制造商选择使用 CODESYS 作为他们的设备开发工具。设备制造商使用 CODESYS 来实现他们自己的可编程或可配置的自动化组件。为此，他们安装了一个运行时系统。利用现有的产品选项，灵活定义其设备的功能范围。这些选项包括用于可视化、协调运动控制和连接到现场总线和工业以太网系统的集成产品。数以百万计的 CODESYS 兼容的单个设备，超过 400 家制造商的超过 1000 种不同类型的设备，以及全球数以万计的 CODESYS 终端用户都证明 CODESYS 是领先的独立于制造商的 IEC 61131-3 编程工具。

CODESYS 完整遵循 IEC 61131-3 标准，因此非常适合按照标准学习 PLC 等的编程，它支持 IEC 61131-3 标准中定义的语言元素，实现所有的数据类型、标准操作符、函数和功能块、寻址、注释、标识符和语法等。CODESYS 是用于 PLC、微控制器和其他硬件的独立于硬件的编程系统。该工具包含一个模拟器，不需要硬件就可完全测试程序代码。它还附带了一个图形可视化工具，很重要的一点是，它是一个免费的、完整的，而且没有时间限制的工具，只有一些额外的组件是有时间限制的。CODESYS 可以从 codesys.com 免费下载。一些额外的组件是有时间限制的。CODESYS 代表"控制器开发系统"，并提供了一种简单的方法。此外，它为大量的应用提供了一系列具有现成功能的库。

本节只是一个入门提示，详细资料可在 CODESYS 官方网站下载，或查看在线资料。如果对 IEC 61131 标准还不是很熟悉，建议先学习 CODESYS，然后再进入施耐德公司的 EcoStruxure Machine Expert 1.1，两者语法基本一致，只是后者更接近工程应用，即先学习标准，再进入工程应用。

5.7.3.1　进入 CODESYS

CODESYS V3.5 SP16 的安装与其他软件相同，安装之后会在桌面生成快捷键，然后，双击快捷键即可打开软件，如图 5-58 所示。

CODESYS V3.5 SP16 启动后的主窗口如图 5-59 所示。

图 5-58　CODESYS V3.5 SP16 快捷键
（右图是双击启动时的状态）

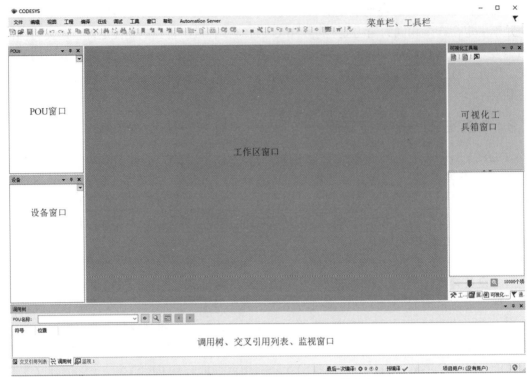

图 5-59　CODESYS V3.5 SP16 启动后的主窗口

当单击左上角"文件",选择新建工程时,将会打开如图 5-60 所示的窗口。假设要为一台设备编写程序代码。最简单的方法是选择"Standard Project"(标准项目),这可减少一些配置。请记住,为项目指定一个合理的名称,并指定将其保存的位置。如图 5-60 所示,单击"确定"按钮。然后出现一个对话框,如图 5-61 所示。

选择"标准项目"后,CODESYS 将自动定义以下内容:名称为 PLC_PRG 的 POU 与关联的应用程序;一个循环任务,其中 POU "PLC_PRG" 每 200ms 被调用一次;对最新可用库的引用,包含标准和供应商定义的功能和功能块;可以使用自己的名称定义自己的 POU,更改任务的周期时间或任务类型。选定的项目名称将显示在 CODESYS 标题行中,并作为 POU 和设备窗口中的根文件夹。

5.7.3.2　应用程序

应用程序是一组具体的程序代码、任务配置和库引用的集合概念。可以同时使用几个应用程序,选择哪个应用程序在哪个特定硬件设备(控制器或模拟器)上运行。对于每个应用程序,可以配置如何执行程序。例如,有些程序可以循环运行,有些程序可以自由运行或基于事件运行。也可以建立多个应用程序的层次结构,并在同一设备上运行多个应用程序。如果在设置项目时选择了标准项目,则项目将自动包含一个引用标准库最新版本的应用程序。通过双击库管理器,将弹出一个如图 5-62 所示的窗口。

选择标准库文件夹,库文件的内容显示在窗口中,如 RS、CTU 和 TON 等。标准库还包含了不是由单独的操作符实现的功能。除了标准库之外,还可以选择使用来自许多其他特殊库的函数和功能块。在这里,可以配置现有任务或添加任何新任务。任务的目的是组织程序,主要是控制程序如何在设备中执行。通常一个项目只包含一个任务。然后,不需要做任何事情，只需要检查循环时间是否令人满意，以及想要运行的程序类型 POU 是否被分配给了一个任务，如图 5-63 所示。

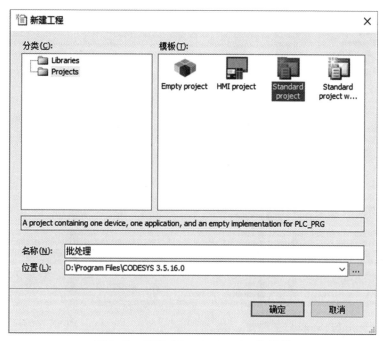

图 5-60　创建 "Standard Project" 示例

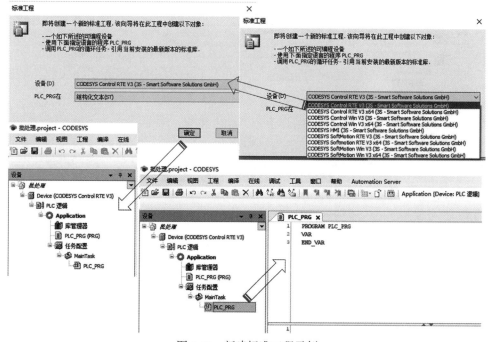

图 5-61　新建标准工程示例

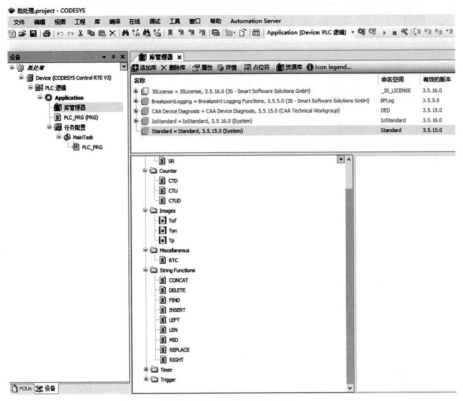

图 5-62　程序库管理窗口

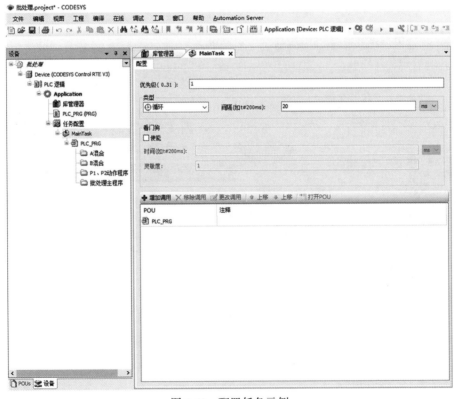

图 5-63　配置任务示例

图 5-63 表明可以将单个 POU 添加到所需的任务中，并且可以预定执行代码的顺序。

5.7.3.3　程序和 POU

用户界面左侧的另一个窗口名为 POU，它将包含所编写的所有 POU，包括程序、函数和功能块，以及对象，如自定义数据类型和数据单元类型（DUT）、全局变量、可视化对象等。通过右键单击窗口中的根名称（项目名称）并选择添加对象，可以找到 POU 窗口包含哪些文件夹结构，如图 5-64 所示。

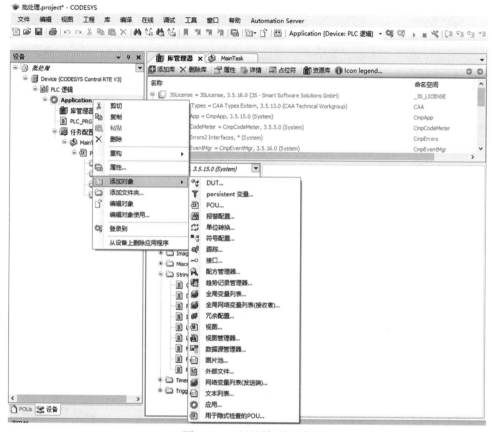

图 5-64　可以添加的对象

在这里选择设备与在设备窗口中选择设备的效果相同，即在项目中添加一个新设备，该设备将出现在设备窗口中。如果选择一个新的程序对象（POU），随着项目的进展，POU 窗口将包含更多对象。图 5-65 显示了项目的 POU 窗口。

正如我们所看到的，选择不同的编程语言建立不同的 POU 类型，在项目中编辑不同的程序段，承担不同的任务。当打开程序、变量或 DUT 对象时，代码将显示在屏幕右侧的程序编辑器中。可以同时打开任意多的对象。无论使用哪种语言来编写 POU，所有的对象都将在顶部有一个声明字段，可以通过名称和类型声明 POU，并声明变量。声明字段下面的窗口包含所选语言的代码。如果使用图形化语言，还可以访问带有对象的特殊菜单，可以将这些对象插入到程序代码中。

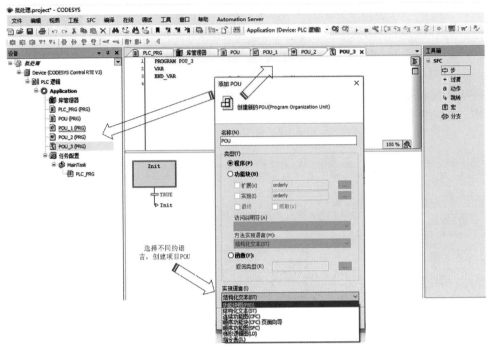

图 5-65　POU 窗口

5.7.3.4　变量声明

声明编辑器用于在变量列表和 POU 中声明变量，它提供了文本式和表格式两个视图。在工具→选项→声明编辑器的对话框中，定义文本视图或表格视图，或可以通过编辑器视图右侧的按钮在两个视图之间切换，如图 5-66 所示。如果声明编辑器与编程语言编辑器一起使用，它将作为声明部分出现在 POU 窗口的顶部。

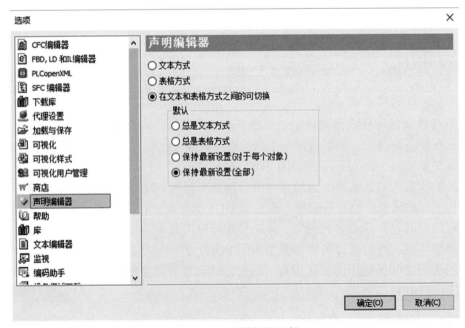

图 5-66　声明编辑器示例

文本编辑器的行为和外观是使用对话框工具→选项→文本编辑器中的设置配置的。设置包括颜色、行号、标签宽度、缩进等。在表格声明编辑器中，将变量声明添加到具有以下列的表中，包括类别、名称、地址、数据类型、初值、注释和特性。工程的编程对象（POU 或 GVL）是打开的。实际中，不需要提前声明变量。如果 CODESYS 不能识别所写的标识符，那么会自动弹出一个自动变量声明窗口，在这里可以配置，窗口将已经包含 POU 的名称和标识符，但必须指定要声明的变量类型。如果需要，可以给出一个初始值，如果是 I/O 类型，可以指定一个地址。在声明变量时，它们将出现在程序编辑器的声明字段中。如果需要，可以随后编辑变量列表。

5.7.3.5　编译和运行项目

CODESYS 从开发系统中编写的源代码自动生成应用程序代码。应用程序代码是 PLC 在启动应用程序时执行的机器代码。CODESYS 从开发系统中编写的源代码自动生成应用程序代码。这是在将应用程序下载到 PLC 之前自动完成的。在生成应用程序代码之前，将执行测试以检查分配、数据类型和库可用性。此外，在生成应用程序代码时会分配内存地址。即使在控制器没有连接的状态下，仍可检测源代码中的任何错误。可以通过单击编译→生成代码显式执行此命令。这对于检测源代码中的任何错误都很有用，当你完成了编程，或者还在编写程序代码时，必须编译项目。记住，要配置任务，并确保所有的程序都被分配给了一个任务。

当输入代码时，CODESYS 中的预编译已经运行了一些基本检查。然后，波浪下划线出现在编辑器中的错误代码下，并将错误消息显示在消息视图。编程之后，必须通过单击编译→编译或按 F11 键检查应用程序的语法。在这一步中，编译器检查程序并显示编辑错误。通常情况下，为了纠正错误，需要解释这些信息，当一切都是正确的，就可以运行程序。现在，需要一个通信配置，然后准备下载程序到 PLC 或软 PLC。

5.7.3.6　启动网关服务器，并建立通信

当计算机启动时，一些 CODESYS 相关的服务也会自动启动。它们是 CODESYS 网关和 CODESYS 软 PLC。然后，在 Windows 屏幕右下角的任务管理行中将出现相应的启动操作符号。如果这些服务还没有启动，可以在这些符号上单击鼠标右键，启动服务。CODESYS 可将工程源代码作为工程存档加载到 PLC。然后，可以根据需要将该工程存档从 PLC 传输回开发系统。但必须在 CODESYS 和 PLC 之间建立一个通信链路，即使 PLC 是内置的软 PLC，这也是需要的。执行以下三个步骤来设置通信：打开对话窗口进行通信；扫描网络中可用的 PLC，并选择所需的 PLC；设置主路径。如果在没有首先配置通信的情况下连接到 PLC，将自动打开对话窗口进行通信。通常通过进入设备窗口并双击 PLC 来打开它，此窗口显示已配置的网关。如果没有配置网关，选择"添加网关"，然后指定名称并定义驱动程序类型 TCP/IP 和本地 IP 地址。扫描网络来查找到可用的 PLC。确保想要使用的 PLC 已启动并运行，其形式可以是服务已启动（软 PLC），也可以是物理 PLC 已连接到 PC，并已通电。本书中的多数程序段可用于在 CODESYS，甚至是 EcoStruxure Machine Expert 1.1 上进行学习、测试。

第 **6** 章 智能制造 - 工业 4.0、CPS 与数字孪生

本书的第 4 章图 4-1 描述了《中国制造 2025》（工业 4.0）的愿景，在图 4-12 中描述了 ICPS（CPPS、CPS）的架构，根据这两个图，第 4 章可以认为是一个关于智能制造的洋葱模型，第 5 章则是剥洋葱实例，而本章则是根据洋葱模型进入深层，即 IEC 61131、IEC 61499 和 IEC 61804 标准的作业面，也就是 CPS 环境中。限于篇幅，本章仅根据知识图谱原理，概要和提示性地介绍《中国制造 2025》（工业 4.0）中的 CPS 及其相关系统中的一些基本概念，重要的是如何利用国际标准及标准化问题。

在本章结稿时，作者重新审视了"未来技术""未来新工作""纳米学位""未来教育""零工学习""在线教育"等问题，限于篇幅，删去了一些纯技术内容，增加了未来"专业能力"的相关内容，并放在本章第 6.1 节，也算作本章序，将其他节的内容按撷取知识的索引内容叙述，也许这比纯技术更重要，期望能引起利益相关者的重视。

6.1 信息技术发展历史的启迪

"纳米学位"是一种完全在线提供的基于项目和技能的教育证书，获得它比传统学位要快得多。

"未来技术"本书定义为从 2021 年开始后的 10 年，再往后 n 年的技术。

"未来新工作"本书定义为"未来技术"发展过程中的"新岗位"和"零工"。

"未来教育"本书定义为"个性化教育"。

"零工学习"本书定义为"终身学习"。

"在线教育"本书定义为适应于任人唯贤体系的项目和技能教育认证的学习方式。

"专业能力"本书定义为具有"能力包"的能力。

6.1.1 未来的意义

《现代汉语词典》和《牛津词典》中对"未来"一词都有多个定义。而《牛津词典》对未来的一个定义是"the possibility of being successful or surviving at a later time"（未来成功或生存的可能性），大概最能描述一些可能的未来场景。

1. 回顾计算机发展历史

从 1946 年开始，实验室型大型计算机时代持续了整整 30 年；小型机 / 微型机时代在 20min 内变脸；互联网 1.0 在 10min 内改变了世界，而数字移动在 5min 内又一次改变了世界。这是历史给我们的启迪，技术进步遵循指数函数轨迹，技术驱动的变革永远是加速的，是计算机技术一次又一次地成为人类向往更高愿景的基础。最早的数字计算机几乎是实验室里穿白大褂的人的专属。

1946 年正式亮相的世界上第一台通用数字计算机 ENIAC 是一个重达 27t 的庞然大物，占据了一个近 16m 长的房间，每秒可以计算出 5000 道数学题。当时的媒体报道：宣告了一个拥有巨大、神奇大脑的新时代的到来。IBM 的创始人托马斯·约翰·沃森（Thomas J.Watson）在 20 世纪 40 年代初的预测：全球计算机市场约为 5 台。因为他认为那些以真空管和电子零配件装成的庞然大物，既丑又难用，而且由很多吱吱作响的机械零件构成，声音听起来像满满一屋子的人在织布。1951 年，IBM 开始决定开发商用计算机，数学家冯·诺依曼（John Von Neumann）担任公司的科学顾问，1952 年研制出 IBM 第一台存储程序计算机（IBM 701），也是通常意义上的计算机。IBM 701 采用真空管逻辑电路和静电存储器，由 72 个直径为 3in$^{\ominus}$的威廉斯管组成，容量为 1024 位，共 2048 个字节，每个字节 36 位，加法运算需要 5 个 12μs 的周期，其中两个是刷新周期，而乘 / 除运算需要 38 个周期。此后出现了计算机科学三大定律，预测了今天信息技术的发展。

1965 年，由英特尔（Intel）创始人之一戈登·摩尔（Gordon Moore）提出的摩尔定律（Moore's Law），大意是由于晶体管的出现，计算能力每两年将翻一番。到 20 世纪 90 年代中期，摩尔定律被证明是正确的。在 ENIAC 第一次开始处理数字的 50 年后，个人计算机开始普及，3Com 创始人、网络先驱罗伯特·梅特卡夫（Robert Metcalfe）预测计算机系统的实用性与其用户数量的二次方成正比，也预测了互联网的发展。到 2010 年，全球 69 亿人口中约有 30% 的人上网。与摩尔定律相联系的另一个定律是经济学家乔治·吉尔德（George Gilder）提出的吉尔德定律（Gilder's Law），它描述在未来 25 年，主干网的带宽每 6 个月增长 1 倍，12 个月增长 2 倍。其增长速度是摩尔定律预测的 CPU 增长速度的 3 倍，并预言将来上网会免费。吉尔德定律预见了移动网络的驱动会是什么样的人，也定义了 21 世纪的第一个十年。在 2000 年到 2010 年间，人们见证了从"网络在线"到"每个人在线"，再到"每个人在线，无论在哪里"的转变。在过去的几年里，联网的"东西"层出不穷，除计算机外，如汽车、扫地机器人、室内监控、智能音箱、恒温器、门禁、吸尘器等。Gartner 公司预测到 2022 年，一般家庭中智能设备联网数量将超过 50 个。Google 前 CEO 埃里克·施密特（Eric Emerson Schmidt）曾说：如果你反过来看摩尔定律，一个 IT 公司，如果今天和 18 个月前卖掉同样多的、同类型的产品，它的营业额就要降一半。这被 IT 界称为反摩尔定律。

1823 年英国发明家查尔斯·巴贝奇（Charles Babbage）得到政府的支持，设计一台容量为 20 位的计算机。后来，制造了一台小型计算机，能进行 8 位数的某些数学运算，这也成为他和数学家阿达·洛夫莱斯（Ada Lovelace）设计第一台通用计算机"分析机"的灵感来源。然而，他们的计划从未实现。因为他们的设计超过了当时的工程技术水平。但他们清楚地记录和列出了四个不同的功能组件：机器（Mill）、贮存（Store）、阅读器（Reader）和打印机（Printer）。"Reader"和"Printer"分别表示输入和输出，合在一起表示用户界面（UI）。这与今天计算机的 CPU、内存和 UI 三个组成部分完全类似。也就是说，75 年前，数字计算机是用来计算的。计算技术的进步代表了人类追求效率而进行的一系列技术变革的最新进展。

2. 交互、信息和计算是未来技术发展轨迹

纵观前述整个计算技术和信息技术的发展历程，都是在交互（interaction）、信息（information）和计算（computation）这三个特定层面上发展的，通过这三个方面新技术的发展，也可预测未来的发展。

　⊖　1in=2.54cm。——编辑注

　　"交互"这个术语在 20 世纪末期是在触摸屏（GUI）上操作的，在 21 世纪前 10 年中就在移动设备上操作了，到 2021 年就换成虚拟现实了。

　　"信息"这个术语在 20 世纪末期被称为"描述性分析"，在 21 世纪前 10 年中就用"预测分析"了，到 2021 年就是"认知自动化"了。

　　"计算"这个术语在 20 世纪末期是在客户端（Client Server）上操作的，在 21 世纪前 10 年中就被搬在云计算架构上，到 2021 年又被弄在分布式平台上了。

　　因此，可以进一步断言，信息技术的未来，将继续沿着这三个术语的发展轨迹向前发展，并且发展速度肯定会越来越快，并会连续不断地出现意想不到的颠覆性创新。因为现在耳熟的那一大堆新名词就够难了，第二天竟然又出现了更深奥的新术语。不过用数据分析工具，既可以知道什么是可能的，也可以了解什么是不可能的。然后解方程 $y=mx+b$ 就可以预测某些趋势，m 是直线的斜率，只需要知道变化速率即可。答案一定是符合"手电筒投射出的光束"原理。随着信息趋于无穷，我们努力关注信息的能力也趋于零，展示远见和清晰的智力，为明天做最好的准备就足够了。还说那三个术语，"交互"从 2021 年往后的 10 年中就叫环境体验（Ambient Experiences）了，再往后 n 年就是脑 - 机接口（Brain-Computer Interfaces），然后就叫简单（Simplicity）了。

　　"信息"这个词从 2021 年往后的 10 年中将会逐渐消失，改叫情感 AI（Affective AI），它转行做情感计算（Affective Computing）的事情，再往后 n 年就是通用智能（General Intelligence or Strong AI），然后就正式改名为 "Intelligence"。

　　"计算"这个术语从 2021 年往后的 10 年中将逐渐与空间网络（Spatial Web）归为同义词，再往后 n 年就是量子计算（Quantum Computing），然后就是丰度（Abundance）了。

　　前面所说的简单（Simplicity）这个词是个哲学词，不是我们想象的那么简单，需要本体论里的简单性理论来衡量所假定的实体种类的数量。有兴趣的话，建议去《斯坦福哲学百科全书》（2016 年版）里细细品味。现在只需梳理一下过去的发展，大概明白就够了。

　　从触摸屏（GUI）到移动设备，它变成了一种必需品，界面需要指令，而不是直观地易于使用。今天的会话界面（如智能扬声器和基于手机的数字助手等）和 AR/VR 叠加功能只需你说母语，或用身体语言来表达你的意图就够了。如果智能扬声器和 AR/VR 让我们的能力超越了玻璃，那么环境界面技术（一组相互作用、对人类需求敏感的自主设备和技术）则会让我们完全"超越设备"，在用户环境中创造数字意识。然而，在每个房间中配备 20 个独立的数字助手的前景大概不太可能。因此，n 年后这个界面很可能也"完全消失"，成为云服务，就像过去的服务器和台式机器所做的一样。在这个预计的场景中，最合格的数字实体以最可信的答案吸引人们的注意，通过一个数字助理网络进行中介和 / 或分包，一直延伸到线下。脑 - 机接口是"大脑里的微芯片"，现在看来让人吃惊，其实未来这个命题只不过是消除了人类和机器之间最后的语言沟通障碍。有句名言："软件正在吞噬世界"，这实际上是定义了未来将是比特和字节，而不是物理硬件。

　　自 2019 年新型冠状病毒肺炎（简称 COVID-19）疫情流行以来，进一步证明了这一转变的事实。数字体验比实体体验更具可扩展性。物理硬件贬值，而编译后的代码受到保护，不太容易进行逆向工程。随着 COVID-19 疫情流行给实体供应链带来超出极限的压力，事实证明数字网络一如既往地富有弹性和灵活性。数字时代的地位已不再受到质疑。但数字、虚拟和环境体验日益占据主导地位，带来的数字鸿沟的指数轨迹会越来越陡。下一步的人工智能可能是情感智能：识别和模仿人类情感的能力，进而开始参与移情互动，出现幽默的机器、魅力的机器，其至是富有灵性的机器。

　　幽默、魅力或灵性继续被数据描述，也越来越容易被深度神经网络学习。在人类个人技能方面，即使是软技能和创造性技能，如果有足够的信息和计算能力，可能有一天机器都无法模仿。未来最有可能得到的信息将指向多功能性机器学习，若要让一台机器模仿一个全面发展的个人的技能和个性，还是要走很长的路。然而，这很可能是技术和人类生物学之间日益增长的共生关系。人类很可能会看到机械的大脑很快地走上一条向上的道路，最终与人的大脑平起平坐，甚至超越人的大脑。机器的崛起已经开始，而且还在加速。随着信息技术的不断发展，从人类告诉机器该计算什么到教育机器该辨别什么，以及训练它们按照人类说的去做，再到具有社会道德和伦理价值观的人工智能，可能并不全是按照人类做的去做。信息时代过后就进入智能时代了，那么，人工智能应该是一个包罗万象的术语，囊括了机器还不能做的任何事情。

　　3. 由可信到不可信

　　当前在朝着"在数学上，我们尤其相信密码学的数学（通过使用密码来保护信息）"的方向发展。目前的计算向不可信的分布式账本平台转变，这是一种基于新的信任模式的技术，消除了对第三方处理的需要。区块链和加密货币共同预示着彻底脱媒的可能性。如果说互联网导致了销售人员的死亡，那么分布式网络承诺将导致中间商的死亡。分布式网络还将催生一个全新的"Web3.0"，即"空间互联网"。随着实体和数字之间的界限不断模糊，新一代的互联网架构随时准备将信息附加到每个实体的人、地点和事物上。我们对物理现实本身的概念将会上线。没有任何一个政府或公司可以被合理地信任持有所有这些数据，但一个不可信的分布式计算网络可能恰好提供了隐私和性能之间的平衡，为 AR/AI 增强的未来提供动力。

　　量子计算使我们能够更快地解决某些类型的复杂问题，并第一次解决其他类型以前难以解决的问题。目前关于量子在化学化合物模拟中的理论功效的学术参考还没强烈地触动人心，但它产生的药物和基因干预，对于治愈癌症，甚至延迟或战胜死亡的可能性都存在，这是丰度计量发生的概率。这些也许不能帮助我们竞争今天，但给予了足够的灵感，可以帮助我们创造明天。

　　从长远的角度来看，也许会提醒我们，无论是组织、学术领袖和公民，有必要花时间思考更远的东西。在这里我想表达的意思是，从人类世界的技术发展来看，技术是推动社会发展的原动力，一直在按照上面所说的三个术语呈指数函数轨迹发展，并且发展曲线越来越陡，现在只剩"数字"这个术语了，它会一直发展下去。因此，有理由确信，"未来的工作"就是"Z 一代"（目前 6~24 岁之间的一代）要面对的且现在还不知道的"一种根本不存在的全新工作类型"，而"千禧一代"（目前 25~40 岁之间的一代）面临的是岗位消失，为了应对这些，需要具备终身认识"数字"的能力。

6.1.2　未来的工作

　　2019 年 COVID-19 疫情的流行对 2020 年全球经济衰退的影响是深远的，在很大程度上造成了知识自动化、技术和全球化的剧烈变化。线上教育、虚拟工作场所、远程工作、居家办公等的转变是成功的，这曾被认为是空想的，目前却已经有一个巨大的全球人才市场供雇主利用，并已成为一种标准的运营选择。学生们正成群结队地参加国际在线课程。

　　过去十年，一大批开创性新兴技术的应用标志着工业 4.0 的到来，其引发的长期变化更加复杂，速度和深度都呈指数轨迹状。几乎众人都确信技术驱动的变革正在加速，并迫使直接和间接利益相关者开始重新定位其战略布局。到 2025 年，机器和算法的能力将比前几年更强，机器的工作时间将与人类的工作时间相匹配。以今天的任务为基础，人类和机器工作的平均估计时间将持平。算法和机器将主要集中于信息与数据处理和检索任务、行政任务和传统手工劳动的某些方面。人类需要保持比较具有优势的工作，包括管理、建议、决策、推理、沟通和互动。

6.1.2.1 新兴技术

据世界经济论坛的 2020 年就业前景调查，到 2025 年，包括教育部门在内的 15 个行业可能普及如下技术的应用。

3D 和 4D 打印与建模、人工智能（如机器学习、神经网络、自然语言处理）、增强和虚拟现实、大数据分析、生物技术、云计算、区块链（如分布式账本技术）、电子商务与数码贸易、加密与网络安全、物联网和联网设备、新材料（如纳米、石墨烯）、电力存储和发电、量子计算、拟人机器人、非人形机器人（工业自动化、无人机等）以及文本、图像和语音处理等。

调查统计的 15 个行业包括农业、食品和饮料、汽车、消费、通信与信息行业、教育、能源公用事业、金融服务业、政府和公共部门、卫生保健、制造、采矿与金属、石油和天然气、专业服务、运输和储存。

2019 年世界经济论坛评出了十大新兴技术：生物塑料（Bioplastics）、社交机器人（Social Robots）、微型透镜（Tiny Lenses）、无序蛋白（Disordered Proteins）、高效肥料（Smarter Fertilizers）、协作远程呈现（Collaborative Telepresence）、食品跟踪和包装（Food Tracking and Packaging）、安全核反应堆（Safer Nuclear Reactors）、DNA 数据存储（DNA Data Storage）、大型可再生能源储存（Utility-Scale Storage of Renewable Energy）。

2020 年世界经济论坛评出了十大新兴技术：微针（Microneedles）、太阳能化学（Sun-Powered Chemistry）、虚拟病人（Virtual Patients）、空间计算（Spatial Computing）、数字药物（Digital Medicine）、电动飞机（Electric Aviation）、低碳水泥（Lower-Carbon Cement）、量子传感（Quantum Sensing）、绿氢（Green Hydrogen）、全基因组合成（Whole-Genome Synthesis）。这些新兴技术的普及应用，几乎涉及前述的所有行业，以下简单叙述这些新技术的要点，以开阔视野认识未来的工作。另外从这些新兴技术中可以看出，未来的学科专业边界一定是模糊的、融合的、非单一的。

1. 空间计算

如果一个工厂或一套住宅里的所有物品都进行了数字分类，所有控制物品的传感器和设备都已联网，并且工厂或一套住宅里的数字地图已与物品地图合并，那么这个场景里的所有物品就会跟随人或移动的物（如汽车）进行交互或移动或动作。这一场景的核心是"空间计算"，这是实体世界和数字世界不断融合的下一步。它做了虚拟现实和增强现实应用所做的一切：将通过云连接的物体数字化；传感器和电动机相互反应，并以数字方式呈现真实世界。然后，它将这些功能与高保真空间映射结合起来，当一个人在数字或物理世界中导航时，使计算机"协调器"能够跟踪和控制物体的运动和互动。

空间计算很快会在工业、医疗、交通和家庭等各行各业，将人机和机器交互提高到新的水平。与虚拟现实和增强现实一样，空间计算建立在计算机辅助设计（CAD）所熟悉的"数字孪生"概念之上。在 CAD 中，工程师创建一个物体的数字表示，这对孪生兄弟可以用于 3D 打印物体，设计新版本的物体，提供虚拟训练，或将其与其他数字物体结合来创建虚拟世界。空间计算不仅使物体成为数字孪生，而且使人和位置成为数字孪生，如使用 GPS、激光雷达（光探测和测距）、视频和其他地理定位技术来创建一个房间、一座建筑、一个车间或一个城市的数字地图。软件算法将这张数字地图与传感器数据，以及物体和人的数字表示结合起来，创造出一个可以被观察、量化和操纵的数字世界，这个数字世界也可以操纵现实世界。如在工业界采用专用传感器、数字孪生和物联网的集成，优化生产力，该技术可以将基于位置的跟踪添加到一个设备或整个工厂。通过戴上增强现实眼镜观看投影全息图像，该图像不仅显示维修指令，还显示机器部件的空间地图，工人可以被引导在机器周围，尽可能高效地修理它，缩短时间和成本。如果一名技术人员在一个真实的远程地点的虚拟现实中指挥几个机器人建造工厂，空间计算算法可以通过改进机器人的协调和分配给它们的任务的选择，来帮助优化工作的安全性、效率和质量。在一个更常见的场景中，快餐和零售公司可以将空间计算与标准工业工程技术，如时间运动分析结合起来，以提高工作效率。

2. 量子传感

量子计算机备受追捧，量子传感器可以让自动驾驶汽车看到周围的角落，还可用在水下导航系统、火山活动和地震的早期预警系统，以及在日常生活中监测人的大脑活动的便携式扫描仪等。量子传感器通过利用不同能量状态的电子之间的差异作为基本单位来利用物质的量子本质，从而达到极高的精度。根据原子钟的原理，世界时间标准是基于铯的"固有"频率周期定义的。在铯133固有频率的基础上，秒的定义是铯133原子基态的两个超精细能级之间跃迁所对应的辐射的9192631770个周期的持续时间，这是全世界时钟的基准。

量子传感器利用原子跃迁来检测运动的微小变化以及引力、电场和磁场的微小差异。然而，建造量子传感器还有其他方法。如，研究人员正在开发的自由落体、过冷原子等以检测局部重力的微小变化。这种量子重力仪将能够探测到埋在地下的管道、电缆和目前只能通过挖掘才能可靠地找到的物体。航海船只可以使用类似的技术来探测水下物体。另一种是将基于钻石的量子传感器放置在硅芯片上，将多个传统上体积庞大的组件挤压到0.1mm宽的正方形上。这种传感器可以在室温下工作，可以用于任何涉及对弱磁场进行精确测量的应用。行业分析师预计，量子传感器将在未来三到五年内进入市场，最初的重点是医疗和国防应用。

3. DNA数据存储

据说2020年全球人均每秒产生了1.7MB的数据，全世界人口一年就产生了约418ZB[⊖]的数据，这相当于4180亿个1TB硬盘容量的信息。目前存储bit的磁性或光学数据存储系统通常不能超过一个世纪，并且需耗费大量的能源。人类即将面临一个严重的数据存储问题，而且随着时间的推移，这个问题会变得更加严重。以DNA为基础的数据存储技术正在成为硬盘的替代品。

DNA由核苷酸A、T、C和G的长链组成，是生命信息的存储材料。数据可以以这些字母的顺序存储，使DNA成为一种新的信息技术形式。DNA也非常稳定，而且储存它不需要太多的能量，并且储存能力强大，可以精确地储存大量的数据，其密度远远超过电子设备。DNA数据存储已经被研究人员用来以一种不同的方式管理数据。新一代测序技术的最新进展使数十亿个DNA序列可以同时被轻松读取。还有使用条形码技术，利用DNA序列作为分子识别"标签"来跟踪实验结果。DNA条形码技术现在正被用于化学工程、材料科学和纳米技术等领域。

⊖ ZB（泽字节），$1Z=10^{21}$。——编辑注

4. 社交机器人、微型透镜和协作远程呈现

在工业和医学领域，社交机器人用于建造、拆卸和检查东西，还用于协助外科手术和在药房配药。社交机器人的设计初衷是为了与人交流并引发情感联系，预计在未来几年内会变得更加流行。社交机器人比以往任何时候都有更强的交互能力，执行更多有用的任务。

微型透镜可以使显微镜和其他实验室工具，以及手机、照相机、虚拟现实头盔和物联网光学传感器等产品实现更大的微型化。微型透镜还具有增强光纤的功能。

想象一群人在世界不同的地方，就好像他们在一起，甚至可以感觉到彼此的触摸。使这种"协作远程呈现"成为可能的组件，使物理位置变得无关紧要。协作远程呈现技术将改变人们在商业和其他领域的虚拟合作方式。如，远程医疗，就像医患双方在同一个房间里一样。朋友和家人将能够共享经历，比如一起住在一个舒适的房间里，或游览一个新的城市，即使他们实际上不在同一个地方。

5. 安全核反应堆、大型可再生能源储存和电动飞机

核反应堆是控制大气中碳含量的最好能源技术，因为它不排放碳，但由于发生了几起重大事故，故被视为有风险。锆可以让反应堆芯块中裂变产生的中子在堆芯中的许多棒中传递，从而支持一个自我维持、产生热量的核反应。如果锆的温度过高，它会与水发生反应，产生氢气，而氢气会爆炸。另外，事故容错燃料不太可能过热，只产生很少的氢气或没有氢气。锆甚至二氧化铀会被不同的材料取代。新的配置可以简单地安装到现有的反应堆中，这样的新燃料可以帮助核电厂更有效地运行。氦冷却反应堆被视为能源危机的克星。

人们对锂离子电池储能技术越来越感兴趣，目前能够将可再生能源利用锂离子电池存储，锂离子电池将不再只是电网中的一个小角色。

电动飞机不仅可以消除直接的碳排放，还可以减少高达 90% 的燃料成本、50% 的维护费用和近 70% 的噪声。目前的飞机中，电动发动机通常比碳氢燃料发动机的寿命更长，它们需要 20000h 的检修，而不是 2000h。

6. 太阳能化学、绿氢和低碳水泥

制造对人类健康和舒适至关重要的许多化学品会消耗化石燃料，从而导致二氧化碳排放和气候变化。利用阳光将二氧化碳转化为所需的化学物质的一种方法是使用不必要的气体作为原材料，另一种是使用阳光，而不是化石燃料作为生产所需的能源。研究人员开发了光催化剂，可以打破二氧化碳中碳和氧之间的抗双键，用于从废气中生产有用化合物的"太阳能"，这些化合物包括"平台"分子，这些分子可以作为合成药物、洗涤剂、化肥和纺织品等多种产品的原材料。

氢气燃烧时，唯一的副产品是水，这就是为什么几十年来氢气一直是一种诱人的零碳能源。然而，传统上用化石燃料生产氢，远不是零碳，其产生的氢被称为灰氢，如果二氧化碳被吸收和隔离，它就被称为蓝氢。绿氢是通过电解生产的，机器将水分解成氢和氧，没有其他副产品。从历史上看，电解需要大量的电力，所以用这种方法生产氢气没有什么意义。现在，可用可再生电力和电网多余的电力电解水，以氢气的形式储存电力。新兴电解器的效率越来越高，能够生产与绿氢和灰氢或蓝氢一样便宜的电解液，预计未来十年可实现这一目标。一些能源公司开始将电解液直接整合到可再生能源项目中。在海上风力发电场装备 100MW 的电解器，以工业规模生产绿氢。目前的可再生技术，如太阳能和风能，通过清洁电力取代天然气和煤炭，可以使能源部门脱碳高达 85%。绿氢是实现《巴黎协定》目标所必需的，是除生物质能、碳吸收和碳存储等技术之外的重要技术之一。《巴黎协定》的目标是在采矿、建筑

和化工等最具挑战性的工业领域，每年减少 100 亿吨以上的二氧化碳排放。

混凝土（水泥）是最广泛使用的人造材料，塑造了建筑世界。生产水泥产生了大量的二氧化碳，约占全球二氧化碳总量的 8%。目前每年的水泥产量为 40 亿吨，随着城市化进程的加快，预计在未来的 30 年将上升至 50 亿吨。水泥生产过程中排放的二氧化碳来自于用于生成水泥的化石燃料，以及石灰石转化为熟料的窑炉化学过程，熟料被磨碎，然后与其他材料结合制成水泥。化学工艺通常可以减少水泥制造过程中释放的 30% 的二氧化碳，与传统工艺相比，它使用了更多的黏土、更少的石灰石和更少的化石燃料，取而代之的是一种叫作钢渣的炼钢副产品。通过矿化的方式将从其他工业过程中吸收的二氧化碳储存在混凝土中，而不是作为副产品释放到大气中。目前已经出现世界上第一家零排放的水泥生产工厂，它从废物中使用替代燃料，并计划增加碳吸收和存储技术，到 2030 年完全消除排放。

7. 生物塑料、高效肥料

人类的文明是建立在塑料之上的。根据世界经济论坛的数据，仅 2014 年，世界上就产生了 3.11 亿吨的塑料产量，预计到 2050 年，塑料行业的产量将达到 6.22 亿吨。目前只有不到 15% 的塑料垃圾被回收利用，剩下的大部分被焚化，埋在垃圾填埋场，或者被遗弃在环境中，因为对微生物的消化不起作用，所以它可以持续数百年，造成严重的环境污染问题。生物可降解塑料可以缓解这些问题，有助于实现"循环"塑料经济的目标，在这种经济中，塑料来源于生物质，并将其转化为生物质。

更环保的控释肥料变得越来越智能，控释配方可以确保农作物获得高水平的养分，从而在减少化肥用量的情况下获得更高的产量，生态环境也会越来越好。

8. 无序蛋白、食品跟踪和包装

几十年前，科学家们发现了一种特殊的蛋白质，它会导致从癌症到神经退行性疾病。这些本质上无序的蛋白质（Intrinsically Disordered Proteins，IDP）看起来不同于细胞中具有刚性结构的蛋白质。IDP 是变形器，表现为组件的集合，不断地改变配置。这种松散的结构允许 IDP 在关键时刻将各种各样的分子聚集在一起，比如在细胞应对压力的过程中。柔性较差的蛋白质往往有更有限的结合伙伴，如果 IDP 不能正常工作，就会引发疾病。然而，医学研究人员还未能创造出治疗方法来消除或调节出现故障的 IDP。因此，许多药物被称为不可用药。这是因为目前使用的大多数药物都需要稳定的结构来靶向，而 IDP 不能停留足够长的时间，这可能导致癌症的紊乱蛋白，它们已经被证明是难以捉摸的。但是，这种情况正在开始改变，科学家们正在利用生物物理学、计算能力和对 IDP 功能的更好理解的严格结合，来识别抑制这些蛋白质的化合物，其中一些已经成为真正的候选药物。法国和西班牙的研究人员证明了瞄准和击中 IDP 的可变模糊界面是可能的。

据世界卫生组织统计，每年约有 6 亿人食物中毒，42 万人因此死亡。调查人员通常需要花几天或几周的时间追踪其源头。因为食物从农场到餐桌经过了一条复杂的路径，而这些路径的记录被保存在当地的系统中，所以这些系统通常彼此之间不进行通信。区块链技术的应用正在开始解决食品可追溯性问题。与此同时，强化食品包装提供了新的方法来确定食品是否变质。区块链是一个去中心化的会计系统，其中条目按顺序记录于多个存储在多个地点的计算机上的相同分类账中，从而创造了一个高度可信的交易记录。一个区块链上整合了种植者、分销商和零售商，创建了一个通过端到端供应链的给定食品路径的可信记录。在数秒内即可追踪到"受污染"物品的来源，如果是书面和数字记录的标准组合，这可能需要几天的时间，甚至更长时间。

9. 微针、虚拟病人

几乎看不见的针头称为微针，即将迎来一个无痛注射和血液检测的时代。无论是在注射器上还是在贴片上，微针通过避免接触神经末梢来防止疼痛。它们的长度通常为50~2000μm（约为一张纸的厚度），宽度为1~100μm（约为人类头发的宽度）。它们穿过死的皮肤表层，到达第二层表皮，这是由活细胞和一种称为组织液的液体组成的。但大多数人无法触及或仅仅是勉强触及神经末梢所在的真皮，以及血管、淋巴管和结缔组织。许多微针注射器和贴片已经可以用于接种疫苗，还有更多正在临床试验中用于治疗糖尿病、癌症和神经性疼痛。

虚拟病人比较神奇，可以在新型冠状病毒疫苗试验的某些阶段取代真人，加快预防工具的开发，减缓大流行。类似地，可以及早发现那些不太可能起作用的潜在疫苗，从而削减试验成本，避免在志愿者身上测试不良的候选疫苗。这些是对虚拟器官或身体系统进行药物和治疗测试，以预测一个真实的人对治疗的反应，从而大大减少实验所需的活体人体试验数量。

10. 数字药物和全基因组合成

大量正在使用或正在开发的一种应用程序可以自主检测或监测精神和身体障碍，或直接进行治疗，该软件统称为数字药物。数字药物既可以加强传统医疗保健，也可以在医疗保健方面为患者提供支持。许多检测工具依靠移动设备来记录用户的声音、位置、面部表情、运动、睡眠和短信活动等特征，然后，使用人工智能来标记疾病可能的发作或恶化。如，一些智能手表包含一个传感器，可以自动检测体温、血压、脉搏等，并提醒人们房颤。类似的工具也用于筛查呼吸障碍、抑郁症、帕金森氏症、老年痴呆症、自闭症和其他疾病。这些检测或数字表型分析可以提供病情预警。采用可摄入的传感器药丸的微生物电子设备可检测诸如癌DNA、肠道微生物释放的气体、胃出血、体温和氧气水平等。传感器将数据传送到应用程序进行记录。这些治疗应用程序同样适用于各种疾病。当智能手表检测到大学生说话和社交模式的变化时，大学生可能会收到来自智能手表的提醒，建议他们为轻度抑郁症需寻求帮助，他们可能会求助于聊天机器人进行认知行为治疗（Cognitive Behavioral Therapy，CBT）或辅导。

COVID-19疫情流行凸显了数字医疗的重要性。全球各地的医院和政府机构部署了医疗保健机器人服务，咳嗽和发烧等症状的人可以与机器人聊天，而不是在呼叫中心等待或冒着去急诊室的风险。机器人使用自然语言处理询问症状，并根据人工智能分析，可以描述可能的原因或开始远程医疗会议，由医生评估。截至2020年4月底，机器人已经处理了超过2亿次关于COVID-19症状和治疗的查询。这些干预措施大大减轻了卫生系统的压力。另外，数字表型分析和治疗可以通过标记不健康行为，帮助人们在疾病发生前做出改变，从而节省医疗成本。将人工智能应用于数字表型分析和治疗应用生成的大数据集，也有助于个性化患者护理。

在COVID-19疫情流行初期，中国科学家将病毒的基因序列上传到基因数据库。瑞士的一个研究小组合成了病毒的全基因组，并据此"打印"出病毒的整个基因组，从中制造出病毒，传送到他们的实验室进行研究，而无需等待物理样本。全基因组合成是合成生物学蓬勃发展领域的延伸。研究人员利用软件设计基因序列，然后将其导入微生物中，从而对微生物进行重新编程，使其完成所需的工作，如制造新药。2019年，一个研究团队制作出了啤酒酵母基因组的初始版本，它包含了近1100万个密码字母。这种规模的基因组设计和合成将使微生物不仅成为生产药物的工厂，而且成为生产任何物质的工厂。它们可以被设计成从非食物生物质甚至二氧化碳等废气中可持续地生产化学品、燃料和新型建筑材料。许多科学家希望能够有更大的基因组，比如来自植物、动物和人类的基因组。要想实现这一目标，就需要结合人工智能设计软件，并采用更快、更便宜的方法来合成和组装至少数百万个核苷酸长的DNA 序列。研究人员已经想到了许多应用，包括设计出抵御病原体的植物，以及一种超安全的、不受病毒、癌症和辐射影响的人类细胞系，这些可能成为基于细胞的治疗或生物制造的基础。

6.1.2.2　新角色

据世界经济论坛《未来就业报告》，到 2025 年，越来越多的冗余岗位将从占劳动力总数的 15.4% 下降到 9%，新兴职业在受访公司员工总数中所占比例将从 7.8% 增长至 13.5%。有许多工作岗位将被新角色（"未来的工作"）取代，正在被取代的角色类型包括计算机操作员、行政助理、档案文员、会计类、银行柜员和安装、维护等 10 余类工作岗位，其中，计算机操作员类将减少 80% 以上，安装、维护类将减少 25% 以上，其他依赖于正在迅速过时的技术和工作流程的角色将迅速消失。战略性和冗余的工作角色在各行各业中都有相似之处。在不断增长的需求中，领先的且增长最快的职位角色依次是数据分析师和科学家；人工智能和机器学习；大数据；数字营销和战略；过程自动化；业务开发人员；数字转换；信息安全分析师；软件和应用程序开发人员；物联网；项目经理；业务服务和行政经理；数据库和网络专业人员；机器人工程师；战略顾问；管理和组织分析师；金融科技；机械师和机械修理工；组织发展和风险管理等。而逐渐减少的职位角色依次是数据输入职员；行政及行政秘书；会计、簿记和工资文员；会计师和审计师；装配及工厂工人；业务服务和行政经理；客户信息和客户服务人员；总经理和运营经理；机械师和机械修理工；材料记录和库存管理员；金融分析师；邮政服务职员；销售代表；客户关系经理；银行出纳员和相关职员；上门销售；电子和电信安装与维修；人力资源专家；培训及发展专家；建筑工人。不过，关于人工智能和自动化会减少工作机会的担忧通常也是没有根据的。成功的劳动力转型是结合新的数据和人工智能驱动的技能，并增强现有的能力。

6.1.2.3　未来的工作

新兴的角色聚集在未来的工作中，这里的未来是指从现在开始，许多实体已经开始招聘下述专业集群中的新角色。新兴职业反映了新技术的采用以及对新产品和服务日益增长的需求，这推动了对绿色经济岗位、数据和人工智能经济前沿岗位以及工程、云计算和产品开发等新岗位的更大需求，也体现了对不同类型人的能力或天赋的要求。未来的工作需要交叉技能，即可以适用于许多职业和角色的技能，包括分析思维与创新；韧性，抗压能力和灵活性、推理、解决问题和思考；情绪智力；故障处理和用户体验；系统分析与评估；说服和谈判、主动学习和学习策略；解决复杂问题；批判性思维和分析；创造力、原创性和主动性、领导力和社会影响力；技术使用；监控和控制；技术设计与编程等技能。以下简单介绍每个专业集群对应的角色，角色的专业技能是专业集群的交叉技能。

1）云计算专业集群：网络运维工程师、平台工程师、云计算工程师、DevOps 工程师、云计算顾问、DevOps 经理。

DevOps 是 Development 和 Operations 的组合词，是一组过程、方法与系统的统称，用于促进开发（应用程序 / 软件工程）、技术运营和质量保障（QA）部门之间的沟通、协作与整合。它是一种重视"软件开发人员（Dev）"和"IT 运维技术人员（Ops）"之间沟通合作的文化。通过自动化"软件交付"和"架构变更"的流程，使得构建、测试、发布软件能够更加快捷和可靠，即为了按时交付软件产品和服务，开发和运维工作必须紧密合作。

2）数据和人工智能专业集群：人工智能专员、数据科学专员、数据工程师、大数据开发者、商业分析师、数据分析师、洞察分析师（各种技术的数据分析）、商业智能开发人员。

属于统计、数学、数据挖掘、计量经济学或相关领域。专业技能包括熟练使用 SAS/SPSS 软件进行数据建模、分析、解释，并能领导结构化的问题解决任务。在通信、金融服务、零售或产品制造行业都需要这种角色。

3）工程专业集群：Python 语言开发人员、全栈工程师、Javascript 开发人员、后端工程师、前端工程师、软件工程师、开发专员、技术分析师。

Javascript 是基于对象和事件驱动的客户端脚本语言，全栈工程师、后端工程师、前端工程师、软件工程师都需要熟悉或精通 Javascript。全栈工程师可以在应用程序的后端和前端等应用程序开发过程中的任何一个环节工作。应用程序的后端包含逻辑处理、用户身份验证、数据库交互、服务器配置等。应用程序的前端是用户能看到和与之交互的部分。在开发应用程序时，全栈工程师能够同时处理前端和后端，几乎涉及所有的技术细节。后端工程师的职责取决于所从事的开发类型。一般来说，这种类型的开发人员通常从事软件程序和实用程序的创建工作，负责创建程序功能和正常运行的代码。前端工程师根据产品的需求，完成后台的设计，负责将画面组件化。开发专员是一名负责使用各种方法和技术推动新业务进入企业的角色。在许多方面，这项工作比一般的营销工作更复杂，还包括许多其他活动。

4）产品开发专业集群：产品负责人、质量保证测试人员、软件质量保证工程师、敏捷教练（Agile Coach）、产品分析师、质量保证工程师、项目经理、敏捷专家（Scrum Master）、数字产品经理。敏捷教练、敏捷专家属于管理类角色，与敏捷制造相关，见 6.2.1.2 节。具体一般分为技术教练、团队教练、组织教练（组织级）和管理教练（战略、人才等）。

5）媒体制作专业集群：社交媒体助理、社交媒体协调员、媒体专家、媒体生产商、媒体作家、创意文案。这类角色需要熟悉社交媒体平台和实践，包括社交媒体环境，熟悉用于社交媒体制作的相关软件及具有良好的写作能力和优秀的组织能力。

6）市场营销专业集群：高级产品经理、市场发展经理、数字营销专家、数字化专员、数字化产品经理、电子商务专员、数字营销顾问、数字营销经理、业务发展主管、客户专员、首席营销官、首席商务官。

产品营销：广告、数据与人工智能，人与文化，市场营销，产品开发、销售；数字营销：媒体，数据和人工智能，市场，产品开发、销售。

数字营销是指数字经济时代借助互联网络、通信技术和数字交互式媒体来实现营销目标的一种营销方式。围绕互联网、数字平台和设备展开 AI/VR、物联网、语音技术等新兴技术和工具的应用，传统意义上的"营销"趋于"数字化"。

7）人文和文化专业集群：人力资源合作伙伴、人力招聘专员、业务合作伙伴、人力资源业务伙伴。新兴职业通过护理经济中的角色，展示了新经济中人类互动的持续重要性，如在营销、销售和媒体服务方面。

"未来的工作"就是现在的"Z 一代"和"千禧一代"的发展前景。人们在哪里学习、如何学习，以及在职业生涯的哪个阶段学习等有关的传统教育机构的教育规范正在迅速消失。零工经济和零工学习将迅速增长，在未来的职业生涯中，终生学习将成为与时俱进的一种必要手段。随着时间的推移，足够多的人将在终身学习上投资更多，可能会使称为通往未来职业的通行证的学位课程和文凭课程脱钩。未来通往职业的通行证不是文凭，而是企业的技能资格认证，这种脱钩将支持纳米学位扩展到专业科学以外的学习领域，使个人更容易跟上快速变化的技能形势。传统教育机构不会消失，且其数量还会持续增加，数字学习将会颠覆其久负盛名的教育方法，扩大各种各样的在线课程中的招生人数。

有资料证据表明，在全球范围内，年轻学习者的注意力持续时间已经大幅下降。对实体教室和实体教科书的需求也呈持续下降。能吸引他们注意力的是数字教室和 AR/VR 学习体验，据称这是由学习技术改变导致的。中国大学 MOOC（慕课）在线公开课的年增长率为 10%，还有 VR Education 和 zSpace 极倍等公司正在引领一系列不同的 AR/VR 学习体验。教育数字化和虚拟化在经济上肯定是有效的，并且，人们从世界各地获取信息的规模是人类历史上任何其他时期都无法比拟的。

6.1.2.4　零工经济、零工工作和零工学习

现代科技的发展对劳动力产生的最显著影响之一是使人们从传统全职工作转向独立的零工工作，2019 年开始的 COVID-19 疫情流行至今，零工员工的数量正在上升，零工经济在未来将继续增长，零工学习经济自然也会继续增长，零工工作也成为公司（雇主）常态的用工方式。

零工经济是一种随需应变的环境，企业利用学习管理系统可以在任何时间、任何地点、任何设备上培训自己的员工，并发放职业资格认证，即纳米学位，这是一种完全在线提供的基于项目和技能的教育证书。零工工作进一步打破了传统的招聘规则，它使企业能够聘用一名具有专门技能的员工，而不是一支由受过机构培训、全面发展的通才组成的团队。对以能力为基础的教育的需求正在稳步增长，也许将取代正式的大学学位课程。如果这些趋势继续发展下去，企业会放松招聘要求，并且机构教育的需求将会减少，可以确信，未来的工作将会越来越多地倾向于以精英化且以技能为基础的招聘，另外学徒制和其他形式的在职培训将会越来越多地被重新重视。

长期以来，学生们一直希望在正规高等学校获得知识，并为他们想要的职业接受培训。然而，2014 年 8 月 25 日《哈佛商业评论》的一篇评论中说 "Why are skills sometimes hard to measure and to manage? Because new technologies frequently require specific new skills that schools don't teach and that labor markets don't supply"（为什么技能有时很难衡量和把握？因为新技术通常需要特定的新技能，学校不教的话，劳动力市场就无法提供）。

在本书作者看来，"技能差距""人才短缺""熟练工短缺""传统教育程度"等，均不能解释劳动力市场为什么总是"供需失衡"，难以衡量的东西往往也难以把握。"供需失衡"大概是"欲望失衡"，劳动者、雇主和教育者都有"欲望失衡"的嫌疑。

作为劳动者选择职场时，"能力"是充分必要的条件，另一个重要方面是心理健康。择业要向最能培养自己终身价值的职业目标努力，这个目标并不是一时的兴趣，如果应聘时没有目标，或目标不清晰，就会遇到"障碍"，这有时属于心理健康问题，而不是"智力"问题。

使用新兴技术的企业或雇主在决定招聘时，不仅要考虑应聘者的教育程度，还要考虑给一些应聘者提供在工作中学习或技能培训的机会；需要精心设计薪酬结构，以留住具有学习能力的员工，而不是招聘熟练工或万能手，要想在应聘者中找到专家级员工一般不太可能。专家级员工往往是在非正式学习中出现的，很多大国工匠都是在实际工作中"悟"出来的，这就需要设计能让员工在工作中有效学习的管理模式，也可为新技能设立行业认证项目，激励员工创新等。企业要应对工业 4.0 的发展，就必须培养未来劳动力的个性化技术技能。

教育者的内容最复杂，这是由长期以来形成的层级结构所决定的，这个层级结构中的政

策制定者、各种管理者、教师等利益相关者是一个不合作结构，不具有一致性和互操作性，一时间也难以破除。单说教师，教师是学习环境的设计师，这需要放到伦理价值规范层面来讨论，这里面的最低层次就是要求"做学问"、不误人子弟、不照本宣科、自己先弄明白再说，以及你说的技术是原来、现在、还是未来等，给学习者所谓的标准答案也叫误人子弟，所谓的标准答案不一定是唯一的、标准的，在工科领域的课程里一般不是。事实上，在许多情况下，如设计电气控制线路，可能有多个答案和设计来解决同一个问题。在创新思维里，很少能通过孤立的思维来实现想法。课堂必须让学生尝试不同的解决方案，并在别人的想法上（不同答案）反复比较结果，而不是专注于找出一个正确的答案。如电气控制线路设计，只要符合欧姆定律和基尔霍夫定律就都是对的，剩下的是进行方案优劣比较，标准答案是不存在的，除非是术语的定义。现在的学生都聪明过人，要教他们如何看这本书，而不是你读给他听，教给他们提高能力的逻辑思维方法、扩大视野比什么都重要，这往往会超过课程本身的价值，教师随时跟踪新技术更重要，助力培养大国工匠精神、零工学习当属本职。

其实，高等教育者应该清楚地让学生尽早意识到，真正在应聘职场时，自己在学校里学的东西很难有竞争力。学校的教育和企业的需求一般是脱节的，尤其是工科类，因为技术发展是遵照指数轨迹的，学校教育最多是条斜直线，这个规律自有学校开始就没变过，而且全世界所有的学校都一样，作为教育者大可不必隐瞒这个真相。如果学生认识不到这个问题，说明学校完全没告诉学生现在外部环境究竟是什么样，心理疏导不够。等他们真正到职场应聘时，就会非常被动，不免会引发心理障碍，这时需要的不是学生的能力发挥，而是情绪智力的发挥。学生在校学习的人生阶段，心理健康至关重要，心理疾病也极易在这一阶段发生，拿到文凭和心理素质是两回事，他们面临着将自己的技能从学校转移到社会，面临转换能力的、残酷的心理素质考验，包括学习成就、就业前景、技能鉴定、社会参与、住房保障、家庭联系、认知和情感、自信和自我效能、社交技能、数字和社会情感以及面对逆境的适应能力、情绪智力等诸多方面。这些经历可能会影响他们一系列的技能发挥，这些技能是成功驾驭社会和自身价值所必需的。

大学生在校学习期间是心理资本形成的关键时期。精神资本广义上是指一个人的认知和情感资源，包括学习的灵活性和效率，环境适应能力及情绪智力等，如获得精神资本的过程中断，就会对未来生活产生不利的影响或受到损害，包括就业的过渡期或独立生活的能力等，严重者就会形成不同程度的心理健康问题、身体疾病等风险。因此，对心理素质整体而言，高等教育和职业教育者干预需越早越好，如在考试期间（高压力时期）、毕业论文期间，给予心理疏导和精神激励等，以满足心理、身体、教育/职业和社会所有需求的综合保健系统才是理想的。以上是对"欲望失衡"的一点反思，这可能还是没说清楚，但利益相关各方的"欲望"不合作是肯定的。

在工业4.0中，创新、灵活、应变成为价值链增长和价值创造的重要动力。在不断变化的社会变革环境中，能够迅速产生和采用新技术、新思想、新工艺和新产品的组织和个人将具有竞争优势。其中，也明确界定，优质学习是确定教育创新方向，并将其作为未来生态社会发展途径的重要一步。

然而，一个经济体形成有效创新生态系统的能力，在很大程度上取决于其人力资本。目前，一个关键的障碍是教育质量和学习质量。特别是大学时期的教育质量，对他们以后的工作和生活有重大的影响，然而，教育质量的定义一直存在很大的争议，同时，许多新技术的发展也带来了额外的不确定性。许多教育技术也已经出现，但使用这些技术本身并不是目的，而是作为一种工具,使新的方法成为可能。如果不能对学习的质量进行基本的、实质性的重新配置,那么很少有技术能够发挥它们的潜力。在这种情况下,相关利益者必须超越"一切照旧"的思维模式,将所有的体系转变为,为工业 4.0 而设计"教育 4.0",可以使从业者(学习者)更好地为未来的工作做好准备。

以传统电气工程专业为例,传统上电气工程专业的培养目标是针对工业企业,并且多限定在某类工业企业行业,基本没有涉及农业领域。随着现代农业的发展,农业自动化技术将大力发展,如农业机器人与传感器、农用无人机、智能养殖、农业物联网、精确灌溉、产量监测和预测、变量应用、作物侦察和记录等,这些都与电气工程专业知识相关联,未来必然会拓展到智能农业。除此之外,还有物联网涉及的制造业物联网、零售物联网、公用事业物联网、矿业物联网、物流物联网、智能教育和学习、智能建筑、智能电网管理和智能交通等互联 / 智能产业,因此,未来"传统上电气工程专业"界限会高度模糊,可能是电气 STEM(科学、技术、工程和数学)专业。图 6-1 所示为本书基于传统电气工程专业在未来制造行业中的场景设计的,一个在工业 4.0 环境下的个人能力框架,适用于各类从业者和在校学生,其他专业也可参考。

图 6-1　在工业 4.0 环境下的个人能力框架

图 6-1 中的内圈(包括小旗)表示工业 4.0 下的典型环境及新兴技术应用,其中描述了制造系统内部流程从模拟转变为数字,如将文件转换为电子文件,使用 ERP 系统进行采购和财务工作,利用客户关系管理(CRM)进行业务发展等。通过 CPPS 等新技术实现互联互通,实现业务流程优化和转换。自主机器人在不依赖人工智能(AI)的情况下运行,或者人工智能服务在不依赖云计算的情况下运行,或者在不依赖 5G 网络的情况下大规模部署物联网(IoT)。增强供应链从实时产品跟踪,通过机器人和无线传感器实现的物理世界的过程自动化,超越一个组织限制的业务流程的去中心化,实现了端到端的透明性。分散的、高度分布式的应用程序(App)日益增强了企业计算能力,这些应用程序可在任何时间、任何地点访问和捕获数据。越来越强大的硬件在移动设备上处理许多业务流程。区块链增加了供应链的透明度和多方贸易之间的信任。人工智能 / 机器学习(ML)用于预见性维护、流程优化、预测内部 / 外部市场的需求和供应、供应链的"情报驱动"和集成服务任务等。在供应链中最具

变革性的技术是物联网、数字支付 / 数码文件 / 电子签名 / 数码身份、电子商务平台和云计算。还有智能边界系统、区块链 / 分布式账本技术、机器人与自动化、开放式供应链信息系统、虚拟现实 / 增强现实 / 混合现实等。这里面没有拥有单一技能和知识的角色。图 6-1 中其他图标及文字表示能力分类，简单描述见表 6-1。

表 6-1　工业 4.0 环境下的职业素质框架

能力类型	技能素质简述	简短描述（不限于）
1. 社会认知	社会洞察力、社会正义、核心文化、态度、看法	在各种不同的领域中工作和获得更具体的技能所需要的核心素养。对更广泛的世界、历史和社会主义问题的认识。在社会中发挥积极作用，并应用公民价值观。通常包括概念性思维和处理思维以及执行各种心理活动的能力，它们与学习、推理和解决问题密切相关。完成工作任务细入微。工作要求诚实、有道德心、可靠、负责、履行义务
2. 人际关系	关心他人、与人合作，说服和谈判，面向服务，情绪智力，学习策略	对他人的需求和感受敏感，要理解他人，乐于助人。与他人友好相处，表现出良好的性格和合作态度。喜欢与他人合作而不是独自工作，与他人保持个人联系。注意别人的反应，理解他们为什么会有这样的反应。个人表现出的一致的行为、情商特征和信念。态度是后天习得的。说服他人改变他们的想法或行为，以及将他们聚集在一起，并试图调和分歧。积极寻找帮助他人的方法，同时也让他们感到被关注和受欢迎。培养与人一起工作以达成目标的能力，特别是令人愉快的合作，对他人敏感，容易相处，喜欢与他人一起工作
3. 领导力和社会影响力	领导能力、指导别人怎么做事。人力资源管理能力	工作需要有领导、负责、提供意见和方向的意愿。活动的管理和沟通、协调和时间管理。让其他人聚在一起，试图调和分歧。说服别人改变主意或行为。教授他人如何做某事的能力，包括选择和使用适合学习或教授新事物的培训 / 指导方法和程序。对组织中的其他人产生影响，展示自己的活力和领导力。积极寻找帮助他人的方法
4. 自我管理、终身学习	主动学习和掌握学习策略。诚信、适应力、抗压能力和灵活性。注重细节，值得信赖。分析思考、协调和时间管理。可靠性、完整性。基于问题的协作学习	愿意承担责任和挑战。创造力、原创性和主动性。了解新信息以应对当前和未来存在的问题。可靠，致力于正确和仔细地做工作，值得信赖，注意细节。成熟、稳重、灵活和克制。应对压力、批评、挫折、个人和工作问题。在学习新事物时，选择和使用适合的方法和程序。管理自己的时间和他人的时间。根据他人的行为调整行为。能够管理自己的时间和计划与他人一起合作。与控制全身运动相关的能力
5. 读写听看同步	阅读理解。注意力，记忆力，空间能力，语言能力，听觉能力、视觉能力。阅读、写作。数学方法	用科学的规则和方法解决问题。用数学来解决问题。与注意力应用相关的能力。回忆可用信息的能力。与获取和组织视觉信息相关的能力。与操作和组织空间信息相关的能力。在问题解决中影响语言信息的获取和应用的能力。与听觉和口头输入相关的能力。视觉感官输入相关的能力。充分注意别人在说什么，花时间去理解别人的观点，适当地提出问题，不要在不适当的时候打断别人。理解工作相关文件中的书面句子和段落。与他人交谈能有效地传达信息。根据需要，以书面形式进行有效的沟通
6. 适应能力	适应性 / 灵活性、自我控制、抗压能力	对环境变化的适应能力。对各种变化持开放态度。保持镇定，控制情绪，即使在非常困难的情况下。需要接受批评，冷静有效地处理高压力的情况
7. 逻辑思维和分析情商	思想产生和推理能力、量化能力，批判性思维和分析情商、推理、解决问题和思考	用创新的思维逻辑推理方法处理各种问题。运用逻辑推理找出解决问题的方法、结论或想法的优缺点。监控 / 评估自己、其他人或组织的表现，以进行改进或采取纠正措施。在解决问题时影响信息应用和处理的能力。影响涉及数学关系问题的解决能力

（续）

能力类型	技能素质简述	简短描述（不限于）
8. 数字识别	数字技术应用与发展、创造和维护技术、使用和操作技术。识别和运用新技术。识别新术语	数字设计、数字素养、用数字观点看待技术。包括人工智能、计算机硬件和网络系统、网络安全与应用安全、数据科学与分析、科学计算、人机交互、敏捷产品、软件及编程、办公软件、技术支持与维护、Web 开发。能够选择合适的工具来执行任务，使用这些工具建立和操作技术。能够使用编程来设计符合需求的机器或技术系统。了解其他人如何使用工具。判断与决策、系统分析、系统评价。识别系统性能的度量或指标，以及与系统目标相关的改进或纠正性能所需的行动
9. 创新和创造力技能	解决复杂问题、逻辑思维与创新。分析性思维和独创性、系统分析与评估、批判性思维和分析。对细节的关注。创造力、原创性和主动性	具备分析信息和运用逻辑推理解决问题的能力。获取知识的能力。运用另类思维发展新的、原创的想法和答案。在复杂的现实环境中解决新问题的能力。在问题解决中影响知识的获取和应用的能力。用于理解、监测和改善社会技术系统的能力。逻辑思维和分析情商能力。工作需要愿意承担责任和挑战。工作需要创造性和替代性思维来为工作中的问题开发新的想法和答案。识别复杂问题的能力
10. 技术（行业）技能	专业技能、行业技能。编程、技术设计。设备选型、运行控制、监控、分析。设备维护、安装、故障排除、修复。新技术使用。技术安装与维护	技术技能是完成一项任务、一项工作所需要的能力。确定完成一项工作所需的工具和设备。控制设备或系统的操作。观察仪表、表盘或其他指示器以确保机器正常工作。分析需求和产品需求来创新设计。为各种目的编写计算机程序。生产或改造设备和技术以满足需求。技能知识是与某一工作或研究领域相关的事实、原则和理论的主体，可以进一步分为行业知识（实践和程序知识）和理论知识。特定领域或行业技能。对设备进行日常维护，确定何时、何种维护。安装设备、机器、线路或程序以满足规格要求。使用所需工具修理机器或系统。确定操作错误的原因并决定如何处理它们
11. 动手能力	耐力、柔韧性、平衡性和协调性、身体力量能力、反应时间和反应速度能力、手工灵巧、持久和精确	动手能力即实际工作能力或实践能力，以及亲身体验、亲自实践的能力。能把理论应用于实践中，使理论经实践验证；能够灵活地、创造性地使理论为实体服务。动手能力与发挥技能和力量的能力有关。在时间和空间中控制和操纵物体的能力。与操纵物体相关的能力。精细的操作能力。与操纵物体的速度有关的能力
12. 财务、物质资源的管理能力	财务、资源管理。物资、资源管理	决定如何花钱来完成工作，并核算这些支出。获得并确保适当使用做某些工作所需的设备、设施和材料。发展收集资源以完成任务的能力，包括如何使用资金来完成工作，获得设备、设施和材料以及核算支出
13. 体能	手工灵巧，持久和精确。记忆、语言、听觉、视觉和空间能力。阅读、写作、数学能力	工作角色所要求的身体、精神运动、认知和感觉能力的范围。与操纵和控制物体有关的能力，力量、耐力、灵活性、平衡和协调。在问题解决中影响知识的获取和应用的能力。影响视觉、听觉和言语感知的能力

6.2　工业 4.0 概述

现代制造业与物联网、大数据分析、云计算和网络安全等新技术相关，智能制造是基于制造物联网（Internet of Manufacturing Things，IoMT）将实体世界中的制造企业与网络空间中的虚拟企业紧密结合在一起的信息物理系统（Cyber-Physical Systems，CPS），代表制造业的数字化转型正在深刻影响传统行业。术语"工业 4.0"在德国用来表示 CPS 的概念："协同计算实体的系统,与周围的物理世界及其正在进行的过程紧密相连,同时提供和使用互联网上的数据访问和数据处理服务"。中国制造2025是一个关于智能制造的国家战略框架,框架概念与工业4.0基本一致,在很多情况下可认为中国制造2025和工业4.0是同义词,涵盖的技术是基本一致的,但也有差异。因此,以下用工业4.0或I4.0统称。工业4.0下的智能制造的特点是:数字化具有互操作性且能够提高制造企业的生产力;连接的分布式智能设备用于小批量产品的实时控制和柔性生产;具有协同供应链管理,能快速响应市场变化和供应链中断;具有能源和资源效率的综合和最优决策;通过产品生命周期的先进传感器和大数据分析,实现快速创新周期。智能制造定义了具有增强能力的下一代制造愿景。它建立在信息和通信技术基础之上,并通过结合早期制造模式的特点及使能技术而得以实现。本章根据智能制造的这些概念展开,其中,6.2节的主要目的是建立一个工业4.0的科普概念。

6.2.1 工业4.0的背景概念

本章6.1节的内容是本节的前序部分,人类历史上的三次工业革命构成了完整的工业4.0发展的背景。

6.2.1.1 三次工业革命

世界工业化始于18世纪末,以瓦特改良蒸汽机为标志(1765~1776年),当时机械纺织机等机器和铁路、汽车等大力发展,迎来了工厂和机械化生产,开启了人类历史的机器时代,明显特征是由技术创新驱动了世界范围内最深刻的社会变革,即第一次工业革命。

第二次工业革命始于19世纪末至20世纪初,源于电力的发明和应用,以电力为动力,社会劳动分工为基础,以1913年出现的福特汽车流水装配线为标志的大规模工业生产,以及1946年世界上第一台通用数字计算机ENIAC问世,一个"巨型、神奇大脑"的新时代到来。见6.1.1节。

第三次工业革命始于20世纪60年代,标志性事件是(1969年)莫迪康公司发明了世界上第一个可编程序逻辑控制器(PLC),并一直持续到现在,这一时期也被称为计算机或数字革命。这期间,半导体、计算机(20世纪60年代)和互联网(20世纪90年代)快速发展,电子和信息技术(IT)提高了制造过程的自动化程度,《时代》杂志在1982年宣布个人计算机为机器。因为这个机器取代了许多"体力劳动"和一些"脑力劳动",焦点是机器使生产过程自动化,期间,德国成为世界领先的制造设备供应商。

21世纪的第一个十年(2000~2010年),人们见证了从"网络在线"到信息时代的来临。现代信息技术的发展历程,见6.1.1节。这三次工业革命先是机械的,再是机电的,最后是数字化的。在6.1.1节叙述的新兴技术都发生在最近几年里,有联系的事物呈蜂窝式增长,所有的物都可与数字打交道,联网的东西层出不穷,每户家庭的数字连接"物"比人数多好几倍,并有机器人帮着看门。在制造业先后出现了多种数字化制造模式。

6.2.1.2 数字化过程中的制造模式

在数字化过程中先后出现多种制造模式,在工业4.0下,这些制造模式将被赋能新的使能技术,成为新的数字化制造模式。以下简单介绍几种,重点是显现一些重要术语,作为后续内容的基础。

1. Holonic制造(Holonic Manufacturing)

Holonic制造有时被音译为合弄制造。它具有分布式的系统结构和决策,通过制造合弄间的协调来实现系统重构和优化,是适合于敏捷制造环境的制造模式。在Holonic制造中将代理

（agent）应用到动态分散的制造过程中，实现动态的、连续的变化。使能技术主要是多代理系统、分散控制、基于模型的推理和计划。

（1）Holonic 制造的背景

Holonic 是由"Holon"（全能体）和"Holarchy"（概念与整体结构）这两个词表达的含义组成。其概念起源于阿瑟·凯斯特勒（Arthur Koestler）描述的生物和社会系统的基本组织形式。它们具有智能化、自主性、协调性、可重构性和可扩展性等特点。基于这些特点，可消除制造系统的主要弱点和脆弱性，从而获得故障恢复特性和安全性。"Holon"和"Holarchy"这两个词最早出现在阿瑟·凯斯特勒的《机器里的幽灵》著作中。书中，阿瑟·凯斯特勒分析了生物和社会进化，以证明带有机械世界观的行为方法并不是一个适合生物结构组织的模型。对他来说，人类的行为不是一种生物机器人，是由他们在社会中的角色决定的。他发现，社会现象和生物结构的功能特性要求这些元素有将自己整合到一个结构中的倾向，同时又试图保持它们作为独立单元的自主性。他将发现的结构与社会系统进行了比较，并发展了开放式分层系统（Open Hierarchical Systems，OHS）作为生活的一般组织原则。他为"生命"系统开发的模型是基于这样一个事实，即层次是生活结构中的一个基本元素，但这些层次不是固定的。生物体显然可以改变其结构，并可分离。这使得系统能够根据目标，利用内部缺陷来优化其功能。作为功能要素的固定从属关系在自然界（生物结构和社会结构）中不存在。

生命系统的组织以一个不断变化的网络为特征，其中的元素扮演着交换节点的角色，而相互连接则表现为交流、协商甚至竞争等相互作用。这些互动可以基于外部或内部事件，总是导致临时的分层结构和从属关系的变化。进化和社会发展是这种自组织系统的逻辑结果，在这种自组织系统中，即使是分层的，顶层也不是固定的。没有这些性质的系统在本质上是不稳定的。进化和生存依赖于结构的不断变化。这就要求系统的所有元素都不是被设计成在层次结构中接管预定的角色，而是自治的和自相似的。

生命系统不能分为整体和部分，也不能分为部件和系统。具有这种自主性的元素被称为"Holons"，由 Holons 组成的系统架构被称为 Holarchy。Holons 是系统中具有独特身份的可识别部分，它既是由从属部分组成，又是一个更大整体的一部分。它能够构建非常复杂的系统，系统能有效地利用资源，对干扰（内部和外部）具有很强的弹性，并能适应所处环境的变化。生命系统要么是不稳定的，要么是分层的。

Holons 的最重要特性之一是杰纳斯效应（Janus-Effect）。根据自然科学领域的本体论上的层级概念，整个世界被看作一个层级结构。在层级结构中每一层上的系统或亚系统具有双重特征，即它们自身既是整体又是其他整体的组成部分，每个 Holon（在这里译为子整体）既有自主性又有依赖性，这称为杰纳斯效应。每个 Holon 拥有两个相反的极性，即一个作为更大整体的一部分去运作的整体趋势和一个保持其个体自主性的自我决策。在这一复杂的层级结构系统中，它遵循突现原则。虽然一个层面上的现象以其下层的现象为基础，并受其上层的影响，但每一层上作为整体运行的系统，就像是一个同质的实体，具有不能还原为其组成部分属性的新特征。在这种层级结构中，由于每一层级都具有双重特征，这就产生了并存的上下因果关系，并在不同层级间存在反馈关系。即在 Holons 表现出自主性的同时，它们也倾向于将自己融入一个分层体系中。如果赋予 Holons 相互作用的可能性和相互作用的规则，它们将自动形成一个系统，并吸引更多的 Holons 进行集合。因此，Holons 系统是自我发展的，具有内在的成长趋势。由于 Holons 是自治的，所以系统是可重构的。部分系统或个别的 Holons

可能被分开或组织成不同的 Holons。Holons 总是试图在它们的综合和自治倾向之间保持一个动态平衡。如果这种平衡被打破，系统就会试图自我重组。重组的目标是采用网络来适应变化的条件和系统的优化功能。这一过程是由 Holons 的协同合作实现的。

本书作者认为，凯斯特勒的上述发现和逻辑推理概念虽然是基于生物进化社会经济学本体论范畴，但十分类似自主机器人或协作机器人的特性，包括强化学习（Reinforcement Learning，RL）、进化算法（Genetic Algorithm，GA）、进化规划（Evolutionary Programming，EP）和基于人工神经网络（ANN）等概念，因此，如果将它嫁接到物理工程上，上述实质上就是描述了我们所知道的拟人机器人的特性或未来生物机器人的概貌。

（2）制造技术中的 Holonic 系统

Holonic 制造系统（Holonic Manufacturing System，HMS）或 Holonic 制造执行系统（Holonic Manufacturing Execution System，HMES）最重要的使能技术之一是现场总线通信体系结构及功能体系结构的标准化。HMS 是由单个控制配置而成的，通过使用通信网络进行自主交互，为单个制造组件添加新的功能类型，是基于代理系统理论，为人工智能中的协商和决策提供了算法，通过专用语境的规则和通用协议添加到系统中。Holons 设备是实现这一目标的关键技术。从计算机集成制造系统（Computer Integrated Manufacturing System，CIMS）的发展可见，CIMS 是对车间层制造过程和管理自动化及与其他分系统集成，这种自动化在生产中具有类似于在企业管理中使用计算机的效率。

CIMS 是由单机控制和可编程逻辑控制器（PLC）发展而来的，PLC 以信息网络为基础，对整个生产控制系统进行控制。新发展的目标是开放系统和标准化的通信，可以在车间传送和处理各种信息。过程设备的控制能够实时访问所有信息，不仅能够与中央系统通信，而且能够彼此通信。与此同时，分散复杂数据处理的能力显著提高，单个控制系统可以以合理的价格配置为自主系统。缺少的是一个通用概念来使用这些功能克服所遇到的问题。据此，HMES 是 CIMS 进一步发展的一项实施战略。

HMES 可以被认为是网络化制造机器通信基础设施的顶层软件技术，能够使用大量的信息分散决策的资源。在机器控制中使用扩展信息技术，结合有关当前生产和业务战略的信息，产生了一种自我配置行为，避免了为编写程序以及手工定义行动和反应而付出的大量劳动。通过在该网络中添加单机和生产线的在线状态信息，可以提高复杂制造系统的可靠性和可用性。在生产线正常运行中出现缺陷或未预见的干扰时，控制的分析和协调能力用于预测过程状态信息，并配置最优方案以维持生产过程。由于这些特性，Holonic 控制系统是先进计算机集成制造和工业通信技术有效利用的基础。在制造技术中实现时，基于领域知识构建抽象对象模型，将应用程序主体划分为组件，在组件之间识别通用部件，形成和开发通用 Holons，定义 Holons 信息和 HMES 体系框架，设计 HMES 体系结构。最后在通用 Holons 的基础上设计功能性 Holons 技术，应用分布式面向对象方法、设计模式、框架、n 层客户端 / 服务器体系结构和组件软件，开发整个 HMES 及其功能全集。

2. 精益生产（Lean Manufacturing）

精益生产强调利用一套"工具"，利用杜绝浪费和无间断的作业流程，对生产现场实施"零库存"控制的需求，而非分批和排队等候的一种生产方式。使能技术主要是工作流程优化、实时监控和可视化、视觉工作场所（视觉设备和视觉系统）。

在 20 世纪 90 年代末出现的术语"精益"是指价值流。精益是材料、信息和员工在公司中流动时所遵循的流程及获得价值流的路径，其中既有宏观的价值，也有微观的价值。精益生产的目标是不断地、一个又一个地识别并消除关键路径上的障碍，杜绝浪费。时间作为精益的驱动力量，宏观上的度量指标是时间和速度，并控制库存占用、缩减流转时间，以降低成本。当企业经营进行精益经营转换时，它需部署一套基于时间的核心方法：标准工作、蜂窝设计、快速转换和拉动式系统。视觉工作场所的操作细节嵌入工作环境中，实现精确性、可持续性和自我领导能力。视觉工作场所是一种自我命令、自我解释、自我调节和自我改进的工作环境，在这种环境中，由于视觉解决方案，理应发生的事情总是按时、每次发生。视觉工作场所的技术是一种综合方法，通过改变整个物理工作环境，使工作更安全、更简单、更有逻辑性、统一、流动、联系，而且成本低，同时确保运营结果不仅是可重复的，而且是可持续的。随着时间的推移，工作场所获得了自我纠正的能力，会变得自我完善。这是系统呈现的功能能力和结果。因此，企业越来越有能力以更低的成本创造价值，为员工、利益相关者创造增强价值链。

3. 敏捷制造（Agile Manufacturing）

敏捷制造模式是指制造企业采用通信技术快速配置各种资源（包括技术、管理和员工），以有效和协调的方式响应用户需求，实现制造的敏捷性，同时控制成本和质量，对车间生产过程集成化、智能化、柔性化。敏捷制造单元是由一组具有多种能力与局部决策能力的智能设备和其他辅助设备通过通信网络联结起来的松散耦合、分布自治、协同合作的网络化制造系统。单元中的大多数设备具有一定智能（设备）、控制和优化策略，能够独立决策以执行局部任务，同时通信网络与其他智能设备进行任务协调与合作，共同完成生产任务和经营目标。使能技术主要是多智能体（代理）系统（Multi-Agent System，MAS）、协同工程、供应链管理、企业资源管理系统和产品生命周期管理。

敏捷性是现代制造企业应对全球化、环境和工作条件的变化、质量标准的提高、快速的技术突变和生产模式的改变的基本要求。市场变化会对从企业管理层到车间各个层面产生影响。只有具有高度适应性的结构和流程才能应对这种变化。快速改变车间基础设施的能力是制造企业参与动态合作网络的基本条件。如创建虚拟企业、先进供应链等，目的是解决上述问题。网络化制造企业需要具有应对动态和不可预测变化的高度适应性。在这种情况下，敏捷即灵活性和精益。灵活性是指可以很容易地适应变化，并调整自己维持稳定运行，而精益本质上是生产过程中没有浪费。

敏捷性对应的是在变化和不确定性主导的竞争环境中能高效地操作，包括制造能力、过程、应变能力等。其中，车间敏捷性是通过单个设备的可重构性来实现的，关键因素是控制系统，而不是全局敏捷性方法。目前的控制 / 监控系统不是敏捷的，因为任何车间的变化都需要修改编程，这种能力在中小型制造企业中通常是不具备的。更糟糕的是，即使是很小的程序更改，也可能会影响全局系统架构，这不可避免地会增加编程工作量和潜在的危险。因此，消除或减少这些问题的新方法和工具是至关重要的，使变更过程更快更容易，这显然需要组件式模块化功能配置而不是编程。敏捷制造系统应该是模块化制造组件的组成部分，这些组件是基本构建块。构建单元应该在制造过程的基础上发展，可方便地添加或删除任何制造组件（基本构建块），不需要或只需要最少的编程工作。

通过配置模块之间的关系，利用协议机制建立系统的组成和行为。构建块是高可重用性的，并易于更新和进一步重用。在全局架构中应是遗产系统迁移（Legacy Systems Migration）的和异构的控制器，并且能在一个过程到来时将它们快速集成到新的敏捷架构中。基于 CoBASA（Coalition Based Approach for Shopfloor Agility）体系结构的车间敏捷性方法，是一个基于多智能体体系结构（多代理体系结构），支持车间控制／监控体系结构的业务流程再造过程。CoBASA 是基于可重用制造模块的概念，以一种创新的方式使用合同来管理制造代理之间的关系，并假定了一种新的方法，它要求制造共同体对所涉及的过程进行结构化和分类，从而产生更系统或更结构化的方法。其中，业务流程再造过程包含在生命周期中。因此，CoBASA 概念将模块化和可插拔性视为其最重要的基础原则之一。提出的控制系统体系结构认为，每个基本组件都是制造组件的模块，可重用和可插拔减少了编程工作量。

4. 云制造（Cloud Manufacturing）

云制造是一种依赖于多种技术，包括自动化、工业控制系统、服务组合、灵活性、业务模型，以及拟议的实现模型和架构愿景，核心在于云制造平台的建立。云制造平台是一个多层架构，包括资源层、虚拟资源层、全局服务层、应用层、接口层、安全层、知识层、通信层等。不同层的实现需要不同的技术。在虚拟资源层感知制造资源，将物理资源转化为虚拟资源，需要物联网、虚拟化和服务化技术。全球服务层的核心技术是云计算、服务相关技术（包括面向服务的技术和服务管理相关技术）和语义 Web 技术。在界面中，起重要作用的是人机交互技术。当然，高性能的计算技术和先进的制造模式也是必不可少的。云制造平台的完整实现还需要许多其他的支持技术，如大数据。与云计算一样，云制造有私人云、社区云、公共云及它们的聚集（混合云）。

云制造的关键特征包括制造资源的互联网（或制造事物的互联网），以及无处不在的感知、虚拟制造环境和灵活的制造系统、面向服务的制造和整个生命周期能力的供应、高效协作和无缝集成、知识密集型的制造和集体创新，以及未来的社会制造。在云制造中，制造资源可以分为物理制造资源和制造能力。物理制造资源可以是硬的或软的。制造能力是无形的动态资源，代表组织承担特定任务或操作能力。在云制造中，所有的制造资源都是虚拟化的，封装为制造云服务，以实现制造服务的互联网。为中小企业或集团企业建立云制造平台，并可以根据联合模式整合。使能技术是云计算、IoT、虚拟化、面向服务的技术和高级数据分析。

5. 数字制造（Digital Manufacturing）

在产品生命周期中使用数字技术来改善产品、工艺，并降低企业绩效和制造时间及成本。数字化转型即从模拟到数字的数字化，以及数字化与经营相关的内部系统和流程。如将文件转换为电子文件、ERP 系统、客户关系管理等。数字制造包括工业 4.0、智能制造、第四次工业革命等。描述的每个概念的共同之处在于，在制造供应链中采用数字技术和使用信息物理系统带来了广泛的机会。在制造业未来的愿景中，智能工厂利用信息和通信技术将其流程数字化，并以提高质量、降低成本和提高效率的形式获得巨大利益。智能制造是制造业的一个广泛范畴，其目标是优化概念生成、生产和产品交易。虽然制造可以被定义为用原材料创造产品的多阶段过程，但智能制造是一个使用计算机控制和高度适应性的子集。随着工业生产的数字化，来自不同制造商的不同的系统必须可靠、高效地交互。在全球运营的用户希望能够在世界各地采购他们习惯的产品和系统。为了确保这种全球可用性和跨系统一致性，相关国际标准已经被广泛采用，有些正在起草，以涵盖工业自动化中的重要问题，但新兴技术不断被创造出来，也对标准化提出了新的需求。数字制造中的使能技术包括三维建模、模型工程和产品生命周期管理等。

6. 智能制造（Intelligent Manufacturing）

智能制造是一个宽泛的概念，它不是指直接生产的过程，而是各种技术和实现的组合，如果它在一个制造生态系统中实施，就被称为智能制造。将这些技术和实现的组合称为"使能者"，实现的技术称为使能技术。它们有助于优化整个制造过程，从而提高制造系统整体价值链。目前一些突出的使能技术包括人工智能、区块链、工业物联网、机器人、状态监控、网络安全等应用。如果仔细观察使能者，就会发现它们都与数据有关，生成数据、接收数据，或者两者都有。显然，数据分析是使生产过程高效、透明和灵活的核心使能技术。

实现基于人工智能的智能生产，能够自动适应变化的环境、不同的工艺要求，以及最小限度的人工干预。其中，制造运营管理（Manufacturing Operations Management，MOM）系统是企业上层业务流程与底层生产设备之间的信息转换层，与诸多生产辅助系统相联系，包括制造执行系统（Manufacturing Execution System，MES），MES 是面向车间的生产过程管理与实时信息系统。它主要解决车间生产任务的执行问题。使能技术包括人工智能、先进传感与控制、优化、知识生产和柔性制造（Flexible Manufacturing），其中柔性制造是利用计算机控制下的制造机器模块和物料搬运设备的集成系统，生产出改变体积、工艺和类型的产品。使能技术也包括模块化设计、互操作性、面向服务的体系结构以及可持续制造（Sustainable Manufacturing），其中可持续制造是创造对环境负面影响最小的产品，同时节约能源和自然资源，增强人类安全。使能技术还包括新材料、可持续制造过程、度量、监视和控制。

6.2.1.3　第四次工业革命的边缘

2011 年 1 月，在德国汉诺威工业博览会上提出了"工业 4.0"的概念。德国发布基于信息技术的高技术战略计划，命名为工业 4.0（Fourth Industrial Revolution（4IR）），据一些学者称是带头进入了 4IR。建立在计算机硬件、软件和网络为核心的数字革命的基础上，特点是无处不在的移动互联网和智能传感器，以及工业信息物理系统（ICPS）、人工智能和机器学习。数字技术变得更加复杂和一体化，正在逐渐改变着全球经济社会。

1. 系统的信息物理系统

工业 4.0 概念描述了在制造业中的自动化技术的发展趋势，专注于横向集成、垂直集成、端到端工程集成和数字化，以及物理世界和虚拟世界的完全集成。在制造过程中，典型技术是 PLC、CPS、IoT 和云计算（CC）。其中，CPS 被认为是工业 4.0 的基础。

IoT 的主要功能是创建支持智能组织或工厂的网络，创新了现有的制造系统，是工业 4.0 中的主要推动者，改变了其他工业系统的运作和角色，目标是创建虚拟支持网络，从而创建智能工厂。

CPS 的关键角色是实现生产的敏捷和动态需求，旨在提高完整组织的效率和有效性。CPS 与组织内的物理系统和过程相联系的计算实体合作，通过互联网获取和处理数据，以满足组织的各种目标。物理和软件组件相互交织，以不同的空间和时间尺度运作，但以不同的方式相互作用。因此，工业 4.0 被认为是正在推动制造企业成为面向智能制造的新一代 ICPS。

实际上，我们知道的许多复杂的物体和系统的交互都是由计算机控制的，计算机与物理世界的交互不仅通过触摸屏，而且通过在物理世界中执行的直接动作。简单说，最常见的 CPS 是在现代汽车中，计算机不仅控制引擎，还控制刹车、车辆稳定性，并支持驾驶员的工作。由此，可以清楚地看到通过计算机控制的行为是如何影响现实世界的。CPS 也存在于能源网络、工厂、自动化仓库及飞机或火车等实体中。所有这些物理实体与计算机之间交织的系统就是 CPS。不过它通常是一个十分复杂的系统，特别是当几个 CPS 合并时，如在机场或大型工厂，许多机器一起协同工作，实现一个共同的目标。在工业 4.0 概念下，CPS 一般是指系统的信息物理系统（Cyber-Physical Systems of Systems，CPSoS），是运行在系统中的系统（SoS）、嵌入式系统、监控系统等场合的系统。详细内容见下文。

2. 数字工厂

2013 年 4 月，经过德国政府、行业和研究机构的大力努力，发布了实施工业 4.0 的战略提案。2013 年 12 月，德国发布了工业 4.0 的标准化路线图。德国工业 4.0 成为德国 2020 年国家战略规划，是德国未来竞争力的总体战略。在全球信息技术领域，德国强大的机械装备制造业占据了重要地位。德国提出并推进工业 4.0 战略，通过构建智能制造新标准，巩固其在全球制造业中的领先地位。

随着 CPS 的引入，机器能够相互通信，并分散通信系统在优化生产过程中资源的使用。因此，企业运行是高效的、有生产力的和有竞争力的。工业 4.0 通过制造业的信息化和数字化来实现这一目标，以最有效的方式满足客户需求，对全球制造业和服务业的长期和短期战略影响是巨大的。现在，世界各国的行业都做出了有效的反应。如西门子工业 4.0 计划、施耐德电气 EcoStruxure 系统架构和平台、博世工业 4.0、三菱电气物联网 / 工业 4.0 计划、罗克韦尔自动化互联企业计划（SAP 工业 4.0 计划），以及日立、ABB、艾默生电气、松下、霍尼韦尔等多家公司都有了很大的进展。在中国，工业机器人在汽车制造、电子产品制造、智能电网等多个领域的应用率已趋于饱和。智能制造逐渐向冶金、石化、纺织、机床、医药、工程机械、日用品等多个传统领域渗透，智能制造发展持续升温。事实上，工业 4.0 包括许多技术，被认为是从早期嵌入式系统到 CPS 的发展。嵌入式系统、机器与机器通信、IoT 和 CPS 都是与虚拟世界连接物理世界的技术概念，经济学家马丁 L. 威茨曼（Martin Lawrence Weitzman）有句名言：经济历史学家普遍认为，一个发达经济体的长期增长是由技术进步行为所主导的。这也是工业 4.0 的主要目标。因此，融合信息网络和物理系统的组织通常被称为数字工厂。

3. 数字世界

数字世界不同于实体世界。实体世界仍然是必不可少的，并希望它们有更大的数量、种类和质量。现代计算机和网络技术正在帮助实现这些目标及其他许多目标。数字化正在改善实体世界，而这些改善只会变得更加重要。多年来，本书作者一直在研究电气工程和控制技术，包括 PLC、变频器、计算机、软件和通信网络等数字技术，自认为已经对它们的能力有了相当的了解。最近一段时间，发现数字技术可以应用在人们生活的多个领域，例如，计算机开始给远方的人诊断疾病；微创机器人做手术；机器人听人说话，能写高质量的散文，开始在码头、车间、仓库里跑来跑去；无人驾驶的汽车比人开得更稳、更准确。这是怎么发生的？我们在哪儿？得出了以下三个主要结论。

首先，我们生活在一个以计算机硬件、软件和网络为核心的数字技术飞速发展的时代。数字技术的关键组成部分已经渗透到各个角落，它将像蒸汽机一样对人类社会和经济产生颠覆性改变。现在，正处于一个技术变革拐点，在这个点上，计算机的功能越来越庞大。第二个结论是，数字技术带来的变革是史无前例的、迅猛的。人类正在进入一个与以往都不同的时代，我们可以随意增加消费的种类和数量。当我们用枯燥的经济学词汇表述这些时，几乎失去了兴趣，但当这些东西被数字化时，即被转换成可以存储在计算机上通过网络发送的比特时，它们则获得了一些奇妙的特性。第三个结论就不那么乐观了，数字化将带来一些棘手的挑战。快速和加速发展的数字化可能会带来经济上的破坏，而不是环境上的破坏，原因在于随着计算机变得更强大，企业对某些类型的角色需求减少了。技术进步将会把一些人，甚至是很多人甩在身后，因为它在向前猛冲。现在是成为一名拥有特殊技能的角色的最佳时机，因为这些人可以使用技术来创造和获取价值，以获得更多的幸福感。然而，对于一个只有普通技能和能力的人来说，没有比现在更糟糕的时候了，因为计算机、机器人和网络，以及其他数字技术，正在以惊人的速度获得这些技能和能力，代替人们工作，这是技术发展力量的必然结果，与行政权力没有关系。

4. 数字现实

毫无疑问，工业 4.0 可被认为是先进制造系统开发中的一个重要事件，最终是否会被确认为是第四次工业革命的开始，大概是下一代人的事，但可以肯定的是，现在正处于第四次工业革命的边缘，在其中，包括人、生产系统和网络连接的世界通过 IoT 和 CPS 互联，使各行业的梦想成为现实。之前，人们确信计算机不会开车。当谷歌在 2010 年 10 月的一篇文章中宣布，它的完全自动驾驶汽车已经在道路和高速公路上成功地行驶了一段时间时，人们仍然是半信半疑，而在短短几年内，自动驾驶汽车已经出现在现实世界中。根据"劳动新分工"（New Division of Labor）原理，这是人类和数字劳动之间的分工，换句话说，是人和计算机之间的分工。一些学者说：在任何合理的经济体系中，人们应该专注于他们比计算机更有优势的任务和工作，而把更适合计算机的工作留给计算机。把信息处理任务作为所有知识工作的基础。像算术这样的任务，只需要制定应用规则，让计算机去遵守。因为计算机非常擅长遵循规则，因此它们应该做算术和类似的任务。人的大脑非常擅长通过感官获取信息并检查其模式，但却非常不擅长描述或弄清楚这是如何做到的，尤其是当大量快速变化的信息以飞快的速度到达时，人常会被弄晕。按照物理化学家和哲学家迈克尔·波兰尼（Michael Polanyi）的论断：我们知道的比我们能说的要多。按这种说法，任务将不能被计算机化，而仍将由人类来完成。据说这叫人工智能。

不过，在 20 世纪早期之前，所有计算都是由人工完成的。后来，当把一种机器标签贴在计算机上时，潜规则是使用它的是女性比较好，她们整天都在做算术并把结果制成表格，包括行政助理、档案文员、数据输入员、会计、薪资文员和其他依赖于正在迅速过时的技术和工作流程的角色。现在她们都转行或失业了，因为让智能机器（计算机）做算术便宜得多，速度更快，而且更准确。如果你检查一下机器的内部工作，你就会发现它不仅是数字的运算高手，而且是超棒的符号处理器。可以用"1"和"0"的语言来解释，也可以用"真"或"假""是"或"否"或任何符号集来解释，从数学到逻辑再到语言可谓全能。

不过，现在还没见有"数字小说家"，现在畅销小说榜上的无一例外的都是人类写的。2011 年秋天，苹果公司推出了一个配有 Siri（语音助手）的 iPhone 4S，这是一个可以通过自然语言用户界面工作的智能个人助理，未来有可能会成为"数字小说家"。现在学龄前小孩都在与机器人比赛，看谁算得又快又好，英文发音更纯正，还可与它进行短跑比赛等，大概几年后，小学几年级的小孩有可能比老师还聪明。上面这些如果放在一百年前，可能是吹牛，但是现在，科学研究已经解释了为什么"数字小说家"还没问世，但发展速度会被前沿科学和工程技术所超越，而这些科学和技术又会在短短几年内诞生。发展速度会迅速加快，在五年多一点的时间里就会走向胜利，因为，技术发展可以给我们带来更多的选择。

6.2.2　工业 4.0 国际标准架构

工业 4.0 在中国是"中国制造 2025"，在美国是"工业互联网或先进人工制造 IIRA"，在法国是"未来工业计划（Industrie du Futur）"，在欧盟是"未来工厂（Factories of the Future）"，在日本是"互联工业 IVRA"，其他国家大致是：第四次工业革命、数字工厂、数字制造、智能工厂、互联工厂、一体化工业、生产 4.0 和人机合作等，概念大致是制造商、客户、服务提供商都在一个越来越全球化的市场中工作。工业 4.0 是 IoT 和服务领域的专业化。产品的互操作、开放接口等需求只能通过国际标准来实现。现在，世界上比较有名的类似 RAMI 4.0、IIRA 这样的参考模型框架（Framework）有 15 个，专家们正在盯着给它们排名次。

尽管各国使用的名称和术语不同，但目标是高度一致的。为了满足这些发展需求，IEEE/ISO/IEC 开展了大量与智能制造相关的研究活动，先后发布了 IEEE 1471、ISO IEC IEEE 42010、IEC PAS 63088：2017 等国际标准，其中，IEC PAS 63088：2017《智能制造 - 工业 4.0 参考架构模型（RAMI 4.0）》是第一个智能制造（工业 4.0）国际标准，主要内容包括工业 4.0 中的 RAMI 4.0、资产、工业 4.0 组件、工业 4.0 组件的管理壳，以及工业 4.0 组件的形式。定义了用一个参考体系架构模型来识别、构造和说明已存在的标准或不同领域需要的标准。使用参考体系架构模型，不同应用领域可设置和遵循与不同方面、层次架构和生命周期相关的标准。

生命周期与产品、工厂或工厂中的资产、从计划到产品订单以及从产品源头到交货的供应链相关。工厂内部的垂直集成描述了生产手段的网络，如自动化设备或服务。产品或工件也涉及其中。在生产手段或工件范围内创建的技术、管理和商业数据在整个价值流中保持一致，并可以在任何时候通过网络访问。通过增加价值链网络进行横向集成，扩展到单个工厂地点之外，并促进这种价值链的动态创造。端到端工程集成（产品和服务）是工业 4.0 的重要组成部分。简单说，工业 4.0 就是工业自动化和数据交换趋势的一个名称，旨在将机器、网络和设施融合在一起。通过将物联网和 CPS（含云计算和认知计算）集成到工业自动化领域，并创建数字工厂，以非常有效的方式将产品更快地推向市场。在模块化、结构化数字工厂中，CPS 监控物理过程，创建物理世界的虚拟映射，并做出去中心化的决策；通过物联网与人进行实时通信和合作；通过服务互联网为价值链的参与者提供内部和跨组织的服务；通过嵌入式技术实现工业操作自动化。工业 4.0 场景中的系统是自我感知的，并提供对工厂的完整监控，能够更快地自主决策和修正。

在工业 4.0 中有横向、垂直和端到端工程三种可能的集成。人、机器和资源都是垂直链接的，而企业（公司）则在价值链上横向链接，就像 CPS 创建的社交网络一样。横向和垂直系统集成整个供应链中的 IT 系统，创建数据集成网络和内部跨功能集成。

横向集成是增加价值链的集成，使价值链中的企业或组织之间能够协作。为了企业的成功，不止一个组织合作以提供优质的产品和服务。通过组织间的合作和数字化横向集成，创建一个新的高效的数字化生态系统。

垂直集成是将组织内的各种层次子系统集成在一起，从而在组织内创建一个灵活的、可重构的制造系统。组织内的各种信息子系统与 ERP 系统相连，这将使一个灵活和可重构的制造系统成为可能。这种集成导致组织内的智能机器可自动配置以适应不同的产品。大数据管理将使这一过程取得成功。

端到端工程集成使跨价值链创建定制产品和服务成为可能。在以产品为中心的价值创造过程中，涉及一系列活动，如，客户需求分析、产品设计和开发、生产、服务、维护和回收。通过使用软件工具，可以将这些阶段集成起来，根据客户需求创建定制化、自动化、自组织的产品和服务。价值链中每个支柱被使用的阶段包括生产、研发、仓储、物流、采购、销售和管理。

6.2.2.1　工业 4.0 下的智能工厂场景

智能制造、工业 4.0、工业互联网、5G（IoT、Robotics、Digital Services、3DP）和数字

工厂等术语往往被联系在一起，用来描述智能制造系统的未来发展，许多技术、方法和工具都与以下术语相关。

信息系统、数字文档、IoT、智能边界系统、人工智能、虚拟现实、数字服务、CPS、大数据和数据分析、云计算（雾计算、区块链、边缘计算、数字孪生）、虚拟现实和增强现实、增材制造（3D 打印）、先进制造（实现信息化、自动化、智能化、柔性化、生态化生产）、仿真（模型）、扩展价值网络（垂直、横向和端到端集成）、机器学习 / 人工智能、嵌入式系统（自主的微型计算机）、机器对机器（M2M）、网络安全、自动状态识别、射频识别（RFID）、多智能体（Multi-agent）、智能传感器（兆位传感器）、协作机器人（Cobots）、社交机器人（Social Robot）、传感器网络、数据挖掘、虚拟质量门（Virtual Quality Gate）、精益管理（Lean Management）、数字模型，如基于机器学习、有限元建模（FEM）、基于代理人（agent）的建模（用于机器人细胞的配置和协调）、复杂自适应系统（CAS）等，以及智能制造系统（Intelligent Manufacturing Systems，IMS）、制造运营管理（Manufacturing Operations Management，MOM）、生物制造系统（Biological Manufacturing Systems，BMS）、Holonic 制造系统（Holonic Manufacturing Systems，HMS）、可重构制造系统（Reconfigurable Manufacturing Systems，RMS）等。

根据资料综合，这些术语表示工业 4.0 中的技术支柱，多个术语可组成一个实际的技术支柱，工业 4.0 的具体实现可以采用一个或多个这样的技术支柱。无论是哪种技术支柱，最核心的技术是基于工业自动化技术实现的。而工业自动化系统通常是根据 IEC 61131 等标准开发的。CPPS 实现的核心技术需要 IEC 61131 标准第三版本、IEC 61499 标准和 IEC 61804 标准的支持，这三个标准的目的就是用于实现复杂工业自动化系统的，然而，需要在标准化方面做更多的工作，才能使这一新兴技术成熟起来。CPS（CPPS、ICPS）是用于制造业的一项新兴技术，需要标准化，如标准化遵从性、产品服务创新、产品品种、质量标准、支持服务和即时性或订单满意度等。

上述这些创新技术中有许多还处于起步阶段，但它们的发展已经达到一个转折点，它们聚焦在实体、数字和生物世界三大技术融合中相互发展、相互放大。关于工业 4.0 的十大技术支柱的概念将在下文中概述。

图 6-2 所示为一个工业 4.0 下的智能工厂场景示例。图 6-2 下面的数字编号部分是对该图的简单叙述。

1. 安全性（Security）

工业 4.0 下的智能机器的更强连通性带来了网络攻击的风险。工厂运营商和技术服务商需要制定更强大的网络安全战略，以提高警惕和抵御攻击的弹性。

2. 安全（Safety）

如果一个系统不安全，它就不智能。功能安全在自动化系统中无处不在，有着严格的标准化和认证要求。

3. 灵活性（Flexibility）

灵活性（意为弹性、适应性），通常使用通用模拟 I/O 实现集成、健壮性、灵活性和效率，并显著节省时间和成本。向更灵活的架构转变可获得更大的容量和更快的重新配置。所有这些都可以利用人工智能和数字孪生技术进行虚拟化。

4. 效率（Efficiency）

效率（意为能源效率、节能、有效性、效率、效能、功效），即使是减少能源使用，也能给工厂经营者带来巨大的节省。这些节省可以采用固有的能源效率和节能等技术方案来实现，然后通过基于条件的机器监控分析来增强。

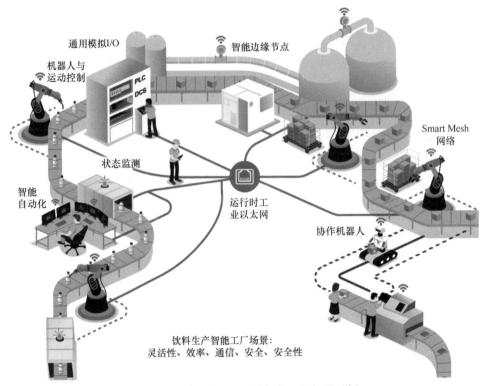

图 6-2　一个工业 4.0 下的智能工厂场景示例

5. 通信（Communications）

工业 4.0 执行的核心是强大和安全的有线和无线通信，必须支持传统标准（Legacy Standards），并提供一个明确的路径，从以太网到边缘和时间敏感网络（TSN）。Smart Mesh 工业网络（Smart Mesh® for Industrial）是一种用户自主通信协议，通过该协议，智能手机用户可以通过令牌来构建分散的网状网络。内置区块链轻节点、闪电网络（Lightning Network）和雷电网络（Raiden Network）是区块链（Block Chain）在互联网内的扩容架构，Smart Mesh 是区块链对万物互联的扩容。区块链智能合约无需为个人支付创建区块链上的交易就能保证安全性，支付速度以 ms 或 s 为单位，可通过在区块链之外进行交易和结算。跨链原子交换可以在异构区块链共识规则下立即发生。只要链能够支持相同的加密散列功能，就有可能在不信任第三方托管的情况下跨区块链进行交易。

6. 闪电网络（Lightning Network）

Lightning 是一个使用区块链中的智能合约功能的去中心化网络，以实现跨参与者网络的即时支付。闪电网络依赖于区块链的底层技术。通过使用真正的比特币 / 区块链交易和使用其本地智能合约脚本语言，创建一个参与者的安全网络，能够以高容量和高速度进行交易。闪电网络通过创建一个由两方账本条目组成的网络，就有可能在网络中找到一条类似于 Internet 上路由数据包的路径。路径上的节点是不受信任的，因为支付是使用一个脚本强制的，该脚本通过递减的时间锁强制原子性（整个支付成功或失败）。

7. 雷电网络（Raiden Network）

雷电网络是一种链外扩展解决方案，实现近即时、低费用和可扩展的支付。它是对以太坊区块链的补充，可以与任何 ERC20 兼容的令牌一起工作。雷电网络是以太坊区块链之上的一个基础设施层，底层协议相当复杂，实现也不简单。尽管如此，技术细节可以被抽象出来，这样开发人员就可以使用一个应用程序编程接口（Application Programming Interface，API）来构建基于雷电网络的可扩展的去中心化应用程序。以太坊的雷电网络类似于比特币的闪电网络。雷电网络的基本理念是，用户可以私下交换转账签名消息，而不是所有的交易都放到区块链上处理。雷电网络通过以太坊网络中的点对点支付与保证金存款保留了区块链系统所具备的保障机制。雷电网络是对以太坊的扩展。雷电节点与以太坊节点一起运行，可以和其他雷电节点通信，实现转账，也可以和以太坊区块链通信，管理保证金存款。

8. 信任模型（Trust Model）

信任模型是 PKI（Public Key Infrastructure）原理中的一个重要概念，指建立信任关系和验证证书时寻找和遍历信任路径的模型。专门负责颁发数字证书的系统称为 CA 系统，负责管理并运营 CA 系统的机构称为 CA 中心。所有与数字证书相关的各种概念和技术，统称为 PKI。当任何一个区块链上的节点都无法造假，并且无法伪造，交易之间就无需信任机制了，因为数据块上的信息随时可以被拿出来考证，这便称为区块链的去信任或节点是不受信任的。区块链作为仲裁者，可以不受限制地进行区块链以外的交易。交易可以在链下进行，对链上的可执行性有信心。这类似于一个人与他人签订了许多法律合同，但不是一签订合同就去仲裁。通过使交易和脚本可解析，智能合约可以在区块链上执行。只有在不合作的情况下，仲裁才会介入，但对于区块链，结果是确定的。另外，整个社会运行中的大量信任模型，其实是依赖于信任个人、公司、组织、政府，以及人与人之间的互相制约和担保、公证、法律法规、程序等一系列明规则、潜规则，以及这些信任因素之间的组合。

在区块链技术之前，信任微信支付，本质上是信任腾讯公司；进银行存钱，本质上是信任银行；你确信买到的是真股票，是因为信任国家担保的交易所及法律体系。并不是在区块链技术出来之前无法解决这些信任问题，而是区块链技术提供了一种新的信任模型，即"100% 基于代码的信任模型"，没有任何人为的其他信任因素存在，是完全机器化的信任模型。区块链技术采用点对点的通信技术和配套机制，通过分散部署成千上万的计算节点，然后这些离散化的节点互相自动化监督，里面的配套机制确保这成千上万的节点无法互相串通，并且在逻辑上可以论证，以构筑极高的防作弊壁垒。"100% 基于代码的信任模型"能够成立，就需要求节点部署、开发人员、代码审查、测试人员、用户的充分离散化。

简单说，就是任何一串代码的上线，需要千锤百炼，经历充分的论证和验证，并且由离散化的用户（保证无法串通）自主选择部署。用区块链构建支持"100% 基于代码的信任模型"，需要证明最终运行的效果是充分去中心化的，完全不存在少数几个人可以轻易决定更新代码，以及集中化决策的情况。如果达不到这个效果，自然无法满足支撑"100% 基于代码的信任模型"的运行，也就无法获得需要通过这个模型运行所创造的一切价值。绝对分散化，互相监督，无法轻易决定更新代码，以及集中化决策，也就是去中心化。

6.2.2.2　关于新术语

上述提到的这些术语，着实会令人感到眼花缭乱，但纵观国内外各类文献估计，工业 4.0 由超过 1200 种新兴实现技术组成，其中很多的创新很快就会过时（由创新转化为实用），它可以应用于各种领域，如材料（自愈合智能材料、纳米材料、可回收聚六氢三嗪复合材料、绿氢）、生物和空间技术、物体或机器、智能电网、智能工厂、智能交通、智慧城市、健康应用、智能家居等。以自动驾驶汽车为例，它实际是传统的汽车生产技术、先进传感器、自适应巡航控制、主动转向、线刹车、GPS导航、激光和雷达等技术的集成。

不同的学科从不同角度论述这些名词，如工程学、计算机工程、软件工程、生物学、经济学及管理学等，各种利益相关者，如政府和企业决策者、管理者、学者和专业人士以及民间社会，也都有各自不同的观点，政府和企业决策者、管理者往往过于强调战略观点，怎么实现需要学者们去研究一番；学者们往往又过于学术，将其观点拿来接地气，一般不行；战略观点让搞工程的看着，一般也犯晕，摸不着头绪。另外也存在来自不同学科的相互矛盾的陈述或孤立的观点，异构的术语、结构和定义也增加了一些不必要的复杂性，有兴趣试图理解各自的观点时，也受到了阻碍。还有一些表现为人们正确认识工业4.0的不确定性。但有一点是确定的，那就是学术界和企业界之间还存在较大的认知缺陷空间（如理论与实际、专业基础与实践、理论与可操作知识等），主要障碍在于其感知上的透明度缺陷、复杂性和抽象化，这在一定程度上阻碍了这些技术向工业实践快速转化。何况几乎每个行业实现工业4.0场景的程度也相差甚远。无论如何，观点不应是要让企业界相信抽象模型，而是要让企业能够从中得到相当具体的，具有附加价值的技术和工具。仅仅对"一个正确的"抽象模型或概念是没有价值的。

然而，确定某些共同元素是无可争议的，即工业自动化系统集成和物理世界与虚拟世界之间的映射，以协助管理价值链和供应链上线，并更广泛地管理所有相关流程。正确认识一系列使能技术、数字化、互联网及与利益相关者关系和治理方面的变化，将有助于确定一个更好的、包含现实意义的工业4.0的定义。重要的是，要让企业感觉到，不管是什么行业，有多大规模，工业4.0都适应，不只是大企业才行，小企业也可以并更需要，只是解决方案不同而已。IEC德国国家委员会秘书长、CENELEC主席，Bernhard Thies博士，2016年在南京·世界智能制造大会上做主题演讲时说："什么是工业4.0？ I4.0将生产与信息和通信技术相结合；组件和RAMI 4.0将客户数据与机器数据连接起来；机器与机器通信，机器以灵活、高效、节约资源的方式自主管理生产；成功I4.0的要求是：协调国家和国际标准；国际标准化组织之间的高效协作；开源参考实现支持的全球公认的参考模型；网络测试中心与中小企业方便访问；从一开始就考虑到标准化，将标准化方面纳入国家和国际研究项目"。博士的这段话说得很清楚，要实现I4.0，中小企业的参与很重要，但要遵循国际标准实现相关技术。

从技术角度看，很多涉及的术语是异构数据和知识集成的计算逻辑思维模型（本书第二版一直在强调逻辑思维），比其相关系统更具有基础性和持久性，因为这些术语本身并没有直接引用特定应用（如制造），也没有直接引用具体实现方法（即，工业4.0不是一个直接的方法或技术，需要自己寻找解决方案），而是将传统互联网与物理世界结合起来的基本智力问题，更是一个传统观念转变问题，包括教育观念、学习观念、学术观念、管理观念、技术培训观念等。不管是哪一类的人，应将个人发展的机会和承诺终身学习作为自己的责任，目标是提高个人能力。工业4.0所设想的未来愿景，本质上是要改变传统观念，而不是技术本身，相反，如前所述，技术将主导一切。因为，完全集成和数字化的工厂、机器和产品需要以智能和部分自主的方式行动，这需要最少的人工干预。物联网、工业互联网、基于云的制造和智能制造解决了这一未来数字化愿景，许多学者将其归入第四次工业革命或工业4.0的梦幻概念。这样的愿景将导致微观和宏观的传统观念彻底遭到破坏，制造过程的技术和组织复杂性的增加，给特别是中小型制造公司带来了巨大的挑战。挑战不仅限于获得新技术所需的投资，而且还涉及在所有各级组织是否有合格的角色能够应付生产系统日益复杂的变化情况。这显然需要足够的识别工业 4.0 的能力。

在这里仅说个人能力，在 6.1.1 节里讨论的技能是从学习者角度考虑，在这里主要是讨论员工层面，个人能力可以理解为一个人以反思和自主的方式行动的能力，包括学习（发展认知能力）的能力，发展自己的态度和伦理价值体系的能力。在员工层面，工业 4.0 将导致常规任务的自动化程度提高，即员工将不得不面对一个事实：目前的任务在未来将不复存在。这就要求，要有能力看到整个世界的大变局（挑战与机会），期望的财富是需要通过增值价值链获得，显然需要把终身学习作为自己的责任。今天听说的新知识也许明天就过时，新的创新又开始了，以至于你永远是听到新名词，看见的却是现实。

对技术的普遍信任至关重要，同样重要的还有识别技术、作为提高生产力的手段和技术以及作为全面控制员工的手段之间的细微差别的能力。个人在工作时间、工作内容和工作地点等方面的灵活性是一种心态，是能够快速响应市场需求和环境条件的敏捷性的先决条件。当然，同样适用于未来生产系统的管理者。此外，未来的管理者还需要将其管理风格从权力转变为价值，因为未来的团队在文化、教育和地理位置上都是多样化的。

创新这个词本身是没有问题的，问题是，什么是创新？为什么是创新？怎么创新？为什么要创新？创新的立足点在哪？在哪里能找到创新点？确信这真的是创新点吗？等等。中国人民银行工作论文，No.2021/2《关于我国人口转型的认识和应对之策》中提到"创新要冒风险，如果人们知道即便失败，也有饭吃、有房住、有病看，就会敢冒险、敢创新"，这话值得寻味。本书涉及的国际标准超过 1000 个，在研究这些国际标准的过程中总有一个感觉，有些国际标准已发布 10 年甚至更长时间了，到工业 4.0 里竟然还适应，并且有些还有相当的新鲜感。典型的有第 4 章提到的产品数据交换标准 ISO 10303 系列标准（简称 STEP 标准），还有本节里提到的这些标准等，因此，深入研究和学习国际标准是有益的。因为，新技术需要较高的成熟度才能在合理的时间内实现。一项技术标准发布之前总是有几年，甚至很久，有成千上万、甚至更多的研究人员在做前瞻性研究，一经发布，就包含了足够的成熟期，合理的实现时间是前瞻性的，这符合指数函数轨迹。因此，可以说，标准里隐含着最先进的技术和概念，甚至是创新点。大学里的课程门数是按照单一的、狭窄的技术门类设置的，考 60 分就算合格了，但未来，考 100 分也不一定合格。

6.2.2.3　先行的机器人

1998 年，KUKA（库卡）机器人公司推出了世界上第一个可互操作、可上网的工业机器人，它大概是现在我们所知的工业 4.0 发展的前兆，当属工业 4.0 的先驱者。机器人还在进一步发展，以各种形式和形态进军各个服务领域，智能机器人已成为工业生产的坚实支柱。进化机器人（Evolutionary Robotics）使用进化计算为自主机器人开发控制器和 / 或硬件的方法，具有更多的智能和易于集成的应用程序，只需单击一下就能提供新功能，或者基于云的功能，使它们成为灵活、自主运行的智能工厂中的活跃参与者。但至今天，也看不到机器人的任何未来，除非它以标准化的技术为基础，已集成到 CPPS 的生产系统中。从本体论的观点，术语 CPS 即"将物理世界和数字化（虚拟）世界紧密结合的软硬件系统"。它不仅是网络化的嵌入式系统，而是具有协作、适应和发展能力的软件密集型智能系统。在 CPS 生态系统中，每个真实的物理对象都有一个或多个网络表示，一个网络组件或系统可以连接到一个物理表示，即三维有形世界中的一个对象。这大概是未来机器人受"教育"的场景。

有些事物在几年前是难以想象的，但今天已经习以为常了，如今，无论是电动机控制器、断路器、恒温器、灯具、汽车还是简单的电动工具，几乎所有设备都能够通过互联网与其他设备或数据源连接，让工业生产更加灵活、智能和高效。这是通过赋予机器以一种进化的方式在不同的形式和配置中发展自己的能力来实现的。除此之外，它们还具有通过云与生产、工件或其他机器进行通信的能力。有学者说，把 CPS 放到云上就是 ICPS 或 CPPS，有一定的道理。现实中，智能机器能够在人类的日常工作中聪明、有力、安全地支持人类。用于组装、运输和操作等的机器看起来不必像人，只需要具备一些参数，完成三件事：尽可能高效地完成任务；能够尽快适应新的框架条件；能够以一种智能的方式与流程和系统共享知识。就有机会在物联网和工业 4.0 的网络世界中取得成功，因为这些都是在物联网和工业 4.0 的网络世界中取得成功所必需的参数。与此同时，它们也会有各种各样的不同形式。现在我们所知道的 3D 打印机、数控机床或者机器人可能是人类所能想到的最通用、最万能的机器。

在生产中使用的自主机器人，其效能还在不断发展，最近增加了灵活性，以及与人和机器人互动的功能。除了用于模拟产品、材料和生产过程之外，还可以用于改进工厂操作，创建包含所有元素（机器、产品和人）的工厂虚拟模型，这也称为数字孪生。

今天，机器人越来越多地应用于所有部门和广泛的任务，从精益生产到医疗护理。机器人技术的快速发展将很快使人与机器之间的协作成为现实。机器人正变得更具适应性和灵活性，其结构和功能的设计灵感来自复杂的生物结构，一种被称为生物仿生学的过程的延伸，即模仿自然的模式和策略。传感器的进步使机器人能够更好地理解环境并做出反应，并从事更广泛的各种任务。与过去必须通过自主单元编程不同，机器人现在可以通过云远程访问信息，从而与其他机器人网络连接。当下一代机器人出现时，它们很可能反映出对人 - 机协作的日益友好。物联网生态系统，以及云计算和大数据分析，是促进机器人和自动化发展的关键技术。

6.2.2.4　正在发展的机器运行环境

物联网和服务正在进入制造环境。这将对价值创造、业务模式、下游服务和工作组织产生影响。未来的智能工厂运行在开放、互操作和模块化的架构层和平台上，将传统自动化工程与云技术进行有效融合。每一个数据传输都始于一个生产部件或过程，其控制和传感器系统通过特定的协议和总线系统与外围设备通信。

1. 边缘控制器

边缘之间提供通信接口蜂窝网络运营技术（Operational Technology，OT）和整体信息技术（IT）网络。数据在传输到云之前已经在本地边缘硬件中进行了集成、压缩和加密。典型的云功能，如事件处理，被移到边缘，以增加与流程的紧密性，并实现更直接和更快的实时反应。最终，导致云中的控制和监管任务越来越集中，而不是将它们分布到分散位置的各种自动化设备上。因此，边缘设备将车间里的真实事物与云中的几乎无限的计算和存储能力连接起来。通过集成现有工厂的边缘网关，将其纳入新的数字世界，新的控制架构的核心是具有高计算和实时能力的边缘控制器。

由于边缘层在事物和云之间进行交互，组件免除了对云通信的要求，如安全性、计算能力、内存需求等。同时增强了以前缺乏云兼容的通信协议。这些服务直接集成到生产环境中，更重要的是安全嵌入计算机系统中，以实现跨单元和跨组件的可用性。未来工业生产中的所有数据都将通过标准化协议与边缘通信，这些数据现在都被发送到云端，而"云"是由供应商以"基础设施即服务"（IaaS）的形式提供的计算机基础设施。物联网平台（IoT Platform）反过来描述了这些云基础设施中的一个平台，即"平台即服务"（PaaS）。未来，物联网平台将与这种特定的"云"无关，可以在任何基础设施上运行。客户可以自由选择私有云、公共云（Internet 上的"任何地方"）或是在客户的办公场所。微服务运行在这个平台上，利用模组化的方式组合出复杂的大型应用程序，各功能块使用与语言无关的 API 集相互通信，且每个服务可以被单独部署，如认证、角色、大数据存储和处理等。它还支持人工智能、预测性维护和事件分析等功能。物联网平台管理与物相关的数据处理和评估，允许系统操作人员处理他们生产物品的数据，根据数据处理结果调整流程。

2. 雾计算

雾计算和边缘计算是连接现代 IT 和未来 OT 的桥梁的纽带。此时，雾计算和边缘计算被广泛认为是定义的同一个概念。雾计算，简称雾，是云计算的补充，是云向下移动至"接近地面"，接近物理世界的系统、机器、传感器和执行器的末端。雾计算是安全的、高可用的、虚拟化的、实时的边缘计算、网络和存储，这将使 IT 和 OT 之间强强融合。雾 / 边缘计算平台使现代的、受云启发的计算、存储和网络功能更接近数据源，同时还集成了实时和安全功能，为通信、设备管理、数据采集、分析和控制提供了统一的边缘解决方案。雾计算支持部署高度分布式，但集中管理的基础设施。雾 / 边缘计算适用于所有物联网的垂直集成领域。所有这些都需要通过标准化和开放性的接口，统一架构 OPC UA（Unified Architecture）来实现标准化的通信协议。

OPC UA 是目前已经使用的 OPC 工业标准的补充，包括平台独立性、扩展性、高可靠性和连接互联网等的能力，是基于面向服务的架构（SOA），现在，OPC UA 已经成为独立于微软、UNIX 或其他的操作系统企业层和嵌入式自动组建之间的桥梁。通过 OPC UA，所有需要的信息在任何时间、任何地点对每个授权的应用和每个授权的人员都可用。这种功能独立于制造商的原始应用、编程语言和操作系统。

3. 虚拟资产

工业 4.0 的核心概念是资产可以以任何方式组合，在数字世界中使用的资产必须详细地正式描述，不仅对配置进行充分的通用描述，而且进行非常具体的详细描述，重点是优化研发、生产、物流和服务等核心产业流程。

为了虚拟地表示资产的配置和它们之间的连接，使用资产递归描述的原理来描述资产，即结构描述符合工业 4.0；两个或多个资产的配置共同形成一个新资产，使用 RAMI 4.0 进行描述；资产的组件本身可以代表工业 4.0 中描述的独立资产；资产描述在工业 4.0 组件的管理壳中作为结构化信息提供，该组件充当资产的虚拟表示，即任何配置都可以通过使用 RAMI 4.0 描述结构化资产及其组合，以数字方式表示成任何粒度的程度。

在未来，企业将建立全球网络，以 CPPS 和数字孪生（DT）的形式集成其机器、仓储系统和生产设施。在制造环境中，这些 CPPS 包括智能机器、存储系统和能够自动交换信息、触发动作和独立控制彼此的生产设施。这有助于从根本上改善涉及制造、工程、材料使用、供应链和生命周期管理的工业流程。已经开始出现的智能工厂采用了一种全新的生产方式，智能产品具有独特的可识别性，可以随时定位，知道自己的历史、当前状态和实现目标状态的替代路径。嵌入式制造系统垂直地与工厂和企业内的业务流程联网，横向连接到分散的价值网络，可以从产品下单的那一刻起实时管理出站及物流过程。

6.2.2.5　先进的技术支柱

自人类工业革命开始以来，技术进步推动了工业生产率的急剧提高。19 世纪，蒸汽机为工厂提供了动力；20 世纪早期，电气化带来了大规模生产；20 世纪 70 年代，工业实现了自动化。进入21世纪，工业技术不断进步，技术改变了IT、移动通信和电子商务，产品生命周期变得越来越短，消费者对产品的需求量越来越大、越来越复杂、越来越独特，这都对生产构成了挑战。传统的集中控制和监控过程被建立在相互通信的产品和工作单元的自我调节能力之上的分散控制逐渐取代。工业4.0是引入联网的智能系统来实现自我调节的生产，在这个新的工作场所，人、机器、设备和产品将紧密交互。目标是确保灵活、经济和高效的生产。生产过程的所有部分将通过一个中央生产控制系统与其他部分通信。实际上，产品将控制自己的生产，在生产过程中虚拟和现实相结合。过程时序也将由通信单元控制。工厂将自我调节和优化自己的运行。这一转变是由CPS、IoT、大数据和数据分析、云计算（雾计算、区块链、边缘计算、数字孪生）、虚拟现实和增强现实、增材制造（3D打印）、先进制造（实现信息化、自动化、智能化、柔性化、生态化生产）、仿真（模型）、扩展价值网络（垂直、横向和端到端集成）、机器学习/人工智能、进化机器人等技术进步推动的。在这种转变中，传感器、机器、工件和IT系统沿着价值链相连，超越了单个企业。这些称为CPS的互联系统使用标准的基于互联网的协议彼此交互。它们可以通过分析数据来预测未来，配置自己并适应变化。

工业4.0使跨机器收集和分析数据成为可能，使更快、更灵活、更高效的流程能够以更低的成本生产高质量的产品。反过来，这将提高制造业生产率，促进工业增长，重塑劳动力结构，最终改变组织的竞争力。

上述技术进步中的许多已经在制造业中得到了应用，随着工业4.0的发展，数字化生产将彻底改变生产，孤立的、经过优化的单元组合在一起，成为一个完全集成、自动化和优化的生产流程，从而提高效率，改变供应商、生产商和客户之间，以及人与机器之间的传统生产关系。数字工件/智能工件、智能机器、垂直/横向网络连接是网络化生产的主要要素。每个数字工件都知道自己的尺寸、质量要求和加工顺序。被制造的产品通过内部传感器感知生产环境，控制和监控自身的生产过程，以满足生产标准，它可以这样做是因为它可以与设备通信，也可以与已经合并或即将合并的组件通信。智能机器与生产控制系统和被加工工件同时通信，使机器自身协调、控制和优化。每个传统人工过程都是由机器执行的；生产由计算机操作的机器人完成，运输由自动驾驶车辆完成；存储过程也是完全自动的。这不是科幻小说，在中国东莞就有许多只有机器人的工厂，机器人就是这么做的。

6.2.2.6 现实中的工业4.0

自20世纪70年代以来，台式个人计算机、办公IT的使用及第一次计算机辅助自动化的出现彻底改变了企业面貌。对于工业4.0来说，核心技术不是计算机，而是工业互联网。随着跨越企业和国界的全球联网，数字化生产的质量正达到一个新的水平。随着IoT和M2M技术的渗透，制造设施正变得更加智能化。按照中国制造2025的概念，工业4.0是指利用信息和通信技术（Information and Communication Technologies，ICT）将工业中的机器和过程联网。企业可以有很多方法来使用这些网络，可能包括灵活的生产、可重构工厂、以顾客为中心的个性化生产、优化物流、数据的使用和资源节约型循环经济等。

灵活的生产即企业采用循序渐进的流程来开发产品。通过数字化网络，可以更好地协调机器负载，以更好地规划。

可重构工厂是指未来的生产线是建立在模块中，并根据任务快速重置组装，以提高生产力和效率。

个性化生产是可以以负担得起的价格批量生产，消费者和生产者将更加紧密地联系在一起。顾客可以根据自己的意愿设计产品，如，根据顾客独特的体量设计和定制西服和衬衣、依其独特的脚型设计和定制皮鞋。与此同时，通过可穿戴智能产品，将数据发送给制造商。通过这些数据，制造商可以改进自己的产品，为客户提供个性化服务。

　　智能网络能够实现最佳的货物周转，根据算法可以计算出理想的配送路线，当需要新的材料时，机器会独立报告。物流系统软件可以标准化定制，实现自动化仓库和自动化生产物流的统一管理。系统可以自定义用户角色的权限，完成系统配置、存储位置配置、物流路径配置、业务流程配置，实现本地化应用程序。采用客户标准编码体系结构，建立并维护统一编码管理，为各仓库的统一管理提供信息保障。生产过程和产品状况的数据可以结合起来分析，数据分析将为如何更有效地生产产品提供指导。更重要的是，这为全新的商业模式和服务奠定了基础。如，变频器制造商可以为客户提供"预测性维护"，变频器配有传感器，不断发送有关变频器的运行状况的数据。产品疲劳时可以在导致变频器系统故障之前进行检测和纠正。

　　在数据的支持下，需要考虑产品的整个生命周期。设计阶段将能够确定哪些材料可以回收利用。我们很难知道新材料的发展将走向何方，以纳米材料为例，它的强度大约是钢的 200 倍，比人的头发丝细一百万倍，是一种有效的热和电的良导体。现在，高纯度石墨烯是地球上最昂贵的材料之一，1μm 大小的薄片成本超过 1000 美元，当石墨烯的价格变得具有竞争力时，它可能会极大地扰乱制造业和基础设施行业，甚至对一个国家产生深远的影响。

　　新材料可以在减轻面临的全球环境风险方面发挥重要作用。如，可以制造出被认为几乎不可能回收的可重复使用材料，但这些材料可以用于从手机、电路板到航空航天工业部件的所有领域。最近出现的新型可回收热固性聚合物，称为聚六氢三嗪，是向循环经济迈出的重要一步，它通过设计实现再生，并通过分离增长和资源需求发挥作用。

　　实现工业 4.0 的确是一个复杂的项目，其中主要包括智能产品、智能机器和增强经营商三个主要模式。

　　1. 智能产品

　　智能产品的目标是扩展产品的作用，使其成为系统的主动部分，而不是被动部分。产品有存储操作数据和需求的内存，以便产品本身请求所需的资源并协调完成所需的生产过程。最终目标是在高度模块化的生产系统中创建自配置过程。日常工具和产品可以通过安装超小型计算机，变成智能产品，如可穿戴产品，甚至包括咖啡杯、餐盘、平板计算机和衣服等将被赋予智能操作能力，并与附近的其他产品甚至人类进行交互。最后，所有有形和有价值的东西、物品、材料都将转变为智能和有感知的数字手工艺品。现在，神经技术的应用可以帮助瘫痪的人用他们的思想控制假肢或轮椅。超级计算机系统可以在短短几分钟内通过比较患者过去的数据、治疗方法和基因信息，更新医疗知识，为患者制定个性化的治疗计划。与传统心脏手术相比，微创机器人心脏手术减少了患者的恢复时间、疼痛和其他方面的体验，缩短了住院时间，减少了所需药物和其他不良反应。

　　2. 智能机器

　　智能机器是一种智能机器人，是可被教育的机器人，它能够在各类环境中自主地或交互地执行各种拟人任务，具备形形色色的内部信息传感器和外部信息传感器。从生产系统角度看，智能机器就是机器成为了 CPPS。传统的生产层次被 CPPS 支持的去中心化自组织所取代。具有本地控制智能的自主组件可以通过开放网络和语义描述与其他设备、生产模块和产品通信。通过这种方式，机器能够在生产网络中自我组织。生产线是灵活的和模块化的，即使是最小的批量规模也可以在高度灵活的大批量生产条件下生产。

基于 CPPS 的模块化生产线允许简单的即插即用集成或用新的制造单元替换或重构一条新的生产线。其中的设备是智能设备，智能设备是具有内部计算能力的机器、仪器、设备件或任何其他设备。目前用于智能设备的网络连接可用于越来越多的产品。为了在互联网上管理这些设备，出现了新的软件类别，称为设备关系管理（Device Relationship Management，DRM）软件和设备管理服务（Device Management Service，DMS）平台，它可以管理、服务和监视各种智能设备。设备管理服务为连接的设备配备唯一的安全标识和配置，可管理固件、软件和应用程序的所有方面，具有高度的安全性和可靠性。

3. 增强运营商

增强运营商的概念由几个目标组成：简化团队的日常工作，提高他们的效率和自主性，同时保持专注于贡献高水平的附加值的任务，所有这些都在一个更舒适的工作环境中。它是关于在正确的时间以简单和直观的方式将正确的信息提供给正确的人。

增强运营商的目标是在具有挑战性的环境中为员工提供技术支持，即高度模块化的生产系统。在这里，人工操作员被认为是生产系统中最灵活的部分，因为他们可以适应具有挑战性的工作环境。作为生产系统中最灵活的实体，员工将面临各种各样的工作，从生产策略的规范、监控到验证。出于同样的原因，如果需要的话，他们将手动干预自主组织的生产系统。最佳的支持由移动、语境敏感的用户界面和以用户为中心的辅助系统完成，还有平板计算机、智能眼镜（交互式眼镜）和工业智能手表等。通过技术支持，员工可以充分发挥自己的潜力，从而成为有能力处理不断上升的技术复杂性的战略决策者和灵活的问题解决者。

增强现实技术将帮助运营商使作业者更有信心地进行作业。由于具有自动控制功能，这些解决方案减少了出错的风险，并使工作人员更有效率。与增强现实相比，虚拟现实让工作人员沉浸在数字界面中。可以让他们设想未来的工作环境，以便更好地优化其布局。这将进一步使团队参与到变更管理中，从而鼓励协作工作。通过数字克隆，助力产品开发阶段的优化生产。

人工智能将为员工提供自动分析的信息，为决策扫清道路。这些工具还将根据员工的实践和习惯提出行动建议。复制和粘贴信息以及日常用纸将在未来的工厂不复存在。检查表和生产报告数字化大幅减轻团队的一些日常活动。由于应用程序汇集了尽可能多的需求，生产过程将得到简化。执行重复的任务和/或搬运重物是非常适合协作机器人的任务。这显然可以提高工作人员的舒适度和工作表现。协作机器人是通过高度直观的界面编程的，因此它们可以在同一天内灵活地协助完成不同的任务。另外，增强运营商为工厂的操作人员提供 3D 打印机，以便他们可以根据自己的需要制作自己的工具。以往需要向技术服务商提出请求或召开项目监督会议的日子已经一去不复返了。因为员工已经具备了快速、廉价地创造他们自己需要的解决方案的能力和适应性解决方案。

综上，制造设备将以应用高度自动化的数控机床和机器人为代表。设备能够灵活地适应其他价值创造因素的变化，如，机器人将与人类员工在联合任务中协作工作。制造业的工作会自动化，员工的数量将因此减少。剩余的制造业工作将包含更多的知识工作和更多短期和难以计划的任务。员工们越来越需要监控自动化设备，被集成到分散的决策中，并作为端到端工程的一部分参与工程活动。制造系统中日益增加的组织复杂性不能再在某个点集中管理，决策将因此变得分散。决策将自主地集成本地信息，其本身将由员工或设备使用人工智能的方法实现。

随着增材制造（3D 打印）的成本迅速下降，速度和精度同时提高，增材制造技术将越来越多地应用于价值创造过程中。这就可以设计更复杂、更强、更轻量化的几何形状，并将增材制造应用于更高数量和更大规模的产品。产品将根据客户的个人要求批量生产。这种产品的大规模定制将客户尽早地集成到价值链中。作为新业务模式的一部分，实体产品还将与新服务结合，为客户提供功能和访问，而不是产品所有权。

6.2.2.7　工业 4.0 的目标场景

工业 4.0 是一个多方面的技术和价值链组织概念的集合术语。在工业 4.0 的模块化、结构化智能工厂中，CPS 监控物理过程，创建物理世界的虚拟映像，并进行分散决策。通过物联网，CPS 可以实时地与生产系统和人类进行通信和合作。通过网间网操作系统（Internet-work Operating System，IoS），内部和跨组织服务都是由价值链的参与者提供和利用的。这里的服务是指实体或组织通过接口提供的独立功能范围。注意，这与"服务是将需求和能力结合在一起的机制"概念不同。实体是在数字世界中被管理的唯一可识别对象。在工业 4.0 中，人、机器和产品是直接在平台工业 4.0 上相连的。从宏观的角度来看，工业 4.0 涵盖了横向集成和端到端工程维度，交联的产品生命周期成为价值创造网络的中心元素。横向集成的特征是价值创造模块（指嵌入式 CPS）的网络。

企业价值创造依赖于设备、人、组织、过程和产品等因素。以工厂为代表的价值创造模块，在整个产品生命周期的价值链中，以及与相邻产品生命周期的价值链中的价值创造模块之间，都是相互关联的。这种联系形成了涵盖不同产品生命周期价值链的价值创造模块的智能网络。这个智能网络为新的和创新的商业模式提供了环境，从而使商业模式发生改变。

端到端工程是利益相关者、产品和设备在整个产品生命周期内的交叉链接，从原材料获取阶段开始，到生命周期结束阶段结束。产品、各种利益相关者（如客户、工人或供应商）和制造设备都嵌入一个虚拟网络中，并在产品生命周期的各个阶段之间交换数据。这个生命周期包括原材料获取阶段、制造阶段（包括产品开发、相关制造系统的设计和产品的制造）、使用和服务阶段、寿命结束阶段，还包括重用、再制造、回收、回收和处理，以及所有阶段之间的传输。这些价值创造模块，即嵌入这个无处不在的智能数据信息流中的工厂，将会进化成为智能工厂。

沿产品生命周期和相邻产品生命周期之间的物料流动将通过智能物流来完成。智能数据的流之间的各种要素的价值创造网络是通过云交换。智能数据是通过对大数据信息进行便捷的结构化而产生的，智能数据可用于整个产品生命周期的知识进步和决策。

当智能工厂使用嵌入式 CPS 来创造价值时，智能产品可以通过与 CPS 交换智能数据，以一种分散的方式自组织其所需的制造过程和整个工厂的信息流。智能产品包含有关其制造过程和制造设备要求的信息。智能物流使用 CPS 来支持工厂内部以及工厂、客户和其他利益相关者之间的物料信息流。它们根据产品的要求以一种分散的方式进行控制。

从微观的角度来看，工业 4.0 涵盖了智能工厂内的横向和垂直集成，也是端到端工程维度的一部分。智能工厂作为最高聚集层次上的价值创造模块，在较低聚集层次上包含各种价值创造模块，如生产线、制造单元或制造站。

横向集成的特征是沿着智能工厂和智能物流的物质流交叉链接价值创造模块。进出工厂的物流将以运输设备为特征，能够对不可预见的事件（如交通或天气的变化）做出灵活反应，并在起点和终点之间自动操作。自动操作运输设备，如自动引导车辆（Automated Guided Vehicle，AGV）将用于内部沿物料信息流运输。所有运输设备将智能数据与价值创造模块交换，实现物资和产品与运输系统的分散协调。为此，供应品和产品将包含识别系统，如射频识别（RFID）芯片或二维码，以实现对价值链中的所有材料的无线识别和本地化。

从宏观上看，垂直集成要求产品、设备、人等价值创造要素沿着价值创造模块的各个聚集层次，从制造站到制造单元，再到制造线，最后达到智能工厂的层次。这种遍及各个聚合层次的网络包括价值创造模块与不同价值链活动的交叉链接，如市场和销售、服务、采购等。制造设备，如机床或装配工具，使用传感器系统来识别和定位价值创造因素，如产品或人，并监控制造过程，如切割、装配或运输过程。根据监测到的智能数据，制造设备中的执行器可以对产品、人员或流程的特定变化做出实时反应。通过云实现价值创造要素之间、价值创造模块与运输设备之间、不同层次的聚合与价值链活动之间的智能数据沟通与交换。

6.2.2.8　名词术语

工业4.0（智能制造2025）涵盖了不同的领域、不同的学科和不同的控制领域（批量、连续、离散等），一些术语在不同的领域也略有差异，许多也没有统一的定义，以下术语是根据文献综述的，仅限于对本书内容的解释，从知识点角度叙述，而不是定义，仅供帮助理解下文关于工业4.0参考体系架构的一些概念。

1. 框架（Framework）

一般来说，框架是为软件编程而定义的结构。一个框架为工业使用提供软件组件，包括算法、库和方法知识。标准化的接口和适当的中间件使得替换硬件和软件组件变得容易，以简化并加速自动化应用程序开发。

2. 体系结构（架构）

IEEE Std 1471：2000 *IEEE Recommended Practice for Architectural Description of Software-Intensive Systems* 定义体系结构是系统的基本组织体现在它的组件中，它们彼此之间的关系，以及与环境的关系，以及指导它的设计和发展的原则；架构是定义、记录、维护、改进和验证体系结构的正确实现的活动；架构描述（Architectural Description，AD）是用于记录架构的产品集合；架构设计是设计、记录、维护、改进和认证架构正确实现的活动；架构师是负责系统架构的人、团队或组织；视图是从一组相关关注点的角度来看的整个系统的表示；观角是构造和使用视图的约定规范。通过建立视图的目的以及创建和分析视图的技术来开发单个视图的模式或模板。

ISO/IEC/IEEE 42010：2011 定义体系结构是系统在其环境中体现其元素、关系及其设计和进展原则的基本概念或属性。"概念或属性"一词包含两种不同的含义：一是作为概念的架构，（系统的）架构是人的思维中的系统概念；二是体系架构作为属性，体系架构（系统的）是系统的属性。一个系统在其环境中的基本概念或属性体现在其元素中的关系，以及它的设计和进展的原则。

体系架构框架是指特定的应用领域和/或涉众（人、团体、组织或企业）中建立的架构描述的约定、原则和实践。

参考体系架构是用于架构描述的模型，具有参考特征。参考模型通常适合于导出特定模型的模型。

体系架构概念化过程的目的是描述问题空间，并确定适当的解决方案，以解决相关关注的问题，实现体系结构目标并满足相关需求。概念化过程并不意味着结果必须在概念层，或者由一组概念模型和视图组成。根据情况的性质，结果可能包括逻辑架构或物理架构。解决方案的识别可以发生在任何体系架构流程或任何生命周期流程中，不仅仅局限于架构概念化过程。然而，概念化是一个特别关注确定解决方案的地方，但也强调对整个问题空间的充分理解。

3. 物理世界（Physical World）

物理世界是指所有存在的物体和人。真实世界和物理世界是一样的。载入或储存的软件是物理世界的一部分，需要考虑定义每个整体的框架。信息世界等同于数字世界或网络世界。信息世界的元素可以在语义上相互关联。存档世界是数字世界中所有不再有效或最新的信息，因此不能再改变，并且没有声明信息何时从模型世界或状态世界传输到存档世界。

4. 清单文件（Manifest）

I4.0 组件的功能和非功能特性的一组外部可访问的、已定义的元信息。清单可以看作是类似于信息技术中的舱单。功能特性的要求是在系统设计的计划中进行详细描述，而非功能特性的实现是在系统架构中加以描述。非功能特性是指功能需求之外的特性，包括可互操作性、可靠性、可重用性、可变性、可测试性、效率等。在工业 4.0 或智能制造的框架中可互操作性是指语义互操作，即信息以无歧义的显性方式进行互操作。非功能特性已经成为标准化的一个重要方面，涉及非功能特性的定义、边界、一致性限制、方法等。

5. 增值链（Value-added Chain）

增加价值的过程序列，线性的或分层的，形式上是指非循环排列。增值系统是增值链的网络或系统，可以包括它们之间的联系和依赖。增值过程是价值活动，创造对顾客有价值的商品的过程。商品可以是有形的（如原材料或制成品），但也可以是无形的（如知识、信息或服务）。这里不考虑价值或价格的确定。

6. 可追溯性（Traceability）

可追溯性是指在数字价值链中全面追踪所有原材料、生产商、上游供应商、单个部件或组件以及完整的产品及其消费者的能力。在任何时候都可以确定何时、何地和由谁生产、加工、储存、运输、使用或处置货物。无论涉及的是单个零件还是成品，可追溯性的两个方向是有区别的：从制造商到消费者和从消费者到制造商。

7. 自动化互联网 / 机器人互联网（IoA/IoR）

自动化互联网（Internet of Automation，IoA）和机器人互联网（Internet of Robotics，IoR）是基于 Internet 的基础设施，都利用定义的开放通信和数据标准，将可互操作的生产流程连在一起，甚至跨越边界。如，在机器人互联网中，机器人、应用程序商店、中间件和监控工具被网络化，以形成一个高效的生产环境，在这个环境中模拟和数字设备可以相互通信。自动化制造过程中涉及的所有网络物理元素将有可能在自动化互联网中联网，并与机器人互联网通信。

8. 灵活性（Flexibility）

灵活性是对变化的影响做出快速反应的能力。在智能工厂中，最大的灵活性主要来自于云和大数据等 IT 技术与自主控制的移动单元的智能通用生产单元的结合。未来的工厂不会有任何预定义的路线或严格的流程。移动单元将为运行中的机器人配备其他工具，使它们能够快速执行新任务或加工其他工件。另外，智能工厂能够生产不同的产品，而不需要任何重大的工装更换时间。因此，它完全重新定义了生产中灵活性的概念。

9. 智能手表（Smart Watches）

工业智能手表内建事件驱动、数码化及优化制程的后端解决方案，并可发出警报，显示工作指令及实施质量控制清单。能与企业资源规划（ERP）系统集成，收集相关信息，并以最少的工作量实时分发正确信息。内建的智能手表条形码扫描仪和 800 万画素镜头可实时高效地记录数据（如操作数据），所有数据都直接发送到工业智能手表后端进行分析，并直接将纠正动作发送给相关员工。

10. 智能眼镜（Smart Glasses）

基于VR技术的智能眼镜在工业场景应用广泛，在工业制造领域方面用于远程协作、安全管理、运维巡检、远程维护、员工培训、售后服务以及工业设计等。如进行远程维护，专家在远程后台通过现场工作人员的实时图像，帮助工程师完成设备的维护和维修工作。对于现场人员来说，智能眼镜能够解放双手，可以直接与其他工作人员进行对话交流。不需要通过操作显示屏，就能与终端/云端进行交互，摆脱敲键盘与滑手机的状况。工作人员可通过智能眼镜与云端知识系统连接，随时查看工业智库，学习更多的专业知识，了解现场设备的参数、厂家信息、运行数据、状态信息等。紧急情况下可快速视频连线维修控制中心及技术专家，通过实时语音、文字消息、指示标记、资料共享等手段指导一线人员进行故障判断与排除等。

11. M2M通信协议

机器对机器通信（Machine to Machine，M2M）是机器之间的自动信息交换。它是将数据从一台终端传送到另一台终端，即实现机器与机器之间的信息交流与传递，透过网络及机器设备通信的传递与链接达到信息共享的概念。涉及机器、M2M硬件、通信网络、中间件、应用5个重要的技术部分。它们可能是截然不同的终端设备，如从生产机器到自动售货机，再到汽车或家用电器。要使M2M通信以现代的方式工作，需要一套标准化的规则或协议。目前开放统一架构OPC UA协议是最有前途的一个标准化的软件接口，可使通用通信成为可能。

12. 机器学习（Machine Learning）

机器学习是指机器在已有能力的基础上改进其性能的能力。机器学习方法使计算机能够在没有明确编程的情况下进行学习，并具有多种应用，如，在数据挖掘算法的改进方面。特别是在非结构化环境和高度灵活的过程中，如在工业4.0下，集群或云中的机器学习是一种有效的方法，可以实时地智能和自主地适应单个框架的生产过程。

13. 制造即服务（MaaS）

3D打印技术的出现引发了一场制造业商业模式的强大变革，即制造即服务（Manufacturing as a Service，MaaS）平台的崛起。MaaS代表制造业商业模式的自然演变。最初，制造商以一次性交易的方式销售产品，现在，制造产品本身已经成为服务。向MaaS的转变是技术进步的结果，如，更快的互联网、更便宜的云资源，以及基于无处不在的传感器、执行器和数据协议的连接，这些发展使全球供应链发生了根本性的转变。一个典型的实例是一些制造企业不愿投资购买3D打印机，但那些已经购买了3D打印机的企业却没有全职使用它们。因此，3D Hubs（总部位于荷兰）建立了一个人工智能驱动系统平台将两者连接起来，以前所未有的效率将买家和卖家连接起来，这样，需要特定组件的公司可以将所需规格上传到基于网络的系统中，并可立即获得报价。只需单击几下，系统就会告诉需要付多少钱，以及什么时候能收到零部件，就像在淘宝上买一个背包一样。这样，就将制造过程作为服务提供，机器（如例中的3D打印机）不改变所有权，只有机器的服务是付费的（如以每运行时间成本模型的形式）。根据按用量付费的模式，人们购买的不是物理对象本身，而是机器作为一种服务，是它的性能。未来的智能工厂将这些服务无缝地集成到其生产流程中，因此有能力对不同的产能需求和货物流动做出非常灵活和高效的反应，同时节约资源。最终，这些商业模式会颠覆价值链的传统观念：共享生产的原则将变得更加重要，允许最终用户扮演共同生产者的角色。

14. 机器人即服务（RaaS）

与MaaS类似，机器人即服务（Robotics as a Service，RaaS）也是一种新的商业模式，它将机器人作为一种服务而不是一种产品提供，用于跨多个地点管理组织中最手动、单调、重复或危险的任务。这有助于以最小的成本提高生产率；支持更智能的商业网络；让员工专注于高价值的任务。

RaaS最初是用来描述机器人平台在云平台上运行的业务模式，云平台作为服务出售给最终用户。现在，RaaS代表了商业机器人在不断扩大的市场和使用中发展和多样化。这也与软件即服务（SaaS）或大数据即服务（BDaaS）的概念类似，即现收现付或基于订阅的服务模型。那些注册了RaaS的用户可以通过租赁机器人设备和访问基于云的订阅服务（而不是直接购买设备），获得机器人流程自动化的好处，包括机器学习、监控和分析服务，而不必支付昂贵的设备费用及处理随之而来的维护问题。如用于大楼巡逻的机器人，比人工保安便宜65%。这些机器人收集的数据被汇聚到人工智能算法中，这些算法可以找到改进安全操作的思路。

15. 批量大小1（Batch Size 1）

工业4.0为在工业制造中实现最高级别的定制创造了基础，直到批量生产规模为1。即高质量的单件产品，以目前统一的、大批量生产的商品的价格生产。生产过程中所有系统的联网，以及它们的极端灵活性，将使满足单个客户的需求成为智能工厂的惯例。对定制产品的需求在今天已经是一个大趋势，它将发展成为决定性的竞争因素之一。这一趋势不仅为产品提供了新的市场机会，也使传统工业国家可以选择将以前外包的生产能力恢复到高工资国家。

16. 个性化生产（Individualized Production）

个性化或定制化生产指的是一种智能的、高度自动化的生产系统的概念，该系统允许在大规模生产水平的生产成本下，在产品范围内产生高差异和动态性，其目标是解决个性化需求与工业环境下生产过程效率之间的冲突。批量大小为1则是定制化生产的最高水平。工业4.0及其普遍网络化的生产环境代表了世界上最先进的定制化生产方式。

17. 预测性维护（Predictive Maintenance）

预测性维护即消除静态维护间隔，其优势是可靠的生产计划和通过避免计划外停机而获得的最大机器可用性。在实时数据的基础上，利用流分析方法获取制造过程中所涉及的所有相关参数，并对异常情况进行评估。在随后的机器学习过程中，可以及时发现问题的具体故障模式和原因。这使整个生产线生命周期内有更少的废品和最大的可用性。为了能够准确评估机器或其中一个部件的未来性能，智能预测性维护系统将来自分散来源的尽可能多的数据互连起来，以便进行分析。

18. 预防性维护（Preventive Maintenance）

预防性维护指有效地控制必要的停机时间。预防性维修通常是在固定计划的基础上进行的，计划可预测的维护时间，以防止不可预见的停机时间，并最终节省成本，该计划规定定期或固定时间对生产系统的关键要素进行检查。包括分析和清洗机器。

19. 互操作性（Interoperability）

互操作性描述了一个对象、设备或机器与网络中的其他东西进行通信的能力。无论设备是来自相同或不同的制造商。对于工业4.0而言，互操作性是创建一个层的基本前提条件，该层使CPS能够相互连接，这样就可以在参与者不知道实现的设备基于哪些技术的情况下进行交互。它也是网络中事物不受任何限制地进行通信和像"群"一样智能行动的基础。

20. 资源效率（Resource Efficiency）

人类处理未来的能力将取决于对自然资源持有负责任的态度和可持续发展的理念。工业 4.0 所设想的灵活、智能和网络化生产，在整个价值链中更有效、更可持续地使用原材料，并在很大程度上回收利用这些原材料，以造福地球。

21. 机器人治理（Robotic Governance）

机器人治理是一个概念，它考虑了机器人对社会的伦理／道德、社会文化、社会政治和社会经济的影响，并为解决这些变化产生的问题提供了一个框架。治理原则包括问责制、责任制、结构透明度和公平性。通过这种方式，机器人治理有助于为机器人的下一代创造一个可持续和负责任的未来世界。

22. 智能工厂（Smart Factory）

智能工厂的基本特征是聪明和自组织。智能工厂是一种生产设施，其中的制造系统、机器人、物流系统、产品及其组件等在很大程度上能够自主组织自己。在智能工厂中，智能产品、组件、工具和机器都是明确可识别的，可以随时进行本地化，并知道它们的历史、当前状态和实现预期目标的多种方式。随着智能工厂的高度灵活性，批量生产规模为 1 的定制将成为工业大批量生产的现实。为了实现这一点，生产系统一方面必须垂直地网络化，如，与工厂和公司内的业务流程相结合。另一方面，它们还必须横向地跨工厂和公司边界连接，从采购订单到出站物流，以创建可以实时控制的分布式价值创造网络。

工业 4.0 下的智能工厂，在其产品组合中将包含基于最新技术的模块化软件架构，并为整个进化过程做好了准备。Java 平台非常适合未来基于应用程序的程序。这一平台为跨行业数字化、增加价值创造条件，为未来的智能工厂奠定基础。

23. 智能平台

为实现工业 4.0 而创建的智能平台，支持协作的工业流程，并使用服务和应用程序将人、物和系统网络化。其结果是实现更大的灵活性和持续的信息流。智能平台将记录整个业务流程，安全可靠地在各层级工作，并支持移动终端设备及整个数字供应链上的协作生产、服务、分析和预测流程。

24. 社交机器（Social Machines）

生产中的机器智能地相互连接，相互沟通，能够以独立和基于情境的方式对偏差和变化做出即时反应，这些机器被称为社交机器。它们是工业 4.0 愿景的一部分，其基本理念是，机器能够分享它们的知识，就像在社交网络中分享关于它们自己的信息，以及它们的经验和教训。与此同时，社交机器也协调接收到的信息，并从网络中学习。如，通过群体经验，它们知道加工特定材料的最佳参数，并与友好的机器交换这些参数。

25. 智能数据（Smart Data）

如果说数据是新的"石油"，那么智能数据就是驱动生产的燃料。目前，数据只是数据而已，要将其转化为信息，就必须对其进行解释。这是从知觉（认知）到认识（理解）的过程。如，书籍只是琐碎的文字（信息）的集合，只有经过大脑处理和解释它们时，才会成为知识。在工业 4.0 时代的智能自动化的背景下，核心是数据通信、过程建模、机器学习、自主自配置和过程优化等数字领域的智能数据技术的开发。

26. 大数据（Big Data）

大数据是指大量的数据，它们太大或太复杂，变化太快或结构太弱，无法通过人工或传统的数据处理方法进行评估。各方面专家们也只能提出难以置信的大数据量，根据思科

（Cisco）的资料，到 2018 年数据中心流量超过 8.6ZB（Zettabytes，泽字节），而且，移动数据流量的增长速度更会超过固定的 IP 流量，5G 技术的广泛采用还将加速这一发展趋势。其中很大一部分是来自 IoT 及机器和车辆上的越来越多的传感器。实时生成的数据越来越多。然而，对于工业 4.0 来说，评估和处理大量数据的能力，将大数据变成智能数据才是最重要的。因此，IT 系统面临的挑战不仅是能够正确地处理异构数据，而且还包括分析数据，以便为实时的业务决策创建可靠的基础。

27. 认知计算（Cognitive Computing）

认知计算代表一种全新的计算模式，它包含信息分析、自然语言处理和机器学习领域的大量技术创新，能够助力决策者从大量非结构化数据中揭示非凡的洞察。认知系统能够以对人类而言更加自然的方式与人类交互；认知系统专门获取海量的不同类型的数据，根据信息进行推论；从自身与数据、与人们的交互中学习。

28. 数据所有权（Data Ownership）

数据和信息的开放交换是工业 4.0 的重要组成部分。在存储到云存储之前，企业中生成的信息是受版权（知识产权）约束的。但如果数据是在云端创建的，事情就会变得模糊。数据必须属于它们的发起者是理所当然的。在访问权限方面，云提供商有不同的方法来处理用户数据，有时会造成所有权的混乱。因此，确保云服务使用的透明度，以及为发送到云中的所有数据选择安全加密非常重要。这让用户可以控制他们的数据，从而获得某种形式的所有权，而无需考虑法律问题。特别是考虑到生产过程中不同企业的横向联网，数据所有权问题是至关重要的，必须通过满足最高数据安全标准的云解决方案进行保护。

29. 安全（Security）

安全和保障问题是现代企业面临的商业问题之一。在 OT 和 IT 这两个独立的世界中，安全的概念不同，在 OT 的语境中，安全一词是指对人员和机器的保护，以及生产设备的可用性和可靠性。在 IT 环境中，术语安全性主要涉及数据安全性、完整性和机密性。在工业 4.0 的网络化世界中，OT 和 IT 融合在一起，将安全保障问题推向了一个新的复杂水平。

信息安全或数据安全的含义：一是数据本身的安全，主要指对数据进行主动保护，如数据保密、数据完整性、双向强身份认证等；二是数据防护的安全，主要是对数据进行主动防护，如通过磁盘阵列、数据备份、异地容灾等手段保证数据的安全。数据处理的安全是指如何有效地防止数据在录入、处理、统计或打印中由于硬件故障、断电、死机、误操作、程序缺陷、病毒或黑客等造成的数据库损坏或数据丢失现象，不具备资格的人员或操作员阅读敏感或保密的数据而造成数据泄密等后果。而数据存储的安全是指数据库在系统运行之外的可读性。一旦数据库被盗，则容易造成商业泄密，因此，不加密的数据库是不安全的，这就衍生出数据防泄密的概念，涉及计算机网络通信的保密、安全及软件保护等问题。与《中华人民共和国网络安全法》配套的，适应云计算、移动互联、物联网和工业控制等新技术及应用的网络安全等级保护的系列国家标准有 GB/T 22239—2019《信息安全技术网络安全等级保护基本要求》、GB/T 25058—2010《信息安全技术信息系统安全等级保护实施指南》、GB/T 28448—2019《信息安全技术网络安全等级保护测评要求》等，详见第 4 章。

30. 值数据（Value Data）

从毫无价值的数据到有价值的信息称为值数据。有意义的数据可以产生价值增加的信息，因为它们可以被用于各种目的。没有分配、处理、比较等关于机器不同参数的实际状态的数据只不过是松散连接的数字。对这些数据的智能评估可以形成有价值的资产，如通过使用最小化或防止维护和停机的预测。

31. 数字价值链（Digital Value Chain）

数字供应链合并了从供应商到制造商和最终客户的所有相关方的主要业务流程。数字价值链的潜力主要在于加速生产和物流过程，减少数据获取的工作量，优化数据安全性和一致性。通过集成网络，数字价值链能够克服当前媒体的不连续，超越一切界限。在采购领域，企业以前必须通过不同的媒介采购和补充，未来的采购将根据预先确定的参数实现自动化，利用数字价值链来优化其组织内的单个生产岛屿和流程，实现"零库存"。数字供应链也将包括跨企业边界的全球流程，并在很大程度上自主控制它们。机器人在数字供应链中扮演着核心角色。作为智能自动化解决方案的核心组成部分，它增加了企业的行动自由，创造竞争优势，加快生产过程，并确保长期的质量。

32. 分散智能（Decentralized Intelligence）

去中心化的智能在群体中进化，称为分散智能。各方可以与另一个工件与机器、机器与机器或更高层次的流程进行通信，自治的生产单元会为异构的和同质的团队执行这一功能。去中心化有助于更大的灵活性和更快的决策。智能在群体中或通过与云的联合网络发展。

33. 云机器人（Cloud Robotics）

云机器人可以通过机器人作为服务实现广泛的不同行业特定的应用程序。云技术使机器人相互学习。比如一个机器人遇到了障碍物，它就会把这些信息发布到连接系统中，系统就可以利用这些信息对障碍物做出智能反应。在工业 4.0 的背景下，机器人将能够访问网络或云中的去中心化数据，从而显著提高它们的性能和灵活性。机器人本身只需要一个芯片来控制功能、运动和移动。对于手头的任务，特定的服务将从云中检索，或者单个机器人在特定的基础上联网，形成临时的生产团队。

34. 协作工业机器人（Collaborative Industrial Robots）

协作工业机器人通常简称 Cobot。协作工业机器人的目标是将机器人的重复性能与人的个人技能和能力相结合，协同操作。协同操作是一个正在发展的领域。以往，为了实现安全性，通常在机器人处于活动状态时不允许操作人员进入操作区域。因此，各种需要人工干预的操作往往无法通过机器人系统实现自动化。符合 ISO/TS 15066：2016 规范的协作工业机器人系统，是与人员共享工作空间的机器人协同操作系统。在这样的操作中，与安全相关的控制系统的完整性是非常重要的，特别是控制速度和力等过程参数时。一个全面的风险评估不仅需要评估机器人系统本身，也需要评估它所处的环境，即工作场所。ISO/TS 15066：2016 规范中描述的协作工业机器人操作依赖于使用符合 ISO 10218-1 要求的机器人，以及它们的集成满足 ISO 10218-2 要求。ISO 10218-2：2011 描述了工业机器人和机器人系统集成的安全要求，包括协作工业机器人系统。在机器人协同操作中，操作员可以在机器人执行器有电源的情况下，在靠近机器人系统的地方工作，操作员和机器人系统之间的物理接触可在协同工作空间中发生。

35. 数字化（Digitization）

在工业 4.0 中，将真实产品和虚拟模型转换为数字数据和过程称为数字化。人、机器和工业过程在融合了最先进的信息和通信技术的信息物理系统的基础上联网。在这种情况下，数据的智能交换和解释决定了产品的整个生命周期，包括从想法到开发、制造、使用和维护，再到回收。未来，生产和物流过程将在全球联网，以优化物料流动，在早期阶段检测不合格参数，并对不断变化的客户需求和市场条件做出高度灵活的反应。

36. 数字阴影（Digital Shadow）

数字阴影是真实物体的数字图像。该数据包含对象的当前状态和期望状态，实现这种期望状态的可能方法和过程，以及对象已经经历的历史。只有通过数字阴影和物理物体的结合，才能产生一个聪明的东西。在数字化生产设备中，如果为每一件实体产品创造一个数字阴影，并且它带有自己特定的 DNA，那么它就能以更高的效率和质量生产出来。

37. 三重底线（Triple Bottom Line）

三重底线指在扩展或获取资源和经济价值时兼顾环境和社会的和谐统一。即经济、社会、自然环境三方面的平衡统一，是一个衡量组织或社会成功的新价值标准，从经济、生态和社会意义三方面对组织或社会的行为进行综合考虑。即组织或社会的发展要兼顾自身、社会大众和自然环境的利益，要具有可持续性。

6.3　参考体系架构模型（RAMI 4.0）

随着工业 4.0 的兴起，相关的方法、标准、平台和架构也在逐步形成，IEC PAS 63088 规范中描述了工业 4.0 参考体系架构模型（RAMI 4.0）和组件参考模型两个基本模型。参考体系架构模型（RAMI 4.0）如图 6-3 所示。

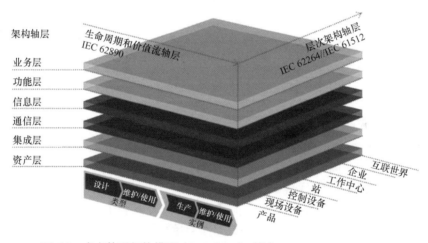

图 6-3　参考体系架构模型（RAMI 4.0），摘自 IEC PAS 63088：2017

图 6-3 与第 4 章图 4-3 智能制造系统架构（Intelligent Manufacturing System Architecture，IMSA）如出一辙，略有差异。

如图 6-3 所示，RAMI 4.0 用一个三维坐标系统描述一个面向利益相关者和工业领域应用分类的定位框架，它在一个层和生命周期模型中引入了所有关键元素和 IT 组件，并将复杂的过程划分为可管理的包，包括数据保护和 IT 安全。将复杂的相互关系分解成更小、更简单的集群。可以将 RAMI 4.0 架构看作是一种模型模式，即要建模的体系架构类的理想的典型模型。

在 RAMI 4.0 中并没有具体规定工业 4.0 体系架构本身，而是只规定了最低要求的框架，包括术语定义、公共语义模型和一种方法，该方法是描述物理世界的规则，目的是向数字世界映射，由 I4.0 组件实现。语义是沟通的基础，为了便于操作，需要一种通用语言（术语和语义）的基本的语义规则，不同领域的术语和语义单独定义。资产＋管理外壳构成的 I4.0 组件管理外壳。

根据资料，RAMI 4.0 大约涵盖 15 个工业行业。根据 IEC SRD 62913-1：2019、IEC SRD 63268：2020、*SG-CG/M490/C-Smart Grid Reference Architecture*，*2012* 和 *SG-CG/M490/K-SGAM usage and examples*，*v3*，*2014* 可见，RAMI 4.0 的基本特征是基于智能电网架构模型（Smart Energy Grid Architecture Model，SGAM），本书建议电气工程专业可参考这些资料，以帮助理解图 6-3。

6.3.1　RAMI 4.0 的概念

RAMI 4.0 的核心概念是 CPS，类似于工业互联网参考体系架构（Industrial Internet Reference Architecture，IIRA）中的互联网信息服务（ISO/IEC/IEEE 42010：2011），目标是在企业界的垂直、横向和端到端三个主要领域实现跨界集成，即垂直和横向价值链的集成和数字化、产品和服务的数字化，以及数字化商业模式和客户关系的形成。自治是本地化的，组件系统用户自己做决定。基于现有的通信标准和功能描述，从 IIRA 的三层架构可以透视 RAMI 4.0 架构的特性。应用程序可从工业互联网参考体系架构（IIRA）和参考体系架构模型（RAMI 4.0）这两种体系架构交叉实现，这两种体系架构提供了完全指定但与实现无关的模型，是工业互联网体系架构的两个主要标准化框架，它们的目标都是通过高度抽象和通用的用例特征来扩展行业互操作性。建议参考 *The Industrial Internet of Things Volume G1*：*Reference Architecture*，https：//www.iiconsortium.org/IIRA.htm。

IEC PAS 63088 规范的 RAMI 4.0 是技术对象（资产）的整个生命周期内及相关的价值链中创建数字描述的规则，以促进技术对象之间的协作，即它们必须虚拟地表示和连接。对象的虚拟表示必须是数据结构的。技术对象也称为技术资产，两者可视为同义词，或简称资产。

生命周期和价值流是指从产品（装备、设施）原型开发（设计、生产、物流、供应链、服务）到回收的价值创造活动过程。对应图 6-3 中的"类型"和"实例"阶段。在 RAMI 4.0 中，销售活动归为供应链的产品。设计是指确定方案、建设、仿真、验证、优化等研发活动的过程。其他可按普适（涉众）概念理解。

RAMI 4.0 以层的形式表示资产，并对其进行描述，在其整个生命周期中跟踪并将其分配给技术和 / 或组织层次结构。一个重要的特性是将对象标识为产品、资产、软件、机器甚至工厂的实例化类型。通过在资产生命周期的每个点上组合所有三个轴来表示每个相关方面。可以将 RAMI 4.0 三维坐标系统的三个轴看作是一种工业 4.0 解决方案的 3D 地图，右侧横轴所示的层级轴是 IEC 62264 标准中定义的层级，层次结构代表工厂或设施内的不同功能。

RAMI 4.0 的目标是用足够的精度来描述资产和资产的组合，描述是纯逻辑的。实际的实现可能与逻辑描述不同。如，机器的 MES 功能在层次工作中心上进行逻辑描述。当它被实现时，这个功能可能实现在分层站。安全性始终包含在三个轴的每个部分的描述中。RAMI 4.0 的特点是它将生命周期和价值流与用于定义工业 4.0 组件的层次结构方法相结合，可以为描述工业 4.0 环境提供最大的灵活性，并允许应用程序域的定义具有特殊的规定和需求。

RAMI 4.0 为识别、语义和通信提供了基础。识别是事物在网络生产中自动找到彼此的必要前提。目前存在着不同的标准，须根据不同需要制定一个统一的遵从性；机器之间或机器与工件之间的通信需要跨供应商进行数据交换，这就需要统一的语义，包括数据的通用语法；通信方面有很多通信连接和协议可用，通用的是基于以太网或 OPC UA 的现场总线。

6.3.2 RAMI 4.0 的三维体系

RAMI 4.0 的三维体系由架构轴层（纵轴）、生命周期和价值流轴层（左侧水平轴）和层次架构轴层（右侧水平轴）组成。纵轴的六层定义了 I4.0 中 IT 组件的性质，包括业务应用、功能方面、信息处理、通信和集成能力，以及实现 I4.0 特性的资产能力。产品、机器、订单和工厂的生命周期沿着生命周期和价值流轴（IEC 62890），而层次架构轴层（右侧）代表企业 IT 和控制系统（IEC 62264 和 IEC 61512）的各种功能，任何活动都应该与现有架构（ISA 95/ISA 88）很好地集成。ISA 95/ISA 88 中定义的从物理设备控制层到业务流程管理系统的更高层，从供应商到企业到客户，从设计到操作再到工程系统生命周期的回收阶段。

6.3.2.1 RAMI 4.0 的架构轴层

在架构轴层（纵轴）表示各种透视图，如市场方面、数据映射、功能描述、信息、通信行为、组件集成、硬件 / 资产或业务流程等，复杂的项目可被分割成可管理的集群，由六个层来表示与资产角色相关的信息。也表示垂直集成和网络化制造系统，包括价值创造模块的不同聚合和层次内的智能交叉链接和数字化，从制造站到制造单元、生产线和工厂，还集成了相关的价值链活动，如市场营销和销售或技术开发。

智能交叉链接和数字化涵盖了使用嵌入在云中的信息和通信技术（Information and Communication Technologies，ICTs）的端到端解决方案的应用。在制造系统中，智能交叉链接是通过自组织和分散方式运行的 CPS（CPPS）实现的，基于嵌入式应用传感器系统及物理过程的执行器系统。CPS 之间智能地相互连接，并通过虚拟网络（如云）实时地持续交换数据。云本身是在物联网和服务中实现的。作为社交机器的一部分，CPS 使用人机界面与操作人员进行交互。架构轴层中的各层实现相对独立的功能，层之间是一个松散的连接，层并不必须是有内容的。下层为上层提供接口，上层使用下层的服务。交互只能发生在两个相邻的层之间或在一个层内。层次永远不会被跳过。从下到上各层代表的主要功能为：资产层、集成层、通信层、信息层、功能层和业务层。

1. 资产层

RAMI 4.0 模型下的资产包括工厂、生产系统、设备、机器、组件、生产的产品和原材料、业务流程和订单、非物质资产（如流程、软件、文件、计划、知识产权、标准）等元素，以及服务与人力等。

RAMI 4.0 模型具有一个广义生命周期轴，它源自 IEC 62890，基本思想是区分工业 4.0 中所有资产的可能类型和实例。如，材质类型 / 材质实例、产品类型 / 产品实例、机器类型 / 机器实例等。与业务相关的信息在 RAMI 4.0 模型的"业务"层处理，包括订单细节和工作流，同样包含类型 / 实例。这一层对应 IMSA 中的"资源要素"。即可理解为"资源＝资产"。因此，资产与 IEC 61131 中定义的资源具有类似的概念。在资产的整个生命周期中，在特定的时间、特定的位置具有特定的状态。使用附加信息可以更精确地描述这种状态。

资产的类型定义了所有特性的总和，及特定资产的实例。实例是特定的、明确可识别的资产，其特征是类型的属性。实例总是与其类型有明确的关系。类型和实例通常指的是"资产类型"和"资产实例"。类型的属性是开发、（创建资产的）使用和维修，实例的属性是产品 / 生产、（使用资产的）使用和维修。类型和实例都要服从于使用和维护。

对于开发，从构思 / 概念化到第一个原型 / 测试都是有效的。定义资产的"类型"，以定义和实现不同的属性和功能。创建所有（内部）设计工件，如 CAD 数据、图表、嵌入式软件，并与资产类型相关联。

（创建资产的）使用和维修，可以提高生产能力。创建与资产相关的"外部"信息，包括技术数据表、营销信息、销售过程开始等。

产品 / 生产指的是根据资产类型信息创建 / 生成资产实例。关于生产、物流、鉴定和测试的特定信息与资产实例相关联。

（使用资产的）使用和维修，指在资产实例的购买者的使用阶段。使用数据与资产实例相关联，并且可以与其他价值链合作伙伴共享，如资产实例的制造商，还包括资产实例的维护、重新设计、优化和解除调试。完整的生命周期历史与资产相关联，可以存档 / 共享文档。

不同的生命周期阶段中，最重要的关系是资产类型和资产实例之间的关系。这种关系应在资产实例的整个生命周期中维护。通过这种关系，对资产类型的更新可以自动或按需转发到资产实例。

资产层中的每一个相关项目在数字世界的高层中都存在一个项目，但并不是数字世界中的每个相关项在资产层中都有相应的项。它们通过集成层与虚拟现实世界相连。资产可以通过二维码被动连接到更高的集成层。

在对软件进行分类时，算法本身属于数字世界，但加载到系统中的可执行程序是物理世界的一部分。人是物质世界的一部分，也是数字世界的一部分。由于人类具有智慧和自由的决策能力，因此人类具有特殊的地位。

多个资产可以组合成一个更复杂的资产。所有单独的资产和新的、更复杂的资产都根据参考体系结构模型（RAMI 4.0）的规则来描述。资产在虚拟世界中由其管理壳表示。按资产的通信能力分为无通信能力资产、具有无源通信能力的资产、具有主动通信能力的资产（基本组件）和具有兼容 I4.0 通信能力的资产（I4.0 组件）等几类。根据增值链中资产的使用方式，其类型或特定实例的属性和状态是相关的。

对于实物资产，具体资产是在生产中根据类型创建的。每一个制造的资产代表了一个类型的实例，并且可以被利用。实例可以销售，交付给客户，由客户使用和维护。对于信息领域中的资产，实例是根据类型，通过分配和初始化数据结构创建的，这些数据结构将在以后使用、修改和再次发布。

2. 集成层

集成层表示从物理世界到信息世界的过渡。它描述了为实现一个功能（资源）而存在的基础结构。集成层存储了属性和与流程相关的功能，这些功能使资产可以用于其预期用途，以计算机可处理的形式提供有关资产（物理硬件 / 文件 / 软件 / 固件等）等信息的表示；描述技术要素，如 RFID 阅读器、传感器、人机界面和信号转换器；计算机辅助控制的技术（子）过程；从实物资产中生成事件；包含与它相连的元素，如 RFID 阅读器、传感器、人机界面、PLC 等。与人的交互也发生在这一层面上，如通过人机界面。现实世界中的每一个重要事件都指向虚拟世界中的一个事件，即集成层中的一个事件。如果物理世界中的实际情况发生变化，则通过适当的机制将事件报告给集成层。相关事件可以触发通过通信层向信息层发出信号的事件。这一层对应 IMSA 中的"系统集成"。

3. 通信层

通信层实现通信标准化，采用统一的数据格式，为集成层的控制提供服务。目前的现场总线、RFID、二维码等都不属于通信层，而是属于集成层。传递的信息和功能不仅在其（操作）使用期间至关重要，而且在资产生命周期的所有其他阶段也至关重要。如，采用统一数据格式的标准化 I4.0 通信；提供服务，如基于 SOA（Service-Oriented Architecture）的信息功能。

由于一个对象的通信能力和表示或公开的重要性，它分配给一个特定的类可以用 CP 和一个数字表示。CP 代表通信和表示。通信能力表示（X），4- 与业务系统通信，3- 积极的沟通能力，2- 无源通信能力，1- 无通信能力；在信息系统内的表示（Y），4- 作为一个实体被管理，3- 已知，2- 已知匿名，1- 未知。为了给资产分配数据和功能，它必须作为一个实体存在。如，CP 33（CP XY），X=3、Y=4 表示能够主动通信的独立已知组件，如带有现场总线连接的经典现场设备；安全容器的 CP 类是 CP 14，它在整个生命周期内都受到监视，但不能进行任何形式的通信；I4.0 组件可以是 CP 24、CP 34 或 CP 44 组件。这一层对应 IMSA 中的"互联互通"。

4. 信息层

信息层描述资产的技术功能所使用、生成或修改的数据，包括处理事件（预处理）的运行时环境；规则的执行；模型和规则的正式说明；持久化模型所代表的数据；资料的完整性；不同数据的一致集成；获取新的、更高质量的数据（数据、信息、知识）；通过服务接口提供结构化数据；接收事件并将其转换为合适的形式。每一条信息都有一个载体。

数字世界分为模型世界、状态世界和存档世界。模型世界包含元文档、模型、概念、技术文档、生产计划和过程描述等对象；状态世界描述当前状态；存档世界包含已发生的进程的记录状态和生命周期信息。这些过程可以是生产过程、开发过程、维护过程等。

工业 4.0 的关键任务是从物理世界中获取技术资产，并在信息世界中虚拟地代表它们。物理世界是所有真实资产和人的整体。对于数字世界，资产以某种方式呈现或表示，在其生命周期内具有特定的状态（至少是一个类型或实例），沟通能力，用信息（数据）表示技术功能。在信息系统中管理一个对象的方法，是独立于它的通信能力的，即系统中的一个重要单元，如引擎，可以作为一个实体来管理，即使它完全不能通信。然后，应使用外部测量和识别系统或由人亲自跟踪并记录其状态。在信息系统中，每个对象的表示或公开的管理类别可以自由选择，这是一种设计决策。通信能力对于管理对象是有用的，但不是必需的。相反，一个特定的通信能力要求对象在信息系统中具有足够的可识别性。这一层对应 IMSA 中的"信息融合"。

5. 功能层

功能层是功能的形式描述。描述资产（技术功能）的（逻辑）功能及其在工业 4.0 系统中的角色，包括正式的数字化描述功能；各种功能横向集成；支持业务流程的服务的运行时和建模环境。应用程序和技术功能的运行时环境。规则和决策逻辑在功能层中生成。根据实例，这些也可以在信息层或集成层中执行。远程访问和水平集成只发生在功能层中。这就保证了过程中信息和条件的完整性和技术水平的一体化。资产层和集成层也可以出于维护目的临时访问。这种访问特别用于调用只与下级层有关的信息和过程。IMSA 中没有这一层。

6. 业务层

业务层描述了商业视图。映射业务模型和最终的整体流程，对系统必须遵循的规则进行建模，包括一般组织边界条件，如订单规则、一般订购条件或监管规定；货币条件，如价格、资源可用性、折扣等；增值链的功能完整性；一般法律和监管条件；"功能"层的服务编制；连接不同业务流程；接收用于推进业务流程的事件，以便业务流程进入下一阶段。业务层不涉及具体的系统，如 ERP 系统。流程关联的 ERP 功能通常位于功能层。这一层对应于 IMSA

中的"新兴业态"。

6.3.2.2　RAMI 4.0 的生命周期和价值流轴层

生命周期和价值流轴层（左侧水平轴）代表工业生产（设施和产品）的生命周期和价值流，基于 IEC 62890 的生命周期管理。此外，还对"类型"和"实例"进行了区分。当设计和原型设计已经完成，实际的产品正在制造时，"类型"就变成了"实例"。在这个轴上，资产的特征是其在特定时间和特定位置的状态。

类型指的是任何产品、机器或软件/硬件，包括设计订单、开发和测试，直到生产的原型。在所有的测试和验证之后，该型号为批量生产做好准备。任何组件、机器或硬件/软件等的类型都为批量生产奠定了基础。每个制造的产品代表该类型的一个实例，如，它有一个唯一的序列号。实例被出售并交付给客户。类型在安装到特定系统中时成为实例。从类型到实例的更改可以重复多次。图 6-3 中生命周期和价值流的结构显示了开发和维护或使用类型的划分，如果是物理性质的产品，实例由生产和维护或使用组成，而不是开发。如左侧水平轴上的功能层，可以用一个简单的例子来解释，如下所述。

一个企业开发一种新型通用变频器，研制代表了一种新型电力传动装置的开发。对该新型通用变频器初始样品测试、第一个原型系列的制造和验证。测试成功后，发布新型通用变频器销售（发布产品名称和型号）信息，此时，可以开始第一个系列生产。每个新型通用变频器都有一个序列号（唯一的标识），是以前开发的通用变频器的一个实例。客户对该类型实例的反馈可能会导致通用变频器硬件部分的修正和控制软件中的修正。这表示对类型的修改，即，作为对类型文档的修改应用，并且产生修改后的类型的新实例。物流数据可用于装配，采购部门可以实时查看部件库存，随时知道供应商零部件的位置，客户在生产过程中可以看到产品的完成情况等。完全数字化生产中的价值流使采购、订单计划、装配、物流、维护、客户和供应商等连接起来。这显然有很大的潜力来改进产品。因此，生命周期可以与它所包含的增值过程一起看待，而不是孤立地看待。

基于 IEC 62890：2020 标准的生命周期和价值流代表资产的生命周期和增值过程；标准在整个生命周期中定义一致的数据模型。在 RAMI 4.0 的价值流和生命周期级别中使用。产品生命周期及其包含的价值流是沿着生命周期和价值流轴层表示的。整个价值创造网络的横向集成，包括整个产品生命周期价值链和相邻产品生命周期价值链之间的跨公司和公司内部的智能交联和价值创造模块的数字化。

6.3.2.3　RAMI 4.0 的层次架构轴层

层次架构轴层（右侧水平轴）描述了工业 4.0 中各个部件的功能及功能分类，以及生产架构的变化，它不再是一个经典的金字塔结构，而是用功能层次描述新的工业 4.0 金字塔结构，展示的是工业 4.0 组件的功能。

这一层是根据 IEC 62264-1（ISA 95）和 IEC 61512-1（ISA 88）标准将功能模型分配到特定层的轴。代表了一个功能层次，包括控制装置、机器和系统、不同类型的生产，如批生产、连续生产和重复或离散生产等，而不是经典自动化金字塔中的设备类或层次。只是遵循 IEC 62264 和 IEC 61512 标准的参考体系架构模型的工厂，统一考虑覆盖尽可能多的行业流程及工厂自动化。从工厂自动化到流程工业的尽可能多的部门的一致性考虑，但仅用于工厂内部层级。

垂直轴上的六层用于描述将一台机器逐层分解为其属性的结构，即一台机器的虚拟映射。这种表示来源于信息和通信技术，在这些技术中，复杂系统的属性通常被分解成层。图 6-4 所示为工业 4.0 组件模型。

工业 4.0 组件模型是一个从 RAMI 4.0 模型衍生出来的特定模型，描述 CPS 特性，以及虚拟和物理对象与进程之间的通信。旨在帮助生产商和系统集成商为工业 4.0 创建硬件和软件组件。未来生产的硬件和软件组件将能够通过实现工业 4.0 组件模型中指定的特性来完成所要求的任务。

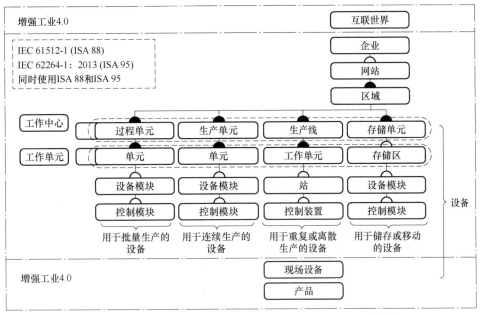

图 6-4　工业 4.0 组件模型（根据 IEC PAS 63088：2017 编辑）

图 6-4 中没有显示实现方案，分类在一个工厂中，不是实现，而是功能分配。只指定了组件的功能，没有实现规范。图 6-4 中的"站"指的是工厂（Plant 或 Factory）；"设备模块"指的是"Plant""工作中心"和"工作单元"指的是"Factory"。这一侧的最高水平是"互联世界"（Connected World），对应于 IMSA 中的"协同"的概念。"控制模块"指的是"Control Device"，对应于 IMSA 中的"控制"。"现场设备"和"产品"，勉强对应于 IMSA 中的"设备"。

图 6-4 扩展了 IEC 62264 标准的层次，在底部增加了"产品"或工件层次，在顶部增加了超越单个工厂边界的"互联世界"。互联世界描述了一个资产或资产组合（如安装或公司）与另一个资产或资产组合（另一个安装或公司）之间的关系，如，一个工厂网络、现场设备层次化的添加等。产品指的是作为工业 4.0 增值过程中不可分割的一部分而进行合作或协作的产品。如，对于资产"生产工厂"，能够对要生产的产品和生产工厂进行同质化考虑，以及它们所有的依赖和关系。对于工业 4.0，不仅制造产品的工厂和机械很重要，而且需要自己制造的产品也很重要。不仅控制设备是决定性的，而且在机器或系统内部也要考虑。因此，在控制装置下面增加了"现场设备"。这代表了智能现场设备（如智能传感器）的功能水平。因此，参考体系结构模型允许对要制造的产品和生产设施及其相互依赖性进行同构考虑。

上面这些术语对应于图 6-3 垂直轴上的层，是可选的选项，不一定全有。图 6-4 左上角 IEC 标准之上的层次描述了工厂组、外部工程关联内部的协作、组件供应商和客户、新金字塔的连接世界区域。IEC 62264-1~6 定义企业业务系统与工厂层控制系统之间的集成、术语和模型。整个产品生命周期的端到端工程是指在产品生命周期的所有阶段（从原材料获取到制造、产品使用和产品生命周期结束）进行智能交叉链接和数字化。

6.3.3 工业 4.0 组件

工业 4.0 组件是对象的数字描述，用于虚拟地表示该对象，是资产虚拟表示的重要组成部分。术语"组件"是一个通用术语，它表示物理世界或信息世界中的资产。资产是一个对象，该对象具有组织的价值。在其系统环境中执行或用于特定角色。一个组件可以是一个管道、一个 PLC 功能模块、一个灯、一个阀门或一个智能驱动单元等。重要的是要把它看作是一个整体，以及工业 4.0 组件在系统中应该或已经执行的角色（技术功能）。工业 4.0 组件是具有通信能力的全局和唯一可识别的参与者，由管理壳和资产组成，并在工业 4.0 系统中（对应于 CP 24、CP 34 或 CP 44）进行数字连接，且在那里用定义好的服务质量（QoS）属性提供服务。具有不同通信功能的不同类型资产可以实现为工业 4.0 组件，它为服务和数据提供分级保护，包括适当程度的信息安全。在工业应用程序中，工业 4.0 组件可以是一个单独的生产系统机器或单元，或机器中的一个模块。只有当它是一个实体，至少具有被动通信能力，并配备了管理壳时，资产才会成为工业 4.0 组件。工业 4.0 组件的结构如图 6-5 所示。

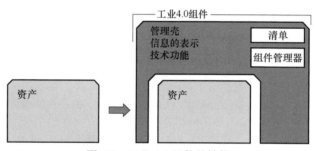

图 6-5　工业 4.0 组件的结构

管理壳是工业 4.0 系统中的组件的虚拟数字和主动表示。管理壳包括表示资产及其技术功能的相关信息。它根据 RAMI 4.0 为信息世界提供资产或多个资产的信息。管理壳是生产过程中硬件或软件组件的虚拟映像，包含所有特定的生产数据，这些数据为网络生产带来了全新的可能性和附加值。数据和功能可以在组件本身、公司网络和 / 或云上获得。这些信息的收集产生了包罗万象的知识，一旦存储起来，任何用户和应用程序都可以使用这些知识。

在许多文档中，组件管理器被称为资源管理器，但这里应该称为组件管理器。管理壳中的信息及其部分模型是由组件管理器和清单完成管理和组织的。

组件管理器直接或间接地形成一个扩展的服务，该服务执行所包含信息的终身维护，并支持基于面向服务的体系结构（SOA）的强大查询功能。它是工业 4.0 组件的 IT 技术服务之间的链接，提供对表示信息和资产技术功能的外部访问。它组织处理和识别管理壳和资产，对工业 4.0 组件资源进行自治管理和访问，并确保适合资产的使用。它的另一个任务是终身维护管理壳中的属性、数据和功能。基于 SOA 为查询资产信息的强大服务提供了 API。因此，组件管理器可以连接 SOA 或将管理壳集成到存储库中。如果工业 4.0 组件保存在存储库中，可以通过中央服务来表示组件管理器。在这里，服务被理解为技术 IT 服务，这与技术服务的功能不同。对资产的使用应有适当的使用权和保护。

具有不同通信功能的不同类型资产可以实现为工业 4.0 组件。工业 4.0 组件为服务和数据

（包括信息安全）提供了相应级别的分级保护。在工业应用程序中，工业 4.0 组件可以是一个生产系统、一台单独的机器或工作站，或者机器内部的一个组件。只有当它是一个实体，至少具有被动通信能力，并配备了管理外壳时，资产才会成为工业 4.0 组件。管理壳包含表示资产及其技术功能的相关信息。它根据 RAMI 4.0 为信息世界提供资产或多个资产的信息。每个工业 4.0 组件，无论它们可能有多么不同，都沿着工厂的生命周期移动，在办公层和车间层相关性之间紧密联系，并与产品生命周期管理（Product Lifecycle Management，PLM）等重要的工厂系统联系，如企业资源计划（ERP）、工业控制和物流系统。

在 RAMI 4.0 中，虚拟表示发生在信息层。工业 4.0 组件的虚拟表示的数据既可以保存在对象本身中，也可以保存在更高级别的 IT 系统中。虚拟表示中可能的进一步数据包括涵盖各个生命周期阶段的数据，如 CAD 数据、终端图或手册。除了数据之外，工业 4.0 组件还可以拥有技术功能。如，用于项目规划、配置、操作员控制和服务的软件。技术功能发生在参考体系结构模型 RAMI 4.0 的功能层中。管理壳将对象转换为工业 4.0 组件。可以将具有不同通信能力的不同对象实现为工业 4.0 组件。对于工业 4.0 组件概念而言，各种实例都具有同等的价值。

6.3.4　工业 4.0 相关的重要标准

标准是实现智能制造的基础，是企业基本的和有价值的工具，可以帮助企业采用新技术和创新。不同的标准以不同的方式促进智能制造系统的功能，不同的行业有不同的标准需要遵循。为了生成智能制造场景，根据标准是否有助于功能来确定采用的标准，并分析该标准在何处、何时，以及用于什么目的。有许多与工业 4.0 相关的标准，如 IEC 61131、IEC 61499 和 IEC 61804 标准特别重要。除了第 3~5 章介绍的 PLC、变频器相关标准外，本节仅介绍 RAMI 4.0 相关电气工程相关的标准，也是工业 4.0 或智能制造方面涉及的重要标准，这些标准主要是"自愿共识标准"，即是否采用是自愿的。但执行者类标准可促进新技术、新产品和新制造方法的采用。工业 4.0 系统中的重要标准见表 6-2。

表 6-2　工业 4.0 系统中的重要标准

序号	对应 GB/T 标准，或中文标题	ISO/IEC 标准
1	工程软件系统架构描述的元模型	IEEE 1471：2000 Recommended Practice for Architectural Description of Software-Intensive Systems
2	系统和软件工程体系结构描述	ISO/IEC/IEEE 42010：2011 Systems and software engineering-Architecture description
3	智能制造 - 参考架构模型工业 4.0（RAMI 4.0）	IEC PAS 63088：2017 Smart manufacturing-Reference architecture model industry 4.0（RAMI 4.0）
4	工业过程测量，控制和自动化系统和组件的生命周期管理	IEC 62890：2020 Industrial-process measurement，control and automation Life-cycle-management for systems and components
5	企业 - 控制系统集成	IEC 62264-1~6 Enterprise-control system integration
6	批控制	IEC 61512-1~4 Batch control
7	带有相关分类方案的标准数据元素类型	IEC 61360-1、2、6 Standard data element types with associated classification scheme

（续）

序号	对应 GB/T 标准，或中文标题	ISO/IEC 标准
8	GB/T 39260.2—2020 用例方法　第 2 部分：用例模板、参与方清单和需求清单的定义	IEC 62559-1~4 Use case methodology IEC/TR 62559-1 IEC/SRD 62559-4
9	工业自动化系统工程中使用的工程数据交换格式 - 自动化标记语言	IEC 62714-1~4 Engineering data exchange format for use in industrial automation systems engineering-Automation markup language
10	工业自动化系统与集成 -COLLADA 工业数据 3D 可视化数字资产模式规范	ISO/PAS 17506：2012 Industrial automation systems and integration-COLLADA digital asset schema specification for 3D visualization of industrial data
11	工业过程测量、控制和自动化 - 数字工厂框架 - 第 1 部分：基本原理	IEC 62832-1~2：2020 Industrial-process measurement，control and automation-Digital factory framework
12	工业过程测量、控制和自动化 - 表示生产设施的参考模型（数字工厂）	IEC/TR 62794：2012 Industrial-process measurement，control and automation-Reference model for representation of production facilities（digital factory）
13	工业过程测量，控制和自动化 - 数字工厂	IEC 62832-1~3：2020 Industrial-process measurement，control and automation-Digital factory framework
14	工业过程测量和控制 - 过程设备目录中的数据结构和元素	IEC 61987 系列（共 15 部分）：2009 Industrial-process measurement and control-Data structures and elements in process equipment catalogues
15	过程控制工程的表示 -P&I 和 P&ID 工具与 PCE-CAE 工具之间的数据交换要求	IEC 62424：2016 Representation of process control engineering-Requests in P&I diagrams and data exchange between P&ID tools and PCE-CAE tools
16	OPC 统一架构 第 1 部分：概述和概念 第 2 部分：安全模型 其他，共 12 部分 注意：版本已全部更换	IEC/TR 62541-1：2020 OPC unified architecture-Part 1：Overview and concepts IEC/TR 62541-2：2020 OPC unified architecture-Part 2：Security Model IEC 62541-3~14：2020 OPC unified architecture IEC 62541-100：2015 OPC unified architecture
17	工业通信网络 - 配置文件（行规）	IEC 61784 系列（共 36 部分）Industrial communication networks-Profiles
18	微网和数据接口连接到智能电网与其他智能电网利益相关者 - 标准化概览	IEC SRD 63268：2020 Energy and data interfaces of users connected to the smart grid with other smart grid stakeholders-Standardization landscape
19	功能安全 - 流程工业领域的安全仪表系统	IEC 61511-1~3 Functional safety-Safety instrumented systems for the process industry sector
20	工业自动化和控制系统的安全	IEC 62443 系列（共 10 部分）Security for industrial automation and control systems
21	机械安全 - 安全相关电气、电子和可编程电子控制系统的功能安全	IEC 62061：2015 Safety of machinery-Functional safety of safety-related electrical，electronic and programmable electronic control systems
22	机械安全 - 安全性 - 控制系统安全部件	ISO 13849-1、2 Safety of machinery-Safety-related parts of control systems

（续）

序号	对应 GB/T 标准，或中文标题	ISO/IEC 标准
23	机械安全 - 双手控制装置设计和选择原则	ISO 13851：2019 Safety of machinery-Two-hand control devices-Principles for design and selection
24	机械安全 - 压敏保护装置	ISO 13856-1~3：Safety of machinery-Pressure-sensitive protective devices
25	信息技术 - 安全技术 - 信息安全管理系统 - 概述和词汇	ISO/IEC 27000：2016 Information technology-Security techniques-Information security management systems-Overview and vocabulary
26	自动化系统和集成评估能源效率和其他影响坏境的制造系统的因素	ISO 20140-1：2019 Automation systems and integration Evaluating energy cfficiency and other factors of manufacturing systems that influence the environment
27	GB/T 29618 现场设备工具（FDT）接口规范	IEC 62453 系列（共 18 部分）Field device tool（FDT）interface specification
28	机器的状态监测和诊断 - 通用导则	ISO 17359：2018 Condition monitoring and diagnostics of machines-General guidelines
29	机器系统的状态监测和诊断 - 数据处理，通信和显示	ISO 13374-1~4 Condition monitoring and diagnostics of machine systems-Data processing，communication and presentation
30	工业自动化系统及集成零件库	ISO 13584- 系列 Industrial automation systems and integration-Parts library
31	GB/T 33007 网络和系统安全建立工业自动化和控制系统安全程序	IEC 62443 系列 Security for industrial automation and control systems
32	信息技术基于云计算分类的数据处理云服务	ISO/IEC 22624：2020 Information technology Cloud computing Taxonomy based data handling for cloud services
33	工业通信网络 - 无线通信网络	IEC 62657-1、2 Industrial communication networks-Wireless communication networks
34	用于工业自动化系统的工程数据交换格式 - 工程自动化标记语言	IEC 62714-1~4 Engineering data exchange format for use in industrial automation systems engineering-Automation markup language
35	物联网（IoT）- 物联网系统的互操作性 GB/T 35319—2017 物联网系统接口要求（注：不对应）	ISO/IEC 21823系列：2020 Internet of things（IoT）-Interoperability for IoT systems
36	物联网（IoT）- 参考体系结构	ISO/IEC 30141：2018 Internet of Things（IoT）-Reference architecture
37	物联网（IoT）- 边缘计算	ISO/IEC TR 30164：2020 Internet of things（IoT）-Edge computing
38	信息技术 - 数据结构 - 物联网的唯一标识	ISO/IEC 29161：2016 Information technology-Data structure-Unique identification for the Internet of Things
39	信息技术 - 大数据参考架构	ISO/IEC 20547-1~5 Information technology-Big data reference architecture
40	信息技术 - 云计算 - 参考架构	ISO/IEC 17789：2014 Information technology-Cloud computing-Reference architecture
41	信息技术 - 云计算 - 第 1 部分：词汇	ISO/IEC 22123-1：2021 Information technology-Cloud computing-Part 1：Vocabulary

（续）

序号	对应 GB/T 标准，或中文标题	ISO/IEC 标准
42	信息技术 - 基于云计算分类的数据处理云服务	ISO/IEC 22624：2020 Information technology-Cloud computing Taxonomy based data handling for cloud services
43	信息技术 - 传感器网络 - 智能传感器网络中支持协同信息处理的服务和接口	ISO/IEC 20005：2013 Information technology-Sensor networks-Services and interfaces supporting collaborative information processing in intelligent sensor networks
44	信息技术 - 通信和系统之间的信息交换 - 泛在传感器网络的安全框架	ISO/IEC 29180：2012 Information technology-Telecommunications and information exchange between systems-Security framework for ubiquitous sensor networks
45	信息技术 - 传感器网络：传感器网络参考体系结构（SNRA）	ISO/IEC 29182-1~7 Information technology-Sensor networks：Sensor Network Reference Architecture（SNRA）
46	信息技术 - 传感器网络 - 通用传感器网络应用接口	ISO/IEC 30128：2014 Information technology-Sensor networks-Generic Sensor Network Application Interface
47	信息技术 - 云数据管理接口（CDMI）	ISO/IEC 17826：2016 Information technology-Cloud Data Management Interface（CDMI）
48	信息技术 - 安全技术 - 网络安全	ISO/IEC 27033-1~6 Information technology-Security techniques-Network security
49	信息技术 - 安全技术 - 信息安全 - 风险管理	ISO/IEC 27005：2018 Information technology-Security techniques-Information security-risk management
50	智慧城市系统 - 概念建设的方法论	IEC SRD 63235：2021 Smart city system-Methodology for concepts building
51	现场设备集成（FDI）	IEC 62769-1~7：2021 Field device integration（FDI）
52	行规 - 通用协议	IEC 62769-100：2020 Field device integration（FDI）-Part 100：Profiles-Generic protocols
53	行规 -FF H1	IEC 62769-101-1：2020 Field device integration（FDI）-Part101-1：Profiles-Foundation Fieldbus H1
54	行规 -FF HSE	IEC 62769-101-2：2020 Field Device Integration（FDI）-Part101-2：Profiles-Foundation Fieldbus HSE
55	行规 -PROFIBUS	IEC 62769-103-1：2020 Field device integration（FDI）-Part103-1：Profiles-PROFIBUS
56	行规 -PROFINET	IEC 62769-103-4：2020 Field device integration（FDI）-Part103-4：Profiles-PROFINET
57	行规 -HART® 和 WirelessHART®	IEC 62769-109-1：2020 Field device integration（FDI）-Part 109-1：Profiles-HART® and WirelessHART®
58	行规 -Modbus-RTU	IEC 62769-115-2：2020 Field device integration（FDI）-Part 115-2：Profiles-Modbus-RTU
59	行规 -ISA100 Wireless	IEC 62769-150-1：2021 Field device integration（FDI）-Part 150-1：Profiles-ISA100 Wireless
60	机器人和机器人设备 - 协作机器人	ISO/TS 15066：2016 Robots and robotic devices-Collaborative robots
61	机器人和机器人装置 - 工业机器人的安全要求	ISO 10218-1、2：2011 Robots and robotic devices-Safety requirements for industrial robots

（续）

序号	对应 GB/T 标准，或中文标题	ISO/IEC 标准
62	通过自动化系统提高能源效率	IEC/TR 62837：2013 Energy efficiency through automation systems
63	过程模型、过程度量框架和文档化的评估过程	ISO/IEC 330×× 系列（33001~33099）process models，process measurement frameworks，and documented assessment processes
64	产品技术文档中使用图形符号的设计	IEC/ISO 81714-1~3 Design of graphical symbols for use in the technical documentation of products
65	技术产品文档 - 数字产品定义数据实践	ISO 16792：2015 Technical product documentation-Digital product definition data practices
66	基于模型的企业几何产品规格（GPS）- 矩阵模型	ISO 14638：2015 Model-Based EnterprisGeometrical product specifications（GPS）-Matrix model
67	工业自动化系统和集成 - 产品数据表示和交换 - 第 242 部分：应用协议：基于管理模型的三维工程	ISO 10303-242：2020 Industrial automation systems and integration-Product data representation and exchange-Part 242：Application protocol：Managed model-based 3D engineering
68	工业自动化系统和集成 - 物理设备控制 - 计算机化数字控制器数据模型	ISO 14649 系列 Industrial automation systems and integration-Physical device control-Data model for computerized numerical controllers
69	工业自动化系统和集成，三维可视化的 JT 文件格式规范	ISO 14306：2017 Industrial automation systems and integration-JT file format specification for 3D visualization
70	文档管理 3D 使用产品表示紧凑（PRC）格式	ISO 14739 系列 Document management 3D use of Product Representation Compact（PRC）format
71	增材制造文件格式（AMF）1.2 版规范	ISO ASTM 52915：2020 Specification for additive manufacturing file format（AMF）Version 1.2
72	自动化系统和集成 - 数控机床 - 地址词的程序格式和定义	ISO 6983-1：2009 Automation systems and integration-Numerical control of machines-Program format and definitions of address words
73	工业自动化系统与集成 - 过程规范语言	ISO 18629-1~2×× 系列 Industrial automation systems and integration-Process specification language
74	工业自动化系统工程中使用的工程数据交换格式 - 自动化的标记语言 - 第 1 部分：体系结构和一般要求	IEC 62714-1：2018 Engineering data exchange format for use in industrial automation systems engineering-Automation markup language-Part 1：Architecture and general requirements
75	工程数据交换格式，用于工业自动化系统工程自动化标记语言。第 4 部分：逻辑	IEC 62714-4：2020 Engineering data exchange format for use in industrial automation systems engineering-Automation markup language-Part 4：Logic
76	工业自动化系统和集成 - 工业数据三维可视化的 COLLADA 数字资产方案规范	ISO/PAS 17506：2012 Industrial automation systems and integration-COLLADA digital asset schema specification for 3D visualization of industrial data
77	用户与其他智能电网利益相关者连接到智能电网的能源和数据接口 - 标准化概览	IEC SRD 63268：2020 Energy and data interfaces of users connected to the smart grid with other smart grid stakeholders-Standardization landscape
78	通用智能网格需求 - 第 1 部分：根据 IEC 系统方法定义通用智能网格需求的用例方法的具体应用	IEC SRD 62913-1：2019 Generic smart grid requirements-Part 1：Specific application of the Use Case methodology for defining generic smart grid requirements according to the IEC systems approach

6.3.4.1　产品生命周期中的标准

人类创建的每个系统都有一个生命周期。生命周期可以使用抽象的功能模型来描述，该模型表示系统的需求、实现、利用、发展和处置的概念化。系统作为行动的结果在其生命周期中不断发展，这些行动由组织中的人员执行和管理，使用流程来执行这些行动。生命周期模型是一个框架，包括软件产品的开发、运作和维护所涉及的过程、活动和任务，涵盖系统的生命周期，从定义需求到终止使用。生命周期模型中的细节以这些流程、它们的结果、关系和序列来表示。任何特定的生命周期模型的一组流程，称为生命周期流程，可以在系统生命周期的定义中使用。系统是为完成一项或一组特定功能而组织起来的组件的集合。系统涉众（利益相关者）是对系统感兴趣或关心的个人、团队或组织（或其类）。

ISO/IEC/IEEE 12207：2017 和 ISO/IEC/IEEE 15288：2015 建立了系统和软件生命周期过程的一个通用的过程描述框架，用于描述人类创建的系统的生命周期。建立了一个公共信息管理流程，作为系统和软件生命周期流程框架的一部分，并识别、推荐或要求一些信息项目（文档），从工程的角度定义了一组过程和相关术语。这些流程可以应用于系统结构层次结构中的任何级别。可以在整个生命周期中应用选定的这些流程集，以管理和执行系统生命周期的各个阶段。

ISO/IEC/IEEE 15289：2019 *Systems and software engineering-Content of life-cycle information items（documentation）*，系统和软件工程 - 生命周期信息项的内容，以 ISO/IEC/IEEE 12207：2017 和 ISO/IEC/IEEE 15288：2015 中的生命周期流程为基础，规定了所有识别的系统和软件生命周期信息项目的目的和内容，以及用于信息技术服务管理的信息项目。信息项目的内容是根据一般文档类型和文档的特定用途定义的。根据项目或组织的需要，信息项目被组合或细分。这些标准为流程目的和结果定义了相同的流程模型，尽管它们的任务和活动不同。过程参考模型的过程分为四类：协议、组织项目授权、技术管理和技术。

ISO/IEC/IEEE 12207：2017 采用软件工程方法，提供了一个通用的过程框架，用于描述人类创建的系统的生命周期。

按照 RAMI 4.0 生命周期和价值流维度，智能制造生态系统中的产品生命周期包括设计、工艺规划、生产工程、制造、使用和服务、报废和回收六个阶段。生态系统的生产设备生命周期包括设计、建造、调试、运行和维护、退役和回收五个阶段。从制造设备供应商的角度看供应链的计划、来源、制造、交付、回报阶段可以映射 RAMI 4.0 模型的生命周期和价值流。产品生命周期与信息流和控制有关，这些信息流和控制从产品设计的早期阶段开始，一直持续到产品生命周期的结束。与产品生命周期阶段相关的标准包括建模实践、产品模型和数据交换、制造模型数据、产品类别数据和产品生命周期数据管理五类。

1. 建模实践标准

建模实践标准定义了二维（2D）图纸和三维（3D）模型的数字产品数据实践。有以下几个标准可以定义尺寸和公差的符号和规则。主要的标准是，IEC/ISO 81714 定义了产品技术文件中使用的图形符号。ISO 14638：2015 用于定义工程规范中工件几何要求及其验证要求的系统。ISO GPS 标准与 ISO/TC 10 的其他标准一起使用。还有 ASME Y14.5 GD&T（几何尺寸和公差）在一个标准文档中结合了一组 GD&T 主题。除 GD&T 外，ASME Y14.36M 和 ISO 1302 还制定了用于沟通表面纹理控制要求和定义表面纹理特性的标准。ISO（GPS）标准通常处理单个主题。还有针对特定制造领域的标准，如电子制造业常用的 IPC 系列标准和规范。

2. 产品模型和数据交换标准

产品模型和数据交换标准包括 ISO/IEC/IEEE 标准和事实标准（如 SysML、COLLADA）。这些标准用于产品和工程信息的表示，使来自不同供应商的 CAD 软件之间能够进行数据交换。产品模型数据交换标准 ISO 10303（GB/T 16656）系列标准处理的信息范围比 CAD 表示所需要的更广，是产品生命周期数据的电子交换标准。它支持以计算机可感知的方式表示产品模型数据，允许不同计算机系统之间的数据交换，而无需人工干预。

STEP 最新发布的 ISO 10303-242：2020 标准是 AP 242 版本 2，该标准合并了 AP 203 和 AP 214，并合并了基于模型开发、产品数据管理（PDM）、产品和制造信息（PMI）及数字数据的长期归档等领域的数据交换，适用于多个行业。如，运动学仿真数据用于描述运动结构和运动。复合结构件的复合设计定义；复合材料和金属部件的组成与组成形状模型的联系；识别来自内部和外部的材料规格及其在特定操作环境下的特性。电气线束总成设计；物理电线束模型的设计和施工；多级组件中的电气连接信息；电线电缆清单数据；电线、电缆和连接器特性的定义。增材制造零件设计建造信息。需求管理验证和确认。产品制造信息涵盖设计和制造计划阶段；物理实现部件或工具的识别，包括物理实现产品的组装和测试结果的记录。工艺规划描述零件和用来制造它们的工具之间的关系以及管理零件或工具开发中间阶段之间的关系的工艺计划信息等。

产品建模的另一套标准用于增材制造领域。立体光刻技术（STL）文件格式广泛应用于快速成型、3D 打印和增材制造。ISO ASTM 52915：2020 增材制造文件格式（AMF）是一种开放标准，用于描述 3D 物体的颜色、材料、网格和一个三维物体的星座，允许对产品进行更复杂的描述，而不仅仅是基本的几何形状。AP 242 是其他可视化交换格式的补充，如 ISO 14306：2017 和 ISO 14739 系列标准描述了用于三维内容数据的 PRC 产品表示压缩文件格式。此格式设计为便携式文件格式或通常称为 PDF 和其他类似的文件格式，用于 3D 可视化和交换。它可用于在文档交换工作流中创建、查看和分发 3D 数据。它优化存储，加载和显示各种 3D 数据，特别是来自计算机辅助设计（CAD）系统。

ISO 17506 标准定义了一个开放标准，用于在工厂几何表示和动力学模拟的各种图形软件应用程序之间交换数字资产。核心制造仿真数据（CMSD）信息模型由 NIST 开发，并由仿真互操作性标准组织（SISO）标准化。

3. 制造模型数据标准

ISO 6983 标准中描述了一种字地址程序格式，用于不同数据存储上的机器控制程序，如 U 盘、硬盘、随机存取存储器（RAM）等，或从远程数据源提供的，旨在指定用于机器 / 数控机床（CNC）和复合机床（MCCM）等的控制程序的程序格式。ISO 6983 也可用于各种几何规格和与机器的交互作用，规定的程序格式通常被称为 G 代码（G-Code）编程，G-Code 是使用最广泛的数控（NC）编程语言。ISO 14649 系列标准弥补了 ISO 6983 标准的一些缺陷，它定义了一个基于 STEP-NC 的数据模型，使制造操作和原始 CAD 几何数据之间能够建立联系。支持电子化制造的 CAD-CAM-CNC 链的自主 STEP-NC 系统，以实现非线性工艺规划。为了实现数控操作的互操作性和智能化，STEP-NC 接口为非线性工艺规划提供了中立（硬件独立）、硬件依赖和可执行三种类型的工艺计划。STEP AP 238 旨在扩展 ISO 14649 标准，以便与产品设计定义更紧密地集成。它可以交换明确的刀具路径描述以及零件、库存、夹具几何形状、刀具描述、GD&T 和 PDM 信息。

4. 产品类别数据标准

产品类别数据标准支持以与供应商无关的统一方式描述产品或部件的特定实例。用于产品目录数据的标准有 ISO 13584 和 ISO 15926 标准等。ISO 13584 系列标准编号为 1~200，是一套计算机可解释表示和部件库数据交换的系列标准。其目标是提供能够传输部件库数据的中立机制，独立于使用部件库数据系统的任何应用程序。这种描述的性质使它不仅适合于交换包含部件的文件，而且可以作为实现和共享部件库数据数据库的基础。标准中规定了一个库系统的结构，提供了一个明确的表示和交换计算机可解释部件库信息。保存在库中的数据是一种描述，它使库系统能够生成保存在库中的部件的各种表示。独立于任何特定的计算机系统，并允许部件表示的任何形式的数字表示。允许跨多个应用程序和系统进行一致性实现。零件库数据的存储、访问、传输和归档可以采用不同的实现技术。库管理系统采用 ISO 13584 定义的结构实现。标准中还规定了用于定义部件特性类别和部件属性的原则，这些属性独立于任何特定供应商定义的标识。

ISO 15926 系列标准是流程工业中应用最广泛的生产生命周期数据管理标准，用于过程工业设施生命周期信息表示。这种表示由通用的概念性数据模型指定，该模型适合作为共享数据库或数据仓库中实现的基础。数据模型被设计为与参考数据一起使用，即表示大量用户、生产设施或两者共同信息的标准实例。对特定生命周期活动的支持取决于将适当的引用数据与数据模型结合使用。其中，ISO 15926-2 标准包含一个通用的概念性数据模型，该模型支持流程工厂的所有生命周期方面的表示；ISO 15926-4：2019 标准中指定了一组核心参考数据项，可用于记录流程工厂的信息，为表示过程工厂提供了更有用的实体；ISO/TS 15926-7 规定了分布式系统集成的实现方法。

5. 产品生命周期数据管理标准

生产生命周期数据管理标准定义了用于生产设施生命周期支持的数据集成、共享、交换和移交的通用模型。产品生命周期数据管理的功能是在整个产品生命周期中对数据的长期保留和一致性访问。最著名的产品生命周期数据管理标准是 ISO 10303 AP 239 *Product Life Cycle Support*，即 ISO 10303-239：2012 *Industrial automation systems and integration-Product data representation and exchange-Part 239：Application protocol：Product life cycle support*，工业自动化系统和集成 - 产品数据表示和交换 - 第 239 部分：应用协议：产品生命周期支持，用于复杂产品的使用和维护过程中需要和创建的信息。ISO 10303 AP 233，即 ISO 10303-233：2012 *Industrial automation systems and integration-Product data representation and exchange-Part 233：Application protocol：Systems engineering*，工业自动化系统和集成 - 产品数据表示和交换：应用协议：系统工程，为系统工程数据的表示指定了一个应用协议。它定义了系统设计过程中各个开发阶段的环境、范围和信息需求，适用于任何形式的系统。

IEC 62890：2020 标准建立了用于工业过程测量、控制和自动化的系统和组件的生命周期管理的基本原则，以及与产品类型的生命周期和产品实例生命周期相关的定义和引用模型，定义了一组一致的通用引用模型和术语。定义的关键模型有：生命周期模型、结构模型和兼容性模式。用于自动化系统和部件的设计、规划、开发和维护，以及工厂的运行等技术方面。标准所描述的模型和策略也适用于相关的 MES 和 ERP 管理系统。在 RAMI 4.0 的价值流和生命周期级别中使用。

ISO 16739-1：2018 标准定义了一个通用数据模型，用于构建基础设施资产的生命周期数据。与工业数据相关的其他标准有产品数据（ISO 10303）、部件数据（ISO 13584）和生产数据（ISO 15531）等。

6.3.4.2　生产系统的工程标准

这里的生产系统是指用各种资源创造商品和服务的机器、设备和辅助系统的集合。生产系统和设施用于生产产品。生产系统生命周期包括整个生产设施的设计、部署、运维和退役，及其系统和业务周期处理供应商和客户交互的功能。大多数产品模型和建模实践标准也适用于生产系统开发。用于生产系统的许多支持标准是实现智能制造的基础。生产系统的工程标准可以连接来自不同学科的工程工具，如系统工程、机械工程、电气设计、过程工程、过程控制工程、人机界面（HMI）、PLC 编程、机器人编程等。

生产系统的生命周期通常比它生产的产品要长得多。此外，它们需要经常重新配置，因此，在设计方面有特殊的要求。支持生产系统生命周期活动的标准领域包括生产系统模型数据和实践、生产系统自动化工程、运维和生产生命周期管理，很多标准的应用范围是交叉的。由于运维阶段是最长的阶段，需要特别关注运维和生命周期管理的标准值。一般地，支持制造操作的标准按照"制造金字塔"中的层级选择，见图 4-12 右上角。

1. 生产系统模型数据和实践标准

生产系统模型数据和实践标准为工厂和生产系统设计提供信息模型。它们增强了利益相关者之间的信息交换，并实现虚拟调试，从而提高制造灵活性，降低制造成本。除了计算机辅助技术标准之外，有一些专门针对生产系统建模和数据交换的国际标准。这个领域的标准可以分为制造资源和过程，以及结构 / 设施建模两个领域。

ISO 10303 AP 214 标准能够用在开发中的制造系统的不同方面。ISO 10303 AP 221 标准定义了工厂的功能数据和原理图表示。ISO 10303-21 标准的数据模型和定义使用 ISO 15926-4 标准参考数据库作为"库"，可再现产品结构数据、尺寸数据、电气连接数据和产品性能等数据。

IEC 62264（ISA 95）标准定义了一个设备层次模型和制造过程模型。ISO 18629 标准定义了一种过程规范语言（PSL），旨在识别、正式定义和结构化与离散制造相关的过程信息的捕获和交换所固有的语义概念。IEC 62264-6：2020 标准定义了一组抽象服务的技术独立模型，该模型位于 OSI 模型的应用程序层之上，该模型被称为消息传递服务模型（MSM），用于制造操作域应用程序和应用程序之间的互操作性。MSM 定义了一个独立于底层交换服务的接口，用于交换 IEC 62264-2 和 IEC 62264-4 标准定义的数据对象。

IEC 62832 和 IEC/TR 62794 标准定义了数字工厂数字模型、方法和工具的综合网络，以表示基本元素和自动化资产，以及这些元素 / 资产之间的行为和关系。数字工厂的概念包括结构、功能、性能、位置和业务五个信息视图。

IEC 62714 和 ISO/PAS 17506 标准定义了一个开放标准，定义的数据交换格式 Automation ML（自动化标记语言 AML）是一种基于 XML 模式的数据格式，其开发目的是为了支持异构工程工具环境中工程工具之间的数据交换，将工程工具从其不同学科的现有异构工具中互连起来，如机械工程、电气设计、过程工程、过程控制工程、人机界面开发、PLC 编程、机器人编程等。AML 按照面向对象的模式存储工程信息，并允许将物理和逻辑工厂组件建模为封装不同方面的数据对象。一个对象可以由其他子对象组成，并且本身可能是更大组合或聚合的一部分。工厂自动化中的典型对象包括拓扑、几何、运动学和逻辑等信息，而逻辑包括排序、行为和控制。AML 的核心是连接不同数据格式的顶层数据格式 CAEX（IEC 62424）。因此，AML 具有固有的分布式文档体系结构。

Open XML 提供了表示 PLC 的标准，包括动作序列、对象的内部行为和输入 / 输出（I/O）连接。以上参见 4.5.5.1 节。

IEC 62337：2012 标准定义了过程工业中电气、仪表和控制系统调试的特定阶段和事件。如项目"安装完成"事件之后和"工厂验收"阶段之前的活动。

IEC 62708：2015 *Document kinds for electrical and instrumentation projects in the process industry*，流程工业中电气和仪表项目的文件种类，定义了过程工业中电气和仪表项目所需的具体文件及其基本内容。规定了文件种类名称和文件种类的强制内容。包括项目从概念阶段到机械完成阶段所使用的文件，以及项目管理和质量保证的文件。

ISO 15746 标准为制造系统的先进过程控制和优化（APC-O）能力定义了信息模型。涉及 APC-O 与制造运营管理（MOM）的集成、制造过程和设备的自动化和控制、APC-O 能力之间的接口或通信协议，以及系统的策略和方法。

IEC 61987 系列标准定义了工业过程测量和控制设备的通用结构及其信息转移。适用于具有模拟和数字输出的过程测量设备的电子目录。与这一标准相关的标准有 ISO 15926、IEC 61360、ISO 13584 和 ISO 10303-21 等。

IEC 61508 标准是电气、电子，以及可编程的电子安全相关系统。它规定了确保系统的设计、实现、操作和维护符合安全完整性级别（SIL）标准的要求。

IEC 61511 标准是一个技术标准，它规定了通过使用仪器来确保工业过程安全的系统工程实践。该标准是 IEC 61508 框架内特定于过程工业的标准。

ISO 13849 标准为控制系统的安全相关部分的设计和集成提供了安全要求和原则指导，包括软件设计、机械安全 - 控制系统的安全相关部分，以及工业自动化系统工程中使用的工程数据交换格式。

OMG 系统建模语言标准定义了一种用于系统和系统工程应用程序的通用系统建模语言（SysML），是一种用于记录来自不同学科的属性，以描述整个系统解决方案的一种可视化图形建模语言，独立于方法论和工具，提供语义和符号表示，支持多个过程和方法，如结构化的、面向对象的等。系统和系统工程的定义与 ISO/IEC 15288 标准一致。目前的版本是 OMG 系统建模语言版本 1.5，文档可在 https：//www.omgsysml.org 免费下载。

Modelica 是一种开放、面向对象、基于方程的计算机语言，可以跨越不同的领域，方便地实现复杂物理系统的建模，包括机械、电子、电力、液压、热、控制及面向过程的子系统模型。Modelica 由非营利国际组织 Modelica 协会进行开发和维护，并公开它的标准程序库。还制定 CPS 领域的开放标准和开源软件。可访问 https：//modelica.org/。

2. 生产系统自动化工程标准

在生产系统自动化工程领域，有几个重要的标准起着关键的作用，可以提高生产系统工程效率。IEC 61131 系列标准是 PLC 广泛采用的标准，IEC 61499 系列标准是一个用于分布式控制和自动化的开放标准，IEC 61804 系列标准定义用于过程控制的功能块。

利用 Automation ML 通过跨格式的强类型链接可集成不同的标准，包括 IEC 62424 标准定义的数据传输语言 CAEX（Computer Aided Engineering eXchange）用于对象的属性和层次结构中的关系，标准中规定了过程控制工程请求如何以 P&ID 表示，用于 P&ID 和 PCE（Process Control Engineering）工具之间的数据自动传输，还定义了过程之间过程控制工程请求相关数据的交换控制工程工具和 P&ID 工具。这些规定适用于此类工具的出口 / 进口的应用。PCE 功能在 P&ID 中的表示将由最少数量的规则来定义，以清楚地表明它们的类别和处理功能，独立于实现技术。

ISO/PAS 17506：2012 *Industrial automation systems and integration-COLLADA digital asset schema specification for 3D visualization of industrial data*，工业自动化系统和集成 - 工业数据三维可视化的 COLLADA 数字资产方案规范，标准中定义了一个基于 XML 命名空间和数据库模式，使其易于在应用程序之间传输 3D 资产，支持现代 3D 交互创作应用程序和数字内容创

建（DCC）工具需要的所有功能，以交换和完全保存数字资产数据和元数据。COLLADA 不仅可以用于建模工具之间交换数据，也可以作为场景描述语言用于小规模的实时渲染。中间语言提供了视觉场景的全面编码，包括几何、着色器和效果、物理、动画、运动学，甚至是同一资产的多个版本表示。

COLLADA 数字资产交换方案的设计目标包括将数字资产从专有二进制格式转化为一种基于 XML、开放标准的格式；提供标准的通用语言格式，以便 COLLADA 资产可以直接用于现有的工具链，并促进这种集成；成为 3D 应用程序之间通用数据交换的基础等。COLLADA 1.5 是最新版本，详见 https：//www.khronos.org/collada/。

PLCopen 的 IEC 61131-10 标准规范了不同软件平台的软件交互。IEC 62453-2 标准用于配置生产设备。IEC 61804-3 指定电子设备描述语言（EDDL）。

ISO 18828 系列标准用于生产系统工程的标准化程序。涉及生产过程、信息流、关键绩效指标（KPI）和制造变化等方面。ISO 18828-2 标准定义生产系统规划过程信息，包括来自信息流（ISO 18828-3）的数据流和来自 KPI（ISO 18828-4）的统计数据。规划过程信息和统计数据都可以影响制造变更过程，它们被输入到制造变更中（ISO 18828-5）。

IEC 61512 系列标准，批控制定义了过程工业中使用的批控制模型和术语，以及应用于流程行业的描述批控制的数据模型、促进批控制实现内部和之间通信的数据结构，以及表示配方的语言指南。

IEC 62832 标准定义了数字工厂的框架。定义了一个由数字模型、方法和工具组成的综合网络，以表示基本元素和自动化资产，以及这些元素 / 资产之间的行为和关系。数字工厂概念包括建设（C）、功能（F）、性能（P）、位置（L）和业务（B）五个信息视图，包括数字工厂存储库与建模、仿真、监控、安全、规划等工具之间的信息交换。以及资产和特定于安装的属性，每个资产将获得一个标题来描述特定于安装的属性。

IEC 61158 和 IEC 61784 系列标准定义了现场总线类型和协议，IEC 62657 标准定义了工业无线通信网络的无线通信共存的基本假设、概念、参数和过程。

IEC 62769 系列标准定义了现场设备集成技术（FDI），用于使用通信技术集成设备。FDI 技术是一种设备集成技术，在工厂的设备定位和管理中起着关键作用。企业自动化需要两个主要的数据流：从企业级向下到现场设备（包括信号和配置数据）的垂直数据流，以及使用相同或不同通信技术的现场设备之间的水平通信。随着现场总线集成到控制系统中，除了系统和工程工具外，还有大量现场总线和设备专用工具，IEC 62453 系列标准的现场设备工具（FDT）接口规范，有助于集成所有设备，而不考虑供应商。

IEC 62443 系列标准定义了工业自动化和控制系统的安全，目的是为工业自动化和控制系统实现全面的安全保护。

ISO 18629 标准定义了一种过程规范语言（PSL），旨在识别、正式定义和构建与离散制造相关的过程信息的捕获和交换所固有的语义概念。

6.3.4.3　工业 4.0 下的制造金字塔标准

智能制造生态系统是一个工业 4.0 下的智能制造金字塔层级结构，是 IEC 62264（ISA 95）标准中定义的生产系统（工厂和过程），IEC 62264 定义了一个五级分层模型和制造操作管理模型，工厂由几个结构化分层系统组成，以分层的方式交互，然而，智能制造金字塔层级结构与传统制造自动化层级金字塔不同，是一个依赖于各种服务的基于信息的扁平体系结构，由 CPS 及其组件驱动，每一层都由一个或多个 CPS 组成，通过网络横向和垂直链接，在现代面向服务的体系结构（SOA）中，它可以在云中托管，或由其他（跨层）云服务组成。智能制造涉及工厂边界内（如，智能车间设备的集成）和工厂边界以外（如，制造单元与基于云的服务的集成）的异构组件和服务的联网。这两种类型的集成称为横向集成和垂直集成，构成企业内部的集成层次结构（即 ERP、MOM、MES），智能制造要求集成各种分布式的基于云的服务、企业、智能工厂、智能设备和流程。这些异构系统之间进行无缝的信息交换，在各种通信标准下运行，重要的是互操作性。本书描述的一个基于云的工业 4.0 制造金字塔结构示意图如图 6-6 所示。图 6-6 可看作是图 6-4 的进一步描述。

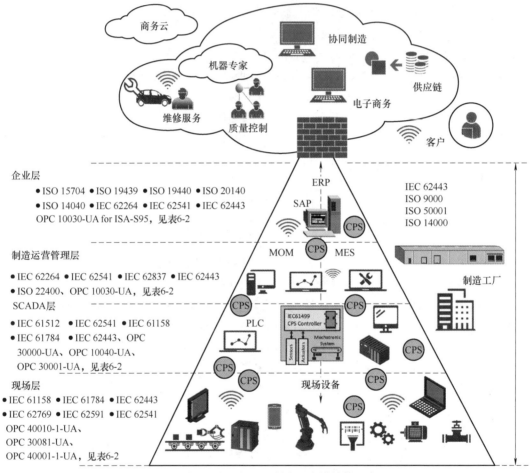

图 6-6　基于云的工业 4.0 制造金字塔结构示意图

　　IEC 62264（ISA 95）标准是企业管理和控制系统之间自动化接口的常用参考模型。适用于所有行业的批处理、离散处理和连续处理过程等。在智能操作中，自主和智能的机器行为包括自我意识、推理和规划，以及自我纠正，但这些行为产生的信息必须在金字塔层级结构中垂直流动。这种从机器到工厂到企业系统的集成依赖于标准规范。标准使能的智能制造集成可以获取现场和工厂数据，快速决策，优化生产能力和质量；准确计量使用的能源和物料；提高车间安全性，增强生产可持续性。相关的标准主要是定义了 2、3 和 4 层的活动和功能、对象交换以及它们的特征和属性，具体实现取决于具体客户的需求和实现工具制造商的策略。如，维护管理操作通常可以分配给计算机维护管理系统（Computer Maintenance Management System,

CMMS），CMMS= 数据库 + 数据分析软件 + 综合服务，一个 MES 既是典型的三级工具，也可以分配给 ERP 或 DCS。运营可以被分配到特定的制造运营管理领域，即生产运营管理、质量运营管理、维护运营管理、库存运营管理等。这些功能可以使用不同的技术来实现。从组织的角度来看，业务的结构类似于 IEC 62264 标准定义的层级和操作。拓扑和体系结构特征是由用户或应用程序对最新的、经过验证的或可接受的技术能力的需求实现，目的是建立一个服务云来满足生产管理系统的需求。云的组成以支持 IEC 62264 标准操作和活动的适用性为目标。

1. 企业层

这一级可能还包括 ERP、供应链管理（SCM）、能源管理，如碳足迹、企业社会责任数据管理，应建立并实施 ISO 14001 环境管理体系和 ISO 14001、ISO 5001 能源管理体系。IEC/TR 62837 标准定义了通过自动化系统提高能源效率的框架，以便提高制造、过程控制和工业设施管理方面的能源效率。ISO 15704：2019（GB/T 18757）标准定义了企业参考体系结构和方法。ISO 19439：2006（GB/T 16642）和 ISO 19440：2020（GB/T 35132）标准定义了企业建模框架和构件。ISO 20140 标准建立了制造系统环境影响评估方法和一般原则。ISO 14044：2006 标准定义了生命周期评估和生命周期清单的原则和框架。IEC 62443 标准对资产所有者、系统集成商、组件供应商定义了相关信息安全要求。

IEC 62541-1~14：2020 系列标准（OPC UA）定义了 OPC 统一架构的一个"面向未来"的框架。注意：除 IEC 62541-100：2015 标准外，IEC 62541-1~14 标准的所有部分均为 2020 版。IEC 62264（ISA-95）系列标准提供了一种标准来描述 MOM 和 ERP 系统之间的信息流；还提供了一种标准方式来描述 POM 和 ERP 系统之间的信息流。

IEC 62443 系列标准的前身是 ISA 99，是定义实施电子安全工业自动化和控制系统程序的一系列标准、技术报告和相关信息。制造和控制系统电子安全的概念应用包括所有行业的所有类型的工厂、设施和系统。

ISO 9000 系列标准是质量管理体系标准，旨在帮助制造商确保他们满足客户和其他利益相关者的需求，同时满足与产品相关的法律和法规要求。ISO 50001 标准规定了为制造企业建立、实施、维护和改进能源管理系统的要求。ISO 14000 是一系列环境管理标准，其中载有如何使环境管理工作系统化和改进的指导。

OPC 统一架构（UA）适用于所有工业领域的组件，如工业传感器和执行器、控制系统、制造执行系统和 ERP 系统，包括工业物联网（IIoT）、M2M、工业 4.0 和中国制造 2025。

OPC 基金会与合作组织共同创建了不同领域的 OPC UA 配套规范，一些领域的 OPC UA 配套规范见表 6-3。

表 6-3 一些领域的 OPC UA 配套规范

序号	OPC UA 的编号类别	简　介
1	30081，用于过程自动化设备信息模型 -PA-DIM（TM）	根据 OPC 基金会的 OPC UA 规范定义了过程自动化设备的标准化信息模型。PA-DIM 基于 NAMUR 开放式体系结构（NE 175），现场设备的自我监测和诊断（NE 107）和 NAMUR 标准设备 – 符合现场设备标准化应用（NE 131）的要求。PA-DIM 信息模型允许使用 OPC UA 系统实现通用的过程自动化应用程序，而无需了解底层的通信协议。这些应用程序包括： • 向 HMI、信息应用程序、报告等应用程序提供 / 接收信息 • 为库存管理和远程监控应用程序提供信息 • 提供 / 接收实时控制应用程序的信息，如读取过程值和设置参数

(续)

序号	OPC UA 的编号类别	简　介
1	30081，用于过程自动化设备信息模型 -PA-DIM（TM）	• 设备配置和参数化 • 提供用于配置设备安全性和监视其当前状态的接口 • 为设备仪表板提供信息 此模型允许启用 PA-DIM 软件的应用程序访问设备信息，无需其他映射或协议。字典引用（IRDI）的分配使得应用程序能够将 PA-DIM 节点的含义与通用数据字典（IEC 61987）相关联。PA-DIM 主要用于过程自动化设备（温度、压力、流量、液位和阀门定位器）的信息和行为进行标准化，如针对 NE 131 中定义的：独立于某个通信协议的 "NAMUR 标准设备 - 标准应用现场设备"。NAMUR 标准适用于安全栅和 PLC 的 I/O 模块
2	30000、30001，用于 PLC open 相关技术	规范描述了 PLC 的标准化接口，包括基本原理、信息模型详细信息、数据类型定义、地址空间、系统架构和 UA 行规 3000，PLC open 和 OPC 基金会：用于 IEC 61131-3 的 OPC UA 信息模型 -1.00 版本；3001，PLC open 和 OPC 基金会：用于 IEC 61131-3 OPC UA 客户端功能块 -1.1 版本
3	10030，ISA-95 通用对象模型	OPC 10030-UA ISA-S95 提供了一种标准方式来描述 MOM 和 ERP 系统之间的信息流。主题涵盖概述和概念；与元模型映射和 ISA 95 相关的基本原理；ISA-95 数据表示模型；ISA-95 基本信息模型；ISA-95 公共对象模型和 OPC UA 参考模型
4	30040，用于 Automation ML 的 OPC 统一架构	Automation ML 数据格式由 Automation ML e.V. 开发，是基于 IEC 62714 进行标准化的 Automation ML，是一种开放、中立，基于 XML 和免费的数据自由交换的数据格式，它使得数据在区域内和公司里的各种工程设备实现跨系统间传输。Automation ML 的目标是互连不同学科的工程工具，如工厂规划、机械工程、电气工程、过程工程、过程控制工程、HMI 开发、PLC 编程、机器人编程。此配套规范中的信息模型允许通过 OPC UA 进行 Automation ML 的通信和操作
5	30070-1 MTConnect-OPC UA 配套规范	MTConnect-OPC UA 是由 MTConnect 研究所与 OPC 基金会成立的联合工作组制定的一组配套规范。目的是使 MTConnect 规范与 OPC 统一架构（UA）规范以及实现这些标准的制造技术装备、设备、软件或其他产品之间的互操作性和一致性 MTConnect 是一种数据和信息交换标准，基于描述与制造操作相关的信息的术语数据字典。该标准还定义了一系列语义数据模型，为信息与制造操作的关系提供了清晰而明确的表示。MTConnect 标准旨在增强生产设备的数据采集能力，扩大生产操作中数据驱动决策的使用，并使软件应用程序和制造设备转向即插即用环境，以降低制造软件系统的集成成本。MTConnect 标准支持请求 / 响应和发布 / 订阅两种主要的通信方法。虽然 MTConnect 标准是为制造而定义的，但它也可以很容易应用于其他应用领域
6	30010，OPC AutoID 配套规范	OPC AutoID 配套规范由 OPC 基金会与 AIM 成立的联合工作组创建。AutoID 设备是指执行扫描、读或写进程的识别设备。AutoID 技术主要使用条形码、OCR、2D 码、RFID 和 NFC 来识别所有工业部门和物流中的各种物体：超市中的物品、生产线中的零件和模块、（可回收的）运输物品（RTI）、车辆等。与手动过程相比，AutoID 解决方案的主要优点是加速业务流程和提高数据质量。AutoID 系统依赖于标识被标记对象（"商品号"）的数字。如果需要唯一地区分相似的对象，则产品号必须通过序列号进行扩展。配套规范定义了表示和访问 AutoID 设备的 OPC UA 信息模型，已在多个行业广泛采用，包括制造业、建筑自动化、石油和天然气、可再生能源和公用事业等
7	30090，OPC UA 用于 FDT®	FDT® 标准是无数个 Device Type Manager ™的关键信息的枢纽，此规范则提供了将这些信息用于其他设备、应用程序和平台的基础架构

（续）

序号	OPC UA 的编号类别	简　　　介
8	FCG TS 62769，OPC UA 用于 FDI	现场设备集成（FDI）技术可在智能现场设备的整个生命周期（从配置、调试和诊断到校准）中管理信息。除 FCG TS 62769 文档外，详见 IEC 62769，需注意版本的变化：IEC 62769-1~7：2021；IEC 62769-100：2020；IEC 62769-101-1、2：2020；IEC 62769-103-1：2020；IEC 62769-103-4：2020；IEC 62769-109-1：2020；IEC 62769-115-2：2020；IEC 62769-150-1：2021
9	30100，Sercos 设备的 OPC 统一体系结构	Sercos 设备的 OPC 统一体系结构规范定义了用于表示和访问作为高性能计算机和自动化应用程序一部分的 Sercos 设备的信息模型。通过开放和标准化的 Sercos 设备模型，以及在加工系统和自动化应用程序中针对不同设备类型和功能的明确定义的配置文件。包括基本原理和常规、信息模型详细信息、响应码映射和 UA 行规
10	30260，OPC UA OPEN-SCS	OPEN-SCS 是一组接口规范，用于包装、分发仓库时，企业以及合作伙伴之间交换产品的序列化信息。为满足产品序列化和药品追溯、追踪的法规和法律要求，各国正在部署医疗供应链系统，来解决各类医疗造假问题。法规和法律要求医疗制造商必须将唯一的序列化标识应用在药品上，用以实现供应链的序列化、追溯和追踪
11	40501，OPC UA 用于机床	OPC UA 40501 定义了一个表示机床的 OPC UA 信息模型。第 1 部分旨在将机床直接集成到更高级别的 IT 系统中。范围包括不同技术、制造商和系列型号机床之间的通用接口。此部分定义了机床监控，并概述机床的作业流程，实现了机床和软件系统（如 MES、SCADA、ERP 或数据分析系统）之间的信息交换
12	40001-1，OPC UA 用于机械设备	OPC UA 40001-1 定义的机械信息模型，用于解决配套规范中定义的各种不同类型机器的用例。这些用例包括但不限于定位和识别 OPC UA 服务器中的所有机械设备。此模型用来推广机械领域里的概念，并协调 OPC UA 在机械工程行业中的应用。这里的"机械"是指将能量（例如电、蒸汽、气体、人力、压力）转换为机械运动、热量、电信号、压力等的任何设备，完成在工业场景中指定的工作
13	40502，OPC UA 用于 CNC 系统	OPC UA 40502 用于 CNC 系统规范，由 OPC 基金会和 VDW 的联合工作组创建，它定义了以与计算机数控（CNC）系统接口并交换数据的 OPC UA 信息模型。通过减少 CNC 系统与其他应用程序链接的费用来提高机床制造商和 CNC 系统制造商的创新能力和竞争力。而这应该通过标准化 CNC 接口来实现
14	30110，OPC UA POWERLINK 配套规范	OPC UA POWERLINK 配套规范定义了一个 OPC UA 信息模型来表示来自 Ethernet POWERLINK 的模型。OPC UA 服务器功能可以表示一个或多个 POWERLINK 对象词典实例。因此，如果服务器可以在一个 POWERLINK 设备上实现代表其本地对象的字典，那么也可以实现为一个网关来表示多个 POWERLINK 设备的对象字典
15	30130，用于机器的控制和通信系统配置 OPC UA 配套规范	30130，用于机器的控制和通信系统配置，它定义了一个 OPC UA 信息模型，该模型将现有通信系统配置文件（Communication System Profile，CSP）+ 设备框架技术应用于整个机器和生产线
16	10040，适用于 IEC 61850 的 OPC UA	用于 IEC 61850 的 OPC UA 配套规范支持将电气组件集成到工厂中，它定义了表示变电站自动化系统的 OPC UA 信息模型，重点关注网关与控制电网设备之间的数据交换
17	30140，OPC UA 用于 PROFINET	用于 PROFINET 的 OPC UA 定义了一个 OPC UA 信息模型，来表示 PROFINET 的标准化对象模型（对象字典）。应用此模型和标准化的 OPC UA 服务，可以以独立于供应商的方式访问 PROFINET 设备对象。可以在 PROFINET 设备中直接访问 OPC UA 服务器，也可以通过聚合多个 PROFINET 设备的对象字典的 OPC UA 服务器进行访问。这将实现现场层 PROFINET 设备和 OPC UA 设备的水平通信，以及从过程或企业级设备的垂直通信。如诊断、配置、状态监测、可视化等

(续)

序号	OPC UA 的编号类别	简 介
18	30050，OPC UA Pack-ML 配套规范	OPC UA 30050 PackML 配套规范是个标准包，标准信息模型可以很容易地加载到任一 OPC UA 服务器中。包括状态机，用于表示标准 PackML 状态；命令方法；PackML 状态信息；管理功能和信息；机器与机器的交互；功能分组的行规和一致性单元；PackML 系统和 OPC UA 系统之间的映射信息
19	30120，OPC UA 用于 IO 链接设备和 IO-Link 主站	OPC UA 30120 用于 IO 链接设备和 IO-Link 主站规范，由 OPC 基金会和 IO-Link 协会联合工作组创建。它定义了一个 OPC UA 信息模型来表示和访问 IO-Link 设备和 IO-Link 主机。IO-Link 用于与传感器以及执行器进行通信的标准化 IO 技术（IEC 61131-9）。基于三线传感器和执行器连接的点对点通信，不需要额外的电缆材料要求。因此，IO-Link 并非现场总线，而是对经测试过的传感器和执行器连接技术的进一步发展
20	40010-1，机器人配套规范	OPC UA 机器人配套规范分为从第 1 部分到第 n 部分几个部分。第 1 部分包括运动系统的基本描述。机器人技术规范描述了 OPC UA 信息模型，旨在涵盖所有当前和将来的机器人系统，如工业机器人；移动机器人；多个控制单元；外围设备 - 无 OPC UA 服务器。第 1 部分提供了有关资产管理和状态监测的信息，包括资产配置和运动设备系统运行时的数据及其组件，如机械手、轴、电动机、控制器和软件
21	40100-1，机器视觉配套规范	机器视觉配套规范创建了机器视觉系统的信息模型。机器视觉系统应用在车间或其他工业场合，包括智能相机、视觉传感器或任何其他具有提取数字图像或视频信息功能的组件。数字图像或视频代表一般意义上的数据，包括通过任何一种成像技术（如可见光、红外光、紫外线、X 射线、雷达、超声和虚拟成像等）获取的多维空间数据（如 1D 扫描仪、2D 摄像机图像、3D 点云、图像序列等）。该规范旨在将机器视觉系统集成到生产控制系统和 IT 系统中。它补充或替代了现有接口，并增加了水平和垂直集成功能，可将相关数据传达给其他授权流程参与者，如 IT 企业级别。因此，OPC UA Vision 界面可在机器视觉系统与其他机器视觉系统、机器 PLC、生产线 PLC 或设备控制级系统内任一软件系统之间交换信息。OPC 40100-1- 机器视觉第 1 部分为：控制、配置管理、配方管理、结果管理
22	10020，用于分析仪设备的 OPC 统一架构（ADI）	用于分析仪设备的 OPC 统一架构（ADI）配套规范包含分析仪设备的信息模型，包括分析通道、流、配件槽、配件、光谱仪、质谱仪、颗粒监测器、色谱仪和仪器。状态机信息模型包括：分析设备状态机类型、分析通道状态机类型、分析通道操作模式子状态机类型，并且还定义了状态机子类型
23	OPC UA 用于塑料和橡胶机械	包含多个配套规范，描述生产线中塑料和橡胶机械之间的通信，以及生产单元外部机器 / 设备与系统之间的通信（如 MES 或 ERP 软件系统）。第一个配套规范（OPC 40083）涵盖了常用类型的定义。其他配套规范描述用于处理塑料或橡胶的不同机器和设备，用于监视生产线 / 单元的不同设备交互的相关过程参数、作业管理和生产数据集。包括注塑机、挤出机和吹塑机等核心机器，以及处理系统、温度控制系统和材料供应等外围设备。目前提供以下配套规范： • OPC 40083- 通用类型定义（其他所有规范的基础） • OPC 40077- 注塑机和 MES 之间的数据交换 • OPC 40082 第 1 部分 - 外围设备 - 温度控制设备（后续会发布其他外围设备） • OPC 40084 第 1~11 部分 - 挤出机 - 挤出生产线及其组件（后续将有其他有关挤出生产线组件的零件）
24	40200，OPC UA 用于称重技术	OPC UA 用于称重技术配套规范涵盖了不同的称重系统。称重系统定义为价值链中用于测量产品或对象的重量或质量流的设备，包含了几个附加参数（如价格、包装皮重等）。称重系统包括一个或多个完整的重量测量设备，可以在一个称重系统中满足不同的用例（如填充和价格标签）。每个称由一个或多个称重传感器组成，它们可以捕获重量，是本配套规范中与称重系统组件有关的最小单位。配套规范涵盖自动填充称、自动称（自动价格标签秤、自动重量标签秤、检重秤）、连续称、料斗称、实验室称、计件称、简易称、累加称和车载称等称重系统类型。其他称重系统（包括称重桥）可根据本规范进行建模，但可能需要通过某些参数进行扩展

　　未来的工厂系统将由数以千计的具有不同硬件和软件配置的设备组成，以实现监控自动化和系统的软控制。可以动态地识别基础设施提供的设备、系统和服务。可以对整个系统进行软件升级和大规模重新编程或重新配置。真实基础设施的（远程）是可视化的。下一代系统将高度协作，通过开放通信和标准化数据交换实现跨层和跨领域的互操作。跨层即企业系统各层之间的通信，从工厂层到企业级别，如 ERP 或 MES；跨领域即多学科系统的情况下，不同领域的设备和系统必须通信。这包括一个从传统的分层管理和控制基础结构到异构和分布式基础结构的迁移过程。

　　2. 制造运营管理层

　　制造运营管理层（MOM）是指控制工厂级和车间级运营的应用程序。这一层可能还包括 MES 和工厂信息系统（PIMS），能源强度（基本成本）、能源成本管理、分析能源数据、节能规划等。遵循 IEC/TR 62837 标准可提高制造、过程控制和工业设施管理方面的能源效率。

　　一个 MES 既是典型的第三级工具，也可以分配给 ERP，或者第二级的 DCS。这些系统之间的边界是浮动的。单个操作可以被分配到不同的特定制造操作管理领域，如生产操作管理、质量操作管理、维护操作管理或库存操作管理等，其中单个活动，如调度、跟踪、分析、定义管理、数据收集、执行管理等在单个或分布式资源中执行。这些功能使用不同的技术来实现。随着更高层次监控和控制功能的标准化和更容易的集成，新一代的业务流程可以依赖于与车间及时获取的数据交换。以实时方式增强和进一步集成现实世界及其在业务系统中的表示。业务建模人员将能够设计与现实世界交互的流程，以面向服务的方式，并根据获得的信息做出与业务相关的决策并执行它们。

　　IEC 62264 标准定义了 MOM 域中的活动模型、功能模型和对象模型。MESA 发布的"Business To Manufacturing Markup Language Common Types Version 6.0-March 2013 B2MML-Common"，业务到制造标记语言（B2MML）是 IEC 62264 标准的一个实现，它将 ERP 和供应链管理（SCM）系统与制造系统（如 MOM、MES）连接起来。

　　ISO 22400 标准定义了制造运营管理中使用的 KPI。IEC 62264-4 标准附录 C 定义了 BPMN 2.0 业务流程模型和符号到工作流规范的可能映射。业务流程模型表示法（BPMN）是一种图形表示，通常用于在制造业务流程模型中指定流程。

　　为了实现数据流的集成，可使用预言模型标记语言（Predictive Model Markup Language，PMML）以支持 MOM 功能。PMML 是一种利用 XML 描述和存储数据挖掘模型的标准语言，它依托 XML 本身特有的数据分层思想和应用模式，实现数据挖掘中模型的可移植性。模型的结构由 XML 架构描述。一个 PMML 文档中可以包含一个或多个挖掘模型。PMML 文档是具有 PMML 类型根元素的 XML 文档。

　　ISO 23952：2020 *Automation systems and integration Quality information framework*（QIF）*An integrated model for manufacturing quality information*，[《自动化系统与集成质量信息框架（QIF）制造质量信息集成模型》]，是一套能够在计算机辅助质量测量系统中实现信息流动的标准。标准定义了一套完整的信息模型，使从产品设计到检验计划、执行到分析和报告的整个制造质量测量过程中计量数据的有效交换成为可能。QIF 信息模型包含在用 XML 模式定义语言（XML Schema Definition Language，XSDL）编写的文件中。模型由六个应用程序模式文件和一个包含所有应用程序使用的信息项的模式文件库组成。标准定义了基于模型定义的应用模型，该模型处理 CAD 数据和产品制造信息（PMI）。

　　Autodesk 最近发布了 AutoCAD Inventor 2022，这个新版本增加了质量信息框架（QIF 3.0）

支持。这个最新版本增加了对导出语义 PMI 数据作为 QIF 文件的一部分的支持，能够使用 AutoCAD Inventor 软件产品中的内置导出功能导出 QIF 文件。QIF 是一个 ANSI 和 ISO 开放标准框架，它包含语义 PMI 和其他元数据。QIF 3.0 文件使基于模型的定义（MBD）数据能够被制造和质量方面的下游应用程序使用。

随着数据对象标准（如 ISA-95 模型）、数据表示消息（如 B2MML、MQTT 和 OAGIS）和事务消息（如 IEC 62264-5 和 OAGIS 10.6）的发展，简单的单层不足以描述基于对象的应用程序到应用程序事务通信的复杂性。每一层都处理应用程序数据交换的特定元素，如，数据对象层定义交换信息的基本元素的含义、格式和结构。事务层定义对数据对象采取的操作的含义、格式和结构，可以使用 IEC 62264-5 事务风格的特定定义。另一个事务层定义可以是 OAGIS Verb 定义。MSM 服务接口定义应用程序层交换服务的最小接口，为一组通信服务定义了标准的"入站"和"出站"。它定义如何将数据放置到交换方法中，以及如何从交换中检索数据方法。应用程序、表示、会话和低层定义了消息或文件的协调、缓冲和交换的含义、格式和结构。这些层包含传输或交换风格的特定定义，如企业服务总线、企业消息传递系统、IEC 62541 系列标准定义的 OPC UA 规范、RSS（聚合）、FTP、以太网、TCP/IP、HTTP 等。MSM 接口上的消息同步不同于 ISA-95 事务模型提供的消息同步，也不同于通信堆栈较低层提供的同步机制。消费者和生产者之间的异步消息交换可以看作是一对不同的、单向的消息。

3. SCADA 层

企业层和制造运营管理层在网络中处于 IT 侧，以 MOM 或 MES 和 ERP 企业层和制造运营管理层在网络中也处于 IT 侧，以 MOM 或 MES 和 ERP 系统为主。SCADA 层及以下层则处于网络中 OT 一侧。PLC 和 DCS 系统是监控和控制工厂底层应用的基础。

数据采集与监视控制（Supervisory Control And Data Acquisition，SCADA）系统，是以计算机为基础的 DCS（PLC）层和设备层，相关标准属于车间级标准，在车间层面，通常有一个控制系统层次结构，对 OT 网络中的其他部分进行监测与监控，包括 HMI、PLC 和现场设备组件，如传感器和执行器，是与系统进行操作员级交互的主要层次。可以将 SCADA 系统看作是构成整个工厂的工控系统的所有独立的控制和通信组件的总和。其中，PLC 的通信系统连接到 HMI，如 Ethernet/IP、DeviceNet、ControlNet、PROFINET 和 EtherCAT。通过 PROFIBUS、CAN 总线、HART 和 Modbus 等现场总线将 PLC 与现场组件连接起来。Modbus 是一种串行通信协议，常用于连接监控计算机和控制系统中的远程终端单元（RTU）。在未来的工厂中，操作员不需要绑定到专门的控制中心，而是能够使用移动人机界面控制和监控车间的过程。这样就可以在任何时间和地点访问实时测量和统计数据。移动支持还可以对移动机械（自动装载机、机器人、车辆等）进行监控。

IEC 61784 系列标准主要基于 IEC 61158 系列标准定义了一套协议特定的通信配置文件，用于工厂制造和过程控制中涉及通信的设备设计。每个配置文件为设备上的通信协议栈选择规范。它包含了应用程序层所需的最小服务集，以及通过引用定义的中间层的选项规范。如果不包括应用程序层，则在数据链路层指定所需的最小服务集。其中定义了 EtherCAT、PROFINET 和 Ethernet/IP 等基于以太网的实时协议的通信配置文件，而 IEC 61158 规定了基金会现场总线和 PROFIBUS 等现场总线。除了这些通信协议外，还有几个重要的集成标准将车间控制与 MES 和企业级系统连接起来，如 IEC 62541 系列标准定义的 OPC UA 规范、MTConnect、PackML 和 BatchML。OPC UA 是一种基于面向服务的体系结构（SOA）的工业机器对机器通信协议。此外，OPC UA 提供了一些灵活的信息模型框架，用于在 OPC UA 用户以标准的方式创建和公开定制的信息。其中一些定制包含在不同应用领域的配套标准中，见表 6-3。MTConnect 用于访问来自车间制造设备（如机床）的实时数据。IEC 61512（ISA 88）是批处理行业的标准，定义了物理模型、过程和配方。PackML 是 ISA 88 标准中用于批处理行业的标准包。BatchML 是一个 ISA 88 的实现，用于连接批控制系统到 MES。

4. 现场层

现场层是从工厂的物理实体到控制设备和策略的部件，许多方面具有与 SCADA 层相同的功能，主要通过过程控制单元或生产线的功能实现对过程中单个区域的本地控制，实际的工控系统在本层实现，如 PLC 和变频器（VFD），主要的系统中还包括人机界面（HMI）。可以通过人机界面面板查看实时过程事件和操作员级过程交互的本地画面，并通过这些逻辑驱动组件实现对过程的自动控制。现场层涉及众多的现场机器、设备及各种机器人，包括基本过程控制系统（Basic Process Control Systems，BPCS），相关标准已在前面几章中提到，如关于 PLC 的相关标准、IEC 61800 系列标准调速电气传动系统、IEC 61508 系列标准电气 / 电子 / 可编程电子安全相关系统的功能安全、IEC/TR 62390 通用自动化设备行规导则等。

BPCS 系统是适用于非安全相关控制系统的通用术语，主要执行并管理过程控制，为人机界面提供实时数据以实现同过程的操作员级交互，以便对工厂操作进行优化。BPCS 系统还包括传感器、执行器、继电器和其他组件，用于对过程值进行度量并将数据流传送给 PLC、DCS、SCADA 系统，以及其他各层的组件，目前 PLC、DCS、SCADA 这三个系统差异十分微小，从功能上可以视为是同一概念。

金字塔层级的第 0 层称为受控设备层（Equipment Under Control，EUC），设备包括驱动器、电动机、阀门以及构成实际过程的其他部件。第 0 层的完整性对于安全和高效地运营至关重要，因为这是现实中对过程中物理设备进行操作的地方。如果 BPCS 和受控设备无法正常操作，或者关于过程状态的信息不准确，那么 BPCS 或操作员就无法准确地响应过程条件。所有这些层次（第 0~5 层）相互交互以确保过程执行其预先设计的功能。功能安全层可能会被包含进过程层（第 0 层）之中，作为过程层中的一部分；或者从某种意义上说在逻辑上低于过程层。

功能安全层即当硬件故障或其他不确定的不利条件导致整个系统中断时，保护系统不会出现危险故障的层次。在功能安全层内有若干工程保护层。这些保护层包括了从逻辑编码的"互锁"，到 PLC 中关于如何响应不良事件的指令，再到安全仪表系统（Safety Instrumented Systems，SIS）与物理安全控制措施，例如在制定的过程中确保诸如压力过高等条件不会发生的安全阀。BPCS 系统中的 PLC、DCS、SCADA、VFD、HMI、远程 I/O 等常用控制系统、设备和组件，需要多种网络类型，如以太网、远程 I/O、ControlNet、PROFINET 或其他网络类型组件，各组件的通信协议采用 IEC 62769、IEC 61784、IEC 61158、ISO/IEC TR 30164、ISO/IEC 21823、ISO/IEC 30141、ISO/IEC 20005、ISO/IEC 30128 等系列标准定义的工业控制系统特有的通信协议。OPC UA 不仅仅针对 SCADA、PLC 和 DCS 接口，还作为一种在更高级别功能之间提供更大互操作性的方法。

IEC/TR 62837 标准定义了一个能源效率框架，以便提高制造、过程控制和工业设施管理方面的能源效率。

IEC 62443 标准定义了工业自动化和控制系统（IACS）建立网络安全管理系统所必需的要素，并提供了如何开发这些要素的指导。

5. 制造金字塔层级中的CPS

前已述及，在工业4.0下的制造金字塔中，智能交叉链接是通过自组织和分散方式运行的CPS（CPPS）实现的，基于嵌入式应用传感器系统及物理过程的执行器系统。CPS之间智能地相互连接，并通过虚拟网络（如云）实时地持续交换数据。在这种场景下，术语CPS是指计算与物理过程的集成，可以被描述为智能系统，包括硬件、软件、计算和物理组件，无缝集成和紧密交互，实时感知和控制现实世界的变化状态。这些系统涉及大量空间和时间尺度的高度复杂性和高度网络化的通信，将其计算和物理组件集成在一起。因此，CPS指的是嵌入在物理对象中的ICT系统（感知、驱动、计算、通信等），通过包括互联网在内的多个网络相互连接，并为企业提供基于数字化数据、信息和服务的广泛创新应用。因此，CPS也被认为是无处不在的智能嵌入式技术和网络化生产的系统中的系统（SoS），即为了改善生产相关对象的设计/计划或运营而建立并持续应用的数字表示。通过适当的运行时数据采集的数字模型不断更新，提供高级功能，如在线预测、参数优化、原因分析等，最终可用于决策支持，以及自主控制功能。数字孪生或数字影子是与这个概念紧密相关的其他术语。通过工业互联网将实体制造设备之间链接交互，与虚拟世界中的人数据和数据分析连接起来，感知和作用于现实世界，从而可得到数字世界的生产手段。典型实例是运用协作机器人使传统工厂变成智能（数字）工厂，优化了生产流程并提高了生产率。

在未来的生产设施中，CPS将与智能的、网络化的工业生产和供应链通信，这也被称为CPPS。CPS交换信息，在生产中触发动作，并相互自主地控制自己。这使得在制造、工程、材料使用、供应链管理和生命周期管理等方面的工业流程得以从根本上重组和优化。在CPS生态系统中，一方面，每个真实的物理对象都有一个或多个网络表示，另一方面，一个网络组件或系统可以连接到一个物理表示，即实体世界中的一个对象。ICPS通过整个企业、产品和过程生命周期，以及供应链上从供应商到客户的数据和信息的数字化，打造现实世界网络化工业基础设施的核心，以开放和协作的方式在多个层面上运作，打造高度复杂且与企业追求的技术和商业目标紧密结合的下一代基于CPS的工业系统。

新一代基于CPS的工业系统本质上是多学科的，其功能包括企业的多个层，在多个领域具有广泛的适用性，能够形成大型和复杂的生态系统。如，在工业自动化中，未来的车间转变为一个多方面的ICPS生态系统，在不同层面上，具有各种各样的组件，如，从单个传感器和机电组件到复杂的监测和控制系统，执行与SCADA、DCS和MES相关的功能，并与其他企业级系统同步运行，如ERP和实时业务目标。由此产生的ICPS基础设施不断演变，它可以解决单独运行的组件无法实现的问题，由于交互、合作、单个功能的组合，它产生了复杂的控制、自动化和管理功能。

由于IoT将无处不在的系统，如传感器、执行器、联网和网络内（协同）处理的能力与现代CPS技术相结合，所有（异构）事物都展示了相互交互和积极参与的能力。这些交互建立在一系列功能，如信息交换有关身份、位置、状态和功能的信息交换，这些信息是通过网络和云提供的。主要基于现有大数据的使用和应用。整个IT基础设施都需要人工智能来收集、分析、监控和学习数据，并帮助管理数据流。工厂车间需要合并内部信息，如工作流、能源和专业知识数据等，将工厂产生的大量结构化和非结构化数据连接起来，并通过先进的分析技术实现高质量、增强的运营、KPI性能、数据驱动和前瞻性的决策，进一步优化整个供应链或价值网络。

边缘计算是在分布式智能设备和节点上进行大量或全部计算的分布式计算框架。功能和存储悬停在设施甚至机器本身附近，节省带宽，加快响应时间，减轻连接问题。5G 以其高速、低延迟连接提供了无线连接的灵活性，促进了工厂机器和物联网的互联。使用 5G 和边缘计算可快速启用自动机器和工业机器人以实时分析物联网数据。5G 也有能力建立大型无线传感器网络，甚至实现增强现实 / 虚拟现实（AR/VR）应用。人工智能使用资产数据和预测模型来提高机器利用率，优化维修计划和劳动力管理。

"数字孪生"是物理设备的虚拟复制品，数据科学家和设计专家用它来复制实际设备的场景，并作为原型。数字孪生也在不断发展技术，如机器人、高级分析和人工智能学习系统。数字孪生可以被设计用来接收来自真实世界的数据，收集传感器的输入。数字孪生组件的行为与现实中的等效组件类似，使用外力来显示对事件驱动场景（如组件故障）的可能反应。数字孪生也可以设计基于它的实物原型，甚至可以是原型。当在维护中使用时，数字孪生可以提供有价值的反馈，它们通常没有呈现组件，只存在于维护系统内部。考虑数字孪生如何增强从物联网收集的相关数据的潜力，制造商还可以将经过数字孪生验证的预测性维护纳入车间设备，以优化机器、产品、生产过程，甚至整个设施。

6.4　信息物理系统

信息物理系统（CPS）是指将计算系统与物理组件集成在一起的系统，核心是嵌入式处理器和微处理器。术语 CPS 既不直接引用实现方法，如物联网中的互联网，也不直接引用特定应用，如工业 4.0 中的工厂。它是专注于将网络和物理世界的工程传统结合起来的基本知识问题，是寻找新的科学和技术的基础，更侧重科学研究。从 CPS 不同实现技术角度，有不同的解释，应用领域不同，CPS 可能构成不同的系统。本节从工程角度叙述 CPS 的基本概念和实现方法。

6.4.1　CPS 的背景

据考证，"cyber"一词源自希腊语单词 Kubernetes（κυβερνηης），意思是舵手、管理者、驾驶员或方向舵。这个比喻适用于控制系统。1948 年美国数学家诺伯特·维纳（Norbert Wiener）创造了新词 Cybernetics（控制论），维纳把他对控制论的看法描述为控制和通信的结合；在闭环反馈中，控制逻辑由物理过程测量驱动，并反过来驱动物理过程；这实质上是一种计算，因此，控制论是物理过程、计算和通信的结合。

1958 年，中国科学家钱学森的著作 Engineering Cybernetics 中文版发布，"Cybernetics"翻译为"控制论"。自动控制专家唐纳德·迈克尔在 1962 年提出新词 Cybemation（计算机化，自动控制），此后"Cyber"常作为前缀，应用于与自动控制、计算机、信息技术及互联网等相关的事物。

2006 年美国科学家海伦·吉尔（Helen Gill）第一次提出了"Cyber-Physical Systems"这一概念。

科幻小说家威廉·吉布森在短篇小说 Burning Chrome《全息玫瑰碎片》中首次用控制论（Cybernetics）和空间（Space）两个词创造出 Cyberspace 一词，并在其 1984 年出版的科幻小说 Neuromancer《神经漫游者》中抽象为计算机及计算机网络里的虚拟现实概念，译为"网络空间"或"赛博空间"。

2019 年美国上映了同名科幻电影 Neuromancer，在《神经漫游者》中描绘：人们可以通过计算机空间（Cyberspace）的接口接入一种由机器环境构成的全球数据网络，将"自己的非实体意识映射入被称为'Matrix'的交感幻象中"。吉布森说"赛博空间（一个 Matrix 虚拟现实数据空间）是一个令人兴奋的字眼"，"这儿有点像广告人的灵机一动。当我刚抓到这个词时，我觉得它滑溜溜的很空洞，于是我就得给它装点儿意思进去"。《神经漫游者》中的主角凯斯是个网络独行侠，奉命潜入跨国企业的信息中心窃取机密情报。他一方面参与信息大战；另一方面得查出幕后的神秘主使是谁。他能够使自己的神经系统挂上全球计算机网络，为了在赛博空间里竞争生存，他使用各种匪夷所思的人工智能与软件为自己服务。目标是拥有一个无法想象的强大人工智能环绕地球，冬寂（即 AI）和神经漫游者融合突破图灵限制，成为一个有人性灵魂的超级 AI，还突破天际和外星同类交流上了。在这种意境下，从科幻到现实，就是人们研究的现实中的 CPS。按照前面"控制论""网络空间""信息物理空间"的说法，将"网络空间"和"信息物理系统"这两个术语看作同源于一个词根"控制论"是准确的，而不是将两者视为相互派生。

6.4.2 CPS 的基本概念

根据上述推断，CPS 就是信息空间（控制逻辑）与物理空间（环境）及它们的集成和协同互动。这与数字孪生很相似。ISO 23247-1~4：2020 系列标准定义了一个框架，以支持创建可观察制造元素的数字孪生，包括人员、设备、材料、制造工艺、设施、环境、产品和支持文件等。定义数字孪生是适合于可观察制造元件的数字表示，该方法能够使元件与其数字表示以适当的同步速度收敛。

数字表示是指数据元素，表示可观察制造元素的一组属性。因此，可将术语数字孪生解释为"物理产品的虚拟数字化表达"。图 6-7 所示为 CPS 的基本概念。

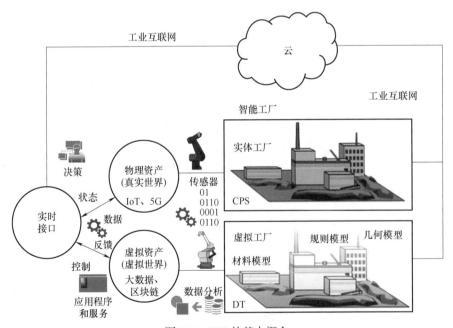

图 6-7　CPS 的基本概念

可以想象左边是物理世界，右边是信息世界，中间就是"通信"，通过 5C（Connection、

Conversion、Computation、Cognition、Configuration），即连接、转换、计算、认知和配置来
实现信息空间与物理空间之间的"连接"，对象（组件）包括人、机器、云、IoT、万亿传感器
（TSensors）、服务互联网（Internet of Services，IoS）、人工智能（AI）、大数据分析（BDA）、
云计算（CC）、区块链（Blockchain）、工业互联网、5G、智能产品、数字孪生（DT）、M2M、
增强操作和智能工厂等，边缘侧有边缘计算和雾计算。信息空间中的虚拟元素是物理空间中
的真实元素的模型。IoT、CC、BDA、AI 是新 IT 的核心元素。在制造业中，由于数字化，利
用工业技术的制造资源产生了大量的各类数据。由于 IoT 数据可以实时采集并存储和计算。
CC 通过统一发放计算和存储资源，可以有效地满足数据计算和存储的需求，而大数据技术
可以有效地挖掘隐藏的有用信息和知识，从而提高智能，更好地满足动态服务需求。因此，
IoT、CC、BDA 和 AI 在新 IT 中扮演着重要的角色。

在智能工厂中，CPS 监控物理过程，创建物理世界的虚拟映像，并进行分散决策。通过
IoT，CPS 实时地与机器、M2M 和人类间进行通信和协同互动。通过 IoS（网间网操作系统），
价值链的参与者提供内部和跨组织的服务。由此也可推测，CPS 就是计算过程和物理过程的
集成。

事实上，"CPS"这个术语可能被模糊地解释为网络空间与物理过程的结合，所有这些都
反映了工业 4.0 的一种技术的愿景，将物理世界和信息世界深深地连接起来，即物理世界和虚
拟世界的融合，CPS 使这种融合成为可能。智能工厂是具有人机交互能力的工厂，它可代替
人和机器执行增强操作。

智能工厂是工业 4.0 的重要特征，包括互操作性、虚拟化、去中心化、异构和分布式、实
时性、面向服务、模块化。因此，根据上文对 CPS 的描述，我们可以定义 IoT 是 CPS 通过唯
一寻址模式相互协作的网络。CPS 的特征是描述物理资产，如一台机器及其数字化映像，是
模拟实体资产行为的软件模型，而 IoT 仅限于实体资产，而不是它们的数字模型。CPS 使用
来自物理过程的共享知识和信息来提供智能、响应性和适应性的计算决策组件。从 CPS 不同
的实现技术角度，在各种文献中，关于 CPS 有如下不同的定义和解释，也许可以从中"悟"
出一些基本概念和原理。

CPS 是计算与物理过程的集成，物理过程的行为由系统的网络和物理部分定义。嵌入式
计算机和网络监视和控制物理过程，通常带有反馈回路，其中物理过程影响计算，反之亦然。
CPS 是关于实体和网络的交集，而不是联合。重要的是它们之间的相互作用。一般来说，CPS
现在被设计成一个由网络和物理元素相互作用的网络。

CPS 本质上是异质混合物。它们结合了计算、通信和物理动力学。与处于统计平衡的系
统的性质相比，动力学性质与特定物理对象的微观相互作用的性质密切得多。因此，它们比
同构系统更难建模、更难设计、更难分析。CPS 是一种高度复杂的机制，涉及跨学科的研究
方法，并根据其应用领域对各个方面产生影响。

CPS 是智能制造的核心，它使用嵌入在物理组件中并与之交互的网络技术，通过计算、
通信和控制（3C）三者的集成和协作，提供实时感知、信息反馈、动态控制等服务。通过密
集的连接和反馈循环，物理和计算过程高度密集。将计算、通信和对信息系统的控制集成在
一起。CPS 的概念扩展了嵌入式系统的概念，在嵌入式系统中，重点是驻留在独立设备中的
计算元素，而 CPS 被设计为一个相互作用的计算和物理设备的网络。

CPS 是为管理其物理资产和计算能力之间互联系统的转换技术。越来越多的传感器和联
网机器的使用导致了大容量数据的不断产生，这被称为大数据。在这样的环境中，CPS 可以

用于管理大数据，利用机器之间的互联，以实现机器的智能、弹性和自适应。通过将 CPS 与当前工业的生产、物流和服务相结合，它将把今天的工厂转变为工业 4.0 工厂。

CPS 是网络（Electric/Electronic）系统的合并。CPS 帮助机械系统感知物理世界，将这些感知作为计算机上的数据，进行计算，并通知系统采取行动来改变过程结果。这是个计算、通信和控制的概念，并将其控制在中心，以模型的动态结果，如实时传感、动态控制和大型系统的信息服务。CPS 是一种工具，它具有时效性、分布、可靠性、容错、安全性、可伸缩性和自主操作等特点，以增强从工业 3.0 到工业 4.0 的转换。CPS 为工业对象提供了微智能，以实现个性化产品的大规模定制。智能和自主的智能制造系统需要同步，以高质量、多样化的产品、低成本的产品进行同步，并减少时间来满足不同的消费者需求。

CPS 定义为计算过程和物理过程的集成，而使用物理系统的数字副本来执行实时优化的概念被称为 DT。DT 在虚拟空间中创建物理对象的高保真虚拟模型，以模拟其在现实世界中的行为，并提供反馈。DT 反映了一个双向的动态映射过程，能够更快更准确地预测和检测物理问题，优化制造流程，并生产出更好的产品。从这个角度来看，DT 的工程应用是普遍的。因此，CPS 与 DT 相比，CPS 属于科学类，而 DT 属于工程类。在工业实践中，工程系统可以通过 DT 技术实现更高的精度和更好的管理。

在制造业中，CPS 和 DT 都包括物理部分和网络 / 数字部分两个部分。物理部分由各种制造资源组成，可以概括为人 / 机器 / 材料 / 环境。生产活动是由这些物理资源来执行的。网络 / 数字部分拥有各种无处不在的应用程序和服务，整合了智能数据管理、分析和计算能力。物理部分感知并收集数据，并执行来自网络 / 数字部分的决策，而网络 / 数字部分分析和处理数据，然后做出决策。通过这种密集的连接，网络 / 数字部分可以影响物理过程，物理部分可以影响网络 / 数字过程。如图 6-1 所示，网络物理交互为用户提供了一个直观的车间环境，在该环境中进行实时监控和远程控制。3D 模型由实时传感器信号驱动，提供多种视角的可视化。授权用户可以控制实际设备操作，并查看被控制设备的运行状态。近年来，DT 被应用于各个领域，包括产品设计、生产线设计、DT 车间、生产工艺优化、健康管理等。如通用电气、西门子等使用 DT 来提高产品性能和制造灵活性。

6.4.3　工程 CPS 的基本概念

随着工业 4.0 的发展，制造业进入了数字化时代，数字化技术的快速发展，AI、IoT、CC、BDA、CPS、DT 等智能技术的发展，促进了数据采集系统、信息技术和网络技术的发展，逐步向智能制造逼近。制造业正在从基于知识的智能制造向数据驱动和知识驱动的智能（数据的创建和使用）制造转变。

6.4.3.1　CPS 的应用

CPS 的工业基础设施是机电一体化、通信和信息技术（计算机、软件和网络）相结合的控制分布式物理过程和系统，是一个网络交互的软件和硬件设备和系统，具有自主决策的和基于协商的决策过程的协作两个方面。

CPS 的工业基础设施包括传统模拟和数字系统，如制造系统、SCADA、M2M、工业控制、过程控制、节能、电网、医疗系统、智能交通系统、先进的汽车系统、自主系统（搜索和救援、消防、勘探）、环境控制、航空电子、仪器仪表、机器人、关键基础设施控制、国防系统，以及所有使用自动控制技术的嵌入式系统。CPS 的性能特征代表了工业系统通过自动化获得更大经济效益的效率，进一步提高自动化程度，从而开创一个自动化的新时代，其特征是 CPS 的更广泛应用。CPS 提出了一个整体的方法表示和建模的复杂系统。在这样的系统中，实体通过网络协作，包括传感器、执行器、控制处理单元和通信设备等。计算过程被连接到物理实体以监视和控制物理过程。CPS 技术通过万亿传感器、处理器和执行器，使计算机能够在物理世界中动态运行，以实现有用的实时信息。它是一个复杂的分布式系统，是多学科、多技术、异构的系统，具有网络结构，其众多的要素和它们之间的联系，形成了大量数据的实时处理需求，这种复杂的分布式系统具有均匀网络所不具备的不确定性，这需要网络内优化建模来提高系统的效率，拓宽其应用领域范围。

CPS 与 3C 紧密集成，为复杂系统提供实时感知、动态控制和信息服务。CPS 更强调网络世界强大的计算和通信能力，可以提高物理世界的准确性和效率。网络世界和物理世界之间的相互映射、实时交互和高效协作使 CPS 的功能得以实现。然而，计算系统可能影响一个以上的物理对象。例如，一个系统可能包含多个物理组件。因此，CPS 的网络世界和物理世界之间的映射关系不是一对一的，而是一对多的对应关系，由万亿传感器支持。

控制是 CPS 和 DT 的核心功能，其中的控制包括数字表示的实体资产或流程，以及实体资产或流程的数字表示两部分。前者，物理世界是动态的，同一个实体可能在不同的时间显示不同的属性。为了保持一致性，使用传感器收集来自物理世界的实时数据，并与网络 / 数字世界通信，以驱动网络 / 数字元素与物理世界同步。后者，网络 / 数字世界使用这些数据计算控制输出，并将其发送给执行器进行物理实现。如，通过预测控制的计算工具，可以预测未来的状态和故障，从而提前生成更好的服务和控制解决方案。DT 的愿景是提供组件、产品或系统的全面的物理和功能描述。创建高保真虚拟模型，真实地再现物理世界的几何、物理属性、行为和规则。这些虚拟模型不仅在几何和结构上与物理部件高度一致，而且能够模拟其时空状态、行为、功能等，同样的行为，就像镜像。在数字环境下的模型可以通过反馈直接优化运营和调整物理流程。通过双向动态映射，物理实体和虚拟模型共同进化。因此，DT 的物理世界和数字世界之间的映射关系提供了一对一的对应关系。虚拟模型集成了几何、结构、行为、规则和功能属性，代表了一个特定的物理对象。

如上所述的概念，CPS 和 DT 通过基于状态感知、实时分析、科学决策和精确执行的网络 / 数字世界和物理世界之间形成闭环。由于其虚拟模型的存在，为工程改进提供了更直观、更有效的手段。虚拟模型丰富了 CPS 的组成和功能，因此 DT 技术可以被认为是构建 CPS 的必要基础，两者结合将帮助制造过程实现更精确、更好和更有效的管理。

智能制造是从设计到生产、物流、服务等多个主体参与的价值创造过程。从层次上看，CPS 和 DT 可分为单元级、系统级和系统的系统（SoS）级三个层级。单元级是参与制造活动的最小单元，如单个设备（如机床）、组件和材料等，这些生产要素构成了单元级 CPS 和 DT 的物理部分。如，一个带有传感器、执行器和嵌入式系统的机床可以被认为是单元级的 CPS。单元级 CPS 和 DT 共享相同的物理对象。DT 通过几何形状和功能信息等描述和建模，并基于单元级物理对象的运行状态来形成。

多个单元级的集成构成了系统级 CPS 或 DT。一个生产系统可以是一条生产线、一个车间或是一个工厂。在系统级，CPS 和 DT 具有相同的物理制造系统（如，生产线、车间或工厂）。系统级 DT 的虚拟模型通过多个单元级模型的集成和协作形成。

多个系统级通过服务平台形成一个 SoS 级 CPS 或 DT。与系统级、SoS 级的 CPS 是企业层的集成，甚至是跨企业协作。企业协作将提供不同类型的协作应用程序，如商务合作、供应链合作和制造合作。如，生产、设计和服务之间的协作将实现个性化定制、智能设计、远程维护等。因此，SoS级的DT是产品生命周期各个阶段的集成。它将来自产品生命周期各个方面的数据汇集在一起，这些数据在不同的生命周期阶段甚至在下一个生命周期中都是值数据。SoS级的DT为产品创新和质量追溯奠定了基础。如，来自制造和维护的数据也可以帮助改进下一代设计。一个SoS级的DT不仅可以缩短设计周期，而且在时间和成本方面大大降低。

我们通过计算机科学的发展，信息和通信技术和制造自动化等可以观察到，计算机科学、信息和通信技术和制造业之间的相互作用，以及制造系统向CPS的融合趋势，见表6-4，尽管表6-4并不完善，也不一定十分贴切，但它反映了一些技术的发展和进化趋势。

表6-4　制造系统向CPS的融合趋势

虚拟世界（Virtual World）	物理世界（Physical World）
计算机（Computer）	数字控制（Numerical Control）
微处理器（Microprocessor）	计算机数控（CNC）
计算机图形学（Computer Graphics）	计算机辅助设计（CAD）系统
G语言（G Programming Language（G-Code））	计算机辅助制造（Computer Aided Manufacturing，CAM）
程序优化（Program Optimization）	计算机辅助工程（Computer Aided Engineering，CAE）
计算机网络（Computer Networks）	计算机制造系统（Computer Manufacturing Systems）
数据库（Databases）	计算机集成制造（CIM）系统
模糊逻辑（Fuzzy Logic）	人工智能（AI）
人工神经网络（Artificial Neural Networks，ANN）；机器视觉（Computer Vision）	进化机器人（Evolutionary Robotics，ER）；机器人（Robotics）
遗传算法（Genetic Algorithm，GA）	基因制造系统（Genetic Manufacturing Systems，GMS）
网格计算（Grid Computing）	网格制造（Grid Manufacturing）
云计算（Cloud Computing）	云计算制造（Cloud Computing for Manufacturing）
生物信息学（Bioinformatics）	生物计算（Biocomputing）
多智能体系统（Multi-Agent Systems，MAS）	代理（Agent）
Holonic制造系统（Holonic Manufacturing Systems，HMS）	资源Holon（Resource Holon，RH）
实时编程（Real-Time Programming）	嵌入式系统（Embedded Systems）；产品服务系统（Product-service Systems）
机器学习（Machine Learning）	智能制造系统（IMS）
互联网（Internet）	扩展企业（EE）；供应链管理或生产网络（PN）
无线通信、传感器、网络、物联网	高分辨率制造系统；可追溯性（Tracking and Tracing）
语义网（Semantic Web）	生产本体（Production Ontologies）
云计算（Cloud Computing）	多系统网络设施（Multisystem Networking Facility）

计算机的发展带来了数控机床和机器人，微处理器是计算机数控（CNC）的核心，计算机图形学的应用产生了计算机辅助设计（CAD）系统。没有计算机网络，制造系统的发展是不可想象的。计算机集成制造（CIM）系统的数据存储在数据库中。AI和机器学习为智能制造系统的发展做出了重要贡献。将计算机视觉算法应用于机器人学中，对环境和目标进行识

别。互联网彻底改变了人与系统的合作，包括扩展企业、供应链管理或生产网络。采用多智能体系统实现基于智能体的制造和整体制造系统。无线通信、传感器网络和物联网使高分辨率制造系统的开发成为可能，并使生产中的跟踪和跟踪解决方案成为可能。嵌入式系统有助于实现产品 / 服务系统，而语义网通过使用本体支持系统的互操作性。网格计算导致了网格制造，类似地，从云计算到云服务再到制造。

6.4.3.2　CPS 的功能实现

CPS 和 DT 的目标都是通过互联网技术实现物理集成，CPS 将传感器和执行器作为主要模块，而 DT 则采用基于模型的系统工程方法，强调数据和模型。

CPS 集成 3C 技术，赋予物理过程精确控制、远程协作、自治管理等功能。传感器和执行器是 CPS 的核心要素。CPS 最重要的特性是传感器和执行器与物理世界进行数据交换，通过分布在物理设备和环境中的多个传感器，进行大规模分布式数据采集和状态识别，实现网络世界和物理世界的交互。通过网络世界中的数据管理、处理和分析，基于预定义规则和控制语义规范生成控制命令。结果反馈给执行器，执行器根据控制命令执行操作，以适应变化。数据和控制总线为实时通信和数据交换提供支持。有了传感器和执行器，物理过程的任何变化都会引起网络世界的变化，反之亦然。

物联网、云集成和大数据是 CPS 的使能技术，CPS 是嵌入式计算系统在物联网架构下的一种进化，通过引入更智能、更互动的操作。云集成使 CPS 可以实现以前无法实现的应用场景。

因为 CPS 的目标是实现从传统、层级结构到去中心化结构的演变，从而实现工业 4.0 的愿景。因此，在工业环境中部署 CPS 是一个关键问题，需要适当的方法，使这些系统能够在工业使用中高度就绪。以使用分布式智能（如通过多智能体系统实现）为中心，允许将复杂的问题分布到一个模块化、智能化、自适应和可插拔的组件，其智能的全局行为来自于各个组件之间的交互。

利用 Holonic 系统原理的中间稳定形式的递归性和层次性等重要特性，简化系统设计。通过将多智能体系统（MAS）与互补技术相结合，实现纵向和横向集成中的互操作性和低层次控制的集成。MAS 可以与面向服务的体系结构（Service-Oriented Architectures，SOA）集成，形成面向服务的多代理系统，它不仅以通信的形式共享服务，而且还组成了集成 SOA 原则的分布式代理网络。在这样的系统中，前端层由封装代理提供的功能的服务组成，这些代理依次提供控制、智能和自治。由于 MAS 通常不受实时约束，可以集成诸如 IEC 61131、IEC 61499 标准的组件，以保持低层控制，确保响应性，而代理在更高控制层提供智能和适应性。

通过嵌入社交网络和生物网络启发的技术，可以丰富这一高层控制层，这些技术提供了许多强大的机制来处理复杂的环境，允许开发真正的自适应和可进化的复杂系统。为此，出现群体智能、混沌理论，特别是自组织概念将与 CPS 世界相结合。另一个重要的问题是使用技术使能器来支持 CPS 在普遍环境中的运行，在这种环境中，重新配置是顺理成章，复杂性由后台服务来处理。在这里，重要的是增强现实、云计算和雾计算的使用，大数据基础设施和技术的使用将在车间和 / 或协同供应链的数据分析中发挥重要作用。生物网络是将生物系统抽象地表示为一个图，图中的节点表示系统的组件（基因、细胞、分子），节点之间的连接表示组件之间的相互作用。链接可以加权来表示交互的强度。得到的图具有特定的拓扑结构，可以用来理解其功能。

6.4.3.3 CPS 的关键核心技术

代理（Agent）、SOA、基于云的服务和迁移是实现 CPS 的关键核心技术。

1. Agent

在一般的计算机系统中，Agent 通常表现为软件系统。在制造系统中，Agent 有两种表现形式：一种为逻辑 Agent，是逻辑实体或者具有完整功能的单元或者系统的逻辑抽象，即通常说的"代理"，常用于信息的集成；另一种为物理 Agent，即具有完整功能的物理单元或者系统，即通常说的"自主体"，常用于表示一个操作单元或物料流的集成，因此也称为自治实体。

在制造系统的许多研究领域中，物理 Agent 与逻辑 Agent 共同存在，相互协作。物理 Agent 与逻辑 Agent 的结合是制造系统物料流与信息流集成的有效方法。物理 Agent 与逻辑 Agent 的主要区别是接口的不同。物理 Agent 具有行为接口和信息接口，可以通过电、光、声等物理传感器获取外界环境的信息，通过行为改变物理实体的状态，也可以接收和发送信息；逻辑 Agent 通常只有一个信息接口，接收外界环境的数据或向外界输出信息。

综上所述，定义 Agent 是一个实体被放置在一个环境中，并感知不同的参数，这些参数用于根据实体的目标做出决定。实体基于此决策对环境执行必要的操作。

实体是指代理的类型。代理可以是软件（如程序安全代理），也可以是硬件组件（如 IEC 61499PLC 组件），或者两者的组合（如机器人）。

环境指的是代理所在的位置。智能体利用从环境中感知到的信息进行决策。代理能够感知来自环境的数据的准确性称为可访问性。在一个可访问的环境中，代理可以从环境中感知准确和最新的数据。如，在一个可以用有限状态机建模的环境中，代理可精确地知道每个动作的下一个状态。代理可以从环境中感知到的不同类型的数据称为参数。每个代理都可以执行一个导致环境变化的操作。代理可以执行一组离散的或持续的操作。在一组持续的动作中，代理可以执行无限的动作。相反，一组离散的动作有一组有限的动作，如，一个代理控制一个变频器。可利用 MAS 实现分布式智能和自适应。

MAS 可将一个复杂的任务划分为多个较小的任务，每个任务分配给一个不同的代理。在多个代理之间分配任务，每个代理都可以用任意级别的预定义知识来解决分配的任务，引入了较高的灵活性。在代理失败的情况下，任务可以很容易地重新分配给其他代理。因此，代理可以定义为一个自治组件，表示系统中的物理或逻辑对象，有能力为实现目标而采取行动，当它不具备知识和技能来单独实现目标时，它能够与其他主体互动。由于很少有应用程序以孤立的方式考虑代理，这些系统形成了 MAS，这一概念源于分布式人工智能（Distributed Artificial Intelligence，DAI）领域，可以定义为"一个代表系统对象的社交代理，当他们没有足够的知识和 / 或技能来实现个人目标时，能够通过互动来实现目标"，即 MAS 是 DAI 中的一种。在这种分布式、模块化、智能和可插拔代理网络中，智能和全球性的行为产生于主体之间的互动，每个 Agent 都贡献了自己的知识和技能。MAS 提供了一种基于功能分散的复杂系统设计的替代方法，提供了模块化、灵活性、健壮性、适应性和可重构性。特别是在工业环境中，工业代理的出现集中于智能的引入，可以在自动化设备（如传感器、执行器、机器人和机器）中执行，系统和基础设施有效地促进了 CPS 组件 / 系统的创建和交互。在这种分布式和异构系统中，由于每个 Agent 都有自己的知识结构，缺乏对交换知识的理解，影响了知识的互操作性和重用共享。解决方案是使用本体表示共享知识的结构，允许分布式代理在合作过程中理解自己。由于 CPS 需要计算系统与物理设备的集成，必须将代理与物理硬件设备进行互连。一个合适的方法是保持底层控制使用 IEC 61131-3 和 IEC 61499 标准的 PLC 程序，确保实时响应。这种集成解决方案允许在物理控制器中部署智能协作对象（代理），与 CPS 组件结构完美匹配，重要的是如何标准化代理和 PLC 程序之间的消息结构。

2. SOA

CPS 的使用旨在提高系统的适应性、自主性、效率、功能性、可靠性、安全性和可用性。可以使用 SOA、MAS 和 IEC 61499，以及语义和本体标准等多种技术实现。通过集成代理和使用代理的 SOA，嵌入作为服务公开给其他代理的智能逻辑控制，可以为企业的所有级别采用统一技术。

SOA 是构建分布式系统的一种方式，它基于提供和请求服务的概念。服务是一种软件，它封装了响应特定请求的实体的业务 / 控制逻辑或资源功能。在这样的系统中，希望提供功能的实体将其封装为服务，并通过在中央存储库中发布它们来提供给其他实体。通过使用发现机制，服务使用者可以找到他们需要的服务，并直接交互以获得这些服务。每个智能控制组件都封装了物理设备可以作为服务执行的功能。智能控制组件中嵌入的代理提供的功能被封装为服务并提供给其他代理。使用通过 Web 服务实现的 SOA，可以为企业的所有级别（从传感器和执行器到企业业务流程）采用统一的技术。

以同样的方式，MAS 可以与其他互补技术集成，如使用 IEC 61131-3 和 IEC 61499 程序或组件实现低层控制，这样，在较高级别，代理提供智能和适应性，而在较低级别由 IEC 61131-3 和 IEC 61499 程序或组件保证实时响应。可选择使用网关将语义从代理转换到服务世界。如服务注册，在 OASIS 中定义的统一描述、发现和集成（Universal Description, Discovery, and Integration），简称为 UDDI；服务描述，Web 服务定义语言；消息，代理通信语言（ACL）和简单对象访问协议（SOAP）等。ISO/IEC 19464：2014 *Information technology-Advanced Message Queuing Protocol（AMQP）v1.0 specification* 定义了高级消息队列协议（AMQP），它是一种用于业务消息传递的开放互联网协议。AMQP 有一个分层的体系结构，在规范中被组织为反映该体系结构的一组部件。ISO/IEC 29361：2008 *Information technology-Web Services Interoperability-WS-I Basic Profile Version 1.1* 定义了 WS-I 基本规范 1.1，包括一组非专有的 Web 服务规范，以及那些促进互操作性的规范说明。ISO/IEC 29362：2008 *Information technology-Web Services Interoperability-WS-I Attachments Profile Version 1.0* 定义了 WS-I 附件规范 1.0，包括一组非专有的 Web 服务规范，补充了 WS-I 基本规范 1.1，添加了 SOAP 消息的互操作消息的支持。定义了一个多功能因特网邮件扩展（Multipurpose Internet Mail Extensions，MIME）多部分 / 相关结构，用于将附件与 SOAP 消息打包。上述标准中定义了 WebService 三要素：SOAP、WSDL 和 UDDI，SOAP 用于描述传递信息的格式，WSDL 用于描述如何访问具体的接口，UDDI 用于管理、分发、查询 WebService。

3. 基于云的服务

基于云的服务是在企业现有系统（遵循 IEC 62264 定义的企业参考体系结构）的基础上，将 SOA、MAS 和云计算渗透到自动化环境中。这包括一个从传统的分层管理和控制基础结构到异构和分布式基础结构的迁移过程。此迁移过程包括针对分层基础设施的专用组件的逐步迁移方法，其功能将首先在服务提供者和 / 或服务消费者中进行转换，其次服务将被嵌入原有或新硬件中，或公开到服务云中，以服务总线为物理表示。云的组成以支持 IEC 62264 操作和活动的适用性为目标。在保持当生产系统中建立的组织基础上，利用 SOA 的功能向未来的基于服务的体系结构迁移。迁移的首要条件是 SOA 云提供一些基本服务，以支持云的基本通信和管理。由于传统系统中的控制执行可能与一个控制器中的多个控制功能组合在一起，或者在某些情况下，一个控制的不同部分被多个控制器执行，因此一个控制执行是一个功能一个功能地迁移，而不是一个控制器一个控制器地迁移。根据每个控制功能的性能要求，可能需要对不同的功能使用不同的策略。这里，一个功能就是一个应用程序。

4. 迁移

以 PLC 应用为例说明迁移的方法。如已有基于 IEC 61131-3 语言的 PLC 和程序，该如何重用它？这种情况下，如果原来的程序不是用 ST 语言编写，首先转换为 ST 语言程序，然后将其封装在 IEC 61499 基本功能块类型中。采用 ST 语言的算法封装为 IEC 61499 功能块是最直接的。IEC 61499-1 附录 D 中描述了一种 IEC 61499 功能块类型，称为简单功能块。这个功能块只有一个算法、一个输入和一个输出事件。一个简单的功能块被表示为服务接口功能块（SIFB），或在 IEC 61499 内执行 IEC 61131-3 程序则允许将原始的执行行为移植到 IEC 61499。将 IEC 61131-3 POU 转换为 IEC 61499 FB 网络。这种方式可保持 POU 的实际程序结构，但这种转换在执行语义和数据类型方面，需要从 IEC 61131-3 程序到 IEC 61499 实现的语义正确转换，如采用 XML 标记语言文件生成与匹配。

另外，IEC 61499 分布式体系结构与多智能体控制的结合，以及与领域特定设计标准的集成，如 IEC 61850 标准和 IEC 62424 标准，这种集成设计方法，控制系统可以从其他物理系统部件的设计文档自动生成。IEC 61499 标准通过提供足够的符号和体系结构来补充 IEC 61131-3 的 PLC 编程体系结构，极大地促进了工业自动化领域分布式系统设计。

分布式系统需要定义标准通信功能块的通信配置文件，以及它们对标准开放通信服务的映射，如 IEC 61158 现场总线或 IEC 61784 中定义的服务；IEC 61131-3 中定义的用于基本功能块类型算法规范的标准程序设计语言；用于特定领域应用的标准化功能块类型，如 IEC 61804 中定义的过程控制功能块。通过封装为基本功能块，IEC 61131 功能块可以很容易地转换为适合 IEC 61499 模型的形式。也可以使用 IEC 61131-3 语言在 IEC 61499 功能块类型规范中定义算法。然而，应用程序之间可以通过通信功能块进行通信。子应用程序可以通过事件连接和数据连接相互接口。

应用程序可以使用以下过程分发（分布）：创建和连接一个或多个子应用程序和代表应用程序的功能块类型的实例；创建服务接口功能块的实例，表示应用程序的流程接口；工作在流程接口功能块和代表应用程序的子应用程序和功能块之间创建适当的事件连接和数据连接；通过将功能块实例分配给适当的资源来分配应用程序；在资源中创建和配置适当的通信功能块实例，以维护应用程序的事件和数据流。一般地，工程支持工具将自动插入服务接口块，以维护分布式运行在不同资源上的连接块之间的事件和数据流。

6.4.4 CPS 标准框架

标准是作为产品或过程开发的基本构建块，并定义可用性、可预测性和安全性的已发布文档。在开发 CPS 过程中必须遵循一系列标准来确保互操作性，以符合生产过程要求。必须在遵循 IEC 62264 定义的企业参考体系结构的基础上进行。一般而言，CPS 包括互联互通和构建网络空间的智能数据管理、分析和计算能力两个主要功能部分。确保从物理世界实时获取数据，并从网络空间反馈信息。从最初的数据采集到分析，再到最终的价值创造，CPS 的构建都是按照数据流顺序的方式进行的。根据图 6-6 基于云的工业 4.0 制造金字塔层级结构的 CPS 的功能分布（连接、转换、网络、认知、配置），构成 CPS 的层级架构，以及每一层相关的应用程序和技术。

　　"配置"是机器智能向从网络空间到物理空间的移动的转化。使机器实现自配置和自适应。这一阶段作为弹性控制系统，将认知层面做出的纠正和预防决策应用于被监控系统。"认知"指的是为决策收集的知识。将所获得的知识呈现给专家用户做出正确的决策。由于可以获得比较信息和单个机器的状态，因此可以决定任务的优先级和优化决策。"网络"充当中心信息枢纽，形成机器网络，收集大量信息后，使用算法、软件和基于计算机的基础设施来分析和预测逻辑软件结构的未来行为，及各个机器的状态。这些分析提供了具有自我比较能力的机器，可以在船队中比较和评估单个机器的性能。"转换"是数据到信息的转换，通过大数据分析和云计算等从数据中推断出有意义的信息，使机器具有自我意识。"连接"是最底层，使用组件、控制器、传感器、执行器和协议等从机器及其部件获取准确可靠的数据是开发 CPS 应用程序的第一步。数据可以通过传感器直接测量，也可以从控制器或企业制造系统（如 ERP、MES、SCM 和 CMM）获得。各种类型的数据需要一种无缝和无束缚的方法来管理数据采集过程，并将数据传输到中央服务器，可采用 MTConnect 等协议实现。如图 6-8 所示。

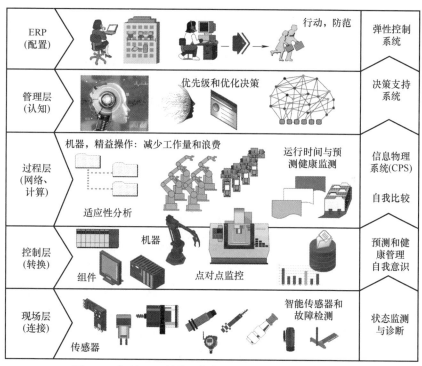

图 6-8　实现 CPS 的体系架构和相关的应用程序和技术

6.4.4.1　连接层相关标准

　　对于 CPS 来说，重要的是使用传感器从制造系统中自动收集、识别数据。连接层主要是从物理对象中获取数据。最常见的技术是使用自动识别和数据获取（Automatic Identification and Data Capture，AIDC）。相关的标准有以下几个。

　　ISO/IEC 19762：2016 *Information technology-Automatic identification and data capture*（*AIDC*）*techniques-Harmonized vocabulary* 提供了自动识别技术和数据输入领域的一般术语和定义，以及非技术用户在与 AIDC 技术方面的专家交流时必须使用的基本术语。

ISO/IEC 15459-1~6 *Information technology-Automatic identification and data capture techniques-Unique identification*（GB/29261，自动识别和数据采集技术）系列标准规定了 AIDC 技术，具有唯一识别的特点，即注册程序、通用规则、单个运输单元、单个产品和产品包装、单个可退回的运输项目和组的唯一标识。

ISO/IEC/IEEE 21450：2010 *Information technology-Smart transducer interface for sensors and actuators-Common functions，communication protocols，and Transducer Electronic Data Sheet*（*TEDS*）*formats* 定义了传感器接口模块（TIM）要执行的功能和所有实现 TIM 的设备的共同特性。它规定了传感器电子数据表（TEDS）的格式。它还定义了一组命令，以方便设置和控制 TIM 以及读写系统使用的数据。API 的定义是为了促进与 TIM 和应用程序的通信。

ISO/IEC/IEEE 21451-1、2、4、7 *Information technology-Smart transducer interface for sensors and actuators* 系列标准定义了用于智能传感器的网络能力应用处理器（NCAP）信息模型、通信协议和 TEDS 格式。第 1 部分定义了一个具有网络中立接口的对象模型，用于将处理器连接到通信网络、传感器和执行器。对象模型包含块、服务和组件；它指定了与传感器和执行器的交互，并构成了在处理器中执行应用程序代码的基础。第 2 部分定义了连接传感器到微处理器的数字接口。介绍了一种 TEDS 及其数据格式。它定义了一个电气接口，通过读写逻辑函数来访问 TEDS，以及各种各样的传感器。这一部分没有规定信号调理、信号转换，或如何在应用中使用 TEDS 数据。第 4 部分定义了协议和接口，允许模拟传感器与 ISO/IEC/IEEE 21451 对象进行数字信息通信。它还定义了 TEDS 的格式，该格式基于第 2 部分 TEDS。它没有指定传感器设计、信号调理，或具体使用的 TEDS。第 7 部分定义了数据格式，以促进 RFID 系统和智能 RFID 标签与集成传感器（传感器和致动器）之间的通信。它定义了基于 ISO/IEC/IEEE 21451 系列标准的新型 TEDS 格式。它还定义了一个命令结构，并指定了与命令结构兼容的通信方法。

还有 IEC 61131（GB/T 159691）、IEC 61499（GB/T 19769）标准等。

6.4.4.2 转换层相关标准

数据 - 信息转换层定义从智能连接层处理数据和分析信息，是从大数据分析和云计算等数据源获得的信息中做出多种推论的步骤。侧重于通过数据处理、大数据分析和数据应用将数据转化为信息，智能产品承载其生产过程中所有必要的信息。数据只有成为信息时才是知识，需要信息管理步骤对新旧数据进行筛选和关联。工业 4.0 的基础是通过集成各种参与增值过程的实体来实时获取相关信息。与价值链中的生产资源进行沟通，机器可以独立做出决策，预测它们的故障周期，并安排它们自己的维护。存储、传输和处理的数据量需要一个新的数字基础设施和新的数据技术。可使用 Apache Hadoop 大数据软件，以及类似的 Redis、SimpleDB、CouchDB、MongoDB、Terrastore、HBase、Cassandra 等大数据技术平台，实现组件之间的数据存储和通信。转换层的重要标准有以下几个。

IEC 61804 系列标准用于描述设备的特性。

IEC 61360-1、2、6 *Standard data element types with associated classification scheme for electric components* 系列标准为电工系统从基本部件到组件和全系统的所有元件的特征特性（数据元件类型）提供了一个明确的定义基础。第 1 部分规定了属性和相关属性的定义原则，并解释了用 IEC 61360-2 提供的适当数据构造来定义概念的方法。还规定了从一组类中建立分类层次的原则，每个类代表电气技术领域或与电气技术相关领域中的一个技术概念。标准数据元素类型和组件类的 IEC 参考集合，可从 IEC CDD（通用数据字典）免费访问数据库。该

数据库包含电气 / 电子部件的类别和相关特性（数据元素类型或 DET）的 IEC 参考集合，包括材料、几何形状和用于电气技术设备和系统的特性。第 2 部分提供了数据的正式模型。它提供了一种计算机可感知的数据表示和交换的方法，允许实现字典系统处理根据两种标准中的任何一种交付的数据。第 6 部分提供了用于描述为更新 IEC 通用数据字典（IEC CDD）内容而提交的类和属性的概念定义指南。

IEC 62714 系列标准提供了一种称为自动化标记语言（AML）的数据交换格式。

ISO/IEC 20000 系列标准（共 8 部分）是一个针对管理流程系统的标准，ISO/IEC 20000 认证适合 IT 服务的提供者，可以是内部的 IT 部门，也可以是外部的服务提供商。获取 ISO/IEC 20000 认证，意味着提供服务的 IT 组织，对 ISO/IEC 20000 中定义的这些管理流程，具有足够好的管理控制力。ISO/IEC 20000-1：2018 指定了一些相关的服务管理流程，ISO/IEC 20000-2：2019 代表了 IT 服务管理过程质量标准的行业共识。建议服务提供者应采用通用术语和更一致的服务管理方法。它为改进服务提供了共同基础，还为服务管理工具的提供者提供了一个使用框架。

ISO/IEC 29341 *Information technology-UPnP device architecture* 系列标准（共 132 部分）定义了通用即插即用（UPnP）技术，即没有设备驱动程序，取而代之的是通用协议。该技术描述了一种适用于智能设备、无线设备和所有形式的 PC 的普遍点对点网络连接的架构。UPnP 技术提供了一种分布式、开放的网络架构，利用 TCP/IP 和 Web 技术实现无缝接近网络，并在联网设备之间进行控制和数据传输。UPnP 设备架构（UDA）不仅仅是即插即用外设模式的简单扩展，它被设计为支持零配置、"不可见"网络和自动发现来自广泛供应商的广泛设备类别。设备可以动态地加入网络，获取 IP 地址，传递自己的能力，并了解其他设备的存在和能力。另外，设备可以平滑地自动离开网络，而不会留下任何不想要的状态。在 UPnP 架构中使用的技术包括 Internet 协议，如 IP、TCP、UDP、HTTP 和 XML。通用即插即用网络是独立于媒体的。通用即插即用设备可以在任何操作系统上使用任何编程语言实现。UPnP 体系结构没有规定或限制 API 的设计；操作系统供应商可能会创建满足客户需求的 API。

ISO 27000 系列标准是信息和安全风险管理和控制规范。从技术和管理两个方面提出了信息安全的要求。

IEC 62443（GB/T 30976）系列标准（ISA 99）用于工业自动化和控制系统的安全保障，提供全面的安全保护。

6.4.4.3　网络 / 计算控制层相关标准

通信是网络和计算控制层最重要的基础。计算是使用算法、软件和基于计算机的基础设施来分析当前行为和预测未来行为的步骤，所有的逻辑软件结构包括体系结构、算法和安全性。计算层是面向服务的体系结构（SOA），软件在其中提供服务，如高可重用性和更快的开发与部署软件的时间，集成开发环境可帮助程序员使用快速应用程序开发编写软件，面向对象编程有助于将软件模块可视化为对象及其与其他对象的交互和行为，统一标记语言（UML）是一种可视化系统设计的方法。其他应用包括可扩展标记语言（XML）的业务间和业务内数据传输技术，XML 是一种灵活的基于文本的数据传输格式，JavaScript 对象表示法（JSON）是一种基于对象的数据表示法，用于设计和传输实时远程控制、调度、维护、社交和大数据分析以预测发展趋势。现在，操作系统、编程语言、用户界面和网络技术已经变得更加复杂，支持软件管理、信息流控制、容错控制，以及冗余、可靠性和延迟的异构网络的应用。CPS 数据和信息交换需要包括有线和无线通信等相关标准。一个好的工业网络需要下述通信标准来连接传感器网络和机器网络。ISO/IEC 8802（GB/T 15629）系列标准（共 33 部分）提供了一套描述局域网的国际标准，其中，ISO/IEC/IEEE 8802-3：2021 *Telecommunications and exchange between information technology systems-Requirements for local and metropolitan area networks-Part 3：Standard for Ethernet* 定义了以太网局域网、接入网和城域网。以太网以选定的运行速度指定；使用通用的 MAC 规范和 MIB。CSMA/CD MAC 协议规定了共享介质（半双工）操作和全双工操作。速度特定的媒体独立接口（MIIs）为选定的物理层实体（PHY）提供了一个体系结构和可选的实现接口。物理层对用于传输的帧进行编码，并使用为操作速度、传输媒体和支持的链路长度指定的调制方式对接收的帧进行解码。其他指定的功能包括控制和管理协议，以及在选定的双绞线 PHY 类型上提供电源。

IEC 61158 系列标准和 IEC 61784 系列标准（GB/T 19582、GB/T 19760、GB/T 20171、GB/T 20540、GB/T 20541、GB/T 25105、GB/Z 26157、GB/T 27960、GB/Z 29619、GB/T 29910、GB/T 31230）是现场总线类型和配置文件的标准，包括基础现场总线、通用工业协议、PROFIBUS、PROFINET、Modbus、SERCOS、WorldFIP、INTERBUS、CC-Link、HART、EtherCAT、EPA 等。这些协议使 CPS 和无线通信中的实时分布式控制成为可能。

IEC 62591：2016（GB/T 29910.5）*Industrial networks-Wireless communication network and communication profiles-WirelessHART* 标准指定了除 IEC 61158-3-20、IEC 61158-4-20、IEC 61158-5-20、IEC 61158-6-20 中的 20 型之外的无线通信网络和除 IEC 61784-1、CPF 9 之外的通信 Profile CP 9/2。其包括物理层服务定义和协议规范；数据链路层服务和协议；应用层服务和协议；使用 KPI 增强性能统计；新增"过时数据"检测；添加了网关命令 - 已添加隔离状态；增加了白名单和黑名单管理的说明、表管理和默认值的说明。请注意，2021 年 3 月勘误表的内容包含在副本中。

IEC 62601：2015（GB/T 26790）*Industrial networks-Wireless communication network and communication profiles-WIA-PA* 适用于工业测量、监控和控制的工业无线通信。IEC 62061：2015 标准规定了基于 IEEE STD 802.15.4：2011 的工业自动化无线网络 - 过程自动化（WIA-PA）的系统架构和通信协议。IEEE STD 802.15.4：2006 修改为 IEEE STD 802.15.4：2011，并增加了 IEEE STD 802.15.4-2011 MAC 配置文件、PHY 配置文件和 IEEE STD 802.15.4：2011 相关参考文件的通用修改；增加对区域通过的共同修改，并增加附件 D 和附件 E；删除扩展 MAC 管理服务，增加两个 DLSL 管理服务；为 DLSL 和 NL 添加了特定的状态机；帧格式和包格式的统一表示；改变数据类型定义的格式；增加了技术的详细描述；提供对 CCA 模式 1、2 和 3 的支持。2021 年 3 月勘误表的内容已包含在副本中。

ISO/IEC 14476（GB/T 26241）系列标准（共 6 部分）是增强的通信传输协议，它是一系列用于支持多播传输服务的协议规范。

ISO/IEC 20005：2013（GB/T 30269.401）*Information technology-Sensor networks-Services and interfaces supporting collaborative information processing in intelligent sensor networks* 定义了 CIP 功能和 CIP 功能模型，支持 CIP 的公共服务到 CIP 的公共服务接口。

ISO/IEC 29180：2012 *Information technology-Telecommunications and information exchange between systems-Security framework for ubiquitous sensor networks* 描述了对泛在传感器网络（USN）的安全威胁和安全要求。根据满足上述安全需求的安全功能以及安全技术在 USN 的安全模型中应用的位置对安全技术进行了分类。介绍了 USN 的安全功能需求和安全技术。

ISO/IEC 29182-2：2013 *Information technology-Sensor networks：Sensor Network Reference*

Architecture（*SNRA*）系列标准（共 7 部分）的目的是提供指导以促进传感器网络的设计和发展；提高传感器网络的互操作性；使传感器网络即插即用，这样就可以很容易地在现有的传感器网络中添加 / 删除传感器节点。第 1 部分为一般概述和要求；第 2 部分为词汇和术语；第 3 部分为参考体系结构框架；第 4 部分为实体模型；第 5 部分为接口定义；第 6 部分为应用；第 7 部分为互操作性指南。

ISO/IEC 30128：2014 *Information technology-Sensor networks-Generic Sensor Network Application Interface* 标准规定了服务提供商的应用层与传感器网络网关之间的接口，即 ISO/IEC 29182-5 中定义的接口 3 中的协议 A；通用传感器网络应用的操作要求描述、传感器网络能力的描述和服务提供商的应用层与传感器网络网关之间的强制接口和可选接口。

ISO/IEC 17826：2016（GB/T 31916.2）*Information technology-Cloud Data Management Interface*（*CDMI*）定义了访问云存储和管理存储在其中的数据的接口。适用于实现或使用云存储的开发人员。

ISO/IEC 27033-2：2012 *Information technology-Security techniques-Network security* 系列标准的第 1 部分为概述和概念；第 2 部分为网络安全的设计和实施指引；第 3 部分为参考网络场景威胁、设计技术和控制问题；第 4 部分为使用安全网关保护网络之间的通信；第 5 部分为使用虚拟专用网络（vpn）保护跨网络的通信；第 6 部分为保护无线 IP 网络访问。

还有 IEC 62769 系列标准（FDI）用于集成设备与通信技术。

6.4.4.4　认知层相关标准

认知层即感知、意识、信息和价值所在的领域，重点表现在高层次上为监控和决策支持而收集的知识。认知层属于认知科学范畴。在领域知识和范例库的支持下，系统能够自动进行机器学习算法的选择和规划，更好地发现海量信息中的知识。解决一些行动的同步化和决策的同步化等问题，如在物理域，会发生故障、保护和机动；信息域，能够了解哪些信息在其中被创建、操纵和共享；以及信息"可共享性"的程度、范围和属性，还会将收集到的信息发布在网络上以便于使用。如在工厂中寻找工具位置和实现预测性维护（Predictive Maintenance，PdM），是以状态为依据的维护，在机器运行时，对它的主要（或需要）部位进行定期（或连续）的状态监测和故障诊断，判定装备所处的状态，预测装备状态未来的发展趋势，依据装备的状态发展趋势和可能的故障模式，预先制定预测性维护计划，确定机器应该修理的时间、内容、方式和必需的技术和物资支持。预测性维护集装备状态监测、故障诊断、故障（状态）预测、维护决策支持和维护活动于一体。预测性维护有狭义和广义两种概念。

狭义的预测性维护立足于"状态监测"，强调的是"故障诊断"，是指不定期或连续地对设备进行状态监测，根据其结果，查明装备有无状态异常或故障趋势，再适时地安排维护。狭义的预测性维护不固定维护周期，仅仅通过监测和诊断到的结果来适时地安排维护计划，它强调的是监测、诊断和维护三位一体的过程，广泛适用于流程工业和大规模生产方式。

广义的预测性维护将状态监测、故障诊断、状态预测和维护决策多位合一体，状态监测和故障诊断是基础，状态预测是重点，维护决策得出最终的维护活动要求。广义的预测性维护是一个系统的过程，它将维护管理纳入了预测性维护的范畴，通盘考虑整个维护过程，直至得出与维护活动相关的内容。

预测性维护的实现包括传感器和数据采集、信号预处理和特征提取、维修决策、关键性能指标、维修调度优化、反馈控制和补偿 6 个步骤。

认知层提供足够的功能来检测当前和未来的系统信息并将其传递给客户，提供订单状态和关于潜在延迟的警告。需要操作的故障通过互联网或移动应用程序实时通知运营商，以更快地解决错误。工厂的虚拟化和远程操作能力通过传输控制信息为通过远程服务中心控制的设备提供专用功能，以消除故障和防止故障。

ISO 13374-4：2015（GB/T 22281）*Condition monitoring and diagnostics of machine systems-Data processing，communication and presentation* 系列标准是机器的状态监测和诊断，包括数据处理、通信和显示规范，第 1 部分为一般指南；第 2 部分为数据处理要求；第 3 部分为沟通要求；第 4 部分为演示需求。

IEC 62453（GB/T 29618）系列标准，现场设备工具（FDT）接口规范有助于集成所有设备。

6.4.4.5　配置层相关标准

配置是智能从网络空间到物理空间的运动的转化（建模）。建模过程是一个决策过程。CPS 配置用于学习、优化、定制、适应、增强、自组织和自动装配等。为了实现这一目标，人工智能应用程序提供目标管理、计划和行为控制。系统将自动修改目标，以满足不断变化的操作条件，然后自动调整行为，以适应变化的目标。

配置提供短期的灵活性、对外部影响的中期响应和改进的生产弹性。社交数据分析定义社交趋势并动态地重新配置系统。如，与社交网络和机器网络交互的机器将自动调整需求和供应条件。增强现实技术可以在维护和维修工作中监控机器数据，并通过云计算控制维护任务，以实现内部和机器间的感知。利用信息和通信技术（ICT）进一步连接网络和物理世界，有助于改善、跟踪、优化和互联分布的资产基础设施。社交机器和互联网网络、增强操作和虚拟生产等概念都应用了这些技术。如 6.2.2.4 小节所述的 CPS 制造环境，可实现大规模定制的个性化生产，以及使用服务互联网的横向集成和端到端集成。大规模定制侧重于在可接受的质量约束下，大量制造个性化产品。大规模定制需要灵活的流程、模块化的产品设计以及价值链上供应链成员之间的集成。横向集成的概念有利于资源和投资有限但又希望参与其中的中小企业。中小企业通过集成，在协同制造环境中生产或组装复杂的产品，并作为一个虚拟企业共同工作，通过组合稀缺资源来规避投资风险。

配置层包含 CPS 的总体控制标准。IEC 61512（GB/T 19892）系列标准定义了过程中使用的批控制模型、术语和数据模型。用于企业控制系统集成的 IEC 62264（GB/T 20720）系列标准提高了接口构造的一致性。IEC 61508（GB/T 20438）系列标准可以提高安全性，确保工业过程控制的生命周期安全。ISO/IEC/IEEE 15288：2015 *Systems and software engineering-System life cycle processes* 标准建立了一个通用的过程描述框架，用于描述人类创建的系统的生命周期。它从工程的角度定义了一组过程和相关术语。这些流程可以应用于系统结构层次结构中的任何级别，可以在整个生命周期中应用选定的流程集，以管理和执行系统生命周期的各个阶段。标准涉及的系统是人为的，可以配置以下一个或多个系统要素：硬件、软件、数据、人、过程（如，为用户提供服务的过程、程序）、设施、材料和自然发生的实体。当系统元素是软件时，ISO/IEC/IEEE 12207：2017 *Systems and software engineering-Software life cycle processes* 中的软件生命周期过程可以用来实现该系统元素。这两个标准是统一的，以便在单个项目或单个组织中同时使用。标准中的收购方（可以是买家、客户、所有者、用户）是指从供应商处获取系统、软件产品或软件服务的组织。

ISO 9241-11：2018（GB/T 18978.11—2004）*Ergonomics of human-system interaction-Part 11：Usability：Definitions and concepts* 和 ISO 13407：1999（GB/T 18976—2003）*Human-centred design processes for interactive systems* 为交互系统的可用性和以人为中心的设计过程提供了指导。以人为中心的设计可以通过考虑系统的整个生命周期成本来确定，包括概念、设计、实施、支持、使用和维护。设计基于计算机的交互系统有许多工业和专有的标准方法。以人为中心的设计的特点是用户的积极参与和对用户和任务需求的清楚了解；在用户和技术之间适当分配功能；设计方案的迭代；多学科设计。

ISO 9241-11：2018 解释了如何识别信息，这些信息在指定或评估可用性时必须考虑到用户性能和满意度的度量。指南给出了如何描述产品（硬件、软件或服务）的使用环境和所需的可用性度量。

ISO 13407 标准提供了使产品（硬件和软件）以人为中心的一般指导和四个主要条件，但没有说明具体的方法。ISO 16982：2002 *Ergonomics of human-system interaction-Usability methods supporting human-centred design* 提供了现有可用性方法的概述，这些方法可以单独使用，也可以结合使用，以支持设计和评估。

ISO 18529：2000 *Ergonomics-Ergonomics of human-system interaction-Human-centred lifecycle process descriptions* 提出的以人为中心的生命周期过程模型是 ISO 13407 标准中以人为中心的过程的结构化和形式化定义。提出的模型使用处理评估模型的通用格式。这些模型描述了一个组织为实现所定义的技术目标而应该执行的过程。模型中的过程以 ISO/IEC TR 15504 "信息技术软件过程评估" 中定义的格式描述。

6.5　数字孪生（DT）

ISO 23247-1~4：2020 *Automation systems and integration-Digital Twin framework for manufacturing* 系列标准定义了一个制造用 DT 框架，以支持创建可观察制造元素的 DT，包括人员、设备、材料、制造工艺、设施、环境、产品和支持文件。用于制造的 DT 框架适用于 IEC 62264-1 中定义的功能和基于角色的层次结构的任何级别。

ISO/TR 24464：2020 *Automation systems and integration-Industrial data-Visualization elements of digital twins* 和 ISO 23247 标准中定义 DT 是适合于可观察制造元件的数字表示，该方法能够使元件与其数字表示以适当的同步速度收敛；数字表示是数据元素，表示可观察制造元素的一组属性；DT 建模是创建一个可观察制造元素的 DT 的程序；制造过程是将原材料或半成品状态转化为进一步完成状态的一组有结构的活动或操作。制造工艺可安排为工艺布局、产品布局、单元布局或固定位置布局。制造过程可以计划支持制造到库存、制造到订单、组装到订单等，以及基于战略使用和库存的放置。

6.5.1　DT 的概念

DT 是一种用于可观察制造元素的数字表示的方法，该方法能够使元素与其数字表示以适当的同步速度收敛。DT 可能存在于整个生产生命周期，并可能利用虚拟环境（高保真度、多物理、外部数据源等）、计算技术（虚拟测试、优化、预测等）和物理环境（历史性能、客户反馈、成本等）来提高整个系统的性能（设计、行为、可制造性等）。ISO 23247 为产品生命周期的制造阶段定义了一个 DT 框架，其中，DT 是可观察制造元素的数字表示。

可观察制造元素是在制造中有可观察到的物理存在或操作的项目。可观察制造元素包括制造人员、设备、物料、工艺、基础设施、制造环境、产品和支持文件。其中，制造人员一般包括直接或间接从事制造过程的员工。制造人员 DT 可以建模可用性、认证级别或与制造相关的其他关键属性，它不需要是一个完整的三维人体模型。

设备是执行直接或间接涉及制造过程的操作的物理元件。设备的例子包括手动工具、数控机床、传送带和机器人。

物料是成为一个部件或制造产品的物理物质，如金属块，或用于辅助制造过程，如冷却剂。

工艺是制造过程中可观察到的物理操作。

基础设施是指与制造业相关或影响制造业的基础设施。基础设施的例子有特殊用途的房间、建筑物、能源供应、供水、环境控制器等。

制造环境是设施提供的正确执行制造过程的必要条件。制造环境条件的例子有温度、湿度和亮度。

产品是生产过程中的期望产出物或副产品。根据制造过程阶段的不同，从业务的角度来看，产品可以被归类为中间产品或最终产品。

支持文件是任何形式的工件（需求、计划、模型、规格和配置），用来帮助生产。

在制造业的 DT 中，领域分为用户域、核心领域、数据采集和设备控制域以及可观察制造领域。可观察制造领域在 DT 框架之外，但其描述是为了支持对该框架的理解。

表示是指存储信息以供机器解释的方式。

展示是指信息显示供人类使用的方式。信息可以通过声音和视觉来表达。

视图 / 视角是指模型的投影，从一个给定的透视图，它省略了与这个透视图不相关的实体。

图 6-9 所示为 DT 制造的概念示意图。

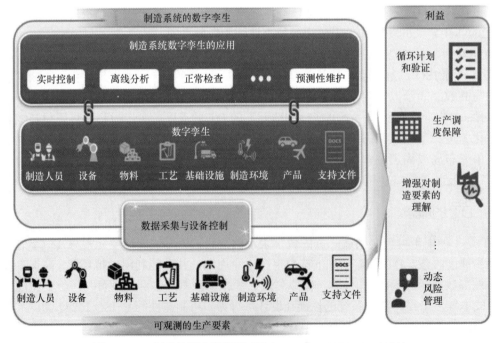

图 6-9　DT 制造的概念示意图（摘自 ISO/DIS 23247-1：2020）

一个 DT 和物理世界，被描述为可观察制造元素，通过数据采集和设备控制介质连接和同步。无论是在线还是离线，数字实体和可观察制造元素之间的同步确保了制造系统在从物理系统接收实时性能信息时不断优化。DT 是使用适当的方法和工具实现的，具有特定的目标和范围。通过应用相关互操作性标准，可以实现 DT 内模型组件之间的集成。DT 是脉络依赖相关的，可以是物理系统的部分表示。它可能只包含专门为其预期目的而设计的相关数据和模型。一个 DT 更新作为其相应的可观察制造元素的变更。变更可能包括状态、条件、产品几何形状和制造资源的更新。一个 DT 以适当的同步速率保持其相应的最新可观察制造元素。此外，一个 DT 可以回忆其相应的可观察制造元素的先前状态。通过不断交换相关的操作和环境数据，DT 能够使其表示与相应的可观察制造元素同步。DT 协助检测制造过程中的异常，并实现各种功能目标，如在制造业中的实时控制、离线分析、正常检查、预测性维护、同步监控 / 报警、制造运营管理（MOM）优化、过程适应、大数据分析和机器学习等应用。由 DT 支持的生产过程和执行的可见性增强了业务合作和其他多种效率，如在循环计划和验证、生产调度保障、增强对制造要素的理解、动态风险管理和成本降低。

1）实时控制：实时控制应用程序利用 DT 的当前状态实时更改制造过程。

2）离线分析：离线分析应用程序利用 DT 的变化状态，提出有关制造过程的建议。

3）预测性维护：预测性维护应用程序是一种实时或离线应用程序，使用 DT 为其孪生生产设备安排和调整维护活动。

4）正常检查：一个健康检查应用程序使用 DT 来检查可观察制造元素的条件，如有必要，还会安排维护。

5）工程设计：一个工程设计应用程序使用 DT 来了解以前生产的产品，以优化新的和现有的产品设计。

6）循环计划和验证：用于制造的 DT 通过仿真简化了制造过程的循环计划、验证和调整。在生产过程中，可以利用循环计划动态地重新排序和调整生产过程，以应对在车间发生的异常。循环验证可用于确认生产工艺是否已成功完成。

7）生产调度保障：用于制造的 DT 便于实时监控生产，允许管理层动态调整产量以满足生产计划。复杂的制造工艺能够实时适应制造环境的变化。这些变化包括材料特性的变化和设备的变化。如果维护了制造过程的 DT，就可以使用分析来预测制造过程的完成时间。这种预测既可以用于调整工厂级别的调度，也可以用于优化制造过程。通过提供更及时、更完整的设备可靠性、准确性和生产率模型，DT 有助于更准确地规划制造和生产计划。DT 信息可以通过更早地预测设备故障来降低成本，通过更快地调整工艺来提高生产率，并通过在不中断生产的情况下解决调度问题来提高生产率。来自工艺、设备和部件 / 组件的信息可以被合并，以提供制造过程中发生的任何异常情况。这使得预测性维护和流程改进成为可能。灵活的流程改变允许在不影响生产的情况下调整进度和修改材料。

6.5.2　DT 的模型、特点和关键技术

根据上述，DT 由物理实体（空间）、虚拟映像（空间）和连接两个 DT 空间的数据三部分组成。即，DT 的重要元素是物理空间、虚拟空间和信息运行的连接。

6.5.2.1　DT 的三个模型

由物理资产、虚拟资产和接口（数据流）组成的复合模型，如图 6-10 所示。

物理资产是指存在于物理世界中的实体，如发电系统，它是现实空间中的物理产品；虚

拟资产是虚拟空间中的虚拟产品；接口（数据流）将虚拟和物理产品连接在一起。

对于制造业而言，数据元素表示一个可观察制造元素的一组属性。物理元素是在物理世界中存在的事物。DT 模型是创建可观察制造元素的 DT 的过程。

为了实现 DT 的可视化，可以应用虚拟现实（VR）和增强现实（AR）的方法。DT 的可视化属性包括形状、颜色、动画和虚拟或数字副本的结构，以及传感器数据的可视化，显示物理资产的运行状态。它类似于数值模拟中的后置处理器的可视化元素。

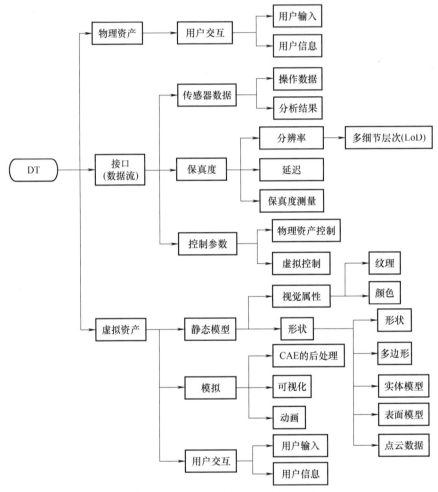

图 6-10 DT 的视化元素（三个模型）

DT 共享的信息随着产品的生命周期（通常由计划、设计、制造、运维或报废组成）而变化，因此可视化元素随着产品的生命周期而变化。在产品生命周期的开始，没有物理资产，只有虚拟和数字副本。一开始，设计师脑中的概念产品就像计算机中的模型。虚拟资产在虚拟制造系统中用于进行测试或模拟，然后通过物理制造将物理产品实现为物理资产。只有这样，两个孪生（虚拟资产和物理资产）才能存在，并通过共享传感器和控制参数到执行器的实时状态数据进行集成。

6.5.2.2 DT 的特点

实时性和闭环性是 DT 的两个基本特征，除此之外还具有互操作性、可扩展性、保真度和可重构性等特点。

1）实时性：是指 DT 技术以一种计算机可识别和处理的方式管理数据，以对随时间轴变化的物理实体进行表征，包括外观、状态、属性、内在机理，形成物理实体实时状态的数字虚体映射；两个空间之间有平滑的连接通道，使得它们可以很容易地相互作用。

2）闭环性：是指 DT 中用数字虚体描述物理实体的可视化模型和内在机理，就好像赋予了数字虚体和物理实体一个大脑。

3）互操作性：是指两个或多个 DT 体在实现互联互通的基础上能够进行信息交换、信息同步、业务协同等的能力。

4）可扩展性：是指 DT 技术具备集成、添加和替换数字模型的能力，能够针对多尺度、多物理、多层级的模型内容进行扩展。

5）保真度：是指复制源文件的精确度。也可以说是虚拟实体描述其对应物理实体细节的准确程度；虚拟空间是物理空间的真实反映，能够与物理空间保持超高的同步性和保真度。

6）可重构性：物理实体及其虚拟实体可分解和重新组合的能力。

7）互动融合：DT 是一种全流程、全要素、全服务的集成。在物理空间的各个阶段产生的数据可相互连接；历史数据与实时数据可交互和融合。DT 数据更加全面，它不仅依赖于专家知识，而且还实时地从所有部署的系统中收集数据。因此，通过收敛可对数据进行更深入的挖掘和更充分的利用。

8）自我进化：DT 可以实时更新数据，使虚拟模型通过平行比较虚拟空间和物理空间进行不断改进。

9）概念化：对于一个产品，DT 是一个等价的数字图像，它存在于从概念和设计到使用和服务的整个产品生命周期，了解产品的过去、现在和可能的未来状态，并促进产品相关智能服务的开发；对于生产资产，DT 是一种数字表示，它包含实体资产的所有状态和功能，有可能与其他数据中心协作，以实现一种允许分散控制的整体智能；对于工厂，DT 可以被描述为真实工厂、机器、工人等的数字副本，它是真实创建的，可以独立扩展、自动更新，以及实时全局可用。

10）算法、数据和模型：算法、数据和模型是标准化和封装的，随着大数据、云计算、人工智能等技术的发展，物联网可以直接应用于 DT 的不同维度。

6.5.2.3　DT 的关键技术

实现 DT 产品、制造和服务需要的关键技术可分为以下五个方面：

1）智能感知和连接：实现智能感知与连接的相关技术包括异构资源实时感知与访问技术、多源 / 模态数据融合与封装技术、多源数据通信与分布技术、传感器测量技术、布局优化技术等。

2）虚拟建模与运行仿真：相关技术包括虚拟建模技术、多尺度建模技术、虚拟产品运行仿真技术、虚拟生产运行仿真与验证技术、虚拟维护技术、虚拟 / 增强现实技术。

3）DT 数据建设与管理：相关技术包括多粒度数据模型技术、多源异构数据融合技术、数据分组存储技术、虚实融合技术、数据协同技术、虚实映射技术等。

4）DT 操作技术：相关技术包括高性能计算技术、机器学习技术、实时虚实交互技术、自组织和自适应技术、动态调度技术、生产要素配置技术等。

5）实时智能分析和预测：相关技术包括计算机图像视觉分析技术、预测技术与方法、智能生产运营优化服务技术、生产要素故障预测与维修策略技术、产品生命周期能耗优化与预测技术、产品质量实时分析技术。

6.5.2.4 术语

DT 的应用包括产品、生产线、工厂和车间，直接对应 CPS 所面对的产品、装备和系统等对象。主要的相关术语概念如下所述。

1）实体对象：存在、曾经存在或可能存在的一切具体或抽象的东西，包括这些事物之间的关联，如人员、对象、事件、想法、过程等。

2）物理实体：物理世界中离散的、可识别的和可观察的事物，如工厂、建筑物、制造工艺、设备等。物理域（物理空间）是由物理实体组成的实体集合，包含人员、设备、材料等。

3）数字化表达：物理实体的信息集合，用以支持与它相关的某些决策。

4）虚拟实体：与物理实体对应的表示信息或数据的事物。虚拟域（虚拟/数字空间）是由虚拟实体组成的实体集合，包含模型、算法、数据等。

5）数字化建模：将信息数据分配给物理世界中待完成计算机识别的对象的过程。

6）基于模型的定义（Model-Based Definition，MBD）：是将产品的所有相关设计定义、工艺描述、属性和管理等信息都附着在产品三维模型中的数字化定义方法。

7）基于模型的企业（Model-Based Enterprise，MBE）：是一种制造实体，基于三维产品定义的完全集成和协作环境，它采用建模与仿真技术对其设计、制造、产品支持的全部技术和业务流程进行彻底改进、无缝集成及战略管理；利用产品和过程模型来定义、执行、控制和管理企业的全部过程；并采用模拟与分析工具，在产品生命周期的每一步做出最优决策，以减少产品创新、开发、制造和支持的时间和成本。MBE 是一种先进制造方法的具体体现，代表着数字化制造的未来。

企业将其在产品生命周期中所需要的数据、信息和知识进行整理，结合信息系统，建立便于系统集成和应用的产品模型和过程模型，通过模型进行技术创新、量产和制造。

MBE 是 MBD 数据源的应用环境，完整的 MBE 信息化环境体系是以 MBD 模型为统一的"工程语言"，按系统工程方法，优化企业内外、产品生命周期的业务流程和标准，采用信息化技术，形成一套完整的产品研发体系。

8）基于模型的设计（Model-Based Design，MBD）：通过算法建模进行软件设计的过程。

9）增强现实：真实环境的交互体验，其中驻留在真实环境中的对象通过计算机生成的感知信息进行增强。

10）虚拟现实：一种可以创建和体验虚拟世界的计算机仿真系统，它利用计算机生成一种模拟环境，使用户沉浸到该环境中。

11）可视化：用于创建图像、图表或动画来传达信息的技术。

12）仿真：基于实验或训练为目的，将原本的系统、事务或流程，建立一个模型以表征其关键特性或者行为/功能的方法。

13）背景数据：运营或其他目的所需的数据，包括历史数据、相关数据等。

14）元数据：有关逻辑包、逻辑组织、内容和文件的描述性信息。可以将元数据分配给逻辑包内的任何核心结构，元数据的每个对象可以是本地或远程的。

15）元模型：是关于模型的模型，是特定领域的模型，定义概念并提供用于创建该领域中的模型的构建元素。

16）工程模型：包括几何、材料、部件和行为、构建和操作数据。

17）统计模型：基于概率理论的模型，通过数学统计方法建立。

18）一致性：物理实体与其对应的虚拟实体相匹配。

19）一致性评价：用于评估物理实体与其对应的虚拟实体相匹配程度的过程。

20）DT 生态系统：由基础支撑层、数据互动层、模型构建与仿真分析层、共性应用层和行业应用层组成。其中基础支撑层由具体的设备组成；数据互动层包括数据采集、数据传输和数据处理等内容；模型构建与仿真分析层包括数据建模、数据仿真和控制；共性应用层包括描述、诊断、预测和决策；行业应用层则包括智能制造、智能交通、智能医疗、智慧城市等多方面的应用。

21）DT 生命周期过程：DT 中虚拟实体的生命周期包括起始、设计和开发、验证与确认、部署、操作与监控、重新评估和退役；物理实体的生命周期包括验证与确认、部署、操作与监控、重新评估和回收利用。

6.5.3 DT 的制造参考模型

DT 主要是为实体创建一个数字副本（即虚拟模型），通过建模、设计和仿真分析来模拟和反映它们的状态和行为，并通过反馈来预测和控制它们未来的状态和行为。由于物理世界的状态、行为和属性是动态变化的，所以从一开始到产品被处理，各种数据都在不断地产生、使用和存储。

DT 集成了整个元素、整个业务、流程数据，以确保一致性。并集成了几何、结构、材料属性、规则、工艺等参数的模型，以实现生产系统和工艺的数字化和可视化。结合数据分析，DT 使组织能够做出更准确的预测，合理的决定，并告知生产。

此外，在模型与物理过程的协同进化过程中，模型产生了新的数据。模型作为一种通信和记录机制，帮助解释机器或系统的行为，并根据实时数据、历史数据、经验和知识，以及来自模型的数据预测它们的未来状态。因此，可以认为模型和数据是 DT 的核心要素。图 6-11 所示为基于实体的 DT 制造参考模型。

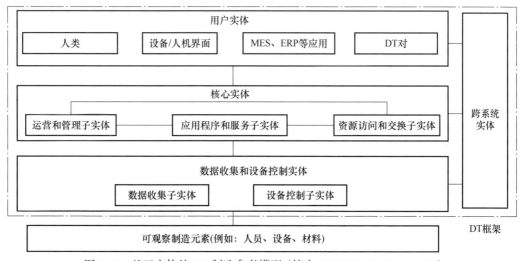

图 6-11 基于实体的 DT 制造参考模型（摘自 ISO/DIS 23247-2：2020）

可观察制造元素包括人员、设备和材料。它们被监视和感知，并可由数据收集和设备控制实体驱动和控制。用于制造的 DT 有一个或多个数据收集和设备控制实体。

数据收集子实体可包括计算机程序（代理）形式的可执行文件，通过监测和传感设备从可观察制造元素中收集信息。设备控制子实体控制和驱动可观察制造元素，如计算机数控（CNC）。

设备控制子实体可以包括计算机程序（代理）形式的可执行文件。核心实体包括运营和管理子实体、应用程序和服务子实体、资源访问和交换子实体；以数字方式表示并维护可观察制造元素，将其作为 DT；使用收集到的信息来同步 DT 与其相应的可观察制造元素。

运营和管理子实体在生产和设计中维护可观察制造元素的信息，包括数字建模、表示和同步。此外，运营和管理子实体支持与整体核心实体的运营和管理相关的能力，包括向用户实体提供管理功能。应用程序和服务子实体提供与应用程序和服务相关的功能，包括制造系统的模拟，从可观察制造元素中捕获的数据的分析，以及生产等行为的报告。资源访问和交换子实体为用户实体提供对核心实体功能的访问，并为应用程序和服务功能、管理功能和业务功能提供受控接口，以支持互操作性。用户实体可以是利用 DT 进行制造的任何实体，包括人、设备、MES/ERP 系统，也可以是对等的核心实体。用户实体通过提供的接口接入。跨系统实体是驻留在跨域的实体，用于提供数据转换、数据保证和安全支持等通用功能。

6.5.4 DT 功能视图

图 6-12 所示为基于实体的 DT 制造参考模型通过逻辑（有时是物理）细分，域用于将功能按职责区域分类。在制造 DT 中，域分为用户域、核心域、数据收集和设备控制域以及可观察制造域。可观察制造域在 DT 框架之外，但通过描述可观察制造域来支持对该框架的理解。每个分类都是任务和功能的逻辑分组，由功能实体（Functional Entities，FE）执行。

可观察制造域由人员、设备、材料、工艺、设施、环境等物理制造资源组成。

数据收集和设备控制域监控并收集来自可观察制造域内的感知设备的数据，并控制和驱动可观察制造域中的设备。将可观察制造元素链接到它们的 DT，以实现同步。

核心域负责生产 DT 的整体运营和管理，包括供应、监控和优化。具体来说，可观察制造元素的数字建模、表示和同步是由核心域完成的。

核心域承载模拟和分析等应用程序和服务。此外，核心域提供了对 DT 框架实体的访问，并通过保证互操作性来支持与其他核心实体的交互。

在制造业的 DT 中，用户可以是人、设备、应用程序或使用核心域提供的应用程序和服务的系统。

DT 功能视图如图 6-12 所示。

6.5.4.1 数据收集和设备控制实体的功能实体

用户实体可以通过向设备控制子实体发送请求来直接控制可观察制造元素。或者，用户实体也可以间接地控制可观察制造元素，通过向核心实体发送请求，核心实体再将请求转发给设备控制子实体。

1. 数据收集子实体中的功能实体

1）数据收集 FE：数据收集 FE 从可观察制造元素中收集数据。

2）数据预处理 FE：数据预处理 FE 对采集到的数据进行预处理。预处理的示例包括过滤和聚合。

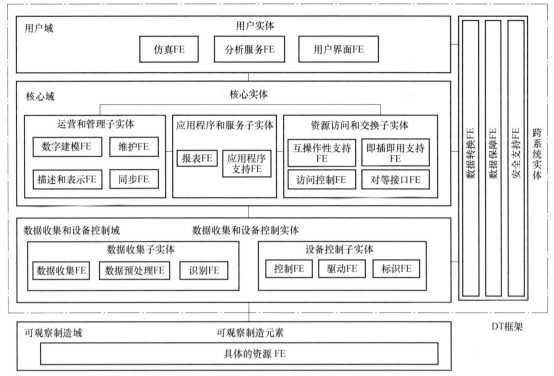

图 6-12　DT 功能视图（摘自 ISO/DIS 23247-2：2020）

3）识别 FE：识别 FE 从可观察制造元素中识别所需的数据。

2. 设备控制子实体中的功能实体

1）控制 FE：控制 FE 控制可观察制造元素。

2）驱动 FE：驱动 FE 驱动可观察制造元素以响应来自用户实体的请求。驱动 FE 的命令可能来自核心实体或用户实体。

3）标识 FE：标识 FE 标识了可观察制造元素及其数据，因此可以对其进行唯一和明确的控制。

6.5.4.2　核心实体中的功能实体

1. 运营和管理子实体中的功能实体

1）同步 FE：同步 FE 使 DT 的状态与相应的可观察制造元素的状态同步。

2）描述和表示 FE：描述 FE 可能与数字建模 FE 一起，以人类能够识别的适当格式（如视频或音频）表示信息。表示 FE 以适用于应用软件处理的适当格式表示信息。

3）数字建模 FE：数字建模 FE 解释来自可观察制造元素的信息，以了解其物理属性、状态等。

4）维护 FE：维护 FE 保持了 DT 的运行，包括监测结果、识别错误和修复异常。

2. 应用程序和服务子实体中的功能实体

1）报表 FE：报表 FE 生成生产结果、仿真分析等。

2）应用程序支持 FE：应用程序支持 FE 为实现预测和响应提供了一个托管平台维护、开环和闭环应用程序。

3. 资源访问和交换子实体中的功能实体

1）互操作性支持 FE：该互操作性支持 FE 与其他 DT 以及对等接口 FE 互连。

2）访问控制 FE：访问控制 FE 与安全支持 FE 一起控制用户实体对可观察制造元素的访问。

3）即插即用支持 FE：即插即用支持 FE 可使可观察制造元素与 DT 元件动态连接。

4）对等接口 FE：对等接口 FE 与互操作性支持 FE 一起，为其他 DT 提供接口。

6.5.4.3　跨系统实体中的功能实体

1. 数据保障 FE

数据保障 FE 确保数据的准确性和完整性，并与安全支持 FE 一起。

2. 安全支持 FE

安全支持 FE 保护了 DT，包括身份验证、授权、机密性和完整性。

3. 数据转换 FE

数据转换 FE 支持实体参考模型的实体之间交换数据的转换。翻译包括协议转换、语法适应和语义感知等。

6.5.5　DT 的设计

6.5.5.1　DT 的概念设计

在概念设计阶段，功能需求转化为设计参数、工作原理和物理结构。概念设计包括概念生成和概念评估。一个好的概念设计必须是逻辑上可行的、功能上简单的、物理上确定的。DT 在识别设计和评估新的设计概念中扮演着重要的角色。概念设计可以说是工程设计过程中最关键的设计阶段。它涉及功能规划、概念生成、概念组织、概念评价和概念改进等活动。概念设计之所以被认为是最关键的设计阶段，很大程度上是因为在这个阶段做出的决策往往缺乏有形对象和具体信息的支持。目前，概念设计仍然高度依赖于经验，很大程度上取决于设计师的知识、经验和洞察力。在实践中，DT 使设计师能够在构建产品之前就理解产品的功能、行为和性能。根据实时数据所反映的实际行为和表现，设计师可以创建、评估和改进一个新的设计概念。DT 使组织能够在生产、分销、使用、维护和回收的整个过程中跟踪产品的数字生命周期。因此，设计师可以不断地评估概念设计中的决策如何影响后期活动，以及如何开发具有可制造性、可持续性和能源效率的新概念。DT 帮助设计师识别产品内部的系统矛盾。与目前设计师纯粹基于主观判断手动识别矛盾的做法相比，DT 使设计师能够以更知情的方式识别矛盾。此外，DT 不仅可以识别和诊断与产品相关的各种复杂性，还可以针对复杂性提出相应的解决措施，如，重置电气设计方案。

产品 DT，即使用 DT 来有效地设计新产品。DT 可以用于虚拟验证产品性能，同时还可以显示产品当前在现实世界中是如何运行的。该产品的 DT 提供了一种虚拟 - 物理连接，以分析产品在各种条件下的性能，并在虚拟世界中进行调整，以确保下一个物理产品在现场完全按照计划执行。所有这些都消除了对多个原型的需要，可减少总的开发时间，提高最终制造的产品的质量，并支持响应客户反馈的更快的迭代。

生产 DT，即在制造和生产计划中使用 DT。生产 DT 可以帮助验证生产流程在实际投入生产前的工作效果。通过使用 DT 工具模拟生产过程，并使用数字分析事情发生的原因，企业可以创建一种在各种条件下都保持高效的生产方法。通过创建所有制造设备的产品 DT，可以进一步优化生产。通过使用来自产品和生产的数据，企业可以避免设备停机，甚至可以预测何时需要进行预防性维护。这种持续的准确信息流使制造操作更快、更有效、更可靠。

性能 DT，使用 DT 技术捕获、分析并处理操作数据。智能产品和智能工厂会产生大量关于其利用率和有效性的数据。性能 DT 从运行中的产品和工厂获取数据，并对其进行分析，为决策提供可操作的见解。通过利用性能 DT，可以创造新的业务机会，获得改善虚拟模型的洞察力，汇总和分析运营数据，提高产品和生产系统效率。

DT 通常被定义为物理资产、系统或流程的软件表示，是物理产品或过程的虚拟表示，用于理解和预测物理对等物的性能特征，旨在通过实时分析来检测、预防、预测和优化，以交付业务价值。在投资实物原型和资产之前，DT 在整个产品生命周期中用于模拟、预测和优化产品和生产系统。通过整合多物理模拟、数据分析和机器学习能力，DT 能够展示设计变化、使用场景、环境条件和其他无穷无尽的变量的影响，消除了对物理原型的需求，减少了开发时间，提高最终产品或工艺的质量。为了确保产品或其生产的整个生命周期的精确建模，DT 使用安装在物理对象上的传感器的数据来确定对象的实时性能、操作条件和随时间的变化。利用这些数据，DT 不断发展和更新，以反映产品生命周期中的任何变化，在虚拟环境中创建一个闭环反馈，使公司能够以最小的成本不断优化他们的产品、生产和性能。DT 的潜在应用取决于它所建模的产品生命周期处于哪个阶段。一般来说，有三种类型的 DT 产品、生产和性能。随着这三种 DT 一起进化，它们的组合和整合被称为数字线。之所以使用"线"这个术语，是因为它被编织到产品和生产生命周期的所有阶段，并将数据汇集在一起。

6.5.5.2 DT 的工厂设计

工厂设计需要考虑相互关联的对象（如，机器、原材料、劳动力和环境）和各种数据流（如，信息、原材料和现金流）。DT 可以被引入工厂的概念设计、实例设计和详细设计等阶段。在概念设计中，DT 可以提供一个与虚拟现实（VR）相结合的设计协作平台，为设计师营造设计环境。可以通过一个统一的虚拟场景在视觉上展示设计；通过一个共享平台方便地交流；通过生动的虚拟化可以更好地激发创造力。同时，由于可以收集和分析类似工厂的其他设计的 DT，设计师可以从以前的想法了解到诸如水电的来源、材料的储存和运输，设施的布局等，以减少重复性脑力劳动。在实例设计中，需要解决生产线布局、机器配置、工艺规划和材料处理等详细问题。在详细设计中，该系统可与企业系统对接资源规划、MES 和 PLC 来模拟和调试工厂的控制策略。在这个阶段的 DT 应该与真实的工厂几乎相同。

6.5.5.3 DT 的过程设计

过程设计的目的是使整个过程链产生具有预期质量、成本和开发时间的产品。DT 的过程设计可以结合来自生产的实时数据（如，机器条件、材料存储和工具状态）和来自计算机辅助系统的工艺信息（如，加工特征、精度要求和加工类型）以自动生成工艺流程。根据需要的加工类型、机器条件（如加工精度、主轴最高转速、部件老化程度）对每台机器进行评估，以确定机器最能满足精度、成本和加工时间的要求。DT 还能够预测意外事件（如，机器故障和工具更换），以减少它们对工艺设计的负面影响。如，通过 DT 的数据融合，可以将机器的真实信号（如速度、变化、功率等）和模拟信号（如应力、变形等）组合考虑在一起，以支持对机器故障的准确预测。将预测结果考虑在内，过程设计对干扰具有更强的鲁棒性。此外，DT 还可以在实际执行前通过模拟故障检测、工艺参数验证、质量评价等方法对设计进行验证。经过验证的设计方案也可以存储为知识，以支持未来的工作。

6.5.6　可观察制造元素的现有技术标准

可观察制造元素的现有技术标准和规范包括 ISO 10303（STEP）、IEC 62264（ISA-95）、IEC 62714、ISO 13399、IEC PAS 63088、IEC 62541（OPC-UA）、ISO 23952（QIF）、MTConnect、eCl@ss 和 RDF 等，都可以用来表示可观察制造元素。每种技术在可观察制造元素的数字表示方面都有自己的特点。DT 开发人员应该仔细考虑应该将哪些应用程序用于目标应用程序。

ISO 10303 系列标准称为产品模型数据交换标准（STEP），定义了产品信息的计算机可解释表示，以及产品和过程数据交换。目标是提供一种中性机制，能够描述产品及其整个生命周期的制造过程。

ISO 10303-238 标准为数控加工及相关过程指定了应用协议（Application Protocol，AP），包括 ISO 14649 系列数字控制器数据模型定义的信息要求，并增加了产品几何形状、几何尺寸和公差，以及产品数据管理信息。

ISO 10303-239 标准指定了产品生命周期支持的应用协议，包括定义和维护复杂产品的信息，以及产品及其支持解决方案的生命配置变更管理所需的信息。还包括产品装配、产品整个生命周期、产品活动的规格和计划，以及产品活动历史和产品历史的表示。

ISO 10303-242 标准为基于管理模型的 3D 工程指定了应用协议，包括产品、工程和产品数据、产品数据管理、工艺规划、机械设计、运动学、几何定义和公差以及复合设计。

IEC 62264 系列标准提供了一致的术语、信息模型和对象模型，以集成控制系统和企业系统，是供应商和制造商之间通信的基础，从而改善所有相关制造要素之间的通信。定义的 B2MML 是企业控制系统集成的 XML 实现。B2MML 由一组使用万维网的 XML 模式语言（XSD）编写的 XML 模式组成，这些 XML 模式实现了 IEC 62264 系列中的数据模型。

IEC 62714 系列标准定义的自动化标记语言（AML）是为了支持不同学科的异构工程工具中的数据交换和互连而开发的，可用于表示制造元件之间的数据交换。使用 XML 模式描述了数据交换格式。

IEC PAS 63088 中的资产管理外壳（AAS）为 Automation ML、XML、JSON、RDF 和 OPCUA，提供了序列化和映射，关键特性之一是将数字表示分离成一组子模型。每个子模型表示 DT 所表示的资产的特定方面。

IEC 62541 系列标准开放平台通信统一架构 OPCUA 用于制造和自动化中的垂直和横向通信，为连接系统提供互操作性，持广泛的应用领域，从现场级别（如测量或识别设备、PLC）到企业管理支持。MTConnect 为制造设备提供了一个语义词汇表，以提供结构化的、没有专有格式的、更符合实际的数据。通过 MTConnect 定义的统一数据，开发人员和集成商可以专注于有用的、高效的制造应用程序，而不是转换。MTConnect 数据提供更有效的操作、改进的生产优化，从而提高生产力。可以创建基于 OPCUA 或 MTConnect 数据模型的信息模型，并最终从 OPCUA 或 MTConnect 基础信息模型派生出来。这类信息模型的规范称为伙伴规范，被视为行业标准模型，因为它们通常解决专门的行业问题。OPCUA 和 MTConnect 基础设施交换此类行业信息模型的协同作用，使语义级的互操作性成为可能。

ISO 23952：2020 标准支持从产品设计到制造到质量检验的工程应用概念。基于 XML 的 QIF 标准包含一个 XML 模式库，以确保基于模型的企业实现中的数据完整性和数据互操作性。DT 可调整与测量值同步。通过对 QIF 测量值进行大数据分析，可以提高预测结果的准确性。

ISO/IEC 20922：2016 *Information technology-Message Queuing Telemetry Transport*

（*MQTT*）*v3.1.1* 是一个客户端服务器发布 / 订阅消息传输协议。非常适合在 M2M 和 IoT 中的通信，该协议在 TCP/IP 上运行，或在其他提供有序、无损、双向连接的网络协议上运行。它的特性包括使用发布 / 订阅消息模式，提供一对多的消息分发和应用程序的解耦，并进行与有效负载的内容无关的消息传递。

电气技术信息模型（Electro-Technical Information Model，ETIM）对电气工程和类似领域的产品数据交换进行了标准化。ETIM 不是一个数据交换标准，而是一个类似于 eCl@ss 的描述性数据模型，以方便在电气工程部门的产品和服务之间进行比较。它和 eCl@ss 之间的主要区别是，产品被分配给一个项目类，而不考虑层次结构。此外，ETIM 中的产品只能用行业相关的属性和值进行描述，而在 eCl@ss 中，所有的值都可用。

eCl@ss 定义了数以万计的产品类别和独特属性，包括采购、存储、生产和分销活动，用来以一种定义的格式描述产品。这种格式由类组成。这些产品类别可以比作抽屉，产品在抽屉中分类，并为这些产品量身定制。可用于定义符合 IEC 61360 系列标准的制造元件的类别和属性。与 ETIM 不同，eCl@ss 是为工业 4.0 而设计的，因此是 Automation ML 的合作伙伴，Automation ML 是工程系统之间数据交换的标准。有两种类型的 eCl@ss：基础和高级。

RDF 是一个用于描述和合并 Web 上信息资源的框架，包括具有不同模式的信息资源。

6.6　知识图谱

知识图谱以结构化的形式描述客观世界中概念、实体及其关系，将互联网的信息表达成更接近人类认知世界的形式，提供了一种更好地组织、管理和理解互联网海量信息的能力。实体是具有实际本体（存在）的事物（物理的或非物理的）。

知识图谱给互联网语义搜索带来了活力，同时也在智能问答中显示出强大威力，已经成为互联网知识驱动的智能应用的基础设施。知识图谱与大数据和深度学习一起，成为推动互联网和人工智能发展的核心驱动力之一。

知识图谱是一种知识表示在工业界的大规模知识应用，它将互联网上可以识别的客观对象进行关联，以形成客观世界实体和实体关系的知识库，其本质上是一种语义网络，其中的节点代表实体或者概念，边代表实体 / 概念之间的各种语义关系。

知识图谱架构包括知识图谱自身的逻辑结构以及构建知识图谱所采用的技术（体系）架构。逻辑结构可分为模式层与数据层，模式层在数据层之上，是知识图谱的核心，模式层存储的是经过提炼的知识，通常采用本体库来管理知识图谱的模式层，借助本体库对公理、规则和约束条件的支持能力来规范实体、关系及实体的类型和属性等对象之间的联系。数据层是由一系列的事实组成，而知识将以事实为单位进行存储。在知识图谱的数据层，知识以事实为单位存储在图数据库。如果以"实体 - 关系 - 实体"或者"实体 - 属性 - 性值"三元组作为事实的基本表达方式，则存储在图数据库中的所有数据将构成庞大的实体关系网络，形成"知识图谱"。

本体是对于"概念化"的某一部分的明确的总结或表达。在不同的场合可指"概念化"或"本体理论"。概念化指某一概念系统所蕴含的语义结构，可以理解和 / 或表达为一组概念（如实体、属性、过程）及其定义和相互关系。本体通过对于概念、术语及其相互关系的规范化描述，勾画出某一领域的基本知识体系和描述语言。

本体理论是表达本体知识的逻辑理论，是一种特殊的知识库，强调的是具体的对象（实体）。而"概念化"强调的是语义结构本身，是从具体的对象（实体）中抽象出来的对应的语义。本体是实体存在形式的描述，构造本体的目的都是为了实现某种程度的知识共享和重用。通过对于概念、术语及其相互关系的规范化描述，勾画出某一领域的基本知识体系和描述语言。往往表述为一组概念定义和概念之间的层级关系，本体框架形成树状结构，通常用来为知识图谱定义模式，辅助进行企业建模和分析，如，企业建模中所涉及的模型框架，对于企业模型的捕获和描述；描述经营问题和需求；在战略、战术和操作层次上，确定和评估解决问题的方法，以及系统的设计和实现；对相关的度量体系进行表示，并支持高级仿真。

一个本体，包括一组概念的层次性结构，概念间的包含关系、组成关系、划分关系等。如，一个企业本体包含业务流程、组织、数据及信息技术等。

6.7　语义网络

语义网络是一种智能网络，它不但能理解词语和概念，而且还能理解它们之间的逻辑关系，以使交流变得更有效率和价值。语义网络的实现依赖于 XML、RDF 和本体。

XML 是一种用于定义标记语言的工具，其内容包括 XML 声明、用以定义语言语法的文档类型、定义文档类型声明（Document Type Declaration，DTD）、描述标记的详细说明及文档本身，而文档本身又包含有标记和内容。

RDF 是一个使用 XML 语法来表示的资料模型，用来描述 Web 资源的特性及资源与资源之间的关系。RDF 资料模型是一种与语法无关的表示法。基本资料模型包括资源、属性和声明三个对象类型。所有以 RDF 表示法来描述的物都可称作资源，它可能是一个网站、网页或网页中的某个部分，甚至是不存在于网络的物，如纸质文献、器件、人等。在 RDF 中，资源以统一资源标识（Uniform Resource Indentifiers，URI）来命名，统一资源定位器（Uniform Resource Indentifiers，URL）、统一资源名称（Uniform Resource Names，URN）都是 URI 的子集。

属性是用来描述资源的特定特征或关系，每一个属性都有特定的意义，用来定义它的属性值和它所描述的资源形态及与其他属性的关系。

声明是指特定的资源以一个被命名的属性与相应的属性值来描述，称为一个 RDF 声明，其中，资源是主词，属性是谓词，属性值则是对象，声明的谓词除了可能是一个字符串以外，也可能是其他的资料形态或是一个资源。

具有语义分析能力的语义搜索引擎是语义网络的最重要环节，这种引擎能够理解人类的自然语言，并且具有一定的推理和判断能力。

6.8　物联网

IEC 20924：2018 *Information technology-Internet of Things（IoT）-Vocabulary* 中定义：物联网（Internet of Things，IoT）是互联实体、人、系统和信息资源的基础设施，以及处理和响应来自物理世界和虚拟世界的信息的服务。定义表明，IoT 在信息世界中建立了与物理世界目标对象的镜像，是实现对物理世界和虚拟世界的信息进行处理的智能服务系统。国际标准 IEC 30141：2018（GB/T 33474：2016）中定义了 IoT 的概念模型和系统参考架构、实体及接口等，GB/T 35117：2017 中定义了制造过程物联功能体系结构，GB/T 37684—2019 中定义了 IoT 协同信息处理参考模型，目前，我国已发布了 IoT 的相关标准 30 余项。

IoT 是一种实现技术，需要融合许多支持技术来实现，如，传感器网络和控制技术、移动技术、信息技术、IPv6、容器技术、微服务、射频识别、云计算、大数据和深度分析、区块链、边缘计算、人工智能技术、M2M 等感知技术、设备 / 硬件技术及不同类型的通信网络技术。通过收集和处理数据，提供影响物理实体和虚拟实体的语境性、实时和预测信息，从而实现控制物理实体。IoT、区块链与人工智能等技术的融合应用将引发新的技术创新和产业变革已成现实。

IoT 通过网络连接物理实体（事物）和 IT 系统。IoT 的基础是与物理世界交互的电子设备。传感器收集物理世界的信息，由执行器或驱动器控制物理实体。传感器和执行器包括各种物理量传感器、摄像机、麦克风、继电器或用于制造和过程控制的工业设备等。IoT 通过信息传感设备，按约定的协议，将任何物体与网络相连接，物体通过信息传播媒介进行信息交换和通信，以实现智能化识别、定位、跟踪、监管等功能。

IoT 可以集成到现有技术中。通过在现有技术中的传感器产生的实时测量，可以改善其功能，降低操作成本（如智能交通信号可以适应交通状况，减少拥堵和空气污染）。IoT 传感器生成的数据可以支持新的商业模式，并根据客户的需求定制产品和服务。

容器技术起源于 Linux，是一种内核虚拟化技术，提供轻量级的虚拟化，以便隔离进程和资源。Docker 是一个开源的应用容器引擎，让开发者可以打包他们的应用以及依赖包到一个可移植的镜像中，然后发布到任何 Linux 或 Windows 机器上，也可以实现虚拟化。容器使用沙箱机制，相互之间不会有任何接口。Docker 是使容器能在不同机器之间移植的系统。它不仅可简化打包应用的流程，也简化了打包应用的库和依赖，甚至整个操作系统的文件系统能被打包成一个简单的可移植的包，这个包可以被用来在任何其他运行 Docker 的机器上使用。容器和虚拟机具有相似的资源隔离和分配方式，容器虚拟化操作系统而不是硬件。

微服务（微服务架构）是一种云原生架构方法，软件开发技术，面向服务的体系结构（SOA）的一种变体，将单个应用程序构造为一组松散耦合的服务且可独立部署的较小组件或服务组成。在微服务体系结构中，服务是细粒度的，协议是轻量级的。微服务基于容器技术，能够将业务单元按照独立部署和发布的标准进行抽取和隔离，一个大而全的复杂应用程序能够拆分成几个微小的相互独立的微服务，当其中的某一服务无法支撑时，可以横向水平扩展保证应用的高可用性，具有独立应用生命周期管理、独立版本开发与发布等能力。

6.9　区块链

区块链是分布式数据存储、对等网络传输、共识机制、加密算法等计算机技术的一种多应用场景的技术，应用在金融、智慧城市、公共服务、信息安全、工业、IoT 和供应链等领域，在不同的领域有不同的定义。

区块链是安全、共享、分布式的数据存储平台，是一种带有数据库的计算机软件。区块链技术是密码学、对等网络、分布式数据库和共识机制四种核心技术的结合。它是一种利用加密技术和分布式账本技术，在对等网络上安全地存储和管理数据的方法。在对等网络上允许两台设备直接通信，而不需要通过互联网数据管道。对等网络也提供了可靠性和可用性。如果网络中的一个或多个节点发生故障，不会影响系统的可用性。分布式账本是指在多个节点、不同的地理位置或者多个机构组成的网络里实现共同治理及分享的资产数据库。

区块链中的所有事务在创建块时使用加密哈希算法来实现数据的不变性，使用密码学来加密任何敏感数据。系统中的用户是匿名的，数据认证时使用私钥和公钥组合。在加密上是安全的。一旦数据被写入区块链数据库，就没有人可以修改或更改它。

　　区块链是由贡献和参与的个人或组织共享的。没有单一的权威机构控制区块链。区块链是分布式和去中心化的。区块链技术采用分布式账本技术存储数据。与集中式数据存储（数据存储在一台服务器上）不同，区块链在分散式网络中存储数据。区块链中的每个参与节点都具有区块链的精确副本。区块链是一个账本，是一个不可变事务的数据库。每一个事务处理都涉及两方。每个块被散列并链接到之前的记录，前一个块的引用存储在当前块中。区块链中的块是使用前一个块的散列引用来链接的。链接为区块链数据提供了不可变性。如果任何节点试图更改现有块的数据，该块的哈希值将更改。在更新块之前，其他节点将它们的哈希值与新的哈希值进行比较，更改将被拒绝。共识机制是区块链的重要组成部分，它为事务处理审批过程使用各种共识数学算法。

　　区块链是计算机编程代码（软件）和数据的组合。该软件可以用任何编程语言编写，如C++、C#、Java、Scala或JavaScript。数据可以存储在任何类型的数据库或文件中。数据存储的最小单位是块。区块链是一个以链表方式链接的区块链，其中的每个块都链接到前一个块和下一个块，并具有前一个块和下一个块的引用。一个新的块总是被添加到链的末端。一旦添加，区块就不能从链中移动或移除。区块链技术旨在共享、存储和保护数据。数据使用数学加密算法进行保护。区块链也是不可变的，一旦数据被写入区块链，它就永远不会被更改或删除。区块链存储在分布式和分散的计算机网络上，也称为节点。网络中的每台计算机都有数据和代码的精确副本。区块链使用共识机制向数据库添加和验证（时间戳、散列）数据。根据区块链实现的共识算法，区块链中的每个节点都可以成为决策者。区块链节点直接使用对等网络技术进行通信，避免了第三方服务器的介入。

　　区块链是一种新技术，它包括一些复杂的计算技术，如密码数学算法、底层计算机编程、网络编程和分布式数据库等。目前，区块链仍处于开发阶段，没有足够的学习资源，多数行业产品还没有进入成熟阶段，缺乏可视化的应用程序、工具和实用程序，这使得区块链很难学习和理解。图6-13所示为区块链工作流程的简化示意图，以帮助简单理解区块链是如何工作的，请注意，图6-13仅用于说明区块链的工作流程，技术细节主要在节点上，比较复杂。

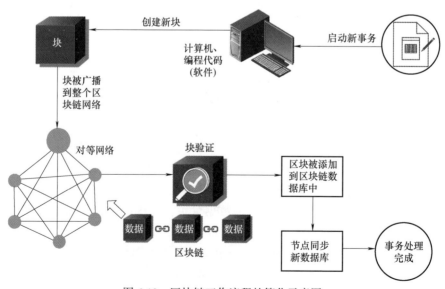

图6-13　区块链工作流程的简化示意图

　　图 6-13 中，区块链的工作流程是自右上向左沿着箭头方向依次工作。一个新事务从区块链网络上的一个节点启动。新块由发起节点创建并加密。新的块被广播到整个区块链网络上的所有参与节点。时间戳对数据产生的时间进行认证，从而验证这段数据在产生后是否经过篡改，时间戳证明使用的时间源是可信的，所提供的时间戳服务是安全的。如果区块被验证通过，则会被添加到区块链数据库中，区块链验证过程使用共识算法。如果区块没有被验证通过，区块就会被拒绝，不会被添加到区块链中。节点会收到关于新添加的块的通知，并启动同步进程，这样所有的节点都可以拥有一个新更新的块，至此事务处理完成。

参 考 文 献

［1］ 王仁祥．常用低压电器原理及其控制技术［M］．北京：机械工业出版社，2001.

［2］ 王仁祥．常用低压电器原理及其控制技术［M］．2 版．北京：机械工业出版社，2008.

［3］ Programmable Controllers. IEC 61131-1~10 ［S］.

［4］ Function blocks. IEC 61499-1~4 ［S］.

［5］ Devices and integration in enterprise systems-Function blocks（FB）for process control and electronic device description language（EDDL）. IEC 61804-2~6 ［S］.

［6］ Functional safety-Safety instrumented systems for the process industry sector-Part 4：Explanation and rationale for changes in IEC 61511-1 from Edition 1 to Edition 2. IEC/TR 61511-4：2020 ［S］.

［7］ Adjustable speed electrical power drive systems-Part 9-2：Ecodesign for power drive systems，motor starters，power electronics and their driven applications-Energy efficiency indicators for power drive systems and motor starters. IEC 61800-9-2：2017 ［S］.

［8］ Low-voltage switchgear and controlgear-Part 1：General rules. IEC 60947-1：2020.

［9］ Electrical equipment for measurement，control and laboratory use-EMC requirements-Part 1：General requirements. IEC 61326-1：2020 ［S］.

［10］ Adjustable speed electrical power drive systems. IEC 61800-1~9 ［S］.

［11］ Rotating electrical machines-Part 1 Rating and performance. IEC 60034-1：2017 ［S］.

［12］ Semiconductor converters-General requirements and line commutated converters-Part 1-2：Application guidelines. IEC/TR 60146-1-2：2019 ［S］.

［13］ Functional safety of electrical/electronic/programmable electronic safety-related systems-Part 3-1：Software requirements-Reuse of pre-existing software elements to implement all or part of a safety function. IEC/TS 61508-3-1：2016 ［S］.

［14］ Safety of machinery-Electrical equipment of machines-Part 1：General requirements. IEC 60204-1：2016 ［S］.

［15］ Functional safety-Safety instrumented systems for the process industry sector-Part 0：Functional safety for the process industry and IEC 61511. IEC/TR 61511-0：2018 ［S］.

［16］ Functional safety Safety instrumented systems for the process industry sector Part 1：Framework，definitions，system，hardware and application programming requirements. IEC 61511-1：2016 ［S］.

［17］ Functional safety-Safety instrumented systems for the process industry sector-Part 2：Guidelines for the application of IEC 61511-1：2016. IEC 61511-2：2016 ［S］.

［18］ Functional safety-Safety instrumented systems for the process industry sector-Part 3：Guidance for the determination of the required safety integrity levels. IEC 61511-3：2016 ［S］.

［19］ Functional safety-Safety instrumented systems for the process industry sector-Part 4：Explanation and rationale for changes in IEC 61511-1 from Edition 1 to Edition 2. IEC/TR 61511-4：2020 ［S］.

［20］ Low-voltage switchgear and controlgear-Part 1：General rules. IEC 60947-1：2020 ［S］.

［21］ Low-voltage switchgear and controlgear Part 4-1：Contactors and motor-starters Electromechanical contactors and motor-starters. IEC 60947-4-1：2018 ［S］.

［22］ Safety of machinery Functional safety of safety-related electrical，electronic and programmable electronic control systems. IEC 62061：2015 ［S］.

［23］ Electrical equipment for measurement,control and laboratory use-EMC requirements-Part 1:General requirements. IEC 61326-1:2020［S］.

［24］ Electrical equipment for measurement,control and laboratory use-EMC requirements-Part 2-1:Particular requirements-Test configurations,operational conditions and performance criteria for sensitive test and measurement equipment for EMC unprotected applications. IEC 61326-2-1~2-5:2020［S］.

［25］ Electrical equipment for measurement,control and laboratory use-EMC requirements Part 3-1:Immunity requirements for safety-related systems and for equipment intended to perform safety-related functions(functional safety)General industrial applications. IEC 61326-3-1~3-2:2017［S］.

［26］ Safety of machinery-General principles for design-Risk assessment and risk reduction. ISO 12100:2010［S］.

［27］ Safety of machinery Relationship with ISO 12100 Part 1:How ISO 12100 relates to type-B and type-C standards. ISO/TR 22100-1:2015［S］.

［28］ Safety of machinery Relationship with ISO 12100 Part 4:Guidance to machinery manufacturers for consideration of related IT-security(cyber security)aspects. ISO/TR 22100-4:2018［S］.

［29］ 机床专用变频调速设备. GB/T 32505—2016［S］.

［30］ 注塑机专用变频调速设备. GB/T 32515—2016［S］.

［31］ YVF 系列变频调速高压三相异步电动机技术条件(机座号 355~630). GB/T 28562—2012［S］.

［32］ 变频调速专用三相异步电动机绝缘规范. GB/T 21707—2018［S］.

［33］ 电机系统(风机、泵、空气压缩机)优化设计指南. GB/T 26921—2011［S］.

［34］ 电力系统变频器保护技术规范. GB/T 34123—2017［S］.

［35］ 电气控制设备. GB/T 3797—2016［S］.

［36］ 火电厂用高压变频器功率单元试验方法. DL/T 2033—2019［S］.

［37］ 电动机软起动装置 型号编制方法. GB/T 33595—2017［S］.

［38］ 用于电力传动系统的交流电动机 应用导则. GB/T 21209—2017［S］.

［39］ 风机、泵类负载变频调速节电传动系统及其应用技术条件. GB/T 21056—2007［S］.

［40］ 数字集成全变频控制恒压供水设备. GB/T 37892—2019［S］.

［41］ 1kV 及以下通用变频调速设备 第 1 部分:技术条件. GB/T 30844. 1—2014［S］.

［42］ 1kV 及以下通用变频调速设备 第 2 部分:试验方法. GB/T 30844. 2—2014［S］.

［43］ 1kV 及以下通用变频调速设备 第 3 部分:安全规程. GB/T 30844. 3—2017［S］.

［44］ 1kV 以上不超过 35kV 的通用变频调速设备 第 1 部分:技术条件. GB/T 30843. 1—2014［S］.

［45］ 1kV 以上不超过 35 kV 的通用变频调速设备 第 2 部分:试验方法. GB/T 30843. 2—2014［S］.

［46］ 1kV 以上不超过 35 kV 的通用变频调速设备 第 3 部分:安全规程. GB/T 30843. 3—2017［S］.

［47］ 冶金用变频调速设备. GB/T 37009—2018［S］.

［48］ Information technology. Object Management Group Unified Modeling Language(OMG UML). ISO/IEC 19505-1:2012［S］.

［49］ Information technology-Open Distributed Processing-Unified Modeling Language(UML) Version 1. 4. 2. ISO/IEC 19501:2005［S］.

［50］ Information technology-Object Management Group-Common Object Request Broker Architecture(CORBA). ISO/IEC 19500-1~3［S］.

［51］ Information technology-Open Distributed Processing-Use of UML for ODP system specifications. ISO/IEC 19793:2015［S］.

［52］ Information technology-Open distributed processing-Reference model-Foundations. ISO/IEC 10746-2:2009［S］.

［53］ Information technology-Open distributed processing-Reference model:Architecture. ISO/IEC 10746-3:2009［S］.

［54］ 统一建模语言(UML). GB/T 28174. 1~.4.

［55］ 信息技术 XML 元数据交换(XMI). GB/T 28167—2011.

［56］ State Chart XML(SCXML):State Machine Notation for Control Abstraction:W3C Recommendation 1 September 2015［R/OL］. https://www. w3. org/TR/2015/REC-scxml-20150901/.

［57］ OMG Unified Modeling Language™(OMG UML)Infrastructure Version 2. 5. 1 ［R］.

［58］ SG-CG/M490/C-Smart Grid Reference Architecture,2012 ［R］.

［59］ Energy and data interfaces of users connected to the smart grid with other smart grid stakeholders-Standardization landscape. IEC SRD 63268 :2020 ［S］.

［60］ SG-CG/M490/K-SGAM usage and examples,v3,2014 ［R］.

［61］ Generic smart grid requirements-Part 1 :Specific application of the Use Case methodology for defining generic smart grid requirements according to the IEC systems approach. IEC SRD 62913-1 :2019 ［S］.

［62］ Representation of process control engineering-Requests in P&I diagrams and data exchange between P&ID tools and PCE-CAE tools. IEC 62424 :2016 ［S］.

［63］ Industrial automation systems and integration-COLLADA digital asset schema specification for 3D visualization of industrial data. ISO/PAS 17506 :2012 ［S］.

［64］ Industrial automation systems and integration-Product data representation and exchange-Part 1 :Overview and fundamental principles. ISO 10303-1、21、28 ［S］.

［65］ Industrial automation systems and integration-Product data representation and exchange-Part 11 :Description methods:The EXPRESS language reference manual. ISO 10303-11 :2004 ［S］.

［66］ Standard data element types with associated classification scheme-Part 1 :Definitions-Principles and methods. IEC 61360-1、2、6 ［S］.

［67］ ISO 13584-102 :2006 Industrial automation systems and integration-Parts library-Part 102 :View exchange protocol by ISO 10303 conforming specification. ISO 13584-102 :2006 ［S］.

［68］ GRAFCET specification language for sequential function charts. IEC 60848 :2013 ［S］.

［69］ Recommended Practice for Architectural Description of Software-Intensive Systems. IEEE 1471 :2000 ［S］.

［70］ Systems and software engineering-Architecture description. ISO/IEC/IEEE 42010 :2019 ［S］.

［71］ Smart manufacturing-Reference architecture model industry 4. 0(RAMI 4. 0). IEC PAS 63088 :2017 ［S］.

［72］ Industrial-process measurement,control and automation Life-cycle-management for systems and components. IEC 62890 :2020 ［S］.

［73］ Enterprise-control system integration. IEC 62264-1~6 ［S］.

［74］ Batch control. IEC 61512-1~4 ［S］.

［75］ Use case methodology. IEC 62559-1~4 ［S］.

［76］ Engineering data exchange format for use in industrial automation systems engineering-Automation markup language-Part1 :Architecture and general requirements. IEC 62714-1~4 ［S］.

［77］ Industrial communication networks-Fieldbus specifications-Part 1 :Overview and guidance for the IEC 61158 and IEC 61784 series. IEC 61158-1 :2019 ［S］.

［78］ Industrial-process measurement,control and automation-Framework for functional safety and security. IEC/TR 63069 :2019 ［S］.

［79］ Industrial communication networks-Profiles-Part1 :Fieldbus profiles. IEC 61784-1 :2019 ［S］.

［80］ Interoperation guide for field device tool(FDT)-device type manager(DTM)and electronic device description language(EDDL). IEC 62795 :2013 ［S］.

［81］ Field device tool(FDT)interface specification-Part 1 :Overview and guidance. IEC 62453-1 :2016 ［S］.

［82］ Engineering data exchange format for use in industrial automation systems engineering-Automation markup language. IEC 62714-1~4 ［S］.

［83］ Industrial-process measurement,control and automation−Digital factory framework. IEC 62832-1~3 :2020 ［S］.

［84］ Industrial-process measurement,control and automation-Reference model for representation of production facilities(digital factory). IEC/TR 62794 :2012 ［S］.

［85］ OPC unified architecture. IEC/TR 62541-1~14 :2020 ［S］.

［86］ OPC unified architecture. IEC 62541-100 :2015 ［S］.

［87］ Functional safety-Safety instrumented systems for the process industry sector. IEC 61511-1~3 ［S］.

[88] Safety of machinery-Functional safety of safety-related electrical, electronic and programmable electronic control systems. IEC 62061 :2015 [S].

[89] Safety of machinery-Safety-related parts of control systems. ISO 13849-1、2 [S].

[90] Safety of machinery-Two-hand control devices-Principles for design and selection. ISO 13851 :2019 [S].

[91] Safety of machinery-Pressure-sensitive protective devices. ISO 13856-1~3 [S].

[92] Information technology-Security techniques-Information security management systems-Overview and vocabulary. ISO/IEC 27000 :2016 [S].

[93] Automation systems and integration Evaluating energy efficiency and other factors of manufacturing systems that influence the environment. ISO 20140-1 :2019 [S].

[94] Condition monitoring and diagnostics of machines-General guidelines. ISO 17359 :2018 [S].

[95] Condition monitoring and diagnostics of machine systems-Data processing, communication and presentation. ISO 13374-1~4 [S].

[96] Information technology Cloud computing Taxonomy based data handling for cloud services. ISO/IEC 22624 :2020 [S].

[97] Industrial communication networks-Wireless communication networks. IEC 62657-1、2 [S].

[98] Internet of things (IoT)-Interoperability for IoT systems. ISO/IEC 21823-1 :2020 [S].

[99] Internet of Things (IoT)-Reference architecture. ISO/IEC 30141 :2018 [S].

[100] Internet of things (IoT)-Edge computing. ISO/IEC TR 30164 :2020 [S].

[101] Information technology-Data structure-Unique identification for the Internet of Things. ISO/IEC 29161 :2016 [S].

[102] Information technology-Big data reference architecture. ISO/IEC 20547-1~5 [S].

[103] Information technology-Cloud computing-Reference architecture. ISO/IEC 17789 :2014 [S].

[104] Information technology-Cloud computing-Part 1 :Vocabulary. ISO/IEC 22123-1 :2021. [S]

[105] Information technology-Cloud computing Taxonomy based data handling for cloud services. ISO/IEC 22624 : 2020 [S].

[106] Information technology-Sensor networks-Services and interfaces supporting collaborative information processing in intelligent sensor networks. ISO/IEC 20005 :2013 [S].

[107] Information technology-Telecommunications and information exchange between systems-Security framework for ubiquitous sensor networks. ISO/IEC 29180 :2012 [S].

[108] Information technology-Sensor networks: Sensor Network Reference Architecture (SNRA). ISO/IEC 29182-1~7 [S].

[109] Information technology-Sensor networks-Generic Sensor Network Application Interface. ISO/IEC 30128 :2014 [S].

[110] Information technology-Cloud Data Management Interface (CDMI). ISO/IEC 17826 :2012 [S].

[111] Information technology-Security techniques-Network security. ISO/IEC 27033-1~6 [S].

[112] Information technology-Security techniques-Information security-risk management. ISO/IEC 27005 :2018 [S].

[113] Smart city system-Methodology for concepts building. IEC SRD 63235 :2021 [S].

[114] Field device integration (FDI). IEC 62769-1~7 :2021 [S].

[115] Robots and robotic devices-Collaborative robots. ISO/TS 15066 :2016 [S].

[116] Robots and robotic devices-Safety requirements for industrial robots. ISO 10218-1、2 :2011 [S].

[117] Energy efficiency through automation systems. IEC/TR 62837 :2013 [S].

[118] Technical product documentation-Digital product definition data practices. ISO 16792 :2015 [S].

[119] Model-Based Enterpris Geometrical product specifications (GPS)-Matrix model. ISO 14638 :2015 [S].

[120] Industrial automation systems and integration-Product data representation and exchange-Part 242 :Application protocol: Managed model-based 3D engineering. ISO 10303-242 :2020 [S].

[121] Industrial automation systems and integration-JT file format specification for 3D visualization. ISO 14306 :2017 [S].

［122］　Specification for additive manufacturing file format（AMF）Version 1. 2. ISO ASTM 52915：2020［S］.

［123］　WEF. Schools of the Future Defining New Models of Education for the Fourth Industrial Revolution［R］.

［124］　WEF. Jobs of Tomorrow Mapping Opportunity in the New Economy 2020［R］.

［125］　WEF. Mapping TradeTech：Trade in the Fourth Industrial Revolution　INSIGHT REPORT DECEMBER 2020［R］.

［126］　WEF. Markets of Tomorrow：Pathways to a New Economy INSIGHT REPORT OCTOBER 2020［R］.

［127］　WEF. Technology Futures：Projecting the Possible，Navigating What's Next INSIGHT REPORT APRIL 2021［R］.

［128］　WEF. Fostering Effective Energy Transition 2021 edition INSIGHT REPORT APRIL 2021［R］.

［129］　WEF. Deep Shift Technology Tipping Points and Societal Impact 2015［R］.

［130］　WEF. Generation AI Establishing Global Standards for Children and AI［R］.

［131］　WEF. Global Future Council on New Network Technologies 5G：Society's Essential Innovation Technology［R］.

［132］　WEF. Shaping the Future of the Industrial Revolution［R］.

［133］　WEF. The Fourth Industrial Revolution［R］.

［134］　KARL-HEINZ JOHN，MICHAEL TIEGELKAMP. IEC 61131-3：Programming Industrial Automation Systems［M］. Second Edition. New York：Springer，2010.

［135］　R LEWIS. Modelling control systems using IEC 61499［M］. 2nd ed. London：The Institution of Engineering and Technology，2014.

［136］　FETHI CALISIR，EMRE CEVIKCAN，HATICE CAMGOZ AKDAG. Industrial Engineering in the Big Data Era Selected Papers from the Global Joint Conference on Industrial Engineering and Its Application Areas［M］. New York：Springer，2019.

［137］　B K TRIPATHY，J ANURADHA. INTERNET OF THINGS（IoT）Technologies，Applications，Challenges，and Solutions［M］. New York：CRC，2018.

［138］　CONSTANDINOS X，MAVROMOUSTAKIS，GEORGE MASTORAKIS，et al. Internet of Things（IoT）in 5G Mobile Technologies［M］. New York：Springer，2016.

［139］　NILANJAN DEY，ABOUL ELLA HASSANIEN，CHINTAN BHATT，et al. Internet of Things and Big Data Analytics Toward Next-Generation Intelligence［M］. New York：Springer，2018.

［140］　EDWARD ASHFORD LEE，SANJIT ARUNKUMAR SESHIA. Introduction to Embedded Systems-A Cyber-Physical Systems Approach［M］. 2nd ed. Cambridge：MIT Press，2017.

［141］　ALLA G KRAVETS，ALEXANDER A BOLSHAKOV，MAXIM V SHCHERBAKOV. Cyber-Physical Systems：Industry 4. 0 Challenges［M］. New York：Springer，2020.

［142］　AURÉLIEN GÉRON. Hands-On Machine Learning with Scikit-Learn and Tensor Flow［M］. O'Reilly，2017.

［143］　SANDIP ROY，SAJAL K DAS. Principles of Cyber-Physical Systems An Interdisciplinary Approach［M］. Cambridge：Cambridge University Press，2020.

［144］　DAG H HANSSEN. Programmable logic controllers：a practical approach to IEC 61131-3 using CODESYS［M］. Chichester：John Wiley & Sons，2017.

［145］　MARCUS VINICIUS PEREIRA PESSÔA，LUÍS GONZAGA TRABASSO. The Lean Product Design and Development Journey：A Practical View［M］. Cham：Springer，2017.

［146］　MEHDI KHOSROW-POUR，DBA. Global Business：Concepts，Methodologies，Tools and Applications［M/OL］. IGI Global. Web site：http://www. igi-global. com/reference.